浓香型特色优质烟叶形成的生态基础

史宏志　刘国顺　等　著

科学出版社

北　京

内 容 简 介

本书在总结浓香型特色优质烟叶开发重大专项核心课题“浓香型特色优质烟叶风格形成的生态基础研究”成果的基础上，首先阐述我国浓香型烤烟产区的气候、土壤等生态因子的分布特征，揭示生态因子与浓香型烤烟风格形成的关系，然后筛选和验证影响浓香型及主要香韵特征形成的关键生态因子，建立浓香型风格烟叶生态评价模型；最后在此基础上进行优质浓香型烟叶产区规划，提出实现优质浓香型烟叶生产的技术途径。全书包括 7 章，分别为概述、浓香型产区气候特征及分区、浓香型产区土壤及地质背景特征、气候因素与烟叶质量特色的关系、土壤因素与烟叶质量特色的关系、浓香型烟叶生态评价及产区规划、浓香型各生态区适宜性剖析及改进意见。

本书可供从事烟草科研、教学、生产、加工的技术和管理人员阅读，也可作为大专院校烟草种植和加工专业研究生和本科生的参阅书籍。

图书在版编目（CIP）数据

浓香型特色优质烟叶形成的生态基础/史宏志等著.—北京：科学出版社，2016.

ISBN 978-7-03-048842-8

Ⅰ.①浓… Ⅱ.①史… Ⅲ.①烟叶–形成–研究 Ⅳ.①S572

中国版本图书馆 CIP 数据核字（2016）第 133941 号

责任编辑：韩卫军 / 责任校对：王 翔

责任印制：余少力 / 封面设计：墨创文化

科 学 出 版 社 出版

北京东黄城根北街 16 号

邮政编码：100717

http：//www.sciencep.com

成都创新包装印刷厂印刷

科学出版社发行 各地新华书店经销

*

2016 年 8 月第 一 版 开本：787×1092 1/16

2016 年 8 月第一次印刷 印张：31 1/4

字数：740 千字

定价：325.00 元

本书编委会

主　编：史宏志　刘国顺

副主编：龙怀玉　李德成　杨惠娟　梁晓芳　祖朝龙

编　者：

河南农业大学：史宏志　刘国顺　杨惠娟　陈伟强　杨园园
宋莹丽　杨军杰　王红丽　王　景　云　菲
孙榅淑　许东亚　李亚伟

中国农业科学院农业资源与农业区划研究所：龙怀玉

中国科学院南京土壤研究所：李德成

中国农业科学院烟草研究所：梁晓芳

安徽省农业科学院烟草研究所：祖朝龙　阎轶峰　沈　嘉

广东烟草南雄科学研究所：陈永明

广东省烟草公司：陈泽鹏

广西壮族自治区烟草公司贺州市公司：首安发

河南省烟草公司：黄元炯　范艺宽　周硕野

河南省烟草公司许昌市公司：王维超　李建华

河南中烟工业有限责任公司：何景福　段卫东　张大纯

湖南农业大学：杨虹琦

湖南省烟草公司：赵松义　彭曙光

江西省烟草公司：何宽信　张启明

山东省烟草公司：许家来　李现道　包自超

陕西省烟草公司：韦成才

上海烟草集团：任　炜　瞿永生

西北农林科技大学：张立新

第一作者简介

史宏志，男，河南人，博士，教授，博士生导师，烟草行业烟草栽培重点实验室主任，国家烟草栽培生理生化研究基地副主任，九三学社河南农业大学支社副主委。本科毕业于河南农业大学农学系，1990 年和 1997 年分别在河南农业大学和湖南农业大学获得硕士和博士学位。1998 年获国家留学基金委资助，赴美国肯塔基大学农学系做访问学者；1999 年至 2003 年先后在美国肯塔基大学农学系和美国 Philip Morris 烟草公司研究中心做博士后研究。现在河南农业大学烟草学院、国家烟草栽培生理生化研究基地、烟草行业烟草栽培重点实验室从事烟草栽培生理科研和教学工作，主要研究领域包括特色优质烤烟生产理论与技术、烟草生物碱、烟草香味学、烟草农业减害、白肋烟栽培理论与技术等。曾分别于 1998 年、2004 年、2011 年由中国农业出版社出版专著《烟草香味学》、《烟草生物碱》、再版《烟草香味学》，2013 年由科学出版社出版专著《烟草烟碱向降烟碱转化》，主持国家烟草专卖局、四川省烟草公司、云南省烟草公司、贵州省烟草公司、河南中烟工业有限责任公司的多项科技项目；获得国家烟草专卖局等省部级科技进步奖 6 项，获得国家发明专利 7 项；主持起草烟草行业标准 1 项，在国际烟草科学大会（CORESTA）、世界烟草科学研究会（TSRC）等国际会议上宣读论文 35 篇，在 *Journal of Agricultural & Food Chemistry* 等 SCI 杂志，及《中国农业科学》、《作物学报》、《中国烟草学报》等重要期刊发表论文 200 余篇。

前　言

浓香型特色优质烟叶是中式卷烟的核心原料，在卷烟减害降焦的大背景下，具有香气浓郁、吃味醇厚等特点的浓香型烟叶在卷烟配方中发挥着不可替代的重要作用。自1869年烤烟在美国弗吉尼亚州诞生起，香气浓郁的浓香型特征一直是优质烟叶追求的目标，美国、巴西、津巴布韦等优质烤烟生产地区的烟叶均具有显著的浓香型特征。20世纪初烤烟传入我国，最早也是在生态条件与美国等优质烤烟产区相似度较高的河南、山东等黄淮烟区进行种植，并获得巨大的成功，所产烟叶质量上乘，曾远销世界各地。目前我国浓香型烟叶已经度过了一百个春秋，“百年浓香”为中式卷烟的发展做出了重要贡献。

20世纪五六十年代，为了卷烟配方的需要，我国老一辈烟草科技工作者独具匠心地把我国烤烟分为浓香型、清香型和中间香型三大香型，得到了卷烟工业企业的高度认可，对指导卷烟配方发挥了极大作用。自三大香型概念提出以来，很多烟草科技工作者试图建立生态条件与烟叶香型风格形成的关系，以揭示对烟叶香型等风格特色形成起关键作用的生态因子。但由于气候、土壤、生物等生态因子众多，而且烟草不同生长发育阶段对生态因子的反应性质和程度不同，人们对决定烟叶风格特色形成的关键因子一直缺乏清晰的认识，因此对于如何采取农艺措施充分利用生态有利因子，避免不利因子影响，提升烟叶质量，彰显烟叶风格特色具有一定的盲目性，也缺乏有效性和针对性的措施。浓香型特色优质烟叶重大专项也正是在这种背景下于2011年正式启动和实施，其中“浓香型特色优质烟叶风格形成的生态基础研究”是该专项项目的核心内容之一，旨在阐明浓香型烤烟风格形成与生态条件的关系，筛选出影响烟叶质量特色的关键生态因子，并明确其主要机理，为通过适应、优化、改善烟叶生态条件，彰显烟叶特色和提升烟叶质量水平奠定坚实的理论基础。

浓香型特色烟叶生态基础研究课题综合性较强，涉及烟草学、作物生态学、作物生理学、气象学、土壤学、作物营养学、信息学、统计学等多学科知识。该项目实施以来，在中国烟叶公司的指导下，河南农业大学国家烟草栽培生理生化研究基地和烟草行业烟草栽培重点实验室组织中国农业科学院农业资源与区划研究所、中国科学院南京土壤研究所、中国农业科学院烟草研究所及河南、湖南、广东、安徽、江西、山东、陕西和广西等省（区）机构的科研人员联合攻关，潜心研究，取得了许多原创性的结果。本书就是在该课题结题之际，在对大量研究结果进行系统梳理和总结的基础上撰写出来的，涵盖了课题的核心内容。全书包括7章，分别为概述、浓香型产区气候特征及分区、浓香型产区土壤及地质背景特征、气候因素与烟叶质量特色的关系、土壤因素与烟叶质量特色的关系、浓香型烟叶生态评价模型及产区规划、浓香型各生态区适宜性剖析及改进意见。河南农业大学负责编写大纲的制定和主要内容的编撰，包括本书概述、气候特征及分区、土壤及耕层理化性状分布特征、生态因子与烟叶质量风格特色的关系和作用机理、浓香型烟叶生态评价模型产区规划、生态因子剖析等，中国农业科学院农业资源与区划研究所负责农业地质背景、土壤发生和地球化学元素有关部分的撰写，中国农业科学院烟草研究所负责田间小气候特征部分的撰写，及浓香型八个省（区）产区生态条件分析和改进意见等章节的撰写。全书95%以上的内容为该课题研究产生的研究成果，但为了保证专著的系统性和完成性，个别部分参阅了前人的文献，已在书中标注。

在本书编辑出版之际，真诚感谢国家烟草专卖局科技司、中国烟叶公司的指导和支持，感谢河南农业大学、河南农业大学烟草学院、国家烟草栽培生理生化研究基地、烟草行业烟草栽培重点实验室各位领导、老师、同仁们的关心、鼓励和帮助！感谢浓香型特色优质烟叶开发重大专项项目组的支持和帮助！感谢生态基础研究课题组同仁们的辛勤劳动和积极配合！感谢参与该项目的研究生们，他们直接参与了试验设置、数据处理、结果分析、文献搜集、资料整理和本书的文字工作！在这里还要衷心感谢为我们从事烟草科研提供资助和试验条件，同时给予大力协助、支持和配合的各省（区）商业、企业的领导和同仁！

由于特色烟叶生态基础研究涉及面广，难度较大，时间较短，有些研究结果可能尚需验证。加之作者学术水平有限，书中错误和不当之处在所难免，敬请各位读者批评指正。愿与各位烟草界同仁一起，共同为烟草科技事业发展，为我国烟叶香味品质的提高和特色风格的彰显做出贡献。

史宏志

2016 年 3 月

目　　录

第1章 概　　述

浓香型烟叶是中式卷烟的核心原料，在高档卷烟生产和减害降焦产品开发中具有不可替代的作用。烟叶浓香型风格典型程度呈现出明显的地域分布特点，目前公认的浓香型烟叶产区包括河南、湖南、广东、安徽、山东、广西、陕西、江西等省（区）的全部或部分烟区。生态因素对烟叶风格特色的形成起决定作用，但气候、土壤、地质背景等诸多生态因子对烟叶特色风格形成的贡献不尽相同。因此，深入分析生态因素与烟叶风格特色的关系及其作用机理，筛选与浓香型烟叶风格形成和彰显密切相关的因子，建立浓香型烟叶生态评价模型，明确不同烟区的生态促进因子、限制因子和障碍因子，对于优化浓香型烟叶布局，制定相应的农艺、化学、分子等调控和补偿措施，充分利用生态有利因子，避免或减弱不利因子的影响，充分彰显烟叶浓香型特色风格具有重要意义。

1.1　特色优质烟叶研究开发概况

烟草是适应性较强的作物，分布广泛，类型丰富。由于各地气候、土壤等生态条件以及相适应的品种和栽培技术的差异性，同一类型的烟叶形成了独特的风格特点，并为消费者所接受。烤烟是我国烟叶消费的主体，也是中式烤烟型卷烟的必需原料。烤烟型卷烟较其他类型卷烟更注重发挥烤烟本身的香气来实现产品特色。目前国内各卷烟品牌的不同产品风格特色主要依靠国内不同产地、等级的烟叶进行配伍形成，因此具有不同风格特色烟叶的质量水平、生产规模直接关系到中式卷烟核心原料的稳定供应。实践证明，没有稳定的特色烟叶供应，仅靠香精、香料形成产品风格特色很难长期得到消费者认可，特别是高档卷烟产品开发更需要稳定的特色优质烟叶作为保障。

1.1.1　特色优质烟叶的内涵和特征

所谓特色优质烟叶，是指具有鲜明地域特点和质量风格，能够在卷烟配方中发挥独特作用的烟叶，是打造烟叶生产核心技术，构建烟叶原料体系的重要组成部分，也是开发中式卷烟的重要原料基础。特色烟叶的内涵主要从优质、特色和名牌三个层次进行理解。

1. 优质

优质是特色的基础和前提，特色烟叶首先应是优质烟叶，没有优良的品质，烟叶的特色就失去了意义和价值。优质烟叶具有共性的标准，如香气量大，香气纯正，余味舒适，燃烧性好等。在合理确定烟叶布局的基础上，同一产区烟叶质量的优劣主要受栽培技术的影响。因此需要在对当地生态、生产条件深入研究和分析的基础上，找出制约优质烟叶形成的主要因素，优化生产技术方案，制订和完善工作标准和技术规范，努力提高技术到位率，最大限度地克服不利因素，促使烟叶正常生长和定向生长，提高烟叶的总体质量水平。

2. 特色

特色是烟叶个性化的体现，是质量的高层次追求。由于卷烟品牌风格多样化的要求，烟叶原料的个性化表现是其价值的重要体现。烟叶的风格特色主要由生态决定，不同烟区由于气候特征、土壤理化性状、地势地貌、地质背景等生态条件差异较大，为生产风格多样化烟叶提供了客观条件。因此，需要深入调查分析不同产区的生态特征，明确生态因子与烟叶风格特色的有机关系，筛选对烟叶风格特色起关键作用的生态因子，为特色烟叶的合理布局和制定克服生态障碍因子的彰显技术提供理论和技术支撑。

3. 品牌

品牌是质量的象征，是企业形象和产区形象的象征，也是市场认可的体现，是企业核心竞争力的集中反映。品牌要有鲜明的质量特色、较好的生态条件、完善的基础设施、规范的技术要求、较高的科技投入、适度的生产规模、良好的市场信誉和长远的发展规划。通过明确工作定位，加强过程控制，生产特色鲜明、质量稳定、满足中式卷烟发展要求的名牌烟叶，是烟叶产区特色烟叶研究与开发的不懈追求和努力方向。

特色烟叶应当具有以下五个基本特征：一是特殊性，特色烟叶必须具有不同于其他烟叶的特点。主要包括烟叶感官品质、化学成分、物理特性、安全性等几个方面，特别是烟叶的香型表现、香韵特征、烟气特征、口感特征等（唐远驹，2004）。二是稳定性，特色烟叶的特色不仅应该是确定的，而且是稳定的，无论是化学成分、物理特征，还是内在品质，都有一定的范围值，且在年际间和区域内具有一致性。三是可用性，其风格特色为卷烟工业所认可和利用，能够在产品配方，特别是高端产品配方中使用，对卷烟产品风格的形成起支撑作用。可用性是能否成为特色烟叶的关键，是特色烟叶能否生存下去的条件。四是高效性，特色烟叶在经济效益上相对于普通烟叶要高，因为烟叶的特色赋予它具有较高的使用价值。五是规模性，特色烟叶必须具有一定的规模。只有形成一定规模，烟农才能获得更大的效益，在卷烟产品中才能得到稳定的利用，形成批量的产品，产生经济效益。

1.1.2 烟叶风格特色的描述

烟叶的风格特色可分为狭义概念和广义概念。狭义的风格特色是指人们对香味特征、烟气特征和口感特征等的感官反应；广义的风格特色除人们的感官反应外，还包括工业加工特性，如配伍性、填充性、柔韧性等（史宏志等，2011）。

烟叶风格特色的描述和划分可按多层次、多指标进行。从烟叶类型角度来看，烤烟、白肋烟、香料烟、雪茄烟及众多地方晾晒烟类型各具有不同的香味特征，风格特色显著不同。对于同一烟草类型来说，不同产地烟叶风格特点也有很大差异。烤烟在传统上分为浓香型、清香型和中间香型三种不同的香型，同一香型不同产地烟叶也在具有共性的同时表现出不同的香韵特点和不同的烟气特征。

烟叶的香型是风格特色的重要内容，我国传统的浓香型、清香型和中间香型烟叶体现了烟叶香气的浓郁度、醇厚度、柔和性、飘逸性、优雅性，但仅用香型对风格特色进行描述是不够的，如全国浓香型烟叶主要分布于河南、安徽皖南、湖南湘中和湘南、广东粤北、江西赣南、山东鲁东等产区，由于各地自然生态条件差异较大，风格特色仍有较大不同，如豫中浓香型烟叶香气浓郁绵厚，而华南浓香型烟叶焦甜感较为显著，香气较为细腻柔和。即使同一地区不同土壤质地生产的烟叶也表现不同的风格，皖南焦甜香烟叶主要产于砂壤土，而水稻土所产烟叶并不具有焦甜感（史宏志等，2011；2009b）。清香型烟叶和传统认定的中间香型烟叶也依地域不同表现出不同的风格特征。有学者还曾提出把我国烟叶的香型划分为浓香型、偏浓香型、中间型、偏清香型、清香型等5种。

根据特色优质烟叶开发重大专项烟叶特色感官评价方法的研究结果，特色烟叶的评价是以香型评价为基础，以香韵评价为依据，以烟气及口感特征为补充；同时将风格特征与品质特征相结合，定性与定量相结合，感官评价与特征化学成分分析相结合。将干草香定义为烤烟的本香，根据不同烟叶的香气特点，归纳总结了烤烟烟叶的15种香韵组成和9种杂气种类。香韵组成分别为干草香、清甜香、正甜香、焦甜香、青香、木香、豆香、坚果香、焦香、辛香、果香、药草香、花香、树脂香和酒香，杂气种类分为青杂气、生青气、枯焦气、木质气、土腥气、松脂气、花粉气、药草气和金属气。

对于烤烟的三大香型来说，同一种香型的不同产地烟叶既具有共性特征，又具有一定的风格差异。根据特色优质烟叶开发重大专项的描述，三大香型烟叶各自的共性特征为：清香型烟叶以干草香为本香，具有以清甜香、青香、木香等为主体香韵的烤烟香气特征，清甜香韵突出，香气清雅而飘逸；浓香型烟叶以干草香为本香，具有以焦甜香、木香、焦香等为主体香韵的烤烟香气特征，焦甜香韵突出，香气浓郁而沉溢；中间香型烟叶以干草香为本香，具有以正甜香、木香、辛香等为主体香韵的烤烟香气特征，正甜香韵突出，香气丰富而悬浮。

为了进一步认识同一香型不同产地烟叶风格特色的差异性，各香型产区又将其风格特色进行了细分，浓香型产区分成豫中豫南焦香焦甜香平衡风格区、皖南焦甜香风格区、豫西陕中南鲁东正甜香焦香风格区、粤北湘南赣西南焦甜香焦香风格区、湘中东赣中南桂北坚果香焦甜香风格区。清香型产区分成清香Ⅰ型、清香Ⅱ型、清香Ⅲ型、清香Ⅳ型和清香Ⅴ型，其中前4个清香型产区位于云、贵、川三省，第5个产区位于福建省。中间香型产区分为贵州中部山区、武陵山区、秦巴山区、山东烟区和东北烟区5个风格类型区，其烟叶特色的突出点分别为蜜甜香、坚果香、豆香、酮甜香和柔甜香。

烟草的风格和香味是多种具有特定香味特征的香气成分共同作用的结果，不同的烟草类型和品种或相同的品种在不同的生态环境和栽培条件下，其香气成分的组成、含量和比例各不相同，因此表现出不同的香型和风格特点。烤烟的香型及风格特色除与不同地区的生态条件有关外，还在不同程度上受品种、施肥等因素的影响。这些因素虽然不是烟叶特色的决定因素，但往往会通过对烟叶质量水平的影响而影响到某一特色烟叶的彰显程度。

香料烟具有独特的芬芳的香气，是卷烟生产中重要的调香原料。按照形态特征、栽培特点和香气类型，香料烟分为3种类型：一是芳香型，具有强烈的芳香气味；二是吃味型，烟叶加工后色暗，芳香中等，嗅感好或具有特殊吃味，是混合型卷烟的基本吃味原料；三是中等型，具有香料烟的芳香特征，但其香味具有刺激性，逊于芳香型品种。

白肋烟烟味浓烈，但味苦，刺激性强，一般需与烤烟等烟叶混合才能为消费者接受。一般分为调香型和填充型，世界著名的美国优质白肋烟及我国生产的白肋烟多为调香型，香气量大，生理强度高；马拉维等国生产的白肋烟为填充型，叶色相对较淡，烟碱含量相对较低。另外，马里兰烟、雪茄的芯叶和我国传统的晾晒烟都具有各自独特的浓厚香气。

1.1.3 我国特色烟叶开发历程

1. 前期探索

20 世纪 50 年代，为了方便工作，我国烟草科技工作者根据我国烤烟燃吸时的香气特点，把我国烟叶划分为清香型、中间香型、浓香型等，如云南的清香型、河南的浓香型、贵州的中间香型。三大香型概念的提出，开创了我国卷烟配方工艺新理念，奠定了中式卷烟的风格基础（唐远驹，2011）。随着香型研究的进一步深入，过渡香型（清偏中、中偏清、浓偏中、中偏浓）也一度引起国内学者的关注。

21 世纪初，中式卷烟概念的提出对我国优质原料生产提出了全新的要求，生产风格独特，质量优良，能够满足中式卷烟多样性需求的核心原料是摆在烟草科研和生产工作者面前的重要任务。为了开发特色鲜明的具有区位优势的优质卷烟原料，各地结合当地的生态条件，积极研究和探索优质烟叶开发技术，逐渐形成了一些具有区域特色，为工业企业所认可的中式卷烟原料品牌。比如开展的东南地区清香型烤烟生产综合技术开发研究、西南部分地区烤烟生产综合技术开发研究、四川“金攀西”优质烤烟开发等，显著提升了当地烟叶质量，也形成了特色鲜明的烟叶原料生产基地。

21 世纪初，皖南焦甜香烟叶风格特色的发现为我国特色优质烟叶开发提供了预备性试验的条件，2006 年国家烟草专卖局正式立项实施“皖南特殊香气风格烟叶形成机理及配套技术研究”项目，通过 3 年多的努力取得了显著的和开创性成果，揭示了皖南焦甜香风格形成的土壤基础、物质基础和代谢基础（邱立友等，2009；邱立友等，2010；史宏志等，2009a，2009b；李志等，2010a），为我国特色优质烟叶开发提供了成功范例。

我国在 20 世纪 50 年代、80 年代和 21 世纪初进行了三次全国烟草种植区划研究，对全国烟草种植生态区域进行了划分。自 2003 年开始的第三次种植区划研究，利用新的研究技术和手段，完成了现实生产条件下的烤烟生态适宜性分区和烟草种植区域划分（王彦亭等，2010）。按照生态类型区划一般原则，将我国烤烟生态适宜性划分为最适宜区、适宜区、次适宜区和不适宜区；区域区划采用二级分区制，将我国烟草种植划分为 5 个一级区和 26 个二级区，促进了我国烟叶种植结构的大幅度调整，同时指导各省进行省级范围的更为详细的种植区划，为烟草种植类型调整，由不适宜区向适宜区和最适宜区战略转移，为烟区重新布局奠定了基础。三次种植区划获得了详尽的烟区生态条件资料和烟叶质量基础数据。尽管三次区划采用的烟叶样品均为当时生产条件下的烟叶样品，并不能完全代表当地生态条件下的最佳烟叶质量和最大生产潜力，但对中国特色优质烟叶的开发具有一定的借鉴和参考作用。

2. 特色优质烟叶开发重大专项的实施

在 2006 年国家烟草专卖局颁布的烟草行业中长期科技发展规划中，特色优质烟叶开发被列为国家烟草专卖局科技重大专项，经过几年的筹备和论证，于2009年6月决定实施，2011年在对实施方案进行重大调整后正式实施。特色优质烟叶开发重大专项的主要目标是围绕“卷烟上水平”战略任务和中式卷烟发展需求，以开发特色优质烟叶原料核心技术及推进烟叶品质特色化为重点，用5年时间，准确评价与定位不同产区、不同香型烟叶质量风格特征，加强产区品类构建，完成全国烤烟品质区划，为特色优质烟叶生产规划布局提供支撑；明确不同香型烟叶风格特色形成的生态条件及化学物质基础，建立不同香型风格特色优质烟叶生态基础评价模型和典型生态区烟叶特色风格形成的化学基础理论体系；开发典型生态区域特色优质烟叶核心技术，优化、组装、形成彰显烟叶质量风格特色的生产、加工技术体系；挖掘区域特色资源潜力，优化特色优质烟叶生产布局，实现特色优质烟叶的规模化开发与工业利用；建立原烟质量安全评价体系，研究开发以降低烟叶焦油、重金属及农残等指标为重点的低危害烟叶生产关键技术；构建特色优质烟叶科学研究、规模开发与工业利用共享的信息服务平台；培养和造就一批开拓创新、富有活力、在行业内较有影响力的首席专家和学科带头人。

按照“香型统筹课题，课题服务香型”的研究思路和“分类研究、分期实施、联合攻关、动态调整”的工作要求，将专项研究划分为“三纵三横”（3+3）六个项目组：浓香型特色烟叶项目组、清香型特色烟叶项目组和中间香型特色烟叶项目组；按香型开展系统研究开发，构成“三纵”；设立烟叶质量风格特色感官评价方法、烟叶香型风格特征化学成分研究、低危害烟叶开发三个项目组，开展共性研究，构成“三横”。

浓香型特色优质烟叶开发项目组经过充分论证，分为浓香型特色优质烟叶质量风格定位研究、浓香型特色优质烟叶风格形成的生态基础研究、浓香型烟叶特色品种的挖掘与筛选利用研究、浓香型特色优质烟叶形成的代谢与分子基础研究、浓香型特色优质烟叶科学保障大田生长时间配套技术研究、浓香型烤烟调制关键技术研究、浓香型特色烟叶规模开发与工业利用研究、浓香型特色烟叶打叶复烤保香除杂工艺及醇化技术研究等课题分别实施。

1.2 浓香型特色优质烟叶形成的生态基础研究的任务

浓香型烟叶是中式卷烟的核心原料，在减害降焦的大背景下，积极发展浓香型烟叶意义重大。我国浓香型烟叶分布广泛，一般认为河南豫中、安徽皖南、广东南雄、湖南浏阳及广西、陕西、山东的一些地区的烟叶均具有浓香型特征，对于安徽皖南的焦甜感浓香型烟叶形成的土壤基础已经有了基本的认识，但对于不同类型区浓香型风格与生态条件的关系还缺乏系统和深入的研究。因此，筛选与浓香型烟叶风格彰显密切相关的因子，明确不同烟区的生态促进因子、限制因子和障碍因子，深入分析生态因素与烟叶特色风格的关系及其作用机理，建立浓香型烟叶生态评价模型，对于优化浓香型烟叶布局，制定相应的农艺、化学、分子等调控和补偿措施，充分彰显烟叶浓香型特色风格具有重要意义。

1.2.1 研究目标

本课题以采集我国不同浓香型烟叶产区气候、土壤、地质背景等生态条件为基础，深入研究生态因素与烟叶风格特色的关系及作用机理，筛选与浓香型烟叶风格彰显密切相关的因子，并明确不同生态区的生态促进因子、限制因子和障碍因子，建立浓香型烟叶生态评价模型，为优化浓香型烟叶布局、制定充分彰显浓香型风格特色的技术措施提供理论依据和技术支撑。

通过研究解决以下主要科学问题：一是我国浓香型不同产区生态条件的共性特征和差异性是什么；二是在气候、土壤、生物等诸多生态因素中哪些因素对浓香型风格的形成以及对不同香韵表现起决定作用；三是优质浓香型烟叶的形成对关键生态因子有什么量化要求；四是我国不同浓香型产区生态条件中有哪些有利和不利因素？如何通过选择生态、适应生态、改良生态，充分发挥各地的生态优势，彰显浓香型风格特色，提升烟叶质量水平。

1.2.2 研究思路

通过研究浓香型产区的气候、土壤、地质背景等生态条件，并与其他香型烤烟典型产区相比较，明确浓香型产区典型生态特征及各产区的生态因子共性与个性表现。

通过分析各主要生态因子对烟叶风格特色形成的影响，筛选与浓香型烟叶风格彰显密切相关的因子，并探明其影响机理。

明确不同生态区的生态促进因子、限制因子和障碍因子，建立浓香型烟叶生态评价模型。

基于以上研究结果划分浓香型特色风格烟叶适宜生态区，优化区域布局。

1.2.3 技术路线

结合不同浓香型产区所确定的取样点进行生态数据采集；在每个取样点取得烟叶样品的同时，采集各主要生态参数，并分析生态因子对浓香型风格形成的影响；在典型产区设置人工控制与生态模拟试验，探索各主要生态因子对香型风格形成的作用效果和作用机理；在建立浓香型特色烟叶生态条件评价模型的基础上，阐明浓香型风格特色形成的生态基础，并优化生态区域布局。技术路线见图 1-1。

1.2.4 研究内容

1. 浓香型特色烟叶形成的气候特征研究

(1) 常年气候资料收集与分析

结合 GPS 定位，在项目确定的各典型取样点进行气候资料及各相关参数的采集。搜集当地近 30 年及项目进行期间有关气象信息资料，包括温度昼夜变化、有效积温和活动积温、光照强度、光照时数、有效辐射、降水量等及其分布。比较分析各烟区气候特征的共同性和特殊性，分析浓香型烟叶典型生态区的气候特征、演变规律及烟草全生育期的气象因子匹配变化特征，筛选影响烟叶香型的关键气候因子及其效应阈值。

(2) 光谱特征研究

在典型烟田设置太阳光谱分析系统，实时监测总辐射、紫外及不同波段可见光，比较不同产区的光谱波段特征和差异；通过与典型烟叶样品质量和特色对比分析，明确光谱特征与烟叶质量和风格的关系。

(3) 田间小气候特征研究

在确定的典型试点配置小型自动气象站，观测风速、风向、空气温度、空气湿度、太阳总辐射、降水量等气象指标；通过与典型烟叶样品质量和特色对比分析，研究田间小气候与烟叶质量和风格的关系。

2. 浓香型特色烟叶形成的地质背景研究

(1) 浓香型特色优质烟叶典型产区农业地质条件研究

重点研究土壤黏土矿物组成、成土母质、成土母岩、地质构造、地质年代、岩相、风化壳类型、土壤类型、海拔、地下水类型、侵蚀类型与强度、岩石出露、地表粗碎块、坡度、坡向。以及中、小地形下的地形起伏度、地表切割、地形类型、植被格局、植被覆盖度等农业地质条件对浓香型特色优质烟叶形成的影响。

(2) 浓香型特色优质烟叶典型产区地球化学元素含量特征研究

重点研究“国际地质对比计划”（IGCP）所推荐的52种元素中前26种元素在典型烟田土壤和烟叶中的含量特征，并分析各元素含量以及不同元素组合特征对浓香型特色优质烟叶形成的影响。

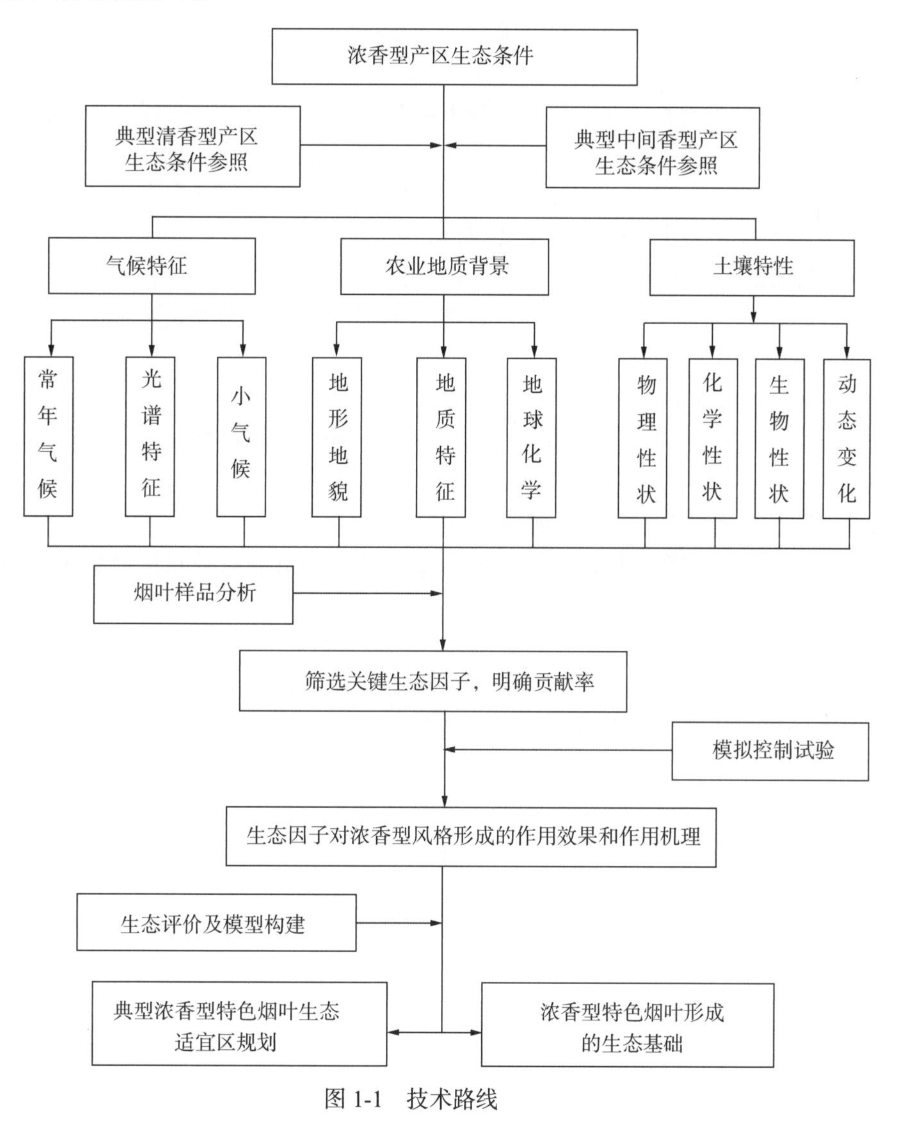

图1-1　技术路线

3. 浓香型特色烟叶形成的土壤特性研究

（1）土壤发生特征对浓香型特色优质烟叶形成的影响

重点研究土壤发生过程、发生层、剖面构型、质地构型、土壤类型（发生分类的土种、系统分类的土族）、砾石含量、土壤水分状况类型、土壤温度状况类型、土壤结构、土壤结持性、土壤反应等体现土壤发生发育的指标对浓香型特色优质烟叶形成的影响。

（2）土壤理化性质对浓香型特色优质烟叶形成的影响

重点研究腐殖质含量及组分含量、颗粒组成、pH、碳酸钙、全氮、全磷、全钾、阳离子交换量、盐基饱和度、田间持水量等稳定性土壤理化指标对浓香型特色优质烟叶形成的影响。

（3）烟草生育期土壤指标的动态变化

在典型烟田，配合田间小气候特征研究和土壤标本采集，在烟草生长发育过程中测定关键土壤指标的动态变化，特别关注烟叶质量形成期土壤理化性状的变化；研究烟叶质量风格形成与土壤性状动态变化的关系。

4. 生态因子模拟控制研究

在以上研究的基础上，针对影响浓香型特色风格形成的主要气候、土壤因子，采用人工控制及模拟等方法研究其对烟叶农艺性状、生理变化、外观特征、烟叶化学成分和质量风格的影响，进行控光、控温、土壤调理等试验，探索关键生态因子对浓香型特色风格形成的作用效果和作用机理。主要控制试验如下：

（1）光照强度对烟叶浓香型风格的影响

通过设置不同光强处理，研究全生育期、不同生育时期改变光照强度对烟叶质量风格特色的影响及作用机理。

（2）光质对烟叶浓香型风格特色的影响

通过改变烟株生长环境中不同波段光质比例，研究光质对烟叶风格特色的影响及作用机理。

（3）光照时数对浓香型风格的影响

在典型产区通过改变光照时数研究质量形成期不同日照时数对浓香型风格特色的影响及作用机理。

（4）温度对浓香型风格特色的影响

在典型产区通过在人工气候室进行人工控温，在烟株生育期，特别是烟叶质量形成期进行温度处理，研究温度对浓香型风格特色的影响及作用机理。

（5）不同移栽期光温条件变化及对烟叶风格特色的影响

在大田条件下通过设置不同移栽期，研究烟草各生育时期的温光变化特点及对烟叶风格特色的影响，移栽期可根据当地推荐移栽期分别提早和推迟两个栽期。

（6）土壤质地对烟叶风格特色的影响

通过人工添加不同种类和比例的客土改良土壤质地，研究其对烟叶风格特色的影响及作用机理。

5. 浓香型特色烟叶形成的生态评价及模型构建

综合气候、地质背景、土壤特性分析结果，结合浓香型烟叶质量特色评价数据，运用自然地理、特别是土壤地理中的地带性理论，利用区域差异比较法辨明影响浓香型烟叶的地带性生态因素和区域性生态因素，阐明浓香型烟叶风格特色空间变异的生态基础，明确浓香型产区不同区域的主导生态指标及其对风格特色的贡献率。在此基础上，利用数理统计手段将采集资料和调查结果数值化，构建不同生态因子对烟叶质量特色形成的贡献率数学模型。综合分析烟叶香型与土壤、气候等因素间的关系，建立不同香型特征烟叶生态条件评价模型和评价系统。

6. 浓香型特色产区规划

利用空间信息技术研究浓香型所需生态因素的空间分布，表征浓香型烟叶的生态适宜性，划定浓香型烟叶优势产区。

1.2.5 组织和实施

浓香型特色优质烟叶开发重大专项项目及生态基础研究课题均由中国烟叶公司牵头，由河南农业大学国家烟草栽培生理生化研究基地主持并组织实施。河南农业大学负责方案制定、落实、生态资料的汇总、统计分析、人工控制试验的实施、部分烟叶样品的化验分析、项目总结等。中国农业科学院资源与区划研究所、中国科学院南京土壤研究所负责土壤剖面观察、土壤样本采集、土壤理化性状测定、地质背景研究。中国农业科学院烟草研究所负责有关产区田间小气候和光谱特征测定。上海烟草（集团）公司、河南中烟工业有限责任公司、浙江中烟工业有限责任公司、山东中烟工业有限责任公司负责试验样品评吸鉴定。

经过承担单位的共同努力和联合攻关，生态基础研究课题取得显著成效，在影响浓香型风格特色形成的关键生态因子筛选、生态因素对质量特色影响机理、生态指标和生态评价模型建立、生态因子剖析和评价等方面取得许多创新和突破，为通过农艺栽培等措施提升烟叶质量，彰显浓香型特色奠定了理论基础。

第2章　浓香型产区气候特征及分区

烟叶的风格特色是由生态决定的，而气候条件是重要的生态因子。气候因子具有明显的地域分布特点和空间相关性，因此可以通过地带性分布理论和地理信息系统研究气候因子的区域分布和地带性分布特征。浓香型产区地域分布较广，包括华南、华中、黄淮8个省（区），研究不同产区气候分布特点及与烟叶风格特色的关系，对阐明浓香型烟叶质量特色的影响因素具有重要意义。

在研究中，采集了1981～2011年共计31年我国浓香型产区57个县的气象信息资料，主要数据指标为平均气温、平均最低气温、平均最高气温、极端最低气温、极端最高气温、平均相对湿度、降水量、平均风速、日照时数、平均本站气压、平均总云量、平均0 cm地表温度等。由温度指标又延伸出平均昼夜温差、>10℃积温、>20℃积温、>20℃天数和日最高温>30℃天数等指标。根据烟草大田生育期划分标准将全生育期分为伸根期（移栽到团棵）、旺长期（团棵到打顶）、成熟期（打顶到采收结束）3个生育时期，分别对各生育时期和全生育期气候指标进行计算和系统分析，明确了浓香型产区各气候指标的变异和地带性分布特征（杨军杰等，2015）。按照所筛选的烟草各生育阶段温度、光照、降水等对烟叶生长发育影响较大的关键气象指标进行聚类分析，把浓香型产区划分为5个气候类型区，各类型区在具有共性特征的基础上具有明显不同的气候特点，这些共性和个性特征是浓香型不同产区烟叶风格特色既具有相似性又具有差异性的重要生态基础。

2.1　浓香型产区气候指标的总体特征

结合不同产区烟叶推荐的移栽期和正常生长阶段划分界限，确定了不同产区烟草生长各生育阶段和全生育期49个气象指标的分布，包括烟草还苗伸根期平均温度、旺长期平均温度、成熟期平均温度、全生育期平均温度、还苗伸根期平均昼夜温差、旺长期平均昼夜温差、成熟期平均昼夜温差、成熟期日最高温>30℃天数、还苗伸根期降水量、旺长期降水量、成熟期降水量、全生育期降水量、还苗伸根期光照时数、旺长期平均光照时数、成熟期平均光照时数、全生育期光照时数、还苗伸根期平均相对湿度、旺长期平均相对湿度、成熟期平均相对湿度、全生育期平均相对湿度及各生育阶段云量、气压、风速等。

对浓香型产区各烟区气候特征的共同性和特殊性进行了分析。将各气象指标求出变异区间、变异参数以及在各点的分布特征，如表2-1所示。从表2-1中可以看出，成熟期、旺长期和全生育期日均温、成熟期和全生育期地表温度、成熟期和全生育期 >10℃积温、成熟期和全生育期昼夜温差、各生育期平均相对湿度、气压等指标变异系数较小，均在 15% 以下。其中各个生育阶段大气压指标的变异系数最小，在 3%以下。成熟期温度较高和昼夜温差较小是浓香型产区的典型特征，其中成熟期平均气温和地表温度分别集中在约 25.3℃和 28.5℃；成熟期相对湿度集中为 74%～85%；成熟期昼夜温差主要集中在 8.6℃左右。

表 2-1　浓香型产区主要气候指标的总体特征

指标	生育阶段	范围	平均值	极差	方差	标准差	变异系数 /%	峰度	偏度
日均温/℃	伸根期	14.7～22.8	19.2	8.1	7.10	2.66	13.9	−1.227	−0.535
	旺长期	19.0～26.6	23.4	7.6	5.32	2.31	9.9	−1.243	−0.488
	成熟期	20.4～27.9	25.3	7	1.88	1.37	5.4	2.782	−1.372
	全生育期	19.9～25.6	23.5	5.7	1.85	1.36	5.8	−0.38	−0.71
>10℃积温 /℃	伸根期	94.0～441.0	250.5	347	7990.52	89.39	35.7	−0.640	0.065
	旺长期	101.0～785.0	366.3	684	18774.33	137.02	37.4	0.476	0.531
	成熟期	730～1192.5	990.8	462.5	13255.76	115.13	11.6	−0.644	−0.338
	全生育期	1151.5～2022.5	1604.5	871.0	44661.69	211.33	13.2	−0.937	−0.162
>20℃积温 /℃	伸根期	0～92	23.8	92	650.65	25.51	107.2	−0.213	0.886
	旺长期	126.5～462	341.0	335.5	6156.43	78.46	23.0	0.701	−0.872
	成熟期	142.5～646	465.2	503.5	13249.92	115.11	24.7	0.105	−0.680
	全生育期	142.5～712.5	469.2	570	14319.87	119.67	25.5	0.068	−0.546
>20℃天数 /d	伸根期	0～30	12.0	30	103.45	10.17	84.6	−1.348	0.138
	旺长期	5～50	24.1	45	84.93	9.22	38.2	0.006	0.125
	成熟期	45～75	62.6	30	54.56	7.39	11.8	−0.094	−0.398
	全生育期	65～130	98.8	65	294.89	17.17	17.4	−1.188	−0.154
最高温 >30℃天数	成熟期	10～58	42	48	133.67	11.56	27.8	0.244	−0.868
地表日均温 /℃	伸根期	15.8～27.5	22.4	11.7	15.15	3.89	17.4	−1.347	−0.508
	旺长期	21.2～30.4	26.6	9.2	9.09	3.02	11.3	−1.278	−0.575
	成熟期	24.6～31.8	28.5	7.2	2.62	1.62	5.7	−0.237	−0.356
	全生育期	22.9～29.8	26.7	6.8	2.96	1.72	6.4	−0.017	−0.520
昼夜温差 /℃	伸根期	6.6～17.1	10.6	10.5	5.56	2.36	22.3	−0.465	−0.229
	旺长期	6.9～15.9	10.2	9.0	2.93	1.71	16.8	0.719	0.230
	成熟期	6.9～12.4	8.6	5.5	0.83	0.91	9.6	4.407	1.413
	全生育期	6.9～14.1	9.4	7.2	1.74	1.32	14.0	1.264	0.336
光照时数 /h	伸根期	50.4～257.4	147.8	207.0	3680.36	60.67	41.0	−1.284	−0.111
	旺长期	44.2～327.0	160.6	282.8	4068.42	63.78	39.7	−0.333	−0.012
	成熟期	227～511.4	373.4	284.4	4275.75	65.39	17.5	−0.329	0.096
	全生育期	350.6～944.4	682.5	593.7	24629.59	156.94	23.0	−0.593	−0.436
降水量 /mm	伸根期	16.7～260.6	98.8	243.9	4157.09	64.48	65.2	0.109	1.185
	旺长期	57.4～181.0	107.7	123.6	1131.54	33.64	31.2	−0.927	0.362
	成熟期	144.7～670.4	367.1	525.7	11040.07	105.07	28.6	0.492	0.737
	全生育期	248.2～1050.6	573.5	802.4	32175.08	179.37	31.3	0.115	0.873
总云量 / 成	伸根期	18.4～62.2	38.2	43.8	95.45	9.77	25.6	−0.277	0.466
	旺长期	15.7～68.2	38.2	52.5	99.36	9.97	26.1	0.579	0.346
	成熟期	62.7～130.8	94.4	68.0	230.60	15.19	16.1	0.166	0.457
	全生育期	126.1～228.2	170.9	102.1	369.42	19.22	11.2	0.895	0.370

续表

指标	生育阶段	范围	平均值	极差	方差	标准差	变异系数 /%	峰度	偏度
气压 /hPa	伸根期	900.6～1013.6	988.5	113.0	547.76	23.40	2.4	5.129	−2.188
	旺长期	898.1～1009.5	985.1	111.4	517.79	22.75	2.3	4.626	−2.092
	成熟期	901.7～1008.8	984.0	107.1	461.20	21.48	2.2	6.086	−2.338
	全生育期	900.9～1066.1	988.1	165.2	625.10	25.00	2.5	4.822	−1.183
平均相对湿度 /%	伸根期	55～85	72	30	65.54	8.10	11.3	−0.958	0.061
	旺长期	63～83	73	20	38.40	6.20	8.5	−1.420	0.136
	成熟期	74～85	80	11	3.93	1.98	2.5	1.546	−0.774
	全生育期	68～83	77	15	13.28	3.64	4.8	−0.599	−0.250
平均风速 / (m/s)	伸根期	0.6～5.3	2.1	4.7	0.62	0.79	37.0	3.797	1.020
	旺长期	0.5～5.2	2.0	4.6	0.56	0.75	36.4	4.438	1.097
	成熟期	0.5～4.1	1.8	3.6	0.34	0.58	32.7	3.513	0.802
	全生育期	0.5～4.6	1.9	4.1	0.43	0.66	34.1	4.097	0.961

烟叶伸根期的积温条件变异性较大，特别是 >20℃ 积温和 >20℃ 的天数变异极其显著，表明浓香型产区不同地点烟叶生长前期的温度条件差异很大。另外光照时数和降水量，特别是伸根期和旺长期的降水量和光照时数变异性也较大，如伸根期降水量变异为 18.4～62.2mm，全生育期降水量为 248.2～1050.6mm，伸根期光照时数的变异为 50.4～257.4h，全生育期为 350.6～944.4h，这反映了南北不同烟区气候条件有较大的差异，特别是烟叶生长前期差异较为显著。

按照传统香型分类方法，烟叶分为浓香型、中间香型和清香型，不同香型烟叶在不同生态条件下形成。为了明确浓香型产区所具有的共同气候特征，确定两个标准来筛选各气候指标：一是在浓香型产区内变异性较小，指标变异系数低于 15%；二是与清香型和中间香型有显著差异，且呈规律性变化。根据表 2-1 结果，并与其他两个香型典型产区气候条件进行对比分析，可以看出同时符合这两个标准的指标主要有成熟期日均气温、成熟期日均地温、成熟期昼夜温差、成熟期和全生育期 >10℃ 积温。由此可见，烟叶成熟期和全生育期温度较高是浓香型产区的共同特征。图 2-1 和图 2-2 是不同香型产区成熟期日均温和全生育期积温的比较，由图可以看出，在不同香型间有显著差异是决定烟叶香型表现和分属的重要指标。

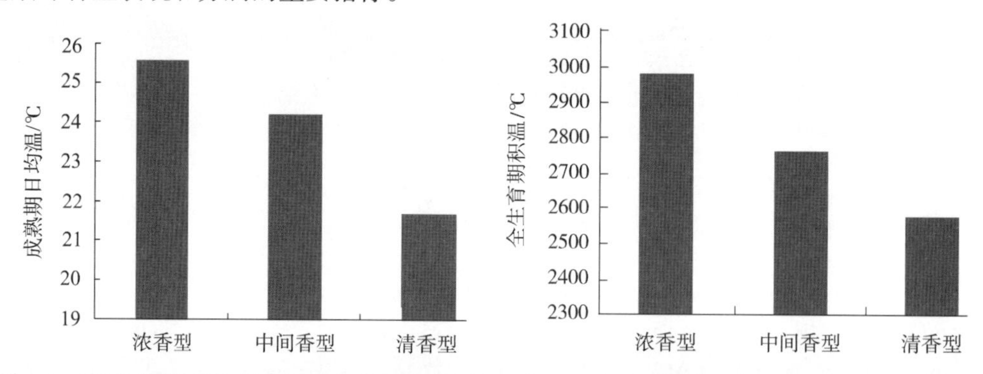

图 2-1　我国不同香型烤烟产区烟叶成熟期日均温　图 2-2　我国不同香型烤烟产区烟叶全生育期积温

2.2　浓香型产区各气候指标空间分布特征

2.2.1　温度状况

1. 伸根期平均气温

还苗伸根期温度直接关系到烟苗的早生快发。图 2-3 为我国浓香型产区伸根期均温的概率分布图。由图 2-3 可知，我国浓香型烟叶产区还苗伸根期平均气温分布范围较广，整体呈两端分布，变异幅度较大，集中度较低。这与不同烟区烟叶移栽期早晚有关，南方烟区移栽较早，温度较低，而北方烟区相反，因此出现了在≤17.5℃和>19.5℃的范围内比例大，在 17.5～19.5℃比例最小的布局。各个温度区间的具体样点分布和 GIS 分布分别见表 2-2 和图 2-4。

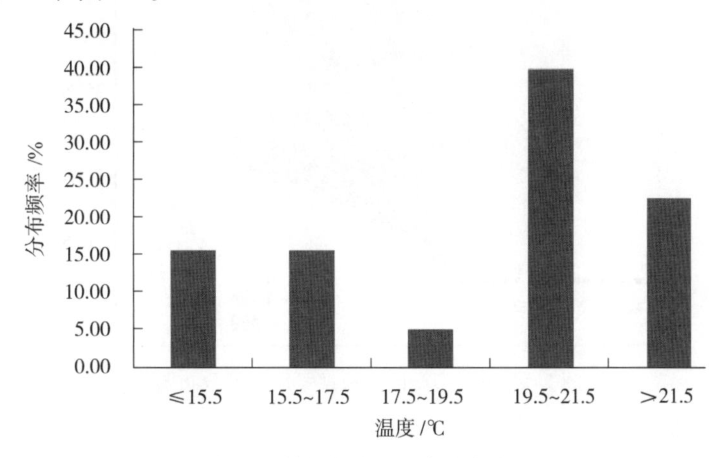

图 2-3　伸根期均温概率分布图

表 2-2　伸根期日均温样点分布

组限/℃	点数	样点
≤15.5	9	陕西延安富县、江西赣州信丰、安徽芜湖芜湖、安徽宣城泾县、安徽宣城宣州、安徽宣城旌德、江西抚州广昌、江西赣州石城、湖南永州江华
15.5~17.5	9	湖南长沙宁乡、湖南长沙浏阳、湖南郴州安仁、湖南永州江永、湖南郴州桂阳、湖南郴州嘉禾、广东南雄南雄、安徽池州东至、广东南雄始兴
17.5~19.5	6	陕西商洛洛南、河南南阳方城、河南驻马店泌阳、广东南雄乐昌、广西贺州富川、广东南雄乳源
19.5~21.5	20	山东潍坊昌乐、山东潍坊安丘、山东潍坊高密、山东日照莒县、山东青岛胶南、河南平顶山宝丰、河南平顶山鲁山、河南三门峡卢氏、河南洛阳汝阳、河南平顶山禹州、河南许昌许昌、陕西延安镇安、河南南阳内乡、河南平顶山郏县、河南平顶山叶县、河南平顶山舞阳、河南南阳社旗、河南驻马店遂平、河南南阳唐河、河南驻马店确山
>21.5	13	山东潍坊诸城、山东日照五莲、河南三门峡灵宝、河南三门峡渑池、河南洛阳宜阳、河南洛阳洛宁、河南洛阳新安、河南洛阳伊川、河南平顶山汝州、河南南阳西峡、河南许昌襄县、河南漯河临颖、河南三门峡陕县

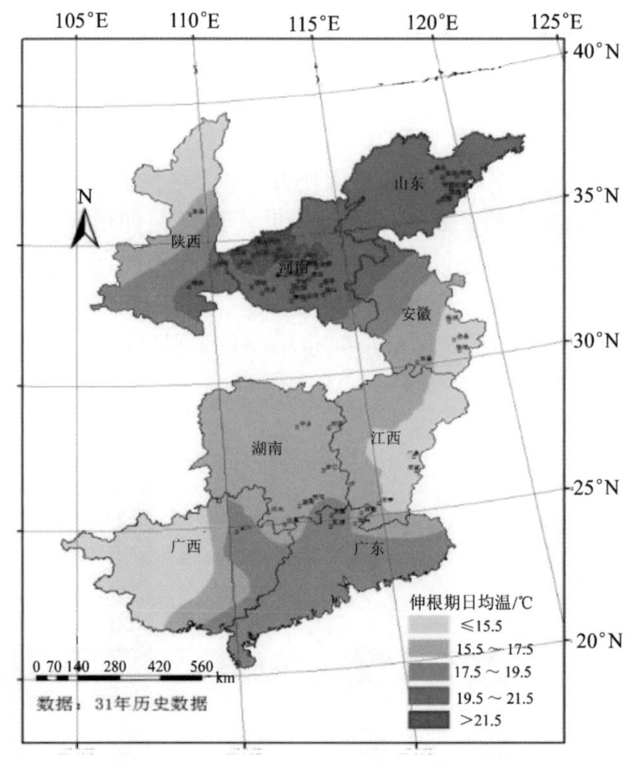

图 2-4　浓香型产区伸根期平均温度分布图

2. 旺长期平均气温

旺长期是烟株生长最快的时期，温度条件对烟株的建成和烟叶开片影响较大，旺长期需要烟株大量合成有机物，温度对与物质合成有关酶的活性密切相关。由图 2-5 可以看出浓香型各产区旺长期平均气温分布范围广泛，整体呈倒正态分布，与伸根期均温分布规律相似，华南地区和皖南地区由于移栽较早，旺长期温度偏低，而豫中和鲁东等地区移栽期一般在 4 月下旬和 5 月上旬，旺长期日均温度均 >22℃ 。各个温度区间的具体样点分布和 GIS 分布分别如表 2-3 和图 2-6 所示。

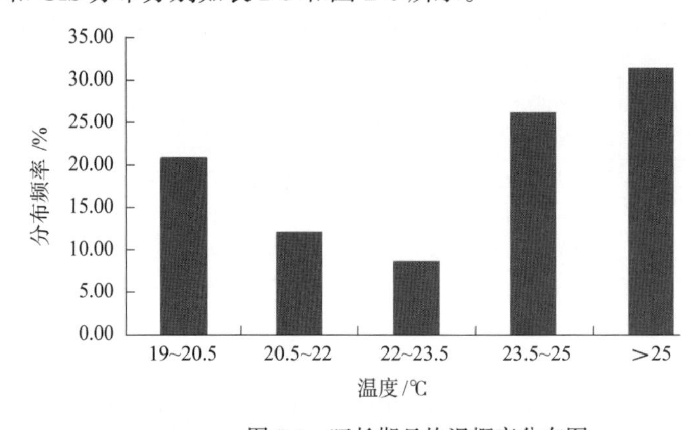

图 2-5　旺长期日均温概率分布图

表 2-3　旺长期日均温样点分布

组限/℃	点数	样点
≤20.5	12	陕西延安富县、湖南长沙宁乡、湖南长沙浏阳、江西赣州信丰、广东南雄南雄、安徽芜湖芜湖、安徽宣城泾县、安徽宣城宣州、安徽宣城旌德、江西赣州石城、湖南永州江华、广东南雄始兴
20.5~22	7	陕西商洛洛南、湖南郴州安仁、湖南永州江永、湖南郴州桂阳、湖南郴州嘉禾、安徽池州东至、江西抚州广昌
22~23.5	5	山东青岛胶南、河南南阳方城、广东南雄乐昌、广西贺州富川、广东南雄乳源
23.5~25	15	山东潍坊安丘、山东潍坊高密、山东潍坊诸城、山东日照莒县、山东日照五莲、河南平顶山宝丰、河南平顶山鲁山、河南三门峡卢氏、陕西延安镇安、河南南阳内乡、河南平顶山叶县、河南南阳社旗、河南驻马店遂平、河南南阳唐河、河南驻马店泌阳
>25	18	山东潍坊昌乐、河南三门峡灵宝、河南三门峡渑池、河南洛阳宜阳、河南洛阳洛宁、河南洛阳新安、河南洛阳伊川、河南平顶山汝州、河南洛阳汝阳、河南平顶山禹州、河南许昌许昌、河南南阳西峡、河南平顶山郏县、河南许昌襄县、河南漯河临颍、河南平顶山舞阳、河南驻马店确山、河南三门峡陕县

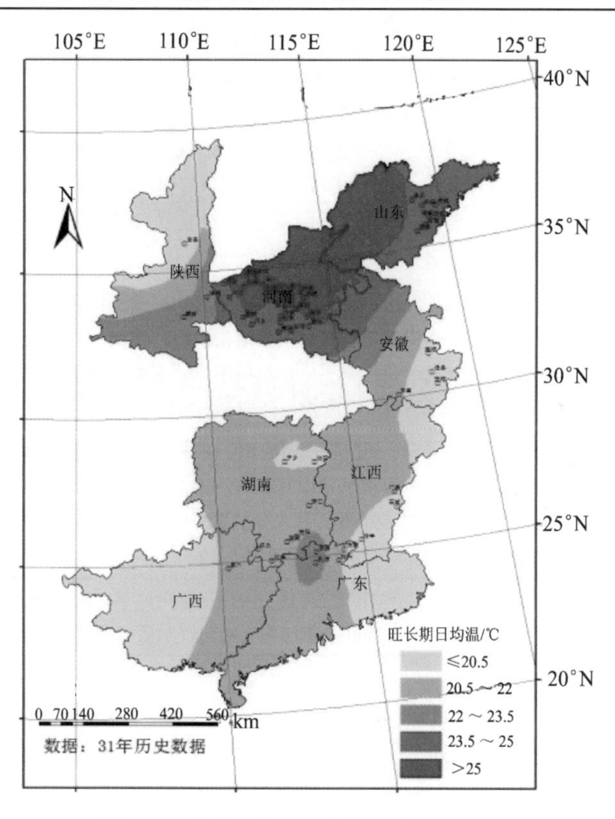

图 2-6　浓香型产区旺长期平均温度分布

3. 成熟期平均气温

成熟期是烟叶质量形成的重要时期，温度高低直接影响烟叶的代谢强度和物质的降解转化，进而影响烟叶的成熟。由图 2-7 可知，浓香型产区的成熟期均温分布较集中，整体接近正态分布，在 24.5～25.5℃和 25.5～26.5℃两个区间内分布频率较大，分别为

33.3%和31.6%，因此集中度较高，是浓香型烟叶的典型气候特征。具体样点分布和GIS分布分别如表2-4和图2-8所示，成熟期日均温纬度地带性分布特征不明显，但垂直地带性分布特征较为显著，随着海拔的增加，成熟期温度有降低趋势。豫中豫南传统浓香型产区成熟期均温最高，其他浓香型较为典型的安徽皖南、湖南、广东等产区成熟期均温也较高，陕西和豫西烟区成熟期均温相对较低。

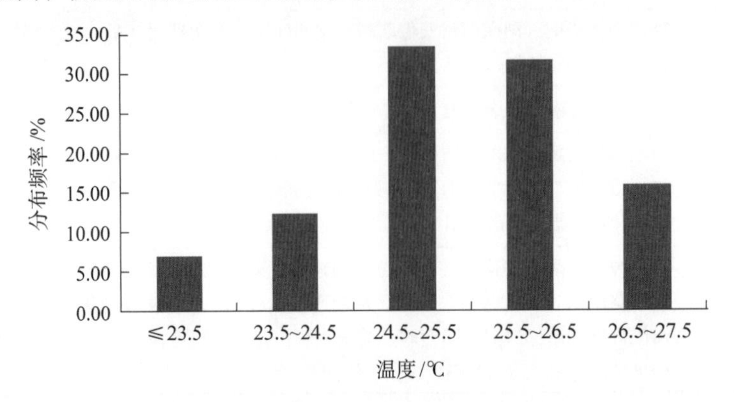

图2-7　成熟期均温概率分布图

表2-4　成熟期日均温样点分布

组限/℃	点数	样点
≤23.5	4	陕西延安富县、陕西商洛洛南、河南三门峡卢氏、陕西延安镇安
23.5~24.5	7	山东青岛胶南、河南三门峡灵宝、河南三门峡渑池、河南洛阳宜阳、河南洛阳洛宁、河南洛阳汝阳、河南三门峡陕县
24.5~25.5	19	山东潍坊昌乐、山东潍坊安丘、山东潍坊高密、山东潍坊诸城、山东日照莒县、山东日照五莲、河南洛阳新安、河南洛阳伊川、河南平顶山汝州、湖南长沙浏阳、湖南永州江永、江西赣州信丰、广东南雄南雄、安徽宣城泾县、安徽宣城旌德、江西抚州广昌、江西赣州石城、湖南永州江华、广东南雄始兴
25.5~26.5	18	河南平顶山宝丰、河南平顶山鲁山、河南平顶山禹州、河南南阳西峡、河南南阳内乡、河南南阳方城、河南平顶山郏县、河南漯河临颍、河南南阳社旗、湖南长沙宁乡、湖南郴州桂阳、湖南郴州嘉禾、广东南雄乐昌、安徽芜湖芜湖、安徽池州东至、安徽宣城宣州、广西贺州富川、广东南雄乳源
26.5~27.5	9	河南许昌许昌、河南许昌襄县、河南平顶山叶县、河南平顶山舞阳、河南驻马店遂平、河南南阳唐河、河南驻马店泌阳、河南驻马店确山、湖南郴州安仁

4. 全生育期平均温度

烟草是喜温作物，在温暖条件下生长较快，一般认为，对于优质烟叶生产来说，烟草在大田生长期最适温度为22～28℃，最低10～13℃，最高温度35℃。温度过高时，烟株烟碱含量升高，影响品质；温度过低时，烟株生长受阻，抵抗病害能力降低。我国浓香型产区全生育期日均温概率分布如图2-9所示，从图中可以看出，几乎全部产区的全生育期均温在最适温度范围内，具备生产优质烟叶的温度条件，其中在24～25℃的分布频率最大，为42.1%。以豫中豫南烟区平均温度最高，陕西和江西等烟叶产区相对较低。各个温度区间的具体样点分布和GIS分布分别如表2-5和图2-10所示。

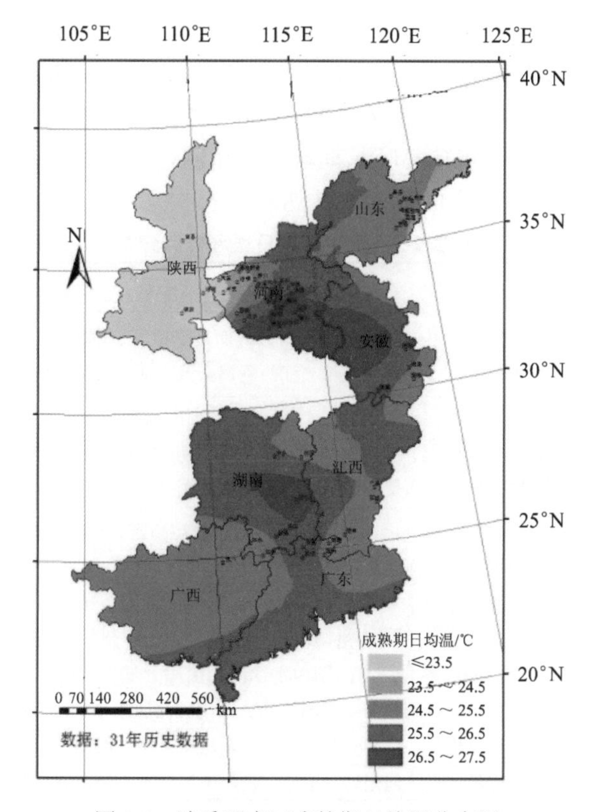

图 2-8　浓香型产区成熟期日均温分布图

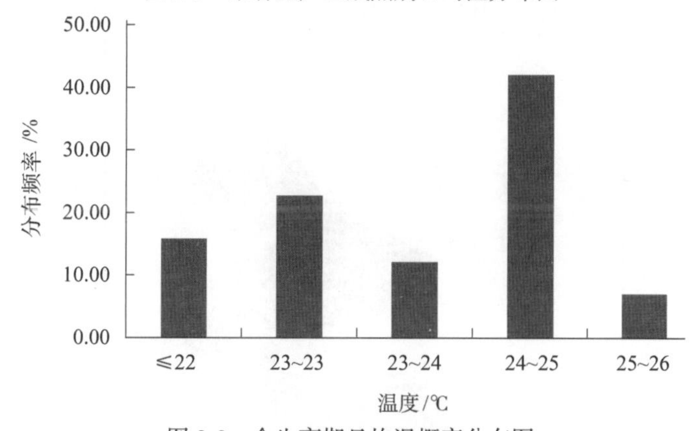

图 2-9　全生育期日均温概率分布图

5. 伸根期>10℃积温

伸根期积温不仅与伸根期平均温度有关，还与伸根期的长短有关。>10℃积温对烟株生长发育有一定影响。我国浓香型产区的伸根期 >10℃积温概率分布如图 2-11 所示，可以看出，其分布比较广，为 91～441℃。在 231～301℃分布频率最大，为 28.1%；在 371～441℃分布频率最小，为 8.8%。各积温区间的 GIS 分布如图 2-12 所示。

6. 旺长期>10℃积温

由地域差异造成的均温的不同和旺长期长短的不同影响了旺长期 >10℃积温的大

小，因此我国浓香型产区旺长期 >10℃积温的分布频率集中度较低，如图 2-13 所示。可以看出，其分布范围广，为 101～785℃，变异系数较大，为 37.4%。其中在 200～300℃内分布最多，频率为 28.1%；在 100～200℃内分布频率最小，为 10.5%。同时可以看出，旺长期积温的分布规律与旺长期均温分布规律相似，南方烟区较低，豫中等地区较高，各积温区间的 GIS 分布如图 2-14 所示。

表 2-5　全生育期日均温样点分布

组限/℃	点数	样点
≤22	9	陕西延安富县、陕西商洛洛南、陕西延安镇安、湖南永州江永、江西赣州信丰、广东南雄南雄、安徽宣城旌德、江西赣州石城、湖南永州江华
22～23	13	河南三门峡渑池、河南三门峡卢氏、湖南长沙宁乡、湖南长沙浏阳、湖南郴州安仁、湖南郴州桂阳、湖南郴州嘉禾、安徽芜湖芜湖、安徽池州东至、安徽宣城泾县、安徽宣城宣州、江西抚州广昌、广东南雄始兴
23～24	7	山东潍坊昌乐、山东潍坊安丘、山东潍坊高密、山东日照莒县、山东青岛胶南、河南三门峡灵宝、河南洛阳洛宁
24～25	24	山东潍坊诸城、山东日照五莲、河南洛阳宜阳、河南平顶山宝丰、河南平顶山鲁山、河南洛阳新安、河南洛阳伊川、河南平顶山汝州、河南洛阳汝阳、河南平顶山禹州、河南南阳西峡、河南南阳内乡、河南南阳方城、河南平顶山郏县、河南平顶山叶县、河南平顶山舞阳、河南南阳社旗、河南驻马店遂平、河南南阳唐河、河南驻马店泌阳、广东南雄乐昌、广西贺州富川、广东南雄乳源、河南三门峡陕县
25～26	9	河南许昌许昌、河南许昌襄县、河南漯河临颍、河南驻马店确山

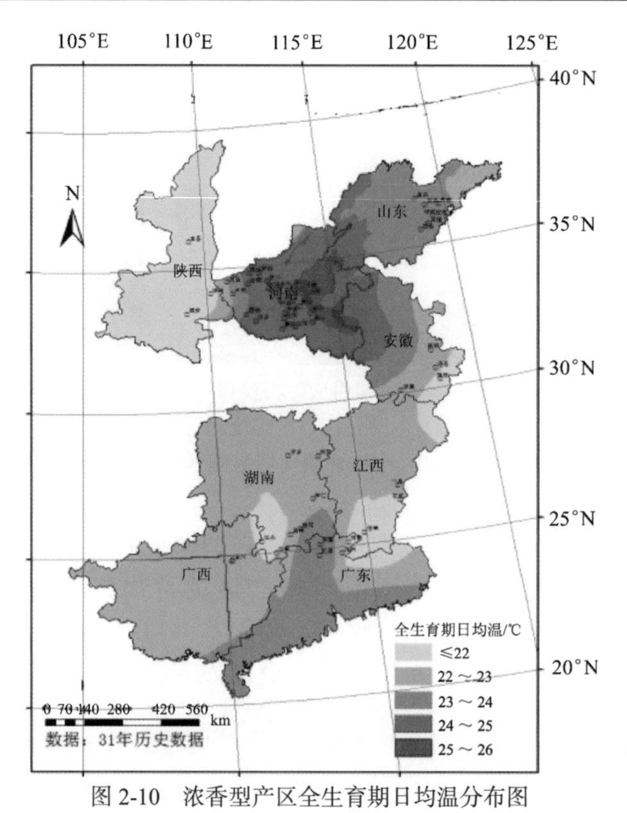

图 2-10　浓香型产区全生育期日均温分布图

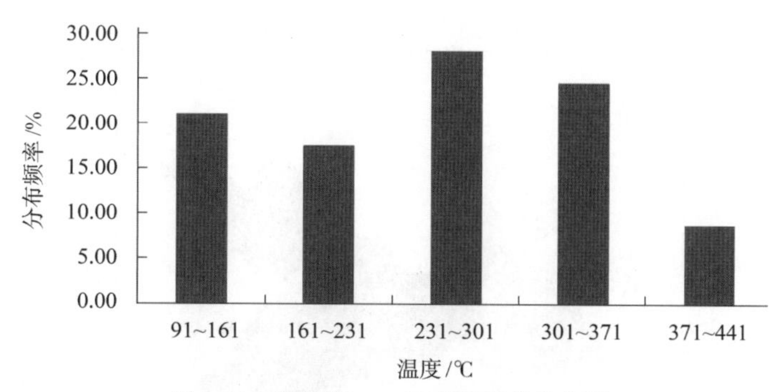

图 2-11　伸根期＞10℃积温概率分布图

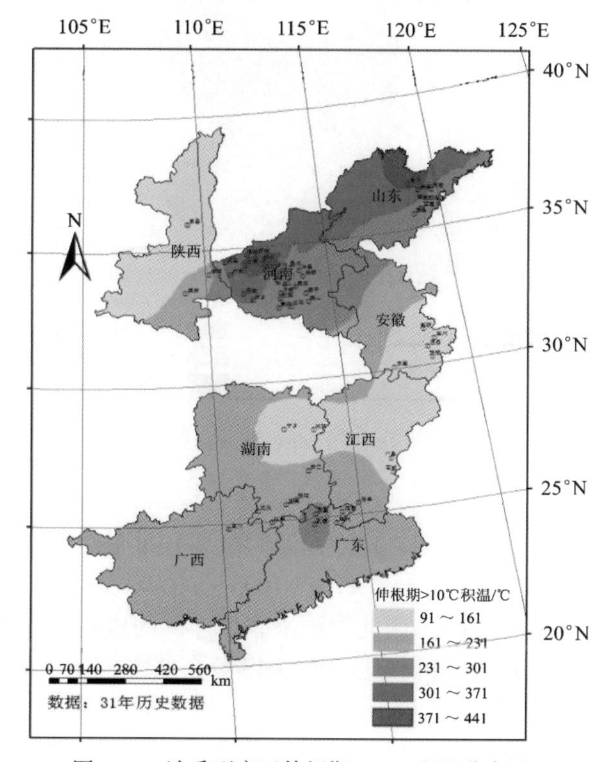

图 2-12　浓香型产区伸根期 >10℃积温分布图

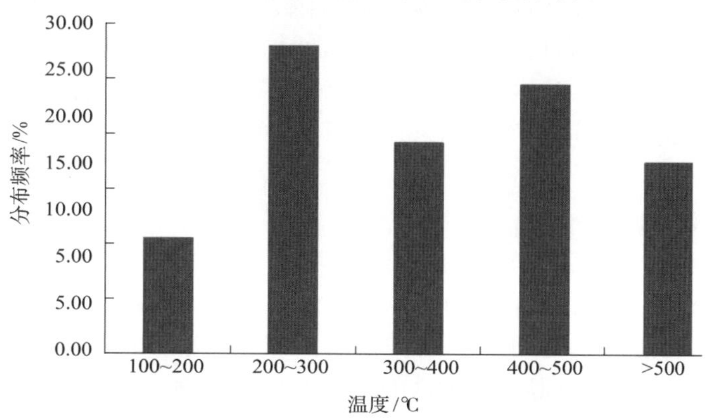

图 2-13　旺长期＞10℃积温概率分布图

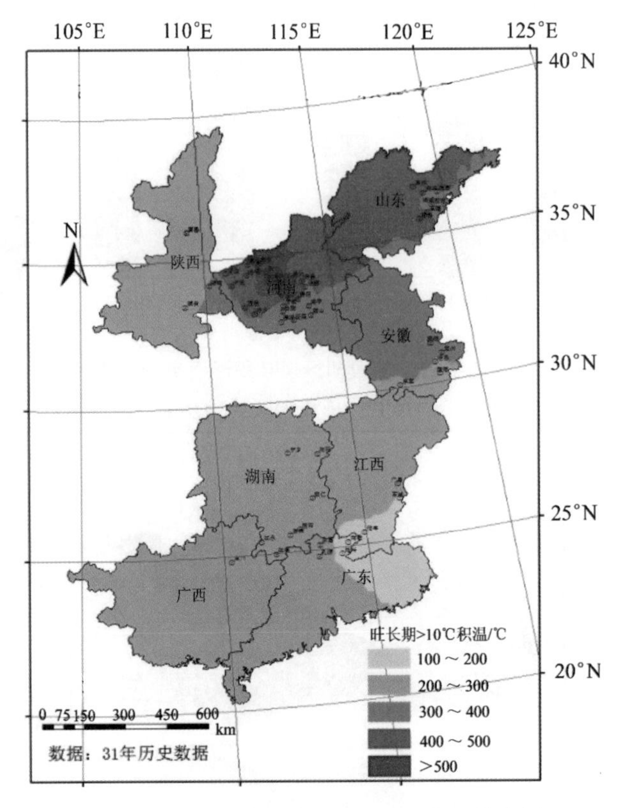

图 2-14　浓香型产区旺长期＞10℃积温分布图

7. 成熟期>10℃积温

图 2-15 为浓香型产区成熟期＞10℃积温的概率分布图，可以看出，其整体分布接近正态分布，变异系数较小，为 11.6%；在 1005～1100℃分布频率最大，为 29.8%；在 720～815℃频率最小，为 8.8%，因此我国浓香型产区的成熟期＞10℃积温整体是较高的。样点分布呈偏正态分布，各积温区间的 GIS 分布如图 2-16 所示。

8. 全生育期>10℃积温

烤烟大田生长发育和优质稳产对积温有一定要求。只有烟草生长期间积温条件得到满足，才奠定优质烟叶形成的发育基础。我国浓香型产区的全生育期＞10℃积温的概率分布如图 2-17 所示，分布比较广，在五个区间均有分布，主要分布于 1330～1870℃，其中 1330～1510℃和 1690～1870℃两个区间的分布频率较大，分别为 26.6%和 31.6%。由图 2-17 知，浓香型产区全生育期＞10℃积温多处于较高水平。各个温度区间的 GIS 分布如图 2-18 所示。

9. 伸根期>20℃积温

烟苗移栽时，平均温度较低，积温也较低，同时很多烟区移栽期的平均温度在 20℃以下，因此伸根期＞20℃积温为 0。如图 2-19 所示，有接近 50%的产区伸根期＞20℃积温为 0～15℃，仅有 10.5%的产区的伸根期＞20℃积温 >60℃。其整体变异是最大的，变异系数为 107.2%。各个积温区间的 GIS 分布如图 2-20 所示。

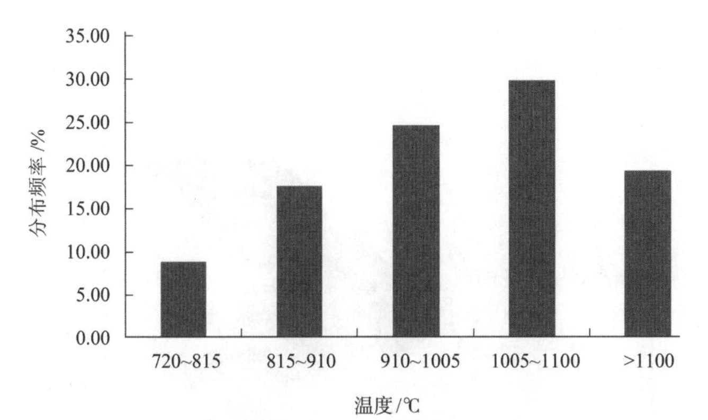

图 2-15　成熟期＞10℃积温概率分布图

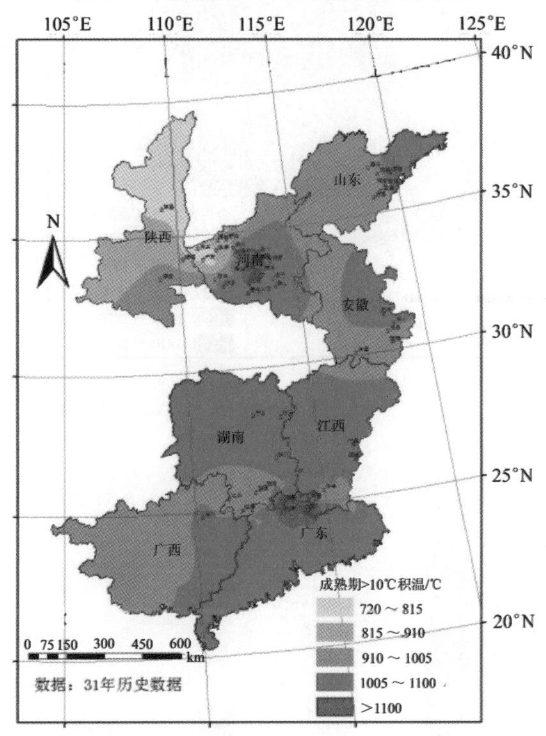

图 2-16　浓香型产区成熟期＞10℃积温分布图

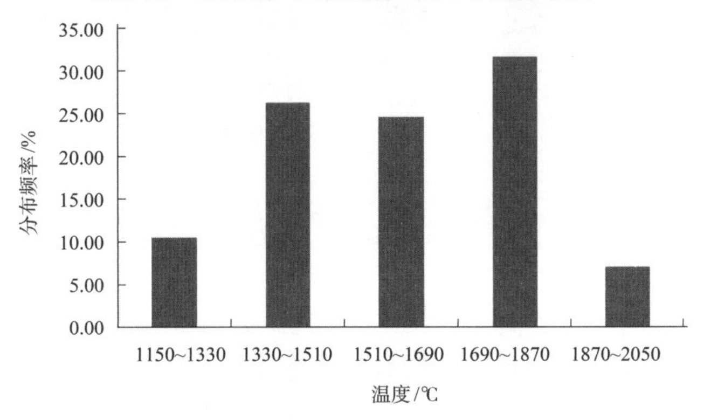

图 2-17　烟草全生育期＞10℃积温概率分布图

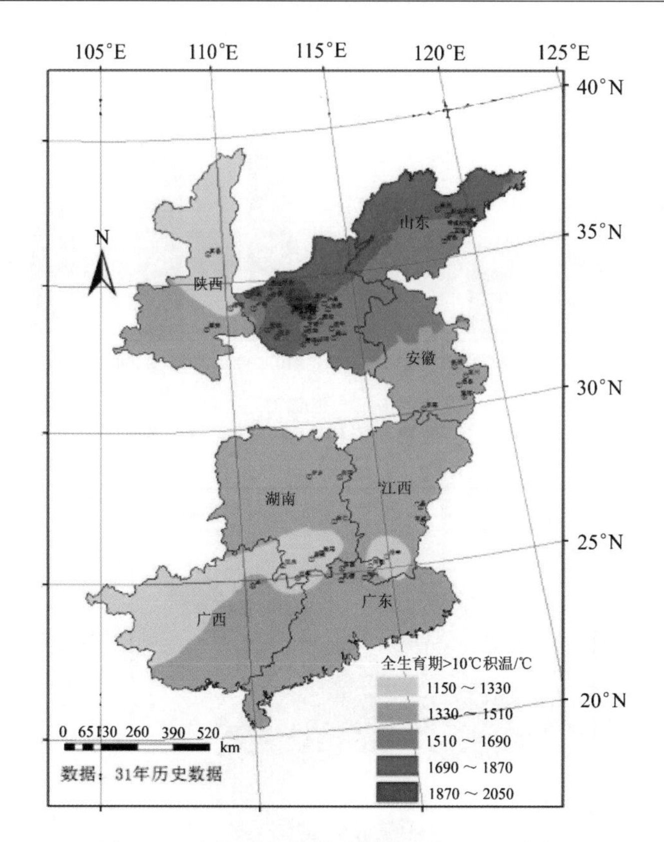

图 2-18　浓香型产区全生育期＞10℃积温分布

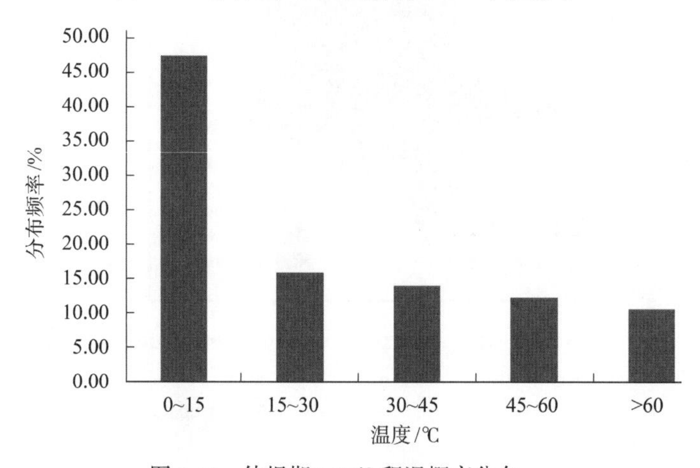

图 2-19　伸根期＞20℃积温概率分布

10. 旺长期>20℃积温

图 2-21 为我国浓香型产区旺长期＞20℃积温的概率分布图，从图中可以看出，旺长期＞20℃积温的概率分布在 0～50℃最大，为 33.3%，这是由于我国南方烟区移栽较早，旺长期大多在 4 月，日均温较低。其余产区的分布接近正态分布，在＞200℃分布频率最小，为 7%。图 2-22 为具体样点 GIS 分布图，可以看出，华南和皖南地区旺长期＞20℃积温较低，河南烟区旺长期＞20℃积温较高。

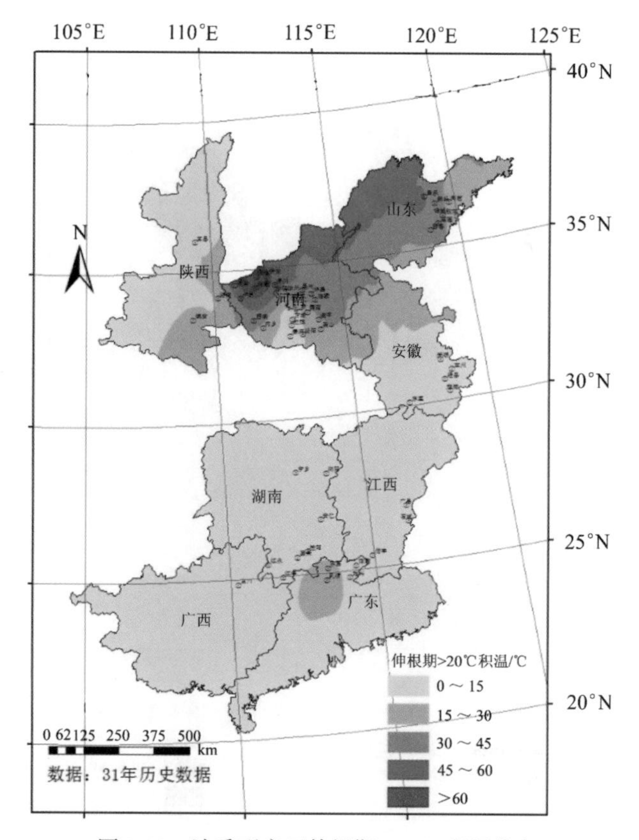

图 2-20　浓香型产区伸根期＞20℃积温分布

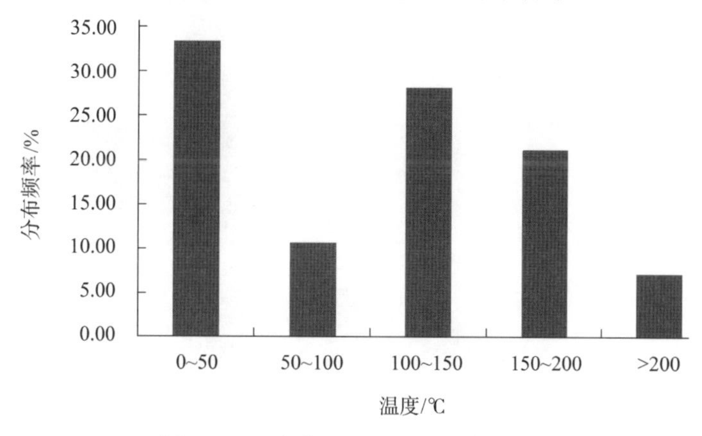

图 2-21　旺长期＞20℃积温概率分布

11. 成熟期>20℃积温

我国浓香型产区成熟期＞20℃积温的分布情况如图 2-23 所示，可以看出，其整体分布范围广，但较为集中，类似正态分布；在 280～360℃和 360～440℃两个区间分布较多，而两端分布较少，其中在 280～360℃内分布频率最大，为 36.8%；120～200℃分布频率最小，为 7%。各个积温区间的 GIS 分布如图 2-24 所示。从产区分布来看，积温高值区多为浓香型特征较为典型的产区。

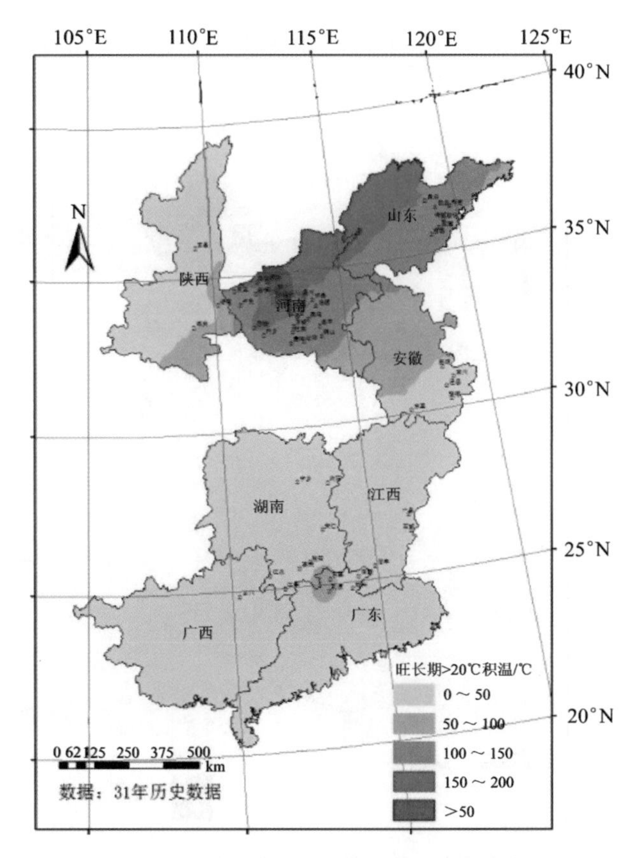

图 2-22　浓香型产区旺长期＞20℃积温分布图

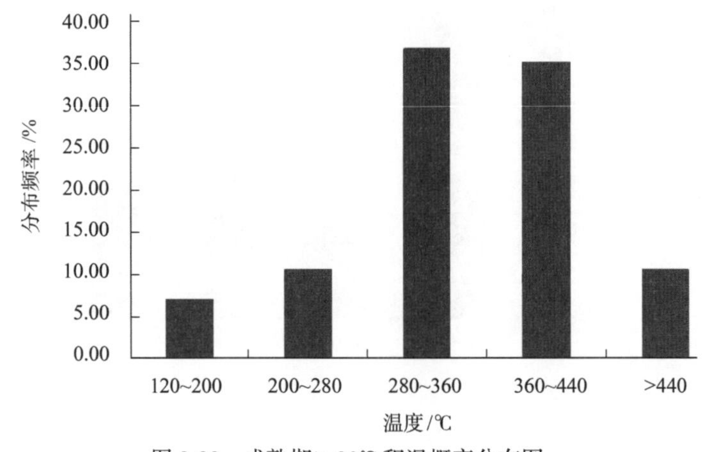

图 2-23　成熟期＞20℃积温概率分布图

12. 全生育期>20℃积温

我国浓香型产区全生育期＞20℃积温的概率分布规律与成熟期＞20℃积温的概率分布相似，均分布范围广，且接近正态分布，如图 2-25 所示。可以看出浓香型产区全生育期＞20℃积温处于 470～580℃的比较多，分布频率为 31.6%；在 140～250℃的分布频率较小，仅为 3.5%。从产区分布来看，地域分布规律性较小，这可能与生育期长短有很大关系。各积温区间的 GIS 分布如图 2-26 所示。

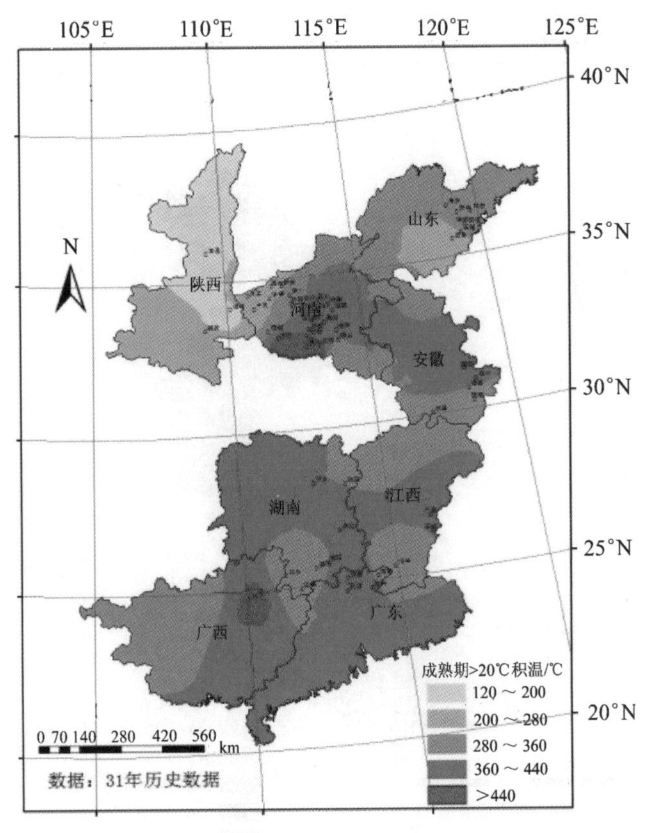

图 2-24　浓香型产区成熟期＞20℃积温分布图

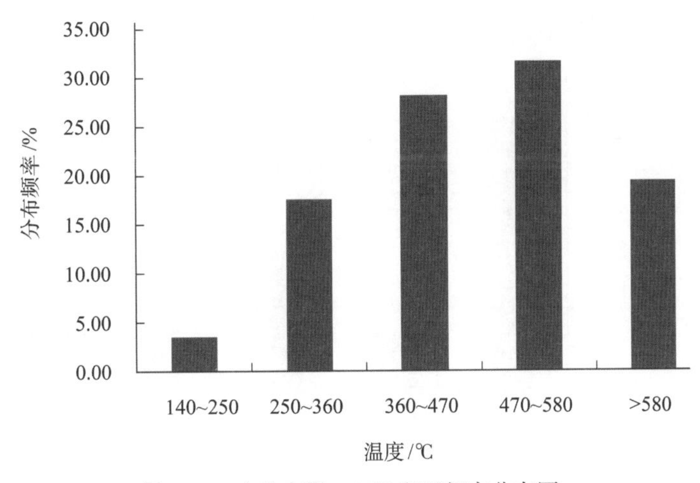

图 2-25　全生育期＞20℃积温概率分布图

13. 伸根期>20℃天数

伸根期 >20℃ 的天数与伸根期 >20℃ 的积温分布规律相近，分布范围较广，变异系数较大（84.6%），如图 2-27 所示。由于南方烟区移栽较早，温度低，在伸根期日均温均 <20℃，即伸根期 >20℃ 天数为 0。其分布频率在 0～6d 最大，为 38.6%。其 GIS 分布如图 2-28 所示。

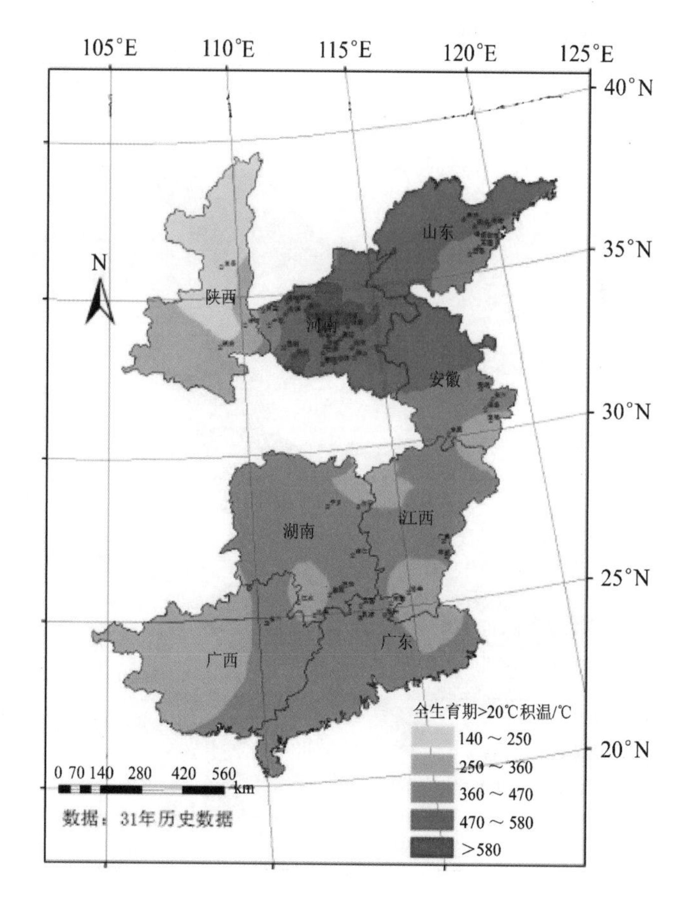

图 2-26　浓香型产区全生育期＞20℃积温分布图

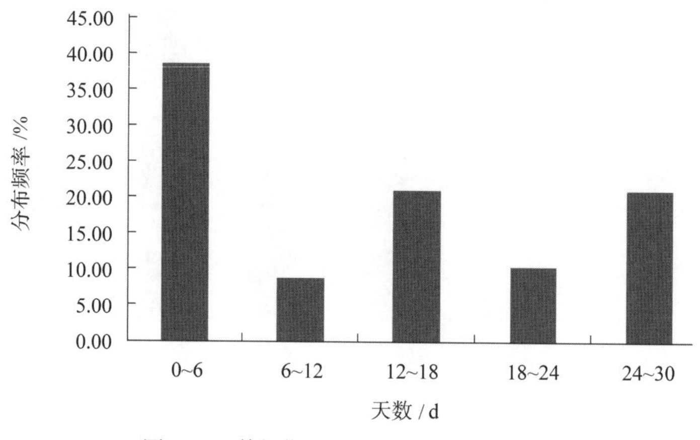

图 2-27　伸根期＞20℃天数概率分布图

14. 旺长期>20℃天数

在一定范围内，旺长期 >20℃天数在一定程度上也影响烟株的生长发育。由图 2-29 可知，我国浓香型产区旺长期＞20℃天数分布比较广，变异性也相对较大，其中 28%的样点少于 15d，40%的样点多于 25d。旺长期 >20℃天数不但与温度有关，还与旺长期时间长短有关。其 GIS 分布如图 2-30 所示。

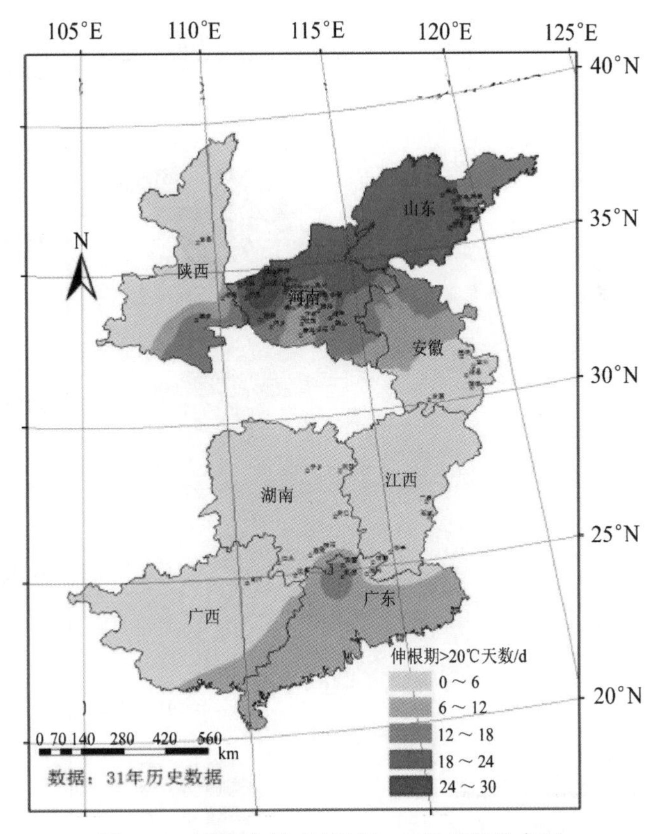

图 2-28　浓香型产区伸根期＞20℃天数分布图

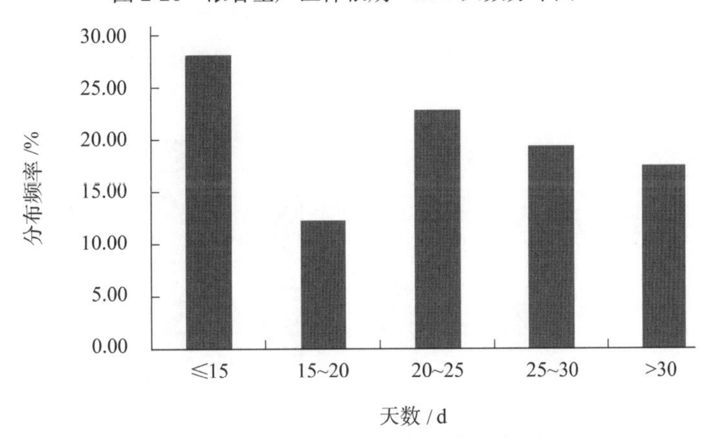

图 2-29　旺长期＞20℃天数概率分布图

15. 成熟期>20℃天数

我国大多数浓香型产区成熟期每天的日均温都 >20℃，但一些产区的成熟期较长，在 9 月才采收完毕，因此在成熟期的后期日均温降低至 <20℃。成熟期＞20℃天数与成熟期的长短也有密切关系，特别是南方烟区，随着生育期的推进，温度逐渐升高，成熟期时间延长，＞20℃天数将显著增加。图 2-31 为我国浓香型产区成熟期＞20℃天数的概率分布图，可以看出，多数产区成熟期＞20℃天数较多，多在 57d 以上。从 GIS 图（图 2-32）可以看出，大致规律为北方天数少，南方天数多。

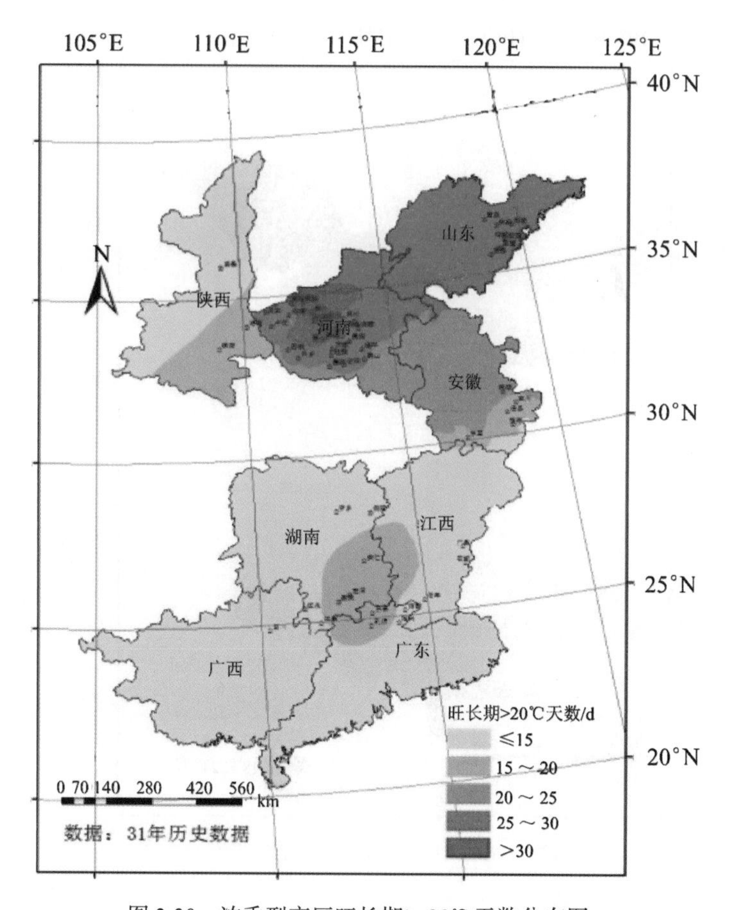

图 2-30　浓香型产区旺长期＞20℃天数分布图

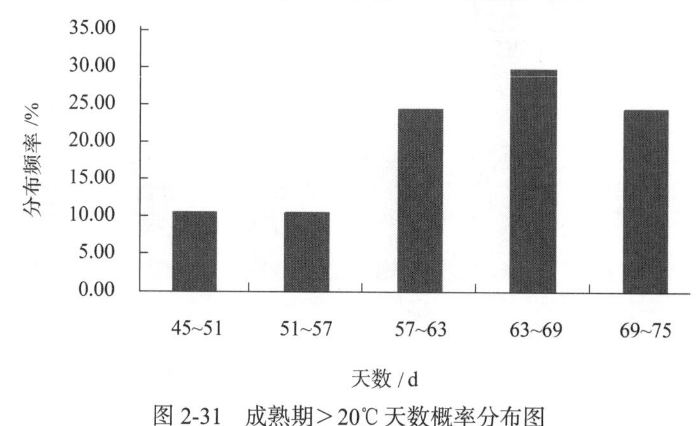

图 2-31　成熟期＞20℃天数概率分布图

16. 全生育期>20℃天数

全生育期＞20℃天数即为伸根期、旺长期和成熟期＞20℃天数之和。由图 2-33 可知，我国浓香型产区全生育期＞20℃天数的分布比较广，且变异系数较大，为 17.4%。同时可以看出，其在 104～117d 的分布频率最大，为 29.8；在 65～78d 的分布频率最小，为 12.3%。从样点分布和 GIS 图上看，大致符合南方烟区全生育期＞20℃天数较少，北方烟区（除陕西外）全生育期＞20℃天数较多的规律，如图 2-34 所示。

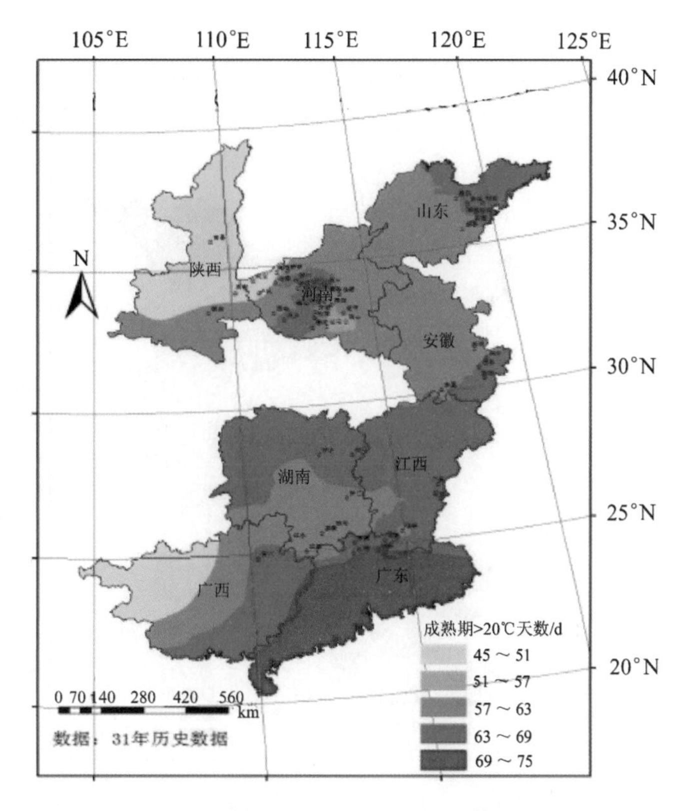

图 2-32　浓香型产区成熟期 >20℃ 天数分布

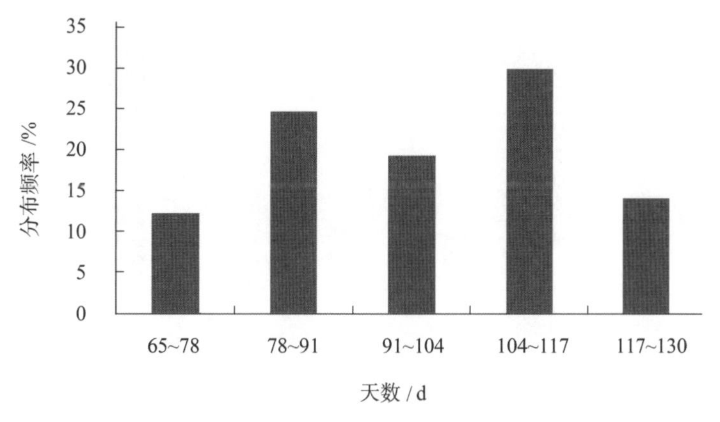

图 2-33　全生育期＞20℃ 天数概率分布图

17. 成熟期最高温>30℃天数

成熟期较高的温度有利于烟叶成熟，这不仅要求日均温达到一定的温度指标，同时还需要达到一定的高温强度且高温条件维持较长时间，以促进优质浓香型烟叶物质代谢的进行和有关化学成分的积累。图 2-35 为我国浓香型产区成熟期最高温＞30℃ 天数概率分布图，可以看出我国大部分浓香型产区成熟期最高温＞30℃ 天数较多，其中在 45～55d 的产区分布频率较高，约为 45.6%。从样点分布来看，豫中豫南、皖南、华南等地成熟期最高温＞30℃ 的天数较多。其 GIS 分布如图 2-36 所示。

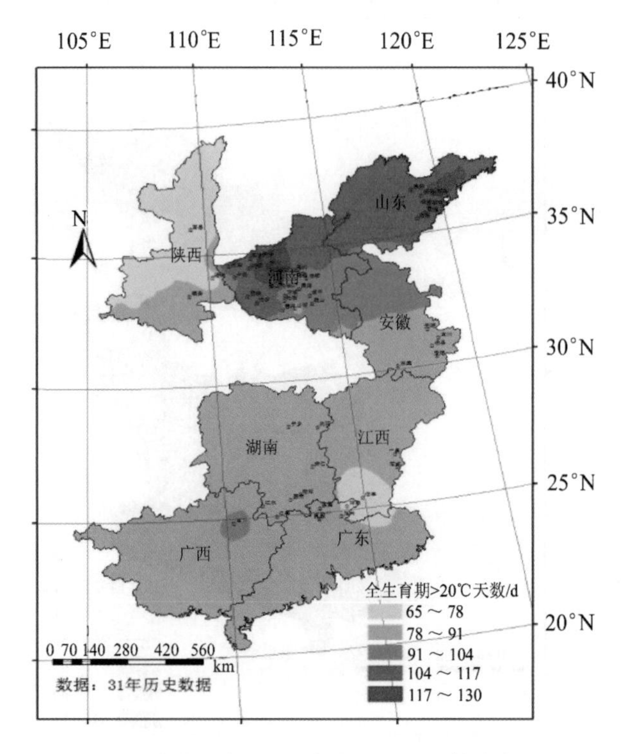

图 2-34 浓香型产区全生育期＞20℃天数分布图

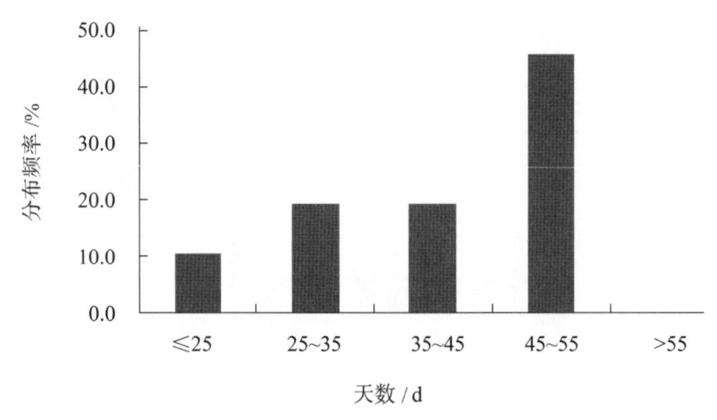

图 2-35 成熟期最高温＞30℃天数概率分布图

18. 伸根期地表日均温

地表温度会影响烟株根系的生长，对烟草的生长发育有一定的影响。地表温度的大小主要受大气温度的影响，同时也与土壤质地和含水量有关，一般地表温度会比大气温度稍高。从图 2-37 可以看出，伸根期地表日均温的分布规律与伸根期日均温类似，整体呈两端分布，同时变异系性大，变异范围较广，为 15.7～27.5℃；在 18～20.5℃和 20.5～23℃两个区间分布较少，频率均为 7%；在 23～25.5℃分布频率最大，为 33.3%。主要表现为南方烟区温度低，北方烟区温度高。各个温度区间的 GIS 分布如图 2-38 所示。

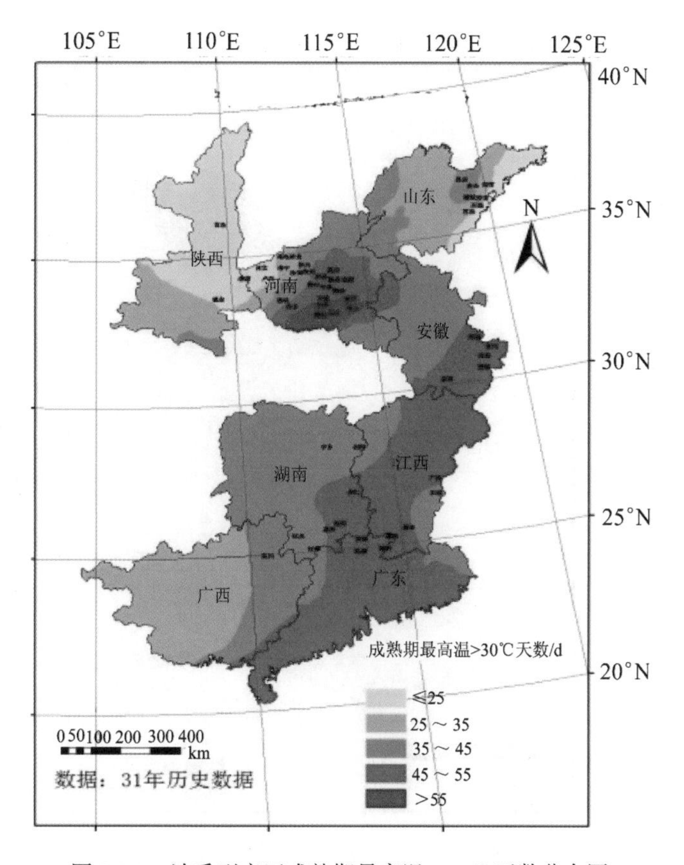

图 2-36　浓香型产区成熟期最高温＞30℃天数分布图

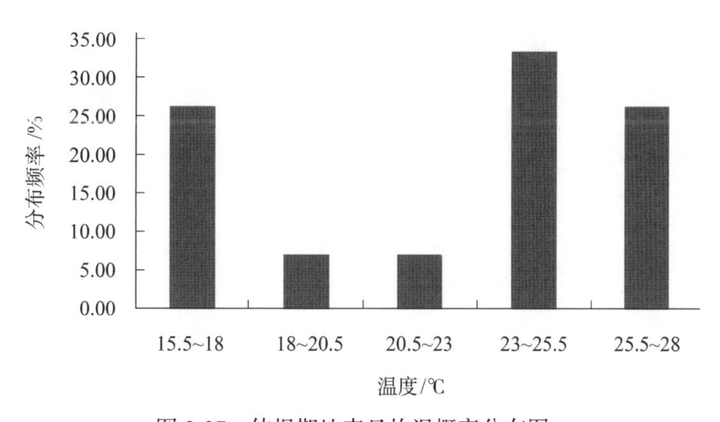

图 2-37　伸根期地表日均温概率分布图

19. 旺长期地表日均温

图 2-39 为我国浓香型产区的旺长期地表日均温的概率分布图，从图中可以看出，旺长期地表日均温的分布与旺长期日均温规律一致，整体呈两端高中间低分布，同时分布范围较广，为 21.2～30.4℃。其中在 25～27℃分布最少，频率为 8.8%；在 29～31℃分布频率最大，为 31.6%。从样点分布上看，大致为南方烟区旺长期地表日均温较低，而北方烟区较高。各个温度区间的 GIS 分布如图 2-40 所示。

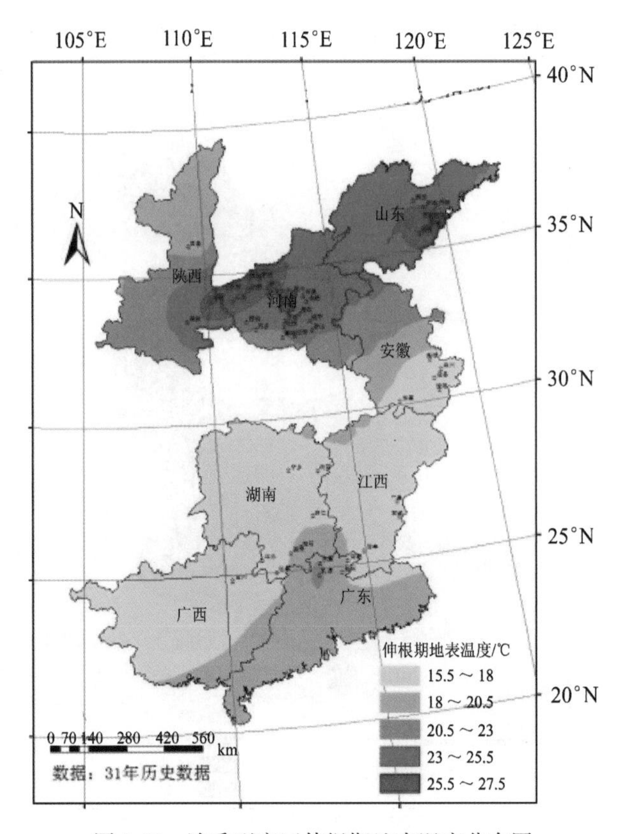

图 2-38　浓香型产区伸根期地表温度分布图

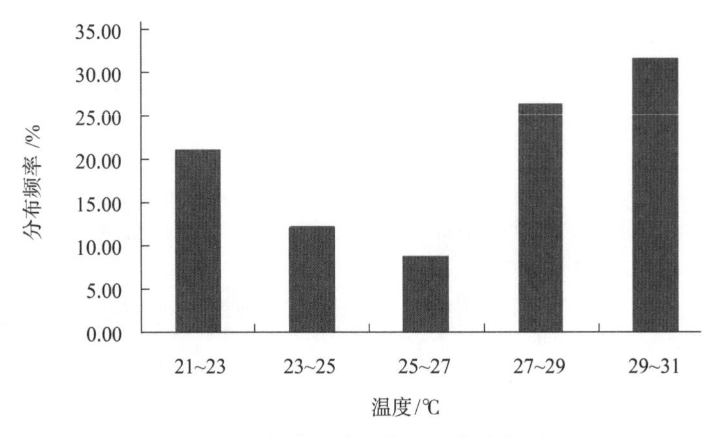

图 2-39　旺长期地表日均温概率分布图

20. 成熟期地表日均温

图 2-41 为成熟期地表日均温的概率分布图，可以看出，成熟期地表日均温的分布接近正态分布，即两端低中间高，分布范围较伸根期和旺长期地表日均温小，为 24.6～31.8℃，且变异系数较小，为 5.7%。由图 2-41 还可以看出，我国浓香型产区的成熟期地表日均温主要分布在 27.5～30.5℃，其中在 27.5～29℃分布频率最大，为 38.6%。成熟期地表日均温的 GIS 分布如图 2-42 所示。

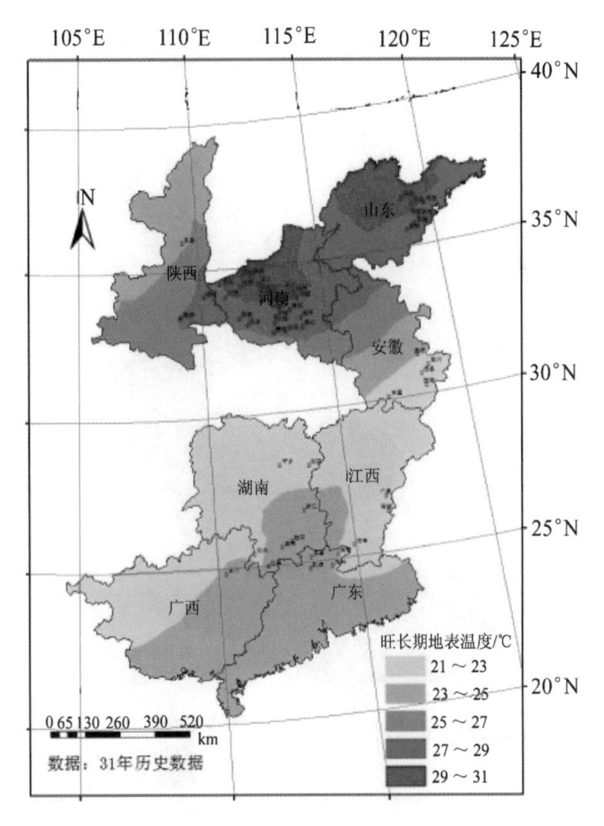

图 2-40　浓香型产区旺长期地表日均温分布图

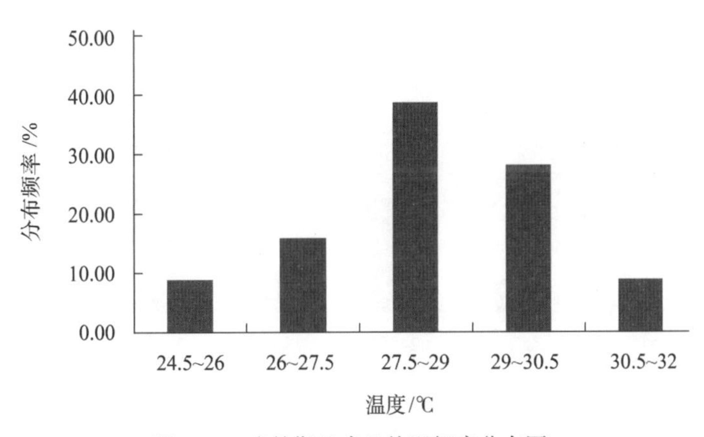

图 2-41　成熟期地表日均温概率分布图

21. 全生育期地表日均温

我国浓香型产区全生育期地表日均温为 22.9～29.8℃，变异系数不大，为 6.4%，如图 2-43 所示。由图可以看出，其整体分布规律不明显，在 27～28.5℃分布最多，频率约 50%。从样点分布来看，大致为南方烟区全生育期地表日均温较低，北方烟区全生育期地表日均温较高，这与日均温分布规律一致。图 2-44 是我国浓香型产区全生育期地表温度的 GIS 分布图。

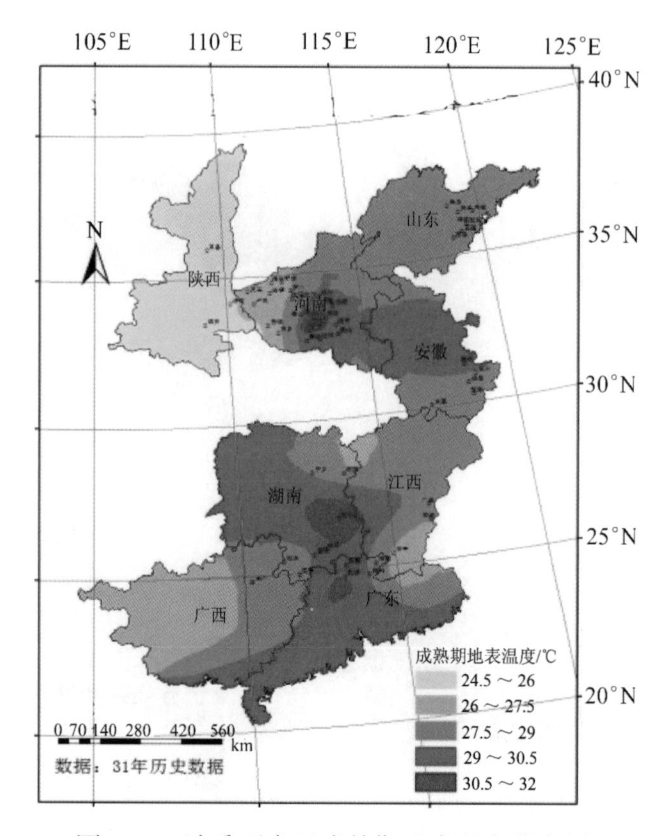

图 2-42　浓香型产区成熟期地表温度分布图

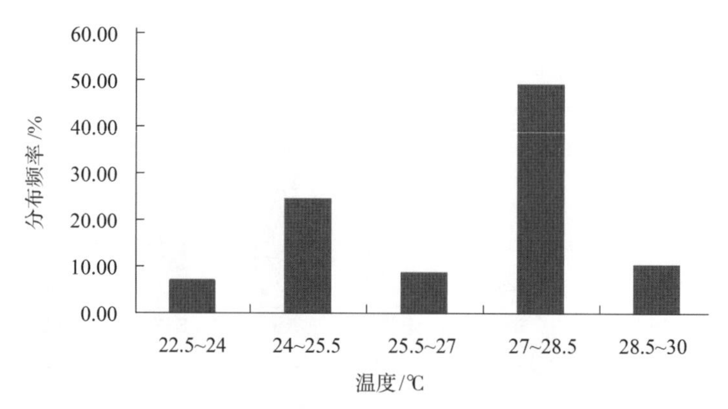

图 2-43　全生育期地表日均温概率分布图

22. 伸根期平均昼夜温差

昼夜温差反映每日温度的变化幅度，昼夜温差大表明白天气温高或者夜间温度较低。昼夜温差可直接影响叶片同化物质的合成、分解、积累和转化，因而影响化学成分组成和含量。从图 2-45 可以看出，我国浓香型产区约有接近 25%的产区伸根期昼夜温差较小，为 6.5～8℃；大部分产区均分布为 11～12.5℃，频率为 42.1%。总的分布规律是北方烟区昼夜温差大，南方烟区昼夜温差小，从北向南逐渐变小，纬度地带性分布特征较为明显。各个温度区间的 GIS 分布如图 2-46 所示。

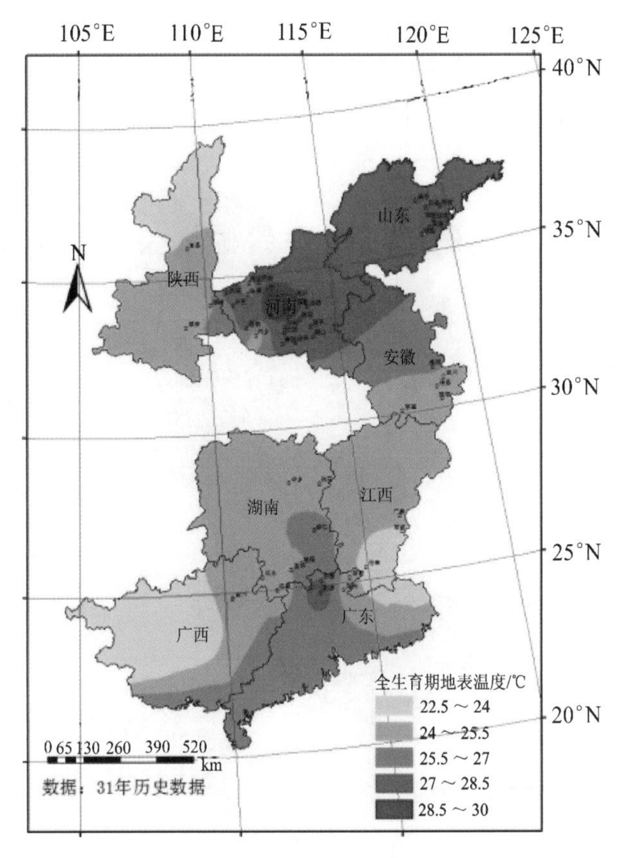

图 2-44　浓香型产区全生育期地表温度分布图

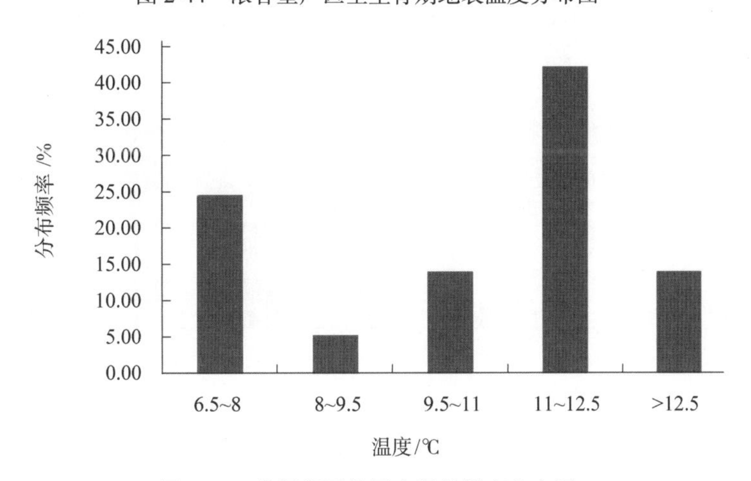

图 2-45　伸根期平均昼夜温差概率分布图

23. 旺长期平均昼夜温差

从图 2-47 可以看出，昼夜温差在 10.5～12℃ 的频率最高，为 40.4%。昼夜温差 >12℃ 和 <7.5℃ 的产区较少，仅有河南、陕西烟区的 4 个产区，旺长期昼夜温差 >12℃，这与气候规律相符。从 GIS 分布（图 2-48）来看，大多数南方烟区及部分山东烟区的昼夜温差较小，河南、陕西烟区昼夜温差较大。

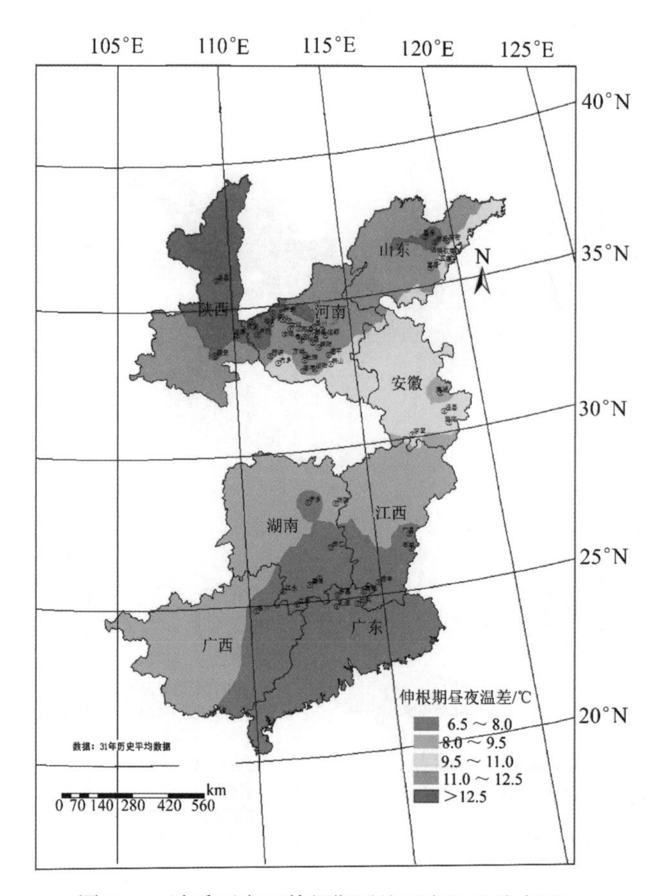

图 2-46　浓香型产区伸根期平均昼夜温差分布图

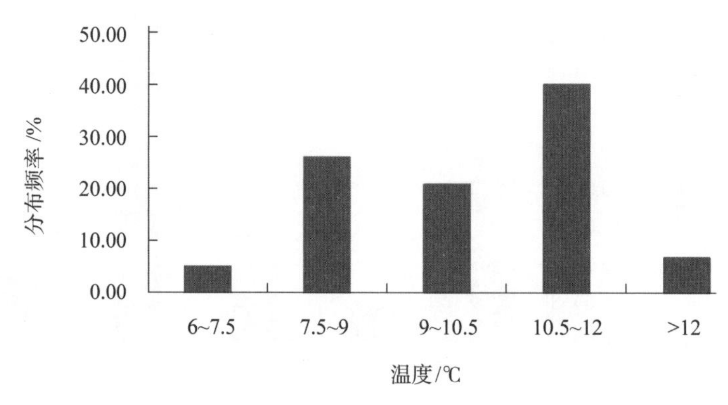

图 2-47　旺长期平均昼夜温差概率分布图

24. 成熟期平均昼夜温差

从图 2-49 可以看出，我国浓香型典型产区在成熟期的昼夜温差普遍较小，变异系数也较小，为 10.6%。昼夜温差 >10.5℃的产区仅占 3.5%，主要是陕西和豫西等北方的高海拔地区，79%的产区的温差分布为 7.5～9.5℃，这比伸根期和旺长期的温差要低 3～4℃。成熟期温度较高且温差较小时，有利于烟叶内部物质的降解转化，有利于促进烟叶的成熟落黄。浓香型产区不同昼夜温差区间的 GIS 分布如图 2-50 所示。

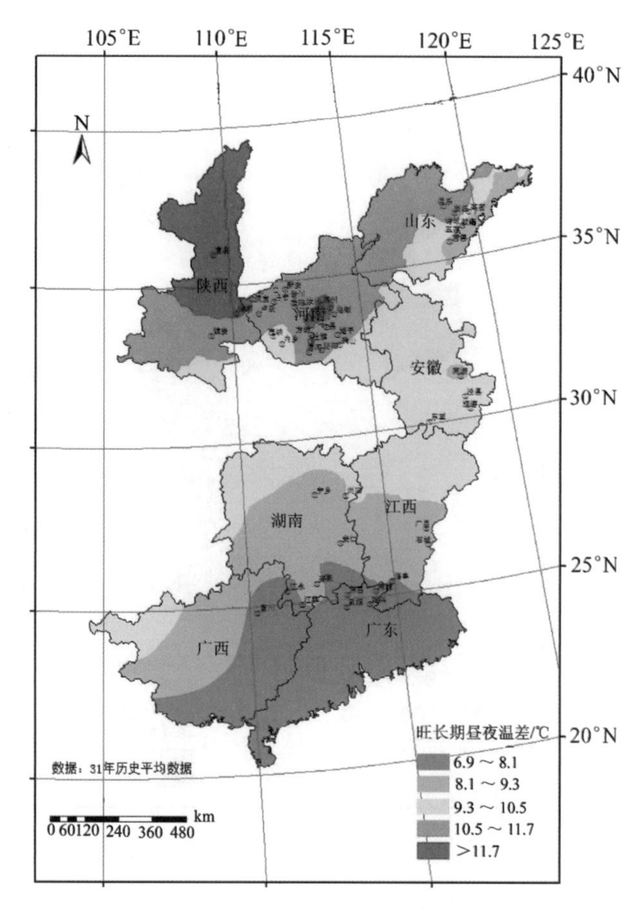

图 2-48　浓香型产区旺长期平均昼夜温差分布图

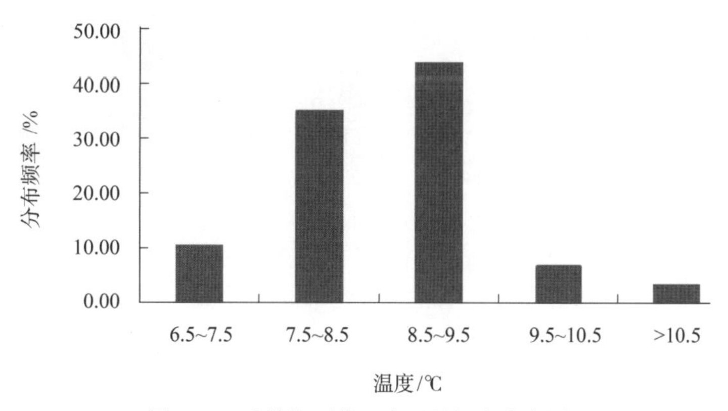

图 2-49　成熟期平均昼夜温差概率分布图

25. 全生育期平均昼夜温差

图 2-51 为我国浓香型产区的全生育期平均昼夜温差的概率分布图，可以看出，其分布范围较广，为 6.9～14.1℃。但有 45.6%的产区分布于 9.5～10.5℃，在 6.5～7.5℃分布频率最小，为 5.3%。从样点上来看，湖南和广东等产区温差较小，豫中地区和豫西地区温差较大，GIS 分布如图 2-52 所示。

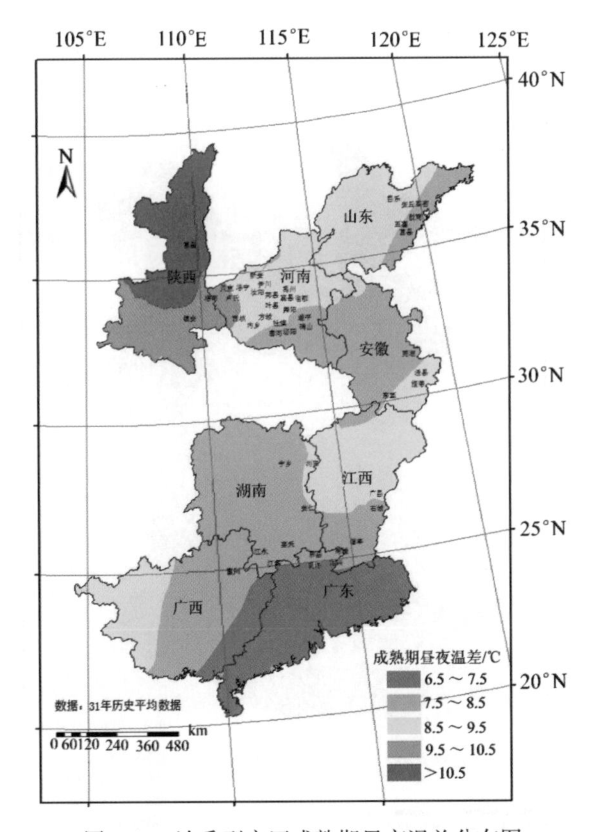

图 2-50　浓香型产区成熟期昼夜温差分布图

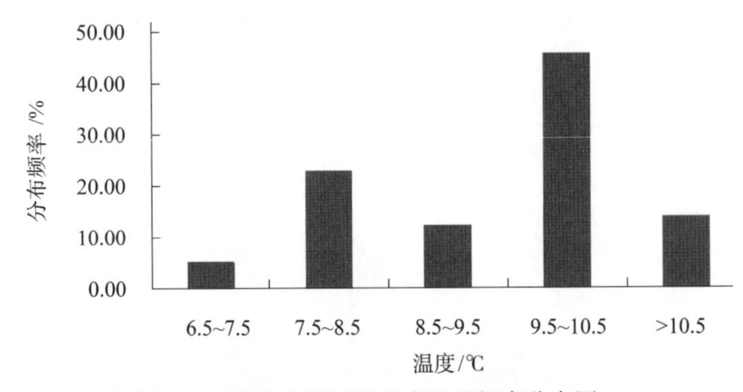

图 2-51　全生育期平均昼夜温差概率分布图

2.2.2　光照状况

1. 伸根期光照时数

烟株在伸根期主要是进行地下部分的生长，充足的光照有利于光合作用合成较多的光合产物。从图 2-53 可以看出，我国浓香型产区伸根期光照时数变化幅度较大，为 50.4～257.4h，变异系数较大，为 41%。还可以看出其分布比较分散，其中在 50～90h 和 170～210h 两个区间分布较多，频率均为 28.1%；在 90～130h 分布较少，频率为 10.5%。从样点分布和 GIS 分布来看，华南和皖南地区伸根期光照时数较少，而河南和山东等地光照时数较多，GIS 分布如图 2-54 所示。

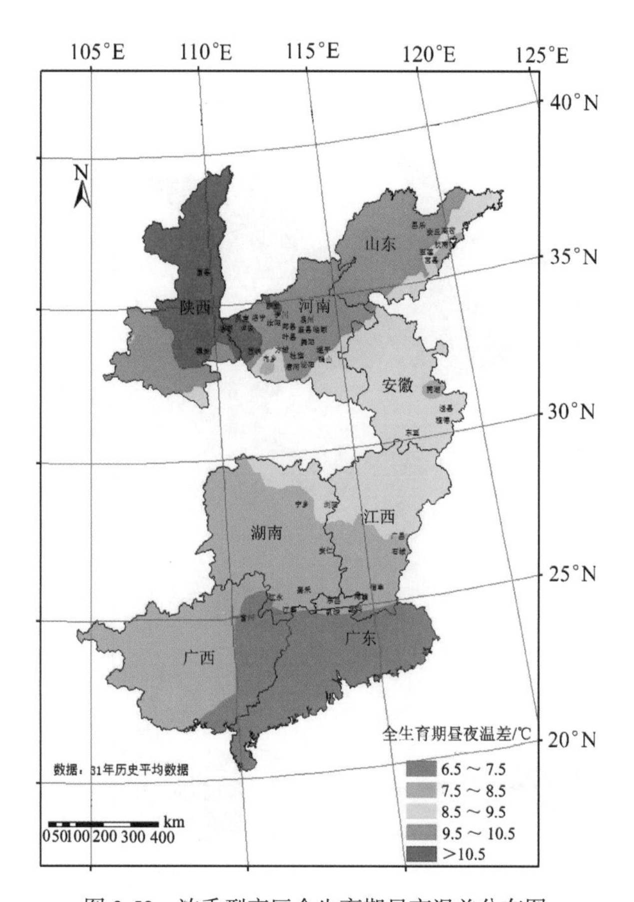

图 2-52　浓香型产区全生育期昼夜温差分布图

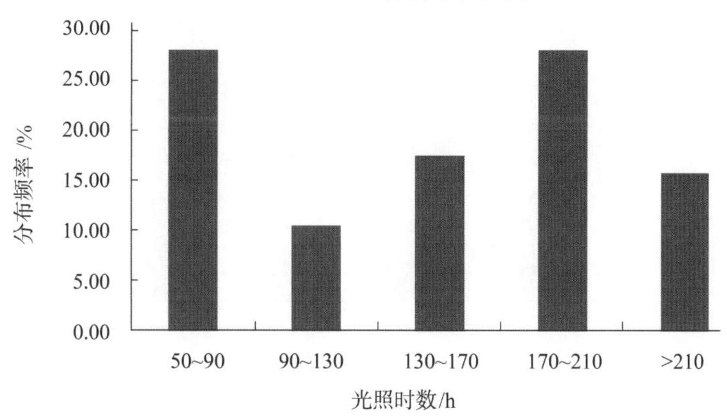

图 2-53　伸根期光照时数概率分布图

2. 旺长期光照时数

烟株在旺长期生长迅速，需要较多的光照来进行光合作用。我国浓香型产区旺长期光照时数的概率分布如图 2-55 所示，可以看出，其变异幅度与伸根期类似，范围较大，为 44.2～327.0h，变异系数较大，为 39.7%。但其分布主要集中为 140～190h，分布频率为 40.4%，同时大于 240h 的产区比较少，频率为 8.8%。在样点分布上规律性不明显，总体而言，北方烟区光照时数相对较长。其 GIS 分布如图 2-56 所示。

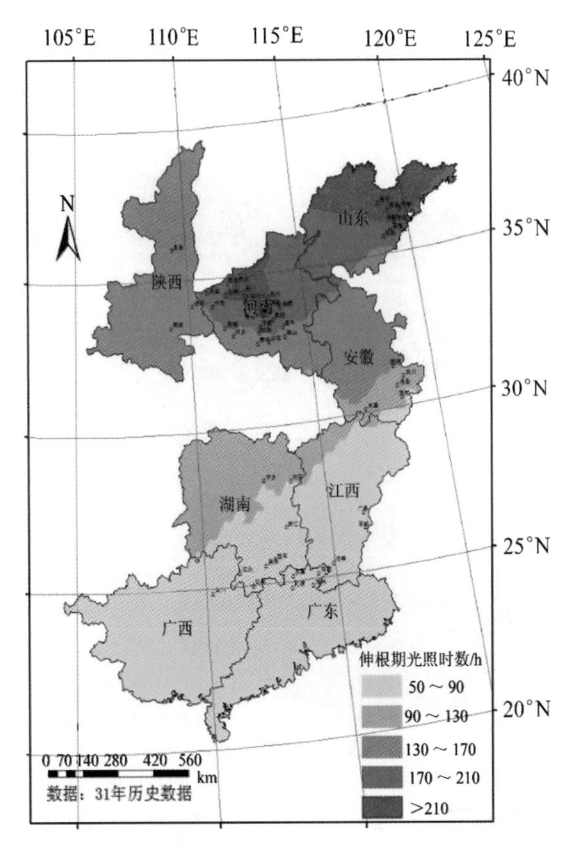

图 2-54　浓香型产区伸根期光照时数分布图

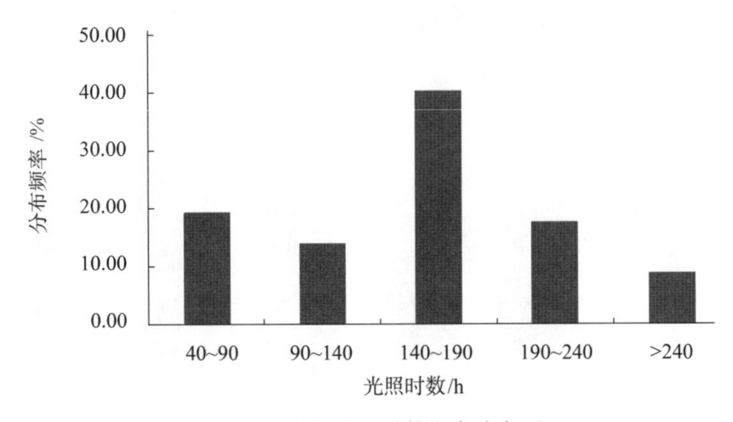

图 2-55　旺长期光照时数概率分布图

3. 成熟期光照时数

成熟期较多的光照时数有利于烟叶的正常成熟落黄，可以提高烟叶品质。从图 2-57 可以看出，我国浓香型产区成熟期光照时数的分布十分接近正态分布，在 341～399h 分布频率达到最高，为 42.1%；在 225～283h 分布频率最小，为 8.8%。各个区间的 GIS 分布如图 2-58 所示，以陕西和山东产区光照时数较长。

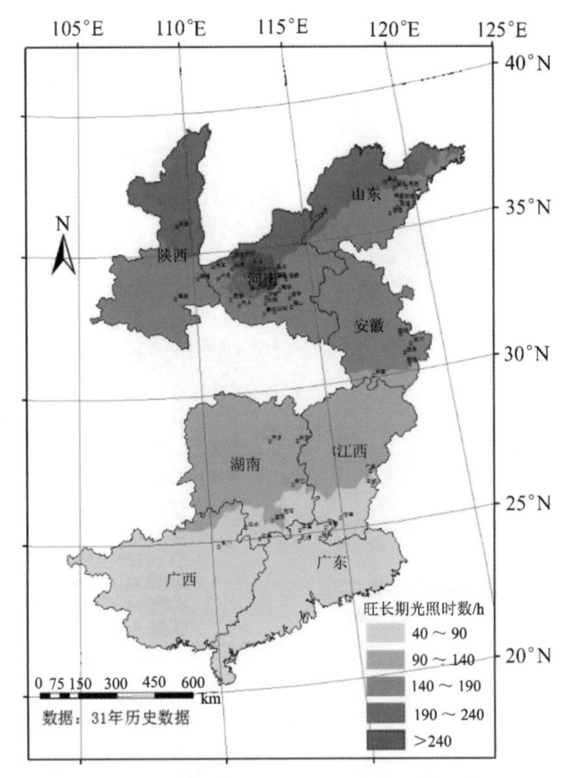

图 2-56　浓香型产区旺长期光照时数分布图

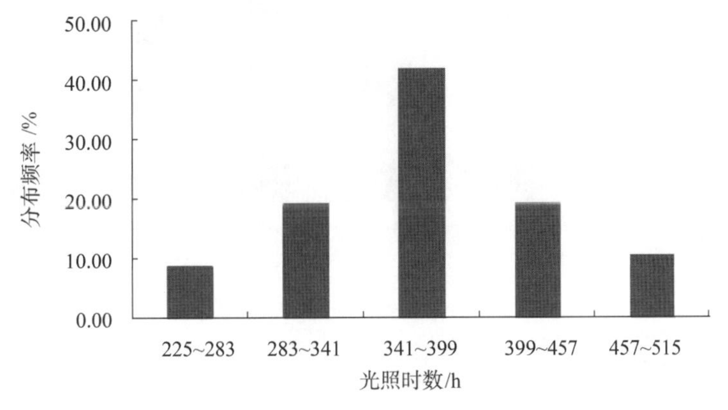

图 2-57　成熟期光照时数概率分布图

4. 全生育期光照时数

烟草是喜光植物，光照充足是优质烟叶生产的必要条件。研究表明，光照不足，烟株生长缓慢，干物质积累减慢，致使叶片大而薄，内在品质差，优质烟叶大田生长期日照时数要求达到 500～700h。如图 2-59 所示，我国浓香型产区全生育期日照时数分布比较广，接近正态分布，在 606～734h 内达到高峰，分布频率为 31.6%，但也有一定比例的烟区光照时数在 500h 以下，这与其降水量较大有直接关系。其 GIS 分布如图 2-60 所示。全生育期光照时数的分布明显表现出自北向南逐渐由长变短的纬度地带性分布特征，南方烟区光照时数较短，不少烟区光照时数不足 500h，有些烟区低于 400h。

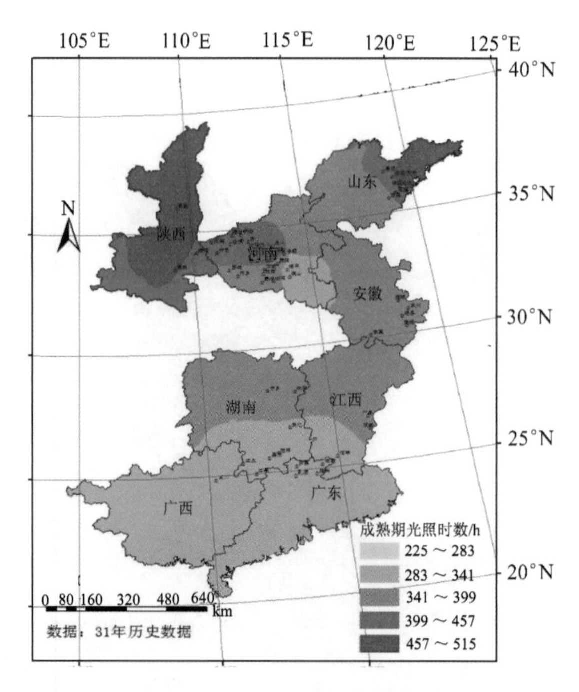

图 2-58　浓香型产区成熟期光照时数分布图

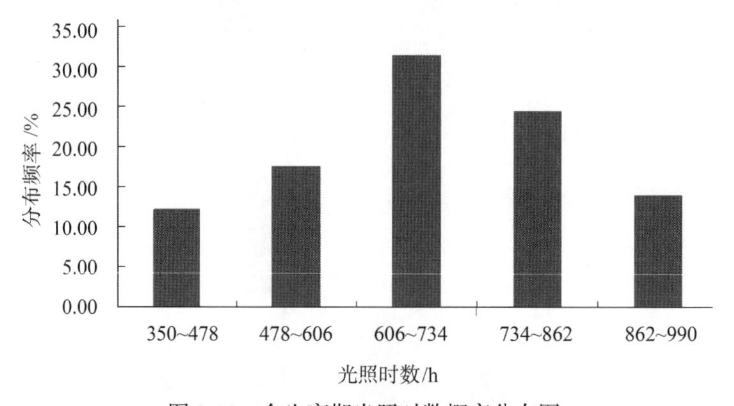

图 2-59　全生育期光照时数概率分布图

2.2.3　降水与湿度状况

1. 伸根期降水量

降水量不仅关系到烟株的水分供应，而且直接影响土壤养分的供应状况（刘国顺等，2013）。还苗伸根期是烟株生长的基础，但烟株此期需水量相对较小。我国浓香型烟区地域广，气候差异较大，因此降水量的分布范围也比较广。如图 2-61 所示，伸根期降水为 16～261mm 的五个区间均有分布，但大部分分布在 16～114mm 的两个区间内，其中 16～65mm 分布频率最大，接近 45%。可以看出，烟苗在还苗伸根期一般降水较少。伸根期适度干旱有利于根系的发展，为旺长期打下良好基础，但水分过少也对烟叶正常生长发育造成不良影响。从样点 GIS 分布（图 2-62）可以看出在还苗伸根期南方地区降水多，北方烟区降水较少，纬度地带性分布特征较为明显。

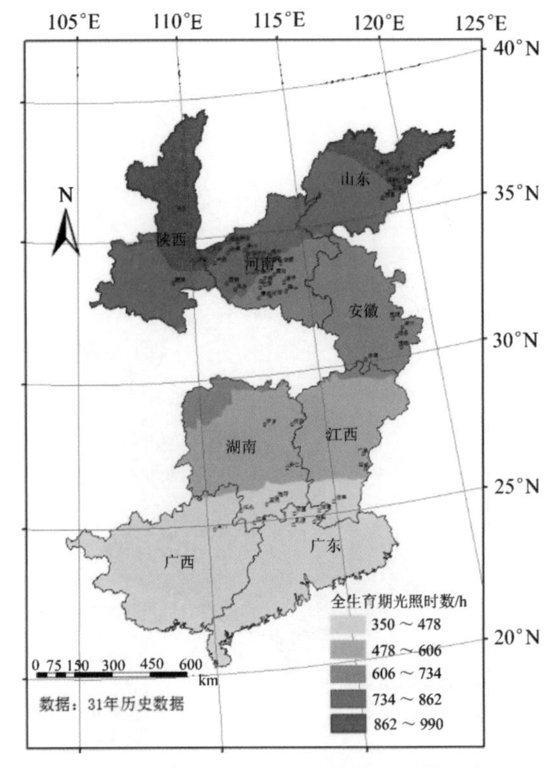

图 2-60　浓香型产区全生育期光照时数分布图

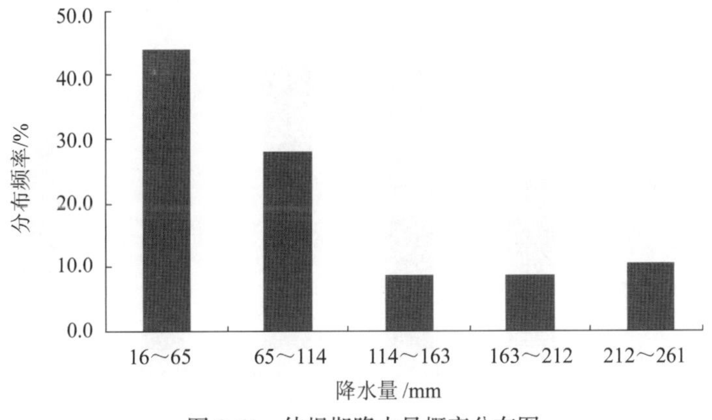

图 2-61　伸根期降水量概率分布图

2. 旺长期降水量

旺长期是烟株生长最快的时期，因此需要较多的水分促使茎叶迅速生长，否则影响产量，但是阴雨天过多，又使光合作用受阻，影响物质合成，最终导致叶片薄且内含物不充足，烟叶质量变差。适宜的降水量对优质浓香型的形成十分重要。如图 2-63 所示，我国浓香型产区旺长期降水量差异较大，不同降水量区间较为分散，变异为 57～182mm，在 70～95mm 的少降水区间占的比例稍大，为 26.3%；在 120～145mm 多降水区间占的比例最小，分布频率为 14%。从地域分布来看，北方烟区降水量少于南方烟区。其 GIS 分布如图 2-64 所示。

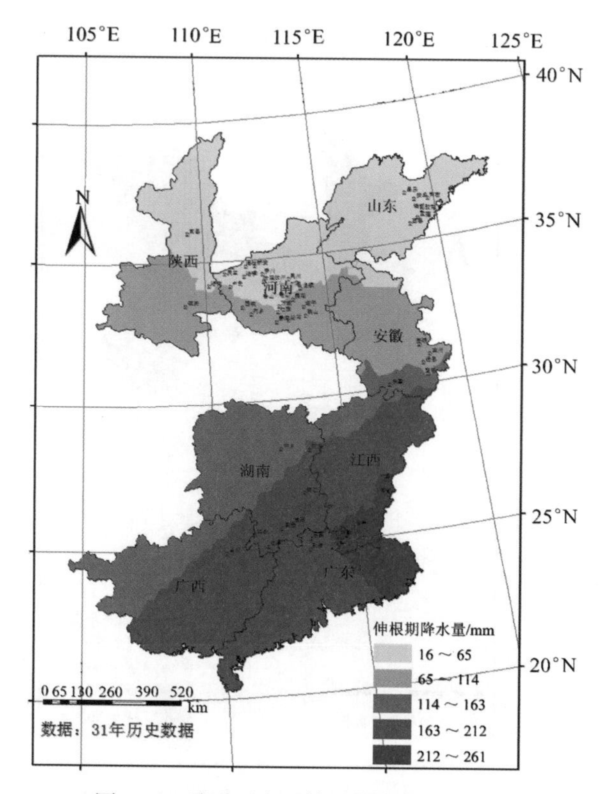

图 2-62　浓香型产区伸根期降水量分布图

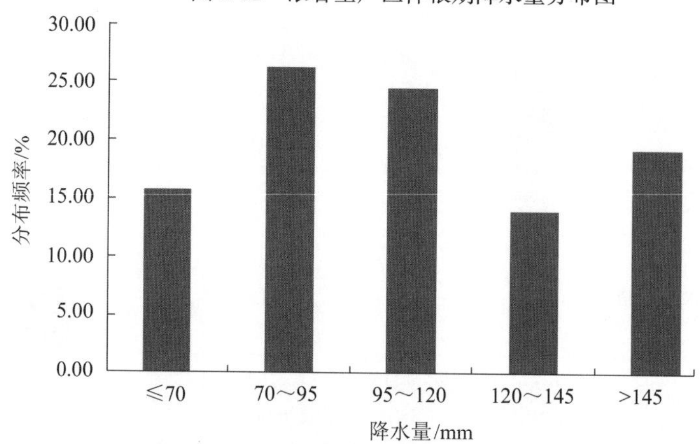

图 2-63　旺长期降水量概率分布图

3. 成熟期降水量

成熟期适宜的降水量有利于烟株的正常落黄和烟叶品质的形成，但过多或过少的降水不利于烟叶成熟落黄。降水过多时，空气湿度增加，高温高湿的环境下烟株容易发生病害。一般认为成熟期月降水量约 100mm 比较适宜，过多或过少均会对烟叶质量产生显著的影响。我国浓香型产区成熟期降水量分布情况如图 2-65 所示，分布范围较广，但也有一定的集中性，总体呈不规则的正态分布。在 248～354mm 达到高峰，分布频率为 45.6%。从地域分布特征来看，南方烟区降水量多于北方，特别是江西、广东烟区成熟期降水量较大。其 GIS 分布如图 2-66 所示。

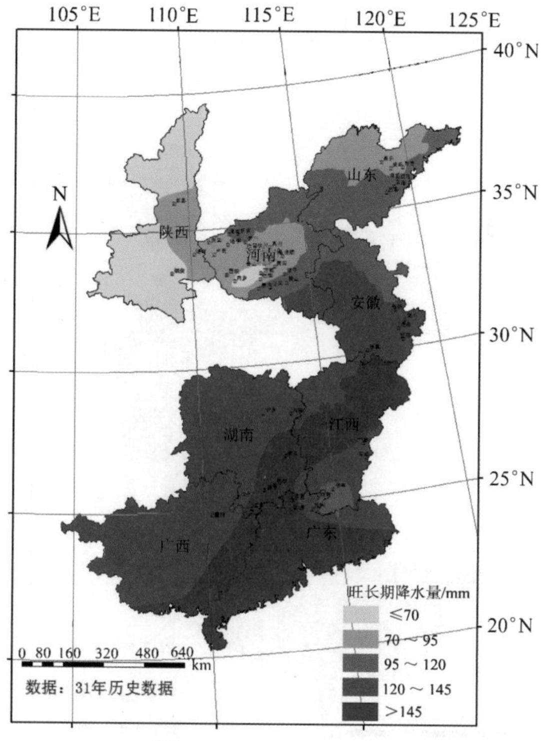

图 2-64　浓香型产区旺长期降水量分布图

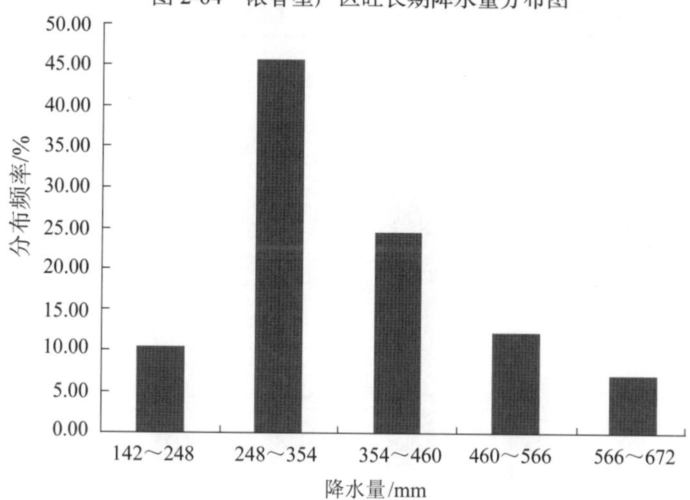

图 2-65　成熟期降水量概率分布图

4. 全生育期降水量

烟株大田生长期过多的雨水不仅影响土壤水分的供应，也影响到光照时数、光照强度以及温度的变化。我国浓香型产区全生育期降水量分布如图 2-67 所示，由图可知，其变异范围较大，在 247～1052mm 的 5 个区间内均有分布。全生育期降水量主要集中在 408～569mm，其分布频率接近 50%，也有一部分产区降水量比较大，为 730～891mm，说明我国浓香型烟叶全生育期降水量分布较不均匀。一般南方烟区，特别是东南烟区降水量较大，而北方烟区，特别是陕西和豫西地区降水量偏少。其 GIS 分布如图 2-68 所示。

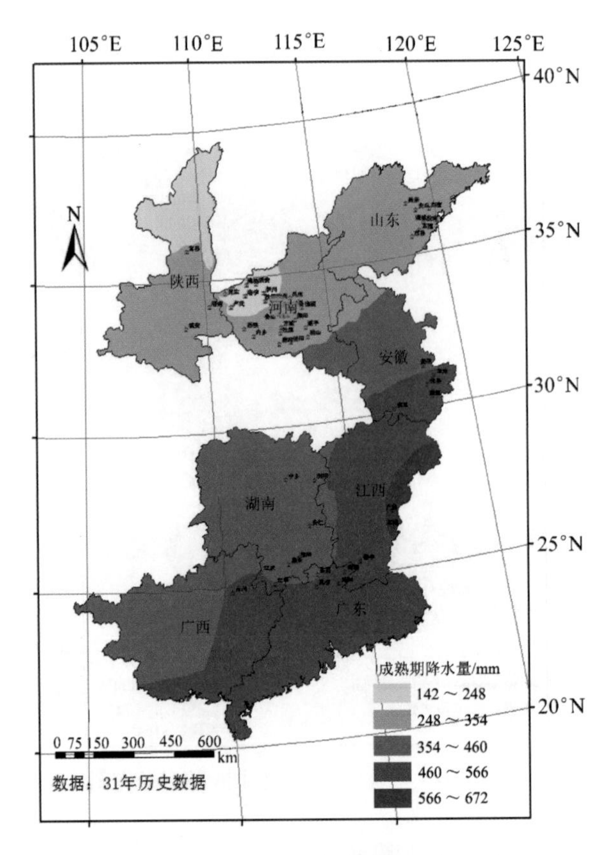

图 2-66　浓香型产区成熟期降水量分布图

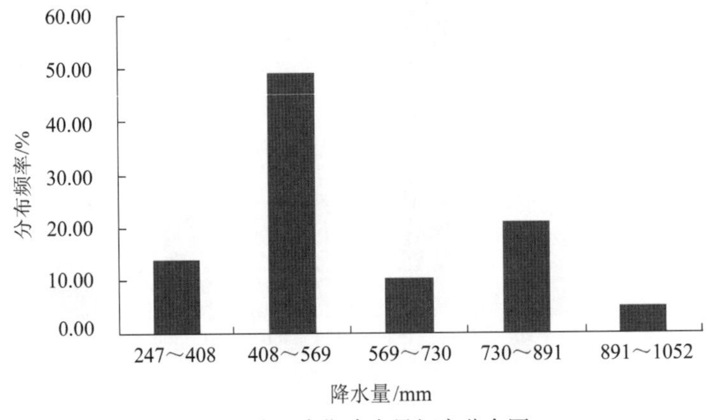

图 2-67　全生育期降水量概率分布图

5. 伸根期平均相对湿度

我国浓香型产区在伸根期的降水量相对较少，因此这个时期的平均相对湿度较小。从图 2-69 可以看出，平均相对湿度在 67%～74%的产区最多，其分布频率为 38.6%；一些南方产区由于伸根期降水稍多，伸根期的平均相对湿度为 81%～88%；相对湿度在 53%～60%的产区最少，频率为 7.0%。其 GIS 分布如图 2-70 所示。

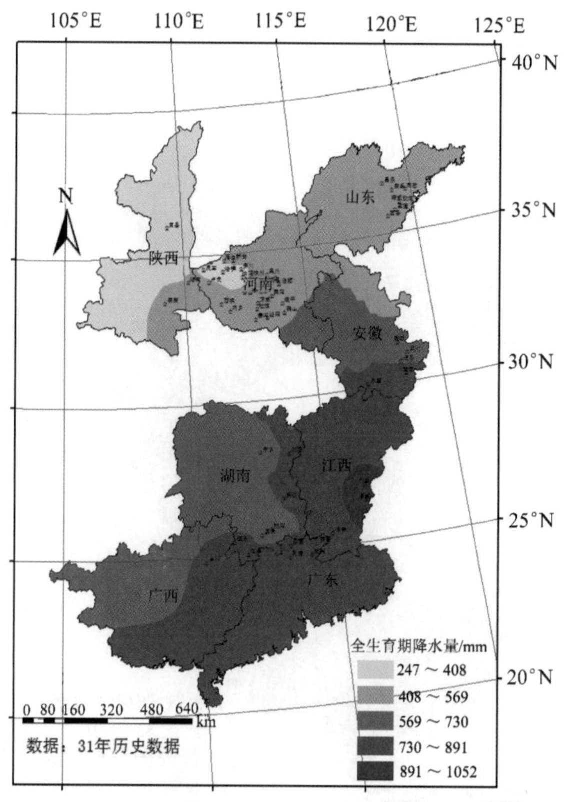

图 2-68　浓香型产区全生育期降水量分布图

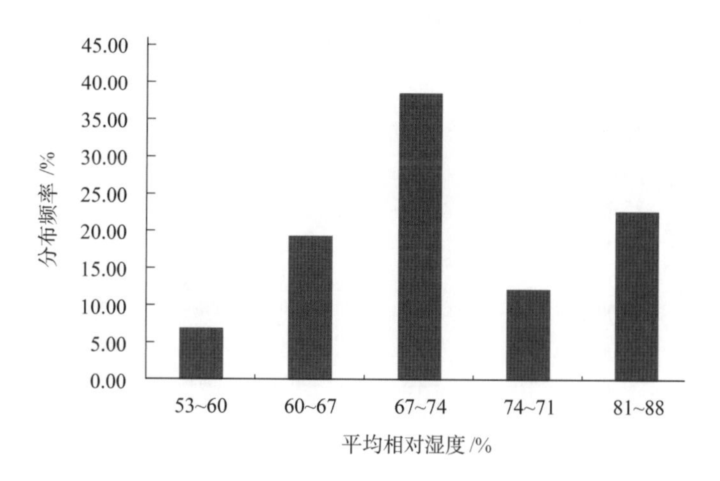

图 2-69　伸根期平均相对湿度概率分布图

6. 旺长期平均相对湿度

图 2-71 为我国浓香型产区旺长期平均相对湿度的概率分布图，可以看出，其变异范围小于伸根期，为 63%～83%。在 65%～70%分布频率最大，为 35.1%；在 60%～65%分布最少，频率为 8.8%。从样点分布和 GIS 分布来看，华南和皖南地区平均相对湿度较大，河南地区平均相对湿度较小，具体如图 2-72 所示。

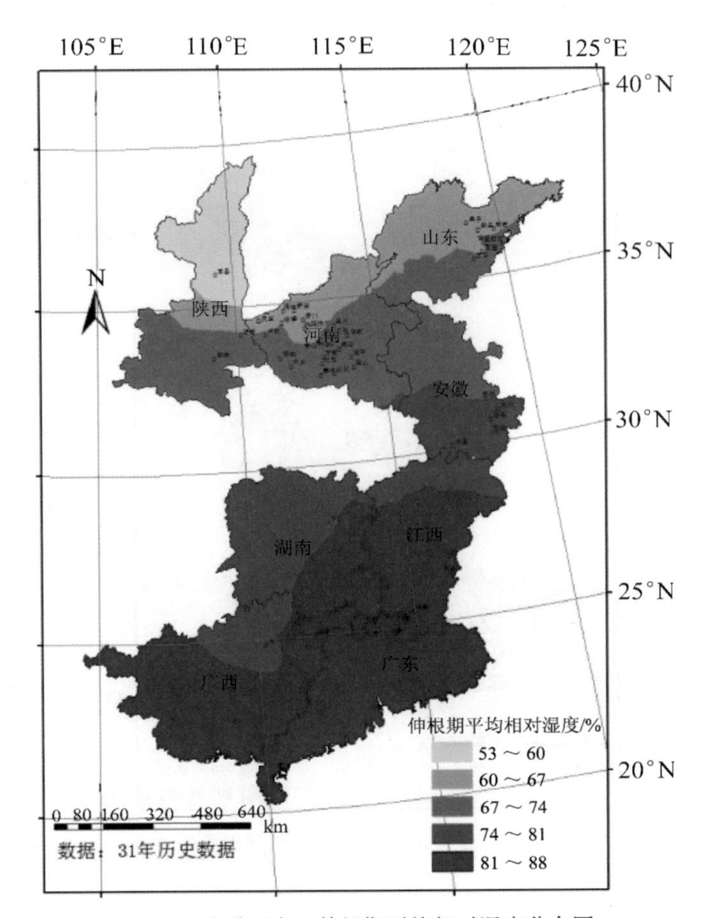

图 2-70　浓香型产区伸根期平均相对湿度分布图

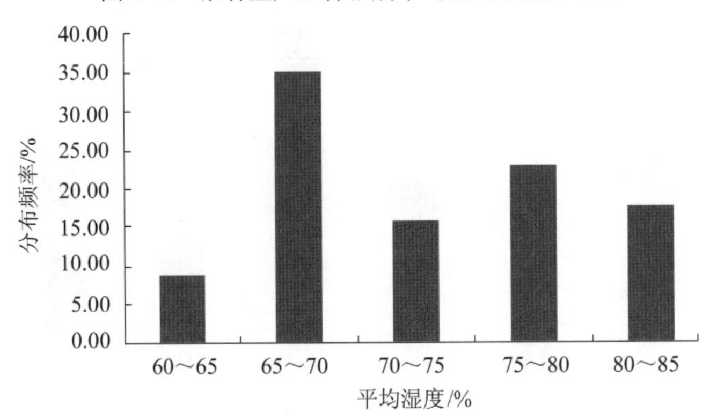

图 2-71　旺长期平均相对湿度概率分布图

7. 成熟期平均相对湿度

成熟期的平均温度一般较高，这个时期如果空气湿度过大，给烟叶造成高温高湿的生长环境，极易发生病虫害。从图 2-73 可以看出，我国浓香型产区成熟期平均相对湿度的变异范围在 3 个生育时期中最小，变异性较小，变异系数为 2.5%；同时大多数产区成熟期空气湿度集中在 78%～81%，分布频率为 56.1%。图 2-74 为我国浓香型产区成熟期平均相对湿度的 GIS 分布图。

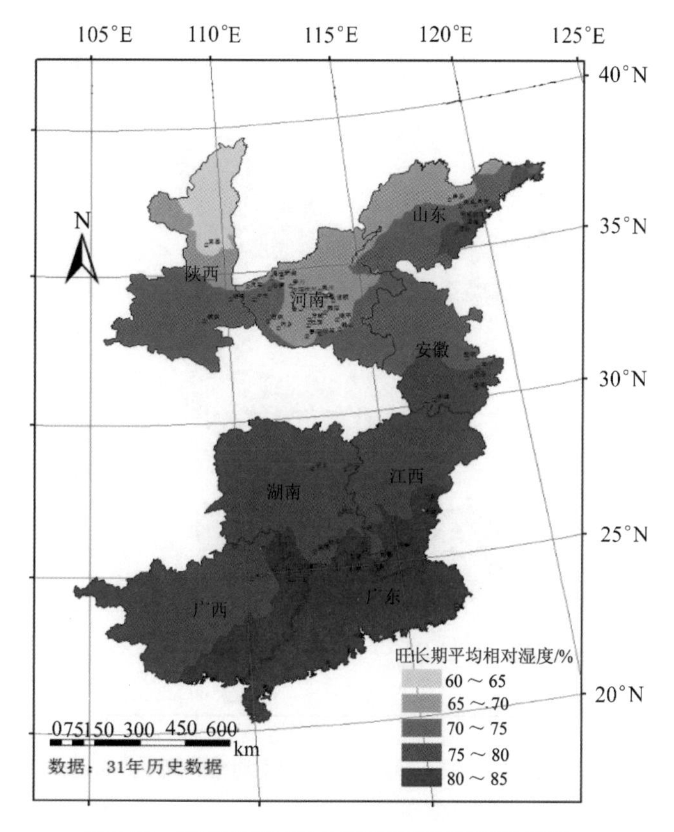

图 2-72　浓香型产区旺长期平均相对湿度分布图

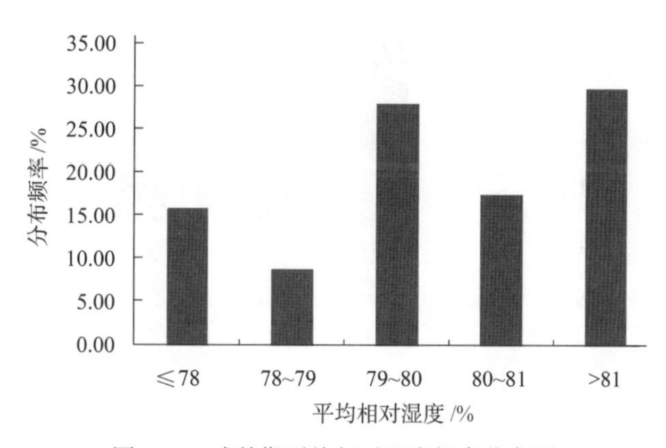

图 2-73　成熟期平均相对湿度概率分布图

8. 全生育期平均相对湿度

我国浓香型产区气候的多异性决定了全生育期平均相对湿度分布的广泛性。如图 2-75 所示，全生育期相对湿度分布为 68%～83%，整体呈正态分布；在 74%～77% 分布频率最大，分布频率为 28.1%。从地域分布特征看，一般表现为南方烟区空气湿度相对较大，北方烟区，特别是高海拔地区湿度相对较小。GIS 分布如图 2-76 所示。

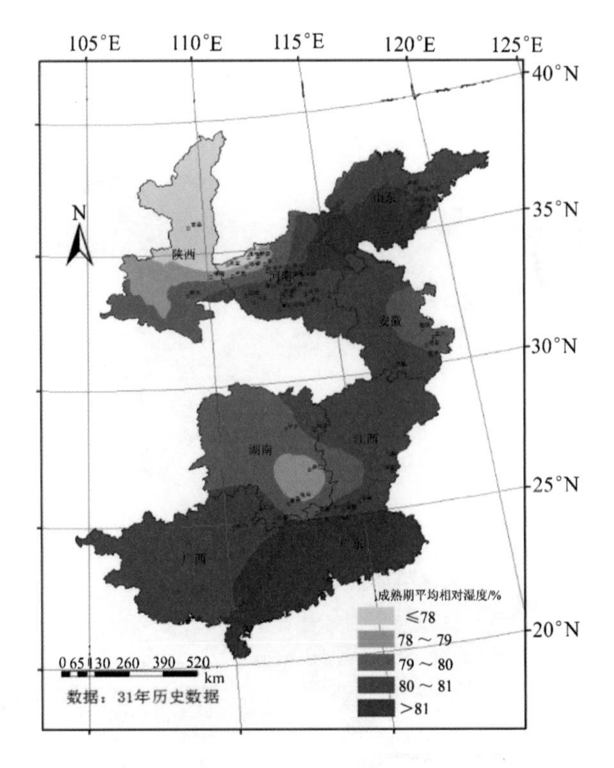

图 2-74　浓香型产区成熟期平均相对湿度分布图

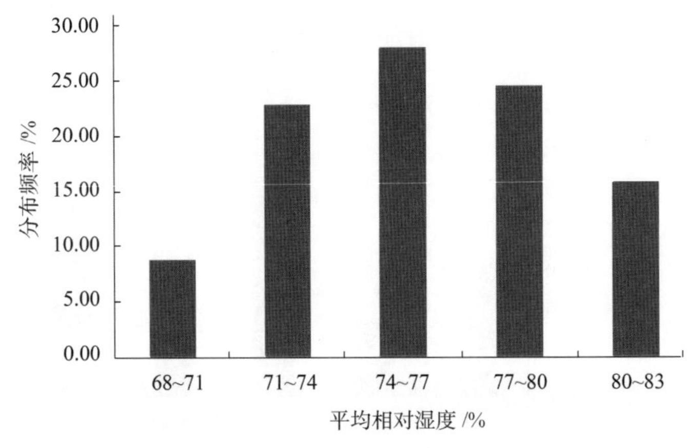

图 2-75　全生育期平均相对湿度概率分布图

2.2.4　其他因素

1. 伸根期总云量

总云量的多少会对光照和热量条件产生综合影响，进而对烟草不同阶段的生长发育产生间接影响。图 2-77 为我国浓香型产区伸根期总云量的概率分布图，可以看出，其变异范围较大，为 18～63 成，其中在 27～36 成分布最多，分布频率为 38.6%；在 54～63 成分布频率最小，为 3.5%。云量分布与降水量分布较为接近，表现为南方烟区云量明显大于北方。其 GIS 分布如图 2-78 所示。

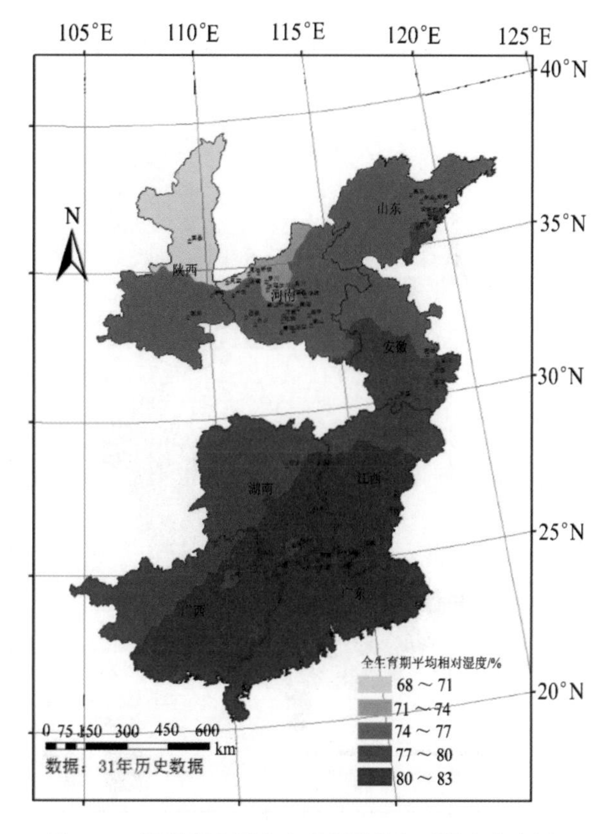

图 2-76　浓香型产区全生育期平均相对湿度分布图

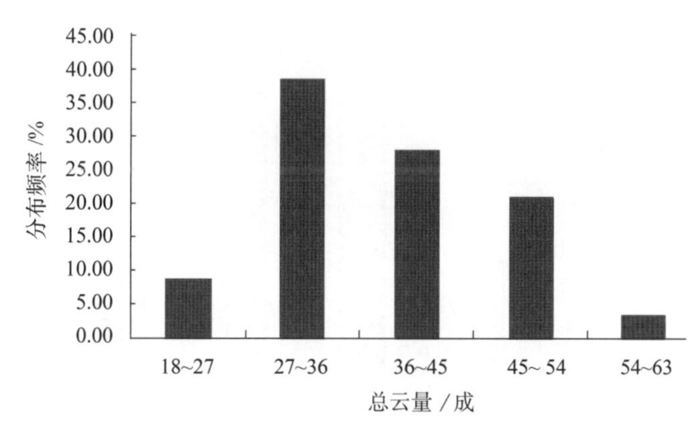

图 2-77　伸根期总云量概率分布图

2. 旺长期总云量

从图 2-79 可以看出，我国浓香型产区旺长期总云量的分布范围与伸根期一样较广，为 15.7～68.2 成，不同产区变异系数为 26.1%；其整体分布类似正态分布，其中在 37～48 成分布最多，分布频率为 35.1%；在 59～70 成分布频率最小，为 3.5%。旺长期云量分布地域分布特征不明显，北方不少烟区云量多于南方烟区。其 GIS 分布如图 2-80 所示。

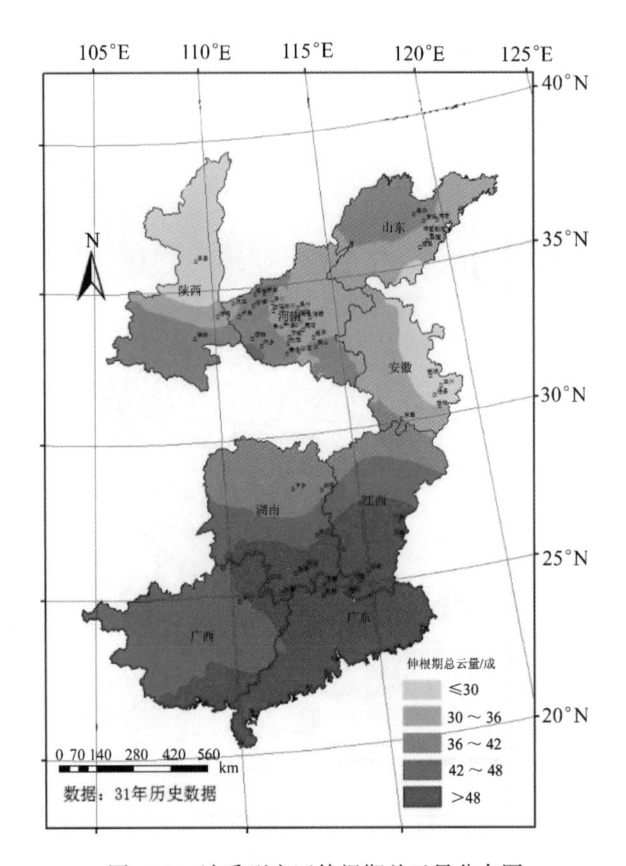

图 2-78　浓香型产区伸根期总云量分布图

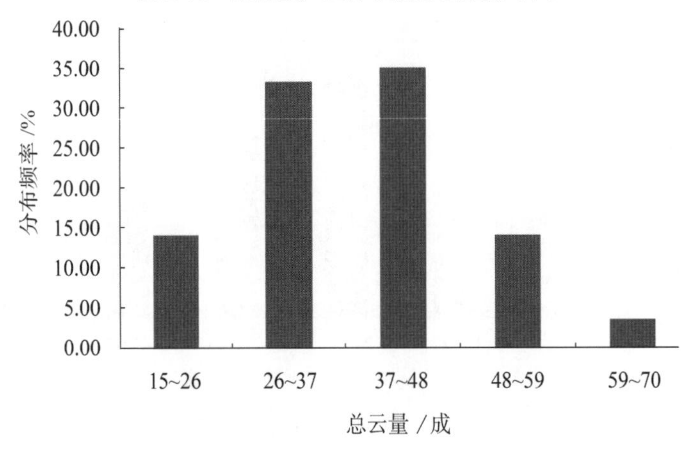

图 2-79　旺长期总云量概率分布图

3. 成熟期总云量

图 2-81 为我国浓香型产区成熟期总云量的概率分布图，可以看出，成熟期的总云量比伸根期和旺长期明显增多，为 62.7～130.8 成，其中 90～104 成分布的产区最多，分布频率为 35.1%；62～76 成分布频率最小，为 7.0%。成熟期云量分布表现为河南、山东烟区云量最少，陕西和南方烟区云量较多。其 GIS 分布如图 2-82 所示。

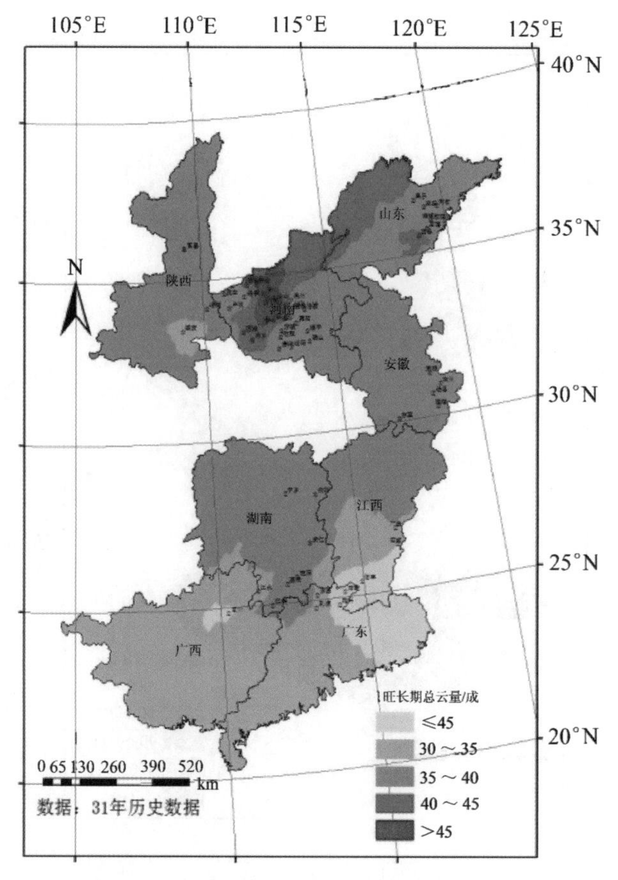

图 2-80　浓香型产区旺长期总云量分布图

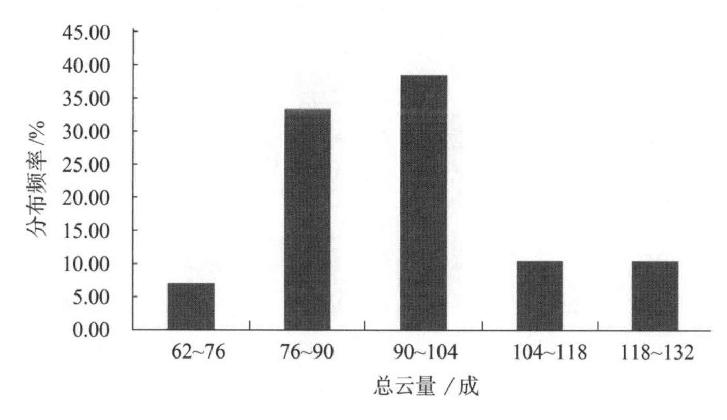

图 2-81　成熟期总云量概率分布图

4. 全生育期总云量

我国浓香型产区全生育期总云量的概率分布整体类似正态分布，如图 2-83 所示，在 167～188 成的分布频率最大，为 42.1%；在 209～230 成的较大云量区间内分布的产区最少，分布频率为 3.5%。还可以看出，其分布范围也较广，为 126.1～228.2 成，但其变异系数较小，为 11.2%。从 GIS 分布上可以看出，多数南方烟区的总云量较大，北方高海拔地区云量也相对偏大，具体如图 2-84 所示。

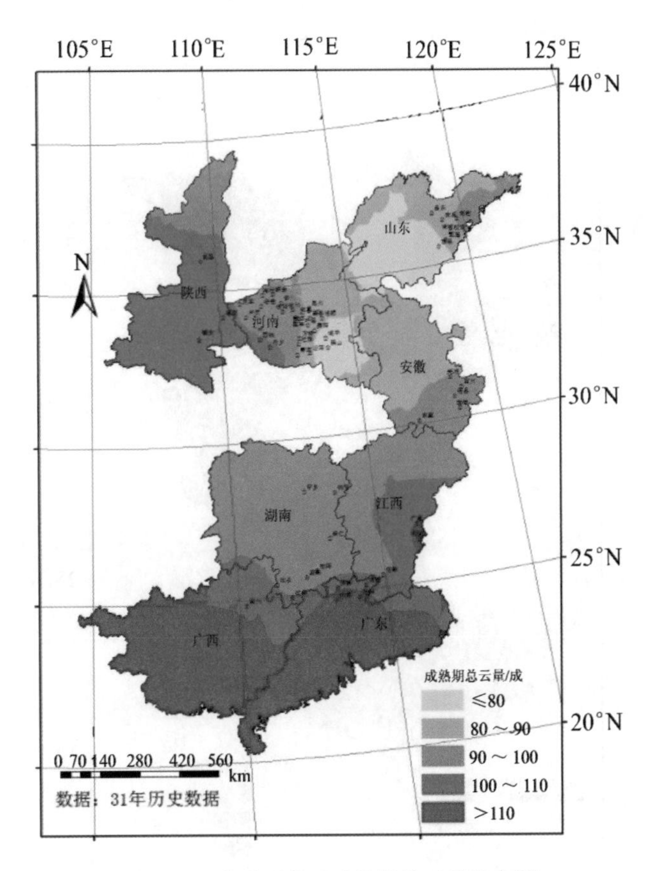

图 2-82　浓香型产区成熟期总云量分布图

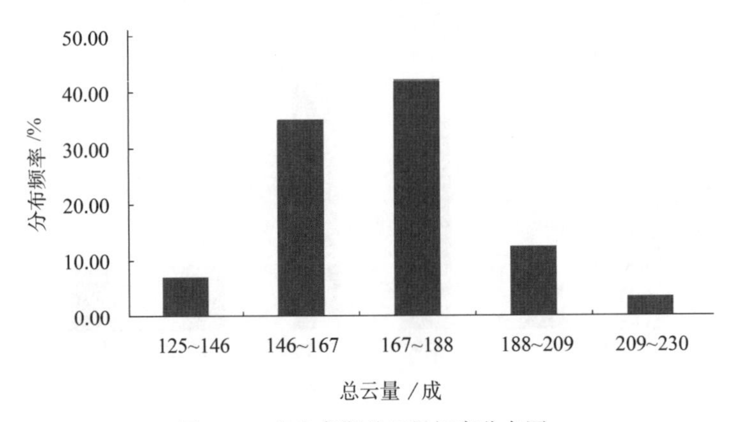

图 2-83　全生育期总云量概率分布图

5. 伸根期平均本站气压

在气候因素中，平均本站气压是一个比较稳定的指标，对烟叶质量风格的影响较小。从图 2-85 可以看出，我国大多数浓香型产区的伸根期平均本站气压集中在 992～1015hPa，分布频率高达 61.4%，其变异系数较小，为 2.4%。样点的地域分布除了陕西和豫西气压相对偏低外，其他地区无明显规律，GIS 分布如图 2-86 所示。

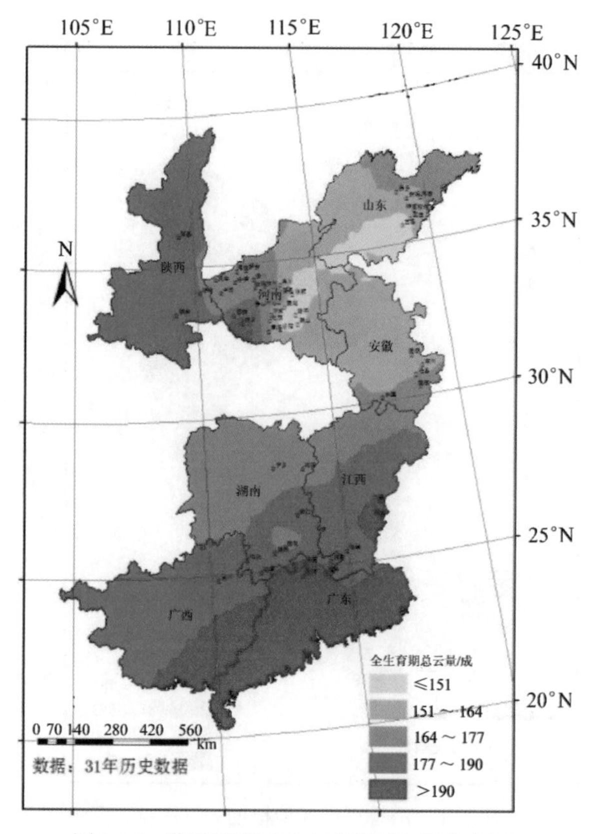

图 2-84　浓香型产区全生育期总云量分布图

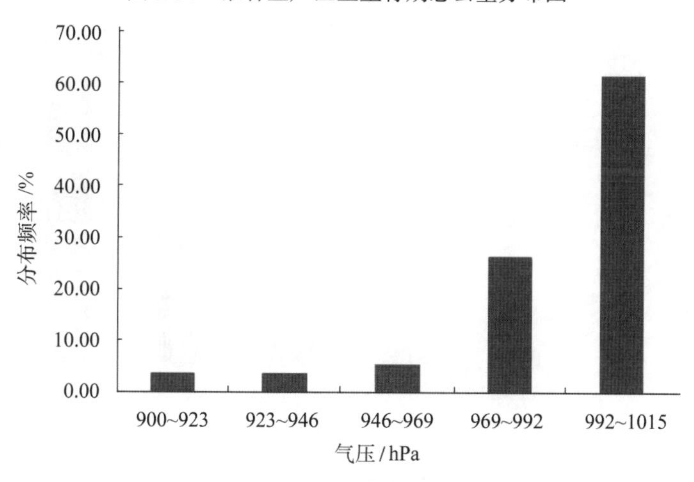

图 2-85　伸根期平均本站气压概率分布图

6. 旺长期平均本站气压

图 2-87 为 57 个浓香型产区的旺长期平均本站气压的概率分布图，可以看出，其分布规律与伸根期平均本站气压规律一样，在 989～1012hPa 分布的产区最多，分布频率为 59.6%；变异系数也较小，为 2.3%。样点分布和 GIS 分布上可以看出，豫西和陕南地区的旺长期平均本站气压较小，具体如图 2-88 所示。

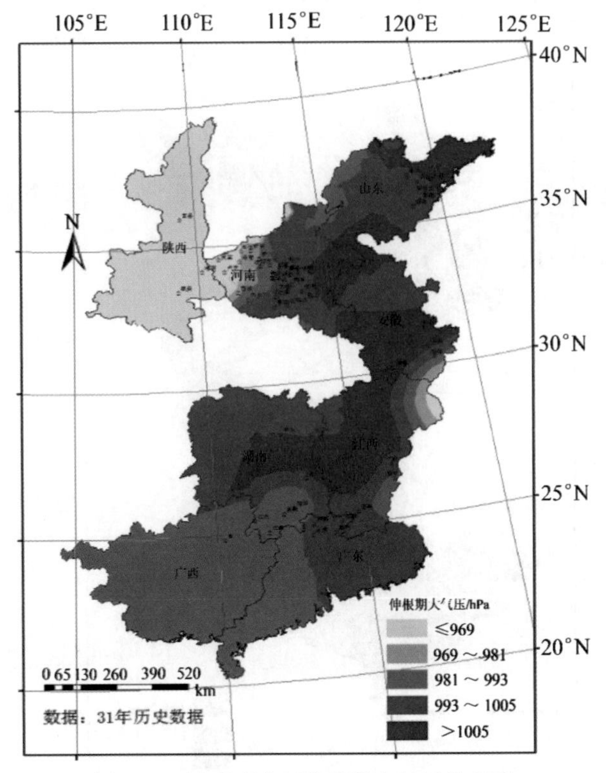

图 2-86　浓香型产区伸根期大气压分布图

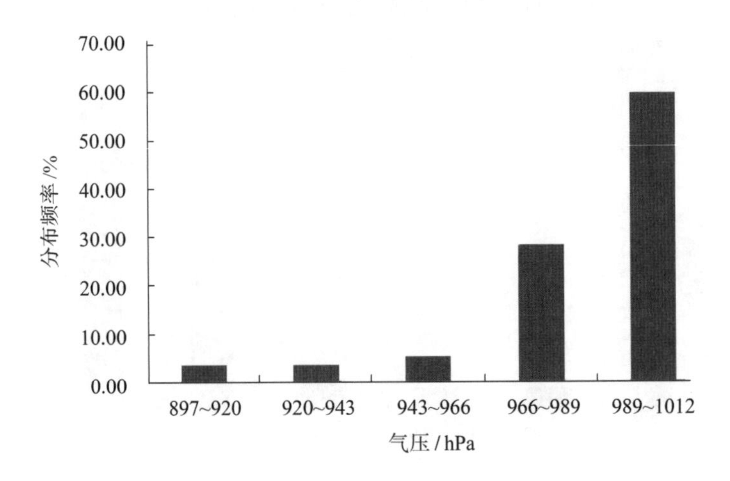

图 2-87　旺长期平均本站气压概率分布图

7. 成熟期平均本站气压

我国 57 个浓香型产区的成熟期平均本站气压中大多数分布在 988～1010hPa，分布频率为 57.9%，其变异系数较小，为 2.2%，如图 2-89 所示。在样点分布和 GIS 分布上可以看出，成熟期平均本站气压和伸根期、旺长期平均本站气压的规律类似，豫西和陕南地区较低，如图 2-90 所示所示。

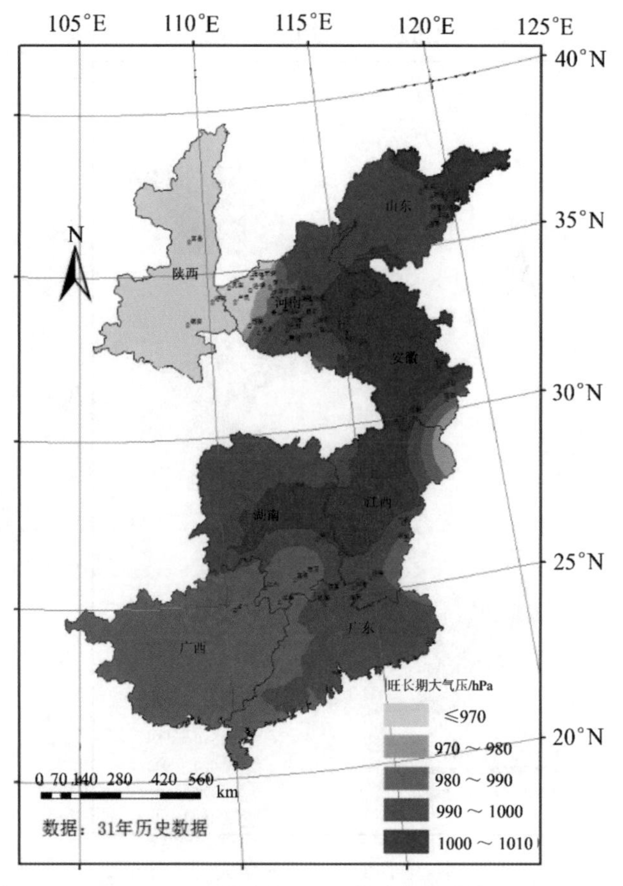

图 2-88　浓香型产区旺长期大气压分布图

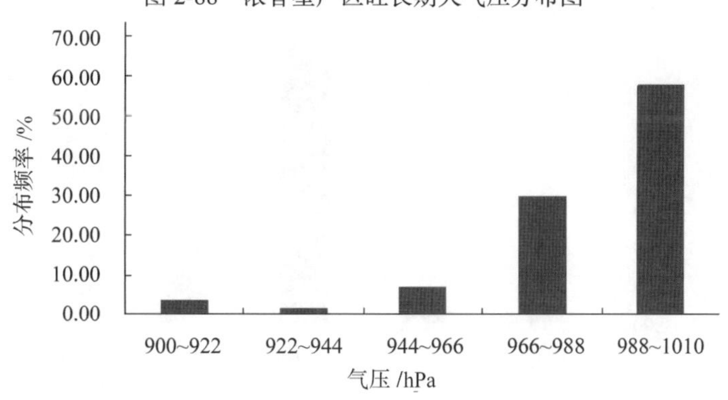

图 2-89　成熟期平均本站气压概率分布图

8. 全生育期平均本站气压

图 2-91 为我国浓香型产区的全生育期平均本站气压的概率分布图，可以看出，全生育期大气压的分布整体呈正态分布，且十分集中，有 71.9%的产区分布为 968～1002hPa；在 1036～1070hPa 只有一个样点，变异系数较小，为 2.5。其分布特征表现为安徽、山东烟区气压相对较大，陕西和豫西烟区气压最低。其 GIS 分布如图 2-92 所示。

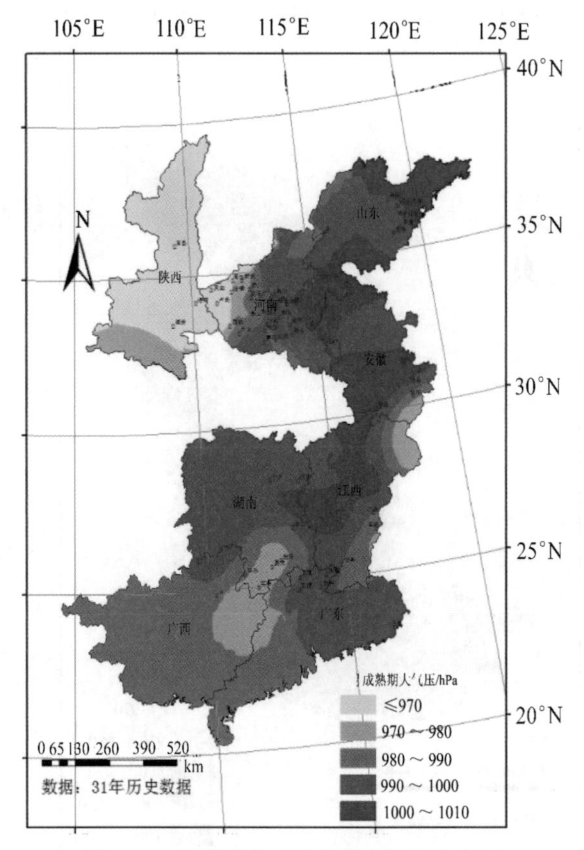

图 2-90　浓香型产区成熟期大气压分布图

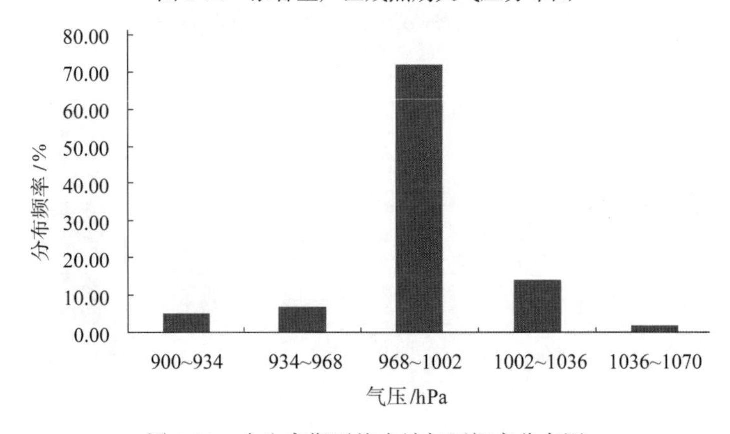

图 2-91　全生育期平均本站气压概率分布图

9. 伸根期平均风速

从图 2-93 可以看出，我国浓香型产区伸根期平均风速变化范围较大，为 0.6～5.3m/s；其总体变异性较大，变异系数为 37%。分布较分散，其中在 2.0～2.5m/s 分布的产区最多，频率为 29.8%；在 0.5～1.0m/s 分布频率最小，为 7.0%。从 GIS 分布图（图 2-94）可知浓香型产区伸根期平均风速在地域上无明显规律。

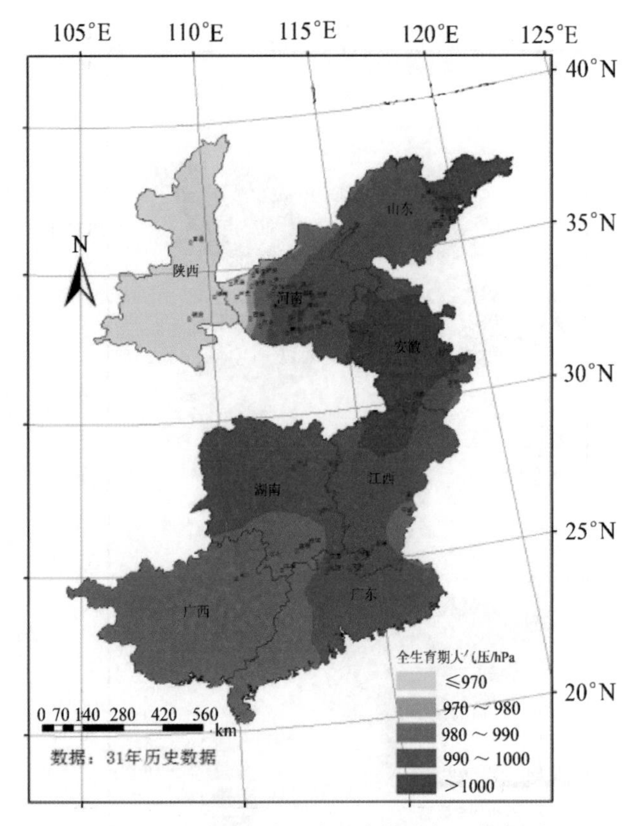

图2-92　浓香型产区全生育期大气压分布图

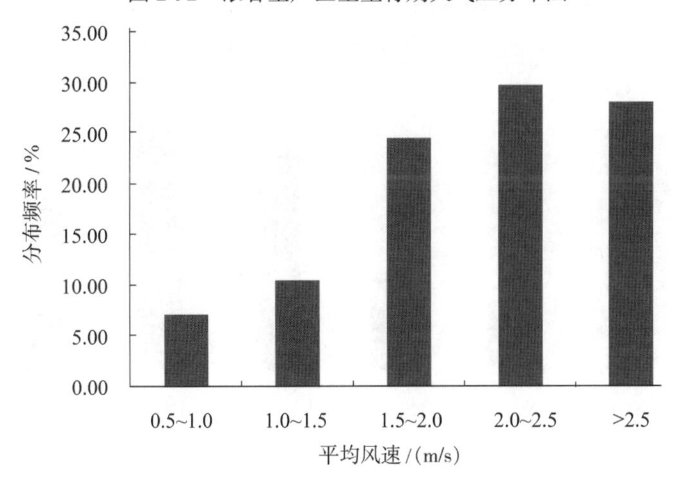

图2-93　伸根期平均风速概率分布图

10. 旺长期平均风速

我国浓香型产区的旺长期平均风速的分布规律与伸根期相似，如图2-95所示，分布为0.5～5.2m/s，变异系数为36%。分布也较分散，其中在2.0～2.5m/s内分布的产区最多，频率为31.6%；在0.5～1.0m/s分布最小，频率为7.0%。其GIS分布如图2-96所示。

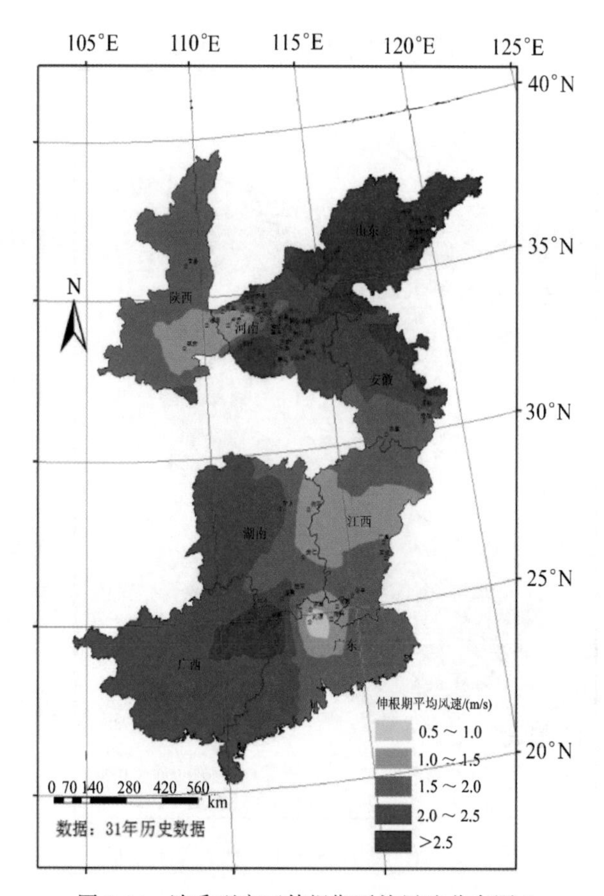

图 2-94　浓香型产区伸根期平均风速分布图 ||

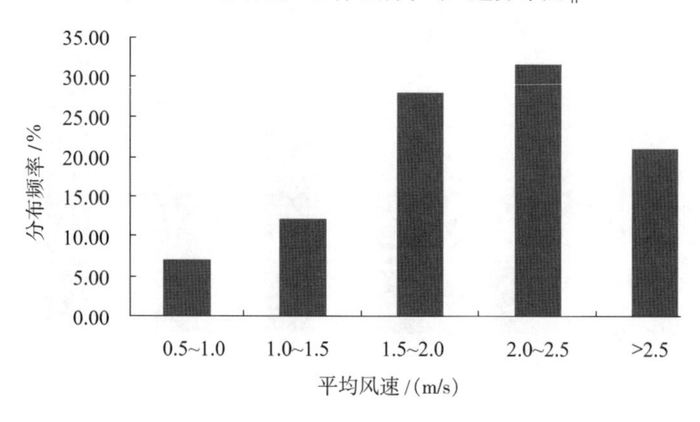

图 2-95　旺长期平均风速概率分布图

11. 成熟期平均风速

图 2-97 为我国浓香型产区成熟期平均风速概率分布图，可以看出，其分布范围相对较小，为 0.5～3.0m/s；在 1.5～2.5m/s 分布的产区最多，频率超过 60%；成熟期平均风速≥2.5m/s 的产区最少，分布频率为 5.3%。其 GIS 分布无明显规律，如图 2-98 所示。

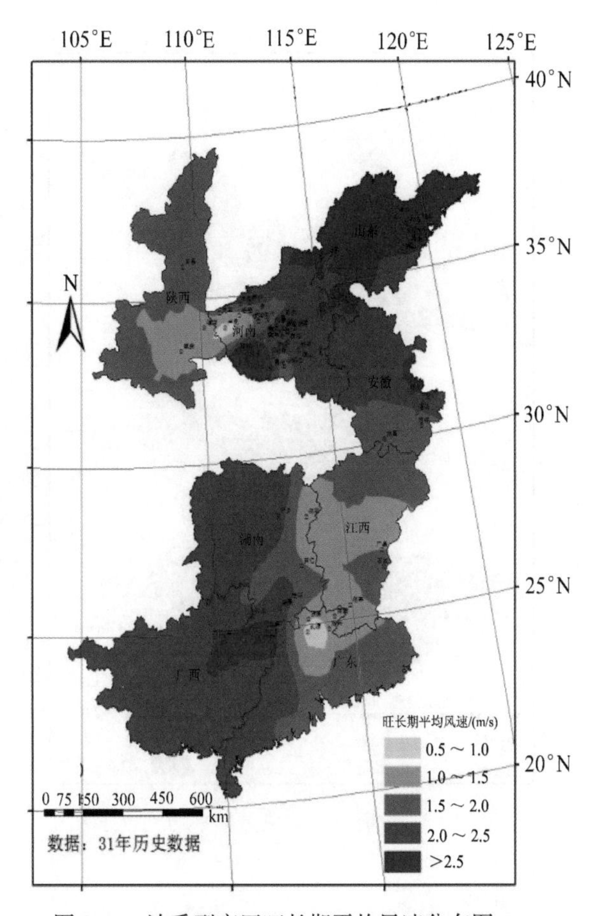

图 2-96　浓香型产区旺长期平均风速分布图

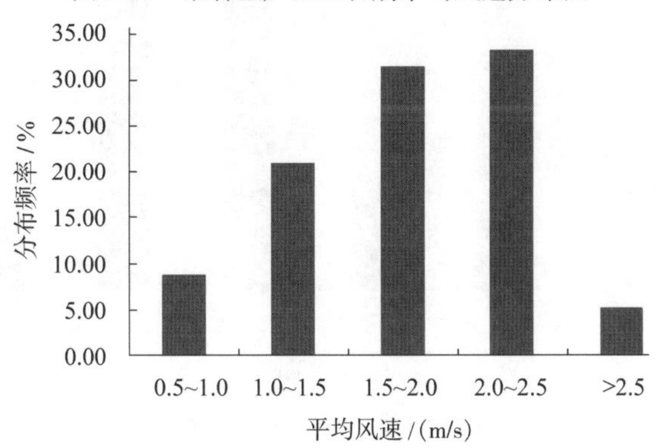

图 2-97　成熟期平均风速概率分布图

12. 全生育期平均风速

从图 2-99 可以看出，我国浓香型产区全生育期平均风速的概率分布为 0.5～4.6m/s；其总体变异性也较大，变异系数为 34.1%；整体上呈正态分布，其中在 1.5～2.0m/s 分布的产区最多，频率为 35.1%；在 0.5～1.0m/s 分布频率最小，为 8.8%。GIS 分布如图 2-100 所示，地域分布特征不明显。

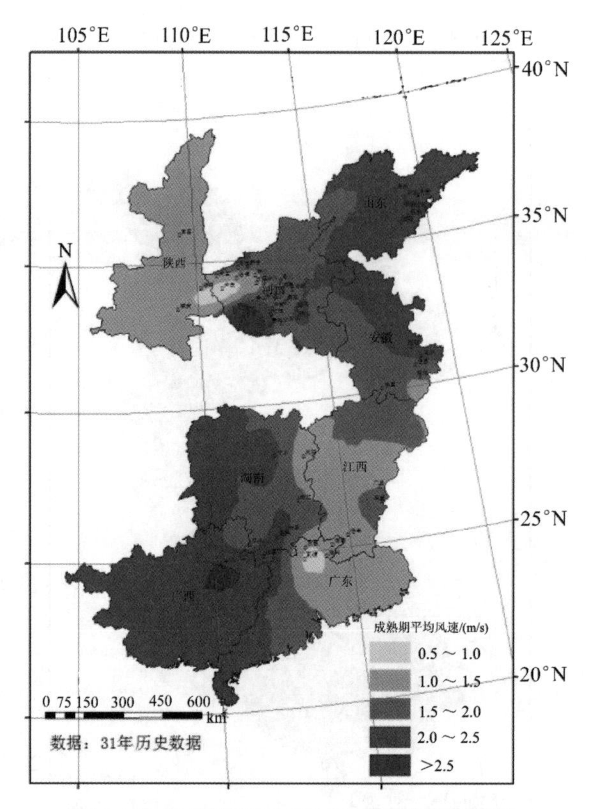

图 2-98　浓香型产区成熟期平均风速分布图

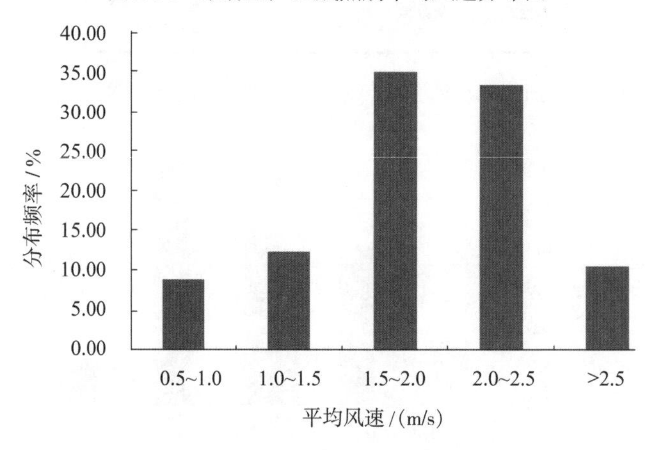

图 2-99　全生育期平均风速概率分布图

2.2.5　不同气候指标的地带性分布特征

通过分析浓香型产区各气候指标的分布情况，归纳出各指标的地带性分布特征如表2-6 所示。从温度指标来看，烟叶生长前期的温度指标一般地带性分布特征较为明显，表现为随着纬度的增高温度增加，南北差异较大，这是因为南方烤烟育苗和移栽较早，温度偏低。烟叶成熟期各温度指标的纬度地带性分布特征不明显，南北产区差异较小。后期温度高，热量丰富是典型浓香型产区的共性特征。相反，烟叶生长前期温度指标的垂直地带性分布相对较不明显，而烟叶成熟期温度指标的垂直分布特点较为明显，随着海拔的增高，成熟期温度降低。光照时数和降水量的纬度地带性分布总体较为明显，特别是烟叶生长前期。随着纬度的增加，光照时数延长，降水量减少。光照时数的垂直地带性分布特征较为明显，随着海拔的增加，光照时数也有延长趋势，但降水量变化规律性较差。气压和风速的地带性分布特征不明显。

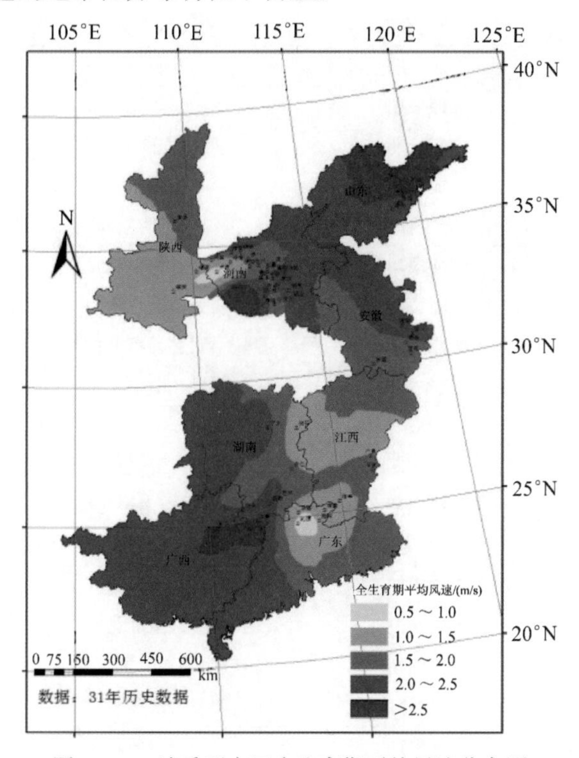

图 2-100　浓香型产区全生育期平均风速分布图

表2-6　浓香型产区主要气候指标的地带性分布特征

指标	生育阶段	纬度地带性分布	垂直地带性分布
日均温	伸根期	明显，南低北高	不明显
	旺长期	较明显，南低北高	较不明显
	成熟期	不明显	明显，随增高降低
	全生育期	较不明显	较明显，随增高降低
>10℃积温	伸根期	较明显，南低北高	不明显
	旺长期	较不明显	较不明显
	成熟期	不明显	较明显，随增高降低
	全生育期	较不明显	较明显，随增高降低
>20℃积温	伸根期	较明显，南低北高	较不明显
	旺长期	较不明显	较不明显
	成熟期	不明显	较明显，随增高降低
	全生育期	较不明显	较明显，随增高降低

续表

指标	生育阶段	纬度地带性分布	垂直地带性分布
>20℃天数	伸根期	明显，南低北高	不明显
	旺长期	较明显，南低北高	较不明显
	成熟期	不明显	较明显，随增高降低
	全生育期	较不明显	较明显，随增高降低
最高温>30℃天数	成熟期	不明显	明显，随增高降低
地表日均温	伸根期	明显，南低北高	不明显
	旺长期	较明显，南低北高	较不明显
	成熟期	不明显	明显，随增高降低
	全生育期	较不明显	较明显，随增高降低
昼夜温差	伸根期	明显，南小北大	明显，随增高变大
	旺长期	明显，南小北大	明显，随增高变大
	成熟期	较不明显，南小北大	较明显，随增高变大
	全生育期	明显，南小北大	明显，随增高变大
光照时数	伸根期	明显，南短北长	较明显，随增高变长
	旺长期	明显，南短北长	较明显，随增高变长
	成熟期	较明显，南短北长	较明显，随增高变长
	全生育期	明显，南短北长	较明显，随增高变长
降水量	伸根期	明显，南多北少	较明显，随增高减少
	旺长期	明显，南多北少	较不明显
	成熟期	较明显，南多北少	较不明显
	全生育期	明显，南多北少	较不明显
总云量	伸根期	明显，南多北少	较不明显
	旺长期	明显，南多北少	较不明显
	成熟期	较不明显	较不明显
	全生育期	较明显，南多北少	较不明显
气压	伸根期	较不明显	较不明显
	旺长期	较不明显	较不明显
	成熟期	较不明显	较不明显
	全生育期	较不明显	较不明显
平均相对湿度	伸根期	明显，南低北高	不明显
	旺长期	明显，南低北高	较不明显
	成熟期	不明显	较不明显
	全生育期	较不明显	较不明显
平均风速	伸根期	较不明显	较不明显
	旺长期	较不明显	较不明显
	成熟期	较不明显	较不明显
	全生育期	较不明显	较不明显

从不同气候指标的地带性分布特征可以在一定程度上判断浓香型产区的共性气候指标和差异性指标。纬度地带性分布特征较不明显，且与其他香型烟叶产区有明显差异，是不同产区典型浓香型烟叶形成的共同要求，如成熟期温度较高是不同地域典型浓香型烟叶的共性特征。浓香型产区内具有差异性的指标往往不是决定浓香型烟叶形成的关键指标，但可以对不同浓香型烟叶风格特色的形成起重要作用。

2.3　我国浓香型产区气候类型区的划分

2.3.1　气候类型区划分

我国浓香型产区地域广泛，气候指标差异显著，但也存在相似性。温度、光照、降水等气候指标不仅对烟草生长发育和烟叶质量特色影响较大，可以较好地反映浓香型烟叶不同产区气候差异性，并与烟叶的风格特色高度吻合。经过反复拟合和筛选，从 49 个指标中筛选出 13 个指标进行聚类分析。这些指标分别为伸根期均温、旺长期均温、成熟期均温、成熟期 >20℃ 积温、成熟期日最高温 >30℃ 天数、成熟期昼夜温差、伸根期光照时数、旺长期光照时数、成熟期光照时数、伸根期降雨量、旺长期降雨量、成熟期降雨量、全生育期平均相对湿度。按照这些指标，根据欧式距离进行聚类分析，将所有样点分为 5 个气候生态类型区，分别为豫中豫南高温长光低湿区、豫西陕南鲁东中温长光低湿区、湘南粤北赣南高温短光多湿区、皖南高温中光多湿区、赣中东桂北高温短光高湿区。具体样点和 GIS 分布分别如表 2-7 和图 2-101 所示。

表 2-7　浓香型烟叶不同生态类型区样点分布

生态区	样点
豫西陕南鲁东中温长光低湿区	陕西延安富县、陕西宝鸡陇县、山东潍坊昌乐、山东潍坊安丘、山东潍坊高密、山东潍坊诸城、山东日照莒县、山东日照五莲、山东青岛胶南、河南三门峡灵宝、陕西商洛洛南、河南三门峡渑池、河南洛阳宜阳、河南洛阳洛宁、河南三门峡卢氏、河南洛阳新安、河南洛阳伊川、河南洛阳汝阳、陕西延安镇安、河南三门峡陕县
豫中豫南高温长光低湿区	河南平顶山宝丰、河南平顶山鲁山、河南平顶山汝州、河南平顶山禹州、河南许昌许昌、河南南阳西峡、河南南阳内乡、河南南阳方城、河南平顶山郏县、河南许昌襄县、河南漯河临颍、河南平顶山叶县、河南平顶山舞阳、河南南阳社旗、河南驻马店遂平、河南南阳唐河、河南驻马店泌阳、河南驻马店确山
湘南粤北赣南高温短光多湿区	湖南郴州安仁、湖南永州江永、湖南郴州桂阳、湖南郴州嘉禾、广东南雄乐昌、江西赣州信丰、广东南雄南雄、湖南永州江华、广东南雄始兴
皖南高温中光多湿区	安徽芜湖芜湖、安徽池州东至、安徽池州青阳、安徽宣城绩溪、安徽宣城泾县、安徽宣城宣州、安徽宣城旌德、安徽宣城郎溪、安徽宣城广德
湘中赣中桂北高温短光高湿区	湖南浏阳宁乡、湖南长沙浏阳、江西抚州广昌、江西抚州黎川、江西抚州资溪、江西抚州宜黄、江西抚州乐安、江西赣州石城、江西吉安峡江、江西吉安泰和、江西吉安安福、江西吉安永丰、广西贺州富川、广西贺州钟山、广东南雄乳源

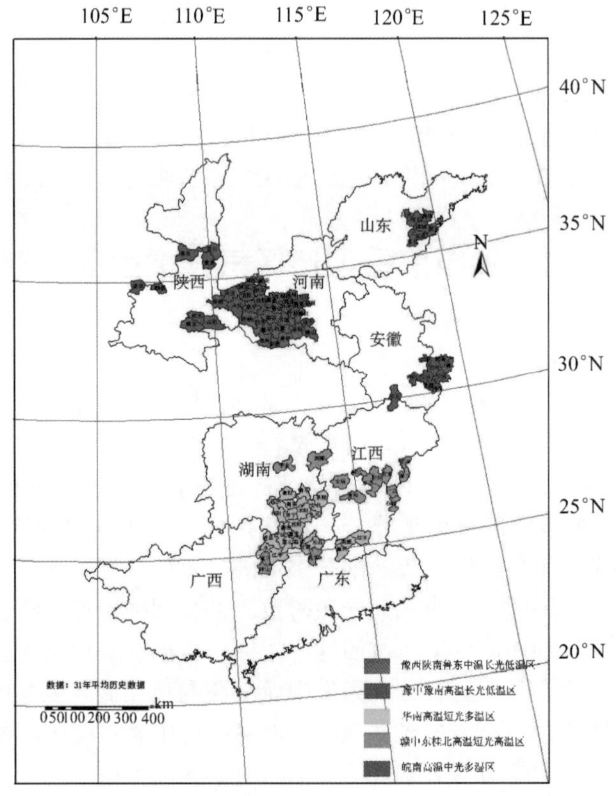

图 2-101　我国优质浓香型产区气候生态区划分

2.3.2　不同气候生态区气候特征

对各气候类型区烟叶光温水相关气候指标求平均值（表 2-8），可以归纳出不同气候类型区总体气候特点。

表 2-8　浓香型产区不同气候类型区气候指标均值

生态区	日均温/℃			光照时数 /h			降水量 /mm			昼夜温差/℃			>20℃积温/℃	平均相对湿度 /%
	伸根期	旺长期	成熟期	伸根期	旺长期	成熟期	伸根期	旺长期	成熟期	伸根期	旺长期	成熟期	成熟期	全生育期
豫西陕南鲁东中温长光低湿区	21.2	24.5	23.7	195.4	197.3	419.1	55.5	93.6	289.1	12.3	10.7	9.2	265.7	74.4
豫中豫南高温长光低湿区	20.6	25.1	26.4	178.5	188.8	359.1	64.3	88.5	328.4	11.8	11.4	8.7	397.2	74.9
湘南粤北赣南高温短光多湿区	16.4	21.0	25.6	68.0	80.4	303.3	184.4	132.8	424.6	7.3	8.1	7.9	347.5	80.9
皖南高温中光多湿区	15.2	20.0	25.7	98.6	163.0	374.8	95.6	138.9	482.7	9.7	10.0	8.5	362.1	78.1
湘中赣中桂北高温短光高湿区	17.8	22.0	26.3	69.7	69.6	387.2	229.0	151.0	583.6	7.3	8.2	8.1	421.5	80.5

通过比较分析不同生态区气候指标，得出浓香型产区 5 个生态类型区的气候特点。

（1）豫西陕南鲁东中温长光低湿区

该类地区主要包括河南豫西、陕西南部和山东鲁东地区，属于北方烟区，移栽期温度较高。而成熟期日均温和成熟期＞20℃积温较低，分别为 23.7℃和 265.7℃；各生育时期的平均昼夜温差均较大，如伸根期达到了 12.3℃；降水量较少，全生育期的平均相对湿度比较小，为 74.4%；各生育阶段的光照时数均较高，如成熟期高达 419.1h。

（2）豫中豫南高温长光低湿区

主要包括河南的豫中地区和豫南地区。其全生育期温度较高，热量丰富，特别是成熟期日均温和成熟期＞20℃积温较高，分别为 26.4℃和 397.2℃；昼夜温差中等至偏小；光照较为充足，光照时数较长；伸根期和成熟期降水量偏少，平均相对湿度相对较低。

（3）湘南粤北赣南高温短光多湿区

主要位于华南地区，包括湖南郴州、永州、广东南雄、江西赣州等地。该类地区由于移栽较早，伸根期日均温较低，为 16.4℃，但是成熟期日均温相对较高，为 25.6℃；各生育时期平均昼夜温差较小，如伸根期昼夜温差为 7.3℃，接近沿海地区；各生育时期降水量较大；三个生育阶段光照时数均为最低，伸根期、旺长期和成熟期分别为 68.0h、80.4h 和 303.3h；全生育期平均相对湿度较高，平均为 80.9%。

（4）皖南高温中光多湿区

主要为安徽皖南地区。该类地区的地理位置位于南方烟区和北方烟区之间，前期温度偏低，但成熟期日均温和成熟期＞20℃积温较高，昼夜温差介于南方和北方烟区之间；在烟叶整个生长期降水量和空气平均相对湿度相对较大；各生育时期光照时数低于北方烟区，但高于南方烟区，伸根期、旺长期和成熟期分别为 98.6h、163.0h 和 374.8h。

（5）湘中赣中桂北高温短光高湿区

该类地区伸根期温度较低，但成熟期日均温较高，平均为 26.3℃，全生育期平均昼夜温差较小；各生育时期光照时数较少；该区雨水丰富，降水量最大，如成熟期降水量高达 583.6mm；平均相对湿度较大，全生育期平均相对湿度为 80.5%。

2.3.3　不同气候类型区烟叶质量风格特征

1. 不同气候类型区烟叶风格特征分析

烟叶风格特征包括香型、香气状态、烟气状态和香韵特征，具体包括浓香型显示度、烟气沉溢度、烟气浓度、劲头、主体香韵（焦甜香、焦香、正甜香等）。项目期间采集各产区 C3F 等级烟叶样品，按照特色烟重大专项烟叶样品感官评吸办法进行评吸鉴定，得到各产区烟叶风格特色指标。表 2-9 给出了我国浓香型不同生态类型区烟叶风格特色的分值范围、平均值和变异性。

由表 2-9 可知，豫西陕南鲁东中温长光低湿区烟叶的浓香型显示度和烟气沉溢度均最低，分别为 3.1 和 3.0；不同生态区烟叶的烟气浓度和劲头差异不明显；皖南高温中光多湿区烟叶的焦甜香值最大，为 3.4，比焦甜香值最小的豫西陕南鲁东中温长光低湿区（1.6）高 1.8；豫中豫南高温长光低湿区烟叶的焦香值较高，为 2.3；对于正甜香值，豫西陕南鲁东中温长光低湿区最高，为 1.8；赣中东桂北高温短光高湿区烟叶的正甜香的变异系数最大，为 30.4%。

表 2-9　不同气候类型区烟叶风格特征的总体特征

指标	生态区		范围	平均值	极差	标准差	方差	峰度	偏度	变异系数/%
豫西陕南鲁东中温长光低湿区	香型	浓香型显示度	2.2~3.5	3.1	1.3	0.31	0.10	2.014	−1.036	10.1
	香气状态	烟气沉溢度	2.0~3.5	3.0	1.5	0.40	0.16	0.701	−0.799	13.5
		烟气浓度	3.0~3.6	3.4	0.6	0.15	0.02	2.653	−1.488	4.4
		劲头	2.7~3.3	3.0	0.6	0.15	0.02	0.223	0.121	4.8
	香韵特征	焦甜香	1.0~2.0	1.6	1.0	0.27	0.07	0.294	−0.514	17.1
		焦香	1.2~2.3	1.7	1.1	0.28	0.08	−0.463	−0.120	16.7
		正甜香	1.5~2.8	1.9	1.3	0.39	0.15	0.018	0.932	20.6
豫中豫南高温长光低湿区	香型	浓香型显示度	3.5~4.0	3.7	0.5	0.14	0.02	−0.635	0.431	3.9
	香气状态	烟气沉溢度	3.5~3.8	3.6	0.3	0.10	0.01	−0.651	0.498	2.8
		烟气浓度	3.5~3.9	3.7	0.4	0.11	0.01	−0.445	0.355	3.1
		劲头	3.0~3.5	3.3	0.5	0.15	0.02	−0.201	−0.746	4.6
	香韵特征	焦甜香	1.5~2.0	1.8	0.5	0.16	0.03	−0.588	−0.605	8.8
		焦香	1.6~2.9	2.3	1.3	0.42	0.18	−1.232	−0.268	18.3
		正甜香	1.0~1.5	1.1	0.5	0.13	0.02	8.947	2.927	11.8
湘南粤北赣南高温短光多湿区	香型	浓香型显示度	3.5~3.8	3.7	0.3	0.09	0.01	−0.501	0.290	2.5
	香气状态	烟气沉溢度	3.5~3.6	3.5	0.1	0.05	0.00	−2.444	0.213	1.5
		烟气浓度	3.4~3.7	3.6	0.3	0.08	0.01	0.187	−0.176	2.3
		劲头	3.0~3.3	3.1	0.3	0.11	0.01	−1.225	0.155	3.6
	香韵特征	焦甜香	2.3~3.0	2.7	0.7	0.24	0.06	−0.733	−0.610	8.8
		焦香	1.5~2.0	1.8	0.5	0.16	0.02	0.930	−0.935	8.7
		正甜香	1.0~1.1	1.0	0.1	0.03	0.00	11.000	3.317	3.0
皖南高温中光多湿区	香型	浓香型显示度	3.6~3.8	3.7	0.2	0.07	0.00	2	−1.5E−14	1.9
	香气状态	烟气沉溢度	3.5~3.6	3.5	0.1	0.05	0.00	−3.333	0.609	1.6
		烟气浓度	3.4~3.6	3.5	0.2	0.07	0.01	2.000	0.000	2.0
		劲头	3.0~3.2	3.2	0.2	0.09	0.01	5.000	−2.236	2.8
	香韵特征	焦甜香	3.2~3.5	3.4	0.3	0.13	0.02	−1.488	−0.541	3.8
		焦香	1.6~1.7	1.6	0.1	0.05	0.00	−3.333	0.609	3.4
		正甜香	1.0~1.0	1.0	0	0.00	0.00	–	–	0.0
赣中东桂北高温短光高湿区	香型	浓香型显示度	3.2~3.5	3.4	0.3	0.13	0.02	−1.200	0.000	3.8
	香气状态	烟气沉溢度	3.3~3.5	3.4	0.2	0.10	0.01	4.000	2.000	2.9
		烟气浓度	3.3~3.5	3.4	0.2	0.10	0.01	−1.289	0.855	2.8
		劲头	2.9~3.0	3.0	0.1	0.05	0.00	4.000	−2.000	1.7
	香韵特征	焦甜香	2.6~2.9	2.8	0.3	0.13	0.02	2.227	−1.129	4.5
		焦香	1.5~1.9	1.7	0.4	0.18	0.03	−3.300	0.000	10.7
		正甜香	1.0~1.8	1.3	0.8	0.39	0.16	−3.321	0.475	30.4

根据对不同气候类型区烟叶风格特色的感官评价和分析比较，可以得出不同类型区烟叶的风格特点：豫中豫南高温长光低湿区烟叶浓香型突出，烟气浓度高，烟气沉溢，焦香香韵突出，兼具焦甜香；湘南粤北赣南高温短光多湿区烟叶浓香型显著，烟气沉溢，焦甜香明显，兼具焦香，烟气柔和；皖南高温中光多湿区烟叶浓香型特征显著，浓度较高，焦甜香突出；赣中东桂北高温短光高湿区浓香型较显著，焦甜香明显，兼具正甜香，富于甜感，烟气柔和细腻；豫西陕南鲁东中温长光低湿区烟叶浓香型尚显著，正

甜香明显，兼具焦香和清甜香，烟气舒雅。

2. 不同生态区品质特征分析

烟叶的品质特征是指卷烟的香气特性、烟气特性和口感特性，具体包括香气质、香气量、杂气、细腻度、柔和度、刺激性和余味。按照特色烟重大专项烟叶样品感官评吸办法对各产区烟叶样品进行评吸鉴定，得到各产区烟叶品质特征得分。表 2-10 为各生态类型区品质指标的范围、均值和变异性。

表 2-10　不同生态区烟叶品质特征的总体特征

生态区		指标	范围	平均值	极差	标准差	方差	峰度	偏度	变异系数/%
豫西陕南鲁东中温长光低湿区	香气特性	香气质	3.0～3.5	3.3	0.5	0.18	0.03	−0.787	−0.537	5.4
		香气量	3.0～3.5	3.3	0.5	0.13	0.02	0.996	−0.439	3.9
	烟气特性	杂气	2.0～2.7	2.4	0.7	0.18	0.03	−0.310	−0.375	7.4
		细腻度	3.0～3.3	3.1	0.3	0.11	0.01	−1.471	0.163	3.7
		柔和度	3.0～3.5	3.2	0.5	0.15	0.02	0.674	0.907	4.8
	口感特性	刺激性	2.3～2.7	2.5	0.4	0.11	0.01	−0.395	−0.163	4.6
		余味	2.9～3.4	3.1	0.5	0.14	0.02	−0.990	0.074	4.4
豫中豫南高温长光低湿区	香气特性	香气质	3.0～3.5	3.3	0.5	0.18	0.03	−1.272	−0.204	5.5
		香气量	3.3～3.8	3.6	0.5	0.13	0.02	1.198	−0.666	3.5
	烟气特性	杂气	2.3～2.8	2.5	0.5	0.14	0.02	0.069	−0.223	5.5
		细腻度	2.5～3.2	2.8	0.7	0.17	0.03	0.781	0.421	5.9
		柔和度	2.5～3.0	2.7	0.5	0.19	0.04	−1.342	0.535	7.2
	口感特性	刺激性	2.3～2.9	2.6	0.6	0.18	0.03	−0.744	−0.110	7.0
		余味	3.0～3.4	3.2	0.4	0.14	0.02	−1.520	−0.359	4.5
湘南粤北赣南高温短光多湿区	香气特性	香气质	3.2～3.4	3.3	0.2	0.05	0.003	1.862	−0.155	1.6
		香气量	3.4～3.7	3.5	0.3	0.09	0.009	−0.448	0.023	2.6
	烟气特性	杂气	2.3～2.5	2.4	0.2	0.09	0.009	−2.069	0.209	3.9
		细腻度	3.0～3.2	3.1	0.2	0.08	0.007	−0.254	1.153	2.6
		柔和度	2.9～3.2	3.0	0.3	0.09	0.008	0.779	0.690	2.9
	口感特性	刺激性	2.3～2.9	2.5	0.6	0.15	0.023	2.946	1.176	6.0
		余味	3.1～3.3	3.2	0.2	0.09	0.008	−1.621	0.409	2.7
皖南高温中光多湿区	香气特性	香气质	3.3～3.5	3.4	0.2	0.08	0.007	−0.612	−0.512	2.5
		香气量	3.5～3.5	3.5	0	0.00	0.000	–	–	0.0
	烟气特性	杂气	2.3～2.4	2.3	0.1	0.05	0.003	−3.333	0.609	2.4
		细腻度	3.1～3.3	3.2	0.2	0.09	0.008	0.313	−1.258	2.8
		柔和度	3.0～3.2	3.1	0.2	0.10	0.010	−3.000	0.000	3.2
	口感特性	刺激性	2.3～2.5	2.4	0.2	0.08	0.007	−0.612	−0.512	3.5
		余味	3.3～3.5	3.4	0.2	0.09	0.008	0.312	1.258	2.6
赣中东桂北高温短光高湿区	香气特性	香气质	3.1～3.5	3.4	0.4	0.19	0.037	−1.289	−0.855	5.6
		香气量	3.3～3.5	3.4	0.2	0.10	0.009	−1.289	0.855	2.8
	烟气特性	杂气	2.3～2.5	2.4	0.2	0.10	0.010	4.000	2.000	4.2
		细腻度	3.0～3.2	3.1	0.2	0.12	0.013	−6.000	0.000	3.7
		柔和度	3.2～3.3	3.3	0.1	0.06	0.003	−6.000	0.000	1.7
	口感特性	刺激性	2.3～2.5	2.4	0.2	0.10	0.010	4.000	2.000	4.2
		余味	3.2～3.4	3.3	0.2	0.10	0.009	−1.289	−0.855	2.9

由表 2-10 可知，不同气候类型区烟叶感官评吸结果在品质特征上差异不大，变异系数均较小。豫西陕南鲁东中温长光低湿区烟叶香气量相对偏小，但香气质较好；豫中豫南高温长光低湿区烟叶的细腻度和柔和度较其他类型区相对偏低，值分别为 2.8 和 2.7，同时刺激性较其他类型区稍高，为 2.6；皖南高温中光多湿区烟叶杂气较小，余味稍好，总体质量较好。

2.3.4 不同生态区化学成分分析

烟叶化学成分是形成烟叶质量特色的基础，其中常规化学成分与烟叶质量特色密切相关，主要的化学成分有还原糖、总糖、总氮、钾、氯和烟碱。通过测定各产区烟叶化学成分含量，并按照不同气候类型区进行归类，求平均数和进行统计分析，得到不同气候类型区烟叶的化学成分含量特点（表 2-11）。

表 2-11 不同生态区烟叶化学成分的总体特征（单位：%）

生态区	指标	范围	平均值	极差	标准差	方差	峰度	偏度	变异系数
豫西陕南鲁东中温长光低湿区	还原糖	20.5～25.4	22.8	4.9	1.25	1.56	−0.096	0.041	5.5
	钾	1.3～2.2	1.7	0.9	0.22	0.05	0.258	0.322	12.9
	氯	0.3～0.5	0.4	0.2	0.06	0.00	−0.443	−0.120	14.6
	烟碱	2.3～2.8	2.6	0.5	0.15	0.02	−0.040	−0.485	5.7
	总氮	1.8～2.2	2.0	0.4	0.13	0.02	−1.209	−0.058	6.6
	总糖	23.0～27.2	25.3	4.2	1.25	1.57	−0.938	−0.355	4.9
豫中豫南高温长光低湿区	还原糖	16.6～26.1	20.9	9.5	2.39	5.70	−0.081	0.486	11.4
	钾	1.3～1.8	1.6	0.5	0.15	0.02	−0.849	0.000	9.6
	氯	0.5～0.8	0.7	0.3	0.10	0.01	−0.921	0.244	14.1
	烟碱	2.2～3.1	2.7	0.9	0.22	0.05	0.572	−0.584	8.2
	总氮	1.6～2.4	2.0	0.8	0.20	0.04	−0.185	0.224	10.2
	总糖	18.9～28.5	23.5	9.6	2.22	4.91	0.796	0.401	9.4
湘南粤北赣南高温短光多湿区	还原糖	19.0～26.1	21.8	7.1	2.07	4.28	0.577	0.455	9.5
	钾	1.9～2.6	2.3	0.7	0.23	0.05	−0.704	−0.265	9.8
	氯	0.2～0.6	0.4	0.4	0.12	0.01	−0.612	0.000	29.6
	烟碱	2.2～3.2	2.7	1.0	0.28	0.08	2.908	−1.467	9.5
	总氮	1.6～2.2	2.0	0.6	0.21	0.04	0.484	−1.242	10.6
	总糖	17.6～27.6	23.4	10.0	2.79	7.77	0.741	−0.606	11.9
皖南高温中光多湿区	还原糖	26.3～29.3	27.5	3.0	1.25	1.57	−0.947	0.728	4.5
	钾	1.8～2.3	2.0	0.5	0.19	0.04	2.000	1.145	9.4
	氯	0.3～0.5	0.4	0.2	0.07	0.01	2.000	0.000	17.7
	烟碱	2.2～2.6	2.3	0.4	0.16	0.03	3.251	1.736	7.1
	总氮	1.6～1.8	1.7	0.2	0.08	0.01	−0.612	0.512	4.9
	总糖	28.6～31.5	29.9	2.9	1.31	1.71	−2.463	−0.068	4.4
赣中东桂北高温短光高湿区	还原糖	22.2～26.0	23.5	3.8	1.72	2.97	3.098	1.733	7.3
	钾	1.5～2.4	2.1	0.9	0.41	0.17	3.228	−1.764	19.4
	氯	0.3～0.3	0.3	0	0.00	0.00	—	—	0.0
	烟碱	2.2～2.9	2.6	0.7	0.32	0.10	−1.700	−0.632	12.2
	总氮	1.5～2.1	1.8	0.6	0.29	0.09	−4.891	0.000	16.4
	总糖	24.3～29.1	25.8	4.8	2.22	4.94	3.253	1.796	8.6

结果表明，不同气候类型区烟叶糖含量和钾含量差异性较大，总氮含量差异性最小；皖南地区烟叶的还原糖含量和总糖含量均最高，分别为27.5%和29.9%；豫中豫南高温长光低湿区烟叶的还原糖含量和钾含量均最低，分别为20.9%和1.6%，但氯含量较高，为0.7%；湘南粤北赣南高温短光多湿区和豫中豫南高温长光低湿区烟叶的烟碱含量相对较高，为2.7%。还可以看出，除了赣中东桂北高温短光高湿区，不同生态区烟叶的氯含量的变异系数均较大，分别为14.6%、14.1%、29.6%和17.7%。

2.4　我国浓香型不同生态区气候指标的历史演变

我国浓香型产区地域较广，范围较大，光温水等气候条件有较大差异。由于不同生态区烟草生长季节有所不同，不仅烟叶生育期内的气候条件随烟叶生长发育产生不同的变化，在年际间也呈现不同的历史变化趋势。按照浓香型产区五个生态类型区的划分，通过对各气候生态类型区烟叶生育期间31年主要气候指标的变化进行分析，得到不同生态区各指标的历史演变规律。

2.4.1　烟叶生长期平均温度历史变化趋势

1981～2011年我国五大浓香型产区烟叶生长期的平均温度呈波动上升趋势（图2-102），平均温度变化斜率最大的地区为湘南粤北赣南烟区，为0.070℃/a，最小的地区是豫中豫南，为0.011℃/a，说明南方产区烟草生育期间温度上升较北方产区更为明显。不同浓香型产区烟叶生长期的平均温度的变异性以湘南粤北赣南烤烟区相对较大，豫中豫南烟区较小。豫中豫南烤烟区烟叶生长期的平均温度最高为22.772℃，皖南最低为20.068℃。五大浓香型产区烟叶生长期的平均温度差异性均达到α=0.05水平（表2-12）。

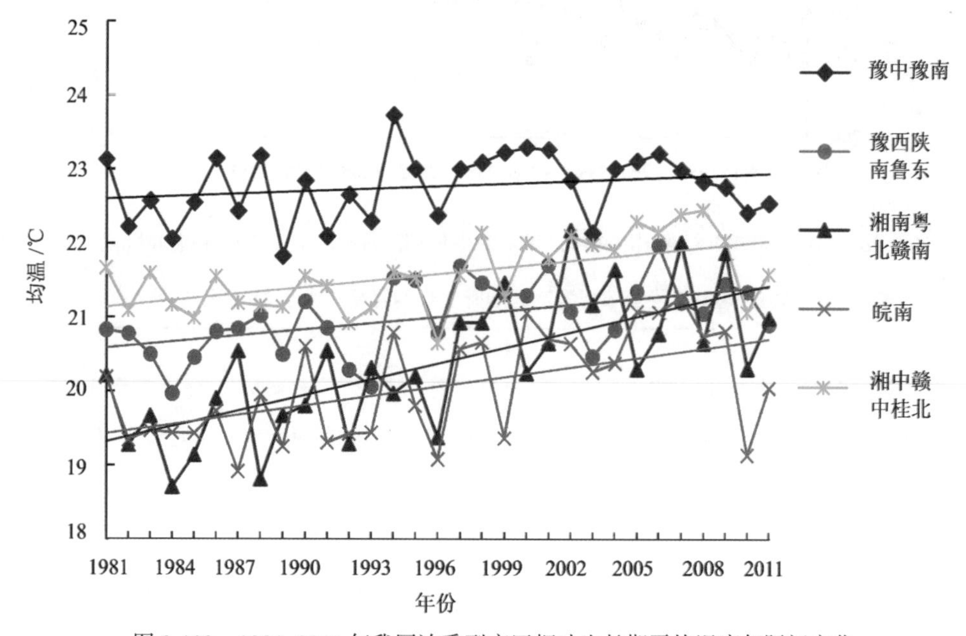

图2-102　1981~2011年我国浓香型产区烟叶生长期平均温度年际间变化

表 2-12　1981~2011 年我国浓香型产区烟叶生长期平均温度变化趋势

产区	公式	斜率	均值	变异系数
豫中豫南	y=0.011x+22.58	0.011	22.772a	0.020
豫西陕南鲁东	y=0.027x+20.56	0.027	21.007c	0.023
湘南粤北赣南	y=0.070x+19.24	0.070	20.374d	0.045
皖南	y=0.042x+19.38	0.042	20.068e	0.036
湘中赣中桂北	y=0.03x+21.10	0.030	21.588b	0.022

注：小写字母相同时表示差异不显著（P>0.05），否则为差异显著（P<0.05），下同。

2.4.2　烟叶生长期月平均大于 10℃的积温历史变化趋势

由图 2-103 和表 2-13 可知，1981～2011 年五大浓香型产区烟叶生长期的月平均大于 10℃ 的积温均呈波动上升趋势，月平均大于 10℃ 的积温变化斜率最大的地区为湘南粤北赣南烟区，为 1.324℃/a，最小的地区是豫中豫南，为 0.343℃/a，表明南方较北方月平均大于 10℃ 的积温增加趋势更为明显。不同浓香型产区烟叶生长期月平均大于 10℃ 的积温的变异性以湘南粤北赣南烤烟区相对较大，豫中豫南烟区较小。

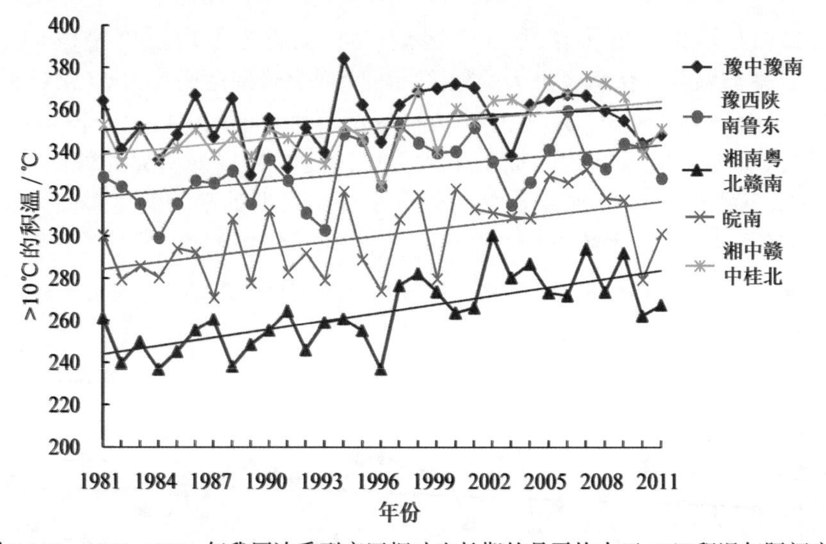

图 2-103　1981～2011 年我国浓香型产区烟叶生长期的月平均大于 10℃ 积温年际间变化

表 2-13　1981~2011 年我国浓香型产区烟叶生长期月平均大于 10℃积温变化趋势

产区	公式	斜率	均值	变异系数
豫中豫南	y=0.343x+349.9	0.343	355.483a	0.037
豫西陕南鲁东	y=0.816x+317.8	0.816	330.897b	0.044
湘南粤北赣南	y=1.324x+242.4	1.324	263.621d	0.065
皖南	y=1.063x+283.2	1.063	300.294c	0.061
湘中赣中桂北	y=0.836x+337.8	0.836	351.182a	0.038

2.4.3 烟叶生长期的平均昼夜温差历史变化趋势

由图2-104和表2-14可知，1981～2011年我国南方和北方浓香型产区烟草生育期内昼夜温差呈现不同的变化趋势，平均昼夜温差为豫西陕南鲁东 > 豫中豫南 > 皖南 > 湘中赣中桂北 > 湘南粤北赣南，南方产区烟叶生长期的平均昼夜温差呈波动上升趋势，北方产区波动下降。皖南烤烟区烟叶生长期的平均昼夜温差变异程度较大，湘中赣中桂北的变异程度最小。昼夜温差变化斜率最大的为0.047℃/a，最小的为–0.007℃/a，分别是皖南和豫中豫南烤烟区。1981～2011年五大烤烟区烟叶生长期的平均昼夜温差差异均达到 α=0.05水平。

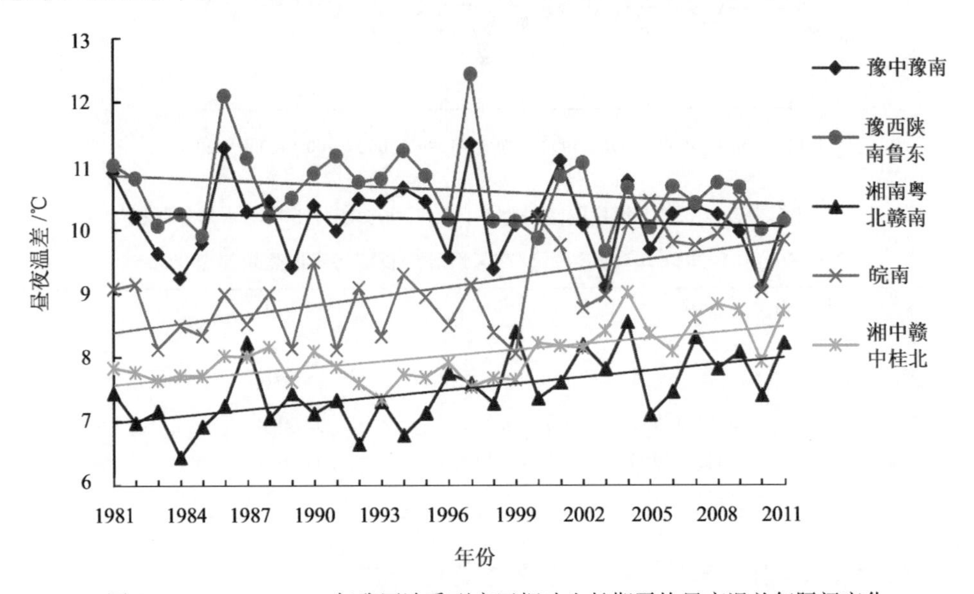

图2-104 1981～2011年我国浓香型产区烟叶生长期平均昼夜温差年际间变化

表2-14 1981~2011年我国浓香型产区烟叶生长期平均昼夜温差变化趋势

	公式	斜率	均值	变异系数
豫中豫南	y=–0.007x+10.27	–0.007	10.153b	0.058
豫西陕南鲁东	y=–0.015x+10.86	–0.015	10.613a	0.058
湘南粤北赣南	y=0.033x+6.945	0.033	7.482e	0.072
皖南	y=0.047x+8.336	0.047	9.099c	0.079
湘中赣中桂北	y=0.030x+7.539	0.030	8.022d	0.053

2.4.4 烟叶生长期月平均降水量历史变化趋势

由图2-105和表2-15可知，1981～2011年南方产区烟叶生长期的月平均降水量均呈波动上升趋势，北方产区烟叶生长期的月平均降水量呈下降趋势，不同产区烟叶生长期的月平均降水量的变异性以皖南相对较大，湘南粤北赣南烤烟区较小。月平均降水量变化斜率最大的为–1.175mm/a，最小的为0.203mm/a，分别是皖南烤烟区和豫西陕南鲁东烤烟区。五大浓香型产区烟叶生长期的月平均降水量湘中赣中桂北 > 湘南粤北赣南 > 皖南 > 豫中豫南 > 豫西陕南鲁东。

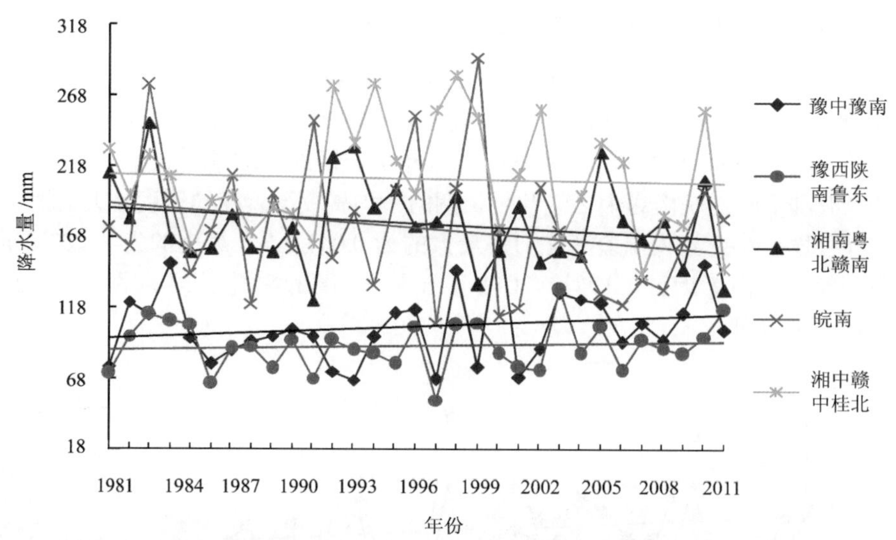

图 2-105 1981～2011 年我国浓香型产区烟叶生长期月平均降水量年际间变化

表 2-15 1981~2011 年我国浓香型产区烟叶生长期月平均降水量变化趋势

	公式	斜率	均值	变异系数
豫中豫南	y=0.565x+95.17	0.560	104.229c	0.250
豫西陕南鲁东	y=0.203x+87.29	0.203	90.550c	0.189
湘南粤北赣南	y=−0.696x+188.5	−0.696	177.422b	0.172
皖南	y=−1.175x+193.1	−1.175	174.311b	0.273
湘中赣中桂北	y=−0.211x+212.1	−0.211	208.797a	0.190

2.4.5 烟叶生长期的平均相对湿度历史变化趋势

由图 2-106 和表 2-16 可知，1981～2011 年豫西陕南鲁东、湘南粤北赣南、皖南和湘中赣中桂北烤烟区烟叶生长期的平均相对湿度呈波动下降趋势，豫中豫南烤烟区烟叶生长期的平均相对湿度变化趋势不明显。豫西陕南鲁东和皖南烤烟区烟叶的生长期平均相对湿度变异程度较大，湘中赣中桂北烤烟区较小。相对湿度变化斜率最大的为−0.226%/a，最小的为 0.001%/a，分别是湘南粤北赣南和豫中豫南烤烟区。五大浓香型产区烟叶生长期的平均相对湿度湘南粤北赣南 > 湘中赣中桂北 > 皖南 > 豫中豫南 > 豫西陕南鲁东，湘南粤北赣南和湘中赣中桂北烤烟区烟叶生长期的平均相对湿度差异不明显，其他产区之间烟叶的生长期平均相对湿度均达到 α=0.05 水平。

2.4.6 烟叶生长期月平均光照时数历史变化趋势

由图 2-107 和表 2-17 可知，1981～2011 年北方产区烟叶生长期的月平均光照时数呈波动下降趋势，南方产区呈波动上升趋势，不同产区烟叶生长期的月平均光照时数的变异性以湘南粤北赣南相对较大，豫西陕南鲁东烤烟区较小。月平均光照时数变化斜率最大的为−0.962h/a，最小的为 0.057h/a，分别是豫中豫南和皖南烤烟区。五大浓香型产区烟叶生长期的月平均光照时数豫西陕南鲁东 > 豫中豫南 > 皖南 > 湘中赣中桂北 > 湘南粤北赣南，五大产区烟叶生长期的月平均光照时数差异性均达到 α=0.05 水平。

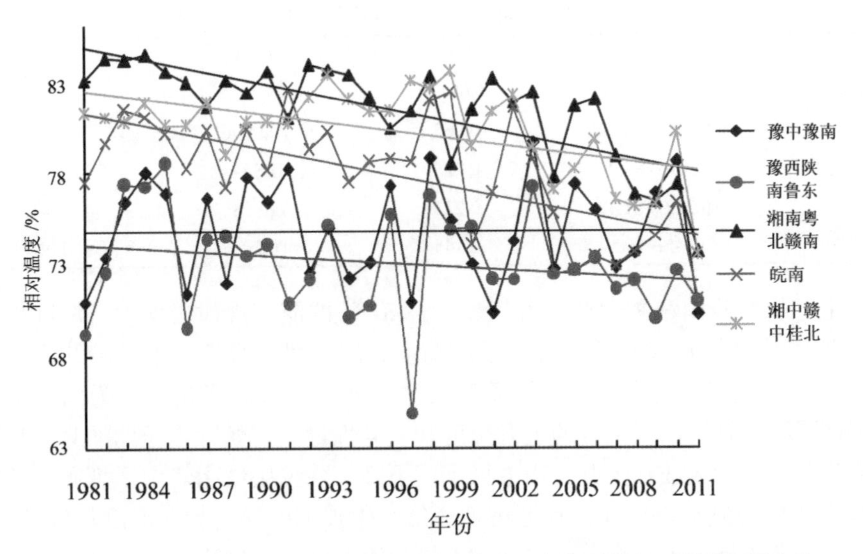

图 2-106　1981～2011 年我国浓香型产区生长期平均相对湿度年际变化

表 2-16　1981~2011 年我国浓香型产区生长期平均相对湿度变化趋势

	公式	斜率	均值	变异系数
豫中豫南	y=0.001x+74.73	0.001	74.759c	0.037
豫西陕南鲁东	y=−0.065x+74.04	−0.065	73.000d	0.040
湘南粤北赣南	y=−0.226x+84.97	−0.226	81.354a	0.033
皖南	y=−0.222x+81.42	−0.222	77.858b	0.040
湘中赣中桂北	y=−0.145x+82.54	−0.145	80.226a	0.029

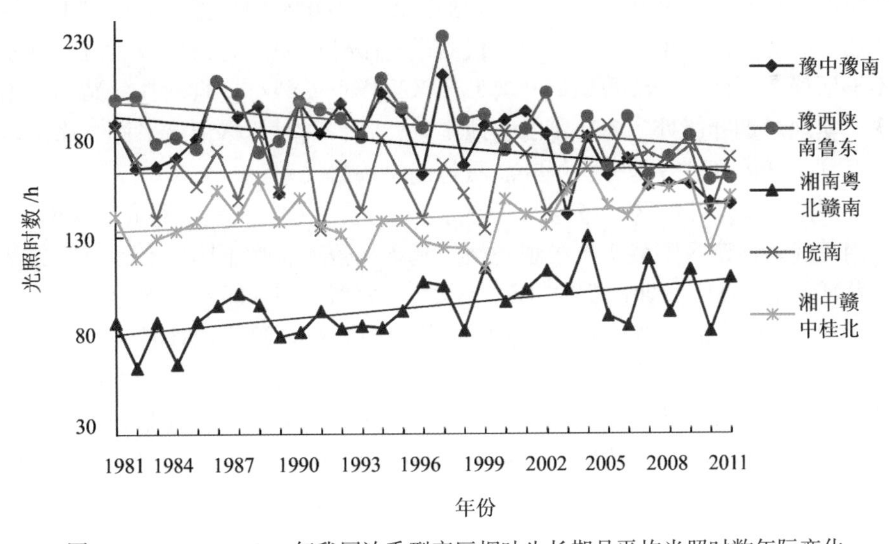

图 2-107　1981～2011 年我国浓香型产区烟叶生长期月平均光照时数年际变化

表 2-17　1981~2011 年我国浓香型产区烟叶生长期月平均光照时数变化趋势

产区	公式	斜率	均值	变异系数
豫中豫南	y=0.001x+74.73	0.001	74.759c	0.037
豫西陕南鲁东	y=−0.065x+74.04	−0.065	73.000d	0.040
湘南粤北赣南	y=−0.226x+84.97	−0.226	81.354a	0.033
皖南	y=−0.222x+81.42	−0.222	77.858b	0.040
湘中赣中桂北	y=−0.145x+82.54	−0.145	80.226a	0.029

综合以上分析，我国浓香型产区各气象指标 31 年的演变规律表现为：烟叶生长期的平均温度和月平均大于 10℃ 的积温均呈波动上升的趋势，且南方烟区较北方烟区增加趋势更为明显。烟草生育期内昼夜温差和月平均光照时数的变化趋势为南方烟区上升，北方烟区下降，且皖南烤烟区的上升幅度和变异性最大。烟叶生长期的月平均降水量变化趋势为北方烤烟区波动上升，南方烤烟区下降。除豫中豫南烤烟区烟叶生长期的平均相对湿度变化趋势不明显外，其他烤烟区烟叶生长期的平均相对湿度均波动下降。从历史演变看，各指标在不同生态区之间的差异有逐渐缩小的趋势。

2.5　我国浓香型代表产区小气候特征

气候是影响烟叶质量特色的重要因素。在烟叶品质与气候关系研究中，一般采用当地气象站多年平均数据与烟叶常年品质指标的平均值进行分析。这样的分析方式存在两个缺陷：一是气象站与烟叶采样地点不一定完全对应。很多优质烤烟都种植在山地或丘陵地区，地形复杂多变，在水平方向上较小距离也可能使温度、光照等因素产生较大变化。因此从气象部门所获得的气象数据不一定能准确反映取样点的气象条件。二是烟叶品质和气象因素在不同年度间会有一定幅度的波动，多年平均数据不能反映出烟叶品质与气象数据一一对应的关系。同时，由于仪器设备条件所限，光谱构成对烟叶品质的影响一直不够明确。因此，在浓香型烟叶典型产区采样点安装小型自动气象站和太阳光谱分析系统，实现对烟叶所处实际环境的实地实时监测，同时严格记录采样点烤烟生长发育动态，有利于准确和有效地分析烟叶品质与气象数据关系。

根据我国浓香型烟叶产区分布范围广的特点，选择豫中、湘南、粤北、赣南、皖南、鲁东、陕南等代表性产区安装小气候观测站，基本涵盖浓香型不同生态区。气象站具体安装地点为河南许昌襄县、湖南郴州桂阳、安徽宣州宣城、广东邵关南雄、江西赣州信丰、山东潍坊诸城、陕西商洛洛南。小型气象站选用美国产 Zeno 型，记录因素为气温、10cm 土壤温度、空气湿度、降水量、太阳辐射（300~3000nm）。太阳光谱分析系统选用中国锦州产太阳光谱分析仪，记录数据为：太阳总辐射（300~3000nm）、紫外辐射（300~400nm）、蓝紫辐射（400~500nm）、黄绿辐射（500~600nm）、红橙辐射（600~700nm）、可见光辐射（400~700nm）、红外辐射（700~3000nm）。数据采集频率均为 1 次 /h。

2.5.1　浓香型代表产区热量资源比较分析

1. 浓香型典型产区生长重要界限温度的起止日期与烤烟生育期

根据前人研究结果，18℃ 是烤烟前期生长发育适宜温度的下限，当气温持续维持在

18℃以下，尤其是维持在 13℃左右数天，烤烟就有出现早花的可能（中国农业科学院烟草研究所，2005）。表 2-18 给出了通过五日滑动平均法计算所得各地气温稳定通过 13℃和 18℃的起始时间，将其与各地烤烟移栽日期比较可以看出，桂阳、宣城两地烤烟移栽时间与当地稳定通过 13℃的时间基本一致，但比稳定通过 18℃的时间约早 25d，两地烤烟有出现早花的风险。信丰、南雄两地烤烟移栽时间均早于当地气温稳定通过 13℃的时间，烤烟早花的风险更高。洛南烤烟移栽时，气温虽已稳定通过 13℃，但是距离稳定通过 18℃的时间尚有近 1 个月；只有襄城烤烟移栽时，气温已稳定通过了 18℃。从烤烟发育的角度而言，浓香型代表产区除豫中外，其他产区大田前期气温条件普遍偏低。浓香型烤烟代表产区烤烟大田生育期如表 2-19 所示。

表 2-18　浓香型烤烟典型产区生长重要界限温度的起始日期

指标	桂阳	襄城	信丰	宣城	诸城	洛南	南雄
13℃初日	3 月 24 日	—	3 月 12	3 月 25 日	4 月 24 日	—	3 月 12 日
18℃初日	4 月 17 日	4 月 19 日	4 月 6 日	4 月 19 日	5 月 19 日	6 月 1 日	4 月 6 日
20℃初日	4 月 19 日	4 月 30 日	4 月 17 日	5 月 2 日	6 月 13 日	6 月 5 日	4 月 8 日
20℃终日	9 月 12 日	—	10 月 31 日	9 月 15 日	9 月 23 日	8 月 31 日	10 月 29 日

表 2-19　浓香型烤烟代表产区烤烟大田生育期

产区	移栽	团棵	开花	打顶	脚叶采收	腰叶采收	顶叶采收	大田生育期
湖南郴州桂阳	3 月 25 日	4 月 20 日	5 月 25 日	5 月 25 日	6 月 5 日	6 月 25 日	7 月 20 日	115d
河南许昌襄城	5 月 5 日	6 月 5 日	7 月 1 日	7 月 5 日	7 月 10 日	7 月 30 日	9 月 10 日	125d
江西赣州信丰	3 月 6 日	4 月 21 日	5 月 3 日	5 月 8 日	5 月 15 日	6 月 6 日	6 月 24 日	108d
安徽宣州宣城	3 月 25 日	4 月 25 日	5 月 10 日	5 月 10 日	5 月 10 日	6 月 20 日	7 月 25 日	120d
山东潍坊诸城	5 月 5 日	6 月 5 日	7 月 5 日	7 月 10 日	7 月 15 日	8 月 15 日	9 月 20 日	135d
陕西商洛洛南	5 月 8 日	6 月 6 日	7 月 2 日	7 月 3 日	7 月 15 日	9 月 12 日	10 月 6 日	148d
广东邵关南雄	2 月 25 日	4 月 10 日	4 月 30 日	5 月 1 日	5 月 18 日	6 月 10 日	6 月 28 日	123d

烤烟成熟期的最适生长温度下限是 20℃，当气温低于 20℃，就会对烤烟成熟和烟叶品质产生不良影响。一般而言，烤烟在打顶前后进入成熟期。比较各地稳定通过 20℃和打顶时间可以看到，所观测的所有地点中，烤烟打顶时气温均稳定通过了 20℃。从 20℃终日来看，洛南点烤烟从腰叶采收开始时，当地气温就已经处于 20℃以下，可能会对烤烟品质造成不利影响。其他地点烟叶顶叶成熟时气温均稳定在 20℃以上。

综合来看，除洛南外，几个浓香型典型产区成熟期的热量条件均能满足烤烟生长发育的需求，而多数地点移栽期气温条件偏低。

2. 浓香型代表产区烟草生育期气温及温差

1）全生育期气温及温差

如图 2-108 所示，所监测到的浓香型烟叶代表产区全生育期平均气温从低到高依次是洛南＜南雄＜信丰＜宣城＜桂阳＜诸城＜襄城，其平均气温分别是 19.9℃、21.7℃、21.9℃、21.9℃、23.4℃、23.6℃和 25.2℃。热量条件最好的是襄城，其次是诸城，最差的是洛南。从最高最低气温的情况看，最高最低气温的高低顺序与平均气温的顺序不一致。这是由于不同地区的气温日较差不同所致。气温日较差大小影响到热量资源在日间和夜间的分配。由图 2-108 还可知，洛南的平均气温虽然较低，但由于日较差大，其平均最高气温仍然可达到 27.8℃，高于南雄（25.9℃）和信丰（26.6℃）。这种特点在一定程度上弥补了洛南烤烟生育期平均气温较低的劣势，从而使洛南在成熟期平均气温的条件下，日间气温仍然能够达到优质烟叶生产的需求。

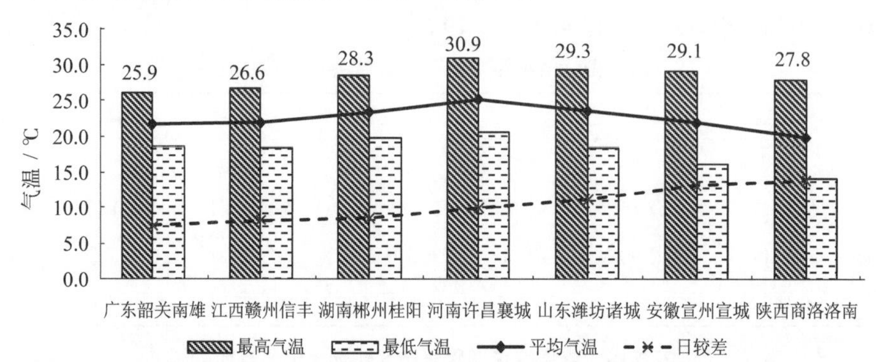

图 2-108 浓香型烟叶典型产区大田期的平均气温、最高气温、最低气温和平均日较差

经相关分析，气温日较差与平均气温和最高气温没有相关关系，而与最低气温极显著负相关（表 2-20），低温更低是造成日较差较大的主要原因。

表 2-20 日较差与平均气温、最高气温和最低气温的相关系数

指标	日较差
日平均气温	–0.367
平均日最高气温	0.05
平均日最低气温	–0.614 **

注：相关系数临界值：a=0.05 时，r=0.3739；a=0.01 时，r=0.4785。

2）不同生育阶段平均气温

如表 2-21 所示，所监测到的浓香型烟叶典型产区全生育期平均气温中较高的是襄城和宣城，平均气温在 25℃以上；其次是信丰、诸城、桂阳和南雄，约 23℃，洛南全生育期平均气温较低，只有 18.7℃。结合不同生育期气温变化趋势，宣城、桂阳、南雄、信丰均具有“前低后高”的特点，即随生育期推迟气温逐渐升高。诸城、襄城、洛南则属于单峰变化趋势，平均气温最高的生育阶段都出现在成熟前期，成熟后期气温又略有下降。除洛南外，虽然不同地点全生育期平均气温有所差异，但其在不同生育期的分布特点造成它们成熟期的平均气温均较高。

3. 积温

根据积温学说理论，作物生长发育需要一定下限温度，当温度高于下限温度时，作物生长发育速率随温度的增加而线性增长；作物完成某一阶段的发育需要一定的积温。界限温度是积温计算的重要依据。根据前人研究的结果，如果烤烟生育前期日平均气温低于 18℃，特别是维持在 13℃左右时，将使烤烟生长受到抑制而促进发育，导致烤烟早花。在大田生长的中、后期，若日平均气温低于 20℃，同化物质的转化积累便受到抑制，影响烟叶的正常成熟。在现代烟草栽培中，烤烟移栽时普遍使用地膜技术，在一定程度上弥补了气温偏低的不足，例如所选观测点中信丰、南雄、宣城移栽期的日平均气温均低于 13℃，其中南雄和信丰低于 10℃。基于以上分析，对于烤烟伸根期采取 10℃和 20℃两个界限温度，对于其他生育期采取 20℃作为界限温度计算其活动积温和有效积温。浓香型烤烟典型产区伸根期≥10℃活动积温和有效积温如表 2-22 所示。

表 2-21　烤烟不同生育期的平均气温（单位：℃）

地名	伸根期	旺长期	成熟前期	成熟后期	大田生育期
襄城	22.2	26.4	28.4	25.1	25.2
宣城	15.8	20.5	22.2	25.4	25.3
信丰	17.5	24.6	24.4	26.9	23.3
诸城	20.0	23.3	26.0	23.6	23.3
桂阳	17.8	22.8	23.9	28.6	23.3
南雄	15.0	22.8	26.1	27.6	22.9
洛南	17.6	21.9	21.1	14.3	18.7

表 2-22　浓香型烤烟典型产区伸根期≥10℃活动积温和有效积温（单位：℃）

地点	伸根期≥10℃活动积温	伸根期≥10℃有效积温
湖南郴州桂阳	480.0	210.0
安徽宣州宣城	506.3	186.3
陕西商洛洛南	511.1	221.1
广东韶关南雄	594.5	254.5
山东潍坊诸城	671.7	351.7
河南许昌襄城	709.4	389.4
江西赣州信丰	773.8	363.8

表 2-23 中指出，浓香型烤烟典型产区全生育期≥20℃活动积温从低到高的依次顺序为洛南＜宣城＜信丰＜南雄＜桂阳＜诸城＜襄城。有效积温的规律与之相似，不同的是宣城和信丰封的排序有所改变。信丰的活动积温高于宣城，但有效积温却低于宣城，这是由两地不同的日均气温、日较差和生育期天数共同作用的结果。从积温在不同生育期的分布来看，大多数地区（信丰、南雄、桂阳和诸城）≥20℃活动积温都是成熟前期＞成熟后期＞旺长期和移栽期；宣城和襄城≥20℃活动积温则是成熟后期的最高，成熟前期和旺长期次之，移栽期最少；洛南与其他地区不同，其成熟后期活动积温为 0。同一地区的≥20℃有效积温的分布与活动积温相比，更多地分布于成熟后期，其次才是成熟前期和旺长期。洛南成熟后期≥20℃有效积温为 0。

4. 烟垄土表下 10cm 处土壤温度变化及其与气温的关系

图 2-109 示出了各地气温与同一阶段烟垄土表下 10cm 处土壤温度的对比。可以看出，10cm 土壤温度与气温变化趋势一致，总体上土壤温度略高于气温。经计算诸城、

南雄、洛南、桂阳、襄城的平均土壤温度分别比平均气温高出 1.2℃、1.1℃、2.5℃、1.6℃ 和 0.02℃，说明与气温相比，土壤有更好的提温、保温作用。土壤的这种特点，有利于减轻气温波动对烤烟生长的不利影响，保护烤烟根系稳健生长。在南雄的还苗伸根期和洛南成熟期平均气温较低的时期，土壤温度比气温高出的幅度比其他地点更大，保温作用体现得更加明显。不同地点土壤温度对气温变化的反应不同，与土壤质地和热特性不同有关，也应是阶段气温较低地区能够满足浓香型烤烟生长需求的原因。

表 2-23　浓香型烤烟典型产区不同生育期≥20℃活动积温和有效积温（单位：℃）

指标	观测地点	伸根期	旺长期	成熟前期	成熟后期	成熟期	全生育期
≥20℃活动积温	陕西商洛洛南	144.0	304.4	769.5	0.0	769.5	1217.9
	安徽宣州宣城	43.8	196.1	741.1	970.3	1711.4	1951.3
	江西赣州信丰	416.8	380.8	677.7	513.2	1190.9	1988.5
	广东韶关南雄	263.9	381.7	1045.8	496.7	1542.5	2188.0
	湖南郴州桂阳	133.7	554.8	809.1	730.4	1539.6	2228.0
	山东潍坊诸城	448.5	843.5	952.4	713.3	1665.7	2957.7
	河南许昌襄城	651.3	924.3	568.9	1053.5	1622.4	3198.0
≥20℃有效积温	陕西商洛洛南	4.0	44.4	89.5	0.0	89.5	137.9
	江西赣州信丰	36.8	80.8	117.7	133.2	250.9	368.5
	安徽宣州宣城	3.8	16.1	101.1	270.3	371.4	391.3
	广东韶关南雄	23.9	61.7	245.8	136.7	382.5	468.0
	湖南郴州桂阳	13.7	94.8	149.1	230.4	379.6	488.0
	山东潍坊诸城	48.5	143.5	232.4	93.3	325.7	517.7
	河南许昌襄城	71.3	224.3	168.9	213.5	382.4	678.0

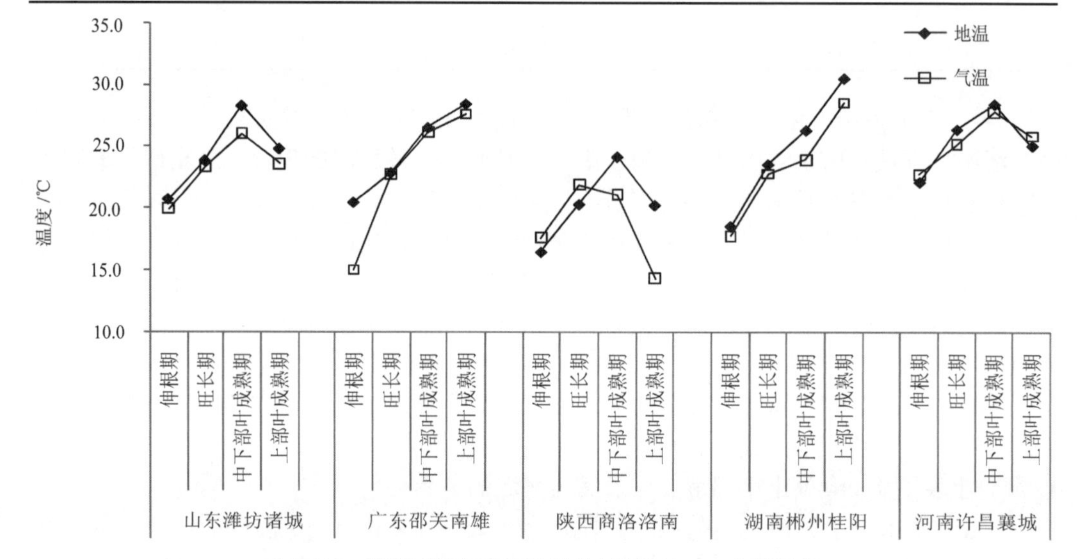

图 2-109　烤烟不同生育期的平均气温和 10cm 土壤温度

2.5.2　浓香型代表产区光谱辐射特征分析

1. 烤烟大田全生育期内日均辐射和累计辐射（300~3000nm）

图 2-110 示出了浓香型烤烟典型产区大田生育期的日均太阳辐射和累计太阳辐射。从图中可以看出，烤烟大田期太阳辐射随着地理位置的变化呈现出由北向南逐渐减少的地带性变化规律。

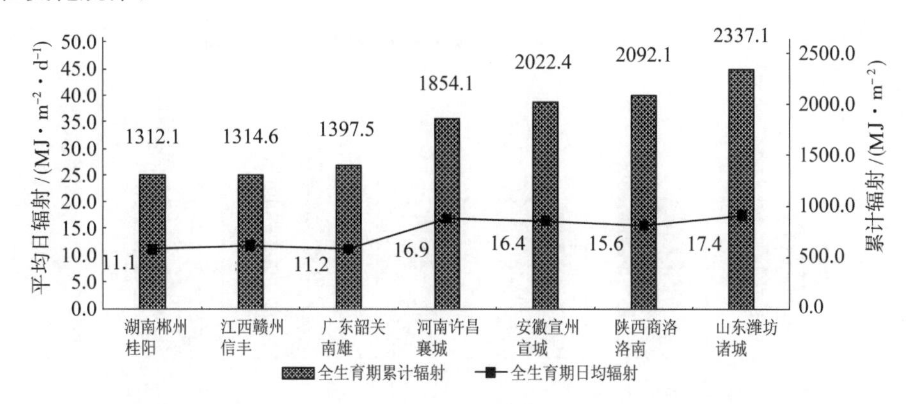

注：洛南数据取自锦州产小型自动气象站，其他地点数据取自美国产 Zeno 小型气象站

图 2-110　浓香型烟叶典型产区大田全生育期日均辐射和累计辐射

2. 不同生育阶段日均辐射和累计辐射（300~3000nm）

从图 2-111 中可以看出，不同产区光辐射强度在烟草不同生育期的分布不同。全生育期太阳辐射较高的北方地区诸城、襄城、洛南和宣州在烤烟整个生育期内均保持较高的日均辐射，部分地区如诸城和洛南前期日均辐射甚至高于烤烟生育后期。而太阳辐射总体较低的南方地区，其生育期前期的日均辐射明显较低，但成熟期较生育前期有不同程度的增加。随生育期推进南方和北方的日均辐射差异明显缩小。烤烟还苗伸根期、旺长期、成熟前期和成熟后期的太阳辐射变异系数分别为 33.8%、22.8%、21.9% 和 11.4%。可见浓香型烤烟主要产区的太阳日均辐射差异主要产生在烤烟生长前期，到成熟期尤其是成熟后期差异逐渐缩小。

累计辐射在各个生育期不同地区之间的变异幅度均较大，伸根期、旺长期、成熟前期、成熟后期的累计辐射在不同产区之间的变异系数分别为 26.34%、36.27%、38.14% 和 32.38%。

3. 浓香型代表产区不同光质辐射特征

光质能够影响烟叶化学成分的合成、降解，从而影响烟叶品质。研究表明，一定范围内紫外辐射的增强能够促进烟叶糖类化合物的合成，不利于含氮化合物的积累（孙平等，2011）；烟株生长前期增加红光比例有利于增加烤后烟叶新植二烯和烷烃类蜡质成分，烟株生长后期补充黄光有助于增加烤后烟叶腺毛分泌物含量和表面提取物总量（陈伟等，2011），红光抑制叶绿素和类胡萝卜素的降解（占镇等，2014）。由于不同生育时期烟叶接受光的面积不同以及烟叶品质对光的敏感度不同，光质在烟叶不同生育期的分布可能影响到烟叶风格细微特征的形成。

1) 大田生育期的分光累计辐射

表 2-24 中示出，我国浓香型烟叶典型产区红外光和可见光大致呈现出由北方向南

方逐渐减少的趋势，这与我国自北方向南方雨水逐渐增多、太阳总辐射逐渐减少的总规律一致。紫外辐射从高到低的顺序依次为襄城、桂阳、洛南、诸城、南雄。可见光中，洛南、南雄和诸城的规律相近，均表现为蓝紫光高于绿光高于红橙光，即可见光中波长越短的部分辐射越高。襄城可见光中波长最短的蓝紫光辐射最高，绿光则略低于红橙光。桂阳与其他地点不同，其可见光中分光辐射最高的部分是黄绿光，红橙光略低，蓝紫光最低。

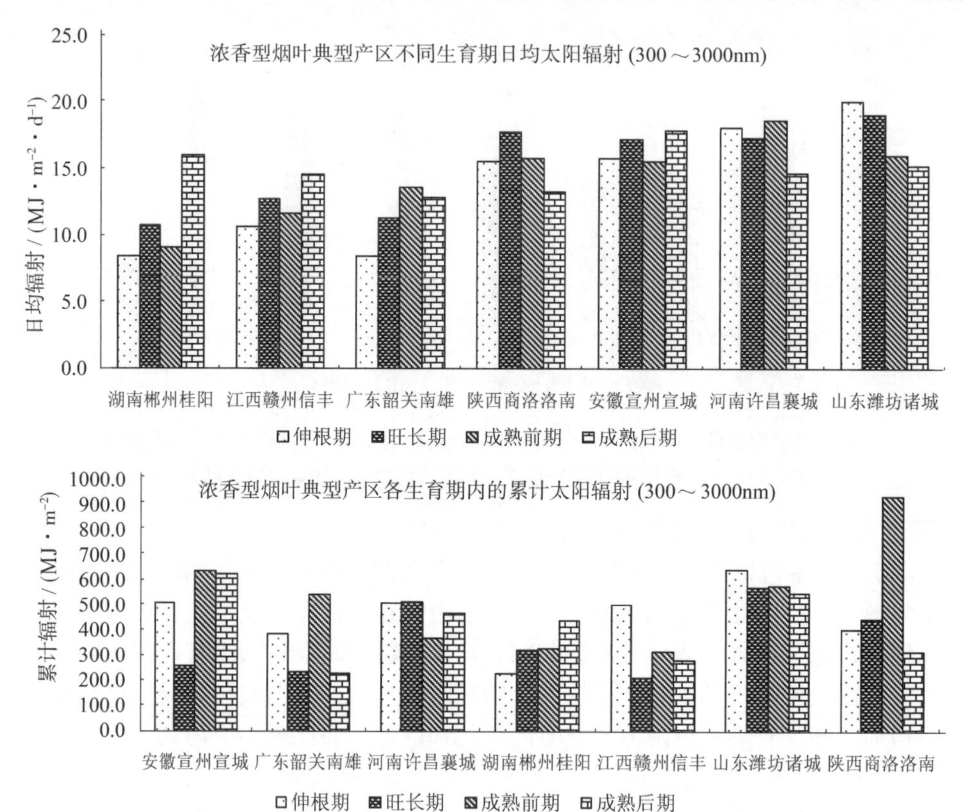

注：洛南数据取自锦州产小型自动气象站，其他地点数据取自美国产 Zeno 小型气象站

图 2-111　浓香型烟叶典型产区各生育期内的日均太阳辐射和累计太阳辐射

表 2-24 浓香型烟叶典型产区大田期分光累计辐射（单位：$mJ \cdot m^{-2}$）

	紫外线	蓝紫光	绿光	红橙光	可见光	红外线
湖南郴州桂阳	123.2	182.8	257.4	246.5	686.5	677.9
广东韶关南雄	76.1	217.2	167.4	144.9	529.5	566.4
河南许昌襄城	154.3	418.4	265.6	282.0	965.9	1056.4
山东潍坊诸城	103.2	416.2	321.2	283.2	1020.6	1205.9
陕西商洛洛南	107.8	334.2	207.9	171.6	706.4	1277.9

2）分光辐射随烤烟生育期的变化规律

（1）紫外辐射

从图 2-112 中可以看出，烟叶浓香显示度较高的襄城、桂阳和南雄地区，其旺长期

日均紫外辐射和累计紫外辐射均较高；浓香显示度较低的诸城、洛南则较低；烟叶焦香香韵较突出的襄城、诸城和桂阳的共同特点是伸根期紫外辐射较高；正甜香香韵突出的洛南和诸城地区，旺长期紫外辐射较低。

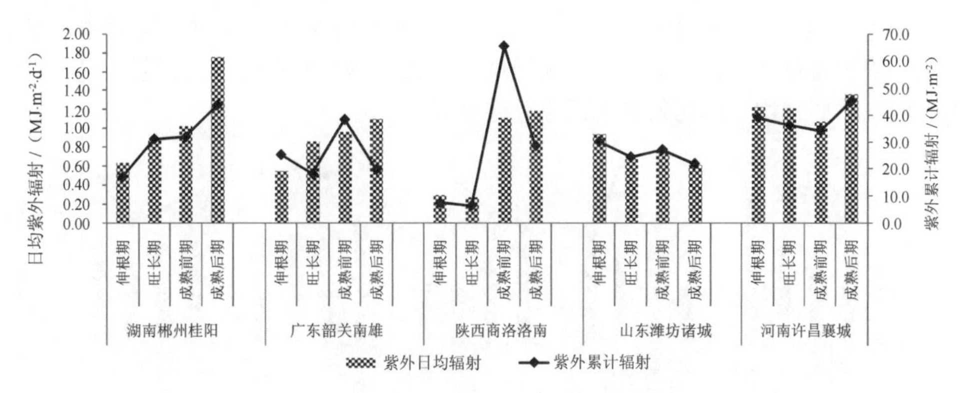

图 2-112　浓香型烟叶典型产区不同生育期紫外辐射

（2）蓝紫辐射

从图 2-113 中可以看到，襄城、诸城等北方烟区蓝紫光辐射强度在各个生育期都处于较高水平，并且在各个生育期内分布较均匀，洛南还苗伸根期和旺长期蓝紫辐射较高，但成熟期有所下降，桂阳伸根期蓝紫辐射强度较低，随生育期的推进略有升高。焦香香韵突出的襄城、诸城地区，成熟后期的蓝紫光日均辐射和累计辐射均较高。总体而言，成熟期蓝紫光辐射强度的变异性小于生育前期。

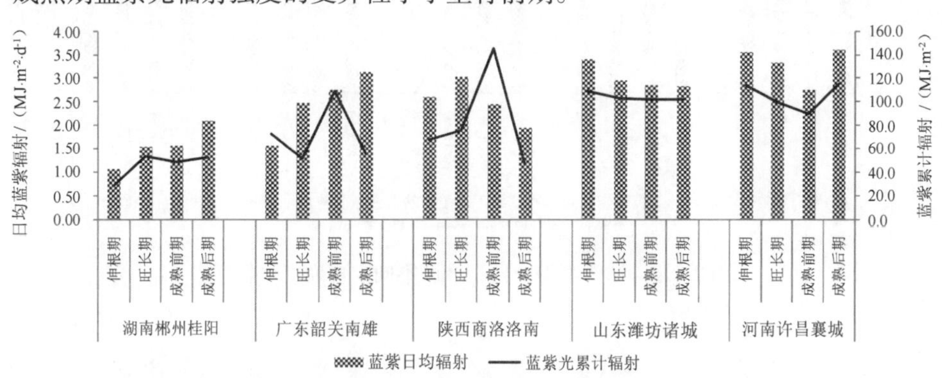

图 2-113　浓香型烟叶典型产区不同生育期蓝紫辐射

（3）黄绿辐射

黄绿光通常被认为是光合无效辐射，但近年来的研究发现，其在作物品质形成过程中起到重要作用。从图 2-114 中可以看出，诸城的黄绿日均辐射在各生育时期都较高，桂阳、南雄的黄绿辐射随生育期推进呈逐渐升高的趋势。洛南生育前期较高，而成熟期明显下降。成熟期的黄绿辐射强度桂阳最高，南雄、诸城次之，襄城再次，洛南最低。总体而言，黄绿辐射的纬度地带性分布规律不明显。

（4）红橙辐射

从图 2-115 中可以看出，南方烟区一般随着生育期的推进日均辐射强度逐渐增高，北方烟区的襄县和诸城各生育期差异较小，洛南烟区成熟期辐射强度降低明显。浓香型典型产区烟叶成熟期红橙光辐射强度一般较高。

（5）可见辐射

可见辐射是蓝紫光、黄绿光和红橙光的总和。从图 2-116 中可以看出，南方烟区烟叶生育前期一般可见光辐射强度较低，但随着烟叶生育进程的推进，辐射强度显著增强，烟叶浓香型显示度较高的桂阳、襄城地区，其成熟后期日均可见辐射较高；洛南地区烟叶成熟后期日均可见辐射显著低于其他地区。

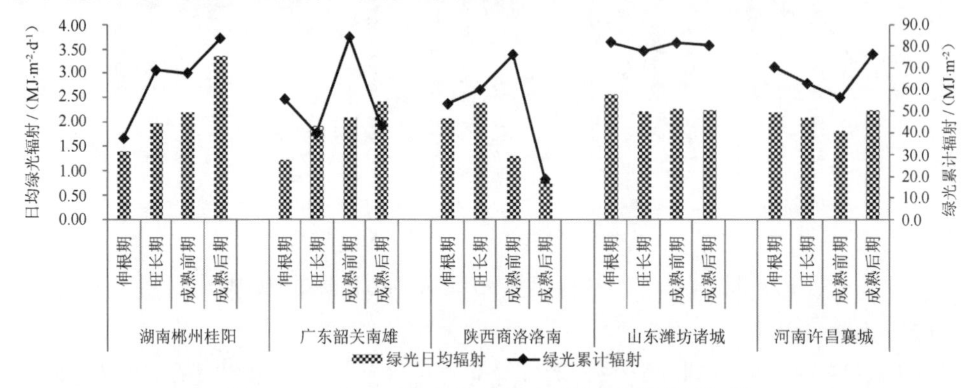

图 2-114　浓香型烟叶典型产区不同生育期黄绿辐射

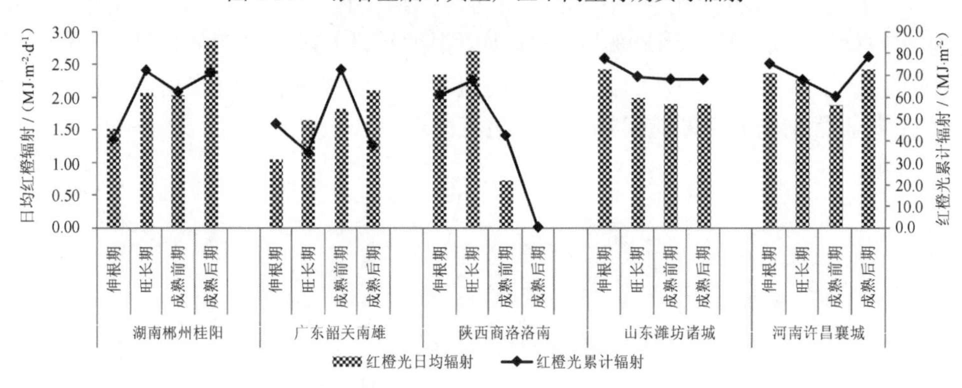

图 2-115　浓香型烟叶典型产区不同生育期红橙辐射

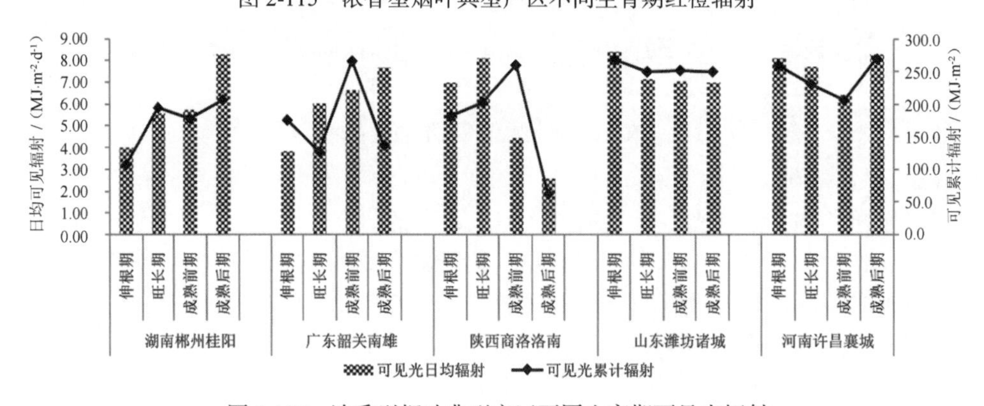

图 2-116　浓香型烟叶典型产区不同生育期可见光辐射

（6）红外辐射

从图 2-117 中可以看出，华南烟区的桂阳和南雄地区，烟叶各生育期红外辐射均较低，但随着生育期的推进，红外辐射有逐渐增强的趋势。烟叶生长前期不同产区红外辐射强度差异性较大，成熟期差异相对较小，洛南地区烟叶成熟期红外辐射强度处于相对较高的水平。

从热量资源的角度讲，红外辐射具有热效应，能使植物的体温升高，促进植物的蒸腾和物质运输等生物过程。外界环境的温度越低，红外线的热效应越大。所以在气温较低的高原地区，因红外线的影响，可以使植物的叶温高于气温，通常高 3～5℃，可以补偿高原地区气温低的不利因素。从图 2-117 可以看出，洛南、诸城、襄城的红外辐射量均较高，而南雄、桂阳较低。对于北方地区尤其是洛南来讲，红外辐射高对于其平均气温较低的不利因素是一种补偿。

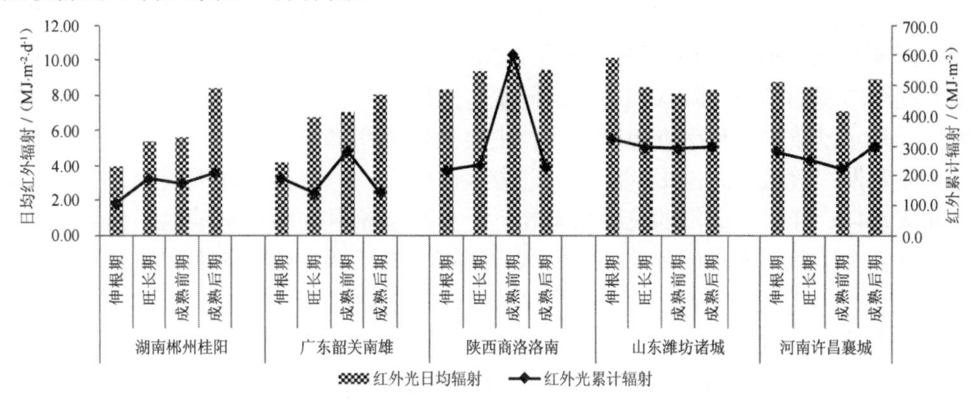

图 2-117　浓香型烟叶典型产区不同生育期的红外辐射

4. 浓香型代表产区的光质构成比例

由于大气中水汽、云量及气溶胶组成成分对太阳辐射中不同光波的选择性吸收，不同地点太阳辐射的构成比例有所差异。表 2-25 中示出，不同地点之间相比，桂阳、襄城和南雄紫外线、可见光比例较高，红外线比例较低；诸城、洛南紫外线、可见光比例较低，红外线比例较高。其中洛南红外线比例明显高于其他地区。可见光中，南雄、襄城、诸城和洛南的光质组成规律相似，均为蓝紫光比例高于绿光略高于或接近红橙光；桂阳的蓝紫光比例较绿光和红橙光低。

表 2-25　不同地点不同波段光辐射占太阳总辐射（300~3000nm）的比例（单位：%）

地点	紫外线	蓝紫光	黄绿光	红橙光	可见光	红外线
桂阳	8.49	12.60	17.74	16.99	47.32	46.73
南雄	6.47	18.46	14.23	12.32	45.00	48.14
襄城	7.09	19.22	12.20	12.96	44.38	48.53
诸城	4.43	17.87	13.79	12.16	43.81	51.76
洛南	5.15	15.97	9.94	8.20	33.77	61.08

注：数据取自锦州产太阳光谱分析系统。

综合以上太阳辐射研究结果，可以得到如下结论：烟叶全生育期太阳日均辐射强度和总辐射呈现明显的纬度地带性分布特征，表现为南方烟区较低，北方烟区较高；不同生育阶段日均辐射强度南方烟区烟叶前期较低；随着烟叶生长逐渐增强，北方烟区前期较高，成熟期降低。因此烟叶生长后期变异性减小，日均辐射强度趋向一致。

太阳辐射中的可见光日均辐射在南方烟区前期较低，但随着烟叶生长逐渐增强，北方烟区前期可见光辐射强度均较高，襄县和诸城烟区全生育期也处于较高水平，但洛南烟叶生长后期可见光辐射显著下降。成熟期较高的可见光辐射强度，特别是蓝紫光和红橙光强度较高是典型浓香型烟叶风格的气候特征之一。北方烟区的洛南虽然太阳总辐射较高，但主要是红外线强度高，所占太阳总辐射的比例较高，成熟期光合有效辐射强度较低。

2.5.3　浓香型代表产区降水量比较分析

根据烤烟生长发育的需要，移栽—团棵期的水分可适当少些，以促进烤烟根系发育；旺长期需要水分多些，以满足烤烟旺盛生长的需要；成熟期又要适当少些，以保证烤烟得到充足的光照、适时成熟。从表 2-26 中可见，烤烟大田全生育期总降水量自北向南有逐渐增多的趋势，降水在各地不同生育阶段的分布差异较大。地处北方的襄城和诸城地区降水量较少，与南方地区相比，主要是伸根期降水量较少，大部分降水都集中在烤烟成熟期；宣城地区伸根期降水较北方地区略多，但旺长期降水较少，主要降水也集中在成熟期；桂阳和信丰的总降水量相近，分布也相对均匀；南雄地区全生育期的降水最多且各个阶段的降水量都较多。烤烟伸根期、旺长期、成熟前期和成熟后期降水在各地之间的变异系数均较高，分别达到 92.93%、62.13%、55.13%、55.28%，全生育期变异系数也达到 47.44%。

表 2-26　不同生育阶段的降水量（单位：mm）

地点	伸根期	旺长期	成熟前期	成熟后期	全生育期
河南许昌襄城	11.8	96.2	10.4	144.2	262.6
山东潍坊诸城	9.7	73.9	249.9	85.9	419.4
安徽宣州宣城	71.9	54.4	158.2	254.8	539.2
湖南郴州桂阳	159	176.3	173.5	57.7	566.42
江西赣州信丰	186.7	163.6	111	125	586.2
广东韶关南雄	305.6	295.7	210.1	261.9	1073.2
变异系数	92.93%	62.13%	55.13%	55.28%	47.44%

以上浓香型代表性产区田间小气候特征研究是对基于整个浓香型产区多年气候数据分析进行气候特征研究的有效验证和补充。烟叶全生育期温度、光照和降水的分布在南北烟区间存在较大差异，但这些差异性集中表现在烟叶生长的前期，随着生育进程的推进，差异逐渐缩小，典型浓香型烟叶成熟期温度条件趋于一致，光辐射强度，特别是可见光辐射强度和在太阳总辐射中的比例在成熟期也较为接近，突出表现在成熟期温度较高、可见光辐射强度较强。

第 3 章　浓香型产区土壤及地质背景特征

土壤是作物生长所必须的基础条件，作物主要通过根系从土壤中汲取生长所必需的水分及养分，同时土壤为植物根系提供了机械支撑及伸展空间。烟草的生长发育和质量特色的形成是在特定的生态条件下完成的。生态条件包括气候、土壤、地质背景等诸多生态因子。土壤作为农业生产的基本生产资料和烟草生长的介质，直接影响着烟草根系的生长发育、生理活性和对营养元素的吸收利用，进而影响烟株的形态建成和产质量的形成。土壤是由成土母质逐渐发育而形成的，土壤的发生和地质背景的不同显著影响土壤的物理、化学性质，土壤矿质元素组成和含量，包括微量元素、地球化学元素等与土壤发生和地质背景密切相关，并显著影响烟草的生理代谢和烟叶化学成分组成和含量。深入研究我国浓香型产区土壤分布特征和土壤发生及地质背景特点，明确土壤因素和地质背景与烟叶质量和特色风格形成的关系，对阐明浓香型特色优质烟叶形成机理，以及通过土壤选择和土壤改良提高烟叶质量，彰显浓香型风格特色具有重要意义。

3.1　我国浓香型不同气候类型区土壤类型及分布

我国浓香型产区按照气候特征分为豫中豫南高温长光低湿区、豫西陕南鲁东中温长光低湿区、湘南粤北赣南高温短光多湿区、皖南高温中光多湿区、赣中湘中桂北高温短光高湿区等五大类。不同类型区土壤有一定差异，同一类型区在大的气候特征相似的条件下土壤条件也不尽相同，这些差异对烟叶的香韵表现和质量特征有显著影响。五大气候类型区主要的土壤类型有水稻土、紫色土、红壤、黄壤、褐土、潮土、黄棕壤、棕壤等，土壤特征归结如表 3-1 所示。

表 3-1　不同生态区土壤类型及分布

生态区	土类	比例/%	当地名称	分布
豫中豫南高温长光低湿区	黄棕壤	40	—	河南襄城、许昌、禹州、郑县、宝丰、叶县、鲁山、方城、内乡、社旗、邓州、泌阳、确山、遂平
	褐土	22	—	河南漯河、襄城、许昌、禹州、郏县、宝丰、叶县、鲁山、方城、内乡、社旗、邓州、泌阳、确山、遂平
	潮土	35	—	河南襄城、许昌、禹州、郏县、宝丰、叶县
	水稻土	3	—	河南固始、光山
豫西陕南鲁东中温长光低湿区	褐土	43	—	山东沂水、高密、诸城、五莲、安丘、莒县、河南卢氏、灵宝、陕县、宜阳、洛宁、新安
	棕壤	40	—	陕西洛南、陇县、山东胶南、沂水、诸城、安丘、五莲、莒县、河南卢氏、灵宝、陕县、宜阳、洛宁、新安
	红黏土	17	—	河南卢氏、灵宝、陕县、陕西洛南、陇县

续表

生态区	土类	比例/%	当地名称	分布
湘南粤北赣南高温短光多湿区	水稻土	85	沙泥田、牛肝土田、鳝泥田、红泥地、棕泥土、石灰性土田	湖南桂阳、嘉禾、江华、江永、广东南雄、始兴、五华、连州，江西信丰、会昌、石城、瑞金
	紫色土	10	—	广东南雄、始兴、五华、连州，江西信丰、瑞金
	黄壤	3	—	湖南桂阳、嘉禾、江华、江永
	红壤	2	—	湖南桂阳、嘉禾、江华、江永
皖南高温中光多湿区	水稻红	90	沙泥田、红泥田、马肝土田、紫泥田、麻沙泥田、紫砂泥田	安徽宣城、泾县、郎溪、兴国、芜湖、东至、青阳
	红壤	5	—	黄山
	紫色土	5	—	—
赣中湘中桂北高温短光高湿区	水稻土	93	棕沙泥田、鳝泥田、沙泥田、红泥地、麻沙泥田、潮沙泥田、石灰性田	江西广昌、黎川、乐安、资溪、崇仁、南丰、安福、峡江、泰和、永丰，湖南浏阳、宁乡，广西富川、钟山、昭平
	紫色土	5	—	江西广昌
	红壤	2	—	江西崇仁

3.1.1　豫中豫南高温长光低湿区

豫中豫南地区主要植烟土壤类型有黄棕壤、潮土、褐土、水稻土等，其中黄棕壤主要分布在南阳、信阳、驻马店、平顶山（部分地区），占宜烟土壤的40.8%；潮土主要分布在许昌、漯河、平顶山、郑州、驻马店等，占宜烟土壤的35.2%；褐土主要分布在漯河、许昌、平顶山，占21.6%；水稻土主要分布在信阳，约占2.6%。褐土母质主要是黄土状物质，呈中性至微碱性反应，生物循环弱，气候温和，降水量偏少，有机质分解速度快，有机质含量均较低，剖面中夹有砂砾的褐土上生产的烤烟品质较优。黄棕壤有机质、全氮和有效微量元素含量相对较高。该区的土壤质地主要有粉砂质壤土、壤质黏土、黏壤土、砂质壤土、壤土、粉砂质黏壤土、粉砂质黏土等。其中砂质壤土占到32.14%，壤质黏土的比例较低，仅占3.57%。

3.1.2　豫西陕南鲁东中温长光低湿区

该区范围较广，包括河南豫西的三门峡、洛阳，陕西南部的洛南、宝鸡，山东潍坊等地，虽然气候特征相对接近，土壤条件却有较大的差异性，这是造成区内烟叶质量特色表现具有差异性的重要原因。

该区主要土壤类型有褐土、黄棕壤、棕壤等。其中褐土主要分布在山东沂水、高密、诸城、五莲、安丘和莒县，褐土中的红黏土主要分布在豫西三门峡、洛阳，陕南的洛南、陇县等地。红黏土因受母质影响，磷素缺乏，钾含量较为丰富，有机质和全氮属中等。在微量元素中，大多数土壤的锰、铜、铁三元素丰富或适量，锌偏低，硼、钼缺乏；棕壤主要分布在山东胶南、沂水、诸城、安丘、五莲和莒县等地，棕壤的黄土主要分布在陕南地区，以商洛市洛南县与宝鸡市陇县为代表。

豫西烟区土壤质地多为黏土，土壤pH较高，属于碱性土壤。商洛市洛南县与宝鸡市陇县生态烟区的土壤不同剖面深度的土壤质地类型均为“壤质黏土”，壤质黏土的主要肥力特征为保水、保肥性好，养分含量丰富，土温比较稳定，但通气性、透水性差，耕作比较困难。鲁东潍坊地区土壤质地为砂壤土、轻壤土和中壤土，多数为轻壤土，植烟土壤有机质含量较低，平均为0.85%，pH为6.1～7.3，烟区土壤状况比较适宜烤烟生长。

3.1.3　湘南粤北赣南高温短光多湿区

该地区植烟面积较广，土壤类型丰富。主要有水稻土、黄壤、红壤、旱地紫色土等。其中水稻土面积最大，约占整个烟区植烟土壤的85%，在湘南、广东和赣南烟区都是主要的植烟土壤，根据成土母质和土壤发育不同可分为紫沙泥田、麻沙泥田、紫泥田、牛肝土田、石灰性土田等。其次为旱地紫色土，主要分布在广东南雄和赣南部分烟田。黄壤、红壤主要分布在湖南郴州和永州，所占比例较小。

水稻土是我国重要的耕作土壤之一，是淹水灌耕下，经水下耕翻、耙耘、平整土地，使原有土壤属性逐渐发生改变，形成了与原始母土形状具有明显差异的土壤类型。湖南省植烟的水稻土主要为潴育性水稻土，水稻土的有机质和养分含量都较丰富，但不同母质发育的水稻土和不同区域的水稻土土壤性状差异较大，土壤pH 4.5～8.0，适宜于烟—稻轮作，是该地区的主要植烟土壤。

牛肝土田主要特征为土壤pH中偏酸性，质地介于粉砂质黏壤土至粉砂质黏土之间，土质较黏重，保肥能力强，易板结，土壤有机质、氮、磷素含量较丰富，土壤钾素含量中等，烟叶产量较高、质量较好，浓香型风格特征较明显。沙泥田主要特征为土壤pH属于强酸性，质地大部分以壤土为主，部分为黏壤土，土质较疏松，供肥性能好，但保肥性能较差，土壤有机质、氮、磷素含量较丰富，但土壤钾素含量偏低，烟叶产量中等、质量稍次，浓香型风格特征稍弱。

紫色土成土母质为紫色砂页岩，土壤pH较高，偏碱性，质地以粉砂壤土为主，黏壤土次之，土质较疏松，土层较薄，保肥保水能力较差，土壤有机质、氮素含量较低，土壤磷和钾素含量较丰富，烟叶产量相对较低，但质量较优，浓香型风格特征较典型。

黄壤是湿润亚热带气候和生物条件下形成的地带性土壤，原始植被为亚热带常绿-落叶针阔混交林、常绿阔叶林和热带山地湿性常绿阔叶林。砂、页岩互层母质上发育的黄壤，通透性和供肥性均较好，适合种植烤烟。发育于页岩、板岩、凝灰岩和泥岩等泥质岩类的黄壤，质地黏重，通透性差，不利于优质烤烟生产。

红壤主要成土母质有石灰岩、第四纪红色黏土、板页岩，亚热带生物气候条件下形成，气候温和、无霜期长达240～250d，原始植被是常绿阔叶林。pH 4.5～6.0，有机质、土壤养分含量中等，质地较黏重、锌、硼比较缺乏，发育于石灰岩、板页岩母质的红壤适合于烤烟生长，发育于第四纪红土的红壤不太适于栽烟。

湖南省郴州和永州地区植烟土壤质地相对比较黏重，主要为黏土类和黏壤土类，其中：黏土类占 70.0%、黏壤土类占 30.0%；江西省赣州信丰植烟地区土壤质地以壤土和黏壤土为主，壤土主要分布在麻沙泥黄沙泥田和部分沙泥田产区，黏壤土主要分布在紫泥田、黄泥田烟区；广东省植烟土壤质地为壤土、黏壤土、黏土，壤土约占 45%，黏壤土约占 45%，黏土约占 10%，壤土主要分布在乳源、乐昌及梅州各产区，黏壤土和黏土主要分布在南雄及始兴烟区。

3.1.4 皖南高温中光多湿区

皖南宣城植烟地区主要土壤类型有水稻土、红壤、紫色土等。其中水稻土占总植烟土壤面积的 90%以上，主要有砂泥田、黄泥田、麻石砂泥田、扁石泥田、马肝田等，分布在整个皖南烟区。紫色土约占总植烟土壤面积的 5%，以酸性紫砂土为主。红壤比例更小，主要分布在黄山一带新开发烟田。

该地区土壤质地为砂壤土、壤土、黏壤土和水稻黏土，砂性土壤有机质含低于黏土，土壤保水保肥性相对差，其中 48.28%属于砂土或壤土。

3.1.5 赣中湘中桂北高温短光高湿区

该地区植烟面积分布广泛，主要土壤类型有水稻土（棕沙泥田、鳝泥田、沙泥田、红泥地、棕泥土、石灰性田等）、紫色土、红壤等。其中，水稻土面积最广，主要分布在湖南浏阳、宁乡，江西抚州、吉安等烟区。棕沙泥田主要分布在资溪产区；鳝泥田主要分布在宜黄产区；沙泥田分布在广西富川县西部的朝东、城北、富阳等乡镇的西部水田烟区，以及钟山县的大部分水田烟区，昭平县的北陀、樟木林和凤凰等各乡镇烟区；红泥地分布在富川县东部的新华、福利和北部的麦岭、东北部的石家旱地产区；棕泥土分布在富川县西北部的朝东油沐片旱地烟区；石灰性田主要分布在广西富川县的中部以东的大部乡镇水田烟区，以及钟山县西部水田，昭平县黄姚镇水田；其他类型的水稻土，产区均有分布。紫色土主要分布在广昌烟叶生产区（盱江、甘竹）。红壤土主要分布在崇仁产区。

该区的麻沙泥田主要特征为土壤 pH 偏酸性，质地以黏质壤土为主，保水保肥性能均较好，土壤中速效氮含量较丰富，磷素、钾素、交换性镁含量偏低，烟叶产量较高、质量较好。黄沙泥田土壤 pH 偏酸性，质地以粉砂质壤土为主，保水保肥性能一般，土壤中速效氮含量略低于麻沙泥田，磷素、钾素、交换性镁含量偏低，烟叶产量较高、质量较好。潮沙泥田土壤 pH 偏酸性，质地以粉砂质壤土为主，保水保肥性能较差，土壤中速效氮含量较低，磷素、钾素含量偏低，交换性镁含量偏低，但略高于麻沙泥田，烟叶产量较高、质量较好。石灰性田由于长期引用含碳酸盐的的溶洞或地下水灌溉和长期施用石灰，使土壤呈碱性和石灰性反应，土壤 pH 偏碱性，质地介于黏壤土至粉砂质黏土之间，土质较黏重，保肥能力较强，土壤有机质、氮素和磷素含量较丰富，土壤钾素含量中等。田间黑胫病和青枯病发生较轻。烟叶产量较高、质量较好，浓香型风格特征较明显。

紫色土土壤 pH 较高，偏碱性，质地以粉砂壤土为主，黏壤土次之，土质较疏松，土层较薄，保肥保水能力较差，有机质、氮素含量较低，磷和钾素含量较丰富，烟叶产量相对较低，但质量较优，浓香型风格特征较典型。红壤土有机质、养分含量中等，质地较黏重，锌、硼比较缺乏，发育于石灰岩、板页岩母质的红壤适合于烤烟生长，发育于第四纪红土的红壤不太适于栽烟。

该植烟区土壤质地主要为为壤土、黏壤土、轻黏土和黏土，各省市植烟区土壤质地比例不同。其中，湖南地区黏土土壤面积较多，主要分布在浏阳、宁乡一带；江西抚州、吉安植烟地区土壤质地大部分为壤土约占该地区总植烟面积的 90%，轻黏土和黏土主要分布在广昌烟区；广西贺州各质地土壤含量及分布相对较均匀，其中壤土约占 33%主要分布在富川县的西部、钟山县西北部、昭平县东北部各产区，黏壤土约占 45%主要分布在富川县中部、东部水田产区及钟山南部水田产区，黏土约占 22%主要分布在富川东北部、东部旱地产区。

3.2　浓香型产区土壤耕层理化性状分布

耕层土壤是烟草生长发育的基础，其理化性状、生物性状对烟草根系生长和矿质元素供应有直接影响。土壤因素主要包括土壤质地、土壤酸碱度、土壤有机质含量、土壤全量和速效矿质元素含量、土壤阳离子交换量、土壤盐基饱和度、土壤微生物组成和含量等。我国浓香型烟叶产区包括河南、湖南、广东、安徽、山东、广西、陕西、江西等省（区），为深入分析土壤条件与浓香型烟叶风格特色形成的关系，从全国 8 个浓香型烟叶种植省份具有典型性和代表性的烟田采集 82 份耕层土壤样品，测定和分析各样点的土壤耕层土壤理化性质、矿质元素含量等指标，旨在深入认识浓香型产区植烟土壤的物理特征、化学特性及其分布特点。

3.2.1　土壤质地

1. 浓香型产区土壤机械组成的分布特征

全国浓香型烟叶产区土壤机械组成的含量有很大的差异（宋莹丽等，2014a）。如表3-2 所示，在全国浓香型典型产区所测样点中，砂粒含量百分比的变异系数达到69.78%，变异程度较大，变幅为 0.49%～64.17%，平均含量为 25.52%；粗粉粒、粗黏粒和细黏粒的变异系数分别为 37.12%、44.67%和 43.87%。从峰度来看，砂粒和细黏粒的百分含量分布较粗粉粒和粗黏粒集中，粗粉粒的百分含量的分布更接近正态分布。

表 3-2　土壤机械组成的分布特征

粒级	颗粒组成/%,粒径/mm			
	砂粒(1～0.05)	粗粉粒(0.05～0.01)	粗黏粒(0.01～0.001)	细黏粒(＜0.001)
变幅	0.49~64.17	10.73~69.28	3.87~42.39	5.58~44.1
平均值	25.52	33.60	21.00	19.88
峰度	0.37	0.08	–0.72	0.17
变异系数/%	69.78	37.12	44.67	43.87

2. 浓香型产区土壤质地的分布状况

土壤质地的划分严格按照国际制土壤质地分级标准，其结果如图 3-1 所示，我国浓香型烟叶产区分布地域较广，土壤质地差异较大，且缺乏明显的空间相关性。由图 3-1

可知，砂土、壤土和黏土三种土壤质地在浓香型烟叶产区均有分布。通过浓香型产区与清香型产区土壤剖面观测到的土壤质地比较（图 3-2）可知，大多数质地类型在两大香型也均有分布，这说明土壤质地并不是决定烟叶香型分属的决定因素。

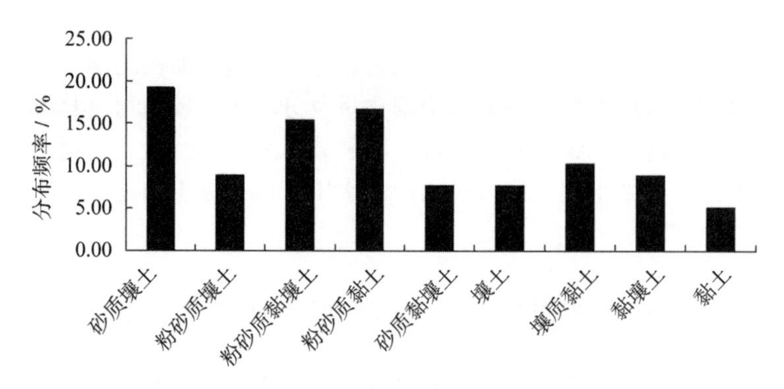

图 3-1　浓香型烟叶产区土壤质地分布状况

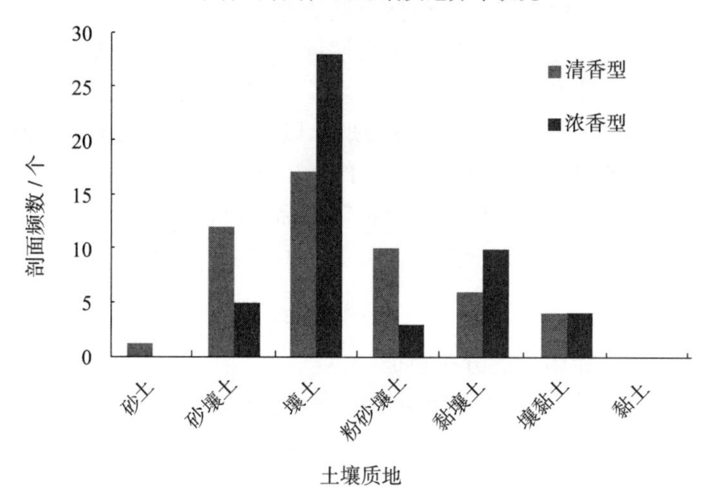

图 3-2　清香型与浓香型烤烟烟区土壤质地剖面频数对比图

从浓香型产区土壤质地的分布来看，大部分烟叶产区的土壤质地集中砂质和粉砂质土壤上，其中以砂质壤土的分布频率为最高，高达 19.23%；其次是粉砂质黏土，全国烟区有超过 60%的地区土壤分布在砂质和粉砂质土壤的范围内，主要集中在砂质壤土、粉砂质黏壤土、粉砂质黏土上，在黏土范围的种植区域较少。

3. 不同浓香型产区土壤质地分布状况

各种土壤质地在全国浓香型烟叶产区的分布样点如表 3-3 所示。同一省份烟区间的土壤质地也会有差异，同一质地的土壤在各个省份的烟区都有分布。土壤质地的分布只在小尺度范围内表现出一定的地域性，同一县区和乡镇范围内土壤质地基本一致。在所测定的样点中驻马店确山竹沟镇后李河村、驻马店确山竹沟镇肖庄村、驻马店确山蚁蜂镇鲁湾村等 15 个样点的土壤属于砂质壤土；驻马店泌阳盘古乡柴庄柴铺、驻马店泌阳花园乡高辛垮子营、驻马店泌阳花园乡禹庄等 7 个样点的土壤属于粉砂质壤土；三门峡灵宝朱阳镇运头村、陕西商洛洛南景村镇刘涧村、广西富川富阳麦岭镇三民村六组等

12 样点的土壤属于粉砂质黏壤土；漯河临颍巨陵娄庄、临颍王猛巢村、三门峡灵宝五庙乡东庙村等 13 个样点的土壤属于粉砂质黏土。砂质壤土和粉砂质黏土的分布地区相对较多。

表 3-3　浓香型烟叶产区土壤质地的分布样点

质地类型	样点数	地　点
砂质壤土	15	河南驻马店确山竹沟镇后李河村、河南驻马店确山竹沟镇肖庄村、河南驻马店确山蚁蜂镇鲁湾村、河南平顶山宝丰石桥姬表庄、山东百尺河镇大娄子、山东百尺河镇张戈庄、山东皇华镇东莎沟、广西富川富阳芦溪芦荻塘村、江西信丰大唐樟塘村石桥组瑶下排上、江西信丰正平镇潭口村、江西大塘沛东、江西石城富田、广东水口新流坑紫色土、广东始兴马市、安徽芜湖县红杨镇
粉砂质壤土	7	河南驻马店泌阳盘古乡柴庄柴铺、河南驻马店泌阳花园乡高辛垮子营、河南驻马店泌阳花园乡禹庄、河南驻马店泌阳高店乡程庄、河南南阳内乡余关乡王沟村移后组、江西峡江马埠、江西峡江水边分界
粉砂质黏壤土	12	河南三门峡灵宝朱阳镇运头村、陕西商洛洛南景村镇刘涧村、广西富川富阳麦岭镇三民村六组、广东水口新流坑牛肝土田、湖南浏阳大周小镇中岳村、湖南浏阳沙市镇莲塘村、湖南隆回县雨山镇牛田村、湖南江华县淀红镇白竹塘镇、河南襄县紫云镇杨湾村（河南紫云镇杨湾村；河南襄县王洛谢庄、河南襄县王洛闫寨）
粉砂质黏土	13	河南漯河临颍巨陵娄庄、河南临颍王猛巢村、河南三门峡灵宝五庙乡东庙村、河南三门峡灵宝朱阳镇运头村、河南卢氏县东明镇峰云村、河南卢氏县沙河正杨家村、河南卢氏县范里镇孟窑付、河南洛宁东宋镇下宋村、陕西商洛洛南灵口镇庙湾村、湖南郴州桂阳银河乡长江村蝴蝶洞、湖南郴州桂阳浩塘乡大留村、湖南江华县白芒营镇老社湾村、河南平顶山郏县堂街镇堂东村
壤土	6	河南禹州小吕乡西南王村、河南禹州花园镇岗吴村、河南漯河临颍固相大田村、江西峡江马埠下塘、江西石城琴江、河南襄县王洛东村岗地赵松峰
壤质黏土	8	河南南阳内乡赵店大峪村大峪组、广西富川富阳朝东镇长塘印山村、广东南雄湖口太和紫色土、安徽宣州区寒亭镇、湖南郴州桂阳樟市镇桐木村、湖南隆回县荷香桥镇寨现村、安徽宣州区周王镇、安徽宣州区黄渡乡
砂质黏壤土	7	广东始兴马市卢章秋、广东始兴马市郭青华、湖南郴州桂阳银河乡谭池村六甲组、安徽宣州区文昌镇、安徽宣州区新田镇芜湖县红杨镇、河南禹州朱阁镇马坟村、河南南阳内乡湍东东王沟村
黏壤土	5	河南平顶山宝丰石桥交马岭、山东贾悦镇琅埠、广东湖口太和牛肝土田、广东黄坑杨西湖、河南平顶山郏县白庙乡赵庄村
黏土	4	河南三门峡灵宝朱阳镇美山村、河南洛宁下峪后上庄、河南洛宁小界、陕西商洛洛南石门镇花庙村

3.2.2　土壤 pH

土壤 pH 是影响土壤矿物质转化及养分种类和含量的重要因素之一。烟草对土壤 pH 的适应性比较广，一般认为烤烟最适宜的土壤 pH 为 5.5～7.0。

1. 浓香型产区土壤 pH 变异性

我国浓香型烟叶产区土壤 pH 的变异程度较大，如表 3-4 所示，浓香型烟叶产区土壤 pH 的变异系数为 19.19%，变幅为 4.01～8.06，平均值为 6.69。

如图 3-3 所示，在酸性和碱性土壤上都有烟草的种植，其分布频率分别为 28.2%、44.9%，甚至在强酸性的土壤上也有烟草的种植，其分布频率为 11.5%。结果表明，我国浓香型烟叶产区的大部分土壤处于偏碱性的水平。

表 3-4　浓香型烟叶产区土壤 pH 的总体特征

指标	变幅	平均值	样本数	峰度	变异系数/%
pH	4.01~8.06	6.69	78	−1.01	19.19

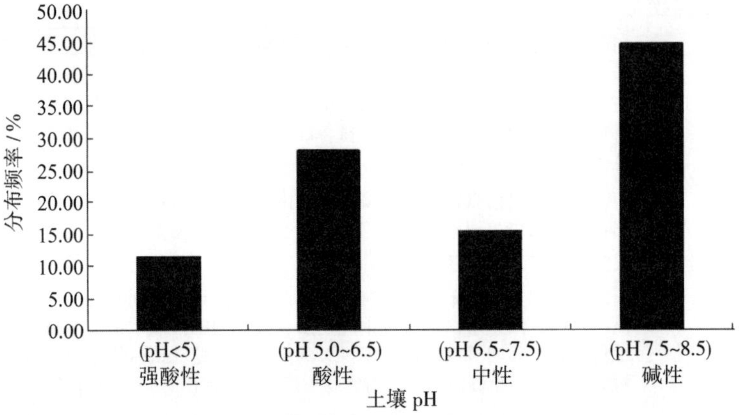

图 3-3　浓香型烟叶产区土壤 pH 分布状况

2. 浓香型产区土壤 pH 的分布状况

土壤酸碱度在全国浓香型烟叶产区取样点的分布频率如表 3-5 所示。由表可见，北方烟区偏碱性土壤样点分布频率 54.17%～62.50%，相对较高，但仍有 18.75%～33.33%的酸性土壤。南方土壤酸性土壤样点分布频率相对较高，但也有中性和碱性土壤，皖南高温中光多湿区、湘中赣中桂北高温短光高湿区土壤一般酸性相对较强。

表 3-5　浓香型产区土壤 pH 样点分布频率(单位：%)

气候生态区	pH			
	强酸性(<5)	酸性(5.0～6.5)	中性(6.5～7.5)	碱性(7.5～8.5)
豫西陕南鲁东中温长光低湿区	6.25	12.50	18.75	62.50
豫中豫南高温长光低湿区	4.17	29.17	12.50	54.17
湘南粤北赣南高温短光多湿区	0.00	38.89	22.22	38.89
皖南高温中光多湿区	71.43	28.57	0.00	0.00
湘中赣中桂北高温短光高湿区	20.00	40.00	20.00	20.00

3.2.3　土壤有机质

1. 浓香型产区土壤有机质分布特征

有机质是土壤肥力的重要指标之一，其丰缺程度既影响土壤的肥力还影响土壤的团粒结构及耕性，从而影响烟草的生长发育及品质的形成。从分析结果来看，我国浓香型烟叶产区土壤有机质的含量变化较大，由表 3-6 可以看出，浓香型烟叶产区有机质的含量为 7.24～41.13g/kg，平均值为 16.45g/kg，变异系数为 46.96%。

如图 3-4 所示，土壤有机质含量大于 40g/kg 的地区仅占 1.28%；在 30～40g/kg 的占 8.97%；处于中等水平的也仅占 14.10%；大部分地区土壤有机质含量处于偏低的水平，其分布频率高达61.53%；有机质含量处于缺乏水平的样点占14.10%。由此说明，我国浓香型烟叶产区的土壤有机质含量普遍较低。

表 3-6　浓香型烟叶产区土壤有机质含量的总体特征

变幅/(g/kg)	平均值/(g/kg)	样本数	峰度	变异系数/%
7.24~41.13	16.45	78	1.32	46.96

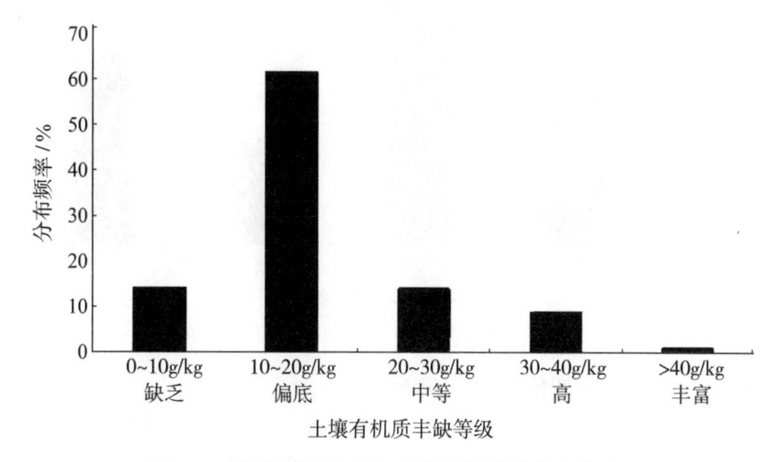

图 3-4　浓香型烟叶产区土壤有机质的分布状况

2. 不同浓香型产区土壤有机质的分布状况

土壤有机质在全国浓香型烟叶产区取样点的分布频率如表3-7所示（宋莹丽，2014b）。由表可见，南方水稻土烟田土壤有机质含量较为丰富，北方褐土类烟田土壤有机质含量偏低，但不同产区均有高有机质含量和低有机质含量样点分布。豫西陕南鲁东中温长光低湿区、豫中豫南高温长光低湿区土壤有机质含量较低，92%～94.12%处于偏低至缺乏水平；湘南粤北赣南高温短光多湿区土壤有机质分布范围较广，73.68%的偏低或缺乏，5.26%中等，21.05%的高或丰富；皖南高温中光多湿区、湘中赣中桂北高温短光高湿区土壤有机质在中高水平分布较多，60.00%～66.67%中等或偏高，33.33%～40.00%偏低。

表 3-7　浓香型产区土壤有机质含量样点分布频率(单位:%)

气候生态区	有机质/(g/kg)				
	缺乏(0～10)	偏低(10～20)	中等(20～30)	高(30～40)	丰富(>40)
豫西陕南鲁东中温长光低湿区	41.18	52.94	5.88	0.00	0.00
豫中豫南高温长光低湿区	8.00	84.00	8.00	0.00	0.00
湘南粤北赣南高温短光多湿区	10.53	63.16	5.26	15.79	5.26
皖南高温中光多湿区	0.00	33.33	50.00	16.67	0.00
湘中赣中桂北高温短光高湿区	0.00	40.00	30.00	30.00	0.00

3.2.4　土壤阳离子交换量

1. 浓香型产区土壤阳离子交换量的分布状况

土壤阳离子交换量（CEC）是衡量土壤保肥供肥能力的指标，通常认为土壤阳离子交换量大于20cmol/kg为保肥能力强的土壤，10～20cmol/kg为保肥能力中等的土壤，低于 10cmol/kg 的土壤保肥能力较差。如图 3-5 所示，我国浓香型烟叶产区的土壤阳离子交换量仅有 23%的地区土壤阳离子交换量超过 20cmol/kg；超过 50%的土壤阳离子交换量为 10～20cmol/kg，属于保肥能力中等的土壤；约 25%的地区土壤阳离子交换量低于 10cmol/kg，土壤的保肥能力较差。

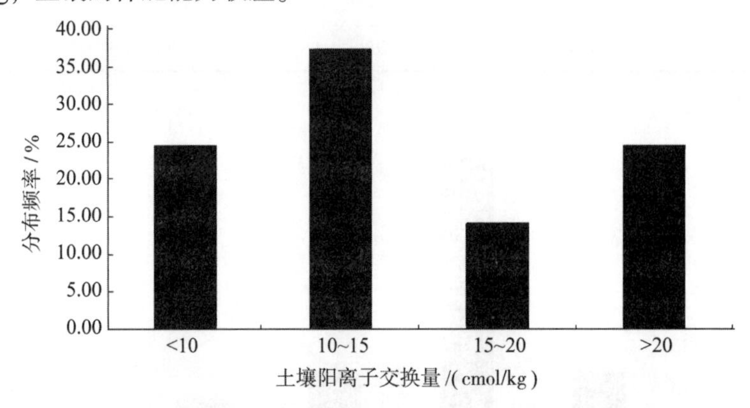

图 3-5 浓香型烟叶产区土壤阳离子交换量的分布状况

2. 不同香型产区土壤阳离子交换量的分布状况

土壤阳离子交换量在全国浓香型烟叶产区取样点的分布频率如表 3-8 所示，由表可见，土壤阳离子交换量的地域性分布特征明显，豫西陕南鲁东中温长光低湿区在中低水平分布较多，94.12%的样点土壤阳离子交换量 <15cmol/kg，保肥能力中等偏差；豫中豫南高温长光低湿区、湘南粤北赣南高温短光多湿区同样在中低水平分布较多，63.16%～76.00%的样点土壤阳离子交换量 <15cmol/kg，保肥能力中等偏差；皖南高温中光多湿区、湘中赣中桂北高温短光高湿区土壤阳离子交换量则在中高水平分布较多，50.00%～71.43%的样点土壤阳离子交换量 >20cmol/kg，保肥能力较强，28.57%～40.00%的样点阳离子交换量在 10～20cmol/kg，土壤的保肥能力中等。

表 3-8 浓香型产区土壤阳离子交换量样点分布频率(单位：%)

气候生态区	阳离子交换量/(cmol/kg)			
	<10	10～15	15～20	>20
豫西陕南鲁东中温长光低湿区	47.06	47.06	0.00	5.88
豫中豫南高温长光低湿区	24.00	52.00	16.00	8.00
湘南粤北赣南高温短光多湿区	21.05	42.11	10.53	26.32
皖南高温中光多湿区	0.00	0.00	28.57	71.43
湘中赣中桂北高温短光高湿区	10.00	10.00	30.00	50.00

3.2.5 土壤盐基饱和度

1. 浓香型产区土壤盐基饱和度的分布状况

土壤盐基饱和度主要反映土壤有效(速效)养分含量的大小。土壤的盐基饱和度受多种因素的影响，如土壤的水分含量、温度、降水等都会影响土壤的盐基饱和度，一般来说，酸性土壤的盐基饱和度比碱性土的盐基饱和度低。如图 3-6 所示，我国浓香型烟区超过 50%的地区土壤盐基饱和度为 50%～80%，约 13%的烟区土壤盐基饱和度超过 80%，仅有 6%的烟区土壤盐基饱和度低于 20%。对于盐基饱和度较高的土壤，需要适当地进行酸化，盐基饱和度较低的可施用石灰或磷灰石加以调整。

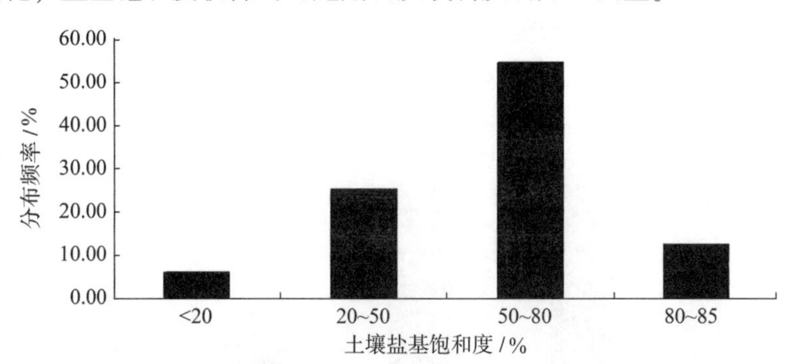

图 3-6　浓香型烟叶产区土壤盐基饱和度的分布特点

2. 不同香型产区土壤盐基饱和度的分布状况

土壤盐基饱和度在全国浓香型烟叶产区取样点的分布频率如表 3-9 所示。由表可见，土壤盐基饱和度的地域性分布特征明显，豫西陕南鲁东中温长光低湿区、豫中豫南高温长光低湿区以及湘南粤北赣南高温短光多湿区土壤盐基饱和度在中高水平分布较多，76.00%～82.35%的土壤盐基饱和度处于 50%～85%，且整体均处于 20%以上；皖南高温中光多湿区在中低水平分布较多，盐基饱和度整体 <50%，且有 57.14%的样点 <20%，湘中赣中桂北高温短光高湿区同样在中低水平分布较多，50.00%的样点盐基饱和度处于 50%～80%，另有 50%的样点盐基饱和度 <50%。

表 3-9　浓香型产区土壤盐基饱和度样点分布频率(单位：%)

气候生态区	盐基饱和度/%			
	<20	20～50	50～80	80～85
豫西陕南鲁东中温长光低湿区	0.00	17.65	52.94	29.41
豫中豫南高温长光低湿区	0.00	24.00	64.00	12.00
湘南粤北赣南高温短光多湿区	0.00	21.05	68.42	10.53
皖南高温中光多湿区	57.14	42.86	0.00	0.00
湘中赣中桂北高温短光高湿区	10.00	40.00	50.00	0.00

3.2.6　土壤全量矿质元素

1. 大量元素

1) 土壤全磷含量

土壤中速效磷的含量与土壤中的全磷含量有一定的关系，在全磷含量很低的情况下（0.17～0.44 g/kg），土壤中的有效磷的供应常常不足。如图 3-7 所示，我国浓香型烟叶产区土壤中全磷的含量主要集中在 0～1g/kg，其中全磷含量在极低水平(0～0.5g/kg）的分布频率为 41.03%，在低水平 0.5～1.0g/kg 的分布频率为 46.15%，在适宜水平 1.0～1.5g/kg 的占 12.82%。不同土壤全磷含量区间的样点分布的分布如表 3-10 所示。

土壤全磷含量在全国浓香型烟叶产区取样点的分布频率如表 3-10 所示。由表可见，各产区全磷含量在中低水平分布较多，豫西陕南鲁东中温长光低湿区、豫中豫南高温长光低湿区均处于 1.0g/kg 以下，且有 50.00%～66.67%的样点 <0.5g/kg，含量极低；湘

南粤北赣南高温短光多湿区、皖南高温中光多湿区则有 57.14%～68.42%的样点＜1.0g/kg，31.58%～42.86%的样点处于 1.0～1.5g/kg，较为适宜，湘中赣中桂北高温短光高湿区 90%的样点＜1.0g/kg，含量较低，仅有 10%的较为适宜。

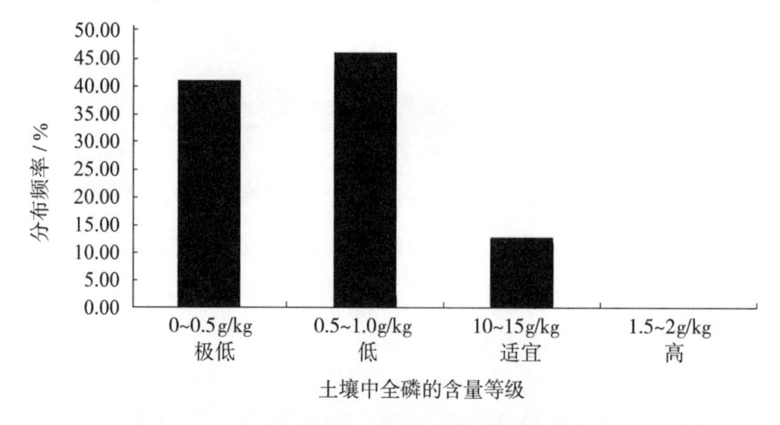

图 3-7 浓香型烟叶产区土壤中全磷的含量状况

表 3-10 浓香型产区土壤中全磷含量样点分布频率(单位：%)

气候生态区	全磷 /(g/kg)			
	极低(0～0.5)	低(0.5～1.0)	适宜(1.0～1.5)	高(1.5～2.0)
豫西陕南鲁东中温长光低湿区	66.67	33.33	0.00	0.00
豫中豫南高温长光低湿区	50.00	50.00	0.00	0.00
湘南粤北赣南高温短光多湿区	15.79	52.63	31.58	0.00
皖南高温中光多湿区	0.00	57.14	42.86	0.00
湘中赣中桂北高温短光高湿区	50.00	40.00	10.00	0.00

2）全钾含量

从分析结果看，大部分浓香型烟叶产区土壤中全钾的含量相对烟草对钾营养的需求来说是偏低的，如图 3-8 所示，12.82%的土壤样品的全钾含量低于 10g/kg，处于极低的水平；在低水平 10～15g/kg 的土样占 34.62%；适宜范围内的占 32.05%；土壤全钾含量处于高水平＞20g/kg 的土壤样品占 20.15%。不同土壤全钾含量区间的样点的分布如表 3-11 所示。

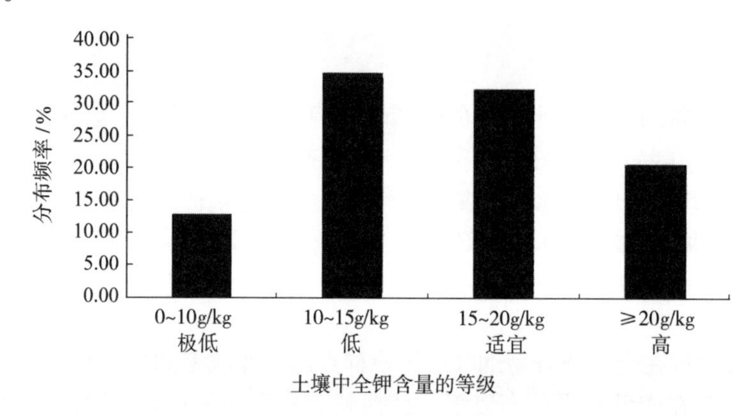

图 3-8 浓香型烟叶产区土壤中全钾的含量状况

表 3-11　浓香型产区土壤中全钾含量样点分布频率(单位:%)

气候生态区	气候生态区全钾 /(g/kg)			
	极低(0～10)	低(10～15)	适宜(15～20)	高(>20)
豫西陕南鲁东中温长光低湿区	5.88	41.18	41.18	11.76
豫中豫南高温长光低湿区	12.00	32.00	44.00	12.00
湘南粤北赣南高温短光多湿区	5.26	26.32	31.58	36.84
皖南高温中光多湿区	0.00	71.43	14.29	14.29
湘中赣中桂北高温短光高湿区	50.00	20.00	0.00	30.00

土壤全钾含量在全国浓香型烟叶产区取样点的分布频率如表 3-11 所示。由表可见，豫西陕南鲁东中温长光低湿区、豫中豫南高温长光低湿区土壤全钾含量分布范围较广，44.00%～47.06%的样点 <15g/kg，含量偏低；41.18%～44.00%的样点处于 15～20g/kg，较为适宜；11.76%～12.00%的样点 >20g/kg，含量较高。湘南粤北赣南高温短光多湿区全钾含量同样分布范围较广，26.32%的偏低，31.58%的较为适宜，36.84%的较高。皖南高温中光多湿区、湘中赣中桂北高温短光高湿区全钾在中低水平分布较多，70.00%～71.43%的样点 <15g/kg，含量偏低；28.57%～30%的样点处于适宜或较高水平。

2. 土壤中微量元素的含量及分布状况

1）Al 含量

Al 是一种非营养性的元素，但却是地壳中含量比较丰富的元素之一。如图 3-9 所示，浓香型烟叶产区有 10.26%的土壤 Al 含量为 10～30g/kg，30～50g/kg 的占 44.87%，50～70g/kg 的占 34.62%，70～90g/kg 的占 8.97%，90～110g/kg 的仅占 1.28%。不同土壤 Al 含量区间的样点分布如表 3-12 所示。

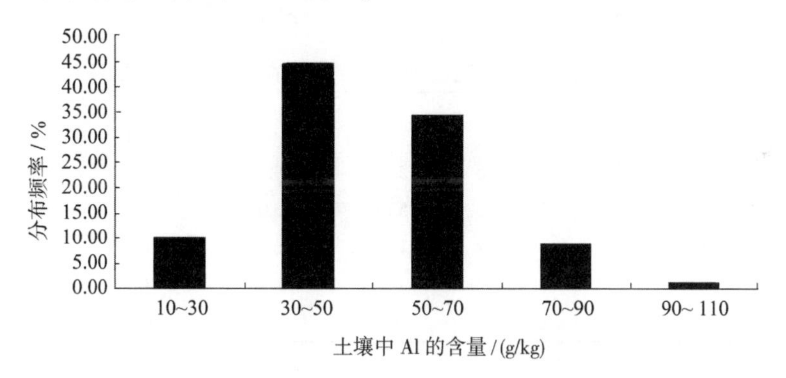

图 3-9　浓香型烟叶产区土壤中 Al 的含量状况

土壤 Al 含量在全国浓香型烟叶产区取样点的分布频率如表 3-12 所示。由表可见，土壤 Al 含量地域性分布特征不明显，北方烟区与南方烟区土壤 Al 含量分布范围较广。其中，48.00%～66.67%的样点处于 10～50g/kg 内，33.33%～52.00%的样点处于 50～90g/kg。

2）Ca 含量

Ca 对于烟草的生长发育也比较重要，植株体内的钙离子对烟草的生理代谢有很重要的影响，缺钙的烟株矮化，色深绿，下部叶出现红棕色斑点，叶尖部甚至会出现坏死。如图 3-10 所示，我国浓香型烟叶产区土壤中 Ca 的含量为 0～5g/kg 的占 44.87%；

5～10g/kg 的占 25.64%；10～15g/kg 的占 20.51%；15～20g/kg、20～25g/kg、25～30g/kg 的分别占 2.56%、3.83%、2.56%。不同土壤 Ca 含量区间的样点分频率详见表 3-13。

表 3-12　浓香型产区土壤中 Al 含量样点分布频率(单位:%)

气候生态区	Al/(g/kg)				
	10～30	30～50	50～70	70～90	90～110
豫西陕南鲁东中温长光低湿区	5.88	58.82	23.53	11.76	0.00
豫中豫南高温长光低湿区	12.00	36.00	48.00	4.00	0.00
湘南粤北赣南高温短光多湿区	10.00	40.00	35.00	10.00	5.00
皖南高温中光多湿区	0.00	57.14	28.57	14.29	0.00
湘中赣中桂北高温短光高湿区	22.22	44.44	22.22	11.11	0.00

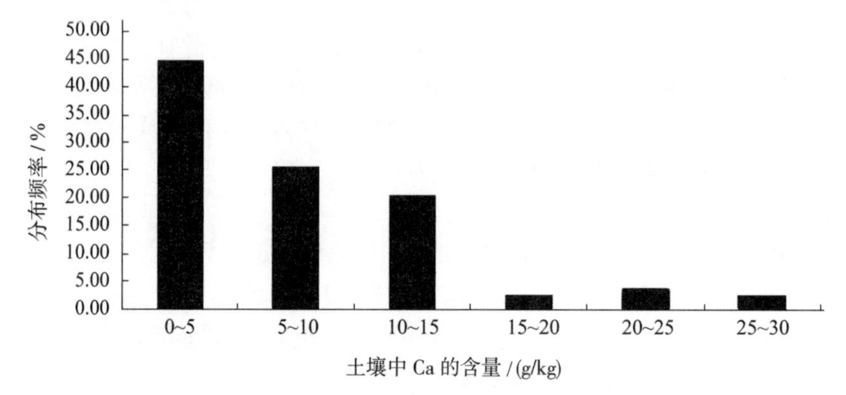

图 3-10　浓香型烟叶产区土壤中 Ca 的含量状况

表 3-13　浓香型烟叶产区土壤中 Ca 含量的分布频率(单位:%)

气候生态区	Ca/(g/kg)					
	0～5	5～10	10～15	15～20	20～25	25～30
豫西陕南鲁东中温长光低湿区	41.18	23.53	29.41	5.88	0.00	0.00
豫中豫南高温长光低湿区	19.23	53.85	23.08	0.00	3.85	0.00
湘南粤北赣南高温短光多湿区	47.37	10.53	26.32	5.26	10.53	0.00
皖南高温中光多湿区	100.00	0.00	0.00	0.00	0.00	0.00
湘中赣中桂北高温短光高湿区	70.00	10.00	0.00	0.00	0.00	20.00

土壤 Ca 含量在全国浓香型烟叶产区取样点的分布频率如表 3-13 所示。由表可见，豫西陕南鲁东中温长光低湿区、豫中豫南高温长光低湿区土壤 Ca 含量分布较广，64.71%～73.08%的样点 <10g/kg，23.08～29.41%的样点处于 10～15g/kg，3.85%～5.88%的样点高于 15g/kg；湘南粤北赣南高温短光多湿区土壤 Ca 含量同样分布范围较广，57.89%的样点 <10g/kg，26.32%的样点处于 10～15g/kg，15.79%的样点高于 15g/kg；皖南高温中光多湿区、湘中赣中桂北高温短光高湿区土壤 Ca 较多分布于较低水平，70.00%～100.00%的样点 <5g/kg。

3）Fe 含量

Fe 是土壤的主要元素之一，浓香型烟叶产区土壤中 Fe 的含量状况如图 3-11 所示，土壤 Fe 含量为 5～15g/kg 的样点占 20.51%；15～25g/kg 的占 52.56%；25～35g/kg 的占 21.79%；35～45g/kg 的仅占 5.13%。各产区土壤 Fe 的含量见表 3-14。

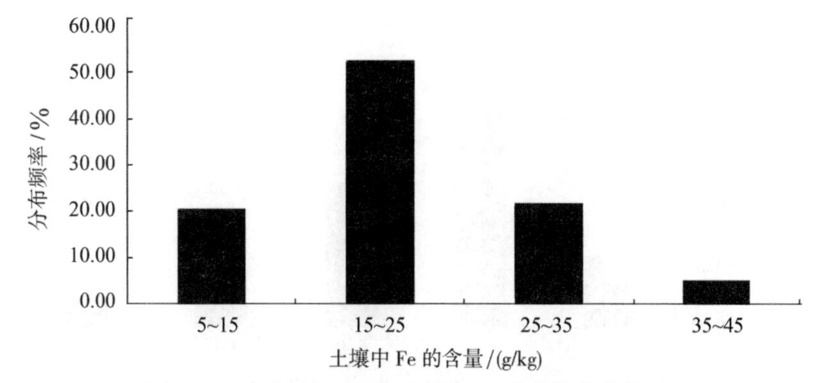

图 3-11　浓香型烟叶产区土壤中 Fe 含量的分布状况

表 3-14　浓香型产区土壤中 Fe 含量样点分布频率(单位:%)

气候生态区	Fe/(g/kg)			
	5～15	15～25	25～35	35～45
豫西陕南鲁东中温长光低湿区	23.53	52.94	23.53	0.00
豫中豫南高温长光低湿区	16.00	76.00	4.00	4.00
湘南粤北赣南高温短光多湿区	15.79	36.84	36.84	10.53
皖南高温中光多湿区	0.00	57.14	42.86	0.00
湘中赣中桂北高温短光高湿区	50.00	20.00	20.00	10.00

土壤 Fe 的含量在全国浓香型烟叶产区取样点的分布频率如表 3-14 所示。由表可见，豫西陕南鲁东中温长光低湿区、豫中豫南高温长光低湿区土壤中 Fe 在中低水平分布较多，16.00%～23.53%的样点处于 5～15g/kg，76.47%～80.00%的样点处于 15～35g/kg，仅有 0～4.00%的样点处于 35～45g/kg；湘中赣中桂北高温短光高湿区土壤中 Fe 同样较多分布于中低水平，50.00%的样点处于 5～15g/kg，40.00%的样点处于 15～35g/kg，10.00%的样点处于 35～45g/kg；湘南粤北赣南高温短光多湿区、皖南高温中光多湿区土壤中 Fe 较多分布于中等水平，0～15.79%的样点处于 5～15g/kg，73.68%～100%的样点处于 15～35g/kg，0～10.53%的样点处于 35～45g/kg。

4) Mg 含量

烟草生长发育所需的镁素营养直接来源于土壤中的镁素供应。土壤中的 Mg 含量在一定程度上可以影响烟草的生长发育。如图 3-12 所示，浓香型烟叶产区土壤 Mg 含量主要集中在 0～15g/kg。0～3g/kg 的占 11.54%，3～6g/kg 的占 41.03%，6～9g/kg 的占 23.08%，9～12g/kg 的占 19.23%，12～15g/kg 的占 5.13%，各地土壤 Mg 的含量详见表 3-15。

土壤 Mg 含量在全国浓香型烟叶产区取样点的分布频率如表 3-15 所示。由表可见，豫西陕南鲁东中温长光低湿区、豫中豫南高温长光低湿区、湘南粤北赣南高温短光多湿区土壤中 Mg 在中高水平分布较多，54.17%～63.64%的样点处于 6～12g/kg，3.85%～

8.33%的样点处于 12～15g/kg；皖南高温中光多湿区、湘中赣中桂北高温短光高湿区土壤中 Mg 分布在较低水平，总体含量均低于 9g/kg，其中 85.71%～100.00%的样点低于 6g/kg。

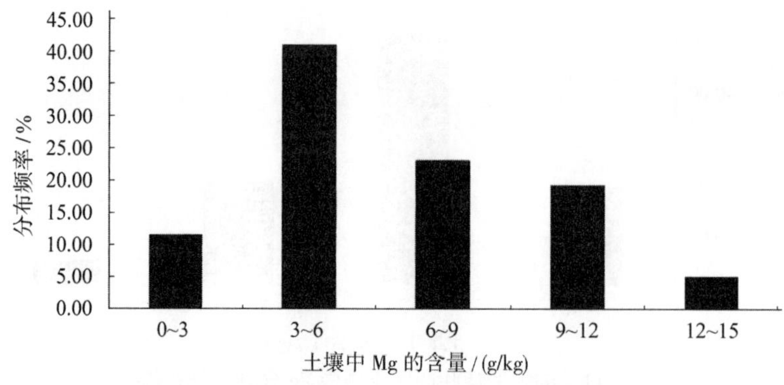

图 3-12　浓香型烟叶产区土壤中 Mg 的含量状况

表 3-15　浓香型产区土壤中 Mg 含量样点分布频率(单位:%)

气候生态区	Mg/(g/kg)				
	0～3	3～6	6～9	9～12	12～15
豫西陕南鲁东中温长光低湿区	0.00	31.82	18.18	45.45	4.55
豫中豫南高温长光低湿区	7.69	26.92	34.62	26.92	3.85
湘南粤北赣南高温短光多湿区	12.50	25.00	12.50	41.67	8.33
皖南高温中光多湿区	0.00	85.71	14.29	0.00	0.00
湘中赣中桂北高温短光高湿区	40.00	60.00	0.00	0.00	0.00

5）Mn 含量

土壤中 Mn 的含量比较丰富。如图 3-13 所示，我国浓香型烟叶产区土壤中 Mn 含量主要集中在 0.1～0.5g/kg；土壤 Mn 含量＜0.1g/kg 的占 3.85%；0.5～1.0g/kg 的占 17.95%；土壤 Mn 含量＞1.0g/kg 的仅占 2.56%。各地 Mn 含量如表 3-16 所示。

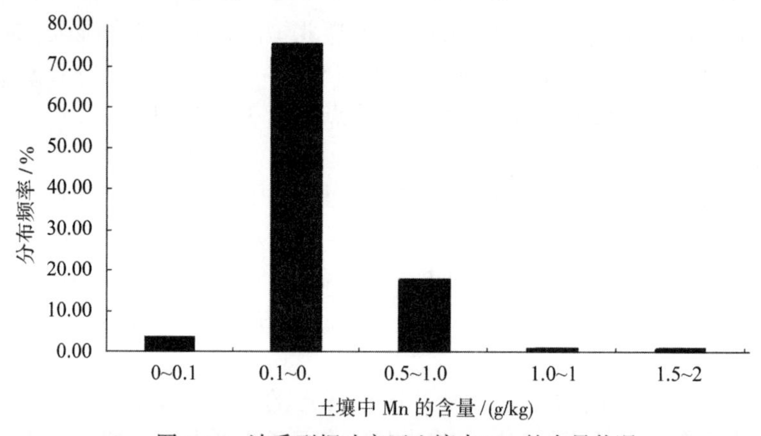

图 3-13　浓香型烟叶产区土壤中 Mn 的含量状况

表 3-16　浓香型产区土壤中 Mn 含量样点分布频率(单位:%)

气候生态区	Mn/(g/kg)				
	0～0.1	0.1～0.5	0.5～1.0	1.0～1.5	1.5～2.0
豫西陕南鲁东中温长光低湿区	0.00	76.47	23.53	0.00	0.00
豫中豫南高温长光低湿区	0.00	88.00	12.00	0.00	0.00
湘南粤北赣南高温短光多湿区	0.00	73.68	21.05	5.26	0.00
皖南高温中光多湿区	0.00	71.43	28.57	0.00	0.00
湘中赣中桂北高温短光高湿区	30.00	50.00	10.00	0.00	10.00

土壤 Mn 含量在全国浓香型烟叶产区取样点的分布频率如表 3-16 所示。由表可见，各烟区土壤 Mn 含量均在中低水平分布较多，主要处于 0.1～1.0g/kg。其中，豫西陕南鲁东中温长光低湿区、豫中豫南高温长光低湿区、湘南粤北赣南高温短光多湿区、皖南高温中光多湿区土壤中 Mn 含量 94.74%～100.00%的样点处于 0.1～1.0g/kg；湘中赣中桂北高温短光高湿区则有 30.00%的低于 0.1g/kg，60.00%的样点处于0.1～1.0g/kg。

6）Na 含量

Na 是土壤中的重要元素之一。浓香型烟叶产区土壤中 Na 的含量状况如图 3-14 所示，土壤中 Na 含量 0～5g/kg 的占 43.59%；5～10g/kg 的占 42.31%；在 10～15g/kg 的占 12.82%；仅有 1.28%土壤中 Na 含量为 15～20g/kg。各地土壤 Na 的含量见表 3-17。

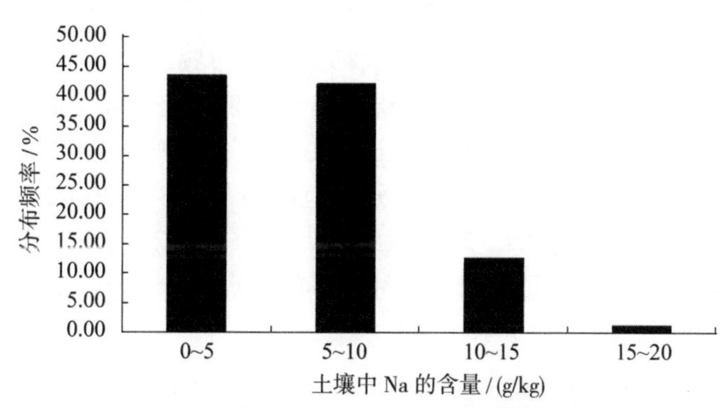

图 3-14　浓香型烟叶产区土壤中 Na 的含量状况

表 3-17　浓香型产区土壤中 Na 含量样点分布频率(单位:%)

气候生态区	Na/(g/kg)			
	0～5	5～10	10～15	15～20
豫西陕南鲁东中温长光低湿区	5.88	76.47	17.65	0.00
豫中豫南高温长光低湿区	12.00	56.00	28.00	4.00
湘南粤北赣南高温短光多湿区	89.47	10.53	0.00	0.00
皖南高温中光多湿区	42.86	57.14	0.00	0.00
湘中赣中桂北高温短光高湿区	100.00	0.00	0.00	0.00

土壤 Na 含量在全国浓香型烟叶产区取样点的分布频率如表 3-17 所示。由表可见，

北方烟区土壤中 Na 含量主要分布在 5～15g/kg，相对稍高；南方烟区整体分布在 0～10g/kg，相对偏低。豫西陕南鲁东中温长光低湿区、豫中豫南高温长光低湿区土壤中 Na 含量 84.00%～94.12%的样点处于 5～15g/kg，0～4.00%的样点处于 15～20g/kg；湘南粤北赣南高温短光多湿区、湘中赣中桂北高温短光高湿区土壤中 Na 含量 89.47%～100.00%的样点低于 5g/kg，0～10.53%的样点处于 5～10g/kg；皖南高温中光多湿区则为 42.86%的样点低于 5g/kg，57.14%的样点处于 5～10g/kg。

7）Cu 含量

铜是烟草中多酶的成分，缺铜会导致烟草发育不良，但是铜含量过高会造成铜害。如图 3-15 所示，我国浓香型烟叶产区土壤 Cu 含量为 0～5mg/kg 的占 16.90%；5～10mg/kg 的占 53.52%；10～15mg/kg 的 21.13%；15～20g/kg 的占 8.45%。

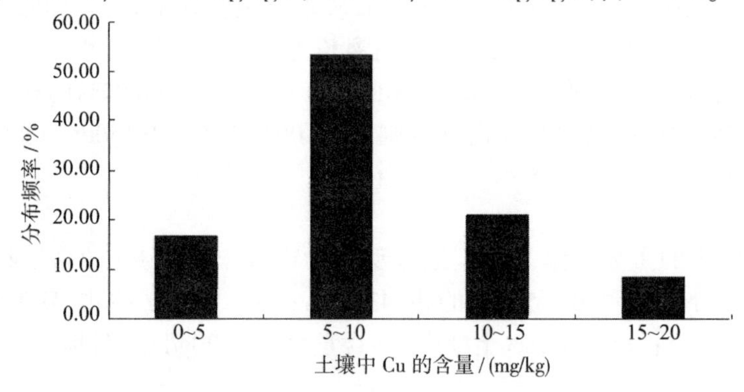

图 3-15　浓香型烟叶产区土壤中 Cu 的含量状况

土壤 Cu 含量在全国浓香型烟叶产区取样点的分布频率如表3-18 所示。由表可见，豫西陕南鲁东中温长光低湿区、豫中豫南高温长光低湿区土壤 Cu 在中低水平分布较多，82.35%～92.00%的样点低于 10mg/kg，8.00%～17.65%的样点处于 10～15mg/kg；湘南粤北赣南高温短光多湿区土壤 Cu 分布范围较广，31.58%的样点低于 10mg/kg，36.84%的样点处于 10～15mg/kg，31.58%的样点处于 15～20mg/kg；湘中赣中桂北高温短光高湿区土壤 Cu 同样分布范围较广，30.00%的样点低于5mg/kg，40.00%的样点处于 5～10mg/kg，30.00%的样点处于 10～15mg/kg。

表 3-18　浓香型产区土壤中 Cu 含量样点分布频率(单位:%)

气候生态区	Cu/(mg/kg)			
	0～5	5～10	10～15	15～20
豫西陕南鲁东中温长光低湿区	17.65	64.71	17.65	0.00
豫中豫南高温长光低湿区	16.00	76.00	8.00	0.00
湘南粤北赣南高温短光多湿区	10.53	21.05	36.84	31.58
皖南高温中光多湿区	—	—	—	—
湘中赣中桂北高温短光高湿区	30.00	40.00	30.00	0.00

8）Ba 含量

Ba 是土壤中的矿质元素之一。浓香型烟叶产区土壤中的 Ba 的含量状况如图 3-16 所示，土壤中 Ba 含量在 0～0.2g/kg 的占 22.54%；0.2～0.4g/kg 的占 43.66%；0.4～0.4g/kg 的占 26.76%；0.6～0.8g/kg 的占 5.63%；0.8～1.0g/kg的仅占 1.41%。

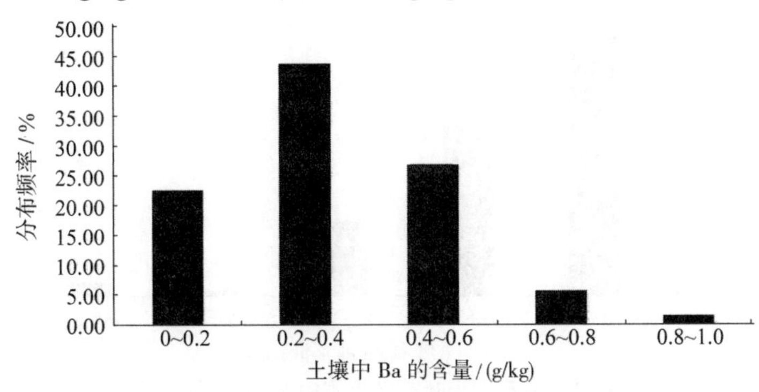

图 3-16　浓香型烟叶产区土壤中 Ba 的含量状况

土壤 Ba 的含量在全国浓香型烟叶产区取样点的分布频率如表 3-19 所示。由表可见，北方烟区土壤中的 Ba 的主要分布于 0.2～0.6g/kg，相对稍高，南方烟区则主要分布于 0～0.4g/kg，处于较低水平。其中，豫西陕南鲁东中温长光低湿区、豫中豫南高温长光低湿区土壤中的 Ba 的含量 76.00%～82.35%的样点处于 0.2～0.6g/kg，8.00%～11.76%的样点处于 0.6～0.8g/kg，0～4.00%的样点处于 0.8～1.0g/kg；湘南粤北赣南高温短光多湿区、湘中赣中桂北高温短光高湿区土壤中的 Ba 的含量 36.84%～50.00%的样点低于 0.2g/kg，50.00%～63.16%的样点处于 0.2～0.6g/kg。

表 3-19　浓香型产区土壤中 Ba 含量样点分布频率(单位：%)

气候生态区	Ba/(g/kg)				
	0～0.2	0.2～0.4	0.4～0.6	0.6～0.8	0.8～1.0
豫西陕南鲁东中温长光低湿区	5.88	23.53	58.82	11.76	0.00
豫中豫南高温长光低湿区	12.00	40.00	36.00	8.00	4.00
湘南粤北赣南高温短光多湿区	36.84	63.16	0.00	0.00	0.00
皖南高温中光多湿区	—	—	—	—	—
湘中赣中桂北高温短光高湿区	50.00	50.00	0.00	0.00	0.00

9）Zn 含量

Zn 对烟草的生长发育有很重要的作用。烟草缺 Zn 会导致生长缓慢、植株矮小等症状的出现。如图 3-17 所示，浓香型烟叶产区土壤中 Zn 的含量在 0～75mg/kg 的占 49.30%；75～150mg/kg 的占 32.39%；150～225mg/kg 的占 14.08%；225～300mg/kg 和 300～375mg/kg 的分别占 1.41%和 2.82%。

土壤 Zn 的含量在全国浓香型烟叶产区取样点的分布频率如表 3-20 所示。由表可见，豫西陕南鲁东中温长光低湿区、豫中豫南高温长光低湿区土壤中 Zn 的含量 94.12%～100.00%的样点低于 150mg/kg，且低于 75mg/kg 的占 58.82%～72.00%，整体相对偏低；湘南粤北赣南高温短光多湿区土壤中 Zn 的含量相对稍高，73.68%的样点处于 75～225mg/kg，15.79%的样点 >225mg/kg，湘中赣中桂北高温短光高湿区土壤中 Zn 的含量 30.00%处于 75～150mg/kg，20.00%处于 150～225mg/kg。

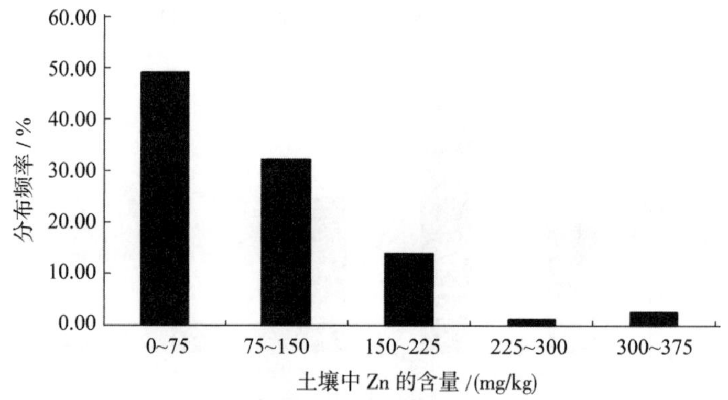

图 3-17　浓香型烟叶产区土壤中 Zn 的含量状况

表 3-20　浓香型产区土壤中 Zn 含量样点分布频率(单位:%)

气候生态区	Zn/(mg/kg)				
	0～75	75～150	150～225	225～300	300～375
豫西陕南鲁东中温长光低湿区	58.82	35.29	5.88	0.00	0.00
豫中豫南高温长光低湿区	72.00	28.00	0.00	0.00	0.00
湘南粤北赣南高温短光多湿区	10.53	36.84	36.84	5.26	10.53
皖南高温中光多湿区	—	—	—	—	—
湘中赣中桂北高温短光高湿区	50.00	30.00	20.00	0.00	0.00

3.2.7　土壤速效矿质元素

1. 浓香型烟叶产区土壤碱解氮的含量分布状况

土壤碱解氮含量的多少可以直接反应土壤的供氮能力，对当季作物的产量和品质具有重要的作用。如图 3-18 所示，我国浓香型烟叶产区土壤中碱解氮的含量大部分集中在中等、正常的水平，有一部分达到丰富甚至极丰富的水平，达到丰富程度的占 11.54%，极丰富的占到了 10.26%，但是仍有 14.10%的烟区土壤碱解氮的含量处于缺乏的水平。总体来说，我国浓香型烟叶产区土壤中碱解氮的含量比较可观。

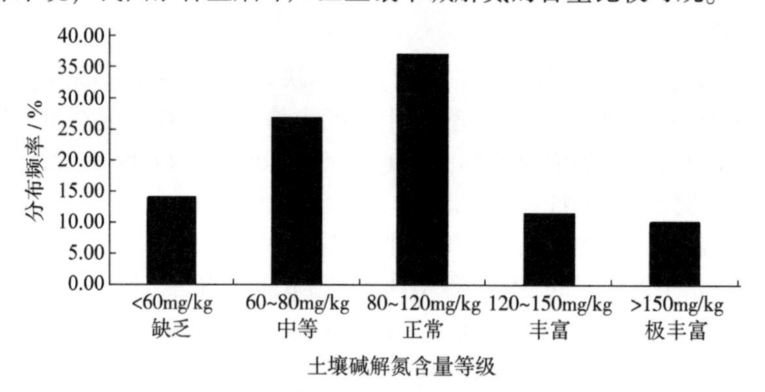

图 3-18　浓香型烟叶产区土壤碱解氮含量分布状况

土壤碱解氮在全国浓香型烟叶产区取样点的分布频率如表 3-21 所示。由表可见，北方烟区土壤中碱解氮在中低水平分布较多，南方烟区较多分布于中高水平。其中，豫西陕南鲁东中温长光低湿区、豫中豫南高温长光低湿区 16.67%～23.53%的碱解氮含量 <60mg/kg，处于缺乏的水平，70.59%～79.16%的处于 60～120mg/kg，处于中等至正常水平。湘南粤北赣南高温短光多湿区碱解氮含量 42.10%的处于 60～120mg/kg，处于中等至正常水平，42.11%的 >120mg/kg，含量丰富或极丰富。皖南高温中光多湿区、湘中赣中桂北高温短光高湿区碱解氮含量 55.55%～66.67%的处于 60～120mg/kg，处于中等至正常水平；33.33%～44.44%的 >120mg/kg，含量丰富或极丰富。

表 3-21　浓香型产区土壤碱解氮含量样点分布频率(单位：%)

气候生态区	碱解氮/(mg/kg)				
	缺乏(＜60)	中等(60～80)	正常(80～120)	丰富(120～150)	极丰富(＞150)
豫西陕南鲁东中温长光低湿区	23.53	41.18	29.41	5.88	0.00
豫中豫南高温长光低湿区	16.67	33.33	45.83	4.17	0.00
湘南粤北赣南高温短光多湿区	15.79	21.05	21.05	15.79	26.32
皖南高温中光多湿区	0.00	11.11	55.56	11.11	22.22
湘中赣中桂北高温短光高湿区	0.00	11.11	44.44	33.33	11.11

2. 浓香型烟叶产区土壤速效磷的分布状况

磷素是植物生长发育不可缺少的营养元素之一，可促进烟叶颜色的改善，显著提高烟叶中还原糖含量，增加烟叶香吃味。烟草生长过程中所吸收磷素直接来源于土壤中的速效磷，所以土壤中速效磷的含量可以直观地反应土壤的供磷能力。如图 3-19 所示，我国浓香型烟叶产区土壤速效磷的含量大多数处于中等、正常水平，达到丰富水平的占 1.28%，有 8.97%处于缺乏水平，中等正常水平的分别占 55.13%、34.62%。

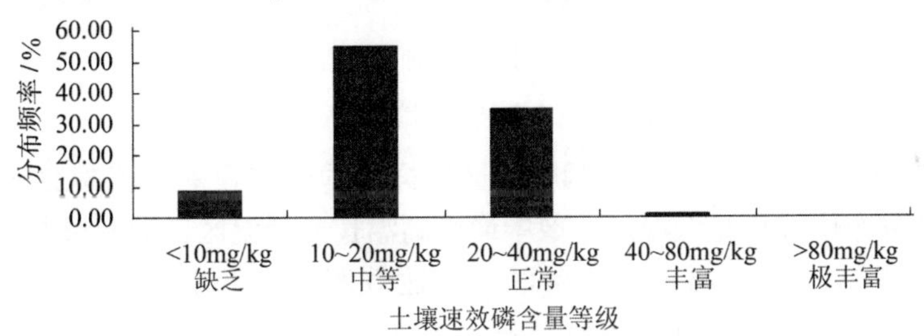

图 3-19　浓香型烟叶产区土壤速效磷的分布状况

土壤速效磷含量在全国浓香型烟叶产区取样点的分布频率如表 3-22 所示。由表可见，各产区土壤中速效磷含量均主要分布于 10～40mg/kg，处于中等至正常水平。其中，豫西陕南鲁东中温长光低湿区、豫中豫南高温长光低湿区、湘南粤北赣南高温短光多湿区、皖南高温中光多湿区土壤中速效磷含量 47.06%～62.50%的样点处于 10～20mg/kg，处于中等水平；25.00%～41.18%的样点处于 20～40mg/kg，处于正常水平；湘中赣中桂北高温短光高湿区土壤中速效磷含量 50.00%处于中等水平，50.00%处于正常水平。

3. 浓香型烟叶产区土壤速效钾的含量状况

钾对烟草的正常生长发育、抗逆性等都非常重要，也是影响烟草品质的重要因素之一。土壤速效钾含量的高低是评价土壤钾素丰缺的重要指标。如图 3-20 所示，我国浓香型烟叶产区有相当一部分产区土壤中的速效钾含量达到丰富甚至极丰富的水平，但是处于偏低水平的仍占很大的比例，占 50.4%；有 21.79%的产区处于缺乏水平；处于正常、丰富、极丰富水平的分别占 16.67%、6.41%、5.13%，所占的比例都比较小。由此说明在烟叶的生产中钾素营养的供应是一个不容忽视的问题。

表 3-22　浓香型产区土壤速效磷含量样点分布频率(单位:%)

气候生态区	速效磷/(mg/kg)				
	缺乏(＜10)	中等(10～20)	正常(20～40)	丰富(40～80)	极丰富＞80
豫西陕南鲁东中温长光低湿区	11.76	47.06	41.18	0.00	0.00
豫中豫南高温长光低湿区	12.50	62.50	25.00	0.00	0.00
湘南粤北赣南高温短光多湿区	5.56	61.11	33.33	0.00	0.00
皖南高温中光多湿区	12.50	50.00	25.00	12.50	0.00
湘中赣中桂北高温短光高湿区	0.00	50.00	50.00	0.00	0.00

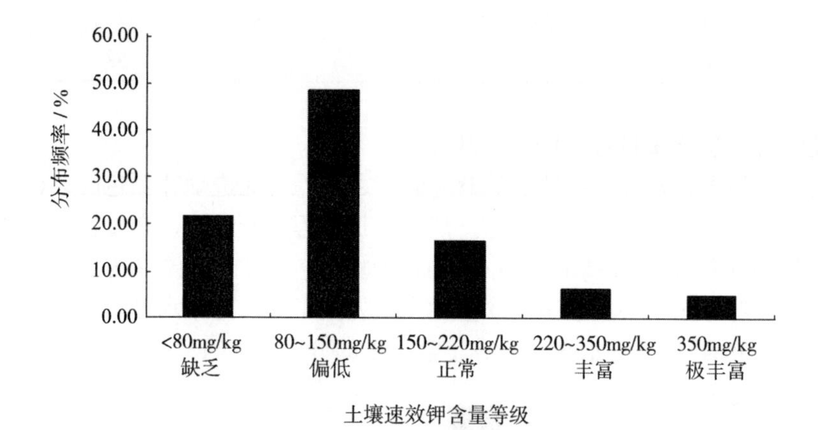

图 3-20　浓香型烟叶产区土壤速效钾的分布状况

土壤速效钾含量在全国浓香型烟叶产区取样点的分布频率如表 3-23 所示。由表可见，豫西陕南鲁东中温长光低湿区、豫中豫南高温长光低湿区、湘南粤北赣南高温短光多湿区、湘中赣中桂北高温短光高湿区土壤速效钾在中低水平分布较多，66.67%～82.35%的样点 <150mg/kg，处于偏低或缺乏水平；10.00%～33.33%的样点处于 150～350mg/kg，处于正常水平；皖南高温中光多湿区土壤速效钾较多分布于较高水平，42.86%的样点处于 220～350mg/kg，含量丰富；57.14%的样点处于 >350mg/kg，含量极丰富。

表 3-23　浓香型产区土壤速效钾含量样点分布频率(单位:%)

气候生态区	速效钾/(mg/kg)				
	缺乏(＜80)	偏低(80～150)	正常(150～220)	丰富(220～350)	极丰富＞350
豫西陕南鲁东中温长光低湿区	5.88	76.47	17.65	0.00	0.00
豫中豫南高温长光低湿区	32.00	52.00	12.00	4.00	0.00
湘南粤北赣南高温短光多湿区	16.67	50.00	33.33	0.00	0.00
皖南高温中光多湿区	0.00	0.00	0.00	42.86	57.14
湘中赣中桂北高温短光高湿区	50.00	30.00	10.00	10.00	0.00

4. 浓香型烟叶产区土壤交换性钙的含量状况

根据我国主要植烟土壤养分的丰缺指标（陈江华等，2008），土壤交换性钙<4cmol/kg为缺，4～6cmol/kg适中，6～10cmol/kg丰富，>10cmol/kg很丰富。浓香型各产区交换性钙含量如表3-24所示，豫中豫南高温长光低湿区、豫西陕南鲁东中温长光低湿区的土壤交换性钙含量较高，分别有86.75%、78.55%的土壤含钙很丰富型，极少部分地区缺钙。华南高温短光多湿区与赣中湘中桂北高温短光高湿区有20%～35%的植烟土壤缺钙，20%～25%的植烟土壤含交换性钙适宜，45%～55%植烟土壤含交换性钙很丰富。皖南高温中光多湿区88.60%的植烟土壤交换性钙含量达到很丰富，仍有5.0%的缺钙。

表3-24　浓香型烟叶产区土壤交换性钙含量

产区	交换性钙/(cmol/kg)				平均值/(cmol/kg)
	<4	4～6	6～10	>10	
豫中豫南高温长光低湿区	0.30	0.80	12.15	86.75	21.5±34.8
豫西陕南鲁东中温长光低湿区	1.25	1.75	18.45	78.55	18.2±21.7
华南高温短光多湿区	32.70	21.50	17.50	28.30	14.7±20.4
皖南高温中光多湿区	5.00	6.40	31.90	56.70	13.5±11.4
赣中湘中桂北高温短光高湿区	21.26	23.88	21.88	32.99	11.5±8.6

5. 浓香型烟叶产区土壤交换性镁的含量状况

根据我国主要植烟土壤养分丰缺指标（陈江华等，2008），土壤交换性镁<0.8cmol/kg为缺，0.8～1.6cmol/kg适中，1.6～3.2cmol/kg丰富，>3.2cmol/kg很丰富。浓香型各产区交换性镁含量如表3-25所示，豫中豫南高温长光低湿区、豫西陕南鲁东中温长光低湿区以及皖南高温中光多湿区交换性镁含量较高，75%以上的植烟土壤含量丰富或很丰富，缺钙植烟土壤小于5%。华南高温短光多湿区交换性镁含量较低，84.7%的植烟土壤缺镁。赣中湘中桂北高温短光高湿区46.35%的植烟土壤缺镁，35.28%的较为适宜，18.37%的含量很丰富。

表3-25　浓香型烟叶产区土壤交换性镁含量

产区	交换性镁/(cmol/kg)				平均值/(cmol/kg)
	<0.8	0.8～1.6	1.6～3.2	>3.2	
豫中豫南高温长光低湿区	0.30	20.40	56.65	22.65	2.9±1.3
豫西陕南鲁东中温长光低湿区	0.75	14.65	45.95	38.65	3.5±2.1
华南高温短光多湿区	84.70	10.60	4.70	0.00	0.8±0.5
皖南高温中光多湿区	3.40	19.70	46.10	30.80	3.1±1.6
赣中湘中桂北高温短光高湿区	46.35	35.28	14.69	3.68	1.3±0.7

6. 浓香型烟叶产区土壤有效硼的含量状况

根据我国主要植烟土壤养分丰缺指标（陈江华等，2008），土壤有效硼<0.3mg/kg为极缺，0.3～0.5mg/kg为缺，0.5～1.0mg/kg适中，1.0～3.0mg/kg丰富，>3.0mg/kg很丰富。浓香型各产区有效硼含量如表3-26所示，浓香型产区总体缺硼，尤其是华南高温短光多湿区、赣中湘中桂北高温短光高湿区，分别有80.20%、96.36%的植烟土壤极度缺硼。豫中豫南高温长光低湿区、皖南高温中光多湿区 85%～90%的植烟土壤缺硼，适宜地区仅有 10%～15%。豫西陕南鲁东中温长光低湿区 42.65%植烟土壤有效硼适中，37.9%的缺硼，17.65%的极度缺硼。

表 3-26　浓香型烟叶产区土壤有效硼含量分步频率(单位:%)

产区	有效硼区间/(mg/kg)					平均值/(mg/kg)
	<0.2	0.2～0.5	0.5～1.0	1.0～1.5	>1.5	
豫中豫南高温长光低湿区	34.80	52.15	12.95	0.10	0.00	0.4±0.24
豫西陕南鲁东中温长光低湿区	17.65	37.90	42.65	1.80	0.00	0.5±0.21
华南高温短光多湿区	80.20	18.60	1.10	0.10	0.00	0.3±0.2
皖南高温中光多湿区	58.34	31.46	9.60	0.40	0.00	0.4±0.26
赣中湘中桂北高温短光高湿区	96.36	3.34	0.23	0.07	0.00	0.13±0.07

7. 浓香型烟叶产区土壤有效锌的含量状况

根据我国主要植烟土壤养分丰缺指标（陈江华等，2008），土壤有效锌 <0.3mg/kg 为极缺，0.3～0.5mg/kg 为缺，0.5～1.0mg/kg 适中，1.0～3.0mg/kg 丰富，>3.0mg/kg 很丰富。浓香型各产区有效锌含量如表 3-27 所示。豫中豫南高温长光低湿区、豫西陕南鲁东中温长光低湿区植烟土壤有 12.95%、12.55%缺锌，42.7%、55.3%的较为适宜，44.35%、32.15%的含量丰富。华南高温短光多湿区植烟土壤有 13%的缺锌，80.9%的含量丰富。皖南高温中光多湿区、赣中湘中桂北高温短光高湿区植烟土壤 66.9%、82.92%的有效锌含量丰富，26.3%、13.38%的较为适宜。

表 3-27　浓香型烟叶产区土壤有效锌含量

产区	有效锌/(mg/kg)					平均值/(mg/kg)
	<0.3	0.3～0.5	0.5～1.0	1.0～3.0	>3.0	
豫中豫南高温长光低湿区	0.65	12.30	42.70	38.45	5.90	1.3±1.9
豫西陕南鲁东中温长光低湿区	0.45	12.10	55.30	29.15	3.00	1.1±0.8
华南高温短光多湿区	10.70	2.30	6.10	13.50	67.40	5.3±7.1
皖南高温中光多湿区	1.70	5.10	26.30	61.20	5.70	1.3±1.4
赣中湘中桂北高温短光高湿区	1.52	2.18	13.38	58.47	24.45	2.8±2.3

3.2.8　土壤生态指标的主成分分析

在复杂的土壤生态指标体系中筛选出若干综合性指标，能反映出原来全部指标所提供的大部分信息，这有利于抓住主要矛盾，从不同层次研究和改良植烟土壤生态条件，有利于大面积创造优质烟生长的土壤生态环境，大批量生产特色优质烟叶。

沈笑天等（2008）测定了豫中豫南生态类型区的河南南阳烟区 13 个不同生态类型点的 25 个土壤生态指标，按不同层次应用主成分分析方法。表 3-28 为南阳烟区土壤物理、化学和生物学生态指标主成分分析结果，前 8 个特征值大于 1，SPSS 提取了前 8 个主成分。其中，第一主成分的方差占所有主成分的方差的 21.541%，特征根大于 1 的前 8个主成分的方差贡献率达 92.656%；其中前 4 个主成分的特征根大于 3，方差贡献率近 67.931%，因此选前 8 个特别是前 4 个主成分以描述南阳烟区土壤生态物理、化学和生物学性状。

表 3-28　土壤生态物理、化学和生物学性状指标公式因子方差及其主成分的特征值和累计贡献率

成分	特征值	方差贡献率/%	累计方差贡献率/%
1	5.385	21.541	21.541
2	4.465	17.860	39.400
3	4.028	16.419	55.513
4	3.105	12.419	67.931
5	2.037	8.147	76.079
6	1.677	6.709	82.788
7	1.334	5.334	88.122
8	1.133	4.534	92.656
9	0.845	3.381	96.037
10	0.529	2.114	98.151
11	0.265	1.060	99.212
12	0.197	0.788	100.000
13	1.601E−15	6.404E−15	100.000
14	8.679E−16	3.472E−15	100.000
15	4.915E−16	1.966E−15	100.000
16	3.320E−16	1.328E−15	100.000
17	2.388E−16	9.551E−16	100.000
18	9.114E−17	3.645E−16	100.000
19	1.729E−17	6.917E−17	100.000
20	−8.739E−17	−3.495E−16	100.000
21	−1.388E−16	−5.554E−16	100.000
22	−2.085E−16	−8.340E−16	100.000
23	−2.619E−16	−1.048E−15	100.000
24	−4.024E−16	−1.610E−15	100.000
25	−8.302E−16	−3.321E−15	100.000

由表 3-29 可知，各主成分在各个变量上的载荷表示，第一主成分 X2、X4、X7 的系数较大，可以看成是反映有机质方面的综合指标；第二主成分表达式 X12、X15 的系数较大，可以看成是反映脲酶、过氧化氢酶的综合指标；第三主成分表达式 X3、X9、X10、X22 的系数较大，可以看成是反映 pH、容重、土粒密度和荧光菌数的综合指标；第四主成分表达式 X13、X18、X24 的系数较大，可以看成是反映蛋白酶、放线菌数、氨化菌数为主的综合指标。

结果表明，我国浓香型产区土壤有机质状况、物理性状及酶活性等生物学性状十分重要，因而片面施用无机化肥并不能改良土壤，施用有机肥改善土壤物理性状与生物学性状应引起高度重视。土壤有机质是作物所需的氮、磷、硫、微量元素等各种养分的主要来源，也是评价土壤质量的重要指标。目前我国植烟土壤普遍存在氮素化肥施用过量，土壤有机碳含量下降，土壤碳氮比较低，土壤物理性状恶化等问题，已成为浓香型烟叶质量提升和特色彰显的主要土壤障碍因子。因此，通过增加秸秆还田，施用生物碳和高碳基有机肥改良土壤，提高土壤生物活性，是有效促进烟叶健壮生长，提升烟叶质量水平，彰显浓香型特色的重要途径。

表 3-29　主成分系数矩阵

指标	主成分							
	1	2	3	4	5	6	7	8
全 N	0.646	−0.538	0.187	0.115	0.248	4.691E−02	−0.233	−8.926E−02
全 C	0.844	0.249	−0.173	0.211	−3.428E−02	0.216	0.258	1.725E−02
pH	0.193	0.584	0.687	0.206	0.131	−0.127	−1.331E−02	0.15
有机质	0.903	−0.187	2.908E−02	−0.134	−8.555E−02	7.703E−02	0.148	0.283
速效 N	0.706	−0.236	0.139	−3.616E−02	1.363E−02	−0.466	0.205	−0.188
速效 P	−9.919E−02	−0.314	−0.152	−0.382	0.448	0.361	0.385	0.372
活性 C	0.84	−5.119E−02	−0.395	−9.849E−02	−0.112	0.152	0.22	1.870E−02
C 库活度	0.626	−0.27	−0.494	−0.285	−0.177	8.321E−02	0.137	−1.647E−02
容量	9.460E−02	0.505	−0.66	0.123	0.361	−0.237	−0.276	8.565E−02
土粒密度	−0.357	−0.226	−0.663	0.414	−5.461E−02	0.384	−0.123	−0.184
孔隙度	−0.23	−0.613	0.382	7.971E−02	−0.396	0.399	0.217	−0.167
脲酶	0.23	0.798	0.326	6.968E−02	8.550E−02	0.378	−5.117E−03	5.355E−02
蛋白酶	0.122	1.583E−02	−0.445	0.659	0.241	−0.24	0.44	−0.109
淀粉酶	0.558	−0.189	−2.286E−02	−0.43	2.680E−02	−2.317E−02	−0.52	0.124
过氧化氢酶	0.368	0.843	3.454E−02	−0.238	4.010E−02	−0.167	0.12	−0.195
细菌总数	−0.396	−0.539	−0.266	−1.418E−02	0.458	−2.426E−02	−0.159	0.377
芽孢菌数	4.802E−02	−0.507	0.61	0.388	0.439	5.319E−02	0.116	−5.649E−03
放线菌数	−0.422	0.235	−0.315	−0.644	0.361	5.491E−02	0.174	2.403E−02
真菌数	−0.47	0.691	0.134	0.238	6.321E−02	0.362	0.168	3.156E−02
解钾菌数	−9.250E−02	1.442E−02	0.595	−0.187	−0.609	−7.607E−03	−5.974E−02	0.307
解磷菌数	0.363	−9.952E−02	−0.341	0.332	−0.114	0.522	−0.257	−0.144
荧光菌数	0.135	−0.461	0.681	0.343	0.395	−7.190E−02	8.798E−02	−6.734E−02
纤维菌数	0.549	0.369	0.37	9.551E−02	0.36	0.423	−0.2	0.119
氨化菌数	0.244	−2.450E−02	−0.107	0.834	−2.412E−02	−0.109	−0.29	7.685E−02
硝化菌数	1.729E−02	−3.426E−02	0.279	−0.533	0.373	0.178	−0.131	−0.654

3.3　浓香型产区土壤养分动态变化特征

土壤养分供应能力，特别是土壤氮素在不同生长发育阶段的动态供应对烟叶质量特色有重大影响，土壤氮素的矿化能力与烟株不同生育阶段对氮素的吸收密切相关。氮素矿化过程指土壤有机氮在异养微生物作用下分解成无机氮的过程，矿化过程是土壤氮素循环的重要组成环节。烟株吸收的氮素主要来源于土壤氮和当季施入的肥料氮，土壤氮在烤烟生长发育过程尤其是后期起着重要作用。植烟土壤的供氮特性一定程度上取决于土壤有机氮的矿化。

3.3.1　浓香型产区土壤有机氮矿化特征

浓香型产区烟叶生长季节，特别是旺长期和成熟期温度高、湿度大，土壤氮素矿化能力较强。研究表明，烤烟全生育期吸收的氮素约 2/3 来自于土壤矿化氮，且随着生育期的推进，烟叶吸收土壤氮的比例显著增加。烤烟吸收的土壤氮用于烟碱合成的比例随生育期推进逐渐增加，显著高于肥料氮。

1. 湖南产区土壤有机氮矿化特性

湘南和湘中是浓香型烟叶的主要产区，其气候特点是烟叶生长的中后期降水多、温度高，这直接影响到土壤有机氮的矿化。龙世平等（2013）分地域于湘中、湘南和湘西取土样，采用淹水培养法，对植烟土壤进行矿化培养试验。以培养前后矿质氮的差值为氮矿化量，土壤氮矿化速率 = 土壤氮矿化量 / 培养时间。

由图 3-21 可知，3 个烟区植烟土壤培养 0.5～6d 和 14～18d，其有机氮矿化量增幅均较大，培养 6～14d 和 18～22d，其土壤有机氮矿化量增幅均相对平缓。虽然 3 类植烟土壤有机氮矿化累积量变化趋势相似，但各时期不同类型土壤其有机氮矿化积累量差异均达极显著水平，其中，培养 0.5～1d，3 种植烟土壤有机氮矿化量已达极显著差异，而在随后的培养阶段，有机氮矿化积累量差距进一步加大。其中，湘中土壤有机氮矿化量和矿化速率（即斜率 k）最大，湘南土壤有机氮矿化量和矿化速率次之，而湘西有机氮矿化量和矿化速率最小。

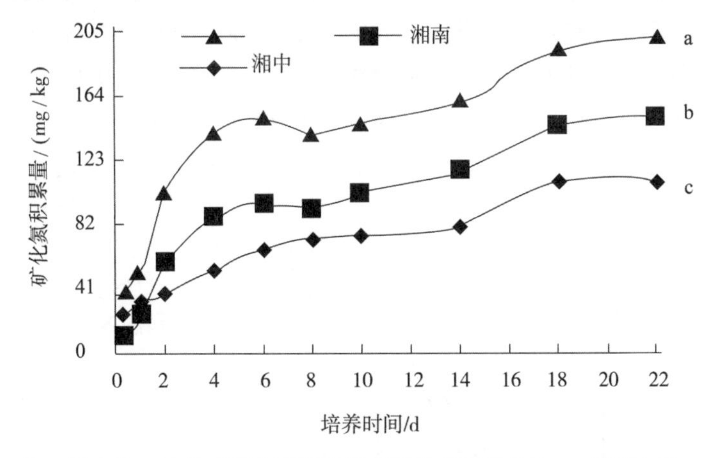

注：图中统一培养时间内不同字母表示处理间差异达 1%显著水平

图 3-21　湖南不同生态植烟土壤有机氮的矿化曲线

参照巨晓棠等（1997）矿化速率与矿化势的一级反应动力学模型（$1/N_t=1/N_0+b/t$），求得湘南、湘中、湘西植烟土壤矿化速率 K 和矿化势 N_0 见表 3-30。结合图 3-21，可以看出，湘南、湘中、湘西植烟土壤有机氮矿化积累量、矿化速率、矿化势相差较大，且均表现为湘中 > 湘南 > 湘西。表 3-31 结果表明，矿化积累量、矿化速率、矿化势三者均仅与土壤碱解氮含量呈显著线性关系，但总体表明，湘中土壤供氮能力较强，湘西土壤供氮能力较小。然而，培养 18～22d，各烟区土壤矿化量增幅与矿化速率明显减小，湘西土壤甚至出现了累积矿化氮下降趋势。这表明，有机氮矿化量在较短时间内就可达到最大矿化累计量，而未形成持续性矿化氮积累峰。

2. 粤北产区土壤氮素矿化规律

杨志晓等（2011）采用田间埋袋培养法以紫色土为供试烟田土壤研究了土壤氮素矿化规律。试验前为水稻田，土壤 pH 7.47，有机质 8.8g/kg，碱解氮 57mg/kg，速效钾 126mg/kg，速效磷 8.0mg/kg，在烤烟移栽时及移栽后分别在 N_0 和 N_{150} 处理的垄上进行采样。

表 3-30　不同生态区植烟土壤的矿化速率和矿化势

烟区	矿化势/(μg·g⁻¹)	矿化速率/(mg·kg·d⁻¹)	r
湘西	131.80	0.02037	0.991
湘中	247.56	0.04215	0.993
湘南	182.62	0.03021	0.995

表 3-31　不同烟区土壤矿化能力与土壤养分相关性

项目	矿化量/mg	矿化势/(μg·g⁻¹)	矿化速率/(mg·kg⁻¹·d⁻¹)
有机质	0.261	0.248	0.262
全氮	0.408	0.396	0.409
碱解氮	0.871	0.864	0.871

由图 3-22 可以看出，在烤烟全生育期内，N_0 和 N_{150} 两个处理土壤氮素矿化特性相似，表现为在烤烟移栽后 30d 内土壤氮素矿化量较低，此后，矿化量上升较快，在移栽后 75d 时达到峰值，之后随生育期推移呈下降趋势。N_0处理的土壤氮素矿化量在各生育期均高于 N_{150} 处理，差异达到显著水平。在移栽后 60～105d，N_0 和 N_{150} 处理土壤氮素矿化量分别为 160.25kg·hm⁻² 和 141.3kg·hm⁻²，分别占全生育期的 56.9% 和 57.5%。表明在烤烟成熟期土壤氮素矿化量较大，具有较强的矿化能力。

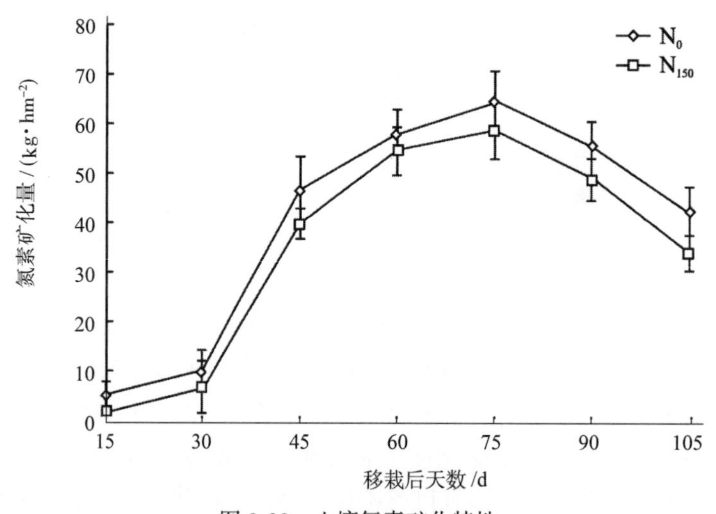

图 3-22　土壤氮素矿化特性

土壤氮素矿化量与土壤有机氮含量、生物分解特性以及矿化的水热条件和时间有关。在烤烟移栽后 75d 内，土壤氮素矿化量不断增加，呈上升趋势，之后矿化量下降，但仍能矿化出大量氮素。试验表明，不施氮、施氮两个处理成熟期土壤氮素矿化积累量占全生育期氮素矿化总量的比例均超过 50%，这种供氮特征易导致烟株后期吸收氮素过多，烟碱含量偏高，烟叶品质下降。本研究还发现，施氮处理土壤氮素矿化变化趋势与不施氮处理相似，仅表现为土壤氮素矿化量不同，这表明施用氮肥只能减少土壤氮素矿化量，不能从根本上改变土壤氮素矿化特性，已有研究把这种现象称为氮素矿化的反馈作用，即较高的矿质氮初始值限制了土壤氮素矿化。

3.3.2 烤烟对不同来源氮素的吸收积累规律

土壤氮和肥料氮是烤烟氮素吸收的两种主要来源。烤烟生长发育所需要的氮素不仅来源于肥料氮，而且更多来源于土壤中可利用的氮素。在广东的试验表明（表3-32），肥料氮在烤烟各器官中的分布在各个生育期均以叶片最多，茎次之，根最少。团棵期时，烟株地上部对肥料氮的吸收积累量较少，至打顶期达到高峰，成熟期呈下降趋势。成熟期时，中、下部叶片中的肥料氮明显减少，有可能向根、茎和上部叶片转移。

表3-32 不同生育期烤烟各器官对肥料氮和土壤氮积累的动态变化

生育期	肥料氮积累量					土壤氮积累量				
	根	茎	上部叶	中部叶	下部叶	根	茎	上部叶	中部叶	下部叶
团棵期	0.05	0.08	—	0.55	—	0.04	0.05	—	0.38	
打顶期	0.21	0.27	0.49	0.61	0.45	0.21	0.26	0.41	0.46	0.32
成熟期	0.23	1.08	0.33	0.39	0.22	0.62	1.73	1.06	0.64	0.46

烤烟根、茎、叶各器官及整株中肥料氮占总氮的比例在团棵期达到最大，然后随生育期推移显著下降（表3-33）。打顶期肥料氮占总氮的比例在烤烟上部、中部和下部叶片中分别为54.5%、57.3%和58.5%，表现为下部叶 > 中部叶 > 上部叶；而土壤氮则表现为上部叶 > 中部叶 > 下部叶，这表明肥料氮占总氮的比例随叶位上升而减少，土壤氮占总氮的比例则随叶位上升而增加。不同生育期烤烟对肥料氮和土壤氮的吸收比例不同，团棵期和打顶期时，烟株根、茎、叶各器官对肥料氮的吸收比例均超过50%，高于土壤氮；此后，尽管烟株吸收的肥料氮总量有所增加，但其占总氮的比例一直呈下降趋势，而吸收的土壤氮比例不断上升，成熟期时烟株根、茎、叶各器官吸收的肥料氮占总氮的比例均低于50%。这说明烤烟打顶之前以吸收肥料氮为主，成熟期则以吸收土壤氮为主。总体来看，烟株整个生育期中吸收的氮素主要来自于土壤氮。同时成熟期上部烟叶中土壤氮积累量高于中部和下部烟叶，这说明上部烟叶中氮素积累量受土壤氮的影响较明显。

表3-33 不同生育期烤烟各器官肥料氮占总氮的比例(单位:%)

生育期	根	茎	上部叶	中部叶	下部叶
团棵期	56.8	64.6	—	58.8	—
打顶期	50.2	51	54.5	57.3	58.5
成熟期	41.2	44.9	44.7	47.5	49.1

时向东等（2013）在河南省南阳市方城县河南农业大学科研教学基地采用^{15}N标记肥料氮的方法研究了河南烟区烤烟对不同来源氮素的吸收分配规律。其供试土壤为黄褐土，土壤有机质含量22.9g/kg、全氮0.96g/kg。

由图3-23可知，烤烟在移栽后40～60d氮素积累最快，之后肥料氮的积累不再增加，甚至略有下降，土壤氮的积累也趋于平缓；烟株在整个大田生育期内积累的土壤氮的量都远高于肥料氮，且越往后差距越大。

由表3-34可知，烟株各器官中肥料氮积累量占总氮的比例均随生育期推进而下降，特别是移栽后40～60d下降显著，各器官中积累的肥料氮占总氮的比例在整个生育期都未超过50%；在同一时期不同器官，烟根中肥料氮占总氮的比例都高于烟茎和烟叶，烟株在移栽后 100d 时积累的肥料氮量占总氮比例降至最低，仅为 13.7%。

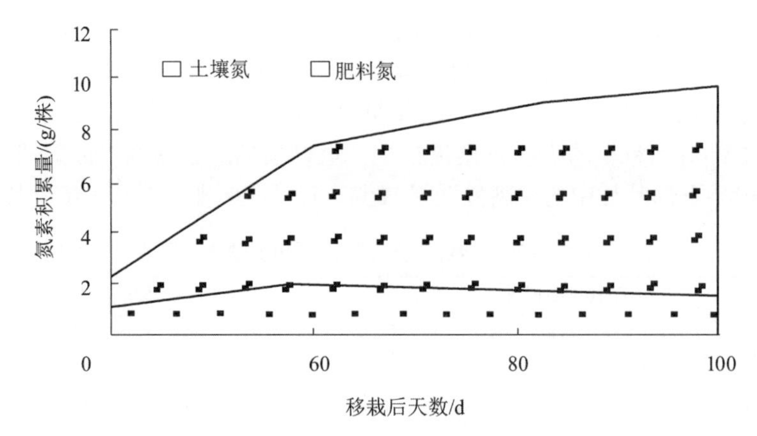

图 3-23 不同生育期烟株对不同来源氮的吸收

表 3-34 不同生育期烟株各器官中吸收的肥料氮占总氮百分比

移栽后天数/d	烟根/%	烟茎/%	烟叶/%	整株/%
40	34.5a	31.5a	28.6a	31.9a
60	23.9b	20.5b	22.9b	21.5b
80	19.2b	16.3c	16.4b	16.4c
100	15.2b	13.8c	11.6b	13.7c

由图 3-24 可知，不同叶位叶片在整个大田生育期内吸收肥料氮占吸收总氮的比例均为下部叶 > 中部叶 > 上部叶，表明肥料氮是下中部烟叶生长的主要供应源，上部叶片生长的氮素主要由土壤氮素提供；随生育期推进各部位叶片中肥料氮占总氮的比例不断下降，其中下部叶下降幅度最大。

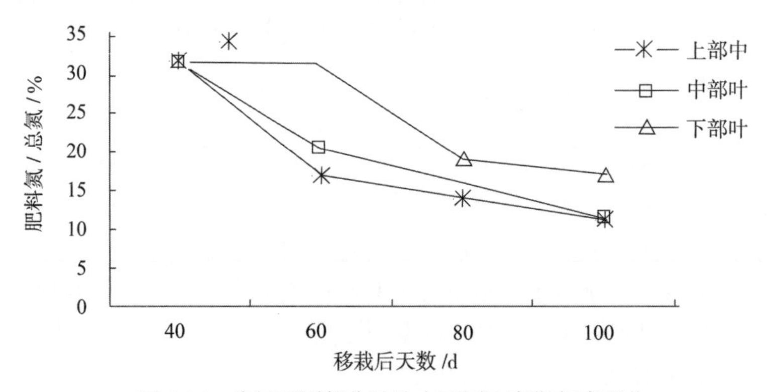

图 3-24 烤烟不同部位叶片在不同生育期氮素吸收

在烤烟生产中，维持烟株生长发育的氮素来源，不仅仅来自肥料氮，土壤氮在烤烟氮素营养中也占有重要地位。研究表明，烟株整个生育期中吸收的氮素主要来自土壤氮，而且烟株吸收的土壤氮及其占总吸收氮量的比例随生育期延长和烟叶着生部位的升高而显著增加，到采收时烟株吸收的土壤氮占总氮的 74%。本试验中，移栽后 40d 时烤烟体内积累的氮素中就已经有超过 2/3 来自土壤氮，且随着生育期推进，这一比值不断增大，到成熟采收时，土壤氮比例达 86.3%，尤其上部叶中近 90%的氮来自土壤氮，这个结果一方面与供试土壤全氮、速效氮含量较高有关；另一方面，也反映了优质浓香型烤烟生产对土壤中残留氮素控制的重要意义。

袁仕豪等（2008）在湖南浏阳烟草研究所采用大田随机区组试验，以烟草品种 K326 为材料，运用 ^{15}N 同位素示踪技术研究了多雨地区烤烟不同生育期对基肥和追肥中氮素的利用率，如表 3-35 所示。结果表明，烤烟在伸根期和旺长期以吸收肥料氮为主，成熟期以吸收土壤氮为主。从不同生育期看，伸根期和旺长期各处理烟株对肥料氮的吸收比例都大于土壤氮，成熟期则相反，说明烤烟生长前中期以吸收肥料氮为主，而后期则以吸收土壤氮为主。

表 3-35　不同生育期烤烟对基肥氮和追肥氮的吸收

生育期	基肥:追肥	总吸氮量	肥料氮		土壤氮	
			吸收量	吸收比例	吸收量	吸收比例
伸根期	40:60	24.83a	16.89a	68.02a	7.94a	31.98b
	60:40	22.91ab	14.82ab	64.69ab	8.09a	35.31ab
	80:20	21.67b	13.52b	62.39b	8.15a	37.61a
旺长期	40:60	68.42a	40.06a	58.55a	28.36a	41.45b
	60:40	65.96ab	36.18ab	54.85ab	29.78a	45.15ab
	80:20	62.83b	32.14b	51.15b	30.69a	48.85a
成熟期	40:60	92.11a	44.09a	47.87a	48.02a	52.13b
	60:40	88.62ab	39.41ab	44.47ab	49.21a	55.53ab
	80:20	85.92b	34.47b	40.12b	51.45a	59.88a

以上研究表明，浓香型产区由于烟叶生长中后期温度高，湿度大，土壤氮素矿化能力较强，而土壤氮素在中后期烟株吸收的氮素中占有较高的比例，因此，浓香型烟叶产区应特别注意调节土壤氮素的动态供应，通过提高土壤通透性，促进前期烟叶对氮素的吸收，减少后期土壤氮素有效供应，促进烟叶成熟落黄和香气前体物的降解转化，提高烟叶香气品质，彰显烟叶浓香型特色。

3.4　浓香型产区的土壤发生发育特征

土壤作为作物生长的立地条件，是作物吸收养分和水分的主要场所。大量研究表明，烟草、茶叶、小麦、蔬菜、水果等众多经济作物产量和品质均与土壤条件密切相关，只有在特定的土壤条件下才能够生长出特定的品质。其原因在于土壤的类型及土壤属性不同取决于土壤发生发育过程，而土壤发育过程及程度对土壤的剖面形态、理化性质和肥力状况方面影响较大。在一定的土壤发生发育条件下形成的一定范围内各土层的组合以及土壤养分状况成为决定名优农产品产量和品质的重要因素。目前，关于土壤属性对烤烟品质影响的相关研究文献很多，但是关于土壤发生发育和烤烟内在品质关系的研究尚未报道。因此，研究不同香型烤烟所处区域土壤发生发育特征，明确土壤发生发育与烟叶香型分异的关系具有重要的意义。在浓香型代表性产区选取典型烟田进行土壤剖面制作并进行观测和取样，系统分析了土壤理化性状和土壤发育过程。

3.4.1 基于土壤剖面的浓香型产区土壤主要化学指标

1. 浓香型产区土壤阳离子交换量

阳离子交换量（CEC）是土壤所能吸附的可交换性阳离子的总量，用每千克土壤中一价离子的厘摩数表示，即 cmol(+)/kg。阳离子交换量是土壤的基本特性和主要肥力影响因素之一，直接反映土壤的保蓄、供应、缓冲阳离子养分能力，同时影响其他的土壤理化性质。因此，土壤 CEC 是评价土壤保水保肥能力、改良土壤和合理施肥的重要依据(廖凯华等，2000)。一般认为阳离子交换量小于 10cmol(+)/kg 为保肥力弱的土壤；10～20cmol(+)/kg 为保肥力中等的土壤；大于 20cmol(+)/kg 为保肥能力强的土壤（黄昌勇，1999）。

如表 3-36 所示，浓香型烟区土壤阳离子交换量为 4.39～31.13cmol(+)/kg，平均值为 16.59cmol(+)/kg，变异系数为 39.71%，为中等变异，变异程度略低于清香型烟区。其中阳离子交换量最高的是江西，为 5.46～31.13 cmol(+)/kg，平均为 21.52 cmol(+)/kg；其次是湖南，为 10.35～28.99cmol(+)/kg，平均值为 20.18cmol(+)/kg；广东阳离子交换量略低于湖南，平均为 19.03cmol(+)/kg，变幅为 14.10～24.29cmol(+)/kg；最低的是安徽，平均只有 7.73cmol(+)/kg，变幅为 4.39～11.46cmol(+)/kg；河南的阳离子交换量略高，为 10.92～19.34cmol(+)/kg，平均为 15.13cmol(+)/kg。

表 3-36　浓香型烟区土壤阳离子交换量基本统计量

项目	平均值 /(cmol(+)/kg)	中位数 /(cmol(+)/kg)	最小值 /(cmol(+)/kg)	最大值 /(cmol(+)/kg)	标准差 /(cmol(+)/kg)	变异系数/%
总体	16.59	15.91	4.39	31.13	6.59	39.71
湖南	20.18	21.23	10.35	28.99	4.91	24.36
河南	15.13	14.94	10.92	19.34	2.29	15.16
广东	19.03	18.19	14.1	24.29	4.37	22.97
江西	21.52	27.97	5.46	31.13	13.99	65.03
安徽	7.73	7.6	4.39	11.46	2.31	29.87

注：基于 51 个样点的计算。

从不同地区来看，土壤阳离子交换量有明显的区域差异（$P<0.01$），最高的是江西，最低的是安徽，除福建和安徽以外，其他省份阳离子交换量平均值均大于 10cmol(+)/kg，保肥力为中等以上水平。从不同香型来看，浓香型烟区阳离子交换量高于清香型烟区，浓香型烟区土壤的总体保肥力及植烟适宜性也均高于清香型烟区，但清香型与浓香型烟区土壤阳离子交换量之间差异不显著，土壤阳离子交换量对烟叶香味风格影响不大。

2. 浓香型产区土壤有机质含量

土壤有机质（SOM）是存在于土壤中所有含碳的有机物质，它包括土壤中各种动、植物残体，微生物体及其分解和合成的各种有机物质。有机质是土壤的重要组成部分，是陆地生态系统中最重要和最活跃的碳库之一。虽然有机质只占土壤总质量非常小的一部分，但其在土壤肥力、环保、农业可持续发展等方面有重要的作用和意义。土壤有机质能够提供作物需要的各种养分，增强土壤的保水保肥能力和缓冲性，促进团粒结构形成，改善土壤物理性状，促进微生物和植物的生理活性，减少农药和重金属的污染，土壤中有机质的动态还影响到农业生态系统的可持续发展，对全球碳平衡起到非常重要的作用。

在耕作土壤中，表层有机质的含量通常在50g/kg以下。一般认为植烟土壤的有机质含量以10~20g/kg为宜，南方烟区以15~30g/kg为宜（宋承鉴等，1994），浓香型烟区土壤有机质适宜种植烟叶的占样本总数的39.2%，有机质含量低于15g/kg的占样本总数的19.6%，有机质含量为30~45g/kg的占样本总数的13.7%，有机质含量大于45g/kg的土壤占样本总数的27.5%。浓香型烟区有机质基本统计如表3-37所示。

表3-37 浓香型烟区有机质基本统计量

项目	平均值/(g/kg)	中位数/(g/kg)	最小值/(g/kg)	最大值/(g/kg)	标准差/(g/kg)	变异系数/%
总体	31.1	25.94	8.08	85.38	18.39	59.12
湖南	48.2	49.13	13.04	85.38	16.99	35.25
河南	17.25	17.15	11.38	21.74	3.14	18.21
广东	16.81	12.9	8.29	32.99	10.34	61.54
江西	23.43	28.99	8.08	33.21	13.46	57.44
安徽	24.35	24.63	12.18	36.66	7.54	30.99

注：基于51个样点的计算。

由表3-37可知，浓香型烟区有机质含量为8.08～85.38g/kg，平均值为31.10g/kg，变异系数为59.12%，为中等变异。其中有机质含量最高的是湖南，为13.04～85.38 g/kg，平均为48.20g/kg；其次是安徽，为12.18～36.66g/kg，平均值为24.35g/kg，为湖南有机质含量的一半；江西有机质含量略低于安徽，平均为23.43g/kg，变幅为8.08～33.21g/kg；最低的是广东，平均值为16.81g/kg，变幅为8.29～32.99g/kg，变异系数为61.54%，近似于强变异；河南的有机质含量比广东略高，为11.38～21.74g/kg，平均为17.25g/kg。从不同地区来看，土壤有机质有明显的区域差异（$P<0.01$），含量最高的是湖南，最低的是广东，除福建和湖南以外，其他省份有机质含量平均值均为15~30g/kg，适宜种植烟草。

3. 浓香型烟区土壤全氮含量

土壤含氮量是土壤氮素矿化与积累的平衡结果。土壤全氮是土壤中氮元素的储备指标，在一定程度上反映土壤氮的持久供应能力，它既与温度、降水等环境因子有关，还与土壤特性、土地利用方式、植被特征及人类的干扰程度有关。在农业生产中，农作物对氮素的需要量较大，土壤供氮不足是引起农产品质量下降和品质降低的主要限制因子。

根据全国第二次土壤普查分级标准，耕作土壤中氮素含量低于1g/kg为缺乏，1~1.5g/kg为中等水平，1.5~2g/kg为较丰富，高于2g/kg为丰富。从表3-38可以看出，浓香型烟区全氮含量小于1g/kg的缺乏氮素的土壤占样本总数的35.3%，其中浓香型烟区的样本全氮含量均大于0.5g/kg，全氮含量为1~2g/kg的中等及较丰富的土壤占样本总数的33.3%，有机质含量大于2g/kg的丰富水平的土壤占样本总数的31.4%。从整体来看，全氮含量处于中等及以上水平的土壤占样本总数的64.7%。

浓香型烟区全氮含量为0.54～3.52g/kg，平均值为1.57g/kg，变异系数为53.04%，为中等变异，其中全氮含量最高的是湖南，为0.71～3.52g/kg，平均为2.35g/kg；其次是安徽，为 0.69～1.81g/kg，平均值为 1.31g/kg；江西全氮含量略低于安徽，平均为 1.29g/kg，变幅为 0.54～1.72g/kg，变异程度较大，变异系数为 50.31%；最低的是河南，平均值为 0.87g/kg，变幅为 0.54～1.12g/kg，近似于湖南全氮含量的1/3；广东的全氮含量比河南略高，为 0.60～1.77g/kg，平均为 1.04g/kg。

表 3-38　浓香型烟区全氮基本统计量

项目	平均值/(g/kg)	中位数/(g/kg)	最小值/(g/kg)	最大值/(g/kg)	标准差/(g/kg)	变异系数/%
总体	1.57	1.31	0.54	3.52	0.84	53.04
湖南	2.35	2.52	0.71	3.52	0.75	32.06
河南	0.87	0.88	0.54	1.12	0.16	18.23
广东	1.04	0.91	0.6	1.77	0.5	48.09
江西	1.29	1.61	0.54	1.72	0.65	50.31
安徽	1.31	1.34	0.69	1.81	0.36	27.88

注：基于 51 个样点。

4. 浓香型烟区土壤 pH

pH 用来表示土壤的酸碱度，被定义为 H^+ 离子活度的负对数。土壤酸碱度是土壤理化性质和肥力特征的综合反映，它对土壤的理化性质、微生物活动、养分转化、养分赋存状态及有效性都有重要影响，是影响植物营养元素种类和数量的重要因素之一。不同的植物其适宜生长的酸碱度环境不同。通常按照土壤酸碱性强弱，划分为 7 个等级，＜4.5 为酸性极强，4.5~5.5 为强酸，5.5~6.5 为弱酸性，6.5~7.5 为中性，7.5~8.5 为弱碱性，8.5~9.0 为碱性，＞9.0 为强碱性。

浓香型烟区 pH 基本统计量如表 3-39 所示。在 pH 为 4~8.5 的土壤中，烟草均能正常生长，一般认为 pH 为 5.5~7 的土壤更适宜烟草生长（吴克宁等，2007），即弱酸性至中性范围之间。浓香型烟区 pH 为 5.5~7 的适宜烟草生长的土壤占 37.5%，pH 在 4~5.5 强酸性状况下的土壤只占样本总数的 22.5%，pH 为 7~8.5 中性至弱碱性状况下的土壤占样本总数的 40.0%。

表 3-39　浓香型烟区 pH 基本统计量

项目	平均值	中位数	最小值	最大值	标准差	变异系数/%
总体	7.20	7.35	5.36	8.00	0.78	10.79
河南	7.37	7.35	7.25	7.52	0.14	1.85
广东	7.40	7.79	6.67	7.89	0.61	8.26
江西	6.71	6.76	5.36	8.00	1.32	19.69

注：基于 11 个样点。

浓香型烟区 pH 为 5.36～8.00，平均值为 7.20，属于中性，变异系数为 10.79%，为弱变异。其中 pH 最高的是广东，为 6.67～7.89，平均为 7.40，为中性，变异系数为 8.26%，为弱变异；其次是河南，pH 为 7.25～7.52，平均值为 7.37，属于中性，变异系数为 1.85%，变异程度非常小；pH 最低的是江西，为 5.36～8.00，平均为 6.71，属于中性，变异系数为 19.69%。

3.4.2　浓香型产区土壤腐殖质积累过程分析

1. 耕作层土壤腐殖质及其组分含量特征

由表 3-40 可知，浓香型烟区表层土壤腐殖质碳量为 4.8～19.2g/kg，平均为 9.5g/kg，变异系数为 41.5%。从腐殖质组分绝对含量来看，可提取腐殖质（腐殖酸）碳量为0.8～5.2g/kg，平均为 2.7g/kg，变异系数 43.9%。土壤胡敏素碳量为 2.5～15.3g/kg，平均为 6.8g/kg，相对于腐殖酸，胡敏素的变异系数要大些，为 51.0 %，这可能是由于胡敏素在不同的环境条件下影响的结果。表层胡敏酸、富里酸平均碳量分别为 1.0g/kg、1.7g/kg，其中富里酸碳量变异系数达到 58.5%。

表 3-40　浓香型烟区土壤腐殖质及其组分基本统计量

指标	均值	中值	极小值	极大值	标准差	变异系数
腐殖质/(g/kg)	9.5	8.3	4.8	19.2	3.9	41.5
胡敏素/(g/kg)	6.8	5.7	2.5	15.3	3.5	51.0
腐殖酸/(g/kg)	2.7	2.5	0.8	5.2	1.2	43.9
胡敏酸/(g/kg)	1.0	1.0	0.2	1.9	0.4	39.7
富里酸/(g/kg)	1.7	1.3	0.6	3.9	1.0	58.5
胡敏素比例/%	69.3	72.5	39.0	85.1	13.6	19.7
腐殖酸比例/%	30.7	27.5	14.9	61.0	13.6	44.4
胡敏酸比例/%	12.4	11.4	4.5	28.0	6.6	53.2
富里酸比例/%	18.4	16.0	7.5	41.0	9.3	50.8
胡富比	0.7	0.7	0.3	1.6	0.4	48.7

相对于腐殖质各组分碳量来看，浓香型烟区土壤腐殖质各组分相对碳量的变异系数同样较大，为 19.7%～53.2%；从腐殖质各组分的比例来看，浓香型烟区表层土壤胡敏素占腐殖质比例最大，为 69.3%，腐殖酸比例相对较低，只有 30.7%。其中又以富里酸碳量＞胡敏酸碳量，整体表现为富里酸型，胡富比平均为 0.7。

根据变异系数 *CV* 的大小可粗略的估计变量的变异程度：*CV*≤10%时变异性弱，10%～100%时变异性中等，*CV*＞100%是变异性强（吴诩等，1995）。可知浓香型烟区土壤腐殖质及其组分碳量变异系数集中在 39.7%～58.5%，均为中等变异。

同一土壤剖面，土壤腐殖质在发生层的含量变化是不一样的，表层腐殖质含量 / 底层腐殖质含量（A/C 值）和表层腐殖质含量 / 心土层腐殖质含量（A/B 值）可以直接反应出腐殖质在剖面各层次间的分异程度；从图 3-25 可以看出，浓香型烟区土壤腐殖质 A/C 值均在 1 以上，说明表层与底层腐殖质含量存在差异，进一步分析表明，在 A/C 值 3～5 比例最多，占土壤样本总数的一半以上；1～3、5～7 及 7 以上三个区域的各占土壤样本总数的 26.9%、15.4%和 3.8%，且 A/C 最大值达到 9.0。可见表层相对于底层有较大的腐殖质富集。对于 A/C 值，腐殖质在表层与心土层之间的分异要小，比值主要集中在 1～3，占土壤样本总数的 84.6%。说明浓香型烟区土壤腐殖质在剖面不同发生层间分异程度较大，并且以表层与底层分异程度最高。

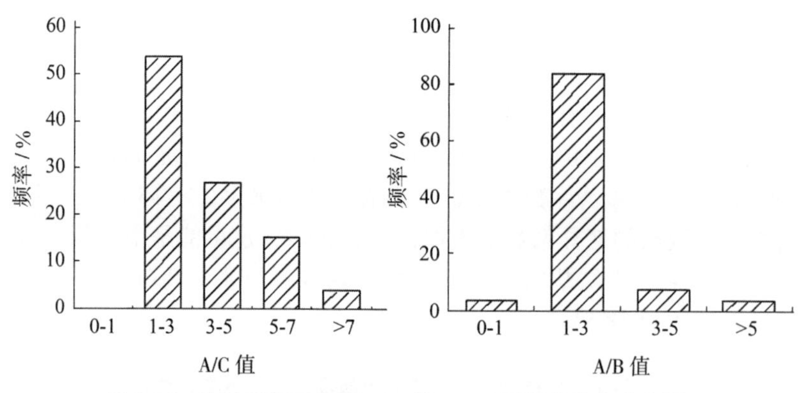

图 3-25　浓香型烟区土壤 A/C 值、A/B 值频率分布直方图

2. 土壤腐殖质及其组分含量剖面分布特征

不同土壤剖面，受作物根系分布和耕作制度的影响，土壤腐殖质含量通常呈现出从土体表层向下逐渐降低的特征，但下降的趋势不同。图 3-26 是浓香型烟区 3 个代表性土壤腐殖质剖面分布特征图，从图中可以看出，浓香型烟区土壤腐殖质含量随剖面深度增加而减小。剖面 1 表层腐殖质含量较高，随深度增加下降剧烈，到 20cm 以下则变化缓慢；表明此类土壤腐殖质向下淋溶作用几乎没有；剖面 2 腐殖质含量随深度增加而减小，其变化幅度较小，表明此类土壤腐殖质具有较弱的腐殖质积累作用；剖面 3 是比较常见的腐殖质含量分布类型，腐殖质含量由表层向下随深度增加呈直线降低趋势。整个剖面均有一定的腐殖质淋溶。

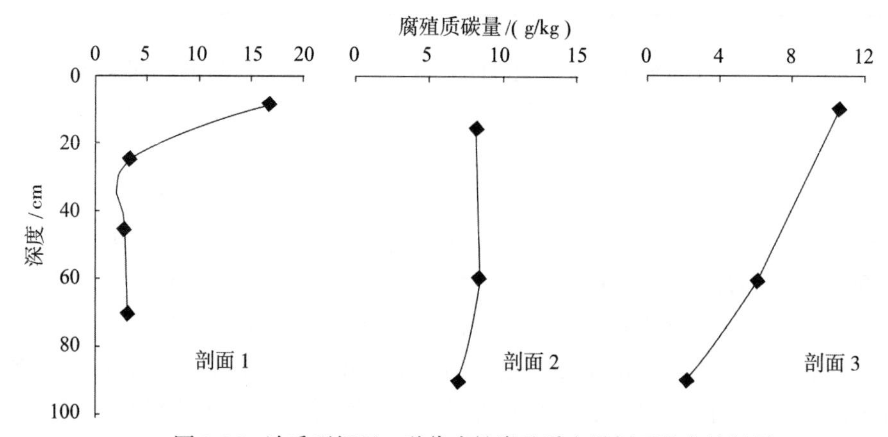

图 3-26　浓香型烟区 3 种代表性腐殖质含量剖面分布特征图

3. 浓香型烟区与清香型烟区土壤腐殖质积累过程对比

由表 3-40、表 3-41 可以看出，清香型烟区土壤腐殖质含量为 4.4～36.6g/kg，平均为 17.3g/kg，浓香型烟区为 4.8～19.2g/kg，平均为 9.5g/kg；从腐殖质组分含量来看，清香型烟区土壤胡敏素含量为 3.2～30.1g/kg，平均为 13.0g/kg；腐殖酸含量为 1.2～7.7g/kg，平均为 4.3g/kg，胡敏酸及富里酸平均含量分别为 1.9g/kg 和 2.5g/kg，浓香型烟区土壤胡敏素含量为 2.5～15.3g/kg，平均为 6.8g/kg；殖酸含量为 0.8～5.2g/kg，平均为 2.7g/kg；胡敏酸和富里酸含量分别为 1.0g/kg 和 1.7g/kg。从变异系数来看，虽然不同香

型烟区土壤腐殖质及其各组分绝对含量及相对含量变异系数均为中等变异，但清香型烟区变异系数多集中于 28.2%～46.4%，浓香型烟区变异系数集中于 39.7～58.5 %，清香型烟区变异程度小于浓香型烟区。

表 3-41　清香型与浓香型烟区土壤腐殖质及其组分含量的方差分析

腐殖质及其组分	腐殖质	胡敏素	腐殖酸	胡敏酸	富里酸
F 值	33.80	29.56	18.92	19.65	11.06
显著性	0	0	0	0	0

结合表 3-40、表 3-41 和图 3-25、图 3-26 可以看出，不同香型烟区土壤腐殖质含量在剖面中表现出一定分异性，清香型烟区 A/C 值为 3～5 最高，占清香型烟区土壤的 39.0%，浓香型在 1～3 最高，占浓香型烟区土壤的 53.9%。A/B 值清香型烟区 56.1%为 1～3，另外 29.3 %为 3～5，浓香型烟区 84.6%为 1～3，其余均分布在 10%以内。总体上以清香型烟区分异性大于浓香型烟区，不同香型烟区土壤腐殖质分布特征均表现为随深度增加而降低，都在表层具有腐殖质积累过程。

由上述分析可知，虽然不同烟区土壤均具有腐殖质积累过程，但清香型烟区的土壤腐殖质及其组分含量平均值均高于浓香型烟区，最大值以清香型烟区最高。表3-41 方差分析表明，不同香型烟区土壤腐殖质及其组分含量均存在极显著差异（$P<0.01$）。

3.4.3　浓香型产区土壤黏化过程分析

1. 浓香型烟区土壤机械组成特征

浓香型烟区土壤各粒级含量的变化范围较大（图 3-27），砂粒含量 250～529.0g/kg，平均为 166.2g/kg；粉粒含量 121.9～767.2g/kg，平均为 556.6g/kg；黏粒含量 128.1～567.4g/kg，平均为 26.30g/kg。各粒级含量显示，浓香型烟区土壤机械组成差异较大。

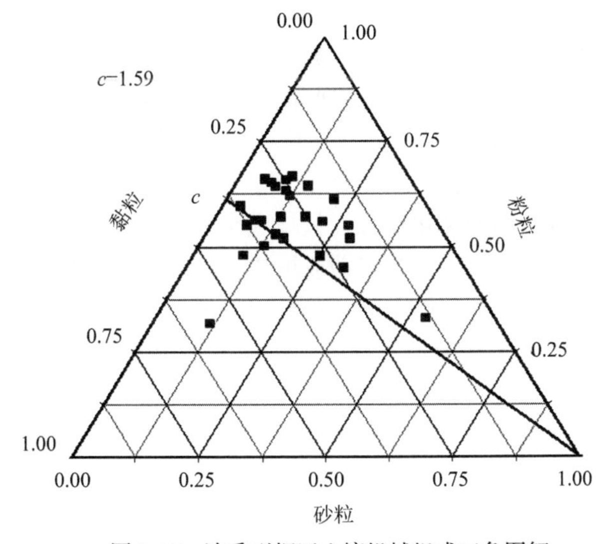

图 3-27　浓香型烟区土壤机械组成三角图解

土壤机械组成中主要以粉粒为主，砂粒含量最少，黏粒含量居中，表明浓香型烟区土壤风化发育程度较弱。质地类型分布如图 3-28 所示，浓香型烟区土壤质地中超过

10%的有壤土、粉砂壤土和粉砂质黏壤土，其中粉砂壤土所占样本比例最高，达到 59.8%。壤土和粉砂质黏壤土比例分别为 19.5%和 10.3%。

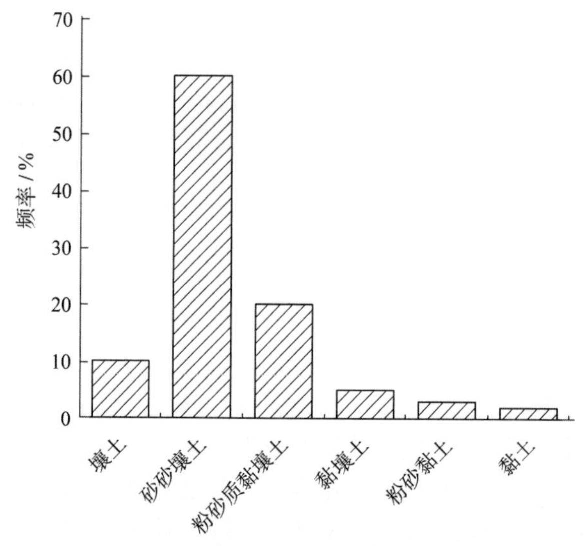

图 3-28　浓香型烟区土壤质地频率分布图

由于土壤粉砂含量一般代表未彻底风化的原生矿物，而黏粒代表强烈化学风化形成的次生矿物，因此，风化程度可用粉黏比来反映。即粉黏比越大，表明土壤的风化程度越低。浓香型烟区土壤剖面粉黏比值为 0.35～3.88，平均为 2.35。不同剖面粉黏比差异较大，表明浓香型烟区区域环境对土壤发育有较大影响。而同一剖面的粉黏比能够反映出发生层间的差异性，同一剖面中，一般表层与底层粉黏比值较大，而心土层较小，这是由于表层黏粒由于淋溶迁移到心土层淀积所致。

2. 浓型烟区剖面黏粒分布特征

图 3-29 所示浓香型烟区 3 个代表性土壤黏粒含量剖面分布特征图，从图中可以看出，三种土壤剖面均有不同程度的黏化现象。中部淀积型剖面占浓香型烟区土壤 59.3%，是浓香型烟区所占比例最高的一类，特点在于黏粒由表层向下淋溶淀积于心土层，表层与底层黏粒含量相对较低；底部淀积型这类土壤占浓香型烟区土壤 33.6%，特点为上层有与中部淀积型相同的黏化过程，只是底层黏粒含量土壤增加，这是由于底层与上层土壤并非同源母质，上层受人为扰动或堆垫，经过较长时期的成土发育，具有一定的黏化过程；直线型的黏粒在剖面中的变化幅度较低，并且随深度的增加有增加的趋势，基本呈一条直线，是三种代表性土壤黏粒剖面分布中比例最少的，仅为 7.1%，表明这类土壤发育较弱，未形成明显的黏化过程。

3. 浓香型烟区与清香型烟区土壤黏化过程对比

清香型烟区土壤机械组成中，砂粒含量 15.7～721.0g/kg，平均为 233.4g/kg；粉粒含量 63.6～ 661.9g/kg，平均为 369.5g/kg；黏粒含量 123.3～877.2g/kg，平均为390.5g/kg；浓香型烟区土壤砂粒含量 250～529.0g/kg，平均为 166.2g/kg；粉粒含量 121.9～767.2g/kg，平均为 556.6g/kg；黏粒含量 128.1～567.4g/kg，平均为 26.30g/kg；清香型烟区土壤质地主要以黏土、粉砂质黏壤土、黏壤土及粉砂黏土为主，而浓香型烟区主要以粉砂壤土粉砂质黏壤土和壤土为主。表明清香型烟区土壤质地较浓香型黏重。图 3-30 为不同香型烟区土壤粉黏比的频数分布曲线，由图可知，清香型烟区粉黏比在 $P<0.01$ 水平下极显著低于浓香型烟区。进一步表明清香型烟区土壤整体质地较黏重。

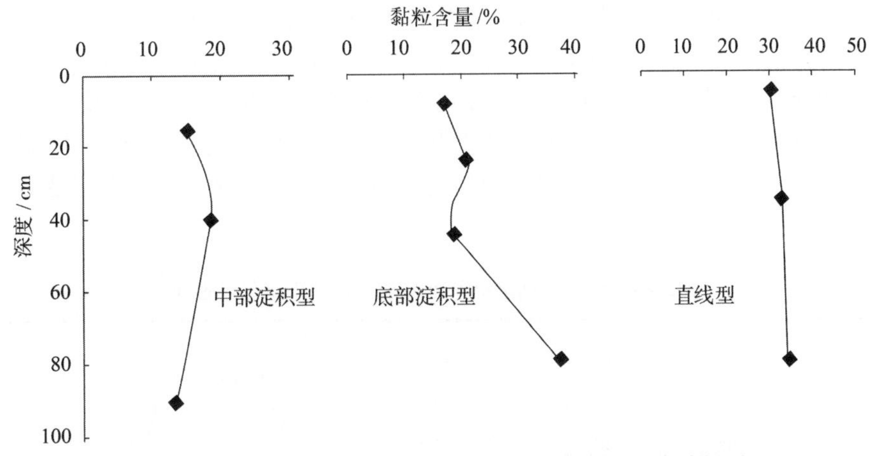

图 3-29　浓香型烟区 3 个代表性土壤黏粒含量剖面分布特征图

结合图 3-30 可以看出，不同香型烟区土壤黏粒含量在剖面表层以下不同深度有淀积现象。由上述分析可知，虽然不同烟区土壤均具有黏粒淋溶淀积过程，但清香型烟区的土壤机械组成中黏粒平均值均高于浓香型烟区，最大值同样以清香型烟区最高，表 3-42 方差分析表明，不同香型烟区土壤颗粒组成含量均存在极显著差异（$P<0.01$）。

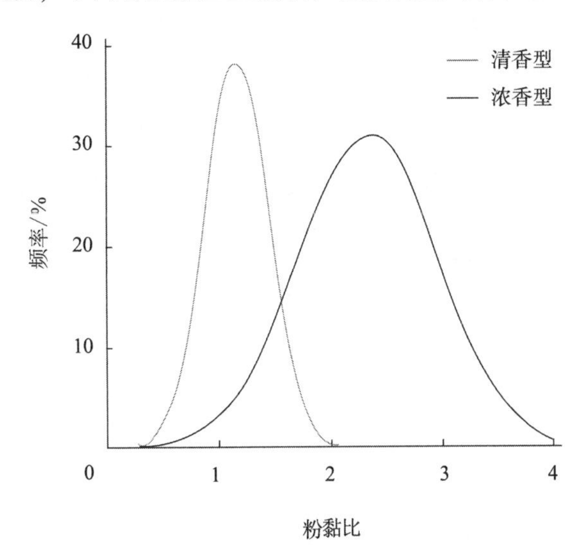

图 3-30　不同烟区土壤粉黏比频率分布曲线图

表 3-42　清香型与浓香型烟区土壤机械组成方差分析

颗粒组成	砂粒	粉粒	黏粒	粉黏比
F 值	11.4	163.49	50.49	97.5
显著性	0	0	0	0

3.4.4 浓香型产区土壤碳酸钙积累过程分析

1. 浓香型烟区土壤碳酸钙剖面分布特征

浓香型烟区钙积土壤剖面基本理化化学性质如表 3-43 所示。钙积过程是指在干旱、半干旱地区土壤上部土层中的石灰以及植物残体分解释放出的钙以重碳酸盐形式向剖面下部移动，到达一定深度后以碳酸钙形式淀积的过程（龚子同等，2007）。研究发现，碳酸钙在剖面中不同层次淀积和母质类型有关，非钙质母质上发育的土壤，剖面通体没有石灰反应，而在石灰岩母质上发育的土壤，通体或下层有石灰反应，有钙积层出现。虽然钙积层中土壤的石灰淋溶淀积机制相同，但是其形态各异，有包括假菌丝、斑状、结核、层状等。

表 3-43　浓香型烟区钙积土壤剖面基本理化化学性质

剖面	发生层	深度/cm	pH	交换性 Ca^{2+}	交换性 Mg^{2+}	$CaCO_3$/(g/kg)
				cmol(+)/kg		
HP57	AP	0～20	7.52	13.0	1.88	8.02
	Btk	20～80	7.85	15.4	1.18	10.4
	C	90～120	7.81	13.7	1.40	8.14
HP58	Ap	0～30	5.78	12.9	2.13	10.7
	Btk	30～90	7.20	14.9	2.38	12.6
	C	90～120	7.38	15.3	2.95	13.1
GS68	Ap1	0～10	6.67	11.5	0.78	9.76
	Ap2	10～28	7.91	24.1	0.84	37.2
	P	28～45	7.98	27.4	1.02	49.1
	C	45～70	8.03	24.8	1.12	50.1
GS70	Ap1	0～10	7.79	24.1	1.07	47.4
	Ap2	10～25	7.56	20.9	1.33	24.3
	W	25～	7.74	23.3	1.19	35.4
SB74	Ap	0～25	8.18	24.6	1.39	46.4
	AB	25～40	8.28	24.2	1.43	47.7
	Btk	40～58	8.41	25.4	1.59	51.2
	Bk	58～95	8.33	25.7	1.85	51.4
SB75	Ap	0～30	7.84	15.5	0.94	15.8
	Apu	30～70	7.67	13.4	1.22	14.0
	Btk	70～130	8.12	22.9	1.65	35.8
SB76	Ap	0～15	8.21	25.9	1.37	49.2
	Bt	30～50	8.30	25.7	1.60	52.6
	Btk	50～90	8.27	25.7	1.59	53.0
	C	90～120	8.24	24.9	1.28	49.5
SB77	Ap1	0～50	8.14	26.1	2.06	52.1
	Ap2	50～70	8.13	25.0	1.68	46.7
	Bt	90～120	7.88	14.6	0.95	14.3
SB78	Ap	10～38	8.25	22.6	1.26	52.9
	AB	38～80	8.21	21.5	1.43	47.7
	C	80～100	8.38	22.6	1.41	49.6

续表

剖面	发生层	深度/cm	pH	交换性 Ca^{2+}	交换性 Mg^{2+}	$CaCO_3$/(g/kg)
				cmol(+)/kg		
SS81	Ap	0～25	7.46	17.4	1.34	11.4
	Bt	25～50	7.73	16.1	1.31	14.6
	Bts	50～75	7.73	14.8	0.94	13.7
	Btsk	75～110	8.00	23.8	1.03	34.2
SS82	Ap	0～30	7.78	14.3	1.24	15.5
	B(t)	30～50	7.93	18.6	1.22	23.4
	B(w)	65～98	8.20	20.3	0.97	38.4

浓香型烟区供试土壤 pH 多为 6.67～8.41，为中性偏弱碱性。同一剖面，土壤 pH 一般随深度的增加而增加，同样剖面交换性钙及交换性镁含量也有相同的变化规律，说明这种变化规律与剖面中的盐基离子由表层淋失及下层淀积有关。土壤 $CaCO_3$ 含量变化较大，变化范围为 8.02～53.05g/kg，并且土体具有石灰反应，同一剖面，土壤 $CaCO_3$ 含量表层较低，随着淋溶作用向下移动。土壤 $CaCO_3$ 含量在 10g/kg 以内，说明剖面还不具有石灰性，浓香型烟区供试土壤除个别剖面表层外，均具有石灰性。

2. 浓香型烟区与清香型烟区土壤碳酸钙积累过程对比

清香型烟区碳酸钙积累不明显，只有个别表层具有石灰反应，碳酸钙含量为 5.01～29.73g/kg，平均为 11.57g/kg，在剖面中，随深度的增加而锐减，而浓香型烟区土壤碳酸钙积累明显，基本上土体均具有石灰反应，碳酸钙含量为 8.02～53.05g/kg，平均为 32.36g/kg，多在心土层或底层聚积。由图 3-31 可知，浓香型烟区 57%的钙积土壤碳酸钙含量在 30g/kg 以上，而清香型烟区土壤大部分集中在 20g/kg。在清香型烟区具有钙积过程土壤 pH 多集中在 5.17～7.76，平均为 6.85，为酸性—中性土壤。浓香型烟区 pH 含量在 6.67～8.41，平均为 7.86，为中性—弱碱性土壤；清香型烟区钙积土壤交换性钙镁平均值分别为 10.32cmol(+)/kg 及 2.5cmol(+)/kg，盐基饱和度相对于普通红壤均有增加，并且表层盐基饱和度高达 80%以上，而浓香型烟区钙积土壤交换性钙镁平均值分别为 20.35cmol(+)/kg 和 1.41cmol(+)/kg，大部分为盐基饱和土壤。

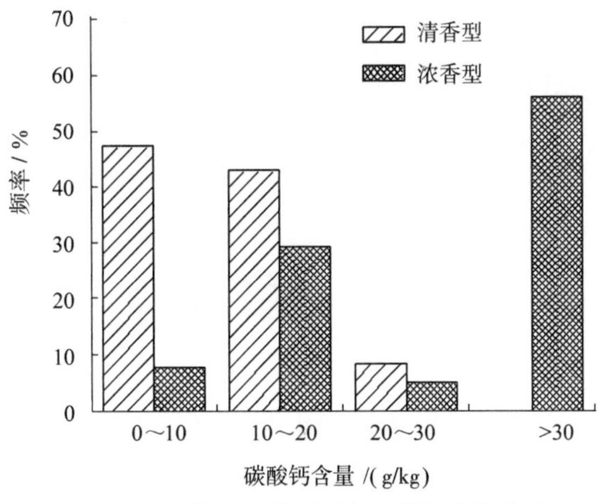

图 3-31　不同烟区土壤碳酸钙含量频率分布图

由上述分析可知，清香型烟区土壤钙积过程主要由人为耕作等因素引起的复盐基过程，钙积过程较弱，约占清香型整个烟区土壤的17%。浓香型烟区土壤钙积过程是由土壤发育过程中表层碳酸钙向下淋溶而淀积于下层的过程，钙积过程较强，占浓香型整个烟区土壤的40%以上。可见，土壤碳酸钙积累过程在不同烟区差异明显。

3.4.5　浓香型产区土壤富铝化过程分析

1. 浓香型烟区土壤硅铁铝含量特征

供试土壤化学组成中以 SiO_2、Al_2O_3 和 Fe_2O_3 三种氧化物为主，它们的含量变幅较小，分别为 60.79%～66.73%，13.04%～17.62%和 5.10%～7.42%。图 3-32 是这三种主要化学成分的相对含量三角图，由图可知，三种全量元素在图上的投影较密集的集中于一个小区域，并且均沿着 $Al_2O_3/Fe_2O_3=3.5$ 的方向延伸，表明浓香型烟区供试土壤 Al_2O_3 和 Fe_2O_3 在成土过程中的积累同步，具有脱硅富铝化过程（李德文等，2002）。箭头方向为脱硅富铝化程度加强。土壤硅铝率分子比值（Sa）是表征土壤风化和成土作用强弱的常用指标之一。本研究供试土壤土体硅铝率比值分布为 3.45～5.12，平均为 4.13。可见，供试土壤样品脱硅富铝化程度比较弱

由表 3-44 可知，浓香型烟区供试土样游离铁含量变化范围不大，集中在 19.04～38.43g/kg，平均为 27.69g/kg，可见，供试土壤发育程度较弱。剖面中游离铁主要在心土层淀积，个别剖面淀积于底层。游离氧化铁可存在于黏粒和非黏粒部分，但以黏粒部分为主，并且有随黏粒移动的趋势，游离铁的水合系数（Fed/Clay）大小及其在剖面的变化可以解释土壤分化特征。铁化系数越小，其脱硅富铝化程度越弱（赵其国等，1983）。由表 3-44 还可知，供试土壤铁化系数分布在 0.64～1.16，可以看出土壤铁化系数分布范围较小，进一步表明浓香型烟区土壤脱硅富铝化程度较弱。各剖面平均水合系数无明显差别，在剖面的不同深度变化趋势与游离铁一致。

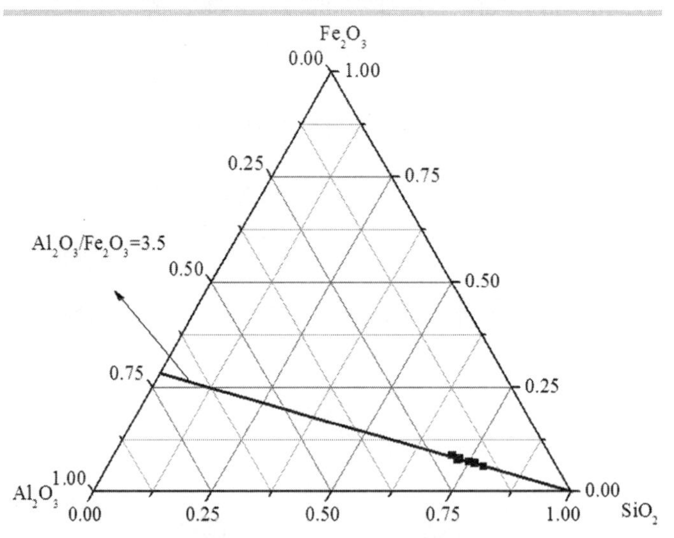

图 3-32　浓香型烟区土壤主要化学元素（SiO_2-Al_2O_3-Fe_2O_3）三角图解

土壤活性铁（FeO）是指土壤中的无定形铁，浓香型烟区供试土壤活性铁含量为 1.27～11.03g/kg。土壤中的活性铁含量多少可以揭示土壤的风化程度及近代成土过程的

强弱，因此可以作为鉴别土壤的发生特征。活性铁占游离铁的百分比称为铁的活化度，它反映氧化铁形态的差异，土壤活化度低，表明土壤的氧化铁的老化程度高。供试土壤余剖面活化度为 3.86%～46.69%，说明供试土壤氧化铁老化程度差异较大。

表 3-44 浓香型烟区富铝化土壤游离铁组分含量

剖面	发生层	深度/cm	Fed	FeO	Fed/Fed	Clay	铁化系数
			g/kg		%		
HN60	Ap	0～30	24.67	8.83	35.78	25.38	0.97
	AB	30～52	24.51	6.67	27.23	30.00	0.82
	Bts	78～100	27.86	6.27	22.50	26.10	1.07
HZ62	Ap	0～30	19.04	4.25	22.32	21.55	0.88
	Bt	30～70	23.80	3.45	14.48	25.76	0.92
	Btw	70～115	24.65	3.22	13.08	24.01	1.03
GS67	ApC	0～23	32.25	1.64	5.08	34.43	0.94
	BtC	23～50	33.28	1.61	4.84	41.84	0.80
	CBvs	50～90	32.95	1.27	3.86	45.08	0.73
SS79	Ap	0～15	27.07	3.45	12.73	32.09	0.84
	Bt	15～50	36.82	2.81	7.64	56.74	0.65
	Bts	50～120	38.43	1.99	5.17	45.46	0.85
SS80	Apu1	0～20	23.89	9.66	40.43	31.55	0.76
	Apu2(Bt)	20～95	25.20	8.96	35.57	34.23	0.74
	Bts	95～130	26.50	7.99	30.14	32.81	0.81
SS83	Ap	0～20	23.68	9.87	41.69	25.29	0.94
	Bst	20～85	25.56	10.41	40.71	35.37	0.72
	BstC	85～110	28.18	11.03	39.15	33.56	0.84

游离铁、氧化铁及其相关的铁化系数和活化度可以作为判断土壤风化发育阶段的标志。常庆瑞（1999）等列出相应的定量化标准，针对浓香型烟区土壤氧化物形态分析表明，供试土壤中只有 GS67、SS79 两个剖面游离铁含量均 >30g/kg，活化度在30%以内，符合强脱硅富铝化特征，其余剖面游离铁含量均 <30g/kg，仍处于脱硅富铁阶段。

2. 浓香型烟区与清香型烟区土壤富铝化过程对比

清香型烟区 60%以上富铝化土壤硅铝率值在 2.2 以下，浓香型烟区仅有 6 个富铝化土壤硅铝率值均在 3.45 以上；清香型烟区富铝化土壤大部分沿着 Al_2O_3/Fe_2O_3 值为 2 的方向延伸，浓香型全部沿着 $Al_2O_3Fe_2O_3$ 值为 3.5 的方向延伸，表明清香型烟区富铝化土壤铝氧化物与铁氧化物的积累同步性较浓香型高，清香型烟区土壤比浓香型富铝化作用强。从土壤铁氧化物各形态含量来看，清香型烟区富铝化土壤游离铁含量均在 30g/kg 以上，平均为 50.89g/kg，而浓香型烟区游离铁含量多集中在 19.04～38.43g/kg，平均为 27.69g/kg，清香型烟区游离铁含量大于浓香型烟区游离铁的最大值，进一步表明清香型烟区土壤富铝化程度远高于浓香型烟区。清香型烟区富铝化土壤占清香型烟区土壤的 40%，浓香型烟区为 19%。可见，富铝化过程在不同烟区差异明显。

3.4.6　浓香型产区氧化还原过程分析

1. 浓香型烟区氧化还原形态特征

土壤剖面中铁锰锈纹锈斑及铁锰结核是土壤氧化还原过程的产物，在进行野外土壤剖面观察时发现，浓香型烟区大部分氧化还原土壤在剖面犁底层向下不同深度会出现较薄的铁锰锈纹锈斑，并且丰度多集中在10%～60%，对比度多为清晰—模糊，边界明显—扩散。大小一般约为1cm×2cm。有铁子或铁锰结核存在，颜色为黑色，表明结核中锰含量相对较高，大小集中在0.5～2mm豆腐渣及1cm^{3}次圆，最大为3cm×5cm的块状结构，硬度为1～5，多集中于1～2。

2. 浓香型烟区氧化还原物质含量特征

表3-45为浓香型烟区具有氧化还原过程土壤剖面铁、锰氧化物不同形态含量基本统计，铁氧化物各形态中，游离铁的变异系数相对较小，为32.09%，无定形铁和晶质铁变异系数较大，均在60%以上，晶胶比差异性达到81.22%，这主要是由于不同水型水稻土间活性铁与晶质铁差异较大。锰氧化物各形态中，同样以无定形锰变异系数最大，为58.86，进一步说明无定形态氧化物具有较高的活性，而锰活化度只有26.43%，表明浓香型烟区供试土壤游离锰与无定形锰剖面分异性较一致。

表3-45　浓香型烟区具有氧化还原过程土壤铁、锰特性(n=19)

统计量	铁氧化物					锰氧化物		
	Fed /(g/kg)	FeO /(g/kg)	晶质铁 /(g/kg)	(Fed/FeO)/ /%	晶胶比	Mnd /(mg/kg)	MnO /(mg/kg)	(Mnd/MnO) /%
最大值	52.30	8.18	50.35	35.31	34.82	518.49	99.30	99.30
最小值	9.91	0.78	7.51	2.79	1.83	25.00	37.73	37.73
平均值	28.85	3.39	25.47	12.70	11.54	255.50	68.48	68.48
标准差	9.26	2.07	9.15	8.32	9.37	150.39	18.10	18.10
变异系数	32.09	61.18	35.94	65.53	81.22	58.86	26.43	26.43

图3-33显示的是浓香型烟区3个典型的土壤游离铁、锰的剖面分布特征图。由图可知，游离铁、游离锰随剖面深度增加有增大的趋势，但是淀积深度不同，具体可分为以下3类型：剖面72这类土壤游离铁、游离锰在剖面的淋溶淀积深度一致；剖面68游离铁在剖面有增加趋势，但增大幅度小，游离锰在40cm以下有明显的增加淀积过程；剖面69中游离铁在30cm处有明显的淋溶淀积，游离锰在50cm处淀积，游离锰的淀积深度高于游离铁。由以上分析可以看出，浓香型烟区土壤游离铁整体在剖面的变化幅度较小于游离锰，说明游离锰在剖面中淋溶淀积较强，各剖面之间游离铁、锰含量的变化有一定的差异性，说明浓香型烟区供试土壤的发育程度差异较大。

土壤中无定形氧化铁（FeO）和无定形锰（MnO），即为草酸—草酸盐浸提出来的氧化铁和氧化锰。在图3-34中，3个典型土壤的无定形铁含量在剖面总体上随深度的增加而降低，无定形锰则相反，随剖面深度增加而增加。二者在剖面表现为铁淀积在上，锰淀积在下，说明无定形锰的活性较大，并且无定形锰在剖面的淀积深度与游离锰相同。

土壤活化度是指无定形态铁锰占游离态铁锰百分比，在图3-35中，铁活化度在剖面的分布与无定形铁相同，锰活化度在剖面的分布与无定形锰相同，即土壤上层以铁活化度高，下层以锰活化度较高，进一步说明锰的活性较铁要高。

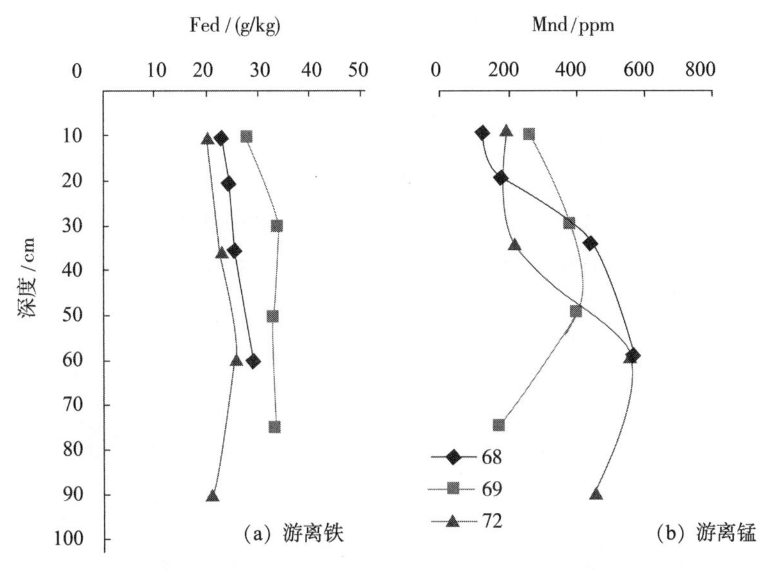

图 3-33　浓香型烟区 3 种典型土壤游离铁、游离锰剖面分布图

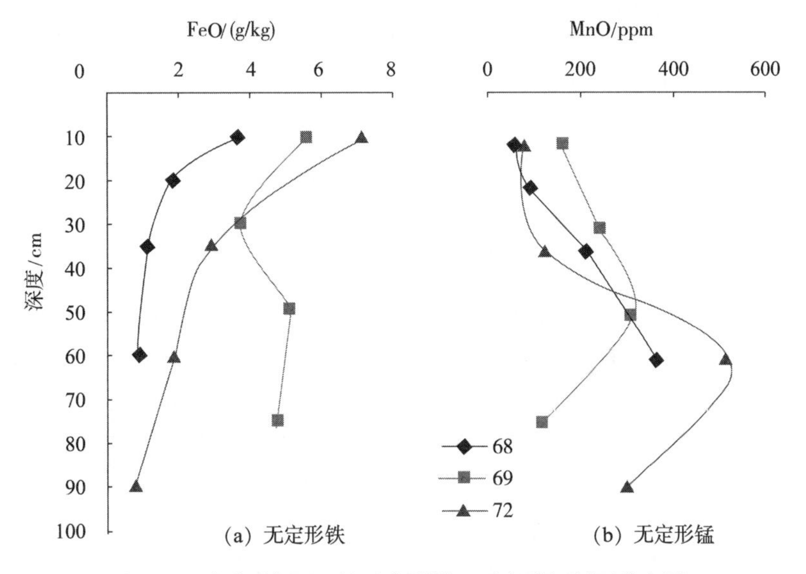

图 3-34　浓香型烟区土壤无定形铁、无定形锰剖面分布图

晶质铁是游离铁与无定形铁之差所得，而晶胶率是晶质铁与无定形铁之比，能够反映二者之间相互转化的过程。在图 3-36 中，3 个典型土壤的晶质铁含量与晶胶率比值在剖面中具有较一致的分布特征，但剖面间其变化特征差异较大，总体上随剖面深度增加而增加，这与游离铁的变化特征相同。

3. 浓香型烟区与清香型烟区土壤氧化还原过程对比分析

不同香型烟区氧化还原土壤在剖面具有一定的铁锰淀积现象，从野外剖面观察来看，不同香型烟区土壤从犁底层开始向下均有不同丰度、大小的铁锰锈纹锈斑及结核。

清香型烟区土壤游离铁、锰平均含量分别为 26.24g/kg 和 326.06mg/kg，浓香型烟区为 28.85g/kg 和 349.55mg/kg；清香型烟区活化铁、锰平均含量分别为 5.13g/kg 和

218.46g/kg，浓香型烟区为3.39g/kg和255.50mg/kg；清香型烟区铁活化度和锰活化度平均分别为26.32%和73.15%，浓香型烟区为25.47%和68.48%；清香型烟区晶质铁及晶胶比平均分别为21.11g/kg、5.97%，浓香型烟区分别为25.47g/kg、11.54%。可见，不同香型烟区氧化还原土壤总体铁锰氧化物含量差异不大。

不同烟区土壤游离铁、锰含量均随剖面深度增加而增加，晶质铁与晶胶比在剖面有同样的变化趋势，不同烟区土壤活性铁及铁活化度在剖面深度增加而有降低的趋势，但是清香型烟区活性锰及锰活化度随深度增加而降低，浓香型烟区与之相反，以底层活性锰含量及活化度最高，可能与地下水位较浅有关。

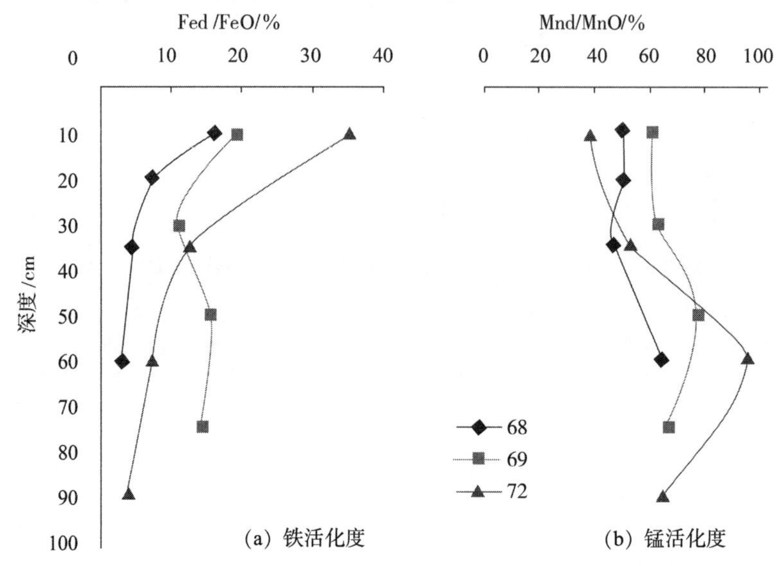

图3-35　浓香型烟区土壤铁和锰活化度剖面分布图

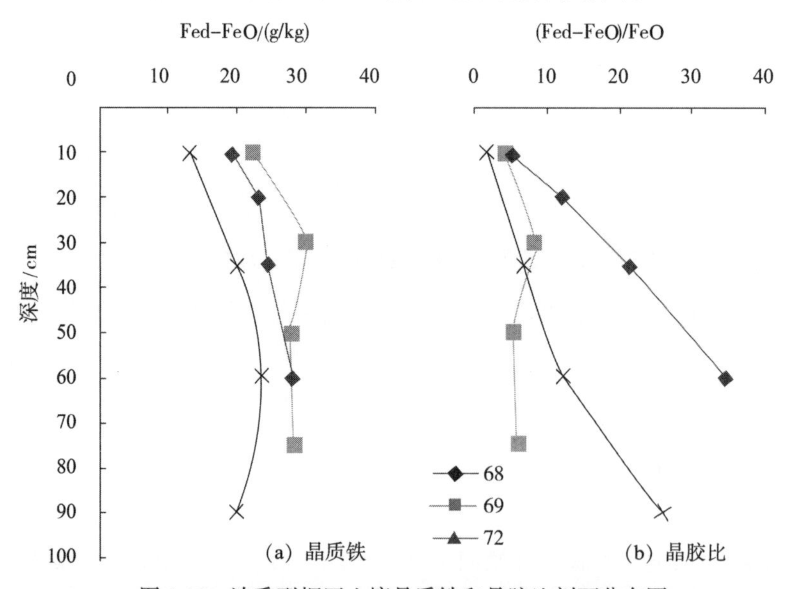

图3-36　浓香型烟区土壤晶质铁和晶胶比剖面分布图

综上所述，不同香型烟区土壤氧化还原作用差异不大，因此，氧化还原过程不是引起烟叶香型分异的主要成土过程。

3.4.7　浓香型产区与清香型产区土壤发育指数对比

在土壤发生发育过程中，常量元素在剖面会产生一定分异，如钾、钠、钙、镁碱金属元素在风化—成土过程中易于淋失，硅相对淋失较慢，铁、铝相对富集。通常用这些常年元素组合作为土壤发生发育指标。图 3-37、表 3-46 为不同烟区其他土壤发生发育指标的频数分布曲线图以及方差分析。

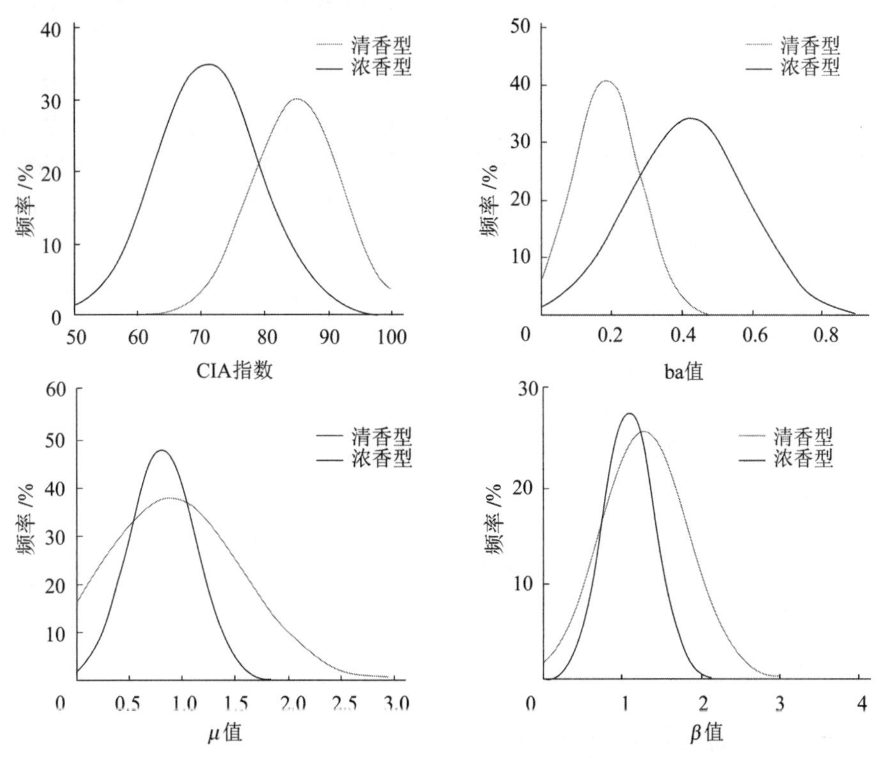

图 3-37　不同烟区土壤其他发生发育指标频率分布曲线图

表 3-46　不同香型烟区土壤其他发生发育指标方差分析

土壤发育指标	CIA	ba	β值	μ值
*F*值	58.09	54.26	2.37	0.38
*F*值对应概率	0.00	0.00	0.13	0.54

CIA 指数能够反映岩石风化和土壤成土过程中 K、Na、Ca 的相对损失量。清香型烟区 CIA 指数多集中于 80%～95%，浓香型烟区为 60%～80%。从方差分析可以得出 $P<0.01$，清香型烟区土壤 K、Na、Ca 的相对损失量极显著高于浓香型烟区，说明不同香型烟区的土壤剖面 K、Na、Ca 的相对损失量可能对烟叶香型风格形成有影响。

土壤风化淋溶系数（ba 值），亦称淋溶系数，为土壤碱金属氧化物与氧化铝的分子比，用于反映土壤发生层次的淋溶程度较好的指标，ba 值越小，表明土壤淋溶程度越高。清香型烟区 ba 值相对较小，集中分布于 0.1～0.3，浓香型烟区为 0.3～0.7。方差分析表明，不同烟区土壤风化淋溶系数（ba 值）存在极显著性差异（$P<0.01$）。说明不同香型烟区土壤淋溶程度可能对烟叶香型风格形成有影响。风化淋溶指数（β 值），即各剖面土壤的风化淋溶系数除以各自母质的 ba 值，也称相对淋溶率。不同烟区之间差异不显著（$P<0.05$），说明不同烟区虽然淋溶系数存在差异，但是相对于母质来讲，不同烟区淋溶程度较接近。土壤风化度（μ 值）可以表征土壤风化程度，随淋溶程度的增加而增加。不同烟区间土壤风度不存在显著性差异（$P<0.05$）。说明不同香型烟区剖面土壤钾、钠之间的的淋溶对烟叶香型分异无影响。

综合上述浓香型烟区成土过程研究，可得到如下结论：

（1）腐殖质积累过程

从整体来看，浓香型烟区表层土壤腐殖质含量较低，土壤腐殖质碳量平均为 9.5 g/kg。胡敏素碳量占腐殖质碳量的比例最大，胡敏酸碳量和富里酸碳量次之，总体表现为富里酸型，即胡富比平均为 0.7。土壤腐殖质及其组分碳量均为中度变异；同一剖面不同发生层之间分异较大，表层 / 心土层（A/B）值有 84.6%分布在 1～3 内，表层 / 底土层(A/C)值有 50%以上分布在 3～5 内；不同剖面的腐殖质均表现为随深度增加而降低，但下降幅度不同。

浓香型烟区的土壤腐殖质及其组分平均含量均极显著小于清香型烟区（$P<0.01$），但变异系数集大于清香型烟区。

（2）黏粒淋溶淀积过程

浓香型烟区土壤剖面机械组成差异较大，并且以粉粒为主，质地以粉砂壤土最多，其他还有粉砂质黏壤土和壤土等，说明浓香型烟区土壤整体发育程度较弱；剖面粉黏比值较大，平均为 2.35，进一步说明该区土壤发育程度强；从黏粒剖面分布特征来看，除个别剖面外均由明显的黏粒淋溶淀现象，但淀积部位有所不同。

浓香型烟区主要以粉砂壤土粉砂质黏壤土和壤土为主，而清香型烟区土壤质地主要以黏土、粉砂质黏壤土、黏壤土及粉砂黏土为主，浓香型烟区粉黏比在 $P<0.01$ 水平下极显著高于清香型烟区。

（3）碳酸钙积累过程

浓香型烟区供试土壤 pH 多在 6.67～8.41，为中性偏弱碱性反应。剖面中盐基离子主要是交换性钙、交换性镁由表层淋失并在下层淀积。土壤 $CaCO_3$ 含量变化较大，变化值为 8.02～53.05g/kg，并且土体具有石灰反应，同一剖面，土壤 $CaCO_3$ 含量随深度的增加而升高，与 pH、交换性钙和交换性镁在剖面的分布情况相一致。

与清香型产区相比，浓香型烟区土壤碳酸钙积累明显，多在心土层或底层聚积，土壤多为中性—弱碱性。土壤钙积过程是由土壤发育过程中表层碳酸钙向下淋溶而淀积于下层的过程，钙积过程较强，且占浓香型整个烟区土壤的 40%以上，土壤碳酸钙积累过程可能是影响不同烟区香型差异的原因之一。

（4）脱硅富铝化过程

浓香型烟区供试土壤土体硅铝率值平均达到 3.45，土壤氧化物分析可知，供试土壤游离铁含量集中在 19.04～38.43g/kg，平均为 27.69g/kg；铁水合系数分布范围较小，为 0.64～1.16；活性铁含量在 1.27～11.03g/kg。研究结果表明，浓香型烟区供试土壤总体发育较弱，大部分供试土壤具有弱的脱硅富铝化作用。

浓香型烟区和清香型烟区富铝化过程差异明显，清香型烟区富铝化土壤占清香型烟区土壤的40%，浓香型烟区为19%。富铝化过程是导致不同烟区烤烟香型分异的原因之一。

(5) 氧化还原过程

浓香型烟区具有氧化还原过程土壤铁、锰氧化物各形态含量均为中等变异，游离铁、锰在表层以下不同深度淀积，在剖面游离铁和无定形铁含量的变化幅度相对小于游离锰和无定形锰。无定形铁、锰在剖面的分布特征表现为铁淀积在上，锰淀积在下，说明锰氧化物的活性高于铁氧化物。晶质铁含量与晶胶率比值在剖面中具有一致的分布特征，但剖面间其变化特征差异较大，总体上随剖面深度增加而增加。

不同香型烟区土壤氧化还原作用差异不大，氧化还原过程不是引起烟叶香型差异的主要成土过程。

(6) 土壤发育指数

浓香型烟区土壤CIA指数为60%～80%，明显（$P<0.01$）小于清香型产区的80%～95%，土壤CIA指数对烟叶香型风格的形成影响很大。

清香型与浓香型烟区土壤ba值差异明显，清香型烟区ba值相对较小，集中分布于0.1～0.3。香型烟区土壤ba值为0.3～0.7，明显（$P<0.01$）大于清香型烟区的0.1～0.3，土壤淋溶程度可能对烟叶香型风格形成有影响。

浓香型产区风化淋溶指数（β值）、土壤土壤风化度（μ值）与清香型产区没有明显差别，土壤β值、土壤风化度（μ值）对烟叶香型分异影响不大。

3.5 浓香型产区土壤分类类型

在长期的土壤发育演化中，形成了多种多样的土壤和自然景观，适合生长不同的植物和作物。由于温度、水分条件和地形地貌等成土条件的不同，所形成的土壤也不相同，土壤是综合生态环境最为稳定的指示体。烟草、茶叶、蔬菜、水果等经济作物的生长环境、产量和品质均与土壤条件有密切的关系，只有在特定的条件下才能够生长出特定的品质，而不同的土壤类型和土壤属性可以反映出不同的土壤剖面形态和理化性质等条件。土壤在很大程度上影响烟叶的产量和品质，选择适宜的土壤是提高烤烟产量和品质的关键之一。近年来，我国对烟田土壤开展的研究很多，但多集中在土壤化学性质以及土壤养分含量方面，很少关注土壤的分类归属与烤烟烟叶香型风格之间的关系。目前我国土壤分类处于发生分类占主体、系统分类快速发展的并用阶段。由于历史原因，我国烟区土壤的发生分类的标准不统一，同土异名、异名同土的现象普遍存在，影响了我国烟田生产技术的高效推广，而烟区土壤系统分类都处于空白状态。因此，本节在给出各个剖面点的发生分类名称的基础上，研究土壤的诊断层和诊断特性，并确定其系统分类归属，旨为我国烟草研究与国际交流提供基础依据。

3.5.1 浓香型产区调查剖面的土壤发生分类

目前我国发生分类仍然处于主导地位，尽管存在同土异名、异名同土等突出缺点，但是在揭示土壤理化性质的空间分布规律、直接指导农业生产等方面有着系统分类无法比拟的优势。因此，完全有必要在确定系统分类名称之前给出发生分类的名称，其关键是要给出比较准确的名称。由于各地分类方法、标准以及名称都不一样，在这里根据全国土壤普查办公室 1991 年颁布的《中国土壤分类系统》和国标 GB/T 17296—2009《中国土壤分类与代码》来确定土壤类型名称。浓香型烟区观测剖面的亚刚和土属各称如表 3-47 所示。

表 3-47 浓香型烟区观测剖面的亚刚和土属名称

剖面代号	剖面地点	土纲亚纲	土壤发生分类名称(土属)
HN-BF1	河南省宝丰县石桥镇	淡半水成土	砂潮土(砾质潮砂土)
HN-BF2	河南省宝丰县石桥镇闫庄	淡半水成土	壤潮土(壤质普通潮土)
HN-JX1	河南省平顶山郏县堂街镇学东村	半湿暖温半淋溶土	黄姜土(黄土质普通砂姜黑土)
HN-JX2	河南省平顶山郏县白庙乡赵庄村	半湿暖温半淋溶土	黄土质潮褐土
NX-1	广东省韶关市南雄市湖口镇太和村	石质初育土	石灰性壤质紫色土(灰紫壤土)
NX-2	广东省韶关市南雄市黄坑镇社前村	湿热铁铝土	红泥质红壤
NX-3	广东省韶关市南雄市主田镇主田村	人为水成土	紫泥质渗育水稻土(渗紫泥田)
NX-4	广东省韶关市南雄市古市镇溪口村	人为水成土	紫泥质渗育水稻土(渗紫泥田)
SX-1	广东省韶关市始兴县马市镇都塘村	人为水成土	紫泥质淹育水稻土(浅紫泥田)
XF-1	江西省赣州市信丰县大塘埠镇基地	石质初育土	石灰性壤质紫色土(灰紫壤土)
XF-2	江西省赣州市信丰县西牛镇天龙村	人为水成土	紫泥质潴育水稻土(紫泥田)
XJ-1	江西省吉安市峡江县戈平镇舍龙村	人为水成土	红泥质潴育水稻土(红泥田)
sxbj-1	陕西省宝鸡市陇县东南镇予村	半湿暖温半淋溶土	泥砂质普通褐土
sxbj-2	陕西省宝鸡市陇县曹永湾镇流渠村	半湿暖温半淋溶土	黄土质潮褐土
sxbj-3	陕西省宝鸡市陇县天城镇王马嘴村	半湿暖温半淋溶土	黄土质石灰性褐土
sxbj-4	陕西省宝鸡市陇县天城镇马曲村二组	半湿暖温半淋溶土	黄土质石灰性褐土
sxbj-5	陕西省宝鸡市陇县新集川镇保家河村一组	半湿暖温半淋溶土	泥沙质潮褐土
sxln-6	陕西省商洛市洛南县石门镇花庙村	土质初育土	普通红黏土
sxln-7	陕西省商洛市洛南县灵口镇宽坪村	—	黄泥质普通黄棕壤
sxln-8	陕西省商洛市洛南县景村镇明星村	半湿暖温半淋溶土	黄泥质潮褐土
sxln-10	陕西省商洛市洛南县永丰镇马洼村	半湿暖温半淋溶土	泥沙质普通潮土
sxln-9	陕西省商洛市洛南县景村镇八一村	半湿暖温半淋溶土	泥沙质普通褐土
HN-ny1	河南省南阳市内乡县赵店乡黄营村黄南组	半湿暖温半淋溶土	泥沙质潮褐土
HN-ny2	河南省南阳市内乡县赵店乡黄营村尖角组 1	湿暖淋溶土	黄土质普通黄棕壤
HN-ny3	河南省南阳市内乡县赵店乡黄营村村部大方	湿暖淋溶土	黄土质普通黄棕壤
HN-ny4	河南省南阳市内乡县赵店乡黄营村尖角组 2	半湿暖温半淋溶土	黄土质淋溶褐土
HN-zmd5	河南省驻马店市确山县瓦岗镇黑风寺村	湿暖淋溶土	黄土质黄棕壤
HN-zmd6	河南省驻马店市确山县竹沟镇鲍棚村	湿暖淋溶土	黄土质黄棕壤性土
HN-zmd7	河南省驻马店市确山县竹沟镇竹沟村	半湿暖温半淋溶土	壤潮土(壤质普通潮土)
HN-zmd8	河南省驻马店市确山县竹沟镇匡庄村	半湿暖温半淋溶土	壤潮土(壤质普通潮土)

3.5.2 土壤系统分类方法

1. 高级分类单元的划分方法

根据土壤理化性质分析的数据结果，结合土壤成土特点，对照土壤诊断表层、诊断表下层和诊断特性指标，分析各土壤剖面的特性，在此基础上根据《中国土壤系统分类(第三版)》进行土壤系统分类检索，划分土纲、亚纲、土类、亚类等单元，确定其土壤类型。

2. 基层分类单元的划分方法

用于土族分类的主要鉴别特征是剖面控制层段的土壤颗粒大小级别、不同颗粒级别的土壤矿物组成类型、石灰性与土壤酸碱性以及土壤温度状况，以反映成土因素和土壤性质的地域性差异。

（1）划分土族的原则

①使用区域性成土因素，以及成土因素所引起的土壤属性差异作为划分依据，而不直接用成土因素；②在同一亚类中土族鉴别特征应一致，在不同亚类中土族鉴别特征有所不同；③若鉴别土族的依据指标在上级或下级分类单元中已使用，在土族划分中不再使用。

（2）土族的控制层段

土族的控制层段是指稳定影响土壤中物质迁移和转化及根系活动的主要土体层段，一般不包括表土层。不同鉴别特征的控制层段范围不同。土族控制层段基本上是植物根系的主要分布区域，因此通常将根系限制层视作土族控制层段的下界。通常根系限制层包括：硬磐、脆磐、石化钙积、石化石膏、薄铁盘层、连续络合胶结层、致密、石质、准石质接触面。黏化层对根系也有限制作用，但程度稍弱。如果土壤有黏化层，使用黏化层上部50cm作为控制层段。对于100cm以内不含根系限制层与黏化层的土壤，我们规定土族控制层段为土表以下25～100cm。

（3）土族划分的指标依据

划分土族所依据的土壤属性指标根据土壤类别的不同而不同，参照美国土壤系统分类土族的检索标准，结合我国现有研究资料初步选取可供划分土族划分的主要依据指标有：①控制层段的土壤颗粒大小级别，其为控制层段的土层加权平均质地类型分级，颗粒大小级别反映了沉积物和风化物的特点，存在强对比颗粒大小级别反映了岩性上的不连续性；②土壤矿物学型：指可供划分土族划分指标所选用的不同颗粒级别的矿物组成类型，该指标反映了其母质的风化程度；③土壤温度状况，所有土纲的土族都可用土壤温度状况的定义冠名，以明确各不同土族所分布的区域控制范围，若在某些高级分类单元名称中已包含上温状况则可不必重复；④土壤石灰性和酸碱性。

土族名称描述由该土族所具有的主要鉴别特征按以上顺序组合而成，这些鉴别特征反映了对土壤生产和管理影响重大的理化性质，同时也有一定的发生学内涵。

（4）土系的划分方法

土系是具有实用目的的分类单元，是发育在相同母质上、处于相同景观部位、具有相同土层排列和相似土壤属性的土壤集合。其划分依据应主要考虑土族内影响土壤利用的性质差异。相对于其他分类级别而言，土系能够对不同的土壤类型给出精确的解释。具体来说：①土系鉴别特征必须在土系控制层段内使用；②土系鉴别特征的变幅范围不能超过土族，但要明显大于观测误差；③使用易于观测且较稳定的土壤属性，如深度、厚度等；④土系鉴别特征也可考虑土壤发生层的发育程度；⑤与利用有关但不属于土壤本身性质的指标，如坡度或地表砾石，一般不作为土系划分依据；⑥不同利用强度和功能的土壤，土系属性变幅可以不同。具有重要功能的土壤类型可以适当细分，否则划分可以相对较粗。

3.5.3　诊断层和诊断特性

诊断层和诊断特性是土壤系统分类中作为鉴别土壤、进行分类的重要依据，在单个土体中诊断层是特征土层，诊断特性并不是某一土层所特有，而是泛土层的，并能反应有关于土壤的一系列性质。按照调查土壤的发生形态和理化性质分析结果，依据《中国土壤系统分类检索》（第三版），对供试的28个浓香型烟区土壤剖面的诊断层和诊断特性进行了全面的鉴定，划分结果如表3-48所示。

1. 诊断表层

诊断表层是单个土体最上部的诊断层，包括*A*层及由*A*层向*B*层过渡的*AB*层。所观察的28土壤剖面只有水耕表层、淡薄表层两种类型的诊断表层。

（1）水耕表层

剖面HN-BF2、NX-3、xf-2的表层厚度均≥18cm，大多数年份当土温≥5℃时，有三个月具有人为滞水水分状况；至少半个月，其上部亚层（耕作层）土壤因受水耕搅拌而糊泥化；在淹水状态下，润态明度≤4，润态彩度≤2，色调比7.5YR更黄，排水落干后多锈纹、锈斑，符合水耕表层的条件。

（2）淡薄表层

表层发育程度较差，润态明度≥3.5，干态明度＜5.5，润态彩度≥3.5，或有机碳含量＜6g/kg，或颜色和有机碳含量同暗沃表层或暗瘠表层，但厚度不能满足。符合检索条件剖面HN-JX1、HN-JX2、HN-ny1、HN-ny2、HN-ny3、HN-ny4、HN-zmd5、HN-zmd6、HN-zmd7、HN-zmd8、NX-1、NX-2、NX-4、sx-1、xf-1、XJ-1、sxbj-1、sxbj-2、sxbj-3、sxbj-4、sxbj-5、sxln-6、sxln-7、sxln-8、sxln-10。

2. 诊断表下层

诊断表下层位于诊断表层之下，由于物质的淋溶、迁移、淀积或就地富集等作用形成的具有诊断意义的土层。

（1）雏形层

具有土壤结构发育的*B*层，发生层厚度≥10cm；具有砂质壤土、砂质黏壤土、壤土质地；不符合黏化层、灰化淀积层、铁铝层、低活性富铁层的诊断条件。符合检索条件剖面HN-ny2、HN-ny3、HN-zmd5、HN-zmd7、sxln-7、sxln-10。

（2）黏化层

NX-3、xf-2、HN-JX1、HN-JX2、HN-ny1、HN-ny4、HN-zmd7、NX-2、NX-4、sx-1、XJ-1、sxbj-1、sxbj-2、sxbj-3、sxbj-4、sxbj-5、sxln-6、sxln-8剖面具有黏粒淀积层，在大形态上，空隙壁和结构体表面有厚度＞5mm的黏粒胶膜；其中剖面HN-JX1、HN-JX2、HN-ny4、HN-zmd7、NX-2、NX-4、XJ-1、sxbj-1、sxbj-2、sxbj-3、sxbj-4、sxbj-5、sxln-6上覆土层任何部位总黏粒含量为15%～40%，黏粒绝对增量在淀积层均≥20%；18个剖面均符合黏化层鉴定标准。

（3）水耕氧化还原层

剖面HN-BF2、NX-3、xf-2的水耕氧化还原层上界位于水耕表层底部，厚度均≥20cm，有不同程度的铁锰斑纹、铁锰凝团、铁锰结核等铁锰新生体，土体有发育明显的棱柱状或角块状结构。

（4）铁铝层

剖面HN-BF2的*B*层厚度均≥30cm；具有较细的土壤质地，黏粒含量均≥80g/kg；阳离子交换量（CEC7）黏粒＜16cmol/kg和实际阳离子交换量（ECEC）黏粒＜16cmol/kg；细土全钾含量＜8g/kg。具有铁铝层。

表 3-48　浓香型烟区诊断层和诊断特性

剖面编号	水耕表层	淡薄表层	雏形层	黏化层	水耕氧化还原层	铁铝层	湿润土壤水分状况	热性土壤温度状况	温性土壤温度状况	冲积物岩性特征	氧化还原特征	铁质特性	富铝特性	石灰性
HN–BF2	√				√	√	□	√			√			
HN–JX1		√		√			□	√						
HN–JX2		√		√			√	√			√		√	√
HN–ny1		√		√			√	√		√	√	√	√	√
HN–ny2		√	√				√	√		√		√	√	
HN–ny3		√	√				√	√		√		√	√	
HN–ny4		√		√			√	√		√			√	
HN–zmd5		√	√				√	√		√		√	√	
HN–zmd6		√					√	√		√			√	
HN–zmd7		√	√	√			√	√		√				
HN–zmd8		√					√	√		√	√		√	
NX–1		√					√	√					√	√
NX–2		√		√			√	√				√	√	√
NX–3	√			√	√		□	√				√	√	√
NX–4		√		√			√	√				√	√	
sx–1		√		√			√	√				√	√	√
xf–1		√					√	√					√	√
xf–2	√			√	√		□	√			√	√	√	
XJ–1		√		√			√	√			√	√	√	
sxbj–1		√		√			√		√				√	√
sxbj–2		√		√			√		√	√			√	√
sxbj–3		√		√			√		√	√			√	√
sxbj–4		√		√			√		√	√			√	√
sxbj–5		√		√			√		√	√			√	√
sxln–6		√		√			√		√				√	
sxln–7		√	√				√		√			√	√	
sxln–8		√		√			√		√			√	√	√
sxln–10		√	√				√		√			√	√	

注：□人为滞水土壤水分状况。

3. 诊断特性

（1）土壤温度状况

剖面 HN-BF2、xf-2、HN-JX1、HN-JX2、HN-ny1、HN-ny2、HN-ny3、HN-ny4、HN-zmd5、HN-zmd6、HN-zmd7、HN-zmd8、NX-1、NX-2、NX-3、NX-4、sx-1、xf-1、XJ-1 年平均土壤温度均≥15℃，但＜22℃。属于热性土壤温度状况，剖面 sxbj-1、sxbj-2、sxbj-3、sxbj-4、sxbj-5、sxln-6、sxln-7、sxln-8、sxln-10 年平均土壤温度≥8℃，但＜15℃，均属于温性土壤温度状况。

（2）土壤水分状况

剖面 HN-BF2、HN-JX1、NX-3、xf-2 大多数年份土温＞5℃时至少有 3 个月时间被灌溉水饱和，并呈还原状态，耕作层和犁底层中还原性铁锰通过犁底层淋溶至非水分饱和的心土层中氧化淀积，符合人为滞水水分状况检索标准。浓香型烟区其余剖面点降水分配夏季较多，土壤贮水量加降水量大于等于蒸散量，多数年份水分可下渗通过整个土壤，按 Penman 公式估算，各剖面点年干燥度均＜1，但每月干燥度并不都＜1，均属于湿润土壤水分状况。

（3）岩性特征

剖面 HN-ny1、HN-ny2、HN-ny3、HN-ny4、HN-zmd5、HN-zmd6、HN-zmd7、HN-zmd8、sxbj-2、sxbj-3、sxbj-4、sxbj-5，土表至 125cm 范围内土壤性状有较明显保留母岩或母质的岩石学性质特征，目前仍受定期泛滥，有新鲜冲击物质的加入，各剖面 0～25cm 内某些亚层有明显的沉积层理；从 25cm 起，至 125cm 或至石质、准石质接触面有机碳含量随深度呈不规则的减少，均属于冲积物岩性特征。

（4）氧化还原特征

剖面 HN-BF2、HN-JX2、HN-ny1、HN-zmd8、xf-2、XJ-1 发生了氧化还原交替作用，大多数年份某一时期土壤受季节性水分饱和，土体内有锈纹、锈斑、铁锰结核等，具有氧化还原特征。

（5）铁质特性

剖面 HN-ny1、HN-ny2 土壤基质色调较红。剖面 HN-ny3、HN-zmd5、NX-2、NX-3、NX-4、sx-1、xf-2、XJ-1、sxln-7、sxln-8、sxln-10 整个 B 层游离铁≥14g/kg，均具有铁质特性。

（6）富铝特性

在土壤中有铝富集，细土三酸消化物组成的硅铝率≤2。符合检索条件剖面：xf-2、HN-JX2、HN-ny1、HN-ny2、HN-ny3、HN-ny4、HN-zmd5、HN-zmd6、HN-zmd8、NX-1、NX-2、NX-3、NX-4、sx-1、XF-1、XJ-1、sxbj-1、sxbj-2、sxbj-3、sxbj-4、sxbj-5、sxln-6、sxln-7、sxln-8、sxln-10。

（7）石灰性

土表至 50cm 深度内所有亚层中 $CaCO_3$ 相当物均≥10g/kg，用 1:3HCl 处理有泡沫反应。符合检索条件剖面 HN-JX2、HN-ny1、NX-1、NX-2、NX-3、sx-1、xf-1、sxbj-1、sxbj-2、sxbj-3、sxbj-4、sxbj-5、sxln-8。

（8）盐基饱和度

HN-ny1、HN-zmd5、HN-zmd6、HN-zmd8、sxln-6、sxln-7 号剖面通体盐基饱和

度＜50%为盐基不饱和，其余剖面各层次盐基饱和度不同。

综上所述，28 个供试剖面所具有的诊断层、诊断特性见表 3-48 所示。

3.5.4　浓香型产区调查剖面的土壤系统分类

1. 高级分类单元的确定

（1）土纲

依据检索出的诊断层和诊断特性，按照《中国土壤系统分类检索》（第三版）的检索顺序，逐一确定浓香型烟区 28 个供试土壤的系统分类类型。剖面 HN-BF2、HN-JX1、NX-3、xf-2 具有水耕表层和水耕氧化还原层，归为人为土。剖面 HN-JX2、HN-zmd7、sxbj-1、sxbj-2、sxbj-3、sxbj-4、sxbj-5、sxln-6、sxbj-8、HN-ny2、XJ-1、HN-ny4、NX-4、NX-2 具有黏化层，归为淋溶土。剖面 HN-ny1、sxln-7、sxln-10、HN-ny3、HN-zmd5、HN-zmd8、sx-1 具有雏形层，归为雏形土。剖面 HN-zmd6、NX-1、xf-1 不具备其他土纲的诊断条件，归为新成土。

（2）人为土的进一步分类

剖面 HN-BF2、HN-JX1、NX-3、xf-2 具有水耕表层和水耕氧化还原层，归为水耕人为土；NX-3 号剖面在水耕表层之下有一铁渗淋亚层，无其他亚类诊断特征，归属于普通铁渗水耕人为土；HN-BF2、HN-JX1、xf-2 号剖面无其他诊断特征，归属于普通简育水耕人为土。

（3）淋溶土的进一步分类

剖面 HN-JX2、HN-zmd7、sxbj-1、sxbj-2、sxbj-3、sxbj-4、sxbj-5、sxln-6、sxln-8、HN-ny2、xf-1、HN-ny4、NX-4、NX-2 具有湿润土壤水分状况，归为湿润淋溶土亚纲。其中剖面 HN-JX2、HN-zmd7、sxbj-1、sxbj-2、sxbj-3、sxbj-4、sxbj-5 不具有漂白层、碳酸盐岩性特征、铝质现象等湿润淋溶土土类以下亚类鉴别特征，所以归属于简育湿润淋溶土；剖面 HN-JX2、HN-zmd7 在矿质土表至 100cm 范围内均有氧化还原特征，归属于斑纹简育湿润淋溶土；剖面 xbj-1、sxbj-2、sxbj-3、sxbj-4、sxbj-5 不具有其他诊断特征，归属于普通简育湿润淋溶土。剖面 sxln-6、sxln-8、HN-ny2、XJ-1、HN-ny4、NX-4、NX-2 具有铁质特征，归属于铁质湿润淋溶土，剖面 sxln-6、sxbj-8、HN-ny2、XJ-1 剖面 B 层有一半以上具有较红的色调，归属于红色铁质湿润淋溶土；剖面 NX-2 矿质土表至 100cm 范围内有氧化还原特征，归属于斑纹红色铁质湿润淋溶土；HN-ny4、NX-4 无其他亚类诊断特征，归属于普通铁质湿润淋溶土。

（4）雏形土的进一步分类

剖面 HN-ny1、sxln-7、sxln-10、HN-ny3、HN-zmd5、HN-zmd7、HN-zmd8、sx-1 具有湿润土壤水分状况，归属于湿润雏形土；剖面 HN-ny1、sxln-7、sxln-10、HN-ny3、HN-zmd5 具有铁质特性，归属于铁质湿润雏形土；剖面 HN-ny1、sxln-7 有一半以上的土层都具有较红的色调，所以归属于红色铁质湿润雏形土；剖面 sxln-10、HN-ny3、HN-zmd5 无其他诊断特征，归属于普通铁质湿润雏形土；剖面 sx-1 具有紫色砂页岩岩性特征和石灰性，归属于石灰紫色湿润雏形土；剖面 HN-zmd8 有氧化还原特征，归属于斑纹简育湿润雏形土。

（5）新成土的进一步分类

剖面 HN-zmd6 具有冲积物岩性特征，无其他诊断特征，归属于普通湿润冲击新成土。剖面NX-1、xf-1具有紫色砂页岩岩性特征和石灰性，归属于石灰紫色正常新成土。

综上所述，浓香型烟区供试剖面在系统分类中的位置见表3-49。

表3-49　浓香型烟区观测剖面的系统分类高级单元名称

土纲	亚纲	土类	亚类	剖面编号
人为土	水耕人为土	简育水耕人为土	普通简育水耕人为土	HN-BF2、HN-JX1
		铁渗水耕人为土	普通铁渗水耕人为土	NX-3
		湿润水耕人为土	普通铁渗水耕人为土	xf-2
淋溶土	湿润淋溶土	简育湿润淋溶土	斑纹简育湿润淋溶土	HN-JX2、HN-zmd7
		简育湿润淋溶土	普通简育湿润淋溶土	Sxbj-1、Sxbj-2、Sxbj-3、Sxbj-4、Sxbj-5
		铁质湿润淋溶土	红色铁质湿润淋溶土	HN-ny2、XJ-1、sxln-6、sxln-8、
		铁质湿润淋溶土	普通铁质湿润淋溶土	HN-ny4、NX-4
		铁质湿润淋溶土	斑纹铁质湿润淋溶土	NX-2
雏形土	湿润雏形土	铁质湿润雏形土	红色铁质湿润雏形土	HN-ny1、sxlnj-7
		铁质湿润雏形土	普通铁质湿润雏形土	HN-ny3、HN-zmd5、sxln-10
		简育湿润雏形土	斑纹简育湿润雏形土	HN-zmd8
		紫色湿润雏形土	石灰紫色湿润雏形土	SX-1
新成土	正常新成土	紫色正常新成土	石灰紫色正常新成土	NX-1、xf-1
	冲击新成土	湿润冲击新成土	普通湿润冲击新成土	HN-zmd6

2. 土族名称的确定

依据前面的划分方法，确定的浓香型烟区调查剖面点土族名称见表3-50。

表3-50　浓香型烟区观测剖面的土族名称

剖面编号	质地	矿物学类型	酸碱性/石灰性	土壤温度	土族
HN-BF2	壤质	硅质混合型	非酸性	热性	壤质硅质混合型非酸性热性—普通简育水耕人为土
HN-JX1	粗骨壤质	硅质混合型	非酸性	热性	粗骨壤质硅质混合型非酸性热性—普通简育水耕人为土
HN-JX2	黏壤质	硅质混合型	非酸性	热性	黏壤质硅质混合型非酸性热性—斑纹简育湿润淋溶土
HN-ny1	黏壤质	硅质混合型	非酸性	热性	黏壤质硅质混合型非酸性热性—红色铁质湿润雏形土
HN-ny2	黏壤质	硅质混合型	非酸性	热性	黏壤质硅质混合型非酸性热性—红色铁质湿润淋溶土
HN-ny3	黏壤质	硅质混合型	非酸性	热性	黏壤质硅质混合型非酸性热性—普通铁质湿润雏形土
HN-ny4	黏壤质	硅质混合型	非酸性	热性	黏壤质硅质混合型非酸性热性—普通铁质湿润淋溶土
HN-zmd5	黏壤质	硅质混合型	非酸性	热性	黏壤质硅质混合型非酸性热性—普通铁质湿润雏形土
HN-zmd6	黏壤质	硅质混合型	非酸性	热性	黏壤质硅质混合型非酸性热性—普通湿润冲击新成土
HN-zmd7	壤质	硅质混合型	非酸性	热性	壤质硅质混合型非酸性热性—斑纹简育湿润淋溶土
HN-zmd8	黏壤质	硅质混合型	非酸性	热性	黏壤质硅质混合型非酸性热性—斑纹简育湿润雏形土
NX-1	黏壤质	硅质混合型	石灰性	热性	黏壤质硅质混合型热性—石灰紫色正常新成土
NX-2	黏质	混合型	非酸性	热性	黏质混合型非酸性热性—斑纹铁质湿润淋溶土
NX-3	黏壤质	硅质混合型	非酸性	热性	黏壤质硅质混合型非酸性热性—普通铁渗水耕人为土
NX-4	黏质	混合型	非酸性	热性	黏质混合型非酸性热性—普通铁质湿润淋溶土
sx-1	黏壤质	硅质混合型	非酸性	热性	黏壤质硅质混合型非酸性热性—石灰紫色湿润雏形土
xf-1	黏壤质	硅质混合型	石灰性	热性	黏壤质硅质混合型石灰性热性—石灰紫色正常新成土
xf-2	黏壤质	硅质混合型	非酸性	热性	黏壤质硅质混合型非酸性热性—普通湿润水耕人为土

续表

剖面编号	质地	矿物学类型	酸碱性/石灰性	土壤温度	土族
XJ-1	黏壤质	硅质混合型	非酸性	热性	黏壤质硅质混合型非酸性热性—红色铁质湿润淋溶土
sxbj-1	黏壤质	硅质混合型	石灰性	温性	黏壤质硅质混合型石灰性温性—普通简育湿润淋溶土
sxbj-2	黏壤质	硅质混合型	石灰性	温性	黏壤质硅质混合型石灰性温性—普通简育湿润淋溶土
sxbj-3	黏壤质	硅质混合型	石灰性	温性	黏壤质硅质混合型石灰性温性—普通简育湿润淋溶土
sxbj-4	黏壤质	硅质混合型	石灰性	温性	黏壤质硅质混合型石灰性温性—普通简育湿润淋溶土
sxbj-5	黏壤质	硅质混合型	石灰性	温性	黏壤质硅质混合型石灰性温性—普通简育湿润淋溶土
sxbj-6	黏质	混合型	非酸性	温性	黏质混合型非酸性温性—红色铁质湿润淋溶土
sxbj-7	黏壤质	硅质混合型	非酸性	温性	黏壤质硅质混合型非酸性温性—红色铁质湿雏形土
sxbj-8	黏壤质	硅质混合型	非酸性	温性	黏壤质硅质混合型非酸性温性—红色铁质湿润淋溶土
sxbj-10	粗骨壤质	硅质混合型	非酸性	温性	粗骨壤质硅质混合型非酸性温性—普通铁质湿润雏形土

3.6　浓香型产区土壤稀土元素含量特征

近年来人们逐渐认识到各种地质背景，对土壤植物营养元素、特色农业的存在及保持具有决定性的影响，只有在特定的地质背景条件下，才有可能高产和优质。尽管农作物的品种、栽培技术、气候、植被、地形和共生作物等条件相同，甚至土壤类型也相同，但离开特定的元素地球化学区域，高品质的作物就会出现生长不良或品质退化现象。究其原因是土壤地球化学元素控制着土壤各种营养元素的分布。因此，土壤中营养元素的丰缺状况、营养元素特征直接影响到农作物的生长、农产品的产量和品质，这方面的研究将推动优质、高产、高效特色农业的发展，并对农业生产布局和进一步区划产生重要的指导意义。根据以往资料、文献可知，地球化学元素是影响烤烟品质及其香气风格的重要因素。目前，国内研究主要针对大量、中量、微量元素对烟叶香气风格的影响，涉及稀土元素与烟叶品质关系的研究较少。且现有研究多侧重于从施肥的角度来探讨稀土元素对烟叶品质的影响，而且多集中于喷施或土施不同浓度或品种的稀土肥料对烟叶外观及内在化学品质的影响上，而有关土壤中稀土元素含量对烤烟香型品质影响的研究却非常少见。

3.6.1　浓香型产区土壤稀土元素含量与背景值比较

由表 3-51 可知，浓香型烟区土壤稀土总量（∑REE）为 166.04～345.93mg/kg，平均 242.20mg/kg；轻稀土总量（∑LREE）为 126.90～249.57mg/kg，平均 184.47mg/kg；重稀土总量（∑HREE）为 38.86～116.00mg/kg，平均 57.73 mg/kg。变异系数 CV 反应数据的离散程度，一般认为 CV≤10%为弱变异，10%＜CV≤100%为中等变异，CV≥100%为强变异。表 3-51 中数据表明稀土元素近似于弱变异，变异系数为 14.74%～22.90%。

在 16 种稀土元素中，Ce 的含量最高，平均为 90.51mg/kg，其次是 La 和 Y，分别为 42.27mg/kg 和 35.74mg/kg；Tm 的含量最低，平均为 0.51mg/kg；Lu 和 Tb 的含量略高，分别为 0.52mg/kg 和 0.96mg/kg。从总体看来，土壤稀土元素含量从高到低为：Ce＞La＞Y＞Nd＞Sc＞Pr＞Sm＞Gd＞Dy＞Er＞Yb＞Eu＞Ho＞Tb＞Lu＞Tm。与全国土

壤（A 层）背景值比较，浓香烤烟土壤稀土元素总量、轻稀土元素总量、重稀土元素总量平均值均大于全国土壤，且 16 种稀土元素平均值及变幅范围普遍大于全国土壤平均水平。稀土元素在土壤中分布不均匀，其含量服从 Oddo-Harkins（奥多 - 哈根斯）规则，即：原子序数为偶数的元素，其丰度要比相邻奇数元素的丰度大，如 Dy 的原子序数为 66，其含量（5.74mg/kg）大于原子序数分别为 65 和 67 的元素 Tb(0.96mg/kg)和 Ho(1.17mg/kg)。

3.6.2　浓香型产区稀土元素概率分布类型

从表 3-52 和图 3-38 中可以看出，所有稀土元素均为正态分布。

3.6.3　浓香型产区稀土元素的分布模式及分馏

在表生环境下，随温度、湿度、酸度等的增强，矿物质的化学分解作用、淋溶和元素的迁移也随之增强，稀土元素的赋存状态也发生改变，从而引起分馏（陈莹等，1999）。Boynton(1984)提出以球粒陨石丰度值为标准物质，用图示法来说明稀土元素的分布模式，即：将土壤样品中的稀土元素含量除以球粒陨石中各稀土元素丰度值，得到标准化数据，并以标准化数据的对数为纵轴，按原子序数为横轴作图。稀土元素的分布模式可以反映所研究样品相对于原始地球稀土组成的地球化学分异作用。

表 3-51　浓香型烟区土壤稀土元素含量的基本统计量

稀土元素	浓香型烟区					全国土壤背景值	
	平均值 /(mg/kg)	最小值 /(mg/kg)	最大值 /(mg/kg)	标准差 /(mg/kg)	变异系数 /%	平均值 /(mg/kg)	范围值 /(mg/kg)
Sc	12.59	6.74	18.90	2.72	21.59	11.1	5.52~20.17
La	42.27	29.60	59.50	6.77	16.01	39.7	18.50~75.30
Y	35.74	23.40	76.80	8.18	22.90	22.9	11.40~41.60
Yb	3.37	2.05	6.58	0.69	20.51	2.44	1.25~4.32
Ce	90.51	60.60	136.00	17.77	19.63	68.4	33.00~126.60
Pr	9.32	6.54	12.50	1.38	14.86	7.17	3.11~14.30
Nd	34.54	24.20	47.30	5.35	15.50	26.4	13.00~48.40
Sm	6.61	4.53	9.27	1.11	16.75	5.22	2.53~9.65
Eu	1.22	0.83	1.58	0.18	14.74	1.03	0.52~1.86
Gd	6.12	4.04	9.26	1.20	19.59	4.6	2.31~8.30
Tb	0.96	0.67	1.66	0.18	18.40	0.63	0.25~1.33
Dy	5.74	3.75	10.80	1.13	19.62	4.13	2.08~7.43
Ho	1.17	0.77	2.25	0.23	19.77	0.87	0.44~1.56
Er	3.60	2.40	7.08	0.72	20.07	2.54	1.29~4.55
Tm	0.51	0.34	1.03	0.10	19.98	0.37	0.19~0.65
Lu	0.52	0.33	1.00	0.11	20.32	0.36	0.19~0.62
∑REE	242.20	166.04	345.93	39.84	16.45%	187.6	97.10~330.20
∑LREE	184.47	126.90	249.57	29.73	16.12%	143.2	74.00~253.30
∑HREE	57.73	38.86	116.00	12.06	20.88%	37.2	19.80~65.80

注：稀土总量(∑ REE)代表 La 到 Lu 以及 Y 的 15 个元素含量之和；轻稀土总量(∑ LREE)代表 La、Ce、Pr、Nd、Sm、Eu 含量之和；重稀土总量(∑ HREE)代表 Gd、Tb、Dy、Ho、Er、Tm、Yb、Lu、Y 含量之和。全国土壤背景值参照 1990 年中国环境监测总站出版的《中国土壤元素背景值》。

表 3-52　浓香型烟区稀土元素的参数估计及总体分布的 KS 检验结果

元素	正态分布			概率分布类型	95%置信区间
	μ	δ	Dn	(Dn<D0.05,51≈0.1884)	
Sc	12.59	2.72	0.12	正态	[11.82,13.35]
La	42.27	6.77	0.13	正态	[40.37,44.18]
Y	35.74	8.18	0.13	正态	[33.44,38.04]
Yb	3.37	0.69	0.15	正态	[3.18,3.57]
Ce	90.51	17.77	0.13	正态	[85.52,95.51]
Pr	9.32	1.38	0.09	正态	[8.93,9.71]
Nd	34.54	5.35	0.09	正态	[33.03,36.04]
Sm	6.61	1.11	0.10	正态	[6.30,6.92]
Eu	1.22	0.18	0.06	正态	[1.17,1.27]
Gd	6.12	1.20	0.14	正态	[5.78,6.45]
Tb	0.96	0.18	0.12	正态	[0.91,1.01]
Dy	5.74	1.13	0.10	正态	[5.43,6.06]
Ho	1.17	0.23	0.10	正态	[1.11,1.24]
Er	3.60	0.72	0.12	正态	[3.40,3.81]
Tm	0.51	0.10	0.15	正态	[0.48,0.54]
Lu	0.52	0.11	0.13	正态	[0.49,0.55]

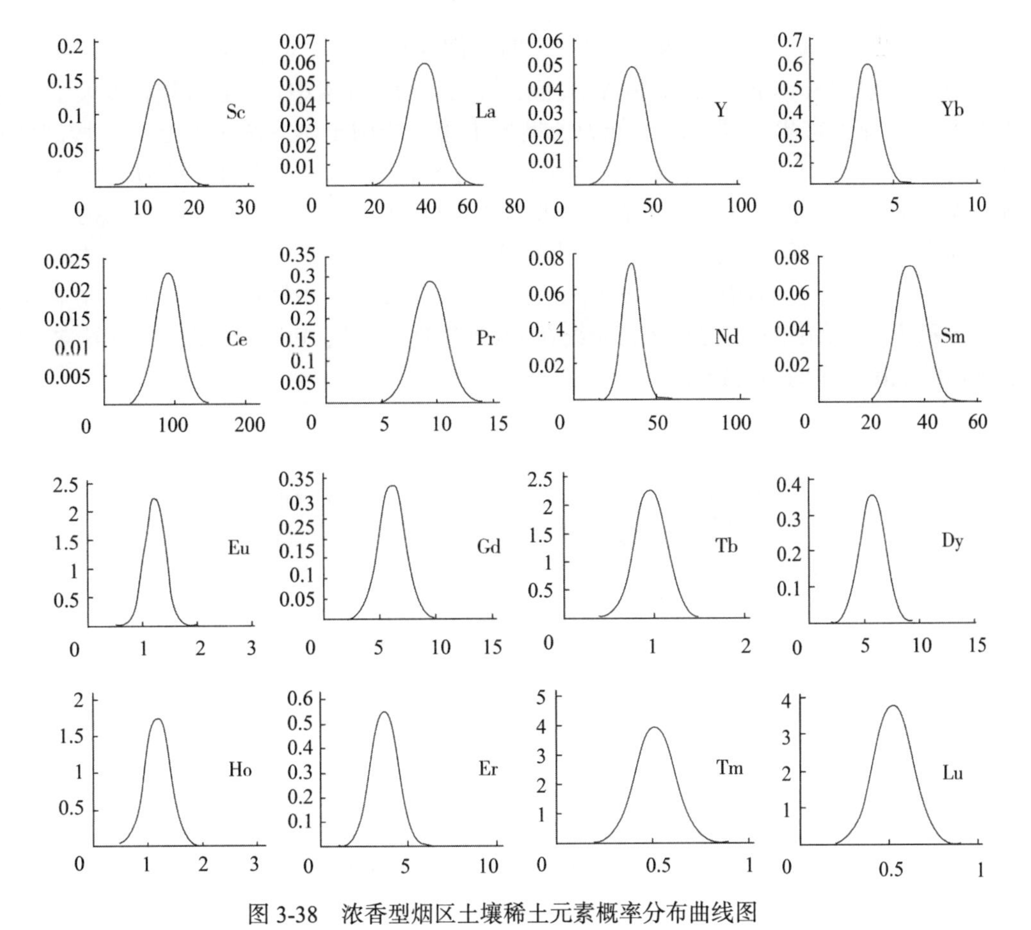

图 3-38　浓香型烟区土壤稀土元素概率分布曲线图

表 3-53 中 LREE/HREE 是轻稀土与重稀土的比值，反映轻重稀土元素之间的分馏程度，若 LREE/HREE≥1，说明轻稀土元素富集，若 LREE/HREE＜1，说明重稀土元素富集。$(La/Sm)_N$ 反映轻稀土元素之间的分馏程度，该值越大，轻稀土元素越富集；$(Gd/Yb)_N$ 反映重稀土元素之间的分馏程度，该值越小，重稀土元素越富集。δ（Ce）与 δ（Eu）分别表示 Ce、Eu 的异常程度，若 δ（Ce）＞1.05，Ce 为正异常，δ（Ce）＜0.95，Ce 为负异常，δ（Eu）＞1.05，Eu 为正异常，δ（Eu）＜0.95，Eu 为负异常。

表 3-53　浓香型烟区土壤稀土元素特征值

特征值	浓香型烟区	全国	世界
LREE/HREE	3.20	3.85	2.44
$(La/Sm)_N$	4.02	4.78	5.59
$(Gd/Yb)_N$	1.46	1.52	1.08
δ(Ce)	1.10	0.98	0.72
δ(Eu)	0.59	0.64	0.72

注：$(La/Sm)_N$ 是 La 与 Sm 球粒陨石标准化值的比值，即 $[(La)_S/(La)_C]/[(Sm)_S/(Sm)_C]$，$(Gd/Yb)_N$ 是 Gd 与 Yb 球粒陨石标准化值的比值，即 $[(Gd)_S/(Gd)_C]/[(Yb)_S/(Yb)_C]$，式中 S 为土壤样品中的稀土元素含量，S 为球粒陨石中的稀土元素含量。$\delta(Ce)=(Ce)_N/[(La)_N(Pr)_N]^{1/2}$，$\delta(Eu)=(Eu)_N/[(Sm)_N(Gd)_N]^{1/2}$。全国土壤背景值、世界土壤中值均参照 1990 年中国环境监测总站出版的《中国土壤元素背景值》。

由表 3-53 可知，LREE/HREE＞1，说明烤烟区轻重稀土发生分馏作用，轻稀土有富集现象，$(La/Sm)_N$ 值大于 $(Gd/Yb)_N$ 值，说明轻稀土元素中各元素分馏程度大于重稀土元素。轻稀土富集程度从高到低为：世界土壤＞全国土壤＞浓香型烟区。烤烟区 δ（Ce）为 1.10，大于 1.05，为弱的正异常；全国土壤 δ（Ce）接近 1，近似无异常；世界土壤 δ（Ce）小于 0.95，为负异常。烤烟区 δ（Eu）为 0.59，为负异常，说明 Eu 元素有损失，全国土壤和世界土壤 Eu 也均为负异常。从图 3-39 中也可以看出，浓香型烟区土壤中稀土元素分布曲线向右倾斜，为轻稀土富集型，其中轻稀土元素的曲线稍微陡峭，重稀土元素的曲线非常平缓，曲线在 Eu 处呈现“谷”，Eu 有亏损，呈负异常，Ce 有微弱的积累，呈弱的正异常。

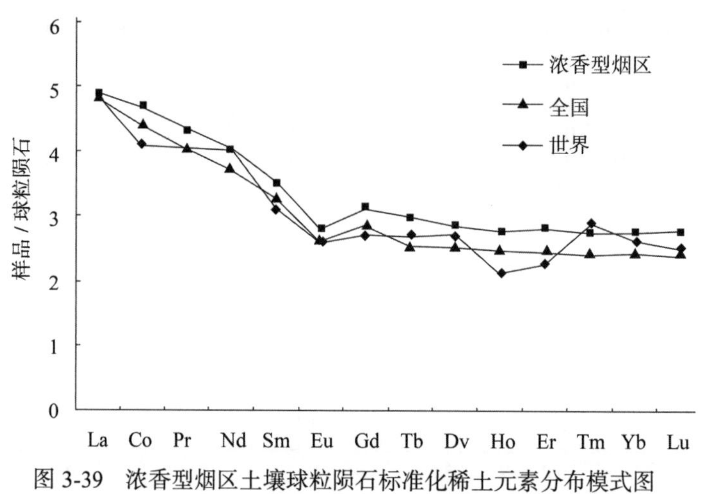

图 3-39　浓香型烟区土壤球粒陨石标准化稀土元素分布模式图

不同的气候环境，稀土元素的分馏程度不同，特别是在我国南方高温多雨地区，化学风化强烈，硅酸盐类矿物强烈分解，硅和盐基遭到淋失，铁铝等氧化物有明显聚积，黏粒和次生矿物不断形成，轻稀土元素从稀土组分元素中分馏出来，并向黏粒中富集(丁维新等，1990)，使轻稀土元素的富集。Eu 负异常主要是由于 Eu 有二价离子和三价离子，在湿热的还原环境中，三价 Eu 被还原为二价离子，活性较强的二价离子易被淋洗而与其他稀土元素三价阳离子分异，使 Eu 的负异常；Ce 的正异常主要是由于 Ce 有三价离子和四价离子，在氧化环境中，三价 Ce 被氧化成稳定的四价离子，从而易被黏土表面强烈吸附，在原地被保存下来（黄镇国等，1996）。

3.6.4　稀土元素含量在浓香型产区地域之间的差异

湖南省∑REE 为 168.01～346.39mg/kg，平均 250.83mg/kg，变异系数 18.66%，近似于弱变异，其中∑LREE 平均为 192.25mg/kg，∑HREE 平均为 59.94mg/kg，Ce 的含量最高，为 98.35mg/kg，Tm 的含量最低，平均为 0.54mg/kg。河南省∑REE 为 210.99～247.75mg/kg，平均 222.25mg/kg，变异系数 5.34%，弱变异。其中∑LREE 平均为 168.31 mg/kg，∑HREE 平均为 53.94mg/kg，Ce 的平均含量为 79.27mg/kg，Tm平均含量为 0.47mg/kg。广东省∑REE 为 209.10～313.95mg/kg，平均 276.71mg/kg，变异系数 15.30%，近似于弱变异；其中∑LREE 平均为 211.50mg/kg，∑HREE 平均为 65.20mg/kg，Ce 平均值为 101.42mg/kg，Tm 平均值为 0.51mg/kg。江西省∑REE 为 239.88～298.63mg/kg，平均 262.50mg/kg，变异系数 31.62%，中等变异；其中∑LREE 平均为 198.39mg/kg，∑HREE 平均为 64.11mg/kg，Ce 平均值为 94.80mg/kg，Tm 平均值为 0.51mg/kg。安徽省∑REE 为 165.95～259.55mg/kg，平均 224.54mg/kg，变异系数 13.59%，近似于弱变异；其中∑LREE 平均为 172.45mg/kg，∑HREE 平均为 52.08mg/kg，Ce 平均含量为 82.72mg/kg，Tm 平均含量为 0.45mg/kg。

由上述分析可知，稀土总量、轻稀土总量均为：广东＞江西＞湖南＞安徽＞河南，重稀土总量为：广东＞江西＞湖南＞河南＞安徽，16 种稀土元素中除 Yb、Er、Tm、Lu 外，其余稀土元素也均以广东为最高。经方差分析表明，稀土总量、轻稀土总量在不同省份之间存在显著差异，重稀土总量差异不显著，稀土元素 La、Pr 也存在显著差异，Sc、Ce、Nd、Sm、Gd 存在极显著差异，Y、Yb、Eu、Tb、Dy、Ho、Er、Tm、Lu 在不同省份之间差异不显著。经观察发现，不同省份之间差异显著的元素 Ce、La、Nd、Sc、Pr、Sm、Gd 正是土壤中稀土元素含量大小排序靠前的元素。由此可见，元素含量越高，其在不同省份间的差异越明显，而轻稀土总量在不同省份之间的显著性差异可能与 La、Ce、Pr、Nd、Sm 均为轻稀土元素有关。

表 3-54 多重比较结果表明，广东、江西及湖南的稀土总量、轻稀土总量均显著高于河南和安徽，河南与安徽之间差异不显著。广东 Sc 和 Ce 含量均显著高于江西、河南、安徽，湖南显著高于河南和安徽，江西显著高于安徽，其中 Ce 的含量江西也显著高于河南。广东 Pr 和 Sm 含量均显著高于湖南、河南、安徽，江西显著高于安徽，其中 Pr 的含量江西也显著高于河南。广东和江西 Gd 含量显著高于河南、安徽、湖南。广东 Nd 含量显著高于江西、河南、安徽、湖南四省，江西显著高于河南、安徽及湖南。La 在不同省份之间的含量差异规律与稀土总量和轻稀土总量相同。

表 3-54 不同省份间稀土元素含量的多重比较

稀土元素	Sc	La	Y	Yb	Ce	Pr	Nd	Sm	Eu	Gd
含量高低次序	广东	广东	广东	湖南	广东	广东	广东	广东	广东	广东
	(15.64) a	(47.84) a	(40.60) a	(3.66) a	(101.42) a	(11.06) a	(41.72) a	(8.10) a	(1.37) a	(7.72) a
	湖南	江西	江西	江西	湖南	江西	江西	江西	江西	江西
	(13.67) ab	(44.87) b	(40.43) a	(3.35) a	(96.57) ab	(10.38) ab	(39.53) b	(7.51) ab	(1.30) a	(7.31) a
	江西	湖南	湖南	广东	江西	湖南	河南	河南	河南	河南
	(13.00) bc	(44.18) b	(37.23) a	(3.34) a	(94.80) b	(9.26) bc	(33.68) c	(6.59) bc	(1.24) a	(5.98) b
	河南	安徽	河南	河南	安徽	河南	安徽	湖南	湖南	安徽
	(11.51) cd	(39.83) c	(32.96) a	(3.18) a	(82.72) c	(8.95) c	(33.57) c	(6.37) bc	(1.20) a	(5.82) b
	安徽	河南	安徽	安徽	河南	安徽	湖南	安徽	安徽	湖南
	(10.18) d	(38.57) c	(32.09) a	(3.05) a	(79.27) c	(8.95) c	(33.44) c	(6.25) c	(1.13) a	(5.70) b

稀土元素	Tb	Dy	Ho	Er	Tm	Lu	ΣREE	ΣLREE	ΣHREE
含量高低次序	广东	广东	广东	湖南	湖南	湖南	广东	广东	广东
	(1.11)a	(6.34)a	(1.26)a	(3.87)a	(0.54)a	(0.56)a	(276.71)a	(211.50)a	(65.20)a
	江西	江西	湖南	广东	广东	广东	江西	江西	江西
	(1.05)a	(6.06)a	(1.26)a	(3.77)a	(0.51)a	(0.52)a	(262.50)a	(198.39)a	(64.11)a
	湖南	湖南	江西	江西	江西	江西	湖南	湖南	湖南
	(0.97)a	(6.04)a	(1.23)a	(3.65)a	(0.51)a	(0.51)a	(252.30)a	(191.01)a	(60.17)a
	河南	河南	河南	河南	河南	河南	安徽	安徽	河南
	(0.93)a	(5.45)a	(1.10)a	(3.38)a	(0.47)a	(0.49)a	(224.54)b	(172.45)b	(53.94)a
	安徽	安徽	安徽	安徽	安徽	安徽	河南	河南	安徽
	(0.86)a	(5.08)a	(1.04)a	(3.22)a	(0.45)a	(0.47)a	(222.25)b	(168.31)b	(52.08)a

注：括号中的数据为各稀土元素含量的平均值（单位：mg/kg）。针对某个元素，若任意两个省份所标注的字母完全不相同，则两个省份的稀土含量差异达到了 5% 的显著水平。

进一步比较样本量均大于 5 的 5 个区县植烟土壤中稀土元素含量，表明稀土总量、轻稀土总量均以江华为最高，南雄其次，江华极显著高于桂阳、宣州及襄城，南雄显著高于襄城，其中轻稀土总量南雄也显著高于宣州，重稀土总量差异不显著，Sc、Ce、Dy、Ho、Er、Tm、Lu、Yb 在不同区县之间存在极显著差异，Sm、Gd、Tb、Y 存在显著差异，说明浓香型烟区土壤稀土元素含量存在地域性差异。

3.6.5　稀土元素含量在浓香型产区土壤类型之间的差异

为了探讨不同类型土壤中稀土元素含量，对样本数相对较多的土壤类型（水稻土 26 个样，褐土 9 个样，潮土 6 个样）稀土元素含量进行统计分析可知，水稻土∑REE为 165.95～346.39mg/kg，平均 254.58mg/kg，变异系数 16.21%，近似于弱变异；∑LREE 平均为 193.39mg/kg，占全部稀土的 75.96%，∑HREE 平均为 61.19mg/kg。红壤∑REE 为 210.99～247.75mg/kg，平均 224.18mg/kg，变异系数 6.15%，为弱变异；∑LREE 平均为 169.52 mg/kg，占全部稀土的 75.62%，∑HREE 平均为 54.67 mg/kg。潮土∑REE 为 193.27～232.66mg/kg，平均 212.92mg/kg，变异系数 7.57%；∑LREE 平均为 163.37mg/kg，占全部稀土的 76.73%，∑HREE 平均为 49.55mg/kg。由表 3-55 可知，稀土总量、轻重稀土总量均为：水稻土＞褐土＞潮土。除元素 Sm、Eu 为：褐土＞水稻土＞潮土以外，其余元素均为：水稻土＞褐土＞潮土。经方差分析表明，稀土总量在不同土壤类型之间存在显著差异，轻稀土总量存在极显著差异，重稀土总量差异不明显，稀土元素 Sc、La 也存在显著差异，Ce 存在极显著差异。表 3-55 多重比较结果表明，水稻土稀土总量、轻稀土总量及元素 La、Ce 均显著高于褐土和潮土，而褐土与潮土之间差异不明显。水稻土 Sc 含量显著高于潮土，与褐土之间差异不显著，潮土与褐土之间也无显著差异。虽然水稻土与潮土、褐土之间存在显著差异，但潮土与褐土之间无显著差异，在某种程度上说明土壤类型并非影响稀土元素含量差异的主要原因，水稻土稀土元素含量显著高于潮土和褐土，可能是由于水稻土发育程度高于潮土和褐土。一般认为，发育程度越高的土壤，其他元素铁、铝、钙、镁、钾、钠等元素淋失得也越多，迁移能力相对较弱的稀土元素则相对富集。

朱其清等（1988）研究认为，由花岗岩发育的红壤稀土含量最高，玄武岩发育的红壤稀土含量有明显降低，砂岩发育的红壤稀土含量则最低。还有学者认为泥质岩中稀土含量最高，碳酸盐岩中稀土含量值最低，砂岩中介于两者之间（刘宁等，2009）。浓香型烟区水稻土的母质主要是石灰岩、页岩、河流冲积物；褐土的母质主要是黄土、黄土状母质、河流冲积物、砂岩；潮土的母质主要是河流冲积物。通过对浓香型烟区不同土壤类型稀土含量分析表明，稀土总量最高的是石灰岩发育的潴育型水稻土，最低的是河流冲积物发育的潴育型水稻土，同样是水稻土，但由不同母质发育而来的水稻土其稀土元素含量差异较大。

综合上述浓香型土壤稀土元素研究，可归纳如下：

浓香型烟区土壤稀土总量为 166.04～345.93mg/kg，平均 242.20mg/kg，高于全国土壤背景值平均水平，近似弱变异程度。其中含量最高的元素 Ce 平均为 90.51mg/kg，含量最低的元素 Tm 平均为 0.51mg/kg，元素含量从高到低为：Ce＞La＞Y＞Nd＞Sc＞Pr＞Sm＞Gd＞Dy＞Er＞Yb＞Eu＞Ho＞Tb＞Lu＞Tm。

表 3-55 不同土壤类型间稀土元素含量的多重比较

稀土元素	Sc	La	Y	Yb	Ce	Pr	Nd	Sm	Eu	Gd
含量高低次序	广东 (15.64)a	广东 (47.84)a	广东 (40.60)a	湖南 (3.66)a	广东 (101.42)a	广东 (11.06)a	广东 (41.72)a	广东 (8.10)a	广东 (1.37)a	广东 (7.72)a
	湖南 (13.67)ab	江西 (44.87)b	江西 (40.43)a	江西 (3.35)a	湖南 (96.57)ab	江西 (10.38)ab	江西 (39.53)b	江西 (7.51)ab	江西 (1.30)a	江西 (7.31)a
	江西 (13.00)bc	湖南 (44.18)b	湖南 (37.23)a	广东 (3.34)a	江西 (94.80)b	湖南 (9.26)bc	河南 (33.68)c	河南 (6.59)bc	河南 (1.24)a	河南 (5.98)b
	河南 (11.51)cd	安徽 (39.83)c	河南 (32.96)a	河南 (3.18)a	安徽 (82.72)c	河南 (8.95)c	安徽 (33.57)c	湖南 (6.37)bc	湖南 (1.20)a	安徽 (5.82)b
	安徽 (10.18)d	河南 (38.57)c	安徽 (32.09)a	安徽 (3.05)a	河南 (79.27)c	安徽 (8.95)c	湖南 (33.44)c	安徽 (6.25)c	安徽 (1.13)a	湖南 (5.70)b

稀土元素	Tb	Dy	Ho	Er	Tm	Lu	ΣREE	ΣLREE	ΣHREE
含量高低次序	水稻土 (0.99)a	水稻土 (6.04)a	水稻土 (1.24)a	水稻土 (3.81)a	水稻土 (0.54)a	水稻土 (0.55)a	水稻土 (254.58)a	水稻土 (193.39)a	水稻土 (61.19)a
	褐土 (0.94)a	褐土 (5.55)a	褐土 (1.12)a	褐土 (3.46)a	褐土 (0.48)a	褐土 (0.50)a	褐土 (224.18)b	褐土 (169.52)b	褐土 (54.66)a
	潮土 (0.83)a	潮土 (4.93)a	潮土 (1.00)a	潮土 (3.07)a	潮土 (0.43)a	潮土 (0.46)a	潮土 (212.92)b	潮土 (163.37)b	潮土 (49.55)a

注：括号中的数据为各稀土元素含量的平均值（单位：mg/kg）。针对某个元素，若任意两个省份所标注的字母完全不相同，则两个省份的稀土含量差异达到了 5% 的显著水平。

浓香型烟区土壤中 16 种稀土元素概率分布类型均为正态分布。

浓香型烟区轻重稀土发生分馏，轻稀土有富集现象，轻稀土元素中各元素分馏程度大于重稀土元素。浓香型烟区土壤稀土元素分布模式为轻稀土富集型，Eu 有亏损，呈负异常，Ce 有微弱积累，呈弱的正异常。

浓香型烟区稀土总量、轻重稀土总量高低次序均为：水稻土＞褐土＞潮土。除元素 Sm、Eu 为：褐土＞水稻土＞潮土以外，其余元素均为：水稻土＞褐土＞潮土，水稻土稀土总量、轻稀土总量及元素 La、Ce 均显著高于褐土和潮土，褐土与潮土之间差异不明显。水稻土 Sc 含量显著高于潮土，与褐土之间差异不显著，潮土与褐土之间也无显著差异。

浓香型烟区稀土总量最高的是石灰岩发育的潴育型水稻土，最低的是河流冲积物发育的潴育型水稻土。

广东、江西、湖南的稀土总量、轻稀土总量均显著高于河南和安徽，河南与安徽之间差异不显著，浓香型烟区土壤稀土元素含量存在地域性差异。

3.7　浓香型产区农业地质背景特征

随着对农学、土壤学及地质学的深入研究，国内学者发现许多优势农产品只限定于某一特定的区域内，这种特定的区域就是包括岩石类型、地球化学背景值、地形地貌等方面在内的农业地质背景条件的特定区域，这些因素综合作用的结果影响了农作物的产量和品质。因此，人们逐渐认识到各种地质背景对特色农业的存在及特色作物品质形成的决定性影响。目前关于烤烟产区的农业地质背景方面的研究文献还很少，而且理论体系也仍然处于探索之中。本节根据在烟区展开的土壤农业地质调查的第一手资料，对我国浓香型产区的农业地质背景特征进行初步分析，以期为阐明浓香型烟叶的生态形成机制提供依据。

3.7.1　浓香型产区的地质年代特征

地质年代是各种地质事件发生的时代，表征着各种地质作用和地史演化等。不同的地质年代内会形成不同的岩石地层，而岩石或地质体经过一系列地质作用，特别是风化作用和成土作用而最终演变成土壤层，进而影响到土壤中的作物生长。所以地质特征是农业地质背景研究中最基础的因素。因此首先研究浓香型的地质年代特征，地质年代是大空间尺度的地理因子，主要在 1:50 万地质图上提取调查点的地质年代，以探讨我国浓香型烟区的地质年代特征。

1. 浓香型产区的地质年代频率分布

表 3-56 列出了我国浓香型烟区的调查样点信息概况及调查样点的地质年代和岩石地层特征，从表中可以看出，浓香型烟区的地质年代跨度较大，主要有新生代、中生代和古生代。其中新生代为第四纪，第四纪中包括中更新世 Q_2、晚更新世 Q_3 和全新世 Q_4；中生代为白垩纪，白垩纪中主要为晚白垩世 K_2；古生代包括二叠纪、石炭纪、泥盆纪、二叠纪为早二叠世 P_1，石炭纪包括早石炭世 C_1 和晚石炭世 C_3，泥盆纪包括中泥盆世 D_2 和晚泥盆世 D_3。按地质年代类型所占样点数由多到少排列依次为古生代＞新生

代＞中生代，其中古生代的样点数为 19 个，所占比例最大，为 51%；新生代次之，其样点数为 13 个，占总数的 35%；中生代的样点数为 5 个，仅占总数的 14%。

表 3-56　浓香型烟区的基本信息及其地质年代和成土母岩类型

调查点	地理坐标	调查地点	地质年代	岩层单位	成土母岩
XC-01	N33°51′07.2″E113°24′37.2″	襄城县紫云镇黄柳村	第四纪中更新世 Q_2	中更新世	黄土状沉积物
XC-02	N33°51′25.2″E113°23′22.7″	襄城县紫云镇宁庄村	第四纪晚更新世 Q_3	上更新世	黄土状沉积物
XC-03	N33°48′20″E113°23′50.1″	襄城县紫云镇张庄村	第四纪晚更新世 Q_3	上更新世	黄土状沉积物
XC-04	N33°47′35″E113°23′47″	襄城县紫云镇张庄村	第四纪晚更新世 Q_3	上更新世	黄土状沉积物
XC-05	N33°55′34.6″E113°28′29″	襄城县十里铺乡二甲王村	第四纪全新世 Q_4	全新世	黄土状沉积物
XC-06	N33°57′28.4″E113°29′28.7″	襄城县王洛镇东村	第四纪全新世 Q_4	全新世	黄土状沉积物
XC-07	N34°00′18.8″E113°26′39″	襄城县王洛镇郭庄村	第四纪晚更新世 Q_3	上更新世	黄土状沉积物
XC-08	N34°01′08.6″E113°29′55.9″	襄城县王洛镇闫寨村	第四纪晚更新世 Q_3	上更新世	黄土状沉积物
XC-09	N33°59′19.8″E113°33′22.4″	襄城县汾陈乡玉河村	第四纪晚更新世 Q_3	上更新世	黄土状沉积物
XC-10	N33°59′09.9″E113°33′19.5″	襄城县汾陈乡大磨张村	第四纪全新世 Q_4	全新世	紫砂岩
XZ-01	N30°49′07.4″E118°39′40.4″	宣州县周五镇红洋村	第四纪中更新世 Q_2	戚家矶组	河流冲积物
XZ-02	N30°42′58.3″E118°45′49.2″	宣州县文昌镇沿河村	石炭纪早石炭世 C_1	金陵组	河流冲积物
XZ-03	N30°50′21.9″E118°28′55.9″	宣州县文昌镇福川村	第四纪晚更新世 Q_3	芜湖组	河流冲积物
XZ-04	N30°53′11.8″E118°31′26.4″	宣州县杨柳镇三长村	白垩系晚白垩世 K_2	赤山组	河流冲积物
XZ-05	N30°48′9.2″E118°52′03.4″	宣州县黄渡乡西扎村	白垩系晚白垩世 K_2	赤山组	河流冲积物
XZ-06	N30°49′02.0″E118°54′11.2″	宣州县黄渡乡安莲村	白垩系晚白垩世 K_2	赤山组	河流冲积物
XZ-07	N30°51′50.0″E118°55′27.7″	宣州县孙阜镇刘村	第四纪晚更新世 Q_3	芜湖组	河流冲积物
GY-01	N25°58′33.8″E112°48′13.7″	桂阳县洋市乡老屋村	石炭纪晚石炭世 C_3	壶天群	石灰岩
GY-02	N25°55′54.8″E112°46′44.8″	桂阳县洋市乡仁和村	石炭纪晚石炭世 C_3	壶天群	石灰岩
GY-03	N25°52′20.1″E112°47′44.1″	桂阳县樟市桐木村	二叠纪早二叠世 P_1	孤峰组	白云岩
GY-04	N25°48′57.8″E112°45′03.7″	桂阳县樟市甫二村	石炭纪晚石炭世 C_3	壶天群	石灰岩
GY-05	N25°46′03″E112°41′35.9″	桂阳县仁义乡梧桐村	泥盆纪晚泥盆世 D_3	锡矿山组	石灰岩
GY-06	N25°52′06.9″E112°40′31.9″	桂阳县银河乡长江村	白垩系晚白垩世 K_2	罗镜滩组	石灰岩
GY-07	N25°58′25.6″E112°38′36.4″	桂阳县和平镇白杜村	石炭纪晚石炭世 C_3	壶天群	石灰岩
GY-08	N25°48′37.2″E112°30′53.1″	桂阳县余田乡山塘村	泥盆纪晚泥盆世 D_3	锡矿山组	石灰岩
GY-09	N25°43′58″E112°33′51″	桂阳县浩塘乡大留村	石炭纪早石炭世 C_1	马栏边灰岩	白云岩
GY-10	N25°44′05.7″E112°34′03.2″	桂阳县浩塘乡大留村	石炭纪早石炭世 C_1	马栏边灰岩	白云岩
GY-11	N25°51′45.1″E112°40′50.8″	桂阳县银河乡潭池村	白垩系晚白垩世 K_2	罗镜滩组	板页岩
GY-12	N25°59′02.5″E112°26′28.9″	桂阳县板桥乡板桥村	泥盆纪晚泥盆世 D_3	榴江组	紫色页岩
JH-01	N24°57′58.8″E111°27′25.4″	江华县白芒营二坎村	泥盆纪中泥盆世 D_2	黄公塘组	石灰岩
JH-02	N24°57′58.1″E111°28′14.5″	江华县白芒营住郎圹村	泥盆纪晚泥盆世 D_3	锡矿山组	石灰岩
JH-03	N24°53′20.8″E111°29′49.1″	江华县大石桥镇大祖角	泥盆纪晚泥盆世 D_3	欧家冲组	石灰岩
JH-04	N24°49′45.8″E111°31′09.9″	江华县清圩乡三门寨	泥盆纪晚泥盆世 D_3	锡矿山组	石灰岩
JH-05	N24°48′23.5″E111°30′35″	江华县清圩镇八田洞	石炭纪早石炭世 C_1	马栏边灰岩	石灰岩
JH-06	N24°51′19″E111°30′26.5″	江华县大石乡砾口村	泥盆纪晚泥盆世 D_3	欧家冲组	石灰岩
JH-07	N24°59′01.8″E111°31′28.9″	江华县大路铺五洞村	泥盆纪中泥盆世 D_2	黄公塘组	石灰岩
JH-08	N24°08′09.4″E111°29′09.0″	江华县沱江村白竹塘村	泥盆纪晚泥盆世 D_3	跳马涧组	石灰岩

从岩石地层的角度来看，浓香型烟区的岩石地层包括戚家矶组、金陵组、芜湖组、赤山组、壶天群、孤峰组、锡矿山组、马栏边组、罗镜滩组、榴江组、黄公塘组、欧家

冲组和跳马涧组等十三种。

2. 地质年代特征与烟叶香型分异

目前还没有足够多的烟叶质量数据，还难以考究地质年代对浓香型烟叶风格特征分异有无影响，在这里只是简单地对比一下浓香型和清香型的地质年代类型。

如图 3-40 所示，浓香型和清香型的地质年代类型跨度均较大，前者覆盖了新生代、中生代和古生代中的五个纪、九个世。清香型的地质年代跨度更大，覆盖了新生代、中生代、古生代、新元古代和中元古代中的十个纪、十二个世。浓香型烟区较更多地分布在新生代和古生代上，而清香型烟区更集中分布在中生代上。总体来看，两种香型烟区的地质年代跨度覆盖范围较大，并交叉重叠，没有显著的分异性。这可能是由于土壤成土过程中受到地质、气候、水文和植被等多种因素的共同作用，所以地质年代对烟叶品质的影响不明显，不是烟叶香型分异的主导因素；另外，地质作用常常与气候、地貌等相关因子结合，因此烟区自然地理条件的影响也是导致地质年代和烟叶香型关系不明显的因素之一。

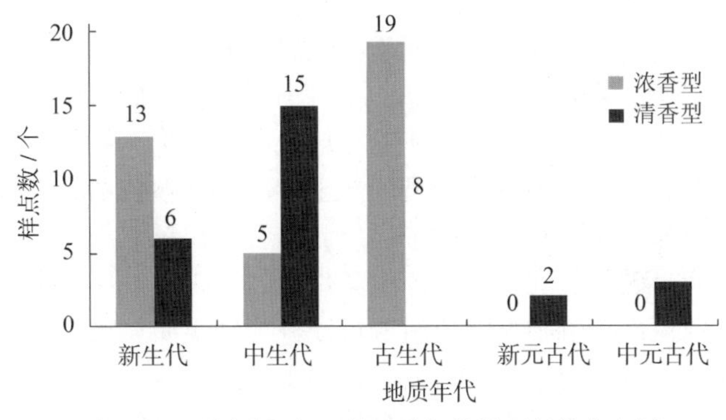

图 3-40　不同香型烟区的地质年代类型频数分布图

3.7.2　浓香型烟叶产区的成土母岩母质特征

成土母岩是形成土壤的物质基础，年轻土壤的一些性质主要是继承母质的，即使最古老的土壤也残留着母质的影响。在一定的地理区域内，其他成土条件相似的情况下，母质对土壤理化性质、土壤肥力及土壤类型的分异上起着重要的作用，进而影响到土壤中作物的产量和品质。在不同作物产区调查时，要充分研究成土母质的特征状况。本节根据野外地质背景剖面（从母岩—土壤层），分析浓香型的成土母岩特征及差异。

从表 3-56 中可以看出，我国浓香型烟区的成土母岩类型主要包括碳酸钙含量较高的沉积岩、黏土岩类沉积岩、碎屑类沉积岩和河流沉积物。其中碳酸钙含量较高的沉积岩主要包括石灰岩、白云岩和黄土状沉积物三种；黏土岩类沉积岩主要包括紫色页岩和板页岩；碎屑岩类沉积岩为紫砂岩。从不同浓香型烟区的成土母岩比例图（图 3-41）可以看到，所选取的烟田样点数中，石灰岩样点数为 15 个，约占 41%；白云岩样点数为 3 个，约占 8%；黄土状沉积物的样点数为 9 个，约占 24%；所以碳酸盐型的成土母岩比例约占总数的 73%。紫色页岩样点数为 1 个，约占 3%；板页岩的样点数为 1 个，约占 3%；黏土岩类比例约占总数的 6%；紫砂岩的样点数为 1 个，约占 3%；河流冲积物的样点数为 7 个，约占 19%。由以上分析可知，浓香型烟区碳酸盐型的成土母岩的样点数所占比例最大，河流冲积物次之，而紫色页岩、板页岩和紫砂岩最小。

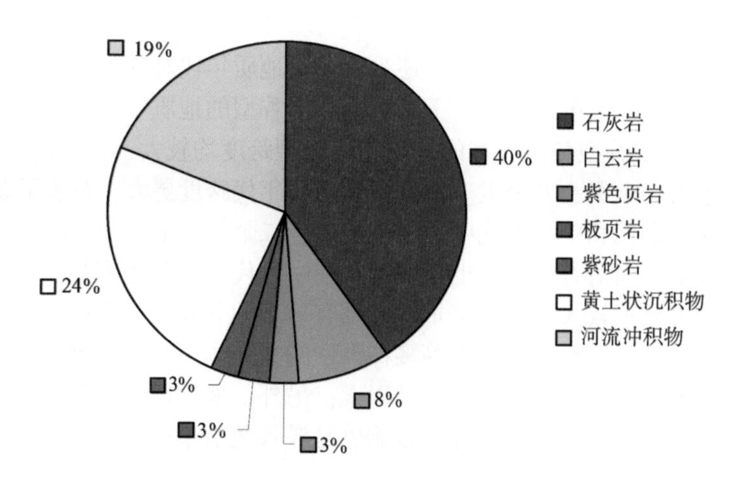

图 3-41　浓香型烟区的成土母岩类型的比例图

碳酸盐型母岩中的石灰岩和白云岩属于沉积岩中的化学岩，主要矿物成分为方解石和白云石等碳酸盐矿物，在温带湿润地区，化学风化和生物活动较强，主要发生溶解、碳酸化作用，风化作用快，属于易风化矿物，风化产物黏细，黏粒含量相对较高；而碳酸盐型母岩中的黄土状沉积物为碳酸盐型的成土母质，其颗粒主要以粉粒为主，质地黏细；紫色页岩和板页岩属于沉积岩中的细粒岩，岩石颗粒较细，黏土矿物含量高，吸水膨胀，失水收缩，容易破碎，在适宜的环境条件下岩石碎块进一步化学风化，这时形成的风化产物黏重；河流冲积物根据物质组成可以分为砂质冲积物、壤质冲积物和黏质冲积物，在野外的调查中发现宣州的河流冲积物质地较细，粉粒和黏粒含量也相对较高。总体来看，浓香型烟区的成土母岩的岩石颗粒小，形成的风化产物黏粒含量高，并且黏粒均较细。而母质特征对土壤发育及其性状都有着直接的影响，发育在上述母质上的土壤质地细，保水能力强，养分状况良好，有机质含量高，富含钙质，水分渗透性差，淋洗强度小，盐基离子迁移速度慢。

综合而言，不同烟叶产区农业地质背景与烟叶风格特色的形成相关性较小，地质年代跨度大，成土母质较为多样，与香型之间多有交叉和重叠，不存在明显的分异，在浓香型产区之间与烟叶香韵表现吻合度也较低。

第4章　气候因素与烟叶质量特色的关系

气候因素是影响烟叶风格特色形成的关键因素。气候因素包括温度、光照、降水等多项因子，对烟叶质量特色有不同的影响，并且烟草不同生长发育阶段各气候因子的影响程度也不相同，明确烟草不同生长发育阶段各气候因子对烟叶质量风格各项指标的影响，筛选与烟叶香型特征、烟气特征、香韵特征及质量特征密切相关的影响因子，对于通过烟草合理布局充分利用气候条件和通过栽培措施调控烟草生长，充分彰显烟叶特色，提高烟叶质量水平有重要意义。为有效探索气候因素与烟叶风格特色和质量的关系，本研究采用了如下方法，即首先对浓香型产区代表性样点气候数据与烟叶样品进行对应相关分析，再采用控制试验对关键气候因子进一步筛选，对作用效应进行验证，并探索作用机理。

4.1　浓香型不同产区气候因素与烟叶质量特色的关系

4.1.1　不同生态区气候与烟叶风格特征的关系

特色烟叶是在特定的生态条件下所形成的。为了深入分析气候条件与浓香型烟叶特色形成的关系，从全国 57 个浓香型产区采集烟叶感官质量数据，对其和 49 个气候指标进行相关分析，如表 4-1 所示（杨军杰等，2015）。可以看出，浓香型显示度、烟气沉溢度与成熟期日均温、成熟期日均地温、>20℃积温、最高温>30℃天数等呈极显著正相关，特别是与成熟期日均温和最高温>30℃天数相关系数较大，表明烟叶成熟期温度条件与浓香型风格的形成和彰显密切相关，浓香型风格的彰显不仅需要成熟期有较高的温度，而且需要达到一定的强度并持续一定的天数。图 4-1、图 4-2 和图 4-3 进一步表示了烟叶浓香型显示度和沉溢度与成熟期日均温和成熟期日最高温>30℃天数的关系，典型浓香型烟叶的形成一般需要成熟期日均温达到 25℃以上，成熟期日最高温>30℃天数在 35d 以上；成熟期日均温度低于 24.5℃，成熟期日最高温>30℃天数少于 25d 时，浓香型风格特色难于充分彰显。

浓香型显示度和沉溢度与成熟期昼夜温差等指标表现为显著负相关（图 4-9），这可能与夜温较低有关。浓香型特征还与光照时数表现为负相关关系，这可能与一些浓香型典型性较低的产区温度较低但光照时数较长有关，说明温度条件可能对浓香型特征的彰显起决定作用，温度条件得不到满足时，较长的光照时数并不能使浓香型特征充分表达。

表 4-1　浓香型烟叶风格特征与气候条件的相关系数

指标		香型	香气状态			香韵特征		
		浓香型显示度	烟气沉溢度	烟气浓度	劲头	焦甜香	焦香	正甜香
日均温/℃	伸根期	−0.15	−0.05	0.23	0.09	−0.73**	0.37**	0.27*
	旺长期	0.02	0.11	0.37**	0.24	−0.71**	0.47**	0.13
	成熟期	0.77**	0.79**	0.63**	0.51**	0.30*	0.44**	−0.81**
	全生育期	0.33*	0.43**	0.54**	0.41**	−0.42**	0.56**	−0.26
>10℃积温/℃	伸根期	−0.13	−0.02	0.18	−0.01	−0.64**	0.23	0.26
	旺长期	−0.07	0.01	0.16	0.12	−0.57**	0.32*	0.18
	成熟期	0.13	0.16	0.07	0.15	0.08	0	−0.15
	全生育期	−0.05	0.06	0.23	0.16	−0.61**	0.28*	0.18
>20℃积温/℃	伸根期	−0.2	−0.09	0.11	−0.14	−0.54**	0.13	0.38**
	旺长期	0	0.1	0.30*	0.19	−0.66**	0.44**	0.15
	成熟期	0.62**	0.63**	0.46**	0.46**	0.29*	0.31*	−0.68**
	全生育期	0.37**	0.47**	0.53**	0.39**	−0.35**	0.51**	−0.27*
>20℃天数/d	伸根期	−0.26*	−0.15	0.08	−0.12	−0.62**	0.16	0.36**
	旺长期	−0.04	0.02	0.18	0.17	−0.57**	0.34**	0.14
	成熟期	0	0.05	−0.07	−0.01	0.12	−0.07	−0.06
	全生育期	−0.18	−0.05	0.11	0.02	−0.62**	0.24	0.27*
最高温>30℃天数	成熟期	0.84**	0.78**	0.60**	0.65**	0.38**	0.41**	−0.82**
地表日均温/℃	伸根期	−0.31*	−0.23	0.1	0.03	−0.82**	0.30*	0.42**
	旺长期	−0.17	−0.09	0.23	0.13	−0.81**	0.40**	0.31*
	成熟期	0.56**	0.54**	0.41**	0.39**	0.21	0.40**	−0.66**
	全生育期	0.05	0.12	0.32*	0.26*	−0.60**	0.51**	−0.01
昼夜温差/℃	伸根期	−0.38**	−0.38**	−0.02	0.06	−0.79**	0.13	0.53**
	旺长期	−0.17	−0.22	0.09	0.24	−0.63**	0.18	0.34**
	成熟期	−0.50**	−0.54**	−0.31*	−0.22	−0.50**	−0.19	0.65**
	全生育期	−0.38**	−0.41**	−0.08	0.03	−0.70**	0.05	0.55**
光照时数/h	伸根期	−0.29*	−0.22	0.15	0.06	−0.79**	0.19	0.41**
	旺长期	−0.21	−0.18	0.04	0.11	−0.60**	0.18	0.33*
	成熟期	−0.62**	−0.59**	−0.38**	−0.24	−0.49**	−0.27*	0.62**
	全生育期	−0.46**	−0.41**	−0.09	−0.03	−0.77**	0.04	0.56**
降水量/mm	伸根期	0.25	0.23	−0.1	−0.18	0.67**	−0.21	−0.33*
	旺长期	0.12	0.13	−0.19	−0.22	0.60**	−0.27*	−0.28*
	成熟期	0.16	0.14	−0.22	−0.09	0.73**	−0.24	−0.33*
	全生育期	0.2	0.19	−0.2	−0.16	0.78**	−0.27*	−0.36**
总云量/成	伸根期	0.17	0.17	−0.01	−0.13	0.33*	−0.16	−0.17
	旺长期	−0.12	−0.09	−0.1	−0.02	−0.26	0.07	0.14
	成熟期	−0.19	−0.21	−0.34**	−0.11	0.17	−0.34**	0.17
	全生育期	−0.13	−0.13	−0.33*	−0.17	0.17	−0.32*	0.12
气压/hPa	伸根期	0.61**	0.65**	0.45**	0.32*	0.45**	0.31*	−0.74**
	旺长期	0.60**	0.64**	0.42**	0.31*	0.46**	0.31*	−0.74**
	成熟期	0.56**	0.62**	0.45**	0.30*	0.36**	0.35**	−0.68**
	全生育期	0.57**	0.63**	0.46**	0.26	0.35**	0.29*	−0.64**

续表

指标		香型	香气状态			香韵特征		
		浓香型显示度	烟气沉溢度	烟气浓度	劲头	焦甜香	焦香	正甜香
平均相对湿度/%	伸根期	0.42**	0.37**	0.03	0.06	0.78**	−0.08	−0.57**
	旺长期	−0.02	−0.03	−0.30*	−0.39**	0.66**	−0.35**	−0.17
	成熟期	0.22	0.22	0.17	0.28*	0.12	0.31*	−0.31*
	全生育期	0.25	0.22	−0.05	−0.06	0.66**	−0.11	−0.41**
平均风速/(m/s)	伸根期	−0.01	0.02	0.08	0.26*	−0.16	0.13	−0.04
	旺长期	0.05	0.07	0.14	0.31*	−0.13	0.15	−0.08
	成熟期	0.1	0.11	0.12	0.24	0.03	0.06	−0.17
	全生育期	0.08	0.09	0.14	0.28*	−0.06	0.11	−0.13

注： * 代表相关关系在 α=0.05 水平上显著，** 代表相关关系在 α=0.01 水平上显著，下同。

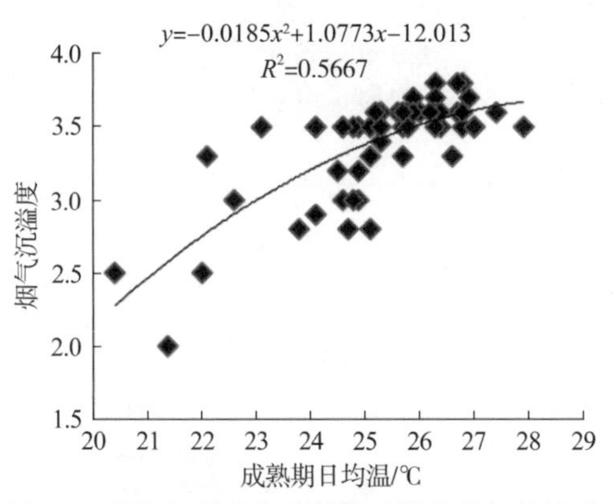

图 4-1　烟气沉溢度与成熟期日均温的相关关系

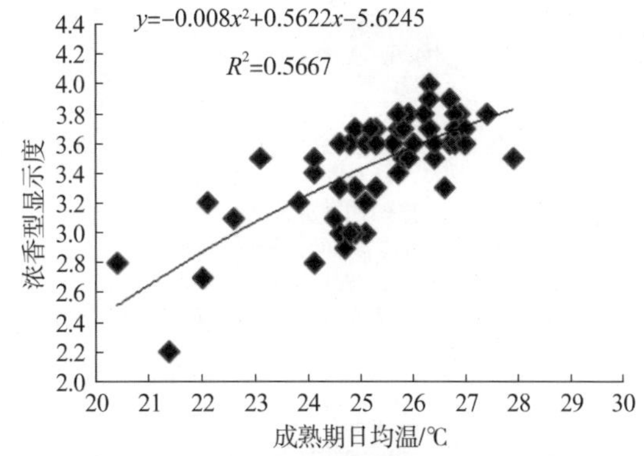

图 4-2　浓香型显示度与成熟期日均温的相关关系

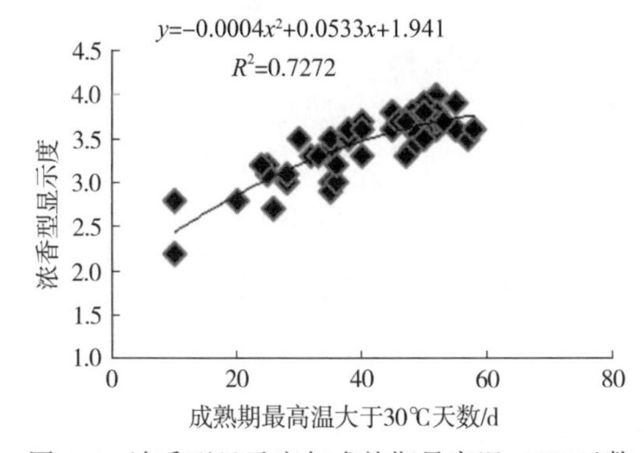

图 4-3　浓香型显示度与成熟期最高温>30℃天数的相关关系

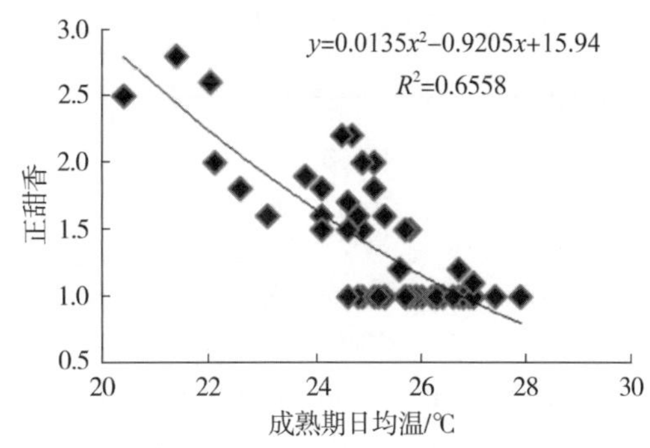

图 4-4　正甜香与成熟期日均温的相关关系

焦甜香和焦香是浓香型烟叶的典型香韵。从表 4-1 中可以看出，焦甜香与多个气候指标的相关关系达到极显著水平，尤其与各个时期的降水量均达到极显著的正相关关系（图 4-6 和图 4-7）。这可能是因为较多的降水有利于烟叶后期氮素调亏，有利于烟叶焦甜香风格的彰显。焦香与旺长期日均温和成熟期日均温呈极显著的正相关关系。

正甜香是中间香型的典型香韵特征，一般来说，正甜香香韵的凸显往往伴随着浓香

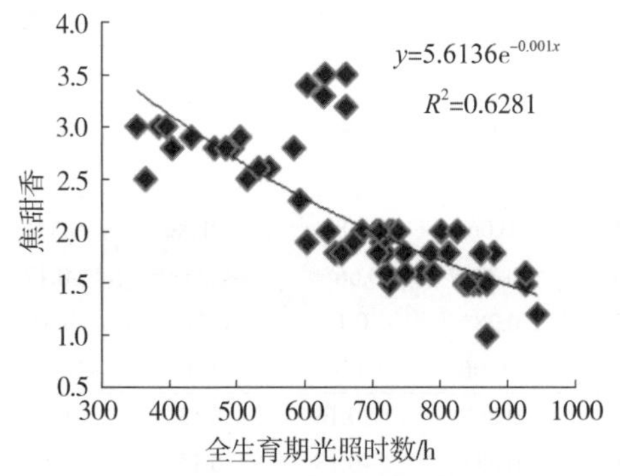

图 4-5 焦甜香与全生育期光照时数的相关关系

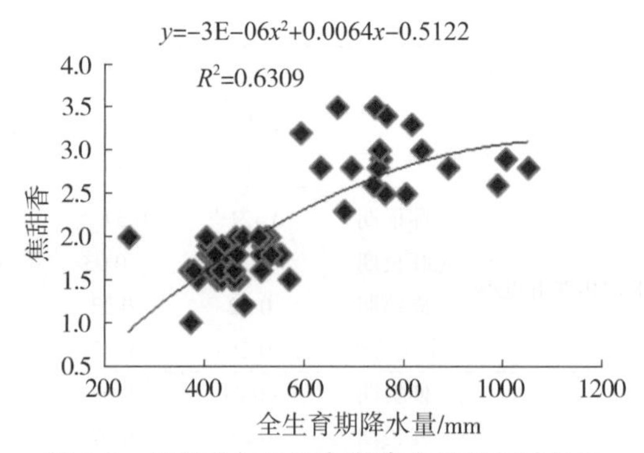

图 4-6 焦甜香与全生育期降水量的相关关系

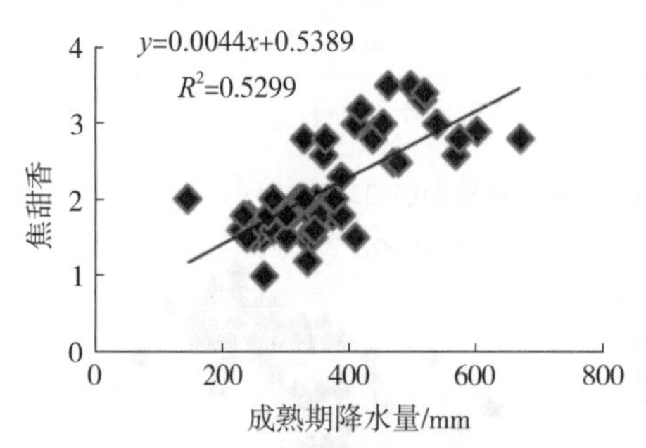

图 4-7 焦甜香与成熟期降水量的相关关系

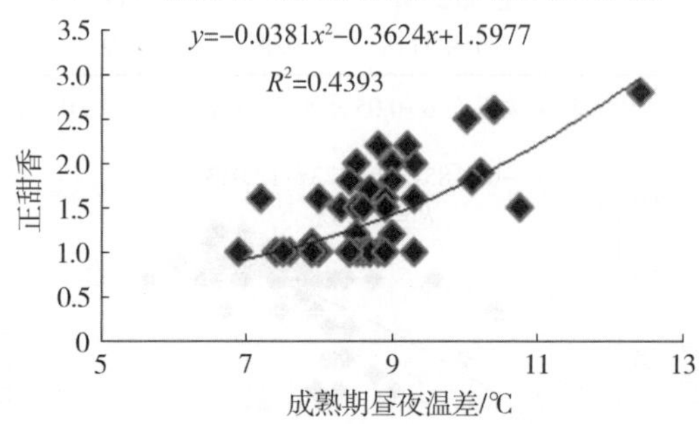

图 4-8 正甜香与成熟期昼夜温差的相关关系

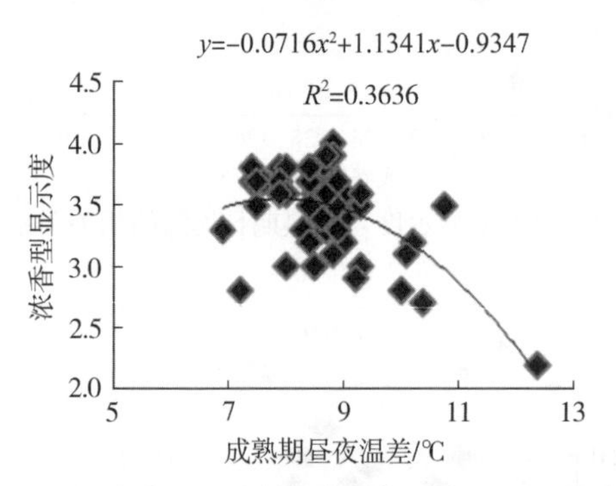

图 4-9 浓香型显示度与成熟期昼夜温差的相关关系

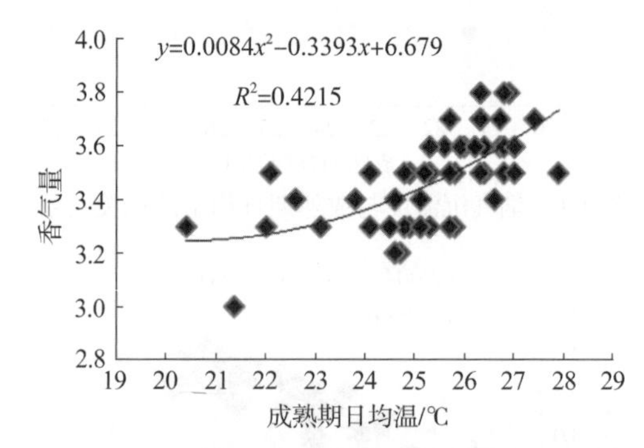

图 4-10 香气量与成熟期日均温的相关关系

型典型性的减弱。可以看出，正甜香与成熟期日均温和各个时期的昼夜温差分别达到极显著的负相关关系和极显著的正相关关系（图 4-4 和图 4-8），尤其与成熟期日均温的相关系数达到了−0.81，说明烟叶正甜香的决定因素是成熟期较低的温度和较大的昼夜温差，这与浓香型显示度呈现相反规律。

4.1.2 不同生态区气候与烟叶品质特征的关系

气候因子中的温度、光照、水分等对烟草的生长和品质影响很大。由表 4-2 和图 4-10 可知，香气量与成熟期日均温和成熟期>20℃积温呈极显著的正相关关系，相关系数分别为 0.67 和 0.50，这可能是因为后期较高的温度有利于叶内同化物质的积累和转化，有利于增加烟叶的香气物质。烟叶细腻度和柔和度与成熟期日均温和成熟期>20℃积温呈极显著的负相关关系，这可能是因为成熟期较高的温度和较大的积温会使烟叶的烟碱含量增加，进一步使烟叶评吸时的细腻度和柔和度降低。

表 4-2　浓香型烟叶品质特征与气候条件的相关系数

指标		香气特性		烟气特性			口感特性	
		香气质	香气量	杂气	细腻度	柔和度	刺激性	余味
日均温/℃	伸根期	−0.09	0.01	0.28*	−0.21	−0.19	−0.15	−0.23
	旺长期	−0.1	0.15	0.37**	−0.34**	−0.33*	−0.16	−0.22
	成熟期	−0.11	0.67**	0.43**	−0.47**	−0.59**	0.07	0.14
	全生育期	−0.13	0.39**	0.51**	−0.46**	−0.49**	−0.05	−0.09
>10℃积温/℃	伸根期	−0.14	−0.08	0.24	−0.22	−0.13	−0.19	−0.26*
	旺长期	−0.11	0.01	0.26*	−0.1	−0.17	−0.09	−0.25
	成熟期	−0.16	0.07	0.2	−0.26	−0.15	0.06	0.02
	全生育期	−0.19	0	0.37**	−0.28*	−0.24	−0.11	−0.24
>20℃积温/℃	伸根期	0.11	−0.18	0.05	0.06	0.06	−0.13	−0.11
	旺长期	−0.11	0.08	0.33*	−0.22	−0.26	−0.14	−0.27*
	成熟期	−0.18	0.50**	0.41**	−0.47**	−0.48**	0.08	0.14
	全生育期	−0.15	0.36**	0.49**	−0.44**	−0.47**	−0.06	−0.09
>20℃天数/d	伸根期	−0.08	−0.19	0.19	−0.04	−0.01	−0.16	−0.2
	旺长期	−0.14	0.07	0.28*	−0.13	−0.18	−0.12	−0.23
	成熟期	−0.23	−0.14	0.18	−0.08	−0.04	0.05	−0.09
	全生育期	−0.22	−0.13	0.34**	−0.13	−0.12	−0.14	−0.28*
最高温>30℃天数	成熟期	−0.03	0.71**	0.25	−0.52**	−0.59**	−0.03	0.21
地表日均温/℃	伸根期	−0.14	−0.12	0.23	−0.19	−0.15	−0.17	−0.29*
	旺长期	−0.19	0	0.32*	−0.29*	−0.28*	−0.2	−0.33*
	成熟期	−0.33*	0.51**	0.38**	−0.46**	−0.52**	0.05	0.02
	全生育期	−0.33*	0.18	0.46**	−0.42**	−0.44**	−0.1	−0.27*
昼夜温差/℃	伸根期	−0.08	−0.2	0.09	−0.2	−0.15	−0.17	−0.29*
	旺长期	−0.04	−0.01	0.03	−0.34**	−0.28*	−0.15	−0.2
	成熟期	0.04	−0.43**	−0.29*	0.06	0.15	−0.17	−0.17
	全生育期	−0.04	−0.24	−0.05	−0.17	−0.1	−0.18	−0.24
光照时数/h	伸根期	−0.16	−0.17	0.36**	−0.21	−0.2	−0.16	−0.33*
	旺长期	−0.14	−0.07	0.21	−0.07	−0.16	−0.07	−0.26*
	成熟期	−0.16	−0.46**	0.12	0.03	0.13	0.05	−0.21
	全生育期	−0.19	−0.29*	0.28*	−0.1	−0.09	−0.07	−0.32*
降水量/mm	伸根期	0.11	0.04	−0.23	0.16	0.21	0.06	0.22
	旺长期	0.04	−0.05	−0.08	0.30*	0.28*	0.19	0.25
	成熟期	0.04	−0.02	−0.14	0.12	0.13	0.02	0.32*
	全生育期	0.07	−0.01	−0.18	0.18	0.2	0.07	0.32*
总云量/成	伸根期	0.04	−0.01	−0.11	0.04	0.14	−0.1	0.08
	旺长期	−0.07	−0.07	0.09	0.09	0.04	0.02	−0.14
	成熟期	0.11	−0.19	−0.28*	0.14	0.31*	0.03	0.14
	全生育期	0.07	−0.2	−0.23	0.18	0.34**	−0.02	0.07
气压/hPa	伸根期	−0.23	0.43**	0.49**	−0.28*	−0.43**	0.11	0.03
	旺长期	−0.25	0.42**	0.49**	−0.29*	−0.44**	0.12	0.01

续表

指标		香气特性		烟气特性			口感特性	
		香气质	香气量	杂气	细腻度	柔和度	刺激性	余味
气压/hPa	成熟期	−0.26	0.40**	0.54**	−0.29*	−0.44**	0.1	−0.03
	全生育期	−0.19	0.37**	0.43**	−0.29*	−0.38**	0.09	0.02
平均相对湿度/%	伸根期	0.08	0.26*	−0.1	0.05	0.05	0.13	0.30*
	旺长期	0.07	−0.17	−0.21	0.40**	0.42**	0.1	0.21
	成熟期	−0.14	0.1	0.2	−0.2	−0.25	−0.05	−0.05
	全生育期	0.07	0.07	−0.1	0.1	0.13	0.08	0.22
平均风速/(m/s)	伸根期	−0.11	0.15	0.37**	−0.1	−0.23	0.03	−0.07
	旺长期	−0.05	0.2	0.39**	−0.1	−0.25	0.07	−0.01
	成熟期	−0.01	0.25	0.32*	−0.05	−0.19	0.09	0.09
	全生育期	−0.05	0.22	0.37**	−0.08	−0.23	0.08	0.02

4.1.3 不同生态区气候与烟叶化学成分含量的关系

对不同生态区气候指标与烟叶常规化学成分进行相关分析，由表 4-3 可知，钾和氯含量与气候因素相关性较大。钾含量与多个温度指标呈极显著负相关，其中与旺长期日均温的相关性最大，相关系数为−0.76，与各个时期降水量呈极显著正相关（图 4-11～图 4-14）。但需要指出的是，温度对钾含量可能不是直接影响。一些高温区如河南豫中产区降水偏少、土壤干旱、土壤 pH 偏高等，造成了土壤钾素有效性降低和吸收减少。即在一定范围内，随降水量增加，烟叶钾含量增加，但当降水量过多时，土壤中的钾容易淋失，导致烟叶钾含量降低。氯含量与各个时期降水量呈极显著负相关。

表 4-3 浓香型烟叶化学成分与气候特征的相关系数

指标		还原糖/%	钾/%	氯/%	烟碱/%	总氮/%	总糖/%
日均温/℃	伸根期	−0.27*	−0.72**	0.35**	−0.01	0.25	−0.21
	旺长期	−0.35**	−0.76**	0.48**	0.03	0.27*	−0.29*
	成熟期	−0.13	−0.13	0.38**	0.17	−0.05	−0.07
	全生育期	−0.30*	−0.69**	0.53**	0.03	0.15	−0.2
>10℃积温/℃	伸根期	−0.17	−0.62**	0.18	−0.04	0.18	−0.14
	旺长期	−0.25	−0.60**	0.47**	−0.08	0.18	−0.23
	成熟期	0	−0.04	−0.06	−0.17	−0.03	0.12
	全生育期	−0.22	−0.68**	0.35**	−0.18	0.17	−0.14
>20℃积温/℃	伸根期	−0.02	−0.52**	0.02	−0.13	0.12	−0.02
	旺长期	−0.33*	−0.73**	0.48**	−0.02	0.22	−0.30*
	成熟期	−0.08	−0.08	0.21	0.05	−0.06	0.03
	全生育期	−0.27*	−0.65**	0.46**	−0.02	0.13	−0.17
>20℃天数/d	伸根期	−0.06	−0.60**	0.1	−0.12	0.14	−0.03
	旺长期	−0.28*	−0.57**	0.51**	0.01	0.22	−0.30*
	成熟期	0.03	0.05	−0.22	−0.17	−0.08	0.14
	全生育期	−0.17	−0.64**	0.24	−0.14	0.17	−0.11
地表日均温/℃	伸根期	−0.29*	−0.70**	0.34**	0	0.30*	−0.23
	旺长期	−0.37**	−0.74**	0.44**	0.04	0.33*	−0.30*

续表

指标		还原糖/%	钾/%	氯/%	烟碱/%	总氮/%	总糖/%
地表日均温/℃	成熟期	−0.26	−0.02	0.2	0.33*	0.11	−0.16
	全生育期	−0.41**	−0.67**	0.44**	0.13	0.30*	−0.28*
昼夜温差/℃	伸根期	−0.16	−0.60**	0.43**	−0.21	0.23	−0.08
	旺长期	−0.22	−0.48**	0.49**	−0.12	0.23	−0.13
	成熟期	−0.01	−0.13	0.06	−0.22	0.11	−0.05
	全生育期	−0.13	−0.45**	0.35**	−0.2	0.21	−0.09
最高温>30℃天数/d	成熟期	−0.09	0.34**	0.13	−0.12	−0.04	−0.09
光照时数/h	伸根期	−0.16	−0.72**	0.38**	−0.14	0.19	−0.06
	旺长期	−0.15	−0.58**	0.47**	−0.19	0.18	−0.1
	成熟期	0.02	−0.16	−0.05	−0.28*	0.15	0.13
	全生育期	−0.11	−0.59**	0.33*	−0.25	0.21	−0.01
降水量/mm	伸根期	0.09	0.66**	−0.51**	0.23	−0.15	−0.01
	旺长期	0.25	0.53**	−0.36**	0.06	−0.21	0.12
	成熟期	0.25	0.55**	−0.44**	−0.02	−0.29*	0.25
	全生育期	0.22	0.65**	−0.51**	0.08	−0.26*	0.17
总云量/成	伸根期	0.04	0.39**	−0.40**	0.16	−0.09	−0.08
	旺长期	−0.07	−0.19	0.32*	−0.12	0.05	−0.13
	成熟期	0.17	0.32*	−0.32*	−0.21	−0.09	0.14
	全生育期	0.11	0.35**	−0.29*	−0.15	−0.1	0.01
气压/hPa	伸根期	0.02	−0.02	0.09	0.12	−0.13	0.13
	旺长期	0.02	0	0.08	0.12	−0.13	0.14
	成熟期	−0.01	−0.11	0.11	0.11	−0.1	0.12
	全生育期	0.04	−0.12	0.08	0.05	−0.11	0.16
平均相对湿度/%	伸根期	0.09	0.63**	−0.32*	0.24	−0.2	0.02
	旺长期	0.30*	0.67**	−0.63**	0.09	−0.23	0.21
	成熟期	−0.07	−0.12	0.13	0.09	−0.08	−0.02
	全生育期	0.15	0.54**	−0.37**	0.16	−0.22	0.1
平均风速/(m/s)	伸根期	0	−0.25	0.42**	−0.06	−0.01	0.04
	旺长期	0.01	−0.25	0.45**	−0.07	−0.01	0.06
	成熟期	0.09	−0.12	0.37**	−0.07	−0.08	0.11
	全生育期	0.04	−0.19	0.41**	−0.05	−0.03	0.07

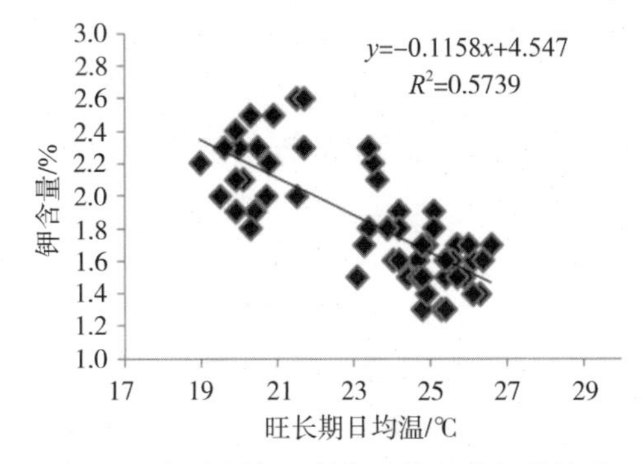

图 4-11　钾含量与旺长期日均温的相关关系

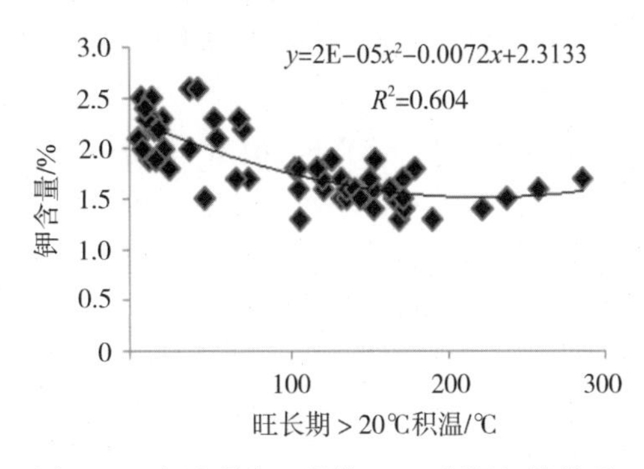

图 4-12　钾含量与旺长期>20℃积温相关关系

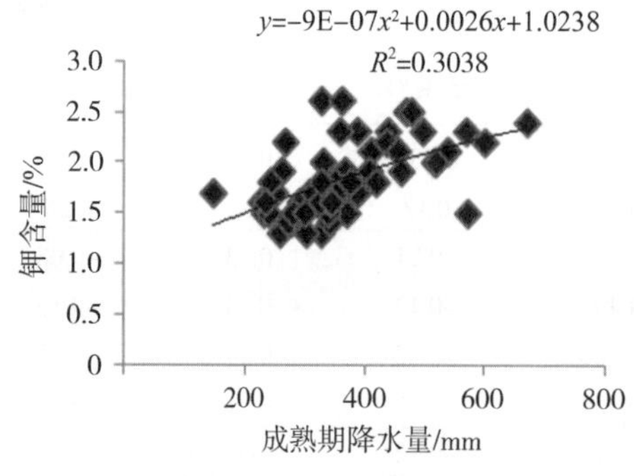

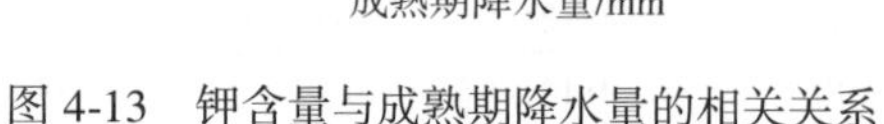

图 4-13　钾含量与成熟期降水量的相关关系

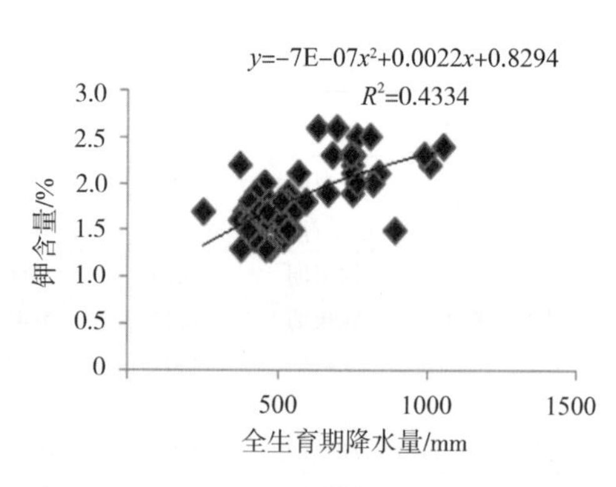

图 4-14　钾含量与全生育期降水量的相关关系

综合上述研究结果可知，烤烟成熟期温度对烟叶质量极为重要，在 20～28℃时，烟叶内在质量呈现随着成熟期日均温升高而升高的趋势。浓香型显示度和烟气沉溢度均与成熟期日均温呈极显著的正相关关系，即成熟期较高的平均温度是我国浓香型产区所共有的气候特征，是烤烟浓香型风格形成的重要生态条件之一。形成典型浓香型烟叶的一般需要成熟期日均温达到25℃以上，且成熟期日最高温>30℃天数在 35d 以上。成熟期日均温度低于 24.5℃，成熟期日最高温>30℃天数少于 25d 时，浓香香型风格特色显著弱化。焦甜香与烟草生长发育阶段的降水量，特别是成熟期降水量，均达到极显著的正相关关系。在皖南特定的气候条件下，土壤因素对焦甜香风格烟叶的形成起关键作用。这是因为砂壤土有利于减少后期氮素供应，促进成熟期烟叶成熟和物质降解转化。降水量与焦甜香呈正相关关系，表明充足的降水量有利于实现砂壤土烟叶在后期的氮素调亏，有利于烟叶焦甜香风格的彰显。正甜香是中间香型的典型香韵特征，一般来说，正甜香香韵的凸显往往伴随着浓香型典型性减弱。正甜香与成熟期日均温和各个时期的昼夜温差分别达到极显著负相关和极显著正相关，说明烟叶正甜香的决定因素是成熟期较低的温度和较大的昼夜温差。

气候因子中的温度、光照、水分等对烟草的生长和品质影响很大。后期较高温度有利于叶内同化物质的积累和转化，有利于提高烟叶的香气物质含量。烟叶钾含量与多个温度指标呈极显著负相关关系，与各个时期降水量呈极显著正相关关系。在一定范围内，降水量增加，烟叶钾含量增加。但当降水量过多，土壤中的钾容易淋失，烟株对土壤中钾素的利用率降低，导致烟叶钾含量降低。氯含量与各个时期降水量呈极显著负相关，这可能因为降水量较多时水溶性氯易因淋溶而耗失。

4.2　移栽期光温调节效应及其与烟叶质量特色关系

气候条件是影响作物生长发育、产量和质量的主要生态因素，也是时空分布差异最大的自然生态因素。我国浓香型产区气候条件存在显著的季节变化特征，烟草移栽期的变化和调整直接影响不同生长发育阶段的光、温、水等气候资源的配置，进而影响烟叶的质量特色。通过设置不同移栽期研究不同气候因素对烟叶质量特色的影响有利于排除土壤因素和减少栽培因素的影响，有效筛选出对烟叶特定风格特色起关键作用的气候因子。

4.2.1　不同产区浓香型烟叶移栽期对光温的调节及其与质量特色的关系

不同产区浓香型烟叶风格特色在具有共性的基础上又具有不同的特点，按照浓香型产区光、温、水生态因子的差异，浓香型产区分为华南、皖南、赣中、豫中豫南、豫西陕南鲁东等气候生态类型区。不同生态区烟叶风格品质的共性和个性差异主要是由气候条件的共同性和差异性造成的。在诸多生态因素中，气候因素是造成烟叶质量风格差异的主要生态学外因。现有较多有关个别地区关于气候特点和植烟适宜性的研究，贺升华等（2001）和黄中艳等（2009）先后提出了云南烤烟气候适宜性区划指标；王彦亭、谢剑平等（2010）认为成熟期日平均气温≥24℃天数至少维持 30d 以上，伸根期、旺长期和成熟期月降水量分别以 80～100mm、100～200mm 和 100mm 为优。但目前烤烟气候区划都停留在种植气候适宜性分区上，而对于气候特征和烟叶风格特色的关系研究较少。烟叶质量包括外观质量、物理性状、化学成分、评吸质量、安全性等方面，卷烟作为吸食品，更注重感官品质和风格特色。移栽期是优质烤烟生产的关键因素，通过调整移栽期，可以改变不同生育期温度、光照、降水等微气候条件，进而影响烟叶的质量特色。目前有关移栽期方面的研究多集中在移栽期对烟叶生长发育和产量质量的影响（黄一兰等，2001；刘德玉等，2007；王建伟等，2011）。本书选择浓香型不同生态区内国家烟草专卖局特色优质烟叶开发重大专项所确定的部分 A 类产区，通过设置移栽期试验，使烟叶不同生长发育阶段处于不同的光温条件下，进而研究移栽期对气候的调节效应及气候与烟叶质量特色的关系，旨在为探索浓香型风格形成机理奠定基础。

所选取的代表浓香型不同生态区的 6 个代表性的县分别为广东南雄、江西广昌、安徽宣城、河南襄县、山东诸城和陕西洛南，试验品种为 K326。2010～2013 年从各县选择土壤健康、肥力均匀具有代表性的地块设置移栽期试验，成熟采收后按照当地最优调制方法烘烤，各地块选择 C3F 等级的烟叶 3kg 作为样品用来进行分析和感官评吸。

移栽期试验各地均设置 5～6 个水平（表 4-4），以 7 日或 10 日为间隔，以当地推荐移栽期为中间水平。分别选取广东南雄、安徽宣城、江西广昌、河南襄县襄城、山东诸城和陕西洛南分别作为五个气候类型区的典型代表。分别在各产区烟田安装田间小气候观测站，并结合各地区气象局气象数据采集到连续性和完整性较好的 2010～2013 年气象数据，包括温度、降水和光时等指标进行分析（杨园园等，2015）。

表 4-4　不同浓香型亚区移栽期设置

产区	处理 1	处理 2	处理 3	处理 4	处理 5	处理 6
华南（广东南雄）	02-15	02-25	03-06	03-16	03-26	—
赣中（江西广昌）	02-18	02-25	03-02	03-09	03-16	—
皖南（安徽宣城）	03-08	03-15	03-22	03-29	04-05	—
豫中（河南襄县）	04-14	04-22	05-02	05-11	05-22	06-01
鲁东（山东诸城）	04-21	05-01	05-11	05-21	05-31	—
陕南（山西洛南）	05-01	05-08	05-16	05-24	05-30	—

1. 浓香型典型产区不同移栽期对各生育时期气候配置的影响

1）不同移栽期对各生育时期日均温的影响

从图 4-15 中可以看出，不同产区烟叶不同生育期平均温度随移栽期的变化十分明显。随着移栽期的推迟，6 个产区伸根期和旺长期的平均温度均逐渐增加，但不同产区成熟期日均温度则呈现不同的变化趋势，南方产区成熟期日均温随移栽期的推迟仍逐渐增加，北方产区则逐渐减小，襄城县、诸城和洛南分别从 5 月 2 日、5 月 21 日和 5 月 16 日以后移栽，成熟期的平均温度小于旺长期的平均温度。这 3 个地区移栽较晚的处理伸根期和旺长期的平均温度差异较小。

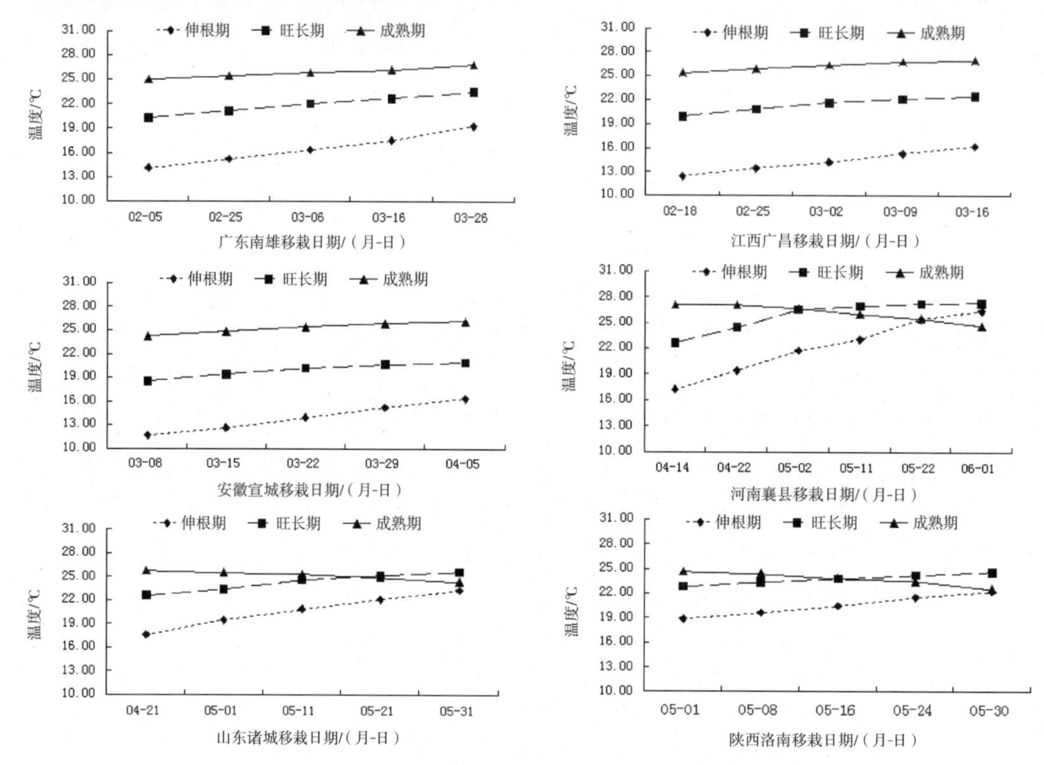

图 4-15　浓香型产区不同生育期平均温度随移栽期调整的变化

2）不同移栽期对各生育期气温日较差的影响

由图 4-16 可知，南方产区 3 个生育期的气温日较差小于北方产区。南方产区伸根期日较差最小，旺长期和成熟期加大；北方产区则表现为伸根期较大，成熟期变小。随着移栽期的变化，南方产区 3 个生育期的气温日较差变化较小；北方产区旺长期的气温日较差有明显降低的趋势。南雄伸根期气温日较差较小，旺长期和成熟期差异不大；广昌气温日较差旺长期>成熟期>伸根期；宣城和襄县襄县成熟期的气温日较差较小，分别于 3 月 29 日和 4 月 22 日以后移栽，伸根期的气温日较差大于旺长期；诸城和洛南的气温日较差为伸根期>旺长期>成熟期；可以看出，随着产区向西北移动，伸根期的气温日较差加大。随着移栽期的变化，南方产区三个生育期的气温日较差变化较小；北方产区旺长期的气温日较差有明显降低的趋势，且襄县降低最多；伸根期和成熟期的变化不明显。

3）不同移栽期对各生育时期有效积温的影响

由图 4-17 可知，南方产区伸根期和旺长期>10℃有效积温小于北方产区。6 个产区伸根期和南方产区旺长期的有效积温随着移栽期的推迟逐渐升高。不同的移栽期和不同的烟区，成熟期有效积温的数值差异不大，这表明烟叶要完成成熟落黄需要达到一定的积温。

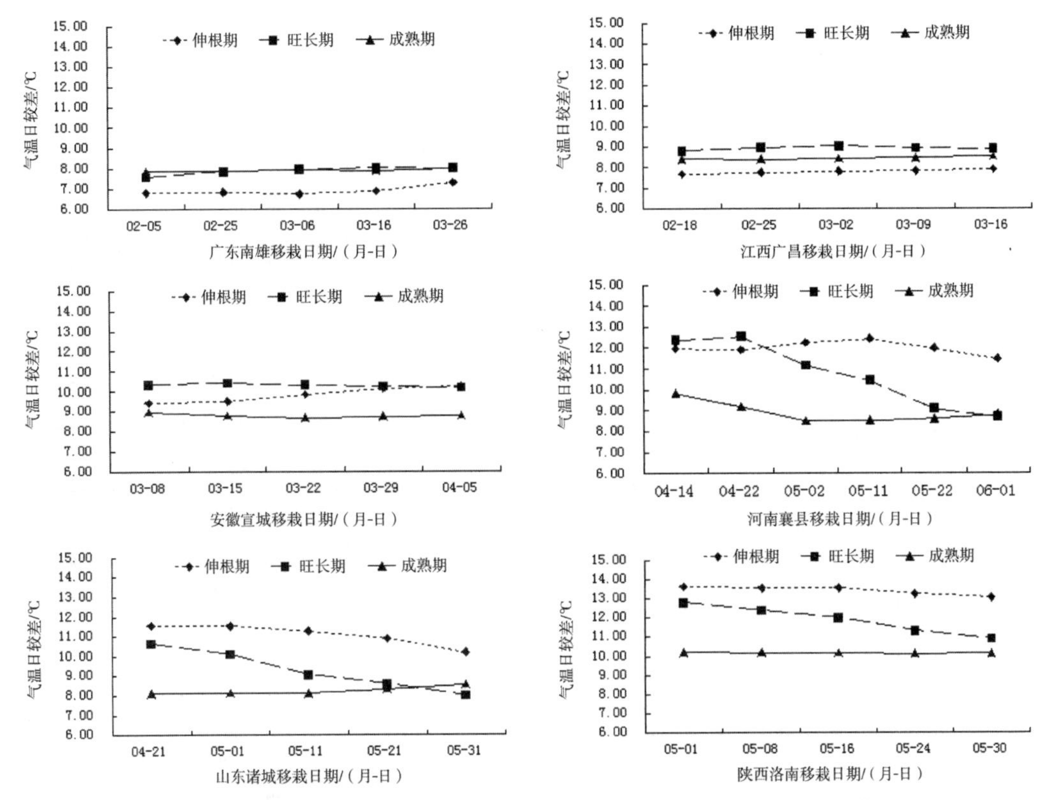

图 4-16 不同浓香型产区不同生育期气温日较差随移栽期调整的变化

4) 不同移栽期对各生育时期降水量的影响

烟叶不同生育期对水分的要求不同，伸根期较少降水有利于根系的发育，旺长期充足的水分才能满足烟叶生长发育的需要，而成熟期则要有适当的降水和充足的光照才能使烟叶成熟落黄。由图 4-18 可知，北方产区伸根期和旺长期的降水量较小，且两个时期的降水量相近。南雄和广昌烟叶的伸根期降水量较大，这对烟叶根系的发育不利。由图可知，除了南雄的旺长期和成熟期以及广昌的烟叶的成熟期降水量随着移栽期的推迟有略微减小的趋势外，其他地区的各生育时期降水量均没有明显的变化，这可能由于降水具有偶然性，每年各地区降水情况均不相同。

5) 不同移栽期对各生育时期日照时数的影响

由图 4-19 可知，南方产区各生育时期的日照时数小于北方产区，其中南雄和广昌光照时数较短，伸根期和旺长期均不足100h，诸城光照时数较长，在伸根期最早移栽的处理光照时数也在 200h 以上。所有产区都表现为成熟期光照时数最长，伸根期和旺长期较短，特别是南方产区更为突出。日照时数受云量等因素的综合影响。南雄旺长期、安徽成熟期日照时数随移栽期的改变略微有增大的趋势，河南襄县成熟期光照时数在移栽过晚时表现减少。洛南、陕南伸根期和旺长期有减小的趋势外，其他地区的各生育时期规律不明显。

2. 浓香型典型产区不同移栽期对烟叶质量特色的影响

1) 不同移栽期对烟叶风格特色的影响

由表 4-5 可知，随着移栽期的推迟，南方产区浓香型显示度、烟气沉溢度以及烟气

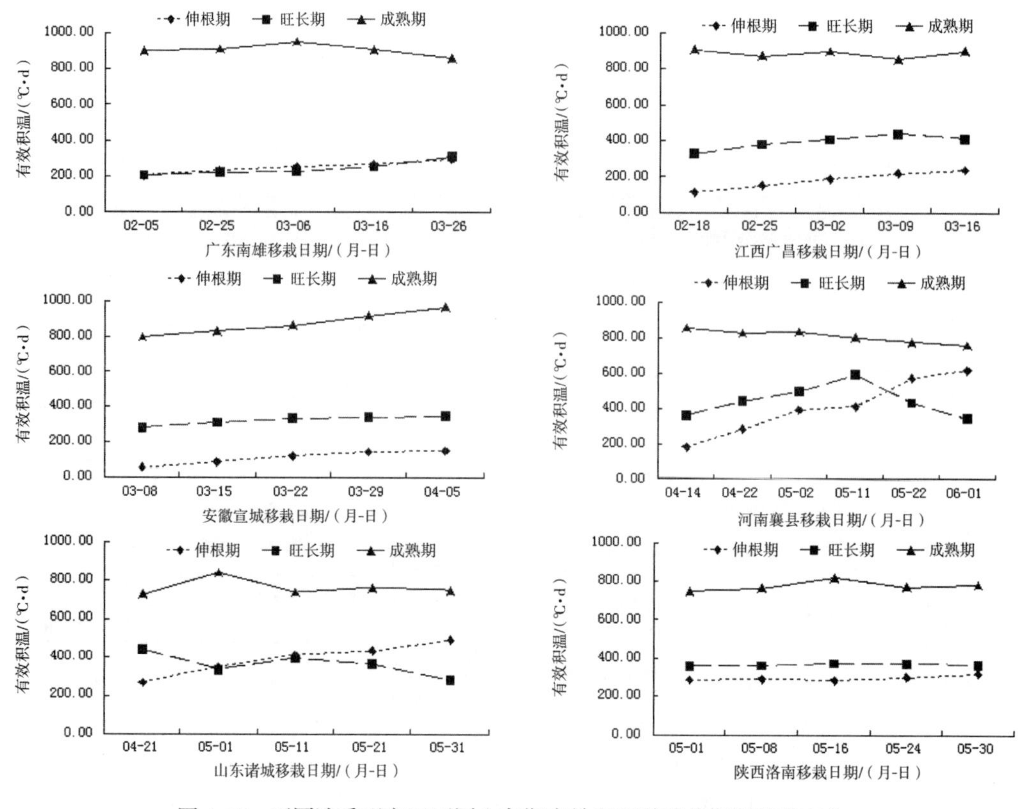

图 4-17　不同浓香型产区不同生育期有效积温随移栽期调整的变化

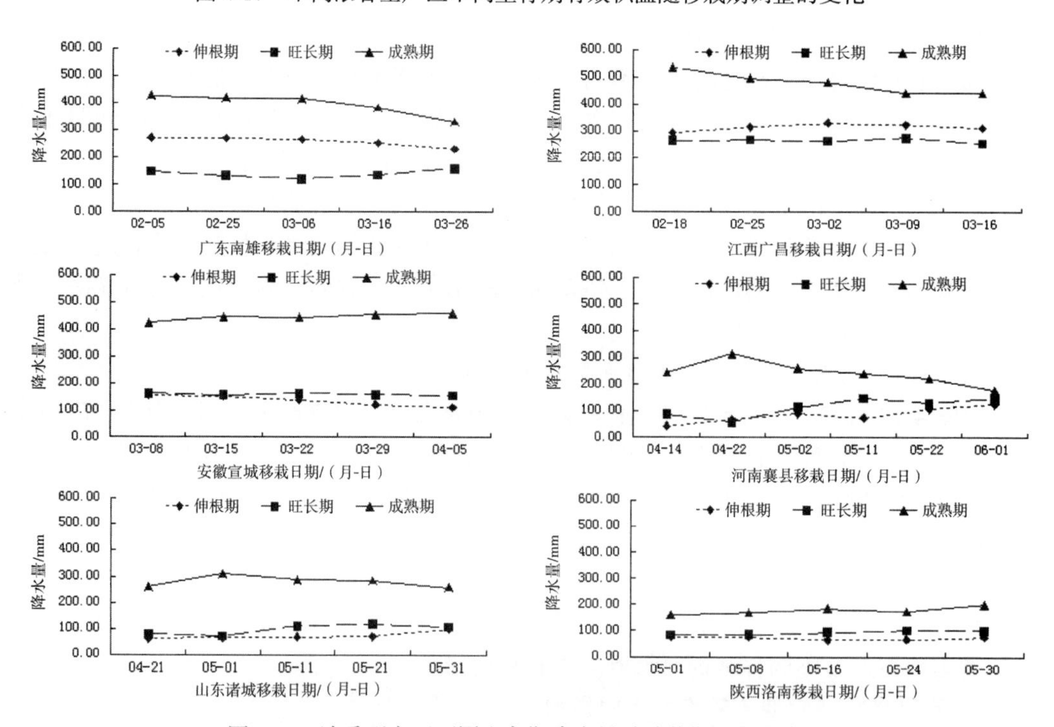

图 4-18　浓香型产区不同生育期降水量随移栽期调整的变化

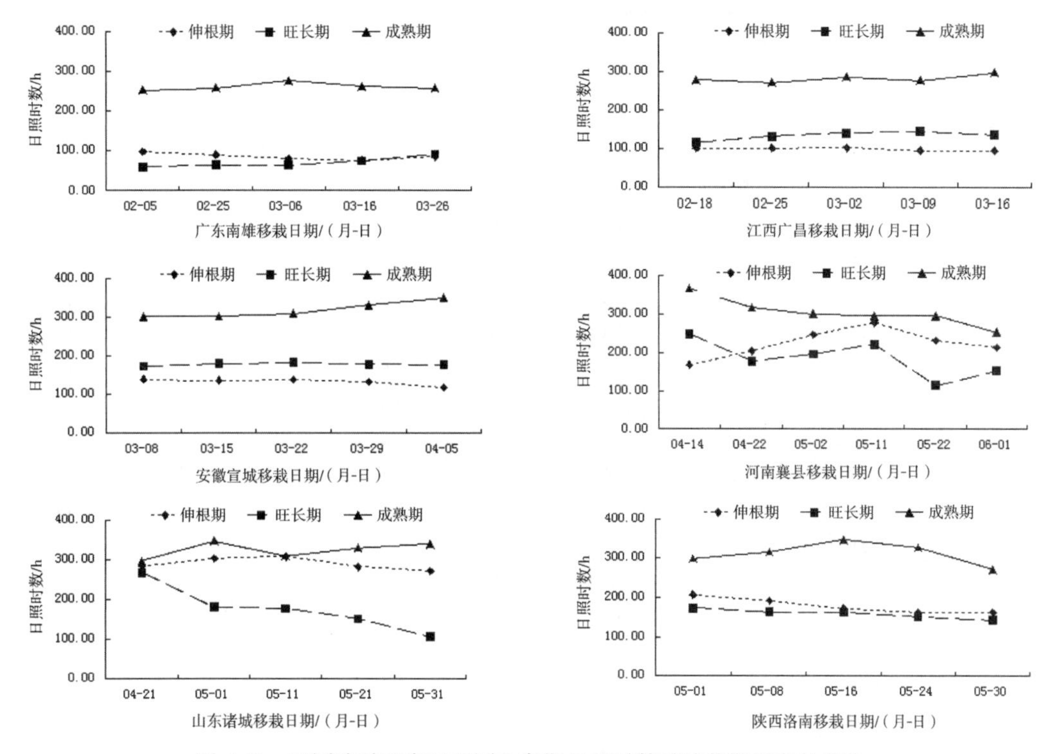

图 4-19　不同浓香型产区不同生育期日照时数随移栽期调整的变化

浓度逐渐升高，北方产区浓香型显示度逐渐降低。襄县浓香显示度、烟气沉溢度以及烟气浓度最高，洛南地区最低。在香韵特征中，南雄和襄县烟叶焦甜香随移栽期的变化没有表现出明显的规律，广昌先增大再减小，宣城、诸城和洛南地区则逐渐减小，宣城焦甜香表现突出。焦香以襄县烟叶最突出。正甜香以洛南烟叶表现最明显，且随着移栽期推迟表现为增大趋势。

2）不同移栽期对烟叶感官质量的影响

由表 4-6 可知，在香气特征中，香气质南雄和广昌地区随着移栽期的推迟先升高后降低，其他产区逐渐降低；香气量南雄、广昌和宣城地区先升高再降低，襄县、诸城和洛南地区呈降低趋势；烟气特性和口感特征也呈现不同的变化。南方产区随着移栽期的推迟杂气标度值表现先减小后增加，余味则相反，细腻度和柔和度随移栽推迟逐渐降低，刺激性呈增加趋势；北方产区移栽较晚时，香气质、香气量、柔和度、细腻度和余味标度值下降，杂气明显增加。

3. 浓香型代表产区不同移栽期气候条件与烟叶质量风格的关系

不同产区烟叶各生育阶段气候指标与烟叶感官评吸结果进行相关分析，得到一系列相关系数见表 4-7，由表可知：①对烟叶浓香型显示度、烟气沉溢度和烟气浓度影响较大的气候指标为成熟期的日均气候和有效积温，相关系数分别达到 0.8 和 0.55 以上，两者均为正效应，即随着成熟期日均气温和有效积温的增加，浓香型的显示度、烟气沉溢度和浓度均增大，且日均气温的影响大于有效积温的影响，成熟期高温是浓香型形成的重要条件。②焦甜香和焦香是浓香型烟叶主要香韵，对焦甜香影响较大的气候指标为成

表 4-5 浓香型代表性产区不同移栽期烟叶风格特征评价

代表产区	移栽期	风格特征						
		香型	香气状态			香韵特征		
		浓香型显示度	烟气沉溢度	烟气浓度	劲头	焦甜香	焦香	正甜香
华南（南雄）	2月15日	3.2	3.3	3.5	3.2	3.5	2.2	1.5
	2月25日	3.6	3.3	3.5	3.3	3.6	2.3	1.3
	3月6日	3.8	3.5	3.6	3.0	3.5	2.3	1.2
	3月16日	3.9	3.8	3.6	3.0	3.6	2.5	1.2
	3月26日	3.8	3.8	3.6	2.8	3.4	2.5	1.0
赣中（广昌）	2月18日	3.2	3.2	3.5	3.0	3.3	2.0	2.0
	2月25日	3.4	3.5	3.5	2.8	3.5	2.2	2.0
	3月2日	3.6	3.6	3.5	2.8	3.6	2.2	1.7
	3月9日	3.6	3.6	3.6	2.6	3.3	2.3	1.6
	3月16日	3.6	3.6	3.6	2.6	3.3	2.5	1.3
皖南（宣城）	3月8日	3.3	3.3	3.5	3.0	3.6	2.8	1.2
	3月15日	3.8	3.5	3.5	3.2	3.6	2.6	1.2
	3月22日	3.8	3.7	3.6	3.0	3.5	2.5	1.2
	3月29日	4.0	3.7	3.5	3.0	3.5	2.5	1.0
	4月5日	3.9	3.7	3.6	3.0	3.5	2.2	1.0
豫中豫南（襄县）	4月14日	3.9	3.8	3.8	3.6	2.5	3.5	1.2
	4月22日	4.0	3.8	3.9	3.6	2.3	3.6	1.1
	5月2日	4.0	3.9	3.8	3.4	2.3	3.4	1.1
	5月11日	3.9	3.9	3.8	3.2	2.5	3.1	1.2
	5月22日	3.5	3.5	3.6	3.0	2.3	2.8	1.3
鲁东（诸城）	6月1日	3.0	3.2	3.0	2.8	2.3	2.6	1.6
	4月21日	3.5	3.6	3.6	3.3	2.6	3.3	2.0
	5月1日	3.5	3.5	3.6	3.2	2.6	3.0	2.2
	5月11日	3.3	3.5	3.6	3.2	2.5	3.1	2.2
	5月21日	3.1	3.2	3.5	3.0	2.5	2.8	2.5
陕南（洛南）	5月31日	2.9	3.0	3.3	3.0	2.5	2.8	2.6
	5月1日	3.0	2.9	3.0	3.0	2.8	2.5	2.5
	5月8日	2.8	2.8	2.9	3.0	2.6	2.3	2.7
	5月16日	2.6	2.8	2.9	2.8	2.6	2.3	2.8
	5月24日	2.5	2.6	2.8	2.8	2.5	2.2	3.0
	5月30日	2.2	2.5	2.8	2.8	2.5	2.2	3.0

熟期降水量，其次为旺长期降水量。焦香与旺长期和成熟期的日照时数及旺长期气温日较差呈显著正相关，而与降水量呈负相关。烟叶的正甜香与成熟期的日均温和有效积温呈极显著的负相关，成熟期温度和有效积温较低有利于正甜香的形成。③烟叶劲头与降水量呈负相关，与日照时数呈正相关。④烟叶其他质量和特色指标与气候条件相关关系，成熟期均温和有效积温与烟叶香气量呈显著正相关。成熟期较高的温度还可以改善余味。杂气大小与旺长期温度呈正相关，但与成熟期积温呈负相关。柔和度与气温日较

差呈正相关关系。刺激性与旺长期降水量相关性较高，降水多时，烟叶刺激性较小。

表 4-6　浓香型生态亚区不同移栽期品质特征评价

代表产区	移栽期	品质特征						
		香气特性		烟气特性			口感特性	
		香气质	香气量	杂气	细腻度	柔和度	刺激性	余味
华南（南雄）	2 月 15 日	3.6	3.3	2.0	3.0	3.1	2.0	3.0
	2 月 25 日	3.7	3.5	2.0	3.0	3.0	2.0	3.3
	3 月 6 日	3.5	3.7	1.5	2.8	2.8	2.2	3.5
	3 月 16 日	3.3	3.6	1.5	2.8	2.6	2.2	3.2
	3 月 26 日	3.3	3.5	1.8	2.6	2.6	2.5	3.3
赣中（广昌）	2 月 18 日	3.5	3.0	2.0	2.8	3.0	2.0	3.2
	2 月 25 日	3.6	3.3	1.8	3.0	2.9	1.8	3.5
	3 月 2 日	3.6	3.6	1.6	3.0	2.9	1.8	3.6
	3 月 9 日	3.5	3.5	1.9	2.8	2.7	2.0	3.3
	3 月 16 日	3.1	3.5	2.0	2.8	2.7	2.0	3.3
皖南（宣城）	3 月 8 日	3.7	3.5	2.0	3.0	3.0	2.2	3.3
	3 月 15 日	3.5	3.6	1.8	3.0	2.9	2.3	3.5
	3 月 22 日	3.5	3.5	1.8	2.8	2.7	2.2	3.5
	3 月 29 日	3.3	3.5	2.0	2.8	2.8	2.4	3.2
	4 月 5 日	3.0	3.3	2.2	2.6	2.6	2.5	3.0
豫中（襄县）	4 月 14 日	3.5	3.7	2.0	3.0	3.1	2.5	3.5
	4 月 22 日	3.4	3.8	2.0	2.9	3.0	2.5	3.5
	5 月 2 日	3.4	3.8	2.0	2.9	3.0	2.5	3.6
	5 月 11 日	3.2	3.5	2.2	2.6	2.8	2.3	3.3
	5 月 22 日	2.8	3.0	2.5	2.5	2.6	2.1	3.0
	6 月 1 日	2.6	2.9	2.7	2.5	2.6	2.0	3.0
鲁东（诸城）	4 月 21 日	3.6	3.5	2.2	3.0	3.2	2.5	3.3
	5 月 1 日	3.6	3.5	2.3	3.0	3.0	2.6	3.5
	5 月 11 日	3.5	3.2	2.1	2.8	2.8	2.6	3.3
	5 月 21 日	3.2	3.0	2.5	2.8	2.6	2.3	3.0
	5 月 31 日	3.0	2.8	2.8	2.8	2.6	2.3	2.8
陕南（洛南）	5 月 1 日	3.6	3.5	1.8	3.2	3.3	2.3	3.5
	5 月 8 日	3.7	3.5	1.8	3.0	3.2	2.3	3.5
	5 月 16 日	3.5	3.3	1.6	3.0	3.2	2.3	3.1
	5 月 24 日	3.2	3.2	2.0	2.5	3.0	2.1	2.8
	5 月 30 日	3.0	3.2	2.2	2.3	2.8	2.0	2.7

成熟期日均温对烟叶浓香型的表现有较大影响。烟叶浓香型显示度、烟气沉溢度和烟气浓度三个指标与成熟期日均温的拟合曲线见图 4-20。由图可知，烟叶浓香型的显示度、烟气沉溢度和烟气浓度与成熟期日均温呈二次曲线相关关系。随着日均温的升高逐渐增大，但从散点图中点的分布走势来看，当成熟期平均温度高于 25℃时，浓香型典型性较强，分值均在 3.5 以上；成熟期平均温度低于 25℃，浓香型特征弱化。成熟期的平均温度在低于 24.5℃时，浓香型风格下降明显，浓香型显示度、烟气沉溢度和烟气浓度

表 4-7　浓香型不同产区气候因素与质量风格的相关性变化

相关系数	日均气温		气温日较差		有效积温		降水量		日照时数	
质量风格	旺长期	成熟期	旺长期	成熟期	旺长期	成熟期	旺长期	成熟期	旺长期	成熟期
浓香型显示度	−0.2633	0.8801**	0.0258	−0.1370	0.0695	0.6755**	0.0869	0.3025	0.3002	0.3471
烟气沉溢度	−0.1225	0.9063**	−0.0301	−0.2186	0.2004	0.5514**	0.0970	0.2652	0.3456	0.3275
烟气浓度	−0.1745	0.8436**	−0.0906	−0.2342	0.0664	0.5735**	0.0776	0.2832	0.2713	0.3236
劲头	0.0225	0.2972	0.4564*	0.3012	−0.0374	0.2395	−0.6561**	−0.3616*	0.4690**	0.5568**
焦甜香	−0.4406	0.1328	−0.5523**	−0.5559**	−0.5583**	0.4618**	0.7008**	0.8834**	−0.6400**	−0.6402**
焦香	0.3984	0.4276*	0.5229**	0.3484	0.3911	−0.0472	−0.6483**	−0.5654**	0.7309**	0.7197**
正甜香	0.2830	−0.7420**	0.0788	0.1903	0.0248	−0.6442**	−0.1164	−0.3651	−0.2254	−0.2863
香气质	−0.6253**	0.0509	0.0757	−0.0734	−0.3268	0.1540	0.1396	0.2240	−0.2706	−0.3402
香气量	−0.3350	0.5109**	0.3898*	0.1940	0.0004	0.5144**	−0.1134	−0.0101	0.1671	0.1465
杂气	0.5413**	−0.1504	−0.0434	−0.0032	0.2748	−0.4179*	−0.2855	−0.2835	0.3478	0.3396
细腻度	−0.4772**	0.1449	0.1541	−0.0158	−0.2502	0.0862	0.0268	0.1152	−0.1206	−0.1334
柔和度	−0.2536	−0.2083	0.5270*	0.4131*	−0.0414	−0.0869	−0.2747	−0.3006	0.0974	0.0154
刺激性	0.1935	0.2126	0.4217*	0.2134	0.0916	−0.0399	−0.6381**	−0.4443	0.3742	0.3436
余味	−0.3147	0.5545**	0.2892	0.0461	0.1099	0.3183	0.0618	0.1090	0.2019	0.1308

注：相关系数>0.361 为显著水平，相关系数>0.463 为极显著水平。

在 3.0 以下；当成熟期的平均温高于 24.5℃，突显浓香型特征的三个指标均在 3.0 以上，表明成熟期日均温高于 24.5℃是浓香型烟叶特征形成的一个重要条件。

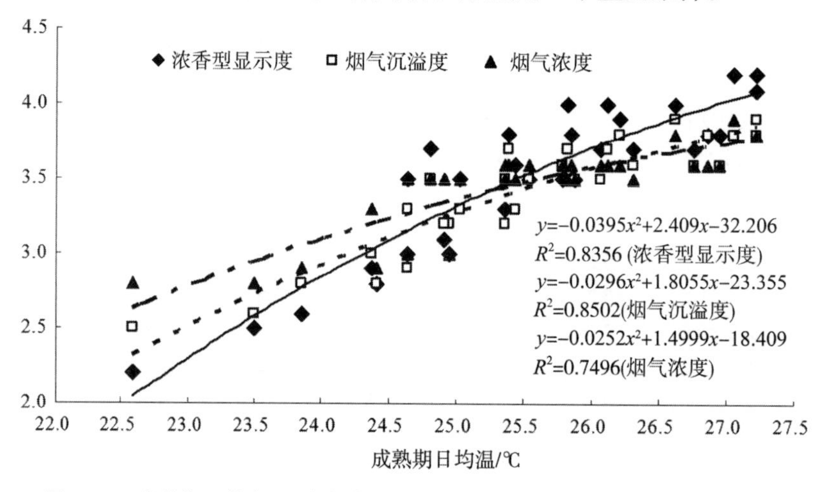

图 4-20　成熟期日均气温对浓香型显示度、烟气沉溢度和烟气浓度的影响

焦甜香分值与成熟期降水量的拟合曲线见图 4-21。由图可知，烟气中的焦甜香分值与成熟期降水量呈曲线相关关系，相对较大的降水量有利于烟叶焦甜香风格的形成，但降水量不宜过大。从各地区不同移栽期成熟期降水量的分布来看，降水量主要分布在 320mm 两侧，成熟期降水量低于 320mm 的地区，焦甜香基本<2.8，降水量高于 320mm 的地区，焦甜香分值>3.2。由此可见，350mm 是成熟期降水量对焦甜香影响的一个临界值，且成熟期降水量在 320～480mm 成熟期降水量与焦甜香表现为正相关，最有利于焦甜

香的形成，即在移栽期可调控的降水范围内，焦甜香随着成熟期降水量的升高而增强。

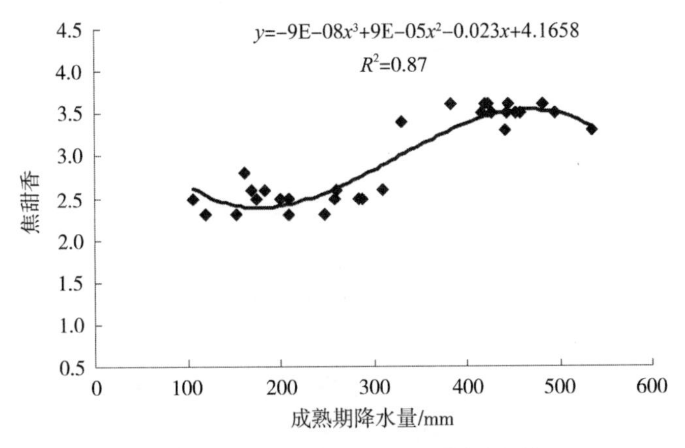

图 4-21　成熟期降水量与烟叶焦甜香的关系

焦香是浓香型烟叶的典型香韵特征之一，从表 4-7 和图 4-22 中可知旺长期和成熟期的日照时数对焦香的影响达到极显著正相关。除河南襄县日照时数较长外，其他地区旺长期的日照时数集中于 50～200h，而成熟期的日照时数多集中于 250～350h，北方一些产区日照时数可达 500h 以上。旺长期和成熟期的日照时数与焦香表现为线性正相关。

由图4-23 可知，成熟期日均温与烟叶正甜香表现为线性负相关，即成熟期日均温越低，正甜香表现越突出。通过调整移栽期，成熟期的温度在 23～28℃分布较为均匀，每降低 1℃，正甜香的分值约增大 0.5。烟叶正甜香与昼夜温差呈正相关关系见图 4-24。

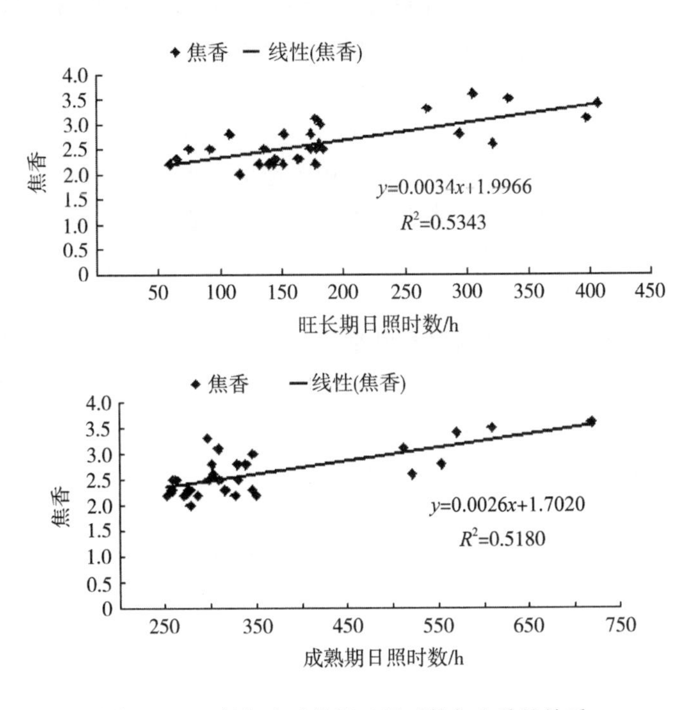

图 4-22　旺长期和成熟期日照时数与焦香的关系

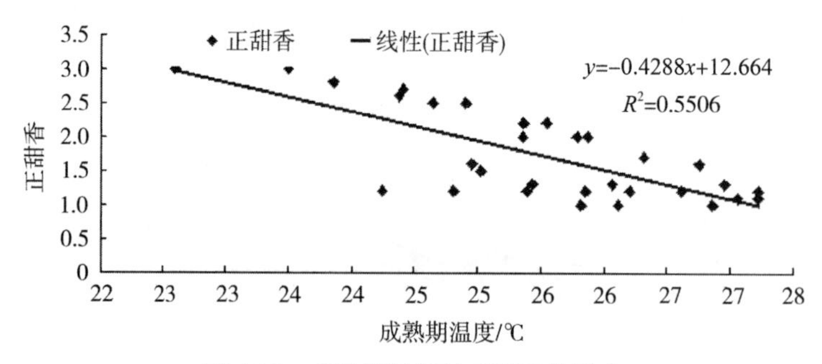

图 4-23　成熟期温度对正甜香的影响

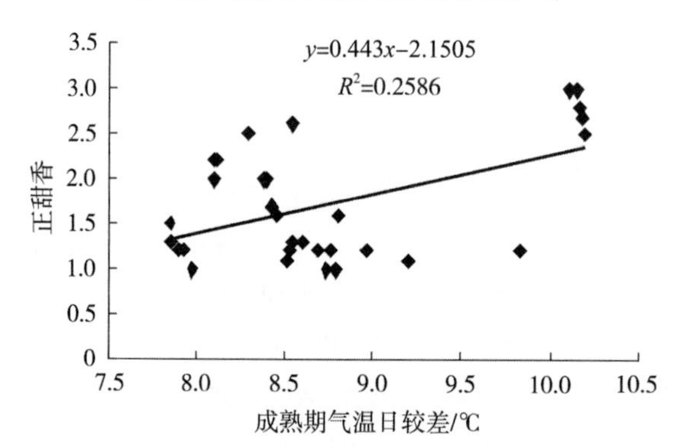

图 4-24　成熟期气温日较差与烟叶正甜香的关系

4. 讨论

对不同浓香型代表产区气候分析表明，华南、赣中和皖南地区伸根期、旺长期和成熟期的平均气温、气温日较差、有效积温以及日照时数小于豫中豫南、鲁东和豫西陕南地区，这是由于豫中豫南、鲁东和豫西陕南地区主要为一年一熟，移栽较晚，所以温度较高，日照较长。随着移栽期推迟，各产区伸根期和旺长期平均温度逐渐升高，华南、赣中和皖南地区成熟期平均气温逐渐升高，豫中豫南、鲁东和豫西陕南地区成熟期的温度则逐渐降低，这可能是导致各浓香型产区具有共同浓香特征的基础上又具有风格差别的原因之一。随产区向西北移动，伸根期和旺长期的气温日较差变大，这有利于烟叶积累较多的干物质，但成熟期温度降低明显，虽然质量优良，但浓香型风格下降，正甜香韵凸显。各产区成熟期的有效积温随移栽期变化没有明显升高或降低的趋势，且各产区的有效积温趋于一致，这表明烟叶完成成熟落黄与平均气温以及生长发育的天数关系较小，而与有效积温达到某一阈值关系较大。

从气候条件与烟叶的质量特色的关系来看，成熟期平均气温对烟叶浓香型显示度、烟气沉溢度和烟气浓度的影响较大，不论如何调整移栽期，只要成熟期平均温度>24.5℃时，浓香型风格凸显。但浓香型显示度不会随着成熟期温度升高一直增大，当成熟期温度达到一定值，浓香型显示度将不再变化或变化较小。由于试验在大田进行，无法将成熟期温度无限上调，所以对于这一温度的具体值有待于在人工气候室内进行研究，有关研究结果将在后文详述。

对烟叶焦甜香和焦香影响达到显著水平的气候因素较多，但只有成熟期降水量的正效应达到 0.8 以上，且 320mm 是成熟期降水量的关键值，成熟期温度高，降水量大可能是形成烟叶焦甜香的重要条件，这与良好的土壤通透性有利于土壤中氮素的淋失和调亏，促进香气前体物降解和香气物质形成的结论相一致（李志等，2010）。旺长期和成熟期的日照时数与焦香有极显著的正相关，这可能是由于烟叶日照时数长，干物质合成较多。而成熟期的日均温和有效积温则与正甜香有极显著的负相关，所以成熟期温度低的鲁东和豫西陕南地区烟叶风格有中间香型的特征。

成熟期温度对烟叶风格特色的影响可能与高温诱发烟叶内部一系列分子表达和生理代谢变化有关。Yang 等（2015）及杨慧娟等（2016）采用同一品种和同一土壤介质分别在河南豫中和西南产区盆栽，发现其蛋白质表达有显著差异，在豫中产区高表达的蛋白质均为环境协迫表达蛋白，说明高温造成的协迫环境对浓香型风格的形成有一定贡献。

5. 结论

通过在我国浓香型典型产区连年设置移栽期试验，研究了调整移栽期对不同产区烟叶各生长发育阶段气候指标和风格品质的影响以及气候指标与烟叶质量特色的关系。结果表明：①南方产区（华南、赣中和皖南）随移栽期推迟烟叶成熟期温度及烟叶浓香型显示度、烟气沉溢度等逐渐增加；北方产区（豫中、陕南、鲁东）成熟期温度和浓香型显示度随移栽期推迟显著下降。②成熟期日均气温与浓香型显示度、烟气沉溢度和烟气浓度呈极显著正相关，24.5℃是浓香型烟叶形成的一个重要气候指标。③南方产区焦甜香较为显著，豫中豫南焦香明显，陕南正甜香相对突出且随移栽期推迟表现更甚。旺长期及成熟期的降水量与烟叶焦甜香韵呈极显著正相关，旺长期和成熟期的光照时数与焦香香韵相关性较高，成熟期日均温度与烟叶正甜香韵呈极显著负相关。

4.2.2　典型产区移栽期对气候配置和烟叶生长发育及质量特色的影响

1. 河南襄县不同移栽期对气候配置及烟叶质量特色的影响

河南豫中作为典型的浓香型烟叶产区，具有上百年的种烟历史，素以香气浓郁、劲头充足著称，有“东方弗吉尼亚”的美誉，系统研究典型浓香型烟叶对光热条件的需求参数，对通过农艺措施合理安排生长季节，调节烟草生长发育，指导优质浓香型烟叶生产，充分彰显浓香型风格特色具有重要意义。曾有学者针对不同产区优质特色烟叶生产对气候条件的要求开展了一些研究。陆永恒（2007）研究表明，烤烟在 10～35℃都能生长，但最适宜温度是 25～28℃。胡钟胜等（2012）对楚雄产区气候烟叶的研究表明，成熟期温度 19.8℃，大田日照时数超过 500h，烟叶表现为典型的清香型。唐莉娜等（2013）的研究也表明，在福建产区，随着移栽期的推迟，上部烟叶从清香型向浓透清、浓香转变。这些研究多集中于特定产区烟叶生长发育过程或者某一生长时期需要的光温水条件，以及某个地区的综合生态条件对烟叶化学成分和感官质量的影响。河南豫中是典型的浓香型烟叶产区，深入研究优质浓香型烟叶形成的气候指标对提升烟叶质量和彰显浓香型特色十分重要。

本试验以河南襄县为试点，通过设置不同移栽期，探索烟叶不同生长发育阶段光温水等气候配置的变化和不同叶位烟叶从出生到成熟整个发育过程对气候指标的需求指标变化，以及对烟叶品质特色的影响，旨在在典型浓香型产区进一步明确烟草各生育阶段气候因素与烟叶质量风格形成的关系（杨园园等，2013a；2013b），筛选和验证影响烟叶香型、香韵等风格特色和质量特征的关键因子，并明确豫中特定生态条件下优质浓香型烟叶形成所需要的气候指标（杨园园等，2014）。

2011～2013 年试验在河南省襄县县王洛镇进行，选取土壤肥力中等且肥力均匀的地块，按照当地的栽培措施进行施肥和灌溉。采用单因素随机区组试验设计，共设置 6 个处理，每个处理 3 次重复。处理设置分别为处理 A：4 月 14 日移栽；处理 B：4 月 22 日移栽；处理 C：5 月 2 日移栽；处理 D：5 月 11 日移栽；处理 E：5 月 22 日移栽；处理 F：6 月 1 日移栽。当地传统的移栽期为 4 月底到 5 月初。每个小区 600 株烟。试验品种为中烟 100。使用澳作生态仪器有限公司的 HOBO/NRG 小型气象监测站采集气象，测量方法为每 4 分钟测量一次，记录每小时测得的 15 个数值的平均值。

1）基于移栽期的豫中浓香型地区气候指标研究

（1）不同生育期气候条件的变化

a. 光照条件的变化

由表 4-8 可知，随着移栽期的推迟，伸根期、旺长期和成熟期的日照时数表现出先升高再降低的趋势，伸根期从 5 月 22 日以后移栽开始降低，旺长期从 5 月 11 日以后移栽开始降低，成熟期从 4 月 22 日以后移栽开始降低，可见移栽提前不利于前期烟叶的发育，移栽过晚不利于后期烟叶的发育。从不同生育期来看，成熟期的日照时数最高，旺长期次之，伸根期最低。

表 4-8 不同移栽期各生育期叶片生长发育期间气候状况的变化

时期	移栽期	日照总时数/h	日均气温/℃	气温日较差/℃	空气有效积温/(℃·天)	降水量/mm
伸根期	04-14	279.59c	20.07f	11.80d	258.54d	52.53a
	04-22	285.46c	21.13e	12.95c	281.85d	11.20b
	05-02	343.19b	22.01d	12.93c	360.24c	11.80b
	05-11	372.61ab	23.20c	14.51a	414.04b	2.60b
	05-22	389.05a	25.76b	14.95a	514.84a	6.13b
	06-01	349.35b	26.36a	13.71b	485.39a	45.33a
旺长期	04-14	334.10b	22.79d	14.02a	362.33d	5.00c
	04-22	304.75cd	23.87c	14.56a	355.98d	2.20c
	05-02	406.53a	26.23b	13.32b	562.51a	79.80b
	05-11	397.04a	26.50b	11.55c	561.08a	95.80a
	05-22	293.66d	26.34b	9.23e	419.35c	98.07a
	06-01	321.08bc	27.89a	10.43d	488.95b	83.53ab
成熟期	04-14	609.41b	27.22a	11.98a	889.81b	106.60c
	04-22	719.29a	27.06b	10.76b	1051.78a	151.40b
	05-02	569.83bc	27.22a	9.75c	855.15b	119.47bc
	05-11	511.77d	26.61c	9.61d	858.33b	209.80a
	05-22	553.13cd	26.06d	9.31e	813.99c	247.23a
	06-01	520.93cd	24.95e	8.81f	727.83d	208.90a

b. 温度条件的变化

由表 4-8 可知，不同生育期气候指标指标表现出与各叶位叶片气候指标相似的规律，及处理间的差异较多达到显著水平，但处理间差值较小。日均气温伸根期和旺长期逐渐增大，伸根期最高温 6 月 1 日移栽的处理达到 26.36℃，易造成地上部分徒长，根系发育不良；成熟期的气温随着移栽期的推迟逐渐下降，6 月 1 日移栽处理气温 24.95℃。气温日较差伸根期逐渐升高，旺长期和成熟期基本表现为逐渐降低，从不同的生育时期来看，伸根期的气温日较差最大，旺长期次之，成熟期最小。成熟期在 4 月 22 日以后移栽的处理，气温日较差低于 10℃，且所有处理两两之间的差异均达到显著水平。有效积温伸根期逐渐升高，旺长期和成熟期都表现为先升高再降低的趋势，旺长期 5 月 2 日到 5 月11 日移栽的处理有效积温较高，成熟期 4 月 22 日到 5 月 1 日移栽的处理较高。

c. 降水量的变化

由于降水具有偶然性和阶段性，所以降水量的变化随着移栽期的推迟与日照时数和温度的变化规律差异较大，但从总体来看，随着移栽期的推迟，伸根期逐渐降低，5 月 11 日移栽的处理在整个伸根期的降水量只有 2.60mm；旺长期和成熟期逐渐升高，旺长期 5 月 11 日到 5 月 22 日移栽的处理降水量较大，成熟期 5 月 22 日移栽的处理较大。从不同的生育期来看，成熟期降水量最大，旺长期次之，伸根期最小。

(2) 不同叶位气候条件的变化

a. 光照条件的变化

由图 4-25 中不同叶位日照时数的变化可知，第 7 片叶从 4 月22 日到 5 月 11 日移栽的处理、第 13 片叶从 4 月 14 日到 5 月 11 日移栽的处理以及第19 片叶从 4 月 14 日到 4 月 22 日移栽的处理，日照时数较长，差异不显著。提前或推迟移栽都会缩短第 7 片叶的日照时数，随着移栽期的推迟，第 13 片叶和第 19 片叶的日照时数都逐渐降低，但从图中可以看出，第 13 片叶从 5 月 22 日以后移栽，日照时数开始显著下降，而第 19 片叶则从 5 月 2 日以后移栽日照时数就显著下降。从不同叶位所需日照时数来看，第 7 片叶所需日照时数较短，第 13 片叶和第 19 片叶所需日照较长。

b. 温度条件的变化

由图 4-25 可知，日均气温随着移栽期的推迟有先增大后减小的趋势，但最大值的处理不同，第 7 片叶 5 月 22 日移栽处理气温最高，第 13 片叶 5 月2 日移栽的处理气温最高，第 19 片叶 4 月 22 日移栽的处理气温最高，可以看出，气温最高的处理随着叶片部位的上升逐渐向前移动。第 7 片叶移栽较早的处理温度相对较低，而第 19 片叶移栽较晚的处理日均气温仍然较高，三个叶位不同移栽处理高温差异不显著，低温差异显著。气温日较差三个部位的叶片表现出相同的规律，即随着移栽期的推迟逐渐减小。第 7 片叶从 5 月 11 日以后移栽处理较小，第 13 片叶平缓减小，第19 片叶从 5 月 2 日以后较小。从不同叶位来看，气温日较差第 7 片叶的>第 13 片叶>第19 片叶。从有效积温的变化可知，第 13 片叶的有效积温随着移栽期的推迟没有表现出明显的规律，第 13 片叶和第 19 片叶的有效积温有先增大后减小的趋势。从数值上看，不同移栽期处理的有效积温差异较小，第 13 片叶 4 月 14 日移栽和 5 月 2 日移栽处理达到显著水平外，其余处理均为达到显著水平。从第 19 片叶中可以看出，提前或推迟移栽都回减少烟叶生长的有效积温，对烟叶发育不利。从不同叶位来看，叶片发育所需有效积温第 7 片叶<第 13 片叶<第 19 片叶。

c. 降水量的变化

由图 4-26 可见，随着移栽期的推迟，第 7 片叶的降水量逐渐增加，第 13 片叶和第 19 片叶的降水量先增加再减少，但第 13 片叶从 5 月 22 日以后降水量开始降低，第 19

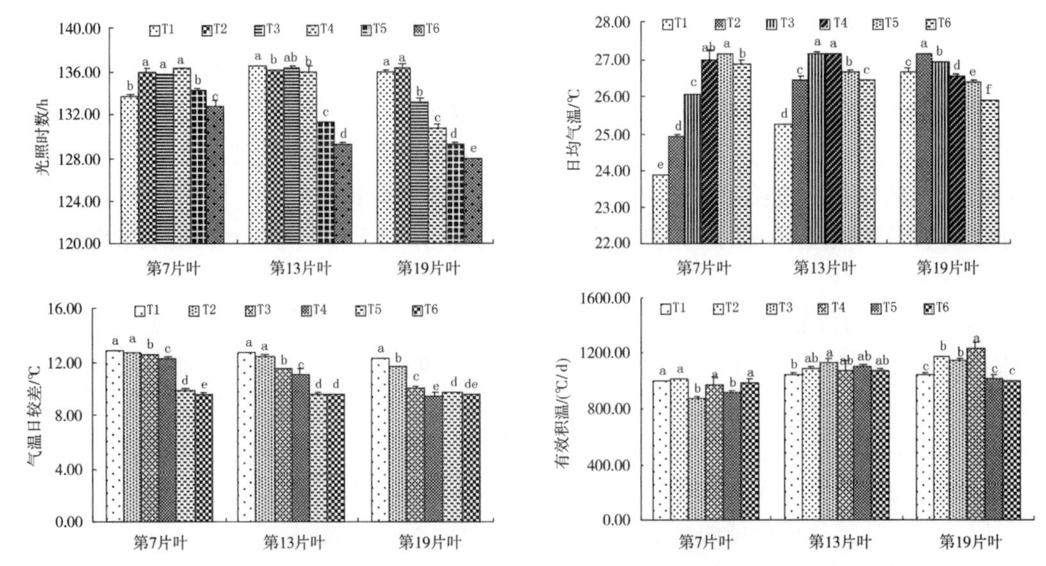

图 4-25　不同移栽期各叶位生长发育过程中日照时数和温度的变化

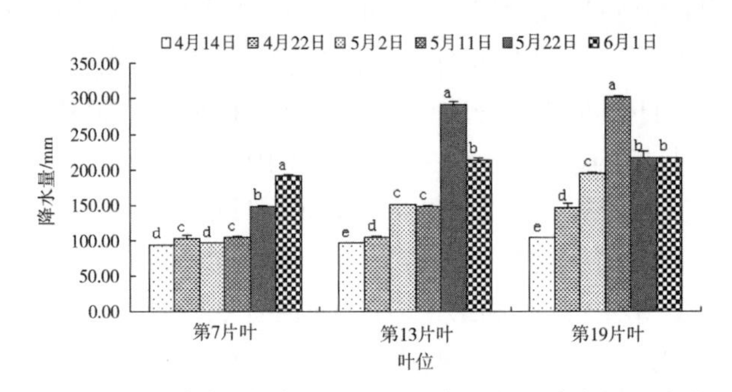

图 4-26　不同移栽期各叶位生长发育过程中降水量的变化

片叶从 5 月 11 日以后降水量逐渐降低。由于降水具有阶段性，所以部分处理降水达到了显著水平，部分处理则完全相同。从不同的叶位来看，第 19 片叶生长发育所获得的降水量最多，第 13 片叶次之，第 7 片叶最少。

2）移栽期对豫中浓香型烟叶生长发育及品质的影响

(1) 不同移栽期对各生育期天数的影响

由表 4-9 可见，还苗期 5 月 11 日移栽的处理有 9.6mm 的降水，还苗期最短。移栽早，土壤墒情好，但温度较低，移栽晚温度高但干旱，因此在 5 月上旬移栽还苗期最短。伸根期、旺长期、成熟期以及总生育期的天数均随着移栽期的推迟逐渐降低。

(2) 不同移栽期对烟叶农艺性状的影响

由表 4-10 可见，随着移栽期的推迟，株高表现为先升高后降低的趋势，株高从高到低依次为 05–11>05–02>04–22>05–22>04–14>06–01，且按照从大到小的顺序，相邻的处理差异不显著，不相邻处理的差异达到显著水平，即当移栽相差 20 天以上时，株高的差异能达到显著水平，与气候因素联系可以看出，株高可能主要受积温的影响。茎围从 04–22～05–22 移栽的处理差异都不显著，且 04–14 和 06–01 移栽的处理差异不显著，但上述两组之间的差异却显著，这表明当移栽期提前到 04–14 或推迟到 06–01 时，会使茎围与 5 月份移栽的烟株茎围达到显著水平，同时也说明，茎围的大小可能主要受到均温的影响。而节距则可能同时受到积温和均温的影响，因为 04–14 和06–01 移栽的处理与 05–11 移栽的处理差异显著，但与其余处理的差异不显著。由于理想株型的叶片数位 19～22 片，所以从叶片数上看，以 04–22 和 05–02 移栽的处理叶片数最合理。

表 4-9　移栽期对各生育阶段天数的影响

移栽期	还苗期/d	伸根期/d	旺长期/d	成熟期/d	全生育期/d
04–14	4.33	30.67	32.33	55.67	123.0
04–22	4.33	29.33	31.67	54.67	120.0
05–02	3.67	29.00	30.00	51.67	114.3
05–11	2.00	27.67	30.00	50.67	110.3
05–22	6.00	25.67	28.33	45.67	105.7
06–01	5.33	23.67	27.33	44.67	104.0

表 4-10　不同移栽期对烤烟农艺性状的影响

移栽期	茎围/cm	节距/cm	有效叶数/片	株高/cm	叶长/cm	叶宽/cm
04–14	9.71b	4.99b	18.56bc	100.78de	57.71a	27.62a
04–22	11.34a	5.14ab	20.56ab	113.78bc	62.29a	30.13a
05–02	11.27a	5.41ab	22.33a	125.66ab	65.65a	33.11a
05–11	11.41a	5.92a	23.00a	132.81a	65.52a	33.31a
05–22	11.43a	5.45ab	18.67bc	109.17cd	65.13a	32.00a
06–01	10.18b	4.59b	17.56c	93.94e	58.51a	28.99a

(3) 不同移栽期对烟叶物理性状的影响

由表 4-11 可见，单叶重和含梗率都有先增加后降低的趋势，05–22 移栽处理单叶重最高，05–02 移栽的处理含梗率最高，叶质重表现为先降低后升高。可以看出，提前或推迟移栽使烟叶的产量降低，但叶片中有效部分比重升高。对于物理性状，除含梗率中 05–02 和 06–01 移栽的处理差异显著外，其余处理的差异均未达到显著水平。综合烟叶的农艺性状和物理性状的各项指标来看，以04–22～05–02 移栽的处理，株型较好，叶面积适宜，且单叶重、叶质重和含梗率较为合适。

表 4-11　不同移栽期对烤后烟叶物理性状的影响

移栽期	单叶质量/g	含梗率/%	叶质重/(mg·cm^{-2})
04–14	15.63a	23.71ab	3.50a
04–22	16.40a	24.33ab	3.46a
05–02	17.83a	29.11a	3.21a
05–11	19.46a	25.94ab	3.59a
05–22	19.87a	23.98ab	3.91a
06–01	17.46a	21.63b	3.75a

(4) 不同移栽期对烟叶化学成分的影响

表 4-12 可知，各部位烟叶不同移栽期处理的蛋白质含量变化具有相似的规律，随着移栽期的后移，蛋白质含量总体上呈逐渐增加的趋势，05–22 和 05–01 移栽处理较其

他移栽处理有显著差异（$P<0.05$）。烟叶烟碱含量随着移栽期的后移呈逐渐降低的趋势。随移栽期的推迟，上部叶总糖的含量逐渐升高，中部叶逐渐降低，下部叶先升高后降低。中上部烟叶钾含量随移栽期后移呈先升高后降低的趋势，下部叶移栽较晚的处理钾含量较高，这可能是由于内含物不充实所致。各部位烟叶糖碱比均随着移栽期的后移而逐渐升高，且各移栽期处理间达到显著性差异（$P<0.05$），糖碱比最高可达 14.51，最低为 6.32，糖碱比变化差异较大。

表 4-12　不同移栽期对不同部位常规化学成分的影响

化学成分	移栽期	顶叶	上二棚	腰叶	下二棚	底叶
蛋白质/(g·kg^{-1})	04–14	120.8a	102.6b	96.1c	87.6c	88.7c
	04–22	116.0ab	108.2a	102.3b	96.5b	88.6c
	05–02	112.6b	102.7b	100.1b	95.7b	89.3c
	05–11	110.5b	101.4b	96.5c	96.0b	97.6b
	05–22	111.4b	109.3a	103.9b	95.8b	106.0a
	06–01	117.1ab	107.5a	111.9a	104.8a	107.7a
烟碱/(g·kg^{-1})	04–14	29.8a	28.7a	22.5a	17.7a	16.5a
	04–22	27.4ab	27.0a	19.8b	16.5a	16.1a
	05–02	25.0ab	25.8a	19.0b	16.2a	13.1b
	05–11	23.4b	21.4ab	16.5c	14.4b	12.8b
	05–22	22.4b	18.4b	16.5c	12.0b	11.7b
	06–01	21.0b	17.4b	14.9c	11.3b	11.2b
总糖/(g·kg^{-1})	04–14	179.1c	192.9c	258.8a	194.7c	207.5b
	04–22	183.7c	195.5b	225.3ab	211.8b	242.1a
	05–02	187.4bc	195.3bc	219.7b	228.5a	256.7a
	05–11	191.3b	201.7b	205.1b	194.5c	244.0a
	05–22	192.6b	227.4a	214.6b	203.0bc	178.9c
	06–01	199.9a	231.0a	198.7b	209.4b	156.4d
钾/(g·kg^{-1})	04–14	18.6b	18.1b	18.0b	17.7c	20.8b
	04–22	19.2a	17.8b	18.9b	21.8b	20.8b
	05–02	20.5a	19.9a	20.2a	22.1b	21.6ab
	05–11	19.2a	21.0a	18.9b	20.4b	20.7b
	05–22	18.0b	18.6b	19.4a	19.2bc	22.2a
	06–01	15.5c	19.5a	20.7a	27.6a	23.9a
糖碱比/(10^{-1})	04–14	6.3d	7.7cd	7.4d	6.9e	7.5e
	04–22	8.4c	8.8c	9.6cd	9.1d	8.9d
	05–02	9.2bc	9.6bc	10.2c	10.2c	9.3cd
	05–11	10.8b	11.0b	12..6bc	12.5b	10.8c
	05–22	11.2ab	11.5ab	13.5b	14.2a	12.1b
	06–01	12.5a	12.9a	14.5a	14.3a	13.5a

（5）不同移栽期对烤后烟叶色素含量的影响

质体色素中的叶绿素和类胡萝卜素是烟叶品质形成的重要致香前体物质，同时是光合作用中光能吸收转换的重要元件。烟叶生长过程中的色素含量变化，既影响烤烟的生长发育，又影响烟叶品质和香气成分含量及组成，进而对香型产生影响。由表 4-13 可知，底叶、下二棚叶、腰叶、上二棚叶的叶绿素含量均随着移栽期的后移，总体呈逐渐下降趋势，不同移栽期顶叶叶绿素含量变化则无明显规律。下二棚叶、腰叶、上二棚叶、底叶类胡萝卜素含量随着移栽期的后移表现出先升高后降低的趋势，05–22 移栽处理胡萝卜素含量最高，与其他处理达到显著差异水平，不同移栽处理间底叶类胡萝卜素含量差异最大，为 59.36%，顶叶类胡萝卜素含量变化则无明显差异。试验结果表明：以 04–22 和 05–02 移栽处理色素降解较充分，且不同移栽时间对烤后烟叶色素量影响较大。6 月 1 日移栽的烟叶色素含量整体较低，可能与发育程度较低有关。

表 4-13 不同移栽期对不同部位烤后烟叶色素含量的影响

部位	移栽期	叶绿素 a/(mg·g^{-1})	叶绿素 b/(mg·g^{-1})	叶绿素/(mg·g^{-1})	类胡萝卜素/(mg·g^{-1})
顶叶	04–14	0.020c	0.034a	0.054a	0.292ab
	04–22	0.014cd	0.011b	0.025c	0.252b
	05–02	0.030b	0.022ab	0.053a	0.294ab
	05–11	0.031b	0.013b	0.044b	0.299ab
	05–22	0.044a	0.012b	0.056a	0.321a
	06–01	0.014cd	0.011b	0.025c	0.210bc
上二棚	04–14	0.016a	0.008ab	0.024b	0.268b
	04–22	0.010ab	0.007ab	0.016c	0.216c
	05–02	0.016a	0.007ab	0.024b	0.282a
	05–11	0.018a	0.011a	0.029ab	0.284a
	05–22	0.022a	0.013a	0.035a	0.291a
	06–01	0.010ab	0.004b	0.015c	0.243c
腰叶	04–14	0.034a	0.008a	0.042a	0.320a
	04–22	0.018bc	0.004b	0.022c	0.240bc
	05–02	0.021b	0.003b	0.024c	0.264b
	05–11	0.025b	0.004b	0.030b	0.274b
	05–22	0.021b	0.011a	0.032b	0.266b
	06–01	0.010bc	0.010a	0.020c	0.186c
下二棚	04–14	0.040a	0.014a	0.054a	0.190b
	04–22	0.028b	0.009a	0.037b	0.167c
	05–02	0.028b	0.011a	0.039b	0.202b
	05–11	0.029b	0.011a	0.040b	0.223b
	05–22	0.036a	0.013a	0.049a	0.277a
	06–01	0.019c	0.002b	0.021c	0.141cd
底叶	04–14	0.038c	0.015a	0.053b	0.318a
	04–22	0.027c	0.013ab	0.040bc	0.262b
	05–02	0.029c	0.013ab	0.042bc	0.150c
	05–11	0.034b	0.013ab	0.047b	0.318a
	05–22	0.045a	0.017a	0.062a	0.342a
	06–01	0.023c	0.010c	0.033c	0.139c

(6) 不同移栽期对烤后烟叶香气成分的影响

根据烤烟香气物质的不同来源，将烤烟香气物质分为色素降解类、非酶棕色化反应降解产物、西柏烷类降解产物以及苯丙氨酸类降解产物。由表 4-14 可知，色素降解类产物含量随着移栽期的后移表现出先升高后降低的趋势，04–22～05–11 移栽处理较高，最高为1153.8μg·g⁻¹，占香气总量的87.62%，与其他移栽期相比达到显著差异水平。色素降解类产物中β–大马酮、巨豆三烯酮4、新植二烯及法尼基丙酮含量均超过10μg·g⁻¹。非酶棕色化反应降解产物以04–28和05–05移栽处理最高，表现出为随着移栽期的后移呈先升高后降低的趋势，糠醛在各移栽处理非酶棕色化反应降解产物中比例较高，其中04–22和05–02移栽处理分别达到75.15%、73.36%。西柏烷类降解产物茄酮则随着移栽期的后移有逐渐降低的趋势，以前两个移栽处理最高，苯丙氨酸类降解产物含量在各移栽处理中先升高后降低，以04–22、05–11处理含量最高，分别占香气总量的2.73%、2.64%。

表4-14　不同移栽期对上二棚烟叶香气成分的影响

类型	香气种类	04–14	04–22	05–02	05–11	05–22	06–01
色素降解产物/(μg·g⁻¹)	6–甲基–5–庚烯–2–醇	0.326c	0.522a	0.430b	0.393bc	0.335c	0.312c
	芳樟醇	1.698b	2.288a	2.162a	1.706b	1.631b	1.934ab
	氧化异佛尔酮	0.365bc	0.551a	0.378bc	0.410b	0.177c	0.343bc
	4–乙烯基–2–甲氧基苯酚	0.259b	0.343a	0.277b	0.203c	0.120d	0.142d
	β–二氢大马酮	2.111b	2.705a	1.973b	1.787b	1.426c	1.844b
	β–大马酮	23.062a	24.077a	21.596ab	22.832ab	17.971bc	19.202b
	香叶基丙酮	3.012ab	3.358a	2.917ab	3.048ab	2.420b	2.942ab
	β–紫罗兰酮	0.607ab	0.670a	0.422c	0.584b	0.644a	0.624ab
	二氢猕猴桃内脂	0.644bc	1.013a	0.673bc	0.701b	0.591c	0.800b
	巨豆三烯酮1	2.764a	2.530a	2.044bc	2.203b	1.916c	2.282b
	巨豆三烯酮2	10.717a	9.489b	8.016c	9.079b	8.164c	9.520b
	巨豆三烯酮3	2.548a	2.117ab	1.883b	2.253a	1.840b	2.238a
	3–羟基–β–二氢大马酮	1.373b	1.738b	2.534a	0.981c	1.517b	0.727c
	巨豆三烯酮4	15.019a	14.641a	11.723b	13.361ab	11.144b	13.363ab
	螺岩兰草酮	3.374c	4.740b	4.622b	3.481c	3.651c	5.326a
	新植二烯	1013.00a	1123.00a	1079.62a	1090.00a	815.83b	998.00a
	法尼基丙酮	14.897a	15.052a	12.746b	13.877ab	10.785c	14.092a
	总量	1095.78b	1208.83a	1153.8a	1166.90a	880.16c	1073.69b
非酶棕色化反应降解产物/(μg·g⁻¹)	糠醛	19.902ab	21.754a	19.988ab	21.357a	15.339b	14.557b
	糠醇	1.085c	1.954b	2.796a	0.754d	1.290c	0.521d
	2–乙酰呋喃	1.169a	1.005ab	0.779b	1.207a	1.157a	0.836b
	5–甲基糠醛	0.907b	1.235a	0.886b	1.119a	1.162a	1.144a
	3,4–二甲基–2,5–呋喃二酮	0.491c	0.777a	0.705a	0.458c	0.556b	0.444c
	2–乙酰基吡咯	0.820ab	0.914a	1.001a	0.578b	1.062a	0.461b
	6–甲基–5–庚烯–2–酮	0.760d	1.308a	1.091b	0.503d	1.410a	0.819c
	总量	25.133ab	28.947a	27.245a	21.357b	15.339c	18.783b
西柏烷类降解产物/(μg·g⁻¹)	茄酮	53.618a	53.618a	46.244b	51.623a	36.342c	34.084c
苯丙氨酸类降解产物/(μg·g⁻¹)	苯甲醛	2.984b	3.708a	3.213ab	2.630c	2.776bc	2.540c
	苯甲醇	7.659b	11.875a	10.563a	10.893a	5.093b	4.982bc
	苯乙醛	9.956b	10.784ab	9.196b	11.438a	12.118a	10.645ab
	苯乙醇	4.379c	6.345a	5.197b	5.741b	3.068d	3.385d
	总量	24.977b	32.713a	28.168ab	30.702a	23.054b	21.552bc
总量/(μg·g⁻¹)		1199.37b	1199.38b	1316.77a	1161.15b	1246.34a	972.94c

(7) 不同移栽期对烟叶经济性状的影响

由表 4-15 可知，从产量、均价、产值和上等烟的比例随着移栽期的推迟表现为先增大后减小的趋势，产量和产值以 05-02 移栽的处理最高，04-22 移栽的处理均价最高。中等烟和下等烟的比例表现为先减小后增大的趋势，中等烟比例最高的为 05-22 移栽的处理，下等烟比例最低的仍是 05-02 移栽的处理。由此可见，在移栽较时，产量、产值、均价和上等烟比例降低趋势明显，下等烟的比例增高。因此，从经济性状的角度来看，以 04-22～05-11 移栽的处理最优。

表 4-15　不同移栽期经济性状的变化

移栽期	产量/($kg \cdot hm^{-2}$)	均价/(元·kg^{-1})	产值/(元·hm^{-2})	上等烟	中等烟	下等烟
04–14	2663.10	23.01	61277.93	40.86	47.25	11.89
04–22	2771.40	24.51	67927.01	51.60	40.28	8.12
05–02	2937.00	24.50	71956.50	54.40	38.46	7.14
05–11	2707.65	24.13	65335.59	52.35	37.32	10.33
05–22	2291.40	21.98	50364.97	30.05	52.46	17.49
06–01	1720.50	21.09	36285.35	27.55	50.78	21.67

(8) 不同移栽期对烤后烟叶风格质量的影响

由表 4-16 可知，提前或推迟移栽期，烟叶的香型均为浓香型，但得分不同，得分最高的为 5 月 2 日移栽的处理，达到 3.70，最低为 6 月 1 日移栽的处理，为 2.90；提前或推迟移栽都会使烟叶的浓香型减弱，但推迟移栽减弱程度较大。香韵特征中，干草香、正甜香、焦甜香、木香、坚果香、焦香和辛香均有不同程度的表现，提前或推迟移栽会增加烤后烟叶的甘草香和焦甜香，从 4 月14 日到 5 月 11 日移栽的处理，没有正甜香，5 月 22 日以后移栽，烟气中有略微的正甜香，且移栽越晚，正甜香表现越突出。木香、焦香、坚果香和辛香随着移栽期的推迟基本表现为先增大后减小的趋势，且均为5 月 11 日移栽的处理四种香韵表现最突出，焦香除 6 月 1 日移栽的处理得分较小外，其余处理焦香差异较小。烟气的沉溢度和烟气浓度随着移栽期的推迟先增大后减小，5 月 2 日移栽烟气的沉溢度最高，5 月 11 日移栽烟气浓度最大。提前或推迟移栽都会提高烟气的劲头，4 月 22 日到 5 月 11 日移栽烟气劲头较小，以 5 月 2 日移栽烟气的劲头最合适。

从烟叶的品质特征来看，香气质、香气量和透发性随着移栽期的推迟先增大后减小，4 月 22 日移栽烟叶的香气质最好，5 月 11 日移栽香气量最足，5 月 2 日移栽烟叶的透发性最好。提前或推迟移栽会增加烟气的生青气或青杂气，随着移栽期的推迟，枯焦气先增大后减小，而木质气则逐渐增大。可见提前或推迟移栽会加重大部分烟气杂气。随着移栽期的推迟，烟气的细腻程度、柔和程度、圆润感和余味都逐渐降低，同时提前移栽会减少烟气中的刺激性和干燥感。

且浓香型得分较高的 05-02 和 05-11 移栽的处理坚果香、焦香和辛香的含量较高，清甜香和清香的含量较低；浓香型得分较低的 05-22 和 06-01 移栽的处理各种香韵均有，使浓香型特征不突出。由于体现清香型特征的果香和花香等香韵各处理的得分为 0，所以没有在表中体现。从香气状态看，以 04-22，05-02 和 05-11 移栽的处理较好，香气沉溢，烟气浓度较大，但劲头适中，舒适感强。各处理烟叶的香气特征较为适宜，04-22 移栽处理的香气质，05-11 移栽处理的香气量以及 05-02 日移栽处理的透发性较好，06-01 移栽的处理烟叶的香气质和香气量较差。烟叶评吸时的杂气状况，从不同的杂气来看，枯焦气和木质气较重；从不同的处理来看，05-22 和 06-01 移栽的处理杂气重于其他处理，05-02 和 05-11 移栽的处理在燃吸时没有青杂气，说明这两个处理的烟叶成熟度较好。烟气特征随着移栽期的推迟逐渐降低，表明移栽期的早晚与烟气特征的好坏呈正比。对于口感特征，随着移栽期的推迟，刺激性和干燥感逐渐增强，余味逐渐减弱，这与烟叶各种化学成分的含量有关。综合烟叶的风格特征和品质特征，以 04-22、05-02 和 05-11 移栽的处理烟叶评吸得分较高。

表 4-16　不同移栽期第 13 片叶（C3F）风格品质变化

项目	指标		移栽期					
			04-14	04-22	05-02	05-11	05-22	06-01
风格特征	香型	香型	浓香型	浓香型	浓香型	浓香型	浓香型	浓香型
		得分	3.40	3.60	3.70	3.67	3.30	2.90
	香韵	干草香	2.60	2.20	2.40	2.20	2.75	2.67
		清甜香	0.00	0.00	0.00	0.00	0.00	0.00
		正甜香	0.00	0.00	0.00	0.00	1.00	1.50
		焦甜香	1.75	1.60	1.75	1.60	1.50	1.33
		清香	0.00	0.00	0.00	0.00	0.00	0.00
		木香	1.20	1.60	2.00	2.17	1.80	1.50
		坚果香	1.25	1.00	1.67	2.00	2.00	1.33
		焦香	3.20	3.20	3.33	3.33	3.17	2.83
		辛香	1.30	1.37	1.50	1.50	1.37	1.33
	香气状态	沉溢	3.30	3.50	3.80	3.63	3.00	3.33
		烟气浓度	3.40	3.40	3.50	3.67	3.30	2.90
		劲头	2.60	2.50	2.40	2.20	2.05	2.00
品质特征	香气特征	香气质	3.17	3.33	3.00	3.00	2.83	2.70
		香气量	3.00	3.00	3.30	3.67	3.00	2.83
		透发性	3.00	3.00	3.50	3.20	3.17	3.00
	杂气	生青气	1.00	1.00	1.00	1.33	1.50	2.25
		青杂气	1.00	1.00	0.00	0.00	1.80	2.00
		枯焦气	1.75	2.33	2.00	2.67	2.40	2.25
		木质气	1.00	1.00	1.50	1.67	1.67	2.00
	烟气特征	细腻程度	3.17	3.00	2.50	2.33	2.30	2.20
		柔和程度	3.17	3.00	2.50	2.83	2.33	2.30
		圆润感	3.17	3.00	2.60	2.60	2.33	2.33
	口感特性	刺激性	2.17	2.33	3.00	2.83	3.00	3.00
		干燥感	2.00	2.67	3.00	3.00	3.00	3.00
		余味	3.33	2.83	2.33	2.83	2.67	2.33

3）结论与讨论

本试验选取浓香型的代表产区为河南襄县，以调整移栽期为措施，先探明移栽期对不同生育期以及不同叶位烟叶气候因素的调节效应，进而研究不同移栽期条件下烟叶长势、品质、风格以及经济效益的变化，最后根据生产优质浓香型烟叶的最佳移栽期范围，探求影响烟叶质量的主要气候指标。

通过对不同叶位及不同生育期日照、温度和降水等气候条件的分析可知，提前移栽对下部叶和伸根期的影响较大，推迟移栽对上部叶和成熟期的影响较大，提前或推迟都会使日照时数缩短、日均气温和有效积温降低。这是由于襄县地区从 4 月到 5 月日照时数逐渐变长，温度升高较快，6 月到 8 月中下旬日照时数和气温都维持在较高水平，从 8 月底气温开始逐渐降低，日照变短。气温日较差随着移栽期的提早而增大，但推迟移栽对气温日较差的影响较小，这可能是因为襄县在 8 月底昼均温有下降的趋势，但夜间仍有较强的热辐射，使昼夜温差较小。由于当地具有良好的灌溉条件，烟叶对水分的需求可得到较好的满足，所以降水不是烟叶气候的限制条件。本试验证明，移栽期为 4 月底到5 月上旬时最有利于充分利用当地的光、温、水气候资源，提前或推迟移栽期会缩短日照时数，降低平均气温和有效积温，且提前移栽会使气温日较差增大。

移栽期对烟株成熟期生育影响较大，其次是伸根期，对烟株旺长期和成熟期影响较小。较早移栽处理在还苗期和伸根期温度较低，烟株生长受抑制，使还苗期和伸根期延长，推迟移栽由于温度升高，在及时灌溉的基础上烟叶生长加快，但叶片干物质积累不够充分，因此成熟期较短，落黄较快。4 月 22 日～5 月 2 日移栽的处理，烟株农艺性状较好。本试验表明不同移栽期对烟叶物理性状和化学成分影响较大，烤后烟叶单叶重、厚度及叶质重随着移栽期的后移表现出逐渐降低地趋势，叶片含梗率则逐渐升高，以 5 月 2 日移栽处理的物理性状最好。烟叶的化学成分与烟叶烟叶移栽期有密切关系，随着移栽期的后移，蛋白质、中上部烟叶总糖、钾含量及糖碱比总体上呈逐渐增加的趋势，烟碱有逐渐降低的趋势，各化学成分总体以 4 月 22～5 月 11 日移栽处理较为协调。从经济性状来看，提前或推迟移栽都会使烟叶的产量、产值、均价和上等烟比例降低。在移栽较晚时，烟叶香气质和香气量下降，劲头减小，余味变劣，杂气加重。

分析烟叶质量特色可知，提前或推迟移栽期会降低浓香型特征，使劲头和刺激性变大，口感粗糙，杂气重，香韵特征变差。从经济形状来看，提前或推迟移栽都会使烟叶的产量、产值、均价和上等烟比例降低，这主要是因为移栽过早温度低，移栽过晚高温强光对烟叶的生长都是一种胁迫，会使烟株叶片数减少，产量下降。但由于地温较高，根系对养分和水分的吸收活跃，使叶片较厚，同时后期温度低，成熟不充分直接导致烟气刺激，柔和和圆润感差，生青气和青杂气重。从香韵特征中还可知，从 5 月 22 日以后移栽，中间香型烟叶的主要香韵特征正甜香开始表现出来，这可能由于移栽过晚，成熟期温度降低造成的。从烟叶的质量特色和经济性状可知，4 月底到 5 月上旬移栽，烟叶品质特色好，经济效益好，是最佳的移栽期。

通过对质量特色和经济形状的分析可知，质量特色最好、经济效益最高的移栽期则为最佳移栽期，同时该移栽期各叶位和各生育期的气候即优质特色烟叶生产所需气候条件。可得出，第 7 片叶完成生长发育需要日照时数约 136h，日均气温为 24.5～27℃，气温日较差约为 12.5℃，有效积温 900～1000℃·d；第 13 片叶需要日照时数约136h，日均气温为 26.5～27.5℃，气温日较差约 12℃，有效积温约 1100℃·d；第 19 片叶需要日照时数约 135h，日均气温 26.5～27.7℃，气温日较差约 10℃，有效积温 1200℃·d。伸根期需要日照时数约 350h，日均气温 21～23.5℃，气温日较差约 13℃，有效积温 350℃·d；旺长期需要日照时数约 400h，日均气温约 26.6℃，气温日较差约 13℃，有效积温 550℃·d；成熟期日照时数约 600h，日均气温约 27℃，气温日较差约 9℃，有效积温约 900℃·d。

2. 安徽皖南气候资源配置对浓香型焦甜香风格特色影响研究

安徽皖南是我国焦甜香较为突出的浓香型典型产区。为了优化配置皖南烟叶不同生长发育阶段的气象因子，以进一步彰显焦甜香浓香型风格特色，深入揭示和阐明皖南焦甜香烟叶风格形成机理，自 2010～2012 年连续设置移栽期试验，研究移栽期对烟草不同生长发育阶段光温水条件的调节效应和对烟叶生育及品质特色的影响。

皖南烟草的种植制度多为烟–稻连作，将皖南烟苗的移栽期适当提前，可以实现烟草提早成熟，有效解决生产后期高温伏旱及病虫害制约烟叶成熟、影响烟叶品质的问题，为后期水稻生产提供充足的时空资源。本研究从影响烟草生长和品质特色的气象因子入手，筛选出适宜皖南烟叶生长的各生长发育阶段气象资源配置方式，可对改进皖南烟稻连作的生产模式的农事操作提供理论支持。

移栽期设置为 3 月 11 日、3 月 21 日、3 月 31 日、4 月 10 日，研究内容包括有效积温、化学分析、经济性状、烟叶外观、组织结构、超微结构、生理指标、感官评价等方面。从 2010～2012 年的有效积温的比较结果来看，各个处理的移栽到成熟、叶片发生到成熟的有效积温是大致相同的，这说明尽管移栽时间不同，但叶片发育所需的有效积温是相等的，可以通过计算有效积温来合理安排烟叶的移栽时间，以实现气候资源的有效利用。通过计算烟叶各生长期所需的有效积温，可以预测烟叶的成熟时间，指导烟叶成熟采收。同时，该地区积温数值和作物的积温数值对照起来，可以鉴定和评价该地区热量条件对农业生产的利弊。从外地引种和向外地推广优良品种时，有效积温可以作为农作物引种和改制的依据。

1）不同移栽期各叶位成熟所需活动积温差异

2010～2012 年第 4 叶位烟叶发生到成熟所需有效积温为 418.4～507.4℃，第 10 叶位发生到成熟所需有效积温为 621.1～706.4℃，第 16 叶位成熟所需有效积温为846.9～1091.4℃。四个不同移栽时间之间间隔 10d，处理 A 移栽期距处理 D 相隔近 1 个月，但是在同叶位烟叶从移栽到成熟所需要的有效积温相差无几，烟叶从发生到移栽的积温也相差不大，这说明同叶位烟叶的成熟时其有效积温的积累量是固定的。充分利用有效积温对于保证成熟采收，预测生产上烟叶成熟时间有着重要的指导意义。2010～2012 年第 4 叶位烟叶成熟所需有效积温见表 4-17；2010～2012 年第 10 叶位烟叶成熟所需有效积温见表 4-18；2010～2012 年第 16 叶位烟叶成熟所需有效积温见表 4-19。

2）不同移栽期烟叶叶片组织细胞结构显微结构变化

图 4-27 第 10 叶位细胞超显微结构表明，移栽期较早的 A 处理烟叶细胞内叶绿体的淀粉粒较小，排列松散，间隙较大，有嗜锇颗粒；处理 B 烟叶栅栏组织细胞嗜锇颗粒较多，淀粉粒与处理 A 类似，分布比较松散；处理 C 细胞内结构完整，淀粉粒大且数量充足，嗜锇颗粒较少；移栽期较晚的处理 D 烟叶细胞内淀粉分布于 C 相似，颗粒大且数量充足，嗜锇颗粒很少，类囊体结构完整。

表 4-17　2010～2012 年第 4 叶位烟叶成熟所需有效积温

处理		移栽时间	发生时间	成熟时间	叶片发生天数/d	叶片发生所需积温/℃	叶片发生到成熟天数/d	叶片发生到成熟积温/℃	移栽到成熟天数/d	移栽到成熟所需积温/℃
2010 年	A	3 月 13 日	4 月 13 日	5 月 31 日	32	102.4	48	438.7	80	541.1
	B	3 月 23 日	4 月 21 日	6 月 5 日	30	90.0	45	459.3	75	549.3
	C	4 月 2 日	4 月 28 日	6 月 7 日	27	108.6	40	446.1	67	554.7
	D	4 月 12 日	5 月 1 日	6 月 10 日	20	104.2	40	442.0	60	556.2
2011 年	A	3 月 10 日	4 月 5 日	5 月 26 日	26	33.7	55	542.7	81	576.4
	B	3 月 20 日	4 月 14 日	6 月 1 日	25	71.1	48	506.4	73	577.5
	C	3 月 30 日	4 月 20 日	6 月 2 日	21	105.3	43	480.5	64	585.8
	D	4 月 9 日	4 月 24 日	6 月 5 日	15	108.8	42	487.5	57	596.3
2012 年	A	3 月 11 日	4 月 9 日	5 月 26 日	29	87.1	46	482.6	75	569.7
	B	3 月 21 日	4 月 18 日	5 月 28 日	27	135.6	40	447.7	67	583.3
	C	3 月 31 日	4 月 23 日	5 月 31 日	22	168.7	38	418.4	60	587.1
	D	4 月 10 日	4 月 26 日	6 月 5 日	15	146.6	40	452.5	55	599.1

表 4-18　2010～2012 年第 10 叶位烟叶成熟所需有效积温

处理		移栽时间	发生时间	成熟时间	叶片发生天数/d	叶片发生所需积温/℃	叶片发生到成熟天数/d	叶片发生到成熟积温/℃	移栽到成熟天数/d	移栽到成熟所需积温/℃
2010 年	A	3 月 13 日	4 月 30 日	6 月 21 日	49	197.7	52	624.2	101	821.9
	B	3 月 23 日	5 月 5 日	6 月 25 日	44	209.4	51	621.1	95	830. 5
	C	4 月 2 日	5 月 8 日	6 月 27 日	37	217.9	50	623.1	87	841.0
	D	4 月 12 日	5 月 11 日	6 月 29 日	30	212.3	49	631.8	79	844.1
2011 年	A	3 月 10 日	4 月 23 日	6 月 20 日	44	146.6	58	706.4	102	853.0
	B	3 月 20 日	4 月 30 日	6 月 21 日	41	215.6	52	641	93	856.6
	C	3 月 30 日	5 月 3 日	6 月 22 日	34	237.8	50	634	84	871.8
	D	4 月 9 日	5 月 6 日	6 月 24 日	27	236.0	49	648.4	76	884.4
2012 年	A	3 月 11 日	4 月 29 日	6 月 23 日	45	268.1	58	691.0	103	959.1
	B	3 月 21 日	5 月 2 日	6 月 24 日	41	284.8	53	679.9	94	964.7
	C	3 月 31 日	5 月 6 日	6 月 27 日	35	306.9	52	671.6	87	978.5
	D	4 月 10 日	5 月 9 日	6 月 30 日	28	302.3	52	682.1	80	984.4

表 4-19　2010～2012 年第 16 叶位烟叶成熟所需有效积温

处理		移栽时间	发生时间	成熟时间	叶片发生天数/d	叶片发生所需积温/℃	叶片发生到成熟天数/d	叶片发生到成熟积温/℃	移栽到成熟天数/d	移栽到成熟所需积温/℃
2010 年	A	3 月 13 日	5 月 11 日	7 月 10 日	60	316.6	60	841.9	120	1158.5
	B	3 月 23 日	5 月 17 日	7 月 15 日	56	321.7	59	862	115	1183.7
	C	4 月 2 日	5 月 21 日	7 月 17 日	50	346.1	57	851.6	107	1197.7
	D	4 月 12 日	5 月 25 日	7 月 19 日	45	358.8	54	846.9	99	1205.7
2011 年	A	3 月 10 日	5 月 4 日	7 月 15 日	55	251.5	72	1032.9	127	1284.4
	B	3 月 20 日	5 月 10 日	7 月 17 日	51	338.1	68	965	119	1303.1

续表

处理		移栽时间	发生时间	成熟时间	叶片发生天数/d	叶片发生所需积温/℃	叶片发生到成熟天数/d	叶片发生到成熟积温/℃	移栽到成熟天数/d	移栽到成熟所需积温/℃
2011年	C	3月30日	5月13日	7月18日	43	363.2	66	951.9	110	1315.1
	D	4月9日	5月14日	7月19日	35	346.3	66	958.8	101	1305.1
2012年	A	3月11日	5月12日	7月23日	61	424.0	62	1071.1	123	1495.1
	B	3月21日	5月15日	7月24日	54	443.7	70	1060	124	1503.7
	C	3月31日	5月18日	7月27日	47	454.0	70	1079.2	117	1533.2
	D	4月10日	5月23日	7月30日	42	454.5	68	1091.4	110	1545.9

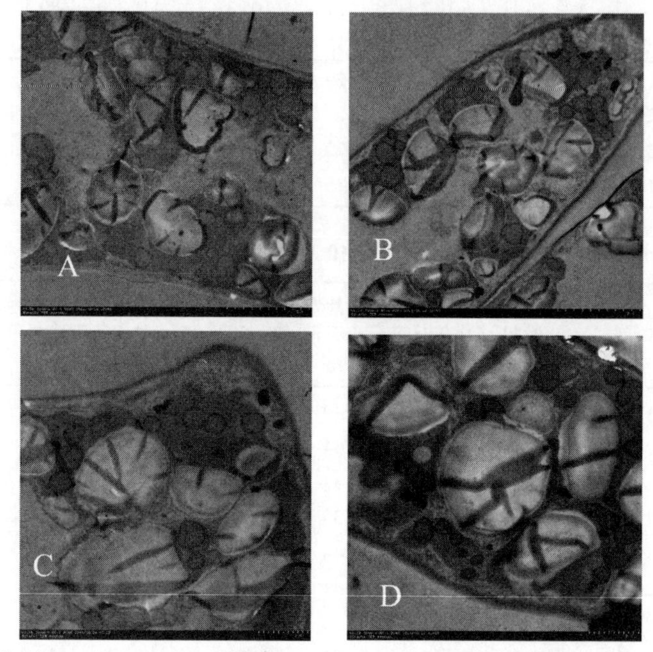

注：A、B、C、D分别为3月10日、3月20日、3月30日、4月9日的第10叶位叶片细胞栅栏组织细胞显微结构图。

图4-27　第10叶位烟叶细胞栅栏组织细胞超显微结构

图4-28第16叶位细胞超显微结构表明，处理A和处理B烟叶细胞内淀粉粒相对较小，嗜锇颗粒多，类囊体垛叠结构开始膨胀，膜结构解体明显；处理C和处理D两批淀粉粒多，嗜锇颗粒较少，叶绿体膜结构特征明显，类囊体垛叠多且排列整齐。

池州产区早期的平均气温较低，叶片生长较为迟缓，有效生物积累有限，而后期的日均温度较高有利于烟叶的发育和有机物的积累。

3）不同移栽期烟叶感官质量分析

通过对2013年不同移栽期烟叶样品进行感官评价，得出烟叶移栽期在3月下旬最有利于烟叶质量水平的提升和焦甜浓香型风格的彰显。从表4-20和表4-21可以看出，中部叶B和C的评吸总分最高，分别为43.5分和44分；上部叶B和C的评吸总分最高，分别为43分和43.5分；D处理样品上部叶和中部叶都是得分最低，主要是由于移栽时间推迟，造成了烟叶生长不充分，香气物质积累不够。中部叶C处理香气

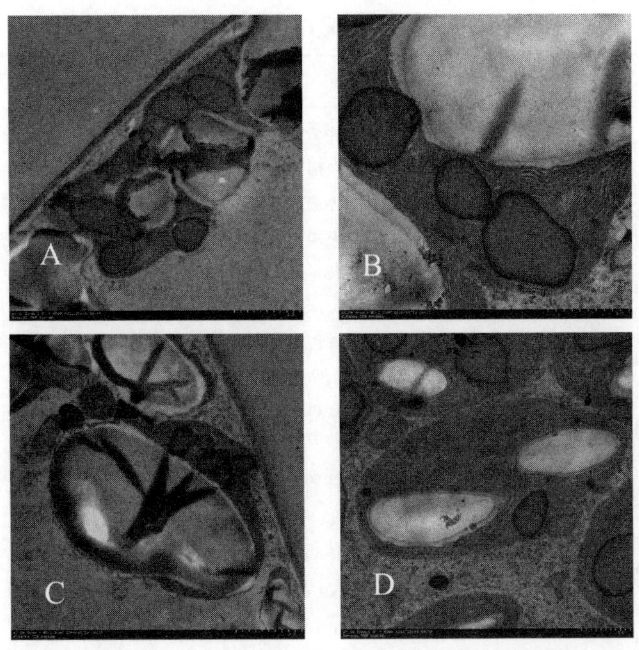

注：A、B、C、D 分别为 3 月 10 日、3 月 20 日、3 月 30 日、4 月 9 日的第 16 叶位叶片细胞栅栏组织细胞显微结构图。

图 4-28　第 16 叶位烟叶细胞栅栏组织细胞超显微结构

质较好，香气量较充足，较透发，较犀利，烟气较柔和尚圆润，稍有刺激和干燥，余味干净，较舒适。上部叶 C 处理香气质较好，香气量较充足，犀利度中等，烟气较柔和圆润，稍有刺激和干燥，较舒适。3 月下旬移栽将有助于提高烟气的香气质和香气量烟叶的焦甜香韵。

表 4-20　不同移栽期烟叶感官评价结果

指标	A	B	C	D	A	B	C	D
等级	C3F	C3F	C3F	C3F	B2F	B2F	B2F	B2F
香型	浓香	浓香	浓香	浓香	浓香	浓香	浓香	浓香
香气质	4	4	4	3	3	3	4	3
香气量	3	3	4	2	4	4	4	4
透发性	4	4	4	3	4	4	4	4
杂气	4.5	3.5	4	3.5	3.5	4	3.5	4
细腻程度	4	4	4	3	2	3	3	3
柔和程度	3	3	4	3	2	2	4	3
圆润感	3	3	3	2	2	3	3	3
刺激性	4	4	3	4	4	4	4	3
干燥感	3	4	3	3	3	4	4	3
余味	3	4	4	3	3	4	3	3
浓度	3	4	4	3	4	4	4	4
劲头	2	3	3	3	4	4	3	4
总分	40.5	43.5	44	35.5	38.5	43	43.5	41

表 4-21　气候资源配置评吸风格特征描述

样品名称	等级	风格特征描述
A	C3F	以焦甜香、干草香为主体香韵，辅以正甜香、辛香，浓香型特征显著，香气较沉溢，烟气浓度稍大，劲头稍大
B	C3F	以焦甜香、干草香为主体香韵，辅以正甜香、辛香，浓香型特征显著，香气较沉溢，烟气浓度较大，劲头稍大
C	C3F	以焦甜香、干草香为主体香韵，辅以正甜香、豆香、木香，浓香型特征较显著，香气沉溢，烟气浓度偏大，劲头中等
D	C3F	以干草香为主体香韵，辅以焦甜香、木香、焦香、辛香，浓香型特征较明显，香气沉溢，烟气浓度中等，劲头中等
A	B2F	以干草香、辛香为主体香韵，辅以焦甜香、辛香，浓香型特征较显著，香气沉溢，烟气浓度较大，劲头较大
B	B2F	以焦甜香、干草香为主体香韵，辅以正甜香、焦香、辛香，浓香型特征较显著，香气沉溢，烟气浓度偏大，劲头偏大
C	B2F	以焦甜香、干草香为主体香韵，辅以正甜香、辛香、豆香，浓香型特征较显著，香气沉溢，烟气浓度偏大，劲头稍大
D	B2F	以焦甜香、正甜香、干草香为主体香韵，辅以豆香，浓香型特征较显著，香气沉溢，烟气浓度偏大，劲头偏大

4）讨论与结论

本研究旨在通过调整烟草生长期实现气候资源配置差异，合理确定移栽期，解决生产前期温度较低和后期高温逼熟，制约烟叶成熟和影响烟叶品质的问题。研究显示，在影响烟叶生长发育的众多气象因子中，有效积温对烟叶叶龄呈极显著相关，从 2010～2012 年的有效积温的比较结果来看，各个处理的移栽到成熟、叶片发生到成熟的有效积温是大致相同的，这说明尽管移栽时间不同，但叶片发育所需的有效积温大致相等，可以通过计算有效积温来合理安排烟叶的移栽时间，以实现气候资源的有效利用。通过计算烟叶各生长期所需的有效积温，可以预测烟叶的成熟时间，指导烟叶成熟采收。

安徽皖南烟叶在 3 月下旬移栽有利于避免移栽过早，移栽过早会造成烟叶生长发育和成熟过程中温度偏低，不利于焦甜浓香型烟叶风格形成；同时可避免移栽过晚，移栽过晚造成成熟后期温度过高，生长期缩短，烟叶不正常成熟。适期移栽最有利于合理利用皖南光热资源，保证烟叶成熟期有适宜的热量条件，促进皖南焦甜香特色优质烟叶的形成。

3. 广东南雄不同移栽期光温配置及其对烟叶质量特色的影响

移栽期是影响烟叶对当地气候因素充分利用和合理利用的重要因素。烤烟移栽期不同，烟株在各个生育期所处的温、光、水等气候条件也不同，而气候条件则是影响烟株生长发育、烟叶产质量和风格特色形成的重要影响因子。南雄是我国典型的浓香型烟叶产区，为探讨南雄产区不同移栽期温光效应及对烟叶质量风格特色的影响，在大田试验条件下，通过调节移栽期措施，研究不同温光因子对浓香型风格特色的影响及作用机理。

2012 年试验在广东省烟草南雄科学研究所试验基地进行，供试烤烟品种为粤烟97，供试土壤为牛肝土田，土壤理化性状：pH=6.22、有机质 3.01%、全氮 0.157%、全磷 0.056%、全钾 2.790%、碱解氮 143.50mg/kg、速效磷 48.67mg/kg、速效钾 106.00mg/kg。

试验设 5 个移栽水平，以南雄正常移栽期为中间水平，分别提前和退后 10 天和20 天，具体为 T1：2 月 5 日移栽；T2：2 月 15 日移栽；T3：2 月 25 日移栽；T4：3 月6 日移栽；T5：3 月 16 日移栽。

1）移栽期对烟株大田生育期气象配置的影响

由表 4-22、表 4-23 资料统计结果可知，不同移栽期烟株生育期对应的温光条件不同。随着移栽期的推迟，烟株大田生育期平均温度呈上升的趋势，伸根期和旺长期>10℃积温逐渐增加，成熟期>10℃积温逐渐减少，大田全生育期>10℃积温各处理差异不显著；随着移栽期的推迟，烟株伸根期、成熟期和全大田生育期降水量呈减少的趋势，旺长期降水量呈增加的趋势；随着移栽期的推迟，烟株成熟期和全大田生育期太阳辐射量呈减少的趋势，这主要是与推迟移栽造成烟叶成熟期和全生育期缩短有关。

表 4-22　不同处理烟株大田生育期平均温度和积温统计

处理	平均温度/℃				>10℃积温/℃			
	伸根期	旺长期	成熟期	大田期	伸根期	旺长期	成熟期	大田期
T1	12.0	19.8	25.5	19.1	433.6	316.3	1910.3	2660.2
T2	13.7	21.1	25.6	19.9	497.5	316.2	1816.3	2630.0
T3	14.7	21.3	26.0	20.7	520.5	319.9	1718.1	2558.5
T4	17.5	21.5	26.6	21.9	613.3	323.2	1646.3	2582.8
T5	20.1	23.5	26.8	23.5	644.7	493.7	1501.8	2640.2

表 4-23　不同处理烟株大田生育期降水量和太阳辐射量统计

处理	降水量/mm				太阳辐射量/(MJ/m^2)			
	伸根期	旺长期	成熟期	大田期	伸根期	旺长期	成熟期	大田期
T1	287.8	82.8	754.4	1125.0	379.2	203.4	954.6	1537.2
T2	252.5	168.7	668.8	1090.0	369.9	172.1	893.5	1435.5
T3	240.8	214.4	614.9	1070.1	358.5	153.4	855.6	1367.5
T4	163.1	249.2	517.7	930.0	391.0	137.4	836.3	1364.7
T5	189.0	263.7	405.9	858.6	400.2	248.3	753.5	1102.0

2）移栽期对烟株大田生育期的影响

由表 4-24 可知，随着移栽期的推迟，烟株大田各生育期相应推迟，烟株还苗、伸根期逐渐缩短，T1、T2、T3、T4 和 T5 处理烟株移栽后进入团棵期时间分别是 50d、46d、43d、39d 和 33d，主要是移栽较早，平均气温偏低，烟株生长发育缓慢，随着移栽期的推迟，平均气温逐渐上升，烟株生长发育加快。各处理烟株旺长期差异不明显。随着移栽期的推迟，烟株成熟期也逐渐缩短，T1、T2、T3、T4 和 T5 处理烟株现蕾到采烤结束时间分别是 75d、71d、66d、62d 和 56d，这可能是烟株生长后期气温偏高，烟叶出现“高温逼熟”现象，烟叶成熟落黄较快。随着移栽期的推迟，烟株全大田生育期缩短。

田间调查结果表明，T1 和 T2 处理烟株发生早花现象较重，其中 T1 处理烟株早花率为 78.3%，T2 处理烟株早花率为 33.3%，T3、T4 和 T5 处理烟株未出现烟株早花现象，这可能是移栽较早，遭遇长时间低温寡照天气所致。

表 4-24　不同处理烟株生育期记载表

处理	移栽期（月/日）	团棵期（月/日）	现蕾期（月/日）	打顶期（月/日）	脚叶成熟期（月/日）	顶叶成熟期（月/日）	大田生育期/d
T1	2/5	3/26	4/10	4/15	5/10	6/24	141
T2	2/15	4/1	4/15	4/20	5/15	6/25	132
T3	2/25	4/7	4/21	4/25	5/20	6/26	124
T4	3/6	4/13	4/27	4/30	5/25	6/28	116
T5	3/16	4/17	5/7	5/10	5/30	7/2	109

3）移栽期对圆顶期烟株农艺性状的影响

由表 4-25 烟株农艺性状调查结果可知，随着移栽期的推迟，烟株株高、有效叶数、节距、茎围和叶片宽度指标表现为增加的趋势。这说明随着移栽期的推迟，气温不断上升，促进了烟株的生长发育。T1 和 T2 处理烟株由于早花率较高，烟株株高、有效叶数、节距及叶片宽度显著低于其他处理。

表 4-25　不同处理圆顶期烟株农艺性状比较

处理	株高/cm	有效叶数/片	节距/cm	茎围/cm	中部叶长\宽/cm	上部叶长\宽/cm
T1	95.80bA	18.33bA	4.73bB	8.27bA	66.67bB\25.67bB	58.17aA\16.83bB
T2	105.67bA	19.00abA	5.77aA	8.67aA	70.17aA\25.83bB	54.33bB\21.33aA
T3	116.00abA	19.67aA	6.11aA	8.73aA	71.00aA\26.83aA	55.50bB\22.50aA
T4	121.00aA	20.00aA	6.05aA	9.10aA	71.27aA\27.50aA	56.33bB\23.33aA
T5	123.00aA	20.33aA	6.25aA	9.12aA	70.27aA\27.67aA	60.83aA\24.33aA

4）移栽期对烟叶经济性状的影响

烟叶经济性状统计结果（表 4-26）表明，随着移栽期的推迟，烟叶上等烟比例、均价和产值呈增加的趋势，T1 处理烟叶产量、产值最低，显著低于其他处理；T1 和 T2 处理上等烟比例和均价较低，显著低于 T3、T4 和 T5 处理；T3、T4 和 T5 处理间经济性状指标差异不显著。

表 4-26　不同移栽期烟叶经济性状比较

处理	产量/(kg/亩)	上等烟比例/%	均价/(元/kg)	产值/(元/亩)
T1	164.53bB	13.14cB	16.78bB	2761.13bB
T2	191.97aA	37.22bB	18.90bB	3628.27aA
T3	188.97aA	60.02aA	20.40A	3854.19aA
T4	193.89aA	61.47aA	20.64A	4001.58aA
T5	186.27aA	68.87aA	21.58A	4018.92aA

5）移栽期对烟叶物理特性的影响

由烤后烟叶物理特性测定结果（表 4-27）可见，随着移栽期的推迟，中上部烟叶单叶重、叶质量和叶片厚度呈先增加后下降的趋势，烟叶含梗率呈先下降后增加的趋势。

表 4-27　不同移栽期烟叶物理特性比较

处理	部位	单叶重/g	含梗率/%	叶质量/(mg·cm²)	叶片厚度/μm
T1	中部	8.96	34.69	4.92	70
T2	中部	9.95	34.35	5.91	80
T3	中部	10.48	30.98	6.89	90
T4	中部	10.90	31.20	6.97	92
T5	中部	10.34	32.97	6.82	85
T1	上部	11.06	32.68	7.95	110
T2	上部	12.25	32.33	8.71	118
T3	上部	12.43	28.75	8.79	120
T4	上部	13.62	30.22	10.00	130
T5	上部	12.77	31.74	9.84	128

6）移栽期对烟叶化学成分含量的影响

由烟叶化学成分分析结果（表 4-28）可知，随着移栽期的推迟，烟叶烟碱含量表现为下降的趋势，糖碱比含量表现为上升的趋势，其他化学成分指标没有表现出规律性的变化。T4 和 T5 处理烟叶烟碱含量偏低，糖碱比偏高，其他处理烟叶化学成分稍协调。

表 4-28　不同移栽期烟叶化学成分含量比较

处理	部位	总糖/%	还原糖/%	烟碱/%	总氮/%	氯/%	钾/%	蛋白质/%	糖碱比	氮碱比
T1	中部	27.3	21.9	2.24	1.66	0.09	2.01	7.96	12.20	1.28
T2	中部	29.5	22.8	2.23	1.61	0.08	1.79	7.65	13.22	0.72
T3	中部	24.2	17.7	1.73	1.69	0.14	2.49	8.69	13.94	0.74
T4	中部	32.3	22.8	1.32	1.69	0.09	1.87	9.13	24.45	0.97
T5	中部	31.2	22.2	1.18	1.72	0.09	2.13	9.48	26.43	1.46
T1	上部	23.2	18.2	3.75	1.83	0.17	1.94	7.39	6.20	0.49
T2	上部	23.0	16.3	3.04	1.95	0.16	1.67	8.90	7.55	0.64
T3	上部	25.7	18.8	2.58	1.93	0.38	1.42	9.28	9.96	0.75
T4	上部	27.3	21.6	2.51	1.84	0.12	1.60	8.79	10.87	0.73
T5	上部	25.2	19.6	1.55	1.94	0.14	1.89	10.45	16.23	1.25

7）移栽期对烟叶感官质量的影响

由感官评吸结果（表 4-29）可知，移栽期各处理烟叶香型总体表现为浓香型，随着移栽期的推迟，浓香型显示度虽有增加的趋势，但各处理间差异较小。在移栽较早时烟叶劲头偏大，而移栽晚时，烟叶劲头偏小，得分均较低。在移栽期推迟的处理中，烟叶浓度和香气质量有下降的趋势。中部烟叶以 T1 处理感官质量得分最高，上部烟叶以 T3 处理感官质量得分最高。结果表明，烟叶质量与风格既有联系，又有区别，随着移栽期的推迟，烟叶质量水平有下降趋势，但烟叶浓香型风格差异较小。

8）主要结论

试验结果表明，不同移栽期烟株生育期对应的温光条件不同。随着移栽期的推迟，烟株大田生育期平均温度呈上升趋势，伸根期和旺长期>10℃积温逐渐增加，成熟期>

表 4-29 不同移栽期烟叶感官质量评吸结果

处理	等级	浓香型	劲头	浓度	香气质	香气量	杂气	刺激性	余味
T1	中部	7.2	6.4	6.0	6.5	6.5	6.5	6.5	6.5
T2	中部	7.2	6.6	5.9	6.5	6.5	6.5	6.5	6.4
T3	中部	7.3	7.0	5.7	6.5	6.6	6.5	6.5	6.4
T4	中部	7.4	6.5	5.7	6.6	6.3	6.4	6.7	6.4
T5	中部	7.2	6.0	5.7	6.4	6.1	6.3	6.6	6.4
T1	上部	7.3	6.3	6.8	6.5	6.7	6.2	6.2	6.4
T2	上部	7.4	6.5	6.5	6.4	6.6	6.3	6.3	6.4
T3	上部	7.4	6.8	6.5	6.5	6.7	6.3	6.3	6.5
T4	上部	7.5	6.2	6.5	6.4	6.5	6.3	6.3	6.4
T5	上部	7.3	5.8	6.4	6.5	6.4	6.2	6.3	6.4

10℃积温逐渐减少，成熟期和全大田生育期太阳辐射量呈减少趋势。随着移栽期的推迟，烟株生长发育速度加快，烟株还苗、伸根期逐渐缩短，烟叶成熟落黄加快，成熟期缩短，烟株全大田生育期缩短。随着移栽期的推迟，烟株农艺性状指标呈增加趋势，烟叶上等烟比例、均价和产值呈增加的趋势。随着移栽期的推迟，烟叶单叶重、叶质量和叶片厚度呈先增加后下降趋势，烟叶含梗率呈先下降后增加趋势，烟叶烟碱含量表现为下降趋势，糖碱比含量表现为上升趋势。随着移栽期的推迟，烟叶浓香型风格特征没有根本改变，但烟叶劲头、浓度和香气质量呈下降趋势，浓香型风格差异较小。由于不同移栽期烟叶成熟期日均温均在25℃以上，浓香型风格均表现显著。移栽较晚时，虽然后期温度较高，但生育期较短，成熟后期温度过高，不利于烟叶正常成熟，质量下降较为明显。

4.3 基于田间小气候观测的生态因子与烟叶质量特色的关系

为了准确分析典型产区烟田小气候各指标与烟叶特色的关系，对小气象站所在田块样品进行对应取样，按照特色烟感官评价方法对烟叶浓香型显示度和主要香韵特征进行评定。应用 DPS 9.50 软件分析浓香型显示度、焦甜香、焦香和正甜香香韵得分与小气候各指标的相关关系。

4.3.1 烟叶香型风格与不同生育期热量条件的关系

1. 与不同生育期平均气温及昼夜温差的关系

对不同生育期的平均气温、最高气温和最低气温与烟叶风格指征的相关分析（表 4-30）显示，影响烟叶不同香韵风格的关键时期不同。伸根期、旺长期和成熟前期的气温条件仅影响烟叶焦香香韵，期间平均气温、最低气温和最高气温越高，热量条件越优越，烟叶焦香香韵越突出，其中以成熟前期的影响最为显著；成熟后期的气温条件则对烟叶浓香显示度、焦甜香和正甜香香韵均有一定影响，成熟后期气温越高，热量条件越优越，烟叶正甜香香韵越弱，焦甜香香韵越突出，烟叶浓香显示度越高。然而成熟后期的气温及温差并不影响烟叶的焦香香韵。成熟期温差，尤其是成熟后期温差与烟叶浓香型显示度呈显著负相关，而与正甜香韵呈显著正相关。

表 4-30　浓香型烤烟典型产区各生育期气温及温差与烟叶香型风格指标的相关系数

时期		浓香型显示度	焦甜香	焦香	正甜香
全生育期	全生育期最低气温	0.7482	0.1440	0.7714*	−0.7545*
	全生育期最高气温	0.2009	−0.3773	0.6259	−0.0334
	全生育期平均气温	0.6434	−0.0808	0.9069**	−0.5828
	全生育期日较差	−0.566	−0.370	−0.321	0.678
伸根期	伸根期最低气温	0.2102	−0.4484	0.7876*	−0.2164
	伸根期最高气温	−0.1508	−0.6576	0.5071	0.2883
	伸根期平均气温	0.0345	−0.6653	0.7910*	0.0515
	伸根期日较差	−0.301	−0.344	−0.052	0.448
旺长期	旺长期最低气温	0.5588	0.1273	0.6210	−0.6625
	旺长期最高气温	−0.1611	−0.7132	0.4842	0.3207
	旺长期平均气温	0.2972	−0.3604	0.7690*	−0.2906
	旺长期日较差	−0.552	−0.530	−0.217	0.732
成熟前期	成熟前期最低气温	0.4850	−0.0485	0.7608*	−0.5471
	成熟前期最高气温	0.2927	−0.4281	0.9262**	−0.1996
	成熟前期平均气温	0.5273	−0.1319	0.9161**	−0.5339
	成熟前期日较差	−0.299	−0.380	0.011	0.473
成熟后期	成熟后期最低气温	0.9471**	0.7132	0.3364	−0.9819**
	成熟后期最高气温	0.6918	0.9331**	−0.1765	−0.7725*
	成熟后期平平均气温	0.8909**	0.7220	0.3084	−0.9647**
	成熟后期日较差	−0.810*	−0.255	−0.654	0.786*

注：* 代表相关关系在 α=0.05 水平上显著，** 代表在 α=0.01 水平上显著。

2. 与不同生育期≥10℃及≥20℃积温的关系

表 4-31 和表 4-32 分别示出了不同生育期≥20℃有效积温与活动积温与烟叶香型特征指标的相关系数。数据表明，烤烟成熟期尤其是成熟后期≥20℃活动积温和有效积温显著影响烟叶的浓香型显示度和正甜香香韵：积温越高，浓香型显示度越高、正甜香香韵越弱；分别呈极显著正相关和负相关关系。烤烟伸根期、旺长期的积温显著影响到烟叶焦香香韵，与之显著正相关。从表 4-31 和表 4-32 数据的对比可以看出，浓香型显示度、焦甜香和正甜香与≥20℃有效积温的关系比其与≥20℃活动积温的关系更加紧密。

表 4-31　浓香型烤烟典型产区不同生育期≥20℃活动积温与烟叶香气风格指标的相关系数

时期	浓香型显示度	焦甜香	焦香	正甜香
伸根期≥20℃活动积温	0.20	−0.42	0.81*	−0.22
旺长期≥20℃活动积温	0.19	−0.53	0.92**	−0.16
成熟前期≥20℃活动积温	−0.21	0.14	−0.19	0.07
成熟后期≥20℃活动积温	0.84*	0.38	0.61	−0.77*
成熟期≥20℃活动积温	0.77*	0.46	0.54	−0.76*
全生育期≥20℃活动积温	0.54	−0.12	0.93**	−0.53
相关系数临界值：α=0.05 时，r=0.7545；α=0.01 时，r=0.8745				

注：* 代表相关关系在 α=0.05 水平上显著，** 代表在 α=0.01 水平上显著。

表 4-32 浓香型烤烟典型产区不同生育期≥20℃有效积温与烟叶香气风格指标的相关系数

时期	浓香型显示度	焦甜香	焦香	正甜香
伸根期≥20℃有效积温	0.31	−0.35	0.89**	−0.32
旺长期≥20℃有效积温	0.28	−0.50	0.95**	−0.22
成熟前期≥20℃有效积温	0.22	−0.04	0.56	−0.31
成熟后期≥20℃有效积温	0.92**	0.67	0.27	−0.83*
成熟期≥20℃有效积温	0.90**	0.54	0.55	−0.88**
全生育期≥20℃有效积温	0.76*	0.09	0.90**	−0.72
相关系数临界值：α=0.05 时，r=0.7545；α=0.01 时，r=0.8745				

注：* 代表相关关系在 α=0.05 水平上显著，** 代表在 α=0.01 水平上显著。

以上分析表明，对烟叶浓香型风格特征起作用的主要是 20℃以上的高温部分。而烤烟大田生育期前期≥10℃积温对烟叶浓香型风格的形成无显著影响。

4.3.2 烟叶香型风格与不同生育期太阳辐射及其构成的关系

1. 烟叶香型风格与烤烟大田期分光累计辐射的关系

相关分析结果表明（表 4-33），烟叶焦甜香香韵得分与烤烟大田期的蓝紫辐射、可见辐射和红外辐射呈显著负相关关系，与总辐射呈现负相关关系但未达到显著水平。说明大田期辐射较高有利于烟叶焦甜香风格的形成。

表 4-33 浓香型产区大田生育期分光累计辐射与浓香型风格指标的相关系数

大田生育期分光累计	浓香型显示度	焦甜香	焦香	正甜香
紫外光	0.512	−0.635	0.781	−0.222
蓝紫光	−0.338	−0.965*	0.816	0.568
绿光	−0.484	−0.783	0.394	0.715
红橙光	−0.162	−0.853	0.625	0.451
可见光	−0.362	−0.977*	0.726	0.631
红外光	−0.483	−0.962*	0.674	0.723
总辐射	−0.474	−0.944	0.721	0.685

注：* 代表相关关系在 α=0.05 水平上显著，** 代表在 α=0.01 水平上显著。

2. 烟叶香型风格与不同生育阶段分光辐射强度的关系

从表 4-34 中可以看出，不同生育阶段的紫外辐射强度均与烟叶浓香型型显示度呈正相关关系而与正甜香香韵呈负相关关系；其中旺长期和成熟前期的日均紫外辐射强度与烟叶浓香型显示度极显著正相关而与正甜香香韵显著负相关。说明各时期紫外辐射强度高均有利于烟叶浓香显示度的提高而不利于正甜香风格形成。由于正甜香是中间香型的主体香韵风格，则高强度紫外辐射有利于增强烟叶浓香型风格而减弱其中间香型风格。大田前期（伸根–旺长期）的紫外辐射强度与烟叶焦香香韵正相关，其中伸根期紫外辐射强度与焦香香韵极显著正相关。即越早生育时期的紫外强度越强，对烟叶焦香风格的促进作用越大。而各阶段紫外辐射与烟叶焦甜香风格均无相关关系。

表 4-34　不同生育期日均分光辐射与烟叶浓香型风格指标的相关系数

不同生育期日均辐射		浓香型显示度	焦甜香	焦香	正甜香
紫外日均辐射	伸根期紫外日均辐射	0.6064	−0.0920	0.9826**	−0.5817
	旺长期紫外日均辐射	0.9651**	0.4710	0.8549	−0.9307*
	成熟前期紫外日均辐射	0.9923**	0.3227	0.1977	−0.9786*
	成熟后期紫外日均辐射	0.8648	0.3864	−0.0496	−0.8341
可见日均辐射	伸根期可见日均辐射	−0.3418	−0.8550	0.4265	0.3750
	旺长期可见日均辐射	−0.5912	−0.9601**	0.0763	0.6834
	成熟前期可见日均辐射	−0.6987	−0.3782	0.1722	0.6651
	成熟后期可见日均辐射	0.9567*	0.1779	0.2366	−0.8684
红外日均辐射	伸根期红外日均辐射	−0.4503	−0.8637	0.3183	0.4606
	旺长期红外日均辐射	−0.6604	−0.9167*	0.0246	0.7044
	成熟前期红外日均辐射	−0.6795	−0.6135	0.3825	0.7306
	成熟后期红外日均辐射	0.4804	−0.7308	0.9115*	−0.1878
蓝紫日均辐射	伸根期蓝紫日均辐射	−0.2186	−0.7699	0.5418	0.2472
	旺长期蓝紫日均辐射	−0.3236	−0.7381	0.3522	0.3663
	成熟前期蓝紫日均辐射	−0.3904	−0.5047	0.4769	0.4195
	成熟后期蓝紫日均辐射	0.1725	−0.4989	0.7488	−0.0772
绿光日均辐射	伸根期绿光日均辐射	−0.3992	−0.8223	0.3490	0.4014
	旺长期绿光日均辐射	−0.8748	−0.9294*	−0.3270	0.9162*
	成熟前期绿光日均辐射	−0.7445	0.3491	−0.7929	0.5862
	成熟后期绿光日均辐射	0.3535	0.5708	−0.5527	−0.4097
红橙日均辐射	伸根期红橙日均辐射	−0.4617	−0.9325*	0.2493	0.5268
	旺长期红橙日均辐射	−0.6015	−0.8536	−0.2395	0.7558
	成熟前期红橙日均辐射	0.1197	0.0257	−0.1889	−0.0191
	成熟后期红橙日均辐射	0.7398	0.2962	−0.0685	−0.6782

注：* 代表在相关关系在 α=0.05 水平上显著，** 代表在相关关系在 α=0.01 水平上显著；伸根期、旺长期，α=0.05 时，r=0.8783；α=0.01 时，r=0.9587；成熟前期、成熟后期，α=0.05 时，r=0.95；α=0.01 时，r=0.99。

对可见辐射（400～700nm）而言，烤烟生育前期其强度主要影响烟叶焦甜香香韵，其中旺长期可见辐射强度对烟叶焦甜香香韵有显著负作用；烤烟生育后期主要影响烟叶浓香型显示度，成熟后期辐射强度对浓香型显示度有显著正向促进作用。烤烟旺长期的红外辐射强度对烟叶焦甜香香韵有显著负相关关系，黄绿辐射强度与烟叶焦甜香韵有显著负相关关系而与正甜香韵有显著正相关关系；伸根期的红橙辐射与烟叶焦甜香香韵显著负相关。

可见，波长较短的紫外辐射强度是影响烟叶香型风格的重要因素，在烤烟全生育期都对烟叶浓香风格有正向促进作用；可见辐射主要在烤烟成熟后期对烟叶浓香型风格起促进作用；波长较长的红外辐射、红橙辐射均在烤烟生育前期对烤烟浓香型风格的主体香韵焦甜香有不利影响。

3. 烟叶香型风格与不同生育阶段分光累计辐射的关系

从表 4-35 中可见，各生育阶段的分光累计辐射对烤烟香型风格影响较小，大多数没有达到显著相关。仅伸根期紫外辐射与烟叶焦香显著正相关，成熟后期的蓝紫辐射和红外辐射与烟叶焦甜香显著负相关。比较表4-34和表4-35可见，日均辐射对烟叶香型风格的影响大于阶段累计辐射。

表4-35 不同生育期分光累计辐射与烟叶浓香型风格指标的相关系数

不同生育期分光累计辐射	浓香型显示度	焦甜香	焦香	正甜香
伸根期紫外累计辐射	0.6641	0.0877	0.9584*	−0.6752
旺长期紫外累计辐射	0.8565	0.2768	0.8563	−0.8115
成熟前期紫外累计辐射	0.6632	0.5676	−0.0805	−0.8143
成熟后期紫外累计辐射	0.7339	−0.2313	0.4642	−0.5242
伸根期蓝紫累计辐射	−0.0045	−0.4947	0.6568	−0.0117
旺长期蓝紫累计辐射	−0.1589	−0.7275	0.5858	0.1754
成熟前期蓝紫累计辐射	−0.4376	−0.2108	0.1876	0.3645
成熟后期蓝紫累计辐射	−0.1720	−0.9758*	0.9024	0.4280
伸根期可见累计辐射	−0.0818	−0.5532	0.6160	0.0568
旺长期可见累计辐射	−0.1885	−0.6965	0.4183	0.2233
成熟前期可见累计辐射	−0.5971	0.0646	−0.1831	0.4322
成熟后期可见累计辐射	−0.0820	−0.9337	0.7847	0.3873
伸根期红外累计辐射	−0.3406	−0.7758	0.3581	0.3462
旺长期红外累计辐射	−0.2190	−0.6043	0.4984	0.1764
成熟前期红外累计辐射	−0.6919	−0.1494	−0.0355	0.5856
成熟后期红外累计辐射	−0.2474	−0.9758*	0.7687	0.5349
伸根期绿光累计辐射	−0.1452	−0.4318	0.2292	0.1365
旺长期绿光累计辐射	−0.1066	−0.4601	0.5544	0.0361
成熟前期绿光累计辐射	−0.7195	0.4409	−0.7125	0.4703
成熟后期绿光累计辐射	−0.0987	−0.5779	0.3246	0.3398
伸根期红橙累计辐射	−0.2118	−0.7282	0.5461	0.2169
旺长期红橙累计辐射	−0.1905	−0.5799	0.1420	0.2783
成熟前期红橙累计辐射	−0.5423	0.4828	−0.6070	0.2772
成熟后期红橙累计辐射	0.1370	−0.7270	0.6308	0.1583

注：* 代表相关关系在 α=0.05 水平上显著，** 代表相关关系在 α=0.01 水平上显著；伸根期、旺长期，α=0.05 时，r=0.8783；α=0.01 时，r=0.9587；成熟前期、成熟后期，α=0.05 时，r=0.95；α=0.01 时，r=0.99。

4. 烟叶香型风格与烟叶大田期不同分光辐射比例的关系

相关分析的结果表明（表4-36），烟叶浓香型显示度与太阳辐射中可见光比例显著正相关，与红外光比例显著负相关，烟叶正甜香风格与可见光比例显著负相关，与红外光比例显著正相关；焦甜香、焦香与太阳辐射构成未见显著相关关系。可见，太阳辐射中的可见光比例高有利于降低烟叶正甜香风格，提高烟叶浓香显示度，而红外光比例高则有利于提高烟叶正甜香风格，降低烟叶浓香显示度。

综合上述田间小气候与烟叶浓香型特色关系研究，进一步证实了成熟期热量和光照条件对浓香型风格特色有显著影响：①浓香型显示度与成熟期后期日均温和成熟前期≥20℃积温呈显著正相关，与昼夜温差呈显著负相关。②浓香型显示度与全生育期太阳总辐射和全生育期分光累计辐射相关性较小，与不同生育阶段累计分光辐射相关性也较小，但与不同生育期日均分光辐射有密切关系。③浓香型显示度与成熟期可见光日均辐射、可见光比例、紫外光日均辐射呈显著正相关，与成熟期红橙光日均辐射正相关性也较大，与蓝紫光、绿光、红外光日均辐射相关性较小。④烟叶焦香主要与全生育期，特别是成熟期温度有关，高温有利于焦香风格的形成。⑤烟叶焦甜香与成熟期温度呈显著正相关，但与旺长期温度多呈负相关，与旺长期可见光日均辐射、红外光和绿光日均辐射也呈显著负相关。⑥烟叶正甜香与成熟期温度、可见光比例、紫外日均辐射呈显著负相关，与红外光比例呈显著正相关。

表 4-36　烟叶香型风格指标与不同分光比例的相关系数

分光比例	浓香型显示度	焦甜香	焦香	正甜香
紫外光/%	0.7334	0.4981	0.2467	−0.6063
蓝紫光/%	0.0694	−0.2738	0.5595	−0.0964
绿光/%	0.5956	0.7806	0.0789	−0.6722
红橙光/%	0.8086	0.6651	0.398	−0.8125
可见光/%	0.8822*	0.7644	0.5616	−0.9531*
红外光/%	−0.9521*	−0.7955	−0.5816	0.9919*

相关系数临界值：α=0.05 时，r=0.8783；α=0.01 时，r=0.9587

4.4　人工控制条件下关键气候因子对烟叶质量特色的影响

设置人工模拟气候控制试验的最大优点在于可以在保证其他气候因子不变的条件下，研究单一气候因子与烟叶质量和风格特色的关系，从而避免其他因子的干扰，揭示或验证某一生态因子与烟叶质量特色的真实关系和作用机理。在前述基于不同生态区气候条件所建立的气候因子与浓香型风格特色的关系中，有些是直接和真实的，但也不排除有间接的和非实质性的。通过在控制条件下研究关键气候因子与烟叶质量特色的关系，可以得到关于二者之间关系的更真实和更深层的信息。

4.4.1　光照强度对烟叶质量特色的影响

1. 光照强度对广东浓香型烤烟质量风格的影响

生态条件对烟叶质量和特色的形成发挥重要作用，光照强度作为重要的气候因子对烟叶的形态建成、生理代谢、生长发育有广泛的调节作用，对品质特征和风格特色的形成有重要影响（韩锦峰等，2003；顾少龙等，2010）。左天觉等（1993）研究表明，光照强度影响叶片的化学成分和外观性状。杨兴有等（2008）研究发现光照较强的环境生长的烟株鲜重、烟株干重、根体积、干鲜比、根冠比、株高和茎围都大于光照较弱的烟株；烤烟成熟期光照强度降低，叶片含氮量增加，光合速率降低，烤后烟单叶重、厚度、叶质重降低，叶片含梗率增加，总糖和还原糖含量降低，总氮和烟碱含量升高，中性香气成分含量随光照强度降低增加，增加到一定程度开始下降，在生育中后期弱光胁迫的影响要比在生育前期的影响要大，且弱光胁迫程度越大影响越大。肖金香等（2003）对烤烟进行遮阳处理的试验结果表明，光照强度减弱使烤烟现蕾期和开花期推迟，且烟株的根、茎、叶等农艺性状变差。戴冕（2000）指出，在一定范围内，光照强度增加，烟叶光合作用增强，干物质积累增加。杨兴有等（2007）研究还表明，随着光照强度的降低，叶片表皮、栅栏组织、海绵组织和总厚度都呈降低趋势，氮代谢强于碳代谢，叶片叶绿素 a、叶绿素 b、类胡萝卜素的含量也都随之增加。总体来看，这些研究大多集中在光照强度对烟叶生长、生理代谢和化学成分的影响，而对烟叶质量特色的影响较少。此外，有关光照强度的研究多时采用盆栽进行，与大田烟叶有一定差异。广东是我国浓香型特色烟叶的重要产区，成熟期温度高，雨水充沛，但日照时数相对较短，光照条件对烟叶生长发育和质量特色的形成十分重要。为此，通过在大田人工设置遮网改变光照强度，研究团棵至成熟采收及打顶至成熟采收期间改变光照强度对烟叶质量风格特色的影响及作用机理，旨在为阐明浓香型特色优质烟叶的形成机理和采取农艺调控措施彰显浓香型质量特色提供理论依据（王红丽等，2015）。

2011～2012 年在广东省烟草南雄科学研究所试验基地进行试验，供试品种为NX232，土壤为旱地紫色土，pH=7.54，有机质 1.213%，全氮 0.075%，全磷 0.085%，全钾 1.879%，水解氮 60.1mg/kg，速效磷 18.3mg/kg，速效钾 150mg/kg。分别设置两个试验，分别是旺长期至成熟期光照胁迫试验和单独成熟时期光照胁迫试验。2011 年旺长期至成熟期光照试验共设置 5 个处理，5 个光强水平：①对照，100%光照强度（自然光强）；②67%光照强度；③58%光照强度；④45%光照强度；⑤22%光照强度；成熟期光照胁迫试验自打顶后 3 天 (4 月 28 日) 开始，共设置 5 个光强水平，分别为：①对照，100%光照强度（自然光强）；②67%光照强度；③58%光照强度；④45%光照强度；⑤22%光照强度。2012 年旺长期至成熟期试验共设置 4 个处理，4 个光强水平：①对照，100%光照强度（自然光强）；②85%光照强度；③70%光照强度；④55%光照强度；成熟期光照胁迫试验共设置 4 个处理，4 个光强水平：①对照，100%光照强度（自然光强）；②85%光照强度；③70%光照强度；④55%光照强度。光照强度用照度计测量，通过改变纱网孔隙度和层数进行调节，光强偏差应控制在±5%内。

1) 不同遮光处理对烟株农艺性状的影响

(1) 不同遮光处理对烟株生育期的影响

两年试验一致表明，随着光照强度减少，烟叶成熟期推迟，大田生育期延长（表 4-37 和表 4-38）。特别是 2011 年的 22%和 45%自然光强处理，烟叶不能正常落黄成熟。2012 年成熟期光照胁迫试验的 55%光强处理烟株相比于其他各处理落黄成熟推迟，大田生育期延长，其余各处理间无差异。

表 4-37 光照强度对广东烤烟生育期的影响（2011 年）

处理	移栽期（月/日）	团棵期（月/日）	现蕾期（月/日）	下部叶成熟期（月/日）	上部叶成熟期（月/日）	大田生育期/d
100%光强	2/23	4/8	4/25	5/18	6/27	123
67%光强	2/23	4/8	4/25	5/18	7/5	130
58%光强	2/23	4/8	4/25	5/18	7/5	130
45%光强	2/23	4/8	4/25	5/28	7/10	135
22%光强	2/23	4/8	4/25	5/28	7/15	140

表 4-38　光照强度对广东烤烟生育期的影响（2012 年）

试验	处理	移栽期（月/日）	团棵期（月/日）	现蕾期（月/日）	下部叶成熟期（月/日）	上部叶成熟期（月/日）	大田生育期/d
旺长期至成熟期试验	100%光强	2/23	4/15	4/27	5/18	6/24	122
	85%光强	2/23	4/15	4/27	5/18	6/24	122
	70%光强	2/23	4/15	4/27	5/21	6/28	126
	55%光强	2/23	4/15	4/27	5/28	7/2	130
成熟期光照胁迫试验	100%光强	2/23	4/15	4/27	5/18	6/24	122
	85%光强	2/23	4/15	4/27	5/18	6/24	122
	70%光强	2/23	4/15	4/27	5/18	6/24	122
	55%光强	2/23	4/15	4/27	5/18	6/26	124

(2) 不同遮光处理对烟株农艺性状的影响

由表 4-39 和表 4-40 可知，2011 年圆顶期烟株株高随光照强度的降低先增高后降低，有效叶片数、茎围随光照强度的降低而降低，节距随光照强度的降低反而增大，叶片长宽随光照强度的降低而降低。

表 4-39　光照强度对烤烟圆顶期农艺性状的影响（2011 年）

试验	处理	株高/cm	有效叶数/片	节距/cm	茎围/cm	中部叶长/宽/cm	上部叶长/宽/cm
旺长期至成熟期试验	100%光强	64.3	18.0	3.5	5.9	68.7/20.8	65.3/27.3
	67%光强	69.3	18.7	3.7	6.0	67.3/20.2	64.0/26.3
	58%光强	68.8	18.6	3.6	6.0	66.7/19.0	63.3/25.3
	45%光强	66.2	18.3	4.5	5.6	62.0/19.3	63.3/20.3
	22%光强	63.5	17.8	4.9	4.8	59.5/16.0	56.3/19.2
成熟期光照胁迫试验	100%光强	66.3	20.6	3.2	7.4	66.0/22.0	66.3/37.2
	67%光强	66.7	19.8	3.4	7.3	64.2/21.5	65.5/25.5
	58%光强	68.8	19.8	3.5	7.3	63.6/21.8	64.8/24.5
	45%光强	64.2	17.7	3.7	7.0	63.0/20.0	62.7/24.5
	22%光强	62.0	17.6	3.9	6.4	57.3/17.2	60.5/20.2

表 4-40　光照强度对烤烟圆顶期农艺性状的影响（2012 年）

试验	处理	株高/cm	有效叶数/片	节距/cm	茎围/cm	中部叶长/宽/cm	上部叶长/宽/cm
旺长期至成熟期试验	100%光强	116.67	21.00	5.06	7.40	69.50/25.67	59.00/20.00
	85%光强	130.67	20.33	5.37	7.37	68.67/24.00	58.33/19.67
	70%光强	122.00	20.00	5.40	7.27	68.00/23.00	56.33/19.50
	55%光强	118.67	19.33	5.57	6.63	62.67/21.67	54.83/16.00
成熟期光照胁迫试验	100%光强	109.33	20.00	5.20	7.47	70.67/25.00	59.67/19.67
	85%光强	111.67	19.67	5.23	7.37	67.00/23.17	59.33/18.83
	70%光强	124.00	19.67	5.47	7.30	66.67/22.33	56.83/18.33
	55%光强	117.33	19.33	5.50	7.20	64.50/20.17	55.33/18.07

2）不同遮光处理对烟叶生理代谢指标的影响

(1) 不同遮光处理对烟叶质体色素含量动态变化的影响

由表 4-41 和表 4-42 可知，随着生育期推进，在自然光强和遮光程度较低时，烟叶叶绿素、类胡萝卜素含量均呈下降的趋势，其中叶绿素的下降趋势显著高于类胡萝卜素，因此叶绿素和类胡萝素含量比值降低。不同处理间色素含量差异显著，随着光照强度的降低，色素含量相对增高，说明在光照强度较低时烟叶叶绿素含量降低幅度较小。随着生育期的推进，不同光照处理间的差异加大。旺长期开始遮光试验与仅在成熟期遮光试验相比，弱光对色素含量的影响更为显著。旺长期至成熟期光照强度对烟叶光合色素含量的影响（2012 年）见表 4-43；成熟期光照强度对烟叶光合色素含量的影响（2012 年）见表 4-44。

表 4-41　旺长期至成熟期光照强度对烟叶光合色素含量的影响（2011 年）

测定日期	处理	叶绿素 a 含量 /(mg·g⁻¹)	叶绿素 b 含量 /(mg·g⁻¹)	类胡萝卜素含量 /(mg·g⁻¹)	叶绿素总量 /(mg·g⁻¹)
5 月 17 日	100%光强	1.1249	0.5069	0.249	1.6318
	67%光强	1.1284	0.5646	0.252	1.693
	58%光强	1.2149	0.5724	0.291	1.7873
	45%光强	1.322	0.817	0.305	2.139
	22%光强	1.3278	1.848	0.324	2.3758
6 月 1 日	100%光强	0.886	0.444	0.145	1.33
	67%光强	1.019	0.457	0.162	1.476
	58%光强	1.036	0.482	0.172	1.518
	45%光强	1.21	0.726	0.175	1.936
	22%光强	1.334	0.865	0.225	2.199
6 月 16 日	100%光强	0.458	0.191	0.110	0.649
	67%光强	0.4097	0.245	0.124	0.6547
	58%光强	0.5116	0.292	0.143	0.8036
	45%光强	0.482	1.3206	0.157	1.8026
	22%光强	1.227	0.715	0.186	1.942

表 4-42　成熟期光照强度对烟叶色素含量的影响（2011 年）

测定日期	处理	叶绿素 a 含量 /(mg·g⁻¹)	叶绿素 b 含量 /(mg·g⁻¹)	类胡萝卜素含量 /(mg·g⁻¹)	叶绿素总量 /(mg·g⁻¹)
5 月 17 日	100%光强	1.093	0.405	0.114	1.498
	67%光强	1.123	0.456	0.145	1.579
	58%光强	1.156	0.558	0.164	1.714
	45%光强	1.232	0.699	0.166	1.931
	22%光强	1.264	0.758	0.224	2.022
6 月 1 日	100%光强	0.942	0.479	0.046	1.421
	67%光强	0.995	0.520	0.059	1.515
	58%光强	1.040	0.532	0.064	1.572
	45%光强	1.170	0.680	0.149	1.850
	22%光强	1.240	0.815	0.195	2.055

续表

测定日期	处理	叶绿素 a 含量 /(mg·g^{-1})	叶绿素 b 含量 /(mg·g^{-1})	类胡萝卜素含量 /(mg·g^{-1})	叶绿素总量 /(mg·g^{-1})
6 月 16 日	100%光强	0.420	0.171	0.100	0.591
	67%光强	0.525	0.817	0.131	1.342
	58%光强	0.549	1.124	0.134	1.673
	45%光强	0.779	1.217	0.166	1.996
	22%光强	1.158	1.618	0.216	2.776

表 4-43　旺长期至成熟期光照强度对烟叶光合色素含量的影响（2012 年）

测定日期	处理	部位	叶绿素 a 含量 /(mg·g^{-1})	叶绿素 b 含量 /(mg·g^{-1})	类胡萝卜素含量 /(mg·g^{-1})	叶绿素总量 /(mg·g^{-1})
5 月 11 日	100%光强	上部	1.095	0.771	0.28	1.866
	85%光强	上部	1.103	0.867	0.282	1.970
	70%光强	上部	1.201	0.954	0.456	2.196
	55%光强	上部	1.239	1.383	0.472	2.597
	100%光强	中部	1.178	0.572	0.47	1.750
	85%光强	中部	1.254	0.611	0.53	1.865
	70%光强	中部	1.277	0.705	0.533	1.982
	55%光强	中部	1.333	1.162	0.579	2.465
5 月 28 日	100%光强	上部	0.892	0.469	0.349	1.361
	85%光强	上部	0.901	0.47	0.357	1.371
	70%光强	上部	0.895	0.476	0.364	1.371
	55%光强	上部	0.934	1.068	0.445	2.002
	100%光强	中部	0.663	0.282	0.267	0.945
	85%光强	中部	0.794	0.369	0.316	1.163
	70%光强	中部	0.738	0.455	0.333	1.174
	55%光强	中部	0.96	0.874	0.47	1.834
6 月 8 日	100%光强	上部	0.476	0.2	0.194	0.676
	85%光强	上部	0.565	0.249	0.236	0.814
	70%光强	上部	0.562	0.329	0.328	0.885
	55%光强	上部	0.927	0.625	0.424	1.552
	100%光强	中部	0.344	0.138	0.156	0.482
	85%光强	中部	0.491	0.213	0.207	0.704
	70%光强	中部	0.538	0.335	0.256	0.847
	55%光强	中部	0.844	0.483	0.359	1.327

表 4-44　成熟期光照强度对烟叶光合色素含量的影响（2012 年）

测定日期	处理	部位	叶绿素 a 含量 /(mg·g^{-1})	叶绿素 b 含量 /(mg·g^{-1})	类胡萝卜素含量 /(mg·g^{-1})	叶绿素总量 /(mg·g^{-1})
5 月 28 日	100%光强	上部	0.776	0.348	0.301	1.124
	85%光强	上部	0.788	0.365	0.304	1.153
	70%光强	上部	0.881	0.451	0.306	1.313

续表

测定日期	处理	部位	叶绿素 a 含量 /(mg·g⁻¹)	叶绿素 b 含量 /(mg·g⁻¹)	类胡萝卜素含量 /(mg·g⁻¹)	叶绿素总量 /(mg·g⁻¹)
5月28日	55%光强	上部	0.903	0.502	0.379	1.405
	100%光强	中部	0.619	0.257	0.247	0.876
	85%光强	中部	0.641	0.290	0.253	0.931
	70%光强	中部	0.647	0.301	0.268	0.948
	55%光强	中部	0.855	0.485	0.276	1.340
6月8日	100%光强	上部	0.476	0.200	0.194	0.676
	85%光强	上部	0.510	0.206	0.203	0.716
	70%光强	上部	0.579	0.209	0.205	0.757
	55%光强	上部	0.602	0.262	0.243	0.864
	100%光强	中部	0.344	0.138	0.156	0.482
	85%光强	中部	0.390	0.202	0.203	0.551
	70%光强	中部	0.411	0.217	0.236	0.643
	55%光强	中部	0.426	0.269	0.282	0.643

(2) 不同遮光处理对烟叶光合作用速率的影响

由表 4-45 和表 4-46 可知，2011 年旺长期 22%光强处理净光合速率 P_n、蒸腾速率T_r、气孔导度 G_s 明显低于对照 100%光强，胞间 CO_2 浓度 C_i 含量高于对照，其他处理与对照 100%光强差异不明显。对于旺长期至成熟期试验，所有遮光处理烟叶成熟期烟的光合作用速率指标明显高于对照 100%光强；对于成熟期光照胁迫试验，烟叶成熟期遮光处理除净光合速率 P_n 低于对照 100%光强外，其他指标均高于对照处理。试验表明，在光照胁迫条件下，烟叶光合作用可产生补偿反应以维持光合产物的生产，这反映在光和色素含量的增加和光合环境的优化。但如果遮光过重，光合作用下降，特别是净光合速率下降明显。

表 4-45 旺长期烟叶光合作用速率测定数据（2011 年）

试验时间	处理	净光合速率 P_n /(μmol/m²·s)	气孔导度 G_s /(mol/m²·s)	胞间 CO_2 浓度 C_i /(μmol/mol)	蒸腾速率 T_r /(mmol/m²·s)
旺长期至成熟期试验	100%光强	18.65	0.35	260.83	6.05
	67%光强	18.66	0.39	263	6.01
	58%光强	18.52	0.40	276.22	6.47
	45%光强	19.51	0.42	275.33	6.56
	22%光强	14.39	0.29	272.78	5.16

(3) 不同遮光处理对烟叶硝酸还原酶活性的影响

硝酸还原酶是烟叶氮代谢关键酶。由图 4-29 和图 4-30 可知，烟株进入成熟期后（5 月 15 日）烟叶硝酸还原酶活性呈逐渐下降的趋势。旺长期开始遮光试验中烟叶硝酸还原酶含量呈现出随光照强度的降低而呈降低的趋势。成熟期光照胁迫试验 22%光强处理烟叶硝酸还原酶活性前期较低，后期较高。总体而言，在一定光照范围内，烟叶成熟期硝酸还原酶活性随着光照强度的减弱相对增高，表明在光照强度较高时，烟叶氮代谢可以及时减弱，这对烟叶适时成熟和充分成熟较为有利，光照不良将导致氮代谢滞后，对烟叶成熟落黄和质体色素降解不利。

表 4-46　成熟期烟叶光合作用速率测定数据（2011 年）

试验时间	处理	净光合速率 P_n /(μmol/m²·s)	气孔导度 G_s /(mol/m²·s)	胞间 CO_2 浓度 C_i /(μmol/mol)	蒸腾速率 T_r /(mmol/m²·s)
旺长期至成熟期试验	100%光强	12.74	0.14	252.84	1.98
	67%光强	17.73	0.29	270.83	4.05
	58%光强	15.17	0.27	281.28	4.06
	45%光强	14.83	0.27	289.23	3.61
	22%光强	13.09	0.35	323.66	4.06
成熟期光照胁迫试验	100%光强	14.18	0.17	239.91	2.87
	67%光强	11.43	0.33	316.96	4.91
	58%光强	12.17	0.28	300.23	4.53
	45%光强	10.99	0.32	337.86	4.68
	22%光强	10.63	0.23	286.87	3.51

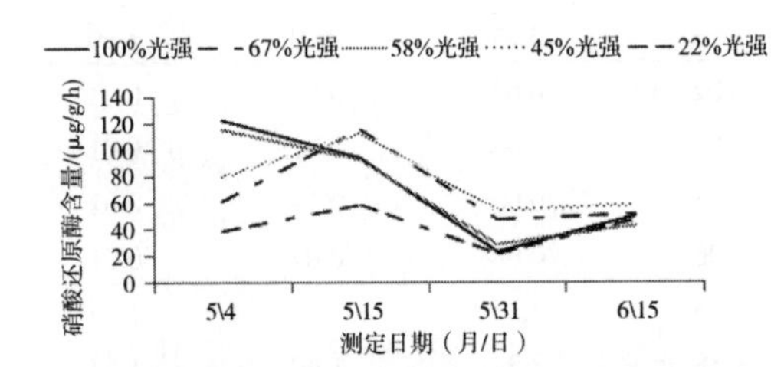

图 4-29　旺长期至成熟期光照强度对烤烟硝酸还原酶含量的影响（2011 年）

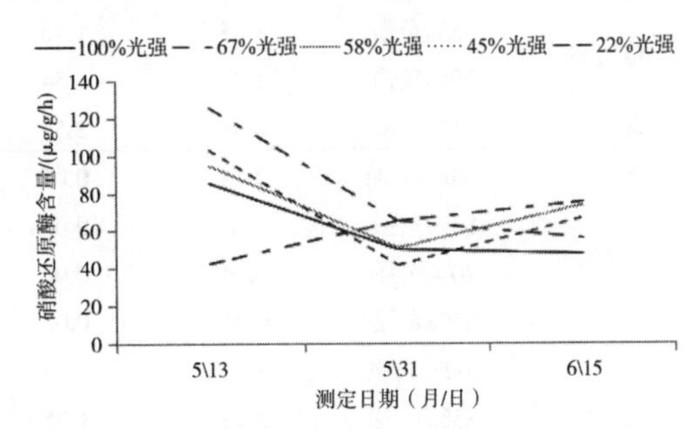

图 4-30　成熟期光照强度对烤烟硝酸还原酶含量的影响（2011 年）

（4）不同遮光处理对烟叶碳氮化合物动态变化的影响

由表 4-47 可知，在旺长开始遮阴试验中，烟叶总糖、烟碱含量随生育期的推进而增加，糖碱比、还原糖、钾含量随生育期的推进先降低再升高，氮碱比、总氮、蛋白质含量随生育期的推进而降低，淀粉含量随生育期的推进先升高后降低。

从不同光照强度处理间化学成分含量的比较可知，烟叶总糖、还原糖、淀粉含量随光照强度的降低而降低。烟叶烟碱、总氮、蛋白质、氯、钾含量呈现出随光照强度的降低反而升高的趋势，糖碱比、氮碱比均呈现出随光照强度的降低而降低的趋势。

表 4-48 为 2012 年成熟期光照胁迫试验烟叶生长和成熟过程中不同光照处理烟叶化学成分含量的变化。与旺长期开始遮光试验相似，烟叶总糖、还原糖、钾、淀粉含量随生育期的推进而增加，烟碱、总氮、蛋白质含量随生育期的推进反而降低，其中淀粉含量在弱光下降低的幅度小于旺长期开始遮光试验中烟叶淀粉含量的下降幅度。烟叶总糖、还原糖、淀粉含量随光照强度的降低而降低，烟碱、总氮、蛋白质、氯、钾含量呈现出随光照强度的降低而升高的趋势，糖碱比表现出随光照强度的降低而降低的趋势。

表 4-47 旺长期至成熟期光照强度对烟叶化学成分的影响（2012 年）

化学成分	处理	上部叶			中部叶		
		5 月 11 日	5 月 28 日	6 月 9 日	5 月 11 日	5 月 28 日	6 月 9 日
总糖/%	100%光强	4.1	3.89	6.88	3.99	4.34	6.89
	85%光强	3.44	3.78	6.3	3.89	4.22	6.64
	70%光强	2.82	3.67	5.8	3.78	4.17	6.46
	55%光强	2.22	3.41	5.17	2.41	3.96	6.06
还原糖/%	100%光强	2.5	2.14	5.3	2.88	1.85	5.36
	85%光强	2.43	2.07	4.54	2.79	1.66	4.94
	70%光强	1.99	1.19	3.87	2.23	1.65	4.66
	55%光强	1.52	1.13	3.38	2.12	1.46	4.03
烟碱/%	100%光强	0.62	1.29	1.45	0.58	1.33	1.28
	85%光强	0.64	1.34	1.49	0.59	1.3	1.38
	70%光强	0.8	1.37	1.69	0.68	1.35	1.47
	55%光强	0.9	1.42	1.67	0.79	1.49	1.66
总氮/%	100%光强	3.61	1.45	1.3	3.01	1.23	1.19
	85%光强	3.85	1.46	1.37	3.01	1.27	1.25
	70%光强	4.07	1.54	1.49	3.61	1.46	1.32
	55%光强	4.31	2.59	1.65	3.87	2.02	1.49
氯/%	100%光强	0.12	0.05	0.02	0.03	0.01	0.01
	85%光强	0.1	0.05	0.04	0.04	0.01	0.01
	70%光强	0.14	0.06	0.05	0.06	0.01	0.01
	55%光强	0.24	0.08	0.06	0.08	0.01	0.01
钾/%	100%光强	2.29	1.33	1.25	2.15	1.3	1.45
	85%光强	2.49	1.35	1.38	2.34	1.49	1.53
	70%光强	2.56	1.43	1.56	2.4	1.65	1.55
	55%光强	3.46	1.99	2.05	3.68	2.3	2.21
淀粉/%	100%光强	12.22	31.89	37.20	19.46	37.82	35.6
	85%光强	11.48	28.10	36.00	18.31	33.98	31.55
	70%光强	10.75	26.69	31.87	18.99	30.18	28.22
	55%光强	3.24	20.42	18.89	4.14	16.67	22.32
蛋白质/%	100%光强	21.8	8.79	6.26	18.18	6.22	5.01
	85%光强	23.37	8.43	6.67	18.18	6.51	5.06
	70%光强	25.59	9.26	7.11	19.56	8.53	5.2
	55%光强	26.37	14.77	8.50	23.51	11.15	5.76
糖碱比	100%光强	6.61	3.02	4.74	6.88	3.26	5.38
	85%光强	5.38	2.82	4.23	6.59	3.25	4.81
	70%光强	3.53	2.68	3.43	5.56	3.09	4.39
	55%光强	2.47	2.40	3.10	3.05	2.66	3.65
氮碱比	100%光强	5.82	1.12	0.90	5.19	0.92	0.93
	85%光强	6.02	1.09	0.92	5.10	0.98	0.91
	70%光强	5.09	1.12	0.88	5.31	1.08	0.90
	55%光强	4.79	1.82	0.99	4.90	1.36	0.90

表 4-48　成熟期光照强度对烟叶化学成分的影响（2012 年）

化学成分	处理	上部叶		中部叶	
		5 月 28 日	6 月 9 日	5 月 28 日	6 月 9 日
总糖/%	100%光强	4.85	6.88	5.56	6.89
	85%光强	4.76	6.35	4.57	6.86
	70%光强	4.22	6.07	4.57	7.16
	55%光强	4.05	5.76	4.16	6.94
还原糖/%	100%光强	1.98	5.30	2.81	5.96
	85%光强	1.79	4.76	2.78	5.73
	70%光强	1.67	4.55	2.51	5.41
	55%光强	1.55	4.36	2.37	5.02
烟碱/%	100%光强	1.54	1.55	1.35	1.48
	85%光强	1.59	1.61	1.36	1.52
	70%光强	1.67	1.67	1.54	1.58
	55%光强	1.86	1.84	1.68	1.68
总氮/%	100%光强	1.49	1.30	1.29	1.19
	85%光强	1.54	1.32	1.30	1.18
	70%光强	1.54	1.48	1.45	1.23
	55%光强	1.58	1.56	1.46	1.36
氯/%	100%光强	0.04	0.02	0.01	0.01
	85%光强	0.08	0.02	0.01	0.01
	70%光强	0.03	0.02	0.01	0.01
	55%光强	0.02	0.02	0.01	0.01
钾/%	100%光强	1.28	1.45	1.53	1.45
	85%光强	1.32	1.47	1.53	1.54
	70%光强	1.49	1.61	1.69	1.79
	55%光强	1.50	1.75	1.77	1.83
淀粉/%	100%光强	31.06	27.2	38.08	30.6
	85%光强	32.25	27.19	38.23	29.59
	70%光强	29.33	24.36	34.00	27.12
	55%光强	27.37	22.82	30.31	25.42
蛋白质/%	100%光强	7.66	6.26	6.08	5.61
	85%光强	7.72	6.33	6.12	5.67
	70%光强	7.96	6.91	6.28	5.72
	55%光强	8.20	7.76	6.80	6.17
糖碱比	100%光强	3.14	4.37	4.12	4.66
	85%光强	3.05	3.92	3.45	4.51
	70%光强	2.54	3.64	2.97	4.63
	55%光强	2.18	3.13	27.24	4.19
氮碱比	100%光强	0.97	0.83	0.96	0.80
	85%光强	0.99	0.82	1.00	0.78
	70%光强	0.93	0.86	0.93	0.80
	55%光强	0.85	0.85	0.87	0.80

3）不同遮光处理对烟叶超微结构和淀粉粒的影响

光照强度对烟叶光合作用和碳谁化合物的合成和积累有直接影响，可直观地反映在超微结构的变化。取样时间为移栽后78d、85d、105d和采收当天，采用电子显微镜观察淀粉粒的组织结构变化（杨惠娟等，2015）。电镜结果显示，移栽后78d烤烟叶片扩展期和85d叶片成熟期样品中淀粉粒含量随生长时期和光照强度的变化有明显差异。随着光照强度的减弱，淀粉粒的数量呈逐渐减少的趋势，移栽后75d和85d，自然光照下烟叶叶片淀粉粒体积大，数量多；85%光照环境下烟叶淀粉粒则体积变小，数量减少，随着光强降低至70%，淀粉粒进一步显著减少，最弱光处理的烟叶几乎无淀粉积累；在移栽后105d生理成熟期各光照处理间淀粉粒数量差距逐渐缩小，但淀粉粒体积差异显著。纵向来看，随着叶片的生长和成熟，淀粉粒含量呈增加趋势，在移栽后105d烤烟生理成熟期时，各个处理下淀粉含量都达到最大。而在采收时样品中淀粉粒减少，颗粒完整度降低，含量显著低于移栽后105d时的含量（图4-31），说明此时淀粉粒已发生明显的降解。以上结果表明，光照对烤烟生长期叶片淀粉的合成和积累影响较大，弱光下烟叶淀粉积累迟，且积累量小。

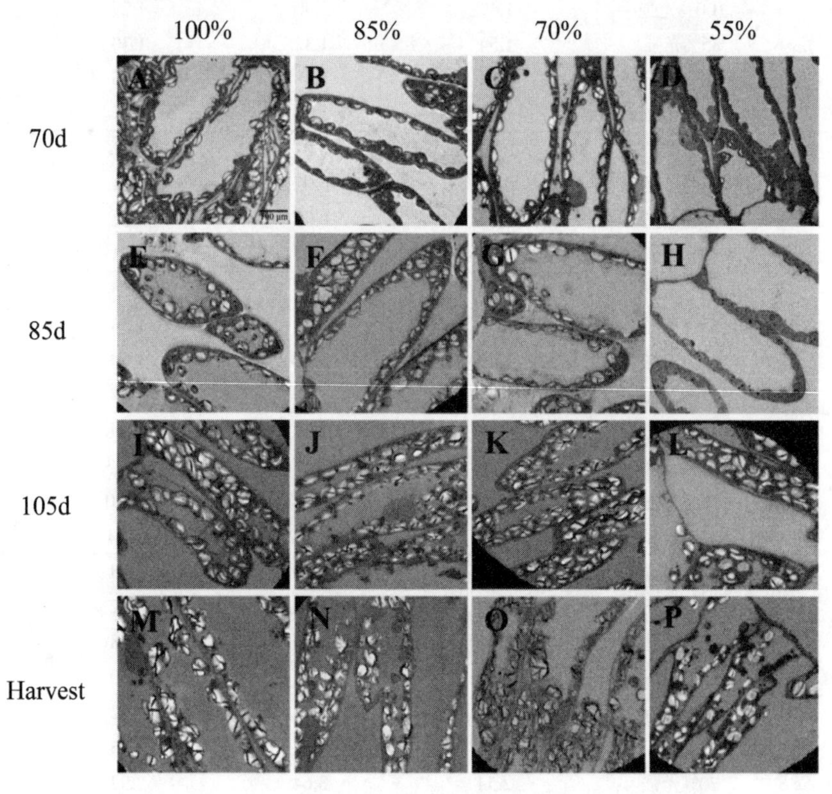

图4-31 各光强处理下及不同时期烟草叶片组织的电镜照片（电镜型号为Hitachi TEM，放大倍数为×0.3k）

4）不同遮光处理对碳氮代谢关键基因表达的影响

光在烟草叶片淀粉合成和积累过程中尤为重要，糖代谢和淀粉代谢相辅相成，相互转化又紧密相连。烟草氮代谢也是受光照影响较大的一个方面，与碳代谢也是相互影响。本研究针对光衰减环境对烟草叶片淀粉合成及积累以及相关代谢过程中的关键基因的表达进行了研究，以期探索淀粉、糖及氮代谢途径间的相互联系以及对弱光的响应机制。各代谢途径关键基因用 RT-PCR 方法检测（杨惠娟等，2015；Yang et al.，2014）。

(1) 光照衰减对淀粉和糖代谢途径基因表达的影响

淀粉和糖代谢是紧密相连、相互转化的两个代谢途径，糖分可以向淀粉转化，淀粉也可以分解为糖分。电镜结果显示淀粉的积累主要发生在移栽后 105d 之前，通过 RT-PCR 方法对移栽后 78d 的扩展期叶片和 85d 成熟期叶片中目的基因表达量进行了检测(图 4-32)。结果显示淀粉糖代谢途径中有 6 个关键基因受光强衰减的影响表达量发生了变化，分别为负责糖转化和合成的胞外转化酶（*INV*）、UDP-葡萄糖脱氢酶（*UGDD*）、蔗糖合成酶（*SuSy*）、6-磷酸蔗糖磷酸酶（*SPP2*），以及负责淀粉合成的颗粒淀粉合成酶(*GBSS* Ⅰ)与淀粉分支酶（*SBE*）。

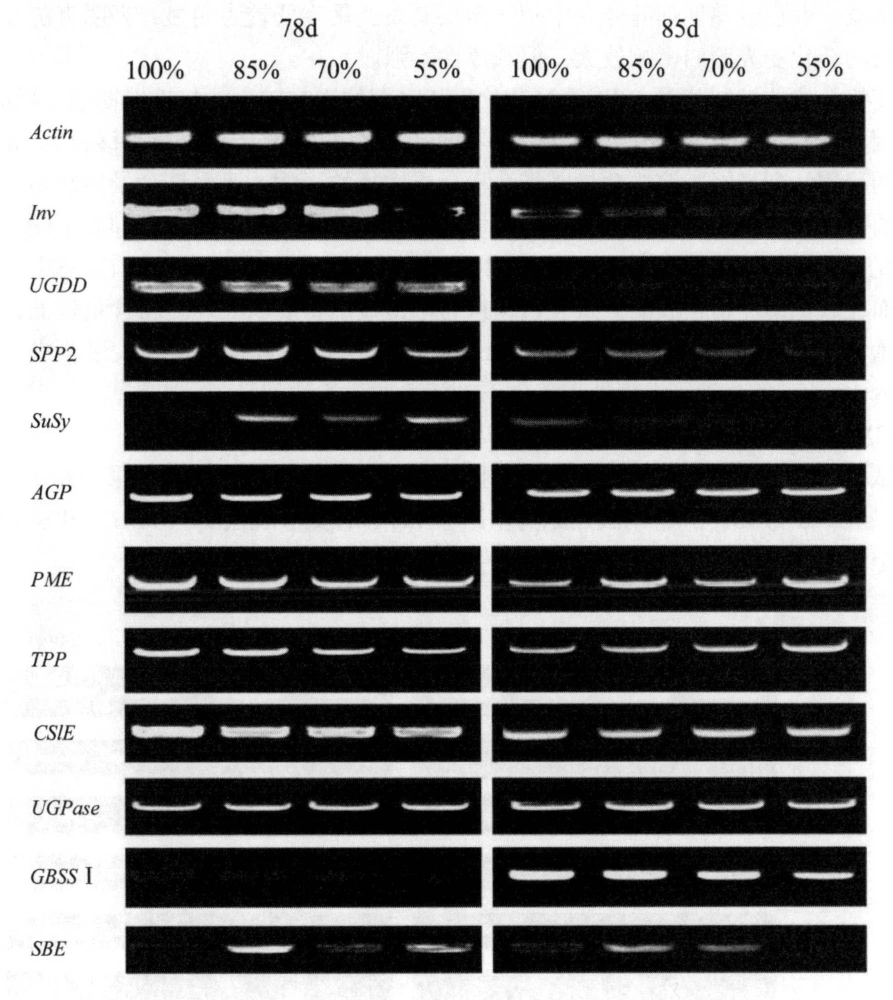

图 4-32　糖、淀粉途径关键基因在不同光强处理下及不同时期表达量的变化

其中糖代谢关键酶 *INV*、*UGDD*、*SPP2* 基因不仅受光照强度的影响，在不同生长时期表达量也受到影响，其在成熟期的叶片样品中表达量显著低于扩展期烟叶样品中的表达量。随着光照强度的减弱，基因表达量显著减少，特别是转化酶基因。*SuSy* 基因的

变化较为复杂，在扩展期的样品中表达量在自然光下表达较少，而在遮光条件下表达量增加，可能与烟叶的长势有关。在成熟期的样品中 *SuSy* 基因表达量则随光强的减弱逐渐减少，直至 55%光照处理的样品中表达量几乎为零，整体表达都低于叶片扩展期各处理的表达量，表明随着烟草生长发育时期的延长，糖的合成逐渐降低。糖代谢途径的 4 个关键基因控制着蔗糖的合成和转化，变化趋势表明随叶片成熟进程表达逐渐降低，随着光强的减弱，蔗糖的合成转化也逐渐减少。

涉及淀粉代谢的基因中有两个关键基因 *GBSS* Ⅰ 和 *SBE* 在处理间变化较为显著。*SBE* 基因是催化直链淀粉形成支链淀粉的酶，促进直连淀粉向支链淀粉转化，但支链淀粉酶基因对于淀粉的合成不起决定作用。结果显示扩展期叶片的 *SBE* 基因受光强的影响程度小于成熟期叶片。扩展期烟叶在 85%的光照强度下 *SBE* 基因表达量最高，随后逐渐降低。而在成熟期烟叶样品中随光照减弱表达量降低较为明显，表明直链淀粉向支链淀粉的转化受光照的影响较大，但规律性不强。

淀粉合成的控制基因 *GBSS* Ⅰ 受叶片生长时期的影响较大。与扩展期烟叶样品相比，该基因在成熟期烟叶样品中大量表达，表明此时淀粉大量合成，导致移栽后 105d 时淀粉粒的积累达到高峰。淀粉含量既受淀粉合成途径的影响，还受糖含量的影响，由此可见，前两个时期中光衰减导致的淀粉含量逐渐减少的主要原因是弱光抑制了糖分的合成和转化，导致淀粉含量的减少。扩展期叶片的颗粒淀粉合成关键基因 *GBSS* Ⅰ 表达量较弱，而在成熟期淀粉合成酶大量表达，这与电镜显示扩展期叶片淀粉含量较低，而之后逐渐增加的结果一致。表明在移栽后 85d 至移栽后 105d 叶片中淀粉大量合成，进而在移栽后 105d 时各个光照强度处理条件下的淀粉含量均达到最高。

(2) 光照衰减对氮代谢途径基因表达的影响

试验中检测氮代谢途径 7 个关键基因表达量，包括谷氨酰胺合成酶（*GS*）、两个同工酶（*GS1-3* 与 *GS1-5*）、硝酸还原酶基因（*Nit*）、谷氨酸脱氢酶（*Gdh1*）和亚硝酸还原酶三个同工酶基因（*Nir-1*、*Nir-2* 和 *Nir-3*）（图 4-33）。

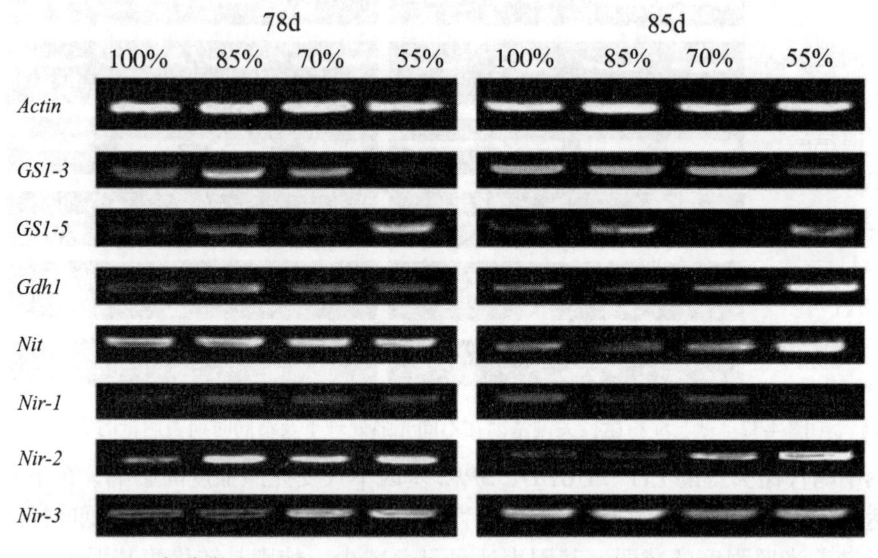

图 4-33　氮代谢途径关键基因在不同光强处理下及不同时期表达量的变化

硝酸还原酶是烟叶氮代谢的关键酶，从其基因表达情况来看，在叶片扩展期光照强度不同处理间差异较小，但到成熟期处理间差异显著，自然光强和遮阴程度较低的处理 *Nit* 基因表达量比扩展期明显下降，而遮光程度较高的处理仍维持在较高的表达量，表明遮光可导致烟叶氮代谢滞后，不利于烟叶适时成熟。亚硝酸还原酶的三个同工酶 *Nir-1*、*Nir-2* 和 *Nir-3* 基因表达对光照强度变化的反应不尽相同，*Nir-1* 整体表达量较小，在叶片扩展期的不同处理间差异不显著，但在成熟期表现出随光强减弱而减小的趋势；*Nir-2* 基因受光照影响最大，在弱光下表达量高于自然光条件下表达量，特别是在成熟期更为明显；*Nir-3* 基因受光强的影响相对较小。谷氨酰胺合成酶主要催化铵的同化，两个同工酶基因 *GS1-3* 和 *GS1-5* 对光强变化的反应有差异，其中 *GS1-3* 除在 55%自然光强处理中表达量显著减少外，其他处理间无显著差异，而 *GS1-5* 基因表达在处理间无明显的规律性，且在最弱光强处理（55%自然光强）中具有较高的表达量。谷氨酰胺合成酶两个同工酶基因的表达量在叶片扩展期和叶片成熟期差异较小。谷氨酸脱氢酶在叶片不同发育时期随光照强度的变化有一定差异，在叶片扩展期，不同光照处理间*Gdh1* 表达量无显著差异，但在成熟期叶片中，随着光强减弱其表达量逐渐增加。硝酸还原酶、亚硝酸还原酶、谷氨酸脱氢酶和谷氨酰胺合成酶都是氮代谢途径氮代谢的重要酶，控制硝态氮向铵离子的转化及铵离子的同化，两个步骤紧密相连（王冠等，2012）。试验结果表明，控制硝酸还原的关键酶基因 *Nit*、*Nir-2* 的表达模式一致，在弱光条件下成熟期烟叶基因表达量强于自然光照下的烟叶，表明氮代谢在弱光条件下维持在较高的水平，叶片氮代谢滞后明显。弱光对铵的同化影响相对较小。

光强衰减将导致烟草叶片淀粉合成减少，积累推迟，淀粉粒体积变小。葡萄糖转化及蔗糖的合成途径关键基因表达量受弱光影响显著降低，且随着烟草的成熟呈下降趋势。淀粉合成酶基因 *GBSS* Ⅰ在叶片扩展期表达较弱，但在叶片成熟期大量表达，且随着光照强度的减弱表达量减少。在氮代谢中，烟叶成熟期硝酸还原受光照强度影响较大，弱光下硝酸还原维持在较高水平，氮代谢滞后，铵的同化反应受光照强度影响相对较小。

5）不同遮光处理对烤烟济性状的影响

不同光照处理烟叶统一正常烘烤，计算经济产量并分级，得到两年各处理的经济性状（表 4-49 和表 4-50）。结果表明，2011 年试验中随着光照强度的降低，烟叶产量、均价、产值呈降低的趋势。因此，不同光照强度对烟叶产质量有较大的影响。

2012 年旺长至成熟期遮光处理产量、产值、上等烟比例均以 85%光强处理时最高，55%光强处理时最低；成熟期光照胁迫试验产量、产值均以 100%光强处理时最高，但与 85%自然光强处理差别不大，以 55%光强处理时最低。两年试验有一定差异，这可能与 2011 年第一个遮光处理与自然光强差异较大有关。综合两年试验结果表明，当光照强度低于自然光强 80%时烟叶产量和质量水平会出现明显下降。

6）不同遮光处理对烤后烟叶化学成分的影响

（1）不同遮光处理对烤烟石油醚提取物含量的影响

石油醚提取物与烟叶香气物质形成密切相关，由表 4-51 可知，其含量随光照强度的减弱呈降低趋势。中上部叶石油醚提取物含量都表现出 85%自然光强处理与 100%的处理较为接近，55%和 70%自然光强处理含量明显低于自然光强烟叶的含量。

表 4-49 光照强度对烤烟经济性状的影响（2011 年）

试验时间	处理	产量 /(kg/亩)	上等烟比例 /%	中等烟比例 /%	均价 /(元/kg)	产值 /(元/亩)
旺长期至成熟期试验	100%光强	180.5	45.5	49.0	15.86	2862.7
	67%光强	135.5	39.1	48.7	15.60	2113.8
	58%光强	145.1	37.0	22.4	14.41	2090.9
	45%光强	116.0	31.8	33.2	14.30	1658.8
	22%光强	84.5	0	58.0	11.16	943.0
成熟期光照胁迫试验	100%光强	185.6	57.8	36.8	15.72	2917.6
	67%光强	150.5	49.5	38.5	15.75	2370.4
	58%光强	148.3	35.8	35.8	13.74	2037.6
	45%光强	130.8	0	67.4	12.96	1638.0
	22%光强	86.5	0	54.0	11.10	960.2

表 4-50 光照强度对烤烟经济性状的影响（2012 年）

试验时间	处理	产量 /(kg/亩)	上等烟比例 /%	均价 /(元/kg)	产值 /(元/亩)
旺长期至成熟期试验	100%光强	199.8	59.41	21.08	4211.8
	85%光强	203.7	66.36	21.02	4318.4
	70%光强	200.9	56.68	20.05	4028.0
	55%光强	167.0	21.62	16.14	2695.4
成熟期光照胁迫试验	100%光强	194.4	73.25	21.86	4249.6
	85%光强	186.3	66.60	21.22	3953.3
	70%光强	163.3	52.08	20.39	3329.7
	55%光强	155.9	45.72	19.18	2990.2

表 4-51 光照强度对烤烟石油醚提取物含量的影响（2012 年）

试验时间	光照强度/%	上部/%	中部/%
旺长期至成熟期试验	100	6.64	5.57
	85	6.62	5.72
	70	6.16	5.14
	55	5.52	5.01
成熟期光照胁迫试验	100	6.46	6.06
	85	6.22	5.99
	70	4.84	4.40
	55	4.51	4.32

(2) 不同遮光处理对烤烟学成分的影响

2011 年和 2012 年不同处理烤后烟叶常规化学成分见表 4-52 和表 4-53。两年烟叶表现出相似的规律，随着光照强度的降低，烤烟中总糖、还原糖含量呈下降趋势，烟碱、总氮、氯和钾含量随光照强度的降低而增加。由于在弱光下烟叶干物质积累量下降，烟株化学成分的积累总量减少。就比值来看，糖碱比、氮碱比均表现为随着光照强度的减弱而降低。

表 4-52　光照强度对烤烟化学成分的影响（2011 年）

试验时间	部位	处理	总糖/%	还原糖/%	烟碱/%	总氮/%	氯/%	钾/%	蛋白质/%	糖碱比	氮碱比
旺长期至成熟期试验	中部	100%光强	25.9	21.3	2.49	1.63	0.28	1.36	7.63	10.40	0.65
	中部	67%光强	23.3	19.6	2.83	1.73	0.42	1.67	7.76	8.94	0.61
	中部	58%光强	22.8	18.1	3.02	1.75	0.41	1.67	7.68	7.55	0.58
	中部	45%光强	18.8	14.4	3.14	1.78	0.51	1.82	7.73	5.99	0.57
	中部	22%光强	14.0	11.2	3.33	1.81	0.55	2.46	8.47	4.20	0.54
	上部	100%光强	25.2	19.6	3.0	1.8	0.44	1.71	7.3	8.40	0.60
	上部	67%光强	23.5	18.7	3.2	1.93	0.51	1.32	8.19	7.34	0.60
	上部	58%光强	21.1	16.6	3.46	1.96	0.52	1.62	8.51	6.10	0.57
	上部	45%光强	17.6	13.8	3.58	2.05	0.51	1.62	8.91	4.92	0.57
	上部	22%光强	10.3	7.6	3.79	2.33	0.54	1.64	8.95	2.72	0.61
成熟期光照胁迫试验	中部	100%光强	24.1	19.8	2.39	1.64	0.38	1.44	7.65	10.08	0.69
	中部	67%光强	24.9	19.7	2.66	1.75	0.44	1.68	7.85	9.36	0.66
	中部	58%光强	21.8	17.8	2.89	1.75	0.48	1.75	7.85	7.54	0.61
	中部	45%光强	18.7	14.4	3.05	1.81	0.57	1.83	8.07	6.13	0.59
	中部	22%光强	16.0	13.0	3.26	1.86	0.64	2.23	8.13	4.91	0.57
	上部	100%光强	24.2	20.2	2.96	1.86	0.4	1.82	8.3	8.18	0.63
	上部	67%光强	23.8	19.1	2.99	1.96	0.48	1.18	8.46	7.96	0.66
	上部	58%光强	21.6	17.1	3.03	2.0	0.43	1.38	9.05	7.13	0.66
	上部	45%光强	13	10.5	3.43	2.01	0.62	1.83	9.11	3.79	0.59
	上部	22%光强	14.4	10.8	3.94	2.22	0.62	1.84	9.21	3.65	0.56

表 4-53　光照强度对烤烟化学成分的影响（2012 年）

试验时间	部位	处理	总糖/%	还原糖/%	烟碱/%	总氮/%	氯/%	钾/%	蛋白质/%	糖碱比	氮碱比
旺长期至成熟期试验	上部	100%光强	25.5	20.1	1.85	1.89	0.12	1.12	9.41	13.78	1.02
	上部	85%光强	25.4	20.4	1.85	1.9	0.13	1.24	9.87	13.73	1.03
	上部	70%光强	22.9	19.5	2.3	1.96	0.14	1.36	10.25	9.96	0.85
	上部	55%光强	21.8	17.3	2.72	1.98	0.20	1.57	11.43	8.01	0.73
	中部	100%光强	28.9	22.6	1.42	1.52	0.02	1.24	7.74	20.35	1.07
	中部	85%光强	27.4	20.4	1.5	1.56	0.04	1.31	8.13	18.27	1.04
	中部	70%光强	26.3	21.1	1.72	1.58	0.03	1.34	8.92	15.29	0.92
	中部	55%光强	24.3	19.2	2.13	1.63	0.03	1.67	11.96	11.41	0.77
成熟期光照胁迫试验	上部	100%光强	25.9	22	2.09	1.63	0.04	1.17	7.82	12.39	0.78
	上部	85%光强	25.3	21.3	2.15	1.74	0.09	1.24	7.96	11.77	0.81
	上部	70%光强	24.4	19.2	2.29	1.8	0.09	1.43	8.99	10.66	0.79
	上部	55%光强	23.2	18.5	2.43	1.84	0.12	1.49	9.18	9.55	0.76
	中部	100%光强	29.5	22.3	1.42	1.52	0.02	1.41	7.84	20.77	1.07
	中部	85%光强	28.1	21.1	1.76	1.57	0.01	1.5	7.73	15.97	0.89
	中部	70%光强	26.2	20.4	1.93	1.62	0.03	1.61	8.6	13.58	0.84
	中部	55%光强	24.8	18.4	2.03	1.67	0.02	1.81	8.94	12.22	0.82

(3) 不同遮光处理对烤烟色素含量的影响

烤后烟叶色素含量可直接反映烟叶色素降解的程度，烘烤过程中色素降解充分有利于形成较多的小分子香气物质，提高烟叶的香气质量。由表4-54可知，中、上部烟叶色素残留量随着光照强度的降低而增大。从叶绿素总量来看，85%光强处理烟叶叶绿素残留量与100%自然光强差别相对较小，其余各遮阴处理含量均明显高于100%光强处理。类胡萝卜素残留量与叶绿素变化一致。以上表明弱光下烟叶质体色度降解程度相对较低，对香气物质的形成和积累不利。

表4-54　光照强度对烤后烟色素含量的影响（2012年）

试验时间	相对光强/%	部位	叶绿素a含量/(mg·g^{-1})	叶绿素b含量/(mg·g^{-1})	类胡萝卜素含量/(mg·g^{-1})	叶绿素总量/(mg·g^{-1})
旺长期至成熟期试验	100	上部	0.010	0.016	0.216	0.026
	85	上部	0.012	0.015	0.231	0.027
	70	上部	0.014	0.018	0.286	0.032
	55	上部	0.020	0.040	0.398	0.060
	100	中部	0.002	0.014	0.201	0.016
	85	中部	0.006	0.023	0.214	0.029
	70	中部	0.012	0.026	0.250	0.038
	55	中部	0.022	0.031	0.301	0.053
成熟期光照胁迫试验	100	上部	0.011	0.016	0.240	0.027
	85	上部	0.013	0.017	0.267	0.030
	70	上部	0.017	0.026	0.269	0.043
	55	上部	0.018	0.031	0.285	0.049
	100	中部	0.016	0.013	0.267	0.029
	85	中部	0.016	0.016	0.299	0.032
	70	中部	0.020	0.034	0.303	0.054
	55	中部	0.028	0.036	0.345	0.064

7) 不同遮光处理对烤烟香气物质含量的影响

由表4-55可知，2012年旺长期至成熟期试验类胡萝卜素降解产物总量随光照强度的降低而减少，其中100%、85%光强处理含量差异较小，相比于100%光强处理，75%、40%光强处理类胡萝卜素降解产物含量明显下降，分别降低12.8%、24.0%。在测得的类胡萝卜素降解产物中，β-大马酮的含量最高，其含量在各处理烟叶类胡萝卜素降解产物总量中占35%以上，且随光照强度的降低而减少。叶绿素降解产物新植二烯占质体色素降解产物总量的绝大部分达87%～93%，新植二烯含量随光照强度的降低而趋于减少。苯丙氨酸类、茄酮含量随着光照强度的降低而增加，棕色化产物含量呈现出随光照强度的降低而降低的趋势。

由表4-56可知，成熟期光照胁迫试验类胡萝卜素降解物总量随光照强度的降低而降低，其中β-大马酮、6-甲基-5-庚烯-2-醇、愈创木酚、芳樟醇、β-二氢大马酮、香叶基丙酮含量均随光照强度的降低而降低。苯丙氨酸类总量、类西柏烷类茄酮含量均随光照强度的降低而增加。叶绿素降解产物新植二烯及棕色化产物总量随光照强度的降低

表 4-55　旺长期和成熟期光照强度对烤烟香气物质的影响（2012 年）（单位：μg/g）

中性致香物质		上部叶				中部叶			
		100%	85%	70%	40%	100%	85%	70%	40%
类胡萝卜素降解物类	面包酮	0.21	0.15	0.12	0.10	0.37	0.33	0.24	0.25
	6-甲基-5-庚烯-2-酮	0.36	0.25	0.20	0.15	0.58	0.12	0.23	0.24
	6-甲基-5-庚烯-2-醇	1.73	0.74	0.44	0.25	0.17	0.28	0.19	0.12
	愈创木酚	0.21	0.84	0.74	1.19	0.79	0.74	0.68	0.47
	芳樟醇	0.60	0.38	0.28	0.51	0.46	0.41	0.37	0.33
	β-大马酮	22.75	21.99	15.86	13.32	21.82	21.38	20.71	19.73
	β-二氢大马酮	6.62	5.59	3.40	2.04	9.83	11.65	9.08	7.48
	氧化异佛尔酮	0.14	0.12	0.06	0.11	0.12	0.14	0.11	0.10
	香叶基丙酮	1.92	1.92	1.61	1.54	1.55	1.63	1.39	1.02
	二氢猕猴桃内酯	1.99	1.27	1.05	1.02	1.31	1.20	1.13	1.03
	巨豆三烯酮 1	1.52	1.50	1.27	1.19	1.46	1.53	1.43	1.15
	巨豆三烯酮 2	5.52	5.51	3.98	3.62	5.20	60	4.8	3.92
	巨豆三烯酮 3	1.12	1.06	0.65	0.57	6.13	4.41	3.87	2.53
	巨豆三烯酮 4	7.19	7.06	4.09	3.47	7.89	8.37	6.98	5.19
	3-羟基-β-二氢大马酮	1.22	1.34	1.12	1.13	1.20	1.39	1.07	0.87
	螺岩兰草酮	1.20	0.91	0.84	0.67	2.27	1.24	1.6	1.26
	法尼基丙酮	9.13	7.10	5.43	4.51	9.55	9.27	7.8	7.99
	β-环柠檬醛	0.32	0.27	0.17	0.13	0.19	0.16	0.12	0.20
	总量	63.45	58.3	41.31	35.52	70.9	70.25	61.79	53.87
苯丙氨酸类	苯甲醛	0.19	1.06	0.35	0.34	0.22	0.37	0.26	0.31
	苯甲醇	4.60	3.15	1.82	2.76	2.60	2.30	2.28	3.31
	苯乙醛	1.21	1.76	2.47	3.66	1.72	1.87	2.04	3.28
	苯乙醇	1.37	1.33	0.84	0.88	0.79	0.88	0.74	0.89
	总量	7.37	8.37	9.37	10.37	11.37	12.37	13.37	14.37
棕色化产物类	糠醛	10.61	10.08	8.09	7.15	12.99	11.46	10.5	8.71
	糠醇	0.41	0.48	0.16	0.16	1.60	0.83	0.97	0.89
	2-乙酰基呋喃	0.48	0.49	0.32	0.32	0.65	0.57	0.50	0.50
	5-甲基糠醛	—	—	—	0.12	0.11	0.08	—	0.08
	3,4-二甲基-2,5-呋喃二酮	0.28	0.13	0.12	0.04	1.72	1.87	—	1.80
	2-乙酰基吡咯	0.40	0.13	0.51	0.25	0.62	0.46	0.40	0.83
	2,6-壬二烯醛	0.21	0.20	0.20	0.06	0.64	0.56	1.23	0.94
	藏花醛	0.07	0.04	0.06	0.06	0.06	0.07		0.05
	β-环柠檬醛	0.27	0.27	0.23	0.17	0.17	0.16	0.13	0.16
	总量	17.47	11.82	9.69	8.33	18.56	16.06	13.73	13.96
类西柏烷类	茄酮	5.23	8.09	9.60	14.44	5.35	6.7	7.21	5.42
新植二烯	新植二烯	522.85	515.61	507	427.21	518.77	505.42	464.36	441.27

而降低，且 55%光强处理含量明显低于对照。

8）不同遮光处理对烤烟物理特性的影响

不同光照强度处理对烤后烟物理特性影响较大。由表 4-57 和表 4-58 可知，烟叶单叶重、叶质量和叶片厚度均随光照强度的减弱而降低，含梗率随光照强度的降低而增加。

表 4-56　成熟期光照强度对烤烟香气物质含量的影响（2012 年）（单位：μg/g）

中性致香物质		上部叶				中部叶			
		100%	85%	70%	55%	100%	85%	70%	55%
类胡萝卜素降解物类	面包酮	0.31	0.27	0.29	0.20	0.39	0.39	0.24	0.27
	6-甲基-5-庚烯-2-酮	0.35	0.35	0.19	0.16	0.45	0.32	0.25	0.15
	6-甲基-5-庚烯-2-醇	0.57	0.25	0.22	0.24	0.14	0.21	0.16	0.32
	愈创木酚	2.26	1.12	0.94	0.90	1.70	0.92	0.64	0.74
	芳樟醇	0.81	0.55	0.44	0.46	0.35	0.43	0.40	0.42
	β-大马酮	27.62	23.39	18.23	16.92	24.84	19.48	20.66	16.17
	β-二氢大马酮	11.41	11.96	10.86	8.97	10.15	9.58	8.33	7.25
	氧化异佛尔酮	0.15	0.15	0.14	0.15	0.13	0.12	0.10	0.11
	香叶基丙酮	4.30	2.14	2.21	2	3.49	3.53	2.36	1.64
	二氢猕猴桃内酯	1.26	1.62	1.29	1.52	1.34	1.47	1.09	1.27
	巨豆三烯酮 1	2.45	2.29	1.99	2	1.36	1.32	1.04	1.32
	巨豆三烯酮 2	8.55	7.96	6.03	5.53	9.87	9.68	6.74	5.20
	巨豆三烯酮 3	8.67	9.90	7.55	6.93	9.73	9.36	7.79	5.60
	巨豆三烯酮 4	8.21	8.58	9.18	10.7	7.87	7.05	5.14	7.67
	3-羟基-β-二氢大马酮	1.64	1.74	1.34	1.65	1.27	1.05	0.85	1.19
	螺岩兰草酮	0.76	2.01	1.43	1.68	1.05	1.77	1.45	1.09
	法尼基丙酮	6.38	7.84	7.70	8.08	9.60	8.12	8.43	8.45
	总量	85.70	82.12	70.03	68.09	83.73	74.8	65.67	58.86
苯丙氨酸类	苯甲醛	0.72	0.28	0.24	0.33	0.26	0.31	0.18	0.33
	苯甲醇	1.50	2.70	3.06	4.37	1.73	1.60	2.32	2.58
	苯乙醛	1.16	1.59	2.16	2.64	1.96	1.72	2.58	2.741
	苯乙醇	0.57	1.04	1.20	1.41	0.57	0.80	0.66	0.77
	总量	3.95	5.61	6.66	8.75	4.52	4.43	5.74	6.421
棕色化产物类	糠醛	13.74	13.35	11.45	9.33	13.05	11.20	9.11	8.82
	糠醇	1.24	1.38	1.49	1.08	1.83	1.80	1.04	1.07
	2-乙酰基呋喃	0.38	0.59	0.53	0.55	0.56	0.77	0.54	0.51
	5-甲基糠醛	—	0.08	—	—	—	—	—	0.04
	3,4-二甲基-2,5-呋喃二酮	4.16	1.59	1.16	2.14	1.96	2.72	1.58	1.41
	2-乙酰基吡咯	0.43	0.73	0.40	0.68	0.38	0.59	0.48	0.44
	2，6-壬二烯醛	0.88	0.70	1.51	0.94	0.51	0.74	0.50	0.53
	藏花醛	0.27	0.08	0.08	0.07	0.08	0.08	0.05	0.06
	β-环柠檬醛	0.49	0.20	0.19	0.16	0.18	0.20	0.15	0.19
	总量	21.59	18.7	16.81	14.95	18.55	18.1	13.45	13.07
类西柏烷类	茄酮	4.31	4.87	7.79	12.27	3.68	5.06	8.59	14.77
新植二烯	新植二烯	577.5	570.9	446.9	420.6	590.8	599.58	498.85	454.41

9）不同遮光处理对烤感官质量的影响

不同光照处理烟叶评吸质量见表 4-59。在旺长期开始进行遮光试验中，随着光照强度的减少，劲头、浓度有所降低，香气质、香气量明显下降，特别是当光照强度低于自然光强的 80%时尤为明显，以 55%自然光强处理烟叶感官质量得分最低，各光照处理烟叶均表现为表现为浓香型，但在弱光下烟叶浓香型典型性下降，显著性降低。遮光程度

表 4-57　不同光强对烟叶物理特性的影响（2011 年）

试验时间	相对光强	部位	单叶重/g	含梗率/%	叶质量/(mg·cm^2)	叶片厚度/μm
旺长期至成熟期试验	100%光强	中部	9.78	30.17	7.15	140
	67%光强	中部	7.18	32.94	5.85	138
	58%光强	中部	6.92	33.36	5.85	135
	45%光强	中部	5.82	34.70	5.20	110
	22%光强	中部	5.55	36.33	3.90	103
	100%光强	上部	13.01	26.83	9.10	143
	67%光强	上部	10.37	26.88	9.10	122
	58%光强	上部	9.78	27.24	8.77	121
	45%光强	上部	8.40	28.05	7.15	101
	22%光强	上部	7.07	30.75	5.20	110
成熟期光照胁迫试验	100%光强	中部	9.41	27.10	9.10	122
	67%光强	中部	8.26	31.42	6.50	110
	58%光强	中部	7.54	31.81	6.50	106
	45%光强	中部	6.57	35.21	5.85	92
	22%光强	中部	4.94	35.06	4.55	84
	100%光强	上部	12.69	23.64	11.05	138
	67%光强	上部	12.52	28.15	9.11	140
	58%光强	上部	9.98	28.15	7.80	122
	45%光强	上部	8.46	28.92	6.52	100
	22%光强	上部	6.28	35.10	5.20	82

表 4-58　光照强度对烤烟物理特性的影响（2012 年）

试验时间	相对光强	部位	单叶重/g	含梗率/%	叶质量/(mg·cm^2)	叶片厚度/μm
旺长期至成熟期试验	100%光强	中部	10.99	30.38	8.33	120
	85%光强	中部	8.66	32.56	6.96	105
	70%光强	中部	9.26	34.73	6.21	94
	55%光强	中部	9.48	35.57	6.82	90
	100%光强	上部	11.82	29.4	10.61	132
	85%光强	上部	11.08	30.25	9.09	136
	70%光强	上部	10.5	31.92	8.48	120
	55%光强	上部	8.75	32.87	6.06	106
成熟期光照胁迫试验	100%光强	中部	9.94	29.20	6.44	110
	85%光强	中部	9.96	31.48	6.14	92
	70%光强	中部	9.07	32.40	6.06	91
	55%光强	中部	8.96	33.28	5.91	90
	100%光强	上部	12.26	27.61	10.23	125
	85%光强	上部	11.52	29.33	9.85	120
	70%光强	上部	11.26	28.68	9.09	110
	55%光强	上部	11.00	34.47	8.23	98

较高时，烟叶香气质较差，香气量不足，上部烟叶杂气较重，刺激性较大，余味不舒适。成熟期光照胁迫试验中，对照的中部叶劲头适中，香气质好，香气量足，杂气和刺激性得分较高，总得分最高。上部叶85%光强处理得分最高，劲头适中，香气质好，香气量足，杂气、刺激性、余味各处理间差异不明显。

表4-59　光照强度对烟叶原烟感官质量的影响（2012年）

试验时间	处理	等级	浓香型	劲头	浓度	香气质	香气量	杂气	刺激性	余味	总分
旺长期至成熟期试验	100%光强	中部	显著	6.0	6.0	6.5	6.5	6.3	6.5	6.5	72.04
	85%光强	中部	显著	5.8	5.8	6.5	6.4	6.5	6.5	6.5	71.88
	70%光强	中部	较显著	5.6	5.6	6.4	6.3	6.4	6.5	6.5	71.13
	55%光强	中部	较弱	5.0	5.0	6.0	6.0	6.5	6.5	6.3	68.50
	100%光强	上部	显著	6.2	6.2	6.5	6.5	6.5	6.5	6.5	72.22
	85%光强	上部	显著	6.1	6.1	6.4	6.4	6.5	6.5	6.5	71.55
	70%光强	上部	较显著	6.2	6.3	6.5	6.4	6.4	6.4	6.5	71.63
	55%光强	上部	较显著	6.0	6.0	6.0	6.0	6.0	6.0	6.0	66.66
成熟期光照胁迫试验	100%光强	中部	显著	6.0	6.0	6.5	6.6	6.5	6.5	6.5	72.55
	85%光强	中部	显著	5.8	5.8	6.3	6.3	6.5	6.5	6.4	70.69
	70%光强	中部	较显著	5.7	5.7	6.3	6.2	6.4	6.4	6.4	70.10
	55%光强	中部	较显著	5.8	5.8	6.3	6.2	6.4	6.5	6.4	70.27
	100%光强	上部	显著	6.2	6.2	6.5	6.5	6.4	6.4	6.4	71.77
	85%光强	上部	显著	6.5	6.4	6.5	6.6	6.4	6.4	6.5	72.29
	70%光强	上部	显著	6.2	6.2	6.4	6.4	6.4	6.4	6.4	71.10
	55%光强	上部	较显著	6.2	6.2	6.3	6.4	6.4	6.4	6.4	70.77

进一步对不同光照处理的烟叶的烟气特征、烟气状态和香韵特征进行风格特色评价，结果见图4-34～图4-37。旺长期至成熟期光照胁迫试验，上部叶香型风格均为浓香型，70%光强处理烟叶香型风格得分稍低于其余各处理；85%光强处理烟叶甘草香、焦甜香、沉逸度、烟气浓度低于其余各处理；70%光强处理烟叶劲头最大。品质特征方面，55%光强处理烟叶圆润感、柔和程度、细腻程度、余味得分低于其余各处理，刺激性、干燥感、木质气标度值高于其余各处理。100%光强处理木质气、青杂气等低于其余各处理，枯焦气、生青气得分高于其余各处理。

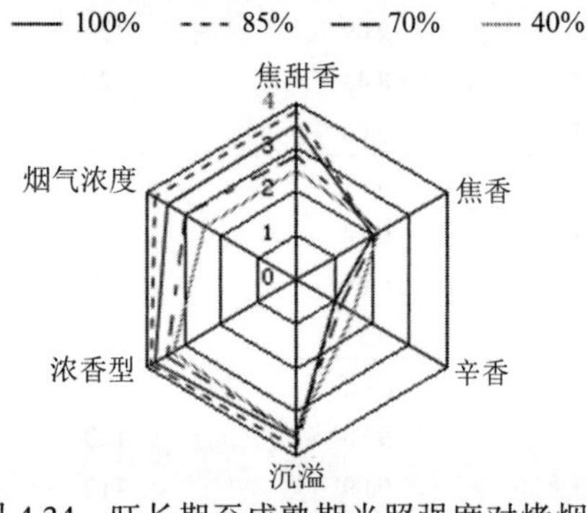

图4-34　旺长期至成熟期光照强度对烤烟上部叶风格特征的影响（2012年）

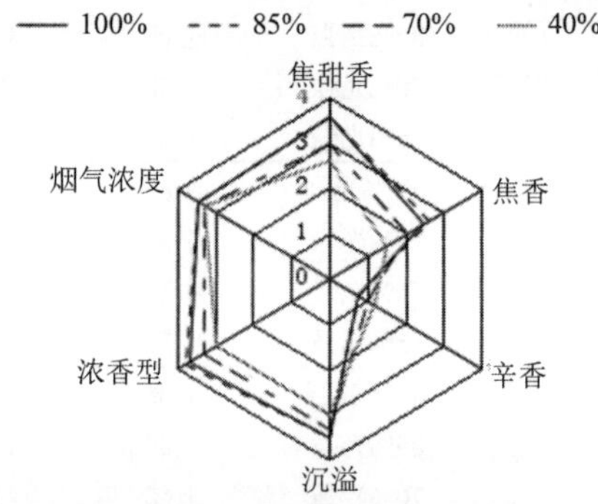

图4-35　旺长期至成熟期光照强度对烤烟中部叶风格特征的影响（2012年）

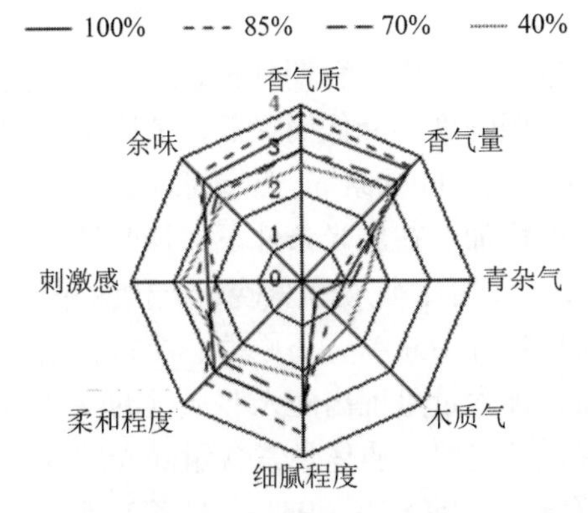

图 4-36 旺长期至成熟期光照强度对烤烟上部叶品质特征的影响（2012 年）

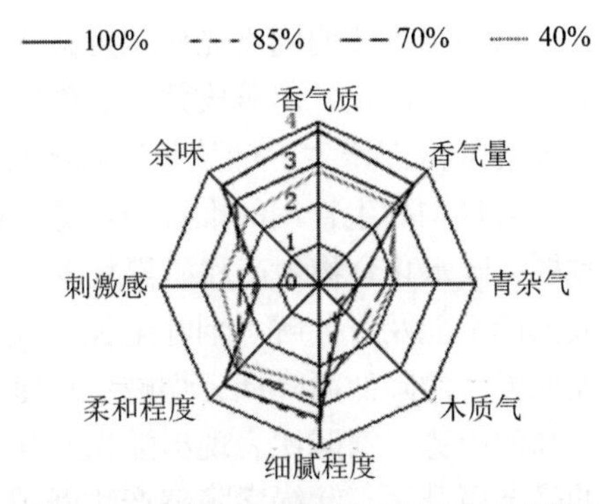

图 4-37 旺长期至成熟期光照强度对烤烟中部叶品质特征的影响（2012 年）

图 4-38～图 4-41 为成熟期遮光实验对烟叶风格特色和质量的影响。结果表明，随着光照强度的降低烟叶香气质量有下降的趋势，85%光强处理烟叶风格特征与 100%光强处理差异不大。遮光处理达到 80%光强以下时，随光强的降低浓香型风格下降，焦甜香等香韵特征减弱，沉逸度减小，香气质变劣，香气量减少，青杂气加重，刺激性增强，柔和程度降低。

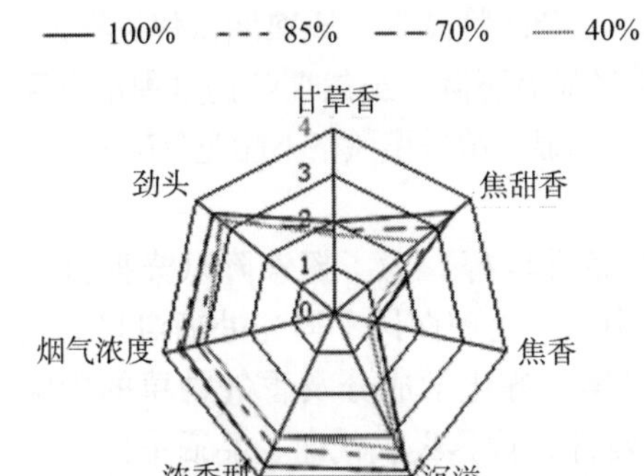

图 4-38 成熟期光照强度对烤烟上部叶风格特征的影响（2012 年）

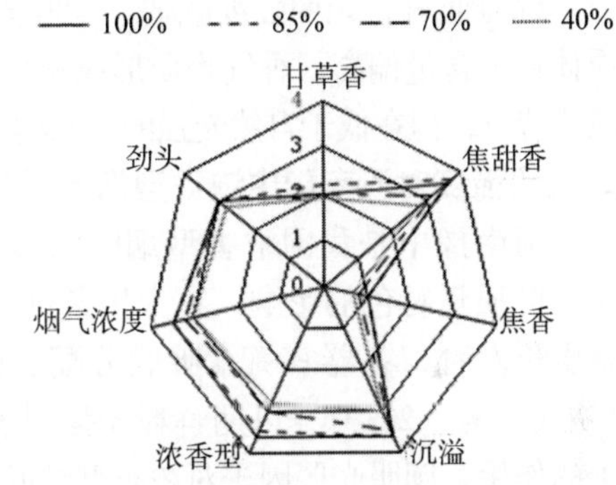

图 4-39 成熟期光照强度对烤烟中部叶风格特征的影响（2012 年）

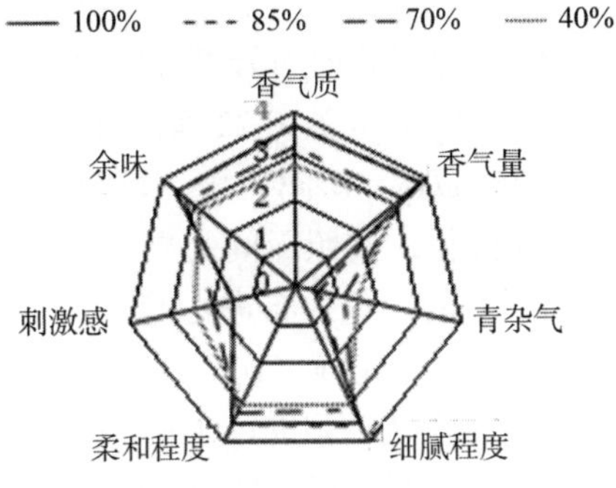

图 4-40 成熟期光照强度对烤烟上部叶品质特征的影响（2012 年）

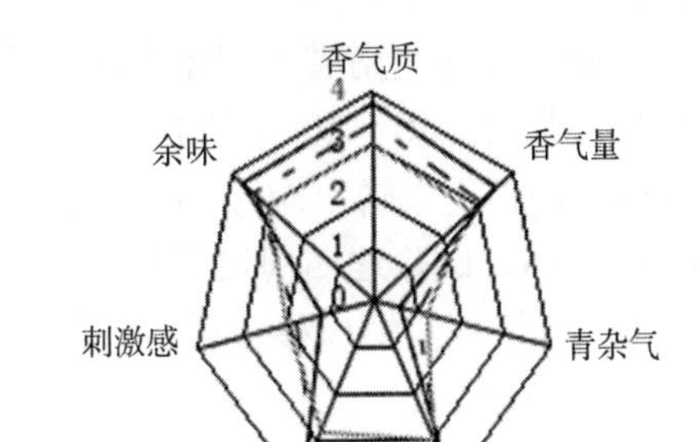

图 4-41 成熟期光照强度对烤烟中部叶品质特征的影响（2012 年）

10）结论

试验结果表明随着光照强度减少，烟叶成熟期推迟，大田生育期延长，光照强度过低时烟叶不能正常落黄成熟。有效叶片数、茎围随光照强度的降低而降低，节距随光照强度的降低而增大，叶片长宽随光照强度的降低而降低。叶绿素 a、叶绿素 b、类胡萝卜素含量均随生育期的推进而降低，随光强的降低而增加。在弱光条件下，烟叶碳代谢减弱，碳水化合物生产和积累减少，淀粉粒数量少，体积小，淀粉积累晚，氮代谢滞后，成熟期不能及时分解。烟叶生长、成熟过程中及烤后烟叶中总糖、还原糖、淀粉含量随光照强度的降低而降低，烟碱、总氮、蛋白质、氯、钾含量呈现出随光照强度的降低而升高的趋势，糖碱比表现出随光照强度的降低而降低的趋势。质体色素含量随光照强度的降低而升高，叶绿素降解产物新植二烯占色素降解产物的87%～93%，且各处理新植二烯含量均以100%光强处理最高，呈现出随光照强度的降低而降低的趋势，变化趋势与叶绿素残留量呈相反变化。类胡萝卜素降解产物含量以100%光强处理最高，在遮光80%以下时类胡萝卜素降解产物含量显著下降，其变化趋势与烤后烟叶类胡萝卜素残留量相反。苯丙氨酸类、茄酮含量随着光照强度的降低而增加，棕色化产物含量呈现出随光照强度的降低而降低。随着光照强度的降低，烟叶产量、均价、产值呈逐渐降低的趋势。随着光照强度减弱，烟叶香气质量有下降的趋势，遮光处理达到自然光强 80%以下时，浓香型显示度和沉溢度降低，浓香型风格特征弱化，杂气、刺激性增加。

综合而言，光照强度减弱，烟叶光合作用减弱，光合产物减少，成熟期氮代谢滞后，质体色素含量偏高，香气物质形成减少，造成烟叶质量显著下降。虽然烟叶仍呈现浓香型风格特色，但在低于自然光强的80%时，由于质量下降明显，浓香型风格不能充分彰显。

2. 光照强度对河南豫中浓香型烟叶质量特色的影响

河南豫中是我国浓香型烟叶的典型产区，光照条件较好，为了探索降低光照强度对烟叶质量特色的影响，在大田条件下设置 3 个遮阴强度处理探讨了弱光处理对烤烟根系生长发育、各器官氮素吸收分配、碳氮化合物积累、各化学成分及香气物质的影响（刘典三等，2013），以期解释光强因子在烤烟生长发育、营养吸收代谢、品质形成过程中的作用，阐明光照因子对浓香型烟叶香气风格形成的意义，为浓香型特色优质烟叶开发提供理论依据，同时也有利于烟草合理布局，确保烤烟在生长程中能够有效地利用光照资源的优势，以促进烟叶优良特色品质的形成，满足工业企业对原料的要求，保障卷烟上水平。

2011 年在河南省南阳市方城县金叶园进行试验，供试烤烟品种为云烟 87；土壤质地为黄壤土，0～20cm 耕层 pH 为 7.48，有机质 11.45g/kg，全氮 0.72g/kg，碱解氮 55.0mg/kg，速效磷（P_2O_5）18.0mg/kg，速效钾（K_2O）135mg/kg。田间栽培，行距1.2m，株距 0.5m，试验地四周设保护行，于 2011 年 4 月 26 日移栽，按照田间优质烟叶管理方法进行管理。烟株移栽后，缓苗 15d，之后利用不同层数的白色纱布进行遮阴，一直持续至采收结束。试验设置 4 个光强水平，即对照（L0）：自然光强（100%光照强度）；L1：遮 1 层白，纱布（85%光照强度）；L3：遮 2 层白纱布（65%光照强度）；L3：遮 3 层白纱布（50%光照强度）；旺长期上午 11:00 测定的平均光照强度分别为 976μmol·m^{-2}·s^{-1}，830μmol·m^{-2}·s^{-1}，635μmol·m^{-2}·s^{-1}，490μmol·m^{-2}·s^{-1}。遮阴网距地面 200cm，以保证冠层通风条件良好且便于田间观测和取样。

1) 弱光对烤烟根系生长的影响

(1) 弱光对土壤温度的影响

对土壤而言，热量的主要来源是太阳辐射，土壤和大气之间随时随地都存在着热量的交换，因此土壤获得的热量受光照强度的影响。图 4-42 表明，各处理不同深度的地温变化规律均呈现为土层深度越深地温越低；在 0～20cm 土层，随着光照强度的降低，地温逐渐降低，自然光强（L0）明显高于遮阴弱光处理；土层深度为 25cm 时，L0 与其他各处理间的差异逐渐缩小。由此可知，光照强度降低，烟株根际土壤温度也逐渐降低，光照强度对 0～20cm 根层土壤温度的影响较大。

(2) 弱光对根系侧根数量的影响

根系是植物的重要器官之一，具有吸收养分、水分，促进植物生长发育的功能。对烤烟而言，根系不仅有吸收水分和养分的作用，而且也是合成烟碱、部分氨基酸和植物激素等物质的重要器官。而根系中侧根的数量对于发挥根系作用具有重要意义。图 4-43 表明，随着光照强度的降低，一级侧根数量逐渐降低；自然光照强度（L0）一级侧根数量显著高于各弱光处理，L1 与 L2、L3 间差异显著，L2 与 L3 间差异不显著。

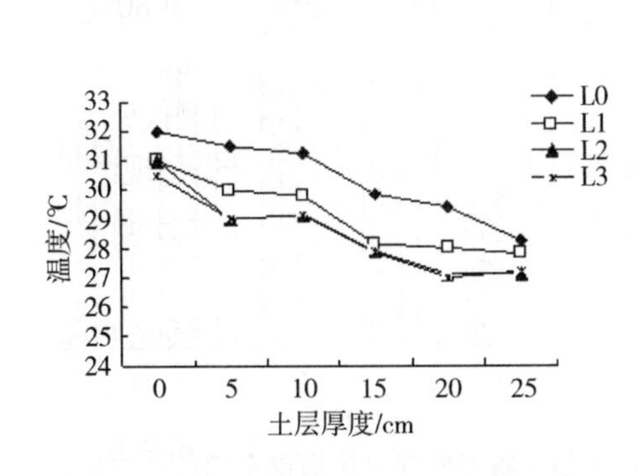

图 4-42　弱光对烤烟根际土壤温度的影响

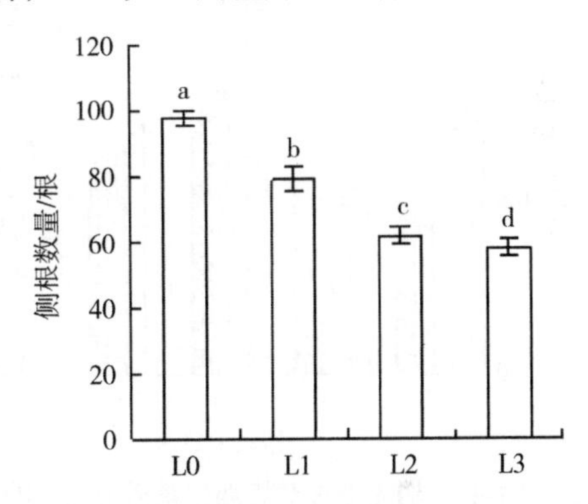

图 4-43　弱光处理对烤烟一级侧根数量的影响

注：小写字母表示光照强度之间的差异，不同小写字母表示 $P<5\%$水平差异显著，下同。

(3) 弱光对烤烟根系活力的影响

图4-44 是不同光强处理烤烟各生育期根系活力的变化，L0 的根系活力在整个生育期呈先降低后升高再降低趋势，遮阴弱光各处理根系活力在整个生育期呈现先升高后降低趋势。各光照处理根系活力均在移栽后 60d 达最大值，而后逐渐降低。移栽后 30dL0 显著高于其他处理，光强越低，根活越低；移栽后 45d，各处理间差异不显著，L0 的根系活力下降，可能是为了满足地上部分旺盛生长，地下部分养分均用于地上部分的生长，根系活力下降，L1–L3 处理根活较 30d 均有增加，各处理大小表现为：L0>L3>L2>L1；移栽后 60d，L0 处理显著高于其他处理，并随光照强度降低，根系活力降低，其中 L1 与 L3 差异显著，与 L2 差异不显著；移栽后 75d，随光强的降低，根系活力逐渐降低；移栽后 90d，L0 处理的根系活力大幅下降，开始显著低于其他弱光处理，其中 L1 处理根系活力最大，显著高于 L2、L3，L2 与 L3 间差异不显著。各处理在 60d 现蕾打顶后根系活力逐渐降低，这可能是打顶后，地上部分碳代谢增强，烟叶逐渐衰落成熟，

从根系吸收的养分相对减少，其中无遮阴的对照下降更为明显，这与遮阴造成生育延迟，成熟延缓有关。

(4) 弱光对烤烟根系硝酸还原酶活性的影响

硝酸还原酶（NR）是烟株氮代谢的关键酶和限速酶，也是氮代谢水平的直接反映。图 4-45 是各处理根系硝酸还原酶活性的动态变化，由此可以看出，各处理根系硝酸还原酶在整个生育期呈现先升高后逐渐降低趋势，L0 处理最高值出现在移栽后 45d，各遮阴弱光处理最高值出现在移栽后 60d；在移栽后前 45d，L0 处理的根系硝酸还原酶活性显著高于各遮阴处理，并且随着光强降低，硝酸还原酶活性逐渐降低；移栽 60d 以后，L0 处理的根系硝酸还原酶活性显著低于其他各遮阴处理（L1–L3）；移栽 60d，L1 处理值最高，移栽后 75d、90d，L2 处理的硝酸还原酶活性最高，是因为打顶后，去除了顶端优势，L0 处理的烟株对氮素的需求减少，导致根系的硝酸还原酶活性下降迅速，氮代谢向碳代谢为主的转换，而遮阴处理的烟叶碳代谢水平降低，烟株氮代谢向碳代谢转换延缓，导致烟株根系硝酸还原酶下降较慢，而在后期高于 L0 处理。

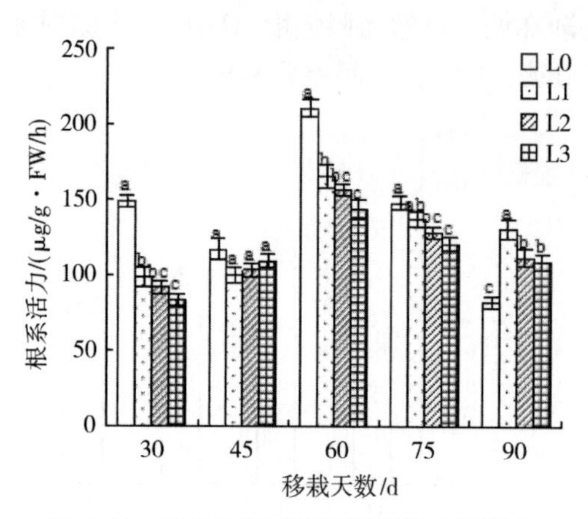

图 4-44 弱光处理对烤烟根系活力的影响

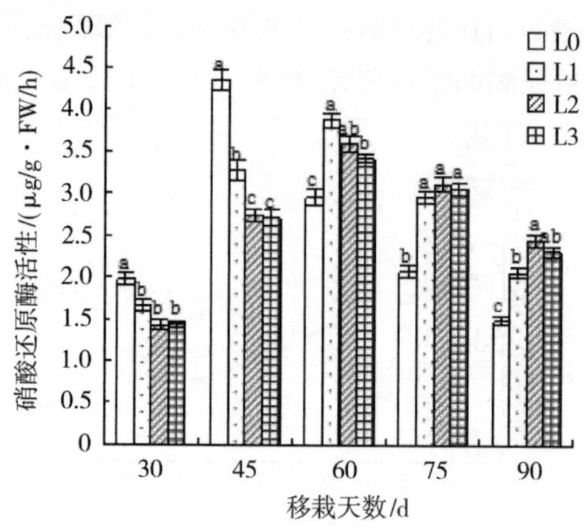

图 4-45 弱光处理对烤烟根系硝酸还原酶活力的影响

2) 弱光对烤烟干物质积累、分配的影响

烟株干物质积累及其在根、茎、叶器官中的分配比例，不仅是衡量烤烟生长发育的重要指标，而且是烟叶产量与质量形成的物质基础。生态因素中的光照因子是影响烤烟干物质积累及其在不同器官分配的重要因素之一。光照影响烤烟的碳氮代谢，直接影响到烤烟形态建成及物质的积累分配。

(1) 弱光对烤烟根系干物质积累的影响

根系干重是反映作物根系生长状况的重要指标，而根系干物质积累总量则是反映作物根系是否发达的重要指标，根系是否发达与植物的地上部分长势、产量有着密切的关系。由图4-46 可知，不同时期各处理根系干物质积累不同，各处理烤烟根系干物质积累表现出随生育期的推进而增加的相似规律，L0 处理各时期的干物质重均最高，60d 以后均显著高于其他处理。各处理根系干物质重积累最高峰有所不同，L0 处理积累最高峰是在 45～60d，而遮阴处理的根系干物质重积累最高峰均出现在 60～75d。上述结果表明，弱光处理降低了根系干物质重，并且推迟了根系的积累高峰期。

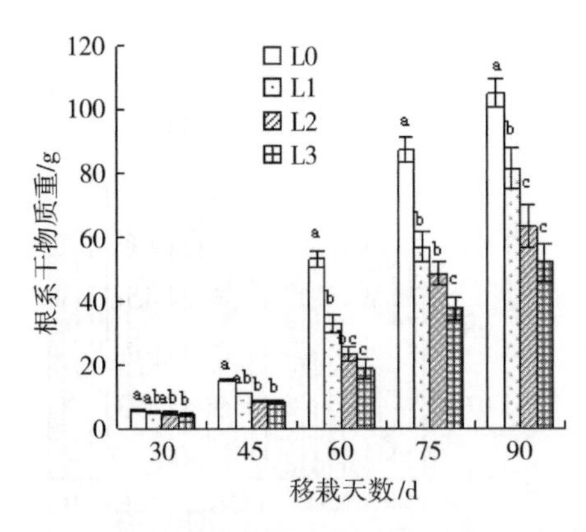

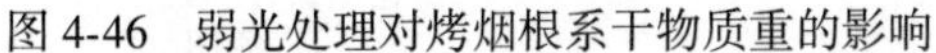
图 4-46　弱光处理对烤烟根系干物质重的影响

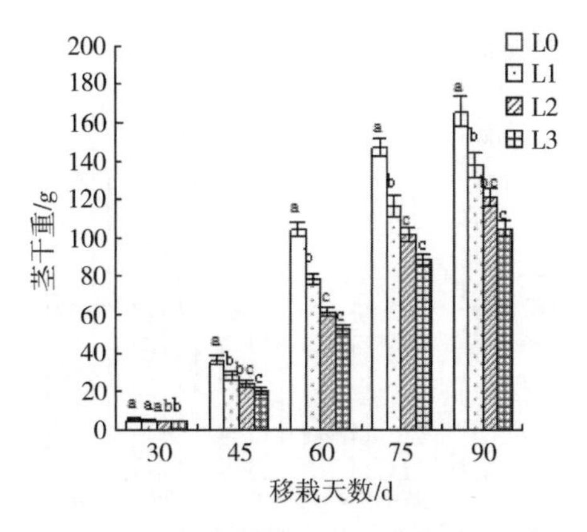

图 4-47　弱光处理对烤烟茎秆干物质重的影响

(2) 弱光对烤烟茎秆干物质积累的影响

由图 4-47 可知，在整个生育期，弱光处理均降低了茎秆干物质的积累，在移栽60d 以后，L0 处理的茎秆干物质重显著高于其他弱光处理。各处理茎秆干物质重均随生育期的推进而不断增加，而各处理的茎秆干物质积累高峰不一致，L0、L1 处理的积累高峰在移栽后 45～60d，L2、L3 处理的积累高峰在 60～75d。由此表明，遮阴处理降低了茎秆干物质积累，并且推迟了茎秆干物质积累高峰期，与根系干物质积累规律相似。

(3) 弱光对烤烟叶片干物质积累的影响

由图 4-48 可知，在整个生育期，L0 处理叶片干物质重均高于其他遮阴处理，在移栽后 45d、60d，L0 处理显著高于遮阴处理，在移栽后 75d、90d，L0 与 L1 处理间差异不显著，与其他各处理间差异显著。各处理烟叶干物质重均随着生育期的推进而不断增加，L0 在移栽后 30～60d，烟叶干物质重增加量最大，为 126.59g；L1～L3 处理均在移栽后 45～75d 的干物质重增加量最大，分别 99.44g、93.47g、78.03g，由此说明，遮阴处理降低了烟草叶片干物质的积累量，并且延迟了叶片干物质积累的高峰期，随着遮阴程度的增加，高峰期干物质的增加量逐渐降低。烟草叶片干物质积累与根系、茎秆积累规律相似，这主要是由于遮阴处理降低了烟株的光合作用，烟株叶片的光合产物合成量降低，由此导致叶片向茎秆、根系输送的光合产物下降而造成茎秆、根系的干物质重下降。

(4) 弱光对烤烟根冠比的影响

根冠比是烤烟根系发育与烤烟地上部分生长协调性与否的一个重要指标，它可以用根干重/地上部干重来表示。由图 4-49 可知，各处理根冠比表现为打顶前相对较低，打顶后逐渐升高的趋势。在移栽后 30、45d，遮阴处理均增加了根冠比，并且随着光强的降低，根冠比逐渐增加；在移栽后 45d 以后，各处理根冠比值均随光强的降低而降低；在移栽后 60d，各处理根冠比值较 45d 均增加，其中 L0 增加幅度最大，且随着光强的降低，各处理增加幅度逐渐减小，所以各处理根冠比值随着光强的降低而降低。这可能是因为现蕾打顶后地上部生长减弱，而打顶刺激了根系发育，导致冠层光合产物较多地分配到地下部分，根冠比增加。遮阴处理根冠比值低于自然光照处理，可能是因为遮阴降低了叶片的光合作用，地上部分同化产物降低，因此能向地下部输送的剩余同化物也降低，导致根冠比随光强降低而降低。

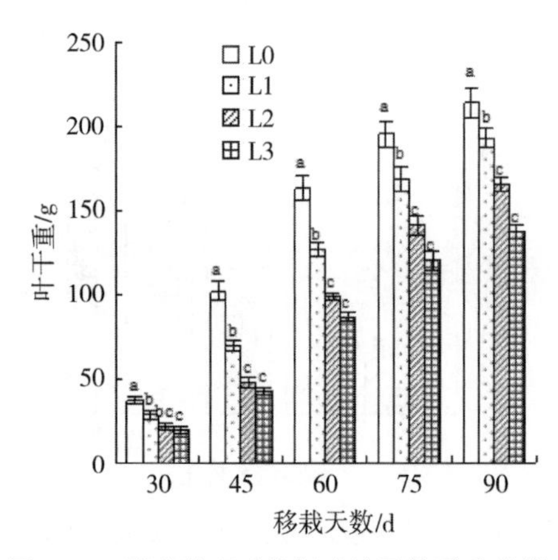

图 4-48 弱光处理对烤烟叶片干物质重的影响

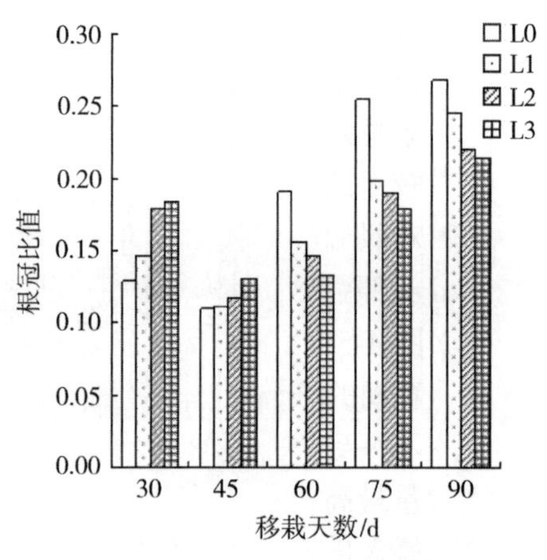

图 4-49 弱光处理对烤烟根冠比的影响

(5) 弱光对烤烟同化速率的影响

弱光处理对烤烟整株及叶片干物质同化速率的影响在各生育阶段的表现均不一致（见表 4-60）。在移栽 30～45d、45～60d，整株干物质同化速率以自然光照 L0 处理最高，其他各遮阴处理均低于 L0 处理，且随着光强的降低而逐渐降低。在移栽后 60～75d，整株干物质积累速率以 L2 最高，其次为 L1。在移栽后 75～90d，整株干物质积累速率以L0 最高，其次为 L1。

表 4-60 弱光处理对烤烟干物质同化速率的影响（单位：g/d）

处理	整株干物质同化速率				叶片干物质同化速率			
	30～45d	45～60d	60～75d	75～90d	30～45d	45～60d	60～75d	75～90d
L0	6.31	8.63	4.98	3.21	4.33	4.11	2.12	1.27
L1	4.29	7.38	5.11	3.03	2.75	3.80	2.83	1.60
L2	3.06	5.87	5.50	2.98	1.76	3.40	2.83	1.62
L3	2.53	5.17	4.62	2.24	1.54	2.94	2.26	1.15

弱光处理对叶片干物质同化速率的影响在各生育期表现不一致。在移栽后 30～45d、45～60d，叶片同化速率以 L0 处理最高，高达 8.63g/d，且随着光强的降低而降低。在移栽后 60～75d、75～90d，叶片干物质同化速率以均 L2 最高，其次为 L1、L0 处理。在移栽后 60～75d 时的同化速率最大叶片干物质同化速率与整株干物质同化速率的规律基本一致。在整个生育期，整株及叶片干物质同化速率均呈现先增加后降低的趋势。各处理间表现为在生育期前 60d，自然光照 L0 处理的干物质同化速率最高；在移栽 60d 以后，遮阴处理的干物质积累速率高于自然光强干物质积累速率。

3）光照强度对烤烟氮素积累分配的影响

(1) 光照强度对烤烟各器官氮素含量的影响

a. 光照强度对烤烟根系氮素含量的影响

由图 4-50 可知，各光强处理根系总氮含量均表现随生育期的推进而降低的趋势；各个时期 4 个处理的根系总氮含量大小顺序表现有所不同，在移栽后 30d、45d，均表现为随光强的降低根系氮素含量先升高后降低，L1 均为最高；在移栽后 60d、75d，各光强处理表现为随光强的降低根系氮素含量逐渐降低；在移栽后 90d 表现为先升后降，L2 的总氮含量最高，L1 的含量最低。总体上讲，遮阴处理增加了根系总氮含量，各处理间根系总氮含量前期差异较小而后期差异较大，在移栽后 75d，遮阴处理烤烟根系总氮含量较对照增幅最大达 24.2%；整个遮阴期间，遮阴处理（L1～L3）根系平均总氮含量为较对照 L0 分别增加 8.97%、10.34%、9.16%。

b. 光照强度对烤烟茎秆氮素含量的影响

由图 4-51 可知，L0、L1 处理随生育期的推进，茎秆氮素含量逐渐降低，L2、L3 处理随生育期的推进先略有升高后逐渐降低，在移栽后 45d 达最高。各生育期 4 个处理大小表现不一致，在前 45d 表现为随光强的降低，茎秆总氮含量先升后降；在 30d 以L1 处理含量最高；在 45d 以 L2 处理总氮含量最高，L0 最低；在移栽后 60～90d，各处理茎秆总氮含量表现为随光强的降低而逐渐升高。总体上讲，遮阴处理，增加了烤烟茎秆总氮含量，并且随着生育期的推进，增幅有所增加，在移栽后 75d，相对增幅最大，达 18.03%，移栽后 90d 增幅又降低；在整个遮阴期间，遮阴处理（L1～L3）茎秆总氮平均含量较 L0 分别增加 6.12%、8.16%、8.25%。

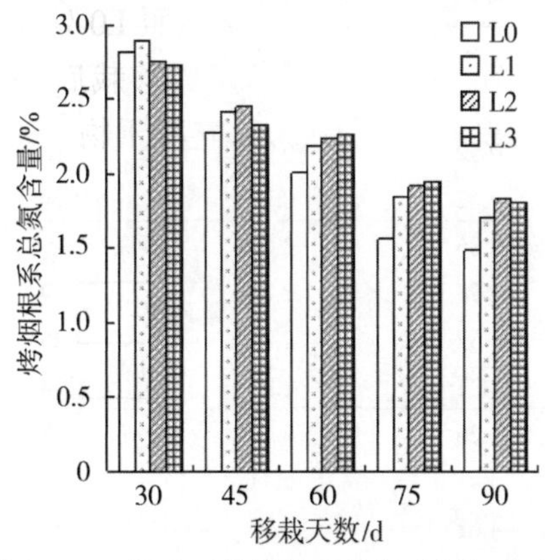

图 4-50　弱光对烤烟根系总氮含量的影响

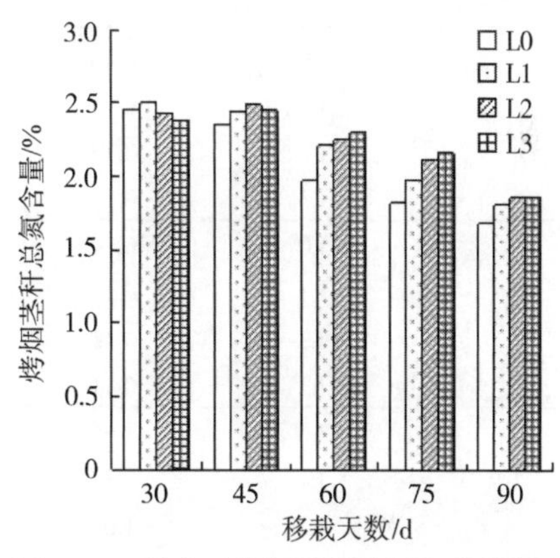

图 4-51　弱光对烤烟茎秆总氮含量的影响

c. 对烤烟叶片氮素含量的影响

由图 4-52 可知，随着生育期的推进，各处理的叶片总氮含量变化规律不一致，L0、L1 表现为逐渐降低，L0 降低幅度较 L1 大；L2、L3 表现为先升后降，L2 叶片总氮含量在移栽后 45d 最大，L3 的含量在移栽后 60d 最大。在各生育期各处理的大小规律也不一致，在移栽后 30d、45d，各处理叶片总氮含量表现为随着光强的降低而先升高后降低，在 30d，以 L1 处理的值最大，L3 处理的值最小，在 45d 以 L2 处理的值最大，以L0 的值最小，弱光处理较对照增幅较小；在移栽 60d 以后，各处理叶片总氮含量随光强的降低而逐渐增大，弱光处理较对照增幅也增大；在移栽后 90d，增幅最高达45.15%，整个遮阴期间，遮阴处理（L1～L3）叶片总氮平均含量较 L0 分别增加13.15%、23.76%、22.98%。

(2) 光照强度对烤烟各器官氮素积累分配的影响

a. 对烤烟各器官氮素积累的影响

由表 4-61 可知，随着生育期的推进，各处理根、茎的氮素总量在不断地积累；叶片氮素积累在各处理间表现出不同的规律，L0、L1 处理的叶片氮素积累表现为先增加后降低，L0 处理在移栽后 60d 积累量最高，随后逐渐降低；L1 处理在移栽后 75d 积累量最高，随后逐渐降低；L2、L3 处理叶片氮素积累表现为随生育期推进而不断增加趋势。

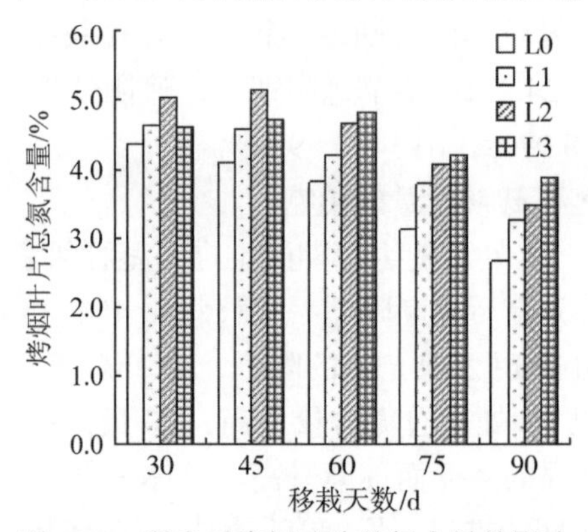

图 4-52　弱光对烤烟叶片总氮含量的影响

表 4-61　弱光对烤烟各器官氮素积累的影响（单位：g/plant）

部位	处理	30d	45d	60d	75d	90d
根	L0	0.16	0.35	1.03	1.37	1.56
	L1	0.14	0.26	0.71	1.05	1.39
	L2	0.13	0.21	0.52	0.93	1.16
	L3	0.12	0.19	0.42	0.73	0.94
茎	L0	0.14	0.85	2.06	2.69	2.79
	L1	0.13	0.69	1.74	2.29	2.49
	L2	0.11	0.60	1.37	2.14	2.26
	L3	0.11	0.47	1.21	1.90	1.94
叶	L0	1.66	4.18	6.26	6.12	6.02
	L1	1.33	3.20	5.47	6.41	6.30
	L2	1.08	2.46	4.61	5.75	5.75
	L3	0.90	2.01	4.19	5.08	5.36

在各生育期各处理根、茎氮素积累表现相同的规律：L0>L1>L2>L3，随光强的降低，氮素积累量也降低。各生育期各处理叶片氮素积累规律表现不一致，在移栽后 30d、45d、60d，各处理间表现为随光强的降低，叶片总氮积累量也降低；在移栽后 75d、90d，各处理间表现为随着光强的降低，叶片总氮呈现先增加后降低的趋势，其中 L2 处理积累量最大，其次为 L0 处理。以上原因是在弱光条件下，烤烟对氮素的吸收动力下降，对氮素的吸收量降低以致各部位积累降低，但在生育后期可能是由于自然光强、85%光强下的烤烟逐渐成熟落黄，氮素以氨气方式挥发消散，所以叶片总氮积累在后期降低；而 L2、L3 处理成熟落黄推迟，所以叶片总氮积累仍有所增加，但增加量逐渐降低趋于持平。

b. 对烤烟各器官氮素分配的影响

由表 4-62 可知，随着生育期的推进，各处理烤烟根系氮素分配比例为先降低后逐渐增加，在移栽后 45d 降低，后逐渐增加；茎秆氮素分配比例表现为随生育期推进逐渐增加的趋势，除 L3 处理在移栽后 90d 稍有降低；叶片氮素分配表现为随生育期推进逐渐降低的趋势。表明叶片氮素随着生育期的推进而不断向根系、茎秆转移。

表 4-62　弱光对烤烟各器官氮素分配的影响（单位：%）

部位	处理	30d	45d	60d	75d	90d
根	L0	8.15	6.46	10.99	13.48	15.08
	L1	8.97	6.33	9.02	10.76	13.66
	L2	9.73	6.33	8.06	10.56	12.61
	L3	10.25	7.06	7.20	9.47	11.41
茎	L0	7.32	15.79	22.04	26.39	26.88
	L1	7.86	16.60	22.00	23.48	24.48
	L2	8.29	18.29	21.13	24.22	24.68
	L3	9.53	17.75	20.86	24.69	23.58
叶	L0	84.53	77.75	66.97	60.14	58.04
	L1	83.16	77.07	68.98	65.76	61.87
	L2	81.99	75.37	70.81	65.22	62.71
	L3	80.21	75.19	71.94	65.84	65.01

在移栽前 45d，各处理根系总氮分配率表现为 L0 处理略微低于遮阴处理；在移栽后60～90d，各处理根系总氮分配比例表现为随着光强的降低根系总氮分配率逐渐降低；在移栽后 75d，L0 处理根系分配率较 L1～L3 处理分别高出 2.72%、2.92%、4.01%，这说明弱光条件下，分配到根系的总氮量降低。L0 处理茎秆的氮素分配率在移栽后 30、45d 均低于遮阴处理；在移栽后 75d、90d，自然光强处理（L0）茎秆的氮素分配率均高于遮阴处理；在移栽后 75d，L0 处理茎秆氮素分配率较 L1～L3 处理分别增加 2.91%、2.17%、1.7%。在生育前期，遮阴处理叶片氮素分配率均低于自然光照处理，并表现为随着光强的降低叶片氮素分配率降低的趋势；在生育后期，则表现出相反的趋势，遮阴处理叶片氮素分配率高于自然光照处理，在移栽后 75d，L0 处理较 L1～L3 处理分别低于 5.64%、5.08%、5.7%。

(3) 对整株烤烟氮素吸收积累的影响

由图 4-53 可知，氮素在整个时期的吸收积累量呈逐渐增加趋势，在整个生育期各处理之间的大小均表现为：L0>L1>L2>L3。L0 处理氮素积累量较其他处理的增加量随生育期先增加后降低，在移栽后 30d 增加量最低，增加 0.36～0.84g，在移栽后 60d 增加量最大，增加 1.41～3.52g。各处理氮素积累高峰期不一致，L0、L1 处理在移栽后 30～60d，氮素增加量最大，分别为 7.38g、6.33g；L2、L3 处理在移栽后 45～75d，氮素增加量最大，分别为 5.55g、5.04g。

(4) 弱光对烤烟氮素吸收速率的影响

由图 4-54 可知，烤烟对氮素的吸收速率表现为先增后降，移栽后 30d 迅速增加，移栽后 60d 开始下降。移栽后前 60d，各处理氮素吸收速率表现为随光强降低而逐渐降低，移栽后 45d，L0 处理氮素吸收速率显著高于其他遮阴处理。移栽后 75d 各处理氮素吸收速率较移栽后 60d 有明显下降，L0 处理氮素吸收速率下降幅度最大，明显低于其他各处理，各处理氮素吸收速率大小顺序为：L2>L3>L1>L0。在移栽后 90d，各处理大小均较低且各处理间差异不明显。L0处理前期氮素吸收速率明显高于其他遮阴处理，打顶后氮素吸收速率大幅下降，且低于遮阴处理，这可能是因为前期自然光强氮代谢旺盛，打顶后进入成熟落黄期，以碳代谢为主，对氮素的吸收下降；而遮阴处理前期由于遮阴，对氮素吸收动力不足，氮素吸收速率下降，打顶后，叶片贪青晚熟，对氮素的吸收速率下降较慢，所以其速率高于对照。

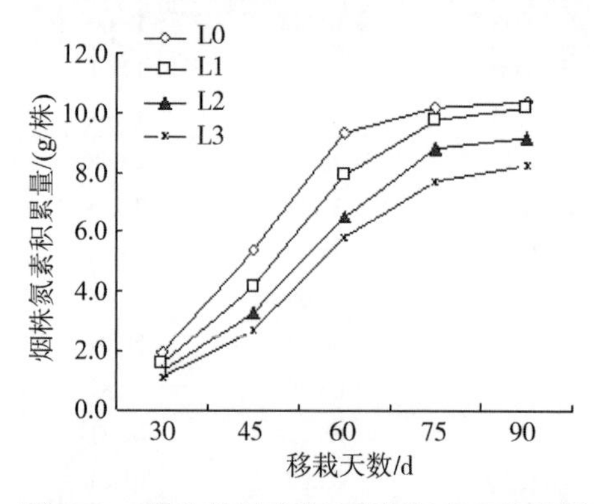

图4-53 弱光处理对整株烤烟氮素吸收积累的影响

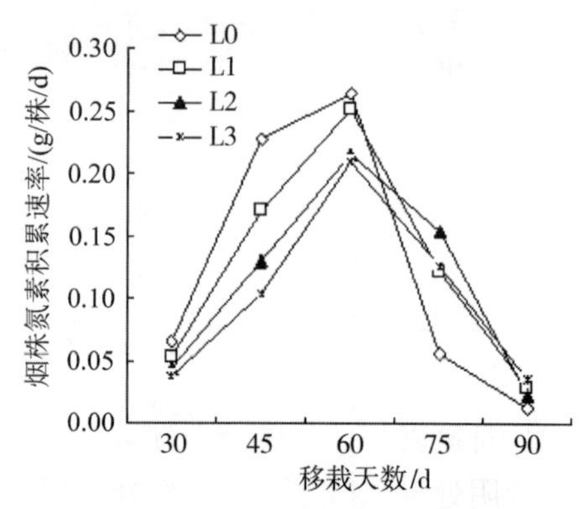

图4-54 弱光对烤烟氮素吸收速率的影响

4）光照强度对烤烟叶片含氮化合物含量的影响

氮素代谢是烤烟生长发育过程中的基础代谢之一，包括无机氮的还原、同化及有机含氮化合物的转化、合成等过程。氮素代谢的强度直接影响着烤烟各类含氮化合物的含量，对烤烟产量和品质形成具有重要作用。

（1）对烤烟叶片硝酸还原酶活性的影响

硝酸还原酶是烤烟氮代谢过程中一个关键的调节酶和限速酶，也是氮素代谢水平的直接反应。由图4-55可知，随生育期的推进，各处理烤烟叶片硝酸还原酶活性变化趋势均表现为先升高后降低，这与根系硝酸还原酶活性变化趋势相似，自然光强处理(L0)的硝酸还原酶活性在移栽后45d达最高，随后迅速下降；L1、L2处理在移栽后60d达最高，随后缓慢下降，下降幅度小于L0处理；L3处理在移栽后75d达最高。在移栽前45d，自然光强处理叶片硝酸还原酶活性明显高于遮阴处理，在移栽后60d，L0处理叶片的硝酸还原酶活性一直处于最低水平，且明显低于各遮阴处理。由此表明，遮阴处理降低了烤烟前期的氮代谢水平，打顶后，氮素代谢水平下降缓慢且高于自然光强处理，氮代谢向碳代谢转换缓慢，延缓了烤烟叶片落黄成熟，从而延长了烤烟生育期。

（2）对烤烟叶片游离氨基酸含量的影响

游离氨基酸是植物体内氮素同化物的主要运输形式，是合成蛋白质的原料，与烤烟氮素代谢和品质形成密切相关。图4-56是移栽后60d烤烟叶片游离氨基酸的含量，由图可知，各处理间游离氨基酸含量变化显著，各处理大小顺序为：L2>L3>L1>L0。由此表明，遮阴处理增加了烤烟叶片游离氨基酸的含量，在一定范围内，随遮阴强度的增加而增加，超过一定的遮阴程度，叶片游离氨基酸含量下降。

（3）对烤烟叶片可溶性蛋白的影响

可溶性蛋白在氮素代谢中起着代谢库的作用，可溶性蛋白质含量的高低可以反映烤

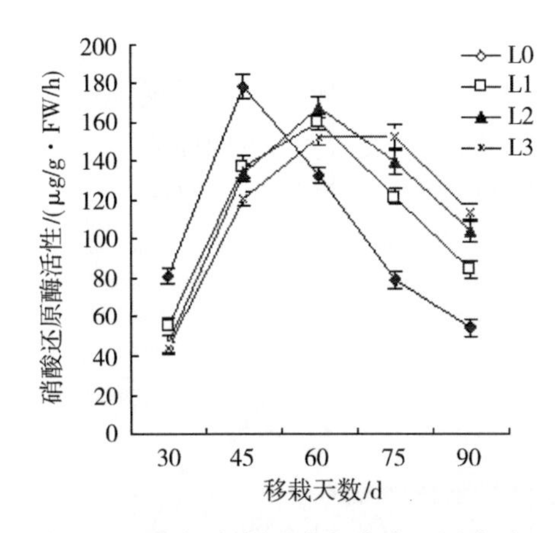

图 4-55　弱光对烤烟叶片硝酸还原酶活性的影响

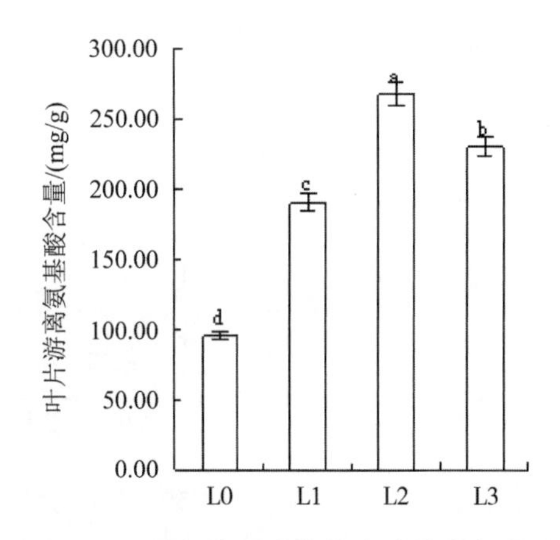

图 4-56　弱光处理对烤烟叶片游离氨基酸含量的影响

烟叶片对氮素的同化能力。图 4-57 为移栽后 60d 烤烟叶片可溶性蛋白的含量，由此可知，遮阴处理增加了叶片可溶性蛋白质的含量，各处理大小顺序为 L2>L3>L1>L0，L0 与 L2 间差异显著，其他各处理间差异不显著。

(4) 对烤烟游离氨基酸 / 可溶性蛋白比值的影响

游离氨基酸含量与可溶性蛋白含量的比值可以在一定程度上反应植株体内蛋白质的周转状况。由图 4-58 可知，自然光强处理下烤烟叶片游离氨基酸含量与可溶性蛋白含量的比值显著低于遮阴处理，由此表明自然光强处理叶片合成蛋白质的能力强于遮阴处理。自然光强叶片中可溶性蛋白质含量低于遮阴处理可能是由于叶片干物质大量积累，稀释了叶片的蛋白质浓度，导致可溶性蛋白及游离氨基酸低于遮阴处理。

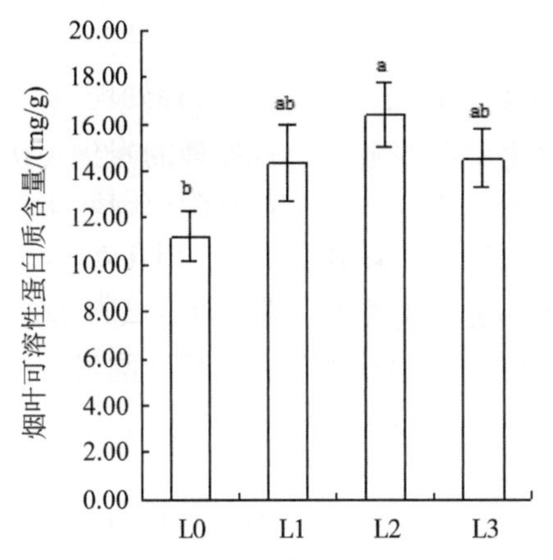

图 4-57　弱光处理对烤烟烟叶可溶性蛋白质含量的影响

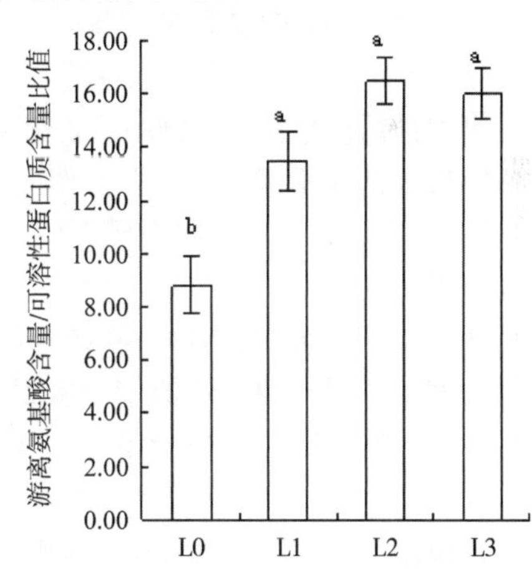

图 4-58　弱光处理对烤烟叶片游离氨基酸含量/可溶性蛋白含量比值的影响

(5) 对烤烟叶片烟碱含量的影响

由图 4-59 可知，随着生育期的推进，各处理烤烟叶片烟碱含量呈现逐渐增加的趋势，各处理烟碱含量在移栽后 45d 快速增加，在移栽后 60～75d 增长速度最快。在移栽后30d、45d，L0 处理叶片烟碱含量均高于遮阴处理；在移栽后 60d，自然光强处理 L0

的烟碱含量最低，明显低于其他各处理。

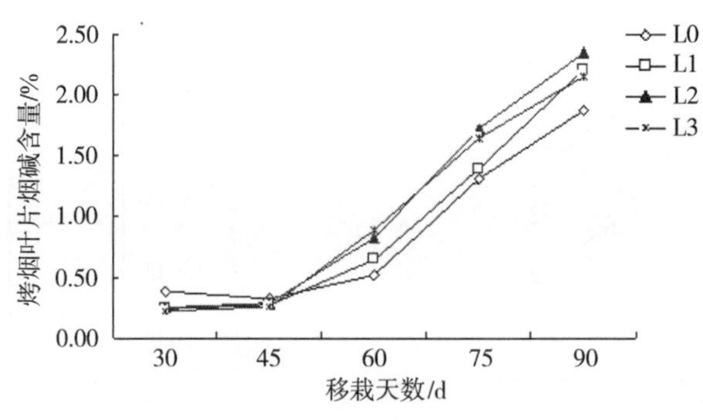

图 4-59　弱光对烤烟叶片烟碱含量动态变化的影响

5）光照强度对烤烟叶片碳水化合物含量的影响

光照对烟草生长有重要影响，光照不足会影响光合同化能力，同时光合作用关键酶的活性也受到影响，最终影响到烟株中碳水化合物的合成。碳水化合物在烟叶中占干物质总量的 25%～50%，是影响烟叶产量和品质的重要因素之一。

(1) 对烤烟叶片还原糖动态变化的影响

还原糖是碳水化合物代谢的重要产物，其含量的提高对烟叶的香吃味、品质有利。由图 4-60 可知，随着生育期的推进，各处理烤烟叶片含量均表现为先稍有降低随后升高再降低的趋势，各处理还原糖含量第二次下降时间不一致，L0、L3 的拐点在移栽后 60d，L1、L2 处理的拐点在移栽后 75d，其中，L3 处理下降缓慢，L0 处理下降最迅速。在各生育期，各处理间大小关系表现不一致，在移栽后 30d、45d、60d，L0 处理的还原糖含量均为最高；在移栽后 75d、90d，L0 处理叶片的还原糖含量均为最低；遮阴处理的各值较接近，无明显规律。

(2) 对烤烟叶片可溶性总糖动态变化的影响

可溶性总糖是光合产物的重要组成部分，可溶性总糖是烤后烟叶中含量最多、对品质影响较大的化学成分之一。由图 4-61 可知，随着生育期的推进，各处理的变化规律表现不一致：L0 处理前期缓慢降低，在移栽 60d 后迅速降低，其他各遮阴处理在生育前期缓慢升高，在生育后期缓慢降低；L1、L2 的降低拐点在移栽后 60d，L3 处理在移栽后 75d，表现为缓慢降低。在各生育期各处理间大小关系表现不一致：在移栽后 60d，各处理间无明显规律，各值较为接近；在移栽后 75d、90d，L0 处理烤烟叶片的可溶性总糖含量最低，L3 处理的值最高，其他两处理的值居中且较为接近。

(3) 对烤烟叶片淀粉的动态变化的影响

淀粉是烟草中碳水化合物积累的一类重要物质。烤烟在生长过程中，叶片中淀粉含量是不断变化的，新鲜烟叶中淀粉含量较高，调制后大部分淀粉分解为还原糖。由图4-62 可知，随着生育期的推进，各处理淀粉含量均表现为逐渐增大的趋势，除 L0 在后期稍有降低。在各生育期各处理大小顺序表现均一致：L0>L1>L2>L3。这表明光强降低不利于烤烟叶片淀粉的积累。

烤烟还原糖、总糖含量在生育前期有增大趋势，遮阴处理在生育后期降低时间推迟，降低缓慢且高于对照处理，这可能是遮阴一段时间后，烤烟适应了遮阴环境，光合作用

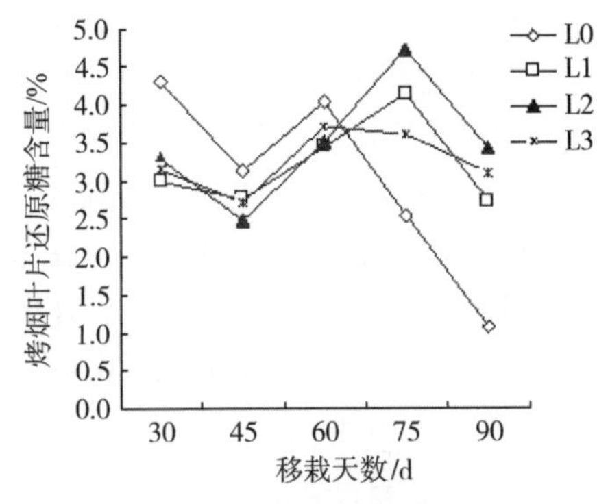

图 4-60　弱光对烤烟叶片还原糖含量的影响

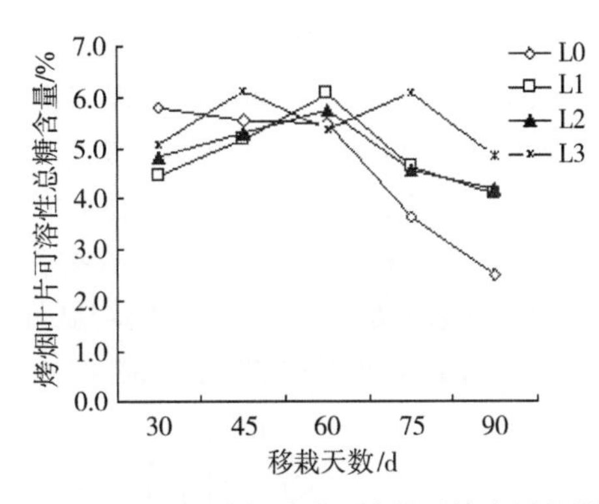

图 4-61　弱光对烤烟叶片可溶性总糖含量的影响

稍有增强，还原糖、总糖降低缓慢且时间推迟，也有可能是由于烤烟干物质积累较慢，稀释效应降低，导致的其含量降低慢。淀粉含量一直随光强降低而降低，可能是由于在遮阴条件下，烤烟为了满足生长需要，没有更多的剩余总糖用于合成淀粉储存能量。

(4) 对烤烟叶片 C/N 比的影响

在植物生长中，植株体内可溶性糖与全氮的比值（C/N）反映了植株的碳氮代谢状况，也是碳循环和氮循环研究中的一个关键参数。由图 4-63 可知，随着生育期推进，各处理的叶片 C/N 比值变化表现不一致：L0 处理表现为前期基本平衡不变，在移栽后 75d 迅速升高；其他遮阴处理表现为在不同时期有升有降的的不规则变化，整体有降低趋势。各处理 C/N 比值大小呈现一定的规律：在生育前中期（移栽前 60d），自然光照处理烤烟叶片的 C/N 比值最低，均低于各遮阴处理的 C/N 均值；在生育后期自然光照处理烤烟叶片的 C/N 比值均大于各遮阴处理叶片的 C/N 均值。由此表明，自然光照处理叶片以氮代谢为主，后期以碳代谢为主的生长代谢规律；遮阴处理前期对烤烟氮代谢的降低程度高于碳代谢，后期烤烟适用了遮阴环境，碳氮代谢均有增强趋势，但碳代谢的降低程度高于氮代谢降低程度。

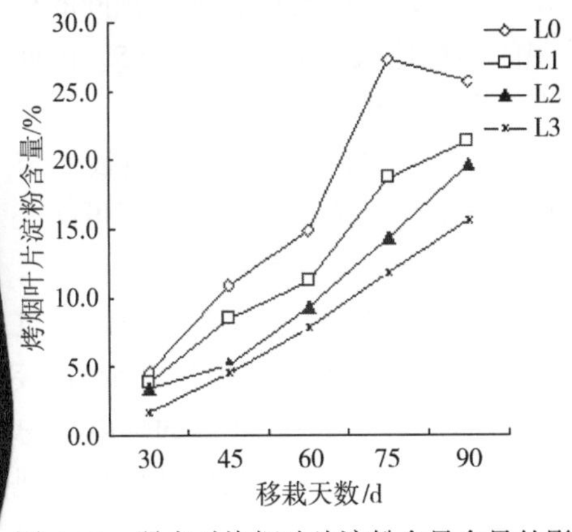

图 4-62　弱光对烤烟叶片淀粉含量含量的影响

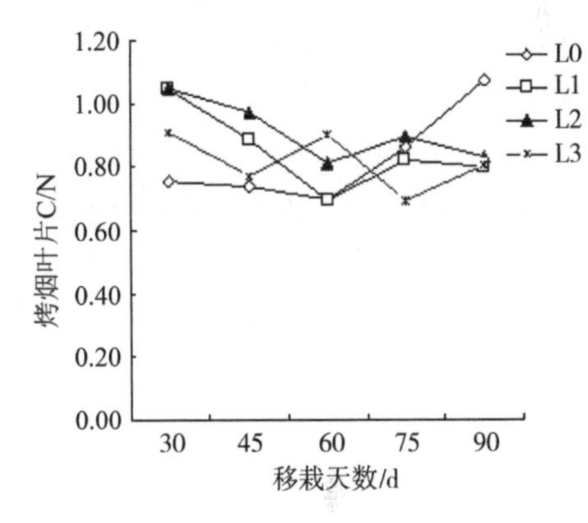

图 4-63　弱光处理对烤烟叶片 C/N 的影响

6) 光照强度对烤烟烤后烟叶品质的影响

(1) 对烤烟烤后烟叶石油醚提取物含量的影响

烟叶石油醚提取物是用石油醚作溶剂，对烟叶样品进行萃取后得到的混合物，主要包括挥发油、树脂、油脂、脂肪酸、蜡质、类脂物、甾醇、色素等，这些物质是形成烟草香气的重要成分。烤烟石油醚提取物含量与烤烟的整体质量及香气量呈正相关，石油醚提取物含量高的烟叶其整体品质也较高。由图 4-64 可知，各处理在各部位叶片中的大小规律一致为：L0>L1>L2>L3。在上部叶中 L0 处理与 L3 处理差异显著，与其他各处理差异不显著，各遮阴处理石油醚提取物含量较 L0 分别降低 5.18%、6.16%、10.8%；在中部叶中，各遮阴处理石油醚提取物均显著低于 L0，分别降低 8.8%、13.62%、13.78%；在下部叶中，各遮阴处理石油醚提取物均显著低于 L0，分别降低 10.84%、13.31%、20.3%。

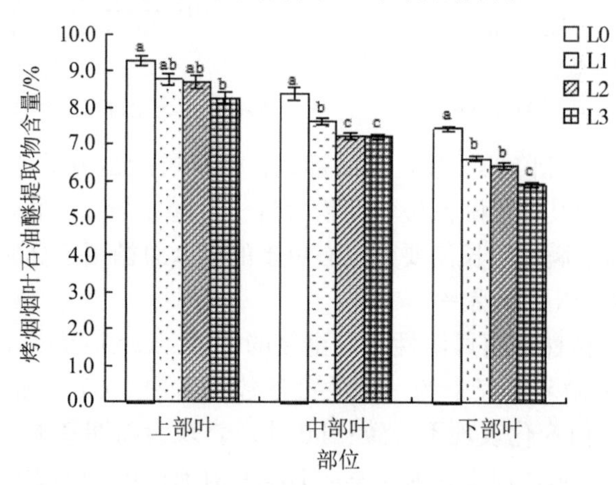

图 4-64　弱光处理对烤烟叶片石油醚提取物含量的影响

(2) 对烤烟烤后烟叶常规化学成分含量的影响

糖类是烟叶生长发育过程中的供能物质，也是吸食过程中形成香气物质的重要前提，一般认为烟叶中还原糖含量为 16%～18%，总糖含量为 18%～20%，两糖比大于 0.85 较为适宜。由表 4-63 可知，在三部位中，各处理烟叶中可溶性总糖、还原糖含量的大小规律均一致，为 L0>L1>L2>L3，且 L0 处理的各部位的还原糖及总糖均在适宜范围内或者接近适宜值，而遮阴处理两糖值均低于适宜最低值；两糖比也表现为相同的规律，且 L0 处理的两糖比均在 0.85 以上，而遮阴处理的两糖比大部分均低于0.85。由此表明，光照强度的降低，烤烟烟叶总糖、还原糖、两糖比均降低。

淀粉在烘烤过程中大量降解为糖类物质，对烟叶品质具有重要的意义。由表 4-63 可知，三部位中，各处理烟叶淀粉的变化规律跟糖类物质变化一致，其主要原因可能是遮阴降低了光照强度，降低了烤烟叶片的净光合速率，降低了糖类及淀粉的积累。

烟碱含量适中会产生舒适的香气和吃味，含量过高则会增加烟叶的刺激性，含量过低则吃味平淡。一般认为，烟碱及总氮含量为 1.5%～3.5%比较适宜；糖碱比大于6，接近 10 最优；氮碱比接近 1 为最优。由表 4-63 可知，在各部位中，L0 处理的烟碱及总氮含量均为最低，除上部叶表现为随光强降低，先升高后稍有降低外，其他部位均表现为随光强降低而升高。各部位烟叶糖碱比均以 L0 处理最高，位 8.39～9.49，各遮阴处理糖碱比均低于 6；氮碱比均以 L0 处理最高，各值接近于 1。

烟叶品质的好坏不是取决于某种成分的绝对含量，而是依赖于各种成分的比例是否协调。从总体来看，L0 处理烟叶两糖含量及两糖比均在适宜范围内，而遮阴处理的烟叶均低于最适宜值；各处理烟碱及总氮含量均在适宜范围内，且表现为遮阴处理明显高于自然光强处理，从而导致糖碱比及氮碱比偏低，且低于最低适宜值。由此说明，遮阴处理影响了碳氮代谢的协调转换，影响了烤烟烤后叶片碳氮化合物的协调性。

表 4-63　弱光对烤烟烤后烟叶常规化学成分含量的影响

部位	处理	总糖/%	还原糖/%	淀粉/%	烟碱/%	钾/%	总氮/%	两糖比	糖碱比	氮碱比
上部叶	L0	21.68	18.35	2.54	2.16	0.50	2.02	0.85	8.48	0.93
	L1	14.94	11.57	1.67	3.36	0.65	2.29	0.77	3.45	0.68
	L2	14.40	10.64	1.51	3.49	0.72	2.42	0.74	3.05	0.69
	L3	15.71	11.16	1.10	3.04	0.86	2.37	0.71	3.68	0.78
中部叶	L0	19.00	17.55	3.62	2.09	0.64	1.69	0.92	8.39	0.81
	L1	17.90	15.02	3.14	2.85	0.84	1.92	0.84	5.27	0.67
	L2	17.41	14.27	2.93	2.78	0.90	2.18	0.82	5.14	0.78
	L3	15.24	12.28	2.49	2.70	0.76	2.32	0.81	4.55	0.86
下部叶	L0	17.68	16.35	0.93	1.72	0.56	1.55	0.92	9.49	0.90
	L1	16.7	14.48	0.81	2.59	0.74	1.91	0.87	5.60	0.74
	L2	15.26	12.54	0.49	2.39	0.95	2.07	0.82	5.25	0.87
	L3	10.53	8.64	0.38	2.71	0.76	2.16	0.82	3.18	0.80

（3）光照强度对烤烟烤后烟叶质体色素含量的影响

烟草是一种喜光作物，通过质体色素获得光能，光照环境的改变会引起质体色素含量的变化。研究表明，光照强度降低，烟草鲜叶片中叶绿素，类胡萝卜素含量增加。烤后烟叶中质体色素（叶绿素和类胡萝卜素）是影响烟叶品质和可用性的主要成分之一，它不仅决定了调制后烟叶的色泽，而且其相关降解产物与烟叶的香气质和香气量密切相关。而关于光照强度对烤后烟叶质体色素及其降解产物含量的研究尚未见报道。

a. 弱光对烤后烟叶叶绿素含量的影响

叶绿素，包括叶绿素 a、叶绿素 b 等，是烟草叶片发育过程中最主要的质体色素，是烟叶成熟和调制过程中变化最剧烈的标志性物质。在成品烟叶中叶绿素是一种不利成分，如果在调制过程中其降解不充分就会形成青烟，给卷烟抽吸带来青杂气。由表 4-64 可知，遮阴处理烤烟各部位叶片的叶绿素含量均显著高于 L0。上部叶，L2 处理的叶绿素含量最高；中部叶，L2 处理的叶绿素含量最高，与 L3 处理差异不显著，二者均显著高于 L1 处理；下部叶，L3 处理含量最高，与 L2 处理差异不显著，二者均显著高于 L1 处理。各部位叶绿素变化趋势表现为随着光照强度的降低，中、上部位烟叶的叶绿素含量呈先增加后降低的趋势，下部叶随光强降低而逐渐增加，这说明光照强度降低，增加了烤后烟叶中的叶绿素含量。

烤烟不同部位叶片的叶绿素含量表现为下部叶>中部叶>上部叶。叶绿素含量随着叶片部位的下降而逐渐升高，这可能是因为随着部位降低，烟草叶片接收到的光照强度也降低，促进了叶绿素的积累，所以叶绿素含量升高。

b. 弱光对烤后烟叶类胡萝卜素含量的影响

类胡萝卜素作为烟草致香物质的重要前体物，其含量与烟叶品质密切相关。由表4-64 可见，各部位烤后烟叶类胡萝卜素含量均以 L0 最低，以 L2 处理含量最大，分别为

209.87μg/g、257.28μg/g、246.42μg/g；随着光强的降低，各部位烟叶类胡萝卜素含量均呈先升高后降低的趋势；上、中、下部叶遮阴处理的类胡萝卜素含量平均值分别为180.94μg/g、213.60μg/g、223.21μg/g，分别较其L0提高了44.92%、43.72%、14.12%。以上说明光照强度的降低增加了烤后烟叶中类胡萝卜素的含量。

表4-64　不同光强对烤烟质体色素含量的影响（单位：μg/g）

部位	处理	叶绿素	类胡萝卜素	类胡萝卜素/叶绿素
上部叶	L0	24.69d	124.86b	5.06
	L1	42.74c	143.87b	3.37
	L2	82.61a	209.87a	2.54
	L3	47.64b	189.09a	3.97
中部叶	L0	36.80c	148.62d	4.04
	L1	50.75b	203.08b	4.00
	L2	86.34a	257.28a	2.98
	L3	84.49a	180.43c	2.14
下部叶	L0	52.77c	195.59b	3.82
	L1	63.41b	201.82b	3.18
	L2	91.48a	246.42a	2.69
	L3	105.7a	221.40ab	2.09

注：不同小写字母表示同一叶位各处理间差异达到5%显著水平。

L0的类胡萝卜素含量表现为下部叶>中部叶>上部叶，这可能是靠下部位的烟叶接收到的光照强度低于靠上部位烟叶造成的，其他各处理无明显规律。

c. 弱光对类胡萝卜素与叶绿素比值的影响

从表4-64可以看出，L0的上、中、下部位叶片的类胡萝卜素与叶绿素比值均较高，分别为5.06、4.04、3.82，明显高于遮阴处理，说明光强降低使类胡萝卜素与叶绿素比值下降。这主要原因可能是，遮阴处理下叶绿素含量的增幅大于类胡萝卜素的增幅；另外，遮阴处理的叶绿素不易降解。

(4) *光照强度对烤烟烤后烟叶质体色素降解致香产物含量的影响*

a. 对烤后烟叶叶绿素降解产物的影响

新植二烯是叶绿素的降解产物，是烤烟含量最丰富的中性香气物质。新植二烯在烟草燃烧时可直接或间接转化为致香物质进入烟气，作为捕集烟气气溶胶内香气物质的载体，它能够携带烟叶中其他挥发性致香物质以及添加的香气成分进入烟气，具有减轻刺激性和调和烟气的能力。由表4-65可以看出，新植二烯占致香物质总量的83.70%～87.50%，平均为85.19%，其中，上部叶以L3处理最高(85.13%)，中、下部叶以L0最高，分别为87.50%、86.36%。各部位新植二烯含量均以L0最大，上、中、下部位遮阴处理烟叶新植二烯的平均含量为1112.66μg/g、1078.81μg/g、1124.00μg/g，较L0分别降低13.59%、19.99%、5.66%，可见，遮阴处理降低了新植二烯的含量，且随着光强降低，新植二烯含量呈先降低后增加的趋势，其主要原因可能是遮阴不利于成熟过中叶绿素的降解，导致烤后烟叶中叶绿素升高、新植二烯降低。

表 4-65　不同光强处理对烤烟质体色素降解产物的影响（单位：μg/g）

致香物质	上部叶				中部叶	
	L0	L1	L2	L3	L0	L1
6-甲基-5-庚烯-2-酮	2.75	2.13	1.84	2.13	1.52	2.48
氧化异佛尔酮	0.24	0.14	0.18	0.16	0.10	0.11
β-二氢大马酮	3.48	2.07	2.06	1.79	2.56	1.87
β-大马酮	25.41	21.93	24.82	22.95	30.43	23.61
香叶基丙酮	3.31	4.76	4.41	2.50	2.26	2.88
β-紫罗兰酮	0.66	0.50	0.55	0.44	0.37	0.53
二氢猕猴桃内酯	0.97	0.90	0.93	0.73	0.81	0.74
3-羟基-β-二氢大马酮	2.69	2.61	2.33	2.63	2.01	2.51
螺岩兰草酮	2.27	1.48	1.15	1.60	2.47	2.04
法尼基丙酮	22.75	24.73	22.36	18.12	17.80	19.36
巨豆三烯酮 1	2.14	2.16	2.39	1.91	1.77	1.60
巨豆三烯酮 2	5.65	6.75	7.33	5.53	5.81	4.70
巨豆三烯酮 3	1.60	1.80	1.94	1.55	1.69	1.40
巨豆三烯酮 4	8.61	8.54	8.78	7.99	8.34	6.72
类胡萝卜素降解物总量 (A)	82.53	80.48	81.08	70.02	77.95	70.56
新植二烯 (B)	1287.72	1137.32	1048.54	1152.11	1348.35	1041.46
致香物质总量 (C)	1536.70	1337.78	1247.61	1353.42	1540.92	1244.22
A 占 C 的比例/%	5.38	6.02	6.50	5.17	5.06	5.67
B 占 C 的比例/%	83.80	85.02	84.04	85.13	87.50	83.70

致香物质	中部叶		下部叶			
	L2	L3	L0	L1	L2	L3
6-甲基-5-庚烯-2-酮	1.89	2.12	1.63	1.91	2.35	2.06
氧化异佛尔酮	0.12	0.15	0.14	0.14	0.10	0.09
β-二氢大马酮	1.71	1.61	2.40	1.82	1.48	1.97
β-大马酮	24.32	26.50	29.32	27.27	28.79	27.73
香叶基丙酮	3.23	2.21	2.06	2.80	2.59	2.07
β-紫罗兰酮	0.48	0.42	0.36	0.50	0.42	0.32
二氢猕猴桃内酯	0.68	0.87	0.63	0.63	0.71	0.92
3-羟基-β-二氢大马酮	2.90	3.81	2.03	2.64	3.71	2.80
螺岩兰草酮	1.24	1.60	2.49	1.96	1.74	1.97
法尼基丙酮	18.68	18.90	17.91	18.92	17.96	18.91
巨豆三烯酮 1	1.63	1.75	1.56	1.47	1.40	1.53
巨豆三烯酮 2	4.85	5.23	4.91	3.86	4.04	4.46
巨豆三烯酮 3	1.36	1.48	1.31	1.20	1.17	1.16
巨豆三烯酮 4	6.98	7.71	7.43	5.99	5.75	6.83
类胡萝卜素降解物总量 (A)	70.07	74.33	74.18	71.09	72.22	72.94
新植二烯 (B)	1004.66	1190.32	1191.41	1146.35	1121.46	1104.19
致香物质总量 (C)	1190.78	1385.57	1379.54	1343.67	1312.76	1288.26
A 占 C 的比例/%	5.88	5.36	5.38	5.29	5.50	5.66
B 占 C 的比例/%	84.37	85.91	86.36	85.31	85.43	85.71

b. 不同光强对烤后烟叶类胡萝卜素降解产物的影响

烟叶类胡萝卜素是烟叶重要的帖烯类化合物之一，其降解时因双键断裂的部位不同，产生近百种不同的致香物质，如β-紫罗兰酮、β-大马酮、β-二氢大马酮、香叶基丙酮、二氢猕猴桃内酯、巨豆三烯酮等。致香物质的含量直接决定着烟叶的品质，如β-大马酮可增加烟叶花香，并增加香气浓度；法尼基丙酮具有甜味特征；巨豆三烯酮可增加烟叶的花香和木香特征，增加烟气的舒适口感；少量二氢猕猴桃内酯能消去烟气中的刺激感。这些物质香气质量好，是烟叶重要的香气成分。由表4-65可以看出，类胡萝卜素降解产物占致香物质总量的比例为5.06%～6.50%，平均为5.57%，其中，中、上部叶均以L2处理最大，下部叶以L3处理最大。在类胡萝卜素降解产物中，上部叶，香叶基丙酮、法尼基丙酮含量以L1处理最高，巨豆三烯酮4种异构体以L2处理最高外，其他致香物质含量均以L0最高；中部叶，β-二氢大马酮、β-大马酮、螺岩兰草酮、巨豆三烯酮4种异构体含量均以L0处理最高，6-甲基-5-庚烯-2-酮、β-紫罗兰酮、法尼基丙酮含量均以L1处理最高，香叶基丙酮含量以L2处理最高，其他致香物质含量均以L3处理最高；下部叶中，氧化异佛尔酮、β-二氢大马酮、β-大马酮、螺岩兰草酮、巨豆三烯酮4种异构体含量均以L0处理最高，香叶基丙酮、β-紫罗兰酮、法尼基丙酮含量以L1处理最高，6-甲基-5-庚烯-2-酮、3-羟基-β-二氢大马酮含量均以L2处理最高，其他致香物质含量以L3处理最高。上、中、下部位类胡萝卜素降解产物总量均以L0最高，分别为82.73μg/g、77.95μg/g、74.18μg/g，上、中、下部位各遮阴处理的类胡萝卜素降解产物平均值分别为77.19μg/g、71.65μg/g、72.08μg/g，较L0分别降低6.70%、8.08%、2.83%，说明遮阴影响类胡萝卜素的降解，不利于类胡萝卜素降解产物含量的提高，这与遮阴处理烤后烟叶中类胡萝卜素含量升高相一致。

c. 烤烟叶片质体色素与其降价产物的相关性分析

由表4-66可知，烤烟叶片质体色素降解产物中只有β-大马酮、3-羟基-β-二氢大马酮的含量与烤后烟叶中质体色素含量呈正相关；其他降解产物含量及香气总量与质体色素含量呈负相关，其中，β-二氢大马酮与叶绿素a、叶绿素总量、类胡萝卜素含量呈显著负相关，巨豆三烯酮4含量与类胡萝卜素含量呈极显著负相关，类胡萝卜素降解产物与类胡萝卜素降解含量呈显著负相关性，新植二烯含量与叶绿素a、叶绿素b、类胡萝卜素含量呈显著负相关，致香物质总量与叶绿素a、叶绿素总量、类胡萝卜素含量呈负相关。由此表明，烤后烟叶中质体色素含量越高，其叶片中质体色素的各种降解产物及致香物质总量越低，说明叶片在成熟及调制过程中，质体色素充分降解有利于香气成分的增加。

(5) 光照强度对烤烟烤后烟叶中非质体色素降解致香产物的影响

按照香气前体物分类的方法，将非质体色素降解致香产物分成：芳香族氨基酸降解产物、美拉德反应产物和类西柏烷降解产物3大类。根据对上、中、下部位烟叶中致香物质的定性定量分析结果，芳香族氨基酸降解产物包括苯甲醛、苯甲醇、苯乙醛和苯乙醇；美拉德反应产物包括糠醇、糠醛、5-甲基糠醛、2-乙酰呋喃、3,4-二甲基-二甲基-2,5呋喃二酮、2-乙酰吡咯；类西柏烷类降解产物主要是茄酮。

对不同部位非质体色素降解致香物进行分类分析（见表4-67），各部位美拉德反应产物在处理间的大小规律不一致：上部叶、中部叶均以 L0 处理最低，随光强降低呈现先升高后降低的趋势，上部叶以 L1 最大，中部叶以 L2 最大；下部叶以 L0 处理最大，随光强降低呈现降低趋势。上部叶、下部叶的芳香族氨基酸降解产物均以 L0 处理最低，上部叶表现随光强降低先升后降低的趋势，L2 处理最大；下部叶表现随光强降低而逐渐升高的趋势；中部叶无明显规律，大小顺序为：L3>L2>L0>L1。各部位烟叶的类西柏烷降解产物在各处理间大小顺序不一致：上部叶以 L0 处理最高，明显高于其他处理；中部叶、下部也均以 L1 最高；其次为 L0。

表 4-66　烤烟叶片质体色素与其降解产物的相关系数

降解产物	叶绿素 a	叶绿素 b	叶绿素总量	类胡萝卜素
氧化异佛尔酮	−0.548	−0.115	−0.47	−0.532
β-二氢大马酮	−0.625*	−0.55	−0.684*	−0.726**
β-大马酮	0.166	0.132	0.177	0.097
香叶基丙酮	−0.176	−0.115	−0.178	−0.201
β-紫罗兰酮	−0.44	−0.253	−0.434	−0.328
二氢猕猴桃内酯	−0.037	−0.035	−0.042	−0.505
3-羟基-β-二氢大马酮	0.509	0.411	0.544	0.332
螺岩兰草酮	−0.475	−0.342	−0.493	−0.425
法尼基丙酮	−0.339	−0.117	−0.307	−0.506
巨豆三烯酮 1	−0.344	−0.178	−0.332	−0.536
巨豆三烯酮 2	−0.306	−0.229	−0.321	−0.493
巨豆三烯酮 3	−0.421	−0.319	−0.443	−0.566
巨豆三烯酮 4	−0.488	−0.389	−0.52	−0.713**
类胡萝卜素降解产物总量	−0.412	−0.239	−0.407	−0.696*
新植二烯	−0.589*	−0.395	−0.601*	−0.760**
致香物质总量	−0.645*	−0.431	−0.657*	−0.806**

表 4-67　弱光对烤烟叶片非质体色素降解致香产物的影响（单位：μg/g）

部位	处理	美拉德反应产物	芳香族氨基酸降解产物	类西柏烷降解产物	致香物总量
上部叶	L0	30.54	24.02	108.74	1536.70
	L1	37.27	30.18	49.64	1337.78
	L2	35.33	31.17	48.98	1247.61
	L3	33.73	26.52	68.41	1353.42
中部叶	L0	24.95	22.79	65.53	1540.92
	L1	27.12	21.65	80.98	1244.22
	L2	37.91	24.20	52.47	1190.78
	L3	29.82	32.30	56.81	1385.57
下部叶	L0	29.56	17.81	64.60	1379.54
	L1	27.76	18.09	78.69	1343.67
	L2	27.69	25.84	63.72	1312.76
	L3	24.68	30.78	53.86	1288.26

从致香物质的总量来看，各部位烟叶致香物质总量均以L0处理最高，上、中、下部叶分别为1536.7ug/g、1540.92ug/g、1379.54ug/g，而各部位遮阴处理致香物质总量平均值分别为1312.94ug/g、1273.52ug/g、1314.9ug/g，较对照分别降低14.56%、17.35%、4.69%。

7）光照强度对烤烟感官质量和风格特色的影响

对不同遮光程度下形成的烟叶进行感官评价（表4-68），得到光照强度减弱对烟叶质量特色的影响。结果表明，遮光后烟叶香型属性没有发生本质改变，仍表现浓香型的风格特征，烟气在高温条件下形成的烟叶，具有典型的浓香型风格特征，烟气较为沉溢，但在遮光过多时浓香型显示度和烟气沉溢度下降，烟叶焦甜香强度下降。轻度遮阴对香气质量影响较小，但遮光过多时表现出香气量、香气质和余味下降，劲头和刺激性有增大趋势。

表4-68　遮光对烤烟常规化学成分的影响（河南方城，中部叶）

处理	香型(5)	香型显示度(5)	烟气沉溢度(5)	烟气浓度(5)	焦甜香(5)	焦香(5)	香气量(5)	香气质(5)	劲头(5)	刺激性(5)	余味(5)
L0	浓香型	3.3	3.0	3.1	2.5	2.3	3.3	3.0	3.0	2.3	3.0
L1	浓香型	3.3	3.0	3.1	2.6	2.3	3.4	3.0	3.0	2.3	3.0
L2	浓香型	3.0	2.9	3.0	2.5	2.2	3.0	2.6	3.2	2.3	2.8
L3	浓香型	2.9	2.7	3.0	2.0	2.2	3.0	2.5	3.3	2.5	2.5

8）主要结论

遮阴处理条件下，地表及土壤温度明显下降。烤烟一级侧根数量及根系干物质重显著低于对照L0处理，根系物质分配同化速率及分配比率最终均低于L0处理。遮阴可降低根系前期的代谢能力，不利于烤烟向根系分配物质，且推迟或减缓了后期根系活力，降低了硝酸还原酶活性，延缓了根系的衰老。遮阴处理降低了烤烟氮素的吸收能力，改变了各器官分配比率，降低了根系相对分配率，提高了叶片氮素分配率。烤烟各部位氮素含量增加与干物质降低引起的浓缩效应有关。遮阴处理不利于烤烟叶片的氨基酸向蛋白质的同化及蛋白质的转运，降低了氮素同化水平，且遮阴处理推迟了氮素代谢向碳代谢为主的转换期，延缓氮素代谢的下降，相对提高了后期的氮代谢水平，延缓了叶片衰老，烤烟落黄推迟。

弱光处理烤烟各生育期根、茎、叶干物质积累量均显著低于L0处理，根冠比、根系分配率由前期高于L0逐渐转变为后期低于L0，而叶片分配率则由前期低于L0处理转变为后期高于L0处理；干物质同化速率方面，遮阴处理下烤烟在生育前期同化速率降低，生育后期适度遮阴同化速率高于L0处理，说明弱光处理降低了烤烟干物质积累，改变了烤烟各器官物质分配。弱光处理条件下，烤烟淀粉含量表现为一直低于L0处理；烤烟叶片C/N比随生育期进程由生育前期高于L0转换为生育后期低于L0处理，说明遮阴处理降低了烤烟碳代谢水平，降低了生育前期氮素代谢水平，提高了生育后期氮素代谢水平。

随着光强的下降，烤后烟叶中石油醚提取物、还原糖、总糖、淀粉含量均逐渐降低，总氮、烟碱、叶绿素、类胡萝卜素均有升高趋势；遮阴处理烟叶的两糖比、糖碱比、氮碱比均低于L0，化学协调性下降；遮阴处理烟叶的类胡萝卜素降解产物、新植二烯含量、总香气量均低于L0处理。遮阴处理降低香气物质总量的主要原因是质体色素降解不充分，碳氮代谢不协调。感官评吸表明，遮光条件下烟叶仍保持浓香型风格，但显示度下降，焦甜香韵减弱，过度遮阴可显著影响烟叶质量，这与烟叶化学成分协调性改变和香气物质含量降低有关。

4.4.2　光照时数对烟叶质量特色的影响

烤烟是一种喜光作物，适宜的光照能促进烟株生长发育，光照强度、光照时间和光质都会对烤烟化学成分产生较大影响。成熟期是烟叶内在品质形成的重要时期，光照条件对此时期物质积累、转化和降解都有重要影响。成熟期光照时数对烟叶品质的影响目前研究多集中在化学成分方面，有研究表明在烤烟成熟期，蛋白质、总氮、钾含量与烤烟成熟期的日照时数呈负相关；王广山等（2001）提出烟叶烟碱含量随日光照时间的增加而增加；Raper 等（1971）报道烟叶中总氮、烟碱含量随着光照时间的延长而降低。以上研究存在不完全一致的结果。为进一步阐明光照时数与烟叶品质特色的关系，在典型浓香型产区（豫中产区）设置了减少成熟期光照时数的大田试验（杨军杰等，2014），旨在揭示浓香型风格形成的生态基础，为建立浓香型烟叶生态评价模型和制定相应的农艺调控和补偿措施提供依据。

具体的试验设计为：2012 年试验设在平顶山市宝丰县石桥镇交马岭村，地势平整，肥力中等，交通便利，排灌方便，土壤为砂壤土，面积 15m×5m，前茬作物为烟草。供试品种：中烟 100。烟苗于 4 月 30 日移栽，接近成熟期时，在田间建造遮阴棚，覆盖物为黑色帆布材料。在成熟期进行处理，设置 3 个处理，T1（–3h）为下午 4:00 时开始遮光（遮光 3h）；T2（–1.5h）为下午 5:00 时半开始遮光（遮光 1.5h），当日落时（当地平均日落时间为 19:00）揭开遮阴棚；T3（0h）自然光照为对照。其他田间管理措施均按当地优质烟叶生产技术规范进行。

1. 减少光照时数对烤后样质体色素含量的影响

由表 4-69 可知，每天减少光照时数 1.5h 和 3.0h 的处理上部和中部烟叶叶绿素 a、叶绿素 b 和类胡萝卜素含量均显著高于对照，且减少光照时数的处理烟叶类胡萝卜素含量均超过 0.4mg/g，高于烤后烟叶类胡萝卜素的适宜含量（0.3～0.4mg/g）。

表 4-69　成熟期减少光照时数对烟叶色素含量的影响

部位	处理	叶绿素 a	叶绿素 b	类胡萝卜素
上部叶	T1（–3h）	0.034a	0.033a	0.420ab
	T2（–1.5h）	0.032ab	0.030ab	0.426a
	T3（0h）	0.022c	0.021c	0.363c
中部叶	T1（–3h）	0.030a	0.034a	0.418ab
	T2（–1.5h）	0.027ab	0.026b	0.421a
	T3（0h）	0.018c	0.019c	0.329c

注：同列的小写字母有相同时表示差异不显著（$P>0.05$），否则为差异显著（$P<0.05$）。

2. 减少光照时数对烤后烟叶主要常规化学成分含量的影响

由表 4-70 中可知，每天减少光照时数 1.5h 和 3.0h 的处理上部和中部烟叶的还原糖和总糖含量均显著低于对照；钾、烟碱和总氮含量均以减少光照时数 3.0h 的处理最高，且显著高于对照。除了氯、蛋白质含量之外，上部和中部烟叶减少光照时数的处理烟叶化学成分含量与对照间差异均达到显著水平。

表 4-70 成熟期减少光照时数对烟叶化学成分含量的影响（单位：%）

部位	处理	还原糖	钾	氯	烟碱	总氮	总糖	蛋白质
上部叶	T1（-3h）	10.74bc	1.36a	0.76	2.96a	2.94a	13.21b	12.80
	T2（-1.5h）	11.82b	1.35ab	0.75	2.76ab	2.78b	12.85bc	12.85
	T3（0h）	13.51a	1.13c	0.79	2.17c	2.51c	16.33a	12.60
中部叶	T1（-3h）	13.10c	1.57a	0.82	2.41a	2.77a	14.15c	11.55
	T2（-1.5h）	14.23b	1.40b	0.81	1.97b	2.10b	16.27b	11.47
	T3（0h）	16.17a	1.29c	0.85	1.71bc	2.03bc	19.64a	11.39

注：同列的小写字母有相同时表示差异不显著（$P>0.05$），否则为差异显著（$P<0.05$）。

3. 减少光照时数对烤后烟叶致香成分的影响

由表 4-71 可知，类胡萝卜素降解物中含量较高的有二氢猕猴桃内酯、巨豆三烯酮2、巨豆三烯酮 4、β-大马酮、香叶基丙酮、法尼基丙酮、β-二氢大马酮，且减少光照时数处理的中部叶各种类胡萝卜素降解物含量与对照相比均显著减少，而上部叶中除了二氢猕猴桃内酯、法尼基丙酮和 β-二氢大马酮含量低于对照外，其余香气物质含量无明显规律；同时，减少光照时数的处理烟叶茄酮含量均低于对照，中部叶苯丙氨酸类和棕色化产物类香气物质含量也均以对照最高；上部和中部烟叶中新植二烯含量及香气物质总量在减少光照时数处理的烟叶中均显著降低。因此，在一定范围内减少成熟期光照时数烤后烟叶香气物质含量降低。

表 4-71 成熟期减少光照时数对烟叶香气物质含量的影响（单位：μg/g）

香气物质类型	中性致香物质	上部叶			中部叶		
		T1（-3h）	T2（-1.5h）	T3（0h）	T1（-3h）	T2（-1.5h）	T3（0h）
类胡萝卜素降解物类	二氢猕猴桃内酯	1.46	1.84	2.18	0.60	0.96	2.44
	3-羟基-β-二氢大马酮	—	—	0.28	—	—	0.25
	氧化异佛尔酮	—	0.15	0.11	—	—	0.15
	巨豆三烯酮 1	1.72	2.12	1.71	0.37	0.73	2.08
	巨豆三烯酮 2	4.79	8.77	7.20	1.84	3.14	8.43
	巨豆三烯酮 3	0.78	1.81	1.45	0.27	0.49	1.81
	巨豆三烯酮 4	4.71	10.55	7.96	1.55	2.59	10.86
	β-大马酮	25.18	17.12	20.53	6.11	11.42	21.62
	6-甲基-5-庚烯-2-酮	0.36	—	0.43	0.21	0.19	0.24
	6-甲基-5-庚烯-2-醇	0.78	1.72	1.10	0.62	0.66	1.72
	香叶基丙酮	3.00	2.44	2.77	2.36	2.56	2.34
	法尼基丙酮	4.51	8.17	11.61	1.68	4.13	12.12
	芳樟醇	0.63	0.65	0.61	0.38	0.39	0.60
	螺岩兰草酮	0.63	0.87	1.31	0.35	0.48	1.01
	B-二氢大马酮	3.48	7.71	8.80	1.01	1.99	10.17
	面包酮	0.16	0.20	0.05	0.20	0.14	0.15
	愈创木粉	1.29	1.09	0.89	0.55	0.52	1.01

续表

香气物质类型	中性致香物质	上部叶			中部叶		
		T1 (−3h)	T2 (−1.5h)	T3 (0h)	T1 (−3h)	T2 (−1.5h)	T3 (0h)
类西柏烷类	茄酮	25.99	20.93	27.69	12.08	19.72	24.48
苯丙氨酸类	苯甲醛	0.57	1.01	2.78	1.61	1.53	2.15
	苯甲醇	1.60	10.56	8.32	1.39	1.99	12.46
	苯乙醛	5.98	9.47	7.29	4.84	4.77	10.21
	苯乙醇	0.86	5.56	3.95	0.62	0.96	5.60
棕色化产物类	糠醛	7.39	16.90	8.15	3.77	2.68	14.42
	糠醇	0.30	1.07	0.83	0.22	0.25	1.88
	2-乙酰基呋喃	0.24	0.41	0.25	0.11	—	0.44
	5-甲基糠醛	—	—	—	—	0.13	—
	3,4-二甲基-2,5-呋喃二酮	—	0.32	0.25	—	—	0.38
	2-乙酰基吡咯	—	0.15	0.14	—	—	0.26
	2,6-壬二烯醛	0.22	0.14	0.09	—	—	0.12
	藏花醛	0.14	0.40	0.10	—	0.08	0.17
	b-环柠檬醛	0.18	0.19	0.20	—	0.07	0.21
新植二烯	新植二烯	326.29	649.29	845.82	181.16	381.85	879.91
总计		423.25	781.60	974.84	223.89	444.39	1029.69

4. 减少光照时数对卷烟评吸结果的影响

评吸结果用雷达图表示，见图 4-65 和图 4-66。从图 4-67 和图 4-68 可以看出，上部和中部烟叶风格特征的各项指标中除劲头之外，其余指标均以对照得分最高。由图4-66和图 4-68 可知，上部与中部烟叶品质特征的各项指标规律基本一致。减少光照时数处理的烟叶香气质变差，香气量减少，透发性、细腻程度、柔和程度和圆润感不足，余味减少，而青杂气和生青气增加，枯焦气、干燥感和刺激性无明显变化。可见，成熟期减少光照时数对评吸结果有不利影响。

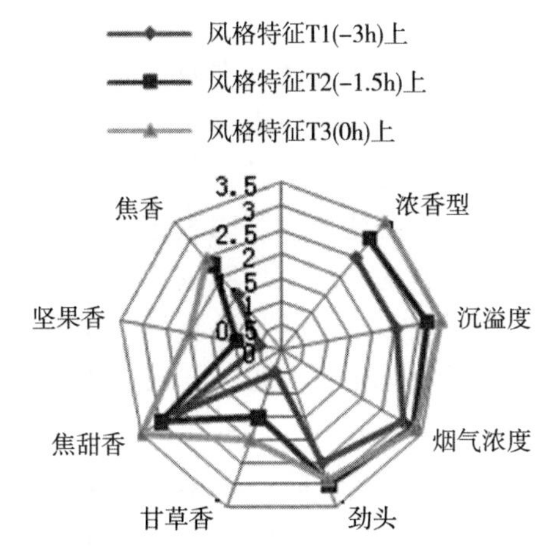

图 4-65　上部叶风格特征评吸结果分析

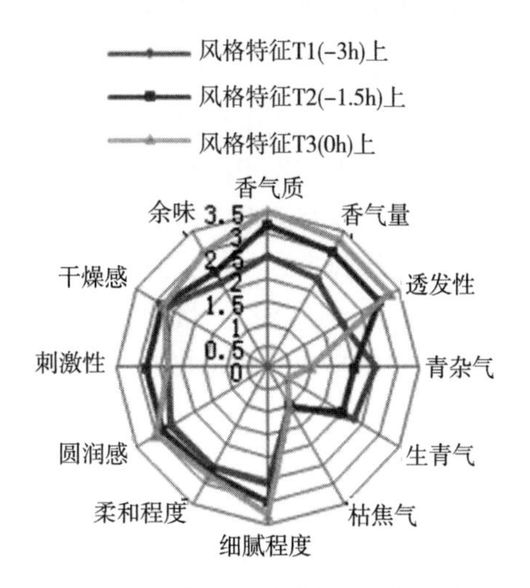

图 4-66　上部叶品质特征评吸结果分析

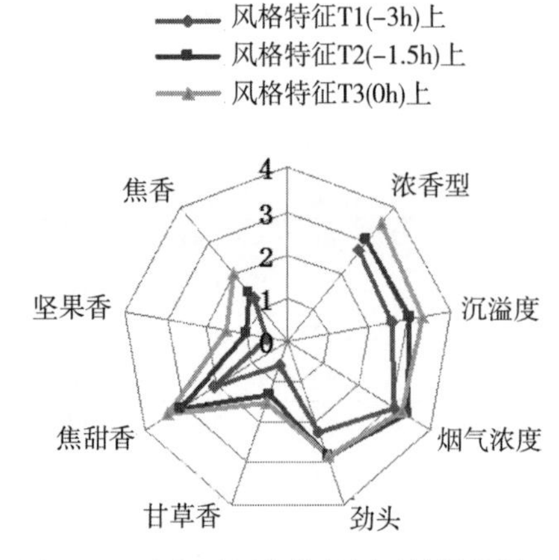

图 4-67 中部叶风格特征评吸结果分析

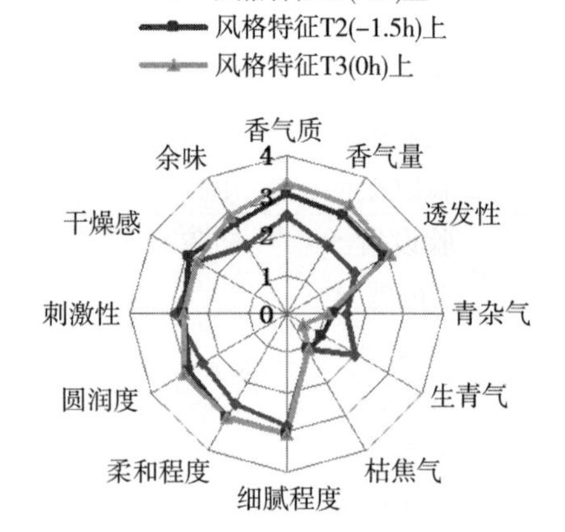

图 4-68 中部叶品质特征评吸结果分析

5. 结论与讨论

成熟期减少光照时数，烤后烟叶叶绿素 a、叶绿素 b 和类胡萝卜素含量均显著升高，是因为减少光照时数会影响烟叶正常成熟落黄，增加大田烟叶色素含量，进而提高了烤后烟叶色素含量。减少光照时数处理的上部和中部烟叶还原糖和总糖含量均显著降低，钾、烟碱和总氮含量均以减少光照时数 3.0h 时最高，这是由于光照时间不足时，烟草光合产物减少且大量用于含氮化合物的合成和积累，致使碳水化合物积累相对较少。因此，在减少光照时数条件下，烟叶化学成分含量和比值变化不利于烟叶品质的提高。有研究表明，烟叶充分成熟有利于烟叶致香物质的积累；通过类胡萝卜素降解形成醛酮类香气成分以及通过叶绿素降解生成新植二烯是烟叶香气物质的重要来源之一。在减少光照时数的条件下，烟叶不能正常成熟落黄，导致质体色素降解不充分，导致烟叶的中性香气物质含量降低。烟叶评吸结果显示，减少光照时数并不能改变烟叶的浓香型特征，但浓香型风格弱化，烟叶品质下降，主要表现在香气量减少，香气质变差，杂气加重。因此，成熟期光照时数减少不利于烟叶正常成熟落黄和香气品质的提高。

4.4.3 光质对烟叶质量特色的影响

光是影响植物生长发育的重要因子之一。光对植物的作用主要体现在两方面：一是为绿色植物光合作用提供能量；二是作为一种触发信号，通过光敏色素等作用途径调节植物生长、发育和形态建成，以便更好适应外界环境。光质是烤烟生长发育过程中重要的生态环境因子之一，它对烤烟的物质代谢、能量代谢、形态建成和基因表达等都有调控作用，对不同烤烟产量和质量形成有很大影响。有学者曾对光质对烟叶生长发育、生理代谢和化学成分含量做过一些研究（史宏志等，1998；1999），但对光质与烟叶风格特色形成的关系涉及较少。本研究通过在大田中覆盖白色、绿色、红色、蓝色和黄色滤光膜人工制造不同的光质组成条件，模拟不同产区的生态环境条件，研究不同光质条件下烤烟光谱特征的变化、揭示光质条件对烟叶生长发育、光合特性、品质和产量的影响，明确不同光质条件对烟叶的质量和风格特色的影响（贾方方，2013），为阐明浓香型风格特色烟叶形成的生态基础提供依据。

2012 年和 2013 年试验在南阳市烟草公司金叶园科教园区进行。园区内试验地土壤为黄壤土，土壤基础肥力为全氮 0.72g/kg，碱解氮 55.0mg/kg，pH 7.48，有机质 11.45g/kg，速效磷（P_2O_5）17.9mg/kg，速效钾（K_2O）135mg/kg。施肥量为烟草专用复合肥 20kg/亩、硫酸钾 25kg/亩、饼肥 30kg/亩、硝酸钾 3kg/亩（1 亩≈667m²）。

试验以太阳光透过不同颜色的滤光膜（由上海伟康有色薄膜厂生产）获得不同的光质。试验设置 5 个处理：处理 1 为白色滤光膜（对照处理）；处理 2 为绿色滤光膜；处理3 为红色滤光膜；处理 4 为蓝色滤光膜；处理 5 为黄色滤光膜。供试品种为云烟 87，两年均于 4 月 25 号按 110cm×60cm 行株距进行移栽，每处理种烟 45 棵。移栽 30d 后，搭建 6m×6m×2.8m（长×宽×高）南北走向的弓形铁支架，并覆盖不同颜色的薄膜，南北两端不覆盖有色薄膜，保持通风。同时，每个大棚内安装一个温湿度自动记录仪，设置每隔半个小时自动记录温湿度数据。各个实验处理的田间栽培管理均按我国优质烟叶生产技术规范进行。

1. 不同光质处理之间的光线组成和温湿度变化

不同的光质处理紫外线、蓝紫光、黄绿光、红橙光和近红外线所占的比例不同（见表 4-72）。与白膜对照相比，绿膜、红膜、蓝膜和黄膜内的紫外线和蓝紫光占总辐射的比例减少，而黄绿光中除了黄膜外，其他各处理均低于对照处理；各处理红橙光和近红外光占总辐射的比例均高于白膜对照。不同的彩色膜中，黄膜和绿膜内黄绿光的比例较高，其中尤以黄膜最高；红膜内的红橙光占总辐射的比例最高；蓝膜内蓝紫光占总辐射的比例明显高于其他彩色薄膜。由此可知，不同的彩色薄膜能有效的改善棚内的光质组成，增加相应的光谱比例。同时各处理之间的总辐射强度（350～1100nm）差异较小，红膜、蓝膜和黄膜和对照白膜相比最接近，但是绿膜处理低于对照白膜。

表 4-72　不同处理的光线组成

处理	白膜	绿膜	红膜	蓝膜	黄膜
紫外线（350～400nm）/(W·m^{-2})	1.72	0.54	0.22	0.73	0.10
占总辐射比例/%	1.12	0.36	0.15	0.49	0.07
蓝紫光（400～510nm）/(W·m^{-2})	22.33	9.44	1.58	15.47	5.97
占总辐射比例/%	14.63	6.42	1.04	10.30	3.92
黄绿光（510～610nm）/(W·m^{-2})	34.98	28.21	9.68	8.60	39.23
占总辐射比例/%	22.91	19.17	6.41	5.72	25.79
红橙光（610～760nm）/(W·m^{-2})	45.74	47.83	65.51	43.24	53.98
占总辐射比例/%	29.96	32.51	43.38	28.78	35.49
近红外线（760～1100nm）/(W·m^{-2})	47.92	61.12	74.02	82.20	52.82
占总辐射比例/%	31.39	41.54	49.02	54.72	34.73
总辐射（350～1100nm）/(W·m^{-2})	152.69	147.13	151.00	150.24	152.10

由表 4-73 可知，不同光质处理的烤烟在整个生育期内的温湿度变化情况。不同处理之间的均温、最高温度、最低温度、均湿、最低湿度和最高湿度之间差异较小：各处理的均温位 26～29℃，适宜烤烟的生长和发育，其中，白膜和红膜处理的最低温度较高，达到 16℃以上；绿膜、蓝膜和黄膜的最低温度较低，约 13℃；最高温度，以黄膜

最高，达到 44.10℃，红膜最低，仅为 40.80℃；均湿，以绿膜处理最高，达到73.20%，白膜最低，仅为 68.67%，黄膜>红膜>蓝膜；最低湿度和最高湿度各处理相同，最低湿度为 11.5%，最高湿度为 98%。

表 4-73 不同光质处理温湿度的变化

处理	均温/℃	最低温/℃	最高温/℃	均湿/%	最低湿度/%	最高湿度/%
白膜	28.23	16.70	42.70	68.67	11.5	98
绿膜	26.92	13.55	42.15	73.20	11.5	98
红膜	27.72	16.75	40.80	72.68	11.5	98
蓝膜	26.91	13.45	42.15	72.05	11.5	98
黄膜	27.12	13.40	44.10	73.04	11.5	98

2. 不同光质条件下烤烟叶片光谱和冠层光谱

烤烟生长的不同时期的叶片光谱和冠层光谱不同，但旺长期对光谱的反射特征最明显。图 4-69 和图 4-70 为烤烟在旺长期的叶片光谱特征和冠层光谱特征。由图4-69 可知，各处理的叶片光谱均具有典型的植物光谱特征。不同光质处理，在旺长期的叶片光谱反射率不同。在 350～1300nm 差异比较显著，而在 1300～2500nm 差异较小。波长为 580～680nm 时，由于受到烤烟色素含量变化的影响，叶片光谱的反射率表现出差异；在近红外短波 850～1300nm，叶片的光谱反射率大小表现为白膜>黄膜>红膜>蓝膜>绿膜，这可能和叶片的厚度变化、组织结构差异及生长发育有关；近红外的长波区域1300～2500nm，光谱反射率的变化主要受叶片组织内含水率的影响，而光质和烤烟生长发育过程中组织内水分的形成关系较小，因此在近红外长波区域叶片光谱的反射率差异不显著。

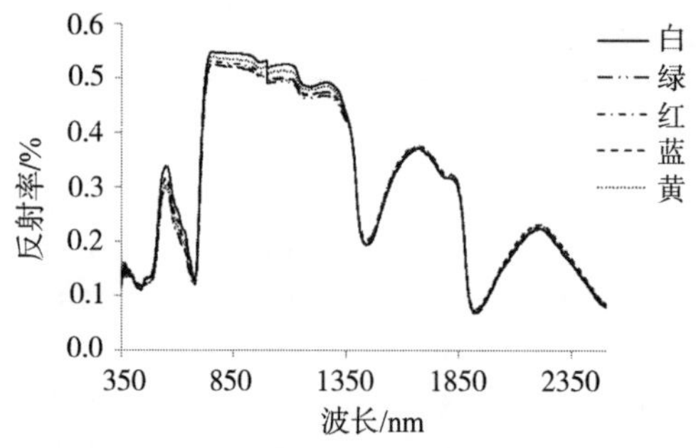

图 4-69 不同光质处理下烤烟旺长期叶片光谱特征

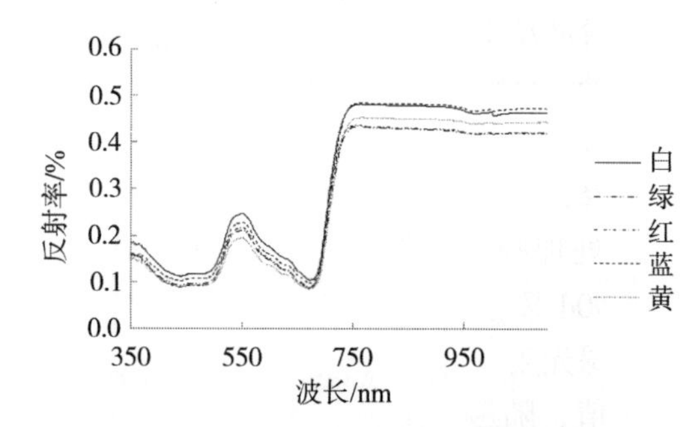

图 4-70 不同光质处理下烤烟旺长期冠层光谱特征

不同光质处理的冠层光谱在旺长期表现出明显的规律（见图 4-70），具有植物体冠层光谱典型的特征。显示了不同光质处理冠层光谱在 350～1100nm 的变化规律。由图 4-70 可知，在 350～1000nm 各处理的光谱反射率均小于对照处理（白膜）；在 1000～1100nm，绿膜的光谱反射率突然升高，高于对照处理（白膜），其他处理均小于对照处理（白膜）。在可见光波段 350～650nm，光谱的反射率大小表现为：白膜>黄膜>绿膜>蓝膜>红膜；650～750nm 光谱反射率迅速上升，形成近红外的高原反射区，白膜的光谱反射率达到约 0.6；在近红外的高原区（750～1000nm），各处理的冠层光谱的反射率达到最大值，总体表现为：白膜>绿膜>黄膜>蓝膜>红膜；而在 1000～1100nm，光谱反射率则以绿膜最高，白膜次之，黄膜>蓝膜>红膜。

3. 不同光质条件对烤烟农艺性状的影响

不同光质条件对烤烟农艺性状（株高、茎围、有效叶数和最大叶面积）有显著影响。由表 4-74 可知，不同光质条件下，烤烟株高以红光最高，蓝光最低，红光>白光>绿光>黄光>蓝光；烤烟茎围以白光最高，绿光最低，白光>红光>黄光>蓝光>绿光；烤烟有效叶数白光和红光最多，有效叶数达到 24 片，蓝光和黄光的有效叶数较少，仅为 21 片；最大叶面积之间差异比较大，以红光最大，黄光最小，红光>白光>绿光>蓝光>黄光。总体而言，不同的光质对农艺性状的影响效果显著，红膜和白膜的农艺性状综合表现好，蓝膜和黄膜最差。蓝光和黄光抑制茎干生长和降低叶面积，可能是蓝光和黄光能提高 IAA 氧化酶的活性，降低 IAA 的水平，抑制了植物的伸长生长。

表 4-74　农艺性状调查结果

处理	株高/cm	茎围/cm	有效叶数/(片/每株)	最大叶面积/cm^2
白	126.3	9.8	24	1251.8
绿	120.1	7.4	22	1189.2
红	128.7	9.5	24	1256.4
蓝	117.3	8.2	21	1093.5
黄	117.9	8.6	21	1087.9

4. 不同光质条件下烟叶色素含量的变化

不同光质处理下烤烟叶片中叶绿素 a、叶绿素 b、类胡萝卜素和叶绿素 a+b 的变化趋势各不相同，其中叶绿素 a 和叶绿素 a+b 的变化趋势一致，各处理均表现为随烟叶生长发育波动下降的趋势，而自然生长状态下的烟叶叶绿素 a 和叶绿素 a+b 含量在各个时期都处于最低值，说明覆膜可以提高叶绿素 a 和叶绿素 a+b 含量。叶绿素 b 的变化趋势各处理表现差异较大，对照（CK）表现为移栽后 30～75d 缓慢上升，移栽后75～90d 略有下降，随后又升高。蓝光处理表现为移栽后 30～75d 缓慢下降而后升高，而其余 4 个覆膜处理则均表现为移栽后 30～45d 略有升高，移栽后 45～75d 急剧降低，移栽后 75～90d 又急剧升高，随后又下降。不同处理下类胡萝卜素含量的变化表现为：CK、蓝光和绿光表现为移栽后 30～75d 有所波动，移栽后 75～90d 急剧升高，移栽后 90d 达到最高值，随后又急剧下降。白光、红光和黄光则是在移栽后 75d 达到最高值，随后下降。以上说明，覆盖白膜、红膜和黄膜使类胡萝卜素的积累提前达到了高峰（图 4-71）。

5. 不同光质条件对烤烟石油醚提取物含量的影响

一般认为，石油醚提取物含量的高低和烟叶整体质量的好坏及香气物质含量有一定的关系。由表 4-75 和表 4-76 可知，2013 年不同处理之间的石油醚提取物含量上变化较大。上部叶以黄膜、白膜和红膜处理的烟叶石油醚提取物含量相对较高，蓝膜处理最低，各处理之间均达到了显著水平；中部叶和下部叶均以以白膜和黄膜较高。

6. 不同光质条件对烤烟常规化学成分含量的影响

总氮和烟碱是烟叶中主要的含氮化合物，其含量高低对烟叶生理强度和刺激性影响较大。由表 4-77 可知，不同光质处理之间总氮和烟碱含量除了黄膜处理外，其他各处理均表现为上部叶>中部叶>下部叶，黄膜处理以中部叶总氮和烟碱含量最高，上部叶次之，下部叶最低；对上部叶而言，烟叶总氮和烟碱含量表现为红膜>蓝膜>绿膜>黄膜>白膜，下部叶则为黄膜>绿膜>红膜>蓝膜>白膜，而中部叶总氮和烟碱含量变化规律不相同，总氮含量以黄膜处理最高，红膜处理次之，白膜最低，烟碱含量以红膜处理最高，黄膜处理次之，其余为绿膜>蓝膜>白膜。总体表现为，不同部位烟叶均表现为白膜烟碱含量最低，彩色膜覆盖有助于增加烟叶烟碱含量，且红光对促进烟碱合成有显著作用。

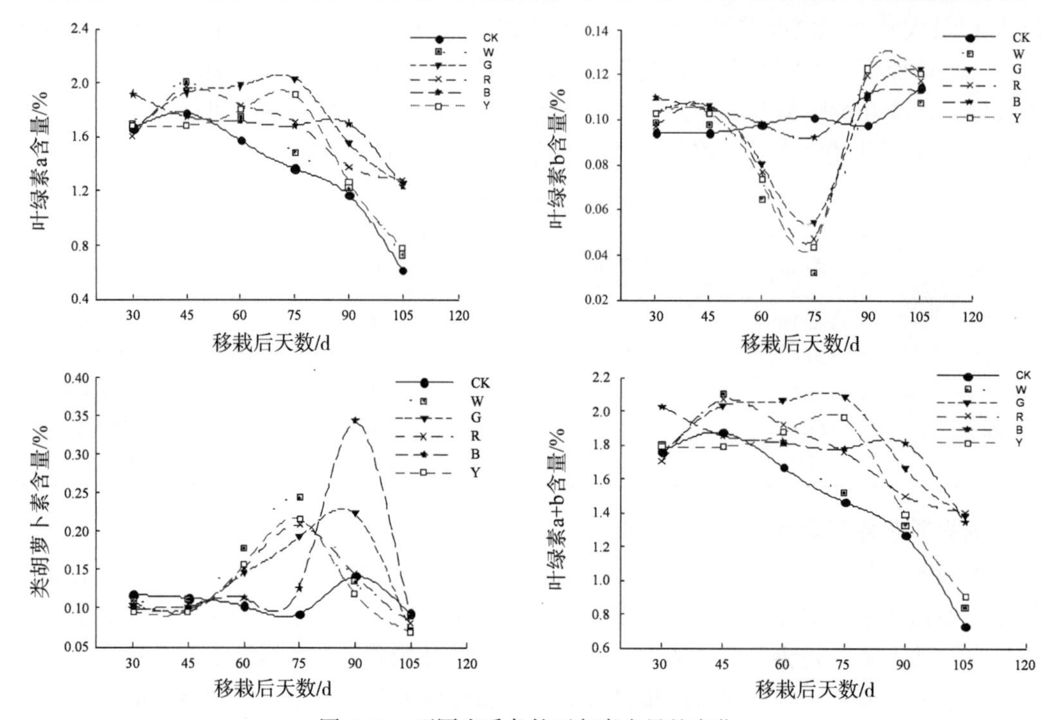

图 4-71 不同光质条件下色素含量的变化

表 4-75 不同光质条件下烤烟石油醚提取物含量（2012 年）

处理	上	中	下
白	7.74c	7.49b	6.76a
绿	7.13d	7.74ab	6.69a
红	8.02b	7.71ab	5.85b
蓝	7.71c	6.64c	5.70b
黄	8.43a	7.92a	7.08a

表 4-76 不同光质条件下烤烟石油醚提取物含量（2013 年）

处理	上	中	下
白	9.85b	10.23a	9.67a
绿	8.18d	8.38d	6.67d
红	9.57c	8.32e	6.40e
蓝	7.51e	9.16c	6.85c
黄	10.38a	9.30b	8.12b

还原糖、总糖和淀粉是烟叶中重要的含碳化学物，是衡量烟叶碳代谢强弱的主要依据。由表 4-77 可知，不同光质处理对还原糖、总糖和淀粉含量有显著影响。覆盖有色薄膜能有效降低烟叶中淀粉的含量，不同部位有色膜覆盖对碳水化合物含量的影响缺乏规律性。上部叶烟叶中有色薄膜的还原糖和总糖含量均低于对照白膜处理，有色薄膜还原糖含量表现为白膜>蓝膜>红膜>黄膜>绿膜，总糖含量表现为白膜>蓝膜>绿膜>黄膜>红膜；中部叶还原糖含量表现为红膜>蓝膜>白膜>黄膜>绿膜，总糖含量表现为白膜>红膜>黄膜>蓝膜>绿膜；下部叶还原糖含量以蓝膜处理最高，绿膜处理最低，总糖含量以白膜含量最高，黄膜处理最低。

钾离子和氯离子含量的高低直接影响卷烟制品的燃烧性。由表 4-70 可知，覆盖有色薄膜能提高下部叶烟叶钾离子含量，各个处理氯离子含量普遍偏高，导致上部叶和中部叶钾氯比偏低及下部叶钾氯比较高。

由表 4-77 可知，白膜和蓝膜有利于提高烟叶的糖碱比，而黄膜和绿膜则相反。上部叶和中部叶糖碱比表现为白膜>蓝膜>红膜>黄膜>绿膜，下部叶表现为蓝膜>白膜>红膜>黄膜>绿膜。各处理的氮碱比和两糖比均小于 1，规律性较差：氮碱比上部叶表现为红膜>绿膜>蓝膜>白膜>黄膜，中部叶表现为黄膜>绿膜>红膜>蓝膜>白膜，下部叶表现为绿膜>蓝膜>红膜>黄膜>白膜；两糖比上部叶表现为红膜>白膜>蓝膜>黄膜>绿膜，中部叶表现为蓝膜>红膜>绿膜>白膜>黄膜，下部叶表现为黄膜>蓝膜>绿膜>红膜>白膜。

表 4-77　不同光质处理烤后烟叶的常规化学成分含量

部位	处理	总氮/%	烟碱/%	还原糖/%	总糖/%	淀粉/%	钾/%	糖碱比	氮碱比	两糖比
上部叶	白	1.77	2.02	21.10	26.15	3.43	1.06	10.42	0.87	0.81
	绿	2.00	2.24	15.62	22.38	2.17	1.22	7.08	0.91	0.70
	红	2.27	2.32	18.45	21.20	2.21	1.37	7.95	0.98	0.87
	蓝	2.04	2.27	18.91	24.14	2.34	0.81	8.32	0.90	0.78
	黄	1.82	2.21	16.56	22.30	2.42	0.80	7.40	0.81	0.74
中部叶	白	1.46	1.64	23.22	30.07	3.61	0.79	14.12	0.89	0.77
	绿	1.72	1.82	16.53	19.26	3.24	1.16	9.08	0.95	0.86
	红	1.82	1.93	24.89	28.65	1.76	1.46	12.90	0.94	0.87
	蓝	1.63	1.78	24.55	25.73	3.01	1.97	13.79	0.92	0.95
	黄	1.84	1.88	20.16	26.81	3.33	0.93	10.70	0.98	0.75
下部叶	白	1.01	1.32	18.94	25.99	0.81	2.16	13.85	0.73	0.73
	绿	1.35	1.46	14.19	17.04	0.89	2.90	9.69	0.95	0.83
	红	1.28	1.40	17.93	23.96	0.79	2.88	12.81	0.92	0.75
	蓝	1.24	1.37	19.21	21.35	0.91	3.03	14.55	0.94	0.90
	黄	1.37	1.62	18.55	19.93	0.69	2.28	11.45	0.83	0.93

7. 不同光质条件对烤烟中性致香物质含量的影响

烤烟中性致香物质的种类和含量，对烟叶质量特色具有重要的影响。不同光质条件对烤烟不同部位的中性致香物质含量影响不同（见表 4-78 和表 4-79）。将不同处理烟叶的香气物质分为类胡萝卜素降解产物、芳香族氨基酸降解产物、美拉德反应产物、类西柏烷类降解产物和叶绿素降解产物五大类进，并进行分析。

表 4-78　不同光质条件对烤烟上部叶中性致香物质含量的影响（单位：μg/g）

产物	香气物质	白	绿	红	蓝	黄
类胡萝卜素类降解产物	芳樟醇	0.43	0.37	0.43	0.34	0.26
	氧化异佛尔酮	0.15	0.12	0.06	—	—
	β-大马酮	16.51	15.26	21.74	12.61	8.89
	香叶基丙酮	2.31	1.68	2.07	2.25	1.37
	二氢猕猴桃内酯	3.43	2.61	2.25	3.72	3.33
	巨豆三烯酮 1	1.22	1.32	1.22	1.26	1.23
	巨豆三烯酮 2	4.27	4.32	4.13	4.13	3.80
	巨豆三烯酮 3	0.98	1.06	0.92	1.05	1.28
	3-羟基-β-二氢大马酮	0.53	0.93	0.63	0.83	1.10
	巨豆三烯酮 4	7.31	7.32	5.37	7.00	7.87
	螺岩兰草酮	1.40	1.38	0.93	1.52	2.78
	法尼基丙酮	17.73	16.46	16.72	16.62	18.81
	β-二氢大马酮	5.11	7.65	6.18	5.62	4.25
	总量	61.38	60.48	62.65	56.95	54.97
芳香族氨基酸降解产物	苯甲醛	0.24	0.30	0.41	0.32	0.23
	苯甲醇	5.47	4.97	6.43	4.10	2.62
	苯乙醛	1.70	1.70	3.83	1.80	1.85
	苯乙醇	1.87	1.76	2.62	1.12	0.98
	总量	9.28	8.73	13.29	7.34	5.68
美拉德反应产物	糠醛	9.41	7.91	8.33	9.10	9.87
	糠醇	0.80	0.54	1.2	0.58	0.50
	2-乙酰呋喃	0.37	0.26	0.34	0.43	0.49
	5-甲基糠醛	0.23	0.20	0.19	0.21	—
	6-甲基-5-庚烯-2-酮	0.34	0.16	0.10	0.31	—
	6-甲基-5-庚烯-2-醇	0.98	0.66	0.51	0.94	0.65
	3,4-二甲基-2,5 呋喃二酮	0.37	0.28	0.32	0.20	0.23
	2-乙酰基吡咯	0.15	0.24	0.33	0.31	0.38
	总量	12.65	10.25	11.32	12.08	12.12
类西柏烷降解产物	茄酮	19.35	13.88	14.96	12.12	8.22

就上部叶而言，不同光质处理烟叶胡萝卜素降解产物总量表现为红膜和白膜较高，特别是β-大马酮含量较高，具体为红膜>白膜>绿膜>蓝膜>黄膜；芳香族氨基酸降解产物总量表现为红膜>白膜>绿膜>蓝膜>黄膜；美拉德反应产物总量表现为白膜>红膜>绿膜>蓝膜>黄膜；类西柏烷类降解产生的茄酮含量以白膜和红膜较高，黄膜最低。就中部叶而言，胡萝卜素降解产物降解产物总量表现为红膜>蓝膜>黄膜>白膜>绿膜；芳香族氨基酸降解产物总量表现为红膜>蓝膜>黄膜>绿膜>白膜；美拉德反应产物总量表现为红膜>蓝膜>白膜>黄膜>绿膜；茄酮含量表现为红膜>白膜>黄膜>蓝膜>绿膜。由此可知，增加红光比例有利于提高不同部位烟叶中性香气物质含量。

8. 不同光质处理中部叶物理特性变化

光质对烤烟烟叶物理特性影响较大。由表 4-80 可知，不同光质条件下，烟叶叶质重在白膜、绿膜、红膜、黄膜各处理之间差异不大，但它们显著高于蓝膜；烟叶厚度以白膜处理最厚，绿膜处理最薄，红膜、蓝膜和黄膜居中，且彼此间差异不显著；烟叶填充值以绿膜处理下最大，蓝膜处理最小，红膜和黄膜处理之间差异不显著，其他差异均达到显著水平；烟叶拉力白膜处理最大，黄膜处理最小，绿膜、蓝膜、黄膜处理之间差异不显著，其他均存在显著差异。

表 4-79　不同光质条件对烤烟中部叶中性致香物质含量的影响（单位：μg/g）

产物	香气物质	白	绿	红	蓝	黄
类胡萝卜素类降解产物	芳樟醇	0.61	0.32	0.76	0.39	0.38
	氧化异佛尔酮	0.08	0.12	0.18	—	—
	β-大马酮	21.91	14.41	19.92	15.53	18.82
	香叶基丙酮	2.58	1.79	2.58	2.48	1.96
	二氢猕猴桃内酯	3.69	2.74	3.64	4.43	3.77
	巨豆三烯酮 1	1.03	1.31	1.44	1.69	1.32
	巨豆三烯酮 2	3.21	4.29	5.90	5.60	4.37
	巨豆三烯酮 3	0.73	1.08	1.66	1.50	1.11
	3-羟基-β-二氢大马酮	1.02	0.87	0.92	1.67	1.41
	巨豆三烯酮 4	5.36	7.00	7.06	9.40	7.17
	螺岩兰草酮	1.38	2.32	1.40	2.87	1.92
	法尼基丙酮	14.50	13.07	14.96	14.69	19.99
	β-紫罗兰酮	—	—	0.50	—	—
	β-二氢大马酮	7.34	6.24	8.50	5.29	6.87
	总量	63.44	55.56	69.42	65.54	69.09
芳香族氨基酸降解产物	苯甲醛	0.29	0.38	1.72	0.53	0.37
	苯甲醇	3.11	5.33	6.62	8.87	5.43
	苯乙醛	2.12	2.59	14.64	4.03	2.43
	苯乙醇	1.11	1.41	3.30	2.29	1.61
	总量	6.63	9.71	26.28	15.72	9.84
美拉德反应产物	糠醛	9.64	5.02	5.40	10.06	8.43
	糠醇	1.03	0.37	1.00	0.96	0.81
	2-乙酰呋喃	0.39	0.22	0.10	0.31	0.41
	5-甲基糠醛	0.29	0.23	0.10	—	0.24
	6-甲基-5-庚烯-2-酮	0.31	0.26	0.42	0.51	—
	6-甲基-5-庚烯-2-醇	1.05	0.82	0.98	1.05	—
	3,4-二甲基-2,5 呋喃二酮	0.47	0.21	0.46	0.46	0.29
	2-乙酰基吡咯	0.17	0.19	0.20	0.20	0.26
	总量	13.35	7.32	8.66	13.55	10.44
类西柏烷降解产物	茄酮	11.80	7.14	22.32	8.99	11.30

9. 不同光质处理对烟叶质量特色的影响

不同光质条件下，烟叶烤后样品评吸质量差异较大。由表 4-81 可知，不同光质处理下烤后烟叶样品均呈浓香型，但以白膜和红膜显示度较高，浓香型风格特色显著；红膜下，烟叶香气质较好，浓度较大、焦甜香较为突出，烟气细腻；黄膜下，烟叶香气量充足，焦香较为明显；绿膜、蓝膜下，烟叶香气质相对较差，杂气和刺激性较高。评吸结果的总得分表现为：红膜>白膜>黄膜>蓝膜>绿膜。总之，覆盖有色薄膜后烟叶浓香型风格特色有所降低，黄膜和红膜烟叶质量与白膜差异较小，绿膜和蓝膜感官质量总体低于白膜处理的烟叶。

表 4-80　不同光质条件下烟叶物理特性变化

光质	叶质重/g	厚度/μm	填充值（cm^3/g）	拉力/N
白	0.13a	42.2a	3.41b	1.76a
绿	0.14a	37.0c	3.85a	1.09c
红	0.15a	41.2ab	2.79c	1.43b
蓝	0.09b	40.9b	2.62d	1.2bc
黄	0.16a	41.1ab	2.83c	1.06c

表 4-81　不同光质处理中部叶烟叶评吸结果

光质	浓香度	沉溢	香气质	焦甜香	焦香	香气量	杂气	浓度	劲头	细腻度	燃烧性	刺激性
白	3.3	3.0	3.0	2.0	2.5	3.2	2.5	2.8	2.8	2.80	2.5	2.5
绿	3.0	3.0	3.0	2.0	2.5	3.2	2.6	2.9	2.8	2.60	2.5	2.3
红	3.2	3.0	3.2	2.3	2.3	3.1	2.6	3.0	2.9	2.90	2.5	2.5
蓝	2.8	2.7	2.7	1.7	2.0	2.5	2.8	2.6	2.5	2.60	2.6	2.6
黄	3.0	3.0	2.8	1.8	2.2	3.0	2.9	2.7	3.0	2.70	2.5	2.7

注：表中分值为各指标的强度值。

10. 主要结论

不同光质条件下烤烟叶片光谱和冠层光谱都具有植物典型的光谱曲线特征。不同光质处理条件下，烤烟光谱曲线的形状基本一致，但是光谱反射率差异较大。有色膜覆盖可显著提高烟叶的叶绿素含量，覆盖白膜、红膜和黄膜能使类胡萝卜素的积累高峰期提前达到。光质对烤烟农艺性状的影响效果显著，红膜和白膜处理的烟叶长势较强，农艺性状综合表现较好，红膜能够促进烟茎生长和增大叶面积，蓝膜和黄膜则起抑制作用；黄膜和白膜处理烤烟石油醚提取物含量相对较高；有色膜覆盖有助于增加烟叶烟碱和总氮含量，不同部位烟叶均表现为白膜烟碱含量最低，红光对促进烟碱合成有显著作用。有色膜覆盖下，烟叶碳水化合物含量有不同程度的降低。增加红光比例有利于增加上部叶和中部叶香气物质含量。光质改变对烟叶浓香型特征影响较小，但不同光质比例烟叶质量表现有一定差异，红膜和黄膜处理的烟叶浓香型显示度、香气质、香气量、焦甜香韵等与白膜较为接近。

4.4.4　控温条件下成熟期温度对烟叶质量特色的影响

烟草是喜温作物，对温度要求较高。温度不仅影响烟草生长发育和叶片扩展，而且对产量质量的形成和品质特色的彰显有重要影响。前期研究表明，烟草成熟期的热量条件与烟叶香型表现和香韵特征密切相关，成熟期较高的温度是形成浓香型风格的关键因素，当日均温低于25℃时，浓香型特征开始弱化；当日均温低于24.5℃时，浓香型风格特征难于充分显现。此外，成熟期温度与烟叶焦甜香、焦香、正甜香韵的形成有重要影响。

为了进一步验证成熟期温度对烟叶质量特色的影响，并阐明其作用机理，在河南农业大学许昌校区科技园区人工气候室设置了控温试验（王辉等，2014）。品种为中烟100。烟苗在盆栽 75d 后（7 月 20 号）分别转移到已设置 T1、T2 和 T3 三个处理温度梯度的人工气候室房间中。其中温度处理为主处理，每个温度处理又设置外施生长调节剂水杨酸（SA，浓度为 100mg/L）和不施调节剂两个副处理。3 个温度处理分别为：低温处理 T1（日均温19℃），中温处理 T2（日均温 23℃），高温处理 T3（日均温27℃）。3 个温度处理的昼夜温差控制为 6h。

1. 成熟期温度对烤烟生长发育的影响

不同温度条件下生长的烤烟形态指标存在差异，见表 4-82。随温度的升高，茎杆变粗，株高、叶片长度和宽度呈现增加的趋势。在低温条件下叶间距增大，这可能与叶片数减少有关。在施用和不施用水杨酸条件下，农艺性状随温度的变化趋势较为一致。

表 4-82　温度、SA 对烤烟营养生长的影响

处理		株高/cm	茎围/cm	最大叶			叶片数/片	节间距/cm
				长/cm	宽/cm	叶面积/cm²		
SA	T1	128.±3.5b	11.0±1.3b	76.5±2.5b	35.5±1.9c	2715.8±35.6c	20.5±1.9b	5.0±0.6ab
	T2	136.5±4.1a	12.5±1.0a	79.5±3.1a	38.5±2.0a	3060.8±46.8a	20.5±09b	4.3±0.8c
	T3	136.5±6.5a	12.0±1.8a	79.0±2.9a	39.0±1.8a	3081.0±87.9a	22.0±1.0a	4.3±0.4c
CK	T1	111.5±2.7c	9.0±1.6c	74.0±3.4b	35.0±2.3d	2590.0±88.2d	20.0±1.2c	5.9±0.6a
	T2	126.5±3.2b	11.5±0.9ab	75.0±2.8b	36.5±1.9c	2737.5±31.9bc	21.0±0.8b	5.3±0.6a
	T3	130.0±5.1b	11.5±1.1ab	79.0±3.4a	38.0±2.5b	3002.0±78.0b	23.5±1.3a	4.7±0.4c

2. 成熟期温度对烤烟矿质元素含量的影响

1）对烤烟叶片大量元素含量的影响

8 月 1 号（温度处理后 10d）测定结果显示（见表 4-83），不同温度条件对烤烟烟叶矿质元素含量有一定影响，K、Ca、Mg 离子含量都是随着温度的升高逐渐增加。由此可以得出，不同温条件对 K、Ca、Mg 离子含量影响不同，Ca、Mg 离子作为烤烟生理生化反应中信使因子，对光合特性会产生一定的反应。在 SA 处理作用下，各个指标的变化趋势与 CK 相似。

8 月 20 号（温度处理 30d 后）测定结果显示（见表 4-83），K、Ca、Mg 离子含量与温度处理后 10d 时的变化趋势一致，但 K、Ca、Mg 离子含量随温度升高其增加速率有所下降。主要是因为随着时间推移，烤烟烟株对不同温度环境的适应程度逐渐增加，因而能够在低温或者高温环境下正常生长。在 SA 处理下，除了在高温下 K 离子含量比未作处理的对照下降外，其余的不同处理下 K、Ca、Mg 离子含量都在增加，只是增加幅度较小。烤后样 K、Ca、Mg 离子含量的变化与温度处理过程中生长发育中的含量变化一致。

2）对烤烟叶片微量元素含量的影响

8 月 1 号（温度处理后 10d）测定结果显示（表 4-84），不同温度条件对烤烟烟叶的微量元素含量有一定影响：B、Fe、P 离子含量都是随着温度的升高逐渐增加；Cu、Mn、Na、Zn 离子含量是随着温度的升高先增后减。由此可以得出，不同温度条件对微量元素的各离子含量影响不同。

表 4-83 温度、SA 对烤烟叶片元素含量的影响

时间	处理		Ca/(mg/g)	K/(mg/g)	Mg/(mg/g)
8月1号	T1	CK	11.97c	10.94e	1.68d
		SA	12.96c	10.10e	2.17d
	T2	CK	21.15b	16.66d	3.58c
		SA	20.88b	18.02c	4.67b
	T3	CK	24.07a	21.99b	4.68b
		SA	24.59a	24.21a	5.65a
8月20号	T1	CK	16.83c	11.55c	2.34d
		SA	18.59b	14.05b	2.70c
	T2	CK	19.84b	13.92b	2.82c
		SA	21.17ab	15.01a	3.32b
	T3	CK	20.56b	15.05a	3.69a
		SA	23.96a	14.86b	3.94a
烤后样	T1	CK	20.57d	13.15b	2.96d
		SA	20.91d	13.34b	3.07c
	T2	CK	25.28b	18.64a	3.88c
		SA	27.97c	17.84a	4.50b
	T3	CK	34.79a	13.15b	5.50a
		SA	28.01b	14.50b	4.57b

表 4-84 温度、SA 对烤烟叶片微量元素含量的影响

时间	处理		B /(μg/g)	Cu/(μg/g)	Fe/(μg/g)	Mn/(μg/g)	Na/(μg/g)	P/(μg/g)	Zn/(μg/g)
8月1号	T1	CK	18.75d	35.56c	93.93d	17.46f	330.54b	983.61e	123.66e
		SA	23.80c	40.05ab	85.67e	36.56e	302.18a	1198.86d	151.30d
	T2	CK	38.78b	46.52a	93.16d	71.57a	123.42a	1825.08c	257.32a
		SA	41.85b	43.43a	108.38c	65.83b	339.99a	1963.49c	284.66a
	T3	CK	48.03a	44.25a	179.11a	57.19c	278.58c	3018.70a	222.82b
		SA	47.95a	38.81b	152.51b	48.86d	451.78a	2126.98b	199.27c
8月20号	T1	CK	23.55c	11.65e	99.94c	13.73d	112.18d	1024.19f	33.03f
		SA	25.17c	21.93d	196.46a	33.61c	298.58c	1210.79e	128.17e
	T2	CK	43.09a	30.37c	114.63b	48.62b	302.02bc	1638.43c	158.69d
		SA	44.51a	23.18d	100.94ab	35.85c	344.91b	1487.59d	194.38c
	T3	CK	44.45b	44.42b	191.54a	57.28a	319.79b	2444.20a	242.57b
		SA	56.45a	55.27a	194.56a	61.85a	851.40a	2212.25b	269.13a
烤后样	T1	CK	36.71d	14.66c	189.60b	22.63c	193.35c	1472.88b	42.24d
		SA	42.58c	26.56bc	256.96a	47.94ab	385.26bc	1747.46a	155.44bc
	T2	CK	44.86c	28.29b	150.66c	37.04bc	363.01bc	1457.09b	167.32b
		SA	49.19ab	28.03b	226.59ab	44.18b	496.26b	1410.61b	127.77c
	T3	CK	48.82b	49.41a	252.59a	68.71a	547.03b	1617.69ab	184.65a
		SA	57.83a	34.21b	229.18b	55.86ab	1001.57a	1695.89a	165.50b

8 月 20 号（温度处理 30d 后）测定结果显示（见表 4-84），B、Fe、Cu、Mn、Na、Zn 离子含量与温度处理后 10d 时的变化趋势相近，温度升高对 B、Fe、Cu、Mn、Na、Zn、P 离子的吸收速率影响不大。这主要是因为随着温度处理的推移，烤烟烟株对温度环境的适应能力逐渐增加，因而能够在低温或者高温环境下正常生长。

烤后样离子含量变化与温度处理过程中生长发育中含量变化相一致，T1、T3 处理下施用 SA，B、Fe、Cu、Mn、Na、Zn、P 离子含量增加，T2 处理下施用 SA 则作用不明显。

3. 成熟期温度对烤烟叶片质体色素的影响

烟草叶片中质体色素主要包括叶绿素和类胡萝卜素，其含量和性质不仅能够直接影响烟叶的外观质量，而且直接或间接地影响烟叶的内在品质。质体色素降解物是烟叶重要的香气前体物质，其降解产物的种类和含量与烟叶的香气质和香气量密切相关。

1）对烤烟叶片叶绿素的影响

由图 4-72 和图 4-73 可知，成熟期烟叶叶绿素 a 和叶绿素 b 含量随温度的变化趋势较为一致，随着温度的升高而逐渐增加。在各个温度处理中，随着成熟时间的推进，叶绿素 a、叶绿素 b 含量均逐渐下降，但高温下下降速率相对缓慢。在低温条件下，SA 处理后叶绿素含量有增加趋势，而在高温条件下，SA 处理后叶绿素含量降低。可见，温度和 SA 对烤烟叶绿素的影响有互作效应。

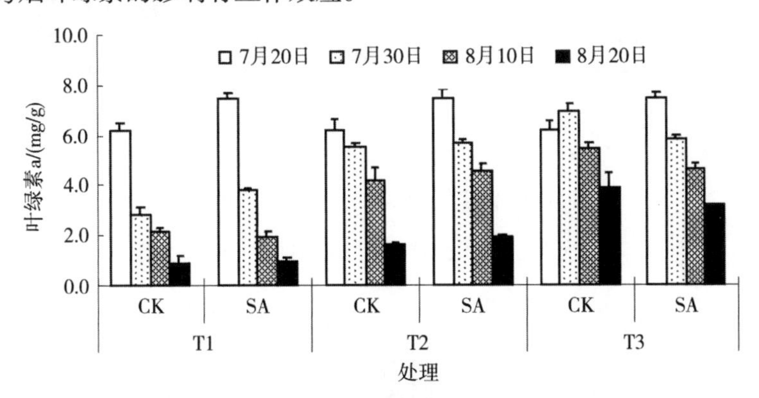

图 4-72　温度、SA 对烤烟叶绿素 a 的影响

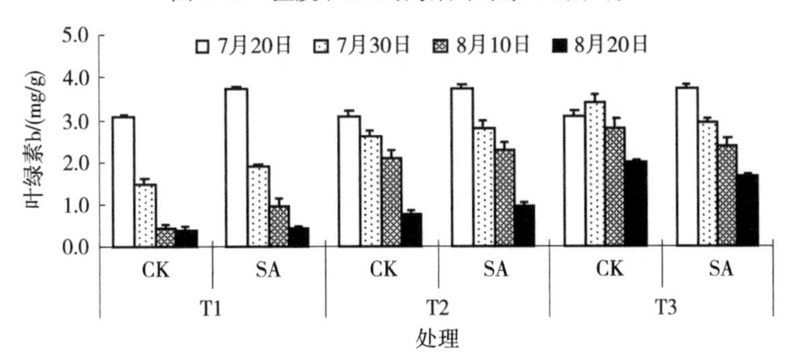

图 4-73　温度、SA 对烤烟叶绿素 b 的影响

2）对烤烟叶片类胡萝卜素的影响

类胡萝卜素主要包括叶黄素、胡萝卜素、新黄质、紫黄质等。如图 4-74～图 4-77 所示，四种色素随温度的变化趋势相近，即随着温度的升高而逐渐增加，表明高温有利

于促进烟叶质体色素的形成。随着温度处理时间的延长和烟叶成熟进程的推进，色素含量逐渐下降。此外，低温条件下，SA 处理有利于提高烟叶类胡萝卜素的含量，而高温条件下，效果则不明显。

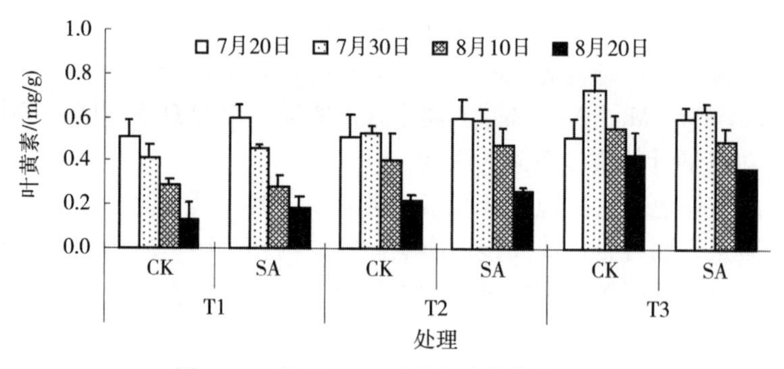

图 4-74　温度、SA 对烤烟叶黄素的影响

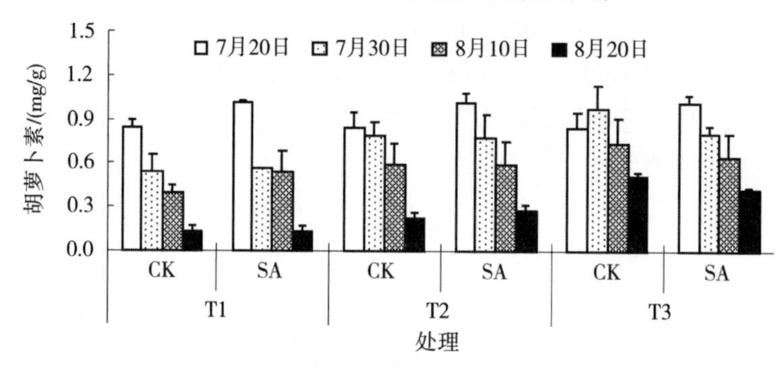

图 4-75　温度、SA 对烤烟胡萝卜素的影响

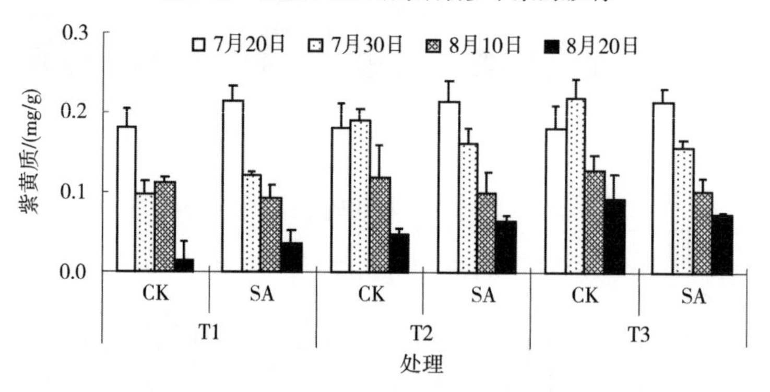

图 4-76　温度、SA 对烤烟紫黄质的影响

3）对烤烟烤后样叶片质体色素的影响

烟草烤后样叶片中的质体色素主要包括叶黄素和类胡萝卜素，虽然其自身并不具有香味特征，但是当其通过分解、转化后会形成一些致香成分。质体色素不仅能够决定烟叶在调制后的叶面色泽，而且其相关的降解产物与烟叶的香气质、香气量密切相关。因此，烤烟在生长成熟期和调制后质体色素的含量变化将直接影响到烟叶制品的香气风格和工业可用性。

由图 4-78 可知，成熟期温度对于烤烟烤后样中叶黄素和类胡萝卜素的影响都达到了极显著差异，随着温度的增加，正常未进行 SA 处理的烤后样叶片中叶黄素含量逐渐下降，表明高温条件有利于促进叶黄素的降解。温度较高时，SA 处理的烟叶烤后叶黄素的含量增加。烤后样叶片中类胡萝卜素含量随着温度的增加而逐渐上升。温度与 SA 的互作对烤烟烤后样叶片质体色素含量影响较大。

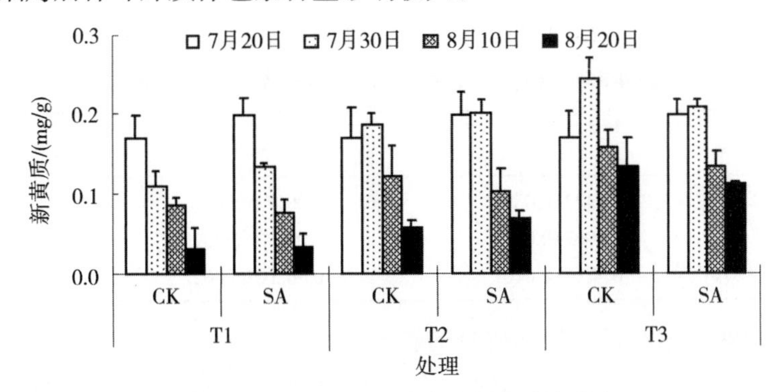

图 4-77　温度、SA 对烤烟新黄质的影响

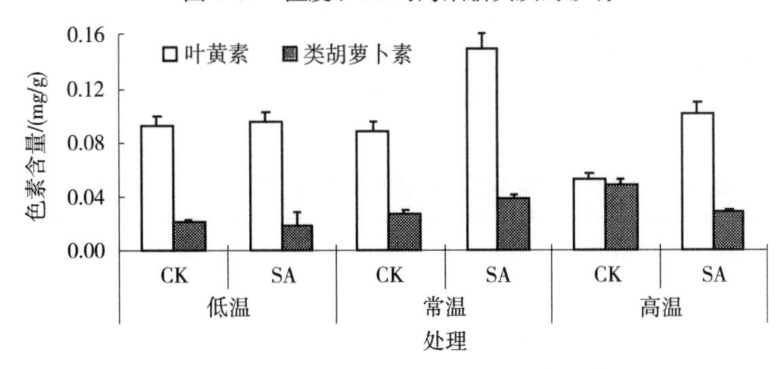

图 4-78　温度、SA 对烤烟烤后样叶片质体色素的影响

4. 成熟期温度对烤烟叶片石油醚提取物的影响

一般认为，在一定范围内石油醚提取物的含量与烟叶的整体质量、香气量呈正相关。图 4-79 显示，随着成熟期温度的升高，石油醚提取物含量总体呈增高的趋势；SA 处理对提高烟叶石油醚提取物含量有一定作用，温度与 SA 相互作用对石油醚提取物的影响也较为明显。表明 SA 在不同温度下对烤烟烟叶中的石油醚提取物影响较大，这可能与SA 能够促进叶片表面腺毛分泌物的增多有关。

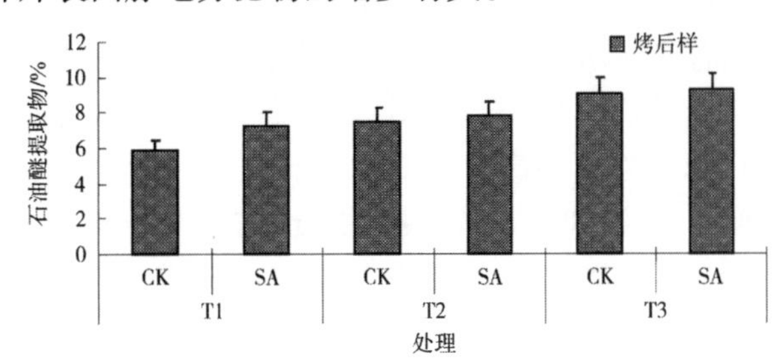

图 4-79　温度、SA 对烤烟叶片石油醚提取物的影响

5. 成熟期温度对烤烟叶片多酚类物质的影响

多酚化合物对烟叶色泽、香味和烟气生理强度具有重要影响，是衡量烟草品质的重

要指标。由表4-85可知，随着温度的变化，烤烟烟叶多酚不同成分的含量呈现不同的变化趋势：绿原酸和芸香苷的含量受温度影响较大，随着成熟期温度的升高逐渐降低，表明低温条件有利于芸香苷和绿原酸的形成，二者含量较高也是清香型烟叶化学组成的重要特点之一；莨菪亭的含量很低，其含量变化趋势与芸香苷和绿原酸相反，在高温条件下含量相对较高，这也是浓香型烟叶的化学成分含量特点之一。

表4-85　温度、SA对烤烟叶片多酚类物质的影响

成熟期温度	绿原酸	莨菪亭	芸香苷
低温	3.1473±0.0862	0.0018±0.0001	0.8636±0.0198
中温	1.5067±0.0178	0.0017±0.0002	0.3986±0.0181
高温	0.4715±0.0167	0.0020±0.0002	0.1990±0.0034

6. 成熟期温度对烤烟烟叶常规化学成分的影响

由表4-86可知，烤后烟叶的总糖、还原糖、淀粉含量随着温度的升高呈下降趋势，氯和总氮含量随着温度的升高而增加，钾含量在中温条件下最高，烟碱含量在高温条件下相对较高。从化学成分比值变化来看，与烤烟烟叶品质有关的糖碱比、糖氮比、氮碱比都是随着温度的升高呈下降趋势，且在高温条件下烟叶糖碱比、糖氮比、氮碱比相对较低。

表4-86　温度对烤烟常规化学成分的影响（河南许昌，中部叶）

处理	总糖/%	还原糖/%	烟碱/%	氯/%	钾/%	总氮/%	淀粉/%	糖碱比	糖氮比	氮碱比
低温	29.59±0.61	17.46±0.35	1.50±0.06	0.68±0.05	1.08±0.03	1.67±0.11	8.60±1.62	11.64	10.45	1.11
中温	22.76±0.28	14.68±0.35	1.47±0.03	1.12±0.08	1.55±0.03	1.72±0.02	8.31±0.34	10.02	8.53	1.17
高温	19.49±0.37	11.40±0.46	1.58±0.02	1.18±0.05	1.20±0.02	1.61±0.03	6.95±0.25	7.21	7.08	1.02

7. 成熟期温度对烤烟烟叶中性致香物质的影响

烟叶中性致香成分对烟叶的香味品质和风格特色具有重要的影响，是评价烟叶品质的一组重要指标。本试验中，通过化学检测烟叶中性致香成分得到31种物质，按照香气前体物主要分为6类，主要包括苯丙氨酸裂解产物4种、棕色化反应产物5种、类胡萝卜素降解产物14种、西柏烷类降解产物1种、叶绿素降解产物1种和其他类6种。不同处理烟叶中性香气物质含量见表4-87。

研究结果表明：随着成熟期温度的升高，烟叶苯丙氨酸类物质总量增加，且以中温条件下最高；在成熟期低温条件下，烟叶苯甲醇最高，略高于高温处理，而苯甲醛、苯乙醛和苯乙醇均是在中温条件下最高，高温条件下次之，低温条件下最低。由此可知，成熟期温度过高或过低，均对烟叶苯丙氨酸类物质或前体物质的形成和积累不利。

随着成熟期温度的升高，烟叶中2–乙酰基呋喃和5–甲基糠醛呈现下降趋势，而糠醛、糠醇和2–乙酰基吡咯均是在中温条件下最高，在高温条件下最低。由此可知，在中温条件下，烟叶棕色化降解产物含量最为丰富，对提高烟叶香气和增加香气浓度十分有利。

随着成熟期温度的升高，烟叶类胡萝卜素类降解产物总含量增加，尤其是β–大马酮、β–二氢大马酮和法基尼丙酮增加量最多，对增加烟叶香气浓度十分有利；巨豆三烯酮是烟草天然香气的重要成分，巨豆三烯酮 1、巨豆三烯酮 2 和巨豆三烯酮 4 均表现出在较高的温度下含量增加，巨豆三烯酮 3 含量在不同温度处理间差异相对较小。另外，随着成熟期温度的升高，β–环柠檬醛含量增加；成熟期烟株经高温处理，烟叶会产生异佛尔酮，而在中温和低温条件下其含量较低。由此可知，随着成熟期温度的升高，有利于烟叶类胡萝卜素类物质降解，对提高烟叶感官评吸质量有正面影响。

表 4-87　成熟期温度对烤烟烟叶中性致香成分的影响（河南许昌，中部叶）（单位：μg/g）

香气物质类型	致香成分	低温	中温	高温
类胡萝卜素类降解产物	β–大马酮	10.46	14.22	18.59
	β–二氢大马酮	7.02	9.23	14.34
	香叶基丙酮	1.26	2.48	5.31
	二氢猕猴桃内酯	1.39	1.62	1.62
	巨豆三烯酮 1	1.85	3.58	3.59
	巨豆三烯酮 2	1.13	2.11	2.64
	巨豆三烯酮 3	2.25	1.83	1.86
	3–羟基–β–二氢大马酮	0.57	0.85	1.04
	巨豆三烯酮 4	6.10	7.70	6.94
	法基尼丙酮	6.00	14.27	20.95
	异佛尔酮	—	—	0.14
	β–环柠檬醛	—	0.27	0.43
	面包酮	0.21	0.14	0.15
	愈创木酚	3.31	4.39	4.90
	芳樟醇	0.97	1.03	1.26
	螺岩兰草酮	4.35	11.13	10.88
	总量	46.87	74.85	94.64
芳香族氨基酸降解产物	苯甲醛	0.34	0.46	0.46
	苯甲醇	2.70	1.75	2.65
	苯乙醛	2.98	5.34	4.41
	苯乙醇	0.89	2.27	1.25
	总量	6.91	9.82	8.77
美拉德反应产物	糠醛	10.21	11.42	8.39
	糠醇	1.88	2.46	1.40
	2–乙酰基呋喃	0.63	0.52	0.39
	5–甲基糠醛	0.41	0.38	0.27
	6–甲基–5–庚烯–2–酮	0.89	1.09	1.54
	6–甲基–5–庚烯–2–醇	0.29	0.44	0.91
	2,6–壬二烯醛	0.37	—	—
	2–乙酰基吡咯	0.40	0.63	0.28
	总量	15.08	16.94	13.18
类西柏烷降解产物	茄酮	53.64	50.05	38.79
新植二烯		632.86	830.64	1032.00
总量		755.36	982.30	1187.38

西柏烷类萜类物质主要存在于烟叶表面的角质层上，由腺毛细胞合成，可作为衡量烟叶表面分泌物形成致香物质多少的重要指标。新植二烯是叶绿素降解产物之一，本身具有独特的香气，约占中性致香物质 80%，对烟叶香气质量具有一定的贡献。随着成熟期温度的升高，烟叶西柏烷类降解产物茄酮含量有下降趋势，但叶绿素降解产物新植二烯呈现增加趋势。

随着成熟期温度的升高，烟叶愈创木酚、芳樟醇和螺岩兰草酮呈现增加趋势，其中螺岩兰草酮含量以中温条件下最高，高温条件下次之，低温条件下最低；成熟期低温条件下，烟叶产生 2,6–壬二烯醛，而在高温条件下产生藏花醛；另外，烟叶面包酮的数量受温度影响较小，但随着温度升高有降低趋势，中温和高温条件下差异相对较小。

8. 成熟期温度对烟叶质量特色的影响

对不同成熟期温度条件下形成的烟叶进行感官评价（见表 4-88），进一步验证成熟期温度对烟叶质量特色的影响。结果表明，在高温条件下形成的烟叶，具有典型的浓香型风格特征，焦香较为突出，烟气沉溢度较高，烟味较浓，香气量较大，但甜感较弱，香气质得分相对偏低，烟气劲头相对较大，刺激性相对较强；相比之下，成熟期低温条件下形成的烟叶具有明显的清甜香韵，清香型特征明显，烟气较为飘逸和柔和，劲头和刺激性相对较小，但香气量相对较低；成熟期中温条件下形成的烟叶多数指标介于高温和低温处理之间，烟气较为悬浮，具有正甜香韵，表现出中间香型的风格特征。

表 4-88　温度对烤烟常规化学成分的影响（河南许昌，中部叶）

处理	香型	烟气状态	主体香韵	烟气浓度 (5)	香气量 (5)	香气质 (5)	劲头 (5)	刺激性 (5)
高温	浓香型	较沉溢	干草香、焦香、焦甜香	3.4	3.5	3.0	3.3	2.6
中温	中偏浓	较悬浮	干草香、正甜香、焦甜香	3.3	3.3	3.2	3.0	2.5
低温	清香型	较飘逸	干草香、清甜香、正甜香	3.1	3.2	3.3	2.8	2.3

9. 结论与讨论

成熟期温度较高条件下，烟叶总糖、还原糖和淀粉等碳水化合物合成和积累减少，烟叶钾、氯含量相对增加，含氮化合物含量相对较高，糖碱比和氮碱比有降低趋势。高温条件下多酚总含量下降，但是芸香苷和绿原酸含量较高；莨菪亭含量相对较低，其含量在高温条件下有所增加，这是浓香型烟叶在化学组成上的显著特点。本试验中，随着成熟期温度升高，烟叶中性致香物质类胡萝卜素物质降解产物和叶绿素降解产物增加，西柏烷类降解产物茄酮减少，但中温条件下，烟叶苯丙氨酸类裂解产物和棕色化降解产物含量最为丰富，对增加烟叶香气浓度有积极作用。成熟期高温烟叶表现为典型浓香型，烟叶焦香和焦甜香香韵明显；中温条件下，烟叶正甜香韵增加，浓香型风格程度下降；低温条件下，烟叶清甜香韵凸显，烟叶表现显著的清香型风格。试验结果进一步证明成熟期温度对烟叶香型特征有显著影响，成熟期高温是形成浓香型烟叶风格特征的关键因素。

第5章　土壤因素与烟叶质量特色的关系

土壤是烟草水分和养分的直接供应者，土壤的水、肥、气、热状况直接影响根系的生长和对水分以及养分的吸收利用，进而对烟株的生长发育、产量和质量特色的形成产生重要影响。土壤因素主要包括土壤物理性状、化学性状和生物性状等，不同土壤因子对烟叶质量特色有不同的影响，阐明不同因子与烟叶质量特色的关系，筛选对烟叶质量特色密切相关的土壤因子，建立生态评价模型，对于阐明浓香型特色优质烟叶形成的土壤基础和采取农艺措施改良土壤条件，提高烟叶质量，彰显烟叶风格特色具有重要意义。为此，我们在对全国浓香型产区采集土壤样品的同时，也采集了与土壤样品对应的烟叶样品，对烟叶的化学成分、质量性状和风格特色进行了分析和评价，建立了土壤理化指标与烟叶质量特色的关系。为了进一步验证土壤质地等关键土壤因子对烟叶质量特色的影响，在典型产区设置了控制试验，阐明和验证土壤因子与烟叶质量特色的关系，并揭示其影响机理。

5.1　土壤质地与烟叶质量特色的关系

土壤质地直接影响烟叶的水、肥、气、热状况，影响土壤的保水保肥性和养分的有效性，特别是影响土壤养分的动态供应状况，进而对烟叶的生长发育和化学成分含量和质量特色产生影响。通过对浓香型不同产区土壤理化指标和烟叶质量特色的对应分析，以及在典型产区选择不同质地土壤和通过人工方法改变土壤砂黏比例等方法，揭示土壤质地与烟叶色素降解、烤后烟叶质量特色的关系（宋莹丽，2014；Shi et al.，2014）。

5.1.1　不同浓香型烟叶产地土壤质地与烟叶质量特色的关系

对我国河南、湖南、广东、安徽、江西、山东、广西和陕西八个浓香型产区的82个样点（主要为重大专项所确定的A、B、C类样点）采集的耕层土壤样品和对应的烟叶样品进行化验分析，研究土壤质地（土壤不同粒级比例）与烟叶质量特色的关系。

1. 不同土壤质地烟叶化学成分及质量特色比较

1）常规化学成分含量的比较

不同质地的土壤所生产的烟叶的常规化学成分之间有一定的差异，如表5-1所示，烟叶还原糖含量的平均值以砂质壤土的烟叶最高，粉砂质黏壤土的最低，粉砂质壤土上的变异系数最小。各质地烟叶烟碱含量均在优质烟叶的适宜范围内，以粉砂质壤土和砂质黏壤土的烟碱含量最低，粉砂质黏土的含量最高。总糖的含量以粉砂质壤土的烟叶含量最高，且变异程度最小。糖碱比以砂质壤土、壤土和粉砂质壤土的最适宜，在适宜范围（8～10）内。综合来看，烟叶的化学成分以砂质壤土、壤土和粉砂质壤土最为协调。

表 5-1　不同土壤质地上烟叶的常规化学成分含量

土壤质地	组分	还原糖/%	钾/%	氯/%	烟碱/%	总氮/%	总糖/%
砂质壤土	范围	10.77～29.34	1.11～3.16	0.23～1.02	1.65～5.13	1.26～2.63	11.15～32.91
	平均值	24.75	1.82	0.45	2.78	1.82	25.79
	变异系数	22.06	26.31	46.82	34.45	21.10	21.99
粉砂质壤土	范围	19.13～28.52	1.51～2.49	0.48～0.77	2.02～3.31	1.56～2.06	20.57～31.12
	平均值	24.55	1.93	0.63	2.68	1.78	26.04
	变异系数	12.50	17.42	18.17	16.61	9.35	13.49
粉沙质黏壤土	范围	16.17～27.06	1.14～2.59	0.26～1.23	2.39～3.7	1.63～2.53	14.08～29.15
	平均值	20.45	1.95	0.63	2.98	2.1	21.78
	变异系数	18.09	21.99	61.34	15.16	14.28	19.13
砂质黏壤土	范围	20.20～27.95	1.76～2.75	0.21～0.80	1.65～2.64	1.56～2.03	18.58～30.60
	平均值	24.53	2.11	0.43	2.15	1.7	25.75
	变异系数	12.54	17.99	53.63	20.24	9.71	17.19
壤土	范围	15.60～27.71	1.41～2.49	0.18～0.99	2.32～3.32	1.56～2.44	17.51～29.45
	平均值	21.29	1.76	0.56	2.68	1.96	23.07
	变异系数	18.35	21.73	48.73	14.43	11.13	17.36
黏壤土	范围	15.61～28.51	1.41～2.42	0.16～0.72	1.98～3.82	1.48～2.23	18.39～31.26
	平均值	21.83	1.73	0.45	2.67	1.83	24.54
	变异系数	18.74	19.76	44.95	26.55	13.30	17.73
粉砂质黏土	范围	16.37～30.06	1.11～1.76	0.24～1.02	1.86～3.84	1.51～2.27	15.95～32.74
	平均值	21.94a	1.56b	0.5a	2.83ab	2.01	21.26
	变异系数	17.68	98.60	39.25	20.19	10.30	20.16
壤质黏土	范围	12.79～27.17	1.49～2.32	0.19～1.26	1.72～4.68	1.47～2.59	13.64～30.74
	平均值	22.87	1.93	0.49	2.75	1.91	22.85
	变异系数	22.90	17.98	65.80	36.08	19.27	27.78
黏土	范围	20.72～28.52	1.13～2.03	0.32～0.41	2.24～2.65	1.79～2.16	22.99～31.37
	平均值	23.48	1.53	0.37	2.48	1.97	24.78
	变异系数	14.69	25.64	121.26	7.16	8.50	15.22

2）不同土壤质地烟叶的矿质元素含量的比较

烟叶中矿质元素的含量与土壤质地的关系如表 5-2 所示，由表可知，烟叶中矿质元素的含量与土壤质地没有特定的关系，Mn、Zn 的含量在各种土壤质地上的变异系数与其他元素相比较大，而 P 和 B 的变异系数相对较小。这可能是由于人类的农事措施导致的结果，在烟叶生产中比较重视氮、磷、钾及硼肥的施用，而对其他中微量元素的补充不够重视，因此，烟叶中微量元素的吸收主要源于土壤，土壤中矿质元素的含量主要与成土母质的矿质元素含量有关。

表 5-2　不同土壤质地烟叶中矿质元素含量的比较

土壤质地	烟叶矿质元素	Ca/(g/kg)	Mg/(g/kg)	P/(g/kg)	Fe/(mg/kg)	Mn/(mg/kg)	Zn/(mg/kg)	B/(mg/kg)
砂质壤土	范围	12.99～40.82	0.52～3.21	1.28～2.00	50.47～180.58	35.21～330.57	15.25～116.88	8.32～22.63
	平均值	23.09	1.65	1.64	123.05	138.57	40.3757	16.42
	变异系数/%	29.31	48.02	15.67	26.38	58.36	81.57	32.56
粉砂质壤土	范围	18.84～32.15	0.95～2.01	1.8～2.89	86.36～129.81	79.82～185.16	24.11～32.24	19.71～24.15
	平均值	24.8294	1.44	2.41	108.72	129.77	29.09	21.28
	变异系数/%	30.73	32.06	13.73	17.24	32.59	9.39	8.48
粉沙质黏壤土	范围	13.84～40.89	0.49～2.26	1.33～2.90	68.80～8058	21.56～249.64	17.36～90.19	10.87～22.95
	平均值	23.58	1.34	1.98	125.27	115.37	40.13	19.99
	变异系数/%	31.49	46.27	27.44	26.53	72.26	72.81	17.77
砂质黏壤土	范围	14.49～22.17	0.93～3.64	1.94～2.71	66.03～138.00	23.25～131.87	17.51～65	12.14～21.74
	平均值	17.46	1.62	2.34	104.24	81.92	49.26	14.96
	变异系数/%	42.11	36	12.61	22.38	48.73	33.15	24.02
壤土	范围	11.60～39.94	0.65～2.26	1.32～3.78	82.24～332.81	32.85～318.70	15.11～97.56	16.18～27.15
	平均值	27.81	1.62	1.93	152.747	102.42	33.46	20.98
	变异系数/%	38.11	36.01	48.03	59.43	111.95	94.34	18.92
黏壤土	范围	13.84～39.25	1～1.89	1.34～2.51	113.87～180.58	40.94～249.64	17.36～31.69	15.39～22.95
	平均值	26.01	1.52	1.96	139.77	132.67	26.7	21.13
	变异系数/%	34.53	21.05	26.39	15.07	62.62	21.21	12.42
粉砂质黏土	范围	21.05～40.04	0.64～2.28	1.19～2.67	72.54～248.45	27.94～153.71	15.25～100.81	9.9～23.73
	平均值	29.12	1.18	1.74	112.7631	78.801	39.1265	15.2
	变异系数/%	20.67	39.83	22.8	39.69	51.84	85.71	27.99
壤质黏土	范围	11.28～30.49	0.75～3.42	1.32～2.9	66.03～183.76	21.56～249.64	17.36～117.58	12.25～32.58
	平均值	20.95	1.62	2.04	114.625	144.5	55.13	19.75
	变异系数/%	34.46	52.97	27	41.32	60.58	61.73	33.75
黏土	范围	24.14～34.25	0.49～2.26	1.38～2.57	80.64～129.99	35.21～243.65	16.77～98.23	8.22～22.84
	平均值	27.58	1.35	2.02	106.51	101.18	40.6	17.91
	变异系数/%	16.66	58.34	26.76	19.61	96.52	94.98	36.18

3）不同土壤质地烟叶风格特征的比较

土壤质地直接影响土壤的理化性状，进而影响烟叶生长发育及品质风格特征的形成。如表 5-3 所示，对于不同土壤质地，烟叶的风格特征存在一定的差异。烟叶浓香型显示度以壤土上表现最为突出，其次是砂质壤土和砂质黏壤土，黏土的浓香型显示度相对较低；烟叶甜感和焦甜香在砂质壤土上表现得最为充分，其次是壤土、粉砂质壤土和砂质黏壤土，黏土的表现的较不充分；烟叶的焦香在壤土和砂壤土上表现得最为突出，其次是黏壤土和粉砂质壤土，黏土的表现较不明显；烟叶烟气的浓度在各种质地上的差异不大；黏土烟叶烟气的劲头大于壤土和砂土的烟叶。综合来看，砂质壤土、壤土、粉砂质壤土上烟叶的感官风格特征较好。

4）不同土壤质地浓香型烟叶品质特征的比较

不同土壤质地的理化性状差异较大，对烟叶的生长发育和品质的形成有重要作用，不同土壤质地上生产的烟叶的品质特征的平均值存在较大的差异。如表 5-4 所示，烟叶

表 5-3　不同土壤质地烟叶风格特征的比较

土壤质地	烟叶风格特征	浓香型显示度	甜感	焦甜香	焦香	浓度	劲头
砂质壤土	范围	3.50～4.10	3.00～4.10	2.80～4.00	2.30～3.50	3.40～4.00	2.30～3.50
	平均值	3.78	3.67	3.52	2.83	3.71	2.90
	变异系数/%	5.08	7.33	8.33	11.23	4.81	8.35
粉砂质壤土	范围	3.40～3.80	2.80～4.20	3.20～3.60	2.20～3.20	3.50～4.00	2.80～3.40
	平均值	3.64	3.50	3.39	2.70	3.79	3.03
	变异系数/%	3.49	14.00	5.23	14.41	5.78	6.52
粉沙质黏壤土	范围	3.00～3.90	2.50～3.90	2.80～3.80	2.20～3.20	3.30～4.00	2.70～3.20
	平均值	3.57	3.34	3.26	2.67	3.59	3.05
	变异系数/%	8.56	14.53	11.21	8.50	6.11	37.32
砂质黏壤土	范围	3.60～4.00	3.20～4.10	3.30～4.00	2.30～2.90	3.30～3.60	2.80～3.40
	平均值	3.73	3.62	3.65	2.55	3.47	2.88
	变异系数/%	3.65	8.98	6.42	9.20	2.98	3.41
壤土	范围	3.60～4.00	2.70～3.90	3.10～3.80	2.30～3.30	3.60～4.00	2.80～3.50
	平均值	3.82	3.42	3.53	2.88	3.77	3.07
	变异系数/%	4.50	15.63	7.53	13.43	3.62	8.15
黏壤土	范围	3.50～4.10	2.60～3.70	3.00～3.70	2.40～3.40	3.40～3.90	2.80～3.20
	平均值	3.71	3.26	3.30	2.80	3.62	2.90
	变异系数/%	4.50	13.17	9.90	12.57	4.97	5.27
粉砂质黏土	范围	2.80～3.90	2.00～3.90	2.00～3.60	2.00～3.00	3.20～3.90	2.60～3.50
	平均值	3.45	3.12	2.81	2.55	3.62	3.08
	变异系数/%	10.01	19.71	14.12	12.55	5.73	8.61
壤质黏土	范围	3.30～3.70	2.50～3.70	2.10～3.60	2.20～3.20	3.20～3.90	2.90～3.40
	平均值	3.54	2.98	2.84	2.65	3.43	3.11
	变异系数/%	3.67	14.57	16.72	14.53	6.93	4.99
黏土	范围	2.50～3.30	2.50～3.60	1.80～2.70	2.00～2.60	3.40～3.80	2.90～3.20
	平均值	2.85	2.95	2.40	2.28	3.58	3.10
	变异系数/%	12.00	17.17	17.01	10.96	4.77	4.56

的香气量、香气质及透发性评分的平均值均以砂质壤土的最高，黏土的较低；烟叶烟气的细腻度以粉砂质壤土的评分平均值最高，其次是砂质壤土和砂质黏壤，粉砂质黏土最低；烟叶的刺激性以粉砂质壤土最弱，其次是砂质壤土，壤质黏土的最大。综合来看，烟叶的品质特征以砂质壤土和粉砂质壤土表现较好。

2. 土壤机械组成与烟叶化学成分和质量特色的相关性

1）土壤机械组成与常规化学成分含量的相关性

土壤的机械组成对烟叶中总氮和总糖的含量有一定的关系如表 5-5 所示，烟叶中总氮含量与土壤中细砂粒的含量呈极显著负相关，总糖与细砂粒含量呈极显著正相关关系，总氮与粉粒含量呈显著正相关关系，总糖与之相反。

烟叶中总糖和总氮存在一定的负相关关系，两者与土壤中细砂粒含量的关系如图 5-1 和图 5-2 所示，总糖与砂粒含量的关系拟合方程为 y=−0.0082x+2.1194，总氮与砂粒含量的关系拟合方程为 y=0.1327x+20.886。

表 5-4　不同土壤质地浓香型烟叶品质特征的比较

土壤质地	烟叶品质特征	香气质	香气量	透发性	细腻度	余味	刺激性
砂质壤土	范围	2.80～3.80	3.10～3.90	2.70～3.70	2.70～3.50	3.00～3.60	2.20～3.10
	平均值	3.50	3.66	3.49	3.10	3.30	2.48
	变异系数/%	6.83	6.52	7.38	8.45	6.92	10.58
粉砂质壤土	范围	3.00～3.60	3.40～3.60	3.10～3.60	2.80～3.30	3.10～3.60	2.00～3.00
	平均值	3.37	3.53	3.46	3.13	3.29	2.43
	变异系数/%	5.86	2.69	5.15	5.75	5.09	13.77
粉沙质黏壤土	范围	2.80～3.70	3.10～3.90	3.00～3.60	2.60～3.40	2.80～3.60	2.30～2.90
	平均值	3.13	3.57	3.37	2.96	3.12	2.62
	变异系数/%	8.32	6.66	5.53	9.61	7.71	8.43
砂质黏壤土	范围	2.80～3.50	3.20～3.70	3.20～3.30	2.70～3.40	3.00～3.50	2.50～3.10
	平均值	3.27	3.50	3.28	3.11	3.30	2.60
	变异系数/%	7.41	4.78	12.46	8.73	6.06	9.60
壤土	范围	3.00～3.50	3.50～3.80	3.20～3.60	2.70～3.40	2.90～3.50	2.50～3.10
	平均值	3.32	3.60	3.35	3.00	3.22	2.65
	变异系数/%	6.44	3.51	5.89	8.69	3.88	7.82
黏壤土	范围	3.20～3.50	3.40～3.70	3.00～3.60	2.80～3.30	2.80～3.50	2.10～3.00
	平均值	3.37	3.60	3.31	3.09	3.24	2.56
	变异系数/%	3.72	3.93	7.07	5.70	7.53	11.90
粉砂质黏土	范围	2.80～3.50	3.20～3.70	2.70～3.60	2.60～3.50	2.80～3.50	2.00～3.20
	平均值	3.22	3.47	3.27	3.10	3.19	2.68
	变异系数/%	7.80	4.61	7.93	9.32	6.20	13.18
壤质黏土	范围	2.80～3.40	3.20～3.60	3.00～3.60	2.60～3.30	2.70～3.40	2.30～3.20
	平均值	3.13	3.46	3.31	2.97	3.07	2.71
	变异系数/%	6.78	4.35	5.92	8.00	9.17	10.86
黏土	范围	2.80～3.50	3.00～3.40	3.20～3.50	3.00～3.30	2.90～3.40	2.30～2.70
	平均值	3.05	3.28	3.30	3.08	3.15	2.55
	变异系数/%	10.19	5.77	4.29	4.87	6.61	7.51

表 5-5　烟叶常规化学成分与土壤机械组成的相关性

土壤机械组成	烟叶的常规化学成分/%					
	还原糖	钾	氯	烟碱	总氮	总糖
粗砂（0.2～2mm）	0.08	−0.23	0.29*	−0.02	−0.03	0.10
细砂（0.02～0.2mm）	0.09	0.14	−0.09	−0.16	−0.48**	0.46**
粉粒（0.002～0.02mm）	−0.20	−0.01	0.08	0.21	0.27*	−0.24*
黏粒（<0.002mm）	0.03	−0.02	−0.19	0.01	0.15	0.02

2）土壤机械组成与烟叶中矿质元素含量的相关性

烟叶中矿质元素含量与土壤机械组成的关系如表 5-6 所示，烟叶中钙含量与土壤中细砂粒含量呈极显著负相关，与土壤中粗粉粒的含量呈显著正相关。烟叶中镁的含量与细砂粒含量呈极显著的正相关，与粗黏粒的含量呈极显著的负相关。钙镁与土壤机械组成相关性的原因有待进一步研究。

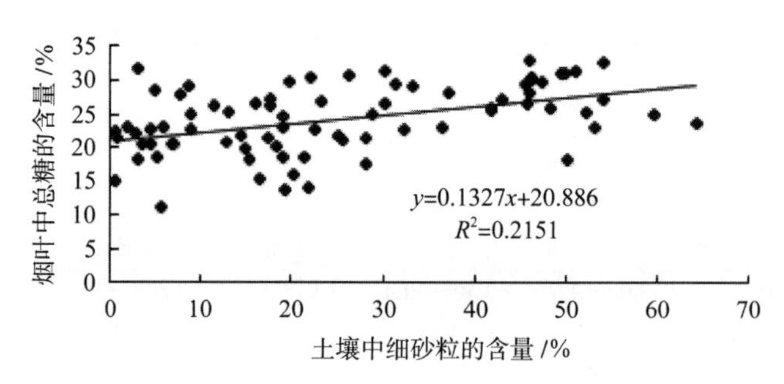

图 5-1　烟叶总糖含量与土壤细砂粒含量的关系

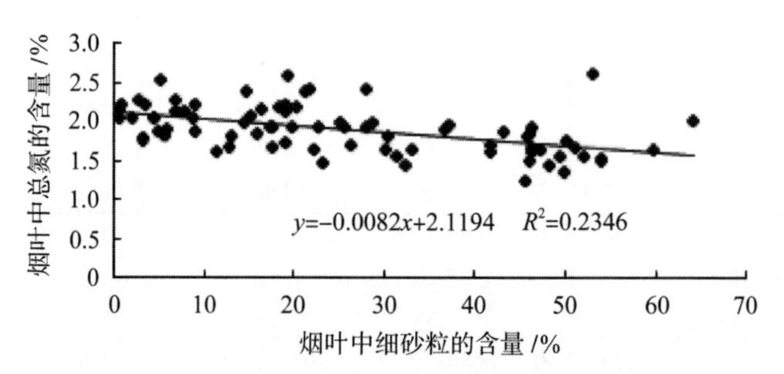

图 5-2　烟叶总氮含量与土壤细砂粒含量的关系

表 5-6　烟叶中矿质元素含量与土壤机械组成的相关系数

土壤机械组成	Ca	Mg	P	B	Cu	Fe	Mn	Zn
粗砂（0.2～2mm）	0.12	0	0.11	0.07	−0.04	−0.21	−0.04	0.05
细砂（0.02～0.2mm）	−0.32**	0.34**	−0.12	0.16	0.22*	0.02	0.01	−0.26*
粉粒（0.002～0.02mm）	0.23*	−0.29*	0.1	−0.1	−0.13	−0.05	0.1	0.08
黏粒（<0.002mm）	0.12	−0.18	−0.02	−0.18	−0.16	0.18	−0.1	0.19

3）土壤机械组成与烟叶的风格特征的关系

如表 5-7 所示，烟叶的风格特征与土壤的粒级组成大多数都达到显著相关的水平。烟叶浓香型显示度、甜感、焦甜香韵与细砂粒的含量达到极显著的正相关水平，烟气劲头与细砂粒含量达到极显著的负相关水平；烟叶的烟气浓度与粗砂的含量呈极显著的正相关关系；烟叶浓香型显示度、甜感和焦甜香与土壤粉粒及黏粒含量均呈现极显著或显著的负相关。

表 5-7　烟叶风格特征与土壤机械组成的相关系数

土壤机械组成	浓香型显示度	甜感	焦甜香	焦香	浓度	劲头
粗砂（0.2～2mm）	0.33**	0.11	0.17	−0.14	−0.12	0.12
细砂（0.02～0.2mm）	0.49**	0.31**	0.67**	0.26*	0.34**	−0.37**
粉粒（0.002～0.02mm）	−0.34**	−0.24*	−0.48**	0.07	0.06	0.26*
黏粒（<0.002mm）	−0.62**	−0.28*	−0.61**	−0.06	−0.19	0.18

如图 5-3 所示，烟叶浓香型显示度评分随土壤中细砂粒含量升高呈升高趋势，在细

砂粒含量低于 10%时，烟叶浓香型显示度随细砂粒含量的减少急剧下降，其关系拟合方程为：y=0.213ln$x$+2.9361。烟叶焦甜香与土壤中细砂粒含量的关系如图 5-4 所示，土壤细砂粒含量低于 10%时，烟叶焦甜香随砂粒含量的增加呈急剧增加的趋势；当土壤细砂粒含量超过 10%时，随细砂粒含量的增加烟叶焦甜香呈现缓慢增加的趋势。烟叶浓香型显示度和焦甜香与土壤中粉和黏粒的含量均呈负相关，其关系如图 5-5～图 5-8 所示，当土壤粉粒含量高于 40%时，烟叶的浓香型显示度评分普遍低于 3.5，此时，焦甜香评分也低于 3.0；当土壤黏粒含量高于 25%时，烟叶的浓香型显示度低于 3.5，焦甜香分值低于 3.0，焦甜香韵显著降低。

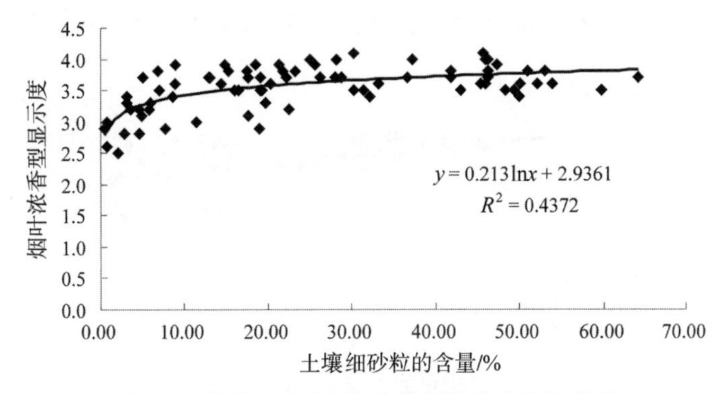

图 5-3　浓香型显示度与土壤细砂粒含量的关系

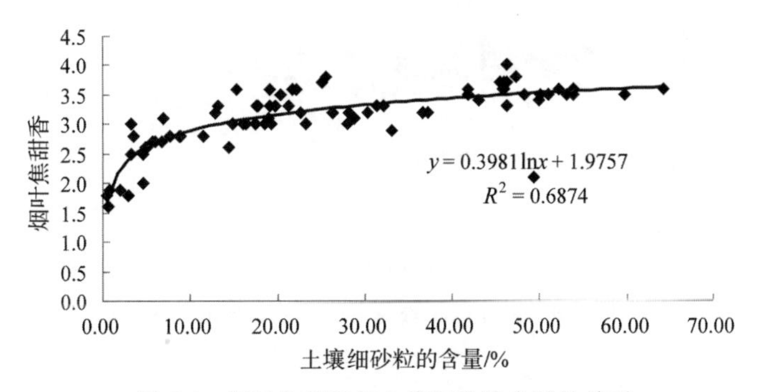

图 5-4　烟叶焦甜香与土壤细砂粒含量的关系

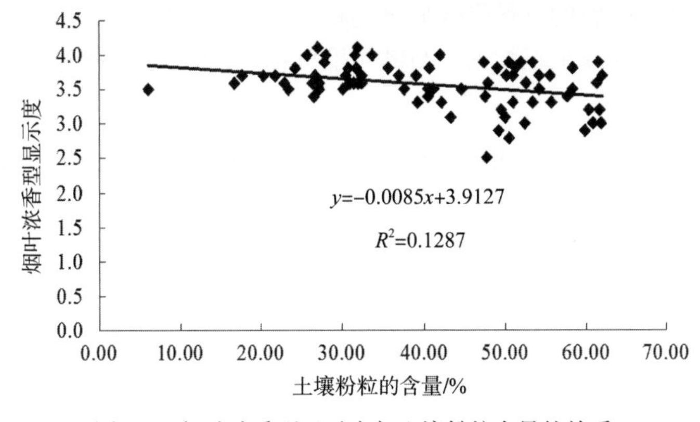

图 5-5　烟叶浓香型显示度与土壤粉粒含量的关系

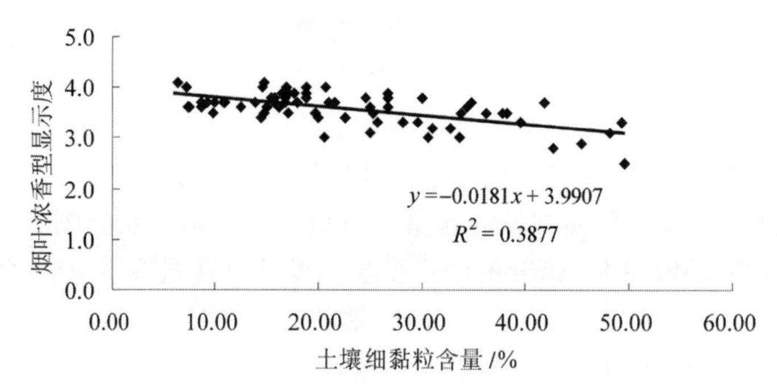

图 5-6　烟叶浓香型显示度与土壤细黏粒含量的关系

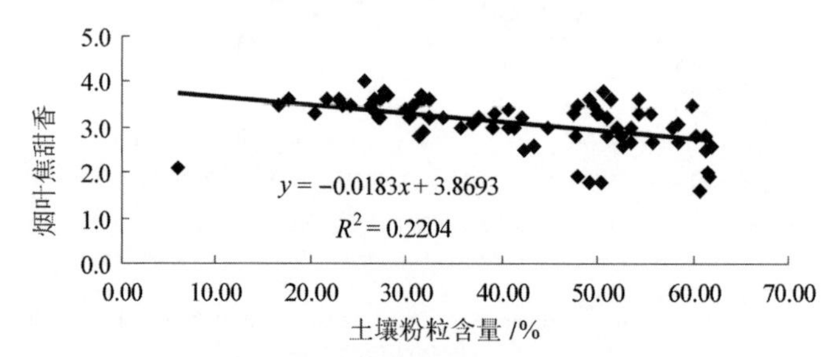

图 5-7　烟叶中焦甜香与土壤粉粒含量的关系

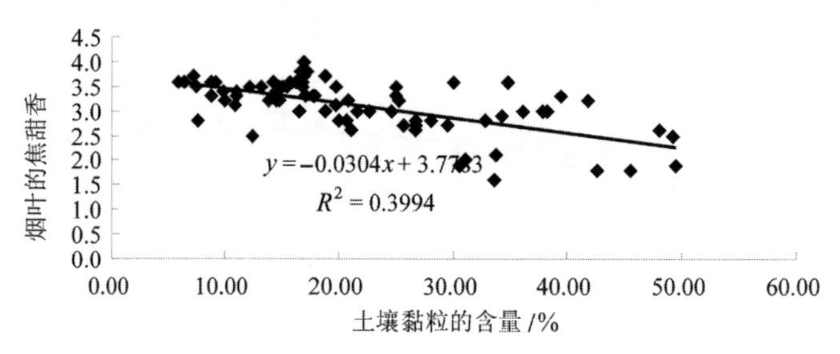

图 5-8　烟叶焦甜香与土壤黏粒含量的关系

4）烟叶品质特征与土壤机械组成的相关性

如表 5-8 所示，烟气的香气质和香气量与土壤粗砂粒的含量呈显著正相关；烟叶的烟气透发性与土壤细砂粒的含量呈极显著正相关，烟气的刺激性与其呈负相关；烟气的余味与土壤细砂粒的含量呈正相关，与黏粒呈负相关；烟气的香气量与土壤黏粒的含量呈极显著的负相关。

表 5-8　烟叶的品质特征与土壤机械组成的相关系数

土壤机械组成	烟叶的品质特征					
	香气质	香气量	透发性	细腻度	余味	刺激性
粗砂（0.2～2mm）	0.23*	0.27*	−0.17	0.04	0.15	−0.04
细砂（0.02～0.2mm）	0.13	0.08	0.34**	0.01	0.21	−0.17
粉粒（0.002～0.02mm）	−0.19	−0.02	0.1	−0.09	−0.2	0.19
黏粒（<0.002mm）	−0.15	−0.32**	−0.12	0.07	−0.2	0.07

3. 主要结论

土壤中砂粒、黏粒、粉粒含量对土壤容重、通透性等物理性质影响较大，土壤中水分及矿质养分的状态也受土壤砂黏比例的影响。土壤中砂粒、黏粒、粉粒的含量对烟叶的品质特征有不同程度的影响，主要表现为，烟叶中总氮含量与土壤中砂粒的含量呈极显著的负相关，总糖的含量与之相反，与砂粒含量呈极显著正相关。烟叶的浓香型显示度、焦甜香韵与土壤砂粒的含量达到极显著的正相关，但当砂粒含量超过 10%时，增幅逐渐降低。烟叶的浓香型显示度及焦甜香与土壤黏粒的含量呈极显著的负相关，当土壤中黏粒含量高于 25%时，烟叶浓香型显示度低于 3.5，此时，烟叶焦甜香韵也明显减弱，分值低于 3.0；土壤中粉粒含量不宜高于 40%。烟气的余味与土壤砂粒的含量呈正相关，与黏粒呈负相关。烟叶的烟气透发性与土壤砂粒的含量呈现极显著的正相关，烟气的香气量与土壤中黏粒的含量呈现极显著的负相关。所以适宜的高砂粒、低黏粒含量的中质地土壤有利于烟叶品质的形成。因此，可通过改变土壤中的砂粒、黏粒、粉粒含量进而改善土壤的物理性状，创造有利于烤烟生长的土壤条件。

不同质地土壤烟叶化学成分及中性香气物质的差异与土壤的理化性质有重要的关系，黏质土壤通透性不良，不利于烟株前期的生长发育，而后期养分供应相对充足，导致烟株成熟落黄晚，氮代谢滞后。砂土的砂性太强，土壤孔隙度过大，容易造成养分的流失，不利于烟株的生长，导致烟株碳氮代谢水平较低。而砂壤土土质疏松多孔，通透性较好，为土壤有效养分的供应提供了有利条件，这为前、中期烟叶旺盛的碳氮代谢、充足的光合产物及香气前体物的形成和积累奠定了基础。而后期由于烟株生长对氮素的消耗及雨水对氮素的淋失作用使烟株的氮代谢减弱，有利于烟叶大分子有机物，尤其是香气前体物的降解和转化。

5.1.2　土壤质地及客土改良对烟叶质量特色的影响

土壤质地是重要的生态因子，质地状况直接关系到土壤的通透性、孔隙度、持水性、保水性、保肥性、养分有效性等理化性状，因而对烟株吸收养分的吸收动态有重要影响，进而影响到烟叶产量和质量的形成及风格特色的表现。研究表明，土壤质地与烟叶香型相关性较小，但与烟叶质量特征、香型强度和口感特征有密切关系，这与烟叶质体色素等大分子香气前体物的形成、积累、降解，烟株碳氮代谢的强度和转换密切相关。

1. 豫中不同质地土壤上烟叶质量特色的差异分析

1) 烟叶质体色素形成和在成熟和调制过程中降解规律研究

烟草质体色素主要包括叶绿素和类胡萝卜素，主要存在于烟叶细胞的细胞器质体中，是烟草生长过程中光合作用的重要物质。质体色素是烟叶重要的香气前体物，其本身不具有香味特征，但通过分解、转化可形成对烟叶香气品质有重要贡献的香气成分，因此研究烟叶成熟和调制阶段色素降解规律及与烟叶香气物质含量关系，对促进色素物质降解转化，提高烟叶香味品质具有重要意义。烟叶质体色素的降解产物是所测定的中性挥发性香气物质中含量最高的成分，占中性挥发性物质总量的 85%～96%，其中以类胡萝卜素降解产物对烟叶香气质量影响较大，对色素及相关因素的研究在国内外一直是热点。质体色素及其降解产物的含量受基因型、栽培条件、生态因素、成熟度等多种因素的影响。对皖南焦甜香特色烟叶质体色素含量检测结果表明，具有焦甜感的烟叶烤后质体色素含量较低，残留较少，与国外优质烟叶接近，而不具焦甜感的烟叶色素含量高，残留多，因此认为成熟和调制过程中较为彻底的色素降解是形成优质烟叶的重要条件。不同基因型烤烟的成熟和烘烤特性有一定差异，质体色素的降解量不同，从而影响降解产物的形成和最终的烟叶香气质量。目前有的研究都集中在烟叶成熟过程中色素和香气成分的变化，以及烤后烟叶质体色素与香气质量的关系上，针对烟叶成熟和调制过程中色素降解量对香气物质形成的作用及与烟叶香气物质含量的关系开展研究，以更深入地揭示烟叶香气形成的规律。研究选取9个烤烟基因型对烟叶打顶后不同时期及烤后叶片质体色素及降解产物含量及变异性进行分析，并引入了色素总降解量、成熟和调制阶段色素降解量等指标以揭示色素降解与烟叶香气物质含量的关系，旨在为揭示浓香型特色优质烟叶形成机理和提高烟叶香气物质含量提供理论支撑（史宏志等，2012）。

（1）烟叶叶绿素含量的动态变化

不同基因型烤烟叶片中叶绿素的含量动态变化趋势相同（图5-9），叶绿素含量随生育期的推进而逐渐下降，各品种叶绿素a含量在打顶至打顶后15d下降缓慢，之后开始快速下降，在调制过程中下降更显著，到调制后叶片中叶绿素降解到微量，叶绿素a残留较少。叶绿素b在整个过程中下降幅度小于叶绿素a，变化较平缓，烘烤过程中，叶绿素b下降幅度小，因此，虽然在烟叶成熟期叶绿素a和叶绿素b的比值虽大于1，但逐渐减小，至调制后，各品种比值均低于0.2。

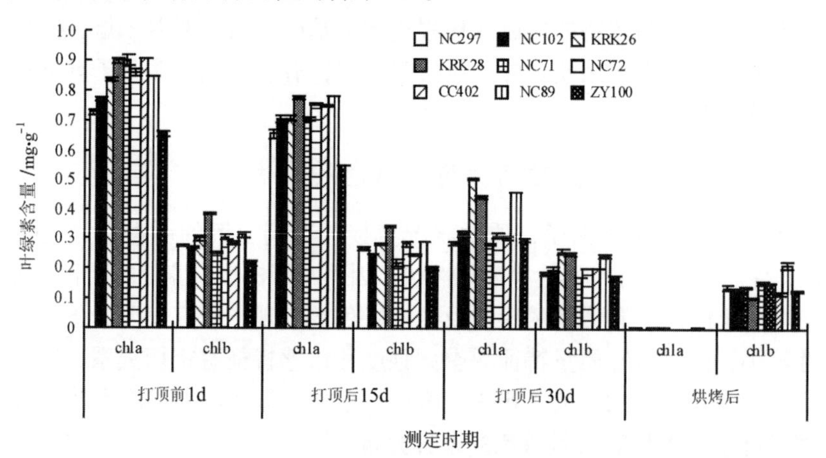

图5-9　不同基因型烤烟中部叶叶绿素含量的动态变化

（2）烟叶总类胡萝卜素含量的动态变化

鲜烟叶中的类胡萝卜素以叶黄素含量最高，其次为β-胡萝卜素和紫黄质，新黄质含量最低。烤烟叶片打顶后总类胡萝卜素随叶片的成熟逐渐降解（图5-10），但不同类胡萝卜素含量变化特点有一定的差异，β-胡萝卜素和新黄质在烟叶成熟过程中降解幅度相对较小，在调制过程中降解显著，烤后烟叶含量低于检测阈值。紫黄质在调制过程中降解量也较大，但叶黄素在调制过程中降解幅度小，烤后烟叶中残留较多（图5-11～图5-14）。叶黄素成熟后期代谢基本达到动态平衡，含量保持约为150μg/g，烤后烟叶叶黄素都保持在100μg/g以上。

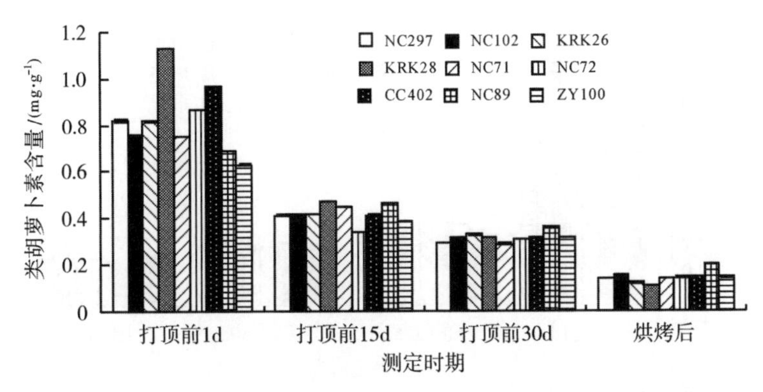

图 5-10　不同基因型烤烟叶片中总类胡萝卜素含量的动态变化

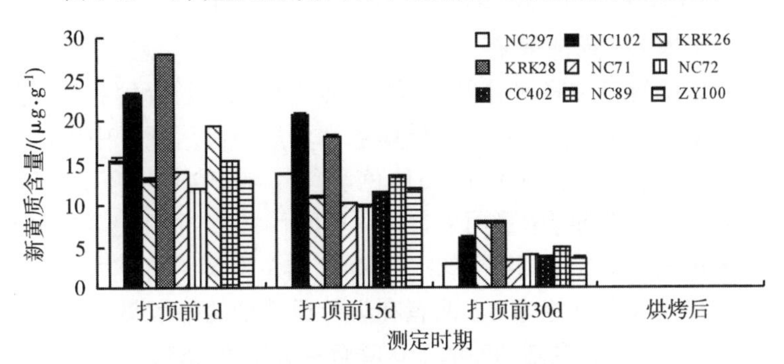

图 5-11　不同基因型烤烟叶片中新黄质含量的动态变化

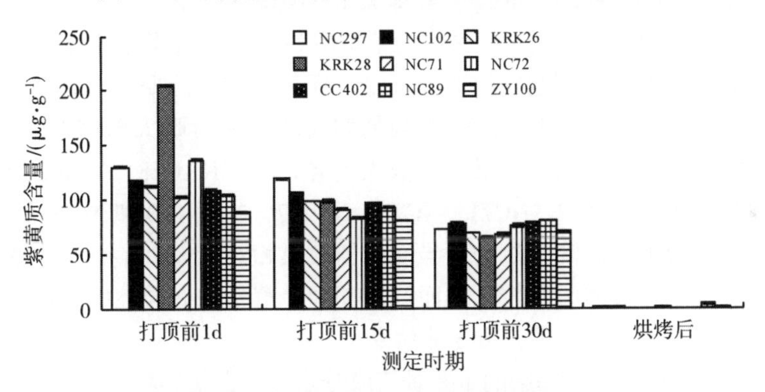

图 5-12　基因型烤烟叶片中紫黄质含量的动态变化

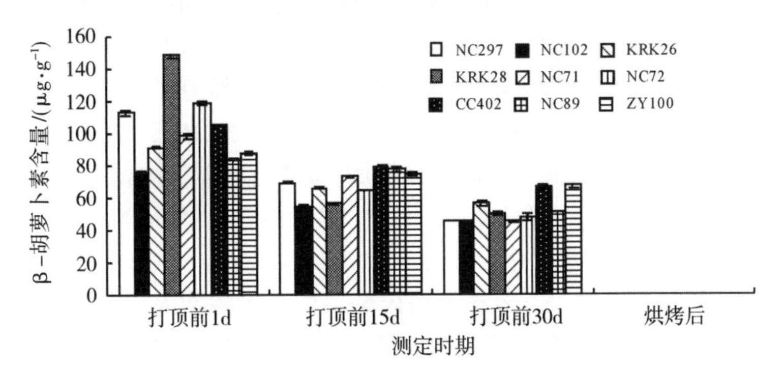

图 5-13　不同基因型烤烟叶片中 β-胡萝卜素含量的动态变化

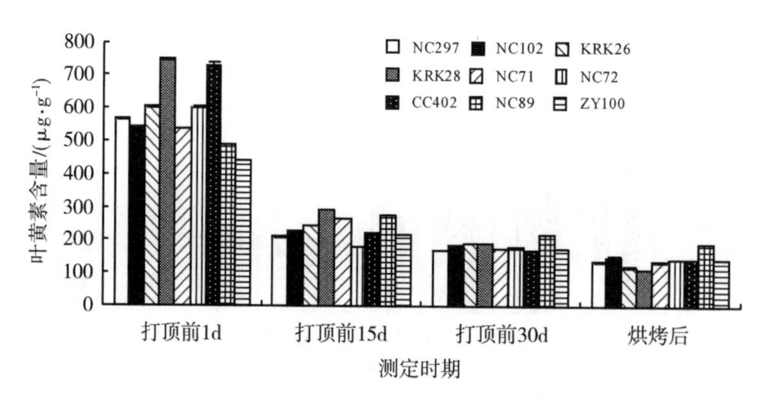

图 5-14 不同基因型烤烟叶片中叶黄素含量的动态变化

(3) 烤烟烟叶质体色素的降解量

为描述质体色素降解量和降解进程的不同，本书引入了总降解量和成熟期、调制期间降解量的概念。总降解量用打顶前 1d 质体色素含量与烤后烟叶中质体色素含量的差值来表示，成熟期间降解量用打顶前 1d 质体色素含量与采收时（打顶后 30d）质体色素含量的差值来表示，调制期间降解量用采收时（打顶后 30d）质体色素含量与烤后烟叶中质体色素含量的差值表示。由表 5-9 可知，叶绿素的总降解量总体大于类胡萝卜素，且叶绿素 a 的降解量显著大于叶绿素 b，两者在烟叶成熟期的降解量大于在调制期间的降解量，其中叶绿素 a 在成熟和调制期间的平均降解量分别为 465.20μg/g 和 353.89μg/g，叶绿素 b 分别为 80.91μg/g 和 65.75μg/g，叶绿素 b 的降解量在不同基因型间变异性最大。类胡萝卜素中叶黄素的降解量最大，其次为紫黄质和 β–胡萝卜素，新黄质最低。叶黄素在成熟期间的降解量远大于调制期间的降解量，新黄质在成熟期的降解量也大于调制期间的降解量，但 β–胡萝卜素和紫黄质在调制期间的降解量则大于成熟期间的降解量。不同基因型烤烟烟叶质体色素降解量存在极大差异，其中KRK28、CC402 整体的降解量最大，其次为 KRK26、NC102、NC71、NC72、NC297，中烟 100 和 NC89 的降解量最小。不同基因型间类胡萝卜素总降解量的变异性以新黄质相对较大，β–胡萝卜素较小，成熟期降解量的变异性以紫黄质相对较大，而调制期间降解量的变异性以叶黄素相对较大。

(4) 烤烟烟叶质体色素降解产物含量的分析

新植二烯是烟叶中叶绿素降解的重要香气成分之一，也是烟叶中性挥发性香气成分中含量最高的成分。新植二烯本身不仅具有一定的香气，而且可分解转化形成低分子香味成分。由于其可直接转移到烟气中，并具有减轻刺激和柔和烟气的作用，因而与烟气的品质密切相关。结果（表 5-9）表明，不同基因型烤烟之间新植二烯含量存在较大的差异，KRK28 的新植二烯含量最高，NC72、NC71、KRK26、NC102、NC297、NC89 含量居中，CC402、中烟 100 含量最低。不同基因型烤烟烟叶新植二烯含量占中性致香物质总量的比例为 74.01%～81.52%，可见新植二烯对中性致香物质总量的多少起决定性作用。

利用 GS/MS 方法从烤后烟叶中分离鉴定出 15 种类胡萝卜素降解产物（表 5-9），主要有 β–大马酮、香叶基丙酮、二氢猕猴桃内酯、巨豆三烯酮等。类胡萝卜素降解产物是构成烟叶香气质量的重要组分，许多类胡萝卜素降解产物已是烤烟中确定的重要香气成分，它们产生香味的域值相对较低、刺激性较小、香气质较好、对烟气香气贡献率

表 5-9　不同基因型烤烟烟叶质体色素的降解量

质体色素	基因型	NC297	NC102	KRK26	KRK28	NC71	NC72	CC402	NC89	ZY100	平均值	变异系数 CV/%
叶绿素总量	总降解量/($\mu g \cdot g^{-1}$)	858.69	904.30	993.78	1178.00	996.69	1006.47	1066.68	941.82	745.40	965.76	12.84
Chl	成熟期间降解量	531.96	524.12	370.44	590.58	698.67	653.72	682.88	457.28	405.42	531.96	21.93
	调制期间降解量	326.73	380.18	623.34	587.43	298.02	352.76	383.80	484.54	339.98	380.18	28.06
叶绿素 a	总降解量/($\mu g \cdot g^{-1}$)	722.39	769.64	832.01	893.47	896.63	856.21	904.36	842.27	654.88	819.09	10.54
Chla	成熟期间降解量	441.70	453.54	327.53	452.25	616.46	548.42	602.58	385.95	358.40	465.20	22.31
	调制期间降解量	280.69	316.10	504.48	441.22	280.16	307.79	301.77	456.32	296.47	353.89	24.71
叶绿素 b	总降解量/($\mu g \cdot g^{-1}$)	136.30	134.66	161.77	284.54	100.07	150.26	162.32	99.56	90.52	146.67	39.82
Chlb	成熟期间降解量	90.25	70.57	42.92	138.33	82.21	105.29	80.30	71.33	47.02	80.91	35.96
	调制期间降解量	46.05	64.09	118.85	146.21	17.86	44.97	82.02	28.23	43.50	65.75	64.92
类胡萝卜素总量	总降解量/($\mu g \cdot g^{-1}$)	686.11	605.04	700.03	1019.76	616.93	726.26	820.42	493.25	488.12	683.99	24.18
Carotenoids	成熟期间降解量	535.07	473.67	432.42	825.63	464.81	611.78	652.02	313.00	337.52	516.21	31.26
	调制期间降解量	151.04	131.37	267.61	194.12	152.12	114.48	168.41	180.24	150.59	167.78	26.49
叶黄素	总降解量/($\mu g \cdot g^{-1}$)	430.80	389.77	482.96	639.00	403.59	459.98	587.49	294.02	299.80	443.05	26.28
Lutein	成熟期间降解量	398.58	354.64	407.55	557.15	365.31	422.73	566.67	266.40	268.20	400.80	26.69
	调制期间降解量	32.21	35.13	75.41	81.85	38.28	37.24	20.82	27.62	31.61	42.24	50.55
β-胡萝卜素	总降解量/($\mu g \cdot g^{-1}$)	112.52	75.61	91.42	147.80	97.87	118.60	104.56	83.57	87.39	102.15	21.53
β-carotene	成熟期间降解量	66.71	30.54	35.46	98.21	53.28	70.71	38.13	32.55	20.71	49.59	50.08
	调制期间降解量	45.81	45.07	55.96	49.59	44.58	47.89	66.42	51.02	66.68	52.56	16.50
新黄质	总降解量/($\mu g \cdot g^{-1}$)	15.35	23.40	13.19	28.04	14.08	11.88	19.38	15.35	12.89	17.06	32.11
Neoxanthin	成熟期间降解量	12.27	17.30	5.29	20.15	10.56	7.76	15.54	10.40	9.16	12.05	39.68
	调制期间降解量	3.08	6.10	7.90	7.88	3.52	4.11	3.84	4.95	3.73	5.01	37.02
紫黄质	总降解量/($\mu g \cdot g^{-1}$)	127.44	116.25	112.47	204.92	101.40	135.81	109.00	100.31	88.04	121.74	28.21
Violaxanthin	成熟期间降解量	57.50	41.18	44.12	140.54	35.66	60.58	31.67	23.65	19.66	50.51	72.18
	调制期间降解量	69.94	75.07	68.35	64.38	65.74	75.23	77.33	76.65	68.37	71.23	6.89

大，是形成烤烟细腻、高雅、清新香气的主要成分。在 15 种类胡萝卜素类降解产物中，以 β–大马酮的含量最高。不同基因型烤烟中所含类胡萝卜素降解产物的种类相同，但各类胡萝卜素降解产物含量却有所差异，各处理类胡萝卜素类降解产物的总量大小顺序为：KRK28>NC72>NC297>NC89>KRK26>NC71>NC102>CC402>中烟 100，且 KRK28 是中烟 100 的 2.23 倍。

(5) *烤烟烟叶质体色素降解量及其降解产物的相关性*

质体色素的降解量与其降解产物间多呈正相关（表 5-10）；叶绿素降解量与叶绿素降解产物新植二烯呈极显著正相关；β–大马酮与叶黄素降解量呈显著正相关。巨豆三烯酮 2 与 β–胡萝卜素降解量呈极显著正相关，与叶黄素和紫黄质降解量呈显著正相关，巨豆三烯酮 4 与 β–胡萝卜素和紫黄质都呈极显著正相关；法尼基丙酮、6–甲基–5–庚烯–2–醇、芳樟醇与 β–胡萝卜素呈显著正相关，与紫黄质都呈极显著正相关；二氢猕猴桃内酯、3–羟基–β–二氢大马酮、螺岩兰草酮、氧化异佛尔酮与类胡萝卜素类色素均呈正相关。因此，促进烟叶质体色素的充分降解，提高色素降解量将有利于提高烟叶香气物质含量。质体色素降解产物与成熟阶段、调制阶段降解量相关关系明显不同，质体色素降解产物总量、新植二烯、巨豆三烯酮 2、3–羟基–β–二氢大马酮、巨豆三烯酮 4、法尼基丙酮、螺岩兰草酮与成熟期降解量呈显著正相关关系，比与调制期间降解量关系更密切，β–大马酮、二氢猕猴桃内酯与调制阶段降解量更为密切相关，香叶基丙酮等与调制阶段降解量多呈负相关。

(6) *结论*

在成熟和调制过程中烟叶的质体色素含量呈下降趋势，叶绿素的总降解量总体大于类胡萝卜素，且叶绿素 a 的降解量显著大于叶绿素 b，在调制后烟叶中叶绿素 b 残留量较多，叶绿素在烟叶成熟期的降解量大于在调制期间的降解量。在类胡萝卜素中叶黄素含量和降解量最大，且在成熟期间的降解量大于调制期间的降解量，新黄质在成熟期的降解量大于调制期间的降解量，但 β–胡萝卜素和紫黄质在调制期间的降解量大于成熟期间的降解量。不同基因型色素降解量不同，且与调制后烟叶色素降解类中性香气成分含量多呈显著正相关，与调制后烟叶色素含量无显著相关性或呈负相关。类胡萝卜素降解产物总量和许多重要香气成分与成熟期色素降解量的相关性大于与调制期降解量的相关性。烟叶成熟过程中叶绿素、叶黄素和新黄质的降解量大于调制期的降解量。烤后烟叶中挥发性色素降解香气成分含量与质体色素的降解量，特别是成熟期色素降解量有密切关系，提高烟叶成熟度对促进烟叶香气物质形成至关重要。烟叶香气成分含量与调制后烟叶色素残留量无显著相关性或呈负相关关系。

2) *豫中不同土壤质地烤烟烟叶色素含量变化的差异*

河南豫中是我国传统烟草种植区，所产烟叶具有浓香型风格特色，该区土壤多为褐土，但土壤质地差异较大，从汝河、沙河两岸到丘陵呈现由砂土到壤土再到黏土的变化。土壤质地是土壤重要的物理性状之一，直接或间接影响土壤水、肥、气、热状况，从而影响烟草的生长动态、产量和品质的形成。

烟草生长期间叶绿素是主要的质体色素，但在调制过程中叶绿素降解不充分就会形成青烟，会给卷烟抽吸带来青杂气。这不仅影响烟叶的外观，而且严重地影响到烟叶的

表 5-10　烤烟叶片质体色素降解量与降解产物的相关性分析

质体色素降解产物	色素总降解量						成熟期降解量						调制期降解量					
	Chl	Cars	Lut	β-Car	Vio	Neo	Chl	Cars	Lut	β-Car	Vio	Neo	Chl	Cars	Lut	β-Car	Vio	F
β-大马酮	0.71*	0.68*	0.67*	0.41	0.65*	0.55	-0.15	0.49	0.55	0.39	0.66*	0.27	0.91**	0.74*	0.89**	-0.08	0.93**	-0.34
香叶基丙酮	0.12	0.13	-0.05	0.34	0.54	0.12	-0.10	0.16	-0.12	0.56	0.52	0.03	0.23	-0.12	0.36	-0.76*	0.30	-0.09
二氢猕猴桃内酯	0.18	0.28	0.26	0.10	0.35	0.35	-0.47	0.10	0.16	0.18	0.37	0.15	0.66*	0.69*	0.60	-0.27	0.63	-0.31
脱氢 β-紫罗兰酮	-0.55	-0.45	-0.49	-0.49	-0.21	0.23	-0.48	-0.41	-0.46	-0.39	-0.25	0.27	-0.09	-0.18	-0.35	-0.12	-0.04	0.36
巨豆三烯酮 1	0.39	0.22	0.15	0.16	0.37	0.48	0.15	0.22	0.17	0.33	0.3	0.48	0.25	0.01	-0.01	-0.54	0.19	0.33
巨豆三烯酮 2	0.69*	0.75*	0.68*	0.82**	0.75*	0.14	0.31	0.73*	0.63	0.79**	0.74*	0.02	0.41	0.14	0.59	-0.19	0.37	-0.19
巨豆三烯酮 3	0.47	0.26	0.16	0.32	0.47	0.21	0.33	0.29	0.14	0.59	0.43	0.17	0.17	-0.09	0.20	-0.87**	0.20	0.09
巨豆三烯酮 4	0.71*	0.75*	0.63	0.84**	0.88**	0.44	0.24	0.68*	0.54	0.91**	0.89**	0.32	0.51	0.30	0.71*	-0.48	0.46	-0.51
3-羟基-β-二氢大马酮	0.70*	0.61	0.55	0.6	0.63	0.32	0.45	0.58	0.52	0.77**	0.62	0.27	0.28	0.17	0.40	-0.67*	0.24	-0.18
螺岩兰草酮	0.60	0.46	0.35	0.62	0.61	0.22	0.54	0.50	0.31	0.82**	0.61	0.21	0.09	-0.09	0.33	-0.79**	0.10	-0.28
法尼基丙酮	0.82**	0.73*	0.62	0.74*	0.86**	0.52	0.35	0.68*	0.53	0.86**	0.87**	0.38	0.50	0.23	0.70*	-0.57	0.54	-0.42
6-甲基-5-庚烯-2-酮	0.54	0.50	0.37	0.60	0.73*	0.43	0.36	0.52	0.30	0.83**	0.74*	0.38	0.20	-0.01	0.48	-0.84**	0.29	-0.40
6-甲基-5-庚烯-2-醇	0.58	0.64*	0.51	0.67*	0.86**	0.53	0.03	0.57	0.39	0.80**	0.89**	0.36	0.58	0.33	0.81**	-0.59	0.64*	-0.55
芳樟醇	0.62	0.71*	0.57	0.76*	0.90**	0.67*	0.03	0.65*	0.46	0.73*	0.92**	0.52	0.62	0.30	0.77**	-0.18	0.65*	-0.54
氧化异佛尔酮	0.15	0.09	0.06	0.20	0.09	0.14	0.52	0.27	0.19	0.16	0.00	0.34	-0.37	-0.63*	-0.61	0.04	-0.46	0.69*
总量	0.65*	0.60	0.46	0.67*	0.83**	0.44	0.20	0.56	0.36	0.84**	0.83**	0.30	0.48	0.17	0.66*	-0.71*	0.53	-0.35
新植二烯	0.88**	0.86**	0.78**	0.79**	0.89**	0.61	0.44	0.82**	0.70*	0.85**	0.90**	0.47	0.48	0.20	0.71*	-0.43	0.57	-0.41

注：** 表示 0.01 的显著水平；* 表示 0.05 的显著水平。Chl 为叶绿素 Chlorophyll，Cars 为类胡萝卜素 Carotenoids，Lut 为叶黄素 Lutein，β-Car 为 β-胡萝卜素 β-carocine，Vio 为紫黄质 Violaxanthin，Neo 为新黄质 Neoxanthin。

内在品质。烟草调制过程，叶绿素会降解生成新植二烯和吡咯类香气物质。新鲜烟叶质体色素中的类胡萝卜素类色素主要有叶黄素、新黄质、紫黄质和 β–胡萝卜素。叶黄素和胡萝卜素被叶绿素掩盖而显绿色，在烟叶调制过程中，叶绿素降解速度远大于类胡萝卜素，由此引起烟叶组织内色素比例的变化，即类胡萝卜素占色素总量的平均比例由调制前的 38% 增加到烘烤后的 76%，从而使烟叶在外观上呈现黄色。胡萝卜素类色素类物质的降解是双键断裂的部位不同产生很多致香物质，如大马酮、紫罗兰酮、二氢弥猴桃内酯、柠檬醛等对烟叶香味有十分重要的作用，近年来人们对烟叶香气物质的研究较多集中在有关烟叶香气成分的分离鉴定、生理生化代谢、遗传育种及其与生态条件和栽培条件有关的研究，但土壤质地与香气物质关系的研究则少有报道，尤其是土壤质地与致香成分的前体物的关系。因此，研究分析了烟草质体色素与土壤质地的关系，以期为提高我国烟叶香气质量找出新的技术途径。

试验在河南平顶山市进行，选取郏县和宝丰县的 4 种土壤质地进行试验，分别为砂土(宝丰县高铁炉)、砂壤土（宝丰县石桥）、壤土（郏县白庙）和黏土（郏县茨芭），供试烤烟品种均为 NC89。不同质地土壤耕层土壤理化性状见表 5-11。移栽后 70d 时开始定期取中部叶（第 11～13 片可收叶）测定烟叶质体色素含量，并取烤后烟样（钱华，2011；2012a）。

表 5-11　烟叶的品质特征与土壤机械组成的相关系数

土壤质地	有机质/(g/kg)	pH	碱解氮/(mg/kg)	速效磷/(mg/kg)	速效钾/(mg/kg)
砂土	17.2	7.30	78.34	19.79	71.47
砂壤土	18.7	7.83	80.48	16.04	104.67
壤土	23.4	6.97	82.48	16.10	156.65
黏土	24.7	7.50	87.08	22.96	103.92

(1) 不同质地烟叶叶黄素含量动态变化

4 种土壤质地烤烟叶片中叶黄素含量总体变化趋势一致（图 5-15），表现为随生育期的推进而逐渐下降。其中砂土中烤烟各生育期之间烟叶叶黄素降解较为明显，经烘烤后完全降解。砂壤土中烤烟从现蕾至烟叶尚熟烟叶叶黄素含量变化不大，烟叶成熟时降解了近一半，经烘烤后完全降解。壤土中烤烟从现蕾期至尚熟，烟叶叶黄素含量变化趋势与砂壤土中一样，下降不大，经过烘烤后烟叶叶黄素完全降解。黏土中烤烟各生育期烟叶叶黄素含量下降较为明显，但在烟叶成熟时仍有较高含量，这可能与该地前期干旱，后期雨水较多有关，经烘烤后仍有少量存在。对 4 种土壤质地不同时期烤烟叶片中叶黄素含量进行方差分析和多重比较表明：现蕾期烟叶叶黄素含量除在砂壤土和壤土中差异不显著外，砂土与黏土、砂壤土和壤土中差异极显著；尚熟期烟叶叶黄素含量除在砂壤土和黏土中差异不显著外，砂土与壤土、砂壤土和黏土中差异极显著；成熟采收时期烟叶叶黄素含量砂土和砂壤土中差异不显著，但砂土和砂壤土与壤土、黏土中差异极显著；烤后烟叶叶黄素含量黏土与砂土、砂壤土和壤土中差异极显著，这说明土壤因素对不同时期叶黄素含量的影响较大。

(2) 不同时期烟叶 β–胡萝卜素含量比较

烟叶 β–胡萝卜素含量变化趋势与叶黄素变化趋势一致，不同土壤质地随着烤烟生育期的推进逐渐下降（图 5-16）。砂土中烤烟现蕾期烟叶 β-胡萝卜素含量较高，经尚熟至成熟采收，降解较少，烘烤调制后与成熟采收时相比也变化不大，并且与其他 3 种土壤质地相比，砂土中烤后烟叶 β-胡萝卜素含量最高。砂壤土中烤烟叶片 β-胡萝卜素含量各个时期降解均较为充分，烘烤后含量最低。壤土中烟叶 β-胡萝卜素含量从现蕾期经尚熟至成熟采收降解较多，烤后烟叶与成熟采收时相比含量下降不大。黏土中烟叶 β-胡萝卜素含量从现蕾期至尚熟降解较多，尚熟至成熟含量变化不大，经烘烤后含量显著下降。方差分析和多重比较结果表明：现蕾期烟叶 β-胡萝卜素含量砂土、砂壤土和壤土间差异不显著，黏土与砂土、砂壤土和壤土间差异极显著；尚熟期砂土与砂壤土、壤土和黏土间差异极显著，砂壤土与黏土间差异不显著，与壤土间差异极显著，壤土与黏土间差异极显著；成熟采收时和烤后烟叶 β-胡萝卜素含量在 4 种土壤之间差异均极显著。

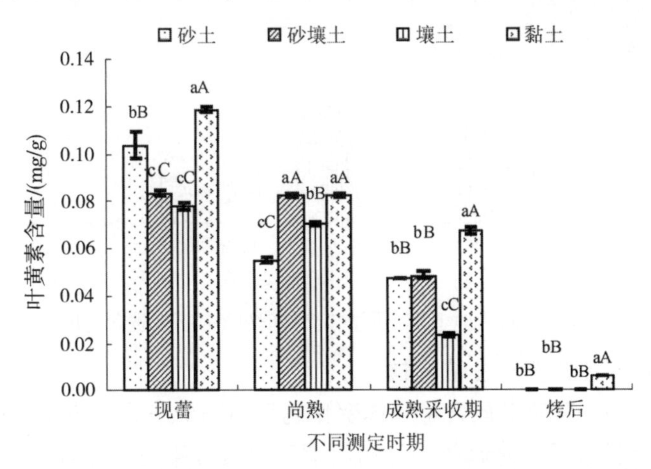

注：图中大写字母不同表示差异极显著（$P<0.01$），小写字母不同表示差异显著（$P<0.05$），下同

图 5-15　不同质地土壤不同测定时期烟叶中叶黄素含量的变化

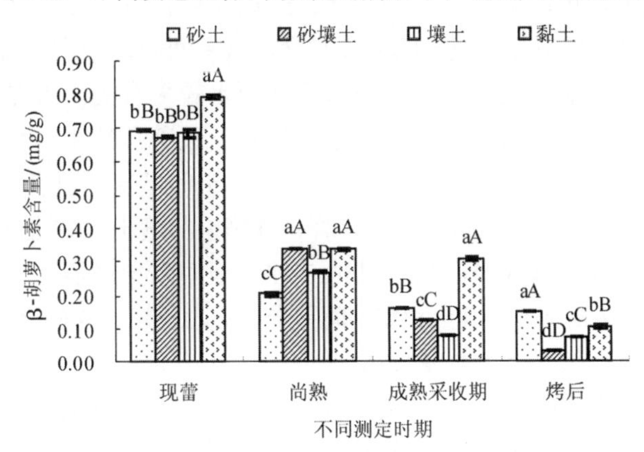

图 5-16　不同质地土壤不同测定时期烟叶中 β-胡萝卜素含量的变化

（3）不同时期烟叶新黄质含量比较

不同土壤质地烤烟叶片中新黄质的动态变化不同（图 5-17），总的动态变化趋势除黏土外，随生育期的推进均表现为下降趋势，且烘烤后均完全降解。砂土中烟叶新黄质含量与其他几种土壤质地中相比现蕾期含量较低，经尚熟至成熟下降幅度较大，烘烤后完

全降解。砂壤土中烟叶新黄质含量呈现递减趋势，烤后叶片中新黄质完全降解。壤土中烟叶新黄质含量也呈现递减趋势，且至成熟采收时含量最低，经烘烤后完全降解。黏土中烟叶新黄质含量经现蕾期至尚熟时下降，至成熟采收时含量最高，这与该地后期雨水较多，造成烟叶返青有很大关系。方差分析和多重比较结果表明：现蕾期烟叶新黄质含量在砂土与砂壤土间差异显著，砂土与壤土、黏土间差异极显著，砂壤土与壤土、黏土间差异极显著，壤土和黏土间差异不显著；尚熟期砂土与砂壤土、壤土和黏土间差异极显著，砂壤土与壤土间差异不显著，黏土与砂壤土、壤土间差异显著；成熟采收时期4种土壤之间差异极显著。

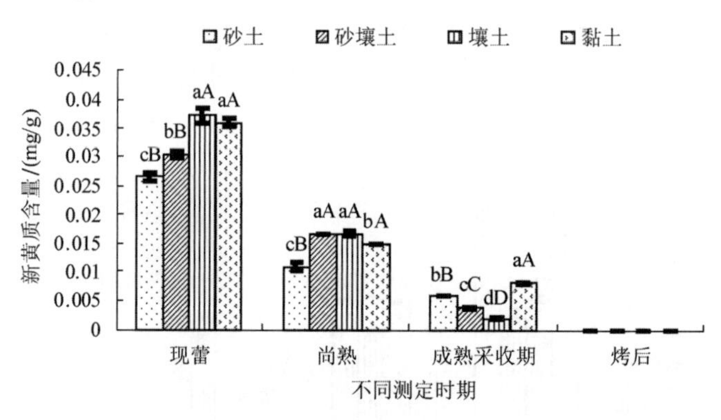

图 5-17　不同质地土壤不同测定时期烟叶中新黄质含量的变化

(4) 不同时期烟叶紫黄质含量比较

各种质地土壤中烟叶紫黄质含量总体变化趋势不完全一致（图 5-18）。砂土中烟叶紫黄质含量随生育期推进呈下降趋势，且烤后烟叶中紫黄质完全降解。砂壤土中烟叶经现蕾期至尚熟紫黄质含量略有增加，成熟采收时下降幅度较大，经烘烤后完全降解。壤土中烟叶随生育期推进紫黄质含量呈下降趋势，经烘烤后仍有少量存在。黏土中烟叶紫黄质在现蕾期至尚熟时含量下降，至成熟采收时含量略有回升，经烘烤后完全降解，成熟采收时含量下降较少，可能与该地前期干旱，后期雨水较多有关。方差分析和多重比较结果表明：现蕾期烟叶紫黄质含量砂土与砂壤土间差异显著，砂土与壤土、黏土间差异不显著，砂壤土与壤土、黏土间差异极显著，壤土和黏土间差异不显著；尚熟期砂土与砂壤土间差异极显著，与壤土、黏土间差异不显著，砂壤土与壤土、黏土间差异显著，壤土和黏土间差异不显著；成熟采收时砂土与其他 3 种土壤间差异极显著，砂壤土与壤土间差异显著，与黏土间差异极显著，壤土和黏土间差异极显著；烤后 4 种土壤之间差异极显著。

(5) 不同时期总类胡萝卜素含量比较

各土壤质地烤烟发育过程中总类胡萝卜素含量随生育时期的推进而逐渐下降（图 5-19）。砂土烤烟叶片中总类胡萝卜素含量在经现蕾期至尚熟时下降幅度较大，尚熟至成熟时略微下降，经烘烤后总类胡萝卜素含量仍高于其他几种土壤质地的烟叶。砂壤土叶片中总类胡萝卜素含量呈梯度递减，且烤后叶片中降解幅度较大，仅有少量存在。壤土叶片中总类胡萝卜素含量变化趋势与砂壤土叶片变化趋势一致，烤后仅有少量总类胡萝卜素存在。黏土叶片总类胡萝卜素含量在现蕾期至尚熟时降解幅度较大，成熟采收时期与尚熟时相比变化不大，经烘烤后下降幅度较大。方差分析和多重比较结果表明，

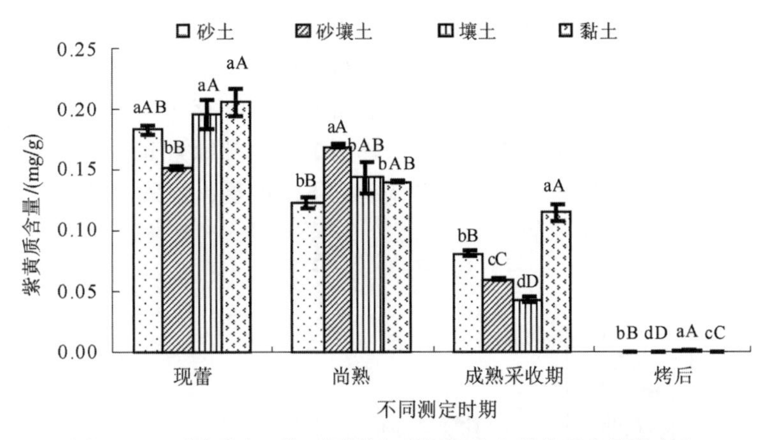

图 5-18　不同质地土壤不同测定时期烟叶中紫黄质含量的变化

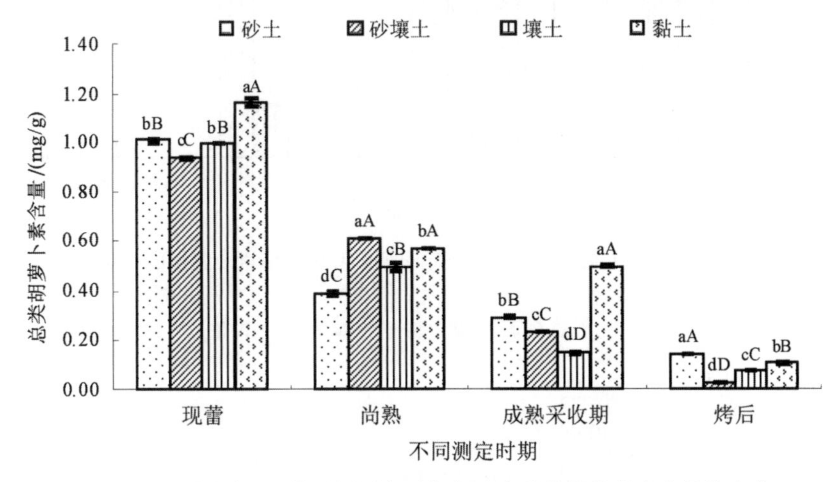

图 5-19　不同质地土壤不同测定时期烟叶中总类胡萝卜素含量的变化

砂土现蕾期烟叶总类胡萝卜素含量除与壤土差异不显著外，与砂壤土和黏土差异极显著，砂壤土和壤土、黏土差异极显著，壤土和黏土差异极显著；尚熟期砂土与其他 3 种土壤差异极显著，砂壤土与壤土差异极显著，与黏土差异显著，壤土和黏土之间差异极显著；成熟采收期和烤后 4 种土壤之间差异均极显著。

(6) 不同时期烟叶叶绿素 a 含量比较

各质地土壤中烟叶叶绿素 a 含量随生育期的推进总体变化趋势不完全一致（图 5-20），但在调制过程中，叶绿素 a 完全降解消失。砂土中烤烟现蕾期烟叶叶绿素 a 含量最高，尚熟至成熟采收时依次递减，烤后烟叶中完全降解。砂壤土中烟叶叶绿素 a 含量从现蕾期到尚熟时略微下降，成熟采收时下降明显，经烘烤后完全降解。壤土中烟叶叶绿素 a 含量变化趋势与砂土中烟叶变化趋势一致，各时期依次递减，烘烤后完全降解。黏土中烟叶叶绿素 a 含量经现蕾期至尚熟时明显下降，成熟采收时略微下降，且成熟采收时该地烟叶叶绿素 a 含量与其他 3 种质地土壤中相比含量最高。

(7) 不同时期叶绿素 b 含量比较

各土壤质地烟叶叶绿素 b 含量随生育期的推进呈现出不同的变化趋势（图 5-21）。

砂土烟叶叶绿素 b 含量随生育期的推进而逐渐下降，烘烤后仍有部分叶绿素 b 未完全降解，可能与该地的烘烤调制技术有关。砂壤土烟叶中叶绿素 b 含量经现蕾期至尚熟时含量增加，至成熟时下降明显，经烘烤后仍有少量叶绿素 b 存在。壤土烟叶中叶绿素 b 含量各时期依次下降，烘烤后仍有少量存在。黏土烟叶中叶绿素 b 含量由现蕾期至尚熟时含量下降，成熟采收时下降不明显，烘烤调制后下降明显，但残留量较大。

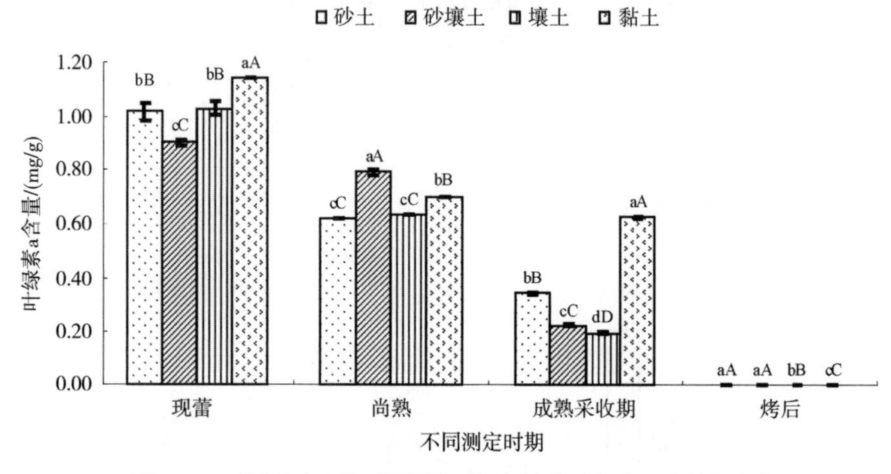

图 5-20　不同质地土壤不同测定时期烟叶中叶绿素 a 含量的变化

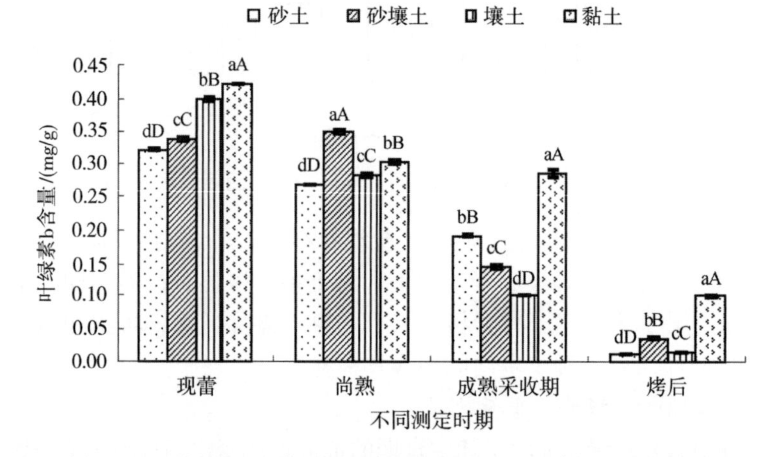

图 5-21　不同质地土壤不同测定时期烟叶中叶绿素 b 含量的变化

（8）不同时期烟叶总叶绿素含量比较

各种质地土壤中烟叶总叶绿素含量随生育期的推进变化趋势不完全一致（图 5-22）。砂土中烟叶总叶绿素含量各时期逐渐递减，烘烤后仍有少量存在。砂壤土中烟叶总叶绿素含量经现蕾期至尚熟时下降不明显，成熟采收时下降较为明显，且烘烤调制后含量最低。壤土中烟叶总叶绿素含量变化趋势与砂质土中烟叶总叶绿素含量变化趋势一致，烘烤调制后也有少量存在。黏土中烟叶总叶绿素含量经现蕾期至尚熟时含量下降，成熟采收时含量较高，经烘烤调制后含量下降，但调制后烟叶中含量较高。

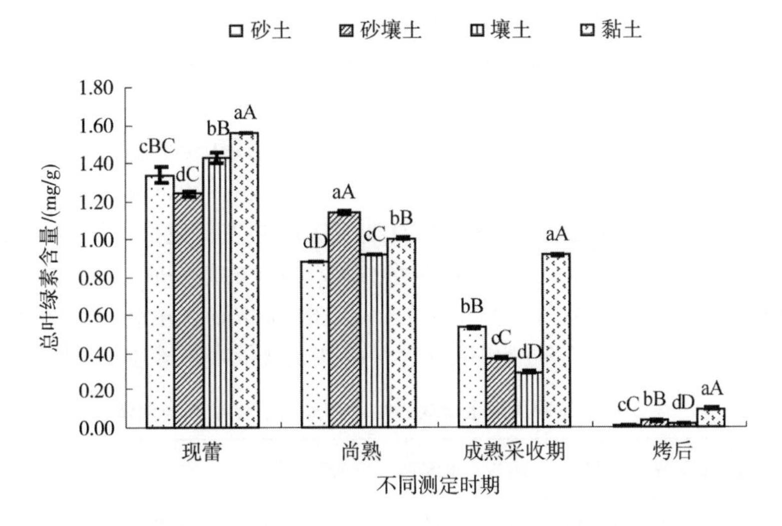

图 5-22　不同质地土壤不同测定时期烟叶中总叶绿素含量的变化

(9) 结论与讨论

不同时期对烟叶质体色素的测定结果表明，现蕾后各种色素含量总体呈下降趋势，所有色素均于烤后样含量最低。砂土烟叶与其他几种质地土壤烟叶相比，除 β－胡萝卜素和总类胡萝卜素在烤后烟叶样品中含量较高外，其余几种色素降解程度均较大。砂土烟叶调制后类胡萝卜素残留较多，可能与后期出现脱肥，烟叶身份较薄，不耐成熟，干燥过快有关。砂壤土中烟叶中大部分色素含量在烟株旺长期至尚熟时下降较为缓慢，成熟采收时下降较为明显，在烤后烟叶中 β－胡萝卜素和总类胡萝卜素残留较少，表明烟叶质体色素降解充分，这为香气物质的形成和积累奠定了基础。壤土烟叶中各种色素含量随生育期推进下降趋势均较明显，烤后烟叶样品中 β－胡萝卜素和总类胡萝卜素含量也较低，残留较少，降解充分。黏土中烟叶各种色素含量经旺长期至尚熟时含量开始下降，但在成熟采收时含量较高，这与该地前期干旱肥料利用率较低，氮素供应滞后，烟叶贪青晚熟有很大关系，烤后烟叶中叶绿素和类胡萝卜素含量较高，表明黏土烟叶成熟度较低，叶片组织紧密，质体色素降解不充分，不利于香气物质的形成和积累。感官评吸也表明，砂土烟叶香气质较好，但香气量不足，砂壤土烟叶香气量大，烟气柔和，黏土中烟叶则刺激性和杂气较大。这与不同质地土壤的供肥特性和烟叶质体色素降解程度有关，含沙比例较高的土壤，通透性强，土壤升温快，烟株发育早，生长代谢旺盛，干物质积累快，但由于土壤保水保肥能力差，后期易脱肥，烤烟生长受到较强的氧化应激，抗氧化物质类胡萝卜素和酚类等香气前体物质代偿性合成，并能适时进入衰老成熟，色素物质在采收期和烘烤时能够迅速降解，减少清杂气和刺激性，并产生大量的香气物质。也与世界著名烟草专家左天觉等（1993）所指出的，烟草最适宜生长在砂壤土的研究结果相一致。

3）豫中不同土壤质地烤烟烟叶中性致香物质含量和感官质量的差异

以 NC89 为材料，研究了豫中产区砂土、砂壤土、壤土和黏土 4 种质地土壤上烤后烟中部叶样品中性致香物质含量及感官质量的差异，以期进一步明确土壤质地与烟叶质量特色形成的关系，为揭示浓香型特色烟叶的形成机理和彰显浓香型烟叶质量特色提供理论支撑。

(1) 不同质地土壤对烤后烟叶样品常规化学成分的影响

由表 5-12 可以看出，不同质地土壤烤后烟叶样品中常规化学成分含量有一定的差异，砂土烟叶总糖、还原糖含量最高，砂壤土烟叶钾和总氮含量均最高，壤土烟叶烟碱含量最高，黏土烟叶氯含量最高。钾氯比以壤土烟叶最高，其次是砂壤土烟叶，黏土烟叶最低；糖碱比以砂土烟叶最高，砂壤土烟叶次之，壤土烟叶最低；氮碱比以砂壤土最高，其次是黏土烟叶，壤土烟叶最低。烤烟的石油醚提取物主要包括挥发油、树脂、油脂、脂肪酸、蜡质、类植物、甾醇、色素等，是形成烟草香气的重要成分，烤烟石油醚提取物含量与烤烟整体香气质量及香气量呈正相关，石油醚提取物含量高的烟叶整体质量也较高。不同质地土壤烤后烟叶石油醚提取物含量由高到低依次是砂壤土>壤土>黏土>砂土。

表 5-12　不同质地土壤烤后烟叶样品常规化学成分含量

土壤质地	总糖/%	还原糖/%	钾/%	氯/%	烟碱/%	总氮/%	钾氯比	糖碱比	氮碱比	石油醚提取物/%
砂土	24.32	22.89	1.62	1.01	2.9	2.43	1.60	8.39	0.84	6.45
砂壤土	23.01	21.24	1.68	0.97	2.76	2.61	1.73	8.34	0.95	7.56
壤土	23.43	20.02	1.37	0.73	2.93	2.44	1.88	8.00	0.83	7.20
黏土	22.75	19.91	1.49	1.11	2.79	2.53	1.34	8.15	0.91	6.75

(2) 不同质地土壤对烤后烟叶样品中性致香物质含量的影响

香气物质是反映烟叶质量的重要品质因素之一。烟叶中化学成分的种类和数量较多，不同致香物质具有不同的化学结构和性质，因而对人的嗅觉可以产生不同的刺激作用，形成不同的嗅觉反应，对烟叶香气的质、量、型有不同的贡献。定量分析不同质地土壤烤后烟叶中的香气物质（见表 5-13），其中含量较高的组分有新植二烯、糠醛、茄酮、β-大马酮、香叶基丙酮、法尼基丙酮、苯甲醇等。不同质地土壤烤后烟叶中香气物质种类相同，但每种香气物质含量差异较大。砂壤土烤后烟叶中 3-羟基-β-二氢大马酮、氧化异佛尔酮、巨豆三烯酮 1、巨豆三烯酮 3、β-大马酮、法尼基丙酮、苯乙醛、糠醛、糠醇、2-乙酰基呋喃、3,4-二甲基-2,5-呋喃二酮、新植二烯等12 种物质含量均最高，砂土烟叶中巨豆三烯酮 2、香叶基丙酮、茄酮、2-乙酰基吡咯含量最高，壤土烟叶中二氢猕猴桃内酯、巨豆三烯酮 4、苯甲醛、苯甲醇、苯乙醇、5-甲基-2-糠醛含量最高，黏土烟叶中脱氢 β-紫罗兰酮、6-甲基-5-庚烯-2-酮、芳樟醇、4-乙烯-2-甲氧基苯酚、螺岩兰草酮含量最高。不同质地土壤烤后烟叶中中性致香物质总量由高到低为砂壤土、砂土、壤土和黏土，其中砂壤土烟叶是黏土烟叶的 1.48 倍，表明烤后烟叶中性致香物质含量与土壤质地密切相关。

(3) 不同质地土壤烤后烟叶样品中性致香物质含量分类分析

为便于分析不同质地土壤烤后烟叶中中性致香物质含量的差异，把所测定的致香物质按烟叶香气前体物进行分类，可分为类胡萝卜素类、类西柏烷类、苯丙氨酸类、棕色化产物类和新植二烯 5 大类。由图 5-23 和图 5-24 可知，不同质地土壤烤后烟叶样品中除类西柏烷类、苯丙氨酸类外，其他几类致香物质含量及中性致香物质总量均以砂壤土为最高。类胡萝卜素降解物类以砂壤土含量最高，其次是壤土，黏土含量最低，黏土与砂壤土、壤土之间差异极显著，砂壤土和壤土之间差异显著；类西柏烷类以砂土含量最

表 5-13　不同质地土壤烤后烟叶中性致香物质含量（单位：μg/g）

香气物质类型	中性致香成分	砂土	砂壤土	壤土	黏土
类胡萝卜素降解物类	二氢猕猴桃内酯	1.74a	2.04a	2.60a	2.29a
	3-羟基-β-二氢大马酮	1.87bB	3.12aA	2.24bAB	2.27bAB
	脱氢 β-紫罗兰酮	0.27aAB	0.13bB	0.23abAB	0.28aA
	氧化异佛尔酮	0.17a	0.23a	0.19a	0.22a
	巨豆三烯酮 1	1.35a	1.45a	1.43a	1.23a
	巨豆三烯酮 2	4.82a	4.70a	4.63a	3.67a
	巨豆三烯酮 3	1.78a	1.94a	1.42a	1.13a
	巨豆三烯酮 4	6.63a	7.02a	7.68a	5.60a
	β-大马酮	24.28bcBC	30.03aA	26.42bB	22.17cC
	6-甲基-5-庚烯-2-酮	1.49a	1.35a	1.50a	1.53a
	香叶基丙酮	9.12a	8.95a	7.78a	7.02a
	法尼基丙酮	14.57a	15.81a	14.89a	12.79a
	芳樟醇	2.15a	2.42a	2.35a	2.53a
	4-乙烯-2-甲氧基苯酚	0.10b	0.12ab	0.11ab	0.22a
	螺岩兰草酮	1.20bB	1.54bAB	1.58bAB	3.33aA
类西柏烷类	茄酮	64.10a	48.94a	41.53a	39.23a
苯丙氨酸类	苯甲醛	2.51a	2.94a	3.01a	2.44a
	苯甲醇	10.96a	22.63a	22.70a	11.40a
	苯乙醛	5.86a	7.43a	7.30a	5.88a
	苯乙醇	4.74b	7.83ab	9.60a	4.79b
棕色化产物类	糠醛	21.10a	24.51a	23.69a	19.51a
	糠醇	3.33a	3.78a	3.51a	2.59a
	2-乙酰基呋喃	0.69a	0.85a	0.80a	0.66a
	5-甲基-2-糠醛	1.00a	1.22a	1.48a	0.97a
	3，4-二甲基-2，5-呋喃二酮	3.01a	3.25a	2.78a	1.67a
	2-乙酰基吡咯	0.65a	0.49a	0.58a	0.58a
新植二烯	新植二烯	1096.50abA	1176.68aA	1047.71bA	778.09cB
总计		1285.95abA	1381.40aA	1239.71bA	934.09cB

注：表中大写字母不同表示差异极显著（$P<0.01$），小写字母不同表示差异显著（$P<0.05$）。

高，其次是砂壤土，黏土含量最低，呈现出随土壤沙性的减弱含量逐渐降低的趋势，且四种质地土壤之间差异不显著；苯丙氨酸类以壤土含量最高，其次是砂壤土，砂土含量最低，四种质地土壤之间差异不显著；棕色化产物类以砂壤土含量最高，其次是壤土，黏土含量最低，四种质地土壤之间差异不显著；新植二烯以砂壤土含量最高，其次是砂土，黏土含量最低，且黏土与其他三种质地土壤之间差异极显著，砂壤土和壤土之间差异显著；中性致香物质总量以砂壤土含量最高，其次是砂土，黏土含量最低，黏土与其他三种质地土壤之间差异极显著，砂壤土和壤土之间差异显著。综上所述，除砂土外其他三种质地土壤随着土壤沙性的减弱各种致香物质含量基本表现为逐渐降低的趋势。

（4）不同质地土壤烤后烟叶样品感官评吸

由表 5-14 可知，砂壤土烟叶香气质较好，砂土和壤土居中，黏土香气质较差；砂壤土和壤土烟叶香气量尚充足，砂土和黏土香气量较少；除壤土烟叶劲头较弱外，其他

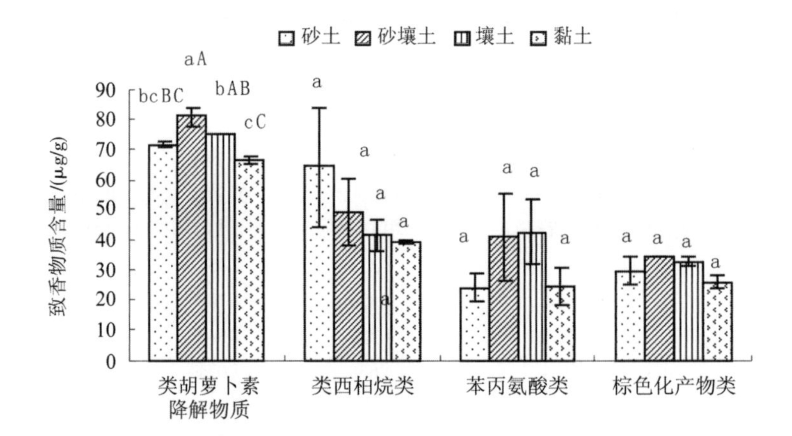

图 5-23　不同质地土壤对烤后烟叶除新植二烯外其他四种致香物质含量的影响

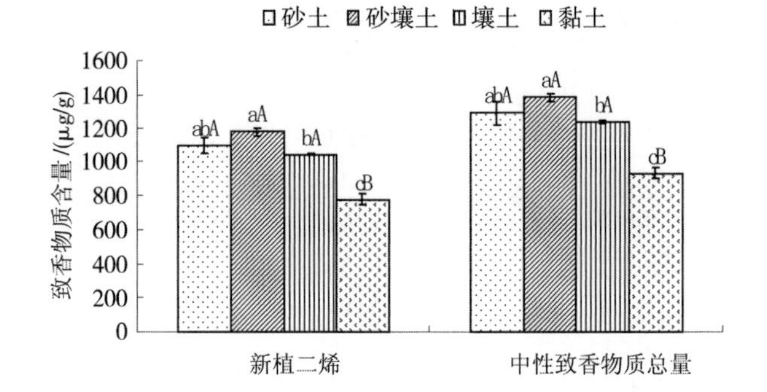

图 5-24　不同质地土壤对烤后烟叶新植二烯和中性致香物质总量的影响

三种质地土壤劲头适中；砂壤土和壤土烟叶余味干净，砂土和黏土余味尚干净；砂土、砂壤土和壤土微有刺激性，黏土较大；浓度除黏土较低外，其他三种质地土壤烟叶浓度较为适宜；砂土、砂壤土和壤土烟叶灰色灰白，黏土烟叶灰色发灰；除黏土烟叶杂气略重外，其他三种质地土壤烟叶微有杂气；不同质地土壤烤后烟叶样品评吸总分最高的是砂壤土，其次是砂土和壤土，黏土总分最低；就浓香型风格程度来说，砂土、砂壤土和壤土浓香型风格显著，黏土浓香型风格较显著，砂土和砂壤土烟叶有甜感，壤土烟叶稍有甜感，黏土烟叶无甜感。经过对感官质量综合评定，砂壤土烟叶感官质量最好，其次是砂土，黏土烟叶感官质量最差。

表 5-14　不同质地土壤烤后烟叶样品感官质量评吸

土壤质地	香气质(10)	香气量(10)	劲头(10)	余味(10)	刺激性(10)	浓度(10)	灰色(5)	杂气(10)	总分(75)	香型	风格程度	甜感
砂土	7.0	6.5	7.5	7.0	7.0	6.5	4.0	7.0	52.5	浓香	显著	有
砂壤土	7.5	7.0	7.5	7.5	7.2	6.5	4.0	7.0	54.2	浓香	显著	有
壤土	6.8	7.0	6.5	7.3	7.0	6.5	4.0	7.0	52.1	浓香	显著	稍有
黏土	5.5	6.5	7.5	7.0	6.5	6.0	3.5	6.5	49.0	浓香	较显著	无

（5）讨论

多数研究认为，水溶性总糖是决定烟气甜度、醇和度的主要因素，而总氮和烟碱则反映了烟叶的生理强度和烟气浓度。糖碱比、氮碱比是评价烟气酸碱平衡的重要指标，通常作为对烟气柔和性和细腻度的评价基础。4 种质地土壤烤后烟叶糖碱比和氮碱比均在适宜范围内，黏土烟叶钾氯比较低可能与土壤质地有关，研究表明，轻质冲积土的交换性钾与成熟烟叶中的钾含量有一定关系，土壤黏重不利于烟草对钾素的吸收。优质烟叶要求在燃吸过程中产生的香气量大质纯，香型突出，吃味醇和。通过分析烟叶致香物质含量和感官评吸鉴定，可以客观评价烟叶质量。随着土壤砂性的减弱各种致香物质含量基本表现为逐渐降低的趋势，这与不同质地土壤各种香气前体物降解程度不同有很大的关系。邱立友等（2009）认为含砂比例较高土壤，通透性强，土壤升温快，烟株发育早，生长代谢旺盛，干物质积累快，但由于土壤保水保肥能力差，后期易脱肥，烤烟生长受到较强的氧化应激，抗氧化物质类胡萝卜素和酚类等香气前体物质代偿性合成，并能适时进入衰老成熟，色素物质在采收期和烘烤时能够迅速降解，减少青杂气和刺激性，并产生大量的香气物质。烟叶是满足人们吸食需要的特殊商品，感官评价是衡量烟叶品质和香气状况最直接、可靠的标准。砂壤土烤后烟叶样品香气质和香气量评吸得分最高，与其具有丰富的香气物质基础有关，而较高的香气物质含量是烟株前期能够合成较多的光合产物和香气前体物，成熟期大分子物质能够充分降解二者综合作用的结果；黏土地烟叶香气物质含量和感官评价得分较低与氮代谢滞后，成熟期物质降解不充分有关。

（6）结论

研究结果表明，砂土烟叶总糖、还原糖含量最高，砂壤土烟叶钾和总氮含量均最高，壤土烟叶烟碱含量最高，钾氯比以壤土烟叶最高，其次是砂壤土烟叶，黏土烟叶最低，糖碱比以砂土烟叶最高，砂壤土烟叶次之，壤土烟叶最低，氮碱比以砂壤土最高，其次是黏土烟叶，壤土烟叶最低。砂壤土、壤土烟叶化学成分协调性较好，砂土烟叶次之，黏土烟叶协调性最差。不同质地土壤烤后烟叶石油醚提取物含量由高到低依次是砂壤土>壤土>黏土>砂土。各种中性致香物质含量在不同质地土壤烤后烟叶样品中有较大差异，不同质地土壤烤后烟叶样品中除类西柏烷类、苯丙氨酸类外，其他几类致香物质含量及中性致香物质总量均以砂壤土为最高，并且可以看出除砂土外，其他 3 种质地土壤烟叶随着土壤砂性的减弱各种致香物质含量基本表现为逐渐降低的趋势。对感官质量综合评定，砂壤土烟叶感官质量最好，烟叶香气量大，焦甜香韵明显，其次是砂土，黏土烟叶感官质量最差，这与各种质地土壤中性致香物质总量差异性是一致的。砂土地烟叶香气质好，但香气量不足。综上所述，砂壤土烟叶香气质量较好，浓香型突出，焦甜香韵显著，并且烟气柔和，有利于优质浓香型烟叶生产。

2. 皖南不同质地土壤烤后烟叶香气成分含量及焦甜香风格的差异

特色优质烟叶开发是我国烤烟生产发展的重要方向。烟叶风格特色的形成是生态因素、遗传因素和栽培因素共同作用的结果，其中生态条件决定了烟叶香气风格的类型和潜力，栽培因素决定了风格特色的显示度和彰显度。皖南烟叶在不同程度上具有焦甜香风格，表现为烟气回甜感较强，香气浓郁，透发性好，与进口优质津巴布韦烟叶具有较高的相似性。在皖南特定的气候条件下，土壤因素对焦甜香风格烟叶的形成起重要作用。土壤类型和土壤性状的差异导致烟叶碳代谢和氮代谢强度、协调性和动态变化的不同，进而影响烟叶化学成分和香气成分。皖南产区植烟土壤主要有 3 种不同质地的典型土壤，分别为冲积砂壤土、河滩粉砂土和水稻土。其中砂壤土土壤通透性较好，有机质含量中等，有一定的肥力基础；粉砂土土壤保水保肥能力差，有机质含量低，肥力水平低，烟田易脱肥；水稻土质地较为黏重，通透性差，土壤肥力水平高，烟叶生长后期供肥能力相对较强。选取皖南典型土壤对不同质地土壤烤后烟叶的化学成分和中性香气物质含量进行了分析，对烟叶样品进行了感官评吸鉴定，旨在探明皖南产区土壤质地与烟叶化学成分含量及焦甜香风格形成的关系，为进一步采取栽培措施彰显焦甜香特色，开发焦甜香烟叶提供理论基础（史宏志，2009b；李志等，2010a）。

1）不同土壤烟叶调制后中性香气成分含量的差异

对不同土壤生产的 3 个部位和等级烟叶（X2F、C3F、B2F）中性香气成分进行分离鉴定，定量出 28 种在中性挥发物中比重较高，对烟气香味品质影响较大的香气成分，结果见表 5-15。各样品含量最丰富的中性成分均为叶绿素的降解产物新植二烯，其次为腺毛分泌物西柏三烯类降解产物茄酮，其他含量较高的有巨豆三烯酮 2、巨豆三烯酮 3、β–大马酮、吲哚、苯乙醇、苯乙醛、糠醛、香叶基丙酮、3–羟基–β–二氢大马酮、二氢猕猴桃内酯、法尼基丙酮等。在所测香气成分中，巨豆三烯酮、β–大马酮、香叶基丙酮、3–羟基–β–二氢大马酮、二氢猕猴桃内酯、法尼基丙酮均为类胡萝卜素降解产物；苯乙醇、苯乙醛、苯甲醛和苯甲醇为苯丙氨酸裂解产物；糠醛、糠醇、5–甲基糠醛、2–乙酰吡咯、2–乙酰呋喃等为糖类降解产物。

质体色素降解产物是烤烟一类重要的香气成分，对烤烟香气品质贡献较大。国外优质烤烟的类胡萝卜素降解产物，如巨豆三烯酮、大马酮等含量显著高于国内烤烟。3 种质地土壤生产的烟叶质体色素降解产物含量有显著差异，而且不同部位叶片有不同的表现。下部叶和中部叶一般表现为冲积砂壤土和河滩粉砂土烟叶的质体色素降解产物含量高于水稻土，其中巨豆三烯酮 1、巨豆三烯酮 2、巨豆三烯酮 4 含量以冲积砂壤土最高，三羟基–β–二氢大马酮、β–大马酮、香叶基丙酮、二氢猕猴桃内酯含量在砂壤土和粉砂土烟叶间无显著差异，但大都高于水稻土烟叶。上部叶一般表现为粉砂土烟叶质体色素降解产物含量较低，冲积砂壤土和水稻土烟叶含量相对较高，其中水稻土上部烟叶中的巨豆三烯酮 2、巨豆三烯酮 4 含量明显高于其他处理，而 β–大马酮、二氢猕猴桃内酯和法尼基丙酮含量以冲积砂壤土烟叶含量最高。粉砂土上部叶质体色素降解产物含量最低。

茄酮是腺毛分泌物西柏烷类的主要降解产物，其含量以中部叶最高，其次为上部叶，下部叶含量较低。不同质地土壤烟叶间比较，中部叶以冲积砂壤土含量最高，其他部位烟叶在不同土壤间差异较小。

苯乙醛、苯乙醇、苯甲醛和苯甲醇为苯丙氨酸代谢产物。冲积砂壤土和河滩粉砂土烟叶苯丙氨酸代谢产物含量在部位间变化较小，水稻土烟叶苯丙氨酸代谢产物含量则随着部位的升高呈明显增高的趋势，因此下部叶冲积砂壤土的苯乙醇、苯甲醇含量处于较高水平，上部叶 4 种产物含量多以水稻土烟叶最高。

糖类降解产物一般具有焦甜香、面包香的香味特征。冲积砂壤土烟叶糖类降解产物显著高于其他质地土壤的烟叶，不同部位烟叶表现相似的规律，且以上部叶更为突出，糠醛、糠醇、2–乙酰基吡咯等含量水平都较高。3 种土壤以水稻土烟叶糖类降解产物含量相对较低，特别是上部叶更为明显。

表 5-15　不同质地土壤烤后烟叶中性香气成分含量（单位：μg/g）

香气物质	X2F			C3F			B2F		
	冲积砂壤土	河滩粉砂土	黏质水稻土	冲积砂壤土	河滩粉砂土	黏质水稻土	冲积砂壤土	河滩粉砂土	黏质水稻土
糠醛	15.47	13.56	11.51	16.32	14.71	14.59	22.06	22.20	17.47
糠醇	4.14	1.90	2.17	2.52	2.41	2.15	5.31	3.79	1.85
2–乙酰呋喃	1.29	1.10	0.76	0.87	0.65	0.63	1.29	1.01	0.75
5–甲基糠醛	2.68	3.01	2.16	2.23	1.94	1.06	2.94	2.33	2.21
苯甲醛	2.73	2.96	2.24	3.60	3.15	2.98	3.80	4.27	4.36
6–甲基–5–庚烯–2–酮	1.80	0.84	1.32	1.84	1.67	1.75	2.17	1.43	1.98
苯甲醇	6.59	4.90	5.62	5.15	3.95	9.06	6.38	6.53	10.29
3,4–二甲基–2,5–呋喃二酮	0.81	0.51	0.64	0.85	0.54	0.81	0.94	0.85	0.90
苯乙醛	6.17	6.48	3.18	5.05	2.91	3.58	4.62	2.87	6.11
2–乙酰基吡咯	1.51	1.14	0.87	0.94	0.32	0.76	1.44	0.92	0.66
芳樟醇	2.69	2.36	2.29	3.73	3.30	2.98	3.08	3.40	3.70
苯乙醇	4.34	2.81	3.06	2.85	2.22	4.76	2.94	3.30	4.98
氧化异佛尔酮	0.33	0.00	0.35	0.36	0.36	0.43	0.49	0.39	0.52
吲哚	1.00	1.69	1.18	1.02	1.35	1.33	1.01	1.57	1.70
4–乙烯基–2 甲氧基苯酚	1.86	7.33	7.04	1.55	6.56	5.48	3.29	3.99	5.36
茄酮	64.16	57.63	64.18	120.59	114.50	111.28	99.87	96.32	99.57
β–大马酮	31.01	31.07	27.00	35.32	35.33	29.12	28.85	27.33	22.91
香叶基丙酮	3.58	3.56	3.28	5.43	5.83	4.83	6.08	5.67	7.31
脱氢–β–紫罗兰酮	0.23	0.00	0.00	0.00	0.00	0.00	0.00	0.00	0.00
二氢猕猴桃内酯	3.83	4.10	3.60	3.93	2.09	3.63	3.24	3.19	2.88
巨豆三烯酮 1	3.08	2.23	1.93	2.76	2.64	2.37	3.25	2.84	3.73
巨豆三烯酮 2	11.90	9.27	7.92	11.49	10.47	9.53	12.49	11.23	15.69
巨豆三烯酮 3	2.63	2.87	2.27	3.33	2.67	2.36	3.13	2.64	3.48
三羟基–β–二氢大马酮	2.43	2.32	1.46	1.05	0.00	0.55	2.22	1.26	0.60
巨豆三烯酮 4	15.52	12.22	10.17	13.08	11.92	11.66	14.99	12.09	18.48
螺岩兰草酮	0.23	0.00	0.00	0.23	0.23	0.23	0.23	0.34	0.55
新植二烯	1678	1369	1087	1266	1381	1163	1501	1422	1393
法尼基丙酮	15.69	12.68	13.25	16.24	15.66	15.39	18.30	17.52	15.91
合计（除新植二烯外）	207.7	188.4	167.94	246.01	232.67	228.71	232.35	217.08	236.48

2）不同质地土壤烤后烟叶化学成分的差异

烟叶总糖、总 N 和烟碱含量是影响烟叶感官质量和香气风格的重要因素。皖南不同质地土壤和不同部位烟叶常规化学成分含量见表 5-16。不同质地土壤上烟叶的糖分含量差异显著，冲积砂壤土和河滩粉砂土 3 个部位烟叶的总糖含量明显高于水稻土烟叶。冲积砂壤土烟叶总糖含量有随着叶位的升高而不断增加的趋势，水稻土和粉砂土总糖含量以中部叶最高，其中水稻土上部叶总糖含量下降较为明显。3 种质地土壤上烟叶的烟碱含量均表现为随叶位的升高而升高，但变化模式有显著差异，冲积砂壤土烟叶烟碱含量在部位间差异较小，下部叶烟碱含量显著高于河滩粉砂土和水稻土。水稻土下部叶烟碱含量最低，而上部叶较高，部位间差异较为明显。总 N 含量也表现为随部位升高而增高的趋势，各部位烟叶均以粉砂土含量最低，中部叶和上部叶以水稻土烟叶总N含量最高。从糖碱比来看，冲积砂壤土3个部位烟叶的比值比较适中，而水稻土烟叶中上部叶比值明显偏小，河滩粉砂土烟叶比值偏高。

表 5-16　不同质地土壤烤后烟叶常规化学成分含量的差异

样品	土壤	化学成分			糖碱比
		总糖/%	总氮/%	烟碱/%	
X2F	冲积砂壤土	25.75	1.63	2.46	10.5
	河滩粉砂土	23.06	1.43	1.80	12.8
	黏质水稻土	20.17	1.60	1.39	14.5
C3F	冲积砂壤土	28.96	1.75	2.96	9.8
	河滩粉砂土	30.29	1.55	1.98	15.3
	黏质水稻土	25.85	2.02	2.94	8.8
B2F	冲积砂壤土	29.00	1.82	3.35	8.7
	河滩粉砂土	27.63	1.72	2.46	11.2
	冲积水稻土	21.37	2.25	3.40	6.3

3）不同土壤烤后烟叶样品感官质量的差异

三种不同土壤烤后烟叶样品感官评吸结果见表5-17。冲积砂壤土烟叶主要表现在香气质相对较好，中部和上部叶香气量大，劲头适中或较为适中，烟气浓度较大，余味舒适，杂气较小，焦甜香明显。水稻土主要表现在中上部叶香气量较大，香气质中等，上部叶劲头偏大，杂气略重，中部和上部叶片焦甜香不明显。河滩粉砂土突出表现在香气量相对偏小，劲头偏小，浓度较低，焦甜香风格不突出。

表 5-17　不同质地土壤烤后烟叶样品感官质量和焦甜香风格程度

土壤	部位等级	香气质	香气量	劲头	浓度	余味	杂气	焦甜香
冲积砂壤土	X2F	中+	中+	中	中+	舒适	较小	较显著
	C3F	较好	大	中	较大	舒适	较小	显著
	B2F	中+	大	中+	较大	中+	中	显著
黏质水稻土	X2F	中	中	中	中	中	中	略有
	C3F	中	较大	中+	中	中	中	不显著
	B2F	中–	大	大	较大	中–	中偏大	不显著
河滩粉砂土	X2F	中	较小	较小	中	中	中	略有
	C3F	中+	中	较小	中	中+	中	有
	B2F	中	较小	中–	较低	中	中	略有

4）皖南焦甜香烟叶色素残留量及与国外优质烟叶对比

分析皖南烟叶与国内外优质烟叶调制后质体色素残留量（表5-18），结果表明，美国、津巴布韦、巴西等进口烟叶的质体色素含量较低，尤其是紫黄质、叶黄质和新黄质降解比较彻底，皖南烟叶中焦甜香风格比较突出的四个样品与国外烟叶相似度较高，色素降解较为彻底，而焦甜香不显著的烟叶，色素残留较多。因此，烟叶质体色素降解充分是皖南焦甜香型风格烟叶的又一显著特点。

表 5-18　国内外烟叶几种主要质体色素含量的差异（单位：mg/kg）

产地	部位	β-胡萝卜素	叶绿素 a	叶绿素 b	紫黄质	叶黄质	新黄质	焦甜香
巴西	中部	52.96	6.39	56.2	未检出	未检出	未检出	—
巴西	中部	48.93	未检出	56.32	未检出	未检出	未检出	—
巴西	上部	61.13	未检出	65.21	未检出	16.11	未检出	—
巴西	上部	60.11	未检出	60.46	未检出	未检出	未检出	—
津巴布韦	中部	17.17	未检出	21.75	未检出	未检出	未检出	—
津巴布韦	上部	63.47	未检出	60.8	未检出	16.94	未检出	—
津巴布韦	中部	42.84	未检出	70.77	未检出	未检出	未检出	—
津巴布韦	上部	54.35	未检出	11.55	未检出	未检出	未检出	—
美国	中部	16.68	未检出	26.72	未检出	未检出	未检出	—
美国	中部	27.97	未检出	33.68	未检出	未检出	未检出	—
美国	上部	40	未检出	48.68	未检出	未检出	未检出	—
美国	上部	25.86	未检出	33.13	未检出	未检出	未检出	—
皖南新田	中部	61.51	未检出	49.66	8.9	6.21	未检出	强
皖南文昌	中部	51.05	未检出	53.57	未检出	6.26	未检出	强
皖南新田	上部	66.34	5.49	71.77	未检出	未检出	未检出	强
皖南文昌	上部	53.83	未检出	67.22	未检出	未检出	未检出	强
皖南文昌	中部	102.57	5.65	59.08	9.67	6.22	未检出	有
皖南文昌	上部	94.37	8.26	82.54	未检出	7.52	未检出	有
皖南泾县	中部	106.09	6.4	105.25	10.18	17.79	9.06	稍有
皖南泾县	上部	149.84	6.06	99.08	9.57	25.29	9.75	稍有
皖南文昌	中部	160.09	6.54	149.71	9.67	32.02	9.3	稍有
皖南文昌	中部	165.15	6.22	161.44	14.75	37.18	11.6	稍有
皖南文昌	上部	134.96	6.01	147.28	23.95	77.28	14.29	弱
皖南文昌	上部	204.13	6.04	188.65	26.39	36.62	9.05	弱
皖南文昌	中部	131.85	6.02	139.88	17.66	40.18	15.79	弱
皖南文昌	上部	161.76	7.03	152.64	17.37	54.13	14.18	弱
皖南寒亭	上部	138.63	6.62	80.92	13.34	36	10.52	弱
皖南寒亭	中部	136.89	6.88	105.36	13.4	33.61	10.98	弱

注：国内烟叶中部叶为 C3F，上部叶为 B2F，进口烟叶为同部位相近烟叶。

5）结论与讨论

烟叶的质量特色是烟叶和烟气中一系列与香气有关的化学成分的种类、含量和比例共同作用的结果。本研究结果表明，皖南产区不同土壤质地对烟叶香味成分含量和感官品质和焦甜香风格有重要影响。冲积砂壤土 3 个部位烟叶的类胡萝卜素降解产物含量和糖类降解产物含量、中部叶的西柏烷类降解产物茄酮含量、下部叶的苯丙氨酸裂解产物含量水平相对较高，总糖含量高，且随部位增高有持续增加趋势，总 N 含量适中，烟碱含量部位间差异较小，且处于偏高水平。在高糖高碱条件下，保持糖碱比适宜是砂壤土烟叶化学组成的一大特点，评吸认为其感官质量优良，焦甜香突出。水稻土下部和中部叶类胡萝卜素降解产物含量、中部叶茄酮含量偏低，而上部叶苯丙氨酸裂解产物和类胡萝卜素降解产物较高，常规化学成分中总糖含量较低，上部叶烟碱和总 N 含量偏高，糖碱比偏低，感官评吸认为焦甜香不显著，上部叶虽香气量大，但劲头偏大。河滩粉砂土烟叶一般表现为中上部烟叶各类香气物质含量偏低，总糖含量较高，但含氮化合物含量偏低，糖碱比偏高，评吸认为有焦甜香但不显著，烟叶香气量偏小，劲头不足。

不同质地土壤烟叶化学成分和感官质量的差异与土壤的物理化学性状有直接关系，冲积砂壤土土质疏松多孔，通透性良好，且有较高的肥力基础，土壤有效养分含量较高，这为前、中期烟叶旺盛的碳氮代谢、充足的光合产物形成和大量的香气前体物的积累奠定了基础，而在后期由于烟株生长对 N 素的消耗和雨水对 N 素的淋失作用使烟株 N 代谢减弱，为烟叶大分子有机物，特别是香气前体物的降解转化提供了条件。水稻土黏性较大，通透性不良，温度回升慢，土壤有机质含量高。因此，烟叶前期生长慢，后期土壤有效养分供应相对充足，成熟落黄晚，N 代谢滞后。粉砂土土壤砂性过强，土壤孔隙度大，有机质含量低，有效养分供应不足，所以 C、N 代谢水平较低，光合产物的制造和积累都比较少，因此认为，皖南焦甜香烟叶的形成是特定气候条件和特定土壤条件共同作用的结果，在充分认识焦甜香烟叶生产对土壤条件需求的基础上，通过农艺措施创造有利于焦甜香烟叶形成的环境条件是彰显焦甜香风格，发展特色烟叶的有效途径。

5.1.3 黏质土壤客土改良对烟叶质量特色的影响

土壤作为农业生产的基本生产资料，对烟叶的生产起着至关重要的作用，适宜的土壤条件是烟叶适产、优质的重要基础。其中土壤质地对烟叶生产有重要的影响，土壤质地主要通过对土壤水、肥、气的供应状态的影响，进而影响作物根系的生长发育及对矿质元素的吸收，影响到作物的产量和品质的形成。有研究表明，优质烟叶生产的土壤质地应该以砂壤土至中壤土为宜，砂壤土烟叶在烟株外观上也表现为生长速度快，生长量大，营养体大，开片良好，叶片内含物充实，且烟叶产量与土壤中物理性黏粒的含量呈现极显著的负相关性。陈杰等（2011）研究认为，质地较轻的砂壤种植的烟叶具有高糖、低碱、高糖碱比和高氮碱比的特征；质地较重的粉黏土，其烟叶具有低糖、高碱、低糖碱比和低氮碱比的特征。为了进一步研究和验证土壤质地对烟叶特色的影响，采用对黏质土壤进行客土改良方法人为改变土壤质地，探索对烟叶风格特征影响的效果及机理（钱华，2012b）。

1. 豫中不同砂土和黏土比例对豫中烤烟质量特色的影响

河南省豫中产区是重要的浓香型烟叶产区，主要包括河南中部的平顶山、许昌、漯河市产区，该地区的土壤类型主要是褐土，但土壤质地差异较大，从汝河、砂河两岸到丘陵呈现由砂土到壤土再到黏土的变化特征。为明确豫中产区土壤质地对烤烟质量特色的影响，本研究采用池栽方法，研究了不同砂土和黏土比例对烤烟质量特色的影响，以期为阐明浓香型特色烟叶形成机理提供理论依据。

2011 年试验在平顶山市郏县进行。按 120cm×50cm 的行株距池栽，每个栽培池面积为 2.5m×3.6m，池深为 40cm，各培养池之间作隔水处理，保证处理间无水肥干扰，以当地常规施肥及灌溉方式进行水肥管理。试验共设置 4 个处理：T1（100% 砂土）、T2（2/3 砂土+1/3 黏土）、T3（1/3 砂土+2/3 黏土）、T4（100% 黏土）（各比例均为体积百分比）。砂土来源于平顶山宝丰县高铁炉，其砂粒、粉粒、黏粒的含量比例分别为：65.3%、28.99%、5.7%。黏土来源于平顶山郏县茨芭，其砂粒、粉粒、黏粒的含量比例分别为：18.56%、32.51%、48.93%。

1）不同砂黏比对圆顶时期烟草各部位干物质重的影响

如图 5-25 所示，不同砂黏比对烟株各部位的干物质积累有重要的影响。T2（2/3 砂土+1/3 黏土）处理的烟草各部位的干物质积累量都最大，且该处理烟株茎、叶的干物质重与其他处理之间的差异均达到显著水平；其次是 T3（1/3 砂土+2/3 黏土）和 T4（100%黏土）处理各部位的干物质较重，但两者之间差异未达到显著水平；各部位干物质积累都最少的是 100%砂土处理 T1。由此可见，烟草各部位干物质的积累量在不同质地土壤上表现为：砂质壤土（中质地）>黏壤土>黏土>砂质土（粗质地）。

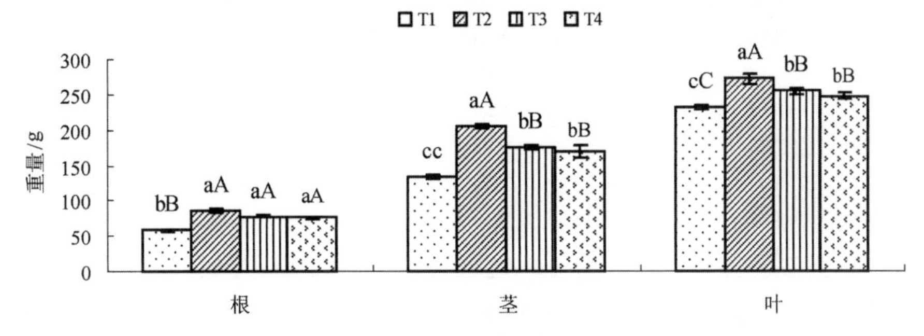

注：图中不同小写字母表示处理间差异在 $P<0.05$ 水平显著；大写字母表示在 $P<0.01$ 水平极显著。

图 5-25　不同砂黏比对烟株圆顶时期各部位干重的影响

2）不同砂黏比对烤后烟叶物理特性的影响

砂黏比对烤后烟叶物理特性的影响如表 5-19 所示。各处理对上部叶的长、宽、叶面积、梗重、含梗率的影响不明显，差异均未达到显著水平。上部单叶重 T2>T3>T4>T1，T2 处理的上部叶单叶重与 T1 处理相比差异达到显著水平；填充值 T3>T4>T2>T1。不同处理对中部叶物理特性的影响则表现为：T3 处理的叶长、叶宽、叶面积、梗重、含梗率、填充值最大，且叶长、叶面积与 T1、T2 之间差异达到显著水平。T1 处理的叶面积和单叶重均最低。T3 与 T1 之间梗重差异达到显著水平。

表 5-19　不同砂黏比对烤后烟叶物理特性的影响

部位	处理	叶长/cm	叶宽/cm	叶面积/cm²	单叶重/g	梗重/g	含梗率/%	填充值/(cm³/g)
B2F	T1	55.38a	27.18a	1014.76a	14.54b	3.76a	27.15a	2.48
	T2	59.76a	30.28a	1141.89a	18.20a	4.26a	24.28a	2.62
	T3	57.80a	28.04a	1029.15a	17.26ab	4.36a	25.24a	2.98
	T4	57.50a	26.54a	967.00a	16.50ab	3.86a	23.51a	2.66
C3F	T1	59.96b	29.10a	1107.21b	14.00a	3.76b	26.77a	2.74
	T2	65.88b	30.12a	1256.57b	16.06a	4.36ab	27.38a	2.81
	T3	66.32a	31.16a	1314.67a	15.76a	4.06a	31.12a	3.40
	T4	63.66ab	29.46a	1192.82ab	15.42a	4.08ab	26.75a	2.58

注：表中同列不同小写字母表示同一部位烟叶处理间差异在 $P<0.05$ 水平显著（下同）。

3）不同砂黏比对烤后烟叶外观质量的影响

砂黏比对烤后烟叶外观质量的影响如表 5-20 所示。各处理的上部叶和中部叶颜色、身份、油分、色度差异都不大。但不同处理的上部叶和中部叶的成熟度和结构却有较大差异，上部叶的成熟度以 T2 处理的最好，与其他处理之间差异均达到显著水平；中部叶的成熟度以 T1 和 T2 处理的最好，与其他处理之间差异均达到显著水平。上部叶结构以 T2 处理的最好，与 T1 处理之间差异达到显著水平；中部叶的则以 T4 处理的最差。从总分来看，上部叶的外观质量以 T2 的最优，中部叶以 T2 和 T1 处理的最佳。

表 5-20　不同砂土黏土比例对烤后烟叶外观质量的影响

部位	处理	颜色（10）	成熟度（10）	结构（10）	身份（10）	油分（10）	色度（10）	总分（60）
B2F	T1	8.0a	8.7b	6.3b	7.7a	6.3a	7.0a	44.0b
	T2	8.7a	10.0a	8.7a	8.0a	7.0a	8.3a	50.7a
	T3	8.7a	9.0b	8.0a	7.7a	6.3a	7.0a	46.0ab
	T4	8.6a	8.7b	7.3ab	7.3a	7.0a	7.3a	46.7ab
C3F	T1	7.0a	9.7a	8.7a	8.7a	7.7a	6.3a	49.0a
	T2	8.0a	10.0a	8.7a	8.0a	7.3a	7.3a	49.3a
	T3	8.0a	8.7b	8.3a	7.7a	5.7b	6.7a	45.0b
	T4	8.0a	7.7c	6.7b	8.0a	5.0b	6.7a	42.0b

4）不同砂黏比对烤后烟叶常规化学成分的影响

烤后烟叶的化学成分的协调与否是评价烟叶品质好坏的重要指标之一。由表 5-21 可以看出，客土改良会引起烤后烟叶常规化学成分改变，T2 处理上部叶的总糖和还原糖的含量最高，烟碱和总氮的含量相对来说比较低，两糖比也达到了优质烤烟质量的标准。中部叶则表现为 T1 处理的两糖及钾的含量最高，其次是 T2 处理，各处理烟碱的含量均在适宜范围内。T2 和 T3 处理的糖碱比均在最适范围内（8～10）。综合比较可知，T2 处理的上部叶和中部叶的常规化学成分最为协调。

表 5-21　不同砂黏比对烤后烟叶常规化学成分的影响

部位	处理	单位 g/kg						钾氯比	糖碱比	氮碱比	两糖比
		总糖	还原糖	钾	氯	烟碱	总氮				
B2F	T1	230.2	199.7	14.7	9.4	27.3	26.1	1.56	7.60	0.86	0.87
	T2	232.3	210.7	16.2	7.3	27.4	24.6	2.22	7.91	0.90	0.91
	T3	229.3	182.1	16.5	8.2	28.9	25.2	2.01	7.94	0.87	0.79
	T4	207.5	180.3	15.3	8.0	31.9	24.9	1.46	7.14	0.78	0.80
C3F	T1	255.2	223.8	18.2	9.7	26.7	24.5	1.87	10.31	0.89	0.86
	T2	250.3	222.0	17.2	7.7	27.5	24.9	2.23	8.79	0.80	0.85
	T3	247.4	218.4	16.2	7.2	27.2	24.1	2.25	9.09	0.89	0.88
	T4	221.2	196.9	14.3	8.3	28.0	23.8	1.39	10.04	0.99	0.89

5）不同砂黏比对烤后烟叶中性致香成分的影响

(1) 不同砂黏比对烤后上部烟叶中致香成分的影响

砂黏比对烤后烟叶中性致香成分有一定的影响，如表 5-22 所示。砂黏比对上部叶中性致香成分有重要的影响。大部分类胡萝卜素的降解产物以T2处理含量最高，有一部分则为T4处理的含量最高；棕色化反应产物则均以T4处理的含量最高，其次是T2处理；芳香族氨基酸降解产物的规律则不明显，但大部分以T2/T4处理为最高；茄酮的含量以T4处理的含量最高，新植二烯则以T2处理的含量最高。上部叶中除新植二烯之外的致香成分的总量以T2处理的含量最高，其次是T4、T1处理中的含量最低。

表5-22　不同砂黏比对上部叶中性致香物质成分的影响（单位：μg/kg）

香气物质类型	中性致香物质成分	T1	T2	T3	T4
类胡萝卜素降解物类	6-甲基-5-庚烯-2-酮	2.4698	3.5941	2.7344	3.6809
	6-甲基-5-庚烯-2-醇	0.3921	0.3025	0.3237	0.3407
	芳樟醇	3.9100	4.8396	4.1091	4.0478
	氧化异佛尔酮	0.3354	0.3608	0.3292	0.3001
	4-乙烯-2-甲氧基苯酚	0.1422	0.3007	0.1370	0.1439
	β-二氢大马酮	2.5769	2.6650	2.6768	2.1553
	β-大马酮	20.0097	22.6683	20.0194	20.4217
	香叶基丙酮	2.2481	1.9747	1.9252	2.4214
	二氢猕猴桃内酯	0.8228	1.6426	1.1629	1.3378
	巨豆三烯酮1	2.4968	3.2560	3.3454	2.7197
	巨豆三烯酮2	8.5426	9.0423	11.2102	8.1378
	巨豆三烯酮3	1.8997	2.8576	2.4787	2.0657
	3-羟基-β-二氢大马酮	1.3304	2.4748	2.1748	2.1985
	巨豆三烯酮4	9.3801	12.9816	12.6885	10.4914
类胡萝卜素降解物类	螺岩兰草酮	1.2904	1.9223	1.7284	1.7533
	法尼基丙酮	12.3249	14.7130	16.8120	13.045
棕色化反应产物	糠醛	26.2081	26.1499	25.7396	27.8249
	糠醇	2.8053	1.7981	2.2153	4.3156
	2-乙酰基呋喃	0.8874	0.7206	0.9477	0.9318
	5-甲基-2-糠醛	0.9303	0.8928	1.0229	1.0360
	3,4-二甲基-2,5-呋喃二酮	0.4272	0.4951	0.4532	0.6616
	2-乙酰基吡咯	0.6702	0.9654	0.9146	1.1273
芳香族氨基酸降解产物	苯甲醇	24.2996	25.4259	25.9332	28.3108
	苯乙醛	14.7662	14.9604	13.9189	14.0575
	苯乙醇	8.2828	9.1799	9.1876	10.0781
	苯甲醛	4.3975	3.4524	4.5627	4.0123
类西柏烷类	茄酮	45.0675	42.3907	35.2397	47.0289
新植二烯		892	972	1124	892
总量（除新植二烯外）		198.9140	212.0271	203.9911	204.6458

（2）不同砂黏比对烤后中部烟叶中致香成分的影响

如表5-23所示，不同砂黏比处理中部叶中性致香成分的含量不同。中部叶中类胡萝卜素降解产物的含量大部分以T2处理的含量最高，其次是T4处理；棕色化反应产物的含量的规律不明显；芳香族氨基酸降解产物的含量基本上以T4或者T3处理的含量较高；茄酮的含量以T2处理的含量最高，新植二烯则以T4处理的含量最高。除新植二烯之外的致香成分的总量以 T2 处理含量最高，其次是 T3，T1 处理的含量最低。

表 5-23　不同砂黏比对中部叶中性致香物质成分的影响（单位：μg/kg）

香气物质类型	中性致香物质成分	T1	T2	T3	T4
类胡萝卜素降解物类	6-甲基-5-庚烯-2-酮	1.6577	3.1004	2.0598	1.5446
	6-甲基-5-庚烯-2-醇	0.2921	0.4067	0.2037	0.2132
	芳樟醇	2.3466	3.0105	2.8328	2.8011
	氧化异佛尔酮	0.1246	0.2135	0.1810	0.2057
	4-乙烯-2-甲氧基苯酚	0.1026	0.2170	0.0908	0.1434
	β-二氢大马酮	1.5910	2.2202	1.8538	2.0010
	β-大马酮	24.2833	26.9087	27.1083	27.5902
	香叶基丙酮	1.7228	2.1976	1.5823	1.6034
	二氢猕猴桃内酯	0.9349	0.9621	0.9779	1.2381
	巨豆三烯酮 1	2.4394	2.5616	2.5792	2.5854
	巨豆三烯酮 2	9.2334	9.5891	8.8991	8.8637
	巨豆三烯酮 3	2.0222	2.3780	2.1605	2.0050
	3-羟基-β-二氢大马酮	2.0194	2.5405	2.7796	3.5352
	巨豆三烯酮 4	10.2308	11.0971	11.1337	10.2932
类胡萝卜素降解物类	螺岩兰草酮	1.2262	2.0356	1.4204	1.5279
	法尼基丙酮	11.4676	13.8210	11.2633	11.6929
棕色化反应产物	糠醛	17.0680	21.5601	22.0167	23.3387
	糠醇	2.1092	3.8498	4.7478	4.4385
	2-乙酰基呋喃	0.5755	0.8644	0.7824	0.6967
	5-甲基-2-糠醛	1.1741	1.9320	1.6411	1.9181
	3，4-二甲基-2，5-呋喃二酮	0.3639	0.4600	0.5711	0.4621
	2-乙酰基吡咯	0.7315	0.9955	0.9934	0.9604
芳香族氨基酸降解产物	苯甲醛	3.0804	3.8519	3.9614	3.4574
	苯甲醇	13.1571	22.9733	32.0440	36.1183
	苯乙醛	10.6734	11.3455	13.2027	14.3445
	苯乙醇	5.8117	9.4268	11.9409	11.5071
类西柏烷类	茄酮	29.9380	49.1281	31.9942	29.4884
新植二烯		1016	947	1056	1131
总量（除新植二烯外）		84.6828	126.8874	123.8957	126.7302

6）不同砂黏比对烟叶感官品质和风格特征的影响

（1）不同砂黏比对烟叶感官品质特征的影响

不同砂黏比对烟叶感官品质特征的影响如表 5-24 所示。上部叶香气量的评分以 T2 和 T3 处理的评分较高，T4 处理的评分最低；中部叶的香气量和香气质的评分均以 T2 处理的最高，T1 处理的评分最低。上部叶和中部叶杂气和刺激性的评分以 T1 和 T2 处理的最低，余味以 T2 处理的评分最高。综合来看，T2 处理的感官品质特征最优。

（2）不同砂黏比对烟叶感官风格特征的影响

如表 5-25 所示，不同砂黏比的烟叶的感官风格特征有一定的差异。上部叶和中部叶均以 T2 处理的浓香型显示度最好，其次是 T3 处理。香韵和沉溢度均以 T2 处理最佳。

表 5-24　不同砂黏比对烟叶感官品质特征的影响

部位	处理	香气量（5）	香气质（5）	刺激性（5）	杂气（5）	刺激性（5）	余味（5）
B2F	T1	3.2	3.5	2.9	2.6	2.2	3.0
	T2	3.8	3.7	3.2	2.6	2.0	3.3
	T3	3.6	3.7	3.3	2.8	2.3	3.3
	T4	3.1	3.2	3.3	3.1	2.6	3.1
C3F	T1	3.3	3.6	2.7	2.4	2.1	3.2
	T2	3.7	3.9	3.2	2.3	2.2	3.6
	T3	3.6	3.7	3.0	2.5	2.4	3.5
	T4	3.6	3.6	3.0	2.8	2.5	3.4

注：表中杂气和刺激性分值表示杂气和和刺激性大小。

不同处理上部叶和中部叶的烟气浓度均以T2和T3处理的评分最高。综合来看，T2处理的上部叶和中部叶的感官风格特征最优。

表 5-25　不同砂黏比对烟叶感官风格特征的影响

部位	处理	香型		香韵		沉溢度（5）	浓度（5）	劲头（5）
		香型	显示度（5）	焦甜香（5）	焦香（5）			
B2F	T1	浓香	3.6	2.9	2.1	3.2	3.1	2.6
	T2	浓香	3.9	3.2	2.0	3.6	3.5	2.8
	T3	浓香	3.8	3.3	2.3	3.5	3.5	3.0
	T4	浓香	3.8	3.3	2.5	3.5	3.3	3.3
C3F	T1	浓香	3.5	2.7	2.0	3.2	3.0	2.3
	T2	浓香	3.7	3.2	2.0	3.5	3.3	2.6
	T3	浓香	3.7	3.0	2.2	3.4	3.3	2.8
	T4	浓香	3.6	3.0	2.3	3.3	3.2	3.0

7）讨论

客土改良可以改善土壤理化性质、肥料供应、水分供应等多种因素。客土改良主要通过改变土壤的物理性质，包括对土壤机械组成、土壤体积质量（容重）、土壤通透性等物理指标的改变，影响土壤的水分含量和营养元素的存在形态，改善烟草的生长环境，进而影响烟叶的质量及品质。

本研究发现，客土改良对烟叶的干物质积累量、物理性状、外观质量、常规化学成分、中性致香成分、感官品质和风格特征均有不同程度的影响，其结果主要表现为，2/3砂土+1/3黏土的T2处理的烟草各部位的干物质积累量都最大，且该处理烟株茎、叶的干物质重与其他处理均之间差异均达到显著水平。烟草各部位干物质的积累量在不同质地土壤上表现为，砂质壤土（中质地）>黏壤土>黏土>砂质土（粗质地）。

上部单叶重则表现为T2>T3>T4>T1，且T2处理的上部叶单叶重与T1处理相比差异达到显著水平。上部叶的外观质量以T2处理的最优，中部叶以T2和T1处理的最佳。T2处理的上部叶和中部叶的常规化学成分最为协调，其次是T3处理，T4处理的表现最差。上部叶和中部叶大部分胡萝卜素的降解产物和芳香族氨基酸均以T2处理含量最高，综合来看，T2 处理的烟叶香气成分最充分。烟叶的香气量、香气质、浓香型显示度、香韵和沉溢度均以 T2 处理的最好，刺激性和杂气也以 T2 处理最低，所以该处理的烟叶感官品质和风格特征最佳。综合各处理烟叶的物理、化学性状、香气成分及感官品质和风格特征来看，砂壤土最有利于浓香型特色烟叶生产，其土壤砂粒比例达到 50%，粉粒比例低于 30%，黏粒比例低于 20%较为合理。

不同质地土壤烟叶化学成分及中性香气物质的差异与土壤的理化性质有重要的关系，黏质土壤通透性不良，不利于烟株前期的生长发育，而后期养分供应相对充足，导致烟株成熟落黄晚，氮代谢滞后。砂土的砂性太强，土壤孔隙度过大，容易造成养分的流失，不利于烟株的生长，导致烟株碳氮代谢水平较低。而砂壤土土质疏松多孔，通透性良好，为土壤有效养分的供应提供有利条件，这为前、中期烟叶旺盛的碳氮代谢、充足的光合产物形成和大量的香气前体物的积累奠定了基础。而后期由于烟株生长对氮素的消耗和雨水对氮素的淋失作用使烟株氮代谢减弱，为烟叶大分子有机物，特别是香气前体物的降解转化提供了条件。因此，通过改良土壤，创造有利于烤烟质量特色形成的环境条件，是发展优质特色烟叶有效的途径之一。

8）结论

烟草各部位干物质的积累量、烟叶的外观质量、化学成分的协调性、香气成分及感官品质和风格特征等在不同砂黏比土壤上表现不尽相同。综合来看，2/3 砂土+1/3 黏土，土壤砂粒比例达到 50%，粉粒比例低于 30%，黏粒比例低于 20%最适宜烤烟质量及品质特征的形成。

2. 皖南水稻黏土掺砂客土改良对烟叶质量特色的影响

土壤是作物生产发育的基础，适宜的土壤是优质烟叶生产的前提。研究表明，优质烟叶生产最适宜的是砂质土土壤，其通气透水性能好，有利于烟株根系的生长发育，有利于烟叶优良品质和香气风格的形成。皖南一些“砂性”较强的特定土壤生产出来的烟叶香气质好，具有焦甜香的吸食风格，但由于这种特定土壤的资源有限，限制了“焦甜香”特色风格优质烟叶生产的发展。因而，皖南产区“砂性”不强的水稻土上开展土壤掺砂改良试验，旨在揭示土壤掺砂改良等主要技术因子对皖南烟叶产量、品质及香气风格形成的影响规律，不断积累和强化对品质和风格形成有利的技术，为皖南特色风格优质烟叶开发提供科学依据。

试验在宣城黄渡镇进行，植烟土壤中掺入不同比例的粗砂以改良土壤环境，掺砂比例以重量比进行计算，试验设 5 个掺砂水平，掺砂比例分别设为：10%、15%、20%、30%、50%，以不掺砂作为对照，共计 6 个处理。前荐作物为水稻，土壤肥力中等，耕作层 18cm，容重 1.3g/cm^3。施化学纯氮 7.5kg/亩，N：P_2O_5：K_2O 为 1：1.1：2.7，分为基肥和追肥。基肥：30kg/亩有机肥、55kg/亩三元复合肥，起垄时均匀条施于垄体内；追肥：15kg/亩硝酸钾，于“团棵”时兑水均匀穴施。供试品种为皖南主栽品种云烟 87，漂浮育苗，膜上移栽，适熟采烤，各小区分别挂牌编杆，采用“三段式烘烤”法进行烘烤。

1）掺砂改良土壤对烟株生长期及主要农艺性状的影响

观测各处理烟株的生长期及主要农艺性状，经统计分析，各处理烟株团棵、现蕾一致，生长期未见明显差异。不同比例掺砂改良土壤对烟株的“有效叶数”“打顶株高”

“最大叶宽”影响显著，对烟株最大叶叶长影响较大，对烟株茎围影响较小。

根据表 5-26 可知，单株有效叶数由多到少对应的土壤掺砂比例依次为：20%、30%、10%、15%、50%、不掺砂，其中掺砂 20%处理的单株有效叶数最多，显著多于对照处理。“打顶株高”由高到低对应的土壤掺砂比例依次为：20%、10%、30%、15%、50%、不掺砂，其中掺砂 20%、掺砂 10%与掺砂 30%处理的“打顶株高”较高，显著高于其他处理。最大叶叶宽由大到小对应的土壤掺砂比例依次为：20%、30%、50%、不掺砂、15%和 10%，其中掺砂 20%处理的最大叶叶宽最大，显著大于掺砂 15%及掺砂 10%处理，明显大于对照处理。最大叶叶长由大到小对应的土壤掺砂比例依次为：20%、30%、10%、15%、50%、不掺砂，各掺砂处理的最大叶叶长均大于对照处理。

表 5-26　掺砂影响效应的新复极差测验

处理	有效叶数		株高		茎围		最大叶长		最大叶宽	
	/片	位次	/cm	位次	/cm	位次	/cm	位次	/cm	位次
不掺砂	17.3bA	6	97.9cB	6	11.4aA	5	69.1aA	6	27.7abA	4
掺砂 10%	17.9abA	3	99.3abAB	2	11.7aA	1	71.9aA	3	26.0bA	6
掺砂 15%	17.9abA	4	98.3bcAB	4	11.4aA	6	70.7aA	4	26.2bA	5
掺砂 20%	18.7aA	1	100.1aA	1	11.6aA	2	75.4aA	1	30.3aA	1
掺砂 30%	18.5abA	2	98.7abcAB	3	11.5aA	3	72.8aA	2	29.8abA	2
掺砂 50%	17.8abA	5	98.3bcAB	5	11.4aA	4	70.7aA	5	28.5abA	3

综合结果表明，掺一定比例粗砂改良土壤有利于促进烟株的生长发育，株高、有效叶数以及最大叶面积均有增加，有利于增加烟叶产量。其中掺砂 20%处理效果更显著。

2）病害情况分析

试验中，烟株发生了普通花叶病与青枯病，普通花叶病较为严重。将各处理普通花叶病及青枯病的发病情况进行方差分析得出，不同比例掺砂改良土壤对烟株普通花叶病及青枯病发病的影响较少。普通花叶病发病率由高到低对应的土壤掺砂比例依次为：50%、30%、15%、不掺砂、10%、20%，其中掺砂 20%处理的普通花叶病发病率低于对照和其他处理；青枯病发病率由高到低对应的土壤掺砂比例依次为：10%、20%、不掺砂、30%、50%、15%，其中掺砂 15%处理的青枯病发病率低于对照和其他处理（表 5-27）。

表 5-27　掺砂影响效应的新复极差测验

处理	花叶病发病率		青枯病发病率	
	/%	位次	/%	位次
不掺砂	25.24aA	4	0.88aA	3
掺砂 10%	20.83aA	5	3.33aA	1
掺砂 15%	25.89aA	3	0.83aA	6
掺砂 20%	19.17aA	6	1.67aA	2
掺砂 30%	28.46aA	2	0.88aA	4
掺砂 50%	30.21aA	1	0.83aA	5

3）掺砂改良土壤对烤后烟叶主要经济性状的影响

试验中，各小区烟叶分别单独采收、单独编杆，烘烤后单独分级并分别计产计值，各处理烟叶主要经济性状方差分析得出，不同比例掺砂改良土壤对烟叶主要经济性状影响显著（表 5-28）。

表 5-28 掺砂影响效应的新复极差测验

处理	上等烟比例		烟叶均价		烟叶亩产量		烟叶亩产值	
	/%	位次	/(元/kg)	位次	/(kg/亩)	位次	/(元/亩)	位次
不掺砂	36.13abA	5	9.42abA	5	127.43bA	6	1205.68bA	6
掺砂 10%	24.89bA	6	8.96bA	6	135.44abA	4	1225.18bA	5
掺砂 15%	39.57abA	2	9.50abA	4	136.37abA	3	1295.66abA	3
掺砂 20%	41.72aA	1	10.54aA	1	151.69aA	1	1596.86aA	1
掺砂 30%	37.28abA	4	9.62abA	3	144.98abA	2	1394.15abA	2
掺砂 50%	37.81abA	3	9.66abA	2	129.42bA	5	1248.68bA	4

烟叶上等烟比例由高到低对应的土壤掺砂比例依次为：20%、15%、50%、30%、不掺砂、10%，其中掺砂 20%处理的烟叶上等烟比例最高，显著高于 10%掺砂处理，对照的上等烟比例也较低，仅高于掺砂 10%处理。烟叶均价由高到低对应的土壤掺砂比例依次为：20%、50%、30%、15%、不掺砂、10%，其中掺砂 20%处理的烟叶均价最高，显著高于掺砂 10%处理，对照的烟叶均价也较低，仅高于掺砂 10%处理。烟叶亩产量由高到低对应的土壤掺砂比例依次为：20%、30%、15%、10%、50%、不掺砂，其中掺砂 20%处理的烟叶亩产量最高，显著高于掺砂 50%及对照处理，对照的烟叶亩产量最低。烟叶亩产值由高到低对应的土壤掺砂比例依次为：20%、30%、15%、50%、10%、不掺砂，其中掺砂 20%处理的烟叶亩产值最高，显著高于 50%掺砂、10%掺砂及对照处理，对照的烟叶亩产值最低。

总体结果表明，掺一定比例的粗砂改良土壤有利于提高烟叶上等烟比例、均价、亩产量、亩产值，掺砂 20%改良土壤对提高烟叶主要经济性状效果最为显著。

4）掺砂改良土壤对烤后烟叶外观质量的影响

各处理烤后中部烟叶选取 C3F 进行外观质量评定。各处理中部烟叶外观质量差异不明显，表现优良：成熟度好、结构疏松、油分“有”、身份“中”；色度基本为“中”；其中掺砂 10%处理色度略偏淡，掺砂 15%处理色度“强偏中”（表 5-29）。

表 5-29 烤后中部烟叶样品外观质量

掺砂比例	等级	成熟度	结构	油分	身份	色度
0	C3F	成熟	疏松	有	中	中
10%	C3F	成熟	疏松	有	中	中偏淡
15%	C2L	成熟	疏松	有	中	强偏中
20%	C3F	成熟	疏松	有	中	中
30%	C3F	成熟	疏松	有	中	中
50%	C3F	成熟	疏松	有	中	中

各处理烤后烟叶选取 B2F 进行外观质量评定。各处理上部烟叶外观质量差异不明显，表现较好：成熟度好、结构“稍密”、油分“稍有”、身份“稍厚”；色度有差异：不掺砂和掺砂 50%处理为“中”，掺砂 20%和掺砂 30%处理为“中偏弱”，掺砂 15%处理为偏淡（表 5-30）。

表 5-30　烤后上部烟叶样品外观质量

掺砂比例	等级	成熟度	结构	油分	身份	色度
0	B3F	成熟	稍密	稍有	稍厚	中
10%	B2F	成熟	尚疏松	有偏少	稍厚	强偏中
15%	B3F	成熟	稍密	稍有	稍厚	偏淡
20%	B3F	成熟	稍密	稍有	稍厚	中偏弱
30%	B3F	成熟	稍密	稍有	稍厚	中偏弱
50%	B3F	成熟	稍密	稍有	稍厚	中

5）掺砂改良土壤对烤后中部叶主要化学成分的影响

各处理烤后中部叶糖含量均偏高，处理间差异较大，掺砂 20%处理的糖含量均最高，掺砂 15%处理的糖含量最低。掺砂 20%处理，中部叶总碱含量最低，在优质烟叶总碱含量范围内，掺砂 10%、15%和 30%处理的总碱含量较适宜，掺砂 50%处理和对照的总碱含量略偏高，各处理的氯含量基本在优质烟叶氯含量标准内，掺砂 20%处理的氯含量最低。中部叶总氮含量掺砂 20%处理偏低，其余处理均在优质烟叶标准内。中部叶蛋白质含量各处理较适宜，掺砂 20%处理最低，掺砂 30%最高。中部叶糖碱比掺砂20%和30%处理明显偏高，其余处理略偏高。中部叶施木克值均明显偏高，掺砂 20%处理最高（表 5-31）。

表 5-31　烤后中部叶主要化学成分

掺砂比例	部位、等级	总糖/%	还原糖/%	总碱/%	氯/%	总氮/%	蛋白质	糖碱比	施木克值
0	中部、混合样	31.76	27.39	2.66	0.5	1.81	8.44	10.3	3.76
10%	中部、混合样	30.91	27.78	2.58	0.46	1.76	8.22	10.77	3.76
15%	中部、混合样	29.76	26.92	2.5	0.48	1.74	8.18	10.77	3.64
20%	中部、混合样	34.27	31.1	2.31	0.43	1.58	7.38	13.46	4.64
30%	中部、混合样	30.5	29.21	2.51	0.53	1.79	8.48	11.64	3.60
50%	中部、混合样	30.99	28.34	2.78	0.5	1.7	7.62	10.19	4.06

6）掺砂改良土壤对烤后上部叶主要化学成分的影响

各处理烤后上部叶糖含量均偏高，掺砂 10%处理的总糖含量最高，掺砂 20%处理的还原糖含量最高，掺砂 15%处理的总糖和还原糖含量均最低。上部叶总碱各处理均偏高，掺砂 30%处理最高，掺砂 50%处理和对照相对较低。各处理上部叶氯含量较为适宜，掺砂 30%处理最高，掺砂 10%处理最低。上部叶总氮含量对照略偏低，掺砂 20%和掺砂 30%处理略偏高，其余各处理含量适中。上部叶蛋白质含量各处理均处在较适宜的范围内，掺砂 20%处理明显高于其他处理，对照最低，明显低于其他处理。上部叶糖碱比较适宜，对照最高，掺砂20%处理略低于对照，掺砂15%处理最低。上部叶施木克值各处理均明显偏高，对照最高，掺砂20%处理最低，更接近优质烟叶标准（表5-32）。

表5-32　烤后上部叶主要化学成分

掺砂比例	部位、等级	总糖/%	还原糖/%	总碱/%	氯/%	总氮/%	蛋白质	糖碱比	施木克值
0	上部、混合样	27.26	23.85	2.68	0.48	1.65	7.42	8.9	3.67
10%	上部、混合样	28.22	23.86	2.74	0.45	1.83	8.48	8.71	3.33
15%	上部、混合样	25.19	22.18	2.93	0.57	1.79	8.02	7.57	3.14
20%	上部、混合样	27.77	24.2	2.79	0.49	2.02	9.61	8.67	2.89
30%	上部、混合样	25.55	22.71	2.95	0.67	1.92	8.82	7.7	2.9
50%	上部、混合样	26.41	23.22	2.62	0.55	1.74	8.05	8.86	3.28

7）掺砂改良土壤对烤后中部叶感观质量的影响

各处理烟叶烤后取C3F送湖南中烟工业公司进行感观评吸，结果见表5-33。各处理烟叶香型为浓香型。香气质掺砂20%处理得分最高，明显高于其他处理。香气量掺砂50%得分最高，其次是掺砂20%、30%和对照处理，掺砂10%处理得分最低。浓度掺砂30%、50%处理和对照得分较高，掺砂10%、20%处理得分较低。劲头掺砂20%处理得分最高，其次是掺砂10%处理，掺砂50%、30%及对照处理得分较低。杂气掺砂50%、20%及对照处理得分较高，掺砂30%、10%处理得分较低。刺激性掺砂10%处理得分较低，其余处理得分较高。余味掺砂20%得分最高，其次是掺砂10%和对照处理，掺砂50%、30%处理得分较低。燃烧性及灰色各处理得分无差异，均较高。感观评吸综合得分掺砂20%处理最高，其次是掺砂50%和对照处理，最低的是掺砂10%处理。另外对烟叶进行了焦甜感评定，掺砂20%、10%处理略有焦甜感，其余处理无焦甜感。

表5-33　中部叶感观质量评吸结果

掺砂比例	香型	香气质	香气量	浓度	劲头	杂气	刺激性	余味	燃烧性	灰色	合计	焦甜感
0	浓香型	7	7	7.5	6.5	7	7	7	7	7	63	无
10%	浓香型	7	6.5	6.5	7	6.5	6.5	7	7	7	61	弱
15%	浓香型	7	7	6.5	7	7	6.5	7	7	7	62	弱
20%	浓香型	7.5	7	6.5	7.5	7	7	7.5	7	7	64	有
30%	浓香型	7	7	7.5	6.5	6.5	7	6.5	7	7	62	无
50%	浓香型	7	7.5	7.5	6.5	7	7	6.5	7	7	63	无

8）结论与讨论

不同比例掺砂改良土壤对云烟87的打顶株高、有效叶数及最大叶影响显著，掺一定比例粗砂有利于增加烟株株高、有效叶数及最大叶面积，有利于增加烟叶的产量，掺砂20%处理效果最显著。掺砂15%～20%有利于提高对烟叶普通花叶病和青枯病发病的抗性。

掺一定比例粗砂改良土壤有利于提高烟叶上等烟比例、均价、亩产量及亩产值，掺砂20%处理对提高烟叶上等烟比例、均价、亩产量及亩产值最有利。

掺一定比例粗砂改良土壤烤后烟叶外观质量表现良好。各处理烤后中、上部叶糖含量偏高，其中掺砂 20%处理尤为明显，上部叶烟碱含量略偏高，其他主要化学成分适中。各处理烤后中部叶感观质量表现均为优良，其中掺砂 20%处理，香气质、劲头、杂气、刺激性、余味、燃烧性等得分最高，香气量得分较高，有焦甜感，明显优于对照处理；掺砂 50%处理，感官质量也优于对照。

通过对各处理云烟 87 的农艺性状、抗病性、经济性状、烟叶外观质量、主要化学成分及烟叶感观评吸的综合分析得出：掺一定比例粗砂改良土壤有利于促进云烟 87 的生长发育，提高烟叶外观质量和经济效益，有利于改善烟叶的外观质量和内在品质。掺粗砂 20%改良土壤云烟 87 各项性状的综合表现最好，可以在产区条件成熟的区域内适度推广。

3. 安徽稻壳掺播对土壤质地及烟叶质量特色的影响

皖南宣城市属于我国南方为低山丘陵区，其自然条件总体适宜种植烟草，但目前很多烟叶种植在水稻土上，一些土壤质地偏黏，不利于烟叶生长。据估算，该地区每年可产生稻壳 2×10^4～3×10^4t，但利用率低，随意烧掉或废弃的现象较为严重，既浪费资源，又污染环境。本研究主要是通过向质地偏黏的植烟水稻土耕作层里掺播一定比例稻壳，探讨其对土壤性状的影响，以期达到通过资源化利用稻壳改良土壤、提高烟叶品质的目的（祖朝龙等，2011）。

通过对宣城地区典型烟田的调查发现，土壤耕作层厚度平均为 15cm，每亩耕作层的土壤体积约为 100m^3，加入的稻壳体积分别占耕作层土壤体积的 0（CK）、5%、10%、20%、30%、40%和 50%（即 7 个处理）。供试田块为稻烟轮作，土壤为黏壤土，供试品种为云烟 87，采用漂浮育苗。整田时把设定比例的稻壳均匀平铺撒施，起垄时用旋耕机旋耕混匀为止。所施肥料为：钙镁磷肥（18%）、烟草专用肥（10∶6∶21）、硝酸钾、硫酸钾（50%）、发酵饼肥。氮肥施用量为 7.25kg/亩，施肥结构为 N∶P∶K=1∶1.5∶3.2。在移栽前结合起垄条施，施肥深度为 25cm。

1）土壤物理性状变化

由图 5-26 可见，随着掺播稻壳体积的增加，土壤容重、含水量和粒径<0.02mm 土壤颗粒含量在掺播后的前 2 年呈急剧下降趋势，但随着时间推移，下降幅度平缓；而 0.02～2mm 土壤颗粒含量呈明显增加趋势，但随着时间推移，增加趋势平缓。上述变化总体上有利于烟草生产。

2）土壤化学性状变化

随着掺播稻壳比例增加，耕作层土壤 pH 呈降低趋势，随着时间推移，这种趋势愈加明显，尤其是掺播 50%稻壳处理，第 4 年的 pH 降到 4.5，表明掺播稻壳可能会导致土壤酸化，不利于烟叶生产。耕作层有机质、速效氮、速效磷含量、氯离子含量随着掺播比例提高和时间推移，呈递增趋势，表明掺播稻壳可以适当提高土壤养分含量，有利于维护地力和烟草生产。速效钾含量变化没有明显规律（图 5-27）。

3）烟叶农艺性状分析

表 5-34 为烟叶农艺性状 4 年观测结果的平均值。由表可见，综合农艺性状以 20%和 30%表现最好，其次为 10%和 5%处理，都好于 CK，40%和 50%劣于 CK。

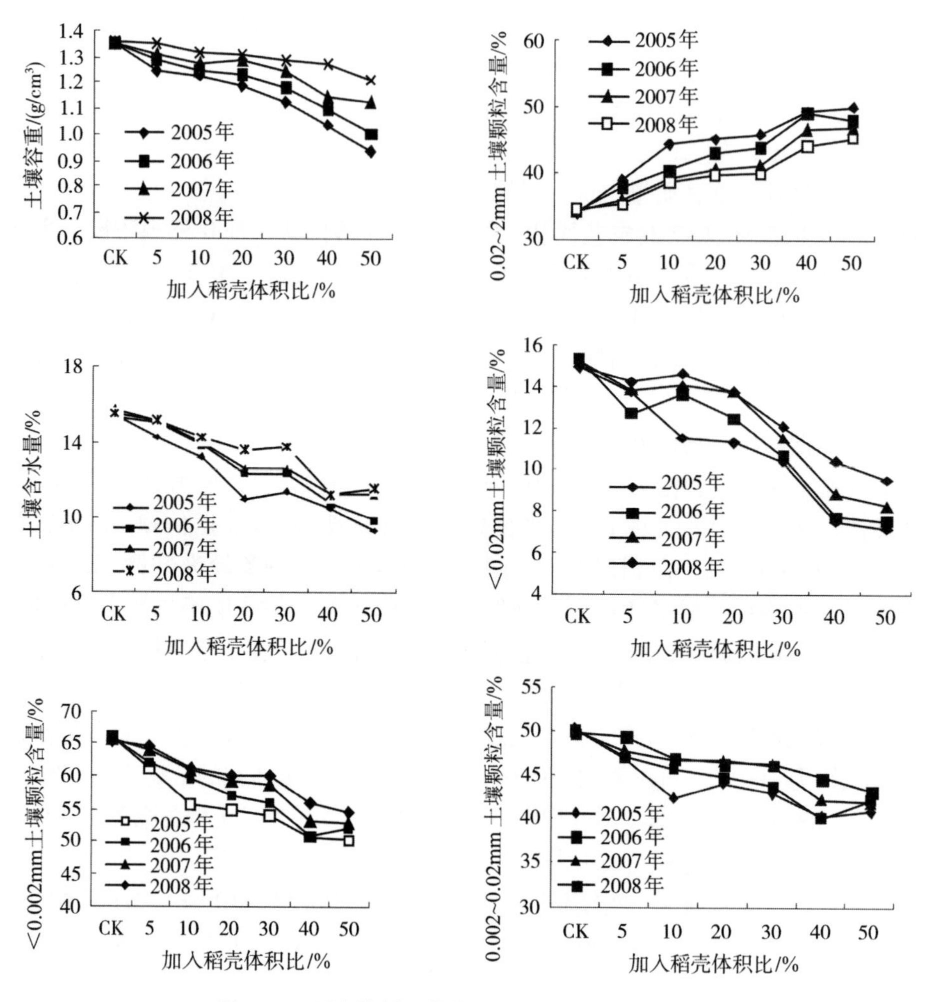

图 5-26　稻壳掺播对耕作层土壤物理性质的影响

4）烟叶经济性状分析

表 5-35 为烟叶经济性状 4 年统计结果的平均值。由表可见，产量、产值以 20%处理最高，其次是 30%、10%、5%，均高于 CK 并且差异明显，40%和 50%劣于 CK。均价 30%处理最高，上等烟比例 20%处理最高，中上等烟比例以 30%最高，40%、50%两处理表现较差。综合各项经济性状，以 20%、30%两处理表现最好，与 CK 差异显著，而 40%、50%两处理表现较差（表 5-35）。

5）烟叶外观质量分析

表 5-36 为烟叶外观质量 4 年观测结果的平均描述。20%、30%、40%处理的原烟外观质量较好，且好于 CK。

6）烟叶工业评价结果

(1) 中部烟化学成分分析

表 5-37 为中部烟叶化学成分 4 年分析结果的平均值。由表可知，随着掺播稻壳比例增加，中部叶片内总糖、还原糖、氯离子明显增高，而 40%和 50%两个处理叶片含氯

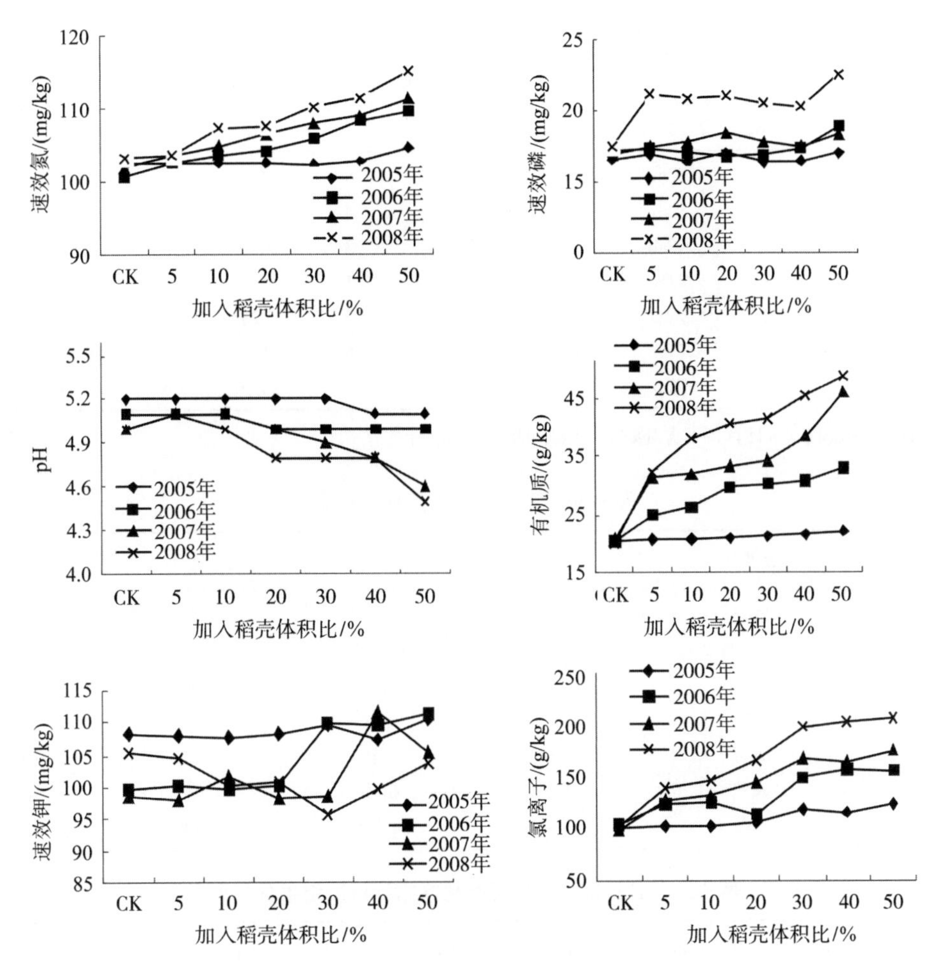

图 5-27　稻壳掺播对耕作层土壤化学性质的影响

表 5-34　不同处理烤烟主要农艺性状

处理	株高		叶数		腰叶长×宽		顶叶长×宽	
	/cm	位次	/片	位次	/cm	位次	/cm	位次
CK	82.8ab	5	17.1a	2	62.3a×28.9a	3	64.0a×21.2a	5
5%	85.6a	3	16.7a	3	63.9a×26.9a	3	67.8a×23.0a	1
10%	86.1a	2	16.6a	5	62.5a×29.7a	3	64.9a×22.0a	4
20%	89.0a	1	17.6a	1	63.6a×29.5a	1	65.9a×22.4a	2
30%	84.1a	4	16.7a	4	62.8a×29.7a	2	66.2a×21.9a	3
40%	73.1b	6	13.4b	7	59.3ab×28.3a	6	59.3b×20.8a	6
50%	67.8b	7	13.6b	6	57.5b×27.0a	7	59.4b×20.6a	7

量超过 0.8%；所有掺播稻壳处理其叶片烟碱含量明显低于对照，糖碱比也远高于对照；钾离子及挥发碱含量则没有表现出明显的规律。

(2) 中部烟感官质量评价

图 5-28 为中部烟叶感官质量 4 年评价结果的平均得分情况。各掺播处理香气特性、

表 5-35　不同处理烤烟经济性状分析表

处理	亩产量		均价		产值		上等烟比例		中上等烟比例	
	/cm	位次	/(元/kg)	位次	/(元/亩)	位次	/%	位次	/%	位次
CK	137.7b	5	7.9b	5	1090.2c	5	24.5b	5	65.4b	6
5%	146.3b	4	8.5b	4	1245.2bc	4	24.8b	4	67.8b	
10%	155.7ab	3	8.9ab	3	1378.2b	3	29.8a	2	72.6a	2
20%	168.2a	1	9.0a	2	1510.7a	1	34.9a	1	71.0a	3
30%	159.5a	2	9.1a	1	1451.0ab	2	25.2ab	3	76.9a	
40%	122.7b	6	7.8b	6	954.9c	6	21.8b	7	68.5ab	4
50%	101.6c	7	7.6b	7	773.2c	7	24.1b	6	65.1b	7

注：价格均以国家收购价计算，不含补贴价，级外烟以 1 元/kg 计算。

表 5-36　不同处理原烟外观质量

处理	成熟度	油份	叶片结构	色度	身份
CK	成熟	多	尚疏松	强	中等
5%	尚成熟	有	尚疏松	强	稍薄
10%	成熟	有	尚疏松	强	中等
20%	成熟	多	疏松	强	中等
30%	成熟	多	疏松	强	中等
40%	成熟	多	疏松	强	中等
50%	成熟	多	尚疏松	强	稍薄

表 5-37　各处理样品中部烟化学指标检测结果分析表

处理	总糖/%	还原糖/%	烟碱/%	氯离子/%	钾离子/%	挥发碱/%	糖碱比
CK	20.20	19.24	3.43	0.28	2.22	0.17	5.61
5%	20.18	17.25	2.82	0.28	2.00	0.24	6.12
10%	22.68	21.09	1.83	0.52	2.45	0.18	11.52
20%	21.26	20.43	2.00	0.36	2.38	0.13	10.22
30%	22.90	21.73	2.10	0.54	2.32	0.12	10.35
40%	25.33	23.78	2.36	0.96	2.16	0.14	10.08
50%	25.10	23.89	2.24	0.92	2.34	0.14	10.67

吸味特性，得分均高于对照，感官表现为香气质变好，香气量增加，都较 CK 有好的改善；烟气特性变化不明显，烟气稍柔和，劲头有所下降，杂气明显减少，甜度增加，但是刺激性和干燥感有所增加。

(3) 烟叶风格评价

表 5-38 为烟叶风格 4 年评价结果的平均情况。掺播稻壳的中部烟叶有较明显的焦甜香、烤香特征，香气量中等至较足。烟气较为集中，浓度、劲头中等，细腻程度中等，杂气明显减少，甜度增加。香气质和香气量各处理较 CK 明显变好，烟气特征也不同程度变好，尤以 20%、30%和 40%三个掺播处理的表现较好。

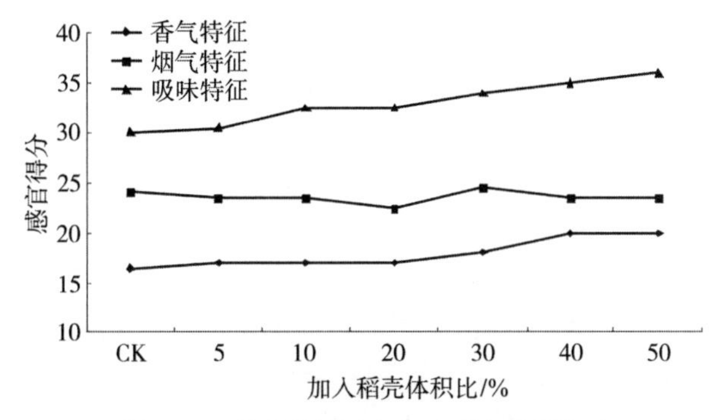

图 5-28　稻壳掺播对中部叶感官质量影响

表 5-38　各处理中部烟叶样品主要风格特点

处理	主要特征香气描述	主要烟气特点描述
CK	有焦香、烤香特征，香气量中等	烟气集中程度中等，劲头中等，细腻程度中等，口感舒适度欠
5%	明显的焦甜香、烤香特征，香气量中等至较足	烟气较为集中，浓度、劲头中等偏大，细腻程度较细腻
10%	明显的焦甜香、烤香特征，香气量中等至较足	烟气较为集中，浓度、劲头、细腻程度中等
20%	明显的焦甜香、烤香特征，香气量中等	烟气集中，浓度、劲头、细腻程度中等
30%	明显的焦甜香、烤香特征，香气量中等至较足	烟气较为集中、透发，浓度、劲头、中等，细腻程度中等
40%	明显的焦甜香和一定的烤香特征，香气量中等至较足	烟气较为集中、透发，浓度、劲头中等偏大，细腻程度较细腻
50%	明显的焦甜香和一定的烤香、木香特征，香气量中等至较足	烟气集中、透发，浓度中等偏大，劲头偏大，细腻程度中+

(4) 工业可用性评价

通过对烟叶样品评价后得出如下结论：掺播稻壳，烟叶劲头感受明显有较大改善，带有焦甜香气特征，进一步体现了皖南特色烟叶 “焦甜香气特征”，烟叶工业可用性增强明显。其中掺播 20%、30%和 40%三个处理的中上部烟叶可作为一、二类卷烟原料使用。

7) 讨论

掺播稻壳可以降低土壤容重，土壤质地变轻，影响烟株生长。掺播 20%～30%稻壳可以显著提高烟株综合农艺性状及产量、产值、均价等经济性状，各项指标均好于其他处理，并与 CK 差异显著。但掺播 40%和 50%两个处理其长势比对照弱，经济性状指标也较低，其直接原因可能为所加稻壳量多，导致土壤结构松散，保水保肥能力差，烟株严重缺水缺肥，不利于烟株生长。

掺播稻壳，在生理上影响了烟叶的内在品质，如叶片内总糖、还原糖及氯离子含量，表现出随掺播稻壳体积比例递增而增加的趋势。但这种趋势的机理还有待于进一步深入研究，而如何保持和利用这种变化也将是提高烟叶品质的一项重要技术措施。掺播稻壳后，土壤 pH 降低，出现酸化趋势，氯离子含量增加，这都不利于烟叶的生长，因此在采取掺播稻壳改良烟田土壤时，需要采取适当的对策。

从掺播稻壳后土壤物理性状、农化性状变化来看，掺播后第三、第四年曲线变化基本趋于平缓，并有趋向对照趋势。结合稻壳在土壤中腐化时间，大致可认为，掺播稻壳改良土壤的有效期可维持约 4 年。

8）结论

随着烟田耕作层土壤掺播稻壳比例的增加，土壤有机质含量及大粒径土壤颗粒比例增加，土壤容重、含水量和 pH 降低，这种趋势随着时间推移，逐渐减缓。总体上看，烟田耕作层土壤掺播稻壳有利于烤烟生长，提高烟叶产量和品质，经济效益也明显提高。烟叶劲头感受有较大改善明显，皖南烟叶“焦甜香气”特征得到彰显，烟叶工业可用性和使用价值提升。对皖南地区烟田土壤，掺播稻壳的体积比以 20%～30%为最佳。

5.1.4　土壤质地研究主要结论

土壤质地与烟叶香型相关性较小，但与烟叶质量特征、香型强度和香韵特征有密切关系。研究表明，不同质地的土壤烟叶均呈现浓香型香型，但壤质和砂壤土烟叶质量水平最高，浓香突出，焦甜感较为明显，黏土烟叶甜感较弱。烟叶的浓香型显示度、焦甜香均与土壤砂粒的含量达到极显著正相关，但当砂粒含量超过 10%时，增幅逐渐降低。烟叶的浓香型显示度及焦甜香与土壤黏粒的含量呈现极显著的负相关，当土壤中黏粒含量高于 25%时，烟叶浓香型显示度低于 3.5，此时，烟叶焦甜香韵也明显减弱，分值低于 3.0；土壤中粉粒含量不宜高于 40%。砂土烟叶 β-胡萝卜素和总类胡萝卜素在烤后烟叶样品中含量较高，其余几种色素降解程度均较大；砂壤土烟叶中大部分色素含量在烟株现蕾期至尚熟时下降较为缓慢，成熟采收时下降较为明显，在烤后烟叶中叶绿素、β-胡萝卜素和总类胡萝卜素残留较少，质体色素降解充分；壤土烟叶各种色素含量随生育期推进下降趋势均较明显，烤后烟叶样品中质体色素含量也较低，残留较少；黏土烟叶中各种色素含量在现蕾期至尚熟时含量开始下降，但在成熟采收时含量较高，色素降解程度低，烤后烟叶中叶绿素和类胡萝卜素含量偏高。砂土烟叶烟株长势弱，而黏土地后期烟叶生长发育相对旺盛，氮代谢滞后。对烤后烟叶香气成分含量分析表明，砂壤土和壤土烟叶质体色素降解类香气成分含量显著高于黏土和砂土烟叶。烟气的香气量与土壤中黏粒的含量呈现极显著负相关。由此可见，适宜的高砂粒、低黏粒含量的中质地土壤有利于烟叶品质的形成。因此，改变土壤中的砂粒、黏粒、粉粒含量有利于改善土壤的物理性状，创造有利于烤烟生长的土壤条件。

在河南宝丰、安徽宣城、陕西洛南和陇县、广东南雄对黏土地掺砂或添加稻壳等有机物料进行客土改良，或砂、黏土按一定比例混合试验表明，通过客土改良增加土壤通透性可以显著改善烟叶的质量状况和风格特点。水稻土、牛肝土、红黏土掺砂 20%有利于增加烟株株高、有效叶数及最大叶面积，有利于增加烟叶的产量，提高烟叶上等烟比例、均价、亩产量及亩产值，烤后烟叶外观质量明显改善。各处理烤后中、上部叶糖含量较高，其中掺砂 20%处理尤为明显，糖碱比适宜，其他主要化学成分适中。烟叶焦甜感增加，感官质量提升。

5.2　土壤其他理化性状与烟叶质量特色的关系

5.2.1　不同产区土壤理化性状与烟叶质量特色的相关分析

将全国浓香型不同产区土壤耕层样品和对应烟叶样品的感官质量、化学成分进行分析，研究土壤理化性状指标与烟叶风格特色的关系。

1. 不同产区土壤理化性状与风格特色的关系

土壤条件与烟叶风格特征的形成有重要的影响，如表 5-39 所示，烟叶的浓香型显示度、焦甜香韵与土壤 pH、盐基饱和度呈极显著负相关；烟叶的焦甜香与土壤有机质含量、盐离子交换量呈极显著正相关；烟气浓度与土壤中钠的含量呈极显著的正相关，与土壤铜、磷、锌的含量呈极显著负相关。

表 5-39　浓香型烟叶风格特征与土壤条件的相关系数

土壤理化性质	浓香型显示度	正甜香	焦甜香	焦香	浓度	劲头
pH	−0.30**	0.14	−0.39**	−0.07	−0.01	0.05
有机质	0.18	−0.19	0.31**	0.03	−0.16	0
阳离子交换量	0.21	−0.18	0.29**	0.14	−0.17	−0.05
盐基饱和度	−0.30**	0.12	−0.38**	−0.07	0	0.06
碱解氮	0.13	−0.01	0.25*	−0.01	−0.22*	−0.02
速效磷	−0.07	0.07	0.08	−0.04	−0.07	0.04
速效钾	0.05	−0.13	0.13	0	−0.18	0
铝	−0.04	0.09	−0.02	−0.05	−0.03	0.1
钡	0.08	0.2	−0.19	0.06	0.19	0.07
钙	−0.2	−0.03	−0.18	−0.04	0.05	0.16
铜	−0.15	−0.14	−0.02	−0.07	−0.30**	0.01
铁	−0.15	−0.04	−0.12	−0.01	−0.14	0.13
钾	0.16	0.02	0.17	−0.09	0	−0.13
镁	−0.15	0.15	−0.27*	0.09	0.08	0.17
锰	−0.27*	−0.02	−0.18	−0.04	−0.14	0.14
钠	0.13	0.06	−0.26*	0.15	0.53**	0.19
磷	0.06	−0.29*	0.16	−0.01	−0.31**	0.06
硅	0.26*	−0.18	0.14	0.15	0.11	−0.04
钛	−0.01	−0.14	0.05	−0.09	−0.14	0.03
锌	−0.06	−0.24*	0.12	−0.19	−0.38**	0.06

注：以上中微量元素含量均为全量矿质元素，下同。

烟叶的浓香型显示度、焦甜香与土壤 pH 的高低呈极显著的负相关，其相关关系如图 5-29 和图 5-30 所示，烟叶浓香型显示度与土壤 pH 的相关方程为 $y=-0.0721x+4.0761$，烟叶焦甜香与土壤 pH 的相关方程为 $y=-0.1646x+4.2415$。

烟叶焦甜香与土壤阳离子交换量的相关性如图 5-31 所示，其正相关方程为 $y=0.0202x+2.8289$。烟叶焦甜香与土壤盐基饱和度的相关方程为 $y=-0.0092x+3.70053$，如图5-32 所示。

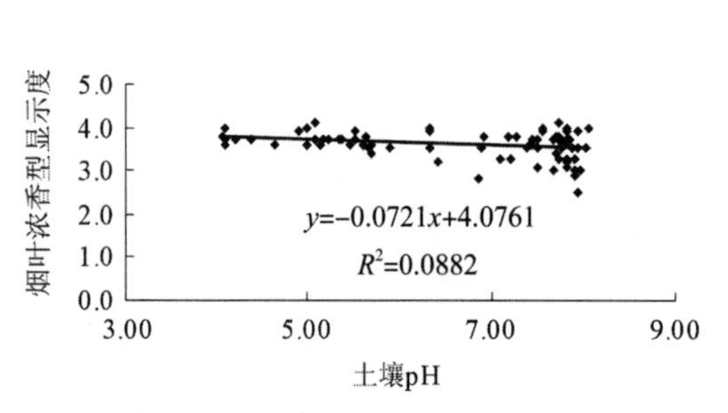

图 5-29　烟叶浓香型显示度与土壤 pH 的相关性

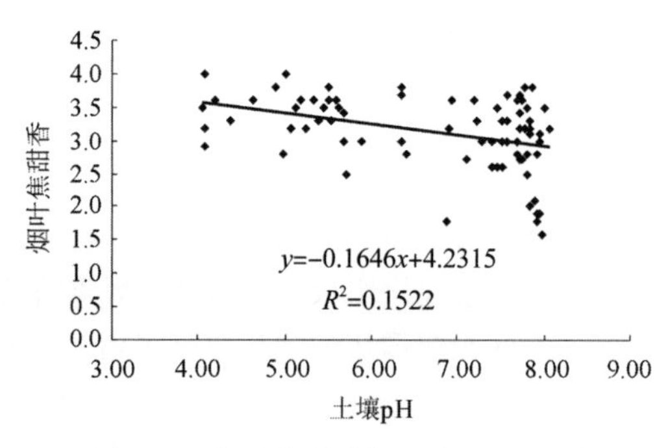

图 5-30　烟叶焦甜香与土壤 pH 的相关性

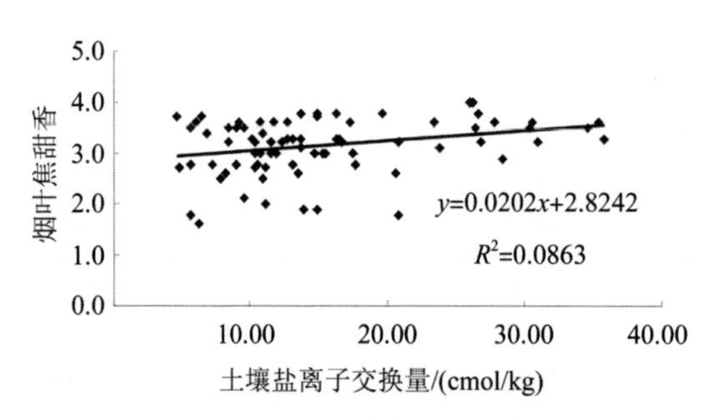

图 5-31　烟叶焦甜香与土壤阳离子交换量的相关性

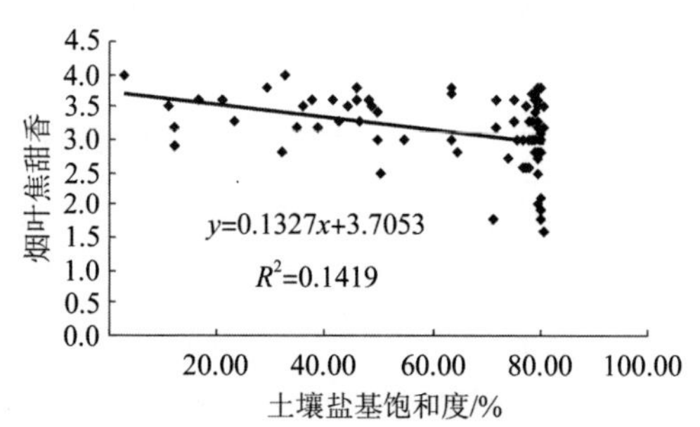

图 5-32　烟叶焦甜香与土壤盐基饱和度的相关性

烟叶焦甜香与土壤有机质正相关性如图 5-33 所示，其相关方程为 y=−0.0215x+2.778。图 5-34 为烟叶浓香型显示度与土壤盐基饱和度的相关关系，其相关方程为 y=0.0042x+3.8541。

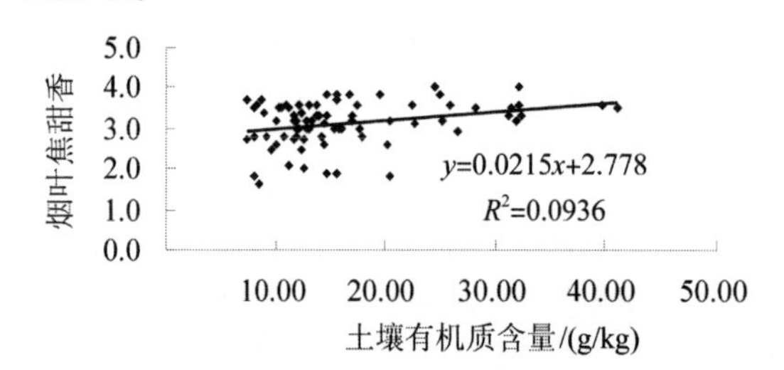

图 5-33　烟叶焦甜香与土壤有机质含量的相关性

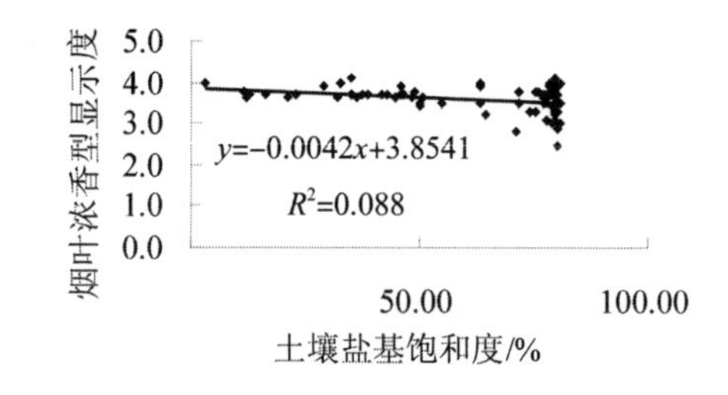

图 5-34　烟叶浓香型显示度与土壤盐基饱和度相关性

2. 土壤理化性状与烟叶品质特征的关系

土壤条件对烟叶品质特征的形成具有一定的作用，如表 5-40 所示，土壤 pH、盐基饱和度、土壤铜含量、磷含量对烟叶品质特征的相关性多数都达到显著水平，其中烟气的透发性与土壤中铜、钠含量呈极显著的相关性。

3. 土壤理化性状与烟叶化学成分的关系

如表 5-41 所示，土壤的 pH、盐基饱和度、速效钾含量对烟叶化学成分的含量影响较大，主要影响烟叶中还原糖、烟碱、总氮、总糖及钾含量。土壤中碱解氮的含量对烟叶中烟碱和总氮的含量有重要的影响，其相关性达到极显著水平。土壤中磷和锌的含量对烟叶钾含量影响较大，其相关性达到极显著水平。

表 5-40　浓香型烟叶品质特征与土壤条件的相关系数

土壤理化性状	香气质	香气量	透发性	细腻度	余味	刺激性
pH	−0.23*	−0.08	−0.04	−0.25*	−0.27*	0.04
有机质	0.01	0.17	0.03	0.13	0.1	0.1
阳离子交换量	0	0.17	−0.01	0.15	0.11	0.09
盐基饱和度	−0.25*	−0.05	−0.03	−0.29*	−0.31**	0.07
碱解氮	−0.07	−0.04	−0.05	0.05	−0.06	0.15
速效磷	0.07	−0.01	−0.08	0.17	0.2	−0.05
速效钾	0.07	−0.11	−0.07	0.16	0.14	0.02
铝	0.06	−0.02	−0.03	−0.01	0.09	0.11
钡	0.12	0.15	0.20	0.17	0.18	−0.16
钙	−0.15	−0.05	0.16	−0.17	−0.07	0.03
铜	−0.24*	−0.16	−0.33**	−0.28*	−0.27*	0.25*
铁	−0.07	−0.08	−0.09	−0.14	−0.05	0.16
钾	0.05	0.06	0.01	−0.09	0.02	0.13
镁	−0.07	−0.05	0.14	−0.22*	−0.05	0.11
锰	−0.1	−0.14	−0.18	−0.14	−0.06	0.09
钠	0.15	0.19	0.38**	−0.04	0.12	−0.01
磷	−0.22*	−0.06	−0.16	−0.23*	−0.12	0.28*
硅	0.14	0.06	0.05	0.02	0.12	0.06
钛	0.09	−0.05	−0.1	0.04	0.11	−0.01
锌	−0.14	−0.04	−0.04	−0.20	−0.21	0.22

表 5-41　浓香型烟叶化学成分与土壤条件的相关系数

土壤理化性状	还原糖/%	钾/%	氯/%	烟碱/%	总氮/%	总糖/%
pH	−0.29*	−0.21	0.11	0.17	0.25*	−0.25*
有机质	−0.05	0.26*	−0.09	0.31**	0.32**	−0.03
阳离子交换量	0.09	0.24*	−0.07	−0.14	−0.15	0.01
盐基饱和度	−0.31**	−0.19	0.1	0.19	0.26*	−0.28*
碱解氮	−0.15	0.17	−0.14	0.36**	0.34**	−0.19
速效磷	0.06	0.18	−0.2	0.09	−0.08	0.04
速效钾	0.31**	0.49**	−0.11	−0.32**	−0.22*	0.30**
铝	0.05	0.04	−0.12	−0.06	−0.08	0.02
钡	0.09	−0.16	0.13	−0.04	0.09	0.15
钙	−0.1	−0.14	0.08	0.02	−0.03	−0.06
铜	−0.19	0.16	−0.19	0.08	0.07	−0.03
铁	−0.04	0.12	−0.1	−0.03	−0.05	−0.06
钾	−0.11	0.17	−0.11	0.08	0.04	−0.13
镁	−0.19	−0.11	0.11	0.05	0.11	−0.14
锰	0.06	0.04	−0.06	−0.1	−0.12	0.06
钠	−0.06	−0.17	0.19	0.04	0.18	0.03
磷	−0.12	0.34**	−0.08	−0.03	−0.03	−0.15
硅	0.02	−0.01	0.02	−0.02	−0.04	0.06
钛	0.08	0.12	−0.2	−0.04	−0.12	0.07
锌	−0.19	0.55**	−0.12	0.13	0.05	−0.12

4. 主要结论

土壤理化性状与烟叶质量和特色相关性普遍较低，虽然有些指标相关性达到显著水平，但相关系数相对较小。浓香型显示度与土壤 pH、盐基饱和度呈负相关，与有机质含量无显著相关性。土壤的 pH、阳离子交换量、有机质含量、盐基饱和度对烟叶的焦甜香影响较大，烟叶的焦甜香随土壤 pH 的增加及盐基饱和度的增加有显著降低的趋势，而随有机质含量的增加和阳离子交换量的增加有显著增加的趋势。土壤中的铜、锌、镁、钠对烟叶的风格特征也有一定的影响。土壤中磷和铜的含量与多数品质指标的相关性均达到显著水平。烟叶中还原糖、烟碱、总氮、总糖及钾含量受土壤 pH、盐基饱和度、土壤铜含量及磷含量的影响较大。总之，土壤的理化性状对烟叶的品质形成影响较大，在实际生产中对植烟土壤的理化性状进行合理的调控，有利于提高烟叶的质量，进而彰显烟叶风格特色。

5.2.2　土壤酸碱性及其改良对烟叶质量特色的影响

1. 土壤改良剂对酸性土壤烟叶生长及烟叶质量的影响

优质烤烟生产需要良好的土壤环境条件，但部分产区因土地复种指数的提高、无机肥料的不合理使用以及连作导致土壤养分失衡、pH 变化、微生物种群结构趋劣等土壤质量问题，并已逐渐成为影响烟叶质量风格形成的主要问题之一。土壤 pH 是土壤的重要属性之一，对土壤养分的有效化、土壤性状及作物的生长发育等均有明显的影响。烟草生长对土壤酸碱度的适应性较广，pH 为 5.5～7.8 均可生长。但生产优质烤烟的最适土壤 pH 为 5.5～7.0。吴正举等（1996）研究表明，烟叶钙、氯、钼含量与土壤pH 值呈显著正相关，而钙、氯、钼过多则均不利于烟叶品质。

目前，改良土壤性状的方法较多，如种植绿肥、合理轮作、增施有机肥和实行精耕细作等栽培措施，而施用土壤改良剂是现代发展起来的有别于传统土壤改良的新方法，土壤改良剂能有效改善土壤理化性状和土壤养分状况，促进植物对水分和养分的吸收，并对土壤微生物产生积极影响，从而提高退化土壤的生产力。土壤改良剂种类较多，利用石灰改良植烟土壤酸性是研究较多的领域之一。有研究表明，植烟土壤施用石灰可降低土壤酸度，改善土壤理化性质，提高烟叶的产质量。为此，针对池州产区土壤呈弱酸性状况，选取池州产区水稻土开展了生石灰、白云石粉和熟石灰等土壤改良剂施用对烤烟产质量的影响试验，以筛选出适宜池州产区的土壤改良剂，并明确土壤 pH 变化对烟叶质量特色的影响。

采用盆栽试验的方法，共设置 6 个处理，每盆装入晒干、粉碎过的土壤 20kg，加入土壤改良剂（用量见表 5-42），充分混匀。

1）改良剂对土壤理化性状的影响

烤烟对土壤化学性状的适应性较强，但就烟叶质量对土壤条件的要求而言，土壤化学性状的差异对烟叶品质有着显著的影响。土壤的矿物组成和化学成分是提供作物养分的物质基础，而土壤的化学性状（如 pH、阳离子吸附性能及矿质养分状况等）则影响着土壤养分含量及其存在形态、保存、释放及其有效性等，从而对烤烟的生长发育、烟叶的产量和品质均产生显著的直接影响。

表 5-42　土壤改良剂及其用量

代号	处理	每亩用量/kg	每千克土用量/g	每盆用量/g	钙含量/%	镁含量/%
CK	对照	0	0	0	0	0
T1	生石灰	100	0.67	13.33	71.40	0
T2	白云石粉	100	0.67	13.33	22.00	12.43
T3	$Ca(OH)_2$	50	0.33	6.67	54.05	0
T4	$Ca(OH)_2$	100	0.67	13.33	54.05	0
T5	$Ca(OH)_2$	200	1.33	26.67	54.05	0

(1) 改良剂对土壤酸碱性的影响

土壤酸碱性影响着土壤生物活性、土壤养分的存在形态及其有效性等，故植烟土壤的 pH 是否适宜对烤烟的生长发育乃至烟叶的产量和品质均产生显著影响。本研究结果表明（图 5-35），施用石灰和白云石粉改良剂均能不同程度地提高供试土壤的 pH。土壤 pH 随着钙施用量的增加而提高，与移栽后天数呈现旺长前增加尔后降低的趋势。其中 T1、T4 和 T5 处理土壤的 pH 为 5.5～6.5，属于微酸性土壤，而 CK、T2 和 T3 处理土壤 pH 为 5.0～5.5，属于强酸性土壤（陈江华, 2008）。在移栽后 60d 时，与对照相比，处理 T1（生石灰）、T4（熟石灰 100）和 T5（熟石灰 200）的 pH 分别提高了 0.6、0.5 和 1.4，处理 T2 和 T3 的 pH 提高较小，只有 0.2。在移栽后 90d 时，处理与对照间的差异有所缩小，与对照相比差异最大的为 T5（1.1），最小的为 T2（0.1）。

(2) 改良剂对土壤有机质含量的影响

土壤有机质既是各种营养元素特别是氮、磷的主要来源，又是土壤微生物必不可少的碳源和能源，同时对土壤阳离子吸附和交换性能、酸碱缓冲性、结构性、保水通气性、热特性和耕性等理化性质均具有显著影响。陈江华等认为植烟土壤有机质含量为 15～25mg/kg（陈江华，2008），属于中等水平。研究结果表明（图 5-36），通过施用石灰和白云石粉改良剂能够不同程度的影响供试土壤有机质含量，但各处理的土壤有机质含量差异不大，为 16～22mg/kg，土壤有机质含量中等。

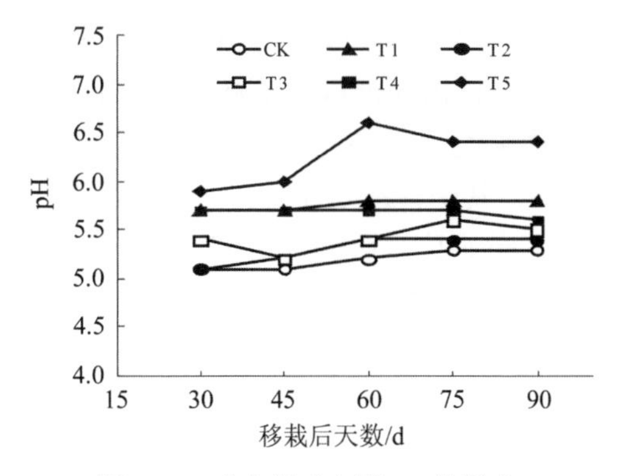

图 5-35　改良剂对土壤 pH 的影响

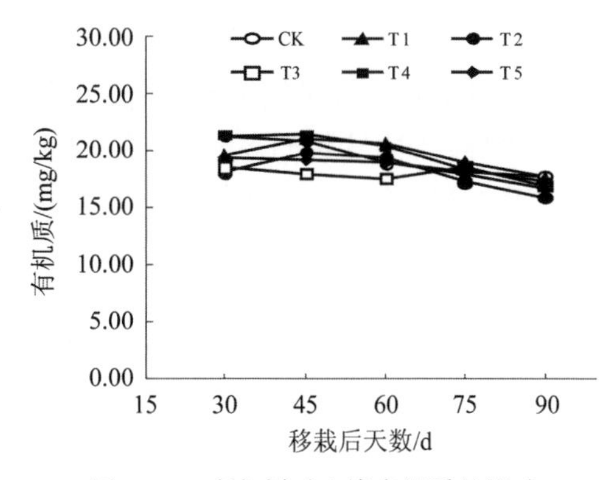

图 5-36　改良剂对土壤有机质的影响

(3) 土壤有效态养分的变化

土壤碱解氮：烟草吸收矿质养分的能力很强，适当的矿质养分供给是烟草生长发育必不可少的条件，土壤矿质养分缺乏，则烟草生长不良，产量不高，品质不佳，植烟土壤的矿质养分的状况与烟叶的品质及产量密切相关。氮素是细胞内各种氨基酸、酰胺、蛋白质、生物碱等化合物的组成成分。结果表明（图 5-37），各处理土壤碱解氮随移栽后天数的增加呈下降趋势，移栽 90d 之前各处理与对照差异较大，生石灰或石灰处理土壤碱解氮含量较高，土壤碱解氮含量为 150～210mg/kg。在移栽后60d，施用不同改良剂后供试土壤的碱解氮含量均有不同程度的提高，与对照相比提高了 12.1%～30.5%，其中处理 T3（熟石灰 50）和 T2（白云石粉）的速效氮含量提高较大，分别提高了 30.5%和 28.0%。但在移栽 90d 后，各处理间碱解氮含量差异较小，均卫 150mg/kg，土壤碱解氮含量属于中等水平。

土壤有效磷：磷是细胞内磷酸腺苷、糖脂、磷脂、核酸及含磷辅酶等的重要组成分，在植株体内的能量代谢、碳水化合物代谢、氮代谢以及物质运转过程中起重要作用，磷素不足造成烟株体内碳、氮代谢紊乱，同时也会降低烟株对氮、钾等养分的吸收，进而影响烤烟的产量和品质（中国农业科学院烟草研究所，2005）。研究结果表明（图 5-38），各处理土壤有效磷含量均较丰富，大多数在 40mg/kg 以上。各处理间差异较大，移栽 60d 时，与对照相比，除处理 T2（白云石粉）的有效磷含量略有降低外，其他改良剂的土壤有效磷含量均有不同程度的提高，其中以处理 T3（熟石灰 50）增加最明显，提高了 21.8%。施用改良剂后土壤 pH 趋于中性，磷素固定作用减弱。

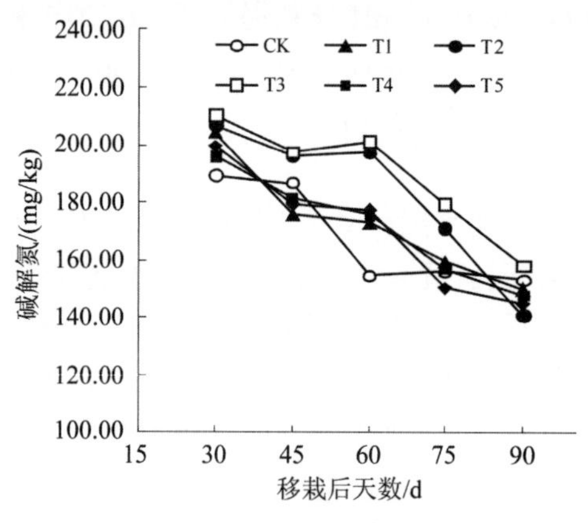

图 5-37　改良剂对土壤碱解氮的影响

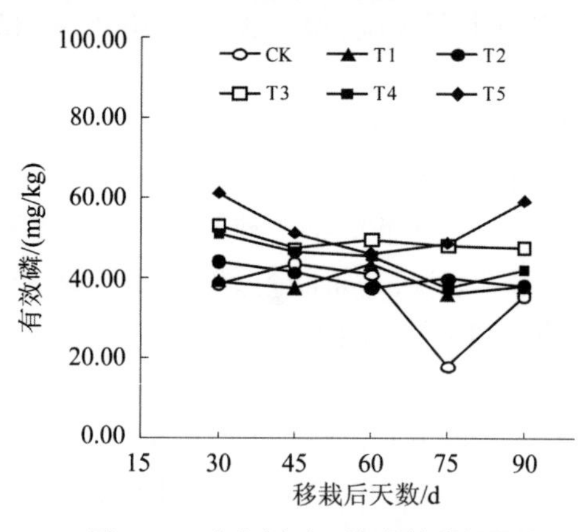

图 5-38　改良剂对土壤有效磷的影响

土壤速效钾：钾是烟草吸收量最多的营养元素，其体内含钾量高低直接影响烟草的品质，而提高烟叶中钾的含量是改善烟叶质量的关键措施之一。研究结果表明（图 5-39），施用改良剂后，各处理的土壤速效钾含量均有所提高，其中移栽 60d 时，处理 T3（熟石灰 50）和 T1（生石灰）的速效钾含量增加最为明显，分别比对照提高了 57.5%和 52.7%，为烟株旺长期土壤能够提供充足的钾；移栽90d 时各处理土壤速效钾的含量仍然维持在 300mg/kg 以上，说明土壤供钾能力依然很高。

土壤交换性钙：结果表明（图 5-40），土壤钙含量很丰富，交换性钙含量均在10cmol/kg 以上。但施用不同改良剂后供试土壤的交换性钙含量均有不同程度的提高，与对照相比提高了 10.2%～27.7%，处理 T1（生石灰）的交换性钙含量提高幅度最大，提高了 27.7%。其中处理 T2（白云石粉）对土壤交换性钙的提高效果较弱，这主要是因为等质量的白云石粉含的钙含量远低于生石灰或熟石灰；在移栽 90d 时，各处理（除 T2 白云

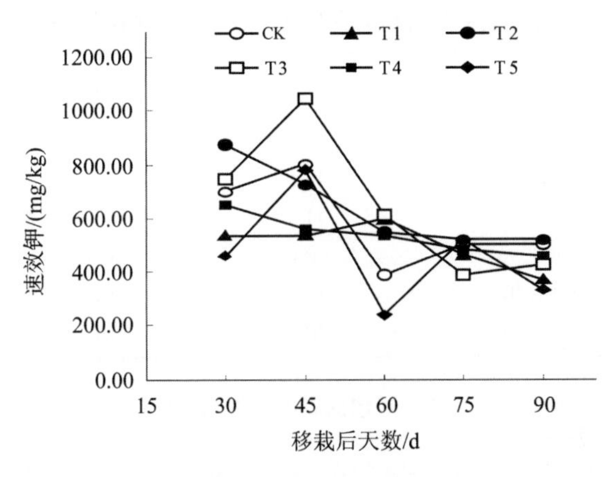

图 5-39　改良剂对土壤速效钾的影响

石粉处理外）土壤供钙能力均高于对照。

土壤交换性镁：如图 5-41 所示，土壤交换性镁的含量为 0.8～2.2cmol/kg，土壤供镁能力中等偏上。但施用改良剂后，供试土壤的交换性镁含量均有不同程度的提高，其中移栽 60d 时，处理 T2（白云石粉）和 T1（生石灰）的交换性镁含量增加最为明显，分别比对照提高了 129.5%和 44.3%。可见，施用改良剂多数可以显著提高土壤交换性镁含量，其中以处理 T2（白云石粉）对土壤交换性镁的提高效果最好，这主要是因为白云石粉富含镁素。

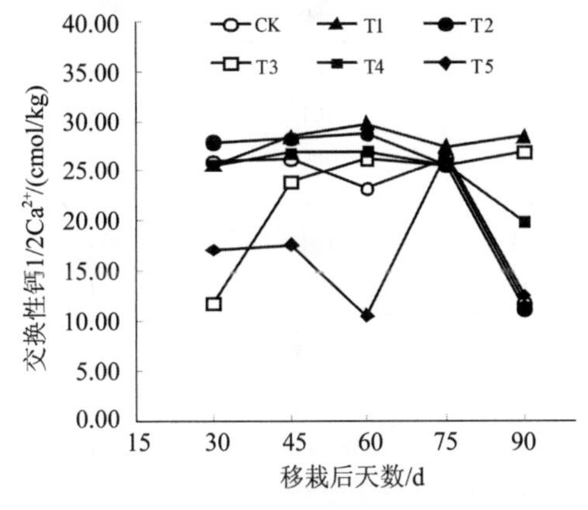

图 5-40　改良剂对土壤交换性钙的影响

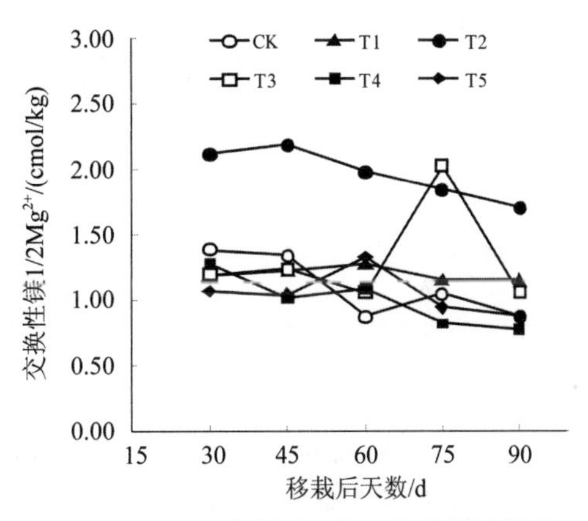

图 5-41　改良剂对土壤交换性镁的影响

2）改良剂对农艺性状的影响

研究结果表明，如表 5-43～表 5-45 所示，改良剂对烤烟株高、茎围、节距、有效叶片数均有不同程度的影响。各改良剂处理对株高和茎围均有促进作用（除熟石灰 50 T3 处理外），对节距的增加也有不同的促进作用（除白云石粉 T2 处理外），对有效叶片数的影响不大。与对照相比，移栽 75d 时，T5 处理显著增加了株高，增高 11cm；T2 处理增大茎围显著，增粗 0.7cm；各处理对节距、有效叶片数的影响不显著。

3）改良剂对烤烟干物质积累的影响

试验表明，随改良剂使用量增加，根系生长量、叶干重、植株干重也增加，可见改

表 5-43　改良剂对烤烟农艺性状的影响（移栽后 75d）

处理	株高/cm	茎围/cm	节距/cm	有效叶/片
对照（CK）	96	10.4	5.2	19
生石灰（T1）	98	11.1	5.4	19
白云石粉（T2）	98	11.0	5.1	20
熟石灰 50（T3）	96	10.4	5.5	19
熟石灰 100（T4）	103	10.6	5.7	20
熟石灰 200（T5）	107	10.8	5.7	20

表 5-44　改良剂对烟株高度的影响（单位：cm）

移栽天数	30d	45d	60d	75d	90d
CK	43	98	79	85	95
T1	42	99	88	89	98
T2	47	91	87	88	102
T3	51	87	89	89	93
T4	48	86	90	90	101
T5	52	90	91	90	102

表 5-45　改良剂对烟株茎围的影响（单位：mm）

移栽天数	30d	45d	60d	75d	90d
CK	70	87	97	99	103
T1	73	91	97	101	115
T2	70	88	93	98	113
T3	60	83	88	94	104
T4	68	86	103	104	109
T5	70	88	101	103	109

良剂对烤烟的生长有促进作用（图 5-42～图 5-44）。与对照处理相比，移栽 90d 时生石灰、白云石、熟石灰 50kg、熟石灰 100kg 及熟石灰 200kg 处理叶片干重分别增加了 13.2%、3.1%、7.5%、12.6%及 11.2%（图 5-43）。5 种改良剂对烤烟根系（图 5-42）和植株干重(图 5-44）的影响与对叶片的影响呈现相同的趋势。其中，熟石灰 50kg 处理根系的生长与对照的基本一致。施用改良剂促进了烤烟的生长，表明土壤中营养元素有效性得到了提高，促进了烟株对营养元素的吸收。相同的改良剂（熟石灰）、不同的剂量对烤烟生长的影响效果也不一样，熟石灰以 100kg/亩的剂量对增加烤烟根系、叶片和整株干重的效果更加明显。就烤烟生长发育而言，5 种改良剂以生石灰 100kg/亩和熟石灰100kg/亩两种处理的效果最为明显。值得关注的是，改良剂的施用能够促进烤烟根系的生长(图 5-42)，特别是促进早期根系干物质的积累，为烟株的早发奠定了良好的基础。

4）改良剂对烤后烟叶中微量元素的影响

如图 5-45 所示，与对照相比，施用改良剂增加了烤后叶片钙的含量；就叶位而言，

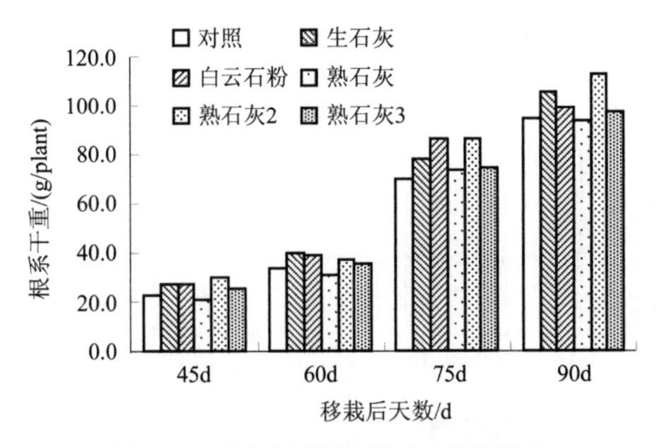

图 5-42　改良剂对植株根系生长的影响

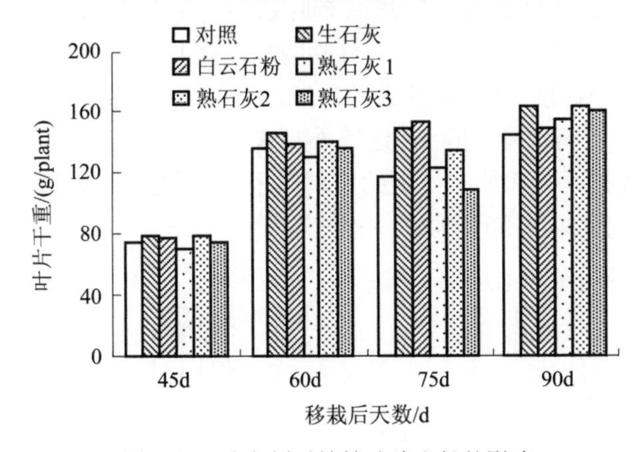

图 5-43　改良剂对植株叶片生长的影响

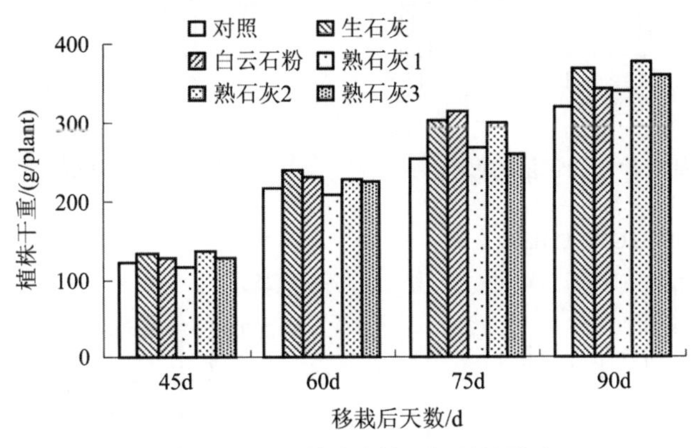

图 5-44　改良剂对植株生长量的影响

下中部叶片中钙含量的增加幅度较上部叶大；就处理而言，T5 处理（熟石灰 200）和T1 处理叶片钙含量增幅最大。有研究认为叶片中钙的含量为 1.5%～2.5%（陈江华，2008），本试验各处理叶片钙含量均达到 2.5%以上，最高的达到 4.7%，说明叶片钙含量较高。

如图 5-46 所示，各处理间（除 T2 处理外）叶片镁含量差异较小，镁含量为 0.25%～0.35%，均属于正常范围。陈江华等（2008）认为正常烟叶中部叶镁含量为 0.22%～0.42%，但是黄淮产区烟叶的含量略高。其中，处理 T2（白云石粉）的叶片中镁的含量比其他处理略高，原因可能是白云石粉含有较高的镁。

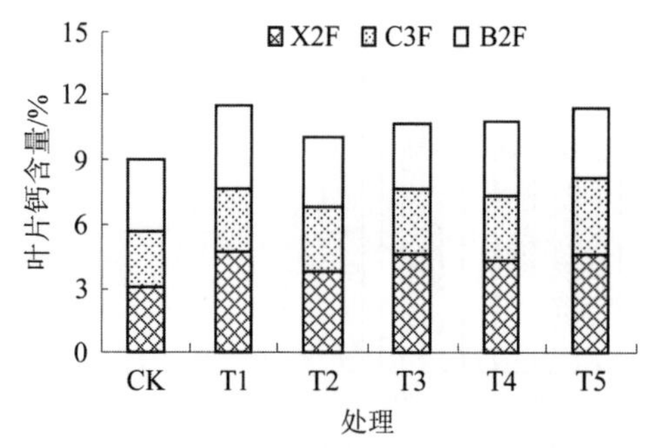

图 5-45　改良剂对叶片钙含量的影响

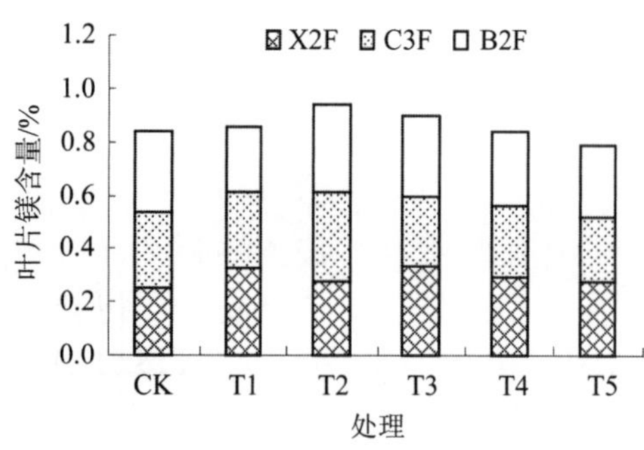

图 5-46　改良剂对叶片镁含量的影响

如图 5-47 所示，处理间及叶位间烤后烟叶铁的含量差异均较大。与对照相比各处理（除 T5 处理外）叶片中的铁的含量均有所增加。就叶片部位而言，各处理均以下部叶的铁含量较高，其中处理 T3 下部叶铁的含量最高（图 5-47）。各处理均降低了叶片中的锰（除 T3 处理外）、铜和锌（除 T3 处理外）含量，且处理间差异较大。高浓度的钙处理对叶片锰、铜和锌元素积累有一定的抑制作用，这种抑制效应随着钙处理浓度的增加而增大（图 5-48、图 5-49 和图 5-50）。

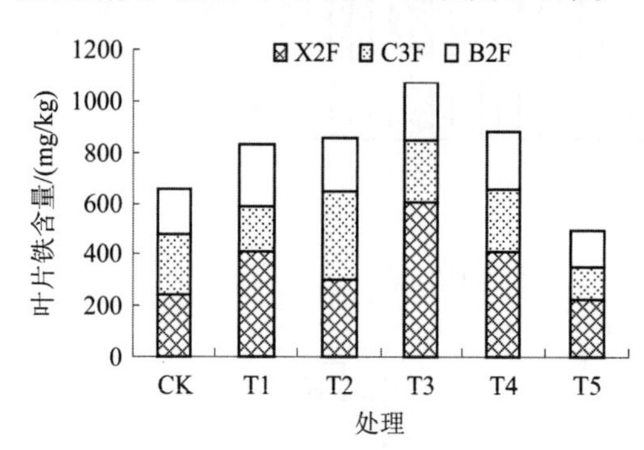

图 5-47　改良剂对叶片铁含量的影响

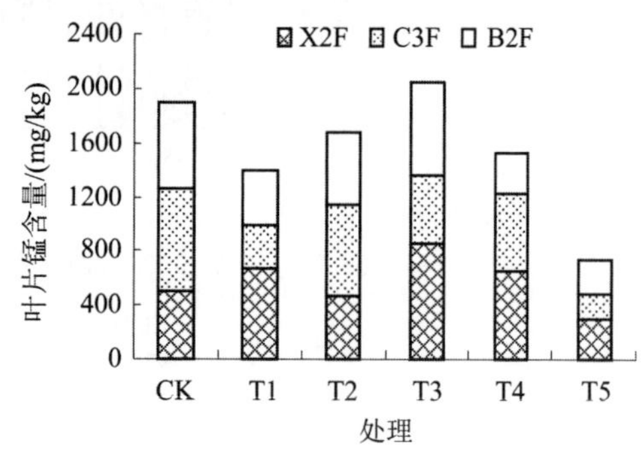

图 5-48　改良剂对叶片锰含量的影响

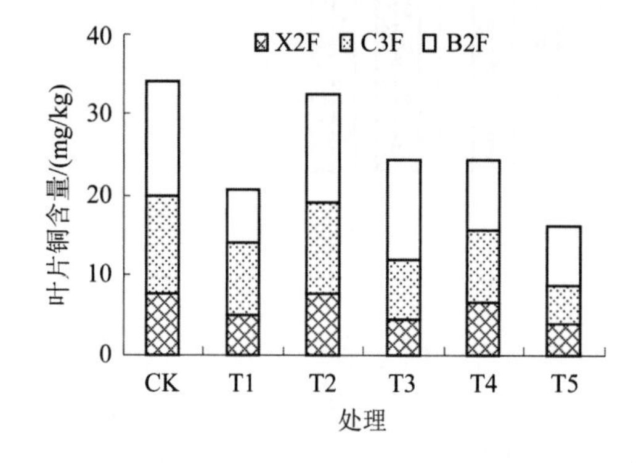

图 5-49　改良剂对叶片铜含量的影响

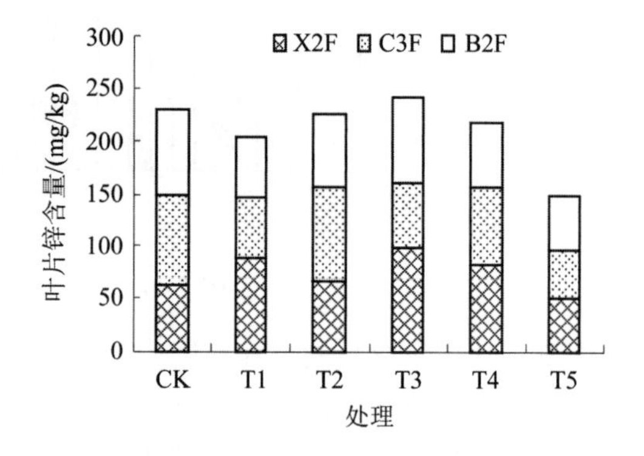

图 5-50　改良剂对叶片锌含量的影响

5）改良剂对烟叶化学成分协调性的影响

化学成分及其比值是评价烟叶内在质量的基础，也是烟叶香吃味质量的内在反映

（王瑞新，2003；史宏志等，2011）。烟叶化学成分协调性评价是质量综合评价烤烟的重要内容之一。通常以氮碱比、糖碱比、两糖比（还原糖/总糖）和钾氯比等评价指标构建烤烟烟叶常规化学成分协调性评价体系。烟叶化学成分的协调性（氮碱比、糖碱比、钾氯比、两糖比）好，烟叶具备较高的质量。

糖碱比是评价烟气酸碱平衡的重要指标，通常作为对烟气柔和性和细腻度的评价基础。从表 5-46 可以看出，各处理的糖碱比存在较大差异，就部位而言，改良剂处理能够提高下部叶的糖碱比，比值为 8～10；中部叶除处理 T2 和 T3 比对照有所提升外，其他处理均低于对照；上部叶则只有 T2 高于对照。结果表明，T2 处理对烟叶的糖碱比调节相对较为合适。

表 5-46　改良剂对初烤烟叶化学成分的影响

部位	处理	总氮/%	烟碱/%	总糖/%	还原糖/%	总钾/%	总氯/%	氮/烟碱	还原糖/烟碱	还原糖/总糖	钾/氯
X2F	CK	1.56	2.51	32.82	27.15	2.02	0.39	0.62	10.80	0.83	5.12
	T1	1.36	1.90	30.96	25.54	2.32	0.37	0.72	13.47	0.82	6.22
	T2	1.70	2.17	33.61	27.46	2.16	0.38	0.78	12.67	0.82	5.62
	T3	1.47	1.88	28.51	23.77	2.64	0.44	0.78	12.67	0.83	6.06
	T4	1.51	2.22	30.30	25.43	2.39	0.38	0.68	11.45	0.84	6.33
	T5	1.54	1.61	30.25	23.69	2.49	0.31	0.95	14.67	0.78	8.05
C3F	CK	1.79	3.14	30.50	26.99	1.83	0.51	0.57	8.61	0.88	3.55
	T1	1.66	2.85	26.89	21.82	1.87	0.37	0.58	7.64	0.81	5.06
	T2	1.46	2.35	34.42	28.43	1.69	0.41	0.62	12.09	0.83	4.12
	T3	1.75	2.81	30.95	26.75	1.90	0.41	0.62	9.51	0.86	4.61
	T4	1.64	2.92	29.33	24.14	1.97	0.41	0.56	8.26	0.82	4.83
	T5	1.73	3.21	30.09	24.35	2.01	0.40	0.54	7.59	0.81	5.03
B2F	CK	1.96	3.10	28.19	24.47	1.91	0.62	0.63	7.90	0.87	3.08
	T1	1.87	3.12	27.06	23.50	1.74	0.56	0.60	7.54	0.87	3.08
	T2	2.00	2.78	29.14	26.50	1.65	0.57	0.72	9.55	0.91	2.90
	T3	2.05	3.01	26.00	23.24	1.98	0.63	0.68	7.72	0.89	3.16
	T4	2.08	3.86	24.36	21.65	1.99	0.57	0.54	5.62	0.89	3.48
	T5	2.19	3.50	24.92	20.92	2.01	0.55	0.63	5.97	0.84	3.68

由表 5-46 可知，各处理两糖比差异较小，最大值为 0.91，最小值为 0.78，且绝大多数约为 0.85。就部位而言，下部叶的较低，上部叶的较高；就处理而言，各处理的糖碱比均较为适宜。

钾氯比值通常被用作判定烟叶燃烧性的主要指标。生产上一般要求钾氯比≥4。由表 5-46 可知，除对照的中部叶和各处理的上部叶外，其他处理不同叶位的钾氯比均高于 4.0。整体而言叶片钾氯比例的协调性较高，绝大多数在适宜范围。但各处理间钾氯比差异较大，其中各部位基本上均以处理T5 和处理 T1 的最高。综合叶位以及适宜含量，以 T5 和 T1 叶片的钾氯比最为合适。

结果表明，施用土壤改良剂均对烟叶的内在化学成分具有一定影响，能适度地降低烟叶总糖和还原糖含量，改善烟叶糖碱比，特别是钾氯比。其中，施用生石灰 100kg/亩和熟石灰 200kg/亩对提高下部叶、中部叶钾含量，适度降低糖含量具有一定作用。

6）改良剂对烟叶产值量的影响

从表 5-47 可以看出，改良剂能够提高烤烟的产量和产值。对酸性土壤，施用石灰能中和土壤酸性，增加土壤有效养分，改善土壤物理性状，减少病害，从而提高烤烟的单叶重，增加烤烟有效叶数，从而增加产量。施用改良剂还能改善烟叶品质，提高中上等烟比例，增加产值。与对照处理相比，改良剂生石灰、白云石、熟石灰 50kg、熟石灰100kg 及熟石灰 200kg 处理烟叶产量分别提高了 18.0%、33.5%、14.9%、19.9%及16.8%，每亩增值分别为 552 元、1046 元、577 元、550 元及 634 元。不同改良剂对烟叶产质量的影响有较大差异，其中白云石粉 100kg/亩的处理烟叶产量和产值的增幅最大。

表 5-47 改良剂对烟叶等级结构及产值的影响

处理	对照 (CK)	生石灰 (T1)	白云石粉 (T2)	熟石灰 50 (T3)	熟石灰 100 (T4)	熟石灰 200 (T5)
产量/(kg/亩)	161	190	215	185	193	188
增产量/(kg/亩)	0	29	54	24	32	27
产值/(元/亩)	2292	2844	3338	2869	2842	2926
增产值/(元/亩)	0	552	1046	577	550	634
均价/(元/kg)	14.24	14.97	15.53	15.51	14.73	15.56
上等烟率/%	27	29	33	36	21	26
中等烟率/%	45	54	45	48	66	66
上中等烟率/%	72	83	78	84	87	92

7）改良剂对烟叶外观质量的影响

由表 5-48、表 5-49 及图 5-51 可知，不同改良剂对烟叶外观质量的影响有较大差异，除 T5 处理外改良剂能够改善烟叶的外观质量，特别是中上部叶的外观质量。与对照处理相比，改良剂白云石粉对上、中、下三个部位烟叶的外观质量均有较大的提升作用；生石灰也能很好的改善各部位烟叶的外观质量，特别是中上部叶。低浓度的熟石灰处理能改善中上部叶片的外观质量，但高浓度（T5 处理）则相反，降低了各部位烟叶的外观质量。总体而言，白云石粉和生石灰对改善烟叶外观质量效果更优（表5-48 和图 5-51）。

表 5-48 改良剂对烤烟外观质量的影响（满分为 10.00）

处理	X2F	C3F	B2F
对照（CK）	7.20	7.20	7.08
生石灰（T1）	7.20	7.65	7.30
白云石粉（T2）	7.45	7.58	7.80
熟石灰 50（T3）	6.08	7.58	7.80
熟石灰 100（T4）	6.80	7.28	7.88
熟石灰 200（T5）	6.80	6.80	6.70

8）改良剂对初烤烟叶感官质量的影响

由表 5-50 和图 5-52 可见，生石灰和白云石粉和熟石灰 200 处理在不同程度上改善了初烤烟叶的感官评吸质量，其中生石灰的效果最好，中部叶的吸食得分最高（46.3

表 5-49　初烤烟叶外观质量评价记录表

等级	处理	颜色		成熟度		身份		叶片结构		油分		色度		综合
		描述	得分	描述	得分	描述	得分	描述	得分	描述	得分	描述	得分	得分
X2F	CK	橘黄	8	成熟	8	稍薄—中等	7	疏松	7.5	稍有—有	5.5	强	6.5	7.20
	T1	橘黄	8	成熟	8	稍薄—中等	7	疏松	7.5	稍有—有	5.5	强	6.5	7.20
	T2	橘黄	8	成熟	8.5	中等	7.5	疏松	7.5	有	6	强	6.5	7.45
	T3	橘黄	7	尚熟—成熟	7	薄	5	疏松	7.5	少—稍有	4.5	中	4	6.08
	T4	橘黄	7.5	成熟	7.5	稍薄	6.5	疏松	7.5	稍有	5	中—强	6	6.80
	T5	橘黄	7.5	成熟	7.5	稍薄	6.5	疏松	7.5	稍有	5	强	6	6.80
C3F	CK	橘黄	7.5	成熟	7.5	稍薄—中等	7.5	疏松-尚疏	7.5	有	6	强	7	7.20
	T1	橘黄	8	成熟	8	中等	8	尚疏松	7	有	7	强	8	7.65
	T2	橘黄	8	成熟	8	中等	8	尚疏松	7	有	7	强	7.5	7.58
	T3	橘黄	8	成熟	8	中等	8	尚疏松	7	有	7	强	7.5	7.58
	T4	橘黄	7	成熟	7.5	稍薄—中等	7.5	疏松-尚疏	7.5	有	7	强	7	7.28
	T5	橘黄	7	成熟	7	稍薄—中等	7	疏松-尚疏	7.5	稍有	5	强	7	6.80
B2F	CK	橘黄	6.5	成熟	7.5	稍薄—中等	7	尚疏松	7.5	稍有—有	7	中—强	6.5	7.08
	T1	橘黄	7	成熟	7.5	稍薄—中等	7	尚疏松	7.5	有	7.5	中—强	7	7.30
	T2	橘黄	7.5	成熟	8	中等	7.5	尚疏松	8	有	8	强	7.5	7.80
	T3	橘黄	7.5	成熟	8	中等	7.5	尚疏松	8	有	8	强	7.5	7.80
	T4	橘黄	8	成熟	8	中等	7.5	尚疏松	8	有	8	强	7.5	7.88
	T5	橘黄	6	成熟	7	稍薄—中等	7	尚疏松	7	稍有—有	6.5	中—强	6.5	6.70

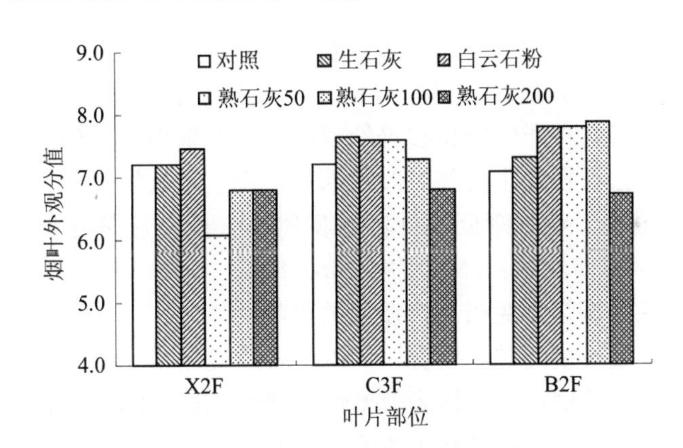

图 5-51　改良剂对烟叶外观质量的影响

分）。生石灰处理后中部烟叶香气质中等，香气量足，有刺激性，略有杂气，比对照的稍好，烟味稍足，其他中偏低；白云石粉处理香气质中，香气量有，有杂气，浓度中等，烟气略混，品质中低；介于上两支烟对照和生石灰处理之间，整体较为平淡。总体来看，中部叶的吸食质量以施用生石灰的处理较好，优于对照（图 5-52）。

9）结论

施用土壤改良剂能改善土壤结构，促进植物生长。有研究表明，施用石灰能提高烤烟产质量（陈厚才，1996；徐茜，2000）。在本研究中，施用生石灰、白云石粉、熟石灰对烟株农艺性状、烟叶浓香型风格影响不大，但施用改良剂，土壤pH 随着钙施用量

表 5-50　改良剂对初烤烟叶吸食质量的影响

处理	香型	香气质	香气量	杂气	劲头	浓度	刺激性	余味	甜度	总分
CK	浓	5.5+	5.5	5.5	6.5−	6	5.5+	5.5	5	45.5
生石灰	浓	6−	6−	5.5+	6	6	5.5+	5.5+	5+	46.3
白云石粉	浓	6−	5.5	5.5	6	6	6−	5.5	5+	45.6
熟石灰 50	浓	6−	5.5	5.5	6	5.5+	6−	5.5	5	44.7
熟石灰 100	浓	6−	5.5	5.5+	5.5+	5.5−	6	5.5+	5+	45.0
熟石灰 200	浓	6−	5.5+	5.5+	6	6	5.5+	5.5+	5+	46.0

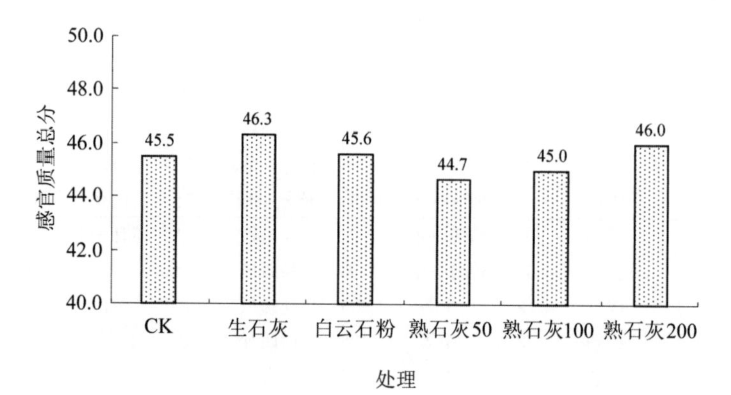

图 5-52　改良剂对初烤烟叶感官质量的影响

的增加而提高，改善了土壤钙、镁、钾等营养元素的有效性，也提高了烟叶对这些营养元素的积累；改良剂能够较好地协调烟叶的化学成分，适度降低糖碱比和提升钾氯比；土壤改良剂能有效提高烟叶产质量和改善外观品质。结果表明，施用生石灰更能提高中部叶的感官质量；白云石粉和生石灰对改善烟叶外观质量效果更优；白云石粉处理烟叶产量和产值的增幅最大。各处理间烟叶浓香型风格未产生显著变化，但烟叶甜感有一定差异。

2. 土壤改良剂对碱性土壤烤烟生长及产质量的影响

近年来，随着土壤质量问题的出现，烟田土壤改良越来越受到重视。在偏碱性的土壤化学改良方面，施用硫磺可以明显降低碱性土壤的 pH，且土壤 pH 在试验条件下随硫磺用量的增大而降低。另外，在碱性土壤改良方面，酒糟的施用也具有较好的效果。潘保原等（2009）研究表明，酒糟能够改善盐碱土的理化性质，显著降低土壤 pH，而且能够增加土壤有机质和水解性氮含量。对于诸多土壤偏碱性的烟田而言，加强这方面的研究将有利于烟田的高效利用和土壤资源的可持续发展。本研究采用硫磺和酒糟等作为土壤改良剂，探讨它们改良碱性烟田土壤的效果及其对烤烟根区土壤环境和烟叶质量的影响，旨在寻求改良碱性烟田土壤的优良措施，为烟田土壤改良和碱性土壤资源的高效利用提供理论指导和实践依据（邵伏文等，2012）。

试验地位于安徽亳州市主产产区，供试材料为烤烟品种“中烟 100”，试验田土壤为典型潮土类型。供试土壤的养分含量为：有机质 1.54%、碱解氮 62.52mg/kg、有效磷 12.81mg/kg、速效钾 259.60mg/kg、pH8.10。试验共设 5 个处理：CK（对照）、S1（硫磺

0.1kg/m²）、S2（硫磺 0.2kg/m²）、S3（硫磺 0.3kg/m²）、S4（硫磺 0.1kg/m²+酒糟3.0kg/m²）。

1）施硫磺和酒糟对土壤 pH 的影响

图 5-53 表明，烤烟移栽 30d 时，与对照相比，施用硫磺或酒糟处理根区土壤 pH 显著降低，处理 S1、S2、S3 和 S4 的 pH 分别降低了 0.26、0.33、0.43 和 0.26。随着烟株的生长发育进程推进，各处理的根区土壤 pH 开始缓慢上升。尽管植株生长后期根区土壤的 pH 比前期有所上升，在一定程度上减弱了硫磺对土壤 pH 的降低效果，但处理 S1、S2、S3 和 S4 的 pH 在移栽 90d 时仍比对照 CK 分别显著降低了0.30、0.36、0.40 和 0.33。因此，土施硫磺能够显著降低根区土壤的 pH。

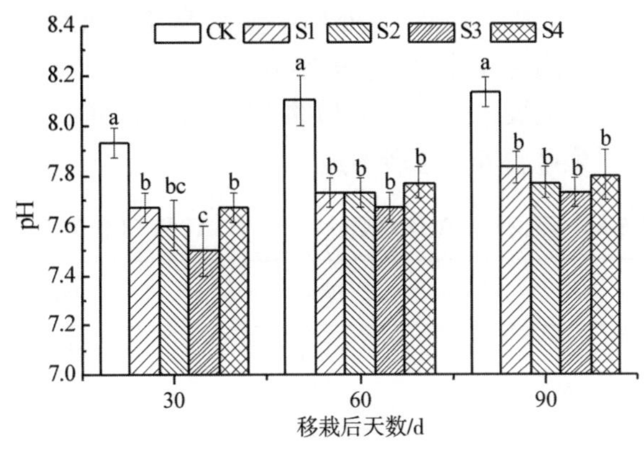

图 5-53　硫磺对根区土壤 pH 的影响

2）施硫磺和酒糟对烤烟生物量的影响

由表 5-51 可知，施加硫磺的各处理烤烟器官和植株干重与对照相比均有不同程度的增加；各处理烟株根、茎、叶的干重的绝对量都随生育期推进而逐渐增加。其中，移栽后 30d（烤烟团棵期）各处理烤烟的干物质积累即表现出较大差异，施用硫磺或酒糟能够显著增加烤烟根、茎、叶的干重，S1、S2、S3、S4 植株总干重分别比对照增加 23%、21%、14%、28%；移栽 75d（成熟期）时 S1、S2、S3、S4 整株干重分别比对照增加 16%、10%、6%、14%。就各器官而言，在烤烟移栽 30d 时，处理植株根、茎、叶的干重分别比相应对照增加 16%～37%、9%～28%、17%～25%，移栽 75d 时分别增加 15%～28%、6%～19%、3%～13%，其中两生育期均以根部的增加幅度最大。

表 5-51　施用硫磺对移栽烤烟干重的影响

处理	30d [干重（g/plant)]				75d [干重（g/plant)]			
	根	茎	叶	总重	根	茎	叶	总重
CK	3.60c	5.33c	15.40b	24.33c	45.44c	72.96c	146.57b	264.97c
S1	4.82a	6.68a	18.40a	29.90ab	58.05a	84.60ab	165.20a	307.85a
S2	4.62ab	6.26ab	18.58a	29.46ab	54.77ab	80.90abc	154.90ab	290.57ab
S3	4.17bc	5.83bc	17.82a	27.82b	52.12b	77.00bc	151.10b	280.22bc
S4	4.93a	6.84a	19.30a	31.07a	57.16ab	86.80a	158.24ab	302.20a

注: 同列数字后不同小写字母表示不同处理间差异显著（P<0.05），下同。

不同的剂量的硫磺对烤烟生长的影响效果差异较大。各施琉处理烤烟各器官和整株干重在移栽30d时表现为S4>S1>S2>S3，在移栽75d时表现为S1>S4>S2>S3。就烤烟生长发育而言，各处理的效果表现出随硫用量的增加而降低的趋势，且改良剂以S1和S4处理的效果最为明显。

3）施用硫磺和酒糟对烟叶营养元素含量的影响

研究结果表明，各施用硫磺处理均能够显著增加烟叶中氮的含量，个别处理也能显著提高烟叶中磷含量，而各处理钾含量均无显著变化（表5-52）。其中，中低用量的硫磺处理（S1、S2、S4）叶片氮含量略高于高用量的S3处理，添加酒糟的S4处理叶片氮含量显著高于其他处理；单施硫磺不同程度地降低了叶片磷的含量，其中的S2处理叶片磷含量显著低于对照，添加酒糟S4处理则显著高于对照；各处理烟叶钾含量为1.47%～1.58%，但施用硫磺对叶片钾含量的影响不显著；单施硫磺的各处理烟叶氯含量均符合优质烟叶对氯含量的要求，添加酒糟的S4处理显著降低了烟叶中氯的含量。综合比较而言，S2处理，烟叶营养元素较为适宜。

表5-52　不同硫磺处理对烟叶中N、P、K和Cl含量的影响

处理	N/%	P/%	K/%	Cl/%
CK	1.40c	0.36b	1.53ab	0.40b
S1	1.56b	0.33bc	1.47b	0.54a
S2	1.56b	0.30c	1.59a	0.35b
S3	1.53b	0.32bc	1.58a	0.38b
S4	1.76a	0.46a	1.46b	0.25c

4）施用硫磺和酒糟对中部烟叶化学成分协调性的影响

如表5-53所示，S1、S2、S4处理烟叶烟碱含量显著高于对照，各处理氮碱比（氮/烟碱）为0.86～1.07，较为合理，适宜的氮碱比反应了烟叶具备较高的成熟度。硫磺不同程度地降低了中部烟叶的糖碱比，且各处理烟叶的糖碱比（还原糖/烟碱）存在较大差异，但各处理糖碱比均在12以上；其中的S1和S2处理比对照显著降低，其余处理组合均无显著变化。即中低水平施琉处理（S2和S1）对降低糖碱比的效果显著，而高用量的硫磺（S3）处理对协调糖碱比效果不显著。S4处理中添加酒糟对协调糖碱比的效果亦不显著，主要是由于该处理显著增加了烟叶还原糖的含量（表5-53），导致了糖碱比较高。另外，施用适量的硫磺，能够降低中部叶总糖和还原糖含量，酒糟处理则相反。施用硫磺显著降低了中部烟叶的两糖含量差（总糖–还原糖），其中的S1和S4处理的效果更显著。

表5-53　不同硫磺处理对烟叶中化学成分协调性的影响

处理	烟碱/%	总糖/%	还原糖/%	氮/烟碱	还原糖/烟碱	总糖–还原糖	钾/氯
CK	1.39b	30.26b	27.50b	1.01a	19.79a	2.76a	3.79b
S1	1.70a	28.45bc	27.02bc	0.92b	15.95b	1.43c	2.74c
S2	1.81a	28.03c	25.65c	0.86b	14.21b	2.38ab	4.54b
S3	1.43b	29.68bc	27.66b	1.07a	19.39a	2.02b	4.20b
S4	1.65a	32.60a	30.65a	1.07a	18.61a	1.94bc	5.79a

同时，处理 S4 烟叶的钾氯比（K/Cl）显著高于其他处理，CK、S2、S3 之间差异不显著，但显著高于 S1 处理。其中，S1 处理的钾氯比<4，而其他处理均>4。酒糟的施用能够很好地协调烟叶的钾氯比，主要是适度地降低了叶片中氯的含量。

5）施用硫磺和酒糟对烤烟经济性状的影响

如表 5-54 所示，合理的施用硫磺能够显著增加烟叶产量和质量。与对照相比，S1、S2、S3 和 S4 处理烟叶产量分别增加了 7%、21%、2%和 8%，各处理相应产值分别比对照增加了 7%、18%、1%和 10%，S2 和 S4 处理还达到了显著水平。同时，施用硫磺能够不同程度上提高上中等烟比例，且 S1 和 S4 处理还达到了显著水平。可见，施用硫磺中和土壤碱性，增加土壤有效养分，促进烟株生长，提高烟叶产量，改善烟叶品质，增加产值。

表 5-54　不同硫磺处理对烤烟产量和产值的影响

处理	产量/(kg/hm²)	产值/(元/hm²)	上中等烟比例/%
CK	2347.20c	28121.70c	79.34c
S1	2508.15bc	30187.65bc	89.32a
S2	2830.35a	33306.45a	83.68bc
S3	2352.60c	28420.20c	79.65c
S4	2524.95b	30912.30b	87.66ab

进一步分析发现，不同硫磺用量对烟叶产质量的增加效果有较大差异。其中，烟叶产值提高效果最大的是 S2 处理，其次是 S4 是 S1 处理；S1（低用量硫磺粉）和 S4（低用量硫磺粉加酒糟）处理对烟叶等级（上中等烟比例）的提高效果最大。施用同等的硫磺，再添加酒糟能够一定程度上增加烤烟产量和产值。

6）烟叶外观质量

从图 5-54 和表 5-55 可以看出，不同改良剂对烟叶外观质量的影响有较大差异。与对照相比，A1 处理降低下部叶外观分值，其他处理有不同的促进作用；除 A2、A4 处理与对照相当外，其他处理降低了中部叶的烟叶外观分值；除 A3 处理外，各处理增加了上部叶的外观分值。整体而言，A2（中等用量硫磺粉）和 A4（低用量硫磺粉加酒糟）处理能够改善烟叶的外观质量，尤其是上部叶（图 5-54）。

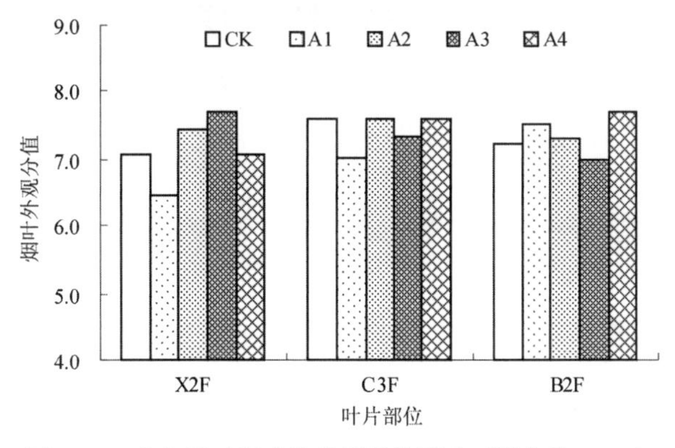

图 5-54　改良剂对烟叶外观质量的影响（满分为 10.00）

表 5-55 初烤烟叶外观质量评价记录表

等级	编号	颜色		成熟度		身份		叶片结构		油份		色度		综合
		描述	得分	描述	得分	描述	得分	描述	得分	描述	得分	描述	得分	得分
X2F	269	橘黄	7.5	成熟	7.5	稍薄—中等	7.5	疏松	7.5	稍有—有	6	中—强	6	7.05
	257	柠-橘	7	成熟	7	稍薄—中等	7	疏松	7	稍有	5	中	5.5	6.48
	260	橘黄	8	成熟	8	中等	8	疏松	7.5	有	7	中—强	6	7.45
	263	橘黄	8.5	成熟	8	中等	8	疏松	8	有	7	强	6.5	7.70
	266	橘黄	7.5	成熟	7.5	稍薄—中等	7.5	疏松	7.5	稍有—有	6	中—强	6	7.05
C3F	270	橘黄	7.5	成熟	8	中等	7.5	尚疏松	7	有	8	强	7.5	7.60
	258	橘黄	6.5	成熟	7	稍薄—中等	7	尚疏松	7.5	有	7	中—强	7	7.03
	261	橘黄	7.5	成熟	8	中等	7.5	尚疏松	7	有	8	强	7.5	7.60
	264	橘黄	7	成熟	7.5	中等	7.5	尚疏松	7	有	7.5	强	7.5	7.33
	267	橘黄	7.5	成熟	8	中等	7.5	尚疏松	7	有	8	强	7.5	7.60
B2F	271	橘黄	8	成熟	8	中等—稍厚	7.5	尚疏松	7	稍有	5	中—强	7.5	7.23
	259	橘黄	8	成熟	7.5	中等	8	疏松	8	有	6	中—强	7.5	7.50
	262	橘黄	8	成熟	7.5	中等	8	尚疏松	7	有	6	中—强	7.5	7.30
	265	橘黄	7.5	成熟	7.5	稍厚	7	尚疏松	7	稍有—有	5.5	中—强	7	6.98
	268	橘黄	8.5	成熟	8	中等—稍厚	7.5	疏松	8.5	稍有	5	强	8	7.68

7）初烤烟叶感官评吸

从表 5-56 和表 5-57 可看出，硫磺粉处理在不同程度上改善了初烤烟叶的感官评吸质量，其中 A1、A4 处理的效果最好，中部叶的吸食得分较高（表 5-56）。A1（低用量硫磺粉）处理初烤烟叶烟气较 CK 稍有提高，浓度中等，品质和甜度较 CK 稍有提升；A4（低用量硫磺粉加酒糟）处理初烤烟叶香气质感及余味较 CK 稍好，烟味稍有提升，整体质量略有提升；A2（中等用量硫磺粉）处理初烤烟叶较 CK 质量略有提稍次，浓度和杂气有提升，烟气平淡，劲头稍低；A3（高用量硫磺粉）处理初烤烟叶香气量稍欠，烟气偏弱，有毛刺感，有口腔残留感，烟味平淡，品质较差（表 5-57）。总体来看，中部初烤烟叶的吸食质量以 A1（低用量硫磺粉）和 A4（低用量硫磺粉加酒糟）处理较好，A2（中等用量硫磺粉）次之，均优于对照；A3（高用量硫磺粉）处理吸食质量较差，分值低于对照（表 5-56 和表 5-57）。

表 5-56 改良剂对初烤烟叶吸食质量的影响

处理	香型	香气质	香气量	杂气	劲头	浓度	刺激性	余味	甜度	评价总分
CK	浓	5	4.5+	5	5−	5	5.5	4.5+	4.5+	39.5
A1	浓	5	5	5	5−	5+	5.5	5	5−	40.7
A2	浓	5	5−	5	5−	5−	5.5+	5	4.5+	40.1
A3	浓	5−	4.5+	4.5+	4.5	4.5+	5.5−	4.5+	4.5	38.5
A4	浓	5+	5	5	4.5+	5−	5.5−	5	5	40.6

8）讨论与结论

烟草对土壤的适应性较强，pH 为 4.5～8.5 均能生长。但土壤 pH 过高，将影响烟草对磷、铁、锰的吸收，呈缺素症状，pH 过低时使土壤呈强酸性也不利于烟草的生长。

表 5-57　烟叶原料感官质量评价表

处理	风格特征及总体评价
CK	香气浓度低，品质较差，燃烧性一般，整体质量一般
A1	烟气较上支烟 CK 稍提高，浓度中，品质较上支烟 CK 略有提升，甜度稍有提升
A2	较 CK 质量略有提升，浓度和杂气有提升，烟气平淡，劲头低，品质一般
A3	香气量欠，烟气偏弱，有毛刺感，有口腔残留感，烟味平淡，品质较差
A4	香气质感及余味稍好，烟味稍有提升整体质量略有提升

一般认为，pH 5.0～7.0 是烟草适宜范围。本研究结果表明，施用硫磺可以显著降低土壤 pH，降低幅度达到 0.3 个单位以上，pH 在烤烟移栽后 30d 达到最低点，之后随着植株的生长发育略有上升。硫磺施入土壤后，通过土壤细菌将硫磺变成硫磺酸，从而降低土壤 pH。然而，这是一个缓慢的生物过程，施硫磺后 20～30d 其氧化速率达到最大，因此此阶段土壤 pH 迅速降低。随着烟株的生长和发育，各处理的根区土壤 pH 开始缓慢上升，这可能与土壤的缓冲性能有关。

施用硫磺能明显促进烟苗的生根早发，增加烟株干物质的积累。本研究表明，施用硫磺因减低了根区土壤 pH，改善碱性土壤对烟苗生长的抑制作用，促进根系的生长，如移栽 30d 时施硫处理的根系干重均高于对照，使烟苗根系的早发快长。同时不同的剂量的硫磺对烤烟生长的影响效果差异较大。其中，高硫用量的 S3 处理效果较弱，可能由于过量施用硫磺引起土壤中 SO_4^{2-}浓度过高，抑制了植物根系对 NO_3^-、H_2BO_3 和 $HMoO_4$ 的吸收。可见，中低用量硫磺能够显著增加植株干物质的积累，其中S2 和 S4 处理的效果更好。由于 S4 处理加入了酒糟，而酒糟含有丰富的有机物质、蛋白质和各种氨基酸，能够增加盐碱土中水解性氮的含量，提高氮肥利用率，促进烟苗早期的生长发育，从而增加烤烟干物质的积累。

烟叶化学成分是烟叶内在质量的基础，也是烟叶香吃味质量的内在反映。本研究表明，硫磺处理显著提高了烟叶氮含量，但是 S3 处理高用量的硫磺引起土壤中 SO_4^{2-}浓度过高，抑制了植物根系对氮素的吸收，而添加酒糟的 S4 处理叶片氮含量显著高于其他处理。优质烤烟烟叶的糖碱比（还原糖/烟碱）一般要求 8～12。本研究结果显示，各硫磺处理烟叶的糖碱比存在较大差异，且糖碱比均在 12 以上。与对照相比，中低用量硫磺的 S2 和 S1 处理显著降低糖碱比；添加酒糟的 S4 处理对协调糖碱比的效果不显著，主要是由于该处理显著增加了烟叶还原糖的含量的缘故。添加酒糟处理(S4）烟叶的钾氯比显著高于其他处理，主要是由于其适度地降低了叶片中氯的含量。因此，可以通过施用酒糟来改善灰色和燃烧性较差的烟叶提高品质。土壤改良剂能有效提高烟叶产质量和改善外观品质，与对照处理相比，A2 处理（中低等用量硫磺粉）烟叶产量增加了 21%，每亩增值 345 元；A1 和 A4 处理中上等烟提高 10%。同时，改良剂还能够提升烟叶外观质量和吸食质量，A1（低用量硫磺粉）和 A4（低用量硫磺粉加酒糟）处理明显提升中部初烤烟叶的吸食质量，但各处理间烟叶浓香型风格没有发生变化。

综上所述，本研究施用硫磺改良产区碱性土壤具有显著效用，它能够降低土壤的 pH，促进烟株的生长发育，提高烟叶的产量和质量，彰显浓香型烟叶的风格特色，而且添加酒糟具有更显著的效果。综合考虑各处理对产区碱性土壤的改良和烟叶产质量的影响，以 S2（硫磺 0.2kg/m²）和 S4（硫磺 0.1kg/m²+酒糟 3.0kg/m²）处理效果最好，更有利于优质浓香型烟叶生产。

5.2.3　土壤供肥特性和后期调亏对烟叶质量特色的影响

1. 土壤肥力对浓香型烟叶质量特色的影响

土壤肥力因素直接影响到土壤养分的供应能力，进而影响到烟叶香气前体物的生成、转化与致香成分的形成和积累，因而对香气质量产生影响。土壤肥力的高低与土壤质地、有机质含量、土壤速效养分含量和施肥量都有密切关系。优质浓香型特色烟叶的生产需要烟田土壤具有一定的肥力，以保证烟叶的充分开展和光合产物的制造和积累，若肥力过高，后期氮素供应过多，则会影响烟叶成熟落黄和香气前体物的充分降解和转化。豫中产区是我国种植烤烟最早的产区之一，其烟叶在卷烟配方中发挥着不可替代的作用。目前豫中产区部分烟田土壤肥力水平过高是影响浓香型特色彰显和质量提升的重要因素之一。本试验在同一产地选择不同肥力烟田，在同一施氮水平下进行栽培，以研究土壤基础肥力对不同部位烟叶香气物质含量的影响，旨在丰富烟草香味学理论，为提高浓香型烟叶质量，充分彰显浓香型特色，提高烟叶可用性提供理论依据。

试验在河南许昌襄城县实施，土壤为褐土，质地为壤土，前茬均为小麦和红薯，高、中、低 3 个肥力水平有机质含量分别为 10.7g/kg、13.8g/kg 和 16.7g/kg，速效氮含量分别为 56ppm，85ppm 和 116ppm。供试品种为当地主栽品种中烟 100，每亩施氮量根据当地推荐施肥量施用。分 5 个部位取样进行烘烤，进行香气成分测定和感官评吸。

1）土壤肥力对烤烟不同部位类胡萝卜素降解产物总量的影响

类胡萝卜素是烟草中最重要的萜烯类化合物之一，其降解产物不少化合物是烟草中关键的致香成分。由图 5-55 可知，底脚叶与下二棚烟叶在土壤肥力中等的条件下类胡萝卜素类降解产物总量最高，而土壤高肥力则略低于土壤低肥力类胡萝卜素类降解产物总量；腰叶、上二棚、顶叶部位烟叶的类胡萝卜素类降解产物总量与土壤肥力水平成正相关，腰叶与上二棚处土壤高、中肥力水平下烟叶中的类胡萝卜素类降解产物总量差异最小，上二棚与顶叶处低肥力土壤条件下烟叶中的类胡萝卜素类降解产物总量较低，分别为高肥力土壤条件下烟叶中类胡萝卜素类降解产物总量的 57.22%、43.38%。高肥力土壤条件下，烟叶中的类胡萝卜素类降解产物总量随部位的变化趋势为随着烟叶部位的升高总量逐渐增高，腰叶处总量达到最高值，且随着烟叶部位的继续升高，总量趋于稳

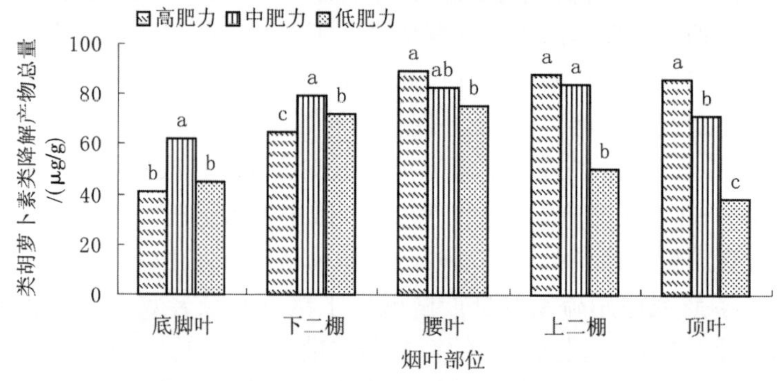

图 5-55　土壤肥力对烤烟不同部位类胡萝卜素降解产物总量的影响

定；中肥力土壤条件下，烟叶类胡萝卜素类降解产物总量随烟叶部位的变化较为平缓，先随着烟叶部位的升高而增加，当总量在上二棚处达到最高值后顶叶总量又明显下降；低肥力土壤条件下，烟叶中的类胡萝卜素类降解产物总量在部位间的变化较为明显，先随着烟叶部位的升高而升高，下二棚与腰叶处达到最高值后迅速下降，顶叶处含量最低。烟叶各部位的类胡萝卜素类降解产物总量在 3 个土壤肥力水平下差异明显。

2）土壤肥力对烤烟不同部位茄酮含量的影响

茄酮是腺毛分泌物西柏烷类的主要降解产物，其含量高低受腺毛密度和腺毛分泌能力的综合影响。由图 5-56 可以看出，除顶叶外，在高肥力条件下，烟株中下部烟叶茄酮含量较低；在低肥力条件下，顶叶茄酮含量较低，在中等肥力条件下，除顶叶外其他各部位烟叶茄酮含量均高于高肥力烟田的烟叶。

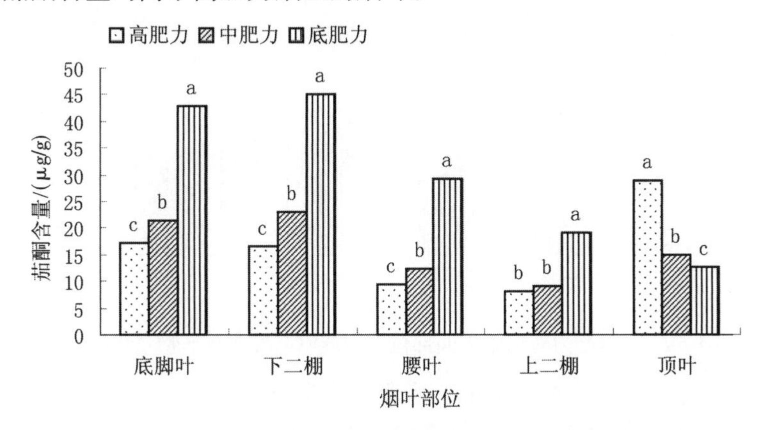

图 5-56　土壤肥力对烤烟不同部位茄酮含量的影响

3）土壤肥力对烤烟不同部位非酶棕色化降解产物总量的影响

美拉德反应是烤烟香气成分形成的重要过程之一，其反应产物可以加到各种卷烟制品中，起到掩盖杂气增强香味和提高烟气质量的作用。由图 5-57 可知，3 个肥力水平土壤条件下底脚叶的非酶棕色化反应产物总量均较低；在下二棚、腰叶、上二棚高、中肥力土壤条件下烟叶的非酶棕色化反应产物总量差异较小；顶叶的非酶棕色化反应产物总量以高肥力土壤条件下最高，上部叶和顶叶以低肥力下含量最低。高、中肥力土壤条件下烟叶的非酶棕色化反应降解产物总量在部位间的变化趋势相似，底脚叶到下二棚含量

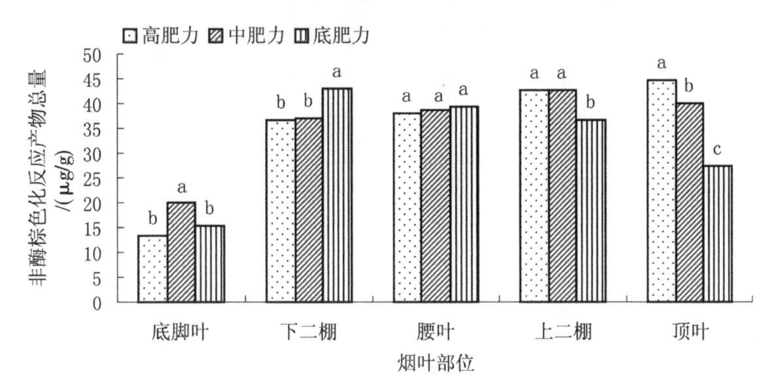

图 5-57　土壤肥力对烤烟不同部位非酶棕色化反应降解产物总量的影响

迅速增加，随着叶位的继续升高含量逐渐增加；低肥力土壤条件下烟叶中的非酶棕色化反应降解产物总量在下二棚处达到最大值后逐渐下降。

4）土壤肥力对烤烟不同部位芳香族氨基酸裂解产物总量的影响

苯丙氨酸裂解产物中的苯甲醇、苯乙醇是烟叶重要的香气物质。由图 5-58 可知，底脚叶氨基酸含量极低，烟叶其他各部位的氨基酸降解产物总量均与土壤肥力水平成正相关，腰叶处 3 个肥力水平下烟叶的氨基酸降解产物总量差异最小，顶叶处差异最大。高中、低土壤肥力条件下烟叶的其氨基酸降解产物总量分别为 34.28、24.85、14.04。高肥力条件下烟叶中的芳香族氨基酸降解产物随烟叶部位的升高逐渐增加，顶叶处达到最高值；中、低肥力水平条件下烟叶的芳香族氨基酸降解产物总量均先随着烟叶部位的升高而增加，且分别在腰叶和上二棚处总量达到最大值，降解产物总量达到最大值后降低。

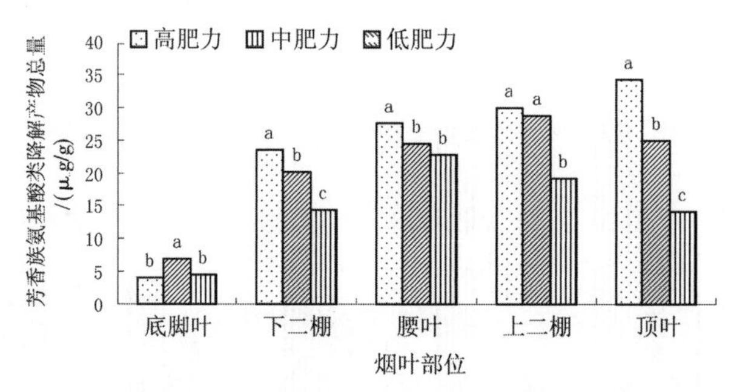

图 5-58　土壤肥力对烤烟不同部位芳香族氨基酸降解产物总量的影响

5）土壤肥力对烤烟不同部位新植二烯含量的影响

新植二烯是叶绿素的降解产物，是含量最丰富的中性香气成分。由于新植二烯香气阈值较高，对香气贡献相对较小。由图 5-59 可以看出，在底脚叶与下二棚处中肥力条件下烟叶的新植二烯含量高于其他两个肥力水平烟叶中的新植二烯含量，其他部位为高肥力条件下烟叶的新植二烯含量最高。3 个肥力水平条件下烟叶的新植二烯含量均先随着烟叶部位的升高逐渐增加，当含量达到最大后又逐渐下降，高、中、低肥力烟叶的新植二烯含量分别在上二棚、腰叶、下二棚处达到最高值。

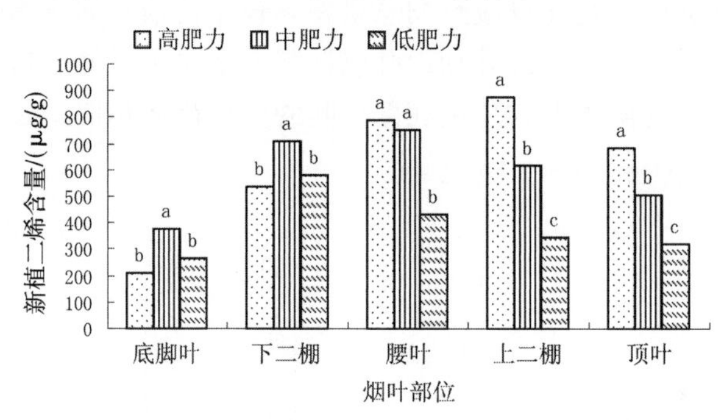

图 5-59　土壤肥力对烤烟不同部位新植二烯含量的影响

6）土壤肥力对烤烟不同部位除新植二烯外中性香气物质总量的影响

从整体来看，3 个肥力水平条件下烟叶的除新植二烯外的香气物质总量底脚叶均较低，随着叶位的升高中肥力水平下烟叶的除新植二烯外的香气物质总量较为稳定且维持较高水平；高肥力条件下烟叶的香气物质总量在下二棚、腰叶、上二棚处与中肥力条件下差异较小，但在顶叶处明显增高；低肥力条件下烟叶的除新植二烯外的香气物质总量在腰叶处达到最大值，在上二棚、顶叶处含量分别为高肥力条件下烟叶含量的 74.11%、47.58%（图 5-60）。

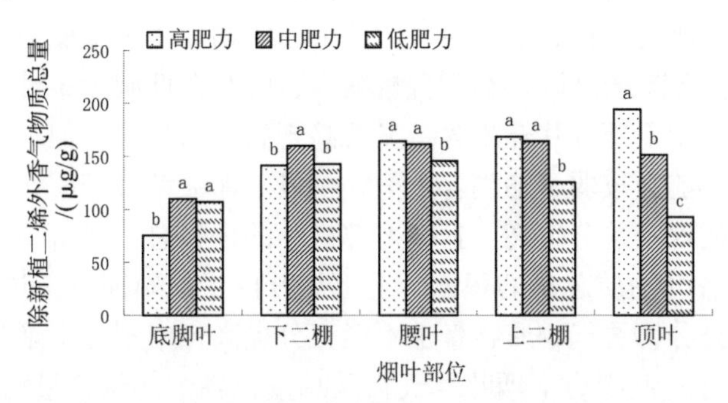

图 5-60　土壤肥力对烤烟不同部位除新植二烯外中性香气物质总量的影响

7) 感官评吸质量

感官评吸是衡量烟叶及其制品香味品质最直接、最客观的方法。经感官评吸（表5-58）可知，3 种土壤肥力各部位烟叶均表现出浓香型特征，但浓香型典型程度与烟叶质量表现相同，质量好的烟叶，浓香型更为彰显。感官评吸质量结果表明，下部（底脚叶、下二棚）烟叶得分最低，中部叶（腰叶、上二棚）得分最高，其次为顶叶。腰叶处以中肥力处理烟叶评吸得分最高，主要表现为香气质好、香气量足、刺激性小，高肥力土壤烟叶香气量中部叶与中等肥力相当，上部叶和顶叶略大。上部叶表现为香气质较中部叶变差，劲头偏大，刺激性较大，枯焦气和生青气等杂气加重。比较烟叶各部位的评吸结果，烟叶质量水平和浓香型风格特征均为中肥力最高，高肥力次之，低肥力最低。

表 5-58　土壤肥力对烤烟不同部位烟叶感官评吸质量的影响

部位	土壤肥力	香气质(20)	香气量(20)	杂气(10)	刺激性(10)	劲头(10)	浓度(10)	余味(10)	燃烧性(10)	灰分(5)	总分(100)
底脚叶	高	7.0	8.0	4.0	4.0	4.0	5.0	5.5	4.5	4.5	46.5
	中	9.5	9.0	5.5	4.0	4.0	4.5	6.0	4.5	4.5	51.5
	低	8.0	7.5	5.0	4.0	4.0	4.0	6.0	4.7	4.6	47.8
下二棚	高	11.0	13.5	5.0	4.5	5.0	6.5	6.0	4.6	4.6	60.7
	中	13.5	12.0	6.5	5.0	5.5	6.5	7.0	4.6	4.5	65.1
	低	13.0	10.0	6.5	4.5	4.0	6.0	6.5	4.6	4.4	59.5
腰叶	高	13.5	14.5	6.5	7.0	7.2	7.5	7.0	4.8	4.7	72.7
	中	14.5	14.5	7.5	8.0	7.5	7.0	7.5	4.8	4.8	76.1
	低	11.5	13.0	7	6.5	6.0	6.5	7.0	4.7	4.5	66.7
上二棚	高	13.5	14.5	6.5	6.5	6.8	7.0	6.5	4.7	4.3	70.3
	中	14.0	14.0	7.0	8	7.0	7.0	6.5	4.7	4.6	72.8
	低	12.0	12.5	7.5	6.0	6.5	6.0	6.5	4.7	4.4	66.1
顶叶	高	11.0	13.0	5.5	6.0	6.0	7.0	6.0	4.5	4.3	63.3
	中	12.5	12.5	6.0	6.5	6.5	7.0	6.5	4.7	4.5	66.7
	低	11.0	9.5	6.0	5.0	5.5	6.0	6.0	4.6	4.4	58.0

8）结论与讨论

土壤肥力导致烟叶营养条件的差异，进而对烟叶香气成分含量的部位间分布造成显著影响。研究结果表明，除茄酮外大部分香气物质总量在底脚叶处含量最低，下二棚处各香气物质总量略高于底脚叶，腰叶、上二棚、顶叶处以高肥力烟叶的香气成分总量最高，中肥力次之，低肥力最低；茄酮主要为腺毛分泌物，受土壤肥力与叶面积的综合影响，随着叶面积增大腺毛密度降低茄酮含量减少，因此在低肥力条件下由于叶片相对较小，腺毛密度较大，中下部叶片茄酮含量显著高于高肥力烟叶，但上部叶则可能是由于营养缺乏，腺毛分泌能力较弱，茄酮含量下降明显。评吸结果表明，烤烟不同部位以中等肥力条件下烟叶的评吸总分较高，且中上部烟叶的评吸总分显著高于下部叶。高肥力下不利于下部烟叶香气物质总量的积累，上部烟叶由于成熟期氮素过剩，成熟度较低，香气前体物降解不充分，香气物质含量也不能充分提高；中肥力下烟叶的香气物质含量丰富，且香气质较好；低肥力下烟叶香气物质总量在各个部位含量均较低（邸慧慧等，2010）。评吸结果还表明，烟叶质量水平与浓香型风格彰显程度高度吻合，在同一产区，虽然烟叶的香型特征都表现为浓香型，但优质烟叶浓香型风格更为典型，提高质量是彰显烟叶质量特色的根本。因此为提高烟叶质量，彰显浓香型风格特征，提高烟叶的工业可用性，应选择中等土壤肥力烟田植烟。

2. 成熟期土壤供氮水平和调亏对烟叶质量特色的影响

优质特色烟叶的生产是我国烟叶发展的重要方向，在特定的生态条件下，栽培因素对烟叶质量的形成以及风格特色的显示度和彰显度有重要影响。良好的氮素营养条件是烟叶质量和风格特色形成的物质前提，同时，氮素供应的动态精准调控对于促进烟株按照优质烟叶形成规律生长十分重要。烟叶中性香气物质含量与其烟叶质量密切相关，通过分析烟叶中性香气物质含量，可以对烟叶质量进行比较客观准确的评价。质体色素是烟叶重要的香气前体物，其本身不具有香味特征，但通过分解、转化可形成对烟叶香气品质有重要贡献的香气成分，烟叶质体色素的降解产物是所测定的中性挥发性香气物质中含量最高的成分，约占中性挥发性物质总量的85%～96%。其中，以类胡萝卜素降解产物对烟叶香气质量影响较大，因此，通过研究色素的降解规律提高烟叶香味品质有重要意义。

打顶是烟草生长发育过程中重要转折期，打顶后烟株生殖器官去除，内部从基因表达、蛋白质表达、生理代谢等不同层次都发生深刻的变化（杨惠娟等，2012a；2014a；2014b）。烟株生育后期，减少氮素供应，将碳氮代谢由以氮代谢和碳的固定和转化为主及时转变为以碳的积累和分解代谢为主，有助于把质体色素等香气前体物充分降解转化为香气成分，有利于烤烟优良品质的形成。在栽培措施上，选择通透性良好的砂壤土，有利于前中期烤烟光合产物、香气前体物的充分积累以及生长后期烟株氮代谢的减弱，为烟叶香气前体物的降解转化提供条件。皖南焦甜香优质烟叶的形成于土壤质地密切相关，水稻黏土一般不具有焦甜香风格特色。另外，在氮素施用过多的烟田，通过在生育后期进行灌水可淋失土壤中的有效氮素，从而减少氮素供应，促进烟叶适时落黄，提高烟叶成熟度。

目前，有关氮素营养对烟叶生长发育和烟叶质量的影响研究主要是在大田条件下通过控制氮素用量和氮素形态进行的（穆文静等，2014；宋莹丽等，2014c；孙榅淑等，

2015)。由于大田条件难于精确控制不同生育时期烟叶氮素营养状况和动态变化，在烤烟打顶后进行氮素调亏对烤烟香气物质和质量特色的影响鲜有报道。烟叶生产上，烟农往往施用氮肥过量，致使土壤中的氮素营养大量盈余，烟叶生长后期继续向烟株大量供氮，最终导致烟叶营养过剩、不能正常落黄，香气前体物质降解不充分，所形成的香气成分含量低、香气量较小。鉴于此，采用盆栽试验和基质栽培，通过调控营养液中的氮素质量浓度，在烤烟生长后期设置不同氮素供应处理，研究了成熟期氮素营养状况对烟叶质体色素降解和香气物质含量的影响（顾少龙等，2012a；2012b；苏菲等，2012；2013)，以期探讨烤烟生长后期氮素供应与其质量形成的关系，为浓香型特色烟叶的形成机制提供理论支撑。

试验设在河南郏县长桥乡，供试烤烟品种为 NC297。试验采用套盆设计，内盆直径为 50cm、高 60cm，底部留孔，外盆直径 55cm，内盆装育苗基质，基质材料为草炭、膨化珍珠岩、蛭石（7∶1.5∶1.5)。7 月 20 日打顶，统一留叶 21 片，打顶后挑选大小均匀一致烟株分成 5 组，每组 6 株，重复 3 次，使用清水对全部烟株进行冲淋，使盆内基质附着的氮肥全部淋失。将冲淋后的烟株设置 5 个处理，分别采用不同的营养液供应养分，即 0 调亏（营养液中氮素供应与打顶前一致)、25%调亏（营养液中氮素供应量减少至打顶前的 3/4)、50%调亏（营养液中氮素供应量减少至打顶前的 1/2)、75%调亏（营养液中氮素供应量减少至打顶前的 1/4)、100%调亏（营养液中去除氮素)。各处理营养液中除氮素外，其他营养元素含量与打顶前一致。

1) 成熟期氮素调亏程度对后期上部叶片生长发育的影响

打顶后采用不同氮素浓度营养液供应烟株，处理后 40d 重测定各处理上部叶片长、宽和叶面积及叶鲜。由表 5-59 可知，烟株生长后期氮素调亏对上部烟叶叶面积和鲜叶重量有显著的影响。随着氮素调亏程度的加大，叶片的大小和重量呈降低的趋势。100%调亏处理（营养液中不含氮素）上部各部位叶片大小均最小，鲜重最低，表明生长后期氮素调亏对上部叶的生长发育和物质积累有明显的抑制作用，且随着叶位的升高，抑制效果越加明显。不进行氮素调亏的对照（按打顶前氮素供应量持续供氮)，烟株后期生长相对旺盛，烟株成伞形，上部烟叶倒挂。以氮素调亏 75%、50%的处理烟叶长势正常，叶面积适宜，叶片成熟落黄良好。

2) 成熟期氮素调亏对烤烟中上部叶片叶绿素含量变化的影响

烤烟叶片的叶绿素含量是反映叶片光合特性强弱的重要指标，它直接关系到光合碳固定生成有机物。由图 5-61 和图 5-62 可知，不同处理叶绿素含量的动态变化趋势基本一致，均表现为各处理各部位烟叶叶绿素含量随生育期的推进而逐渐下降；在同一时期不调亏或轻度调亏的烟叶叶绿素含量明显高于调亏程度较高的处理，表明氮素调亏可以有效降低叶片叶绿素的含量，促进烟叶的成熟落黄。氮素调亏程度小的处理，叶绿素含量降解缓慢，烤烟生育后期叶片捕获光能较多，虽有利于提高后期叶片的光合能力，但会延缓叶片衰老，不利于叶片的成熟落黄，也不利于在烟叶烘烤过程中色素的降解。按照调制后烟叶叶绿素残留量占打顶时烟叶叶绿素含量比例计算，上部叶叶绿素 a、叶绿素 b 降幅最大的为 100%氮素调亏处理，分别为 99.05%和 97.79%，而降幅最小的为未进行氮素调亏的对照，其降幅分别为 96.79%和 93.86%；中部叶叶绿素 a 和叶绿素 b 也为 100%氮素调亏处理降幅最大，其降幅分别为 98.13%和 96.83%，降幅最小的分别为不调亏对照和 25%氮素调亏处理。从观察长势来看，在进行 100%氮素调亏处理后，上部叶生长缓慢，叶片较小，叶色浅淡，在处理后 40d，叶片已经基本全部变黄；25%氮素调亏和不调亏烟叶在处理后 40d 时，叶片仍然为浓绿色，落黄效果差；以75%氮素调亏处理叶片长势正常，落黄良好，且在烟叶烘烤后色素残留较少。

表 5-59　成熟期氮素调亏程度对上部叶叶片生长的影响

叶位		100%调亏	75%调亏	50%调亏	25%调亏	0 调亏
倒 1 叶	叶长/cm	47.9d	47.9d	58.2c	63.7b	68.5a
	叶宽/cm	24.3e	31.7c	28.4d	35b	40.6a
	叶面积/cm^2	738.5d	963.4c	1048.8c	1414.6b	1764.6a
	鲜重/g	37.5e	41.3d	51.8c	55.9b	81.4a
倒 2 叶	叶长/cm	52.2d	53.7cd	55.5c	61.4b	67a
	叶宽/cm	24.7d	33.1b	29.4c	32b	38.7a
	叶面积/cm^2	818.1d	1006.8c	1035.3c	1246.7b	1645.2a
	鲜重/g	36.0e	43.6d	56.9c	68.6b	74.2a
倒 3 叶	叶长/cm	53.2d	64.1b	57.6c	64.4b	69.4a
	叶宽/cm	27.7c	28.4c	35b	38.3a	35.5b
	叶面积/cm^2	935.0c	1037.9c	1423.5b	1565.0a	1563.2a
	鲜重/g	43.3e	49.5d	59.0c	76.2a	71.4b
倒 4 叶	叶长/cm	53.4d	53.8d	60c	67.6b	72.5a
	叶宽/cm	21.2e	29.6d	31.7c	34.9b	37.7a
	叶面积/cm^2	718.3e	1010.4d	1206.8c	1496.9b	1734.3a
	鲜重/g	39.4e	48.9d	58.0c	63.0b	73.3a
倒 5 叶	叶长/cm	60b	69.4a	61.3b	60.7b	69.9a
	叶宽/cm	25.1d	27.8c	29.3bc	30.2b	36.5a
	叶面积/cm^2	955.6c	1224.2b	1139.6b	1163.1b	1618.8a
	鲜重/g	50.3b	57.9a	58.1a	58.7a	58.5a
倒 6 叶	叶长/cm	58.9d	63c	66.1b	67.5ab	69.2a
	叶宽/cm	27.2d	29.4c	30.5c	34.1b	37a
	叶面积/cm^2	1016.5d	1175.2c	1279.2c	1460.5b	1624.6a
	鲜重/g	50.3e	56.0d	59.1c	62.9b	79.2a

注：同行数字后小写字母不同表示在 5%水平上差异显著。

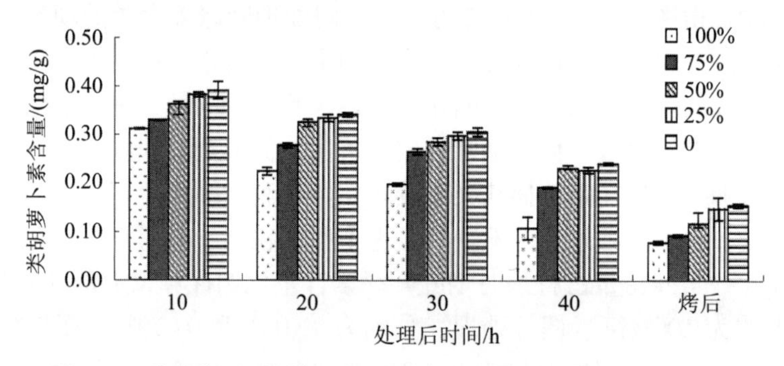

图 5-61　成熟期不同氮素调亏处理烤烟上部叶叶绿素含量的变化

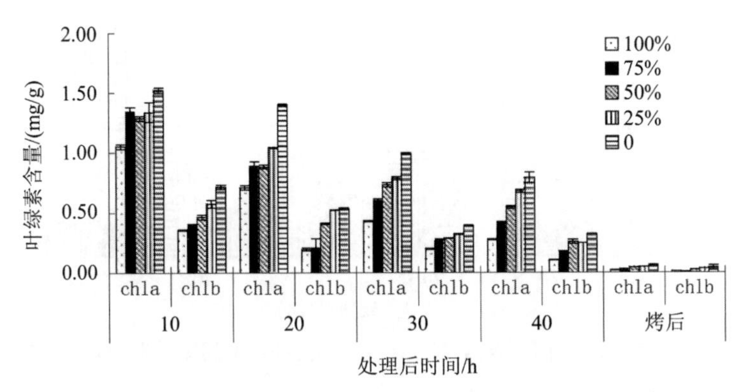

图 5-62 成熟期不同氮素调亏处理烤烟中部叶叶绿素含量的变化

3）氮素调亏对烤烟中上部叶片类胡萝卜素含量变化的影响

烟叶类胡萝卜素是烟叶重要香气成分的前体物，类胡萝卜素及其降解物种类、含量与烟叶香味品质密切相关。由图 5-63 和图 5-64 可见，随生育期的推进，各处理烟叶类胡萝卜素含量均逐渐降低。氮素调亏程度对类胡萝卜素含量变化影响明显，在处理后 10d，随着氮素调亏程度的增加，类胡萝卜素含量显著下降，表明氮素调亏促进了质体色素的降解。不调亏或轻度调亏的处理类胡萝卜素含量明显高于调亏程度较高的处理。不调亏或轻度调亏处理在氮素调亏处理后 40d 仍能维持较高的类胡萝卜素含量。类胡萝卜素能保护受光激发的 Chlb 免遭后期强光氧化的破坏，降低光合膜受损的程度，使光合作用得以进行，但类胡萝卜素含量较高，叶片成熟衰老延缓，物质降解程度低，不利于香气物质的形成，在烟叶调制后，类胡萝卜素含量残留较多。上部叶和中部叶类胡萝卜素降解幅最大的均为 100%调亏处理，其降幅分别为 81.86%和 74.63%，类胡萝卜素降解最小的为不调亏的对照，降解幅度分别为 67.30%和 60.31%。

4）成熟期氮素调亏程度对烟叶总氮和烟碱含量动态变化的影响

总氮、烟碱是烟叶 N 代谢的产物，烟叶在成熟过程中，叶片总氮含量明显呈下降趋势，烟碱含量明显呈上升趋势，各处理表现也比较一致。100%氮素调亏处理烟株地上部含氮化合物含量低于其他处理，随着氮素调亏程度的降低，烟叶含氮化合物的含量增加，说明烟株体内的含氮化合物含量主要受氮素调亏程度的影响，氮素调亏程度与含氮化合物含量呈正相关关系。从表 5-60 可见，在处理后 10d，不同施氮量烟株总氮含量相差不大，随生育期的推进，烟株地上部不同部位总氮含量均下降，烟碱含量均上升，但随氮素调亏程度的降低，总氮含量下降幅度减小，烟碱含量上升幅度增大。烟株不同部位叶片总氮含量下降幅度上部叶>中部叶；氮素营养的持续大量供应可有效的提高烟叶含氮化合物的含量，但其含量过高，可能导致叶片烘烤后产生过多的碱性物质，烟气辛辣，杂气重，余味欠佳，不利于提高叶片品质。

5）成熟期氮素调亏对烤后烟叶石油醚提取物的影响

烤烟石油醚提取物含量与烤烟的整体质量及香气量呈正相关，石油醚提取物含量高的烟叶其整体品质也较高。由图 5-65 可知，适度氮素调亏的处理烤后烟叶石油醚提取物高于其他处理，上部叶呈现出 75%调亏>50%调亏>0 调亏>25%调亏>100%调亏，中部叶呈现出 50%调亏>75%调亏>25%调亏>0 调亏>100%调亏的变化趋势，说明氮素调亏程

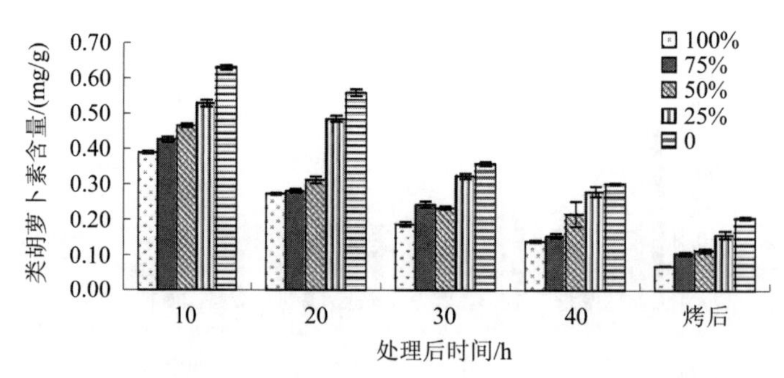

图 5-63 成熟期不同氮素调亏处理烤烟上部叶类胡萝卜素含量的变化

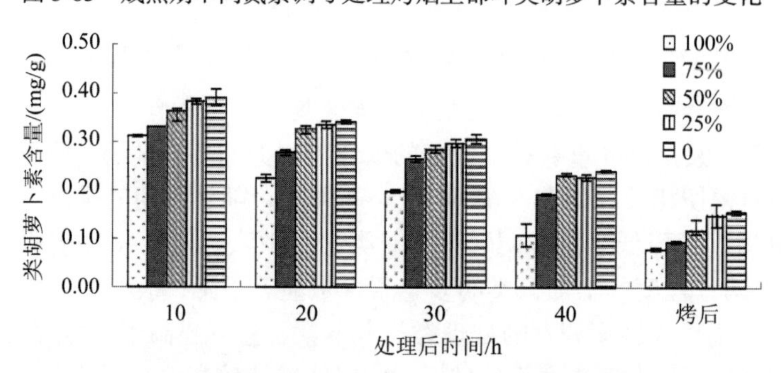

图 5-64 成熟期不同氮素调亏处理烤烟中部叶类胡萝卜素含量的变化

表 5-60 成熟期氮素调亏对上中部叶总氮和烟碱含量变化的影响

部位	调亏程度	总氮				烟碱			
		处理后10d	处理后20d	处理后30d	处理后40d	处理后10d	处理后20d	处理后30d	处理后40d
上部	100%	2.77	1.90	1.79	1.60	1.46	1.70	2.18	2.28
	75%	2.86	2.07	1.83	1.69	1.60	1.98	2.25	2.46
	50%	2.97	2.15	2.12	2.06	1.57	2.01	2.83	2.79
	25%	3.15	2.56	2.24	2.13	1.68	2.42	2.12	2.70
	0	3.02	2.32	2.23	2.17	1.65	2.10	2.71	3.02
中部	100%	1.97	1.67	1.60	1.45	1.55	1.74	1.86	2.00
	75%	2.01	1.71	1.62	1.60	1.62	1.42	1.96	2.67
	50%	2.02	1.99	1.99	1.65	1.73	1.91	2.33	2.56
	25%	2.25	1.92	1.88	1.62	1.52	1.85	1.91	2.47
	0	2.14	1.93	1.90	1.77	1.51	1.78	2.41	3.10

度较大或较小均不利石油醚提取物的提高。

6）成熟期氮素调亏对烤后烟叶化学成分的影响

由表 5-61 可知，100%调亏处理的各部位烟叶的烟碱、总氮和蛋白质含量都为最低，总糖和还原糖含量都为最高，与其他处理均差异明显。随着氮素调亏程度的降低，烟碱、总氮和蛋白质有增加的趋势，0 调亏处理的中部和上部叶片的烟碱、总氮含量都为最高。研究表明，烟叶品质的好坏不仅取决于主要化学成分含量的多少，还在于各成分之间是否协调平衡。烟叶中还原糖与烟碱的比值常被作为评价烟气强度和柔和性的基础，二者的平衡是形成均衡烟气的重要因素。一般认为，优质烤烟还原糖与烟碱的比值接近于 10，总氮与烟碱的比值接近于 1。钾含量以 50%调亏和 25%调亏较高，本试验氯含量偏高，导致钾氯比不高，可能是试验用水氯离子含量较高造成的。从糖碱比和氮碱比来看 75%调亏的化学成分较协调，与优质烟的最接近。

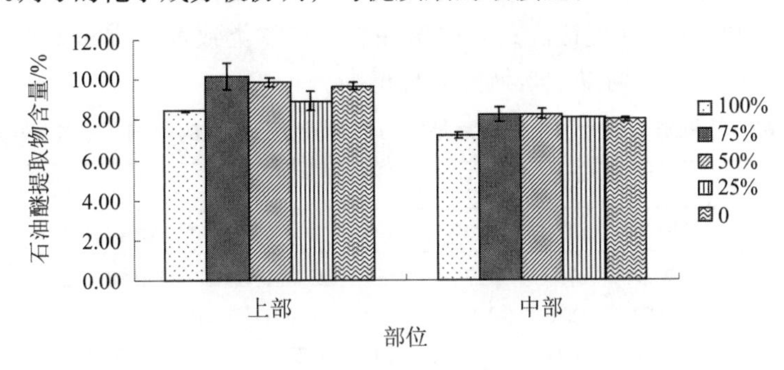

图 5-65　氮素调亏对烤后烟叶石油醚提取物的影响

表 5-61　氮素调亏对烤后烟叶化学成分的影响

部位	调亏程度	总糖/%	还原糖/%	总氮/%	烟碱/%	钾/%	氯/%	蛋白质%	糖碱比	钾氯比	氮碱比
上部	100%	25.54	22.47	1.43	1.78	1.51	0.96	9.52	12.62	1.58	0.80
	75%	23.78	21.56	2.30	2.72	1.72	0.91	10.94	7.93	1.88	0.85
	50%	22.74	20.40	2.18	3.26	1.96	0.69	10.45	6.26	2.84	0.67
	25%	15.16	14.19	2.49	4.27	1.88	0.91	11.80	3.32	2.07	0.58
	0	19.45	17.85	2.71	4.40	1.42	0.97	11.00	4.06	1.46	0.62
中部	100%	24.20	21.81	1.51	1.86	1.34	1.01	9.30	11.73	1.33	0.81
	75%	23.81	21.62	2.29	2.74	1.42	0.86	10.03	7.89	1.65	0.84
	50%	20.06	18.74	2.32	2.82	1.65	0.99	11.95	6.65	1.67	0.82
	25%	22.74	19.31	2.37	3.76	2.15	0.76	11.13	5.14	2.83	0.63
	0	20.06	18.74	2.45	4.57	1.52	1.07	11.09	4.10	1.42	0.54

7) 成熟期氮素调亏对烤后烟叶中性致香成分的影响

由表 5-62 可见，各处理烤后烟叶含量最丰富的中性致香成分均为叶绿素的降解产物新植二烯，其次为腺毛分泌物西柏三烯类降解产物茄酮，其他含量较高的有巨豆三烯酮 2、β-大马酮、苯乙醇、苯乙醛、糠醛、香叶基丙酮、法尼基丙酮等。结果表明，成熟期氮素调亏造成叶片营养状况的差异，对香气前体物的形成和降解以及调制后烟叶的香气成分含量产生一定的影响。上部叶中性香气成分总量表现为 75%调亏>25%调亏>50%调亏>0 调亏>100%调亏，其中以 75%调亏处理最高（1798.79μg/g）；中部叶中性致香成分总量表现为 50%调亏>75%调亏>25%调亏>0 调亏>100%调亏，以 50%调亏处理最高（2199.02μg/g）。由此可见，适度氮素调亏有利于中性香气成分的形成，在烟株成熟期，氮素的供应过多或过少都不利于中性香气成分的形成。

将测定的中性香气成分按烟叶香气前体物质进行分类，可分为苯丙氨酸裂解产物类、棕色化反应产物类、类西柏烷类、类胡萝卜素降解产物类和新植二烯。其中，苯丙氨酸酸裂解产物类 4 种、棕色化反应产物类 6 种、类西柏烷类 2 种、类胡萝卜素降解产物类 16 种。由表 5-62 和图 5-66 可见，不同处理烟叶各类香气物质含量有着明显的差异，其中，上部叶类胡萝卜素降解产物含量和新植二烯含量都以 75%调亏处理最高，中部叶类胡萝卜素降解产物和新植二烯含量都以 50%调亏处理最高；适度氮素调亏处理的含量要高于重度调亏和不调亏的处理。棕色化反应产物表现为上部叶以 50%调亏处理最高，中部叶以 100%调亏处理最高；苯丙氨酸裂解产物类致香物质和类西柏烷类的降解产物茄酮上部叶和中部叶均以 75%调亏处理最高。

表 5-62　不同氮素调亏程度对烤后烟叶中性香气成分含量的影响（单位：μg/g）

香气成分	上部叶					中部叶				
	100%*	75%*	50%*	25%*	0*	100%*	75%*	50%*	25%*	0*
β-大马酮	24.54	27.14	24.30	24.53	23.30	27.58	30.58	33.27	28.46	24.21
香叶基丙酮	3.22	2.76	3.18	2.59	3.29	3.36	2.92	3.65	2.55	3.33
二氢猕猴桃内酯	0.85	1.27	1.03	0.87	0.77	0.78	1.13	0.85	0.54	0.77
脱氢 β-紫罗兰酮	0.53	0.54	0.72	0.54	0.55	0.29	0.30	0.53	0.36	0.37
巨豆三烯酮 1	1.94	2.47	2.29	1.96	1.66	1.48	2.12	2.41	1.91	1.50
巨豆三烯酮 2	6.64	9.34	7.90	7.21	5.58	5.10	7.88	8.48	7.45	5.21
巨豆三烯酮 3	1.63	2.22	1.87	1.72	1.40	1.24	1.98	2.01	1.82	1.26
3-羟基-β-二氢大马酮	0.67	0.81	1.06	0.69	1.16	1.44	1.59	1.12	0.98	1.31
巨豆三烯酮 4	9.96	11.70	11.36	10.31	8.73	7.65	10.83	11.46	11.69	7.63
螺岩兰草酮	1.94	2.69	1.96	2.11	2.05	2.44	2.96	2.05	2.26	2.22
法尼基丙酮	14.74	18.08	15.01	15.37	16.99	16.57	19.73	19.75	15.24	17.93
6-甲基-5-庚烯-2-酮	1.25	1.37	1.38	1.20	1.55	1.04	1.21	0.88	0.99	0.91
6-甲基-5-庚烯-2-醇	0.73	0.69	0.62	0.58	0.69	0.92	0.67	0.59	0.53	0.79
芳樟醇	1.91	2.46	2.10	2.31	2.09	1.39	1.59	1.38	1.67	1.19
氧化异佛尔酮	0.27	0.22	0.27	0.29	0.32	0.25	0.21	0.32	0.41	0.22
β-二氢大马酮	3.68	2.67	3.68	3.13	3.41	3.41	2.26	3.75	3.90	2.56
糠醛	24.33	22.75	27.11	23.82	24.05	24.26	23.29	20.38	25.28	21.65
糠醇	1.73	3.05	3.10	2.15	3.63	4.47	3.39	1.71	2.57	3.28
2-乙酰呋喃	0.68	1.18	0.81	0.79	0.90	0.52	0.58	0.49	0.65	0.51
5-甲基糠醛	1.69	1.56	1.27	1.49	1.34	1.47	1.82	1.27	1.99	1.83
3,4-二甲基-2,5-呋喃二酮	1.17	1.18	1.40	1.03	1.48	1.33	1.33	1.01	0.97	1.20
2-乙酰基吡咯	0.23	0.42	0.38	0.30	0.35	0.23	0.37	0.14	0.25	0.20
苯甲醛	2.67	4.55	3.17	3.10	2.56	2.03	3.54	2.25	3.19	1.89
苯甲醇	5.77	7.94	9.05	7.31	8.51	7.68	9.65	5.73	5.17	7.24
苯乙醛	6.66	11.55	6.94	7.61	5.48	3.69	7.43	4.31	6.31	2.92
苯乙醇	3.41	5.07	4.41	4.33	4.17	3.07	6.37	2.91	3.52	3.25
茄酮	75.62	99.10	64.19	65.84	89.12	46.70	72.44	44.31	53.52	45.53
新植二烯	1234.00	1554.00	1468.00	1523.00	1327.00	1340.00	1686.00	2022.00	1702.00	1410.00
合计	1432.46	1798.79	1668.58	1716.19	1542.13	1510.40	1904.17	2199.02	1886.18	1570.91

注：* 表示调亏程度。

8）成熟期氮素调亏对烤后烟叶感官质量的影响

烟叶是满足人们吸食需要的特殊商品，其感官特征是烟叶品质优劣最直接和最客观的反映（表 5-63），经感官评吸，不同处理上部叶之间相比较，以 75%调亏处理烟叶的香气量较足、香气质好、杂气较少、刺激性较低、余味舒适、烟气浓度较高、燃烧性较好、总得分最高，浓香风格程度较好，100%调亏处理、50%调亏处理和 25%调亏处理次之，0 调亏处理得分最低。不同处理中部叶之间相比较，仍以 75%调亏处理烟叶的香气量足、香气质纯净、杂气较少、烟气浓度大、劲头足、刺激性较低、余味舒适、燃烧性好、总得分最高，50%调亏处理、100%调亏处理和 25%调亏处理次之，0 调亏处理得分最低。各处理香型均为浓香型，但风格程度有较大差异，适度调亏的处理风格程度较好，调亏程度过大或过小浓香风格程度均较差。这是因为香型主要受生态条件的影响，但栽培因素决定其风格特色的显示度和彰显度。

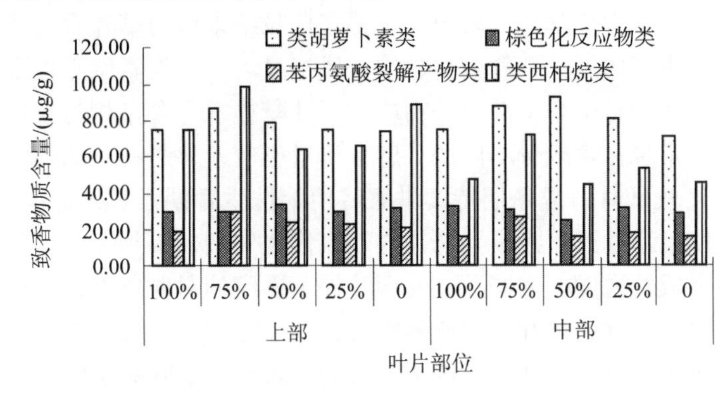

图 5-66　成熟期氮素调亏对烤后烟叶不同种类香气成分含量的影响

表 5-63　氮素调亏对烤后烟叶感官质量的影响

部位	调亏程度	香气量 (10)	香气质 (10)	浓度 (10)	劲头 (10)	刺激性 (10)	余味 (10)	杂气 (10)	燃烧性 (10)	总分 (100)	香型	风格程度 (10)
上部	100%	7	7	6.8	7	6.8	6.5	7	4.5	52.6	浓香	7.7
	75%	7.5	7	7.2	7.3	6.5	6.5	7	4.5	53.5	浓香	8.5
	50%	7.5	6.8	7	7	6.5	6.5	6.8	4	52.1	浓香	8.6
	25%	7	6.6	6.5	6.5	6	6	6	4	48.6	浓香	7.2
	0	7	6	6.5	6.5	5.5	5.8	6	4	47.3	浓香	6.5
中部	100%	6.5	7	6	6.8	7	6.5	7	4	50.8	浓香	7.0
	75%	7.5	7.8	6.5	8	7.5	7	7	5	56.3	浓香	7.9
	50%	7.3	7	6.5	7.5	7.3	7	6.5	4	53.1	浓香	7.8
	25%	7	6.5	6	6.8	6.5	6.5	6	4	49.3	浓香	7.3
	0	6.3	6	6	6	6	6.3	6	3.5	46.1	浓香	6.2

9）结论与讨论

烟叶的质量特色是烟叶和烟气中香气成分种类、含量和比例共同作用的结果，而香气成分是由大分子的香气前体物降解转化而来的，其中，质体色素是烟叶重要香气成分的前体物，其合成、降解和转化对烟叶香味品质的形成至关重要。试验表明，成熟期氮素供应状况对烟叶质体色素的降解转化和香气物质含量有重要影响。随着氮素调亏程度的增加，叶片色素降解充分，含量降低，烘烤后色素残留减少。但打顶后停止供应氮素（100%氮素调亏），烟株上部叶片小、色素降解早、色素含量降低幅度大，表明氮素营养对上部叶物质积累的增加效应主要是在烤烟生长后期，在生长后期停止向烟株供氮将加速了叶绿素的降解，导致烟叶快速落黄。不进行氮素调亏和25%氮素调亏处理的叶片物质积累量多，但色素含量在处理后40d时仍然较高，表明后期持续供氮将使烟株生育期延长，造成过度生长，不能适时落黄，烟株体内碳氮代谢失调，不利于香气前体物的适时转化，不利于品质形成。本研究结果表明，成熟期氮素调亏造成烟叶营养条件的差异，进而对不同处理烟叶香气成分含量、石油醚提取物含量、常规化学成分及感官品质造成显著影响。

成熟期适度氮素调亏（75%和50%调亏）中性致香物质和石油醚提取物含量相对较高，特别是巨豆三烯酮、β-大马酮等主要类胡萝卜素类降解成分、茄酮及苯丙氨酸裂解产物类含量都较高，常规化学成分较协调，感官评吸结果认为烟叶香气质量较好，主要表现为香气量大，香气质好，杂气较少，浓香风格显著。而氮素调亏程度过大或过小的处理积累的香气前体物较少，中性致香物质和石油醚提取物含量相对较低，含氮化合物含量偏低或偏高，常规化学成分不协调，感官质量也较差，影响了烟叶的品质和风格特色。氮素调亏程度较低时，成熟期持续供氮将使烟株生育期延长，造成烟叶过度生长，不能适时落黄，N代谢过于旺盛，烟株体内碳氮代谢失调，不利于香气前体物的降解转化，不利于品质形成。适度氮素调亏，使烟叶处于适度的营养条件，不仅能够满足烟叶的生长需要，同时又能保征烟叶正常成熟落黄，为烟叶大分子有机物，特别是香气前体物的降解转化提供了条件，因此形成的香气物质就较多，烟叶品质较好。综上所述，成熟期土壤氮素有效供应量减少至打顶前的1/4～1/2具有显著的增香效果，是特色优质烟叶形成的基础。相关研究表明，在施氮偏多时，通过在成熟期灌水可淋失多余的氮素，显著促进烟叶成熟落黄，起到增质、增香作用（许东亚等，2015）。

3. 氮素供应水平影响烟叶质量特色机理研究

土壤氮素供应水平对烟叶生长发育和产量品质有重要影响，优质浓香型烟叶生产要求前期和中期吸收较多的氮素，而在成熟期对氮素吸收减少。结合特色优质烟叶重大专项研究，对氮素供应水平影响烟叶质量的机理进行了初步探索。

1）低氮胁迫对烟叶亲环素基因表达的诱导作用

利用2-DE蛋白质双向电泳对正常营养下和低氮营养下成熟期（移栽后70d）烟草中部叶片进行了差异蛋白质组表达分析，并利用质谱技术对差异表达的蛋白进行了鉴定（Yang et al.，2013；杨惠娟等，2012a）。结果显示与正常营养条件下的叶片相比，在低氮处理下，烟草叶片中共鉴定出5个差异蛋白（表5-64和图5-67）。其中有4个为注释蛋白，分别是：亲环素蛋白（cyclophilin-like protein，CyP2）、液泡转化蛋白（vacuolar invertase INV2）、MAR结合蛋白（MAR-binding protein）以及MCM蛋白（MCM protein-like protein）。MCM蛋白在低氮处理中表达量较低，其他四种蛋白（包括一个未注释的假定蛋白putative protein）在低氮处理下表达量均较高。

在5个差异表达蛋白中，结果鉴定出一个逆境胁迫反应蛋白——亲环素蛋白（*CyP2*）。因此，研究了低氮营养下烟草叶片在烟株移栽后的不同时期（50d、60d、70d）的*CyP2*基因在mRNA水平上的表达，经定量PCR实验分析，发现相对于正常营养条件下的叶片*CyP2*基因的转录量在低氮营养下叶片中表达较强（图5-68），且随发育进程呈显著升

表 5-64　低氮与正常营养生长条件下差异蛋白 mRNA 相对表达量的 QRT-PCR 分析结果

蛋白质名称	70d		60d		50d	
	ΔΔCT	mRNA level[a]	ΔΔCT	mRNA level[a]	ΔΔCT	mRNA level[a]
Cyclophilin-like protein (*CyP2*)	−2.63±0.06	6.19(5.90–6.45)	−0.52±0.09	1.43(1.30–1.50)	0.16±0.13	0.90(0.80–1.00)
Putative protein	−1.38±0.11	2.60(2.41–2.81)	−0.58±0.09	1.49(1.40–1.59)	−0.77±0.23	1.71(1.45–2.00)
Vacuolar invertase INV2	−1.88±0.34	3.68(2.91–4.66)	1.16±0.20	0.45(0.39–0.51)	0.02±0.17	0.99(0.88–1.11)
MAR-binding protein MFP1 homolog	−0.74±0.15	1.67(1.51–1.85)	1.70±0.22	0.31(0.26–0.36)	−2.03±0.08	4.08(3.86–4.32)
MCM protein-like Protein	2.00±0.51	0.25(0.18–0.36)	1.87±0.14	0.27(0.25–0.30)	−2.10±0.08	4.28(4.06–4.53)

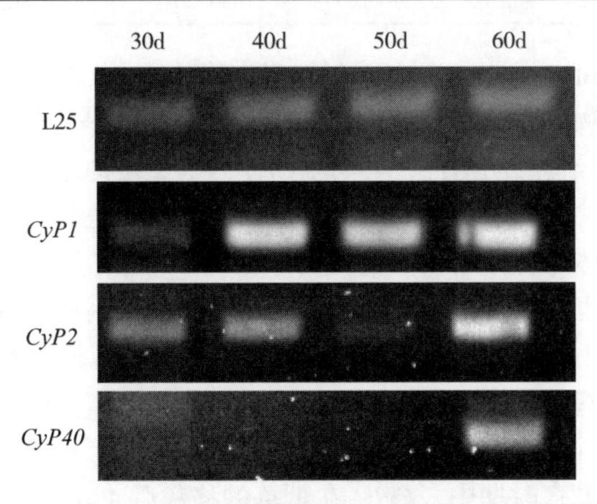

图 5-67　*CyP1*、*CyP2*、*CyP40* 在烟草中部叶片不同发育期表达规律的电泳图片

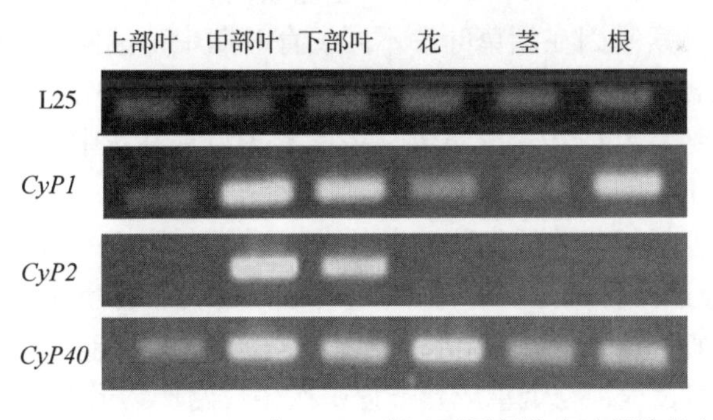

图 5-68　*CyP1*、*CyP2*、*CyP40* 在 NC297 烟叶不同部位表达规律的电泳图片

高，由移栽后 50d 时 0.9 倍表达量到 60d 时达到 1.4 倍以上的表达量，在移栽后 70d，相对转录表达量达到最高，为正常条件下基因表达量的 6.19 倍。结果说明低氮胁迫可诱导烟草叶片 *CyP2* 基因 mRNA 的大量表达，尤其在成熟的叶片中表达更强。为了验证低氮营养可以诱导 *CyP2* 基因的表达，在控制条件下，控制营养液的氮素浓度，对该基因的表达进行了检测，发现低氮营养胁迫同样诱导叶片中亲环素基因的转录表达，低氮营养胁迫下亲环素基因的转录表达，为正常营养条件下的叶片相对转录表达量的 2.06 倍

(表 5-65)。结果验证了低氮胁迫确实可以诱导 *CyP2* 基因 mRNA 的表达。

表 5-65　低氮与正常营养生长条件下亲环素基因相对表达量的 QRT–PCR 分析结果

时期	处理	亲环素基因	对照基因	ΔC_T (平均.CyP C_T–Avg. 18s C_T)	$\Delta\Delta C_T$ (平均 ΔC_T–平均 ΔC_T 正常营养	相对表达量 $2^{-\Delta\Delta C_T}$
50d	正常营养	19.58±0.05	18.29±0.03	1.29±0.08	0.00±0.08	1.00(0.9–1.2)
	低氮	19.65±0.11	18.20±0.08	1.45±0.13	0.16±0.13	0.90(0.8–1.0)
60d	正常营养	19.02±0.09	15.39±0.03	3.63±0.11	0.00±0.11	1.00(0.9–1.1)
	低氮	18.87±0.07	15.76±0.09	3.11±0.09	−0.52±0.09	1.43(1.3–1.5)
70d	正常营养	23.44±0.05	21.43±0.02	2.01±0.03	0.00±0.03	1.00(1.0–1.0)
	低氮	22.35±0.06	22.97±0.01	−0.62±0.06	−2.63±0.06	6.19(5.9–6.45)
控制条件	正常营养	24.85±0.02	22.03±0.13	2.82±0.13	0.00±0.13	1.00(0.9–1.1)
	低氮	24.77±0.23	22.99±0.05	1.78±0.23	−1.04±0.23	2.06(1.8–2.4)

亲环素 (Cyclophilins, CyPs) 广泛存在于生物体内， 是一类结构上高度保守的多功能蛋白家族，对植物的发育、代谢及抵御逆境等生理过程具有重要的作用。亲环素蛋白有肽酰脯氨酸顺反异构酶的活性，参与生物体内的免疫抑制反应、蛋白质折叠以及多种细胞信号转导过程。植物亲环素蛋白具有蛋白酶活性，也具有分子伴侣、胞内信号转导等功能，参与叶绿体光合作用和植物的发育过程，还在植物体内对外界胁迫反应、抗病原免疫反应等方面也具有重要的生物学作用。亲环素基因在多种作物中如番茄、玉米和油菜中都已被鉴定出来。生物和非生物的胁迫条件都可以诱导亲环素基因的表达。

亲环素是一个多基因家族，为了进一步了解亲环素家族基因在烟草生长发育过程中的功能，对烟草中三个亲环素家族的基因 (*CyP1*，*CyP2* ，*CyP40*) 进行了表达模式研究。结果显示在不同发育时期中，*CyP1* 在烟草的移栽后 40d、50d 以及 60d 时表达量较高，*CyP2* 则是在移栽后 30d、40d、60d 表达量较高，*CyP40* 只在移栽后 60d 表达量较高。这说明三种亲环素基因在烟草叶片不同发育时期中都偏向于在叶片发育后期表达。在不同组织部位及器官的表达中，三个亲环素家族基因在中部叶和下部叶中表达均较强。在烟草根中主要表达 *CyP1* 和 *CyP40* 基因，*CyP40* 还在花中表达较高，而 *CyP2* 基因的主要表达器官为叶片。

研究结果表明，低氮营养低氮胁迫条件可以诱导叶片 *CyP2* 蛋白和基因的表达，且 *CyP2* 基因的主要表达器官也是在叶片中,尤其是日趋成熟的叶片，表明叶片是 *CyP2* 基因的主要调节靶器官。*CyP2* 基因作为一个胁迫应激蛋白可能参与了烟草响应低氮胁迫下叶片生长生理调节过程，与烟草成熟过程中次生代谢产物形成和转化和烟叶质量特色的形成有着密切的关系。

2）不同氮素营养协同成熟期氮素调亏对烤烟质体色素和相关基因表达的影响

优质烟叶生产需要充足的营养以积累较多的光合产物和香气前体物，后期需要氮代谢及时减弱以促进光合产物和香气前体物充分降解和转化。本试验采用盆栽方法，育苗基质固持，全营养液培养，使烟株前期在不同氮素营养条件下生长发育，后期进行氮素调亏，减少氮素供应，研究不同生长时期氮素精准动态供应对烤烟叶片质体色素含量，成熟期组织结构、光合效率及关键基因表达的影响 (王红丽等，2014)。系统探索烤烟生长前期氮素供应调控与质体色素代谢及其关键基因表达的关系，筛选出表达水平与氮素水平密切相关的色素转化降解基因，阐明前期不同烟株营养状况与后期氮素调亏的协同效应对烟叶质体色素合成、积累、降解的影响。

试验设计如表 5-66 所示，设 4 个处理，分别为打顶前高氮处理 N1 4.760g/盆，高氮处理 N2 3.885g/盆，正常对照 N3 3.010g/盆，低氮处理 N4 2.135g/盆，打顶后同量氮素（0.490g/盆）调亏；各处理每株定量施氮量分别为：N1 5.250g/盆、N2 4.375g/盆、N3 3.500g/盆和 N4 2.625g/盆。烟株生长营养全部由 Hoagland 营养液提供。移栽后42d 打顶，打顶后进行同量氮素调亏。

表 5-66　前期不同氮素营养水平及调亏效果设计处理（单位：g/盆）

氮肥处理	打顶前施氮量	打顶后调亏处理施氮量	总施氮量
N1	4.760	0.490	5.250
N2	3.885	0.490	4.375
N3	3.010	0.490	3.500
N4	2.135	0.490	2.625

(1) *质体色素*

生育期质体色素含量如图 5-69～图 5-71 所示，移栽后 30d 随着前期施氮量的增加，质体色素含量均表现为升高的趋势。其中叶绿素 a、叶绿素 b 和叶绿素总量变化趋势一致，均为 N1 最高，N2 紧随其后，N1 与 N2 显著高于 N3、N4。类胡萝卜素含量 N1 最高，其他三个处理间差异不显著。移栽后 45d 的质体色素含量较 30d 的高，叶绿素 a、叶绿素b、叶绿素的总量以及类胡萝卜含量素变化趋势一致，均表现为 N1>N3>N2>N4。移栽后60d 叶绿体色素含量有所下降，较 30d 含量低。叶绿素 a、叶绿素的总量以及类胡萝卜含量素变化均趋势一致，均表现为 N1 最高，其次为 N2、N3，N4 最低；叶绿素 a、类胡萝卜素含量，各处理差异显著，N1 明显高于其余三个处理。叶绿素 b 变化趋势与 45d 时各叶绿体色素一致。

(2) *烤后样质体色素含量*

烟叶烘烤后叶绿素大量降解，产生香气前体物质新植二烯。烘烤后，类胡萝卜素在质体色素中的比重得到大幅提升。烤后上二棚叶中，叶绿素含量随着前期施氮量的增加而增加，各处理间叶绿素含量差异显著。N1、N2 的叶绿素 a 和叶绿素 b 含量均显著高于 N3、N4。N1 的类胡萝卜素含量显著高出 N2、N3 和 N4 各 6.74%、17.77%和20.82%。类胡萝卜素与叶绿素含量的比值，随着施氮量的增加而降低(表 5-67)。

移栽后 60d 和 82d 分别对各处理从上往下第 8～10 片叶（上二棚）进行光合速率测定。两个时期各处理的变化趋势较为相似，其净光合速率都随着前期施氮量的增加而增大。移栽后 60d， N1 的净光合速率最高，分别比 N2、N3、N4 高出 9.68%、11.68%和 13.31%，N2、N3、N4 差异不显著。移栽后 82d，光合效率较 60d 整体大幅下降。N1 的净光合速率显著高出 N2、N3、N4 各 16.76%、31.93%和 37.14%（图 5-72)。

(3) *超微结构*

移栽后 60d，各处理叶绿体紧贴细胞壁排列。细胞内的嗜锇颗粒、叶绿体和类囊体

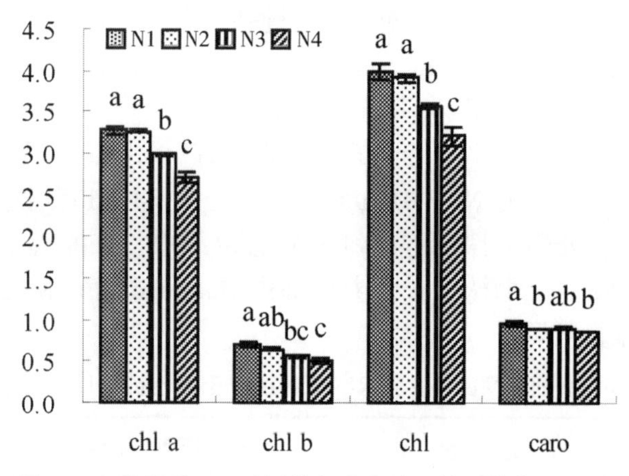

图 5-69 移栽后 30d 叶绿体色素含量比较（单位：mg/g）

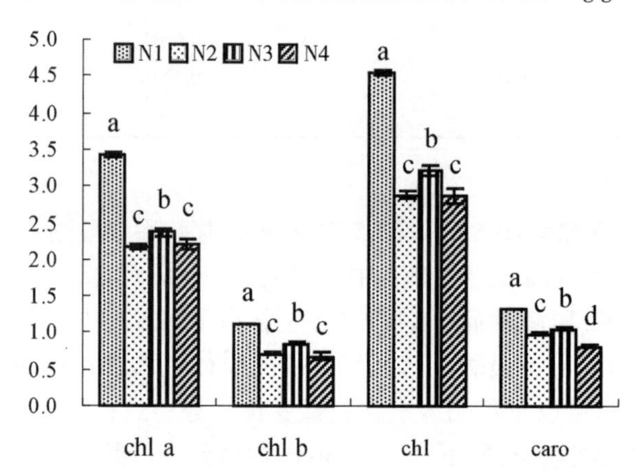

图 5-70 移栽后 45d 叶绿体色素含量比较（单位：mg/g）

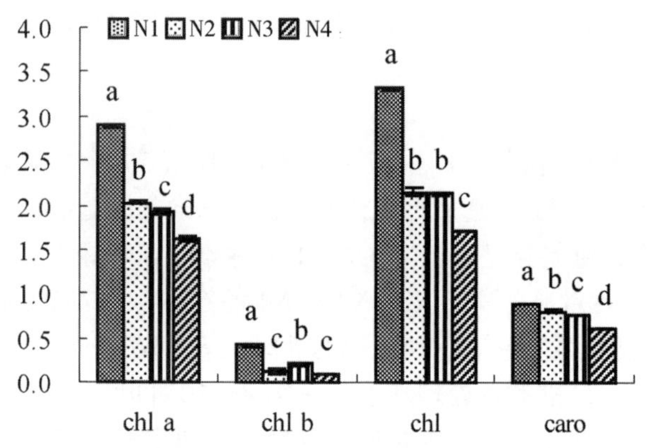

图 5-71 移栽后 60d 叶绿体色素含量比较（单位：mg/g）

（注：不同小写字母表示 5%显著差异，下同）

片层数量都随着施氮量不同呈现出规律变化。随着施氮量的减少，嗜锇颗粒、叶绿体和类囊体片层数量依次减少。其中，N1、N2 细胞核有轻微降解。N3 和 N4、线粒体与细胞核均有轻微降解。

表 5-67　不同氮用量上二棚烤后样质体色素含量比较（单位：μg/g）

处理	chl a	chl b	chl	caro	caro/chl
N1	37.91a	27.20a	65.11a	388.36a	5.96
N2	34.92a	25.24a	60.16b	362.17b	6.02
N3	30.68b	22.03b	52.71c	319.35c	6.06
N4	27.03c	19.93b	46.96d	307.49c	6.55

注：成熟期净光合速率。

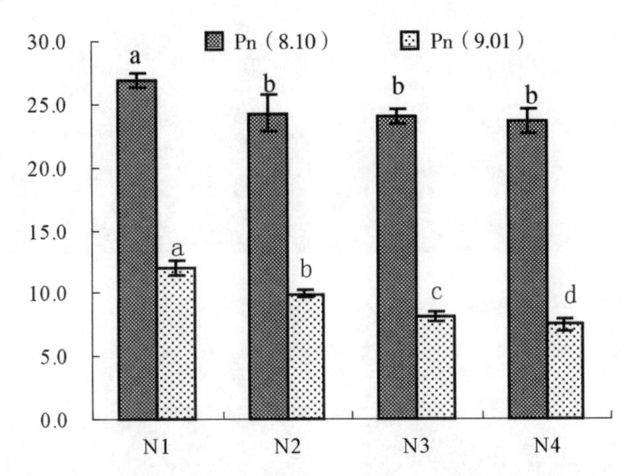

图 5-72　成熟期不同氮用量第 8～10 片叶（上二棚）净光合速率（单位：$\mu mol \cdot m^{-2} \cdot s^{-1}$）

移栽后 70d，除 N1 叶绿体紧贴细胞壁排列外，其余三个处理的叶绿体虽有所变化但都基本贴细胞壁排列。N1、N2 细胞核有轻微降解，N3 线粒体，细胞核有轻微降解，N4 线粒体，细胞核已降解。

移栽后 80d，各处理的叶绿体多数已不贴细胞壁排列。嗜锇颗粒含量都较少，且随着施氮量的降低含量依次减少。此时，N1 叶绿体中的类囊体片层极少并扩张，线粒体、细胞核有轻微降解。N2 和 N3 叶绿体中所含类囊体片层极少，同时扩张较严重，线粒体、细胞核降解。N4 仅存的少量类囊体片层已扩张，散落在细胞中的细胞器还有少量高电子密度嗜锇颗粒、降解的线粒体和固缩的细胞核（图 5-73）。

图 5-73 中，（a）为 N1 移栽后 60d 叶片细胞栅栏组织中的叶绿体 Bar=5μm；（b）为 N2 移栽后 60d 叶片细胞栅栏组织中的叶绿体 Bar=5μm；（c）为 N3 移栽后 60d 叶片细胞栅栏组织中的叶绿体 Bar=5μm；（d）为 N4 移栽后 60d 叶片细胞栅栏组织中的叶绿体 Bar=5μm；（e）为 N1 移栽后 70d 叶片细胞中的线粒体 Bar=1μm；（f）为 N2 移栽后 70d 叶片细胞中的线粒体 Bar=1μm；（g）为 N3 移栽后 70d 叶片细胞中的线粒体 Bar=1μm；（h）为 N4 移栽后 70d 叶片细胞中的线粒体 Bar=1μm；（i）为 N1 移栽后 80d 叶片细胞中的细胞核 Bar=2μm；（j）为 N2 移栽后 80d 叶片细胞中的细胞核 Bar=2μm；（k）为 N3 移栽后 80d 叶片细胞中的细胞核 Bar=2μm；（l）为 N4 移栽后 80d 叶片细胞中的细胞核 Bar=2μm。

3）色素代谢途径

光合作用过程中，光能的吸收和传递是最初也是最重要的反应之一。在烟草光合作

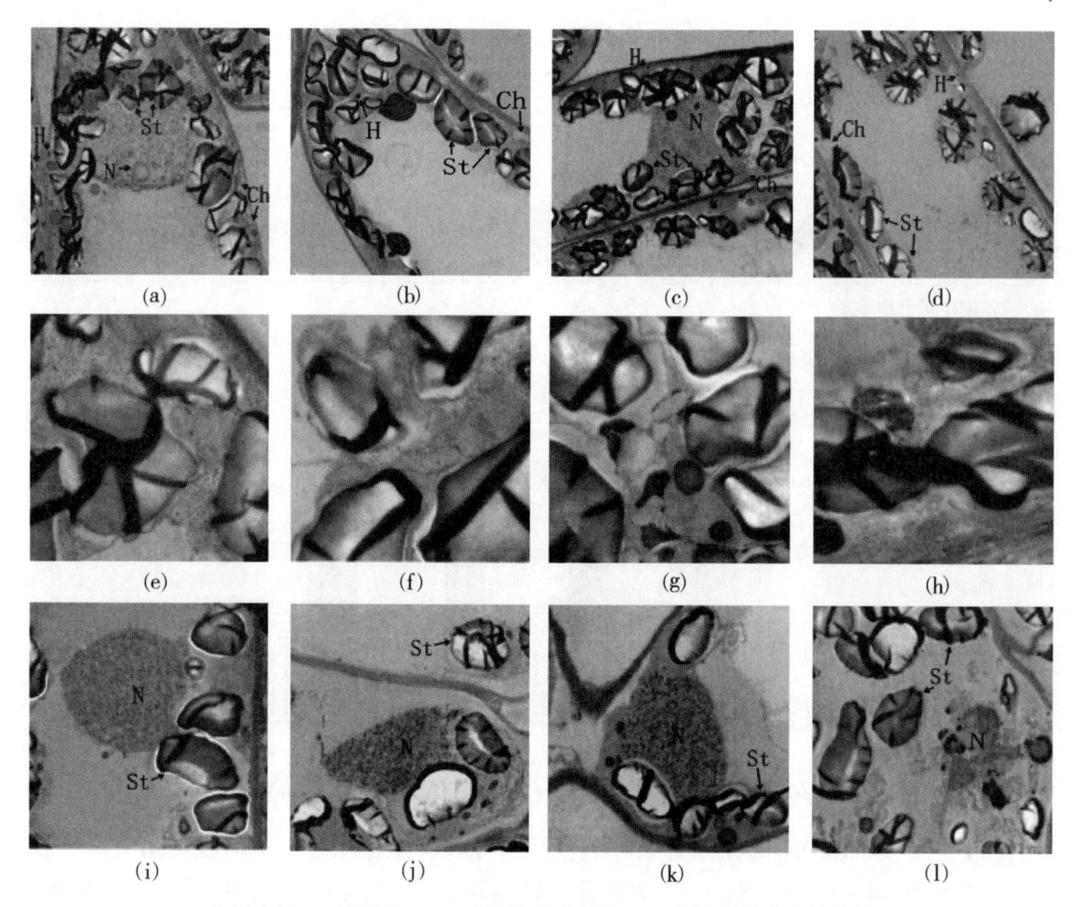

N.细胞核；S.淀粉粒；Ch.叶绿体或者质体；H.嗜锇颗粒或嗜锇物质

图 5-73　不同发育时期烟叶叶绿体超微结构

用的反应中吸收光能的色素称为光合色素，主要包括叶绿素和类胡萝卜素。光合色素是植物进行碳氮代谢的基础，对烟草的生长发育和品质的形成都具有重要的作用。

(1) 叶绿素代谢关键基因表达特征

镁离子螯合酶基因（magnesium ion chelatase，*CHL*），是四吡咯化合物生物合成途径中合成叶绿素分支（镁分支）的第一个酶，它催化镁离子螯合到原卟啉 IX 中，形成镁原卟啉 IX。该酶控制着叶绿素的合成，其不同亚基还参与叶绿体到细胞核的反向信号传导。在三个取样时期内，*CHL* 表达强度在各处理间没有表现出明显的差异。在移栽后80d，表达量显著降低。脱镁叶绿酸 a 加氧酶基因（pheophorbide a monooxygenase，*PAO*）催化叶绿素卟啉环开环成为四元线性吡咯衍生物的关键酶，是叶绿素分解代谢过程中的关键限速酶。*PAO* 的表达量在移栽后 60d 和 70d 没有表现出明显差异，在移栽后80d，N1 的表达量高于其他三个处理，说明前期的高氮处理后期调亏的烟草植株，在成熟阶段能够顺利的将其环境中的氮素供给降低，在增加产量的同时不影响烟叶的正常成熟。这表明，前期不同氮素处理，在生长后期统一调亏试验处理后，没有对叶绿素后期合成代谢产生影响，但对其分解代谢产生了一些有利于烟叶成熟的影响(图 5-74)。

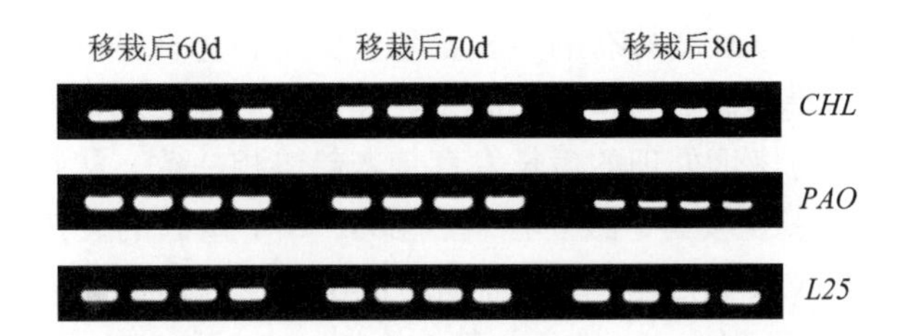

注：每个时期的基因表达排列顺序分别为：N1、N2、N3 和 N4

图 5-74　不同发育时期 *CHE* 和 *PAO* 基因的检测结果

(2) 类胡萝卜素代谢关键基因表达特征

八氢番茄红素合成酶（phytoene synthase，*PSY*）是类胡萝卜素合成途径重要的限速酶。*PSY* 的表达强度在三个取样时期内各处理均无明显差异。ζ–胡萝卜素脱氢酶（ζ–carotene desaturase，*ZDS*）催化 ζ–胡萝卜素向番茄红素的转化。*ZDS* 的表达强度变化较为规律：移栽后 60d，*ZDS* 的表达强度随着前期施氮量的增加而减弱；移栽后 70d，四个处理间的 *ZDS* 的表达量无明显差异；移栽后 80d，随着前期施氮量的增加而增强。说明随着前期氮肥增加类葫萝卜素的合成高峰后移。类胡萝卜素裂解双氧合酶（carotenoid cleavage dioxygenases，*CCDs*）可催化裂解多种类胡萝卜素底物生成许多天然活性化合物，如生长调节剂、色素、风味和芳香味物质、防御化合物等。其表达强度变化趋势与 *ZDS* 一致。这表明前期施氮量高的处理有利于成熟后期类葫萝卜素的降解，成熟前期低氮处理虽然合成表达较强，但是降解基因的表达强度同样较强。9–顺式环氧类胡萝卜素双加氧酶（9–cis–epoxy carotenoid dioxygenase，*NCED*）催化 9–顺式紫黄质或 9–顺式新黄质裂解成为黄质醛是高等植物 ABA 生物合成的关键步骤，与植物的抗逆性有关，也是类胡萝卜素降解途径中的关键限速酶。*NCED* 的表达强度在三个取样时期内有不同的变化趋势。移栽后 60d，前期施氮量少的处理类胡萝卜素降解基因表达更强；移栽后 70d，表现为 N1、N4 最高，N2、N3 较低；移栽后 80d，随着前期施氮量的减少基因表达强度降低，这与 *CCD* 表达强度基本一致。这说明前期不同氮素处理对成熟期类胡萝卜素类物质的转化及逆境响应基因的表达影响在不同阶段呈现不同的趋势，在一定范围内，增加施氮量可适当延长生育期，类胡萝卜素物质的转化高峰期也随之推后（图 5-75）。

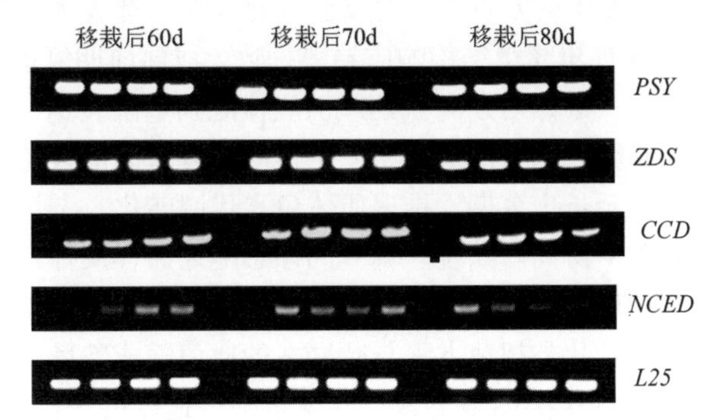

图 5-75　不同发育时期类胡萝卜素代谢关键基因的检测结果

(3) 衰老特征基因的表达

烟草衰老特异性半胱氨酸蛋白酶（Nicotiana tabacum senescence–specific cysteine protease，*CP1*）是一种烟草衰老特有的半胱氨酸蛋白酶，它只在衰老叶片中表达，而在成熟的绿色叶片或者干旱、高温胁迫都不能诱导表达。烟草衰老特异性半胱氨酸蛋白酶烟 *CP1*，对氮素的响应与烤烟处理的生长发育衰老趋势相一致。从基因表达情况差异和超微结构的差异上来看表现较为一致。移栽后 60d，*CP1* 基因的表达量随着施氮量的增加而减少，表现为 N1<N2<N3<N4，说明前期施氮量少的处理提前进入衰老期。移栽后 70d，*CP1* 基因的表达量表现为 N4 最高，其次为 N1、N3 和 N2。在第三个取样时期除处理 N1 有 *CP1* 基因的表达外，其余三个处理均没有检测到 *CP1* 基因的表达。从烟株的生育时期来看，处理 N1 在三个取样时期 *CP1* 的基因表达量变化趋势为先升后降，处理 N2 和 N3 均表现出逐渐降低的趋势，处理 N4 的 *CP1* 基因表达在前两个时期都保持较高水平的表达量，在第三个时期完全没有其表达（图 5-76）。

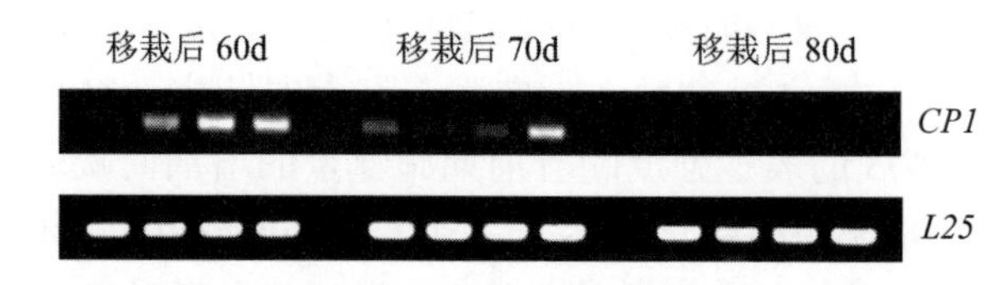

图 5-76　不同发育时期 *CP1* 基因的检测结果

4）结论与讨论

本节研究了前期不同氮素营养水平协同后期统一调亏对烤烟 NC297 成熟期质体色素含量、光合速率、叶片超微结构和相关基因表达各个层次的影响。结果表明，生育期质体色素含量随着前期施氮量的增加而增加。净光合速率也表现出相同的趋势。从叶绿体超微结构上看，移栽后 60～80d，细胞的衰老降解速度随着施氮量的增加而减缓。至移栽后 80d，线粒体、细胞核除超高氮处理 N1 只有微降解外，其余处理均以降解，以低氮 N4 处理降解最早最彻底。对叶片质体色素关键基因的表达研究表明，在烟株成熟后期，氮素对质体色素代谢过程中的分解和转化类基因影响大于合成类基因。移栽后 60～80d，各处理间叶绿素合成过程中的关键限速酶和类胡萝卜素合成途径重要的限速酶*CHL* 和 *PSY* 基因的表达水平无显著差异。氮素水平高，其基因表达高峰期推后，物质代谢延迟。类胡萝卜素代谢关键基因 ζ-胡萝卜素脱氢酶基因 *ZDS*、类胡萝卜素裂解双氧合酶 *CCD* 以及 9-顺式环氧类胡萝卜素双加氧酶 *NCED* 都表现出此趋势。烟草衰老标志性基因 *CP1* 的表达表现出超微结构响应趋势一致，成熟前期氮素水平高的处理衰老较慢，衰老基因表达较弱；成熟后期高氮处理仍能检测到基因表达，而低氮处理降解已经比较充分，超出衰老基因表达检测阈值，完全检测不到基因的表达。这些都说明前期较高的氮素营养可以适当延长生育期，推迟质体色素代谢转化。

前期不同氮素营养水平协同后期统一调亏同样影响烤后样质体色素含量和比例。烤后上二棚烟叶中，高氮处理的叶绿素和类胡萝卜素含量及类胡萝卜素与叶绿素的比值都较高。研究认为同一部位叶片类胡萝卜素与叶绿素的比值随成熟度的提高而变大，该比值可以反映叶片在成熟过程中类胡萝卜素与叶绿素降解速度的快慢。每 100g 烤后烟叶的叶绿素含量在 8mg 以下时，类胡萝卜素干叶中以 30～40mg 烟叶质量较好。因此，在适宜的范围内提高类胡萝卜素含量，降低叶绿素含量，有利于烟叶品质的提高。

5.3　土壤生物性状与烟叶质量特色的关系

5.3.1　土壤微生物与烟叶质量特色的关系

1. 土壤微生物的作用

土壤微生物主要包括细菌、放线菌、真菌等不同的类群，它们对于土壤肥力的形成、植物营养的吸收转化起着重要的作用。也有一部分土壤微生物是动、植物的病原菌。

土壤微生物按功能可分为氨化细菌、硝化细菌、反硝化细菌、好气性自生固氮菌、嫌气性自生固氮菌、纤维素分解菌、磷细菌、硅酸盐细菌等微生物类群组成（云南省烟草科学研究院，2008）。上述微生物生理群与土壤肥力关系极为密切。土壤放线菌类群是进行异养活动的微生物，对有机质具有较强的分解能力，其中相当多的是分解木质素、单宁及一般微生物难以分解的腐殖质，并产生多种抗生素类物质。土壤细菌类群中少量是自养细菌，可以使土壤中无机化合物氧化，使土壤中的养分转化。亚硝酸细菌把铵氧化成亚硝酸，硝酸细菌把亚硝酸进一步氧化成硝酸。土壤中异养细菌数量多，种类复杂，其共同点是能分解有机质。好气性细菌在有氧条件下，可以迅速分解有机质。土壤真菌都是异养微生物，其中多数能利用无机氮，也有部分既能利用有机氮又能利用无机态氮。土壤真菌在土壤中的主要作用是分解有机残体，并能形成一定量的腐殖质，改善土壤物理性质，真菌菌丝的交错缠绕作用还可使土粒紧密结合改善土壤结构。

土壤微生物是土壤的重要组成部分和最活跃的部分，近年来，将土壤微生物种群、数量及分布作为评价土壤生态环境质量的重要指标，越来越受到重视。土壤养分的转化与增加，主要通过土壤中的生物活动来进行。土壤中的解磷细菌能够有效提高土壤中磷的有效性，从而能以较少的投入满足烤烟对磷的需求。芽孢杆菌是一群好氧或兼性厌氧、产芽孢的 G+杆菌的总称。芽孢杆菌种类多，在自然界中广泛存在，可分布于各种生态环境中，它们既是土壤和植物体表根际微生物的优势种群，又是常见的植物内生细菌，尤其是在植物的根部和低茎部位，由于芽孢杆菌具有内生芽孢、抗逆性强、繁殖速度快、营养要求简单和易于在植物根围定殖的特点，使其在植物病害生物防治中被广泛地研究和利用。有研究表明，芽孢杆菌对烟草青枯病具有较强的抑菌作用。纤维素是自然界中最丰富的含碳有机物，属于多糖类化合物，它在纤维素分解菌的作用下，能够分解产生葡萄糖，因而纤维素分解菌在碳素生物循环中有特殊的重要意义，对土壤的碳氮比值也有很大影响，而合理的土壤碳氮比值是获得具有优良香味品质烟叶的重要条件，因而土壤中纤维素分解菌的数量对烟叶香气物质的形成具有一定的影响。大部分细菌生理群包括纤维素分解菌在改善土壤环境、提高土壤肥力方面起着重要作用。

土壤微生物通过对有机物质的分解以及无机物的转化，为烟草提供营养，同时产生的各种产物可以调节烟草根际状态，影响养分的供应特征，从而影响烟草的生长发育以及产量、质量。优质烟田烟株主要根系活动层土壤微生物类群及微生物生理群的特征表现为每克干土细菌 1.0×10^{10}～1.8×10^{18} 个、真菌 3.4×10^{8}～2.0×10^{9} 个、放线菌 7.0×10^{8}～5.3×10^{10} 个。

2. 土壤微生物与土壤培肥和改良及烟叶质量特色的关系

作物根系对其地上部生长具有重要的影响，在根系生长过程中，土壤微生物是重要的影响因子之一，尤其是根际土壤微生物对肥料的转化与吸收起重要作用。土壤改良、培肥和耕作措施可显著改变土壤肥力状况、理化性状，影响土壤微生物组成和数量，土壤微生物的活动又直接影响植烟土壤生物活性和养分的供应能力，进而影响烟叶的生长发育和产量质量的形成。

秸秆是土壤微生物的有效碳源，对土壤微生物的繁殖与生长，氮素的固持能力和土壤的碳氮循环速度具有显著影响。陈红丽（2013）研究了不同量的腐熟麦秸（CK：0，T1：3000kg·hm^{-2}，T2：6000kg·hm^{-2}，T3：9000kg·hm^{-2}，T4：12000kg·hm^{-2}，T5：15000kg·hm^{-2}）施入烟田对土壤微生物以及土壤养分的影响。

添加腐熟麦秸可以显著提高供试土壤中微生物量碳含量，处理间差异达到极显著水平，不同处理间在各个时期也达到了显著或极显著水平。随着秸秆添加量的增加，植烟土壤中微生物量碳量越高（图 5-77 和图 5-78）。0～20cm 和 20～40cm 处土壤微生物含量碳含量变化趋势基本是相同的，且 0～20cm 处土壤微生物量碳含量显著高于 20～40cm 处土壤微生物量碳含量，表明添加秸秆对地表 0～20cm 处土壤微生物量碳含量影响较大。添加秸秆的用量越多越有利于维持土壤的微生物活性在较长时间内处在一个较高水平。

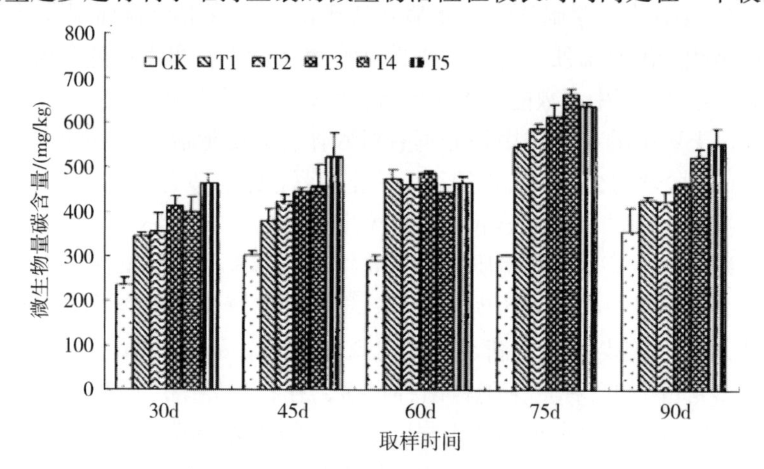

图 5-77　腐熟麦秸对土壤微生物量碳含量的影响（0～20cm）

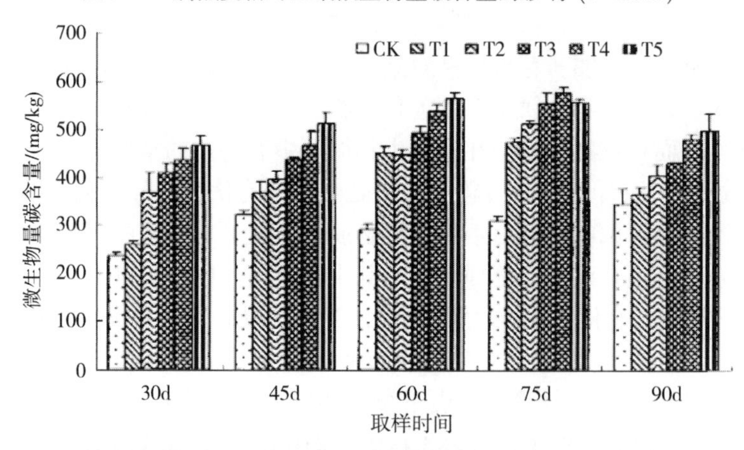

图 5-78　腐熟麦秸对土壤微生物量碳含量的影响（20～40cm）

土壤微生物量氮是矿化氮的主要来源，微生物量氮在一定程度上反映了土壤的供氮能力。试验表明，添加腐熟麦秸对土壤全氮的影响显著小于对土壤全碳的影响，各处理之间差异不显著，但土壤微生物量氮含量显著增加，处理间差异达到显著水平，随着腐熟麦秸添加量的增多，土壤表层微生物量氮含量提高得越多（图 5-79）。

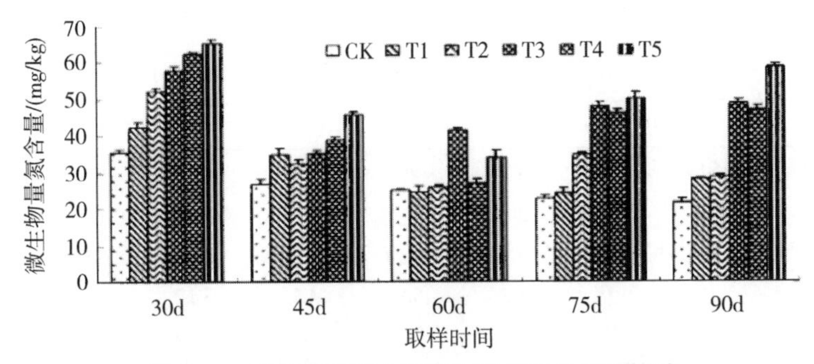

图 5-79　腐熟麦秸对土壤微生物量氮含量的影响

添加腐熟麦秸可以提高土壤微生物 C/N。在烟叶移栽后 30d 各处理间的差异最大，随着秸秆添加量的增多，土壤微生物 C/N 越高，但 T5 处理反而略低于 T4 处理，T1、T2、T3、T4、T5 处理分别比对照提高了 23.55%、70.01%、81.51%、123.41%和 94.30%。在烟株旺长期各处理微生物 C/N 均高于对照，但是处理间差异缩小（图5-80）。移栽后 45d、75d、90d 微生物量碳、氮与土壤全氮、全碳均相关性均达到了极显著水平，关系密切。微生物量碳与微生物 C/N 的相关性达到显著水平。土壤全氮与全碳在移栽 45d 以后呈极显著正相关。

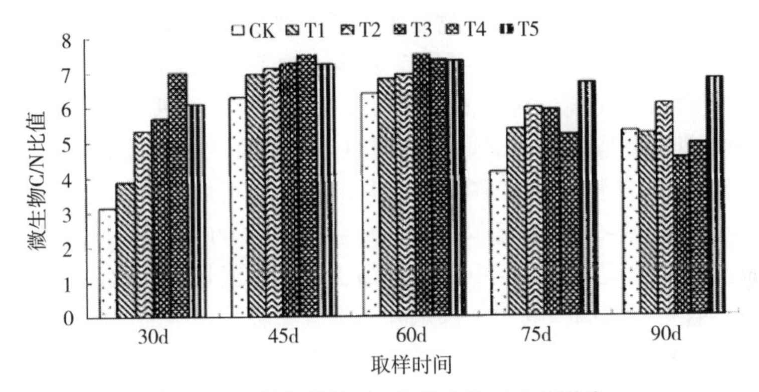

图 5-80　腐熟麦秸对土壤微生物 C/N 的影响

添加腐熟麦秸可以提高植烟土壤中微生物熵，随着烟叶生育期的推进，各处理微生物量熵趋势相一致（表 5-68）。因此，微生物熵可以作为一个代表性指标来评价添加秸秆对土壤质量的改良作用。各处理微生物熵均高于参照值，土壤中有机碳处于积累阶段，添加腐熟麦秸能够有效积累土壤中有机碳。

另外，彭智良等（2009）研究表明，施用有机肥明显增加了烟田土壤中细菌和放线菌数量，但施用饼肥、氨基酸对真菌数量没有增加效果。其中，施用饼肥+腐殖酸的烟田，根际与非根际土壤中细菌数量较多，烟株生长中、后期的根际放线菌数量较高；施用氨基酸肥的烟田，烟株生长前期根际放线菌数量较高，不同有机肥均可显著提高烟叶产量、产值和上中等烟比例。尚志强等（2008）研究土壤中施入秸秆后，土壤容重降低，透水透气性能得到改善。同时可提高放线菌、磷细菌、钾细菌有益微生物的数量，而真菌、细菌、霉菌有害微生物的数量显著降低，烟株生长发育良好，烟株抗逆性提高，烟叶产质量得到提高和改善。黄元炯等（2008）认为施用有机肥可以改善土壤肥力，促进烤烟生长发育，提高烤烟产质量。

表 5-68　各处理不同时期微生物熵（单位：%）

处理	0～20cm					20～40cm				
	30d	45d	60d	75d	90d	30d	45d	60d	75d	90d
CK	3.47	4.56	4.43	4.65	5.52	3.51	4.86	4.45	4.79	4.79
T1	4.63	5.19	6.64	7.76	6.14	3.59	5.12	6.52	6.94	5.33
T2	4.44	5.41	6.17	8.24	5.96	4.71	5.17	5.92	6.88	5.63
T3	4.76	5.38	5.94	7.60	6.08	4.88	5.40	6.28	7.28	5.71
T4	4.37	5.20	5.14	7.95	6.70	5.01	5.57	6.46	6.99	6.02
T5	4.72	5.46	5.04	6.92	6.24	4.97	5.25	6.54	6.67	6.07

河南农业大学在河南南阳产区系统研究了土壤生物性状与烟叶香气物质含量的关系，发现土壤纤维素分解菌含量与烤后中部烟叶类胡萝卜素类降解产物中的巨豆三烯酮的 4 个异构体、三羟基-β-二氢大马酮、β-大马酮、β-二氢紫罗兰酮以及新植二烯含量的关系密切，反映出在一定范围内，随着土壤纤维素分解菌含量的提高，烤后中部烟叶类胡萝卜素类降解产物中的巨豆三烯酮的 4 个异构体、三羟基-β-二氢大马酮、β-大马酮、β-二氢紫罗兰酮以及新植二烯含量会呈现增加的趋势（沈笑天等，2008）。

土壤微生物量与上部叶中性致香物质主因子的典型相关分析结果表明，土壤解磷细菌含量与烤后上部烟叶 2-异丙基-5-酮基己醛含量关系密切，反映出在一定范围内，随着土壤解磷细菌含量的提高，烤后上部烟叶 2-异丙基-5-酮基己醛含量呈现增加的趋势。土壤解磷细菌含量与烤后下部烟叶茄酮和 4-乙烯基-2-甲氧基苯酚含量关系密切，反映出在一定范围内，随着土壤解磷细菌含量的提高，烤后下部烟叶茄酮含量会呈现增加的趋势，而 4-乙烯基-2-甲氧基苯酚含量则会呈现减少的趋势。土壤芽孢杆菌含量与烤后中部烟叶茄酮和 4-乙烯基-2-甲氧基苯酚含量关系密切，反映出在一定范围内，随着土壤芽孢杆菌含量的提高，烤后中部烟叶茄酮含量会呈现增加的趋势。

综合而言，秸秆还田、微生物肥、腐殖酸肥料、生物炭等土壤培肥和改良措施可显著提高土壤有机质含量，增加土壤微生物种类和数量，提高土壤生物活性，改善土壤营养状况，促进烟株平衡吸收营养，显著提高烟叶质量水平，增加中性致香成分含量。研究结果表明，土壤生物性状的改善并不能改变烟叶的浓香型香型表现，但由于烟叶质量水平的提升可使烟叶的浓香型风格得到进一步彰显。

5.3.2　土壤微生物量碳与烟叶质量特色的关系

大量研究表明微生物生物量与土壤肥力、有机质含量、有机质降解速率和 N 的矿化等显著相关，并且与植物地上部分的产量呈正相关。在微生物生物量指标中尤以微生物量碳（MBC）是土壤有机 C 的灵敏指标因子，反映微生物群落的相对大小，能快速地响应不同土地管理措施的变化。

河南农业大学系统研究安徽皖南焦甜香烟叶形成机理，通过 PCR-DGGE 分析发现，土壤微生物的种群与烟叶焦甜香风格表现无关，但与土壤微生物数量密切相关。邱立友等（2009）对土壤微生物生物量碳的研究表明，微生物量碳以水稻黏土最高，砂土最低，砂壤土的土壤微生物量碳居中（图 5-81）。

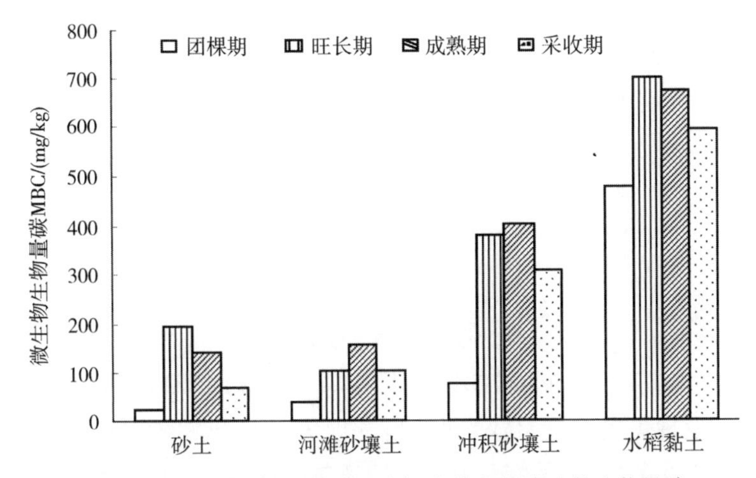

图 5-81　四种土壤类型烟草不同生长期根际微生物生物量碳

微生物各类群的数量均与微生物生物量碳或土壤有机质、碱解氮无相关性。然而，微生物生物量碳与土壤有机质和碱解氮均有极显著的正相关（$P<0.01$），线性回归结果见图 5-82 和图 5-83。

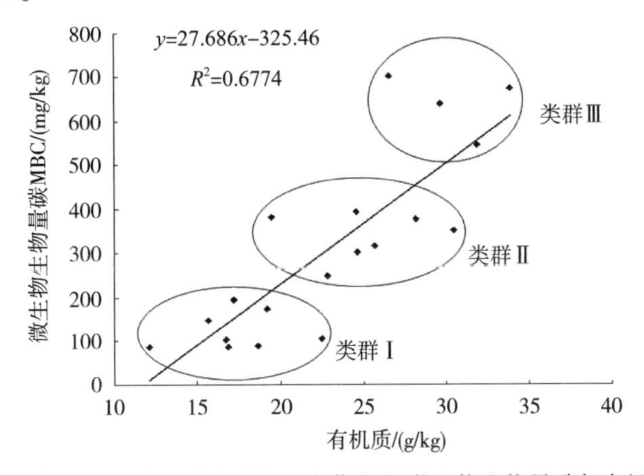

图 5-82　皖南产区 19 个取样点烤烟旺长期根际微生物生物量碳与有机质的关系

根据 19 个土样的烤烟根际微生物碳与有机质或碱解氮的关系，可方便地将土样分为 3 个类群。第一类群微生物生物量碳含量为 85.5～195.3mg/kg，有机质含量为 12.17～22.49g/kg，碱解氮含量为 43.30～102.6mg/kg，属于低有机质、低碱解氮和低微生物生物量碳含量的较贫瘠的土壤；第二类群微生物生物量碳含量为 247.7～393.7mg/kg，有机质含量为 19.48～30.48g/kg，碱解氮含量为 92.99～137.75mg/kg，属于有机质、碱解氮和微生物生物量碳含量中等的土壤；第三类群微生物生物量碳含量为 544.9～701.5mg/kg，有机质含量为 26.58～33.83g/kg，碱解氮含量为 125.40～195.42mg/kg，属于有机质、碱解氮和微生物生物量碳含量均较高的肥沃土壤。将土壤微生物量碳和烟叶焦甜香风格程度

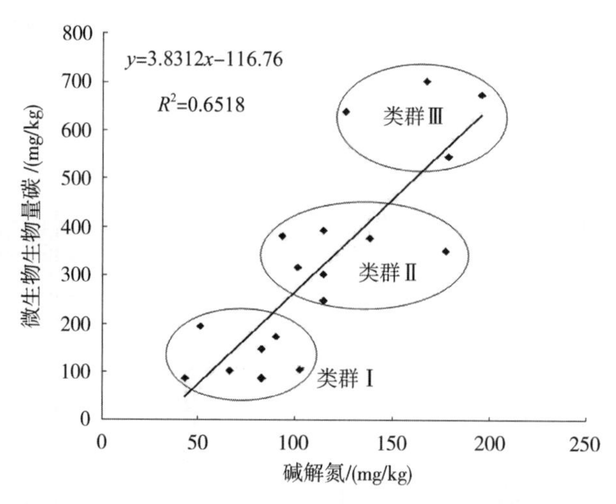

图 5-83　皖南产区 19 个取样点烤烟旺长期根际微生物生物量碳与碱解氮的关系

进行相关分析，发现焦甜香较为显著的烟叶一般集中在土壤微生物量碳 350～380mg/kg 干土的土壤上（表 5-69）。通透性良好，土壤微生物较为丰富的中等肥力土壤是生产焦甜香烟叶的重要条件之一。

烟叶焦甜香的形成是气候条件和土壤条件共同作用的结果，在土壤方面，一定的肥力基础和较高的土壤通透性是两个重要条件，前者决定了烟叶制造和积累丰富的光合产物和香气前体物，而后者决定了烟叶成熟期碳氮代谢的及时转化和大分子物质的充分降解。

表 5-69　皖南产区 19 个取样点烤烟旺长期根际土壤微生物数量、微生物生物量碳和烟叶评吸结果

编号	细菌 /(10^6 个/g)	放线菌 /(10^5 个/g)	真菌 /(10^5 个/g)	微生物生物量碳 (mg/kg)	C3F 焦甜感	B2F 焦甜感
17	3.91	33.02	12.98	85.5	中+	弱
12	27.72	2.36	17.56	85.8	中−	中−
7	5.26	5.02	21.68	89.9	—	—
8	9.23	2.46	10.17	103.9	弱	弱
15	17.12	76.26	72.55	104.9	弱	弱
3	0.56	0.618	21.03	146.6	中−	弱−
13	3.64	0.134	2.67	173.5	弱	弱
11	7.58	7.12	73.49	195.3	弱	弱
5	6.58	0.197	10.53	247.7	弱	弱
4	7.06	22.88	21.18	301.6	弱	弱
19	4.95	23.24	5.84	315.1	—	—
14	9.19	2.73	8.59	350.1	中	中−
16	22.98	16.38	11.89	375.9	中	中+
2	1.16	0.258	40.6	380.6	中	中
1	3.87	0.0387	5.03	393.7	中−	弱
9	6.73	2.67	12.94	544.9	中−	中−
6	5.28	34.95	51.49	638.8	—	—
10	10.08	1.47	39.29	672.7	弱	弱
18	4.69	10.99	6.7	701.5	ND	ND

第 6 章　浓香型烟叶生态评价及产区规划

生态因子是浓香型烟叶风格特色形成的决定因素，但不同生态因子对质量和特色的影响不同。不同生态因子对同一种风格特色的影响和贡献有显著差异，同样，同一生态因子对不同风格特色的影响和贡献也不相同。前文已系统地阐述了生态因素与烟叶质量风格的关系，筛选出了对烟叶质量风格有显著影响的生态因素，本章将在此基础上全面分析这些因素，特别是综合相关性研究和控制试验下的验证研究结果，对影响烟叶质量风格形成的关键因素和贡献程度进行综合评价。根据影响浓香型风格特色的关键因素建立浓香型显示度和浓香型典型香韵的生态评价模型，并计算各相关因素的贡献率。进一步根据典型浓香型烟叶生态评价模型和全国浓香型植烟市所辖县区的气候条件进行典型浓香型产区的规划，并提出发展建议。

6.1　浓香型烟叶生态评价和贡献分析

6.1.1　浓香型烟叶香型显示度评价

通过对全国浓香型产区代表性产地烟草不同生育时期和全生育期气候指标与烟叶质量风格的相关性分析，明确了各单个因子与烟叶质量风格的相关性。为了综合分析多因素对烟叶质量风格的影响，采用逐步回归分析筛选了与烟叶质量特色密切相关的影响因素，建立了浓香型烟叶香型和香韵生态评价模型。

1. 评价模型

浓香型显示度反映了浓香型的典型程度，对指导浓香型烟叶产区规划、布局调整和移栽期确定具有重要意义。基于前面章节大量分析，气候因素是决定浓香型风格的主导因素，土壤因素与烟叶香型归属关系较小，但与烟叶一些香韵表现密切相关，因此对于浓香型风格程度的评价主要考虑气候因素。基于整个浓香型产区气候与烟叶香型分值关系建立的浓香型显示度评价模型（模型 I）如下：

$$Y_{\text{浓香型显示度}}=2.26702-0.00129X_{\text{成熟期光照时数}}+0.01773X_{\text{成熟期最高温>30℃天数}}-0.06017X_{\text{成熟期地表温度}}+0.10487X_{\text{成熟期日均温}}$$

该模型包括 4 个气候指标，其决定系数 R^2=0.789，包括了总变异的 78.9%，有关统计参数见表 6-1。

表 6-1 气候因素与浓香型显示度回归分析（模型 I）

指标	Coefficients	标准误差	t Stat	P-value	R
Intercept（截距）	2.267019324	0.701354	3.232345	0.002133	
成熟期光照时数	−0.00128952	0.0004	−3.221	0.002205	
成熟期最高温>30℃天数	0.017727992	0.003626	4.888784	1.02E−05	0.888421
地成熟期地表温度	−0.06017061	0.025042	−2.40283	0.019873	
成熟期日均温	0.104869071	0.037448	2.800389	0.007149	

由于该模型包括的气象指标相对较多，且成熟期日均温、成熟期最高温>30℃天数和成熟期地表温度均为成熟期热量指标，为了简化模型，进一步回归，得到浓香型显示度的简化模型（模型Ⅱ）：

$$Y_{浓香型显示度}=-0.68497+0.180034X_{成熟期日均温}-0.0006X_{全生育期光照时数}$$

该简化模型只包括 2 个气候因素，决定系数为 0.659，包含了 65.9%的变异（表6-2）。与模型 I 相比，模型Ⅱ虽然相关系数略低，但仍然达到极显著水平，实用性较高。

表 6-2 气候因素与浓香型显示度回归分析（模型Ⅱ）

指标	Coefficients	标准误差	t Stat	P-value	R
Intercept（截距）	−0.68497	0.592814	−1.15545	0.252994	
成熟期日均温	0.180034	0.021446	8.3946	2.29E−11	0.811809
全生育期光照时数	−0.0006	0.000189	−3.15902	0.002593	

烟气沉溢度与浓香型显示度密切相关，一般而言，浓香型显示度高的烟叶其烟气沉溢度也高。通过逐步回归建立了烟气沉溢度与气候因素的评价模型：

$$Y_{烟气沉溢度}=0.873286+0.196091X_{成熟期日均温}+0.001176X_{全生育期>20℃积温}$$
$$-0.08088X_{成熟期地表温度}-0.00101X_{全生育期光照时数},\ R^2=0.752$$

该模型也括 4 个气候指标，其决定系数为 0.752，包括了 75.2%的变异（表 6-3）。

表 6-3 气候因素与烟气沉溢度回归分析

指标	Coefficients	标准误差	t Stat	P-value	R
Intercept（截距）	0.873286	0.736536	1.185666	0.241144	
成熟期日均温	0.196091	0.040178	4.880516	1.04E−05	
全生育期>20℃积温	0.001176	0.000364	3.232874	0.00213	0.866958
成熟期地表温度	−0.080876	0.027334	−2.95879	0.00464	
全生育期光照时数	−0.001010	0.000232	−4.34809	6.42E−05	

由于这些模型是在全国 8 个浓香型省（区）产区范围内建立的，因此其适用范围限于浓香型产区对烟叶香型典型性的评价。

2. 模型验证

为了检验模型的准确性，2014 年在浓香型不同气候类型区选择典型样点采集气候资料，按照模型计算浓香型显示度、烟气沉溢度等理论值。对相应样点正常栽培条件下烟株的烤后烟叶样品进行取样并进行感官评吸，得到浓香型显示度等指标的实际值。结果表明，浓香型显示度模型Ⅰ、模型Ⅱ及烟气沉溢度的理论值与实际值的平均符合率分别为 94.5%、92.0%、95.1%（表 6-4、表 6-5、表 6-6）。

表 6-4　气候与浓香型显示度评价模型的验证（模型Ⅰ）

浓香型五大产区	样点	成熟期日均温/℃	成熟期最高温>30℃天数/d	成熟期光照时数/h	成熟期地表温度/℃	浓香型显示度理论值	浓香型显示度实际值	符合率/%
豫西陕南鲁东中温长光低湿区	诸城	24.9	40	393.8	28.4	3.4	3.2	93.8
	洛南	20.4	20	445	24.6	2.7	2.9	93.1
	汝阳	24.1	30	352.5	27.5	3.2	3.4	94.1
豫中豫南高温长光低湿区	许昌	26.8	52	308.7	30	3.8	3.6	94.4
	方城	26.4	57	351.9	30.4	3.8	3.6	94.4
湘南粤北赣南高温短光多湿区	安仁	27.0	50	350.8	31.8	3.6	3.5	97.1
	南雄	25.3	48	287.5	28.4	3.7	3.6	97.2
皖南高温中光多湿区	东至	25.8	46	366.3	28	3.6	3.4	94.1
湘中赣中桂北高温短光高湿区	石城	25.1	36	428.4	27.3	3.3	3.0	90.0
	富川	26.1	47	382	30	3.5	3.4	97.1

表 6-5　气候与浓香型显示度评价模型的验证（模型Ⅱ）

浓香型五大产区	样点	成熟期日均温/℃	全生育期光照时数/h	浓香型显示度理论值	浓香型显示度实际值	符合率/%
豫西陕南鲁东中温长光低湿区	诸城	24.9	683.8	3.5	3.2	90.6
	洛南	20.4	725.9	2.6	2.9	89.7
	汝阳	24.1	825.3	3.2	3.4	94.1
豫中豫南高温长光低湿区	许昌	26.8	664.8	3.9	3.6	91.7
	方城	26.4	646.5	3.8	3.6	94.4
湘南粤北赣南高温短光多湿区	安仁	27	546.9	3.7	3.5	94.3
	南雄	25.3	381.9	3.5	3.6	97.2
皖南高温中光多湿区	东至	25.8	629	3.6	3.4	94.1
湘中赣中桂北高温短光高湿区	石城	25.1	585.6	3.5	3.0	83.3
	富川	26.1	481.7	3.7	3.4	91.2

3. 因子剖析

1）成熟期温度

相关分析和控制试验以及基于移栽期的气候指标与烟叶质量风格关系研究都证明，成熟期日均温和成熟期日均温>30℃天数等温度指标与浓香型显示度密切相关，是决定浓香型风格形成的关键因素。所建立的浓香型显示度的评价模型中成熟期日均温、成熟期日均温>30℃天数和成熟期地表温度均被包含在内，因此成熟期温度对浓香型的贡献性很大。根据模型中各影响因素通经系数，计算出气候因子对某一特色指标的贡献率，具体如表 6-7 所示。可以看出，成熟期温度指标对浓香型显示度和烟气沉溢度的贡献率分别达到 66.4%和 58.1%，其中成熟期日均温对烟叶浓香型显示度贡献率最高，为 30.5%，其次为成熟期日最高温>30℃天数。日均温对烟气沉溢度的贡献率最高，为 29.2%。根据多方面试验验证，成熟期日平均温度高于 25℃，且成熟期日最高温度大于 30℃的天数达到 45d 以上是形成典型浓香型烟叶必备条件，低于 25℃，浓香型特征弱化，低于 24.5℃时浓香型风格难于充分显现。

表 6-6　气候与烟气沉溢度评价模型的验证

浓香型五大产区	样点	成熟期日均温/℃	全生育期>20℃积温/℃	成熟期地表温度/℃	全生育期光照时数/h	烟气沉溢度理论值	烟气沉溢度实际值	符合率/%
豫西陕南鲁东中温长光低湿区	诸城	24.9	432.5	28.4	683.8	3.3	3.5	94.3
	洛南	20.4	164.0	24.6	725.9	2.3	2.6	88.5
	汝阳	24.1	560.0	27.5	825.3	3.2	3.4	94.1
豫中豫南高温长光低湿区	许昌	26.8	547.0	30.0	664.8	3.7	3.6	97.2
	方城	26.4	455.5	30.4	646.5	3.5	3.6	97.2
湘南粤北赣南高温短光多湿区	安仁	27.0	472.5	31.8	546.9	3.6	3.7	97.3
	南雄	25.3	349.5	28.4	381.9	3.6	3.3	90.9
皖南高温中光多湿区	东至	25.8	369.0	28.0	629.0	3.5	3.4	97.1
湘中赣中桂北高温短光高湿区	石城	25.1	391.5	27.3	585.6	3.5	3.4	97.1
	富川	26.1	525.5	30.0	481.7	3.7	3.6	97.2

表 6-7　气候因素对烟叶质量特色的贡献率

质量特色	气候因素	贡献率/%
浓香型显示度	成熟期日均温	30.5
	成熟期最高温>30℃天数	21.4
	成熟期地表温度	14.5
	成熟期光照时数	12.6
	其他因素	21.0
沉溢度	成熟期日均温	29.2
	全生育期>20℃积温	14.7
	成熟期地表温度	14.2
	全生育光照时数	17.0

2）成熟期光照

根据所建立的浓香型评价模型，成熟期光照时数也与浓香型显示度有一定关系。关于光照时数与烟叶浓香型风格形成的关系，相关实验和控制试验具有较大的差异，而且与研究的地域范围有较大关系，同时也受其他气象因子特别是温度条件的影响，表明光照时数对烟叶浓香型风格的形成不是独立的，或者说并不是决定因素，而是修饰因素。

在对全国浓香型产区代表性样点光照时数与烟叶浓香型显示度的简单相关分析中，光照时数与浓香型显示度呈负相关，这是因为日照时数较长的陕西、山东等地浓香型特征相对较弱所造成的，而且华南的粤北、湘南等浓香型较为典型的产区光照时数却较少。在所建立的浓香型显示度评价模型中，光照时数与浓香型显示度也呈负相关。如果把分析的取值范围缩小到高温区（成熟期日均温高于 25℃），光照时数与浓香型显示度表现为正相关，但相关系数较小，为 0.28，未达到显著水平。如果将分析的取值范围限定在较低的温度范围内（成熟期日均温低于 25℃），则光照时数与浓香型显示度呈负相关，且浓香型特征总体较不显著。说明，成熟期温度是浓香型风格形成的决定因素，而光照时数对浓香型风格特色的形成无决定作用。

前面章节已详细分析了控制条件下光照强度和光照时数与烟叶质量特色的关系，试验分别在广东短日照产区和河南长日照产区进行。结果表明，在温度相同的条件下，通过遮光减少光照强度，浓香型特征不变，但在光照较弱时（透光率低于自然光强的 80%）浓香型风格程度弱化。在河南宝丰的光照时数试验也直接证明了光照时数缩短，浓香型风格表现出弱化趋势。基于人工小气候数据与烟叶风格特色关系研究可知，可见光日均辐射与浓香型显示度呈显著正相关。因此，在温度条件相同的条件下，较强和较长的光照对浓香型风格的彰显具有显著的促进作用。

3）土壤因素

土壤耕层理化性状分布的地域性相对较差，空间相关性较小。在我国浓香型、清香型和中间香型三大香型区域内，土壤质地、pH、有机质含量、全量矿质元素含量、速效养分含量等的变异范围和分布频率不存在截然差异，因此不是决定烟叶香型属性的关键因素。在一定的气候条件下，土壤性状对烟叶特定香型的显示度有重要影响。土壤是烟株生长发育的重要介质，土壤状况直接关系到根系的发育、养分和水分的有效合理供应，进而影响烟叶的产量和质量形成。在特定的气候条件下，土壤质量直接关系到烟叶质量，而质量的提升势必成就特色的彰显。因此，浓香型产区土壤的适宜性对烟叶浓香型显示度有重要影响。将不同产地土壤理化性状与烟叶浓香型显示度进行相关分析，发现浓香型显示度与土壤质地和盐基饱和度有一定关系。通过逐步回归得到浓香型显示度与土壤粗砂粒、细砂粒、粉粒和黏粒比例及盐基饱和度的回归模型：

$$Y_{浓香型显示度}=-1047.37+10.5167X_{粗砂}+10.5156X_{细砂}+10.5119X_{粉粒}+10.49X_{黏粒}-0.0016X_{盐基饱和度}\quad (R^2=0.6483,\ P=0.0001)$$

其中细砂的通径系数最大，其次是粉粒。因此，土壤通透性较好的壤土和砂壤土最有利于浓香型特色的彰显。

6.1.2　浓香型烟叶主要香韵特征评价模型

通过浓香型不同产区生态因素与烟叶香韵特征的相关分析，采用逐步回归方法，建立了浓香型烟叶焦甜香、焦香、正甜香等主要香韵强度的生态指标评标模型。

1. 焦甜香评价模型

焦甜香是浓香型烟叶的特征香韵之一，大量研究和分析表明，烟叶的焦甜香强度受气候和土壤因素的综合影响，其中成熟期较高的温度是焦甜香形成的先决条件，但在高温条件下焦甜香韵是否显现或能否充分彰显受降水量和土壤条件的强烈影响。

1）评价模型

根据不同产地代表性产区气候和土壤指标与烟叶风格特色的相关分析，分别建立了焦甜香香韵强度的气候评价模型和土壤评价模型。

气候评价模型：

$$Y_{焦甜香}=1.68811-0.00332X_{成熟期光照时数}+0.006064X_{旺长期降水量}+0.003426X_{成熟期降水量},\quad R^2=0.712$$

土壤评价模型：

$$Y_{焦甜香}=3.0876+0.0127X_{细砂}-0.0254X_{黏粒}-0.0423X_{pH}+0.0411X_{有机质}-0.0205X_{阳离子交换量}\quad (R^2=0.8402,\ P=0.0001)$$

其中气候评价模型包括了成熟期光照时数、旺长期降水量和成熟期降水量 3 个指标，土壤模型中包括了土壤细砂粒比例、黏粒比例、pH、有机质含量、阳离子交换量 5 个指标，具体统计参数见表 6-8。

表 6-8　气候因素与烟叶焦甜香回归分析

指标	Coefficients	标准误差	t Stat	P-value	*R*
Intercept	1.688110	0.375513	4.495477	3.81E-05	0.844037
成熟期光照时数	-0.003318	0.000746	-4.44729	4.49E-05	
旺长期降水量	0.004064	0.001641	2.477019	0.016473	
成熟期降水量	0.003426	0.000506	6.767556	1.07E-08	

2）模型验证

2014 年在浓香型不同气候类型区选择典型样点采集气候资料，按照模型计算焦甜香理论值。另外，对相应样点正常栽培条件下烟株的烤后烟叶样品进行取样并进行感官评吸，得到焦甜香的实际值（表 6-9）。结果表明，不同气候类型区烟叶焦甜香理论值与实际值的平均符合率有一定差异，其中在成熟期高温区域理论值与实际值的符合率较高，但在成熟期温度相对较低的豫西陕南鲁东中温长光低湿区的符合率相对较低，平均为 86.07%，且均表现为实际值低于理论值，这一方面说明该模型的适用区域有一定局限性，在成熟期高温区域准确率较高，同时也说明成熟期温度是影响焦甜香韵的先决条件。焦甜香是浓香型的典型香韵，在成熟期温度偏低的条件下，其他气候因素的作用将不能充分发挥。

表 6-9　气候与焦甜香评价模型的验证

浓香型五大产区	样点	成熟期光照时数/h	旺长期降水量/mm	成熟期降水量/mm	焦甜香理论值	焦甜香实际值	符合率/%
豫西陕南鲁东中温长光低湿区	诸城	393.8	61.4	350.4	2.0	1.5	66.7
	洛南	445.0	79.6	333.0	1.4	1.0	60.0
	汝阳	352.5	74.2	144.7	1.5	1.3	84.6
豫中豫南高温长光低湿区	许昌	308.7	68.0	293.8	2.1	2.2	95.5
	方城	351.9	57.4	354.8	2.1	2.0	95.0
湘南粤北赣南高温短光多湿区	安仁	350.8	181.0	360.1	2.9	2.7	92.6
	南雄	287.5	107.5	455.1	2.9	2.8	96.4
皖南高温中光多湿区	东至	366.3	152.0	516.2	3.2	3.0	93.3
湘中赣中桂北高温短光高湿区	石城	428.4	138.0	520.4	2.9	2.5	84.0
	富川	382.0	142.7	483.5	2.9	2.7	92.6

3）因子剖析

在上述气候评价模型中，成熟期光照时数、旺长期降水量和成熟期降水量 3 个因素成为了焦甜香评价模型，为进一步明确各个气候因子对焦甜香韵强度贡献的大小，根据各因素的通经系数计算出生态因子对不同香韵指标的贡献率，具体如表 6-10 所示。

表 6-10　气候因素对烟叶焦甜香风格的贡献率

生态因素		贡献率/%
气候因素	成熟期光照时数	21.7
	旺长期降水量	13.6
	成熟期降水量	35.9
土壤因素	细砂	27.1
	黏粒	24.6
	pH	15.7
	有机质	12.5
	阳离子交换量	11.7

在气候因素中，浓香型产区内烟叶焦甜香主要受成熟期和旺长期降水、成熟期光照时数 3 个因素的影响，总贡献率达到 71.2%，以成熟期降水量影响较大。成熟期和旺长期降水量均与烟叶焦甜香强度呈正相关，表明中后期降水较多时有利于促进烟叶焦甜香韵的形成，这与降水导致后期土壤氮素淋失增多，土壤有效氮素供应减少，有利于促进大分子碳水化合物和香气前体物充分降解转化，烟叶糖分含量和香气物质含量较高有关。

在土壤因子中，土壤质地与烟叶焦甜香强度关系密切，并受土壤 pH、有机质含量等理化性状的影响。土壤细砂粒比例、黏粒比例、pH、有机质含量、阳离子交换量 5 个指标进入了所建立的回归模型，其中土壤砂粒比例、有机质含量与焦甜香呈正相关，土壤黏粒比例、pH 和阳离子交换量与焦甜香呈负相关。与土壤质地有关的土壤砂粒和黏粒比例二者对焦甜香韵贡献率最大，为 51.7%，较高的砂粒比例和较低的黏粒比例最有利于形成焦甜香韵突出的烟叶。有机质含量对焦甜香的贡献率为 12.5%，表明生产典型焦甜香烟叶的土壤需要一定的肥力基础，以保证烟株健壮生长，在旺长期积累较多的光合产物和香气前体物。

对皖南焦甜香特殊香气风格烟叶形成机理研究证明，土壤通透性好且具有一定肥力的砂壤土是形成焦甜香烟叶的土壤基础，这类土壤有利于烟株生长前期和中期制造和积累较多的光合产物和香气前体物，成熟期有利于土壤中有效氮素的调亏，进而促进烟叶糖分积累和香气物质产生。浓香型不同产区土壤质地和粒级组成与烟叶风格特色关系的研究和相应的控制和验证试验也证明土壤砂粒比例与烟叶焦甜香香韵的形成密切相关。

焦甜香香韵与气候因子的相关分析表明成熟期降水量与烟叶焦甜香强度呈正相关，表明后期较多的雨水有利于实现土壤氮素的调亏，从而促进烟叶碳氮代谢的及时和充分转化。综合而言，在成熟期较高温度前提下，较好的土壤通透性、相对较高的土壤肥力和后期充足降水量的互作可能是焦甜香烟叶风格形成的关键因素。

2. 焦香评价模型

焦香是浓香型烟叶的又一代表性香韵，因此成熟期的高温是形成焦香香韵的重要条件。研究表明，焦香的形成除受温度影响，特别是以成熟期高温为先决条件外，与其他气候因素与土壤因素的相关性均较小。在此仅建立了焦香香韵的气候评价模型：

$$Y_{焦香}=-2.49989+0.070471X_{旺长期日均温}+0.10987X_{成熟期日均温}，R^2=0.362$$

该模型包括了旺长期日均温和成熟期日均温两个指标，其统计参数见表 6-11。

表 6-11 气候因素与烟叶焦香回归分析

指标	Coefficients	标准误差	t Stat	P-value	R
Intercept	−2.4998942	0.854131	−2.92683	0.005002	
旺长期日均温	0.07047078	0.018719	3.764669	0.000413	0.60164
成熟期日均温	0.10987022	0.031503	3.487632	0.000977	

由于该模型的决定系数相对较低，所以可靠性和准确性相对偏低。2014 年在浓香型不同气候类型区选择典型样点采集气候资料，按照模型计算焦甜香理论值。另对相应样点正常栽培条件下烟株的烤后烟叶样品进行取样，并进行感官评吸，得到焦香的实际值(表 6-12)。结果表明，理论值和实际值的符合率平均为 83.76%。

表 6-12 气候与焦香评价模型的验证

浓香型五大产区	样点	旺长期日均温/℃	成熟期日均温/℃	焦香理论值	焦香实际值	符合率/%
豫西陕南鲁东中温长光低湿区	诸城	23.5	24.9	1.9	2.3	82.6
	洛南	21.5	20.4	1.3	1.5	86.7
	汝阳	25.7	24.1	2.0	2.4	83.3
豫中豫南高温长光低湿区	许昌	25.6	26.8	2.2	2.7	81.5
	方城	23.3	26.4	2.0	2.5	80.0
湘南粤北赣南高温短光多湿区	安仁	21.7	27.0	2.0	1.7	82.4
	南雄	20.1	25.3	1.7	1.5	86.7
皖南高温中光多湿区	东至	20.7	25.8	1.8	2.0	90.0
湘中赣中桂北高温短光高湿区	石城	19.9	25.1	1.7	1.9	89.5
	富川	23.1	26.1	2.0	1.6	75.0

建立的焦香评价模型中，旺长期日均温和成熟期日均温这两个温度指标均与焦香强度呈正相关，表明较高的温度，特别是成熟期的高温有利于焦香风格的形成。但这两个因素的贡献率分别为 17.4%和 18.8%，总贡献率只有 36.2%，说明其他因素对焦香的影响也较大，包括气候因素、土壤因素、栽培因素等，但这些因素中单一因素的影响较小。

3. 正甜香评价模型

正甜香是中间香型烟叶的典型香韵，浓香型烟叶中正甜香韵的出现标志着浓香型风格程度和典型性的降低。生态条件与烟叶风格的相关分析及控制试验充分证明，正甜香主要受气候因素中的成熟期温度条件的影响。基于不同产区气候条件和烟叶正甜香分值的多元逐步回归分析建立了以下模型：

$$Y_{正甜香}=5.8825+0.14758X_{成熟期昼夜温差}-0.23002X_{成熟期日均温}，R^2=0.708$$

该模型包括成熟期日均温和成熟期昼夜温差两个气候指标，具体统计参数见表 6-13。

鉴于模型的决定系数较高，表明其具有较高的可靠性。

表 6-13　气候因素与烟叶正甜香回归分析

指标	Coefficients	标准误差	t Stat	P-value	*R*
Intercept	5.882502	1.088046	5.406482	1.4952E-06	
成熟期昼夜温差	0.147576	0.047457	3.109689	0.002988	0.841405
成熟期日均温	-0.230019	0.031642	-7.269326	1.5048E-09	

2014 年在浓香型不同气候类型区选择典型样点采集气候资料，按照模型计算焦甜香理论值。对相应样点正常栽培条件下烟株的烤后烟叶样品进行取样并进行感官评吸，得到正甜香的实际值（表 6-14）。结果表明，理论值和实际值的符合率较高，平均为 88.87%，表明根据该模型可以较好地估计浓香型烟叶产区烟叶的正甜香香韵的强度。

表 6-14　气候与正甜香评价模型的验证

浓香型五大产区	样点	成熟期昼夜温差/℃	成熟期日均温/℃	正甜香理论值	正甜香实际值	符合率/%
豫西陕南鲁东中温长光低湿区	诸城	8.3	24.9	1.4	1.5	93.3
	洛南	10.0	20.4	2.7	2.5	92.0
	汝阳	8.9	24.1	1.7	1.5	86.7
豫中豫南高温长光低湿区	许昌	8.6	26.8	0.9	1.0	90.0
	方城	8.9	26.4	1.1	1.0	90.0
湘南粤北赣南高温短光多湿区	安仁	8.4	27.0	0.9	1.0	90.0
	南雄	7.9	25.3	1.2	1.0	80.0
皖南高温中光多湿区	东至	8.4	25.8	1.2	1.0	80.0
湘中赣中桂北高温短光高湿区	石城	8.4	25.1	1.3	1.5	86.7
	富川	6.9	26.1	0.9	1.0	90.0

在建立的正甜香评价模型中，成熟期日均温和成熟期昼夜温差二者总贡献率高达 84.2%，特别是成熟期日均温的贡献率达 46.7%。成熟期日均温与正甜香强度呈负相关，因此，成熟期温度降低有利于正甜香香韵的形成。成熟期昼夜温差与正甜香呈正相关，对正甜香强度的贡献率为 37.5%。一般情况下昼夜温差大时，夜间最低气温较低，因此，在浓香型产区范围内，成熟期较低的温度是形成正甜香香韵主导因素。这一结论也在控制试验和基于移栽期的烟草生育期气候指标与烟叶风格特色关系研究中得到证实。

6.2　浓香型产区特色优质烟叶生态指标

6.2.1　浓香型风格特色影响因子及指标

生态因素是形成烟叶风格特色的基础。根据前文大量研究和分析结果，不同生态因素对浓香型风格特色形成的影响性质、影响强度和贡献率显著不同。

表 6-15 是在综合分析的基础上给出的形成典型浓香型烟叶及主要香韵特征应具备的生态因子及指标范围。成熟期高温条件对浓香型风格的形成起决定作用。综合大量分

析，成熟期日平均温度 25～27℃是典型浓香型烟叶形成的温度条件，当成熟期日平均温度低于 25℃时，浓香型风格呈现弱化趋势；当日均温度低于 24.5℃时，浓香型风格难于显现；当日均温度高于 28℃时，往往由于昼温过高，对烟株正常生长发育和烟叶成熟产生不良影响，造成高温逼熟等现象，不利于浓香型风格的彰显和质量的提升。

表 6-15　典型浓香型烟叶风格特色影响因子及指标范围

风格特色	先决因素		强化因素		修饰因素	
	因子	范围	因子	范围	因子	范围
典型浓香型风格	成熟期温度	25～27℃	成熟期光照时数/h	≥250	土壤质地	由砂至黏甜度降低
			成熟期可见光、紫外线日均辐射/mJ·m^{-2}	可见光≥7.0；紫外线≥1.0	土壤肥力	高肥降低甜感，利于形成焦香
			成熟期日最高温>30℃天数/d	45～60	土壤 pH	偏酸利于增加甜感
			成熟期昼夜温差/h	8～9	—	—
			土壤通透性	良好	—	—
焦甜香	成熟期温度	25～27℃	砂粒比例/%	≥15	—	—
			黏粒比例/%	≤25	—	—
			成熟期降水量/mm	300～550	—	—
			土壤肥力	中等	—	—
			土壤微生物量碳/(mg/kg)	350～380	—	—
焦香	成熟期温度	25～27℃	成熟期光照时数	≥300	—	—
			土壤肥力	中等以上	—	—
正甜香	成熟期温度	≤24.5℃*	成熟期昼夜温差/h	≥10	—	—

* 仅限于浓香型产区，因此未提出下限指标。

在一定温度条件下，成熟期日最高温和昼夜温差变化等参数也影响浓香型风格的彰显程度，较短的昼夜温差和相对较高和持续时间较长的日最高温度可以强化浓香型风格的表现，也是典型浓香型产区的主要气候特征。

在特定区域和温度条件下，光照时数较长，光照充足可以使烟叶的浓香型风格得到强化。结合前面章节有关太阳辐射与浓香型风格特色的关系的结论，浓香型显示度与成熟期可见光日均辐射、可见光比例、紫外线日均辐射呈显著正相关，与成熟期红橙光日均辐射正相关性也较大，这些光质成分不仅是光合作用的有效光，而且也是热量的主要来源，因此，对浓香型风格的彰显有重要作用。

土壤通透性对烟叶的质量影响较大，较好的通透性可以显著提高烟叶质量，进而彰显浓香型风格特色。

在浓香型烟叶主要香韵中，焦甜香和焦香形成的先决因素都是成熟期的高温条件。在成熟期高温前提下，其他相关因素的配合可导致不同香韵的形成，其中焦甜香的强化因素为土壤质地和成熟期降水量，通透性良好的砂壤土可促进焦甜香韵的形成，当土壤砂粒比例低于 15%、黏粒比例大于 25%时焦甜香韵显著下降；最有利于焦甜香形成的成熟期降水量为 300～550mm，降水量偏低时，焦甜香韵难于显现，这与降水导致砂质土壤后期氮素淋失，进而促进烟叶香气前体物降解转化有关。另外，适宜的土壤肥力也影响焦甜香的形成，烟株生长前期和中期需要吸收较多的营养物质以合成丰富的香气前体物。光照强度和土壤肥力是焦香的强化因子，当土壤肥力较高、光照时数较长时可促进焦香的形成。

6.2.2　浓香型不同生态区优质烟叶生产气候指标要求

烟叶生产不仅要求烟叶具有特色，更要具有优良的品质。优质既是特色的前提和基础，也是特色彰显的重要条件。因此，烟叶生态条件不仅要利于特色的形成，更要利于质量潜力的发挥。这就需要针对各产区生态环境，进行光、温、水等资源的合理配置和功能整合，最大限度地提高烟叶质量，从而充分挖掘当地生态潜力，充分彰显烟叶质量特色。优质烟叶是各种生态要素共同作用的结果，要生产特色优质烟叶，不仅要具备形成特定风格特色的生态条件，也要在全生育期具备满足优质烟叶生产的基本生态条件，包括各个生长发育阶段的光、温、水等资源的配置。

由于不同生态区生态条件迥异，各地形成优质特色烟叶的最佳环境因素组合也不尽相同。根据对各生态区近 10 年来气候资源的分析和对应年份烟叶质量特色的表现，结合在各区典型样点进行的移栽期试验，并详细记载烟株生育进程中的气候条件变化，得到浓香型五大生态区获得最优质量年型和最适移栽期处理烟叶各生育阶段温度、光照、降水等指标（见表 6-16）。

表 6-16　浓香型产区优质烟叶生产的气候指标要求

生态区	烟草生育期	日均温/℃	>10℃积温/℃	光照时数/h	降水量/mm
豫中豫南高温长光低湿区	伸根期	19.5～21.5	300～330	230～250	100～120
	旺长期	24.5～26.0	400～430	180～200	130～150
	成熟期	25.5～27.5	850～890	310～330	220～240
	全生育期	23.5～26.0	1550～1650	720～780	450～510
湘南粤北赣南高温短光多湿区	伸根期	15.5～17.5	200～230	90～110	230～250
	旺长期	20.5～22.5	220～270	100～120	150～170
	成熟期	25.0～27.0	880～910	250～270	350～370
	全生育期	21.5～24.5	1320～1450	440～490	730～790
皖南高温中光多湿区	伸根期	15.5～17.5	170～200	130～150	110～130
	旺长期	20.0～22.5	290～320	170～190	150～170
	成熟期	25.0～27.0	840～860	290～310	360～380
	全生育期	22.0～24.5	1300～1380	590～650	620～680
赣中东桂北高温短光高湿区	伸根期	16.5～18.5	180～220	90～110	250～270
	旺长期	21.0～24.0	350～380	130～150	240～260
	成熟期	24.5～27.0	830～880	270～290	380～420
	全生育期	22.0～24.0	1360～1480	490～550	870～950
豫西陕南鲁东中温长光低湿区	伸根期	19.0～22.0	260～290	190～210	90～110
	旺长期	23.5～25.5	350～380	185～200	110～130
	成熟期	23.5～25.0	770～800	300～320	150～170
	全生育期	22.5～24.5	1380～1470	690～750	350～410

不同生态区优质烟叶适宜的气候指标有一定差异，其中伸根期和旺长期的差异较大，而成熟期的指标差异相对较小。就温度而言，南方产区伸根期和旺长期烟叶适宜温

度较低，与烟叶移栽季节较早有直接关系，但成熟期温度较高；北方产区烟叶前期适宜的日均温高于南方，成熟期与南方接近；豫中豫南产区优质烟叶生产所需要的积温一般高于南方，而且主要差异是在伸根期和旺长期，这可能与北方产区在烟草前期容易出现干旱等胁迫条件，致使烟草前期生长缓慢，生育期推迟，造成热量资源浪费所造成。南方产区烟草全生育期积温在1300～1500h，豫中豫南产区在1550～1650h。豫西陕南鲁东产区总积温为1380～1470h。

不同生态区优质烟叶生产的降水量指标差异较大，北方降水量显著低于南方产区，但北方烟田降水量的不足，可以通过灌溉得到弥补，由于人工灌溉仍有一定的局限性，保持适宜范围内的降水量也十分必要。

不同生态区优质烟叶光照时数指标也有很大差异，这与降水量影响密切相关。南方产区光照时数显著少于北方产区，特别是伸根期和旺长期。不同产区优质烟叶生产对光照时数的不同要求与当地整个生态条件相互作用有关。南方产区光照时数延长，降水量会相应减少，进而造成土壤氮素持续供应，引起生育期推迟，导致高温逼熟，质量降低。北方产区如果光照时数减少，将会导致成熟期质体色素降解缓慢，成熟不良，质量下降。因此，不同生态区优质烟叶生产的气候指标是多种生态因子相互作用下产生的，不可把单一因素从当地整体生态环境中分离出来进行讨论。

6.2.3 不同产区基于各生育期适宜均温的典型浓香型烟叶移栽期界限

前已述及，典型浓香型烟叶生产要求成熟期有较高的温度，当成熟期日均温低于25℃时，浓香型典型性显著下降，而当日均温低于24.5℃时，浓香型风格比较难于显现。对于一个特定产区来说，烟叶各生长发育阶段的日均温度受移栽期的影响强烈。第4章的研究表明，我国南方产区的浓香型产区随着移栽期的推迟，成熟期日均温逐渐增高，而北方浓香型产区随着移栽期的推迟成熟期日均温则逐渐下降，因此，通过调整移栽期可以显著改变烟叶不用生长发育阶段的温度状况，进而影响到烟叶浓香型特色的彰显。

根据不同生态区移栽期与烟草伸根期、旺长期和成熟日均温度的变化，分别建立了各生态区各生长发育阶段日均温与移栽期的回归模型，并确定了保证烟草各生长发育阶段达到典型浓香型烟叶生产要求的温度指标时的移栽期界限指标（表6-17）。从表6-17可知，豫中豫南高温长光低湿区5月25日前移栽均可保证烟叶成熟期日均温达到25℃以上，而皖南产区需要在3月17日以后移栽才能保证成熟期日均温度达到25℃以上，移栽过早，温度相对较低，不利于浓香型特色的彰显。华南产区一般要求在2月20日以后移栽可以保证烟叶成熟期达到25℃以上。山东产区移栽期在5月17日之前移栽才有利于典型浓香型烟叶生产，陕南产区在任何时间移栽都不能保证成熟期日均温达到25℃以上，但5月5日以前移栽可以保证烟叶成熟期日均温达到24.5℃，这也是陕南烟叶浓香型典型性较差的原因之一。

表6-18和表6-19分别给出了不同生态区移栽期与旺长期日均温以及移栽期与伸根期日均温度的关系，并计算出旺长期日均温达到20℃和伸根期日均温达到15℃的移栽期界限。与成熟期温度相比，旺长期和伸根期热量条件较为容易满足，达到适宜温度指标的移栽期范围相对较宽。

表 6-17　不同生态区烟草移栽期与成熟期均温的关系

生态区	代表产区	Y	X	函数	决定系数 R^2	>25℃移栽期（月/日）	>24.5℃移栽期（月/日）
豫中豫南高温长光低湿区	河南襄城	成熟期均温	移栽期	$Y=-0.0883x^2+0.1112X+27.121$	0.9924	5/25 前	6/2 前
皖南高温中光多湿区	安徽宣城	成熟期均温	移栽期	$Y=-0.05x^2+0.7738X+23.502$	0.9989	3/17 后	3/10 后
湘南粤北赣南高温短光多湿区	广东南雄	成熟期均温	移栽期	$Y=0.0302x^2+0.2626X+24.754$	0.9943	2/19 后	所有
赣中湘北桂北高温短光高湿区	江西广昌	成熟期均温	移栽期	$Y=-0.0443x^2+0.6717X+24.22$	0.9975	2/20 后	所有
豫西陕南鲁东中温长光低湿区	山东诸城	成熟期均温	移栽期	$Y=-0.0611x^2+0.0215X+25.801$	0.9953	5/18 前	5/23 前
	陕西洛南	成熟期均温	移栽期	$Y=-0.0822x^2-0.0085X+24.731$	0.9893	无	5/5 前

表 6-18　不同生态区烟草移栽期与旺长期均温的关系

生态区	代表产区	Y	X	函数	决定系数 R^2	>20℃移栽期（月/日）
豫中豫南高温长光低湿区	河南襄城	旺长期均温	移栽期	$Y=-0.2878x^2+2.9336X+19.953$	0.9843	所有
皖南高温中光多湿区	安徽宣城	旺长期均温	移栽期	$Y=-0.1126x^2+1.2815X+17.332$	0.9995	3/20 后
华南高温短光多湿区	广东南雄	旺长期均温	移栽期	$Y=-0.0175x^2+0.9023X+19.422$	0.9992	3/6 后
赣中湘北桂北高温短光高湿区	江西广昌	旺长期均温	移栽期	$Y=-0.1068x^2+1.2793X+18.745$	0.9993	2/20 后
豫西陕南鲁东中温长光低湿区	山东诸城	旺长期均温	移栽期	$Y=-0.095x^2+1.3527X+21.27$	0.9889	所有
	陕西洛南	旺长期均温	移栽期	$Y=-0.023x^2+0.5923X+22.25$	0.9998	所有

表 6-19　不同生态区烟草移栽期与伸根期均温的关系

生态区	代表产区	Y	X	函数	决定系数 R^2	>15℃移栽期（月/日）
豫中豫南高温长光低湿区	河南襄城	伸根期均温	移栽期	$Y=-0.1032x^2+2.5861X+14.708$	0.9945	所有
皖南高温中光多湿区	安徽宣城	伸根期均温	移栽期	$Y=1.1924x+10.362$	0.9982	3/26 后

续表

生态区	代表产区	Y	X	函数	决定系数 R^2	>15℃移栽期(月/日)
华南高温短光多湿区	广东南雄	伸根期均温	移栽期	Y=0.0966x^2+0.6808X+13.437	0.9992	3/23 后
赣中湘北桂北高温短光高湿区	江西广昌	伸根期均温	移栽期	Y=0.0013x^2+0.944X+11.49	0.9986	3/5 后
豫西陕南鲁东中温长光低湿区	山东诸城	伸根期均温	移栽期	Y=1.402X+16.457	0.9921	所有
	陕西洛南	伸根期均温	移栽期	Y=0.0154x^2+0.7817X+18.02	0.9971	所有

6.3　典型浓香型烤烟产区规划

浓香型显示度反映了浓香型的典型程度，对指导浓香型烟叶产区规划、布局调整和移栽期确定具有重要意义。基于前面章节大量分析，气候因素是决定浓香型风格的主导因素，土壤因素与烟叶香型归属关系较小，但与烟叶一些香韵表现密切相关，因此对于浓香型风格程度的评价主要考虑气候因素。

根据所采集的 8 个浓香型产区省 57 个县的气象数据，同时分析了这 57 个县的烟叶品质，获得了浓香型显示度这一反映烟叶特色的综合性指标。经过筛选，成熟期日最高温>30℃天数、成熟期日均温、成熟期>20℃积温、成熟期昼夜温差、成熟期光照时数等 5 个气象因子与浓香型显示度指标显著相关。

6.3.1　关键气候生态因子分析

1. 常规统计分析

经过分析 57 个浓香型产烟县成熟期日最高温>30℃天数指标，结果如表6-20 所示，浓香型产区 57 个产烟县成熟期日最高温>30℃天数平均达到 41.6d。最小值为 10d，产生于山东青岛胶南和陕西延安富县；最大值为 58d，产生于河南南阳唐河和河南驻马店遂平。浓香型产区成熟期日均温平均为 25.3℃，最小值为 20.4℃，出现在陕西商洛洛南；最大值为 27.4℃，出现在河南驻马店确山。成熟期>20℃积温平均值为 341.0℃，最小值为 126.5℃，出现在陕西商洛洛南；最大值为 462.0℃，出现在广西贺州富川。成熟期昼夜温差平均值为 8.6℃，最小值为 6.9℃，出现在广西贺州富川；最大值为 12.4℃，出现在陕西延安富县。成熟期光照时数平均值为 373.4℃，最小值为227.0℃，出现在江西赣州信丰；最大值为 511.4℃，出现在陕西延安富县。

2. 空间分布趋势分析

以 57 个观测点为控制点，利用 GIS 空间插值法，分析浓香型产区气候生态因子空间分布特征。

表 6-20　浓香型产区气候生态因子分析表

指标	观测数	最小值	最大值	平均值	中位数	标准差	变异系数
成熟期日最高温>30℃天数/d	57	10	58	41.6	46	11.56	27.8%
成熟期日均温/℃	57	20.4	27.4	25.3	25.3	1.37	5.4%
成熟期>20℃积温/℃	57	126.5	462.0	341.0	344.5	78.46	23.0%
成熟期昼夜温差/℃	57	6.9	12.4	8.6	8.6	0.91	10.6%
成熟期光照时数/h	57	227.0	511.4	373.4	367.2	65.39	17.5%

从成熟期日最高温>30℃天数指标的空间分布趋势图（图 6-1）可知，高指标区主要分布在贺州市、韶关市、彬州市、赣州市、抚州市、宜城市、南阳市、驻马店市、平顶山市、漯河市、许昌市等地市，低指标区主要分布在延安市、商洛市、三门峡、日照市、青岛市等地，其他浓香型烟叶产区位于中值区。

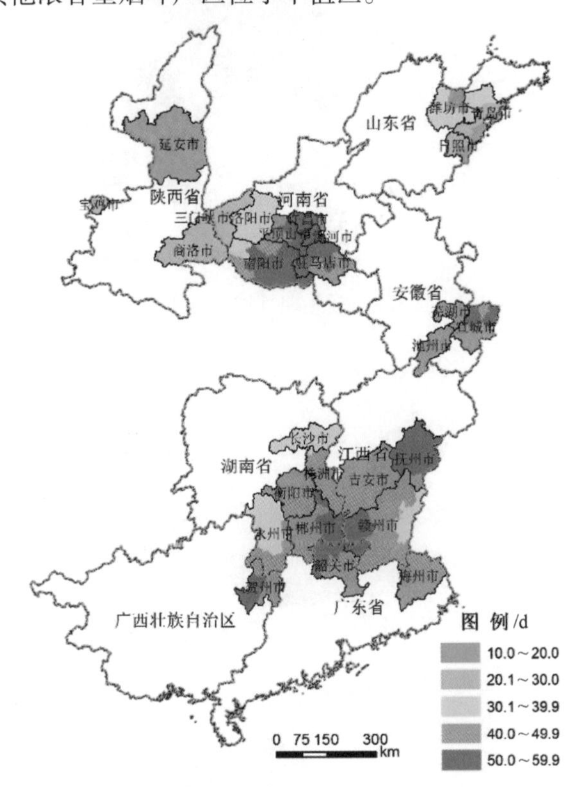

图 6-1　成熟期日最高温>30℃天数分布图

从成熟期日均温指标的空间分布趋势图(图 6-2）可知，高指标区主要分布在贺州市、彬州市、衡阳市、芜湖市、南阳市、驻马店市、平顶山市、漯河市、许昌市等地市，低指标区主要分布在延安市、商洛市、三门峡等地，其他浓香型烟叶产区位于中值区。

从成熟期>20℃积温指标的空间分布趋势图（图 6-3）可知，高指标区主要分布在贺州市、韶关市、彬州市北、抚州市南、芜湖市、南阳市、驻马店市、平顶山市、漯河市、许昌市等地，低指标区主要分布在延安市、商洛市、三门峡、日照市南等地，其他浓香型烟叶产区位于中值区。

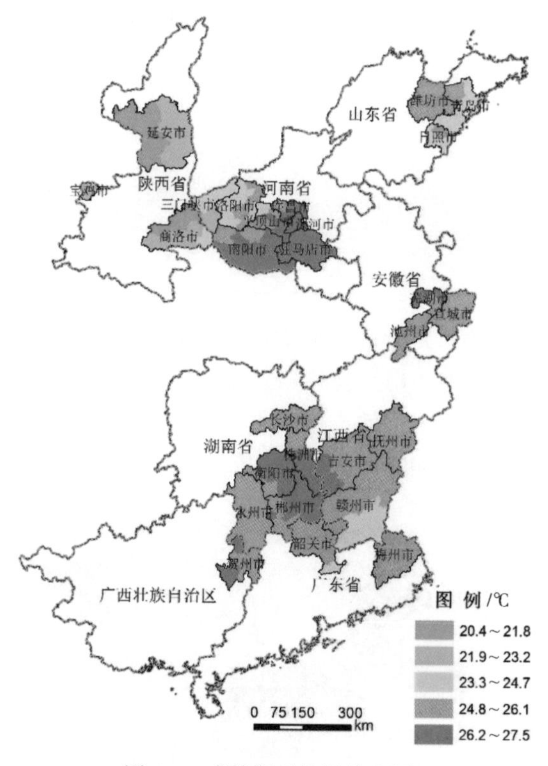

图 6-2　成熟期日均温分布图

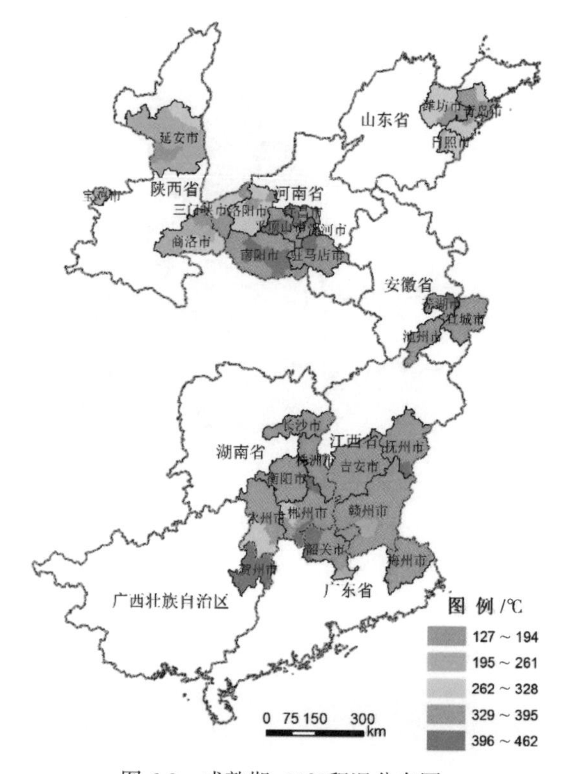

图 6-3　成熟期>20℃积温分布图

从成熟期昼夜温差指标的空间分布趋势图（图 6-4）可知，高指标区主要分布在延安市、商洛市等地，低指标区主要分布在贺州市、永州市、郴州市、衡阳市、韶关市、赣州市南、长沙市西、芜湖市、驻马店市南、日照市和青岛市等地，其他浓香型烟叶产区位于中值区。

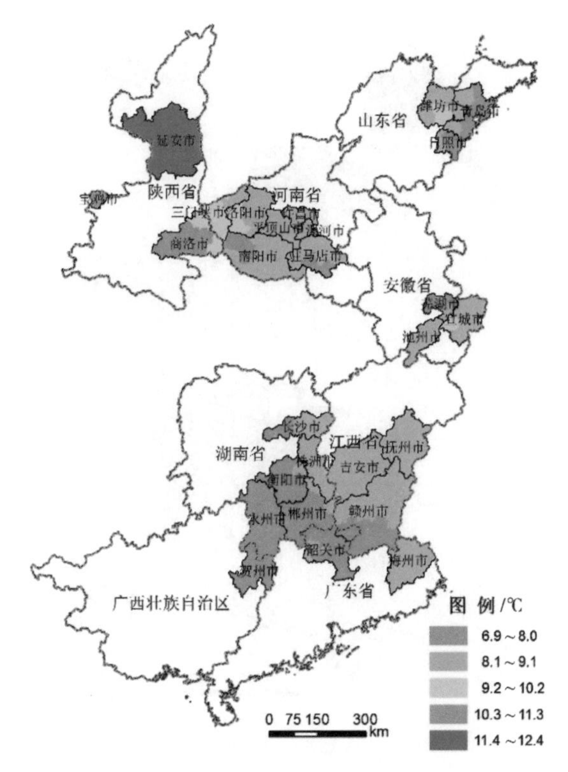

图 6-4　成熟期昼夜温差分布图

从成熟期光照时数指标的空间分布趋势图（图 6-5）可知，高指标区主要分布在延安市、商洛市、三门峡市、维坊市、青岛市等地市，低指标区主要分布在贺州市、永州市、郴州市、韶关市、赣州市南、驻马店市南等地，其他浓香型烟叶产区位于中值区。

6.3.2　浓香型显示度

1. 统计分析

对 57 个浓香型产烟县进行统计分析，结果如表 6-21 所示，平均值为 3.5，最小值为 2.2，出现在陕西延安富县；最大值为 4，出现在河南平顶山宝丰县。

表 6-21　浓香型显示度统计表

观测数	最小值	最大值	平均值	中位数	标准差	变异系数/%
57	2.2	4	3.5	3.6	0.35	10.2

2. 浓香型显示度空间分布趋势分析

利用 GIS 的空间插值法，分布浓香型产区烟叶浓香型显示度空间分布趋势，结果如

图 6-6 所示，可以看出，高指标区分布在永州市、郴州市、衡阳市、芜湖市、池州市、宜城市驻马店市、平顶山市、漯河市和许昌市等地，低指标区分布在延安市、商洛市、青岛市南等地，其他为中值区。指标值整体呈现出南部、中部高，北部低的趋势。

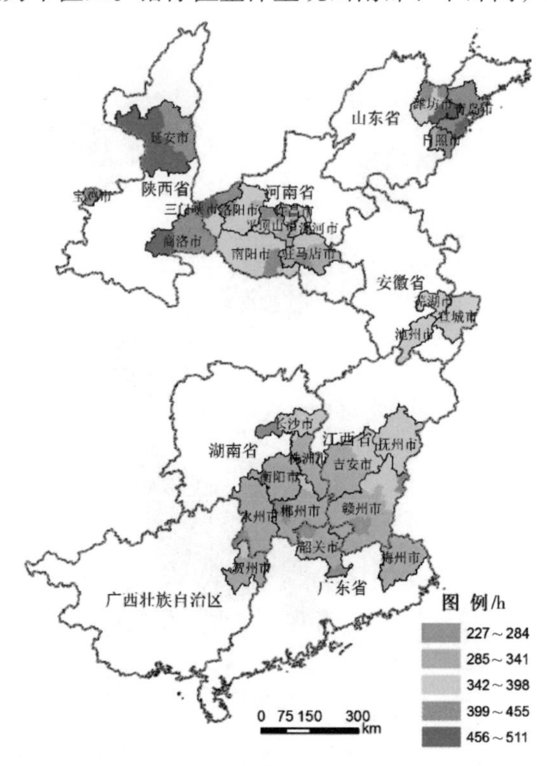

图 6-5 成熟期光照时数分布图

6.3.3 气候生态因子与浓香型显示度相关性分析

1. 相关分析

利用 SPSS 19.0 软件，分析气候生态因子与浓香型显示度相关性，结果如表 6-22 所示。经分析，浓香型显示度与成熟期日最高温>30℃天数、成熟期日均温、成熟期>20℃积温、成熟期昼夜温差和成熟期光照时数 5 个气候生态因子呈极显著相关水平，其中与前 3 个指标呈正相关，与后两个指标呈负相关，与成熟期日最高温>30℃天数相关性最强。

从表 6-22 中还可以看出，5 个气候生态因子之间，除成熟期>20℃积温与成熟期光照时数两个指标外，两两之间均呈现出极显著相关水平。因此，浓香型显示度与 5 个气候生态因子之间的相关关系中，夹杂了其他变量带来的影响，使得相关系数不能真实反映浓香型显示度与 5 个气候生态因子的线性相关性，需要进一步利用偏相关分析，分析他们之间的净相关系数。

2. 偏相关分析

利用 SPSS 19.0 软件，分别计算浓香型显示度与 5 个气候生态因子的偏相关系数，结果如表 6-23 所示。从偏相关系数可以看出，浓香型显示度仅与成熟期日最高温>30℃

天数这 1 个生态因子达到极显著相关水平，与成熟期光照时数达到 0.1 的显著水平，与成熟期日均温达到 0.2 的显著水平。浓香型显示度与成熟期日最高温>30℃天数和成熟期日均温两个指标呈正相关，与成熟期>20℃积温、成熟期昼夜温差和成熟期光照时数3 个指标呈负相关。

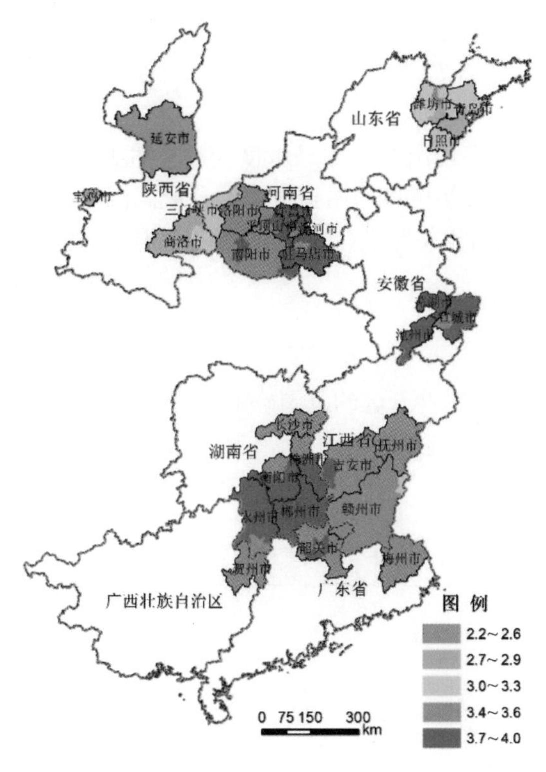

图 6-6　浓香型显示度分布图

表 6-22　浓香型显示度与气候生态因子相关系数表

指标		成熟期日最高温>30℃天数	成熟期日均温	成熟期>20℃积温	成熟期昼夜温差	成熟期光照时数	浓香型显示度
成熟期日最高温>30℃天数	Correlation	1	0.833**	0.782**	–0.429**	–0.492**	0.836**
	Sig.	—	0	0	0.001	0	0
成熟期日均温	Correlation	0.833**	1	0.825**	–0.567**	–0.469**	0.772**
	Sig.	0	—	0	0	0	0
成熟期>20℃积温	Correlation	0.782**	0.825**	1	–0.512**	–0.145	0.617**
	Sig.	0	0	—	0	0.282	0
成熟期昼夜温差	Correlation	–0.429**	–0.567**	–0.512**	1	0.457**	–0.499**
	Sig.	0.001	0	0	—	0	0
成熟期光照时数	Correlation	–0.492**	–0.469**	–0.145	0.457**	1	–0.615**
	Sig.	0	0	0.282	0	—	0
浓香型显示度	Correlation	0.836**	0.772**	0.617**	–0.499**	–0.615**	1
	Sig.	0	0	0	0	0	—

表 6-23 浓香型显示度与气候生态因子偏相关系数表

指标	*F*1	*F*2	*F*3	*F*4	*F*5
Correlation	0.501**	0.188	−0.094	−0.126	−0.239
Sig.	0.000	0.179	0.501	0.368	0.085
Control Variables	F2, F3, F4, F5	F1, F3, F4, F5	F1, F2, F4, F5	F1, F2, F3, F5	F1, F2, F3, F4

注：*F*1 为成熟期日最高温>30℃天数；*F*2 为成熟期日均温；*F*3 为成熟期>20℃积温；*F*4 为成熟期昼夜温差；*F*5 为成熟期光照时数。

通过偏相关分析可以呈现出浓香型显示度与 5 个气候生态因子之间的真实相关关系，浓香型显示度主要受成熟期日均温、成熟期日最高温>30℃天数影响与成熟期光照时数 3 个指标有相对较强的相关性，与成熟期>20℃积温和成熟期昼夜温差相关性不大。

6.3.4 浓香型产区气候适宜性分区

1. 分区范围

本次浓香型产区气候适宜性分区的范围确定为目前的浓香型烟叶产区和潜在的浓香型烟叶产区，具体确定为目前浓香型植烟市包含的所有县，包括 28 个市、201 个县(市、区)。详见表 6-24。

表 6-24 浓香型产区气候适宜性分区的范围表

省（区）	市	县
安徽省	池州市	东至县、贵池区、青阳县、石台县
	芜湖市	繁昌县、南陵县、无为县、芜湖县
	宣城市	广德县、郎溪县、宁国市、宣州区、绩溪县、泾县、旌德县
广东省	韶关市	乐昌市、南雄市、曲江区、仁化县、乳源瑶族自治县、始兴县、新丰县、翁源县
	梅州市	大埔县、丰顺县、蕉岭县、梅县、平远县、五华县、兴宁市
广西省	贺州市	富川瑶族自治县、平桂区、昭平县、钟山县
河南省	漯河市	临颍县、舞阳县、郾城区
	南阳市	邓州市、方城县、宛城区、卧龙区、南召县、内乡县、社旗县、唐河县、淅川县、新野县、镇平县、桐柏县、西峡县
	平顶山市	宝丰县、郏县、鲁山县、舞钢市、叶县、汝州市
	许昌市	襄城县、许昌县、鄢陵县、禹州市、长葛市
	驻马店市	泌阳县、平舆县、确山县、汝南县、上蔡县、遂平县、西平县、新蔡县、正阳县
	洛阳市	栾川县、洛宁县、孟津县、汝阳县、嵩县、新安县、偃师市、伊川县、宜阳县
	三门峡市	灵宝市、卢氏县、义马市、渑池县、陕县
湖南省	郴州市	安仁县、桂东县、桂阳县、嘉禾县、临武县、汝城县、宜章县、永兴县、资兴市
	衡阳市	常宁市、衡东县、衡南县、衡山县、衡阳县、耒阳市、祁东县
	永州市	蓝山县、祁阳县、新田县、道县、东安县、江华瑶族自治县、江永县、冷水滩区、宁远县、双牌县、永州市
	株洲市	茶陵县、炎陵县、攸县、株洲县、醴陵市、株洲县
	邵阳市	隆回县、邵阳县、新宁县
	长沙市	浏阳市、宁乡县、望城区、长沙县

续表

省（区）	市	县
江西省	抚州市	崇仁县、东乡县、金溪县、乐安县、黎川县、临川区、南城县、南丰县、宜黄县、资溪县、广昌县
	赣州市	崇义县、大余县、赣县、赣州市、南康市、上犹县、信丰县、安远县、定南县、会昌县、龙南县、宁都县、全南县、瑞金市、石城县、兴国县、寻乌县、于都县
	吉安市	安福县、宁冈县、遂川县、泰和县、永新县、吉安县、吉水县、万安县、峡江县、新干县、永丰县
山东省	青岛市	莱西市、平度市、即墨市、胶南市、胶州市
	日照市	日照市、五莲县、莒县
	潍坊市	安丘市、昌乐县、昌邑市、高密市、临朐县、青州市、寿光市、诸城市
陕西省	宝鸡市	陇县
	商洛市	丹凤县、洛南县、山阳县、商南县、商州区、柞水县、镇安县
	延安市	安塞县、富县、甘泉县、黄陵县、黄龙县、洛川县、吴起县、延安市、延川县、延长县、宜川县、志丹县、子长县

2. 分区评价指标

根据浓香型显示度与 5 个气候生态因子相关性和偏相关性分析结果，选择熟期日最高温>30℃天数、成熟期光照时数和成熟期日均温 3 个指标作为分区评价指标。

根据生态因子与浓香型显示度的相关试验结果，以及专题经验的大小，确定指标权重如表 6-25 所示。

表 6-25　气候生态因子分区评价指标权重表

成熟期日最高温>30℃天数	成熟期日均温	成熟期光照时数
0.29	0.49	0.22

3. 分区评价指标分值计算

利用模糊评价法，计算分区评价指标分值。建立气候生态因子对浓香型显示度的隶属函数，通过隶属度的大小反映气候生态因子指标的接近“好”这一概念的程度。指标最好的情况，隶属度定义为 1，最差的情况定义为 0，其他指标根据接近“好”的情况，定义为 0～1 的一个小数。

隶属函数采用哥西分布函数，公式如下：

$$y_i=\begin{cases}0, & u_i<u_t\ (\text{戒上}),\ u_i>u_t\ (\text{戒下}),\ u_i>u_{t1}\ \text{或}\ u_i<u_{t2}\ (\text{峰值})\\ 1/[1+a(u_i-c)^2], & u_i<c\ (\text{戒上}),\ u_i>c\ (\text{戒下}),\ u_{t2}<u_i<u_{t1}\ (\text{峰值})\\ 1, & u_i>c\ (\text{戒上}),\ u_i<c\ (\text{戒下}),\ u_i=c\ (\text{峰值})\end{cases}$$

式中，u_i 为指标值；y_i 为隶属度；a 和 c 为待定系数；u_t 为临界值。

利用极值化法，将浓香型显示度最大值标准化为 1，最小值标准化为 0，得到浓香型显示度的标准化分值，公式如下：

$$y_i=\frac{x_i-x_{\min}}{x_{\max}-x_{\min}}$$

式中，y_i 为第 i 个样本点浓香型显示度标准化值；x_i 为第 i 个样本点浓香型显示度；$x_{\min}$

为样本中浓香型显示度最小值；x_{max} 为样本中浓香型显示度最大值。

根据气候生态因子指标值和浓香型显示度标准化值，利用 SPSS 的非线性回归功能，建立生态指标的隶属函数。

1）成熟期日最高温>30℃天数隶属函数模型

根据相关分析结果，浓香型显示度与成熟期日最高温>30℃天数之间呈正相关，则应建立戒上型的隶属函数模型，即指标值越高，隶属度越大。模型如下：

$$y_i=\begin{cases}0, & u_i<u_t\\ 1/[1+a(u_i-c)^2], & u_i<c\\ 1, & u_i>c\end{cases}$$

经非线性回归，得到如下参数的估计值（表 6-26）。

表 6-26 成熟期日最高温>30℃天数隶属函数模型参数估计值

参数	估计值	标准误差	95%置信区间下限	95%置信区间上限
u_t	5	—	—	—
a	0.001	0.000	0.000	0.001
c	68.868	3.068	62.718	75.017

2）成熟期日均温隶属函数模型

根据相关分析结果，浓香型显示度与成熟期日均温之间呈正相关，则应建立戒上型的隶属函数模型，模型同上。经非线性回归，得到如下参数的估计值（表 6-27）。

表 6-27 成熟期日均温隶属函数模型参数估计值

参数	估计值	标准误差	95%置信区间下限	95%置信区间上限
u_t	13	—	—	—
a	0.040	0.011	0.017	0.062
c	28.617	0.472	27.671	29.563

3）成熟期光照时数

根据相关分析结果，浓香型显示度与成熟期光照时数之间呈负相关，则应建立戒下型的隶属函数模型，即指标值越大，隶属度越小。模型如下：

$$y_i=\begin{cases}0, & u_i>u_t\\ 1/[1+a(u_i-c)^2], & u_i>c\\ 1, & u_i<c\end{cases}$$

经非线性回归，得到如下参数的估计值（表 6-28）。

表 6-28 成熟期光照时数隶属函数模型参数估计值

参数	估计值	标准误差	95%置信区间下限	95%置信区间上限
u_t	800	—	—	—
a	8.715E-6	0.000	1.611E-6	1.582E-5
c	152.569	45.838	60.708	244.431

4. 气候生态因子分区评价

利用多因素综合分值法，计算以上 3 个指标的综合分值（隶属度），公式如下：

$$p=\sum_{i=1}^{n} w_i \cdot y_i$$

式中，p 为综合评价分值；w_i 为第 i 个指标权重；y_i 为第 i 个指标的分值（隶属度）。

经计算，参与评价的 201 个县（市、区），平均得分 0.64 分，最高得分 0.86 分，最低得分 0.31 分，分值标准差 0.15，变异系数 24.1%。

根据综合分值大小，按等差数列划分 3 个浓香型产区气候适宜性级别，分级标准见表 6-29。

表 6-29　浓香型产区气候适宜性分级标准

一级适宜	二级适宜	三级适宜
0.68～0.86	0.46～0.67	0.32～0.45

绘制浓香型产区基于气候指标的浓香型典型性分区图，见图 6-7。可以看出，一级区主要分布在河南省南部、安徽南部、湖南部南部、江西西南部和广东北部；三级区主要分布在陕西和山东两省；二级区分布于一级区边缘地带（表 6-30）。

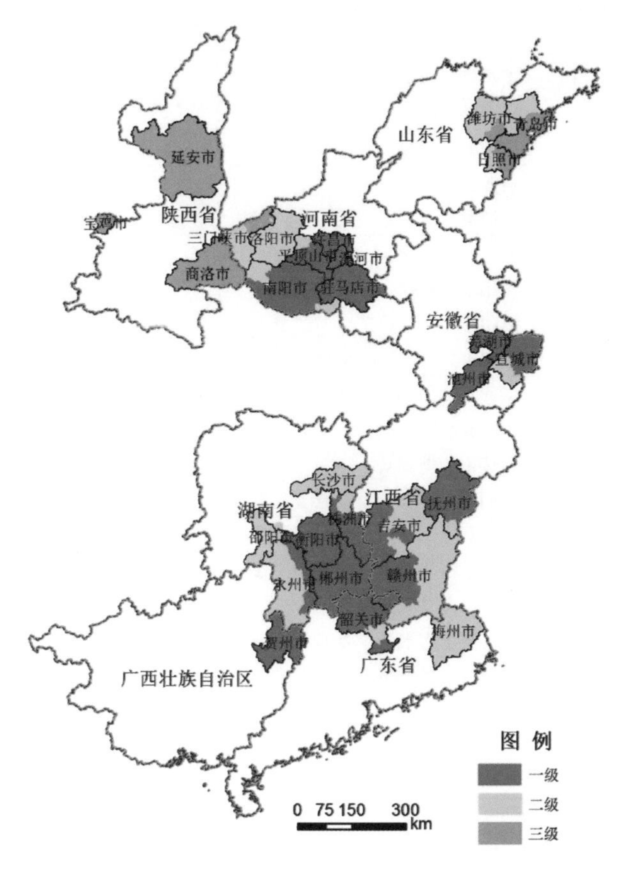

图 6-7　基于气候指标的浓香型典型性分区图

表 6-30　基于气候指标的浓香型典型性分区表

级别	省（区）	市	县
一级	广东省	韶关市	乐昌市、南雄市、曲江区、仁化县、乳源瑶族自治县、始兴县、新丰县
	广西壮族自治区	贺州市	富川瑶族自治县、平桂区、昭平县、钟山县
	河南省	漯河市	临颍县、舞阳县、郾城区
		南阳市	邓州市、方城县、宛城区、卧龙区、南召县、内乡县、社旗县、唐河县、淅川县、新野县、镇平县
	河南省	平顶山市	宝丰县、郏县、鲁山县、舞钢市、叶县
		许昌市	襄城县、许昌县、鄢陵县、禹州市、长葛市
		驻马店市	泌阳县、平舆县、确山县、汝南县、上蔡县、遂平县、西平县、新蔡县、正阳县
	湖南省	郴州市	安仁县、桂东县、桂阳县、嘉禾县、临武县、汝城县、宜章县、永兴县、资兴市
		衡阳市	常宁市、衡东县、衡南县、衡山县、衡阳县、耒阳市、祁东县
		永州市	江华瑶族自治县、江永县、蓝山县、祁阳县、新田县、道县
		株洲市	茶陵县、炎陵县、攸县、株洲县
	江西省	抚州市	崇仁县、东乡县、金溪县、乐安县、黎川县、临川区、南城县、南丰县、宜黄县、资溪县
		赣州市	崇义县、大余县、赣县、赣州市、南康市、上犹县、信丰县
		吉安市	安福县、宁冈县、遂川县、泰和县、永新县
	安徽省	池州市	东至县、贵池区、青阳县、石台县
		芜湖市	繁昌县、南陵县、无为县、芜湖县
		宣城市	广德县、郎溪县、宁国市、宣州区
二级	安徽省	宣城市	绩溪县、泾县、旌德县
	广东省	韶关市	翁源县
		梅州市	大埔县、丰顺县、蕉岭县、梅县、平远县、五华县、兴宁市
	河南省	洛阳市	栾川县、洛宁县、孟津县、汝阳县、嵩县、新安县、偃师市、伊川县、宜阳县
		南阳市	桐柏县、西峡县
		平顶山市	汝州市
		三门峡市	灵宝市、卢氏县、义马市
	湖南省	邵阳市	隆回县、邵阳县、新宁县
		永州市	东安县、冷水滩区、宁远县、双牌县、永州市
		株洲市	醴陵市、株洲县
		长沙市	浏阳市、宁乡县、望城区、长沙县
	江西省	抚州市	广昌县
		赣州市	安远县、定南县、会昌县、龙南县、宁都县、全南县、瑞金市、石城县、兴国县、寻乌县、于都县
		吉安市	吉安县、吉水县、万安县、峡江县、新干县、永丰县
	山东省	青岛市	莱西市、平度市
		日照市	莒县
		潍坊市	诸城市、昌乐县、昌邑市、高密市、临朐县、青州市、寿光市
三级	河南省	三门峡市	渑池县、陕县
	山东省	青岛市	即墨市、胶南市、胶州市
		日照市	日照市、五莲县
		潍坊市	安丘市

续表

级别	省（区）	市	县
三级	陕西省	宝鸡市	陇县
		商洛市	丹凤县、洛南县、山阳县、商南县、商州区、柞水县、镇安县
		延安市	安塞县、富县、甘泉县、黄陵县、黄龙县、洛川县、吴起县、延安市、延川县、延长县、宜川县、志丹县、子长县

6.4　优质浓香型烟叶产区调整意见

根据烟叶质量特色与生态因素的关系研究结果，浓香型风格表现主要受气候条件的影响，而烟叶质量表现则主要受土壤条件的影响。目前浓香型产区分布在全国八个省区，分属 5 个气候生态类型区。根据各产烟市所辖县的气候条件和浓香型彰显度的评价模型得到了浓香型各省各产烟市所辖县（区）浓香型典型性分区结果（杨军杰等，2014；杨军杰等，2015；杨园园等，2014）。该结果包括了各产烟市的所有县（区），这些县(区）既有传统产烟县，也有新产烟县，还有非产烟县。根据浓香型典型性分区结果，结合土壤适宜性分析、目前烟叶种植规模以及各地烟叶发展规划，将其分为优质典型浓香型巩固区、优质典型浓香型潜力区、优质次典型浓香型巩固区、优质次典型浓香型潜力区、优质欠典型浓香型巩固区和优质欠典型浓香型潜力区。现分省对烤烟产区规划提出建议。

6.4.1　河南省

河南省优质烤烟产区主要集中在豫中的许昌市、平顶山市、南阳市、漯河市、驻马店市、豫西的洛阳市和三门峡市所辖县，但浓香型典型性有一定差异。根据气候评价所确定的浓香型典型性分级结果和目前烟叶种植规模，提出如下规划意见：

许昌市所辖襄城县、许昌县、鄢陵县、长葛县、禹州市气候条件适于典型浓香型烟叶生产，土壤适宜，烟叶质量水平较高。由于襄城县、许昌县、禹州市是目前烟叶主产区，可定为优质典型浓香型巩固区；鄢陵县和长葛县目前种植规模小，发展潜力大，可定为优质典型浓香型潜力区。

平顶山市所辖宝丰、郏县、鲁山县、舞钢市、叶县气候条件适于典型浓香型烟叶生产，土壤条件较好，目前均为烟叶主产县，可归为优质典型浓香型巩固区；汝州市温度条件相对其他产区较低，浓香型典型性较弱，但土壤条件较好，烟叶质量水平较高，可归为优质次典型浓香型潜力区。

南阳市所辖内乡县、社旗县、方城县、邓州市、唐河县、南召县气候条件适于典型浓香型烟叶生产，土壤条件适宜优质烟叶生产。其中方城县、内乡县、社旗县为目前烟叶主产区，可归为优质典型浓香型巩固区；邓州市、唐河县、南召县、新野县、镇平县发展潜力较大，可归为优质典型浓香型潜力区。西峡县、桐柏县气候条件下，烟叶浓香型典型性较弱，但烟叶质量优良，可归为优质次典型浓香型潜力区。

漯河市所辖舞阳县、临颍县、郾城区气候和土壤条件利于优质典型浓香型烟叶生产，目前为烟叶主产区，属于优质典型浓香型烟叶巩固区。

驻马店市所辖泌阳县、确山县、遂平县、平舆县、汝南县、上蔡县、西平县、新蔡县、正阳县热量丰富，气候条件适于典型浓香型烟叶生产，但土壤条件在各地相差较大，其中泌阳县、确山县、遂平县土壤条件较好，适于优质烟叶生产，目前为烟叶主产区，可归为优质典型浓香型巩固区。其余诸县土壤质地较为黏重，土壤盐分含量相对较高，不利于优质烟叶生产，目前烟叶面积较小或为非产区。

洛阳市所辖宜阳县、洛宁县、新安县、栾川县、孟津县、嵩县、偃师市、伊川县、汝阳县气候条件和土壤条件适宜优质烟叶生产，但烟叶成熟期热量条件相对不足以支撑典型浓香型烟叶风格形成，烟叶浓香型典型性相对较弱。其中洛宁、宜阳、嵩县、汝阳县为目前烟叶主产区，可归为优质次典型浓香型巩固区；新安县、孟津县、偃师县、栾川县、偃师县、伊川县目前烟叶面积较小，可归为优质次典型浓香型潜力区。

三门峡市所辖灵宝县、卢氏县、渑池县、陕县、义马市气候条件和土壤条件适宜，烟叶质量优良，但烟叶成熟期热量条件不及豫中典型浓香型产区丰富，烟叶浓香型风格相对较弱。其中灵宝县、卢氏县、陕县为目前烟叶主产县，可归为优质次典型浓香型巩固区；陕县可归为优质欠典型浓香型巩固区；义马市目前烟叶面积较小，可归为优质次典型浓香型潜力区；渑池县可归为优质欠典型浓香型潜力区。

6.4.2　湖南省

湖南浓香型烤烟产区根据其地理位置和生态条件的差异分为湘南产区（包括郴州、永州和衡阳南部产区）和湘中产区（包括邵阳、长沙、株洲和衡阳北部产区）两个。目前，湘南、湘中产区基本烟田共计 275 万亩，已建基地单元 39 个，覆盖基本烟田面积 77.8 万亩。

郴州市所辖桂阳县、嘉禾县、永兴县、安仁县、宜章县、临武县、资兴市、桂东县、汝城县气候条件适宜，成熟期温度较高，土壤适宜，养分含量丰富，有利于优质典型浓香型烟叶生产。其中桂阳县、嘉禾县、永兴县、桂东县、安仁县、宜章县目前都是烟叶主产县，已建 14 个基地单元，区域分布在桂阳县正和、樟市、仁义、洋市、方元、春陵江、四里、流峰、和平，嘉禾县普满、广发，永兴县柏林，安仁县安平，宜章赤石，可归为优质典型浓香型烟叶巩固区；临武县、资兴市、汝城县可归为优质典型浓香型烟叶潜力区。

永州市所辖江华瑶族自治县、江永县、蓝山县、宁远县、祁阳县、新田县、道县气候条件适宜，成熟期温度高，土壤条件良好，适宜于优质典型浓香型烟叶生产。其中江华县、江永县、宁远县、蓝山县、新田县、道县目前为烟叶主产区，已建 10 个基地单元，分布在宁远县北屏、仁和、舜陵、九嶷山；江华县白芒营；江永县夏层铺；蓝山县土市、早禾；新田县石羊、田家。江华瑶族自治县、江永县、蓝山县、新田县、道县、宁远县可归为优质典型浓香型巩固区。祁阳县可归为优质典型浓香型潜力区。湖南省东安县、双牌县气候和土壤条件适于优质烤烟生产，但成熟期温度条件低于上述其他产区，烟叶浓香型典型性变弱，由于目前烟叶种植面积较小，可归为优质次典型浓香型烟叶潜力区。

长沙市所辖浏阳市、宁乡县、长沙县气候和土壤条件适于优质浓香型烟叶生产，但成熟期热量条件低于湘南地区，降水量偏多，烟叶浓香型典型性不及湘南产区。目前该市所辖宁乡、浏阳市、长沙县都是烟叶主产区，已建的基地单元分布在宁乡县喻家坳、横市、大屯营；浏阳市沙市、永安、淳口、龙伏，可归为优质次典型浓香型巩固区。

衡阳市所辖衡南市、常宁市诸县气候土壤条件适于优质浓香型烟叶生产，但热量条件不及湘南产区，降水量偏多，烟叶浓香型风格弱于湘南。其中衡南市、常宁市为目前烟叶主产区，已建 4 个基地单元，分布在衡南市宝盖、冠市；常宁市西岭、盐湖。可归为优质典型浓香型巩固区。衡东县、衡山县、耒阳市、祁东县可归为优质典型浓香型潜力区。

邵阳市所辖隆回县、邵阳县、新宁县气候土壤条件适于优质浓香型烟叶生产，但热量条件不及湘南产区，降水量偏多，烟叶浓香型风格弱于湘南。其中隆回县、邵阳县、新宁县已建 3 个基地单元，分布在隆回县雨山、邵阳县河伯、新宁县高桥，可归为优质次典型浓香型巩固区。

株洲市茶陵县气候土壤条件适于优质浓香型烟叶生产，但热量条件不及湘南产区，降水量偏多，烟叶浓香型风格弱于湘南。目前茶陵县为烟叶主产区，建有腰陂基地单元，可归为优质次典型浓香型巩固区。其他地区虽然生态条件较好，适于优质烟叶生产潜力，但根据区域经济规划，不作为产区发展重点。

无论从生态因素和工业企业对湖南浓香型烟叶的需求上看，发展郴州、永州等湖南湘南典型浓香型产区烟叶生产，是未来几年湖南省烟草公司的努力目标，这主要是因为湘南产区特殊的地理位置，具有形成典型浓香型风格的生态小气候，产区地形较为平坦易于实现机械化，土壤耕层深厚、质地疏松、有机质丰富，烟稻轮作的耕种模式对土壤微生物有较好的调节作用，加上烟农种植技术、经验和习惯良好，交通便利适合工业企业对产区原料生产进行监管和采购。这些因素综合起来，共同为湖南典型浓香型烤烟的发展创造了有利条件和广阔空间。因此，未来湖南省将种植计划更多向湘南和湘中产区倾斜，逐步减少湘西中间香型产区的种植计划。

6.4.3　广东省

广东省烤烟产区主要集中在韶关市的南雄市、始兴县、乳源县和昌乐县，梅州市的五华县、大铺县、梅县等，清远市的连州有小面积种植。目前全省烤烟面积 22.7 万亩，其中韶关市约占 70%，梅州市约占 26%，清远市占约 4%。各产区生态条件均表现为烟叶生长前期温度偏低，阴雨寡照，后期温度较高，但降水量和光照强度有一定差异。

韶关市所辖南雄市、始兴县、乳源县、昌乐县、仁化县、新丰县烟叶成熟期温度高，光照充足或较为充足，土壤以水稻土和紫色土为主，具有生产优质浓香型的生态条件。其中南雄市、始兴市、乳源县和昌乐县为广东省烟叶主产县，可归为优质典型浓香型产区巩固区；仁化县、新丰县、曲江区目前为非烟叶种植区，但具备优质烟叶生态条件，可归为优质典型浓香型潜力区。

梅州市所辖五华县、蕉岭县、梅县、大埔县、平远县、丰顺县生态条件适于优质浓香型烟叶生产，特别是五华县不仅烟叶成熟期温度高，热量丰富，而且光照充足，烟叶质量水平较高。由于目前梅州市烟叶种植面积相对较小，烟叶发展潜力较大，可归为优质次典型浓香型潜力区。

清远市所辖连州烟叶前期低温阴雨寡照、后期高温多雨强光照，土壤为水稻土和紫色土，烟叶质量水平较高，发展潜力较大，可归为优质典型浓香型潜力区。

6.4.4 安徽省

安徽省优质浓香型烤烟种植区域主要包括宣城市的宣州区、旌德县、泾县、广德县、绩溪县、宁国县、郎溪县，池州市的东至县、青阳、石台县等，芜湖市的芜湖县、繁昌县、南陵县、无为县等。皖南生态条件较好，光热资源丰富，质地良好，是著名的优质浓香型烟叶生产区域，特别是通透性好的砂壤土烟叶焦甜香突出，特色鲜明。

宣城市所辖宣州区、广德县、旌德县、泾县、郎溪县、绩溪县、宁国县温度、光照适宜，成熟期温度高，浓香型特色明显，其中通透性较好的砂壤土烟叶焦甜香突出。目前宣州区、旌德县为皖南烟叶主产区，宣州区可归为优质典型浓香型烟叶巩固区，旌德县可归为优质次典型浓香型烟叶巩固区；广德县、郎溪县、宁国市、泾县、宁国县、绩溪县尚有较大发展潜力，特别是砂壤土和壤土区域，广德县、郎溪县、宁国市可归为优质典型浓香型烟叶潜力区，泾县、宁国县、绩溪县可归为优质次典型浓香型烟叶潜力区。表 6-31 是根据生态适宜性规划出的优质焦甜香特色烟叶面积。

表 6-31　安徽皖南宣城市优质焦甜香烟叶生态适宜性规划

区域	合计/万亩	一等		二等		三等	
		面积/万亩	比例 /%	面积/万亩	比例 /%	面积/万亩	比例 /%
宣州区	17.11	4.52	26.42	6.55	38.28	6.04	35.30
郎溪县	6.45	0.52	8.06	2.80	43.41	3.13	48.53
广德县	6.63	1.02	15.38	2.76	41.63	2.85	42.99
泾　县	6.13	1.26	20.55	2.20	35.89	2.67	43.56
旌德县	10.17	3.34	32.84	2.98	29.30	3.85	37.86
宁国市	7.30	0.39	5.34	1.42	19.45	5.49	75.21
绩溪县	3.81	0.15	3.94	0.40	10.50	3.26	85.56
合计	57.60	11.20	19.44	19.11	33.18	27.29	47.38

池州市所辖东至县、青阳县、石台县、贵池区光温水资源丰富，质地良好的土壤具有生产优质浓香型烟叶的条件，目前该区烟叶种植面积尚小，发展潜力较大，可归为优质典型浓香型潜力区。

芜湖市所辖芜湖县、繁昌县、南陵县、无为县光温水资源丰富，质地良好砂壤土、壤土具有生产优质浓香型烟叶的条件，目前芜湖县烟叶种植面积尚小，繁昌县、南陵县、无为县为非植产区，均可归为优质典型浓香型潜力区。

6.4.5 山东省

山东省浓香型产区主要集中在潍坊市和日照市，气候条件适宜，土层深厚，质地良好，肥力适中，生态条件适于优质浓香型烟叶生产。但烟叶成熟期温度相对于典型浓香型产区偏低，烟叶浓香型典型性偏弱。

潍坊市是山东省主要的浓香型产区，所辖诸城市、安丘市、高密县、临朐县、昌乐县、青州市、寿光市的光热资源丰富，土壤条件良好，具有生产优质浓香型烟叶的条件。目前诸城市、高密县、临朐县、昌乐县为烤烟主要种植县，可归为优质次典型浓香型巩固区，安丘市可归为优质欠典型浓香型巩固区，烟叶种植区域的调整主要可在县域内进行，向土层深厚，质地良好，水利条件较好的乡镇集中。青州市、寿光市、昌邑市、高密市目前烟叶种植面积较小，可归为优质次典型浓香型潜力区。

日照市所辖的莒县、五莲县、日照市生态条件与潍坊市相近，适于优质烟叶生产，目前为主要的产烟区，莒县可归为优质次典型浓香型巩固区，五莲县、日照市可归为优质欠典型浓香型巩固区。

6.4.6　江西省

江西省烟叶种植区域主要集中在赣南的赣州市、赣中赣东的抚州市和吉安市。其中赣州市的信丰县等地种烟历史较长，近年来该市种烟区域不断扩展，种植规模不断扩大。吉安市和抚州市近年来植烟面积大幅度增加，已成为江西省主要的烟叶产区。江西产区具有烟叶前期低温多雨，成熟期温度较高的共性气候特点，但高温强度和降水量有一定差异，对烟叶风格特色产生不同的影响。

赣州市所辖信丰县、崇义县、大余县、南康市、上犹县、赣县气候条件适于典型浓香香型烟叶生产，紫色土和质地良好的水稻土适于优质烟叶生产。其中信丰县为烟叶主产县，可归为典型浓香型巩固区；赣县、崇义县、大余县、南康市、上犹县具有适于优质烟叶生产的土壤条件，发展潜力较大，可归为优质典型浓香型烟叶潜力区；赣州市所辖会昌县、瑞金市、石城县、定南县、龙南县、宁都县、全南县、寻乌县、安远县、兴国县、于都县气候条件适宜，土地资源丰富，具有紫色土和通透性较好的水稻土，对优质烟叶生产十分有利，但成熟期温度相对较低，降水量较为丰富，烟叶浓香型风格相对较弱。目前该区种烟面积尚小，有较大发展潜力，可归为优质次典型浓香型潜力区。

抚州市所辖广昌县、崇仁县、东乡县、金溪县、乐安县、黎川县、南城县、南丰县、宜黄县、资溪县气候条件利于浓香型风格形成，土壤条件适于优质烟叶生产。其中黎川、乐安、广昌目前为烟叶主产区，黎川、乐安可归为优质典型浓香型烟叶巩固区，广昌可归为优质次典型浓香型烟叶巩固区；崇仁、东乡、金溪、南城、南丰、宜黄、资溪县、临川区为优质典型浓香型潜力区。

吉安市所辖安福县、峡江县、永丰县、万安县、泰和县气候条件和土壤条件适于优质浓香型烟叶生产，其中安福县、峡江县为目前烤烟主栽区，安福县可归为优质典型浓香型巩固区，峡江县可归为优质次典型浓香型巩固区；宁冈县、遂川县、永新县可归为优质典型浓香型烟叶潜力区，吉安县、吉水县、新干县、万安县、永丰县烤烟发展潜力较大，为优质次典型浓香型烟叶潜力区。

6.4.7　广西壮族自治区

广西壮族自治区浓香型产区主要集中在贺州市。该市所辖富川县、钟山县、昭平县、平桂区气候土壤条件适于优质浓香型烟叶生产。主要气候特点表现为苗期和大田生长前期气温偏低，日照不足，降水偏多；大田生长中期气温适宜，降水集中，水田烟区易积水，日照稍不足；后期高温强光照，利于浓香型风格特色的形成，但温度过高易造成逼熟。

贺州市富川县为传统烟叶产区，可归为优质典型浓香型巩固区。富川县产区多为丘陵小盆地，海拔不高，但光、温、水气均适宜浓香型特色优质烟叶开发条件，烟叶种植水田和旱地比例分别为70%和30%。

贺州市钟山县、昭平县、平桂区目前烤烟种植面积尚小，但发展潜力较大，为优质典型浓香型烟叶潜力区。钟山县基本全部为水田种烟，烟稻轮作或烤烟马蹄轮作为主，近年多为大户种植。未来发展目标以稳定一个单元种植面积为主。昭平县产区为晒黄烟产区，近两年来逐步转型成烤烟生产。本地植烟土壤类型为石灰性土田和沙泥田，其烟叶质量与富川烟叶相近。苗期和大田生长前期气温适宜，日照不足；大田生长中期气温适宜，降水集中，洪涝灾害风险较高，日照不足；后期高温强光照，易造成逼熟。生产上要提前育苗，提前移栽，加强土壤改良，提高生产管理水平，科学延长大田生育期，促进烟叶光合产物的积累，提高烟叶成熟度，彰显生态烟叶风格特色。

6.4.8 陕西省

陕西省浓香型产区一般认为主要集中在商洛市、宝鸡市和延安市所辖县区。这些地区烟叶生长前期和中期热量较为丰富，但后期温度偏低，烟叶浓香型典型性较弱。该区光照充足，昼夜温差大，土壤条件良好，烟叶质量优良。

商洛市的洛南县、镇安县和宝鸡市的陇县是目前优质烤烟主产区，可归为优质欠典型浓香型巩固区；商洛市的商州区、柞水县、山阳县、丹山县、商南县等烟叶质量优良，具有较大的发展潜力，可归为优质欠典型浓香型潜力区。

根据环秦岭生态产区的自然资源条件、社会经济发展状况和烟草行业发展情况，立足于环秦岭生态产区的适宜性区划，按照巩固现有区域，发展潜力区域的方针，优化烟叶种植布局，提高陕西省烟叶质量总体竞争力。结合环秦岭生态产区的生态因子适宜性和社会条件、现有植烟状况评价，将环秦岭生态产区划分为核心种植区、辐射拓展区和后备潜力区。其中核心种植区生态条件为最适宜区和适宜区，生态环境和烟叶质量俱佳，传统种植烟叶的规模比较大、烟叶种植的基础设施齐全、烟农积极性高、政府扶持力度大。其主要包括商洛市洛南县和镇安县、宝鸡市的陇县。辐射拓展区在生态区划上为适宜区，目前烟农零星种植一些烟草，种植面积比较小、不集中、基础设施和科技服务滞后，通过技术示范推广，拓展为环秦岭特色优质烟叶基地，其主要包括商洛市的商州区、柞水县、宝鸡市麟游县。根据环秦岭浓香型特色优质烟叶规划，未来重点建设三个优质烟叶生产基地：①商州洛南烟叶生产基地。该基地位于秦岭南麓东南部，属丹江和洛河流域，产区平均海拔1159m，无霜期≥206d，≥10℃积温为4083.2～4182.3℃，年降水量757mm，成熟期降水300 mm。总耕地面积107.5万亩，宜烟面积27.01万亩。规划年植烟面积10万亩，年烟叶生产规模25万担。②镇安柞水烟叶生产基地。该基地位于秦岭南麓中段，属汉江支流流域，旬河、乾佑河贯穿其中。产区平均海拔1230m，≥10℃积温为4189.6～4377.6℃，无霜期≥210d，年降水量800mm，成熟期降水320mm。总耕地面积63.07万亩，宜烟面积15.02万亩，规划年植烟面积5万亩，年烟叶生产规模 10 万担。③陇县麟游烟叶生产基地：该基地位于秦岭北麓延伸区关山东麓，气候温和湿润，≥10℃积温为 3655～3690℃，年均气温 11.25℃，无霜期 198d，年均降水量 611mm，产区平均海拔 1443m。总耕地面积104.92 万亩，宜烟面积 22.24 万亩。规划年植烟面积 5 万～7.5 万亩，年烟叶生产规模 12 万～15 万担。

第7章 浓香型各生态区适宜性剖析及改进意见

优质浓香型烟叶是特定生态条件下的产物，典型浓香型烟叶风格的形成要求有特定的生态环境，其中成熟期高温起决定作用，而不同风格特点的浓香型烟叶是浓香型烟叶产区光、温、水、土等生态差异性所造成的。不同产区生态条件既有有利因素，也不同程度地存在着不利因素。在生态因素中，气候因素不易受人为因素的影响，但可以通过选择产区和调整栽期去最大限度地趋利避害，土壤因素相对来说易受人为因素的影响，可以通过耕作和栽培措施对土壤进行改良，使其更有利于优质浓香型烟叶的生产。本章重点剖析我国浓香型产区不同生态区的生态条件，以明确有利因素和不利因素，揭示优质浓香型烟叶的生态促进因子、障碍因子和限制因子，提出趋利避害的技术途径。

7.1 豫中豫南高温中湿长光区

7.1.1 生态条件分析

豫中豫南是我国浓香型烟叶的重要产区，也是我国烤烟种植历史最久的产区，特别是河南的豫中地区，所产烟叶色泽金黄，油分充足，香气浓郁，在国内外享有很高的声誉，与烤烟的原产地美国弗吉尼亚州生产的烟叶具有较高的相似性。优质的烟叶源于优良的生态，河南豫中产区优质烟叶生产与其独特的生态条件是分不开的。该地区烟叶生长季节光热资源丰富，土壤条件适宜，具有得天独厚的生产浓香型烟叶的生态条件。

1. 温度

烤烟适宜生长的温度范围比较宽，在10～35℃都能生长，但最适宜的温度是25～28℃，成熟期较高的温度是形成典型浓香型烟叶的必要条件。从图7-1和图7-2可以看出，豫中和豫南地区在一年中各个月份平均温度的变化表现出了相似的规律，且各月份的平均温度相近。豫中和豫南地区一年中的最高温度是在7月，6月、7月和8月的平均温度都高于25℃，7月和8月正是烟叶采收的时期，采收期的高温是豫中和豫南地区气候的特点，也是导致这些地区不同于其他地区烟叶品质的气候原因。最低温度都在1月，温度都接近0℃。

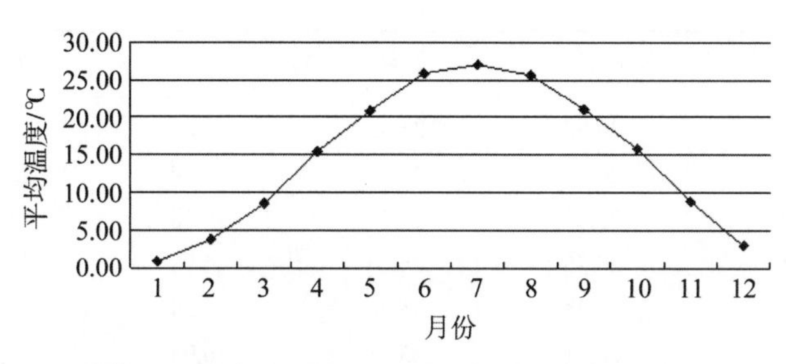

图 7-1　豫中地区1981～2011 年月平均气温变化

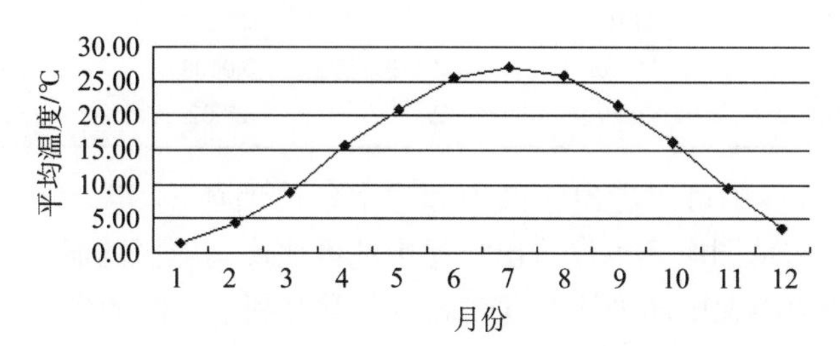

图 7-2　豫南地区 1981～2011 年月平均气温变化

从表 7-1 中可以看出，豫中地区和豫南地区各植烟县及各月份的平均温度接近，因此这两个地区的烟叶品质特色也相似，都是典型的浓香型烟叶。从各个月份的平均温度可以看出，在烟叶大田期，6 月、7 月和 8 月的平均温度都在 25℃以上。豫中和豫南地区一般在 4 月底到 5 月初移栽，6 月基本为烟叶的旺长期，7 月和 8 月为烟叶的成熟期。6 月的高温有利于加速烟叶的生长，制造和积累较多的光合产物。7 月和 8 月的高温，使烟叶能够充分落黄，叶绿素等大分子物质充分降解，提高烟叶的成熟度，从而提高烟叶的品质。豫中和豫南地区不同产烟县之间各月份变异系数很小，表明各产区温度条件具有较高的相似性。

表 7-1　豫中地区不同植烟县烟叶大田期月平均气温变化（单位：℃）

地区		5 月	6 月	7 月	8 月	9 月
豫中地区	禹州	20.78	25.64	26.82	25.47	20.80
	许昌	20.77	25.84	27.03	25.64	21.07
	襄县	21.13	26.25	27.30	25.76	21.21
	舞阳	20.59	25.70	27.02	25.54	21.15
	临颍	20.55	25.90	27.18	25.80	21.25
	宝丰	20.81	25.92	26.93	25.46	21.00
	鲁山	21.10	25.79	26.89	25.46	20.97
	汝州	20.98	25.81	26.87	25.55	20.94
	郏县	20.73	25.81	26.87	25.47	20.97
	叶县	21.07	25.96	27.19	25.76	21.29
	变异系数	0.0100	0.0064	0.0061	0.0054	0.0075
	平均值	20.85	25.86	27.01	25.59	21.06

续表

地区		5月	6月	7月	8月	9月
豫南地区	内乡	20.88	25.43	27.03	25.83	21.54
	西峡	20.83	25.03	26.60	25.46	21.15
	方城	20.63	25.24	26.66	25.40	21.01
	社旗	20.75	25.64	26.98	25.74	21.35
	唐河	21.08	25.78	27.25	25.98	21.67
	泌阳	20.51	25.18	26.93	25.87	21.47
	确山	21.42	25.74	27.44	26.26	21.88
	遂平	21.05	25.81	27.24	25.93	21.79
	变异系数	0.0138	0.0119	0.0108	0.0108	0.0141
	平均值	20.89	25.48	27.02	25.81	21.48

从图 7-3 和图 7-4 中可以看出，豫中和豫南各植烟县 31 年烟叶大田期的平均气温都在 24℃上下波动。从图中还可以看出，豫中地区比豫南地区的温度波动更小。相比于其他地区，豫中和豫南大田期平均温度较高，非常有利于烟叶的生长。

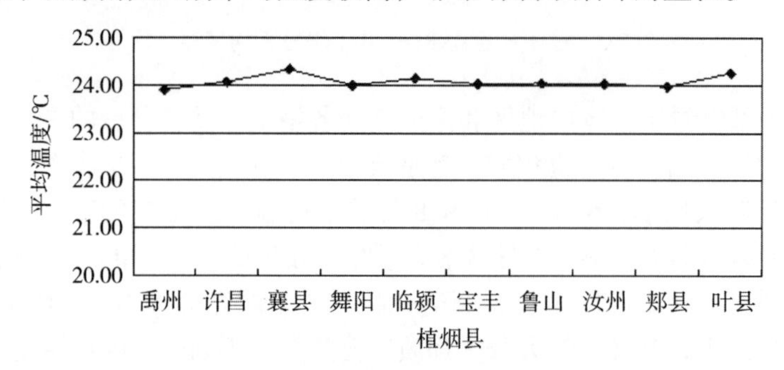

图 7-3　豫中地区不同植烟县在烟叶大田期平均温度的变化

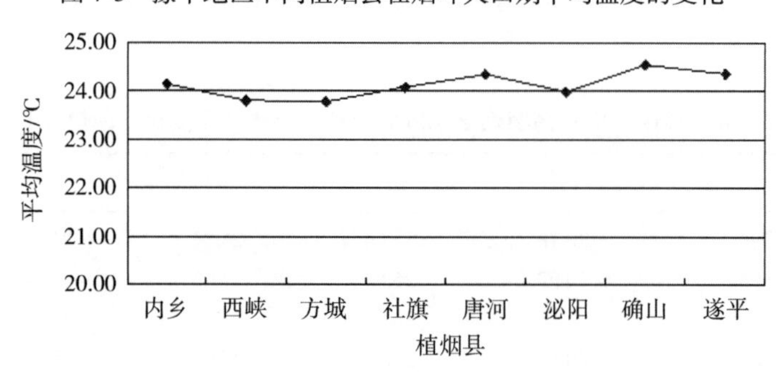

图 7-4　豫南地区不同植烟县在烟叶大田期平均温度的变化

图 7-5 和图 7-6 主要反映的是豫中和豫南地区从 1981～2011 年烟叶大田期平均温度的变化情况。从中可以看出，31 年的平均温度波动相似，且均约为 24℃，但略有差别，及豫中地区大田期平均温度略有上升，但豫南地区一直维持约 24℃。

从表 7-2 中可以看出，综合 31 年的温度状况，从 5 月到 9 月大于 10℃的活动积温为 2000～2200℃，能满足烟叶生长发育的需要。其中 7 月的积温比较高，达到 500℃以上，其次为 6 月和 8 月。从各个地区来看，豫中地区以襄县的活动积温最高，豫南地区

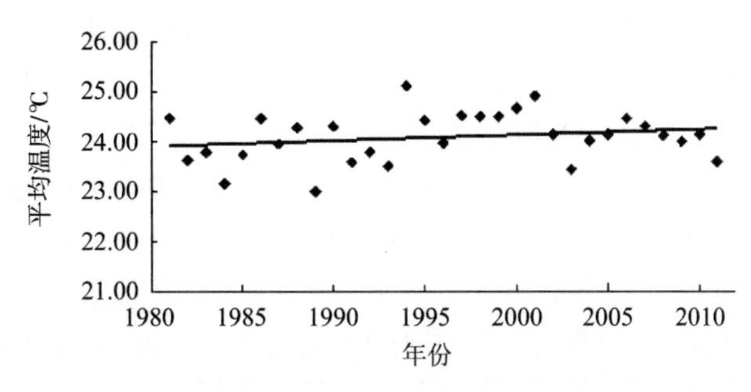

图 7-5　豫中地区 1981～2011 年大田期平均温度的变化

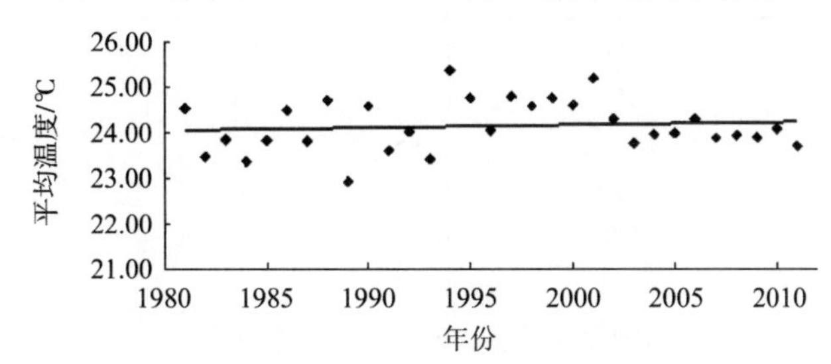

图 7-6　豫南地区 1981～2011 年大田期平均温度的变化

以确山的活动积温最高，豫中和豫南地区的活动积温相差不大。两个地区5 个月积温的平均值约为 2100℃，充足的积温使烟叶内含物充实，有利于烟叶优良品质的形成。

表 7-2　豫中、豫南地区不同植烟县烟叶大田期月积温变化（单位：℃）

地区		5 月	6 月	7 月	8 月	9 月	合计
豫中地区	禹州	323.40	469.32	504.73	464.02	323.92	2085.39
	许昌	323.02	475.15	510.84	469.13	331.95	2110.08
	襄县	333.90	487.39	519.00	472.68	336.18	2149.15
	舞阳	317.58	471.15	510.47	466.16	334.55	2099.90
	临颍	316.37	476.95	515.44	474.15	337.58	2120.48
	宝丰	324.23	477.73	507.77	463.85	329.92	2103.50
	鲁山	332.87	473.77	506.65	463.69	329.21	2106.19
	汝州	329.48	474.21	506.11	466.45	328.11	2104.37
	郏县	321.94	474.34	506.06	464.16	329.02	2095.52
	叶县	332.10	478.73	515.66	472.90	338.69	2138.08
	平均值	325.49	475.87	510.27	467.72	331.91	2111.27
豫南地区	内乡	326.29	462.92	511.05	474.84	346.31	2121.40
	西峡	325.00	450.79	497.87	463.71	334.52	2071.89
	方城	318.85	457.27	499.73	462.00	330.35	2068.21
	社旗	322.40	469.10	509.32	472.32	340.45	2113.58
	唐河	332.29	473.53	517.40	479.26	350.10	2152.58
	泌阳	315.18	455.52	507.87	476.03	344.23	2098.82
	确山	342.65	472.15	523.32	487.87	356.32	2182.31
	遂平	331.58	474.42	517.08	477.92	353.69	2154.69
	平均值	326.78	464.46	510.45	474.24	344.50	2120.44

豫中地区和豫南地区的气温日较差接近（表 7-3），变化规律相似，即 8 月的气温日较差最少，7 月其次，且 7 月和 8 月的气温日较差相差不大。5 月的气温日较差最大。从各个县来看，豫中气温日较差最小是宝丰的 8 月，气温日较差只有 8.04℃，豫南日较差最小的出现在确山的 8 月，只有 7.96℃。成熟期气温日较差小使烟叶在夜间的糖类物质降解较多，这也是河南豫中和豫南地区烟叶糖含量相对较低，含氮化合物的含量相对较高的原因。

表 7-3　豫中豫南地区主要植烟县烟叶大田期各月份气温日较差的变化（单位：℃）

地区		5 月	6 月	7 月	8 月	9 月
豫中地区	禹州	11.94	11.47	8.84	8.64	9.73
	许昌	12.21	11.69	9.12	8.63	9.79
	襄县	12.19	11.95	8.81	8.40	9.99
	舞阳	11.80	11.67	8.65	8.22	10.02
	临颍	11.46	10.79	8.51	8.35	8.97
	宝丰	11.51	10.92	8.41	8.04	9.05
	鲁山	11.58	10.77	8.27	8.07	9.45
	汝州	12.18	11.72	8.75	8.45	10.07
	郏县	12.06	11.81	8.84	8.44	10.21
	叶县	12.11	11.86	8.81	8.40	10.07
	平均值	11.41	10.97	8.30	7.98	9.33
豫南地区	内乡	11.79	11.17	8.50	8.07	9.72
	西峡	12.13	11.38	8.59	8.18	9.84
	方城	12.12	11.00	8.35	8.35	9.79
	社旗	11.35	10.71	8.47	8.16	9.33
	唐河	11.41	10.39	8.26	8.43	9.62
	泌阳	11.58	10.38	8.35	8.32	9.48
	确山	10.51	9.88	7.96	7.83	8.92
	遂平	11.65	11.29	9.23	8.67	9.09
	平均值	11.57	10.78	8.47	8.25	9.47

2. 降水量的变化

水份是影响烤烟生产的重要因素。烟草的需水量大，每生产 1g 干物质，蒸腾耗水就达 500g 以上，大田期总耗水量约为 500mm。烤烟的需水规律是：在移栽至旺长以前，烟株小，耗水量少，适当干旱能促进根系发育，有利于后期营养物质的吸收，这段时期的月降水量为 80～100mm，较为理想的土壤相对湿度为 50%～60%；进入旺长期后耗水量增大，月降水 100～200mm、土壤相对湿度为 75%～80% 对烤烟生长、干物质积累最为有利；成熟期月降水量约 100mm，土壤相对湿度约 60%最有利于优质烟的形成（史宏志等，2008）。从表 7-4 中可以看出，豫中和豫南地区的年降水量除个别县份外，其余地区的年降水量都达到 600mm 以上，在烟叶的大田期，除许昌县外，禹州市和宝丰县为454.7mm 和 441.3mm，其余地区大田期的降水量都达到了 500mm 以上。但降水分布严重不均，5 月、6 月降水偏少，降水主要集中在 7、8 月份，其中豫南地区的降水大于豫中地区，豫中地区缺水更为严重。成熟期的降水量较为合适，基本能够满足烟叶生长发育的需要。

表 7-4　豫中和豫南地区主要植烟县烟叶大田期各月份降水量的变化

地区		5 月降水量/mm	6 月降水量/mm	7 月降水量/mm	8 月降水量/mm	9 月降水量/mm	生育期降水量/mm	年降水量/mm	生育期占年降水量的百分比
豫中地区	禹州	61.6	61.0	129.0	126.4	76.8	454.7	614.8	73.95%
	许昌	61.6	65.9	128.2	125.3	72.3	453.3	609.8	74.34%
	襄县	65.0	78.7	163.4	138.2	74.1	519.4	676.1	76.82%
	舞阳	75.6	86.3	180.3	135.5	79.4	557.1	733.4	75.96%
	临颍	81.6	94.0	185.8	157.5	103.1	622.0	849.9	73.18%
	宝丰	60.5	64.9	127.0	109.1	79.8	441.3	606.5	72.75%
	鲁山	76.2	114.9	205.3	160.6	78.4	635.4	817.7	77.70%
	汝州	72.6	82.6	157.9	131.9	82.6	527.6	692.3	76.21%
	郏县	78.0	84.2	186.7	130.8	86.2	565.9	756.7	74.79%
	叶县	79.7	85.6	187.2	71.3	79.0	502.8	695.9	72.25%
	平均值	69.2	78.8	159.1	123.7	79.2	509.9	685.3	74.03%
豫南地区	内乡	87.0	106.2	202.2	162.3	87.5	645.2	847.6	76.12%
	西峡	85.6	107.2	215.9	147.3	89.5	645.6	869.9	74.21%
	方城	77.8	127.3	193.5	148.3	80.5	627.4	824.5	76.09%
	社旗	79.4	114.4	224.0	145.7	112.8	676.2	938.0	72.09%
	唐河	96.5	123.1	172.2	151.6	76.1	619.6	855.6	72.41%
	泌阳	89.1	132.6	213.3	141.9	80.0	657.0	904.7	72.61%
	确山	92.4	138.4	204.5	158.4	91.3	685.0	981.7	69.78%
	遂平	57.6	115.2	159.7	143.6	92.0	558.1	755.7	75.23%
	平均值	83.2	114.3	191.9	143.6	88.7	621.7	847.2	73.57%

3. 日照时数的变化

一般情况下，烟草大田生长期日照最好达到 500～700h，日照百分率达到40%以上，收烤期间日照最好达到 280～300h，日照百分率达到 30%以上，才能生产出优质烟叶。大田日照时数在 200h 以下时，烟叶品质较差。日照时间越长，越有利于叶内有机物质的积累。从表 7-5 中可以看出，豫中和豫南各个县以及整个地区 5 月～9 月日照时数的月平均值都在 800h 以上，完全能够满足烟叶生长发育的需要，日照越长，烟叶进行光合作用的时间越长，内含物质越丰富。从各个月份来看，日照时数递减。豫中地区与豫南地区相比，豫中地区的日照时数略高于豫南地区。

4. 豫中、豫南产区的土壤类型状况

在豫中、豫南地区适宜种烟的地区主要包括南阳、信阳、平顶山、驻马店、漯河、许昌、郑州等 7 个地市，主要植烟土壤类型有黄棕壤、褐土、潮土、水稻土等，其中黄棕壤占宜烟土壤的 40.8%，潮土占宜烟土壤的 35.2%，褐土占 21.6%，水稻土占 2.6%。豫南烟叶的土壤类型主要有黄棕壤和水稻土，豫中产区的土壤类型多为褐土和潮土，部分地区有黄棕壤的分布（表 7-6）。

黄棕壤的有机质、全氮含量较丰富，全磷、全钾、速效钾中等，速效磷较缺，有效微量元素硼、钼较缺乏，锌中等，铁、锰、铜较丰富。褐土表层全钾、全磷和速效钾含量较丰富，有机质、全氮含量中等至偏低，速效磷缺乏，有效微量元素含量铜、铁、锰、

表 7-5　豫中和豫南地区主要植烟县烟叶大田期各月份日照时数（单位：h）

地区		5月	6月	7月	8月	9月	生育期日照总时数
豫中地区	禹州	225.1	220.9	190.8	187.3	163.4	987.4
	许昌	214.5	211.8	180.5	181.0	160.7	948.5
	襄县	214.6	203.9	178.0	174.3	157.6	928.3
	舞阳	201.7	189.3	171.9	161.9	148.6	873.4
	临颖	191.2	189.5	176.4	174.8	143.5	875.4
	宝丰	183.7	240.2	238.9	217.3	202.5	1082.6
	鲁山	195.8	188.1	169.8	179.9	151.8	885.4
	汝州	220.2	211.8	191.1	189.3	167.1	979.5
	郏县	210.7	201.9	182.0	177.0	152.6	924.3
	叶县	208.3	191.6	179.2	172.5	152.6	904.2
	平均值	206.6	214.9	195.9	191.6	170.0	978.9
豫南地区	内乡	203.1	193.8	172.8	168.5	147.5	885.6
	西峡	210.8	200.9	184.7	172.4	153.2	922.0
	方城	204.8	193.7	188.7	189.9	158.2	935.3
	社旗	207.9	194.7	187.6	172.8	153.4	916.4
	唐河	198.1	197.6	193.8	191.8	159.5	940.8
	泌阳	187.9	180.0	178.9	171.2	146.9	865.0
	确山	201.8	188.1	183.1	168.6	152.8	894.5
	遂平	222.9	216.2	205.7	188.7	157.1	990.5
	平均值	204.7	195.6	186.9	178.0	153.6	918.8

表 7-6　豫中、豫南土壤类型分布

土壤类型	主要分布地区
褐土	漯河、许昌、平顶山
潮土	许昌、漯河、平顶山、郑州、驻马店等
黄棕壤	南阳、信阳、驻马店、平顶山（部分地区）
水稻土	信阳

锌中等，硼和钼较缺。潮土一般由耕作层、犁底层、心土层和底土层组成，耕作层系经熟化形成的土层，厚度一般 15～25cm。砂质土和壤质土较厚，黏质土较薄，有一定的有机质积累，但有机质含量一般不高。潮土表层全钾、全磷和速效钾含量较丰富，全氮和阳离子交换量中等，有机质和速效磷缺乏，有效微量元素含量铜、铁、锰、锌中等，硼和钼较缺。

5. 豫中、豫南产区的土壤质地状况

优质烟叶生产对土壤要求较高，尤其是要求土壤疏松，通透性好，营养平衡，有机质含量丰富，碳氮比协调。土壤质地是土壤的重要物理性质，土壤质地由粒径大小不同的矿物质颗粒组成，它除具有保持部分土壤矿质养分供应外，还具有调节水、肥、气、热的功能。砂壤土和壤土有利于实现合理的氮素动态供应，与优质烟叶的需肥规律较为吻合。豫中、豫南产区的土壤质地主要有粉砂质壤土、壤质黏土、黏壤土、砂质壤土、壤土粉沙质黏壤土、粉砂质黏土等。豫中、豫南地区的植烟土壤多为砂质或粉砂质土壤，其中砂质壤土占到 32.14%，但一部分土壤偏黏重，其中壤质黏土的比例占 3.57%(图 7-7)。由此可见，豫中、豫南产区的土壤质地大部分都比较适宜优质烟叶的生产，但一些土壤偏黏重，有必要进行土壤改良。

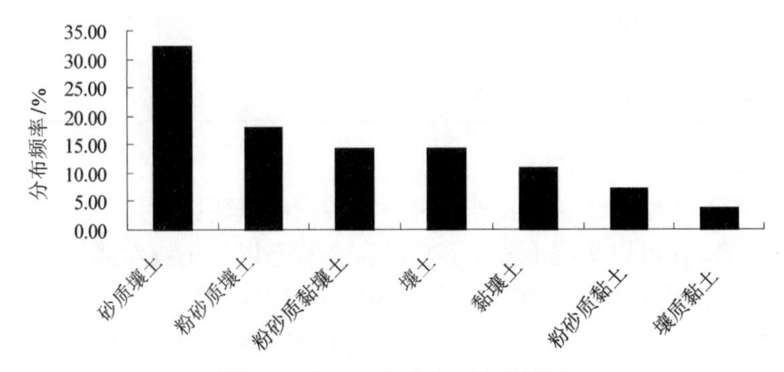

图 7-7　豫中、豫南产区土壤质地

6. 豫中、豫南产区土壤的化学性质

1) 豫中、豫南产区土壤化学性质的整体状况

豫中、豫南烟叶产区土壤的化学成分变化较大，不同指标之间的差异也较大。如表7-7 所示，土壤 pH 的变异系数为 14.19%，变幅为 4.99～8.06，平均值为 6.97；有机质的含量的变幅为 7.24～20.33g/kg，平均值为 13.54g/kg，变异系数为 20.13%；碱解氮的平均含量为 79.95mg/kg，速效磷的平均含量为 15.99mg/kg，速效钾的平均含量为 110.12mg/kg；土壤中各种矿质元素的含量差异较大，由表7-7 可知，浓香型烟叶产区土壤中 Ca 元素的含量在豫中、豫南产区范围变异程度较大，变异系数为 55.3%，全磷、Mn、Na、Zn 的变异程度次之，全钾、Al、Mn 的变异系数较低。

表 7-7　豫中、豫南产区土壤化学性质的总体特征

指标	变幅	平均值	样本数	峰度	变异系数/%
pH	4.99～8.06	6.97	60	−0.81	14.19
有机质	7.24～20.33g/kg	13.54g/kg	60	0.79	20.13
碱解氮	33.85～143.43mg/kg	79.95mg/kg	60	1.20	17.11
速效磷	6.29～31.54mg/kg	15.99mg/kg	60	2.07	24.36
速效钾	25～270mg/kg	110.12mg/kg	60	3.38	29.49
全钾	5.03～28.17g/kg	15.06g/kg	60	0.97	28.86
全磷	0.14～1.00g/kg	0.50g/kg	60	−0.23	43.47
Al	21.23～67.64g/kg	48.45g/kg	60	0.78	15.33
Ca	2.18～22.71g/kg	8.21g/kg	60	1.03	55.33
Fe	6.99～41.57g/kg	19.59g/kg	60	−0.10	35.74
Mg	2.90～12.50g/kg	7.20g/kg	60	−0.79	42.25
Mn	0.15～0.79g/kg	0.40g/kg	60	1.34	19.28
Na	4.35～19.21g/kg	8.96g/kg	60	0.21	34.11

续表

指标	变幅	平均值	样本数	峰度	变异系数/%
Si	79.58～412.68g/kg	251.84g/kg	60	0.02	29.14
Ti	1.34～6.56g/kg	3.36g/kg	60	0.62	32.26
Ba	0.17～0.86g/kg	0.43g/kg	60	0.76	36.09
Zn	41.02～117.23mg/kg	67.83mg/kg	60	1.55	25.10
Cu	4.20～12.76mg/kg	7.12mg/kg	60	215	28.08
Cl^-	28.43～44.19mg/kg	35.78mg/kg	60	3.23	15.08

2）豫中豫南产区土壤的 pH 分布状况

土壤 pH 是影响土壤物质转化及养分种类和数量的重要因素之一，对烟株的生长发育也很重要，土壤 pH 可以影响土壤中养分的存在状态以及土壤对养分的吸附程度，从而影响烟株对养分的吸收利用。烟草对土壤 pH 的适应性比较广泛，一般认为烤烟最适宜的土壤 pH 为 5.5～7.0。豫中、豫南产区土壤 pH 主要集中在 5～8.5，其中超过50%的产区土壤在碱性土的范围内，只有 11.54%的地区处于适宜的范围内，大部分地区的土壤 pH 都偏高（图 7-8）。

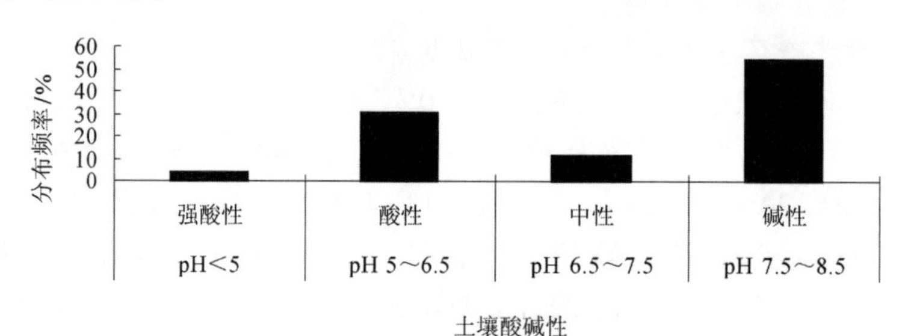

图 7-8 豫中、豫南产区土壤 pH 状况

3）豫中豫南产区土壤有机质的含量状况

土壤中有机质含量过高或过低都会影响烟叶的产量和品质。土壤有机质含量过高，上部叶不易正常落黄，甚至出现黑暴，烤后烟叶化学成分不协调，吃味辛辣，可用性差；土壤有机质含量过低，烟株生长矮小，叶小而薄，烤后烟叶化学成分也不协调，烟叶吃味平淡；只有在有机质含量适宜的情况下，烟叶才能具有优良的外观品质和内在品质，烤后糖碱比协调，吃味醇和。目前，豫中、豫南产区的土壤有机质含量比较低，80%以上的产区土壤有机质含量在偏低的范围内（图 7-9），土壤有机质含量低，碳氮比过高，不仅影响土壤物理性状，而且不利于烟叶碳氮代谢协调和平衡。进行土壤培肥和改良，增碳减氮，提高土壤碳氮比和生物活性是提升烟叶质量的有效途径。

4）豫中豫南产区土壤碱解氮的含量状况

植物所吸收最直接的氮就来源于土壤，植物通过根系从土壤中吸收氮素，供应地上部分的生长发育，土壤中氮素的含量对于能否保证烟株的正常生长发育影响重大。研究表明，在高肥力土壤上，烟株吸收的氮素 18.67%～29.32%来自于肥料，70.68%～81.33%来自于土壤。而土壤中碱解氮的含量是土壤供氮能力最直观的指标，碱解氮含量越高说明土壤的供氮能力越强。豫中、豫南产区的土壤碱解氮的含量多数都在中等、正常的范围内，约 15%的地区土壤碱解氮的含量处于缺乏的范围内（图 7-10）。

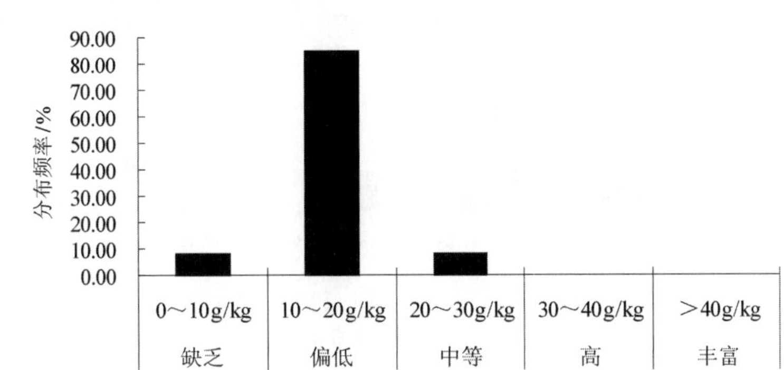

图 7-9　豫中、豫南产区土壤有机质的含量状况

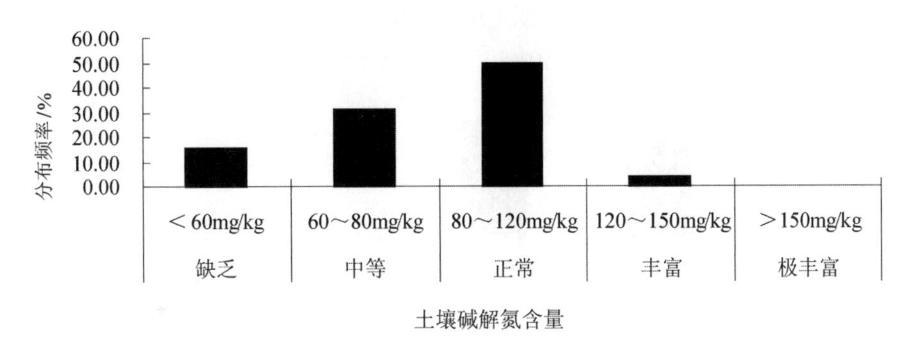

图 7-10　豫中、豫南产区土壤碱解氮含量状况

5）豫中豫南产区土壤速效钾的含量状况

钾对烟草的正常生长发育、抗逆性等都非常重要，也是影响烟草品质的重要因素之一。种植优质烤烟适宜的土壤速效钾含量为 120～200mg/kg，而豫中、豫南超过 80%的产区土壤速效钾的含量处于偏低、缺乏的范围内（图 7-11）。由此可见，豫中、豫南产区土壤钾素供应能力较低，对于烟叶钾素含量的的提高不利，为了提高烟叶含钾量，不仅要增施钾肥以提高速效钾含量，还可通过增施有机肥，增加土壤速效钾的含量，提高土壤供钾潜力。

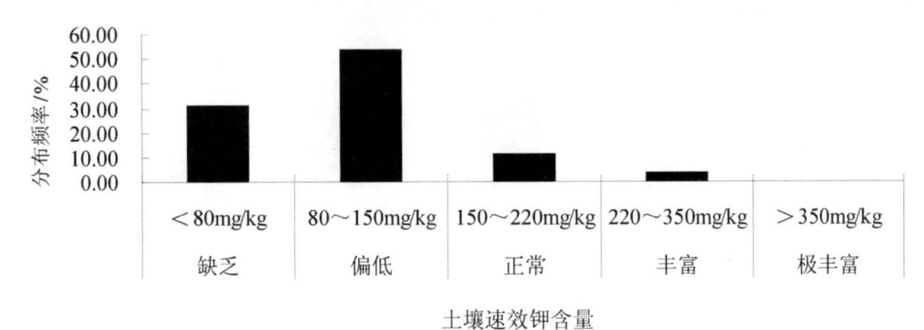

图 7-11　豫中、豫南产区土壤速效钾含量状况

6）豫中豫南产区土壤速效磷的含量状况

磷素可促进烟叶颜色的改善，显著提高烟叶中还原糖含量，增加烟叶香吃味。种植优

质烤烟适宜的土壤速效磷为10～35mg/kg，豫中、豫南超过70%以上产区的速效磷含量在优质烟叶适宜土壤速效磷含量的范围内，对于优质烟叶的生长来说是比较有利的条件。

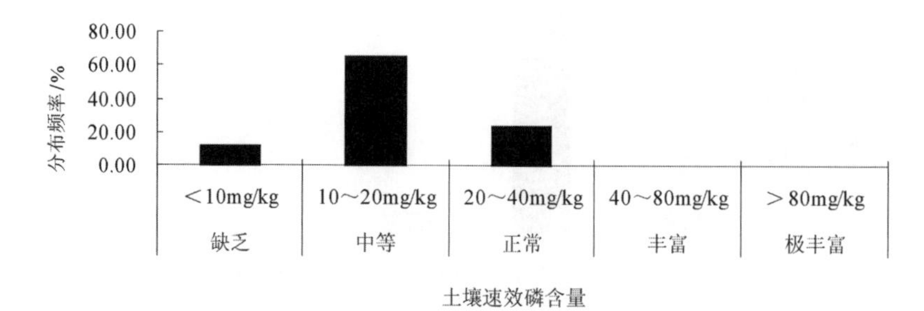

图7-12　豫中、豫南产区土壤速效磷的含量状况

7）豫中豫南产区土壤全磷的含量状况

土壤全磷含量在一定程度上可以说明土壤的供磷能力，种植优质烤烟适宜的土壤全磷含量为0.61～1.83g/kg，豫中、豫南产区50%以上的产区土壤全磷含量处于偏低水平(图7-13)。

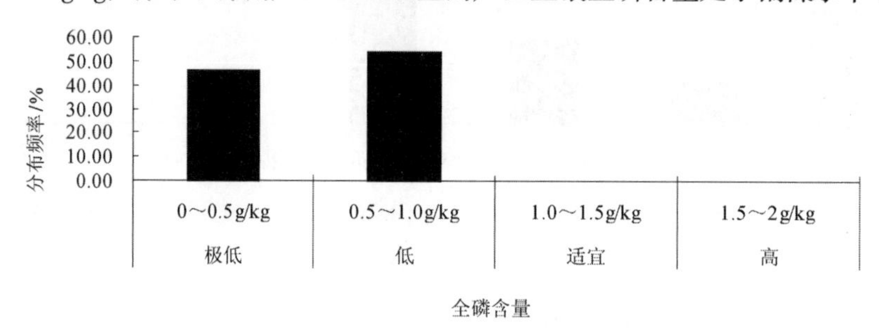

图7-13　豫中、豫南产区土壤全磷的含量状况

8）豫中豫南产区土壤全钾的含量状况

大部分土壤钾以矿物钾的状态存在，多数不能被植物吸收利用，只有转化为速效钾或者缓效钾才能供植物吸收利用，全钾含量高的土壤潜在供钾能力较强。豫中豫南产区土壤全钾水平一般处于适宜和较低的水平，但全钾含量不等于土壤有效钾含量（图7-14）。为了提高烟叶含钾量，既要增施钾肥以提高速效钾含量，又要通过施肥技术改进和水钾耦合等措施，提高钾的有效性，提高土壤钾的有效供应能力。

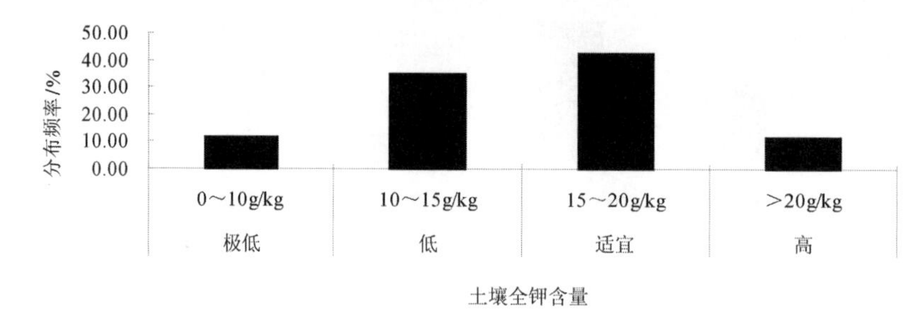

图7-14　豫中、豫南产区土壤全钾的含量状况

9）豫中豫南产区土壤水溶性氯的含量状况

烟叶的氯含量的高低与土壤中氯含量的高低有密切关系。在第二次全国烟草种植区

划中提出，当土壤水溶性氯含量≤30mg/kg 时，适宜种植烟草；当土壤水溶性氯含量≥45mg/kg 时，不适宜种植烟草。从图 7-15 可以看出，豫中、豫南地区只有约 10%的产区的土壤水溶性氯的含量低于 30mg/kg，但均未超过 45mg/kg，与适宜种植烟草的标准相比豫中、豫南产区的土壤水溶性氯含量偏高。

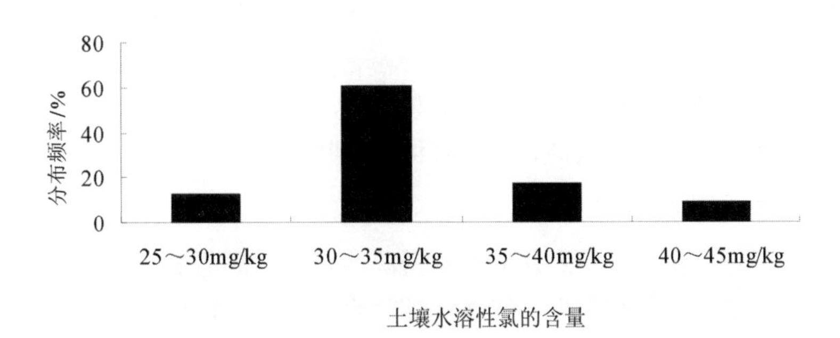

图 7-15　豫中、豫南产区土壤水溶性氯的含量

10）豫中豫南产区土壤阳离子交换量的状况

土壤阳离子交换量（CEC）是衡量土壤保肥供肥能力的指标，通常认为土壤阳离子交换量大于 20cmol/kg 为保肥能力强的土壤，10～20cmol/kg 为保肥能力中等的土壤，低于 10cmol/kg 的土壤保肥能力较差。豫中、豫南产区的土壤阳离子交换量大多集中在 10～15cmol/kg，保肥能力处于中等水平，约 35%的地区土壤的阳离子交换量低于 10cmol/kg，土壤的保肥能力较弱（图 7-16）。

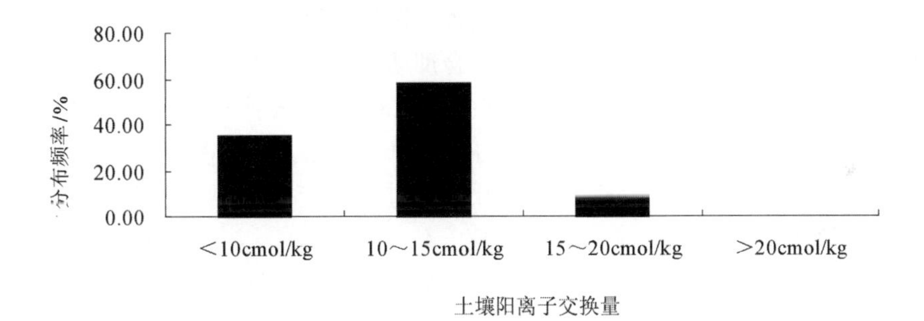

图 7-16　豫中、豫南产区土壤阳离子交换量的状况

7.1.2　生态适宜性剖析

1. 促进因子

豫中和豫南地区热量丰富，全生育期温度较高，有利于烟叶制造和积累较多的光合产物，特别是成熟期温度高，昼夜温差小，日最高气温大于 30℃的天数长，有利于浓香型特色优质烟叶的形成。

光照充足，光照时数较长，有利于光合作用的进行和成熟期烟叶成熟落黄。

烟叶旺长中后期和成熟期降水适宜，旺长期较多的雨水有利于烟叶开片，成熟期降水适中，有利于烟叶成熟。

大部分土壤类型适宜，养分含量丰富，质地良好，通透性较好。

2. 障碍因子

烟叶生长前期降水偏少，土壤干旱，易造成生育期推迟，影响烟叶开片。

土壤有机质含量低，碳低氮高，碳氮比失调，土壤生物活性偏低。

部分烟田土壤质地偏黏，土壤通透性不良，烟叶氮代谢滞后，成熟不良。

土壤 pH 值偏高，土壤有效钾含量低，部分烟田氯离子含量偏高。

3. 限制因子

个别烟田土壤氯离子含量超标，应避免种烟。

一些土壤过于黏重或肥力过高，不适宜优质烟叶生产。

7.1.3　趋利避害主要技术途径

灵活确定移栽期，最大限度利用光温水资源。烟叶伸根期平均温度较高，在灌溉条件较好的产区，可适当提早移栽期，以保证烟叶成熟期有较高的温度条件，促进浓香型特色的彰显。对于旱地烟田，特别是前期干旱持续较长的产区，移栽期可适当推迟，以避免烟叶旺长期干旱，影响烟叶开片和产质量形成。移栽期不宜晚于 5 月 15 日，以避免成熟期温度下降，影响浓香型特色的形成。

采用节水灌溉，解决伸根期干旱缺水问题，但又因需水较少怕灌水过多的矛盾。通过高效节水灌溉，既保证烟株生长对水分的需求和前期对氮素营养的吸收，又促进烟株正常生长，防止因干旱而导致生育期推迟，氮素营养滞后，后期温度降低，成熟不良。

提高土壤碳氮比和生物活性。对于大部分烟田由于常年使用氮素化肥，有机质含量和碳氮比下降，急需通过使用高碳基肥料，促进土壤养分协调，改善土壤理化性状，增加烟叶油分和耐熟性，提高烟叶香气量和浓香型风格程度。

提高土壤通透性和疏松度，促进氮素营养合理动态供应，保证后期氮素及时调亏，促进烟叶色素等香气前体物及时降解，促进成熟度、香气量和质量水平的提高和彰显浓香型风格。

保证群体结构合理，田间透光状况良好。由于光照强度和时数直接影响烟叶质量水平和特色彰显，避免群体过大，避免上部叶面积过大，造成对中下部遮阴导致成熟度下降，质量水平降低。

提高土壤有效钾含量，促进烟叶对钾素的吸收利用。可通过施肥方法改进，分次施钾、钾素后移、水钾耦合等措施减少钾素固定，提高钾的有效性。

7.2　湘南粤北赣南高温高湿短光区

该区主要包括湖南南部、广东北部和江西南部等我国浓香型烟叶的重要产区，所产烟叶香气饱满，烟气柔和，余味舒适，燃烧性好，焦甜香韵明显。该区烟叶生长阶段热量充足，雨水充沛。种植制度多为烟稻轮作，可分为田烟和地烟。为了便于分析比较，湖南产区包括了湖南湘中产区的生态条件。

7.2.1　生态条件分析

1. 湖南产区生态条件分析

特定的生态条件是特色烟叶形成的基础。湖南省生态条件丰富多样，产区光、温、水、热和地形、地貌、成土母质、土壤类型差异明显，具备特色优质烟叶开发的基本条件。对湖南典型浓香型产区形成特色烟叶的生态基础进行深入挖掘和研究，将对发挥湖南省生态资源优势，构建浓香型特色优质烟叶生产核心技术和适应卷烟大企业、大品牌规模要求的原料生产体系，对培育特色明显、类型多样、竞争力强的优质烟叶，提高卷烟重点骨干品牌优质烟叶原料安全保障能力和卷烟新产品开发都具有重要意义。

1）湖南典型浓香型烟叶产区农业地质背景分析

湖南省是我国主要产产区之一，由于地质背景、水、气、热等生态条件及其耕作习惯等存在较大差异，省内烟叶呈现出不同的特色，其中典型浓香型烟叶主要分布在湘南产区（主要包括郴州、永州等产区）。土壤是烟草生长的基础，为烟草提供生长发育必需的物质，土壤生态条件影响着烟草养分吸收、水分吸收、根部呼吸等环节，直接影响烟草的生长发育及其烟叶品质。

在湘南产区选择了 4 个有代表性的烟产地（桂阳县、江华县、隆回县、浏阳市），对其海拔、成土母质、土壤质地、土壤类型等农业地质背景进行了调查，并采集耕层（0～20cm）土壤样品，其中桂阳 12 个，江华 8 个，隆回 5 个，浏阳 6 个，对土壤酸碱度、养分状况等进行了分析和总结，以期为湘南浓香型特色优质烟叶开发，进一步提高烟叶质量提供参考。

(1) 典型浓香型烟叶产区海拔调查

海拔的差异造成地形、温度等生态条件的差异，同时土壤的风化发育、土壤类型的形成、土壤养分的有效性等也常随海拔的变化而发生显著变化。有报道指出，海拔是影响烤烟品质和香型的重要因素，认为在一定的海拔范围内，海拔越高，可能越容易形成清香型的烟叶，反之则形成浓香型烟叶。对湘南产区海拔调查发现，湘南产区烤烟多分布在低海拔的丘陵地区，平均海拔仅为 252m 。其中，桂阳平均海拔为216m、江华 313m、隆回 422m、浏阳 98m。

(2) 典型浓香型烟叶产区成土母质、土壤类型及土壤质地调查

地形地貌、海拔、土壤母岩、土壤种类、土壤质地都和烟叶特色的形成有着密切关系。调查发现，湘南产区的植烟土壤成土母质主要包括石灰岩、紫色页岩、板页岩、白云岩的风化物和第四纪红色黏土，以石灰岩风化物为主，占 60%以上，其中江华、隆回的植烟土壤成土母质 100%为石灰岩风化物，桂阳除个别的为紫色页岩和板页岩风化物外，其余的均为石灰岩风化物。浏阳主要成土母质为紫色页岩风化物。湘南产区植烟土壤类型包括水稻土、红壤和紫色土，其中以水稻土为主，占 80%以上，湘南产区主要是烟-稻轮作区。湘南产区植烟土壤质地主要以黏土类的壤质黏土为主，黏土类占了 72.41%、黏壤土类占 27.59%。湘南产区主要为水稻土，土壤质地比较黏重（表 7-8）。

2）湖南典型浓香型烟叶产区土壤 pH 及养分分析

(1) pH 分析

植烟土壤的 pH 与所产烟叶的颜色、油分、光泽、组织等外观质量相关，对烟叶化学成分协调性影响较大，同时与水解氮、水溶性硼、交换性钙和镁、有效锌等呈显著和极显著相关。在土壤长期的发育过程中，气候、地形、母质、植被等因素都可以影响土

表 7-8 农业地质背景调查情况

产区	编号	地点	土壤名称	土壤质地	成土母质	海拔/m
桂阳	GY-1	洋市乡老屋村十九组	潴育性水稻土	壤质黏土	石灰岩风化物	287
	GY-2	洋市乡仁和村九组	潴育性水稻土	壤质黏土	石灰岩风化物	200
	GY-3	樟市乡桐木村唐家组	红壤	黏土	白云岩风化物	287
	GY-4	樟市乡甫口村候家	潴育性水稻土	壤质黏土	石灰岩风化物	224
	GY-5	仁义乡梧桐村汪山	潴育性水稻土	壤质黏土	石灰岩风化物	221
	GY-6	银河乡长江村 5 组	潴育性水稻土	壤质黏土	紫色页岩风化物	135
	GY-7	和平镇白杜村土桥组	潴育性水稻土	壤质黏土	石灰岩风化物	282
	GY-8	余田乡山塘村 5 组	潴育性水稻土	粉砂质黏壤土	石灰岩风化物	169
	GY-9	浩塘乡大留村 3 组	潴育性水稻土	壤质黏土	石灰岩风化物	195
	GY-10	浩塘乡大留村 1 组	红壤	黏土	白云岩风化物	221
	GY-11	银河乡潭池村六甲组	紫色土	砂质黏壤土	紫色页岩风化物	146
	GY-12	板桥乡板桥村 1 组	潴育性水稻土	粉砂质黏土	板页岩风化物	228
江华	JH-01	白芒营二坎村	潴育性水稻土	壤质黏土	石灰岩风化物	294
	JH-02	白芒营郎圹村第二组	潴育性水稻土	壤质黏土	石灰岩风化物	289
	JH-03	大石桥镇大祖角	潴育性水稻土	黏壤土	石灰岩风化物	274
	JH-04	涛圩镇三门寨	潴育性水稻土	黏壤土	石灰岩风化物	321
	JH-05	涛圩镇八田洞	潴育性水稻土	壤质黏土	石灰岩风化物	310
	JH-06	大石乡砾口村	潴育性水稻土	壤质黏土	石灰岩风化物	292
	JH-07	大路铺乡五洞村	潴育性水稻土	壤质黏土	石灰岩风化物	277
	JH-08	沱江村白竹塘村	红壤	黏壤土	石灰岩风化物	448
隆回	LH-01	荷香桥镇寨现村 8 组	潴育性水稻土	黏壤土	石灰岩风化物	461
	LH-02	荷香桥镇雷塘村 9 组	潴育性水稻土	壤质黏土	石灰岩风化物	658
	LH-03	雨山铺镇井田村 4 组	潴育性水稻土	壤质黏土	石灰岩风化物	321
	LH-04	岩口镇龙塘村 4 组	红壤	粉砂质黏壤土	石灰岩风化物	380
	LH-05	滩头镇狮子村 10 组	潴育性水稻土	粉砂质黏土	石灰岩风化物	292
浏阳	LY-01	社港镇达峰村贺家组	潴育性水稻土	粉砂质黏土	第四纪红色黏土	70
	LY-02	淳口镇南冲村高培组	潴育性水稻土	壤土	紫色页岩风化物	89
	LY-03	沙市镇莲塘村柳家组	潴育性水稻土	粉砂质黏土	紫色页岩风化物	80
	LY-04	永安镇督正村藕塘组	潴育性水稻土	粉砂质黏壤土	紫色页岩风化物	69
	LY-05	达浒镇麻州村杓形组	潴育性水稻土	壤质黏土	紫色页岩风化物	125
	LY-06	大围山中岳村上秦组	潴育性水稻土	壤质黏土	板页岩风化物	154

壤的酸碱度；20 世纪以来，由于大量使用化肥，造成土壤酸化，对土壤酸碱度变化的影响更显著。结果显示，整个湘南产区的平均 pH 为 6.77，总体上属于微酸性，变异系数为 17.9%，说明这一区域的 pH 的变异程度较弱。从各个取样地来看，植烟土壤 pH 由高到低依次为江华>桂阳>隆回>浏阳，其中江华和桂阳的 pH 分别达 7.37 和 7.33，偏碱性；以浏阳植烟土壤的 pH 最低，为 5.34，偏酸性。江华、桂阳、隆回、浏阳 4 县植烟土壤 pH 差异较大的主要原因是成土母质，桂阳、江华、隆回的植烟土壤成土母质主要为石灰岩风化物，浏阳的主要成土母质为紫色页岩风化物。

(2) 土壤有机质分析

土壤有机质是最重要的土壤肥力成分，是植物 N、P、K 等营养元素的来源并影响到土壤向植物供应其他养分，一定程度上直接或间接地影响到土壤的许多属性。湘南产区土壤有机质平均含量为 36.77g/kg（见表 7-9），有机质含量较高。变异系数为 49.47%，变异强度中等，说明各个产区的有机质含量有一定的差异，其中江华产区最高，为 44.77g/kg，浏阳产区最低，为 26.88g/kg。

表 7-9　湘南产区土壤 pH 和养分状况

项目	取样点				湘南产区		
	桂阳	江华	隆回	浏阳	平均值	标准差	变异系数/%
pH（H_2O）	7.33	7.37	6.00	5.34	6.77	1.21	17.90
有机质/(g/kg)	39.03	44.77	30.00	26.88	36.77	18.19	49.47
全氮/(g/kg)	2.43	2.79	1.99	2.12	2.39	0.87	36.56
全磷/(g/kg)	0.94	1.49	0.74	0.85	1.02	0.48	47.11
全钾/(g/kg)	12.99	10.79	11.24	17.66	12.96	4.75	36.66
水解性氮/(mg/kg)	152.08	182.86	148.80	142.60	157.31	57.86	36.78
有效磷/(mg/kg)	28.53	58.34	49.80	64.70	45.63	24.29	53.24
速效钾/(mg/kg)	258.33	373.14	327.80	499.80	339.66	142.09	41.83
交换性钙/(cmol/kg)	65.55	47.90	20.44	12.45	44.36	41.43	93.40
交换性镁/(cmol/kg)	2.61	2.77	1.23	1.21	2.17	1.55	71.74
有效硫/(mg/kg)	74.48	97.99	98.00	146.60	96.64	60.98	63.10
有效铁/(mg/kg)	37.12	56.13	135.52	176.43	82.69	84.52	102.21
有效锰/(mg/kg)	39.42	13.28	52.95	25.06	32.97	35.00	106.17
有效铜/(mg/kg)	3.42	2.93	2.38	3.43	3.12	1.58	50.51
有效锌/(mg/kg)	4.16	2.93	2.52	5.81	3.86	2.74	70.87
有效硼/(mg/kg)	0.64	0.41	1.15	1.48	0.82	0.60	73.63
有效钼/(mg/kg)	0.38	0.06	0.12	0.05	0.20	0.30	154.87

土壤腐殖质是土壤有机质的主要组成部分，是土壤肥力的物质基础，是土壤中最活跃的部分，因此腐殖质的组成和特征直接影响土壤肥力，进而影响烟草的生长发育。江华、桂阳、隆回、浏阳 4 个产区植烟土壤的胡敏酸碳量和腐殖酸总碳量（胡敏酸碳量和富里酸碳量的总和）均表现为江华>隆回>桂阳>浏阳，这 4 个产区中以江华的植烟土壤胡敏酸含量和活性腐殖质含量最为丰富。胡敏酸含量高，有利于增加土壤的吸附性能和保持养分、水分的能力，并能促进土壤结构体的形成；活性腐殖质含量高，有利于土壤微生物的繁殖和矿质养分的释放，从而影响烟草的生长发育。

土壤胡敏酸与富里酸的比值（HA/FA）在一定程度上反映土壤腐殖物质聚合程度，土壤胡敏酸与富里酸比值越大，土壤腐殖物质的聚合程度也越高，质量也越好，常常作为进一步说明土壤肥力的指标。从表 7-10 可以看出，江华、桂阳、隆回、浏阳 4 个产区植烟土壤的胡敏酸/富里酸比以江华最高，明显高于其他 3 个县，江华县植烟土壤的腐殖质最好。结合态腐殖质碳含量（松结态+稳结态+紧结态）由高到低依次为江华>桂阳>隆回>浏阳，这与土壤有机碳含量的表现规律一致，结合态腐殖质与土壤有机质有着密切的联系，有机质含量丰富的土壤结合态腐殖质含量也相应较高。同时还看出，无论是松结态腐殖质含量还是紧结态腐殖质含量，都是以江华县的最高，松结态腐殖质主要源于新鲜有机质，易被微生物氧化分解，其活性较大，对土壤有效养分的供应起着重要作用。紧结态腐殖质与矿物部分结合较紧，为较稳定腐殖质，不易被微生物氧化，但是紧结态腐殖质的稳定性强，对腐殖质的积累、养分的贮蓄和土壤结构的保持方面起着重要作用。因此，从土壤腐殖质的组成与特征方面来说，以江华县的土壤腐殖质含量和品质最好。土壤腐殖质的含量和品质是影响烤烟香型和质量的一个重要因素。

表 7-10　湘南产区土壤腐殖质特征

植烟区	胡敏酸 C/(g/kg)	富里酸 C/(g/kg)	胡敏素 /(g/kg)	HA/FA	松结态 /(g/kg)	稳结态 /(g/kg)	紧结态 /(g/kg)	松紧比
浏阳	2.14	2.84	10.61	0.75	8.31	0.80	7.39	1.18
隆回	2.45	3.30	11.66	0.72	8.90	0.79	7.97	1.52
桂阳	2.24	2.83	17.57	0.74	8.19	1.52	13.05	0.76
江华	3.55	3.40	19.03	1.03	10.45	1.93	15.37	0.79
湘南	2.58	3.05	15.70	0.81	8.88	1.37	11.76	0.97

(3) 土壤全氮和水解性氮分析

土壤氮素主要存在于土壤的有机质和土壤胶体复合体内，其对植物生长发育影响十分明显，是限制植物生长和产量形成的首要因素。统计结果显示（表 7-9），湘南产区植烟土壤全氮平均含量为 2.39g/kg，变异系数为 36.56%，其中桂阳、江华、浏阳 3 个产区全氮平均含量均高于 2.0g/kg，隆回也达到 1.99%。根据全国第二次土壤普查养分分级标准，土壤全氮含量大于 0.2%为丰富，0.1%～0.2%为中量级，小于 0.1%为欠缺，因此，湘南产区大部分土壤全氮含量处于较高水平。湘南产区植烟土壤水解氮平均含量为 157.31mg/kg，变异系数为 36.78%。土壤中的速效氮对烟生产影响较大，一般认为，植烟土壤水解氮含量>65mg/kg 的为高肥力烟田，45～65mg/kg 的为中上等肥力烟田，45mg/kg 以下的为中下等肥力烟田。可见，湘南产区植烟土壤基本都处于高肥力水平。综合土壤中全氮和水解性氮含量来看，湘南产区植烟土壤氮素含量处于高水平，这主要与当地的烟农施肥习惯有着密切的关系。

(4) 土壤全磷和有效磷分析

磷是烟草必须的营养元素，是烟草许多有机化合物的组成成分，对促进烟草的生长发育和新陈代谢十分重要，烟叶的产量、品质均与磷素营养状况密切相关，磷含量过低，直接阻碍着根系发育，地上部分生长缓慢，影响着烤烟的颜色、总糖与还原糖的含量等。分析结果显示，湘南产区土壤中全磷平均含量为 1.02g/kg，变异系数为 47.11%，其中江华平均含量最高，为 1.49g/kg，桂阳平均为 0.49g/kg，隆回平均为 0.74g/kg，浏阳平均为 0.85g/kg。土壤有效磷是烟草磷素的直接来源，也是土壤磷素有效性的标志。湘南产区植烟土壤有效磷平均含量为 45.63mg/kg，其中浏阳平均含量最高，为 64.70mg/kg，桂阳平均为 28.53mg/kg，隆回平均为 49.80mg/kg，江华平均为 58.34mg/kg，土壤有效磷含量一般划分为丰富（>20mg/kg）、高（10～20mg/kg）、中等(5～10mg/kg）和低（小于 5mg/kg）4 个水平。由此可见，湘南产区植烟土壤中有效磷含量均处于丰富水平。

(5) 土壤全钾和速效钾分析

湘南产区土壤全钾平均含量为 12.96g/kg，变异系数为 36.66%，其中以浏阳产区全钾含量最高，为 17.66g/kg，桂阳平均为 12.99g/kg，隆回平均为 11.24g/kg，江华平均为 10.79g/kg。土壤速效钾的含量直接反映出土壤的供钾能力，当土壤中速效钾含量低于 100mg/kg 时，容易造成烟叶缺钾。湘南产区土壤中速效钾平均含量为 339.66mg/kg，其中以浏阳产区速效钾含量最高，为 499.80mg/kg，桂阳平均为258.33mg/kg，隆回平均为 327.80mg/kg，江华平均为 373.14mg/kg。全产区变异系数为41.83%，属于中等强度变异。由此可见，湘南产区土壤中钾素丰富，供钾能力强。

综合湘南产区土壤中大量元素（氮、磷、钾）分析，表明湘南产区中大量养分非常丰富，供肥能力很强，这为烟草的生长发育提供较好的保障，这也可能是形成优质浓香型烟叶的主要原因之一。

(6) *土壤中微量元素分析*

烟草的生长发育除了需要氮磷钾三大元素外，还需要钙、镁、硫、铁等许多中、微量元素，尽管对这些元素吸收量较小，但却与烟草的生产发育和品质紧密相关。为此，我们分析了土壤中 9 项中微量元素（表 7-9）。

烟株缺钙时，生长停滞，顶芽、幼叶、嫩叶叶缘和叶尖等新生部位生长受阻，严重时易造成叶片残破不全，严重影响烟叶的产量和品质。湘南产区土壤中交换性钙平均含量为 44.36cmol/mg，变异系数为 93.40%，属较强程度变异。其中桂阳交换性钙含量最高，为 65.55cmol/mg；浏阳最低，为 12.45cmol/mg。

镁是叶绿素的成分，对光合作用有重要作用，还能改善根系的发育情况，提高中上等烟比例，增加产量及烟碱、总糖、总氮及蛋白质的含量。湘南产区土壤中交换性镁平均含量为 2.17cmol/mg，变异系数为 71.74%，属中等程度变异。其中江华交换性镁含量最高，为 2.77cmol/mg；浏阳最低，为 1.21cmol/mg。

硫是烟草必需的营养元素之一，国外把硫列为第 5 种元素，即氮、磷、钾、钙、硫，可见硫的重要性。湘南产区土壤中有效硫平均含量为 96.64mg/kg，变异系数为63.1%，属中等强度变异。其中浏阳产区有效硫含量最高，为 146.60mg/kg；桂阳最低，为 74.48mg/kg。

铁是烟草体内许多酶的活性剂，与烟草的光合作用、呼吸作用、硝酸还原作用等都有着密切的关系。湘南产区土壤中有效铁平均含量为 82.69mg/kg，变异系数为 102.21%，属强度变异。其中隆回产区有效铁含量最高，为 135.52mg/kg；桂阳最低，为37.12mg/kg。

锰是烟株体内许多酶的组成成分和活性剂，影响烟草根系的生长与发育。湘南产区土壤中有效锰平均含量为 32.97mg/kg，变异系数为 106.17%，属强度变异。其中隆回产区有效锰含量最高，为 52.95mg/kg；江华最低，为 13.28mg/kg。

烟叶中铜含量虽然极低，但却是必需元素之一，主要参与蛋白质的合成，还参与光合作用、氧化还原作用和碳水化合物、氮的代谢，并能增强植物的抗逆性，缺铜严重地影响烟叶的产量和品质。湘南产区土壤中有效铜平均含量为 3.12mg/kg，变异系数为50.51%，属中等强度变异。其中浏阳产区有效铜含量最高，为 3.43mg/kg；隆回最低，为 2.38mg/kg。

锌是烟株体内许多酶的组成成分，是氧化反应中的催化剂和维生素的活化剂，对生长素的形成及光合作用也有一定作用。湘南产区土壤中有效锌平均含量为 3.86mg/kg，变异系数为 70.87%，属中等强度变异。其中浏阳产区有效锌含量最高，为 5.81mg/kg；隆回最低，为 2.52mg/kg。

烟草对硼的吸收量较低，但硼在烟草的生理生化过程中起着非常重要的作用，参与碳水化合物的运输及代谢，能促进植物细胞生长等。分析结果显示，湘南产区土壤中有效硼平均含量为0.82mg/kg，变异系数为73.63%，属中等强度变异。其中浏阳产区有效硼含量最高，为1.48mg/kg；江华产区最低，为0.41mg/kg。

钼对烟草产量及品质的形成起着重要作用。分析结果表明，湘南产区土壤中有效钼平均含量为0.20mg/kg，变异系数为154.87%，属强度变异。其中桂阳产区有效钼含量最高，为0.38mg/kg；浏阳产区最低，为0.05mg/kg。

3）湖南浓香型烟叶产区主要气候因子分析

生态环境因子是影响烤烟内在化学品质形成的重要因素之一，特别是气象因子的变化对烟叶产量、质量均有较大的影响。湖南大部分地方属于中亚热带东部湿润季风气候区，湘南、湘东北浓香型烟叶产区分别兼有向南亚热带和北亚热带过渡的特征。总体而言，湖南的温、光、水资源丰富，同主要作物生长季节配合较好，有利于多种农作物生长。湘东南浓香型烟叶产区≥0℃活动积温不足6100℃，其中湘东南的桂东≥0℃活动积温是全省的低值区，只有5642.2℃，衡阳及以南地区为6400～6600℃，其他地方为6040～6360℃。湖南多年平均降水为1200～1700mm，属于我国多雨区之一，降水不均，前涝后旱。湖南年日照时数为1300～1800h。分布总趋势是洞庭湖地区最多，湘中、湘南其次，湘西最少。我们收集整理了三个产区代表站1981～2010年来气象资料，对产区大田期气温、降水量、光照等主要气象因子进行了剖析。

(1) 浓香型烟叶产区气温与日较差分析

代表性气象观测站30年气温数据分析的结果表明（见图7-17），湘中浓香型烟叶产区（浏阳、邵阳县）从3月下旬移栽后至采收完毕（7月中旬）逐旬气温均处于上升趋势，其中3月下旬至5月上旬气温变化为12～20℃，且气温日较差变幅较大，6月下旬至采收期，旬平均气温在25℃以上，大多年份受副高稳定控制，易出现日平均气温≥35℃的高温酷热天气，对上部烟叶的成熟度有一定影响。

湘南浓香型烟叶产区（常宁、桂阳、江华）移栽期至采收期与湘中产区类似。3月下旬至4月中旬气温变化为12～20℃，且气温日较差变幅较大，6月中旬以后，气温稳定在25℃以上，易出现日平均气温≥35℃的高温酷热天气，对上部烟叶的成熟有一定影响。但永州地区的江永和江华两地受地形和植被的影响，温度条件与湘南其他产烟基地县存在明显的差异，5月下旬至采收期（7月中旬），气温为23～30℃，有利于上部烟叶质量的形成。

(2) 浓香型烟叶产区降水量分析

代表性气象观测站30年降水量数据分析的结果表明（见图7-18），湘中地区3月下旬移栽后至6月下旬呈波动上升变化， 4月下旬降水量有一个低值，之后又呈增加趋势。浏阳在6月下旬降水达到生育期内旬降水最大值（90.5mm），邵阳县在5月下旬即达到降水最大值（70.6mm）；之后旬降水量又逐旬下降，浏阳在7月下旬达到最小值、邵阳县在7月上旬达到最小值。从多年降水变异情况看，6月中旬至7月中旬降水波动较大，特别是7月份降水减少，年度间降水量变化大，较容易受干旱威胁；而6月中下旬降水多，年度间变化大，容易受渍涝。

湘南地区自移栽后3月下旬至4月下旬呈略有下降的趋势，在大田期前期的4月下

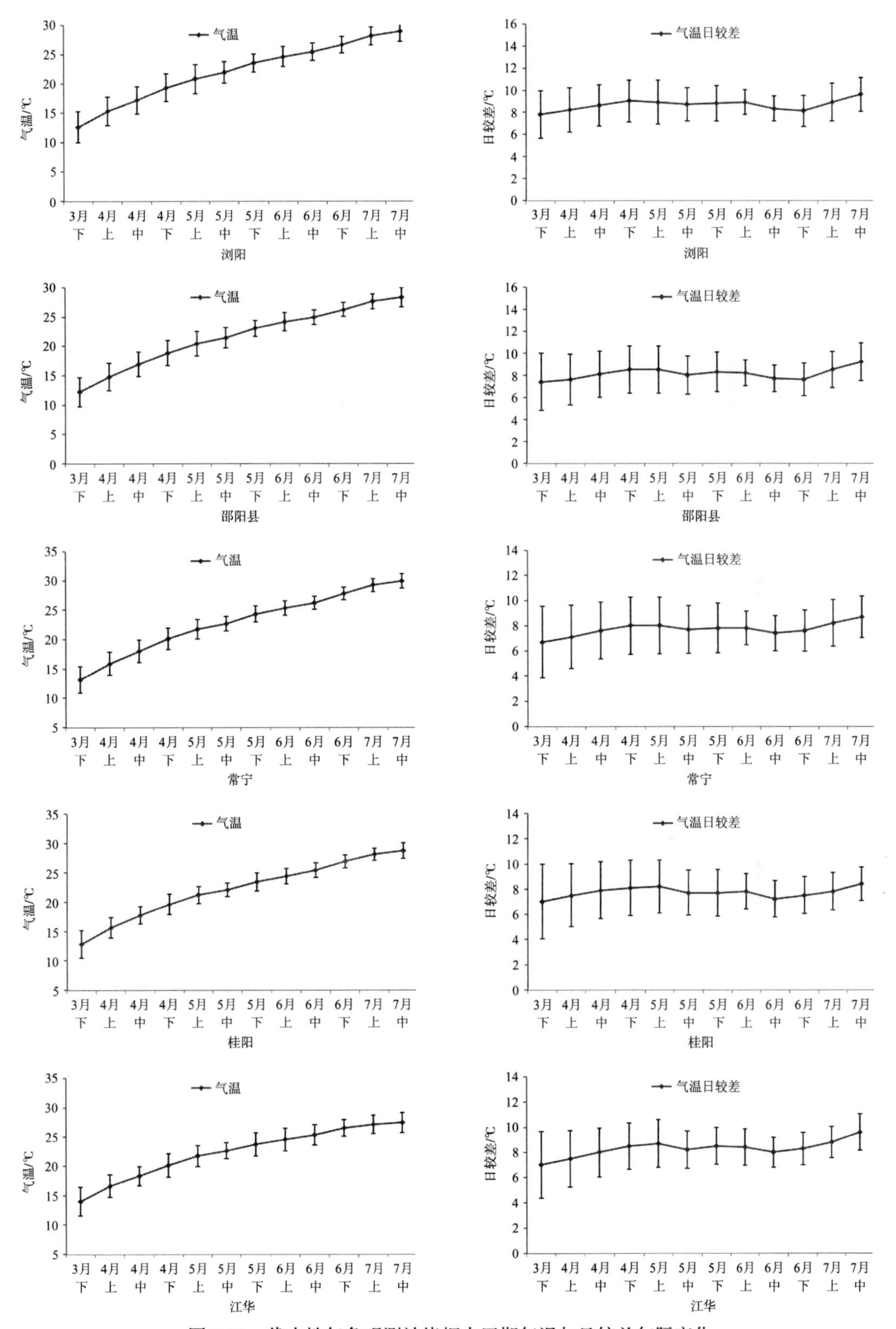

图 7-17　代表性气象观测站烤烟大田期气温与日较差旬际变化

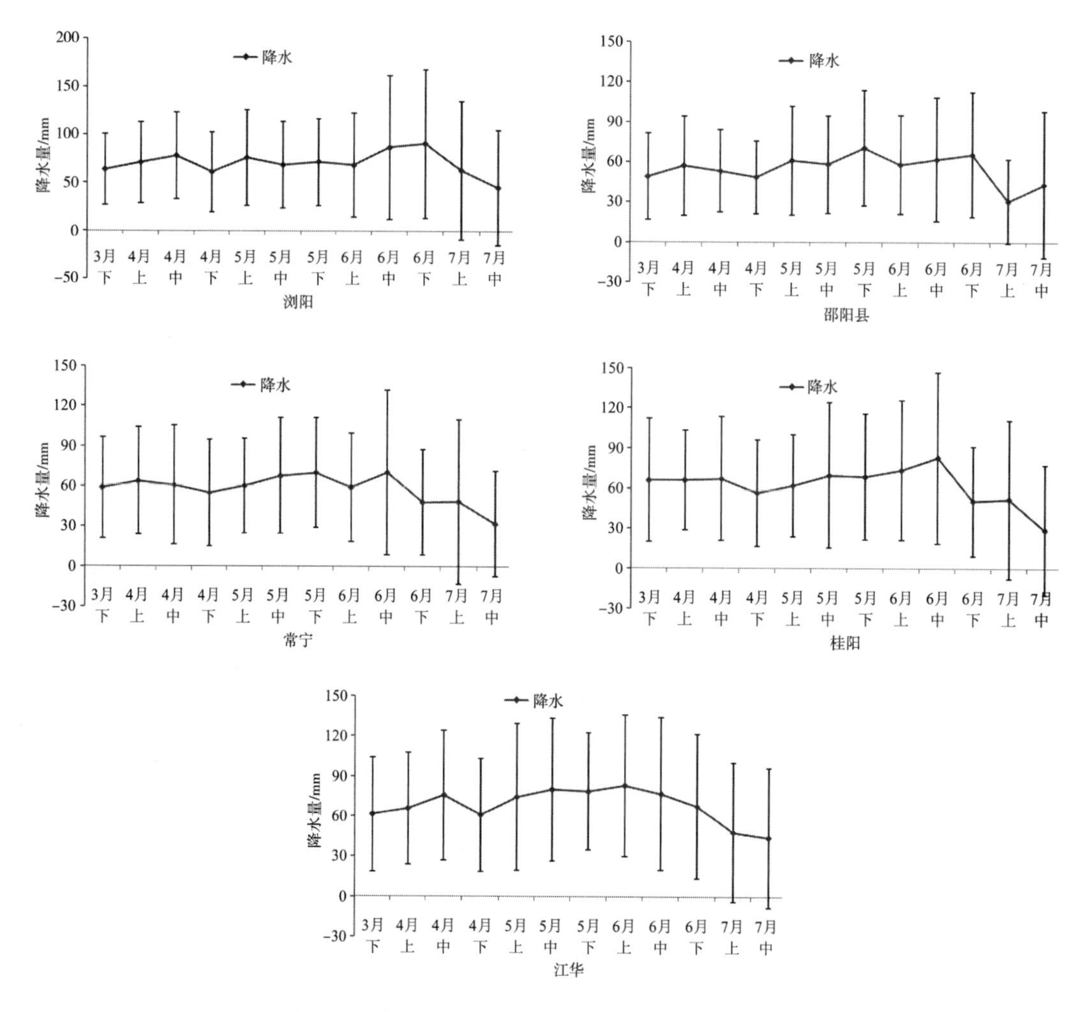

图 7-18 代表性气象观测站烤烟大田期降水旬际变化

旬降水有一个较低值，之后又呈较稳定增加，大部分地区在 5 月中旬至 6 月中旬降水达到生育期内旬降水最大值，常宁出现在 5 月下旬（70.1mm）、江华出现在 6 月上旬（83.3mm）、桂阳出现在 6 月中旬（82.8mm）。从多年降水变异情况看，5 月中旬至 6 月下旬降水多，降水波动大，较容易受干旱和洪涝威胁。7 月上中旬降水减少，波动较大，又容易受干旱威胁。

(3) 浓香型烟叶产区日照时数分析

代表性气象观测站 30 年日照时数分析的结果表明（图 7-19），湘中产区 3 月下旬至 4 月中旬日照较少，由于此段冷空气活动频繁，低温阴雨天气较多，部分年份不利于还苗伸根。从 3 月下旬至 5 月下旬日照时数基本呈上升趋势；在 5 月下旬到达最大值后，在 6 月上中旬有所下降，6 月中旬后日照时数又明显增加。其中日照时数最短为26h，到 7 月中旬达到最大值（浏阳为 74.8h，邵阳县为 81.8h）。

湘南产区日照时数变化与湘中产区基本类似，3 月下旬的日照时数最短，为 20～24h；江华由于雨季开始早，日照最小，仅为 20.6h；桂阳日照略多，有 26.5h。从 3 月

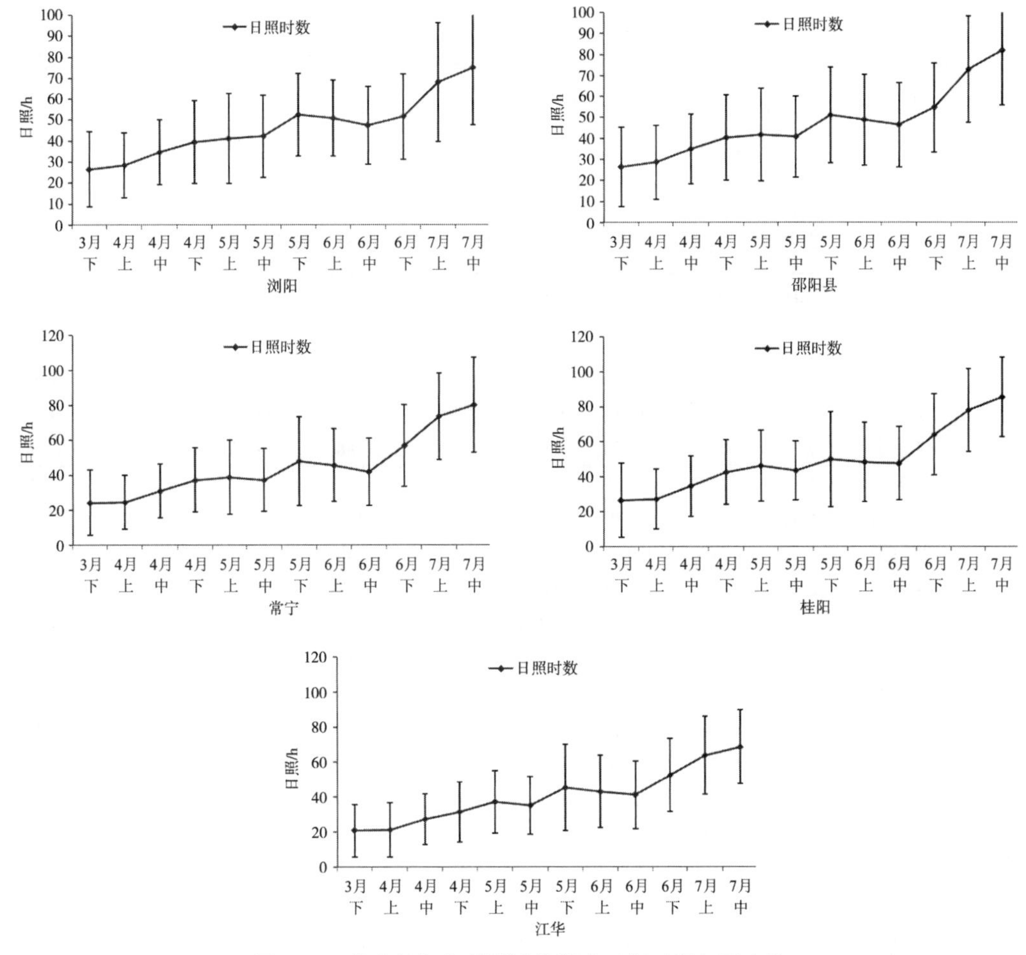

图 7-19　代表性气象观测站烤烟大田期日照旬际变化

中旬至 5 月下旬日照时数呈上升变化，在 5 月下旬到达最大值后，在 6 月上中旬有所下降，6 月中旬后日照又明显增加，到 7 月中旬达到最大值，其中桂阳日照时数最多，达 85.5h，江华日照时数最少，为 68.4h。从日照变化和分布看，桂阳烟叶生长后期日照时数迅速增加，日照较多，有利于烟叶成熟。

2. 广东产区生态条件分析

特定的生态条件是特色烟叶形成的生态基础，是难以人为改变的；品种和栽培、调制技术是形成特色烟叶的重要条件，是比较易于调控的因子。通过对南雄烟叶产区主要植烟土壤养分状况及大田期气象条件进行分析，以期明确生态有利和不利条件，为南雄浓香型特色优质烟叶开发提供参考，进一步提高烟叶质量水平、彰显烟叶浓香型风格特色。

1）主要植烟土壤养分状况分析

南雄主要植烟土壤类型有紫色土和水稻土的牛肝田和沙泥田。土壤养分含量是土壤肥力的重要标志，其丰缺状况和供应强度直接影响烟草的生长发育和产质表现，适宜的土壤肥力是烟草优质、适产的重要基础。

在南雄特色优质烟叶开发区的古市、黄坑和水口三个基地单元，使用 GPS 定位技术，分别在各地取紫色土、牛肝田、沙泥田样品各一份。土样采集取耕层土壤 20cm 深度的土样，在同一采样单元内每 8～10 个点的土样构成一个约 0.5kg 的混合土样。从田间采来的土样经登记编号后进行预处理，经过风干、磨细、过筛、混匀、装瓶后备用。主要测定了土壤 pH、有机质、全氮、全磷、全钾、碱解氮、速效磷、速效钾、水溶氯等指标，各养分的具体测定方法参见有关标准文献，检测结果见表 7-11。

表 7-11　南雄特色优质烟叶开发基地单元植烟土壤养分含量

地点	土壤	pH	有机质/%	全氮/%	全磷/%	全钾/%	碱解氮/(mg/kg)	速效磷/(mg/kg)	速效钾/(mg/kg)	水溶氯/(mg/kg)
古市	沙泥田	5.73	1.48	0.134	0.044	1.44	82.43	29.46	76.00	5.05
	牛肝田	6.22	3.01	0.157	0.056	2.79	143.50	48.67	106.00	9.37
	紫色土	7.30	0.65	0.050	0.083	2.68	56.88	14.93	120.00	11.90
水口	沙泥田	5.79	2.60	0.168	0.038	2.10	157.50	24.67	124.00	11.30
	牛肝田	6.42	3.74	0.230	0.058	2.74	134.82	32.27	160.00	13.95
	紫色土	7.30	1.09	0.117	0.037	2.73	98.98	12.80	176.00	5.72
黄坑	沙泥田	5.33	2.24	0.174	0.027	1.47	128.38	19.20	94.00	9.93
	牛肝田	5.79	2.95	0.172	0.064	2.75	144.90	33.87	139.00	10.10
	紫色土	7.29	0.82	0.123	0.041	2.39	46.67	25.35	176.00	8.61
统计描述	平均值	6.352	2.064	0.147	0.050	2.343	110.451	26.802	130.111	9.548
	最小值	5.33	0.65	0.05	0.03	1.44	46.67	12.80	76.00	5.05
	最大值	7.30	3.74	0.23	0.08	2.79	157.50	48.67	176.00	13.95
	标准差	0.772	1.098	0.050	0.017	0.551	40.716	10.992	35.597	2.833
	变异系数	12.15	53.18	33.82	34.38	23.50	36.86	41.01	27.36	29.68

(1) 土壤 pH

土壤 pH 是土壤溶液中游离的 H^+和 OH^-浓度比例不同而表现出来的酸碱性质，是土壤许多化学性质特别是岩基状况的综合反映。南雄产区土壤 pH 为 5.53～7.30，平均为 6.35，变异系数为 12.15%（表 7-11），说明南雄土壤 pH 水平分布较集中，大部分呈偏酸性。研究表明，虽然烟草生长对土壤 pH 高低的适应性较强，在pH 为4.5～8.5 均能正常生和发育，但从烟叶品质出发，烟草生产需要一个较为适宜的土壤pH，因为土壤 pH 过低或过高，常使土壤元素有效性发生变化，导致植株某些元素的失调，从而影响烟叶品质。世界各国推荐的最适烤烟生长 pH 为 5.5～7.0，最适宜为 5.5～6.5。结合南雄植烟土壤 pH 测定结果，可以看出南雄产区绝大多数土壤 pH 适宜特色优质烟生产。但不同土壤类型 pH 在适宜范围内变化不同（表 7-12），其中沙泥田土壤 pH 平均为 5.6，牛肝田为 6.1，适宜优质烟生产。紫色土土壤 pH 较高，平均值为 7.3，呈偏碱性，这与当地土壤成土母质有密切的关系。

(2) 土壤有机质含量

土壤有机质含量的高低直接影响土壤物理、化学性质和肥力水平，影响烟草内在质量。在一定范围内，土壤有机质含量越高，土壤养分含量也越高，肥力状况越好，能生产出品质较好的烟叶。但并不是土壤有机质含量越高，所产烟叶质量越好。在表7-11中，南雄土壤有机质含量为 0.65%～3.74%，平均值为 2.06%，变异系数为 53.18%，说明南雄产区植烟土壤有机质含量丰富，但变异系数较大。如表 7-12 所示，其中牛肝田有机质含量最高，平均值为 3.23%；其次为沙泥田，平均值为 2.11%；紫色土有机质含量最低，平均值为 0.85%，主要是成土母质所致。鉴于南雄产区部分烟田土壤质地较为黏重，土层较浅，结构不合理，耕性差，可通过增施有机肥，改善土壤的理化性状。尤其是紫色土烟田更应重视有机肥的施用。

表 7-12　南雄产区不同类型土壤养分含量分析

土壤	项目	pH	有机质/%	全氮/%	全磷/%	全钾/%	碱解氮/(mg/kg)	速效磷/(mg/kg)	速效钾/(mg/kg)	水溶氯/(mg/kg)
沙泥田	平均值	5.617	2.107	0.159	0.036	1.670	122.770	24.443	98.000	8.760
	标准差	0.250	0.572	0.022	0.009	0.373	37.848	5.134	24.249	3.285
	变异系数	4.5	27.1	13.6	23.7	22.3	30.8	21.0	24.7	37.5
牛肝田	平均值	6.143	3.233	0.186	0.059	2.760	141.073	38.270	135.000	11.140
	标准差	0.322	0.440	0.039	0.004	0.026	5.461	9.042	27.221	2.461
	变异系数	5.2	13.6	20.7	7.0	1.0	3.9	23.6	20.2	22.1
紫色土	平均值	7.297	0.853	0.097	0.054	2.600	67.510	17.693	157.333	8.743
	标准差	0.006	0.222	0.041	0.025	0.184	27.728	6.716	32.332	3.092
	变异系数	0.1	26.0	41.9	47.5	7.1	41.1	38.0	20.5	35.4

(3) 土壤全氮和碱解氮含量

氮素在植株生长发育过程中起着重要作用，特别是对烟草产量、品质影响最大，可直接影响烟叶内化学成分的积累。一般来说，在适宜的氮、磷、钾营养水平下，随着氮素含量的增高，烟叶产量和品质也随之相应提高。当超过一定限度时，过量的氮使烟叶成熟推迟，干物质减少，含水量增大，烘烤时变黄脱水困难，导致产量和品质下降。烟株吸收的氮量与土壤碱解氮含量有较大的相关性。南雄产区土壤全氮含量分布为 0.05%～0.23%（表 7-11），平均含量 0.147%，变异系数为 33.82%。根据全国第二次土壤普查养分分级标准，土壤全氮含量大于 0.2% 为丰富，0.1%～0.2%为中量级，小于0.1%为欠缺，因此，南雄产区大部分土壤全氮含量处于较低水平，其中紫色土全氮含量最低，平均值为 0.097%，土壤中全氮欠缺。南雄植烟土壤碱解氮含量为 46.67～157.50mg/kg，平均为110.451mg/kg。土壤速效氮对烟叶生产影响较大，一般认为，植烟土壤碱解氮含量>65mg/kg 的为高肥力烟田，45～65mg/ kg 的为中上等肥力烟田，45mg/kg 以下的为中下等肥力烟田。由此可见，南雄产区植烟土壤大部分处于高肥力水平。从不同土壤类型来看（表 7-12），牛肝田土壤碱解氮含量最高，平均 141.073mg/kg；紫色土含量最低，平均为 67.51mg/kg。氮是影响烟株生长和发育以及烟叶质量的最重要的元素。土壤氮素不足或过量都会对烤烟产量和品质产生极大的影响。上述分析表明，南雄产区植烟土壤全氮含量较低，但碱解氮含量较丰富。在南雄，牛肝田土壤全氮和碱解氮含量相对较高，且土壤较黏重，后期氮素供应充足，易使落黄推迟，烟碱含量增高。因此，对于牛肝田，应减少当季氮的用量，控制有机肥的施用。而紫色土土壤全氮和碱解氮含量较低，应适量增施氮肥，以提高土壤肥力，避免烤烟生长后期脱肥，影响烟叶的产量和品质。

(4) 土壤全磷和速效磷含量

磷是细胞内磷酸腺苷、糖脂、磷脂、核酸及含磷辅酶等的重要组成部分，它在体内的能量代谢、碳水化合物代谢、氮代谢及物质运输等方面起重要作用。磷素对烟株早期生长特别重要，施磷对烟草早期生长的影响比对最终烤后烟叶的产量和质量的影响更明显。磷素不足时，烟株的正常生长发育受到影响，烟叶香味下降；而磷素过多时，烟株生长浓绿，烤后叶片过厚发脆，油分差、僵硬。结果表明(表7-11)，南雄产区土壤全磷含量分布为0.03%～0.08%，平均0.05%，变异系数为34.38%。沙泥田、牛肝田和紫色土三种植烟土壤全磷平均含量分别为0.036%、0.059%和0.054%，这表明南雄产区植烟土壤全磷含量分布比较平衡。土壤速效磷是烟草磷素的直接来源，也是土壤磷素有效性的标志。南雄全区植烟土壤速效磷分布为12.80～42.67mg/kg，平均含量为26.802mg/kg。土壤磷素含量一般划分为丰富（>20mg/kg）、高(10～20mg/kg)、中等（5～10mg/kg）和低（小于5mg/kg）4个水平，由此可见，南雄产区土壤速效磷含量处于较高水平，土壤供磷丰富。其中牛肝田土壤速效磷平均含量最高，为24.443mg/kg；沙泥田次之，为24.443mg/kg；紫色土含量最低，为17.693mg/kg。南雄产区绝大部分烟田土壤速效磷含量较为丰富，过多施用磷肥将会抑制烤烟对氮、钾的吸收利用，这部分烟田施肥时应减少磷的施用比例，也可采用隔年施磷的方法。对于土壤速效磷含量较低的烟田应注意磷肥的施用。

(5) 土壤全钾和速效钾含量

钾是烟叶最重要的品质元素，烟叶含钾量与土壤供钾肥力有明显的正相关性，人们对烟田土壤钾素含量和钾肥的施用比较关注。南雄产区土壤全钾含量分布为1.44%～2.79%，平均2.343%，变异系数为23.50%。从不同土壤类型来看，牛肝田土壤全钾最高，平均值为2.76%；紫色土土壤全钾含量次之，为2.6%；沙泥田全钾含量最低，为1.67%。南雄产区土壤速效钾含量分布在76～176mg/kg，平均值为130.11mg/kg，变异系数为27.36%。三种土壤类型中，以紫色土中速效钾含量最高，平均为157.33mg/kg，且变异系数较小，土壤速效钾含量较平衡；牛肝田土壤速效钾含量次之，平均为135mg/kg；沙泥田土壤速效钾含量最低，平均为98mg/kg。紫色土土壤速效钾平均含量高于临界水平150mg/kg，为速效钾含量相对较丰富土壤，但沙泥田土壤速效钾平均含量低于100mg/kg，为极度缺钾土壤。研究结果表明，南雄产区土壤全钾含量相对较高，含量较丰富，但土壤中速效钾含量较低，其中沙泥田为极度缺钾土壤。因此，应重视沙泥田钾肥的使用。由于土壤速效钾易受外界环境条件如水分、温度等因素的影响，且在土壤中的移动性大，易被淋失，特别是高温多雨季节，淋失更为严重。因此，钾肥的适宜用量应根据土壤供钾状况和南雄烤烟生长季节的气候特点科学确定，不宜盲目提高用量。应注意钾肥分次施用，并与氮肥保持合适的比例。

(6) 水溶性氯离子含量

烟草为忌氯作物，含量过多时烟叶填充力和持火力降低，但适量的氯素（占肥料的2%）可提高烟叶质量，改善某些品质因素，如颜色、含水量、弹性等。烟叶氯含量的高低主要受土壤氯含量的影响，二者呈正相关。一般认为烟草最适宜区的土壤氯含量应低于30mg/kg。结果表明，南雄产区植烟土壤氯离子含量分布为5.03～13.95mg/kg, 平均9.548mg/kg，变异系数为29.68%。由此可见，南雄产区土壤氯含量远低于临界水平，从变异系数来看，植烟田块间氯离子含量差异较小，土壤氯离子含量较平衡。从不同土壤类型来看，三种土壤氯离子含量普遍偏低，牛肝田土壤氯离子含量最高，平均为 11.14mg/kg；紫色土和沙泥田土壤氯离子含量基本一致，分别为 8.743mg/kg、8.76mg/kg。这表明土壤缺氯，这可能与该地的降水量丰沛、氯素易于淋失有关。缺氯使烟叶干燥，弹性差，易破碎，出丝率低，可用性差。针对该区实际情况，可考虑补充适当的含氯肥料，以满足烟草对氯素的需要。

2）大田期主要气象条件分析

气候因子与烟草生长过程中的生理代谢、物质积累、化学成分的协调性和香吃味风格的形成具有密切相关。南雄属亚热带季风湿润气候区，年平均气温 19.60℃，日照时数 1852.4h，年平均总降水量 1530.6mm，年平均积温 7186.0℃，≥10℃年有效积温 6369.1℃，无霜期293d。我们收集整理了南雄产区 20 年（1988～2008 年）的气象资料，对南雄产区大田期气温、降水量、光照等主要气象因子进行统计分析，探讨南雄烟叶浓香型风格特色形成与气候条件的关系。

(1) 气温

统计结果显示，南雄产区年≥10℃积温为 6396.9℃。由图 7-20 可以看出，南雄产区烤烟移栽（2 月中下旬）后，气温逐旬上升，从 2 月下旬的旬平均气温 12.4℃直至 6 月下旬（6 月底采收完毕）气温 28.0℃，期间旬气温 20 年间变异也逐旬下降。昼夜温差（图 7-21）在 3 月上旬较大（8.4℃），尔后开始下降至 3 月下旬（6.2℃），再缓慢上升至 4 月中旬（8.0℃），此后一直较为平稳，直至烟叶采收完毕。

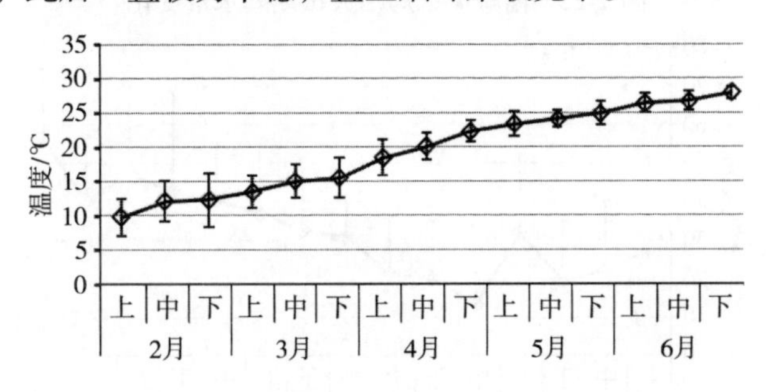

图 7-20　南雄产区烤烟大田期气温变化

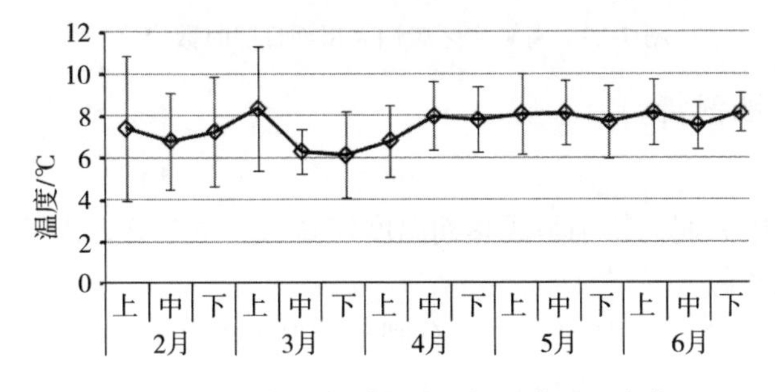

图 7-21　南雄产区烤烟大田期昼夜温差变化

(2) 降水

统计结果显示，南雄产区年降水量 1467.7mm，大田期（3 月～6 月）降水量为 811.1mm。从图 7-22 可以看出，在烤烟大田期降水时空分布并不均匀：3 月上、中旬降水量较低约 40mm，这为伸根期烟株发育发达根系创造了良好的条件；3 月下旬降水量接近 100mm，充足的降水为烟株进入旺长准备了足够的水分，尔后在 4 月上旬至6 月上旬，旬降水量维持为 60～80mm，6 月中旬降水量略有增加，6 月下旬，降水量又下降至 60mm 以下。从旬降水量变异来看，整个大田期旬降水量年度间变异较大，尤其在 3 月下旬和 6 月中旬，这两个时间段极易遭受干旱或涝灾。

(3) 光照

由图 7-23 可以看出，整个大田期中，3 月中旬的日照时数最短（13.5h），此时段为烤烟伸根期，但降水量仅 44.7mm，温度较低（15.1℃），可见此时段烤烟经常遭受低温、持续小雨和寡日照天气。尔后旬日照时数持续增加至 6 月上旬（47.8 h），然后突降至 6 月中旬（40.4 h），再继续升高至 6 月下旬大田期最长旬日照时数（56.7h），其中 6 月中旬的较低的旬日照时数与此时段降水量较多有一定的联系。

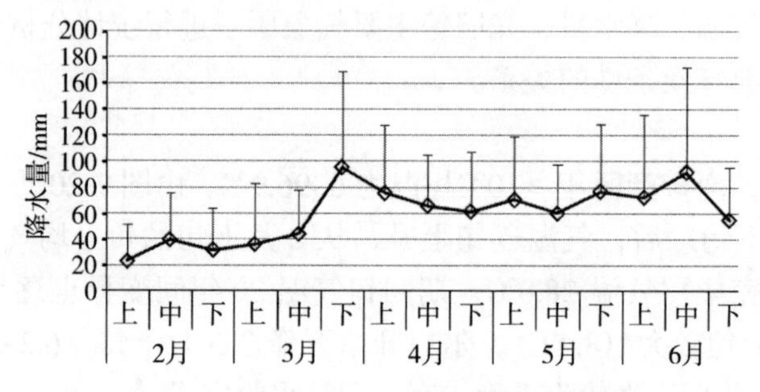

图 7-22 南雄产区烤烟大田期降水量变化

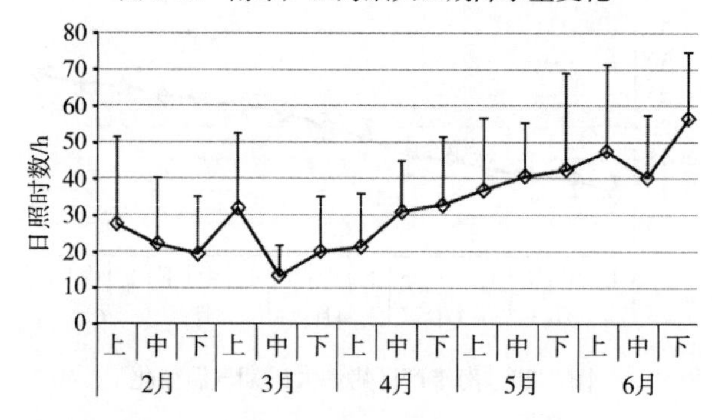

图 7-23 南雄产区烤烟大田期日照时数变化

7.2.2 生态适宜性剖析

1. 促进因子

该区烟叶生长中后期，特别是成熟期温度较高，热量丰富，光照较强，有利于浓香型风格特色的形成和彰显。

烟叶生育期雨量充沛，湿度较大，有利于烟叶叶片扩展，提高烟叶疏松度和柔韧性，有利于烟叶后期氮代谢减弱和促进烟叶成熟，有利于烟叶焦甜香韵的形成。

紫色旱土通透性好，水稻土土壤有机质含量丰富，土壤酸碱度适宜，速效氮、磷、钾含量、中微量元素钙、镁、硫、铁、锰、铜、锌含量较高，均处于烤烟生长的适宜或丰富水平有效钾含量高，有利于提高烟叶油分和燃烧性。

2. 障碍因子

育苗期、移栽期和伸根期处在冬春季冷空气活动频繁的阶段，气温偏低，降水过多，日照偏少，“低温寡照”条件会影响浓香型烟叶产区烟苗生长和壮苗培育，使大田前期烟株生长缓慢，易造成烟株早花现象，减少叶片数，病毒病发病率较高，影响了烟叶产质量。

旺长期由于受“梅雨”季节阴雨连绵气候的影响，日照时数和光照强度常常不足，也是导致早花、青枯病等土传病害频繁发生的原因之一。

成熟后期气温偏高，降水减少，常出现连续数日高温酷热，造成“焚风”和干旱灾害频繁发生，导致烤烟成熟期时间短，上部烟叶偶尔呈现“高温逼熟”现象。

该区以水稻土为主，占 80%以上，一些土壤质地比较黏重，影响根系发育，易造成氮素滞后，且后期土壤氮素矿化强度高，导致后期土壤供氮较多，易使烤烟落黄推迟，烟碱含量增高。

部分紫色土有机质含量较低，应注意提高土壤生物活性和有机质含量，达到提高烟叶产量、品质的目的。

总之，影响该区浓香型烟叶产区烤烟生产的主要气候障碍是前期“低温寡照”、中期“多雨寡照”、后期“高温干旱”。对烟叶生长造成的影响表现为育苗期过长、烟苗纤弱，抗逆性差；移栽后根系生长缓慢，易发生早花、病毒病和青枯病；烟叶成熟期时间短，偶有高温逼熟现象。主要土壤障碍是土壤黏重，一些土壤有机质含量偏低。

3. 限制因子

部分土壤过于黏重或肥力过高，不适于优质特色烟叶生产。

7.2.3　趋利避害主要技术途径

改进育苗方法，改善育苗环境，培育早苗壮苗，为提早移栽期奠定烟苗基础。

创新移栽方法和技术，提早生育期，避免后期高温逼熟。

建立合理群体结构，改善烟田内部光照环境。

促进根系发育，增加烟株耐熟性，提高抵抗后期高温能力，发挥后期高温对浓香型质量风格形成的有利影响。

科学进行氮钾肥料运筹，提高肥料利用率。前期降水量较多，氮肥易淋失，应注重改进氮肥的使用方法，确定适宜的基追肥比例，提高氮肥利用效率，提高烟叶产量和品质。对于大部分呈酸性的土壤，施肥时应尽量不施或少施碱性肥料；对于偏碱性的紫色土，可施用酸性肥料进行改良。牛肝田土壤碱解氮含量较高，加之土壤黏重，后期土壤氮素矿化强度高，导致后期土壤供氮较多，易使烤烟落黄推迟，烟碱含量增高。因此，对于牛肝田土壤，应减少当季氮肥的用量，控制有机肥的施用。而紫色土土壤全氮和碱解氮含量较低，应适量增施氮肥，以提高土壤肥力，避免烤烟生长后期脱肥。南雄产区各类型植烟土壤中水溶性氯含量普遍偏低，难以满足优质烤烟生长需要，可适当补施 KCl 肥，为优质烟叶生产提供良好的土壤环境。

增加土壤通透性，改善烟田土壤物理性状。对于大部分水稻土烟田，土壤较为黏重，应积极进行土壤客土改良或采用有机物料改良，促进根系发育和后期氮素及时淋失。

增加土壤有机质含量，促进土壤碳氮平衡。南雄水稻土、红壤和紫色土 3 种植烟土壤有机质含量均较低，今后应积极采取饼肥基施、稻草还田、绿肥掩青和增施高质量的有机肥等措施，进一步提高土壤有机质的利用率和改善土壤有机质的品质，进一步提高土壤中活性有机质的比例，以提高土壤有机质含量，达到提高烟叶产量、品质和彰显烟叶浓香型特色的目的。

7.3　皖南高温多湿中光区

该区主要包括安徽南部宣城、芜湖和池州等产烟县，所产烟叶浓香型风格突出，表现出显著的焦甜香润，这与其独特的生态条件有直接关系。

7.3.1　生态条件分析

1. 光照充足、热量丰富、降水充沛、雨热同步，是皖南产区生态有利条件

皖南产区位于北纬 29°～31°19′，东经 117°～119°40′，地区海拔 60～1800m，产区海拔大多 60～200m，属于中低纬度、低海拔产区；年日照时数 2074h，烤烟生育期大约680h；年均气温 16℃，无霜期 240d，烟叶生产季节平均温度 20.9℃，其中还苗期 13.5℃、旺长期 22℃、成熟期 26.3℃；年降水量 1200～1400mm，烤烟生育期大约 729.3mm，并且降水分布较匀，雨热同步，非常有利烤烟生长和成熟；月相对湿度比较稳定，各月均在 78%～80%（表 7-13）。

表 7-13　安徽宣城烟草生育期间的气温和雨量（1981～2011 年平均值）

月份	平均气温/℃				降水量/mm			月总降水量/mm	月总日照时数/h	月相对湿度/%
	上旬	中旬	下旬	平均	上旬	中旬	下旬			
3 月	7.5	9.3	10.6	9.1	27.7	36.0	50.3	114.0	135	78
4 月	13.1	14.7	18.7	15.5	24.2	39.6	33.5	97.3	145.3	78
5 月	19.2	20.7	22.8	20.9	37.5	62.4	37.2	137.1	173.9	78
6 月	23.8	24.5	25.1	24.5	53.5	103.5	99.2	256.0	148.4	80
7 月	25.7	28.6	29.8	28.0	100.8	74.9	13.2	188.9	212.5	79
8 月	28.9	27.2	26.5	27.5	56.3	31.8	34.4	122.5	212.1	80

充足的光照、充沛的降水和适宜的生长温度为烤烟生长和光合产物积累创造了有利的气象条件，与皖南通透性良好的砂性土壤相结合，使得皖南烤烟碳氮代谢的适时转换，奠定了皖南焦甜感特色风格形成的生态和代谢基础。成熟期温度高、日照强，容易形成水氮适度调亏，有利于彰显烟叶“焦甜香”质量风格。

2. 前期低温阴雨、中间梅雨连绵、后期高温干旱是皖南烤烟 3 大不利气候因子

1）前期低温阴雨

春季 2～4 月份的阴雨低温是皖南烟叶生长面临的一个常态性问题，如 2010 年和 2013 年 2 年的阴雨低温严重影响了还苗和生长，带来的不利因素如下。

影响成苗、延迟移栽皖南育苗阶段正处于年度最低气温时间，阴雨一定伴随低温寡照，影响烟苗生长速度和成苗时间，延迟移栽期，苗床湿度大会引起猝倒病等病害，后期还影响炼苗，造成移栽苗弱，影响还苗。

影响起垄移栽进度和质量。皖南水田烟比例大，适度规模种植推广速度很快，烟农普遍采取机耕和覆膜移栽等技术，加上水稻土适耕期短，连续阴雨必然影响起垄的进度和质量，影响垄体的高度和饱满度，同时雨天栽烟技术要求高，容易引起板结影响还苗。

影响伸根和生长。低温阴雨引起田间积水和土壤湿度饱和，透气不良；地温低，影响移栽苗伸根和养分的吸收，加上积温少、光照不足，影响正常的生长发育进程。

压缩生育时间。皖南是一个烟稻连作区，在烟稻连作周年，光、温、水在烟–稻两个作物上的分配基本是固定的，调控的余地很小。因此，前期的低温阴雨不仅会造成现实的不利，还会引起潜在的影响：低温阴雨引起的晚发和生育迟缓，必然影响后期的成熟和烘烤；后期烟田存叶过多，增加了耗水和曝晒灼伤的风险。

引起叶片数量不足。连续低温容易引起花芽分化、叶片数量不足，开片不够。

1961～2000 年连阴雨出现次数见表 7-14。

表 7-14　1961～2000 年连阴雨出现次数

	1961～1970 年	1971～1980 年	1981～1990 年	1991～2000 年	合计
长连阴雨（≥8 个雨日）	1	2	3	6	12
中连阴雨（6～7 个雨日）	6	3	6	2	17
短连阴雨（4～5 个雨日）	2	6	6	5	19
合计	9	11	15	13	48

2）烟叶生长中期梅雨

梅雨是长江中下游地区的气候特色之一。梅雨形成的强弱，与副热带高压、青藏高压，西南季风以及西风带长波等大尺度天气系统的活动相关程度较高。由于每年这些大尺度天气系统的强度、进退迟早和速度快慢等都不一样，致使历年梅雨到来的迟早、长短和雨量的多寡差异很大，直接导致江淮地区的干旱或洪涝的形成。安徽省入梅日期主要集中在 6 月的第 2 候和第 4 候，平均入梅日期为 6 月 16 日，出梅时间没有明显的规律，平均出梅日期为 7 月 9 日，平均梅雨期长度为 25d。

梅雨经常造成田间积水、光照不足、烟叶含水量大，造成烘烤难度加大，原烟水分超限，严重的还会造成洪涝灾害，减产减值。如宣城市 2011 年 6 月份受到入梅早，梅雨强度大的不利天气影响，6 月 9 到 10 号、17 到 18 号和 25 号先后经历三次暴雨过程，累计降水量普遍达 500～600mm，比历年同期显著偏多，许多烟田因排水不畅出现烟田受淹，烟株倒伏和受损（表 7-15）。

3）高温和伏旱

本地区主要受副热带季风影响，降水时间分布不均匀，约有 1/3 以上的年份出现不同程度的干旱，大旱的概率达 15%，约每两年出现一次小旱，每七年出现一次大旱(表7-16)。其中夏旱最易出现，特别是 7 月下旬的伏旱和 6 月下旬到 7 月的高温（≥35℃），容易形成高温、强日照和伏旱的叠加效应，对烟叶成熟造成不利影响，轻者高温逼熟，重者灼伤和晒坏叶片，严重影响烘烤进程，造成质量损失。

表 7-15 安徽池州 2001～2010 年梅雨期间主要气象资料

年份	入梅时间	出梅时间	天数/d	梅雨量/mm	平均温度/℃	平均最高温度/℃	平均最低温度/℃	平均相对湿度/%	日照时数/h
2001	6月9日	7月25日	47	259.8	27.8	32.6	24.2	81	328.9
2002	6月17日	7月7日	21	265	27.9	32.7	24.6	89	69.8
2003	6月20日	7月22日	33	272.6	30.4	36.8	26.6	80	267.6
2004	6月14日	7月15日	32	301	27.5	32.7	24	85	182.4
2005	6月26日	7月28日	33	167.1	27.6	31.8	25.6	79	12.4
2006	6月23日	7月11日	19	186.2	30.6	34.9	27.7	80	108.7
2007	6月19日	7月23日	35	323.1	29.9	33.9	23.1	78	299.6
2008	6月8日	7月30日	53	221.1	26.1	29.6	22.9	90	54.7
2009	6月28日	7月15日	18	201.1	30	35	26.1	82	112.8
2010	6月28日	7月25日	28	517.7	29.5	33.9	26.6	88	123.5

表 7-16 安徽池州 2001～2010 年大于 35℃天数

年份	5中旬	5下旬	6上旬	6中旬	6下旬	7上旬	7中旬	7下旬	8上旬	合计
2001	1	—	—	—	1	9	3	9	3	26
2002	—	—	4	—	—	—	7	3	5	19
2003	—	—	—	3	2	1	7	11	9	33
2004	—	1	—	—	3	3	1	11	6	25
2005	—	—	2	2	3	4	4	4	4	23
2006	—	—	—	4	2	3	3	5	7	24
2007	—	1	—	—	—	2	2	8	7	20
2008	—	1	—	—	—	5	7	7	5	25
2009	—	—	1	2	2	3	8	3	—	19
2010	—	—	—	—	1	4	3	2	10	20
平均	—	—	—	—	—	3.4	4.5	6.3	—	—

3. 土壤通透性好，肥力适中，是形成焦甜香烟叶风格的土壤基础

皖南宣城植烟地区主要土壤类型有水稻土、红壤、紫色土等。其中水稻土占总植烟土壤面积的90%以上，主要有砂泥田、黄泥田、麻石砂泥田、扁石泥田、马肝田等，紫色土约占总植烟土壤面积的5%，以酸性紫砂土为主。该地区土壤质地为砂壤土、壤土、黏壤土和水稻黏土，砂性土壤有机质含低于黏土，土壤保水保肥性相对差，其中48.28%属于砂土或壤土。

通过对皖南主要生态因子与烟叶风格关系的系统研究，在皖南特定的光温条件下，土壤因素在焦甜香风格形成中起着关键作用。皖南产区通透性良好、肥力中等的砂壤土是焦甜香风格形成的土壤基础。该区水稻黏土土壤较为紧实，通透性不良，有机质含量高，不利于烟叶早发和后期烟叶大分子物质的降解转化，烟叶糖分含量和香气物质含量偏低，烟叶焦甜香风格较弱。

7.3.2 生态因子剖析

1. 促进因子

烟叶中后期温度高，光照时数相对较长，有利浓香型烟叶风格形成。

土壤质地良好，砂壤土比例高，通透性好，有利于前中期旺盛生长和后期成熟落黄，有利于焦甜香烟叶风格的形成。

土壤有一定肥力基础，土壤养分有效性高，有利于旺长期烟株生长和烟叶开片。

生育期降水充沛，利于后期土壤多余氮素淋失。

土壤有效钾含量较高。

2. 障碍因子

育苗期和伸根期低温阴雨寡照，不利于培育壮苗和移栽后烟苗生长。

中期降水量大，光照不良，经常造成田间积水、烟叶含水量大。

成熟后期温度高，降水少，晚发烟田易造成高温逼熟，不利于烟叶正常成熟。

部分水稻土土壤黏重，通透性不良，氮代谢滞后，成熟度降低。

部分烟田 pH 偏低，土壤有效硼等微量元素含量较低。

3. 限制因子

部分土壤过于黏重或肥力过高，不适于优质特色烟叶生产。

7.3.3 趋利避害主要技术途径

1. 防御前期低温阴雨对烟叶生产的危害

开好垄沟、围沟和腰沟，雨后要及时清沟理墒，降低地下水位，提高土壤疏松透气性能和垄体温度。

加强栽后烟田前期管理。及时查苗补苗，小苗偏施；晴后及时浇施1%浓度的硝酸钾，促进快长，提高营养抗性；根据起垄盖膜情况，调整追肥量和时间。对盖膜不及时肥料流失的烟田增加追肥量。

根据起垄盖膜质量、适时破膜培土或揭膜培土。及时揭膜培土，破除板结，增加土壤透气性和烟垄饱满度，促进根系生长；对起垄盖膜移栽质量较高的烟田可采用破膜小培土。

加强中后期的烟田水分管理。以水调肥保持烟株稳健生长发育；促进上部叶开片和烟叶的正常成熟。

做好打顶留叶分类指导工作。长期低温可能引起叶片数不足（<16 片/株），可在第2～3 叶位预留一个顶杈，增加 2～3 片叶；对因低温引起的晚发或生育期压缩引起的氮肥营养过剩的烟田可适当延迟至盛花打顶。

2. 采取措施，减少梅雨对烟叶的影响

加强“三沟”清理，保障排水通畅；过水烟田要及时排水。

开展烤房调查和烤前准备工作，充分合理利用烤房资源，做好应对后期烟叶集中成熟准备工作，避免造成损失。

雨天采烟烟叶水分含量大，烘烤时要“先拿水再拿色”，及时开启风机循环，排水明水，再按正常工艺烘烤。

控制好烤后烟叶回潮水分，加强烤后烟叶的密封管理，防止水分超限和烟叶霉变。

3. 采取措施，应对后期高温伏旱

重视成熟期的水分管理，保证田间持水率 75%～78%，防止伏旱伴随的高温强日照对烟株的伤害。

通过水分管理保证烟叶养熟和改善干旱天气下烟叶的烘烤特性。

优化烘烤工艺，在高温干旱下成熟的烟叶，特别是上部叶要采用“低温变黄高温定色”的工艺调整，减少挂灰。

4. 土壤改良，创造有利于焦甜香风格形成的土壤环境

对于土壤黏重的水稻土，可采用客土掺砂或稻壳掺播等进行土壤改良，提高土壤通透性，彰显焦甜香烟叶风格；对于砂性较强的土壤应增施有机肥进行土壤培肥，提高烟叶香气物质含量；对于酸性较强的土壤可通过施用白云石粉或生石灰进行土壤改良；对于微量元素缺乏土壤，应注意微肥施用。

7.4　赣中桂北湘中高温高湿短日区

该区主要包括江西中部、湖南中部和广西北部等产区。主要生态特点是成熟期温度高，日照长度短，降水量和空气湿度大。该区分布范围比较广，除了有共性的特点外，还在土壤、气候等方面存在一定的差异性。本部分包含了江西全省（含赣南产区）及桂北产区生态条件剖析，有关湘中生态条件分析已在本章7.3节叙述。

7.4.1　生态条件分析

生态条件是决定烟叶质量和特色的最基本因素，是优良品质形成的基础和前提。江西省气候温暖，雨水充沛，植被丰富，是烟草生长的最适宜区和适宜区。历史上，广丰、广昌、瑞金、信丰等地都曾是名晒烟产地。其中，广丰紫老烟和广昌黑老烟非常著名，甚至远销海外。拟通过分析，找出适合江西产区烟叶生长的有利生态因子，对不利生态因子有针对性的进行规避，为获得优质烟叶提供有利的环境条件。

1. 江西植烟土壤理化性状分析

江西烤烟栽培主要实行稻-烟轮作，植烟土壤绝大部分为水稻土；旱地烟面积较小，但是江西旱地可利用面积较大，有一定的发展前景。旱地土壤主要为旱地紫色土。土壤养分含量是产区生态适宜性的重要因子，也是土壤环境质量的重要标志，其丰缺状况和供应强度直接影响着烟草的生长发育及其产质量表现。通过分析江西产区植烟土壤养分状况，对深入探索江西烟叶质量特征和进一步优化优质烤烟施肥技术具有重要意义。

1）土壤pH

全省植烟土壤pH最低4.45，最高8.07，平均5.35。pH为5.5～7.0的适中土样占14.5%，pH低（4.5～5.5）的占76.3%，pH高（7.0～8.0）的占6%，但pH极低和极高的土样都很少，可见多数植烟土壤偏酸。

各产烟县土壤pH平均值：石城5.55、会昌4.96、兴国6.77、宁都4.66、赣县4.75、瑞金5.47、信丰5.97、峡江4.88、安福5.30、永丰4.92、广昌5.64、黎川5.36、乐安5.30、宜黄4.88、资溪5.18。可见会昌、宁都、赣县、峡江、永丰和宜黄6个县的pH较低，兴国、信丰和广昌3个县的土壤pH平均值都在5.5以上，相对较高且适宜。从pH等级分布看，只有广昌有11.1%的pH很高的土样，pH高的土样只有兴国占

50.0%、信丰 33.3%、黎川 14.3、广昌 11.1%，说明多数县土样的 pH 都在适中水平及其以下。统计表明，宁都、峡江、永丰、宜黄和资溪 5 个县 100%的土样 pH 为低，信丰、赣县、广昌、安福、乐安、会昌和黎川 8 个县 pH 为低的土样比例为66.7%～83.3%，同时赣县还有 33.3%的 pH“极低”的土样，说明绝大多数县都存在大面积 pH 偏低的土壤。土壤偏酸对烤烟养分的正常吸收和提高烟叶质量都是不利的，需要采取措施加以改良或调整。

2）土壤有机质

全省植烟土样有机质含量变幅 7.2～49.8g/kg，平均 27.68g/kg。其中含量极低（<10g/kg）和低（10～15g/kg）的土样合计占 17.1%，含量适中（15～25g/kg）的土样占 23.7%，含量高（25～35g/kg）和很高（>35g/kg）的合计占 59.2%，土壤有机质含量丰富。

各产烟县土壤有机质含量平均值：石城为 20.84g/kg、会昌 28.28g/kg、兴国 11.48g/kg、宁都27.9g/kg、赣县 23.47g/kg、瑞金 22.95g/kg、信丰 18.53g/kg、峡江 25.00g/kg、安福 20.36g/kg、永丰 29.70g/kg、广昌 26.49g/kg、黎川 42.67g/kg、乐安 35.38g/kg、宜黄 38.20g/kg、资溪 44.40g/kg。可见，抚州市各县的土壤有机质含量明显较高，而赣州市和吉安市则相对较低。

从有机质含量等级分布看，含量很高的土样以抚州市分布最多，其中资溪和黎川各占 100%，宜黄和乐安各占 60%，广昌占 33.3%；当然赣州的信丰和吉安的永丰也分别有 33.3%和 25%的很高土样。多数县有比例不等的有机质含量高的土样，如宁都、会昌、峡江和永丰均占样点数的 50%以上，乐安和宜黄各占 40%，表明以上各县都有较大面积有机质含量水平较高的土壤。值得注意的是，土壤有机质含量越高，烤烟后期氮素供应的控制越困难，因此在这些土壤上植烟需要注意控制供氮，少用或不用有机肥。相对而言，赣州市和吉安市的多数县土壤有机质含量略低且相对适宜，其中兴国县 100%的土样为低和极低，信丰有 66.7%的土样为极低，石城和赣县则有 66.7%的土样为适中，有利于烤烟种植过程中的氮素调节（表 7-17 和表 7-18）。

表 7-17　南雄产区不江西植烟土壤养分检测结果

县	乡	村	pH	有机质/(g/kg)	全氮/(g/kg)	全磷/(g/kg)	全钾/(g/kg)	速效氮/(mg/kg)	速效磷/(mg/kg)	速效钾/(mg/kg)	活性氯/(mg/kg)
石城县	高田	田心	5.88	25.4	1.16	0.620	43.0	118	35.4	41	43.3
石城县	丰山	河田	5.03	19.6	1.02	0.580	25.6	121	40.0	79	32.0
石城县	琴江	濯坑	5.77	16.5	1.91	0.600	22.0	91	30.0	86	17.0
石城县	木兰	新河	6.21	33.1	1.49	1.220	45.4	184	52.8	74	21.3
石城县	小松	丹溪	5.48	19.4	0.95	0.460	28.6	116	32.6	34	27.0
石城县	屏山	新坊	4.76	11.7	1.30	0.540	23.4	72	30.3	32	51.1
石城县	大由	大由	5.18	21.1	0.55	0.720	12.0	107	26.0	64	42.6
石城县	横江	横江	4.73	20.8	1.30	0.780	24.2	111	23.4	39	21.3
石城县	龙岗	龙岗	6.87	20.0	1.43	1.180	18.8	83	22.8	90	28.4
会昌	中村	中联	5.55	35.0	1.64	0.920	22.0	143	22.0	138	30.5
会昌	富城	桂坑	4.74	27.1	1.42	0.640	28.5	63	45.6	50	35.5
会昌	站塘	山坝	4.51	28.0	1.29	0.460	23.6	109	16.8	12	32.7

续表

县	乡	村	pH	有机质/(g/kg)	全氮/(g/kg)	全磷/(g/kg)	全钾/(g/kg)	速效氮/(mg/kg)	速效磷/(mg/kg)	速效钾/(mg/kg)	活性氯/(mg/kg)
会昌	麻州	下堡	5.25	29.6	1.70	0.420	13.0	166	22.2	23	43.3
会昌	周田	小田	5.14	24.5	1.28	0.460	16.8	150	38.3	36	20.6
会昌	庄口	大排	4.57	25.5	1.35	0.800	23.0	143	20.6	232	28.4
兴国	长冈	园塘	7.83	9.40	0.270	0.380	22.2	50	26.0	129	21.3
兴国	高兴	山塘	6.81	10.9	0.400	0.880	19.4	33	15.4	285	21.3
兴国	均村	横柏	7.61	14.5	0.680	0.480	19.9	76	18.4	66	29.8
兴国	长冈	河坪	4.81	11.1	0.540	0.840	29.4	36	38.6	138	35.5
宁都	长胜	大岭背	4.66	27.9	1.02	0.940	27.2	108	13.4	112	28.4
赣县	韩坊	梅街	4.82	25.1	1.56	0.580	12.9	154	46.6	134	42.6
赣县	韩坊	大营	4.45	22.3	1.29	0.480	14.6	117	34.6	8	35.5
赣县	韩坊	大营	4.98	23.0	1.29	0.460	16.0	128	30.5	44	28.4
瑞金	黄柏	太坊	5.23	13.8	1.63	0.500	15.2	105	53.7	20	28.4
瑞金	日东	日东	4.87	27.4	0.680	0.620	21.4	163	39.8	26	35.5
瑞金	壬田	高轩	5.03	13.5	1.09	0.440	19.4	79	26.8	42	19.9
瑞金	九堡	沙垅	6.38	16.2	1.70	0.400	13.5	93	23.8	20	20.6
瑞金	冈面	渡头	5.61	29.0	1.49	0.800	17.5	117	27.0	60	42.6
瑞金	叶坪	叶坪	5.71	37.8	2.72	0.520	11.1	128	36.4	109	25.6
信丰	小河	十村	7.71	9.00	0.550	0.800	22.4	30	16.3	122	15.5
信丰	正平	潭口	5.38	7.60	0.550	0.600	14.8	42	16.0	80	15.5
信丰	西牛	天龙	4.81	39.0	2.18	0.640	14.3	166	14.8	62	21.3
峡江	桐林	桐林	5.18	30.1	1.70	0.220	15.8	88	26.4	104	27.7
峡江	马埠	郭家	4.96	27.9	1.83	0.460	12.6	115	21.4	74	32.0
峡江	马埠	凰洲	4.72	19.7	1.35	0.480	9.00	109	34.8	80	32.0
峡江	戈坪	南东	4.86	22.4	1.50	0.380	10.0	130	40.9	36	28.4
峡江	砚溪	砚溪	4.97	24.0	1.69	0.360	15.8	146	63.0	142	67.5
峡江	罗田	店前	4.61	25.9	1.69	0.300	29.6	113	38.4	34	20.6
安福	寮塘	谷口	5.11	23.1	1.42	0.440	10.3	108	10.2	48	29.8
安福	寮塘	冻边	6.15	23.0	1.56	0.420	10.8	113	31.0	35	28.4
安福	洋溪	牌头	5.28	13.4	0.950	0.220	11.0	47	2.60	70	23.4
安福	严田	楠桥	5.11	13.7	0.950	0.280	5.90	63	0.150	64	35.5
安福	严田	山背	4.87	28.6	1.83	0.260	16.4	158	6.50	72	29.1
永丰	鹿岗	高坑	4.55	27.5	1.89	0.160	18.1	135	2.80	36	28.4
永丰	鹿岗	鹿冈	5.04	32.4	1.96	0.340	11.9	157	11.1	28	85.2
永丰	石马	横江	5.24	36.3	2.43	0.420	10.2	181	9.80	24	28.4
永丰	石马	东湖	4.85	22.6	1.42	0.260	10.6	123	3.20	60	21.3
广昌	尖峰	沙背	4.87	37.0	1.33	0.480	29.4	181	31.2	46	46.2
广昌	尖峰	东营	4.91	45.1	1.76	0.740	32.0	179	55.3	58	49.7
广昌	长桥	中堡	5.18	25.4	1.30	0.060	28.8	179	20.4	210	46.9
广昌	塘坊	村里	4.71	30.5	1.99	0.540	35.8	150	63.4	62	45.4
广昌	千善	盖竹	5.22	41.4	2.34	0.320	29.8	174	48.4	96	20.6
广昌	赤水	杨坊	8.07	22.5	2.13	0.360	23.0	120	36.2	75	35.5

续表

县	乡	村	pH	有机质/(g/kg)	全氮/(g/kg)	全磷/(g/kg)	全钾/(g/kg)	速效氮/(mg/kg)	速效磷/(mg/kg)	速效钾/(mg/kg)	活性氯/(mg/kg)
广昌	盱江	赤岸	4.84	7.20	0.62	0.120	24.8	27	7.20	84	35.5
广昌	盱江	青桐	7.58	17.2	1.02	0.030	23.4	93	12.9	23	29.8
广昌	甘竹	朝花	5.36	12.1	0.760	0.540	21.6	52	25.6	248	42.6
黎川	潭溪	河塘	5.17	48.0	2.88	1.240	24.6	169	10.4	76	28.4
黎川	熊村	坊坪	5.19	49.3	2.82	0.500	37.8	114	20.2	51	25.6
黎川	湖坊乡	湖坊村	4.96	40.3	2.13	0.340	37.7	174	29.0	92	22.7
黎川	荷源乡	荷源	4.92	39.3	2.13	0.660	23.8	138	5.20	78	32.7
黎川	日峰	十字村	5.14	40.3	2.27	1.080	33.0	144	36.2	72	35.5
黎川	宏村	沙下村	4.93	43.4	2.19	0.460	28.6	171	15.8	76	21.3
黎川	德胜	新店	7.24	38.1	1.99	0.700	29.0	141	10.4	60	21.3
乐安	戴坊	红光	5.11	35.6	2.00	0.400	14.6	184	26.8	64	71.0
乐安	山砀	山砀	5.38	38.7	2.33	0.400	15.3	180	58.4	114	42.6
乐安	南村	前团	5.26	39.4	2.12	0.680	26.8	171	35.8	118	22.7
乐安	湖溪	社背	6.02	31.2	1.78	0.460	20.2	180	33.2	101	35.5
乐安	大马头	召尾	4.73	32.0	1.92	0.380	16.1	167	34.5	106	44.0
宜黄	黄陂	芒坳	5.41	49.8	2.04	0.740	36.6	183	34.8	28	35.5
宜黄	桃陂	大港	4.81	34.9	1.49	0.640	25.4	170	27.8	60	28.4
宜黄	棠阴	硖石	4.71	30.9	1.43	1.000	23.6	98	54.6	42	49.7
宜黄	神岗	尧坊	4.81	38.5	2.17	0.960	21.3	160	43.8	48	51.8
宜黄	圳口	圳口	4.68	36.9	1.70	0.940	26.8	165	24.4	94	21.3
资溪	高阜镇	高阜	5.08	46.6	2.54	0.540	24.6	28	22.8	64	42.6
资溪	高田	高田	5.04	45.6	2.55	0.940	23.8	180	28.9	148	21.3
资溪	乌石	横山	5.42	41.0	2.27	1.080	25.6	182	52.5	104	28.4

表 7-18　江西植烟土壤中微量元素含量检测结果

县	乡	村	有效硫/(mg/kg)	有效铜/(mg/kg)	有效锌/(mg/kg)	有效铁/(mg/kg)	有效猛/(mg/kg)	有效硼/(mg/kg)	有效钼/(mg/kg)	交换性钙/(mg/kg)	交换性镁/(mg/kg)	阳离子代换量(cmol/kg)
石城县	高田	田心	15.5	2.42	1.88	146	15.9	0.038	0.093	320	24	8.60
石城县	丰山	河田	28.8	3.31	4.95	317	73.0	0.090	0.104	728	50	8.20
石城县	琴江	濯坑	15.7	4.40	3.69	138	82.9	0.185	0.126	1534	107	7.60
石城县	木兰	新河	15.5	3.58	5.37	64	12.1	0.158	0.083	388	34	8.60
石城县	小松	丹溪	12.9	3.28	3.16	159	7.08	0.085	0.113	194	26	8.20
石城县	屏山	新坊	10.5	2.73	6.02	196	22.8	0.090	0.092	494	32	7.20
石城县	大由	大由	27.2	4.48	3.32	481	59.4	0.103	0.031	852	60	6.60
石城县	横江	横江	11.3	5.09	4.27	418	51.0	0.098	0.022	496	32	6.20
石城县	龙岗	龙岗	14.8	3.32	3.49	56	131	0.233	0.112	1536	89	7.00
会昌	中村	中联	75.5	3.71	4.70	214	22.0	0.120	0.175	744	92	9.00
会昌	富城	桂坑	11.8	10.5	4.90	153	42.2	0.113	0.163	508	48	10.1
会昌	站塘	山坝	20.1	4.31	6.43	327	27.5	0.103	0.074	210	14	8.60

续表

县	乡	村	有效硫/(mg/kg)	有效铜/(mg/kg)	有效锌/(mg/kg)	有效铁/(mg/kg)	有效猛/(mg/kg)	有效硼/(mg/kg)	有效钼/(mg/kg)	交换性钙/(mg/kg)	交换性镁/(mg/kg)	阳离子代换量(cmol/kg)
会昌	麻州	下堡	29.6	6.11	2.02	356	19.6	0.083	0.081	205	17	8.00
会昌	周田	小田	2.94	3.71	3.94	576	30.3	0.088	0.050	414	38	8.40
会昌	庄口	大排	70.6	5.78	2.75	486	68.4	0.100	0.072	898	247	8.60
兴国	长冈	园塘	14.6	1.21	3.28	226	52.3	0.198	0.038	1914	53	5.70
兴国	高兴	山塘	52.8	0.300	0.418	0.6	32.3	0.090	0.084	796	95	6.40
兴国	均村	横柏	12.3	1.65	1.95	74	126	0.155	0.138	830	77	7.40
兴国	长冈	河坪	23.5	1.06	4.58	98	81.4	0.130	0.126	1023	224	5.40
宁都	长胜	大岭背	33.0	3.77	2.68	256	101	0.070	0.063	1086	199	7.70
赣县	韩坊	梅街	138	3.22	4.59	130	8.12	0.073	0.025	1764	182	8.00
赣县	韩坊	大营	21.7	3.12	3.21	92	9.25	0.085	0.013	301	14	8.40
赣县	韩坊	大营	27.4	3.19	1.82	216	9.01	0.090	0.072	816	37	7.80
瑞金	黄柏	太坊	10.1	2.94	1.26	223	3.49	0.068	0.092	282	18	9.20
瑞金	日东	日东	11.2	4.18	3.13	76	12.2	0.095	0.231	342	22	8.80
瑞金	壬田	高轩	14.7	1.95	1.46	172	79.8	0.100	0.093	1288	67	9.00
瑞金	九堡	沙垅	30.9	2.73	1.33	274	16.5	0.090	0.153	636	37	8.20
瑞金	冈面	渡头	17.3	6.44	5.57	170	16.6	0.055	0.083	358	28	9.00
瑞金	叶坪	叶坪	25.6	5.62	6.34	162	23.2	0.058	0.173	354	27	9.40
信丰	小河	十村	39.7	0.300	0.843	1.18	14.6	0.173	0.133	1632	48	6.20
信丰	正平	潭口	77.4	0.380	0.770	0.75	13.4	0.095	0.073	1294	39	6.00
信丰	西牛	天龙	86.3	4.46	3.18	322	33.9	0.080	0.022	436	52	6.40
峡江	桐林	桐林	60.6	7.74	4.44	677	50.4	0.103	0.051	382	58	8.60
峡江	马埠	郭家	43.6	6.39	3.03	416	33.6	0.113	0.022	645	74	7.60
峡江	马埠	凰洲	42.7	3.99	2.68	452	37.7	0.143	0.031	392	50	7.20
峡江	戈坪	南东	31.0	3.94	2.18	461	28.6	0.158	0.104	718	64	7.20
峡江	砚溪	砚溪	14.7	5.05	4.20	482	28.6	0.120	0.121	258	28	8.20
峡江	罗田	店前	44.3	4.16	4.54	372	18.5	0.093	0.156	486	48	8.60
安福	寮塘	谷口	26.1	3.46	1.82	148	3.33	0.128	0.073	197	36	7.80
安福	寮塘	冻边	10.5	3.94	1.73	144	4.59	0.058	0.058	239	38	8.20
安福	洋溪	牌头	37.7	2.59	0.990	118	19.8	0.148	0.043	1524	50	8.60
安福	严田	楠桥	21.9	2.55	1.19	47.3	29.0	0.108	0.043	1048	88	7.40
安福	严田	山背	23.7	6.27	3.76	178	13.1	0.110	0.057	490	127	7.60
永丰	鹿岗	高坑	10.6	3.03	2.08	177	5.56	0.145	0.094	166	20	7.20
永丰	鹿岗	鹿冈	30.9	9.53	5.62	559	30.8	0.103	0.022	317	52	6.90
永丰	石马	横江	20.4	5.87	5.65	183	5.98	0.090	0.033	206	9	8.00
永丰	石马	东湖	25.5	3.99	3.52	188	122	0.110	0.018	500	28	6.30
广昌	尖峰	沙背	14.8	3.76	4.54	182	10.2	0.130	0.064	488	44	8.80
广昌	尖峰	东营	20.4	4.25	4.68	124	6.76	0.168	0.135	400	43	10.0
广昌	长桥	中堡	19.9	4.21	4.62	358	44.7	0.210	0.085	447	88	8.20
广昌	塘坊	村里	11.1	5.09	5.79	129	15.0	0.120	0.121	442	37	8.60
广昌	千善	盖竹	11.0	3.13	5.67	302	23.3	0.143	0.154	354	56	10.6

续表

县	乡	村	有效硫/(mg/kg)	有效铜/(mg/kg)	有效锌/(mg/kg)	有效铁/(mg/kg)	有效猛/(mg/kg)	有效硼/(mg/kg)	有效钼/(mg/kg)	交换性钙/(mg/kg)	交换性镁/(mg/kg)	阳离子代换量(cmol/kg)
广昌	赤水	杨坊	42.4	3.75	3.41	350	44.7	0.095	0.108	1035	60	7.20
广昌	盱江	赤岸	36.3	0.410	0.263	0.72	26.9	0.078	0.063	2038	42	7.60
广昌	盱江	青桐	31.5	3.67	13.7	322	52.6	0.070	0.060	590	50	7.20
广昌	甘竹	朝花	84.0	1.36	0.418	0.5	9.89	0.093	0.046	2325	62	6.00
黎川	潭溪	河塘	31.2	5.29	8.68	628	95.7	0.100	0.024	626	220	8.00
黎川	熊村	坊坪	18.5	4.23	7.00	339	28.0	0.088	0.075	432	72	9.40
黎川	湖坊乡	湖坊村	20.1	4.56	5.89	218	21.7	0.090	0.081	491	199	7.70
黎川	荷源乡	荷源	47.1	6.38	4.54	490	72.6	0.125	0.082	398	87	8.80
黎川	日峰	十字村	32.4	5.84	6.71	485	48.5	0.123	0.174	482	70	8.20
黎川	宏村	沙下村	43.9	4.98	5.20	342	81.2	0.118	0.135	476	90	8.60
黎川	德胜	新店	14.5	6.38	4.90	329	22.1	0.165	0.092	309	60	8.00
乐安	戴坊	红光	25.2	4.13	4.10	332	16.6	0.045	0.127	298	38	8.70
乐安	山砀	山砀	28.7	3.70	5.44	378	15.5	0.060	0.130	372	50	8.90
乐安	南村	前团	63.6	6.10	4.82	590	23.0	0.080	0.101	803	72	8.60
乐安	湖溪	社背	21.8	5.40	5.33	376	20.6	0.115	0.126	572	59	7.70
乐安	大马头	召尾	24.5	4.84	3.58	379	120	0.098	0.094	476	41	8.80
宜黄	黄陂	芒坳	24.3	3.30	6.90	128	13.9	0.078	0.091	388	27	9.40
宜黄	桃陂	大港	10.9	4.64	4.12	117	4.71	0.098	0.085	167	22	9.40
宜黄	棠阴	硖石	27.4	7.06	7.60	461	97.0	0.065	0.143	447	59	8.80
宜黄	神岗	尧坊	13.2	6.53	9.62	292	67.0	0.063	0.131	334	62	9.60
宜黄	圳口	圳口	25.3	4.66	5.04	426	17.0	0.065	0.072	234	42	9.20
资溪	高阜镇	高阜	12.6	6.46	7.64	367	39.0	0.123	0.091	392	50	8.70
资溪	高田	高田	31.6	5.56	8.93	452	35.4	0.115	0.024	350	46	8.00
资溪	乌石	横山	27.4	6.20	9.81	478	77.4	0.110	0.074	686	78	8.40

3）土壤氮素

全省植烟土壤全氮含量为 0.27～2.88g/kg，平均 1.57g/kg。其中介于 1.0～1.5g/kg 含量的适中土样占 31.6%，含量极低（<0.5g/kg）和低（0.5～1.0g/kg）的合计占 17.1%，高（1.5～2.0g/kg）和很高（>2.0g/kg）的合计占 51.3%，其含量与前述土壤有机质的情形相似。土壤全氮含量总体适中。

各产烟县植烟土壤全氮含量平均值：石城为 1.23g/kg、会昌 1.45g/kg、兴国 0.47g/kg、宁都1.02g/kg、赣县 1.38g/kg、瑞金 1.55g/kg、峡江 1.63g/kg、安福 1.34g/kg、永丰 1.93g/kg、广昌 1.47g/kg、黎川 2.34g/kg、乐安2.03g/kg、宜黄 1.77g/kg、资溪 2.45g/kg。从数值看，赣州市各县的土壤全氮含量略低，吉安市居中，抚州市总体较高。从不同含量等级看，全氮含量很高的土样在抚州市各县分布最多，如资溪占 100%、黎川占 85.7%、乐安和宜黄各占 40%，广昌占 22.2%；同时信丰和永丰也分别占有 33.3%和 25%；部分县有相当比例含量高的土样，如峡江占66.7%、乐安占 60%、永丰占 50%、安福占40%。表明以上各县都有较大面积全氮含量较高的土壤，建议这些县的土壤在植烟过程中要严格控制氮肥使用。部分县有较大面积全氮含量适中的土壤，主要是宁都占100%、赣县66.7%、会昌 66.7%、石城66.7%、宜黄 40.0%。少数县土壤全氮含量较低，如信丰全氮含量低的土样占66.7%，兴国 100%的土样为低和极低，建议该信丰和兴国植烟土壤适量增施有机肥。

全省植烟土壤速效氮含量为 27～184mg/kg，平均 124.24mg/kg。其中含量 100～150mg/kg 的适中土样占 39.5%，极低（<65mg/kg）和低（65～100mg/kg）的土样合计占26.3%，含量高（150～200mg/kg）的土样占 34.2%，没有含量很高的土样。土壤速效氮含量总体适中。

各产烟县土壤速效氮含量平均值：石城 111.44mg/kg、会昌 129.00mg/kg、兴国 48.75mg/kg、宁都 108mg/kg、赣县 133.00mg/kg、瑞金 114.17mg/kg、信丰 79.33mg/kg、峡江 116.83mg/kg、安福 97.80mg/kg、永丰 149.00mg/kg、广昌 128.33mg/kg、黎川 150.14mg/kg、乐安176.40mg/kg、宜黄 155.20mg/kg、资溪 130.00mg/kg。从数值看，赣州市和吉安市各县土壤速效氮含量略低且适中，抚州市多数县速效氮含量水平相对高些。从含量等级分布看，各县都没有速效氮含量很高的土样，含量高的土样以抚州市分布最多，如乐安占100%、宜黄占 80%、资溪占 66.7%、黎川 42.9%、广昌44.4%，靠近抚州的永丰也有50.0%，这与前述土壤有机质和全氮含量的分布情形相似。相比之下，赣州市土壤速效氮含量总体略低且较适宜，适中及其以下级别的土样比例较高。如适中土样，宁都占100%、赣县和会昌各占 66.7%、石城占 55.6%、瑞金占50%；兴国100%土样为低和极低，其中极低土样兴国和信丰分别占 75%和 66.7%。与抚州市相比赣州市多数土壤的氮素应该更易于调控。吉安市土壤速效氮含量情况与赣州市的相近。

4）土壤磷素

全省植烟土壤全磷含量为 0.03～1.24g/kg，平均 0.57g/kg。其中含量极低（<0.2 g/kg）和低（0.2～0.4g/kg）的土样合计占 27.7%，含量适中（0.4～0.6g/kg）的占 35.5%，高（0.6～1.0g/kg）和很高（>1.0g/kg）的土样合计占 36%，土壤全磷含量总体适中。

各产烟县土壤全磷含量平均值：石城 0.74g/kg、会昌 0.62g/kg、兴国 0.65g/kg、宁都0.94g/kg、赣县0.51g/kg、瑞金 0.55g/kg、信丰 0.68g/kg、峡江 0.37g/kg、安福 0.32g/kg、永丰 0.30g/kg、广昌 0.35g/kg、黎川 0.71g/kg、乐安 0.46g/kg、宜黄 0.86g/kg、资溪0.85g/kg。其中吉安市 3 县全磷含量低和极低土样合计达 60%～75%，普遍较低；赣州市除兴国、瑞金有一定比例低的土样外，其他县土样均为适中及其以上，全磷含量普遍较高；抚州市土壤全磷含量以广昌和乐安的略低，如乐安含量低的土样占 60%，广昌低和极低的土样合占 65.5%；但另一些县如黎川和资溪，处适中及其以上的土样比例分别为 85.8%和 100%，宜黄县则 100%土样为全磷适中。从区域看，吉安市土壤的全磷含量普遍较低，赣州市的多数较高，抚州市土壤的全磷含量较高但变化较大。

全省植烟土壤速效磷含量最低 0.15mg/kg，最高 63.4mg/kg，平均 28.23mg/kg，变异系数（CV%）53.2，含量变化较大。其中含量极低（<10mg/kg）的土样占 10.5%，含量低（10～20mg/kg）的占 17.1%、适中（20～40mg/kg）的占 55.3%，含量高（40～80mg/kg）的占 17.1%，没有含量很高（>80mg/kg）的土样。土壤速效磷含量总体适中。

各产烟县植烟土壤速效磷含量平均值：石城 32.59mg/kg、会昌 27.58mg/kg、兴国

24.60mg/kg、宁都13.4mg/kg、赣县 37.23mg/kg、瑞金 34.58mg/kg、信丰 15.70mg/kg、峡江 37.48mg/kg、安福 10.09mg/kg、永丰 6.73mg/kg、广昌33.40mg/kg、黎川 18.17mg/kg、乐安 37.74mg/kg、宜黄 37.08mg/kg、资溪 34.73mg/kg。可见，永丰、安福、宁都、信丰和黎川几个县的速效磷平均含量较低。从区域看，抚州市多数县土壤速效磷含量较高且适宜，赣州市的其次，吉安市的略低。各县都没有速效磷含量很高的土样，含量高的土样以抚州市居多，如宜黄占 40%、广昌和资溪各占 33.3%、乐安占20%；吉安市的峡江和赣州市的赣县各占 33.3%，表明这些县的部分土壤速效磷含量较丰富。速效磷含量适中的土样在大多数县都有较高比例，其中抚州市的乐安占 80%、资溪 66.7%、宜黄 60%、黎川占 42.9%、广昌占 44.4%；吉安市的峡江占66.7%，赣州市的石城占 88.9%、瑞金占 83.3%、赣县和会昌各占 66.7%、兴国占 50%，应该说，如此大面积速效磷含量适中的土壤，对优质烤烟的栽培是十分有利的，相比之下吉安市的则略低。少数县仍分布有大面积的低磷或缺磷土壤，如赣州市的宁都和信丰100%、兴国 50%的土样速效磷含量都为低；吉安市的永丰和安福，低与极低的土样合计分别达 100%和 80%；抚州市的黎川，合计也占 57.2%。因此，烤烟生产上要特别注意因地制宜、测土施磷。

5）土壤钾素

全省植烟土壤全钾含量最低 5.9g/kg，最高 45.4g/kg，平均 21.62g/kg。其中全钾含量 10～15g/kg 的适中土样占 21.1%，含量低（5～10g/kg）的土样占 3.9%，含量高（15～25g/kg）和很高（>25.0g/kg）合计占 75%。土壤全钾含量较丰富。

各产烟县土壤全钾含量平均值：石城 27.00g/kg、会昌 21.15g/kg、兴国 22.73g/kg、宁都 27.2g/kg、赣县 14.50g/kg、瑞金 16.35g/kg、信丰 17.17g/kg、峡江 15.47g/kg、安福 10.88g/kg、永丰 12.70g/kg、广昌 27.62g/kg、黎川 30.64g/kg、乐安 18.60g/kg、宜黄 26.74g/kg、资溪 24.67g/kg。可见，抚州市各县土壤全钾含量较高，赣州市的其次，吉安市各县都较低。从含量等级看，兴国、宁都、广昌、黎川、宜黄和资溪 6 个县所有土样的全钾含量都达高或很高水平，全钾含量十分丰富；峡江和安福 2 县则分别有 33.3%和 20%土样含量为低。

全省植烟土壤速效钾含量在最低 8mg/kg，最高 285mg/kg，平均 77.53mg/kg，变异系数（CV%）67.5，含量变化为大量元素之最。其中含量极低（<80mg/kg）的土样占 64.5%，含量低（80～150mg/kg）的占 30.3%，两者合计占 94.8%，含量适中（150～220mg/kg）的土样占 1.3%，含量高（220～350mg/kg）的占 3.9%，没有含量很高的土样。绝大多数土壤速效钾含量不足。

各产烟县土壤速效钾含量平均值：石城 59.89mg/kg、会昌 81.83mg/kg、兴国 154.50mg/kg、宁都 112mg/kg、赣县 62.00mg/kg、瑞金 46.17mg/kg、信丰 88.00mg/kg、峡江 78.33mg/kg、安福 57.80mg/kg、永丰 37.00mg/kg、广昌100.22mg/kg、黎川 72.14mg/kg、乐安 100.60mg/kg、宜黄 54.40mg/kg、资溪 105.33mg/kg，可见，永丰县最低，不足兴国的 1/4；从区域看，吉安市土壤速效钾含量普遍较低，抚州市和赣州市的略高县相近。从各含量等级分布看，各县没有速效钾含量达很高的土样，含量高只是少数县有一定比例，分别是兴国占 25%、会昌占 16.7%、广昌占 11.1%；除广昌有 11.1%的适中土样外，其他县均没有速效钾含量适中的土样，换言之，其他县所有土样的速效钾含量均为低或极低水平。统计表明，安福和永丰100%的土样为极低，宜黄、黎川、瑞金的极低土样也达 80%以上，会昌、赣县和石城也分别达66.7%和 77.8%。等级分布比例表明，几乎所有产烟县土壤的钾素供应水平都很低，其中部分县存在着大面积甚至全部土壤的严重缺钾问题。钾素是烤烟的品质元素且吸收量较大，因此一方面要在生产上注重增施钾肥，另一方面还要利用土壤全钾含量较高的基础，寻求新的方法以改善土壤中缓效钾的利用。

6）土壤有效硫

全省植烟土壤有效硫含量变幅为 2.94～138.09mg/kg，平均 29.72mg/kg。其中有31.6%的土样有效硫含量为适中（13～25mg/kg），处于极低（<7mg/kg）和低（7～13mg/kg）级别的土样分别占 1.3%和 17.1%，高（25～40mg/kg）和很高（>40mg/kg）的分别占30.3%和 19.7%，土壤有效硫含量适中略偏高。

各产烟县土壤有效硫含量平均值：石城 16.89mg/kg、会昌 35.08mg/kg、兴国25.80mg/kg、宁都 32.99mg/kg、赣县 62.38mg/kg、瑞金 18.29mg/kg、信丰 67.80mg/kg、峡江 39.48mg/kg、安福 23.99mg/kg、永丰 21.84mg/kg、广昌 30.14mg/kg、黎川 29.66mg/kg、乐安32.74mg/kg、宜黄20.22mg/kg、资溪 23.87mg/kg。可见，赣县、信丰县的土壤平均有效硫含量已远高于 40mg/kg，总体偏高；石城、瑞金、安福、永丰、宜黄、资溪县等均在 25mg/kg 以下，较适中。从含量级别分布看，宁都、赣县、信丰、峡江、黎川、乐安的土壤有效硫含量均在适中水平以上，不存在缺硫问题；而且信丰、峡江都有 66.7%的很高土样，分别有 33.3%和 16.7%含量高的土样，存在大面积有效硫含量偏高；此外，宁都、赣县、乐安、资溪等县高和很高的土样合计也都在 60%以上，表明有相当面积的土壤有效硫含量较高。各产烟县除会昌有16.7%的极低土样外，其他县均没有极低土样，而且含硫量低的土样比例各县均较低，不存在缺硫问题。

7）土壤有效铜

全省植烟土壤有效铜含量为 0.3～10.51mg/kg，平均 4.23mg/kg。其中含量很高(>1.8mg/kg）的土样占 89.5%，含量高（1.0～1.8mg/kg）的占 5.3%，两者合计占94.8%。全省没有含量极低（<0.1mg/kg）或低（0.1～0.2mg/kg）的土样，含量适中（0.2～1.0mg/kg）的土样仅占 5.3%。土壤有效铜含量丰富。

各产烟县土壤有效铜含量平均值：石城 3.62mg/kg、会昌 5.69mg/kg、兴国 1.06mg/kg、宁都 3.77mg/kg、赣县 3.21mg/kg、瑞金 3.98mg/kg、信丰 1.71mg/kg、峡江 5.21mg/kg、安福 3.76mg/kg、永丰 5.61mg/kg、广昌 3.29mg/kg、黎川 5.38mg/kg、乐安 4.83mg/kg、宜黄5.24mg/kg、资溪 6.07mg/kg，以兴国和信丰县的明显较低，其他县土壤有效铜含量平均值都较高，尤其是会昌、峡江、永丰、黎川、资溪等县更是超过 5mg/kg。从含量级别分布看，全省只有信丰、兴国和广昌分别有 66.7%、25.0%和 11.1%的适中土样，同时兴国和广昌还分别有 75.0% 和 11.1%的高含量土样，这 3 个县土壤有效铜含量相对较低；至于其他 12 个县则 100%的土样铜含量为很高，表明全省植烟土壤普遍存在铜含量偏高的问题。

8）土壤有效锌

全省植烟土壤有效锌含量为 0.26～13.74mg/kg，平均 4.26mg/kg。其中含量极低

(<0.3 mg/kg) 和低 (0.3～0.5mg/kg) 的土样分别占 1.3%和 2.6%，含量适中(0.5～1.0mg/kg)的占 3.9%，含量高 (1.0～3.0mg/kg) 和很高 (>3.0mg/kg) 的分别占 19.7%和 72.4%。土壤有效锌含量丰富。

各产烟县土壤有效锌含量平均，石城 4.02mg/kg、会昌 4.12mg/kg、兴国 2.56mg/kg、宁都 2.68mg/kg、赣县3.21mg/kg、瑞金 3.18mg/kg、信丰 1.60mg/kg、峡江 3.51mg/kg、安福 1.90mg/kg、永丰 4.22mg/kg、广昌 4.79mg/kg、黎川 6.13mg/kg、乐安 4.65mg/kg、宜黄 6.66mg/kg、资溪 8.79mg/kg，以信丰县的最低，安福、兴国和宁都的较低，而抚州市各县土壤的有效锌含量普遍较高。从养分含量级别看，信丰和安福县分别有66.7%和20.0%的含量适中土样，兴国和广昌县分别有 25.0%和 22.2%的低和极低土样；其他土样的有效锌含量都为高或很高，尤其是黎川、乐安、宜黄和资溪县所有土样均为很高。

9）土壤有效铁

全省植烟土壤有效铁含量最低 0.5mg/kg，最高 677.0mg/kg，平均 270.50mg/kg，含量变幅较大 (CV%=61.9)。其中含量极低 (<2.5mg/kg) 的土样占 6.6%，含量很高(>20mg/kg)的占 93.4%，没有含量低 (2.5～4.5mg/kg)、适中 (4.5～10mg/kg) 和高 (10～20mg/kg)的土样。土壤有效铁含量丰富。

各产烟县土壤有效铁含量平均：石城 219.44mg/kg、会昌 352.0mg/kg、兴国 99.65mg/kg、宁都 256mg/kg、赣县 146.0mg/kg、瑞金 179.50mg/kg、信丰 107.98mg/kg、峡江 476.67mg/kg、安福 127.06mg/kg、永丰 276.75mg/kg、广昌 196.47mg/kg、黎川 404.43mg/kg、乐安 411.00mg/kg、宜黄 284.80mg/kg、资溪 432.33mg/kg，比较而言，兴国的最低，信丰、安福和赣县的较低，而乐安、黎川、资溪则较高。从含量等级看，土壤有效铁含量极低的土样出现在 3 个县，即信丰占 66.7%、广昌 22.2%、兴国25.0%，其余县和土样的有效铁含量均为很高，没有含量低、适中和高的土样。因此，除信丰外，其他各县都存在大面积的有效铁含量偏高的问题。

10）土壤有效锰

全省植烟土壤有效锰含量最低 3.33mg/kg，最高 130.95mg/kg，平均 37.90mg/kg，且含量变幅较大 (CV%) 85.8%。其中含量 低 (1～5mg/kg) 的土样占 5.3%、适中 (5～15mg/kg) 的占 21.1%，含量高 (15～30mg/kg) 和很高 (>30mg/kg) 的土样分别占 30.3%和 43.4%，没有含量极低 (<1.0mg/kg) 的土样。土壤有效锰含量适中偏高。

各产烟县土壤有效锰含量平均值：石城 50.57mg/kg、会昌 34.99mg/kg、兴国 73.02mg/kg、宁都 101.35mg/kg、赣县 8.79mg/kg、信丰 20.60mg/kg、峡江 32.88mg/kg、安福 13.95mg/kg、永丰 41.01mg/kg、广昌 26.00mg/kg、黎川 52.82mg/kg、乐安 39.22mg/kg、宜黄 39.91mg/kg、资溪 50.60mg/kg。可见，赣县最低，其次是安福和信丰县，其他县均较高，尤其是宁都、兴国、石黎川和资溪等县，土壤有效锰含量平均值都超过50mg/kg。从含量级别分布看，各县均没有含量极低的土样，含量低的土样只有 3 个县即瑞金占16.7%、安福占40.0%、宜黄占 20.0%，表明只有少数县存在一定比例的低锰土壤；部分县有相当比例锰含量适中的土样，如赣县占 100%、信丰占66.7%、永丰 50%、广昌占 44.4%；但大部分县土壤锰含量偏高，其中兴国、宁都和资溪 3 个县 100%的土样都为很高，会昌、峡江、黎川、乐安 4 个县，土壤锰含量高和很高的合计为 100%，这些县需要注意调整土壤

pH，降低土壤锰的有效性。

11）土壤有效硼

全省植烟土壤有效硼含量0.038～0.233mg/kg，平均0.11mg/kg，变异系数（CV%）35.1%，在各营养元素含中含量变化最小。其中含量极低（<0.2mg/kg）的土样占97.4%，含量低（0.2～0.5mg/kg）的土样占2.6%，没有含量适中（0.5～1.0mg/kg）及以上级别的土样。土壤普遍严重缺硼。

各产烟县土壤有效硼含量平均值：石城0.12mg/kg、会昌0.10mg/kg、兴国0.14mg/kg、宁都0.07mg/kg、赣县0.08mg/kg、瑞金0.08mg/kg、信丰0.12mg/kg、峡江0.12mg/kg、安福0.11mg/kg、永丰0.11mg/kg、广昌0.12mg/kg、黎川0.12mg/kg、乐安0.08mg/kg、宜黄0.07mg/kg、资溪0.12mg/kg，可见宁都、赣县、瑞金、乐安、宜黄、会昌等县的有效硼含量更低，低于全省平均值（0.11mg/kg）。从含量等级分布看，除石城和广昌县各有11.1%的土样含量为低外，其余县和土样的有效硼含量均为极低，表明土壤缺硼在各县之间带有普遍性。建议结合烟叶硼含量检测，全面补施硼肥。

12）土壤有效钼

全省植烟土壤有效钼含量为0.013～0.231mg/kg，平均0.09mg/kg。其中含量极低（<0.1mg/kg）的土样占64.5%，含量低（0.1～0.15mg/kg）的占25.0%，含量适中（0.15～0.2mg/kg）的占9.2%，含量高（0.2～0.3mg/kg）的占1.3%，没有含量很高（>0.3mg/kg）的土样。土壤有效钼含量严重不足。

各产烟县土壤有效钼含量平均值：石城0.09mg/kg、会昌0.10mg/kg、兴国0.10mg/kg、宁都0.063mg/kg、赣县0.04mg/kg、瑞金0.14mg/kg、信丰0.08mg/kg、峡江0.08mg/kg、安福0.05mg/kg、永丰0.04mg/kg、广昌0.09mg/kg、黎川0.09mg/kg、乐安0.12mg/kg、宜黄0.10mg/kg、资溪0.06mg/kg，可见赣州市的宁都、赣县和信丰，吉安市各县（峡江、安福、永丰），抚州市的资溪等的有效钼平均含量都低于全省平均水平，表明其土壤钼含量更低。从含量级别看，除瑞金县有16.7%的土样钼含量为高外，其他县都没有含量达高或很高的土样；少数县含量有一定比例的适中土样，如会昌33.3%、瑞金33.3%、峡江16.7%、黎川14.3%、广昌11.1%；各县有效钼含量低和极低的土样比例非常高，为66.7%～100%，其中宁都、赣县、安福、永丰、资溪县100%的土样有效钼含量均为极低，严重缺钼。建议开展钼肥试验并合理施用钼肥。

13）土壤交换性钙

全省植烟土壤交换性钙含量为166～2325mg/kg，平均645.96mg/kg。变异系数（CV%）73.5%，含量差异较大。其中钙含量极低（<400mg/kg）的土样占38.2%、低（400～800mg/kg）的占36.8%，含量适中（800～1200mg/kg）的占11.8%，含量高（1200～2000mg/kg）的占10.5%、很高（>2000mg/kg）的占2.6%。土壤钙含量适中偏低。

各产烟县土壤交换性钙含量平均值：石城726.89mg/kg、会昌496.50mg/kg、兴国1140.75mg/kg、宁都1086mg/kg、赣县960.33mg/kg、瑞金543.33mg/kg、信丰1120.67mg/kg、峡江480.17mg/kg、安福699.60mg/kg、永丰297.25mg/kg、广昌902.11mg/kg、黎川459.14mg/kg、乐安504.20mg/kg、宜黄314.00mg/kg、资溪476.00mg/kg，可见抚州市和吉安市各县土样的钙含量都较低。

不同含量等级，唯有广昌有 22.2%的很高土样，其余各县则没有；同时只有少数县有一定比例含量高的土样，如信丰为 66.7%、赣县 33.3%、兴国 25.0%、石城22.2%、安福 20.0%、瑞金 16.7%，认为各县基本不存在土壤钙含量过高的问题。部分县有一定比例含量适中的土样，如宁都为 100%（1 个土样），兴国 50.0%、赣县 33.3%、安福和乐安各为 20.0%、会昌 16.7%、石城 11.1%，但部分县存在大面积的低钙和缺钙土壤，其中峡江、永丰、黎川、宜黄和资溪县含量低和极低的土样合计都为 100%，会昌、瑞金和乐安的合计 80%以上，这些县土壤钙含量处于较低水平；相对而言，宁都、兴国、赣县和信丰县低钙和缺钙土样比例较低，土壤钙含量情况略好。

14）土壤交换性镁

全省植烟土壤交换性镁含量为 9～247mg/kg，平均 63.49mg/kg，变异系数（CV%）78.5%，样本间含量变化较大。其中镁含量极低（<50mg/kg）的土样占46.1%，含量低（50～100mg/kg）的占 43.4%，两者合计占 89.5%；含量适中（100～200mg/kg）的土样占 6.6%、含量高（200～400mg/kg）的占 3.9%、没有含量>400mg/kg 的很高土样。土壤镁含量适中偏低。

各产烟县土壤有效镁含量平均值：石城 50.44mg/kg、会昌 76.00mg/kg、兴国 112.25mg/kg、宁都 199mg/kg、赣县 77.67mg/kg、瑞金 33.17mg/kg、信丰 46.33mg/kg、峡江 53.67mg/kg、安福 67.80mg/kg、永丰 27.25mg/kg、广昌 53.56mg/kg、黎川 114.00 mg/kg、乐安 52.00mg/kg、宜黄 42.40mg/kg、资溪 58.00mg/kg，以永丰、瑞金、信丰和宜黄的镁含量明显较低，平均含量都低于 50mg/kg。从含量等级分布看，所有县都没有含量很高的土样，含量高的土样只是兴国、会昌和黎川 3 个县，分别占 25.0%、16.7%和 14.3%；含量适中的土样只有 4 个县，分别是宁都占 100.0%（仅 1 个土样）、石城占 11.1%、安福占 20.0%、黎川占 14.3%。这意味着绝大多数县存在大面积的低镁和缺镁土壤。统计表明，含量低和极低土样合计达 100%的有瑞金、信丰、峡江、永丰、广昌、乐安、宜黄、资溪等 8 个县，合计占 80%以上的有石城、会昌和安福 3 个县，其中宜黄、会昌、赣县、信丰、永丰、瑞金县的极低土样比例达 60.0%～83.3%，这说明有相当多数的县和土壤缺镁。建议结合烟叶含镁量检测，对缺镁严重的产区全面补施镁肥。

15）土壤阳离子代换量

全省植烟土壤阳离子代换量为 5.4～10.6cmol/kg，平均 8.06cmol/kg，变异系数 13.2%，土样间变化很小。其中代换量低（<10cmol/kg）的土样占 96.1%，适中（10～20cmol/kg）的占 3.9%，没有代换量高（>20cmol/kg）的土样。土壤阳离子代换量普遍偏低，保肥力略欠。

各产烟县植烟土壤阳离子代换量平均值：石城 7.58cmol/kg、会昌 8.78cmol/kg、兴国 6.23cmol/kg、宁都 7.7cmol/kg、赣县 8.07cmol/kg、瑞金 8.93cmol/kg、信丰 6.20cmol/kg、峡江 7.90cmol/kg、安福 7.92cmol/kg、永丰 7.1cmol/kg、广昌 8.24cmol/kg、黎川8.39cmol/kg、乐安 8.54cmol/kg、宜黄 9.28cmol/kg、资溪 8.37cmol/kg。从区域看，抚州市各县较高，吉安市各县略低，赣州市各县差异较大，其中兴国和信丰县最低，均约为 6.2cmol/kg。从代换量等级看，各县均没有代换量高的土样；相反，除广昌和会昌分别有代换量适中的土样为 22.2%和 16.7%外，各县土样均 100%为代换量低的等级。土壤阳离子代换量较低、保肥性稍低，对烤烟的氮素调控有利，但需适当增加施肥次数或追肥比重。

16）土壤活性氯

全省植烟土壤活性氯含量为15.53～85.2mg/kg，平均32.83mg/kg。其中含量低（2～25mg/kg）的土样占27.6%，适中（25～40mg/kg）的土样占47.4%，高（40～45mg/kg）和很高（>45mg/kg）的土样分别占11.8%和13.2%，没有含量极低（<2mg/kg）的土样。土壤活性氯含量总体适中。

各产烟县土壤活性氯含量平均值：石城31.56mg/kg、会昌31.83mg/kg、兴国26.98mg/kg、宁都28.4mg/kg、赣县35.50mg/kg、瑞金28.76mg/kg、信丰17.45mg/kg、峡江34.67mg/kg、安福29.25mg/kg、永丰40.83mg/kg、广昌39.13mg/kg、黎川26.78mg/kg、乐安43.17mg/kg、宜黄37.35mg/kg、资溪30.77mg/kg，以信丰县的最低，永丰和广昌的较高。从含量等级分布看，各县都没有氯含量极低的土样，但部分县有相当比例氯含量低的土样，主要是信丰占100.0%、兴国50.0%、黎川42.9%、资溪、石城和瑞金各占33.3%；多数县氯含量适中的土样比例较高，如宁都100.0%、安福80.0%、峡江、赣县和会昌各为66.7%，永丰、瑞金和兴国各为50.0%；另外，有少数县有一定比例氯含量很高的土样，如广昌占44.4%、宜黄40.0%、永丰25.0%、乐安20.0%，这些县的部分土壤氯含量水平较高，要注意查清氯源、严加控制。

2. 江西大田期主要气象条件分析

江西东近海洋、西连内陆，受东南季风影响，气候温暖，雨量充沛，日照充足，无霜期长，非常适于烟草生产。然而，江西产区从赣南南部到赣中北部，地理纬度跨度较大，同时，东有武夷山脉、西有罗霄山脉的影响，不同产区气候特征有很大差异。根据多年气象数据，分析江西产区气候特征和气候资源利用状况，探讨江西烟叶浓香型风格特色形成与气候条件的关系，为明确江西烤烟生产区域定位和进一步提高气候资源利用水平提供依据。

1）年度气温的季节性变化

同全国绝大多数地区一样，江西主要产烟县的平均气温具有明显的季节变化。2000～2010年，主要产烟县1～12月份的平均气温分别为6.08℃、9.06℃、12.52℃、17.78℃、22.11℃、24.81℃、27.99℃、26.97℃、24.06℃、19.25℃、13.54℃和8.44℃（图7-24），年度气温呈现“冬春低、夏秋高”的季节性变化特点。

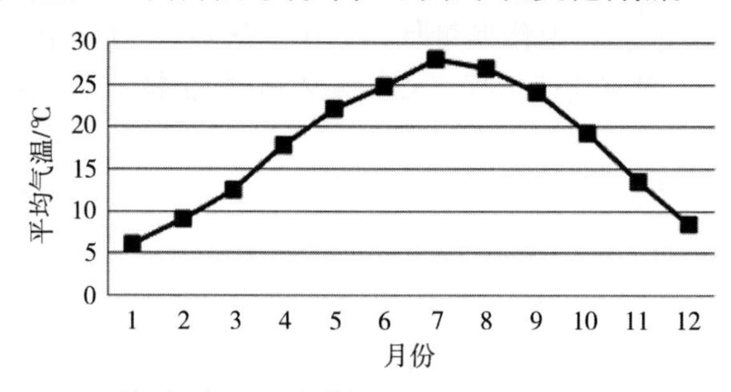

图7-24 江西省主要产烟县月平均气温

2）烟草季节的气温变化

江西烤烟一般于2月下旬至3月上中旬移栽，6月底至7月上中旬采收完毕。对烤烟生产而言，3～7 月份的温度条件非常重要（表 7-19）。

由表 7-19 可知，资溪、安福、宜黄、乐安、石城、峡江、黎川、永丰、广昌、宁都、兴国、瑞金、泰和、会昌、赣县、信丰等 16 个主要产烟县历年 3 月至 7 月的平均气温分别为 12.52℃、17.78℃、22.11℃、24.81℃和 27.99℃。总体看来，在烟草大田生产季节，3 月份气温较低，7 月份气温较高。

表 7-19　江西省主要产烟县历年 3 月～7 月的平均气温（单位：℃）

县	3 月	4 月	5 月	6 月	7 月	平均值
资溪（抚州）	12.27	17.62	22.05	24.90	28.06	20.98
安福（吉安）	12.72	18.21	22.93	25.80	29.08	21.75
宜黄（抚州）	12.61	18.29	22.89	25.90	29.39	21.82
乐安（抚州）	12.51	18.27	22.97	26.01	29.54	21.86
石城（赣州）	13.72	18.98	23.25	25.75	28.54	22.05
峡江（吉安）	12.75	18.57	23.17	26.14	29.91	22.11
黎川（抚州）	13.17	18.67	23.38	26.19	29.55	22.19
永丰（吉安）	12.99	18.73	23.29	26.23	29.85	22.22
广昌（抚州）	13.59	19.00	23.52	26.21	29.35	22.33
宁都（赣州）	13.93	19.21	23.54	26.07	29.15	22.38
兴国（赣州）	14.15	19.53	23.91	26.44	29.58	22.72
瑞金（赣州）	14.85	19.86	23.98	26.35	29.06	22.82
泰和（吉安）	13.75	19.39	24.05	26.79	30.23	22.84
会昌（赣州）	15.24	20.12	24.15	26.49	28.91	22.98
赣县（赣州）	14.69	19.91	24.43	27.04	29.88	23.19
信丰（赣州）	15.07	20.12	24.48	26.90	29.45	23.20
平均值	12.52	17.78	22.11	24.81	27.99	21.04

从表 7-19 还可知，江西省 3 月～7 月的平均气温是南部高于北部。江西省主要产烟区的资溪、安福、宜黄、乐安、石城、峡江、黎川、永丰、广昌、宁都、兴国、瑞金、泰和、会昌、赣县、信丰等 16 个县历年 3～7 月的平均气温分别为 20.98℃、21.75℃、21.82℃、21.86℃、22.05℃、22.11℃、22.19℃、22.22℃、22.33℃、22.38℃、22.72℃、22.82℃、22.84℃、22.98℃、23.19℃、23.20℃。其中，资溪县 3 月～7 月的平均气温度明显低于其他县，信丰、赣县、会昌等南部 3 个县的平均气温要比资溪县高 2℃以上(图 7-25)。

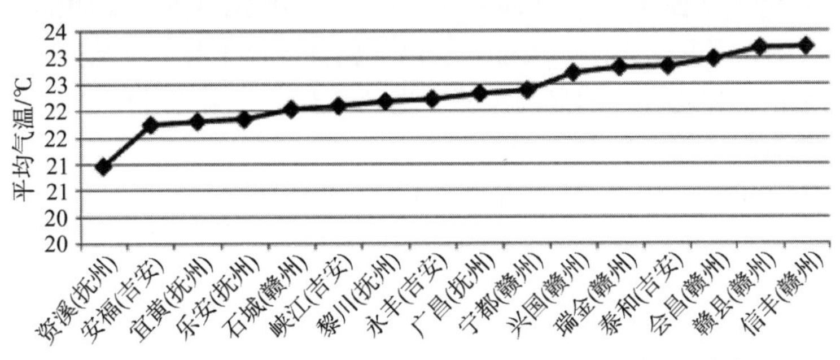

图 7-25　江西省主要产烟县历年 3 月～7 月平均气温（℃）

表 7-20 列出了 2 月～7 月各县月平均气温年度变异系数。从地区来看，南部会昌、信

丰和瑞金等县变异较小，北部乐安、宜黄和峡江等县变异较大；从季节看，2月份变异系数明显大于后几个月。分析各县气象数据可知，北部县份2月中旬侯极端最低气温可低至约-5℃（资溪县2008年），3月上中旬侯极端最低气温也可能降至约-4℃（资溪县2005年和2010年）。早春气温低，年际波动大，是江西烤烟生产需要注意的气候特点之一。

表7-20　江西省主要产烟县历年2月～7月平均温度年度变异系数（单位：%）

县	2月	3月	4月	5月	6月	7月	平均值
会昌（赣州）	20.97	7.18	5.87	2.33	2.09	3.05	6.92
信丰（赣州）	22.80	8.05	6.14	2.63	2.41	3.46	7.58
瑞金（赣州）	21.93	7.31	6.14	2.44	2.33	3.25	7.23
赣县（赣州）	23.83	7.93	6.34	2.37	2.49	3.63	7.77
兴国（赣州）	24.44	7.71	6.26	2.23	2.68	3.43	7.79
宁都（赣州）	24.45	7.52	6.61	2.08	2.57	3.33	7.76
石城（赣州）	24.05	7.52	6.21	1.99	2.23	3.27	7.55
安福（吉安）	24.83	7.97	6.79	2.49	2.62	2.73	7.91
广昌（抚州）	24.36	6.96	6.65	2.40	2.89	3.16	7.74
泰和（吉安）	25.71	7.92	6.99	2.27	3.01	3.23	8.19
黎川（抚州）	24.88	7.49	6.89	2.45	2.94	3.22	7.98
永丰（吉安）	25.87	7.67	7.25	2.68	3.11	2.86	8.24
资溪（抚州）	25.44	7.82	6.57	2.10	3.17	2.62	7.95
峡江（吉安）	26.40	7.95	7.62	3.65	3.21	3.01	8.64
宜黄（抚州）	27.49	8.11	6.83	2.80	3.02	2.98	8.54
乐安（抚州）	28.60	7.93	7.22	2.93	3.24	2.98	8.82

江西主要产烟县夏季平均气温年变异较小，但中后期气温偏高，并有可能出现的极端高温。根据气象资料，除资溪外，其他县5月上中旬侯极端最高气温可能超过35℃甚至36℃，6月上中旬侯极端最高气温可能超过37℃，7月上中旬侯极端最高气温会超过40℃（2003年7月各县极端最高温度分别为黎川41.5℃、泰和41.4℃、永丰40.8℃、乐安40.7℃、宜黄40.6℃、峡江40℃）。

3）活动积温（>0℃）状况

表7-21是江西省主要产烟县历年>0℃的年均积温和3月～7月平均积温的统计结果。

年均积温：由表7-21可见，江西省主要产烟县>0℃以上的年均积温，绝大多数在6500℃以上，其中，泰和、兴国、瑞金、会昌、赣县、信丰等6县超过7000℃。从地理分布看，赣南地区的年均积温明显高于赣中地区。有个极端的对比是，2000～2010年，资溪县的年均积温要比信丰县少921℃。

3月～7月份积温：由表7-21可见，16个产烟县3月～7月>0℃的活动积温为3200～3550℃，南北地区间的相对差异与年均积温趋势一致，但相互之间的绝对差异明显缩小。这应该是南北产区烤烟移栽期有所不同的缘故。

4）降水量分布

（1）年降水量分布

对调查数据的统计表明，江西主要产烟县1月份和9月～12月份降水量较少，一般小于 100mm；4 月～6 月降水量大，常常在 200mm 以上；16 个主要产烟县年平均降水量为1632.2mm。全年总降水量大多超过 1500mm，其中，资溪县平均年降水量接近 2000mm。2002 年，江西省 16 个主要产烟县就有 11 个县的降水量超过 2000mm。

表 7-21　江西省主要产烟县历年>0℃的 3 月～7 月平均积温和年均积温（单位：℃）

县	3 月	4 月	5 月	6 月	7 月	3 月～7 月之和	年均积温
资溪（抚州）	380.45	528.55	683.69	747.00	869.97	3209.66	6366.40
宜黄（抚州）	390.88	548.73	709.62	777.00	911.12	3337.35	6571.06
乐安（抚州）	387.78	548.18	712.15	780.27	915.63	3344.01	6605.98
峡江（吉安）	395.11	557.18	718.35	784.09	927.18	3381.91	6652.61
安福（吉安）	394.26	546.27	710.75	774.00	901.54	3326.82	6658.68
永丰（吉安）	402.72	561.82	722.02	786.82	925.21	3398.58	6753.49
黎川（抚州）	408.35	560.18	724.84	785.73	915.91	3395.01	6785.22
石城（赣州）	425.26	569.45	720.89	772.36	884.63	3372.59	6844.98
广昌（抚州）	421.32	570.00	729.06	786.27	909.99	3416.64	6890.10
宁都（赣州）	431.75	576.27	729.63	782.18	903.79	3423.62	6972.60
泰和（吉安）	426.11	581.73	745.41	803.73	937.05	3494.03	7034.32
兴国（赣州）	438.79	585.82	741.18	793.09	917.04	3475.92	7053.97
瑞金（赣州）	460.49	595.91	743.44	790.36	900.97	3491.17	7148.46
会昌（赣州）	472.33	603.55	748.79	794.73	896.18	3515.58	7197.20
赣县（赣州）	455.42	597.27	757.25	811.09	926.34	3547.37	7233.45
信丰（赣州）	467.25	603.55	758.94	807.00	913.09	3549.83	7287.52

(2) 3月～7 月降水量分布

表 7-22 是江西省主要产烟县历年 3 月～7 月平均降水量分布情况，从表 7-22 可以看出，3 月～7 月降水量的区域差异较大。如，赣县降水量最少（854.9mm），资溪县降水最多（1288.0mm），资溪县的同期降水量是赣县的 1.5 倍。尤其值得注意的是，3 月～7 月降水量较少的县（如赣县、泰和、信丰、安福、兴国、峡江、永丰等）与降水量较多的县（如资溪、黎川、广昌、石城、宁都、宜黄、瑞金等）在地理位置上是明显分开的。降水量较少的位于西部产区，降水量较多的位于东部产区。

从表 7-22 还可以看出，不仅各地降水量不同，其月季分配也不尽相同。赣县降水量最少，其 3 月～7 月的降水量呈均匀对称分布，即 5 月降水最多，4 月和 6 月雨量次之且比较接近，3 月和 7 月雨量最少。泰和县降水量位列倒数第二，且月份间差异较大，6 月降水量明显多于其他月份。信丰、安福和兴国 3 县的降水特点与泰和相似，但雨量稍多。峡江县降水量与泰和等县相差不大，但其前期（4 月）降水量明显多于泰和等县。永丰、会昌两县降水量较多。两地 4 月～5 月雨量接近，6 月降水明显多于其他月份。乐安县降水量较多。但 5 月份降水明显少于 4 月或 6 月。瑞金、宁都和石城县降水量较大，尤其 5 月～6 月降水量大。宜黄县降水量较大，尤其 4 月份降水量大，5 月～7 月较小。资溪、黎川和广昌 3 县雨量丰沛，4 月与 5 月降水量接近，6 月降水量明显多于其他月份。

表 7-22　江西省主要产烟县历年 3 月～7 月平均降水量（单位：mm）

县	3 月	4 月	5 月	6 月	7 月	3 月～7 月之和
赣县（赣州）	132.6	192.3	201.2	195.7	133.1	854.9
泰和（吉安）	121.7	206.5	205.6	242.9	107.3	884.0
信丰（赣州）	139.7	212.5	224.6	263.1	139.4	979.3
安福（吉安）	166.1	217.8	227.3	250.6	99.6	961.4
兴国（赣州）	128.0	195.2	235.5	285.9	144.1	988.7
峡江（吉安）	164.1	245.4	233.0	236.5	103.1	982.1
永丰（吉安）	166.5	230.5	228.2	258.5	107.8	991.5
会昌（赣州）	148.0	224.3	238.1	272.1	141.3	1023.8
乐安（抚州）	171.3	245.8	210.4	256.5	135.2	1019.2
瑞金（赣州）	140.8	215.8	255.0	289.8	148.5	1049.9
宜黄（抚州）	189.6	264.6	226.1	279.7	123.3	1083.3
宁都（赣州）	146.6	232.2	269.2	346.4	140.4	1134.8
石城（赣州）	150.5	235.4	296.2	326.0	137.7	1145.8
广昌（抚州）	164.2	250.7	251.6	372.3	114.1	1152.9
黎川（抚州）	199.2	250.2	260.6	294.9	171.1	1176.0
资溪（抚州）	204.2	271.9	280.4	386.8	144.7	1288.0

（3）降水量的年际变化

江西产区降水量的另一个特点是年际变化较大。主要产烟县在3月～7 月的历年平均降水量差异很大。历年降水量年际变异系数大多在 50%以上(见表 7-23)。丰水年份的降水量是缺水年份的降水量的几十倍甚至几百倍（表 7-24)。

表 7-23　江西省主要产烟县历年 3 月～7 月平均降水量年变异系数（单位：%）

县	3 月	4 月	5 月	6 月	7 月	平均值
资溪（抚州）	40.61	44.44	41.91	55.17	64.69	49.36
会昌（赣州）	33.96	45.13	52.89	48.10	67.95	49.61
赣县（赣州）	31.65	43.57	49.70	44.94	80.98	50.17
瑞金（赣州）	34.99	51.52	48.51	51.30	67.29	50.72
宜黄（抚州）	39.23	49.15	43.01	52.16	73.19	51.35
信丰（赣州）	36.90	40.16	58.32	46.82	79.32	52.30
兴国（赣州）	33.98	47.86	56.70	48.70	75.64	52.58
永丰（吉安）	36.57	51.66	49.99	57.82	68.12	52.83
乐安（抚州）	42.19	49.40	47.81	59.56	69.54	53.70
石城（赣州）	36.77	52.41	64.12	49.28	66.02	53.72
黎川（抚州）	38.75	44.45	53.64	51.60	84.93	54.67
宁都（赣州）	33.01	53.19	65.38	52.32	78.01	56.38
泰和（吉安）	39.71	51.47	57.08	58.89	76.32	56.69
安福（吉安）	44.35	50.50	52.10	52.08	88.71	57.55
广昌（抚州）	38.35	53.11	60.40	63.33	72.88	57.61
峡江（吉安）	42.65	49.04	46.62	59.73	96.86	58.98

表 7-24　江西省主要产烟县历年最小降水量和最大降水量（单位：mm）

降水量	1月	2月	3月	4月	5月	6月	7月	8月	9月	10月	11月	12月
最小量	9.8	0	67.6	55.8	38.8	60	2.2	8	1.6	0	0	2.7
最大量	148.5	232.3	347	535.8	768.6	815.4	544.7	373	199.4	384.4	298.8	167.9

总之，江西主要产烟县雨水丰沛，且明显存在“西少、东多”的区域分布特点。各县 3 月～7 月的雨量分配不尽相同，大多数县份在烟草大田中后期雨量很大，且年际间变异系数较大，异常年份容易形成洪涝灾害。以上降水特点对江西烟叶生长、发育成熟和稳产性能可能产生不利影响，并对烟叶生产区域划分有着指导意义。

5）光照条件

(1) 日照百分率

表 7-25 江西省主要产烟县历年月平均日照百分率的统计结果，由表7-25 可知，16 个县的 3 月～7 月的平均日照百分率分别为24%、27%、32%、33%和58%。各县日照百分率差异明显，其中，资溪最低，全年为 32%；石城最高，全年平均 43%。一般认为，优质烤烟生产烟草大田生长期间日照百分率应该达 40%以上。可见，江西主要产烟县日照百分率相对偏低。

表 7-25　江西省主要产烟县历年月平均日照百分率（单位：%）

县	1月	2月	3月	4月	5月	6月	7月	8月	9月	10月	11月	12月
资溪（抚州）	23	21	21	24	29	29	51	40	36	37	34	33
安福（吉安）	20	18	21	26	29	27	51	43	40	39	37	32
黎川（抚州）	22	21	23	26	31	32	56	48	44	39	37	32
乐安（抚州）	24	22	23	27	31	31	55	44	40	40	40	36
峡江（吉安）	21	20	23	28	33	34	57	46	42	40	38	33
宜黄（抚州）	24	22	24	28	31	32	59	44	40	39	38	36
会昌（赣州）	27	25	22	24	29	28	53	46	43	43	41	38
泰和（吉安）	21	21	23	29	33	35	59	50	44	42	39	34
广昌（抚州）	25	22	23	25	30	31	58	50	46	43	42	38
永丰（吉安）	23	21	24	29	34	35	60	51	43	43	40	35
信丰（赣州）	28	25	22	23	31	32	54	49	45	47	45	40
宁都（赣州）	27	24	23	26	31	32	59	52	48	46	43	39
赣县（赣州）	26	25	24	29	35	38	62	54	46	46	44	40
瑞金（赣州）	29	28	26	29	34	34	59	52	49	48	46	43
兴国（赣州）	26	26	26	30	36	36	63	55	52	49	45	38
石城（赣州）	31	29	28	32	37	38	65	59	55	53	48	45
平均值	25	23	24	27	32	33	58	49	45	43	41	37

(2) 日照时数

江西 16 个主要产烟县日照时数以 2 月最低（平均 74h），然后稳步升高至 5 月（平均值 132.76h），6 月（平均值 134.2h）几乎和 5 月持平，7 月（平均值 241.62h）达到最高值，然后逐步下降（图 7-26）。

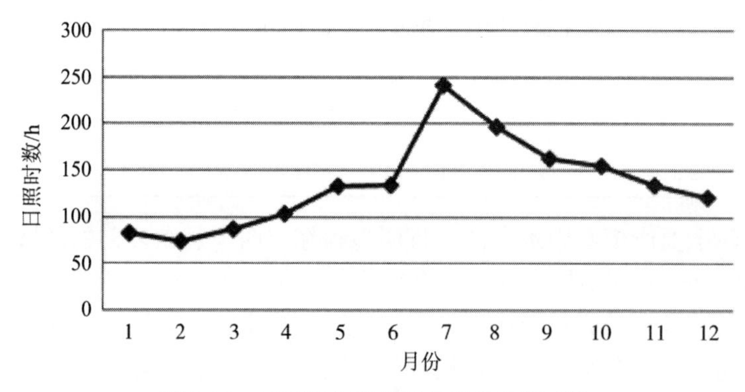

图 7-26　江西省主要产烟县平均日照时数

经统计，江西主要产烟县年平均总日照时数为 1400～1900h。16 个县的平均年日照时数为 1623.41h。其中，赣州市的石城（1935.69h）、兴国（1786.84h）、瑞金（1767.35h）和赣县（1756.85h）日照时数较多，抚州市的资溪（1403.37h）和吉安市的安福（1431.39h）日照时数较少。

由表 7-26 可见，江西省主要产烟县 3 月～7 月平均总日照时数为 623～812h，总平均为 700.74h。赣州的石城（811.53h）、兴国（769.10h）和赣县（761.24h）日照时数较多，抚州的资溪（623.3h）和吉安的安福（623.86h）日照时数较少。

表 7-26　江西省主要产烟县历年月平均日照时数（单位：h）

县	3 月	4 月	5 月	6 月	7 月	3 月～7 月之和
资溪（抚州）	77.77	93.30	119.24	119.69	213.30	623.30
安福（吉安）	75.65	98.11	122.15	112.96	214.99	623.86
会昌（赣州）	82.46	90.76	118.31	117.46	220.36	629.35
信丰（赣州）	82.38	90.25	128.84	130.72	228.17	660.36
广昌（抚州）	84.65	95.89	125.70	126.15	243.26	675.65
乐安（抚州）	85.47	101.68	127.60	129.61	232.65	677.01
黎川（抚州）	83.90	98.77	127.47	131.28	237.25	678.67
宁都（赣州）	86.68	100.75	126.70	131.15	246.70	691.98
峡江（吉安）	85.31	105.54	136.00	139.15	243.23	709.23
宜黄（抚州）	88.45	108.77	130.36	134.87	247.52	709.97
泰和（吉安）	84.61	110.10	134.95	141.98	248.08	719.72
瑞金（赣州）	96.44	109.46	140.85	138.69	248.93	734.37
永丰（吉安）	87.14	109.22	140.73	144.10	255.24	736.43
赣县（赣州）	89.98	109.00	146.23	155.96	260.07	761.24
兴国（赣州）	98.49	114.69	147.62	148.12	260.18	769.10
石城（赣州）	103.61	120.82	155.93	156.15	275.02	811.53
平均	82.12	97.71	125.51	127.30	228.35	700.74

3. 江西产区生态因素评价

江西产区植烟土壤大部分都存在大面积 pH 偏低的土壤。土壤偏酸对烤烟养分的正常吸收和提高烟叶质量不利，可以通过施碱性肥料和生石灰等措施加以改良或调整。

抚州市各县的土壤有机质含量明显较高，而赣州市和吉安市部分产烟县土壤有机质含量则相对较低，主要是旱地土壤。土壤有机质含量越高，烤烟后期氮素供应的控制越困难。因此对于有机质含量较高的土壤上植烟需要注意控制供氮，少用有机肥，而对于有机质偏低的土壤，今后应积极采取稻草还田、绿肥掩青和增施高质量的有机肥等措施，以提高土壤有机质含量。达到提高烟叶产量、品质的目的。

江西产区土壤全氮含量和速效氮含量总体适中。就全省分布来说，赣州市各县的土壤全氮含量和速效氮含量略低，吉安市居中，抚州市总体较高。其中水田土壤全氮含量和速效氮含量较高，应注意减少当季氮肥的用量，控制有机肥的施用。紫色土土壤全氮和速效氮含量较低，应适量增施氮肥，以提高土壤肥力，避免烤烟生长后期脱肥。在江西产区，前期降水量较多，氮素易淋失，应减少基肥比例，增加追肥比例，从而提高氮肥利用效率，提高江西烟叶产量和品质。

江西产区土壤全磷含量和速效磷含量总体适中，对优质烤烟的栽培十分有利，从区域看，吉安市土壤的全磷含量和速效磷含量普遍较低，赣州市的多数较高，抚州市土壤的全磷含量和速效磷含量较高但变化较大，少数县仍分布有大面积的低磷或缺磷土壤，因此，烤烟生产上要特别注意因地制宜、测土施磷。

江西产区土壤全钾含量总体较丰富。从区域看，抚州市各县土壤全钾含量较高，赣州市的其次，吉安市各县都较低。江西产区土壤绝大多数土壤速效钾含量不足，几乎所有产烟县土壤的钾素供应水平都很低，其中部分县存在着大面积甚至全部土壤的严重缺钾问题。钾素是烤烟的品质元素且吸收量较多，因此，一方面要在生产上注重增施钾肥，另一方面还要利用土壤全钾含量较高的基础，寻求新的方法以改善土壤中缓效钾的利用。

江西产区土壤普遍缺硼、钼和镁，是影响江西烟叶质量提升的重要土壤因素，建议结合烟叶硼、钼、镁含量检测，全面补施硼肥、钼肥和镁肥。

江西产区土壤阳离子代换量普遍偏低，保肥力略欠。土壤阳离子代换量较低、保肥性稍低，对烤烟的氮素调控有利，但需适当增加施肥次数或追肥比重。

温度和降水量是影响烤烟生长和产质量形成的重要因素。江西产区主要产烟县 2 月平均温度为 10.10℃，3 月平均温度为 13.63℃。在现行 2 月下旬至 3 月上中旬移栽的情况下，栽后气温普遍较低（尤其南部县份），且大田成长期的平均气温皆未达到18℃。结合早春气温年际波动性大的特点可以认为，江西烤烟生产容易遭受早春冻害，并容易发生早花现象。防止早期冻害和早花现象的发生，是江西烤烟“优质、丰产”及生产安全的关键环节之一。江西产区主要产烟县烟叶成熟期间平均温度为 24～35℃，但大多约在 25℃，对烟叶成熟较为有利，但中后期气温偏高，并可能出现的极端高温，易出现“高温逼熟”现象，烟叶田间耐熟性较差，成熟期偏短。因此大田前期低温寡照，后期强日照、高温及降水偏少的气候特征可能是影响江西产区烟叶生产的不利气候因子，同时也可能是江西产区烟叶浓香型风格特色形成的气候基础。

在现行移栽期安排下，江西烤烟大田生育期和大田成长期的平均气温与美国（北卡）非常接近，高于云南玉溪、福建三明和巴西及津巴布韦的主产区；江西烤烟苗期>0℃的平均积温为 507.6℃，较国内外其他优质产区要低，大田成长期>0℃的平均积温为 2906℃，仅低于美国（北卡），略低于云南玉溪，远高于巴西、津巴布韦的主产区及福建三明，也高于贵州遵义；江西烤烟成熟期>0℃的平均积温为2100℃，远高于国内外其他优质产区。苗期及大田早期热量不足，成熟期热量过剩，是江西烤烟生产气候资源利用的重要特点。

在现行移栽期安排下，江西16个产烟县烤烟大田期平均日照时数为567.63h，略高于福建三明（510.1h），低于巴西、津巴布韦主产区和云南玉溪，远低于美国（北卡）。

在现行移栽期安排下，江西16个产烟县烤烟大田期和成熟期的平均降水量分别为955.91mm和588.51mm，与福建三明相当，远高于巴西、津巴布韦主产区、美国（北卡）和云南玉溪。

在现行移栽期下，江西西部产区烤烟大田生育期及成长期和成熟期的平均温度皆高于东部产区，但两者差异不显著；西部产区大田生育期、成长期和成熟期积温皆高于东区，但两者差异亦未达到显著水平；西部产区大田生育期、成长期和成熟期的降水量皆低于东区，差异皆达显著水平，其中，二者成熟期和整个大田生育期的降水量差异达到极显著水平；西部产区大田成长期的日照时数低于东区，成熟期和整个大田生育期的日照时数高于东区，但两者差异并未达到显著水平。结合江西东、西部产区烤烟香型风格的研究结果可以认为，烟草大田生育期的降水量的显著差异可能是导致江西东、西部产区烤烟香型风格差异的主要生态原因之一。

江西现有产烟县气候特点较为突出，气候资源总体较好，不足的是，烤烟大田前期（成长期）温度偏低，日照时数不足，大田后期（成熟期）高温干旱，容易遭遇极端天气，为此，江西特色优质烤烟生产，要坚持采取覆膜移栽、深沟高畦、宽行窄株等技术措施，防止前期低温危害，减少养分流失，改善光照条件，回避极端气候危害，后期可采取稻草覆盖、合理灌溉减少高温干旱天气的影响。在此基础上，要在特色烟叶开发过程中，继续深入开展烤烟播栽期的研究，合理利用气候资源，杜绝早花现象发生，并充分彰显烟叶质量风格特色。建议加强人工气候模拟研究，特别是降水量、光谱光质、光照强度、温度日较差等气候要素的相关基础研究，为特色烟叶开发提供进一步的技术支持。

4. 桂北产区生态条件分析

贺州市位于广西壮族自治区东北部，东经111°05′～112°03′，北纬23°39′～25°09′。地处湘、粤、桂三省（区）交界地。贺州市属亚热带季风气候，气候温和，阳光充足，雨量充沛，年均气温19.9℃，极端最高温度38.9℃，极端最低温度-4℃。年均降水量1535.6mm，年平均降雨日171d。年无霜期超过320d。年平均日照时数1586.6h，年平均相对湿度78%，平均蒸发量1621.8mm。常年主导风向为西北，夏季为东风，平均风速1.8m/s。贺州丘陵和小盆地适宜种植烤烟，是广西的烤烟主产区之一，被认定为中国浓香型特色优质烟叶产区。

1）贺州产区主要生态优势

贺州主要产烟县为富川瑶族自治县何钟山县。富川县地处广西东北部，湘、桂交界处，位于东经111°05′21′′～111°28′50′′，北纬24°37′21′′～25°09′20′′。西有西岭山脉，东有姑婆山脉，南盘天堂岭，北卧黄沙岭。县域地貌呈四边高，中间低，产区平面海拔为250～500m。

富川县拥有生产优质烟叶较优越的气候资源，日平均气温≥10℃的持续天数为268d，年积温为6071.4℃。烤烟大田生育前期气温在14.2～19.7℃，旺长和成熟期为23.8～27.7℃；年降水量1667mm，降水量与烟叶生长用水基本同步，光照充足，能较好的满足优质烟叶正常生长发育的需要。

全县共有耕地25.873万亩（其中水田约18.6万亩，旱地约7万余亩），除部分低洼水田、旱地外，宜烟耕地面积在15万亩以上。产区植烟土壤多为水稻土、红壤土、砂壤土、和紫色土，pH为5.5～7.5，土壤有机质1.3%～2.53%，碱解氮50～90ppm，速效钾92～150ppm，速效磷2.3～6ppm。富川县具备生产优质烟叶的良好土壤条件。由于产区普遍采取上半年种烟，下半年种植水稻的模式，且种烟后有促进水稻增产的作用，所以产区不存在烟、粮争地的矛盾。

全县水资源丰富，主要水源为森林涵养水、地下水和库塘水，人均地表水占有量达6197m^3，年降水量1667mm，但时空分布不够均匀，利用率稍低。区域内河流纵横交错，水库、塘坝林立，92%以上的水田为保水田，旱地则基本依靠天然降雨。缺水产区主要集中在新华、石家、朝东和麦岭镇的部分旱地产区，在烟叶旺长期可通过喷灌解决烟株生长用水。

钟山县位于广西东北部，地处东经110°58′～111°31′，北纬24°17′～24°46′，东临国内晒黄烟主产区平桂区，南靠昭平县，西与桂林平乐恭城接壤，北邻特色优质烤烟区富川县，与湖南永州的江永江华同属华南典型浓香型最适优质烟叶产区。贵广高铁、包茂高速和国道323线纵贯全境，交通便捷。

钟山属于亚热带季风气候，年平均日照1628.8h，年平均气温19.6℃，年平均降水量1530.1mm，无霜期322d。丰富的光热，充沛的雨量和温和的气候，钟山具备生产优质烤烟的气候条件。

钟山耕地面积37.8万亩，其中水田27.8万亩，旱地10.0万亩，土壤以水稻土、红壤土为主。根据近年土壤测试，钟山土壤平均pH为6.19，有机质3.0%，速效氮、钾、磷含量适宜，土壤肥力中等，微量元素含量丰富。全境以烤烟水稻、水稻马蹄轮作为主要农业种植制度，适宜生产优质稻米和烤烟。

2）贺州产区存在的主要生态问题

（1）土壤偏酸或偏碱，影响肥料吸收利用

贺州产区主要植烟土壤以微酸性到中性居多，强酸性土壤主要出现在钟山县，石灰性土壤以富川最多。贺州70%以上烟田以水稻田为主，实行烤烟和水稻轮作制度。按中国科学院南京土壤研究所曹志洪先生建议我国烤烟土壤适宜的pH为5.8～8.0划分：钟山主要植烟土壤有近1/3的土壤的pH<5.8，需要适当施用石灰来提高土壤的pH。富川2002年采集的207个植烟土壤样本中，pH>7.5的样本达106个，占51.21%，部分土壤pH>8.0，应避免种烟或适当施用生理酸性肥料，才能获得较好的产量和较高的质量。

（2）苗期低温影响培育壮苗

根据富川气象资料显示，富川产区地表5cm地温稳定在14℃以上的时间出现在3月中下旬（见表7-27）。

从表7-27可知，烤烟适宜露地栽培的移栽期为3月15日，采用地膜覆盖栽培则可提前约 10d 移栽，所以确定的适宜地膜覆盖移栽期为 3 月 5 日～3 月 15 日。从富川烤烟生产推广漂浮育苗技术近十年以来，烤烟单产一直处于低水平状态，影响了种烟收益，挫伤烟农种烟积极性。主要的一个原因是烟苗未能形成真正的壮苗，大田未能达到早生快发，旺长不旺，甚至多年反复受到早花困扰。

表 7-27　富川累年逐候 5cm 地温（单位：℃）

月份	第 1 候	第 2 候	第 3 候	第 4 候	第 5 候	第 6 候
1	9.4	9.2	8.5	7.7	8.7	8.1
2	7.8	10.0	11.6	10.8	10.6	10.9
3	12.1	13.3	14.2	13.5	13.6	14.8
4	16.7	18.4	18.6	20.7	20.8	21.3

从多年气温数据可看出（表 7-28 和表 7-29），在富川，从烤烟出苗到大十字期为当地气温最冷的月份，漂浮育苗营养液温常在 10℃以下，烟苗的生理生化活动很弱，基本停止生长，只有营养液温度稳定达到 14℃以上时，烟苗根系生长才开始活跃，2 月下旬到 3 月上旬的 20d 内为快速生长阶段，到 3 月中旬尚未能达到移栽壮苗要求，如果要达到壮苗进行移栽，则苗龄一般已超过 70d，趋于老化，往往烟株在团棵期后易发生早花现象。在近年来的烤烟育苗期间，富川产区经常出现持续的低温寡照天气，导致烟苗生长缓慢，苗期延长，整齐度不高，影响集中统一供苗。

表 7-28　富川累年逐候平均最低气温（单位：℃）

月份	第 1 候	第 2 候	第 3 候	第 4 候	第 5 候	第 6 候
12	9.2	8.2	7.2	7.5	6.0	6.2
1	6.4	6.1	5.7	5.3	6.0	5.7
2	5.6	7.5	9.0	8.4	8.2	8.4
3	9.0	10.7	11.9	11.0	11.1	12.2
4	13.9	15.9	15.6	17.8	17.8	18.6

表 7-29　富川累年逐候平均气温（单位：℃）

月份	第 1 候	第 2 候	第 3 候	第 4 候	第 5 候	第 6 候
12	12.7	11.7	10.7	10.7	10.0	9.5
1	9.4	9.2	8.5	7.7	8.7	8.1
2	7.8	10.0	11.6	10.8	10.6	10.9
3	12.1	13.3	14.2	13.5	13.6	14.8
4	16.7	18.4	18.6	20.7	20.8	21.3

部分年份团棵至旺长期以及成熟初期雨量过于集中，光照不足，肥料流失严重，利用率低，导致单叶重降低，单产不高，浓香型特色不够显著。

根据富川气象资料（表 7-30）可以看出，富川全年平均降水量 1726.5mm，其中烤烟大田生育期的 4 月～7 月降水量平均达到 994.7mm，占全年降水量的 57.6%。雨量大，雨日多，光照不足，是富川和钟山产区烤烟生产大田生育期最不利因素，烟叶光合作用差，干物质积累少产量低。产区肥料流失大，成本投入高，平均亩施用纯氮量为 8.5kg 以上，多的达 10kg 以上，单产仍只有约 2.5 担/亩，较低的单产水平，直接影响了烟叶的浓香型质量特色。

表 7-30　富川累年逐候平均降水量（单位：mm）

月份	第 1 候	第 2 候	第 3 候	第 4 候	第 5 候	第 6 候	小计
1	13.6	9.0	17.3	10.8	15.7	13.2	79.6
2	13.8	13.6	19.5	18.3	18.4	14.6	98.2
3	16.3	21.9	17.5	22.9	29.0	41.4	149
4	30.0	40.0	39.0	47.6	44.1	31.4	232.1
5	47.5	56.0	63.1	43.8	38.3	54.5	303.2
6	41.7	65.0	43.4	51.0	47.7	38.7	287.5
7	32.9	30.9	24.3	16.8	39.0	28.0	171.9
8	25.2	24.8	30.7	23.9	18.7	30.3	153.6
9	17.6	16.5	7.1	8.3	9.4	9.9	68.8
10	13.2	10.8	13.4	10.9	12.6	18.4	79.3
11	9.1	7.7	10.3	12.1	7.5	7.0	53.7
12	8.9	9.1	6.2	6.8	5.0	13.6	49.6
合计	—	—	—	—	—	—	1726.5
4～7 月	—	—	—	—	—	—	994.7
占比/%	—	—	—	—	—	—	57.6

7.4.2　生态因子剖析

1. 促进因子

烟叶生长中后期温度较高，光照强度高，有利于浓香型烟叶风格的形成和质量提升。

烟叶生长期间降水充沛，可以充分满足烟叶对水分的需求，有利于提高烟叶的疏松度和柔韧性，有利于土壤多余氮素淋失，烟叶甜感较强。

土壤适宜，水田有机质较为丰富，土壤主要养分含量适中，紫色旱土有机质含量低，但易于氮素调控。

2. 障碍因子

育苗期和伸根期温度较低，热量不足，降水偏多，光照不良。在现行移栽条件下，栽后气温普遍较低，易遭受早春冻害，并容易发生早花现象。

烟叶生长后期可能出现的极端高温和干旱，易出现“高温逼熟”现象，烟叶田间耐熟性变差，成熟期缩短。

烟叶生长期间降水量过大，影响光合产物生产和积累。

植烟土壤大部分 pH 偏低，易造成土壤硼、钼、镁等微量和中量元素缺乏。

紫色土土壤有机质、全氮和速效氮含量较低。土壤阳离子代换量普遍偏低，保肥力较弱，且降水量大，土壤氮素淋失较多，烤烟生长后期易脱肥。

虽然土壤全钾含量总体丰富，但土壤速效钾含量不足，土壤的钾素供应水平较低，其中部分县存在着大面积甚至全部土壤的严重缺钾问题。

3. 限制因子

一些土壤土层过薄或肥力过高，不适于优质特色烟叶生产。

7.4.3　趋利避害主要技术途径

1. 赣中产区

土壤酸碱度改良。江西产区植烟土壤大部分都存在大面积 pH 偏低的土壤，可以通过施碱性肥料和生石灰等措施加以改良或调整。

土壤养分差异化管理。对于有机质含量较高的水稻土壤上植烟需要注意控制供氮。对于有机质偏低的旱地土壤，应积极采取稻草还田、绿肥掩青和增施高质量的有机肥等措施，以提高土壤有机质含量。

科学进行氮肥运筹。在江西产区，前期降水量较多，氮素易淋失，应减少基肥比例，增加追肥比例，从而提高氮肥利用效率，提高江西烟叶产量和品质。

由于土壤钾素供应水平低，因此，一方面要在生产上注重增施钾肥，另一方面还要利用土壤全钾含量较高的基础，寻求新的方法以改善土壤中缓效钾的利用。

江西产区土壤普遍缺硼、钼和镁，应结合烟叶硼、钼、镁含量检测，全面补施硼肥、钼肥和镁肥。

因地制宜选择播栽期，合理利用气候资源，充分彰显烟叶质量风格特色。

培育壮苗，改进移栽方法，防止后期高温逼熟，延长生育期，提高烟叶耐熟性是江西特色优质烤烟生产的关键环节之一。

在技术方面，江西特色优质烤烟生产要坚持采取覆膜移栽、深沟高畦、宽行窄株等技术措施，防止前期低温危害，减少养分流失，改善光照条件，回避极端气候危害，后期可采取稻草覆盖、合理灌溉减少高温干旱天气的影响。

2. 桂北产区

秸秆还田、冬种绿肥，增施有机肥，改良土壤理化性状，增加有机质含量，调节 pH，促进烟叶营养生长。

适当提前播种，烟种萌发期错开年度最低温区，采取棚中棚等增温保温措施，保障烟苗正常生长，及时培育壮苗。

适时提前移栽，高垄深栽，清沟排水，中期不揭膜，减少肥料流失，提高利用率，降低根系土壤含水量，促进根系发育和地上部分的光合作用，提高烟叶产量和质量，彰显浓香型特色。

7.5　豫西陕南鲁东中温低湿长光区

该区分布较为广泛，包括河南豫西、陕西南部和山东东部产区，这些地区烟叶成熟期温度相对其他浓香型产区较低，光照时数相对较长，降水量偏少，除这些共性特征外，土壤及其他气候条件有较显著的差异，烟叶的质量特点和存在的生态问题也不尽相同。

7.5.1　生态条件分析

1. 豫西生态条件分析

1）豫西气候条件分析

河南西部伏牛山地区，主要包括三门峡、洛阳及平顶山和南阳的部分地区，气候温凉湿润。由于地形起伏变化大，气候条件的区域差异和垂直变化也比较明显，水、热和光照条件均随高度、坡向而有显著不同。总体讲，年平均气温在 12℃左右，最热月（7 月）平均气温 25～26℃，≥10℃的活动积温大部分地区 4500℃以上，持续日数 210d，无霜期 200d。

（1）温度

烟草是喜温作物，受温度影响很大，不同温度条件下，烟叶的产量品质会有很大的不同。从图 7-27 中可以看出，豫西地区 31 年各月份的平均气温表现为冬季较低，夏季较高的特点。最低气温为 1 月，平均温度为 0.05℃，最高温度为 7 月 26.21℃，具有明显的季节变化。

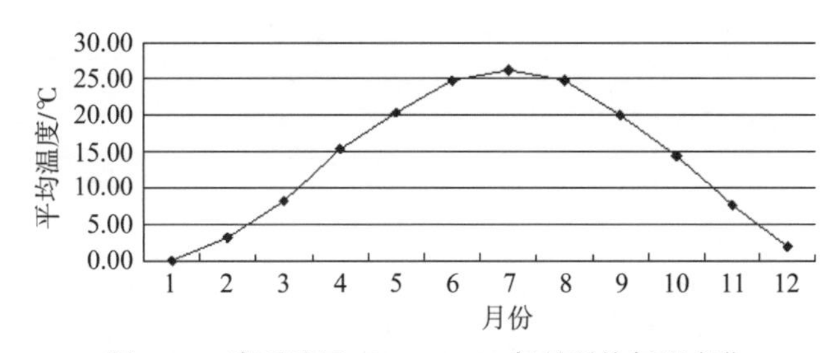

图 7-27　豫西地区 1981～2011 年月平均气温变化

豫西地区烟叶主要是在 4 月底至 5 月中旬移栽，大多集中在 5 月初移栽，在 9 月底至 10 月采收。表 7-31 为 5 月～9 月豫西地区主要烟叶种植县各月份 31 年来的平均气温和整个豫西地区的平均气温。从表中可以看出：5 月～9 月气温最高的县主要是伊川，气温最低的县主要是卢氏。渑池和卢氏五月份烟叶伸根期的温度较低，不利于烟叶的伸根，容易出现早花等现象。其余几个地区的温度均在 20℃以上，比较适合烟叶的发育。6 月中旬至 7 月中旬是烟叶的旺长期，此时较高的温度有利于促进烟叶的生长，所有地区的温度都在 24℃以上。8 月份仍在 24℃左右，但温度有所降低。9 月份温度偏低，大部分县在 19℃左右，对烟叶的成熟落黄不利。

从不同产地月平均气温的变异系数来看，5 月和 6 月的变异系数较大，9 月居中，7 月和 8 月的变异最小，各植烟县的温度较为一致。从整个豫西地区的平均温度可以看出，温度均为 20～27℃，处于烟叶最适生长的温度范围之内，后期温度略低，与云南的气候及烟叶品质特征有相似之处，所以，豫西地区的烟叶浓香型风格相对较弱，烟叶凸显正甜香和清甜香韵。

从图 7-28 中可以直观的看出，从整个生育期的平均温度来看，仍然是卢氏的平均温度最低，伊川的平均温度最高，灵宝、陕县、新安、宜阳和汝阳均为 23～24℃，对优质烟叶的形成非常有利。

从图 7-29 中可以看出，1981～2011 年，烟叶生长整个大田期的平均温度的变化较小，整个生育期温度都在 23℃上下波动，相对于河南的豫中和豫南，温度相对较低。最低为 1984 年的 21.80℃，最高为 1995 年的 23.94℃。

表 7-31　豫西地区不同植烟县烟叶大田期月平均气温变化（单位：℃）

植烟县	5月	6月	7月	8月	9月
灵宝	20.38	24.84	26.43	24.89	19.83
渑池	19.33	23.96	25.35	23.85	19.15
陕县	20.80	25.07	26.55	25.15	20.32
卢氏	18.59	22.72	24.90	23.57	18.63
新安	20.78	25.36	26.51	25.07	20.38
伊川	21.52	26.02	27.01	25.71	21.07
宜阳	21.14	25.59	26.85	25.47	20.85
洛宁	20.02	24.14	25.85	24.55	19.74
汝阳	20.65	25.23	26.42	25.00	20.47
变异系数	0.0451	0.0407	0.0268	0.0285	0.0394
平均值	20.36	24.77	26.21	24.81	20.05

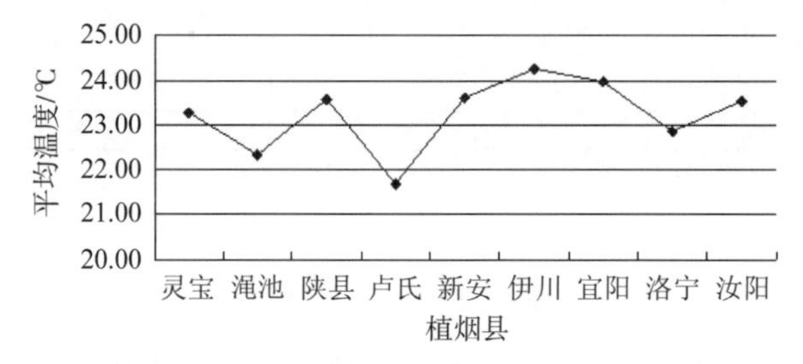

图 7-28　豫西地区不同植烟县在烟叶大田期平均温度的变化

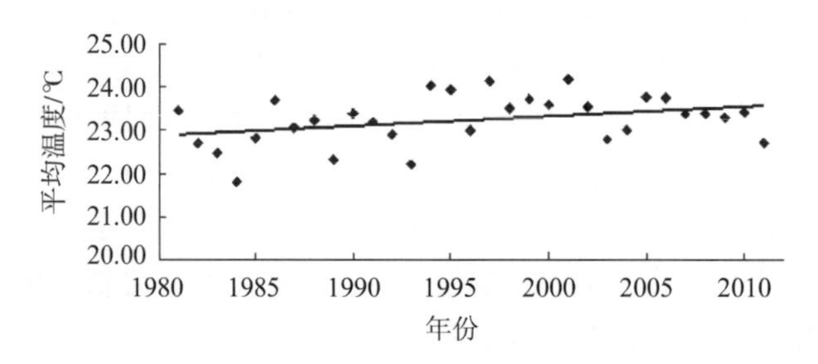

图 7-29　豫西地区 1981～2011 年大田期平均温度的变化

从表 7-32 中可以看出，烟叶在整个大田生育期中的有效积温为 1800～2200℃，且大多地区的积温都在 2000℃以下，只有陕县、新安、伊川、宜阳和汝阳在 2000℃以上，积温相对较低，不利于典型浓香型烟叶的生产。其中，最低的仍是卢氏，只有1752℃，主要是由于卢氏地区日平均温度较低，其次为渑池，有效积温最高的为伊川。

影响烤烟品质的一个重要因素是昼夜温差。从表 7-33 中可以看出，从 5 月至 9 月，气温日较差是先变小再变大的趋势，气温日较差最小的是 8 月，最大的是 5 月。从不同的地区可以看出，气温日较差最大的是宜阳，其次是灵宝。成熟期气温日较差大，有利于糖类物质的积累，主要是由于夜间温度低，会减少夜间糖类物质的降解。气温日较差最小的产区为洛宁。

表 7-32　豫西地区 31 年大田期大于 10℃平均有效积温（单位：℃）

植烟县	5 月	6 月	7 月	8 月	9 月	整个生育期
灵宝	311.42	445.15	492.79	446.60	294.95	1990.90
渑池	279.79	418.74	460.35	415.55	274.60	1849.03
陕县	324.05	452.10	496.50	454.52	309.66	2036.82
卢氏	257.60	381.58	446.92	407.03	258.95	1752.08
新安	323.40	460.71	495.42	452.13	311.55	2043.21
伊川	345.73	480.45	510.42	471.18	332.03	2139.81
宜阳	334.19	467.56	505.58	464.16	325.44	2096.94
洛宁	300.69	424.24	475.40	436.35	292.26	1928.95
汝阳	319.44	456.82	492.48	450.00	314.08	2032.82
平均值	310.70	443.04	486.21	444.17	301.50	1985.62

表 7-33　豫西地区主要植烟县烟叶大田期各月份气温日较差（单位：℃）

植烟县	5 月	6 月	7 月	8 月	9 月
灵宝	13.07	12.38	10.48	10.00	10.22
渑池	12.77	12.06	9.23	8.57	9.43
陕县	12.32	11.71	9.17	8.58	9.53
卢氏	12.81	12.02	9.43	8.89	9.75
新安	12.53	11.88	8.78	8.52	10.23
伊川	12.37	11.57	8.60	8.47	9.98
宜阳	13.61	12.86	10.49	9.97	10.60
洛宁	12.08	11.49	9.12	8.63	9.79
汝阳	12.33	11.82	9.12	8.49	9.63
平均值	12.66	11.98	9.38	8.90	9.91

(2) 降水量

水分是影响烤烟生产的重要因素。从表 7-34 中可以看出，豫西地区的各个植烟县烟草生长季节的降水量都在 400mm 以上，降水量最大的是伊川县，达到 630.9mm，最少的卢氏县 418.1mm。但从降水量的分配来看，雨水主要集中在 7 月和 8 月，6 月的降水量偏少，前期和中期干旱是影响优质烟叶生产的突出问题。

(3) 光照时数的变化

从表 7-35 中可以看出，豫西地区各植烟县的日照时数完全达到烟叶生长发育的需求，最高地区为渑池，烟草整个生育期的日照时数有 1015.1h，最低的是陕县，为853.8h。由于该地区温度相对较低，长日照能部分补偿热量的不足。

2) 豫西土壤条件分析

为明确河南豫西地区烟叶生长的生态条件，分析了豫西产区的土壤条件，以充分发挥豫西产区烟叶生长的有利生态因素，对不利生态因子有针对性的进行规避，为获得优质烟叶提供有利的环境条件。

(1) 豫西产区的土壤类型状况

豫西地形为山地和丘陵，其面积约占全省山地和丘陵面积的 70%，地质构造复杂，

表 7-34 豫西地区主要植烟县烟叶大田期各月份降水量的变化（单位：mm）

植烟县	5月	6月	7月	8月	9月	生育期降水量	年降水量	生育期占年降水量的百分比
灵宝	61.8	68.5	115.1	98.7	93.7	437.9	603.8	72.52%
渑池	61.9	65.8	117.2	107.2	95.2	447.4	607.6	73.63%
陕县	64.3	67.2	135.9	119.8	96.5	483.8	650.8	74.34%
卢氏	61.3	61.8	107.8	98.8	88.4	418.1	573.0	72.96%
新安	78.7	81.1	173.9	138.7	90.1	562.5	751.4	74.86%
伊川	84.5	96.3	201.8	147.2	101.1	630.9	827.5	76.25%
宜阳	64.5	75.0	137.7	109.1	98.7	485.0	652.5	74.33%
洛宁	63.0	67.8	147.4	119.1	94.9	492.3	655.7	75.08%
汝阳	66.2	60.3	123.0	126.8	87.0	463.3	627.9	73.79%
平均值	67.4	71.5	140.0	118.4	94.0	491.2	661.1	74.20%

表 7-35 豫西地区主要植烟县烟叶大田期各月份日照时数的变化（单位：h）

植烟县	5月	6月	7月	8月	9月	生育期日照总时数
灵宝	215.1	213.7	207.1	198.0	160.2	994.1
渑池	238.6	223.8	194.3	188.8	169.6	1015.1
陕县	207.1	193.1	159.8	153.5	140.4	853.8
卢氏	213.6	203.9	178.6	167.9	146.6	910.6
新安	198.3	185.8	156.6	152.4	141.8	835.0
伊川	202.6	190.9	165.5	161.7	149.3	870.0
宜阳	197.4	190.1	190.1	177.1	142.8	897.6
洛宁	221.2	212.4	180.3	172.7	160.2	946.8
汝阳	210.9	195.1	169.9	165.4	149.4	890.8
平均值	211.7	201.0	178.0	170.8	151.1	912.6

山岭连绵起伏，地貌类型多样。地势西部、中部较高，向东北至东南呈扇状降低，豫西地区植烟土壤类型主要有褐土、红黏土、黄棕壤等，三门峡、洛阳多红黏土，自然植被下的黄棕壤枯枝落叶层和腐殖质层清晰可辨，其有机质和全氮含量较高。根据农化样分析结果，有机质等养分和有效微量元素含量较高；褐土地区生物循环弱，气候温和，降水量偏少，土壤微生物活跃，有机质分解速度快，有机质含量均较低。红黏土因受母质影响，磷极缺乏，钾丰富，有机质和全氮属中等，在微量元素中，大多数土壤的锰、铜、铁三元素丰富或适量，锌偏低，硼、钼极缺乏。

(2) 豫西产区土壤理化性质的整体评价

豫西烟叶产区土壤的化学成分，不同指标之间的差异也较大，如表 7-36 所示。

土壤 pH 的变异系数为 6.21%，变幅为 6.5～8.0，平均值为 7.54；有机质的含量的变幅为9.24～17.33g/kg，平均值为 14.54g/kg，变异系数为17.13%；碱解氮的平均含量为 71.95mg/kg，速效磷的平均含量为 13.78mg/kg，速效钾的平均含量为 120.33mg/kg；分析结果可知，浓香型烟叶产区土壤中 Ca 元素的含量在豫西产区范围内变异程度较大，变异系数为40.33%。

表 7-36　豫西地区植烟土壤养分状况

指标	变幅	平均值	样本数	峰度	变异系数/%
pH	6.5～8.0	7.54	40	3.61	6.21
有机质	9.24～17.33g/kg	14.54g/kg	40	1.79	17.13
碱解氮	43.85～103.43mg/kg	71.95mg/kg	40	1.82	15.11
速效磷	5.29～21.54mg/kg	13.78mg/kg	40	2.87	19.36
速效钾	100.32～205.12mg/kg	120.33mg/kg	40	3.54	13.49
全钾	6.51～20.17g/kg	17.06g/kg	40	1.09	24.86
全磷	0.41～0.93g/kg	0.67g/kg	40	0.45	33.47
Al	36.23～67.64g/kg	47.45g/kg	40	0.94	10.33
Ca	4.45～17.89g/kg	7.88g/kg	40	1.45	40.33
Fe	9.90～31.57g/kg	20.31g/kg	40	−0.19	30.71
Mg	3.4～10.72g/kg	7.76g/kg	40	−0.65	38.25
Mn	0.24～0.66g/kg	0.41g/kg	40	1.49	15.28
Na	3.79～13.21g/kg	7.98g/kg	40	0.79	28.11
Si	98.58～288.68g/kg	241.84g/kg	40	0.41	20.14
Ti	2.28～5.08g/kg	3.75g/kg	40	0.62	24.26
Ba	0.19～0.64g/kg	0.41g/kg	40	0.86	30.88
Zn	31.34～167.88mg/kg	67.83mg/kg	40	1.98	30.10
Cu	5.38～1253mg/kg	7.65mg/kg	40	0.40	26.08
Cl^-	25.43～44.19mg/kg	33.78mg/kg	40	0.78	17.08

a. 土壤 pH

土壤 pH 是土壤重要的化学指标之一，对土壤中养分的存在状态以及土壤对养分的吸附程度有很重要的影响，对植物养分吸收效率有很大的影响，从而影响植物的正常生长发育。土壤 pH 的高低对烟叶的品质和质量有重要的影响，但并不是其决定因素。烟草对土壤 pH 的适应性比较广泛。豫西产区的土壤 pH 较高，其中新安的土壤pH 到达 8.0 以上，伊川的土壤 pH 相对较低，但仍均处于碱性土壤的范围。土壤 pH 偏高不仅与成土母质有关，也受后天人为的影响，长期以来，人类大量的施用过磷酸钙等导致土壤 pH 升高，因此，在施肥时要注意施用农家肥和有机肥，避免施用碱性肥料(图 7-30)。

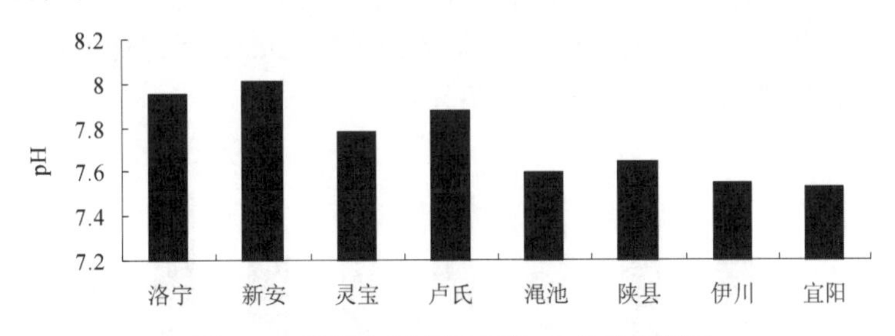

图 7-30　豫西主要产区土壤 pH 的基本状况

b. 土壤有机质含量

豫西产区土壤有机质含量的变化较大，其中伊川的土壤有机质含量相对较高，其次是灵宝和卢氏，渑池的土壤有机质含量最低。总体而言，豫西产区的土壤有机质含量均处于偏低的范围内。土壤有机质含量过高也是不利的，易导致上部叶不能正常落黄，甚至出现黑暴，烤后烟叶化学成分不协调，吃味辛辣，可用性差；土壤有机质含量过低，烟株生长矮小，叶小而薄，烤后烟叶化学成分也不协调，烟叶吃味平淡；只有在有机质含量适宜的情况下，烟叶才能具有优良的外观品质和内在品质，烤后糖碱比协调（糖碱比为6～8），吃味醇和。烟叶生产和作物种植消耗大量有机质，因此，需要注意施用适量有机肥，或采取种植绿肥、秸秆还田等措施，以保持或提高土壤有机质含量水平（图7-31）。

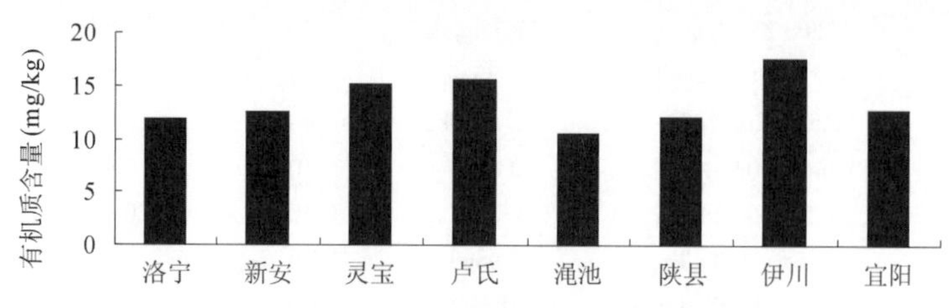

图7-31　豫西主要产区土壤有机质的含量状况

c. 土壤碱解氮含量

植物所吸收最直接的氮就来源于土壤，植物通过根系从土壤中吸收氮素，供应地上部的生长发育，所以土壤碱解氮含量的多少可以直接反映土壤的供氮能力，对当季作物的产量和品质具有重要的作用。豫西产区的土壤碱解氮含量集中为50～80mg/kg，其中渑池的土壤碱解氮的含量相对较低，其余的县市的土壤碱解氮的含量均超过60mg/kg。整体来说，豫西产区的土壤碱解氮含量比较适宜优质烟的生产（图7-32）。

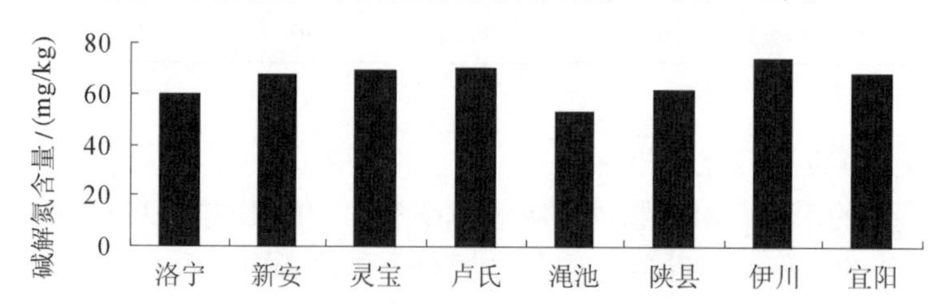

图7-32　豫西主要产区土壤碱解氮的含量状况

d. 土壤速效磷含量

烟草生长过程中所吸收磷素直接来源于土壤中的速效磷，所以土壤中速效磷的含量可以直观的反应土壤的供磷能力。豫西产区的速效磷的含量均处于中等的范围（10～20mg/kg），种植优质烤烟适宜的土壤速效磷为10～35mg/kg，所以豫西产区的土壤速效磷含量能够满足优质烤烟的生产要求（图7-33）。

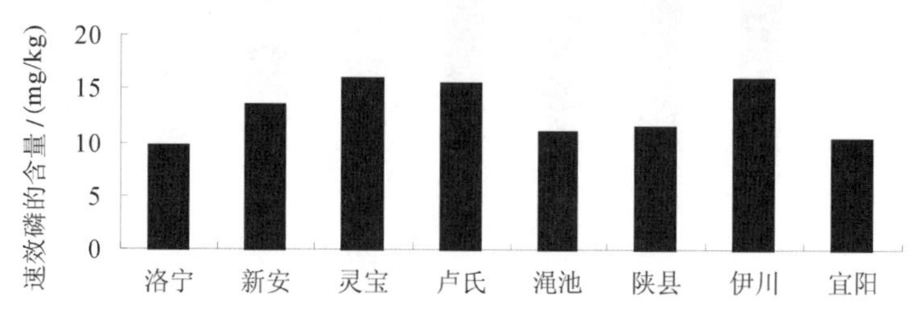

图7-33　豫西主要产区土壤速效磷的含量状况

e. 土壤速效钾含量

土壤速效钾含量的高低是评价土壤钾素丰缺的重要指标，土壤中钾离子含量的高低对烤烟正常生长和烤烟品质有着至关重要的影响。豫西产区土壤速效钾的含量较低，其中洛阳洛宁和宜阳的土壤速效钾含量相对较高，卢氏和渑池的含量较低，整体处于偏低的水平，对烟叶中钾素含量的提高不利，所以在实际生产中要注意钾肥的合理施用，以提高烟叶中钾素的含量（图 7-34）。

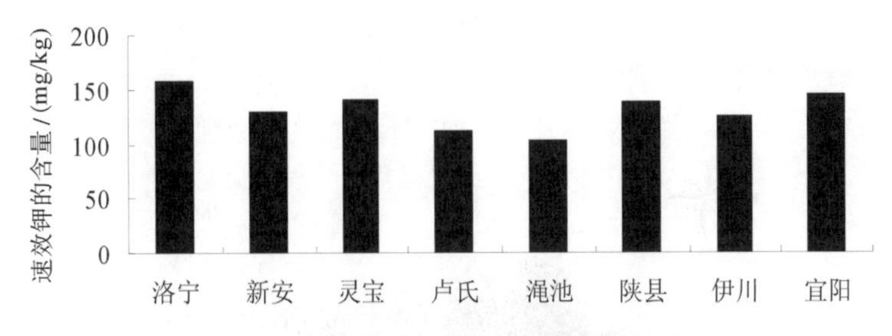

图 7-34　豫西主要产区土壤速效钾的含量

f. 土壤氯离子含量

豫西产区土壤氯离子含量以伊川的最高，高于 40mg/kg，渑池的较低，低于 30mg/kg。烟草是“忌氯”作物，烟叶中氯含量的多少对烟叶的质量和品质有很重要的影响。烟叶中氯的含量与土壤中氯离子的含量关系密切，在第二次全国烟草种植区划中提出，当土壤水溶性氯含量≤30mg/kg 时，适宜种植烟草；当土壤水溶性氯含量≥45mg/kg 时，不适宜种植烟草。所以，豫西产区的土壤与适宜种植烟草的土壤相比氯离子含量相对偏高（图 7-35）。

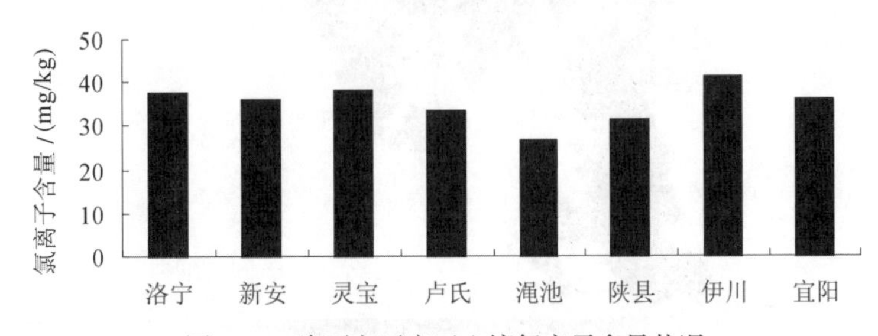

图 7-35　豫西主要产区土壤氯离子含量状况

g. 土壤阳离子交换量

阳离子交换量是土壤保肥能力的体现，通常认为土壤阳离子交换量大于 20cmol/kg 为保肥能力强的土壤，10～20cmol/kg 为保肥能力中等的土壤，低于 10cmol/kg 的土壤保肥能力较差。豫西产区的土壤阳离子交换量除渑池外均高于 15cmolkg，属于保肥能力中等的土壤，其中伊川的土壤阳离子交换量最高，渑池土壤的阳离子交换量较低，保肥能力也相对较弱（图 7-36）。

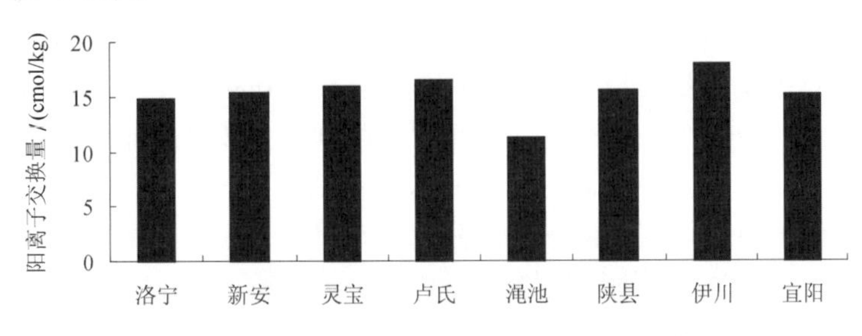

图 7-36　豫西主要产区土壤阳离子交换量的状况

2. 鲁东生态条件分析

山东浓香型烤烟产区主要分布在潍坊市的诸城、安丘、高密，日照市的莒县、五莲等地，地势西南部高东北部低，安丘市西南部及五莲县南部海拔较高，在200m以上，高密市北部海拔最低，在20m以下（图7-37）。产区内雨热同期，属于烤烟种植适宜区，为典型的浓香型风格产区，大田生育期为4月～9月。多变的地形导致区域内生态条件复杂多样，各产区生态条件分述如下：

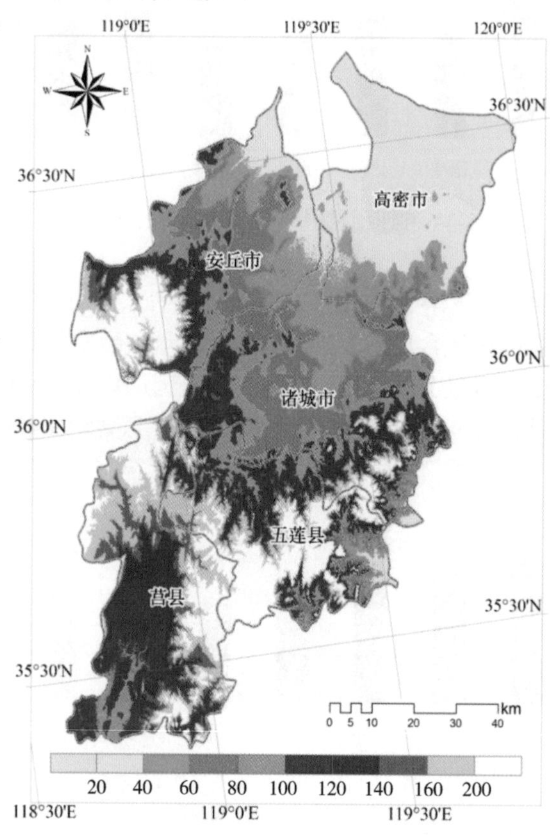

图7-37　山东省浓香型烤烟产区海拔示意图

1）气候条件分析

（1）诸城市气候条件分析

诸城市位于山东半岛东南部，经纬度35°42′23″～36°21′05″N，119°0′19″～119°43′56″E，属暖温带湿润、半湿润大陆季风性气候，产区海拔为100～139m，四季分明，气候适宜，光热资源丰富。年均无霜期186d，年平均气温12℃，日平均气温≥10℃时间为203.3d，积温4574.3℃，年平均日照2493.2h，年平均降水量750mm。6月～8月高温多雨，降水量占年平均降水量的64.1%，这种雨热同期的气候特点，有利于烟草的生长发育。

根据2014年4月～9月的平均气温、降水总量及日照时数栅格数据（图7-38），从空间格局上看，诸城市平均气温由东南向西北逐渐升高，东南部高海拔地区气温较低；降水格局则呈由东北向西南逐渐增加趋势，主要由于夏季风由山东省南部登陆，诸城市西南部地区位于登陆区域边缘，降水量最高；4月～9月日照时数则由东南向西北随纬度升高，日照时数增加。

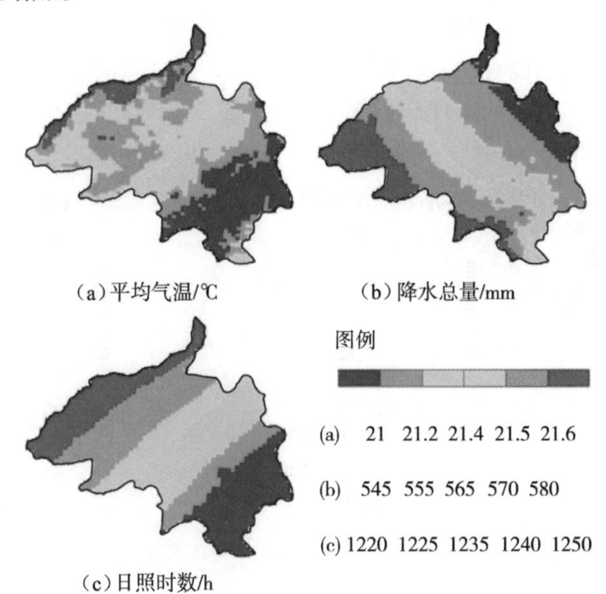

图 7-38　诸城市烟草生育期内月平均气温、月降水总量、月总日照时数空间格局

由表 7-37 和图 7-39 可以看出，在烟草生育期 4 月～9 月，随着时间的推移，月平均气温和月降水总量均呈现先升高后降低的趋势，7 月平均气温达到最高，8 月降水总量达到最高。2014 年度，月平均气温与往年一致，月降水总量与往年相比则有较大的波动，2014 年 4 月～7 月降水总量变化趋势与往年一致，呈逐渐升高的趋势，在 7 月～9 月往年月降水总量呈先升高后降低的趋势，在 8 月达到最高，为 184.8mm，但 2014 年月降水总量则呈现先降低后升高的趋势，8 月降水量最低，为 24.3mm。通过对比可以发现，在烟草生育期内，往年月平均气温与月降水总量变化趋势一致，呈现雨热同期的特点，而在 2014 年，异常的天气条件造成烟草在生育后期贪青晚熟，影响了烟叶的品质。

表 7-37　诸城市烟草生育期内气象条件

项目		4月		5月		6月		7月		8月		9月	
		2014年	往年	2014年	往年	2014年	往年	2014年	往年	2014年	往年	2014年	往年
气温/℃	上旬	13.7	11.0	17.3	17.3	20.5	21.7	25.1	25.1	26.0	26.1	22.5	22.6
	中旬	15.1	13.2	20.0	18.4	22.6	23.0	27.3	25.6	24.5	25.2	19.5	21.0
	下旬	16.1	15.2	25.4	20.6	24.8	24.0	25.8	26.4	24.4	24.0	20.3	19.1
月平均气温/℃		14.9	13.1	20.9	18.8	22.6	22.9	26.1	25.7	25.0	25.0	20.8	20.9
降水量/mm	上旬	0.0	8.4	0.0	15.8	31.9	13.6	0.0	36.0	19.4	52.9	30.7	36.6
	中旬	25.1	11.8	32.0	24.6	10.0	22.9	5.5	65.4	2.1	84.9	20.3	20.0
	下旬	19.5	13.1	8.8	17.6	11.5	38.8	157.2	60.8	2.8	47.0	48.8	13.5
月降水量总数/mm		44.6	33.2	40.8	58.0	53.4	75.3	162.7	162.2	24.3	184.8	99.8	70.0
日照时数/h	上旬	99.9	73.8	110.0	81.2	55.2	79.4	68.0	66.2	66.0	67.7	57.6	61.7
	中旬	58.4	77.6	103.7	79.4	42.6	78.0	84.9	59.1	72.0	66.6	24.3	69.8
	下旬	70.2	80.4	108.6	93.1	66.3	67.1	60.8	70.8	84.2	70.7	66.1	68.9
月总日照时数/h		228.5	231.8	322.3	253.5	164.1	224.5	213.7	196.1	222.2	205.0	148.0	201.0

从图 7-39 可以看出，随着时间的推移，往年月总日照时数总体呈现逐渐降低的趋势，5 月总日照时数最高，为 253.5h。2014 年烟草生育期内月总日照时数波动明显，呈“M”型，在 5 月总日照时数达到最高，为 322.3h，6 月日照时数下降至 164.1h，7 月和 8 月日照时数有所回升，9 月日照时数降至最低，为 148h。生育期日照总时数为 1298.8h，较长的日照时数能够完全满足烟叶正常生长发育的需要。

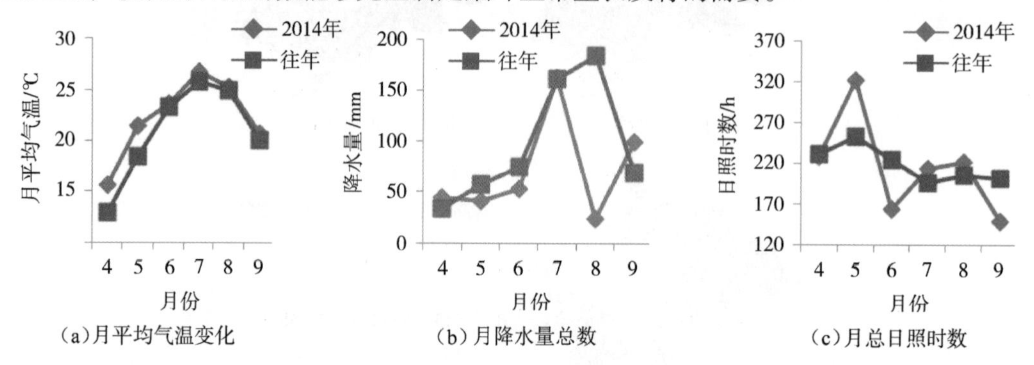

图 7-39　诸城市烟草生育期内月平均气温、月降水总量、月总日照时数变化

(2) 安丘市气候条件分析

安丘属暖温带半湿润大陆性季风气候，产区海拔为 122～223m，四季分明，气候温和，光照充足，雨量适中，无霜期较长。年日照时数 2587.5 时，年平均气温12.2℃，大于10℃的积温 4152.5℃，常年降水量约 720mm，年均无霜期约 186d。

根据 2014 年 4 月～9 月的平均气温、降水总量及日照时数栅格数据（图 7-40），从空间格局上看，安丘市平均气温由西南向东北逐渐升高，西南部高海拔地区气温较低；降水格局则呈由东北向西南逐渐增加趋势，同样由于夏季风由山东省南部登陆，安丘市西南部地区位于登陆区域边缘，降水量最高；4 月～9 月日照时数由东南向西北随纬度升高，日照时数增加。

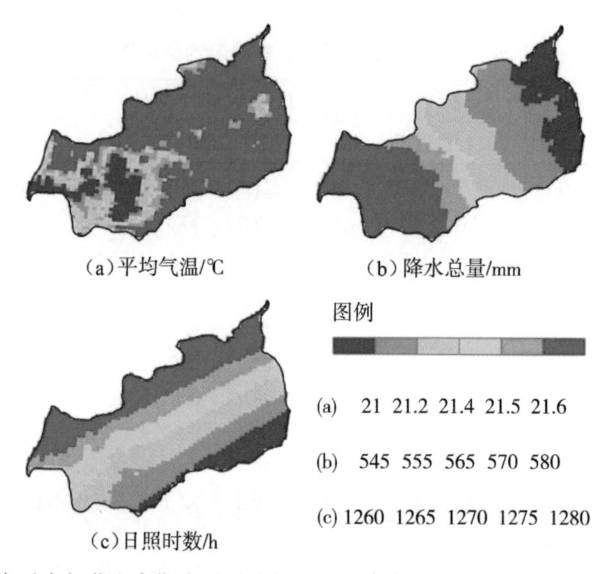

图 7-40　安丘市烟草生育期内月平均气温、月降水总量、月总日照时数空间格局

由图 7-41 和表 7-38 可以看出，在烟草生育期内，2014 年度月平均气温呈先升高后降低的趋势，7 月达到最高，为 26.7℃，与往年月平均气温变化趋势一致。2014 年度月降水总量呈先升高后降低再升高的趋势，7 月降水量最大，为 171.9mm，与往年降水量最大时间一致，8 月降水量锐减，为 40.4mm，造成烟草生长后期干旱，影响了烟叶产质量的提高，在烟草生育末期，降水量又有显著增加，造成烟叶不易落黄，贪青晚熟。

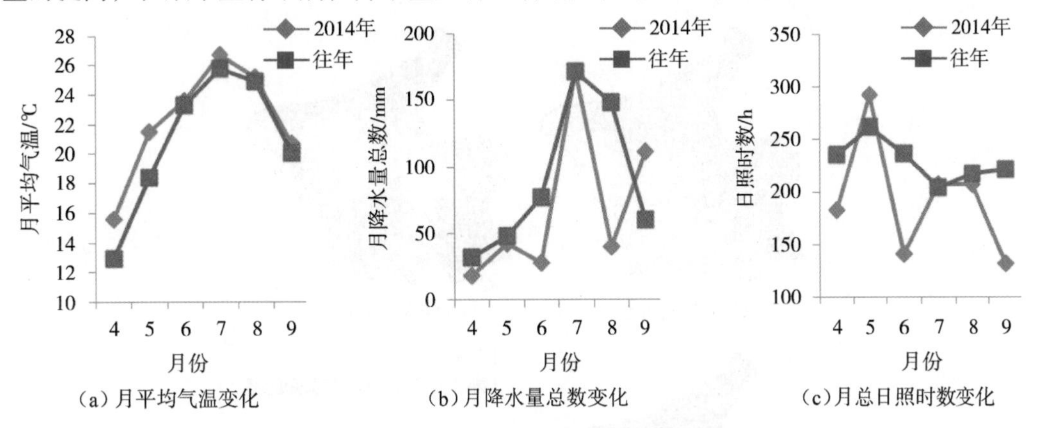

(a) 月平均气温变化　(b) 月降水量总数变化　(c) 月总日照时数变化

图 7-41　安丘市烟草生育期内月总日照时数变化

表 7-38　安丘市烟草生育期内气象条件

项目		4月		5月		6月		7月		8月		9月	
		2014年	往年	2014年	往年	2014年	往年	2014年	往年	2014年	往年	2014年	往年
气温/℃	上旬	14.5	10.5	17.4	16.7	21.7	21.8	26.4	25.2	26.2	26.1	22.5	22.1
	中旬	15.8	12.8	20.9	18.0	23.3	23.6	28.4	25.8	24.8	25.0	19.3	20.0
	下旬	16.4	15.3	26.2	20.4	25.9	24.4	25.4	26.5	24.7	23.7	20.3	18.3
月平均气温/℃		15.6	12.9	21.5	18.4	23.6	23.3	26.7	25.8	25.2	24.9	20.7	20.1
降水量/mm	上旬	3.2	7.9	2.1	13.8	23.3	19.3	0.0	54.7	19.8	41.8	46.0	34.6
	中旬	6.1	10.5	28.0	17.3	4.4	21.2	70.9	55.4	3.0	65.4	19.0	12.1
	下旬	8.9	13.9	12.5	16.9	0.0	36.7	101.0	61.6	17.6	41.1	46.3	13.8
月降水量总数/mm		18.2	32.3	42.6	47.9	27.7	77.2	171.9	171.7	40.4	148.3	111.3	60.4
日照时数/h	上旬	78.6	75.9	105.5	82.6	44.1	82.2	72.3	67.0	62.4	73.7	50.1	68.3
	中旬	43.0	78.0	84.2	53.1	39.3	80.9	80.0	60.4	63.0	67.2	25.8	76.6
	下旬	61.3	81.3	102.8	96.5	57.7	74.0	54.9	76.3	81.4	76.7	56.5	76.7
月总日照时数/h		182.9	235.3	292.5	262.1	141.1	237.1	207.2	203.7	206.8	217.6	132.4	221.5

从图 7-41 可以看出，烟草生育期内，往年月总日照时数呈逐渐降低的趋势，5 月最高，为 262.1h。生育期内各月份日照时数均在 200h 以上，良好的光照条件，有利于烟草的生长发育；2014 年度月总日照时数变化趋势为“M”型，5 月总日照时数最长，为 292.5h，6 月总日照时数急剧下降至 141.1h，后又缓慢回升，7 月和 8 月总日照时数均达到200h 以上，9 月总日照时数最低，为 132.4h，生育期内日照总时数为 1162.9h。

(3) 高密市气候条件分析

高密市属于暖温带半湿润季风气候，产区海拔与诸城、安丘相近，生态条件好，环境优越，年平均气温 12℃，年平均光照 2317h，无霜期平均232d，年降水量约800mm，属特色优质烟叶开发适宜区。

根据2014年4月～9月的平均气温、降水总量及日照时数栅格数据（图7-42），从空间格局上看，高密市平均气温由东南向西北逐渐升高，东南部高海拔地区气温较低；降水格局则呈西部、北部高而东部低的空间格局，主要由于该地区降水同时受到山东省东北部及南部夏季风影响所致；4月～9月日照时数由东南向西北随纬度升高，日照时数增加。

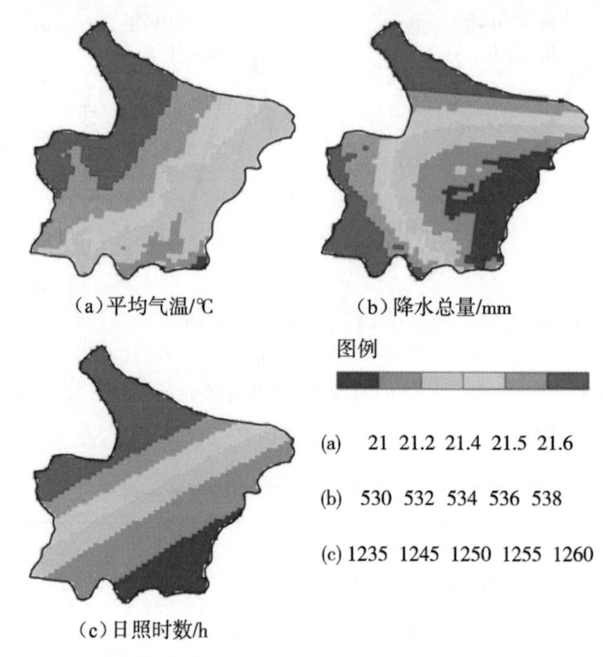

图7-42　高密市烟草生育期内月平均气温、月降水总量、月总日照时数空间格局

由表7-39和图7-43可以看出，2014年度同往年相比，在烟草生育期内，月平均气温变化趋势一致，均呈先升高后降低的趋势，7月平均气温达到最高，5月～8月平均气温均超过20℃，适宜的温度条件，能够促进烟叶的生长发育；往年月降水总量呈先升高后降低的趋势，7月降水量最高，为158.4mm，生育后期降水量逐渐降低，2014年度生育期内月降水量变化显著，7月降水量最高，为253.2mm，总体呈现先升高后降低的趋势。通过对温度、降水量的变化趋势进行对比发现，在烟草生育期内，高密市基本能够达到雨热同期，有利于烟草的生长发育。

由图7-43可以看出，高密市往年月日照时数在5月达到最高，为255.8h，7月最低，为193h；2014年度月日照总时数5月最高，为258.4h，6月日照总时数下降显著，为159.5h；9月日照总时数降到最低，为132h，均能够满足烟叶生长发育的需要。

(4) 五莲县气候条件分析

五莲属暖温带大陆性性季风气候，产区海拔60～220m，气候适宜，光照充足，全年日照时数为2538.6h，年平均气温12.6℃，地温20.35℃，烤烟大田生产期间平均日照时数达8.3h，无霜期约200d，雨量充沛，年均降水约850mm，蒸发量2073mm。

根据2014年4月～9月的平均气温、降水总量及日照时数栅格数据（图7-44），从空间格局上看，五莲县平均气温呈北部、南部高而中部低的空间格局，中部高海拔地区气温较低；降水格局则由东北向西南逐渐增加，主要由于该地区降水受到山东省南部夏季风影响所致；4 月～9 月日照时数由东南向西北逐渐升高，东南部地区日照时数同时受到纬度和海拔因素的双重限制。

表 7-39　高密市烟草生育期内气象条件

项目		4月		5月		6月		7月		8月		9月	
		2014 年	往年	2014 年	往年	2014 年	往年	2014 年	往年	2014 年	往年	2014 年	往年
气温/℃	上旬	13.6	10.3	15.7	16.9	20.8	21.8	25.8	25.1	25.9	26.4	22.8	22.7
	中旬	15.3	12.8	20.4	18.1	22.9	23.2	27.9	25.7	25.1	25.5	19.8	20.7
	下旬	16.4	15.2	25.3	20.6	25.2	24.1	25.8	26.7	24.9	24.2	20.3	19.1
月平均气温/℃		15.1	12.8	20.5	18.5	23.0	23.0	26.5	25.8	25.3	25.4	21.0	20.8
降水量/mm	上旬	0.6	7.9	14.8	11.1	30.0	20.3	0.0	41.9	7.4	47.2	23.2	32.9
	中旬	11.1	10.7	63.1	13.6	7.8	18.5	9.6	56.6	28.8	71.1	16.0	10.9
	下旬	8.9	14.0	11.5	12.9	0.5	35.2	243.6	59.9	19.9	37.2	26.2	10.9
月降水量总数/mm		20.6	32.6	89.4	37.6	38.3	74.0	253.2	158.4	56.1	155.5	65.4	54.7
日照时数/h	上旬	96.6	74.6	78.5	80.7	43.2	78.3	75.3	64.4	66.0	71.1	53.9	65.7
	中旬	50.9	76.5	80.0	81.2	52.8	76.5	70.7	57.0	68.8	65.2	27.8	75.6
	下旬	61.3	78.7	99.9	93.9	63.5	71.9	46.8	71.6	82.2	73.2	50.3	76.2
月总日照时数/h		208.8	229.8	258.4	255.8	159.5	226.7	192.8	193.0	217.0	209.5	132.0	217.5

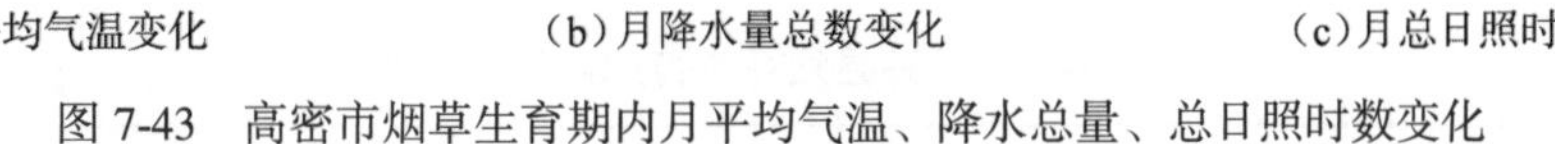

(a) 月平均气温变化　(b) 月降水量总数变化　(c) 月总日照时数变化

图 7-43　高密市烟草生育期内月平均气温、降水总量、总日照时数变化

由图 7-45 和表 7-40 可以看出，在烟草生育期内，不同年度间月平均气温变化趋势一致，均呈先升高后降低的趋势，7 月平均气温达到最高。往年月降水总量呈先升高后降低的趋势，8 月降水量最高，为 212.4mm； 2014 年度生育期内月降水量呈先升高后降低再升高的趋势；2014 年降水量较往年总体减少，8 月降水量为 43 mm，9 月降水量逐渐增加，达到 127.1mm，烟草生育后期降水量增加，不利于烟草生长后期的落黄成熟。2014 年度月总日照时数 5 月最高，为 296.3h，9 月最低，为 142.1h，生育期内总日照时数为 1228.1h，能够满足烟叶正常生长发育的需要。

(5) 莒县气候条件分析

莒县属于暖温带亚湿润季风气候，产区海拔 110～230m，常年平均气温为 12.1℃，年降水量约 750mm，年日照时数 2450h，年平均无霜期 182d。

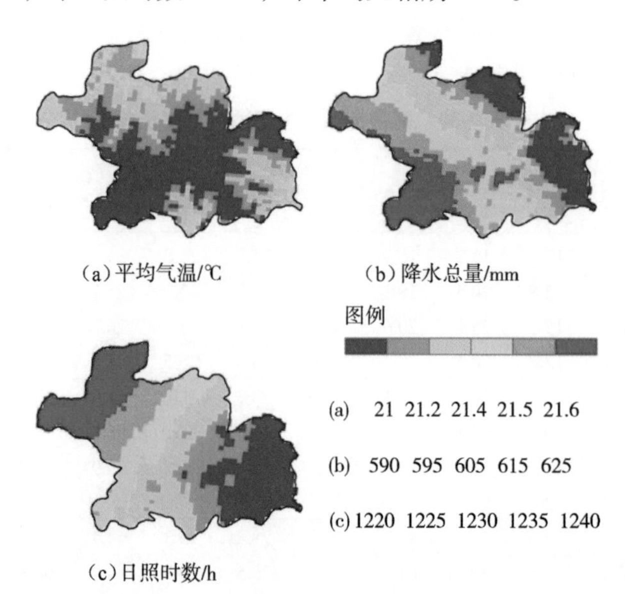

（a）平均气温/℃　（b）降水总量/mm　（c）日照时数/h

图 7-44　五莲县烟草生育期内月平均气温、月降水总量、月总日照时数空间格局

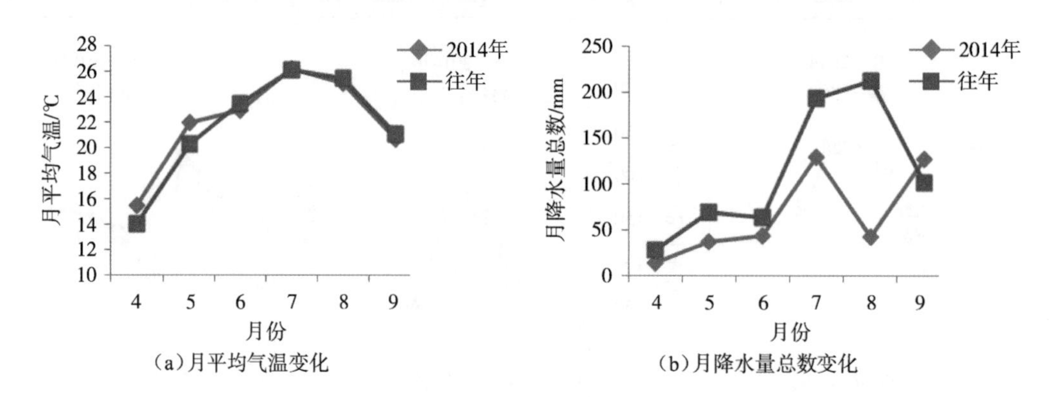

（a）月平均气温变化　（b）月降水量总数变化

图 7-45　五莲县烟草生育期内月平均气温、降水总量变化

表 7-40　五莲县烟草生育期内气象条件

项目		4 月		5 月		6 月		7 月		8 月		9 月	
		2014 年	往年	2014 年	往年	2014 年	往年	2014 年	往年	2014 年	往年	2014 年	往年
气温/℃	上旬	14.6	12.5	18.0	19.4	21.0	22.1	25.3	25.9	25.8	26.5	22.6	22.3
	中旬	15.4	13.5	21.3	19.6	22.7	23.5	27.5	25.8	24.7	26.1	19.3	21.4
	下旬	16.6	16.1	26.6	22.0	25.0	25.0	25.9	26.6	24.7	24.0	20.2	19.5
月平均气温/℃		15.5	14.0	22.0	20.3	22.9	23.5	26.2	26.1	25.1	25.5	20.7	21.1
降水量/mm	上旬	0.9	8.7	3.2	13.8	23.7	10.4	0.0	69.6	25.8	38.9	57.5	24.7
	中旬	4.7	8.4	34.2	26.5	6.7	19.8	36.1	58.3	15.8	79.3	20.4	45.9
	下旬	8.5	11.6	0.0	29.3	13.1	33.8	93.7	66.3	1.4	94.2	49.2	31.6
月降水量总数/mm		14.1	28.7	37.4	69.6	43.5	64	129.8	194.2	43	212.4	127.1	102.2
月总日照时数/h		220.7		296.3		151.7		212.9		204.4		142.1	

根据 2014 年 4 月～9 月的平均气温、降水总量及日照时数栅格数据（图 7-46），从空间格局上看，莒县平均气温呈西部高北部、东部低的空间格局，北部、东部高海拔地区气温较低；降水格局则由北向南逐渐增加，主要由于该地区降水受到山东省南部夏季风影响所致；4 月～9 月日照时数由东向西逐渐升高，同时受到纬度和海拔因素的双重限制。

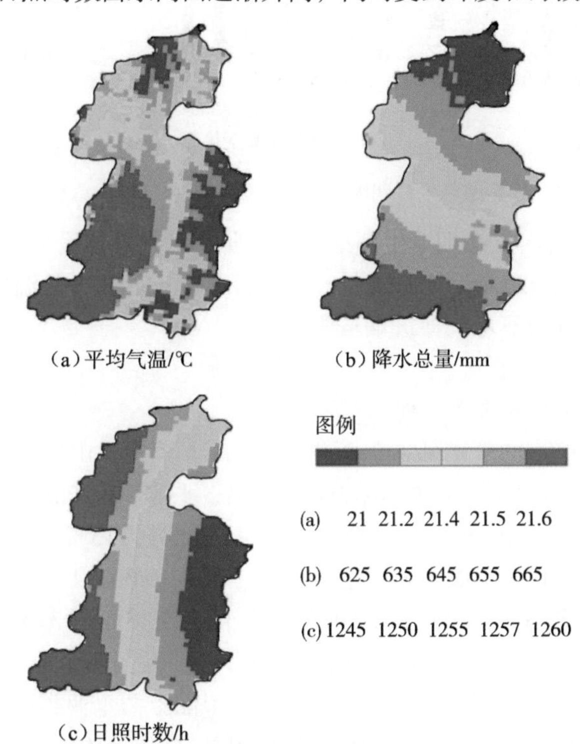

图 7-46　莒县烟草生育期内月平均气温、月降水总量、月总日照时数空间格局

由表 7-41 和图 7-47 可以看出，随着烟草生育期的推移，月平均气温和月降水总量均呈先升高后降低的趋势，表现出雨热同期的特点，7 月平均气温和降水量达到最高，月平均气温为 25.7℃，月降水总量为 215.3mm

表 7-41　莒县烟草生育期内气象条件

项目		4 月	5 月	6 月	7 月	8 月	9 月
气温/℃	上旬	11.8	18	22.5	25.4	26.1	22.2
	中旬	13.9	18.7	23.4	25.4	25.3	21.1
	下旬	14.8	21.1	24.8	26.4	23.8	19.1
月平均气温/℃		13.5	19.3	23.6	25.7	25.1	20.8
降水量/mm	上旬	11.1	23.7	18.8	59	59.9	19.4
	中旬	11.5	28.8	38.8	72.6	62.6	38.8
	下旬	14.1	13	55.9	83.7	81.4	17.6
月降水量总数/mm		36.7	65.5	113.5	215.3	203.9	75.8
日照时数/h	上旬	70.9	72.2	70	49.2	50.3	59.3
	中旬	74.7	73.3	68	51.7	58.3	54.9
	下旬	72.1	81.9	56.2	53.4	56.4	57.6
月总日照时数/h		217.7	227.4	194.2	154.3	165	171.8

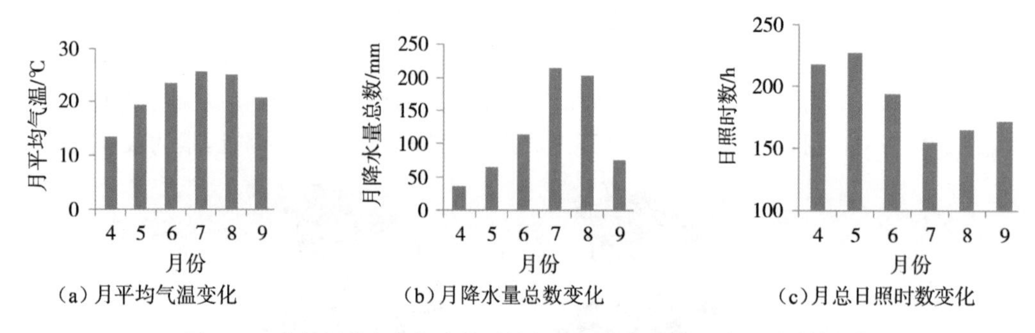

(a) 月平均气温变化　(b) 月降水量总数变化　(c) 月总日照时数变化

图 7-47　莒县烟草生育期内月平均气温、降水总量、总日照时数变化

从图 7-47 可以看出，在烟草生育期内，日照总时数总体呈现逐渐降低的趋势，5 月日照总时数最高，为 227.4h，7 月最低，为 154.3h。4 月和 5 月温度较低，但较长的光照时间能够弥补热量的不足，促进烟草生长发育。

2）土壤养分状况分析

(1) 诸城市土壤养分状况分析

诸城市地处潍坊市的东南部，总面积 2183km²。其中，山地 29860hm²，占总面积的 13.68%；丘陵 73106.67hm²，占总面积的 33.49%；平原 93920hm²，占总面积的43.03%；洼地 21380hm²，占总面积的 9.8%。全市共有 4 个土类，15 个亚类，17 个土属，70 个土种。主要是棕壤，其次是潮土和褐土。棕壤土类共10.003×10^4hm²，占全市总土壤面积的 56.35%，其中，棕壤土占该土类的 46.75%。褐土土类面积 3.08×10^4hm²，占全市总土壤面积的 16.3%，分褐土性土、淋溶褐土、褐土、潮褐土四个亚类。潮土土类共 3.71×10^4hm²，占全市土壤总面积的 20.09%，分潮土和湿潮土两个亚类。诸城不仅土地资源丰富，而且土壤质地良好。轻壤、中壤土面积达 13.42×10^4hm²，占全市土壤面积的 75.85%。此类土壤水、肥、气、热协调，供水供肥性能好，养分利用率高，是生产优质特色烟叶比较理想的土壤。

根据土壤养分栅格数据（图 7-48），从空间格局上看，诸城市土壤 pH 呈东南部低而北部高的格局，土壤碱解氮含量较高，尤其是在西北部和东南部地区，东北部地区土壤有效磷含量较高，中、北部地区土壤速效钾含量较高，东、西部地区土壤有机质含量较高。

对诸城 8 个乡镇的土壤养分含量进行检测，结果如表 7-42 所示，诸城土壤 pH 均值为 6.54。其中相州镇 pH 最高，为 6.71；贾悦镇 pH 最低，为 6.44。土壤均呈弱酸性，适宜烤烟的生长；土壤碱解氮含量多处于丰富水平，均值为 79.76mg/kg，其中相州镇、枳沟镇土壤碱解氮含量较适宜；土壤有效磷含量多处于适宜和丰富水平，均值为 16.62mg/kg，贾悦镇有效磷含量偏低，均值为 9.81mg/kg,；速效钾含量多处于适宜水平，均值为 155.65mg/kg；土壤有机质含量多处于适宜水平，均值为 11.61g/kg，诸城各植烟乡镇土壤有效磷含量分布不均匀，在生产实际中，要严格落实测土配方施肥，确保各土壤养分含量能够满足烟叶正常生长的需要。

(2) 安丘市土壤养分状况分析

根据土壤养分栅格数据（图 7-49），从空间格局上看，安丘市南部地区土壤 pH 较高，土壤碱解氮含量偏低，东部地区土壤有效磷含量较高，南部地区土壤速效钾含量较高，西部地区土壤有机质含量较高。

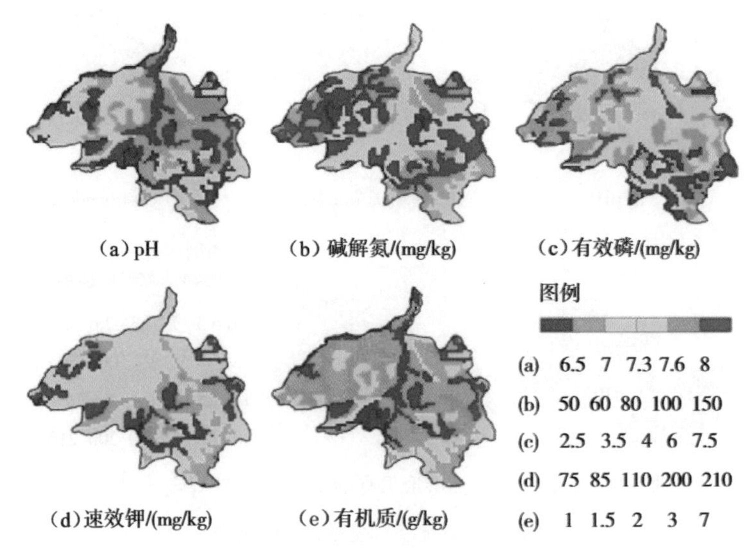

图 7-48 诸城市土壤养分空间格局

表 7-42 诸城市土壤养分状况

地点	pH	碱解氮/(mg/kg)	有效磷/(mg/kg)	速效钾/(mg/kg)	有机质/(g/kg)
百尺河镇	6.60	78.56	12.68	169.90	9.19
相州镇	6.71	67.83	27.96	152.75	9.79
石桥子镇	6.49	88.68	12.99	141.54	14.65
舜王街道	6.55	93.07	13.55	129.74	12.15
贾悦镇	6.44	75.93	9.81	152.47	12.00
林家村镇	6.53	74.31	20.98	162.29	10.96
辛兴镇	6.51	91.10	13.14	146.96	11.54
枳沟镇	6.53	68.63	21.88	189.59	12.65
均值	6.54	79.76	16.62	155.65	11.61

对安丘5个乡镇的土壤养分含量进行检测，结果如表7-43所示，土壤pH均为6.49，土壤均呈弱酸性，适宜烤烟的生长；土壤碱解氮含量处于丰富水平，均值为82.25mg/kg；土壤有效磷含量整体处于适宜水平，均值为13.13mg/kg，坊安、辉渠有效磷含量偏低，分别为8.82mg/kg和3.16mg/kg；速效钾含量多处于适宜水平，均值为193.13 mg/kg，其中坊安速效钾含量为108.48mg/kg，处于缺乏水平；土壤有机质含量多处于适宜水平，均值为13.54g/kg。总体而言，安丘植烟土壤有效磷、速效钾、有机质含量适宜，碱解氮含量稍丰富，在生产中科学施肥，控制肥料用量。

(3) 高密市土壤养分状况分析

根据土壤养分栅格数据（图7-50），从空间格局上看，高密市北部地区土壤pH、速效钾含量较高，而土壤碱解氮、有效磷和有机质含量较低，差异特别明显。在北部平原地区，土壤环境偏碱性，土壤养分状况非常均一但养分条件较差，西南部丘陵地区土壤养分状况较好。

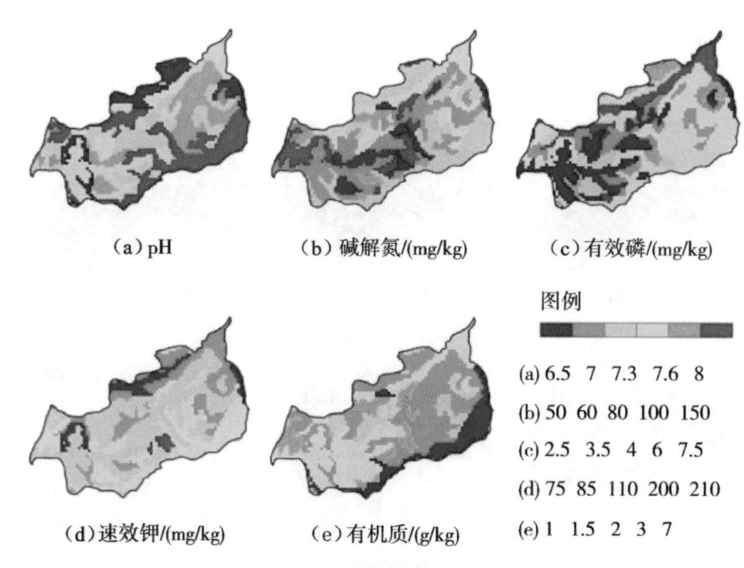

图 7-49　安丘市土壤养分空间格局

表 7-43　安丘市土壤养分状况

地点	pH	碱解氮/(mg/kg)	有效磷/(mg/kg)	速效钾/(mg/kg)	有机质/(g/kg)
景芝	6.80	93.07	20.26	182.77	11.57
坊安	6.29	74.82	8.82	108.48	15.34
石埠子	6.41	71.03	11.10	217.13	14.25
辉渠	6.61	88.63	3.16	178.72	15.54
大盛	6.35	83.72	22.31	278.53	11.01
均值	6.49	82.25	13.13	193.13	13.54

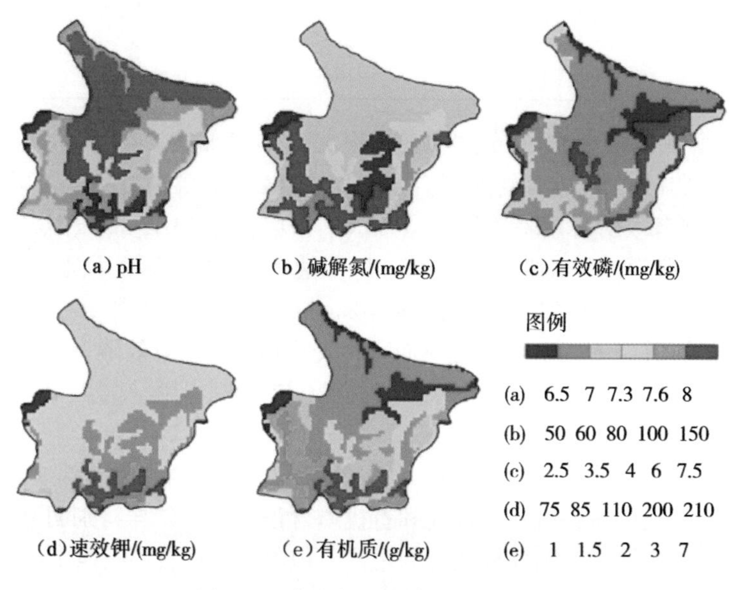

图 7-50　高密市土壤养分空间格局

对高密 2 个植烟乡镇的土壤养分含量进行分析发现（表 7-44），高密土壤 pH 均为 6.60，呈弱酸性，碱解氮含量处于丰富水平，均值为 81.20mg/kg；有效磷含量处于适宜水平，均值为 17.41mg/kg；速效钾含量处于适宜水平，均值为 208.90mg/kg；土壤有机质含量处于适宜水平，均值为 11.56g/kg。高密植烟土壤养分含量总体适宜，能够满足烤烟生长发育的需要，具有生产优质烤烟的生态条件。

表 7-44　高密市土壤养分状况

地点	pH	碱解氮 /(mg/kg)	有效磷 /(mg/kg)	速效钾 /(mg/kg)	有机质 /(g/kg)
柴沟镇	6.54	79.98	23.33	200.74	9.77
井沟镇	6.66	82.41	11.50	217.07	13.34
均值	6.60	81.20	17.41	208.90	11.56

(4) *五莲土壤养分状况分析*

五莲县地处鲁东南低山岭区，地貌以山地丘陵为主，山地、丘陵、平原占总面积的 50%、36%、14%，耕地面积占总面积的 28.8%，土壤 pH 为5.6～6.5，多为淋溶褐土、棕壤，属烤烟种植适宜区和最适宜区。

根据土壤养分栅格数据（图 7-51），从空间格局上看，五莲县大部分地区土壤 pH 偏碱性，西部地区土壤碱解氮含量较高而东部地区含量较低，土壤有效磷含量较低，仅在东、北部地区土壤含量较高，土壤速效钾含量较低，仅在西部部分地区含量较高，大部分地区土壤有机质含量较高。

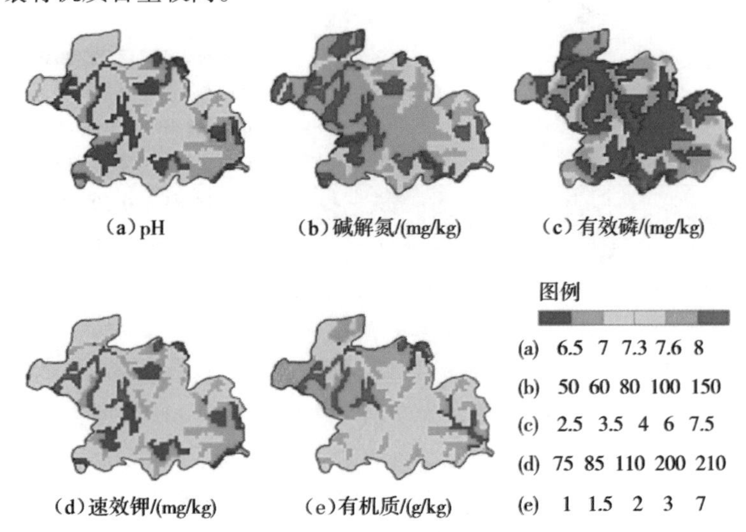

图 7-51　五莲县土壤养分空间格局

对五莲县 3 个植烟乡镇的土壤养分含量进行分析发现，五莲县土壤 pH 均为6.32，碱解氮含量处于适宜水平，均值为 61.89mg/kg，有效磷含量处于丰富水平，均值为 27.75mg/kg，速效钾含量处于适宜水平，均值为 157.67mg/kg，土壤有机质含量为 1.13%，植烟土壤中有效磷含量较丰富（表 7-45）。

表 7-45　五莲县土壤养分状况

地点	pH	碱解氮/(mg/kg)	有效磷/(mg/kg)	速效钾/(mg/kg)	有机质(%)
于里镇	6.78	56.90	21.95	93.13	1.23
汪湖镇	5.85	66.88	33.55	222.21	1.04
均值	6.32	61.89	27.75	157.67	1.13

(5) 莒县土壤养分状况分析

莒县地处鲁东南低山岭区，地貌以平原、丘陵为主。

根据土壤养分栅格数据（图 7-52），从空间格局上看，莒县西南部地区土壤 pH 较高，为偏碱性土壤，土壤碱解氮含量整体较低，仅在北部和东南部部分地区土壤含量较高，中西部地区土壤有效磷含量较高，土壤速效钾和土壤有机质含量较低。

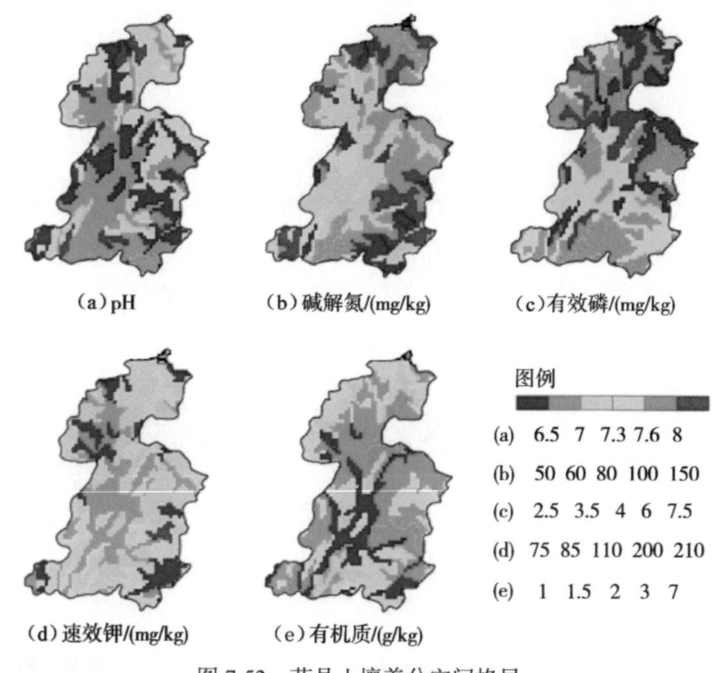

图 7-52　莒县土壤养分空间格局

对莒县 3 个植烟乡镇的土壤养分含量进行分析发现，莒县土壤 pH 均为 6.73，总体呈弱酸性，其中东莞镇土壤 pH 最高，为 7.64，棋山镇土壤 pH 最低，为 5.23，碱解氮含量处于适宜水平，均值为 54.96mg/kg；有效磷含量均值为 27.62mg/kg；速效钾含量处于丰富水平，均值为 287.09mg/kg；土壤有机质含量均值为 0.96%。总体来看，莒县植烟土壤养分含量总体适宜，能够满足烤烟生长发育的需要，个别乡镇土壤呈弱碱性，对烤烟生长发育不利（表 7-46）。

3. 陕南生态条件分析

1) 气候条件分析

陕西浓香型烤烟产区主要分布在陕南商洛市的洛宁县和宝鸡市的陇县以及延安市的富县，烟叶特色鲜明，质量优良，这与其独特的生态条件有密切关系。

表 7-46　莒县土壤养分状况

地点	pH	碱解氮/(mg/kg)	有效磷/(mg/kg)	速效钾/(mg/kg)	有机质(g/kg)
弟埠	7.31	31.12	18.80	295.78	0.72
棋山	5.23	54.34	51.55	419.51	0.76
东莞	7.64	79.42	12.50	145.97	1.40
均值	6.73	54.96	27.62	287.09	0.96

(1) 商洛市洛南县气候条件分析

从表 7-47 可知，4 月～9 月，平均地温和平均气温先逐渐升高后逐渐降低；平均空气相对湿度和土壤含水量、平均大气 CO_2 浓度、降水量均随烟叶生长季节的推进呈逐渐增加趋势；平均大气压变化稳定；平均风速呈逐渐降低趋势；总辐射和直辐射累计值、日照时数均表现出先升高，然后逐渐降低的趋势。可见，当地不同月份气象状况差异较大，其中 5 月份日照时数最长、太阳辐射较强，但是温度低于 6 月～8 月。

表 7-47　商洛市洛南县烟草生育期气象条件

时间	平均地温/℃	平均气温/℃	平均湿度/%	土壤含水量/%	大气 CO_2 浓度/ppm	平均大气压/HPa	降水量/mm	平均风速/(m/s)	总辐射累计值/(MJ/m^2)	日照时数/h
4 月中下旬	12.59	15.13	69.22	19.31	430.96	902.71	8.2	0.52	235.30	129.53
5 月份	15.72	17.51	76.21	17.64	434.30	905.78	58.2	0.26	480.62	279.08
6 月份	19.56	21.62	65.82	23.27	436.53	900.70	5.2	0.24	468.56	275.40
7 月份	23.02	23.48	77.47	43.33	458.53	902.10	38.4	0.11	484.44	206.90
8 月份	22.08	21.24	75.03	35.40	451.68	905.49	59.6	0.09	332.68	192.37
9 月上中旬	18.85	16.63	73.76	41.14	447.00	910.22	82.0	0.14	263.06	147.50

(2) 宝鸡市陇县气候条件分析

从表 7-48 可看出，5 月～9 月，平均地温和平均环温、降水量先逐渐升高后逐渐降低；平均土壤含水量、降水量均呈逐渐增加趋势；平均空气湿度、平均大气 CO_2 浓度、平均大气压趋于稳定；平均风速呈逐渐降低趋势；总辐射和直辐射累计值、日照时数均表现出先升高，然后呈逐渐降低趋势。可见，当地不同月份气象状况差异较大，其中 6 月日照时数最长、太阳辐较强、降水量最小，但平均温度低于 7 月，该月份降水量最大，同时，8 月和 9 月降水量也比较大，说明 7 月～9 月雨水较多，是该地区的多雨季节。

表 7-48　宝鸡市陇县烟草生育期气象条件

时间	平均地温/℃	平均气温/℃	平均环湿/%	平均土湿/%	大气 CO_2 浓度/ppm	平均大气压/HPa	降水量/mm	平均风速/(m/s)	总辐射累计值/(MJ/m^2)	日照时数/h
5 月	18.32	17.32	75.12	28.70	444.54	909.0	33.2	0.90	390.80	204.55
6 月	21.96	22.29	69.98	27.00	440.49	903.5	32.8	0.99	566.64	297.30
7 月	23.34	23.51	78.48	32.72	456.29	903.1	201.2	0.69	450.14	285.52
8 月	23.23	21.96	75.85	37.36	458.83	907.3	196.4	0.59	424.88	267.58
9 月	19.14	16.82	75.04	37.07	448.11	912.3	128.8	0.57	286.79	182.48

(3) 延安市富县气候条件分析

由表7-49知，富县产区5月～9月的平均气温分别为16.3℃、19.5℃、22.5℃、20.6℃和14.2℃；降水量分布，在移栽期之后的5月为88.5mm，6月仅41.1mm，降水量在7月、8月、9月达到最大，分别为135.9mm、133.7mm和99.2mm；从5月到8月的总日照时数为850.9h，采烤期日照时数超过300h；无霜期为183d。

表7-49　延安市富县逐月气象条件分析

地区	月份	平均温度/℃	降水量/mm	日照时数/h	无霜期/d
富县	1	−6.5	3.8	207.1	183
	2	−4.3	2.6	180.0	
	3	3.7	14.8	194.2	
	4	11.7	23.3	261.5	
	5	16.3	88.5	221.3	
	6	19.5	41.1	247.1	
	7	22.5	135.9	183.3	
	8	20.6	133.7	199.2	
	9	14.2	99.2	190.3	
	10	8.7	6.2	196.7	
	11	0.2	13.5	199.4	
	12	−5.2	6.2	167.4	

(4) 小结

陕西产区烤烟移栽时间一般在4月下旬至5月上旬，此时，平均温度为11～16℃，出现了烤烟生长的最低温度，有诱导早花出现的可能。大田生长期间温度在18℃以上。6月太阳辐射和日照时数达到一年中最大，之后逐渐降低，加之大田生长前期本产区降水量较少，容易造成烤烟生长前期干旱现象的发生。平均土温和气温在6月、7月、8月较高，之后逐渐下降。降水主要集中在7月～9月，且降水量远大于6月。陕西产区易出现早期干旱，后期“秋淋”等不利于烤烟生长的气候现象。本产区一般通过采取覆膜移栽、深沟高畦等措施，缓解前期干旱，后期多雨的情况，摸清不利气候因素的影响。通过指导烟农采取膜下移栽，适时移栽，提前烤烟生产生育期，避开后期不利的气候条件，最终实现烤烟优质适产的目标，促进烤烟生产稳步发展。

2) 太阳光谱分析

(1) 洛南太阳光谱数据分析

从图7-53～图7-55可知，5月、6月、7月，散辐射和长波辐射累计值均表现出6月>5月>7月；300～3000nm、400～3000nm、500～3000nm、600～3000nm、700～3000nm、760～3000nm这几个波段的辐射累计值也均表现出6月>5月>7月；太阳光谱特征指标：紫外（280～400nm）、紫蓝（400～500nm）、绿（500～600nm）、红橙（600～700nm）、可见（400～700nm）、近红外（700～760nm）、红外(760～3000nm）辐射累计值均表现出6月>5月>7月。说明同一地区不同月份太阳辐射变化明显，在当地，6月太阳辐射较强，5月次之，7月较小。

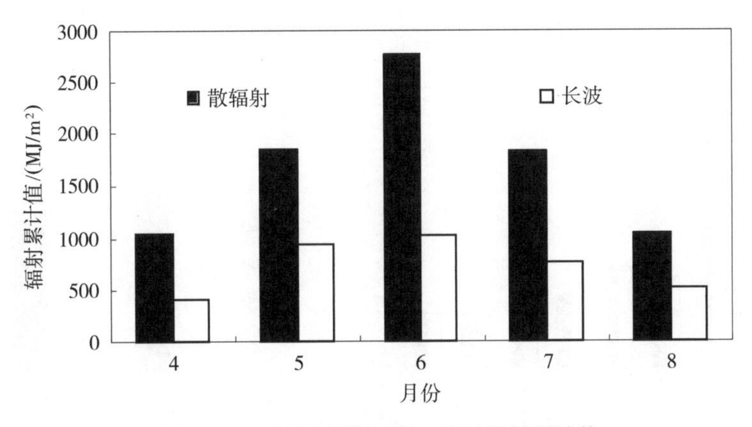

图 7-53　不同月份散辐射、长波辐射累计值

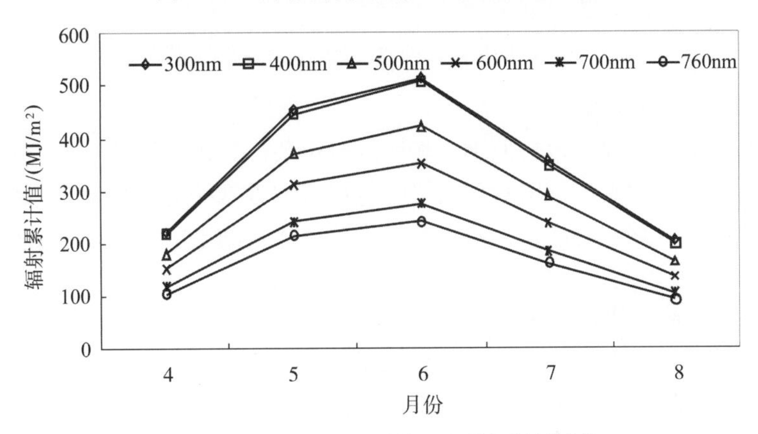

图 7-54　不同月份不同波段光谱辐射累计值

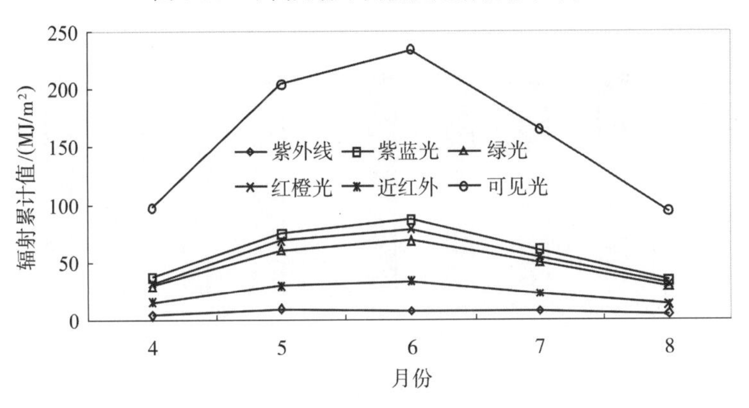

图 7-55　不同月份不同颜色光谱辐射累计值

(2) 陇县太阳光谱数据分析

从图 7-56 可知，300～3000nm、400～3000nm、500～3000nm、600～3000nm、700～3000nm、760～3000nm 这几个波段的辐射累计值均表现出10 月>9 月；太阳光谱特征指标：紫蓝光（400～500nm）、绿光（500～600nm）、可见光（400～700nm）辐射累计值均表现出 10 月>9 月。说明同一地区不同月份太阳辐射变化明显。

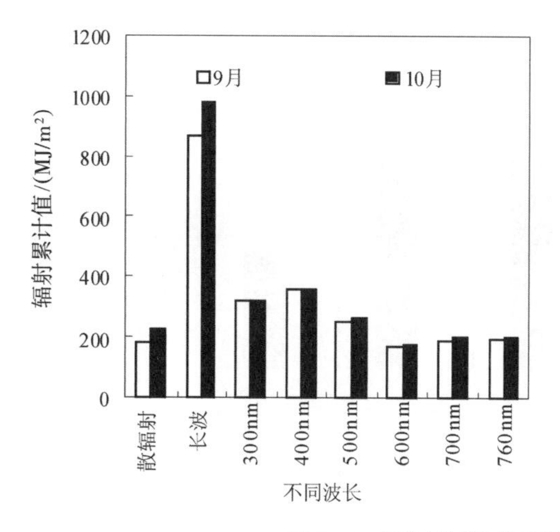

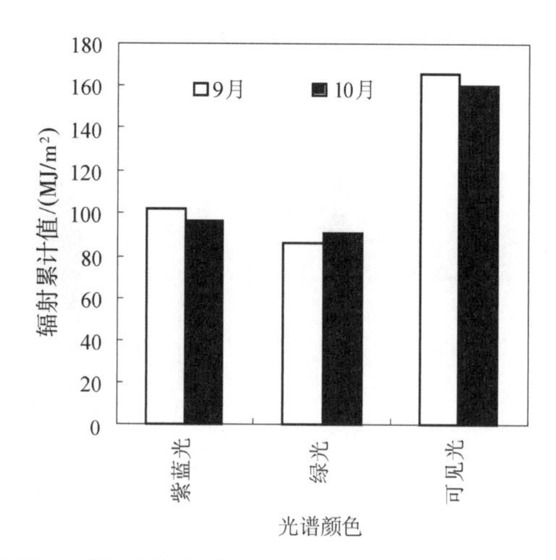

图 7-56　不同月份不同波长及颜色光谱辐射累计值

3）陕南土壤因素分析

土壤是烟草吸取营养和水分的重要场所。土壤条件是优质烟叶生产的基础，是影响烟叶质量的首要环境因素。土壤养分的供给直接影响着烟株的生长发育，决定烟叶的产质表现。土壤因素与烟草的产量、质量密切相关，适宜的土壤条件是烟草优质、适产的重要基础。

(1) 土壤容重和孔隙度

一般土壤容重为 1.1～1.7。容重测定结果如图 7-57 和表 7-50 所示，陇县基地土壤容重为 1.498～1.529g/cm³，土壤容重稍偏高；洛南土壤容重为 1.505～1.714g/cm³，土壤容重较高，这与实地观察土壤紧实度相一致。

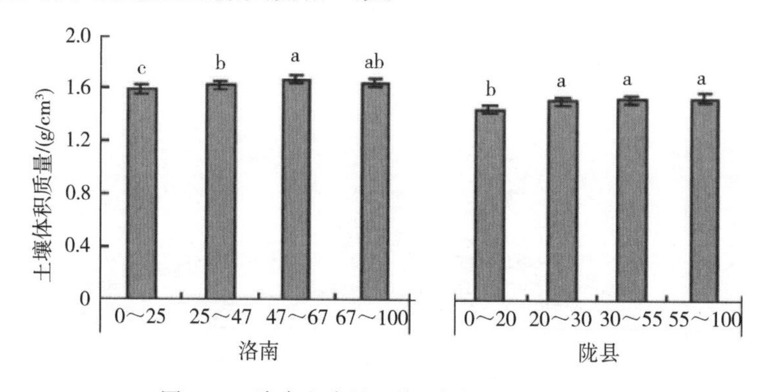

图 7-57　洛南和陇县土壤不同土层深度容重

土壤容重数值可用来计算土壤总孔隙度、空气含量和每亩地一定深度的耕层中的土壤重量等。当土壤孔隙度>60%时为“最松”，土壤孔隙度 56%～60%时为“松”，土壤孔隙度 52%～56%时为“适合”，土壤孔隙度 50%～52%时为“稍紧”，土壤孔隙度<50%时为“紧实”。由表 7-50 的土壤容重来看，浓香型烟叶基地的土壤孔隙度均<50%，土壤紧实。

(2) 土壤质地

土壤质地是根据土壤的颗粒组成划分的土壤类型。土壤质地一般分为砂土、壤土和黏土三类，其类别和特点，主要是继承了成土母质的类型和特点，又受到耕作、施肥、排灌、平整土地等人为因素的影响，是土壤的一种十分稳定的自然属性，对土壤肥力有很大影响。

表 7-50　浓香型烟叶基地土壤剖面土壤容重

剖面地址	深度/cm	土壤容重 /(g/cm³)	孔隙度/%
	0～20	1.565	40.94
	20～40	1.632	38.42
洛南土钻	40～60	1.714	35.32
	60～80	1.680	36.60
	80～100	1.712	35.33
	0～20	1.527	42.38
	20～40	1.526	42.42
陇县土钻	40～60	1.528	42.34
	60～80	1.498	43.47
	80～100	1.526	42.42

本研究采用国际三级制即根据砂粒（0.02～2mm）、粉粒（0.002～0.02mm）和黏粒（<0.002mm）的含量确定土壤质地，测定结果如表 7-51 所示。

表 7-51　供试土样土壤机械组成

地区	深度/cm	砂粒 /(g/kg)	粉粒/(g/kg)	黏粒/(g/kg)	质地名称	粉/黏比	剖面平均粉黏比
	0～20	240.10	374.49	385.41	壤质黏土	0.97	
	20～40	211.59	416.63	371.78	壤质黏土	1.12	
洛南土钻	40～60	242.27	405.12	352.61	壤质黏土	1.15	1.09
	60～80	245.71	390.28	364.01	壤质黏土	1.07	
	80～100	241.14	402.37	356.49	壤质黏土	1.13	
	0～20	342.90	377.41	279.69	壤质黏土	1.35	
	20～40	362.96	348.22	288.82	壤质黏土	1.21	
	40～60	388.17	342.62	269.21	壤质黏土	1.27	
	60～80	323.21	350.53	326.26	壤质黏土	1.07	
陇县土钻	80～100	322.25	344.14	333.61	壤质黏土	1.03	1.19
	20～40	200.43	374.34	425.23	壤质黏土	0.88	
	40～60	182.34	364.23	453.43	壤质黏土	0.80	
	60～80	186.26	388.42	425.32	壤质黏土	0.91	
	80～100	173.22	396.12	430.66	壤质黏土	0.92	

就不同土壤质地而言，砂土抗旱能力弱，易漏水漏肥，因此土壤养分少，加之缺少黏粒和有机质，故保肥性能弱，速效肥料易随雨水和灌溉水流失；黏土含土壤养分丰富，而且有机质含量较高，因此大多土壤养分不易被雨水和灌溉水淋失，故保肥性能好，但由于遇雨或灌溉时，往往水分在土体中难以下渗而导致排水困难，影响根系生长，阻碍了根系对土壤养分的吸收；壤土兼有砂土和黏土的优点，是较理想的土壤，其

耕性优良，适种的农作物种类多。

优质烟的生产一般以表土疏松的轻壤而心土略为紧实的土壤较为适宜。这样的土壤既有利于保水、保肥，又有一定的排水通气性，能够保证烟株前、中期生长，后期能够适时落黄。大量试验表明，适宜烟草生长的土壤物理性状指标为：土壤为砂壤土至中壤土，土壤容重为 1.1～1.4g/cm^3，土壤总孔隙度为 48%～57%，通气孔隙度为 16%～20%。由表7-51 可知，烟草基地的土壤不同剖面深度的土壤质地类型均为“壤质黏土”，壤质黏土的主要肥力特征为保水、保肥性好，养分含量丰富，土温比较稳定，但通气性、透水性差，耕作比较困难。对烟叶基地的土壤农化样品分析，结果与剖面的表层相一致。说明耕层土壤偏黏。改良方法：一是掺沙子或砂土，可根据土壤的机械组成，计算掺沙（砂）量；二是施用膨化岩石类；三是施有机肥或翻压绿肥。

(3) 土壤养分

土壤 pH：陕西省浓香型 3 个产区土壤 pH 最低为 6.68，最高为 8.7，平均土壤pH= 8.27。其中，除洛南的土壤 pH=6.28 外，陇县和富县各乡镇土壤 pH 均在8.0 以上，高出烤烟适宜的土壤 pH 为 5.5～8.0。表 7-52 中土壤 pH 过高，烤烟品质下降。因此，需要采取适当的措施对陇县和富县产区进行土壤改良，以适合优质烤烟的生长。

土壤有机质：土壤有机质是土壤肥力的重要物质基础，它不仅含有各种营养元素，而且还是土壤微生物生命活动的能源，能够对土壤水、热、气等因素进行调节，对土壤理化形状有着明显的改善作用。在烟株生长过程中能够均衡全面地供给营养，促进烟株生长发育。在一定范围内，土壤有机质含量高，对促进烟株生长发育、协调烟叶化学成分有较好的效果，可有效提高烟叶香气质、香气量，减少杂气和刺激性。

3 个产区有机质含量 7.2～17.63g/kg，平均含量为 12.55g/kg，介于北方产区适宜的土壤有机质含量（10～20g/kg）。其中，陇县产区有机质含量平均为 13.84g/kg，含量适中。洛南产区有机质含量为 7.2g/kg，含量偏低。富县产区有机质含量平均为11.16g/kg，含量适中。有机质含量低，不利于烤烟的生长发育，产量和品质均较差。因此，洛南产区应通过增施有机肥提高土壤有机质的含量。

土壤氮素：土壤氮素是反映土壤肥力水平的重要因素，也是影响烟株的生长发育及品质的关键因子。

氮素营养对烟草的产量和品质都有显著的影响。在氮素缺乏的条件下，烟叶产量低，叶片小而薄，颜色浅，油分不足；烟叶中总氮和烟碱含量低、还原糖含量高，香气不足，劲头小，吃味平淡。氮素过量时烟叶产量高，叶片大而厚，颜色深，油分少，弹性差；烟叶总氮和烟碱含量高，还原糖含量低，杂气重，劲头和刺激性大，吃味辛辣，香气品质也变差。在氮素供应适宜的情况下，烟叶产量适宜且稳定，调制后烟叶厚薄适中，颜色橘黄，油分足，弹性强；烟叶总氮、烟碱、还原糖等化学成分含量适宜，比例协调，香气质好，香气量足，劲头适中，杂气和刺激性小，烟叶外观品质和内在品质优良。

陇县产区的全氮含量平均为 1.10g/kg，其中最低含量为 0.84g/kg，最高含量为 1.28g/kg。其中介于 1.0～1.5g/kg 含量适中土样占 73.33%。洛南全氮含量为 1.09g/kg，也属于适中范围。陇县产区碱解氮含量平均为 65.51mg/kg，最低含量 43.75mg/kg，最高含量为

表 7-52　陕西浓香型各产区土壤养分状况

市/县	乡镇	pH	有机质/(g/kg)	全氮/(g/kg)	碱解氮/(mg/kg)	全磷/(g/kg)	速效磷/(mg/kg)	全钾/(g/kg)	速效钾/(mg/kg)
宝鸡/陇县	新集	8.22	15.99	1.22	75.45	0.43	3.62	17.73	227.55
宝鸡/陇县	堎底下	8.62	12.60	1.10	49.49	0.45	1.25	17.84	170.86
宝鸡/陇县	东南	8.55	15.21	1.17	55.13	0.40	1.55	17.69	168.54
宝鸡/陇县	固关	8.44	17.56	1.28	71.64	0.56	3.51	17.38	223.07
宝鸡/陇县	天成	8.36	15.52	1.22	71.48	0.67	7.55	16.80	315.32
宝鸡/陇县	城关	8.70	17.63	1.19	68.78	0.48	2.10	14.17	208.28
宝鸡/陇县	火烧	8.55	14.19	1.13	71.80	0.45	2.63	13.74	207.68
宝鸡/陇县	曹家湾	8.16	10.42	0.96	50.97	0.37	1.60	13.39	133.34
宝鸡/陇县	温水	8.53	12.05	1.04	72.53	0.47	2.99	14.34	235.15
宝鸡/陇县	牙科	8.03	13.44	1.12	67.52	0.67	5.25	14.97	170.93
宝鸡/陇县	东风	8.10	13.00	1.10	93.28	0.66	5.08	12.78	157.87
宝鸡/陇县	杜阳	8.40	12.82	0.96	49.43	0.57	3.42	13.57	140.70
宝鸡/陇县	河北	8.38	10.64	0.93	43.75	0.49	2.31	14.33	113.76
宝鸡/陇县	八渡	8.15	16.67	1.20	86.13	0.60	5.49	15.63	144.17
宝鸡/陇县	李家河	8.47	9.91	0.84	55.21	0.46	1.07	14.34	104.74
商洛/洛南	城关镇	6.68	7.2	1.09	97.93	0.43	5.23	30.69	166.28
延安/富县	—	8.2	10.39	—	—	—	9.8	—	120
延安/富县	—	8.3	11.87	—	—	—	10.3	—	130
延安/富县	—	8.1	10.61	—	—	—	11	—	135
延安/富县	—	8.4	12	—	—	—	11.5	—	150
延安/富县	—	8.4	11	—	—	—	9.6	—	147
延安/富县	—	8.3	10.36	—	—	—	9.7	—	118
延安/富县	—	8.28	11.85	—	—	—	10.1	—	127
延安/富县	—	8.0	10.59	—	—	—	10.8	—	134
延安/富县	—	8.5	11.9	—	—	—	11.55	—	149
延安/富县	—	8.3	11	—	—	—	9.7	—	146

93.28mg/kg，均属于含量偏低且适中的范围。洛南土壤碱解氮含量为97.93mg/kg，也属于适宜范围。说明，两个产区的土壤氮含量适宜烤烟的生长。

土壤磷素：磷素有“能量元素”之美誉，是植物正常生长发育不可或缺的营养元素之一。研究认为，磷可以改善烟叶的颜色，增加香气。磷可以提高烟叶中糖的含量。磷在光合作用和碳水化合物的代谢中有重要作用，因此缺乏时必然会引起光合作用和碳水化合物的代谢过程受阻，糖在烤烟体内的运输也会遇到阻碍，都会导致烤烟糖含量下降。烟草磷的含量对成熟烟叶品质有一定影响，烟叶磷含量过高，叶片变厚变粗，组织粗糙，缺乏弹性和油分，易破碎；烟叶中磷的含量过低，则调制后的叶片呈深棕色或青色，缺乏光泽，品质低劣。由于磷能促进氮的吸收而易导致叶片有带灰的杂色。磷对烤烟香、吃味直接贡献不大，但磷能够参与烤烟体内的各种化学过程和生物化学过程，其中也包括对吃味贡献很大的有机酸、纤维素、单宁、树脂类和对香味贡献很大的醇类、酮类、醛类、脂类等的合成与含量，因此磷的多少及磷与其他养分之间的相互作用必然会影响烤烟的内在化学组成，从而间接影响烤烟的香、吃味。但磷素供应过多将对烟叶厚度产生不利影响，细胞壁及叶片骨架结构的增大造成叶片过厚，加之磷素对氮素的促进作用，内含物中氮化合物的增多，在叶片外观的表现就是厚而粗糙，油分少，弹性少，粗筋暴梗。适宜种植烤烟的土壤全磷含量为 0.6l～1.83g/kg，速效磷含量为 10～35mg/kg。我国植烟土壤速效磷的平均含量为 19.9mg/kg，总体上属于中等水平。

陇县产区土壤全磷量平均为 0.52g/kg，其中含量最高的为 0.67g/kg，最低的为 0.37g/kg，整体上为 0.4～0.6g/kg，含量适中。洛南土壤全磷量为 0.43g/kg，含量适中。陇县产区土壤速效磷含量为 1.07～7.55mg/kg，含量极低（<10mg/kg）。洛南产区土壤速效磷含量为 5.23mg/kg，属于极低范围。富县产区土壤速效磷含量为 9.6～11.55mg/kg，平均含量为 10.41mg/kg，含量适中。陇县和洛南产区土壤全磷量适中，但速效磷极低。严重影响了该产区的烤烟产、质量。因此，需要采取适当的措施，对陕西省浓香型产区土壤进行改良和调整，以达到适合烤烟生长发育的有效磷含量标准。

土壤钾素：钾素能够促进蛋白质（酶）的生物合成，影响核酸的代谢过程；提高叶绿素含量，保持叶绿体的片层结构，促进烟草对光能的吸收利用以及光合磷酸化作用和光合作用中 CO_2 的固定过程；提高烤烟的根系活力，促进烟草对营养元素的主动吸收和利用；调节体内物质运输，改善烟草的抗病性结构和抗虫的次生代谢，增强烟草的抗病抗虫能力；增加糖类和各种色素类物质，促进一些芳香物质的合成积累。含钾量高的烟叶成熟好，田间耐养性强，烟叶的适调性强，黄烟率高；另外，钾素能有效地提高烟叶的香气质和香气量以及可燃率和阴燃持火力，降低烟叶燃烧时的温度，减少烟气中的有害物质和焦油含量，提高烟叶制品吸食的安全性。

烟叶含钾量和土壤速效钾关系密切，缓效钾也是烤烟钾素营养重要来源。研究表明，不仅土壤速效钾含量影响着烟叶含钾量，而且土壤全钾量、缓效钾含量也影响着烟叶含钾量。当土壤全钾量在低水平时，即使土壤速效钾含量在极高水平上，烟叶含钾量仍然会随着土壤全钾量的增加而升高。因此，为了提高烟叶含钾量，不仅要施肥以提高土壤速效钾含量，而且可通过增施有机肥，增加土壤钾素的净积累量来提高土壤全钾含量，增加土壤供钾潜力。

陇县产区土壤全钾含量最高的为 17.84g/kg，最低的为 12.78g/kg，平均为 15.25g/kg。其中，含量适中（10～15g/kg）的土样占 60%，含量高的占 40%。洛南产区全钾含量为 30.69g/kg，含量很高（>25.0g/kg）。说明两个产区的土壤含钾量丰富。陇县产区速效钾含量平均为 181.46mg/kg，最高含量 315.32mg/kg，最低 104.74mg/kg。其中，含量适中（150～220mg/kg）的占 40%，含量低（80～150mg/kg）的占33.3%，含量高（220～350mg/kg）的占 26.7%。洛南产区速效钾含量为 166.28mg/kg，含量“适中”。富县产区速效钾含量为 120～150mg/kg，含量低。可见，富县产区要采取适当的施肥措施，调节土壤速效钾含量，以供给烤烟生长发育充足的钾含量。

(4) 小结

陕西省浓香型烟草基地 pH 主要集中于 6.65～8.11，属于中性偏碱，除了陇县 pH 稍高以外，总体上还是适合优质烟叶生长对酸碱性需求。土壤 pH 在 5.5～7.5 时，有利于烟叶香气物质的形成，烟叶的香气吃味较好。洛南和陇县烟草基地土壤容重稍偏高或偏高，实地观察也发现土壤紧实度高。土壤孔隙度均<50%，土壤紧实。

浓香型烟叶基地的土壤不同剖面、不同深度的土壤质地类型均为“壤质黏土”，壤质黏土的主要肥力特征为保水、保肥性好，养分含量丰富，土温比较稳定，但通气性、透水性差，耕作比较困难。陇县植烟地土壤有机质含量较低，需通过施用有机肥进行土壤培肥。浓香型烟叶基地氮素含量基本符合优质烟叶生长所需；磷素整体偏低，不能满足优质烟叶生长所需；钾素含量居中，可基本满足烤烟生长所需，但需要提高烟株钾素吸收利用率。

7.5.2　生态因子剖析

1. 促进因子

烟叶生长期光照充足，光照时数较长，利于光合产物生产。充足的光照在一定程度上对成熟期低温有一个补偿作用。

移栽还苗期、伸根期和旺长期温度较高，热量充足，有利于烟草生长。

成熟期温度日较差较大，利于光合产物积累和糖分含量的提高。烟叶甜感较高。

土壤养分含量适宜，土壤全氮及碱解氮含量总体上都属于“适中”的范围，全磷和全钾含量较为丰富。鲁东产区土壤质地良好。

2. 障碍因子

前期升温慢，不利于提早移栽期，存在早花风险。

成熟期温度偏低，烟叶成熟进程较慢，不利于上部烟叶成熟和浓香型风格特色的彰显。

雨水相对较少，特别是在烟叶前期干旱问题突出，影响烟叶生育进程，造成生育期推迟，氮素滞后，不利于烟叶成熟落黄和成熟度的提高。降水比较集中，陕西产区后期易出现“秋淋”现象。

豫西和陕南产区土壤多为黏质土壤，土壤紧实，土壤容重较高，孔隙度较低，通透性差，不利于根系生长和烟叶早发。

土壤 pH 较高，属于碱性土壤，不利于提高一些矿质元素的有效性。

土壤有机质含量和生物活性普遍较低，土壤有效钾含量相对较低，不利于烟叶钾含量和质量水平的提升。

7.5.3　趋利避害主要技术途径

适当提早移栽期，改善成熟期热量条件，促进烟叶成熟度提高，彰显浓香型特色。

创新移栽方法，因地制宜采用覆盖栽培、小苗移栽、井窖式移栽等方法，提早烟叶生育期。

通过增加有机物料及客土改良，以改变土壤的通透性，通过改良土壤，创造有利于烤烟质量特色形成的环境条件。

豫西和陕西产区的土壤 pH 较高，要注意避免施用碱性肥料，多施用农家肥及有机肥，以缓解土壤的过碱的问题，起到改良或改善土壤酸碱性的作用。

对于有机质含量和生物活性偏低的地区，可通过采用施加生物碳、秸秆还田、绿肥掩青和增施生物有机肥等措施，提高土壤有机质含量，改善土壤理化性状，提升烟田土壤生态环境，创造有利于烤烟品质特色形成的环境条件，为烤烟的优质、高产奠定土壤基础。

针对生育前期降水相对缺乏的不利条件，大力推广滴灌、微喷等节水灌溉方法，实行水肥一体化管理，满足烟叶对水分需求，满足烟株养分吸收过程中的水分需求，促进烟株早期对氮素的吸收，提高养分利用效率，实现氮素吸收高峰期前移。陕西产区可采取深沟高畦等措施，缓解前期干旱，后期多雨的情况。

增施钾肥，改进施钾方法，水钾耦合，以水调肥、以水促肥，以提高烤烟对钾肥的利用率，提高烟叶钾含量。

参考文献

常庆瑞, 冯立孝, 阎湘, 等. 1999. 陕西汉中土壤氧化铁及其发生学意义研究. 土壤通报, (1): 14-16.

陈红丽. 2013. 腐熟麦秸对植烟土壤的营养效应及其机理研究. 郑州: 河南农业大学硕士论文.

陈厚才. 1996. 施用石灰改良酸性土壤提高烤烟产质. 烟草科技, (6): 36-37.

陈江华, 刘建利, 李志宏, 等. 2008. 中国植烟土壤及烟草养分综合管理. 北京：科学出版社.

陈杰, 何崇文, 李建伟, 等. 2011. 土壤质地对贵州烤烟品质的影响. 中国烟草科学, 32(1): 35-38.

陈伟, 蒋卫, 梁贵林, 等. 2011. 光质对烤烟生长发育、主要经济性状和品质特征的影响. 生态环境学报, 20(12): 1860-1866.

陈莹, 王晓蓉, 彭安, 等. 1999. 稀土元素分馏作用研究进展. 环境科学进展, 7(1): 10-17.

戴冕. 2000. 我国主产烟区若干气象因素与烟叶化学成分关系的研究. 中国烟草学报, 6(1): 27-34.

邸慧慧, 史宏志, 张国显, 等. 2010. 不同肥力水平对烤烟各部位烟叶中性香气成分含量的影响. 河南农业大学学报, 44(3): 255-261.

丁维新. 1990. 土壤中稀土元素总重量及分布[J]. 稀土, (1): 42-46.

龚子同. 2007. 土壤发生与系统分类. 北京: 科学出版社, 141.

顾少龙, 何景福, 苏菲, 等. 2012a. 成熟期氮素调亏程度对烤烟叶片生长和化学成分含量的影响. 河南农业科学, 41(6): 4-49.

顾少龙, 史宏志, 苏菲, 等. 2012b. 成熟期氮素调亏对烟叶质体色素降解和中性香气物质含量的影响. 华北农学报, 27(5): 201-212.

顾少龙, 史宏志. 2010. 光照对烤烟生长发育及质量形成的影响研究进展. 河南农业科学, 5: 120-124.

韩锦峰. 2003. 烟草栽培生理学. 北京: 农业出版社, 19-20.

贺升华, 任炜. 2001. 烤烟气象. 昆明: 云南科技出版社, 184-185.

胡钟胜, 龙伟, 谭军, 等. 2012. 楚雄烟区烤烟生态气候因子评价. 中国烟草科学, 33(1): 63-68.

黄昌勇. 1999. 土壤学. 北京: 中国农业出版社.

黄一兰, 李文卿, 陈顺辉, 等. 2001. 移栽期对烟株生长、各部位烟叶比例及产、质量的影响. 烟草科技, (11): 38-40.

黄元炯, 张毅, 张翔, 等. 2008. 腐殖酸和饼肥对土壤微生物和烤烟产质量的影响. 中国烟草学报, 14(增).

黄镇国, 张伟强, 陈俊鸿, 等. 1996. 中国南方红色风化壳. 北京: 海洋出版社, 119-121.

黄中艳, 范立张, 朱勇, 等. 2009. 基于 GIS 和烟叶品质的云南烤烟种植气候分区. 中国农业气象, 30(3): 370-374.

贾方方. 2013. 不同光照处理对烤烟品质的影响及氮化物的高光谱监测研究. 河南农业大学.

巨晓棠, 李生秀. 1997. 培养条件对土壤氮素矿化的影响. 西北农业学报, 6(2): 64-67.

李德文, 崔之久, 刘耕年, 等. 2002. 风化壳研究的现状与展望. 地球学报, 23(3): 283-288.

李志, 史宏志, 刘国顺, 等. 2010a. 土壤质地对皖南烤后烟叶中性香气成分含量的影响. 中国烟草学报, 16(2): 6-10.

李志, 史宏志, 刘国顺, 等. 2010b. 施氮量对皖南砂壤土烤烟碳氮代谢动态变化的影响. 土壤, 42(1): 8-13.

廖凯华, 徐绍辉, 程桂福, 等. 2010. 土壤 CEC 的影响因子及 Cokriging 空间插值分析——以青岛市大沽河流域为例. 土壤学报, 47(1): 26-32.

刘德玉, 李树峰, 罗德华, 等. 2007. 移栽期对烤烟产量、质量和光合特性的影响. 中国烟草学报, 13(3): 40-46.

刘典三, 刘国顺, 贾方方, 等. 2013. 不同光强对烤烟质体色素及其降解产物的影响. 华北农学报, 28(1): 234-238.

刘国顺. 2003. 烟草栽培学. 北京: 中国农业出版社.

刘国顺, 陈江华. 2013. 中国烤烟灌溉学. 北京: 科学出版社.

刘宁, 樊德华, 郝运轻, 等. 2009. 稀土元素分析方法研究及应用——以渤海湾盆地东营凹陷永安地区物源分析为例. 石油实验地质, 31(4): 427-432.

龙世平, 李宏光, 曾维爱, 等. 2013. 湖南省主要植烟区域土壤有机氮矿化特性研究. 中国烟草科学, 34(3): 6-9.

陆永恒. 2007. 生态条件对烟叶品质影响的研究进展. 中国烟草科学, 28(3): 43-46.

穆文静, 杨园园, 宋莹丽, 等. 2014. 施氮量和留叶数互作对烤烟 NC297 产量和质量的影响. 湖南农业大学学报(自然科学版), 40(1): 19-22,88.

潘保原, 曹越. 2009. 不同剂量的酒糟对盐碱土壤改良的作用. 环境科学与管理, 34(10): 135-137.
彭智良, 黄元炯, 刘国顺, 等. 2009. 不同有机肥对烟田土壤微生物以及烟叶品质和产量的影响. 中国烟草学报, 15(2): 41-45.
钱华. 2012. 不同质地土壤和客土改良对豫中烟叶风格特色的影响. 郑州：河南农业大学硕士论文.
钱华, 史宏志, 张大纯, 等. 2011. 豫中不同土壤质地烤烟烟叶色素含量变化的差异. 土壤, 43(1): 113-119.
钱华, 杨军杰, 史宏志, 等. 2012. 豫中不同土壤质地烤烟烟叶中性致香物质含量和感官质量的差异. 中国烟草学报, 18(6): 29-34
邱立友, 李富欣, 祖朝龙, 等. 2009. 皖南不同类型土壤植烟成熟期烟叶的基因差异表达和显微结构的比较. 作物学报, 35(4): 749-754.
邱立友, 祖朝龙, 杨超, 等. 2010. 皖南烤烟根际微生物与焦甜香特色风格形成的关系. 土壤, 42(1): 42-52.
尚志强. 2008. 秸秆还田与覆盖对植烟土壤性状和产量质量的影响. 土壤通报, 39(3): 706-708.
邵伏文, 姜超强, 祖朝龙, 等. 2012. 硫磺和酒糟对烤烟生长和烟叶品质以及碱性土壤 pH 的影响. 西北植物学报, 32(12): 2479-2485.
沈笑天, 介晓磊, 刘国顺, 等. 2008. 河南南阳烟区土壤生态指标的主成分分析. 土壤通报, 39(2): 275-281.
时向东, 刘喜庆, 王振海, 等. 2013. 利用 ^{15}N 示踪研究烤烟对氮素的吸收和分配规律. 中国烟草学报, 19(6): 55-58.
史宏志, 顾少龙, 段卫东, 等. 2012. 不同基因型烤烟质体色素降解及与烤后烟叶挥发性降解物含量关系. 中国农业科学, 45(16): 3346-3356.
史宏志, 韩锦峰, 张国显, 等. 1998. 单色红光和蓝光比例对烤烟幼苗生长和碳氮代谢的影响. 河南农业大学学报, 32(3): 258-262.
史宏志, 韩锦峰, 官春云, 等. 1999. 红光和蓝光比例对烟叶生长、碳氮代谢及品质的影响. 作物学报, 25(2): 215-220.
史宏志, 李志, 刘国顺, 等. 2009a. 皖南焦甜香烤烟碳氮代谢差异分析及糖分积累变化动态. 华北农学报, 24(3): 144-148.
史宏志, 李志, 刘国顺, 等. 2009b. 皖南不同质地土壤壤烤后烟叶中性香气成分含量及焦甜香风格的差异. 土壤, 41(6): 980-985.
史宏志, 刘国顺, 刘建利, 等. 2008. 烟田灌溉现代化创新模式的探索与实践. 中国烟草学报, 14(2): 44-49.
史宏志, 刘国顺, 杨惠娟, 等. 2011. 烟草香味学. 北京: 中国农业出版社.
宋承鉴, 宋月家. 1994. 广西植烟土壤特征分析. 中国烟草, (2): 5-9.
宋莹丽. 2014. 土壤条件对浓香型特色优质烟叶形成的影响研究. 河南农业大学硕士论文.
宋莹丽, 陈翠玲, 焦哲恒, 等. 2014a. 土壤质地分布与烟叶品质和风格特色的关系. 烟草科技, (7): 75-78.
宋莹丽, 史宏志, 何景福, 等. 2014b. 不同施氮量下采收时期对上部叶质量和经济性状的影响. 中国烟草科学, 35(2): 94-99.
苏菲, 史宏志, 杨军杰, 等. 2012. 不同施氮量协同打顶后同量调亏对烤烟中性致香物质含量及评吸质量的影响. 河南农业大学学报, 46(4): 374-379.
苏菲, 杨永霞, 史宏志, 等. 2013. 氮素营养协同成熟期同量调亏对烤烟质体色素和相关基因表达的影响. 华北农学报, 28(4): 145-151.
孙平, 顾毓敏, 高远, 等. 2011. 自然条件下滤减紫外辐射对烤烟生长及品质的影响. 云南农业大学学报, 26(S2): 6-13.
孙榅淑, 杨军杰, 周骏, 等. 2015. 不同氮素形态对烟草硝态氮含量和 TSNA 形成的影响. 中国烟草学报, 21(4): 78-84.
唐莉娜, 林祖斌, 谢凤标, 等. 2013. 气候条件对福建烤烟生长和烟叶质量风格特征的影响. 中国烟草科学, 34(5): 13-17.
唐远驹. 2004. 试论特色烟叶的形成与开发. 中国烟草科学, (1): 10-13.
唐远驹. 2011. 关于烤烟香型问题的探讨. 中国烟草科学, (3): 1-7.
王冠, 周清明, 杨宇虹, 等. 2012. 烤烟碳氮代谢及其关键酶研究进展. 作物研究, 26(2): 189-192.
王广山, 陈卫华, 薛超群, 等. 2001. 烟碱形成的相关因素分析及降低烟碱技术措施. 烟草科技, (2): 38-42.
王红丽, 杨惠娟, 苏菲, 等. 2014. 氮用量对烤烟成熟期叶片碳氮代谢及萜类代谢相关基因表达的影响. 中国烟草学报, 20(5):116-120.
王红丽, 陈永明, 杨军杰, 等. 2015. 遮光对广东浓香型烤烟色素降解产物及质量风格的影响. 江西农业学报, 27(3): 70-73.
王辉. 2014. 不同光温条件下水杨酸(SA)对烤烟生长发育及品质的影响. 河南农业大学硕士论文.
王建伟, 张艳玲. 2011. 气象条件对烤烟烟叶主要化学成分含量的影响. 烟草科技, (12): 73-76.
王瑞新. 2003. 烟草化学. 北京: 中国农业出版社.
王彦亭, 谢剑平, 李志宏. 2010. 中国烟草种植区划. 北京: 科学出版社, 59-60.

吴诩, 李永乐, 胡庆军, 等. 1995. 应用数理统计. 北京: 国防科技大学出版社, 112-122.
吴正举. 1996. 福建烟区土壤特性及其与烟叶品质的关系. 中国烟草, (I): 49-53.
肖金香, 王燕, 李新, 等. 2003. 遮阳网覆盖对烤烟生长及产量的影响研究. 中国生态农业学报, 11(4): 152-154.
许东亚, 焦哲恒, 孙楹淑, 等. 2015. 烤烟成熟期氮素灌淋调亏对烟叶生长发育及质量的影响. 土壤, 47(4): 658-663.
徐茜, 周泽启, 巫常标, 等. 2000. 酸性土壤施用石灰对降低氮素及提高烤烟产质的研究. 中国烟草科学, 21(4): 42-45.
杨惠娟, 许俐, 史宏志, 等. 2012a. 低氮胁迫诱导烟草亲环素基因表达的研究. 中国烟草学报, 18(3): 73-78.
杨惠娟, 许俐, 王景, 等. 2012b. 打顶前后烤烟叶片蛋白质表达差异研究. 中国烟草学报, 18(5): 73-78.
杨惠娟, 王景, 许俐, 等. 2014a. 烤烟营养生殖转换期叶片生长标志蛋白的筛选. 中国烟草学报, 20(3): 89-95.
杨惠娟, 王景, 王红丽, 等. 2014b. 打顶前后烤烟叶片 microRNAs 表达差异的研究.中国烟草学报, 20(5): 110-115.
杨惠娟, 王红丽, 史宏志, 等. 2015. 光强衰减对烟草叶片碳氮代谢关键基因表达的影响. 中国烟草学报, 21(5): 99-103.
杨军杰, 史宏志, 王红丽, 等. 2015. 中国浓香型烤烟产区气候特征及其与烟叶质量风格的关系. 河南农业大学学报, 49(2): 158-165.
杨军杰, 宋莹丽, 于庆, 等. 2014. 成熟期减少光照时数对豫中烟区烟叶品质的影响. 烟草科技, (8): 82-86.
杨兴有, 刘国顺. 2007. 成熟期光强对烤烟理化特性和致香成分含量的影响. 生态学报, 27(8): 3450-3456.
杨兴有, 崔树毅, 刘国顺, 等. 2008. 弱光环境对烟草生长、生理特性和品质的影响. 中国生态农业学报, 16(3): 635-639.
杨园园, 穆文静, 王维超, 等. 2013a. 不同移栽期对烤烟农艺和经济性状及质量特色的影响. 河南农业大学学报, 47(5): 514-522.
杨园园, 穆文静, 王维超, 等. 2013b. 调整烤烟移栽期对各生育阶段气候状况的影响. 江西农业学报, 25(9): 47-52.
杨园园, 史宏志, 杨军杰, 等. 2014. 基于移栽期的气候指标对烟叶品质风格的影响 中国烟草科学, 35(6): 21-26.
杨园园, 杨军杰, 史宏志, 等. 2015. 浓香型产区不同移栽期气候配置及对烟叶质量特色的影响. 中国烟草学报, 21(2): 40-52.
杨志晓, 刘化冰, 柯油松, 等. 2011. 广东南雄烟区烤烟氮素积累分配及利用特征. 应用生态学报, 22(6): 1450-1456.
袁仕豪, 易建华, 蒲文宣, 等. 2008. 多雨地区烤烟对基肥和追肥氮的利用率. 作物学报, 34(12): 2223-2227.
云南省烟草科学研究院. 2008. 烟草微生物学. 北京: 科学出版社.
占镇, 李军营, 马二登, 等. 2014. 不同光质对烤烟质体色素含量及相关酶活性的影响. 中国烟草科学, 35(2): 49-54.
中国农业科学院烟草研究所. 2005. 中国烟草栽培学. 上海: 上海科学技术出版社.
朱其清, 刘铮. 1988. 我国东部土壤中的稀土元素. 中国稀土学会稀土农用及机理研究科技交流会.
祖朝龙, 徐经年, 牛勇, 等. 2011. 稻壳掺播对土壤质地及烟叶生产的影响. 土壤, 43(1): 107-112.
左天觉. 1993. 烟草的生产生理和生物化学. 上海: 上海远东出版社.
Boynton W. V. 1984. Cosmochemistry of the Rare Earth Elements: Meteorite Studies. In: Henserson, P. , Ed. , Rare Earth Element Geochemistry, Elsevier, Amsterdam, 63-114.
Cao Z H, Miner G S, Wollum. 1992. Effect of nitrogen source and soil acidity on nitrogen use efficiency and growth of flue cured tobacco. Tobacco Sci, 36: 57-60.
Kasperbauer M J. 1971. Spectral distribution of light in a tobacco canopy and effects of end-of-day light quality orl growth and development. Plant Physiology, 47(6): 775-778.
Raper C D Jr, Johnson W H. 1971. Factors affecting the development of flue-cured tobacco growth in artificial environment I. Residual effects of light duration, temperature, and nutrition during growth on curing characteristics and leaf properties. To bacco Sci., 15: 75-79.
Shi Hongzhi, Song Yingli, Yang Yuanyuan. 2014. Distribution of soil textures in Chinese flue-cured tobacco growing regions and its relationship with tobacco quality and style. 20th World Congress of Soil Science (20WCSS), June 8-13, Jeju International Convention Center, Korea.
Yang Huijuan, Huang Huagang, Shen Yan, et al. 2015. Differential expression of pivotal genes involved in carbon and nitrogen metabolism pathways in climatic responses for different flue-cured tobacco cultivars. 2015 CORESTA Agro-phyto Joint Meeting, 2015, Izmir, Turkey.
Yang Huijuan, Wang Hongli, Wang Jing, et al. 2014. Reduction of starch synthesis n tobacco leaf responding to the light attenuation. 2014 CORESTA Congress, Quebec City, Canada.
Yang Huijuan, Xu Li, Cui Hong, et al. 2013. Low nitrogen-induced expression of cyclophilin in Nicotiana tabacum. Journal of Plant Research. 126: 121-129.

2012 年课题组与美国专家在许昌田间小气候观测站

2013 年课题组在河南许昌观测田间小气候

2014 年许昌科教园区人工气候室控温试验

2012 年广东南雄光照强度控制试验

2013 年河南南阳方城光质试验

2012 年课题组在河南郏县做生态控制试验

2012 年课题组在河南内乡观测土壤剖面

2012 课题组在陕西观测土壤剖面

2012 年课题组在广东南雄进行地势观测

2013 年课题组在河南宝丰试验取样

2012 年课题组在河南宝丰烟叶示范田

2012 年美国弗吉尼亚理工大学专家到许昌指导课题研究

2014 年课题组在河南襄县烤烟成熟期示范田

2015 年课题组在河南许昌烤烟示范田

2014 年项目组到安徽宣城示范区观摩

2014 年项目组在江西试验示范区观摩

2013 年课题组在广东南雄观摩土壤质地改良示范田

2012 课题组在陕西洛南烟区

2015 年课题组在河南内乡烤烟示范田

2015 年课题组在广西贺州烤烟示范田

2014 年课题组在河南卢氏烤烟示范田

2013 年课题组在河南许昌烟田

2013 课题组在河南襄县烟田

2014 年课题组在河南襄县烤烟示范田

2013 年课题组在河南许昌试验田

2015 年课题组在河南许昌考验试验田

2014 湖南永州烤烟示范田

2015 年河南内乡烤烟示范田